Craig Mecânica dos Solos

gen
Grupo
Editorial
Nacional

Craig Mecânica dos Solos

Oitava edição

J. A. Knappett e R. F. Craig

Tradução e Revisão Técnica

Prof. Amir Elias Abdalla Kurban, D.Sc.
Engenheiro de Fortificação e Construção,
Antigo Comandante do Instituto Militar de Engenharia e Coordenador de Engenharia Civil da FTEC

Apesar dos melhores esforços dos autores, do tradutor, do editor e dos revisores, é inevitável que surjam erros no texto. Assim, são bem-vindas as comunicações de usuários sobre correções ou sugestões referentes ao conteúdo ou ao nível pedagógico que auxiliem o aprimoramento de edições futuras. Os comentários dos leitores podem ser encaminhados à **LTC — Livros Técnicos e Científicos Editora** pelo e-mail ltc@grupogen.com.br.

Traduzido de
CRAIG'S SOIL MECHANICS, EIGHTH EDITION

Authorised translation from the English language edition published by Spon Press, a member of the Taylor & Francis Group
ISBN: 978-0-415-56126-6

Travessa do Ouvidor, 11
Rio de Janeiro, RJ – CEP 20040-040
Tels.: 21-3543-0770 / 11-5080-0770
Fax: 21-3543-0896
ltc@grupogen.com.br
www.grupogen.com.br

Imagem de capa: © Shutterstock
Editoração Eletrônica: R.O. Moura

CIP-BRASIL. CATALOGAÇÃO NA PUBLICAÇÃO
SINDICATO NACIONAL DOS EDITORES DE LIVROS, RJ

K75c
8. ed.

Knappett, J. A.
Craig mecânica dos solos / J. A. Knappett e R. F. Craig ; tradução Amir Elias Abdalla Kurban. - 8. ed. - [Reimpr.]. - Rio de Janeiro : LTC, 2018.
il. ; 28 cm.

Tradução de: Craig's soil mechanics
Inclui bibliografia e índice
ISBN 978-85-216-2692-3

1. Mecânica do solo. I. Título.

14-14277 CDD: 624.15136
CDU: 624.131

Para Lis, por seu apoio, paciência e inspiração intermináveis.

Material Suplementar

Este livro conta com os seguintes materiais suplementares:

- Conjunto de dados digitais: conjunto de dados presente nos Capítulos 5 e 7 em formatos de planilhas e (.pdf) (acesso livre);
- Estudos de casos relativos ao Capítulo 13 nos formatos de planilhas e (.pdf) (acesso livre);
- Eurocode 7: documento de referência rápida do Eurocode 7 em formato (.pdf) (acesso livre);
- Exemplos de Adensamento: exemplos sobre adensamento desenvolvidos em planilhas (acesso livre);
- Exemplos resolvidos: conteúdo composto por planilhas com resolução de exemplos dos Capítulos 9 e 11 e seus respectivos manuais do usuário em formato (.pdf) (acesso livre);
- Ferramentas de análise de planilha: conteúdo composto por planilhas de dados para a realização de cálculos específicos e seus respectivos manuais do usuário em formato (.pdf) (acesso livre);
- Ilustrações da obra em formato de apresentação (acesso restrito a docentes);
- Material adicional de apoio para os exemplos resolvidos e problemas em formato de planilhas de Excel (acesso restrito a docentes);
- Seção alternativa para o Capítulo 1 em formato (.pdf) (acesso livre);
- Solutions to end of chapter problems: soluções em inglês para todos os problemas de final de capítulo em formato (.pdf) (acesso restrito a docentes);
- Weblinks: links de referência úteis para apoio ao estudo em formato (.pdf) (acesso livre).

O acesso ao material suplementar é gratuito. Basta que o leitor se cadastre em nosso *site* (www.grupogen.com.br), faça seu *login* e clique em GEN-IO, no menu superior do lado direito. É rápido e fácil.
Caso haja alguma mudança no sistema ou dificuldade de acesso, entre em contato conosco (sac@grupogen.com.br).

GEN-IO (GEN | Informação Online) é o repositório de materiais suplementares e de serviços relacionados com livros publicados pelo GEN | Grupo Editorial Nacional, maior conglomerado brasileiro de editoras do ramo científico-técnico-profissional, composto por Guanabara Koogan, Santos, Roca, AC Farmacêutica, Forense, Método, Atlas, LTC, E.P.U. e Forense Universitária. Os materiais suplementares ficam disponíveis para acesso durante a vigência das edições atuais dos livros a que eles correspondem.

Sumário

Figuras

Tabelas

Prefácio

Quando fui sondado por Taylor & Francis para escrever a nova edição do popular livro-texto de Craig, embora estivesse honrado de ser consultado, não percebi quanto tempo e esforço me seriam exigidos para atender aos altos padrões definidos pelas sete primeiras edições. Publicado inicialmente em 1974, senti que era o momento certo para uma grande atualização, já que o livro se aproximava de seu quadragésimo ano, embora eu tentasse manter a clareza e a profundidade das explicações, que foram um aspecto essencial das edições anteriores.

Todos os capítulos foram atualizados, alguns ampliados, e novos foram adicionados para refletir as demandas dos alunos e dos cursos de Engenharia de hoje. A obra ainda se destina principalmente a atender às necessidades do aluno de graduação em Engenharia Civil e a servir como uma referência útil ao longo da transição para a prática na área. No entanto, a inclusão de mais tópicos avançados amplia o escopo do livro, tornando-o adequado para acompanhar também muitos cursos de pós-graduação.

As principais modificações são as seguintes:

- **Separação do material em duas seções principais:** a primeira trata dos conceitos e teorias básicos em mecânica dos solos e da determinação das propriedades mecânicas necessárias para o projeto geotécnico, que constitui a segunda parte do livro.
- **Muitos recursos eletrônicos:** incluindo ferramentas de planilhas para análise avançada, conjuntos de dados digitais para acompanhar exemplos e problemas resolvidos, soluções para os problemas no final dos capítulos, weblinks, recursos para o professor e mais, tudo disponível no site da LTC Editora.
- **Novo capítulo sobre ensaios *in situ*:** tratando dos parâmetros que podem ser determinados de maneira confiável por meio de cada ensaio e interpretação das propriedades mecânicas a partir de dados digitais baseados em locais reais (que são fornecidos no site da LTC Editora).
- **Novos capítulos sobre comportamento e projeto de fundações:** a cobertura de fundações agora é dividida em três seções separadas (fundações rasas, fundações profundas e tópicos avançados) para permitir maior flexibilidade no projeto do curso.
- **Projeto do estado limite (de acordo com o Eurocode 7):** os capítulos sobre projeto geotécnico são analisados por completo dentro de um contexto moderno de projeto de estado limite genérico em vez de pelo método ultrapassado de tensões admissíveis. É fornecido mais material de apoio sobre o Eurocode 7, que é usado nos exemplos numéricos e problemas de final de capítulo para ajudar na transição da universidade para o escritório de projetos.
- **Estudos de caso estendidos (*online*):** baseados nos estudos de caso de edições anteriores, mas incluindo, agora, a aplicação das técnicas de projeto de estados limites no livro aos problemas do mundo real a fim de iniciar a construção do senso crítico de Engenharia.
- **Inclusão das técnicas de análise limite:** com a crescente preponderância e popularidade de *softwares* computacionais avançados baseados nessas técnicas, acredito que seja essencial para os alunos sair da universidade com um entendimento básico da teoria subjacente para ajudar em seu futuro desenvolvimento profissional. Isso também fornece um plano de fundo mais detalhado para a origem dos coeficientes de capacidade de carga e pressões limites, que estava faltando nas edições anteriores.

Sou imensamente grato aos meus colegas da University of Dundee por me concederem o tempo para concluir essa nova edição e por seus comentários construtivos à medida que ela tomava forma. Eu também gostaria de exprimir minha gratidão a todos os integrantes da Taylor & Francis que me ajudaram a tornar essa tremenda tarefa possível e agradecer a todos aqueles que permitiram a reprodução das figuras, dos dados e das imagens.

Espero que as gerações presente e futura de engenheiros civis considerem essa nova edição útil, informativa e inspiradora, assim como as gerações anteriores consideravam as outras edições.

Jonathan Knappett
University of Dundee
Julho de 2011

Parte 1

Desenvolvimento de um modelo mecânico para o solo

Capítulo 1

Características básicas dos solos

Resultados de aprendizagem

Depois de trabalhar com o material deste capítulo, você deverá ser capaz de:

1. Entender como os depósitos de solo são formados, além da composição básica e da estrutura dos solos quanto à sua microtextura (Seções 1.1 e 1.2).
2. Descrever (Seções 1.3 e 1.4) e classificar (Seção 1.5) os solos com base em suas características físicas básicas.
3. Determinar as características físicas básicas de um contínuo de solo (isto é, no que diz respeito à sua macrotextura; Seção 1.6).
4. Especificar a compactação exigida para produzir materiais para os aterros de engenharia, com as propriedades desejadas do contínuo para uso em construções geotécnicas (Seção 1.7).

1.1 A origem dos solos

Para o engenheiro civil, solo é qualquer reunião de partículas minerais soltas ou fracamente unidas (cimentadas), formada pela decomposição de rochas como parte do ciclo delas (Figura 1.1), sendo o espaço vazio entre as partículas ocupado por água e/ou ar. As ligações fracas podem ser causadas por carbonatos ou óxidos precipitados entre as partículas ou por matéria orgânica. A deposição e a compressão subsequentes dos solos, combinadas com a cimentação entre as partículas, os transformam em rochas sedimentares (um processo conhecido como **litificação**). Se os produtos da exposição ao tempo permanecerem no local original, eles constituirão um **solo residual**. Se forem transportados e depositados em um local diferente, constituirão um **solo transportado**, sendo a gravidade, o vento,

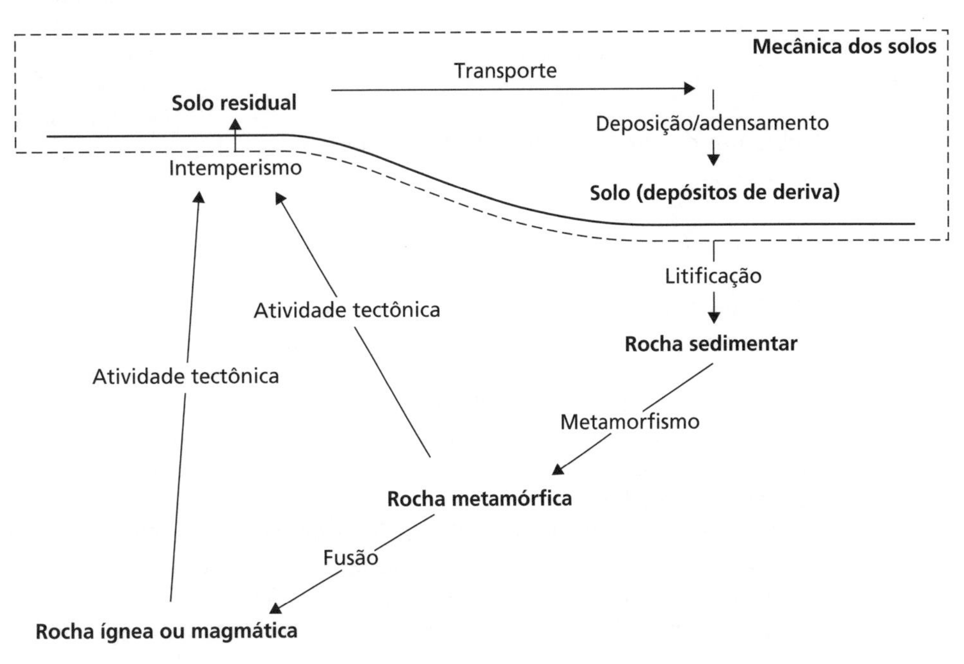

Figura 1.1 O ciclo das rochas.

Argila	Silte			Areia			Pedregulho			Pedras de mão	Matacões
	Fino	Médio	Grosso	Fina	Média	Grossa	Fino	Médio	Grosso		

0,002 0,006 0,02 0,06 0,2 0,6 2 6 20 60 200

0,001 0,01 0,1 1 10 100

Tamanho das partículas (mm)

Figura 1.2 Intervalos de valores dos tamanhos de partículas.

a água e as geleiras seus agentes de transporte. Durante o deslocamento, o tamanho e a forma das partículas podem sofrer modificações, e estas podem ser classificadas em intervalos específicos de tamanho. Os tamanhos das partículas de solo podem variar desde mais de 100 mm até menos de 0,001 mm. No Reino Unido, os intervalos de tamanhos são descritos de acordo com a Figura 1.2. Nela, os termos "argila", "silte" etc. são usados apenas para descrever o tamanho das partículas entre os limites especificados. No entanto, eles também descrevem tipos particulares de solos, classificados de acordo com seu comportamento mecânico (ver Seção 1.5).

O tipo de transporte e a deposição subsequente de partículas de solo têm uma forte influência sobre a distribuição do tamanho das partículas em um determinado local. A Figura 1.3 mostra alguns regimes comuns de deposição. Em épocas glaciais, o material do solo é erodido da rocha subjacente pela ação do atrito e do congelamento/descongelamento das geleiras. O material, que normalmente apresenta partículas de tamanhos variados, desde aquelas com o tamanho de argila até as que têm o tamanho de pedregulhos, é transportado ao longo da base da geleira e depositado quando o gelo se derrete; o material resultante é conhecido como **tilito (glacial)**.

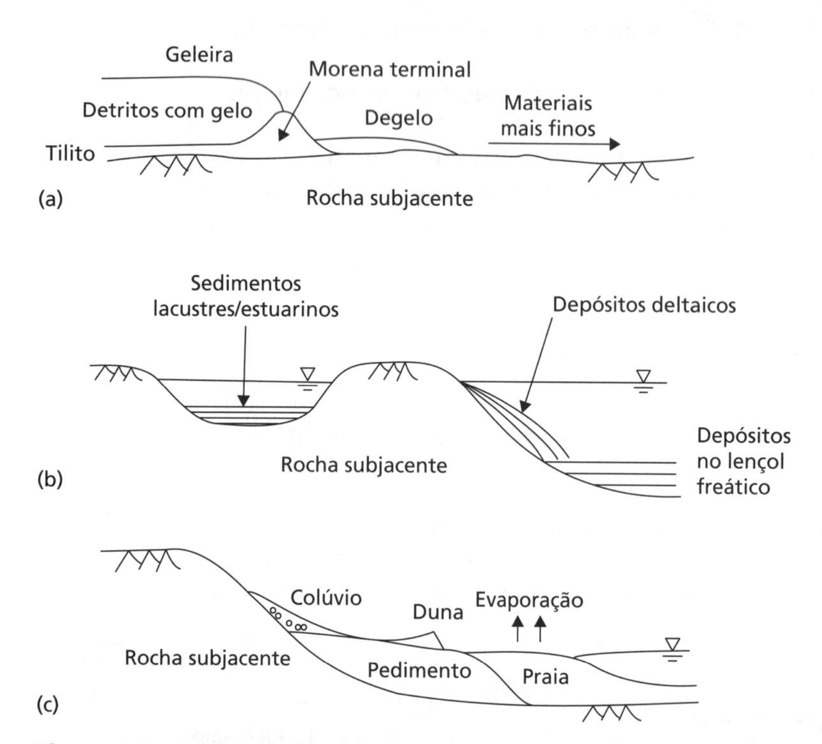

Figura 1.3 Ambientes comuns de depósitos: (a) glacial; (b) fluvial; (c) deserto.

Material similar também é depositado como uma morena (ou moraina) terminal na borda da geleira. Quando esta se derrete, a morena é transportada nas águas do degelo (*outwash*); é mais fácil para as partículas menores e mais leves serem transportadas em suspensão, levando a uma gradação no tamanho das partículas de acordo com a distância até a geleira, conforme mostra a Figura 1.3a. Em climas de temperaturas mais quentes, o principal meio de transporte é a água (isto é, rios e mares), conforme mostra a Figura 1.3b. O material depositado é conhecido como **aluvião**, e sua composição depende da velocidade do fluxo de água. Rios com fluxos mais rápidos podem transportar partículas maiores em suspensão, resultando na aluvião, que é uma mistura de partículas com tamanho de areia e cascalho, ao passo que a água com fluxo mais lento tenderá a transportar apenas partículas menores. Nos locais de estuários, onde os rios se encontram com o mar, o material pode ser depositado como uma plataforma ou um **delta**. Em ambientes áridos (deserto; Figura 1.3c), o vento é o agente de transporte principal, erodindo os afloramentos de rochas e formando um **pedimento** (o solo do deserto) de sedimentos finos levados pelo vento (***loess*** ou ***loesse***). Ao longo da costa, também pode ser formada uma **praia** de lagos temporários evaporados, deixando depósitos de sal. As grandes diferenças de temperatura entre a noite e o dia causam intemperismo térmico adicional dos afloramentos de rocha, produzindo **seixos**. Esses processos de superfície, geologicamente muito recentes, são conhecidos como **depósitos de deriva** (***drift***) em mapas geológicos. O solo que sofreu compressão/consolidação significativa após sua deposição é normalmente muito mais velho e é conhecido como **maciço**, junto a rochas, em mapas geológicos.

As proporções relativas das partículas de diferentes tamanhos em um solo são descritas como sua **distribuição do tamanho de partículas** (DTP, **distribuição granulométrica** ou ainda PSD, para o termo em inglês *particle size distribution*), e as curvas típicas para os materiais em diferentes ambientes de depósitos são mostrados na Figura 1.4. O método de determinação da DTP de um depósito e seu uso subsequente na classificação do solo são descritos nas Seções 1.4 e 1.5.

Em um determinado local, os materiais da subsuperfície serão uma mistura de rochas e solos, remontando a centenas de milhões de anos em tempo geológico. Em consequência, é importante conhecer a história geológica de uma área para entender as características prováveis dos depósitos que estarão presentes na superfície, uma vez que o regime de deposição pode ter mudado significativamente ao longo do tempo geológico.

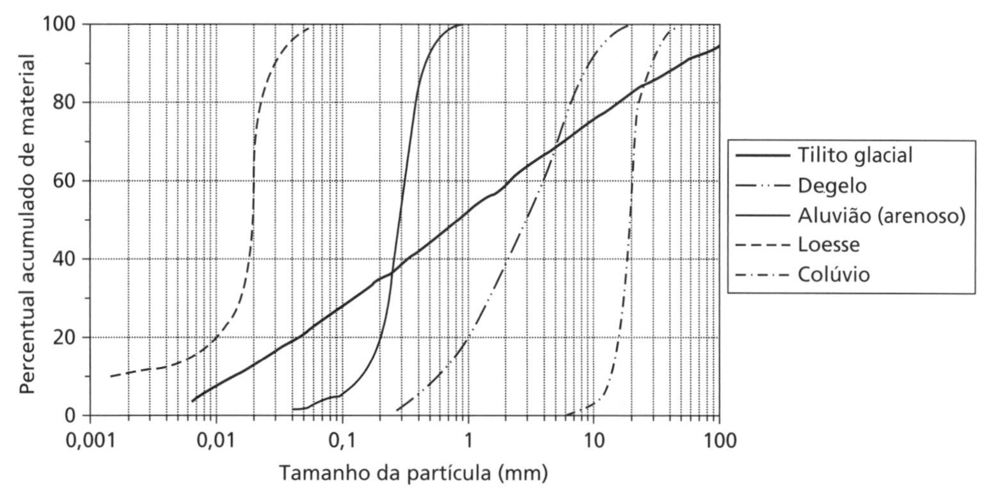

Figura 1.4 Distribuição do tamanho das partículas de sedimentos de diferentes ambientes de depósitos.

Para citar um exemplo, a região de West Midlands, no Reino Unido, era deltaica no período carbonífero (há ≈395–345 milhões de anos), depositando materiais orgânicos que, mais tarde, se tornaram camadas de depósito de carvão. No período triássico subsequente (há 285–225 milhões de anos), devido a uma alteração no nível do mar, foram depositados materiais arenosos que, posteriormente, se litificaram para se tornar o arenito Bunter. Durante esse período, a formação de montanhas onde é agora o continente europeu fez com que as camadas de rocha existentes ficassem dobradas. Posteriormente, durante os períodos cretáceo/jurássico (há 225–136 milhões de anos), elas foram inundadas pelo Mar do Norte, depositando partículas finas e material carbonatado (argila Lias e calcário Oolítico). As eras glaciais do período pleistoceno (há 1,5–2 milhões de anos) levaram, posteriormente, à glaciação de quase toda a parte mais meridional do Reino Unido, erodindo algumas das rochas mais macias (sedimentares) recentemente depositadas e sobrepondo tilito glacial. O derretimento subsequente dos glaciares criou os leitos dos rios, que depositaram aluvião sobre o tilito. A história geológica sugeriria, portanto, que provavelmente as condições do solo superficial consistem em aluvião acima de tilito/argila, que, por sua vez, cobre rochas mais fortes, conforme o esquema mostrado na Figura 1.5. Esse exemplo demonstra a importância da geologia para a engenharia em relação ao entendimento das condições do terreno. Uma introdução completa sobre esse tópico pode ser encontrada em Waltham (2002).

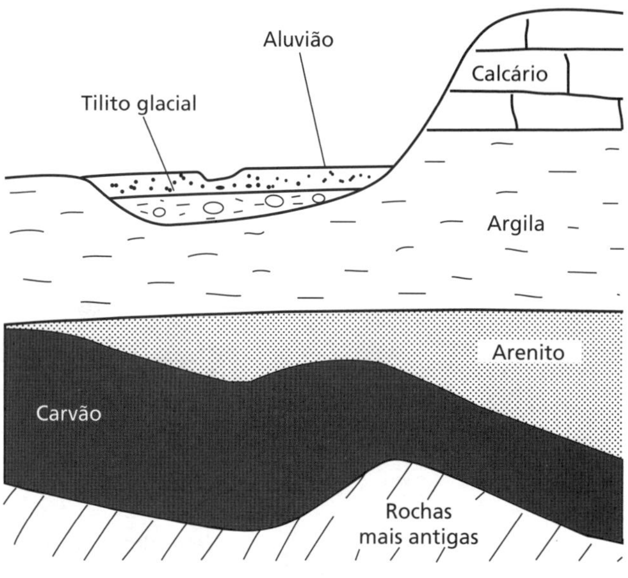

Figura 1.5 Perfil típico do solo em West Midlands, Reino Unido.

1.2 A natureza dos solos

O processo destrutivo para a formação de solo a partir de rochas pode ser tanto físico quanto químico. O processo físico pode ser a erosão pela ação do vento, da água ou de geleiras ou a desintegração causada pela alternância de congelamento e descongelamento em fendas da rocha. As partículas de solo resultantes conservam a mesma composição da rocha original, ou rocha-mãe (uma descrição completa disso está além do escopo deste texto). As partículas desse tipo são descritas como "graúdas", estando na forma "granular", e seu formato pode ser indicado por expressões como angular, arredondada, chata ou alongada. Elas se apresentam em uma grande variedade de tamanhos, desde matacões e pedregulhos, passando por cascalho e areia, até uma fina poeira de rocha formada pela ação trituradora de geleiras. O arranjo estrutural das partículas granulares (Figura 1.6) é descrito

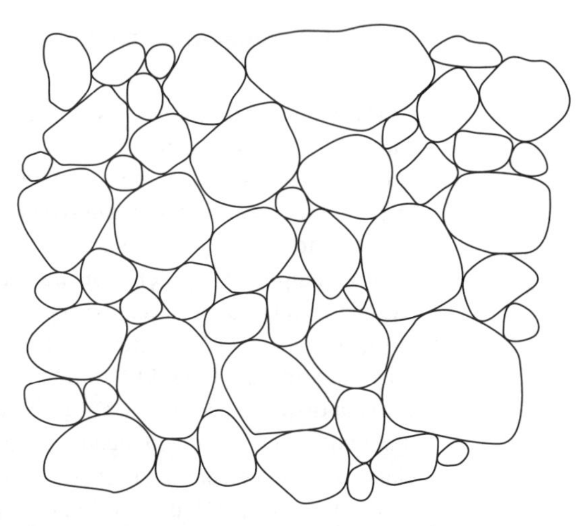

Figura 1.6 Estrutura granular simples.

como **grão simples** (granular simples ou de grãos individuais), em que cada partícula está em contato direto com as adjacentes, sem que haja elemento de ligação algum entre elas. O estado das partículas pode ser descrito como denso, medianamente denso ou solto, dependendo de como elas estejam agrupadas (ver Seção 1.5).

Os processos químicos provocam modificações na forma mineral da rocha-mãe devido à ação da água (especialmente, se ela contiver traços de ácidos ou de bases alcalinas), do oxigênio e do dióxido de carbono. O intemperismo químico causa a formação de grupos de partículas cristalinas de tamanho **coloidal** (<0,002 mm), conhecidos como minerais de argila ou simplesmente argilas. A argila caolinita, por exemplo, é formada pela decomposição do feldspato por ação da água e do dióxido de carbono. A maioria das partículas de argila encontra-se na forma de "placas" e apresenta grande superfície específica (isto é, uma grande relação entre sua área de superfície e sua massa), o que faz com que sua estrutura seja influenciada significativamente por forças de superfície. Também podem ocorrer partículas delgadas (na forma de "agulhas"), mas elas são relativamente raras.

As unidades estruturais básicas da maioria das argilas são um tetraedro de silício-oxigênio e um octaedro de alumínio-hidroxila, conforme ilustra a Figura 1.7a. Há desequilíbrios de valência em ambas as unidades, resultando em cargas líquidas negativas. Dessa forma, as unidades básicas não existem isoladas, mas se misturam para formar estruturas laminares. As unidades tetraédricas se combinam, compartilhando os íons de oxigênio para formar uma estrutura laminar de sílica. As octaédricas se combinam, compartilhando íons de hidroxila para formar uma estrutura laminar de gibsita. A estrutura de sílica conserva uma carga líquida negativa, mas a de gibsita é eletricamente neutra. O silício e o alumínio podem ser substituídos parcialmente por outros elementos, o que é conhecido como **substituição isomórfica**, resultando em um desequilíbrio ainda maior de cargas. As estruturas laminares são representadas simbolicamente na Figura 1.7b. As estruturas de camadas são formadas, então, pela ligação de uma estrutura laminar de sílica com uma ou duas de gibsita. As partículas de argila consistem em pilhas dessas camadas, com diferentes formas de ligação entre elas.

As superfícies das partículas de argila carregam cargas residuais negativas, em decorrência, principalmente, da substituição isomórfica do silício ou do alumínio por íons de menor valência, mas também devido à dissociação dos íons de hidroxila.

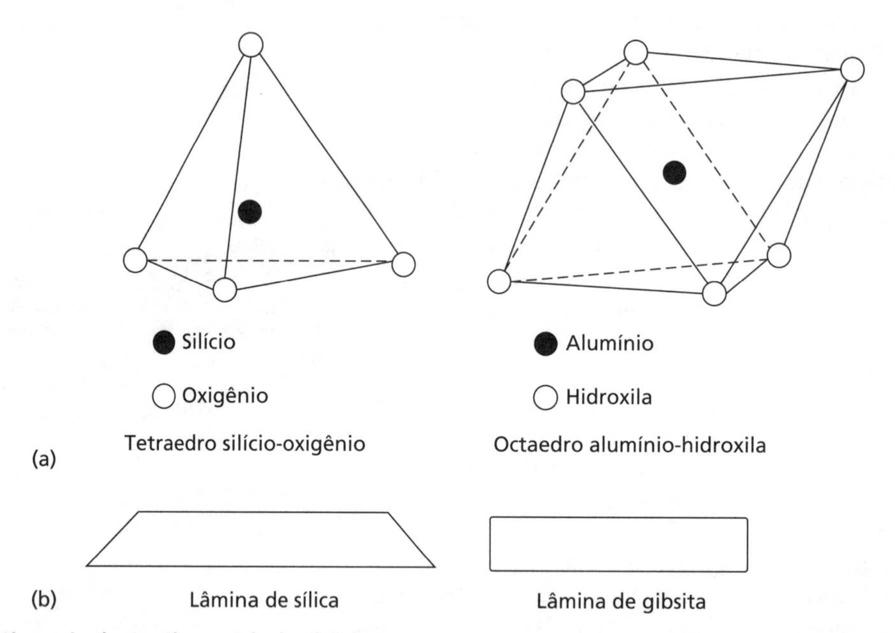

Figura 1.7 Minerais de argila: unidades básicas.

Aparecem também cargas desequilibradas em consequência de "ligações quebradas" nas bordas das partículas. As cargas negativas causam a atração, para as partículas, dos cátions presentes na água do espaço vazio. Os cátions não estão presos fortemente e, se a natureza da água for modificada, eles podem ser substituídos por outros cátions, um fenômeno conhecido como **troca de base**.

Os cátions são atraídos para uma partícula de argila por causa da superfície carregada negativamente, mas, ao mesmo tempo, eles tendem a se afastar uns dos outros por sua energia térmica. O efeito líquido resultante é que os cátions formam uma camada dispersa adjacente à partícula, com a concentração de cátions diminuindo conforme aumenta a distância da superfície, até a concentração se tornar igual àquela da massa geral de água no espaço vazio do solo como um todo. O termo "camada dupla" descreve a superfície da partícula carregada negativamente e a camada dispersa de cátions. Para uma determinada partícula, a espessura da camada de cátions depende principalmente da valência e da concentração deles: um aumento na valência (devido à troca de cátions) ou na concentração causará um decréscimo na espessura da camada.

Camadas de moléculas de água são mantidas em torno de uma partícula de argila por ligações de hidrogênio (já que as moléculas de água são bipolares) e pela atração às superfícies carregadas negativamente. Além disso, os cátions cambiáveis atraem água (isto é, eles se tornam hidratados). Dessa forma, a partícula é envolvida por uma camada de água adsorvida. A água mais próxima à partícula é fixada com maior força e aparenta ter alta viscosidade, mas esta diminui à medida que aumenta a distância entre a superfície livre da partícula e aquela água "livre" no contorno da camada adsorvida. As moléculas de água adsorvida podem se mover com relativa liberdade paralelamente à superfície da partícula, mas o movimento perpendicular à superfície é restrito.

As estruturas dos principais minerais da argila estão representadas na Figura 1.8. A caolinita consiste em uma estrutura baseada em uma única lâmina de sílica, combinada com somente uma lâmina de gibsita. Há uma substituição isomórfica muito limitada. As lâminas combinadas de sílica-gibsita são conservadas unidas, de uma forma relativamente forte, por meio de ligações de hidrogênio. Uma partícula de caolinita pode consistir em mais de 100 pilhas. A ilita tem uma estrutura básica que compreende uma lâmina de gibsita entre duas de sílica, com as quais se combina. Na lâmina de sílica, há uma substituição parcial de sílica por alumínio. As lâminas combinadas são unidas entre si por uma ligação relativamente fraca devida aos íons não intercambiáveis de potássio mantidos entre elas. A montmorillonita tem a mesma estrutura básica que a ilita. Na lâmina de gibsita, há uma substituição parcial de alumínio por magnésio e ferro, e, na de sílica, há novamente uma substituição parcial de sílica por alumínio. O espaço entre as lâminas combinadas é ocupado por moléculas de água e cátions cambiáveis diferentes do potássio, resultando em uma ligação muito fraca. Pode ocorrer uma expansão considerável da montmorillonita (e, portanto, de qualquer solo do qual ela faça parte) em consequência da água adicional adsorvida entre as lâminas combinadas. Isso demonstra que o entendimento da composição básica de um solo em termos de sua mineralogia pode fornecer informações para a solução de problemas geotécnicos que possam ser encontrados posteriormente.

Existem forças de repulsão e atração agindo entre partículas adjacentes de minerais de argila. A repulsão ocorre entre as cargas idênticas de camadas duplas e depende das características destas. Um aumento na valência dos cátions ou em sua concentração causará um decréscimo da força repulsiva e vice-versa. A atração entre as partículas deve-se a forças fracas de curto alcance de van der Waals (forças elétricas de atração entre moléculas neutras), que são independentes das características da camada dupla e diminuem rapidamente com o aumento da distância entre as partículas. As forças líquidas entre elas influenciam a forma estrutural das partículas de minerais de argila em sedimentação. Se houver repulsão, as partículas tendem a assumir uma orientação face a face, que é conhecida como uma estrutura **dispersa**. Se, por outro lado, houver atração, a orientação das partículas tende a ser aresta a face ou aresta a aresta, o que se conhece como uma estrutura **floculada**. Essas estruturas, que envolvem a interação entre partículas isoladas de minerais de argila, estão ilustradas nas Figuras 1.9a e b.

Em argilas naturais, que normalmente contêm uma proporção significativa de partículas granulares, o arranjo estrutural pode ser extremamente complexo. A interação entre as partículas isoladas de minerais de argila é rara, havendo a tendência para a formação de **agrupamentos** elementares de partículas orientados face a face. Estes, por sua vez, se combinam para formar ajuntamentos (conjuntos) maiores, cuja estrutura é influenciada pelo ambiente sedimentar.

Duas formas possíveis de reunião de partículas, as conhecidas como estruturas de livraria (*bookhouse*) e turbostrática, estão ilustradas nas Figuras 1.9c e 1.9d. Os ajuntamentos também podem ocorrer na forma de conectores ou de uma matriz entre partículas maiores. Um exemplo da estrutura de uma argila natural, na forma de um diagrama, é mostrado na Figura 1.9e.

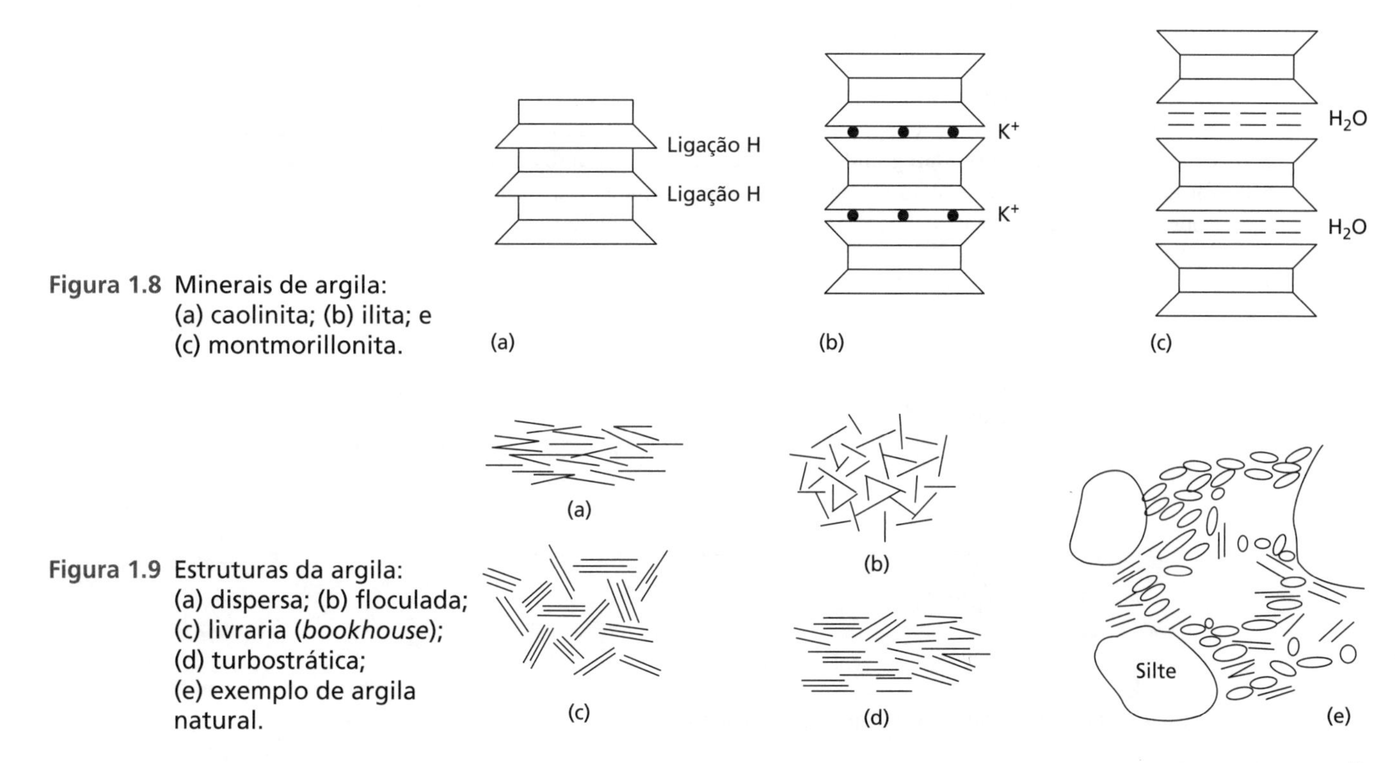

Figura 1.8 Minerais de argila: (a) caolinita; (b) ilita; e (c) montmorillonita.

Figura 1.9 Estruturas da argila: (a) dispersa; (b) floculada; (c) livraria (*bookhouse*); (d) turbostrática; (e) exemplo de argila natural.

Se estiverem presentes partículas de minerais de argila, geralmente, elas exercem uma influência considerável nas propriedades de um solo, influência superior a toda proporção de sua percentagem em peso no solo. Os solos cujas propriedades são influenciadas principalmente por partículas com tamanho de argila e silte são chamados de solos **finos (de grãos finos)**. Aqueles cujas propriedades são influenciadas principalmente por partículas do tamanho de areia e pedregulho são chamados de solos **grossos (de grãos grossos)**.

1.3 Plasticidade de solos finos

A plasticidade é uma característica importante no caso de solos finos, com o termo plasticidade descrevendo a capacidade de o solo sofrer deformação irreversível sem se romper ou esfarelar. Em geral, dependendo de sua **quantidade de água** ou do **teor de umidade** (definido como a relação entre a massa de água no solo e a das partículas sólidas), o solo pode se apresentar em estado líquido, plástico, semissólido ou sólido. Se a quantidade de água em um solo, inicialmente líquida, for reduzida gradualmente, seu estado mudará para plástico e semissólido, acompanhado de uma redução gradual de volume, até que o estado sólido seja alcançado. O teor de umidade no qual ocorrem as transições entre os estados difere de um solo para outro. No terreno, a maioria dos solos finos se apresenta em estado plástico. A plasticidade se deve à presença de um conteúdo significativo de partículas de minerais de argila (ou de material orgânico) no solo. O espaço vazio entre elas geralmente é de tamanho muito pequeno, fazendo com que a água se mantenha com pressão negativa pelas tensões capilares, permitindo que o solo seja deformado ou moldado. A adsorção de água devida às forças de superfície nas partículas de minerais de argila pode contribuir para o comportamento plástico. Qualquer diminuição na quantidade de água reduz a espessura da camada de cátions e causa um aumento nas forças líquidas de atração entre as partículas.

Os limites superior e inferior do intervalo de valores de teor de umidade, no qual o solo exibe comportamento plástico, são definidos como **limite de liquidez** (w_L) e **limite de plasticidade** (w_P), respectivamente. Acima do limite de liquidez, o solo flui como um líquido (pasta ou lama); abaixo do limite de plasticidade, o solo é frágil e quebradiço. O próprio intervalo de valores dos teores de umidade é definido como **índice de plasticidade** (I_P), isto é:

$$I_P = w_L - w_P \tag{1.1}$$

No entanto, as transições entre os diferentes estados são graduais, e os limites de liquidez e plasticidade devem ser definidos arbitrariamente. O teor de umidade natural (w) em um solo (ajustado a um teor de umidade equivalente da fração que passa na peneira de 425 μm), em relação aos limites de liquidez e plasticidade, pode ser representado por meio do **índice de liquidez** (I_L), em que

$$I_L = \frac{w - w_P}{I_P} \tag{1.2}$$

A relação entre os diferentes limites de consistência está ilustrada na Figura 1.10.

O grau de plasticidade da fração de tamanho de argila de um solo é expresso pela relação entre o índice de plasticidade e a porcentagem de partículas com tamanho de argila (a **fração de argila**) no solo; essa relação é chamada **atividade**. Os solos "normais" têm uma atividade entre 0,75 e 1,25, isto é, o I_P é aproximadamente igual à fração de argila. Os solos com atividade abaixo de 0,75 são considerados inativos, ao passo que aqueles acima de 1,25 são considerados ativos. Os que têm grande atividade apresentam muita variação de volume quando o teor de umidade é alterado (isto é, apresentam grande expansão quando são molhados e grande contração quando secos). Dessa forma, os solos com grande atividade (por exemplo, contendo uma quantidade significativa de montmorillonita) podem ser particularmente danosos para os trabalhos geotécnicos.

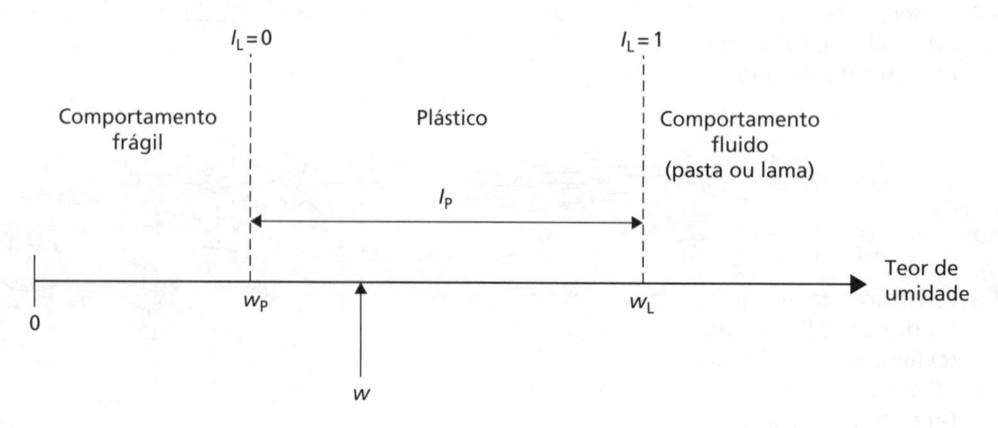

Figura 1.10 Limites de consistência para solos finos.

Tabela 1.1 Atividade de alguns minerais de argila comuns

Grupo mineral	*Superfície específica (m^2/g)*[1]	*Atividade*[2]
Caolinita	10–20	0,3–0,5
Ilita	65–100	0,5–1,3
Montmorillonita	Acima de 840	4–7

Notas: 1- De acordo com Mitchell e Soga (2005); 2- De acordo com Day (2001).

A Tabela 1.1 fornece a atividade de alguns minerais de argila comuns, e é possível observar que ela se correlaciona, em linhas gerais, com a superfície específica das partículas (isto é, a área da superfície por unidade de massa), já que isso determina a quantidade de água adsorvida.

A transição entre o estado semissólido e o sólido acontece no **limite de contração**, definido como o teor de umidade no qual o volume do solo alcança seu menor valor ao ser seco.

Os limites de liquidez e plasticidade são determinados por meio de procedimentos arbitrários de ensaios. No Reino Unido, eles estão completamente detalhados na BS 1377, Parte 2 (1990). No restante da Europa, o CEN ISO/TS 17892–12 (2004) é o padrão atual, enquanto, nos Estados Unidos, é usado o ASTM D4318 (2010).* Todos esses padrões se relacionam com os mesmos testes básicos descritos a seguir.

A amostra de solo é suficientemente seca, de modo a permitir que seja esfarelada e partida, usando um almofariz e um pilão de borracha, sem que sejam esmagadas as partículas individuais; normalmente, é utilizado apenas o material que passa na peneira de 425 mm. O equipamento para o ensaio de limite de liquidez consiste em um penetrômetro (ou "cone de penetração") adequado a um cone de 30° de aço inoxidável e com 35 mm de comprimento: o cone e a haste deslizante à qual ele está preso têm uma massa de 80 g. Isso é mostrado na Figura 1.11a. O solo a ser ensaiado é misturado à água destilada para formar uma pasta grossa e homogênea e, depois, é armazenado por 24 h. Uma parte da pasta é, então, colocada em um recipiente cilíndrico metálico, com diâmetro interno de 55 mm e profundidade de 40 mm, e nivelada com a borda dele, de modo a formar uma superfície lisa. O cone é abaixado até tocar a superfície do solo no recipiente, sendo travado em seu suporte nesse estágio. O cone é, então, liberado por um período de 5 s, e é medida sua profundidade de penetração no solo. Um pouco mais de pasta de solo é adicionada ao recipiente, e o teste é repetido até que se obtenha um valor consistente (é tomada a média de dois valores que apresentem uma diferença de 0,5 mm ou de três valores compreendidos em um intervalo de 1,0 mm). O procedimento completo do ensaio é repetido, pelo menos, quatro vezes com a mesma amostra de solo, mas aumentando o teor de umidade em cada ensaio pela adição de água destilada. Os valores de penetração devem estar no intervalo de, aproximadamente, 15–25 mm, com os ensaios se processando do estado mais seco ao mais úmido do solo. São representados em um gráfico os valores da penetração do cone em relação às quantidades de água (teores de umidade) correspondentes, e é desenhada a linha reta que melhor se ajuste aos pontos do gráfico. Isso é demonstrado no Exemplo 1.1. O limite de liquidez é definido, então, como a percentagem de umidade (arredondada para o inteiro mais próximo) correspondente a uma penetração de 20 mm do cone. A determinação do limite de liquidez também pode se basear em um único ensaio (método de um ponto), contanto que a penetração do cone esteja entre 15 e 25 mm.

Um ensaio alternativo para determinação do limite de liquidez usa o equipamento de Casagrande (Figura 1.11b), que é popular nos Estados Unidos e em outras partes do mundo (ASTM D4318). Uma pasta de solo

(a)

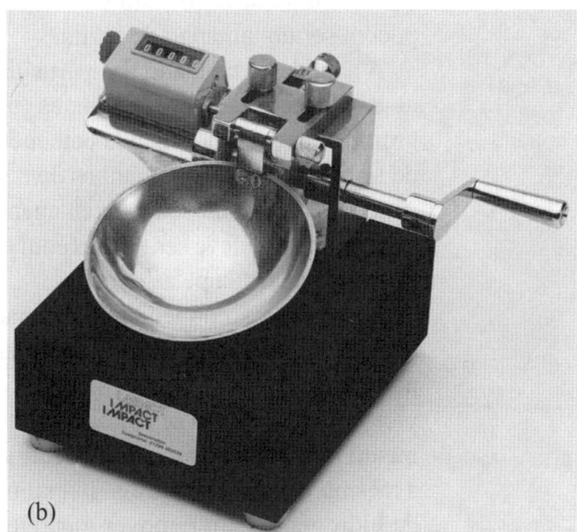

(b)

Figura 1.11 Equipamento de laboratório para determinação do limite de liquidez: (a) cone de penetração; (b) aparelho de Casagrande (as imagens são cortesia da Impact Test Equipment Ltd).

* No Brasil, o limite de liquidez está padronizado na ABNT NBR 6459:1984, e o limite de plasticidade, na ABNT NBR 7180:1984, versão corrigida: 1988. (N.T.)

é colocada em uma cuba metálica achatada, presa a um pivô em sua borda e dividida por uma ranhura (fenda) feita por um cinzel. Um mecanismo permite que o recipiente seja elevado a uma altura de 10 mm e solto sobre uma base de borracha dura. As duas metades do solo juntam-se de forma gradual, à medida que a cuba é solta repetidamente. O teor de umidade (quantidade de água) no solo da cuba é, então, determinado; ele é representado em um gráfico em relação ao logaritmo do número de golpes, desenhando-se a reta que melhor se ajuste aos pontos obtidos. Para esse ensaio, o limite de liquidez é definido como o teor de umidade para o qual são exigidos 25 golpes para fechar o fundo da ranhura ao longo de uma extensão de 13 mm. Deve-se observar que, geralmente, o método de Casagrande é menos confiável do que o método preferido do penetrômetro, por ser mais dependente do operador e mais subjetivo.

Para determinar o limite de plasticidade, a amostra de solo é misturada à água destilada até tornar-se suficientemente plástica para ser moldada na forma de uma bola. Parte da amostra (mais ou menos, 2,5 g) é moldada no formato de um cilindro, com aproximadamente 6 mm de diâmetro, entre o dedo indicador e o polegar de cada mão. O cilindro é, então, colocado em uma placa de vidro e rolado com as pontas dos dedos de uma mão até que o diâmetro seja reduzido a algo em torno de 3 mm: a pressão de rolagem deve ser uniforme ao longo de todo o teste. O cilindro é, então, moldado mais uma vez entre os dedos (o teor de umidade diminui em consequência do calor gerado), e o procedimento é repetido até que o cilindro de solo se frature tanto longitudinal como transversalmente ao ser rolado até um diâmetro de 3 mm. O procedimento é repetido com mais três partes da mesma amostra, e a percentagem de umidade de todo o solo esfarelado é determinada de maneira global. Esse teor de umidade (arredondado para o inteiro mais próximo) é definido como o limite de plasticidade do solo. Todo o ensaio é repetido com quatro partes de outra amostra, encontrando-se a média a partir dos dois valores do limite de plasticidade: deve-se repetir o procedimento caso dois valores apresentem diferença maior do que 0,5%. Devido à natureza fortemente subjetiva do ensaio, foram propostas recentemente metodologias alternativas para determinação de w_P, embora elas não estejam incorporadas aos padrões atuais. Informações adicionais podem ser encontradas em Barnes (2009) e Sivakumar *et al.* (2009).

1.4 Análise do tamanho das partículas

A maioria dos solos consiste em uma mistura graduada de partículas de duas ou mais faixas de valores. Por exemplo, a argila é um tipo de solo que tem coesão e plasticidade, o que, em geral, consiste em partículas tanto do intervalo de tamanho de argila como do de silte. **Coesão** é o termo usado para descrever a resistência de uma amostra de argila quando não está confinada, o que se deve à pressão negativa na água que preenche os espaços vazios, de tamanho muito pequeno, entre as partículas. Essa resistência seria perdida se a argila fosse imersa em um corpo de água. A coesão também pode ser obtida pela cimentação entre as partículas de solo. Deve-se mencionar que todas as que têm tamanho de argila não são necessariamente partículas de minerais de argila; as mais finas de poeira de rocha podem ser do tamanho de argila.

A análise do tamanho das partículas de uma amostra de solo envolve a determinação da percentagem de massa de partículas em diferentes faixas (intervalos) de tamanhos. A distribuição de tamanho de partículas de um solo grosso pode ser determinada pelo método de **peneiramento**. A amostra de solo é passada por uma série de peneiras de testes padrão com tamanhos de malha sucessivamente menores. É determinada a massa de solo retida em cada peneira, calculando-se a percentagem acumulada de massa que passa em cada uma. Se houver partículas finas no solo, a amostra deve ser tratada com um agente defloculante (por exemplo, uma solução de 4% de hexametafosfato de sódio) e lavada pelas peneiras.

A distribuição do tamanho das partículas (DTP) de um solo fino ou a fração fina de um solo grosso pode ser determinada pelo método da **sedimentação**. Este baseia-se na lei de Stokes, que define a velocidade na qual as partículas esféricas se depositam em uma suspensão: quanto maiores forem, maior a velocidade de deposição e vice-versa. A lei não se aplica às partículas menores do que 0,0002 mm, cuja deposição é influenciada pelo movimento browniano. O tamanho de uma partícula é definido como o diâmetro de uma esfera que se depositaria com a mesma velocidade que ela. Inicialmente, a amostra de solo é submetida a um tratamento preliminar com peróxido de hidrogênio para remover qualquer material orgânico. Ela, então, é transformada em uma suspensão em água destilada, à qual foi adicionado um agente defloculante para assegurar que todas as partículas seriam depositadas individualmente, e colocada em um tubo de sedimentação. Pela lei de Stokes, é possível calcular o tempo t para que partículas de um determinado "tamanho", D (o diâmetro equivalente de deposição), se depositem em uma profundidade especificada da suspensão. Se, depois de um tempo calculado (t), a amostra da suspensão for retirada com uma pipeta a uma profundidade especificada abaixo da superfície, conterá apenas partículas menores do que o tamanho D, a uma concentração igual àquela do início da sedimentação. Se as amostras de pipeta forem retiradas das profundidades especificadas em tempos correspondentes a outros tamanhos de partículas escolhidos, a distribuição do tamanho das partículas pode ser determinada a partir das massas dos resíduos. Um procedimento alternativo é a medição, por meio de um hidrômetro especial, da densidade dos grãos da suspensão, a qual depende da massa das partículas de solo na suspensão durante a tomada da medida. Detalhes completos da distribuição do tamanho das partículas por esses métodos são dados na BS 1377–2 (Reino Unido), CEN ISO/TS 17892–4 (restante da Europa) e ASTM D6913 (EUA).* Também podem ser usadas técnicas ópticas modernas para determinar a DTP de um solo grosso. A técnica *Single Particle Optical Sizing* (SPOS) funciona desenhando um fluxo de partículas secas por meio do feixe de um diodo laser. Quando cada partícula isolada passa por esse feixe, ela cria uma sombra em um sensor de luz que é proporcional ao seu tamanho (e, portanto, ao seu volume). O dimensionador óptico analisa automaticamente a saída do sensor para determinar a DTP pelo volume. Foi verificado que os métodos ópticos superestimam os tamanhos das partículas quando comparados ao peneiramento (White, 2003), embora apresentem as vantagens de poder repetir os resultados, que são menos dependentes do operador em comparação com o peneiramento, e realizar o ensaio exigindo um volume muito menor de solo.

A distribuição do tamanho das partículas de um solo é apresentada como uma curva em um gráfico semilogarítmico,** com as ordenadas indicando a porcentagem de massa das partículas menores do que o tamanho especificado pela abscissa. Quanto mais achatada for a curva de distribuição, maior será a faixa de tamanhos de partículas no solo; quanto mais íngreme, menor a faixa. Um solo grosso é descrito como **bem graduado**, se não houver excesso de partículas em nenhuma faixa de tamanho e se não faltar nenhum tamanho intermediário. Em geral, um solo bem graduado é representado por uma curva de distribuição côncava e suave. Um solo grosso é descrito como **mal graduado** (a) se uma proporção alta de partículas tiver tamanhos dentro de limites estreitos (um solo uniforme) ou (b) se estiverem presentes tanto partículas de tamanhos grandes quanto de tamanhos pequenos, mas com uma proporção relativamente baixa daquelas de tamanho intermediário (um solo de **graduação aberta** ou graduação descontínua). O tamanho das partículas é representado em uma escala logarítmica, de forma que dois solos com o mesmo grau de uniformidade sejam representados por curvas de mesmo formato, independentemente de suas posições no gráfico de distribuição granulométrica. Na Figura 1.4, aparecem exemplos desse tipo de distribuição (também chamada de distribuição de tamanhos das partículas). O tamanho de partícula correspondente a qualquer valor especificado de percentagem (na escala "porcentagem que passa") pode ser lido a partir da curva de distribuição granulométrica. O tamanho para o qual 10% das partículas são menores do que ele é indicado por D_{10}. Outros tamanhos, como D_{30} e D_{60}, podem ser definidos de maneira similar. O D_{10} é definido como **tamanho efetivo**. A inclinação e o formato da curva de distribuição podem ser descritos por intermédio do **coeficiente de uniformidade** (C_u) e do **coeficiente de curvatura** (C_z), definidos da seguinte maneira:

$$C_u = \frac{D_{60}}{D_{10}} \tag{1.3}$$

$$C_z = \frac{D^2{}_{30}}{D_{60}D_{10}} \tag{1.4}$$

Quanto maior o valor do coeficiente de uniformidade, maior o intervalo de tamanho das partículas do solo. Um solo bem graduado tem coeficiente de curvatura entre 1 e 3. Os tamanhos D_{15} e D_{85} são usados normalmente para selecionar o material adequado para os drenos granulares usados em serviços geotécnicos de drenagem (ver Capítulo 2).

1.5 Descrição e classificação dos solos

É fundamental que exista uma linguagem-padrão para a descrição dos solos. Para que seja abrangente, ela deve incluir tanto as características do material do solo quanto da massa de solo *in situ*. As características do material podem ser determinadas a partir de amostras deformadas do solo – isto é, amostras que tenham a mesma distribuição granulométrica do solo *in situ*, mas nas quais esta estrutura não esteja preservada. As características principais do material são a distribuição de tamanho das partículas (distribuição granulométrica ou graduação) e a plasticidade, a partir da qual pode ser deduzido o nome do solo. As propriedades de distribuição granulométrica e a plasticidade podem ser determinadas tanto por ensaios padronizados de laboratório (conforme descrito nas Seções 1.3 e 1.4) quanto por procedimentos visuais e manuais simples. As características secundárias do material são a cor e o formato do solo, a textura e a composição das partículas. As características da massa devem ser determinadas preferencialmente no campo, mas, em muitos casos, podem ser detectadas em amostras indeformadas – isto é, em amostras nas quais a estrutura do solo *in situ* esteja basicamente preservada. Uma descrição das características da massa deve incluir uma avaliação do estado de compactação *in situ* (solos grossos) ou rigidez (solos finos) e detalhes de qualquer estratificação, descontinuidade ou intemperismo. A conformação de outros detalhes geológicos menores, denominada macrotextura do solo, deve ser descrita cuidadosamente, já que pode influenciar de forma considerável o comportamento do solo *in situ* sob o ponto de vista de engenharia. Exemplos

* No Brasil, as peneiras estão definidas na ABNT NBR NM ISO 2395:1997, e a análise granulométrica de solos é tratada na ABNT NBR 7181:1984, versão corrigida: 1988. (N.T.)

** Mono log. (N.T.)

de aspectos da macrotextura são as camadas delgadas de areia fina e de silte na argila, fissuras preenchidas com silte em argilas, pequenas lentes de argila na areia, inclusões de material orgânico e orifícios de raízes. O nome da formação geológica, se conhecida com exatidão, deve ser incluído na descrição; além disso, o tipo de depósito pode ser indicado (depósito glacial, aluvião, terraço fluvial), uma vez que pode indicar, de modo geral, o comportamento provável do solo.

É importante distinguir entre descrição e classificação do solo. A descrição do solo inclui detalhes tanto do material quanto das características da massa do solo, portanto, é improvável que dois quaisquer tenham descrições idênticas. Na classificação, por outro lado, um solo é enquadrado em um dos grupos de comportamentos, cujo número é limitado, com base apenas nas características do material. Dessa forma, a classificação dos solos é independente da condição *in situ* de sua massa. Se o solo precisar ser empregado em sua condição indeformada, por exemplo, para dar suporte a uma fundação, será adequada uma descrição completa dele, sendo a adição de sua classificação arbitrária. No entanto, a classificação será particularmente útil se o solo em questão for usado como um material de construção ao ser amolgado, por exemplo, em um aterro. Os engenheiros também podem se basear em experiências passadas do comportamento de solos de mesma classificação.

Procedimentos de avaliação rápida

Tanto a descrição dos solos quanto a sua classificação exigem um conhecimento de granulometria e plasticidade. Isso pode ser determinado por procedimentos completos em laboratório usando ensaios padronizados, de acordo com as descrições das Seções 1.3 e 1.4, nas quais os valores que definem a distribuição granulométrica e os limites de liquidez e plasticidade são obtidos para o solo em questão. Alternativamente, a granulometria e a plasticidade podem ser avaliadas por meio da utilização de um procedimento rápido, que envolve opiniões pessoais baseadas no aspecto e na manipulação (toque) do solo. Este procedimento pode ser usado no campo e em outras situações em que o uso de um laboratório não seja possível ou justificado. No procedimento rápido, devem ser usados os indicadores a seguir.

Partículas de 0,06 mm, limite inferior de tamanho de partícula para solos grossos, são visíveis a olho nu e parecem duras, mas não arenosas quando esfregadas entre os dedos; materiais mais finos parecem mais macios ao toque. O limite de tamanho entre areia e pedregulho é de 2 mm, e este representa o maior tamanho das partículas que se manterão unidas por atração capilar quando úmidas. Deve ser feita uma análise puramente visual para determinar se a amostra é bem ou mal graduada, o que é mais difícil com areias do que com pedregulhos.

Se um solo predominantemente grosso contiver uma proporção significativa de material fino, será importante saber se este é, em sua maior parte, plástico ou não plástico (isto é, se os finos são, de modo predominante, argila ou silte, respectivamente). Isso pode ser verificado pela dimensão com a qual o solo exibe coesão e plasticidade. Uma pequena quantidade dele, da qual as partículas grandes tenham sido removidas, deve ser moldada nas mãos, adicionando-se água caso necessário. A coesão é indicada quando o solo, contendo uma quantidade apropriada de água (ou seja, com o teor de umidade adequado), pode ser moldado como uma massa relativamente firme. A plasticidade é verificada quando o solo puder ser deformado sem se romper ou esfarelar, isto é, sem perder a coesão. Se ambas forem grandes, então, os finos serão plásticos. Se estiverem ausentes ou forem apenas fracamente reconhecidas, então, os finos são basicamente não plásticos.

A plasticidade dos solos finos pode ser avaliada por meio de testes de rigidez (ou dureza) e dilatância (ou dilação), descritos a seguir. Uma avaliação de resistência seca também pode ser útil. Quaisquer partículas de solo grosso, se presentes, são inicialmente removidas, e, depois, uma pequena amostra do solo é moldada na mão até atingir uma consistência considerada logo acima do limite plástico (isto é, apenas com água suficiente para moldar); adiciona-se água ou permite-se que o solo seque quando necessário. Assim sendo, os procedimentos são os que seguem.

Teste de rigidez (ou dureza)

Uma pequena parte do solo é rolada sobre uma superfície plana ou na palma da mão até formar um cilindro que, a seguir, é amassado, rolando-se o solo mais uma vez para formar um novo cilindro. O procedimento é repetido até secar o suficiente para que este cilindro se parta em fragmentos (torrões) com um diâmetro de aproximadamente 3 mm. Nessa condição, as argilas inorgânicas de alto limite de liquidez são razoavelmente rígidas e duras; as de baixo limite de liquidez são mais macias e esfarelam-se mais facilmente. Os siltes inorgânicos produzem um cilindro fraco e frequentemente macio, que pode ser difícil de construir e que se rompe e esfarela-se com facilidade.

Teste de dilatância

Uma porção de solo, contendo água suficiente para torná-lo macio, mas não pegajoso, é colocada na palma de uma mão aberta (horizontal). O lado da mão é, então, batido contra a outra mão muitas vezes. A dilatância é indicada pelo surgimento de um filme lustroso de água na superfície da pasta de solo; se esta for espremida e pressionada com os dedos, a superfície se tornará fosca quando ela endurecer e, consequentemente, se esfarelar. Essas reações são nítidas apenas em materiais que tenham partículas com tamanho de silte e em areias muito finas. Argilas plásticas não apresentam reação.

Teste de resistência a seco

Deve-se deixar secar completamente, seja de forma natural, seja em um forno, uma porção de solo com, mais ou menos, 6 mm de espessura. A resistência do solo seco é, então, avaliada pela ruptura e pelo esfarelamento entre os dedos. As argilas inorgânicas têm resistência a seco relativamente alta; quanto maior ela for, maior será o limite de liquidez. Os siltes inorgânicos de baixo limite de liquidez têm pouca ou nenhuma resistência a seco, esfarelando-se facilmente entre os dedos.

Detalhes da descrição dos solos

Um manual detalhado para descrição de solos usado no Reino Unido é dado na norma BS 5930 (1999), e a análise a seguir se baseia nela. No restante da Europa, o padrão é a EN ISO 14688–1 (2002), ao passo que, nos Estados Unidos, é usada a ASTM D2487 (2011).* Os tipos básicos de solos são matacões (*boulders*), pedras (*cobbles*), pedregulho (*gravel*), areia (*sand*), silte (*silt*) e argila (*clay*), definidos em termos dos intervalos de tamanho das partículas mostrados na Figura 1.2; além desses tipos, há a argila orgânica, silte ou areia, e a turfa. Esses nomes são escritos sempre em letras maiúsculas na descrição de um solo. Misturas de tipos básicos de solos são conhecidas como tipos compostos.

Um solo é do tipo básico areia ou pedregulho (e esses tipos são denominados solos grossos) se, depois de removidos quaisquer matacões ou pedras, mais de 65% do material for do tamanho de areia ou de pedregulho. Um solo é do tipo básico silte ou argila (denominados solos finos) se, depois de removidos quaisquer matacões ou pedras, mais de 35% do material for do tamanho de silte ou de argila. No entanto, essas percentagens devem ser consideradas diretrizes aproximadas, não limites rígidos. Areia e pedregulho podem, ainda, ser subdivididos em frações grossas, médias e finas, conforme a definição da Figura 1.2. O estado de uma areia ou pedregulho pode ser definido como bem graduado, mal graduado, de graduação uniforme ou de graduação aberta, de acordo com a definição da Seção 1.4. No caso de pedregulhos, o formato das partículas (angular, subangular, subarredondada, arredondada, lamelar, alongada) e a textura da superfície (áspera, lisa, polida) podem ser descritos, se necessário. A composição das partículas também pode ser indicada. Normalmente, as partículas de pedregulho são fragmentos de rocha (por exemplo, arenito, xisto). As partículas de areia consistem, em geral, em grãos minerais específicos (por exemplo, quartzo, feldspato). Solos finos devem ser descritos como silte ou argila; termos como argila siltosa não devem ser usados.

Solos orgânicos contêm uma parcela significativa de matéria vegetal dispersa, que normalmente produz um odor característico e, muitas vezes, uma cor marrom-escura, cinza-escura ou cinza-azulada. A turfa consiste, predominantemente, em resíduos de plantas, que são, em geral, marrom-escuros ou pretos e têm um odor característico. Se os restos de plantas forem visíveis e conservarem alguma resistência, a turfa é descrita como fibrosa. Se forem visíveis, mas sua resistência tiver desaparecido, a turfa é pseudofibrosa. Se não forem visíveis restos de plantas, a turfa é descrita como amorfa. O conteúdo orgânico é medido pela queima de uma amostra de solo a uma temperatura controlada, a fim de determinar a redução de massa que corresponde ao conteúdo orgânico. De forma alternativa, o solo pode ser tratado com peróxido de hidrogênio (H_2O_2), que também remove o conteúdo orgânico, resultando em uma perda de massa.

Os tipos compostos de solos grossos estão descritos na Tabela 1.2, sendo o componente predominante escrito em letras maiúsculas. Os solos finos contendo 35–65% de material grosso são descritos como SILTE (ou ARGILA) com areia (arenoso) ou pedregulho (pedregulhoso). Depósitos que contêm mais de 50% de matacões ou pedras são

Tabela 1.2 Tipos compostos de solos grossos

PEDREGULHO levemente arenoso	Até 5% de areia
PEDREGULHO arenoso	5–20% de areia
PEDREGULHO muito arenoso	Mais de 20% de areia
PEDREGULHO e AREIA	Proporções aproximadamente iguais
AREIA muito pedregulhosa	Mais de 20% de pedregulho
AREIA pedregulhosa	5–20% de pedregulho
AREIA levemente pedregulhosa	Até 5% de pedregulho
AREIA (e/ou PEDREGULHO) levemente siltosa	Até 5% de silte
AREIA (e/ou PEDREGULHO) siltosa	5–20% de silte
AREIA (e/ou PEDREGULHO) muito argilosa	Mais de 20% de silte
AREIA (e/ou PEDREGULHO) levemente argilosa	Até 5% de argila
AREIA (e/ou PEDREGULHO) argilosa	5–20% de argila
AREIA (e/ou PEDREGULHO) muito argilosa	Mais de 20% de argila

Nota: Termos como "AREIA pedregulhosa levemente argilosa" (tendo menos de 5% de argila e pedregulho) e "PEDREGULHO arenoso siltoso" (tendo 5–20% de silte e areia) podem ser usados, com base nas proporções anteriores dos constituintes secundários.

* A classificação de solos no Brasil está definida na ABNT NBR 6502:1995, Rochas e Solos. (N.T.)

denominados muito grossos e, normalmente, podem ser descritos apenas em escavações e exposições naturais. Misturas de materiais muito grossos com solos finos podem ser explicadas combinando-se as descrições dos dois componentes – por exemplo, MATACÕES com algum MATERIAL MAIS FINO (areia); AREIA pedregulhosa com MATACÕES esporádicos.

O estado de compactação ou rigidez do solo *in situ* pode ser avaliado por intermédio dos ensaios ou das indicações detalhadas na Tabela 1.3.

Tabela 1.3 Estado de compactação e rigidez do solo

Grupo do solo	*Termo (densidade relativa - Seção 1.6)*	*Teste de campo ou indicação*
Solos grossos	Muito solto (0–20%) Solto (20–40%) Medianamente denso (40–60%) Denso (60–80%) Muito denso (80–100%)	Avaliado com base no valor *N* determinado por intermédio do Standard Penetration Test (SPT; Ensaio-Padrão de Penetração) — ver Capítulo 7 Para obter uma definição de densidade relativa, ver Equação 1.23
	Levemente cimentado	Exame visual: ferramenta remove solo em torrões que podem ser raspados
Solos finos	Não compacto	Facilmente moldados ou esmagados pelos dedos
	Compacto	Podem ser moldados ou esmagados por uma pressão forte dos dedos
	Muito mole (ou muito fofo)	O dedo pode ser enterrado facilmente até 25 mm
	Mole (ou fofo)	O dedo pode ser enterrado até 10 mm
	Firme (ou médio)	O polegar pode ser impresso facilmente
	Rígido	O polegar pode causar uma leve depressão
	Muito rígido	A unha do polegar pode fazer um sulco
	Duro	A unha do polegar pode arranhar a superfície
Solos orgânicos	Firme (ou médio)	As fibras já estão comprimidas
	Esponjoso	Estrutura muito compressível e aberta
	Plástico	Podem ser moldados na mão e mancham os dedos

Descontinuidades como fissuras e planos de cisalhamento, incluindo a distância entre eles, devem ser indicadas. Características de estratificação, incluindo sua espessura, devem ser detalhadas. Camadas alternadas de tipos variáveis de solo ou com bandas (faixas) ou lentes de outros materiais são descritas como **interestratificadas**. Camadas de tipos de solos diferentes são descritas como **intercaladas** ou **interlaminadas**, e suas espessuras são indicadas. Superfícies de estratificação separadas com facilidade são denominadas **partições** (**lâminas**). Se estas incorporarem outros materiais, isso deve ser descrito.

Alguns exemplos de descrição de solos são os seguintes:

AREIA densa, marrom-avermelhada, subangular, bem graduada.
ARGILA firme, cinza, laminada, com divisões esporádicas de silte de 0,5–2,0 mm (Aluvião).
AREIA densa, marrom, bem graduada, muito siltosa e PEDREGULHO com algumas PEDRAS DE MÃO (Tilito).
ARGILA rígida, marrom, muito fissurada (Argila London).
TURFA esponjosa, marrom-escura, fibrosa (Depósitos recentes).

Sistemas de classificação de solos

Sistemas gerais de classificação nos quais os solos são divididos em grupos de comportamentos com base em sua granulometria e plasticidade são usados há muitos anos. A característica desses sistemas é que cada grupo de solos é indicado por um símbolo de letras representando os termos principais e de qualificação. Os termos e as letras usados no Reino Unido estão detalhados na Tabela 1.4. O limite entre solos grossos e finos é, geralmente, tido como 35% de finos (isto é, partículas menores do que 0,06 mm). Os limites de liquidez e de plasticidade são usados para classificar solos finos, empregando-se a tabela mostrada na Figura 1.12. Os eixos do gráfico de plasticidade são o índice de plasticidade e o limite de liquidez; portanto, as características de plasticidade de um determinado solo podem ser representadas por um ponto no gráfico. As letras de classificação são atribuídas aos solos de acordo com a zona dentro da qual o ponto se situa. O gráfico é dividido em cinco faixas de limite de liquidez. As quatro faixas

I, H, V e E podem ser combinadas como uma superior (U), se não for exigida uma designação mais precisa ou se foi usado um procedimento rápido de avaliação para determinar a plasticidade. A linha diagonal no gráfico, conhecida como **linha-A**, não deve ser encarada como um limite rígido entre argila e silte, no que diz respeito à descrição do solo, em contraste com a classificação. Ela pode ser representada matematicamente por

$$I_P = 0{,}73(w_L - 20) \tag{1.5}$$

A letra que indica a fração dominante de tamanho é colocada no início do símbolo do grupo. Se um solo tiver uma quantidade significativa de matéria orgânica, é adicionado o sufixo O como última letra. Um símbolo de grupo pode consistir em duas ou mais letras, por exemplo:

SW – AREIA bem graduada
SCL – AREIA muito argilosa (argila de baixa plasticidade)
CIS – ARGILA arenosa de plasticidade intermediária
MHSO – SILTE orgânico arenoso de alta plasticidade.

Sempre se deve dar o nome do grupo de solo, conforme já mencionado, além do símbolo, com a extensão da subdivisão dependendo de cada caso. Caso se tenha usado um procedimento rápido para avaliar a granulometria e a plasticidade, o símbolo de grupo deve ser colocado entre colchetes para indicar o menor grau de precisão associado a esse procedimento.

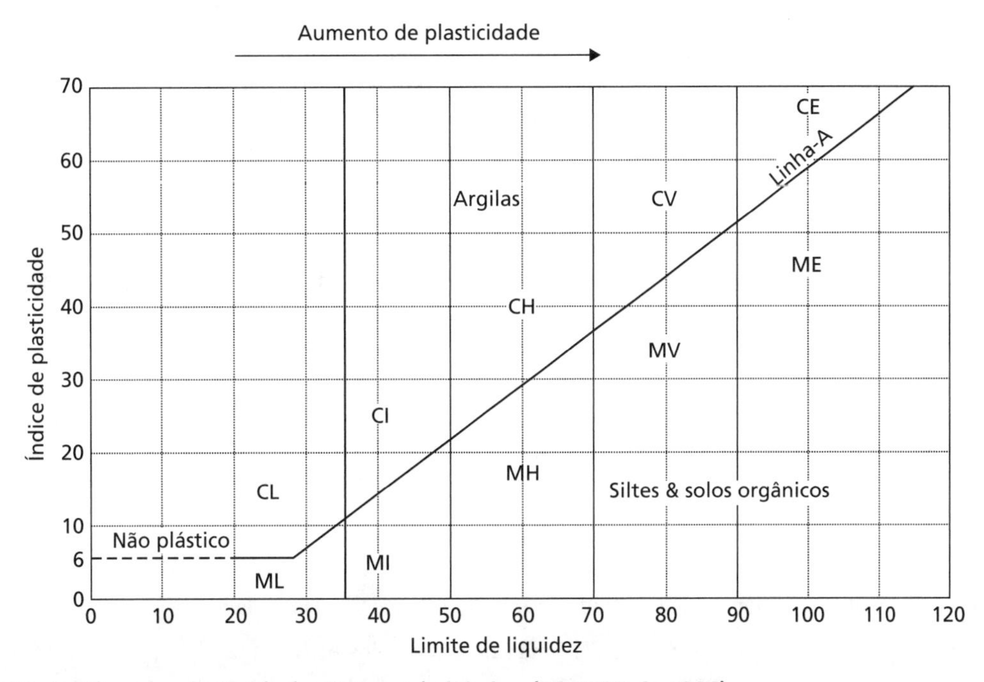

Figura 1.12 Gráfico de plasticidade: Sistema britânico (BS 1377–2: 1990).

Tabela 1.4 Termos de descrição de classificação de solo (BS 5930)

Termos principais		*Termos qualificadores*	
PEDREGULHO	G	Bem graduado	W
AREIA	S	Mal graduado	P
		Uniforme	Pu
		Graduação aberta	Pg
SOLO FINO, FINOS	F	De baixa plasticidade (w_L < 35)	L
SILTE (SOLO M)	M	De plasticidade intermediária (w_L 35–50)	I
ARGILA	C	De alta plasticidade (w_L 50–70)	H
		De plasticidade muito alta (w_L 70–90)	V
		De plasticidade extremamente alta (w_L > 90)	E
		Da faixa superior de plasticidade (w_L > 35)	U
TURFA	Pt	Orgânico (pode ser um sufixo para qualquer grupo)	O

O termo SOLO FINO ou FINOS (F) é usado quando não for exigida, ou não for possível, a diferenciação entre SILTE (M) e ARGILA (C). O SILTE (M) aparece abaixo da linha-A, e a ARGILA (C) aparece acima dela no gráfico de plasticidade, isto é, o silte exibe propriedades plásticas para um intervalo menor de teor de umidade (quantidade de água) do que as argilas com o mesmo limite de liquidez. SILTE ou ARGILA são classificados como pedregulhosos (ou "com pedregulhos") se mais de 50% da fração grossa for do tamanho de pedregulho e como arenosos se mais de 50% for do tamanho de areia. Adota-se o termo alternativo SOLO-M para descrever o material que, independentemente de sua distribuição granulométrica (ou seja, da distribuição do tamanho de suas partículas), aparece abaixo da linha-A no gráfico de plasticidade: o uso desse termo evita a confusão com solos cujo tamanho predominante é o de silte (mas com uma proporção significativa de partículas do tamanho de argila), que aparecem acima da linha-A. Normalmente, os solos finos que contêm quantidades significativas de matéria orgânica têm limites de liquidez que variam de altos a extremamente altos e aparecem no gráfico abaixo da linha-A como silte orgânico. Normalmente, as turfas têm limites de liquidez que variam de altos a extremamente altos.

Quaisquer pedras de mão ou matacões (partículas retidas em uma peneira de 6 mm) são removidas do solo antes de serem realizados os ensaios de classificação, mas suas porcentagens na amostra total devem ser determinadas ou estimadas. As misturas de solo com pedras de mão ou matacões podem ser indicadas usando-se as letras Cb (*COBBLES*, que significa pedras de mão) ou B (*BOULDER*, que significa matacão) unidas por um sinal de + ao símbolo do grupo para o solo, com o componente dominante aparecendo no início – por exemplo:

GW + Cb — PEDREGULHO bem graduado com PEDRAS DE MÃO
B + CL — MATACÕES com ARGILA de baixa plasticidade.

Um sistema similar de classificação, conhecido como Unified Soil Classification System (USCS; Sistema Unificado de Classificação de Solos), foi desenvolvido nos Estados Unidos (descrito na ASTM D2487), mas com subdivisões menos detalhadas. Considerando que o método USCS é popular em outras partes do mundo, são fornecidas versões da Figura 1.12 e da Tabela 1.4 no site da LTC Editora.

Exemplo 1.1

Os resultados da análise do tamanho das partículas de quatro solos, A, B, C e D, são mostrados na Tabela 1.5. Os resultados dos ensaios de limite de liquidez e de plasticidade no solo D são:

TABELA A

Limite de liquidez:					
Penetração do cone (mm)	15,5	18,0	19,4	22,2	24,9
Teor de umidade (%)	39,3	40,8	42,1	44,6	45,6
Limite de plasticidade:					
Teor de umidade (%)	23,9	24,3			

A fração de finos do solo C tem limite de liquidez $I_L = 26$ e índice de plasticidade $I_P = 9$.

a) Determine os coeficientes de uniformidade e curvatura dos solos A, B e C.
b) Determine os símbolos de grupos, com os termos principais e qualificadores para cada solo.

Tabela 1.5 Exemplo 1.1

Peneira	*Tamanho das partículas**	*Percentual menor*			
		Solo A	Solo B	Solo C	Solo D
63 mm		100		100	
20 mm		64		76	
6,3 mm		39	100	65	
2 mm		24	98	59	
600 mm		12	90	54	
212 mm		5	9	47	100
63 mm		0	3	34	95
	0,020 mm			23	69
	0,006 mm			14	46
	0,002 mm			7	31

Nota: * A partir do ensaio de sedimentação.

Solução

As curvas de distribuição granulométrica (ou distribuição de tamanho das partículas) estão desenhadas na Figura 1.13. Para os solos A, B e C, os tamanhos D_{10}, D_{30} e D_{60} são lidos nas curvas, e os valores de C_u e C_z são calculados:

TABELA B

Solo	D_{10}	D_{30}	D_{60}	C_U	C_Z
A	0,47	3,5	16	3,4	1,6
B	0,23	0,30	0,41	1,8	0,95
C	0,003	0,042	2,4	8,00	0,25

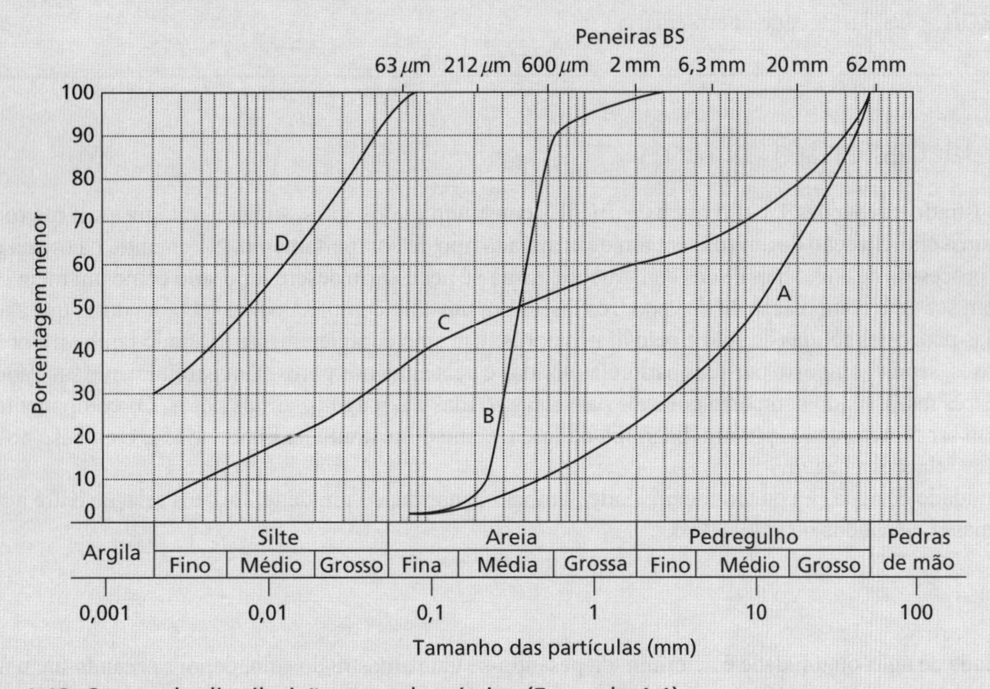

Figura 1.13 Curvas de distribuição granulométrica (Exemplo 1.1).

Para o solo D, o limite de liquidez é obtido de acordo com a Figura 1.14, na qual é apresentado um gráfico da penetração do cone em função do teor de umidade (quantidade de água). Este último, arredondado para o valor inteiro mais próximo, que corresponde à penetração de 20 mm, é o limite de liquidez e vale 42%. O

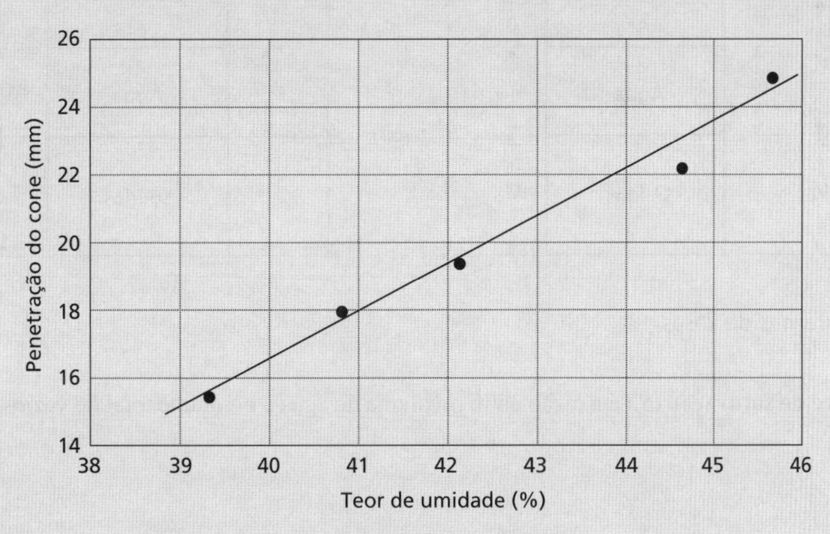

Figura 1.14 Determinação do limite de liquidez (Exemplo 1.1).

limite de plasticidade é a média dos dois percentuais de teor de umidade, novamente, arredondada para o valor inteiro mais próximo, isto é, 24%. O índice de plasticidade é a diferença entre o limite de liquidez e o limite de plasticidade, ou seja, 18%.

O solo A consiste em 100% de material grosso (76% do tamanho de pedregulho; 24% do tamanho de areia) e é classificado como GW: PEDREGULHO bem graduado, muito arenoso.

O solo B consiste em 97% de material grosso (95% do tamanho de areia; 2% do tamanho de pedregulho) e 3% de finos. Ele é classificado como SPu: AREIA média, uniforme, levemente siltosa.

O solo C é constituído de 66% de material grosso (41% do tamanho de pedregulho; 25% do tamanho de areia) e 34% de finos ($w_L = 26$, $I_P = 9$, localizando-se na zona CL do gráfico de plasticidade). A classificação é GCL: PEDREGULHO muito argiloso (argila de baixa plasticidade). Esse é um depósito glacial (ou tilito) com uma grande variação no tamanho de partículas.

O solo D contém 95% de material fino; o limite de liquidez é 42, e o índice de plasticidade é 18, localizando-se imediatamente acima da linha-A na zona CI do gráfico de plasticidade. Sua classificação é, portanto, CI: ARGILA de plasticidade intermediária.

1.6 Relações entre as fases

Foi demonstrado nas Seções 1.1–1.5 que as partículas constituintes dos solos, sua mineralogia e sua microestrutura determinam a classificação de um solo em um determinado tipo de comportamento. No entanto, na escala da maior parte dos processos de engenharia e das construções, torna-se necessário descrever o solo como um meio contínuo. Eles podem ser uma composição de duas ou três fases. Em um solo completamente seco, há duas, que são constituídas pelas partículas sólidas de solo e pelo ar nos poros. Um solo completamente saturado também é constituído de duas fases, sendo composto por suas partículas sólidas e pela água nos poros. Um parcialmente saturado é constituído de três fases, sendo composto por suas partículas sólidas e por água e ar nos poros. Os componentes de um solo podem ser representados por um diagrama de fases, como o mostrado na Figura 1.15a, com base no qual são definidas as relações a seguir.

A quantidade de água (w) ou teor de umidade, também denominado umidade, (m), é a relação entre a massa de água e a massa de sólidos no solo, isto é,

$$w = \frac{M_w}{M_s} \tag{1.6}$$

A quantidade de água ou umidade é determinada pesando-se uma amostra do solo, depois, secando-a em um forno a uma temperatura de 105°–110°C e pesando-a novamente. A secagem deve continuar até quando a diferença entre pesagens sucessivas, com intervalos de quatro horas, não for maior do que 0,1% da massa original da amostra. Normalmente, um período de secagem de 24 h é adequado para a maioria dos solos.

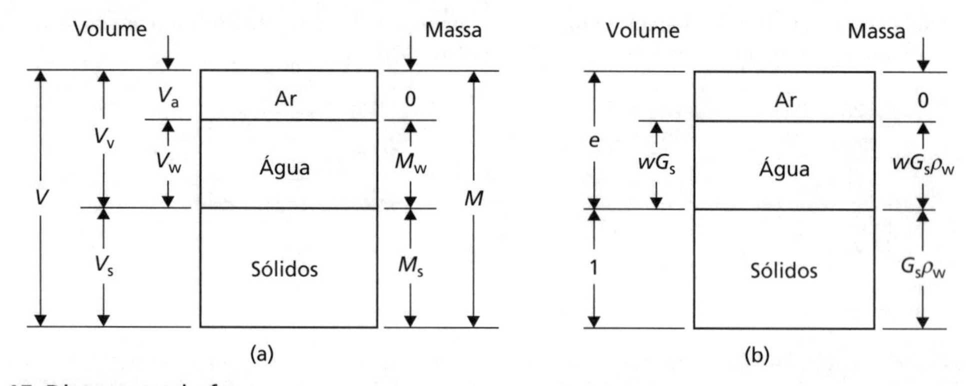

Figura 1.15 Diagramas de fases.

O grau ou **índice de saturação** (S_r) é a razão entre o volume de água e o volume total de vazios, isto é,

$$S_r = \frac{V_w}{V_v} \tag{1.7}$$

O grau de saturação pode variar entre os limites de zero, para um solo completamente seco, e 1 (ou 100%), para um solo completamente saturado.

O **índice de vazios** (e) é a razão entre o volume de vazios e o volume de sólidos, isto é,

$$e = \frac{V_v}{V_s} \tag{1.8}$$

A **porosidade** (n) é a razão entre o volume de vazios e o volume total do solo, isto é,

$$n = \frac{V_v}{V} \tag{1.9}$$

Como $V = V_v + V_s$, o índice de vazios e a porosidade estão inter-relacionados da seguinte maneira:

$$e = \frac{n}{1-n} \tag{1.10}$$

$$n = \frac{e}{1+e} \tag{1.11}$$

O **volume específico** (v) é o volume total de solo que contém um volume unitário de sólidos, isto é,

$$v = \frac{V_v}{V_s} = 1 + e \tag{1.12}$$

A **quantidade de ar** ou índice de vazio de ar (A) é a razão entre o volume de ar e o volume total do solo, isto é,

$$A = \frac{V_a}{V} \tag{1.13}$$

A **massa específica aparente** ou densidade (ρ) de um solo é a razão entre a massa total e o volume total, isto é,

$$\rho = \frac{M}{V} \tag{1.14}$$

As unidades convenientes para densidade são kg/m^3 ou mg/m^3. A densidade da água (1000 kg/m^3 ou 1,00 mg/m^3) é indicada por ρ_w.

A densidade relativa das partículas de solo ou **densidade relativa dos grãos** (G_s) é dada por

$$G_s = \frac{M_s}{V_s \rho_w} = \frac{\rho_s}{\rho_w} \tag{1.15}$$

em que ρ_s é a densidade ou **massa específica das partículas**.*

De acordo com a definição do índice de vazios, se o volume de sólidos for de 1 unidade, o volume de vazios será de e unidades. A massa de sólidos será, então, $G_s\rho_w$, e, pela definição de teor de umidade, a massa de água será $wG_s\rho_w$. O volume de água será, com isso, wG_s. Esses volumes e massas estão representados na Figura 1.15b. Com base nessa figura, podem-se obter as relações que se seguem.

O grau de saturação (definição na Equação 1.7) é

$$S_r = \frac{V_w}{V_v} = \frac{wG_s}{e} \tag{1.16}$$

O índice de vazios é a fração do volume total ocupado pelo ar, isto é

$$A = \frac{V_a}{V} = \frac{e - wG_s}{1+e} \tag{1.17}$$

ou, pelas Equações 1.11 e 1.16,

$$A = n(1 - S_r) \tag{1.18}$$

Pela Equação 1.14, a massa específica aparente de um solo é:

$$\rho = \frac{M}{V} = \frac{G_s(1+w)\rho_s}{1+e} \tag{1.19}$$

ou, pela Equação 1.16,

$$\rho = \frac{G_s + S_r e}{1+e}\rho_w \tag{1.20}$$

A Equação 1.20 é válida para qualquer solo. No entanto, dois casos especiais que ocorrem frequentemente são quando o solo está completamente saturado com água ou com ar. Para um solo completamente saturado, $S_r = 1$, fornecendo:

$$\rho_{sat} = \frac{G_s + e}{1+e}\rho_w \tag{1.21}$$

* No Brasil, a ABNT NBR 6508:1984 prescreve o método de determinação da massa específica dos grãos de solos que passam na peneira de 4,8 mm (de acordo com a ABNT NBR 5734), com o uso do picnômetro, por meio da realização de, pelo menos, dois ensaios. (N.T.)

Para um solo completamente seco ($S_r = 0$):

$$\rho_d = \frac{G_s}{1+e}\rho_w \tag{1.22}$$

O **peso específico aparente** (ou natural) (γ) de um solo é a razão entre o peso total (mg) e o volume total, isto é,

$$\gamma = \frac{Mg}{V} = \rho g$$

Multiplicando as Equações 1.19 e 1.20 por g, fica-se com

$$\gamma = \frac{G_s(1+w)}{1+e}\gamma_w \tag{1.19a}$$

$$\gamma = \frac{G_s + S_r e}{1+e}\gamma_w \tag{1.20a}$$

em que γ_w é o peso específico da água. As unidades convenientes são kN/m^3, com o peso específico da água igual a 9,81 kN/m^3 (ou 10,0 kN/m^3, no caso de água do mar).

No caso de areias e pedregulhos, é usado o grau de compacidade ou **compacidade relativa** (I_D) para expressar o relacionamento entre o índice de vazios *in situ* (e), ou o índice de vazios de uma amostra, e os valores limites $e_{máx}$ e $e_{mín}$, que representam os estados de adensamento mais solto e mais denso possíveis do solo. O grau de compacidade (também conhecido por densidade relativa) é definido como

$$I_D = \frac{e_{máx} - e}{e_{máx} - e_{mín}} \tag{1.25}$$

Dessa forma, o grau de compacidade de um solo em seu estado mais denso possível ($e = e_{mín}$) é igual a 1 (ou 100%), e o grau de compacidade em seu estado menos denso possível ($e = e_{máx}$) é 0.

A massa específica máxima é determinada pela compactação de uma amostra submersa em um molde, usando um soquete circular de aço conectado a um martelo vibratório: é usado um molde 1–l para areias e um 2,3–l para pedregulhos. O solo do molde é, então, secado em um forno, permitindo, assim, que se determine a massa específica seca. Esta pode ser determinada por um dos procedimentos a seguir. No caso de areias, um cilindro medindo 1–l é parcialmente preenchido com uma amostra seca de massa com 1000 g, e o topo dele é fechado com um aparador de borracha. A massa específica mínima é encontrada sacudindo-se e virando-se o cilindro várias vezes e, depois, lendo-se o volume resultante nas graduações no cilindro. No caso de pedregulhos e pedregulhos arenosos, despeja-se uma amostra de uma altura de, aproximadamente, 0,5 m em um molde 2,3–l, e a massa específica seca resultante é determinada. Detalhes completos dos testes anteriores são encontrados na norma BS 1377, Parte 4 (1990). O índice de vazios pode ser calculado a partir de um valor de massa específica seca usando-se a Equação 1.22. No entanto, o grau de compacidade pode ser calculado diretamente do valor máximo, do valor mínimo e do valor *in situ* da massa específica seca, evitando a necessidade de conhecer o valor de G_s (ver o Problema 1.5).

Exemplo 1.2

Em sua condição natural, uma amostra de solo tem massa de 2290 g e um volume de $1{,}15 \times 10^{-3}$ m^3. Depois de completamente seca em um forno, a massa da amostra fica com 2035 g. O valor de G_s para o solo é 2,68. Determine a massa específica aparente, o peso específico, o teor de umidade, o índice de vazios, a porosidade, o grau de saturação e o conteúdo de ar.

Solução

$$\text{Massa específica aparente, } \rho = \frac{M}{V} = \frac{2{,}290}{1{,}15\times10^{-3}} = 1990\,\text{kg/m}^3\,(1{,}99\ \text{mg/m}^3)$$

$$\text{Peso específico, } \gamma = \frac{Mg}{V} = 1990\times9{,}8 = 19\,500\,\text{N/m}^3$$

$$= 19{,}5\,\text{kN/m}^3$$

$$\text{Teor de umidade (quantidade de água), } w = \frac{M_w}{M_s} = \frac{2290-2035}{2035} = 0{,}125 \text{ ou } 12{,}5\%$$

Pela Equação 1.19,

$$\text{Índice de vazios, } e = G_s(1+w)\frac{\rho_w}{\rho} - 1$$
$$= \left(2{,}68 \times 1{,}125 \times \frac{1000}{1990}\right) - 1$$
$$= 1{,}52 - 1$$
$$= 0{,}52$$

$$\text{Porosidade, } n = \frac{e}{1+e} = \frac{0{,}52}{1{,}52} = 0{,}34 \text{ ou } 34\%$$

$$\text{Grau de saturação, } S_r = \frac{wG_s}{e} = \frac{0{,}125 \times 2{,}68}{0{,}52} = 0{,}645 \text{ ou } 64{,}5\%$$

$$\text{Quantidade de ar, } A = n(1 - S_r) = 0{,}34 \times 0{,}355$$
$$= 0{,}121 \text{ ou } 12{,}1\%$$

1.7 Compactação de solos

Compactação é o processo de aumentar a massa específica (densidade) de um solo, agrupando (adensando) as partículas com uma redução do volume de ar; não há mudança significativa no volume de água do solo. Na construção de aterros e barragens, o solo solto é colocado em camadas cujas espessuras variam de 75 a 450 mm, com cada uma sendo compactada de acordo com um padrão especificado por meio de rolos compressores, vibradores ou soquetes. Em geral, quanto maior o grau de compactação, maior a resistência ao cisalhamento e menor a compressibilidade do solo (veja os Capítulos 4 e 5). Um **aterro de engenharia** é aquele no qual o solo foi selecionado, colocado e compactado de acordo com uma especificação apropriada, com a finalidade de apresentar um determinado desempenho sob o ponto de vista de engenharia, geralmente, com base em experiências passadas. O objetivo é assegurar que o aterro resultante tenha propriedades adequadas para suas funções. Ele contrasta com os aterros sanitários, que são criados sem considerar uma função de engenharia subsequente.

O grau de compactação de um solo é medido em termos da massa específica aparente seca, isto é, apenas a massa de sólidos por unidade de volume do solo. Se a massa específica aparente do solo for ρ e seu teor de umidade for w, então, a partir das Equações 1.19 e 1.22, verifica-se que a massa específica aparente seca é dada por

$$\rho_d = \frac{\rho}{1+w} \tag{1.24}$$

A massa específica seca de um determinado solo depois da compactação depende do teor de umidade e da energia fornecida pelo equipamento de compactação (denominada **energia de compactação** ou **esforço de compactação**).

Compactação em laboratório

As características de compactação de um solo podem ser avaliadas por meio de ensaios padronizados em laboratório. O solo é compactado em um molde cilíndrico utilizando-se um esforço de compactação padrão. No **ensaio Proctor**, o volume do molde é 1-l, e o solo (do qual foram removidas todas as partículas maiores do que 20 mm) é compactado por um soquete que consiste em uma massa de 2,5 kg caindo livremente de uma altura de 300 mm: o solo é compactado em três camadas iguais, que recebem 27 golpes do soquete cada uma. No **ensaio AASHTO modificado**, o molde é o mesmo usado no ensaio anterior, mas o soquete consiste em uma massa de 4,5 kg caindo de uma altura de 450 mm: o solo (do qual foram removidas todas as partículas maiores do que 20 mm) é compactado em cinco camadas, e cada uma recebe 27 golpes do soquete. Se a amostra contiver uma proporção limitada de partículas de até 37,5 mm, deve ser usado um molde de 2,3-l, com cada camada recebendo 62 golpes, tanto com o soquete de 2,5 kg quanto com o de 4,5 kg. No **ensaio de martelo vibratório**, o solo (do qual foram removidas todas as partículas maiores do que 37,5 mm) é compactado em três camadas em um molde

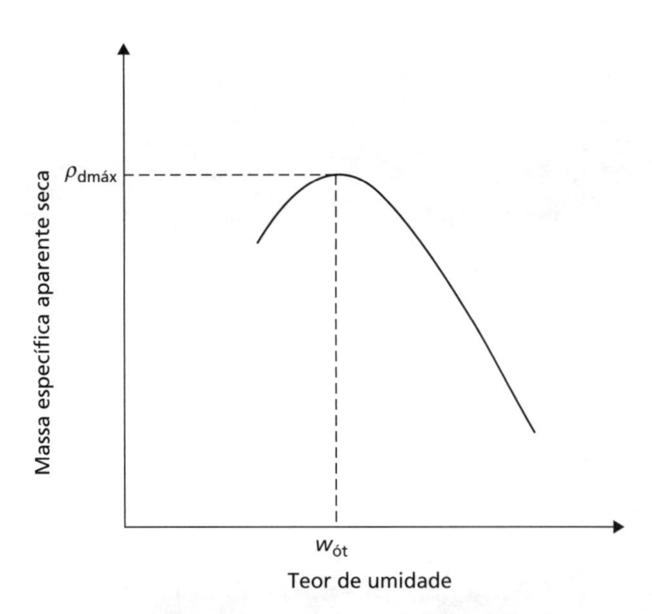

Figura 1.16 Relação entre a massa específica aparente seca e o teor de umidade.

de 2,3-l, utilizando um soquete circular adaptado a um martelo vibratório, e cada camada é compactada por um período de 60 s. Esses ensaios estão detalhados na BS 1377–4 (Reino Unido), EC7–2 (restante da Europa) e, nos Estados Unidos, na ASTM D698, D1557 e D7382.

Depois da compactação usando um dos três métodos-padrão, a massa específica aparente e o teor de umidade do solo são determinados, e a massa específica aparente seca é calculada. Para um determinado solo, o processo é repetido pelo menos cinco vezes, com o teor de umidade da amostra sendo aumentado a cada vez. A massa específica aparente seca é colocada em um gráfico em função do teor de umidade, obtendo-se uma curva conforme à mostrada na Figura 1.16. Ela mostra que, para um determinado método de compactação (isto é, para um determinado esforço de compactação), há um valor específico de teor de umidade, conhecido como **teor de umidade ótima** (ou, simplesmente **umidade ótima**, $w_{ót}$), para o qual é obtido um valor máximo de massa específica aparente seca. Com valores baixos de umidade, a maioria dos solos tende a ser rígida e difícil de compactar. Com o aumento da umidade, o solo se torna mais maleável, facilitando a compactação e tornando possível obter maiores massas específicas aparentes secas. No entanto, com valores elevados de teor de umidade, a massa específica aparente seca diminui conforme aumenta a umidade, já que uma proporção crescente do volume do solo vai sendo ocupada por água.

Se todo o ar em um solo pudesse ser expulso por compactação, o solo chegaria a um estado de saturação completa, e a massa específica aparente seca teria o valor máximo possível para um determinado teor de umidade. No entanto, na prática, não se consegue atingir esse grau de compactação. O valor máximo possível de massa específica aparente seca é conhecido como **massa específica aparente seca do material saturado** (**ρ_{d0}**), massa específica aparente seca de saturação ou ainda massa específica (densidade) seca máxima, e pode ser calculado a partir da expressão:

$$\rho_{d0} = \frac{G_s}{1 + wG_s}\rho_w \tag{1.25}$$

Em geral, a massa específica aparente seca, após a compactação correspondente a um teor de umidade w para uma quantidade de ar A, pode ser calculada a partir da seguinte expressão, obtida das Equações 1.17 e 1.22:

$$\rho_d = \frac{G_s(1 - A)}{1 + wG_s}\rho_w \tag{1.26}$$

O relacionamento calculado entre a massa específica aparente seca do material saturado (A = 0) e a umidade (para G_s = 2,65) é mostrado na Figura 1.17; a curva é denominada curva (ou linha) de saturação (ou linha de vazios de ar nulos). A curva experimental de massa específica aparente seca–teor de umidade para um determinado esforço de compactação deve se situar totalmente à esquerda da curva de saturação. As curvas que relacionam a umidade com a massa específica aparente seca, com quantidade de ar de 5% e 10%, também estão apresentadas na Figura 1.17, com os valores de massa específica aparente seca calculados por meio da Equação 1.26. Essas curvas permitem que seja determinada, por inspeção, a quantidade de ar em qualquer ponto da curva experimental de massa específica aparente seca–teor de umidade.

Para um solo em particular, são obtidas diferentes curvas de massa específica aparente seca–teor de umidade para diferentes esforços de compactação. As curvas que representam os resultados de ensaios usando os soquetes de 2,5 kg e 4,5 kg são mostradas na Figura 1.17. A curva para o ensaio de 4,5 kg é mostrada acima e à esquerda da curva para o ensaio de 2,5 kg. Dessa forma, um maior esforço de compactação resulta em um valor maior da massa específica seca e em um valor menor da umidade ótima; entretanto, os valores de quantidade de ar para a massa específica aparente seca máxima são aproximadamente iguais.

As curvas de massa específica aparente seca–teor de umidade para uma faixa de tipos de solo usando a mesma energia de compactação (o soquete BS de 2,5 kg) são mostradas na Figura 1.18. Em geral, solos grossos podem ser compactados até atingir massas específicas aparentes secas maiores do que as dos solos finos.

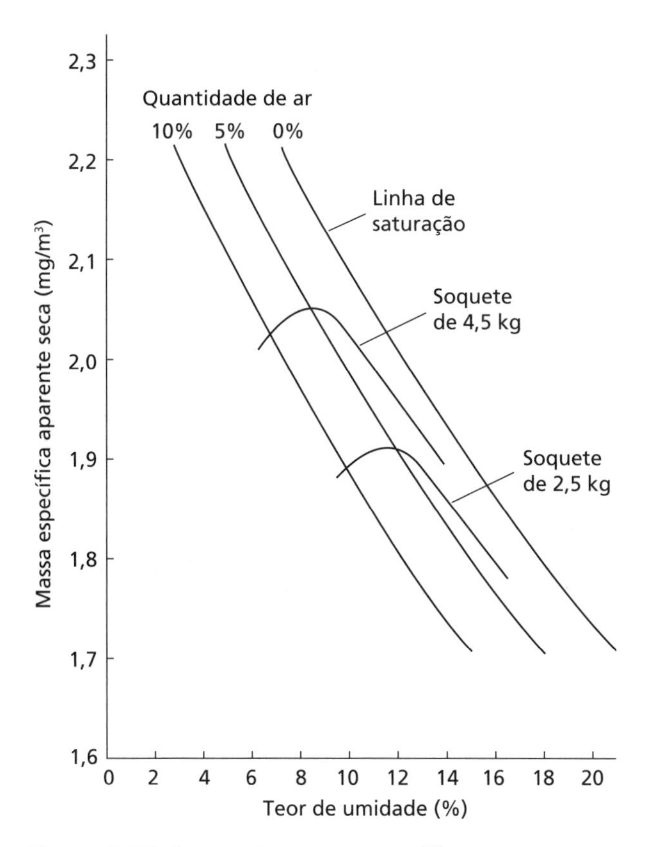

Figura 1.17 Curvas de massa específica aparente seca–teor de umidade para diferentes esforços de compactação.

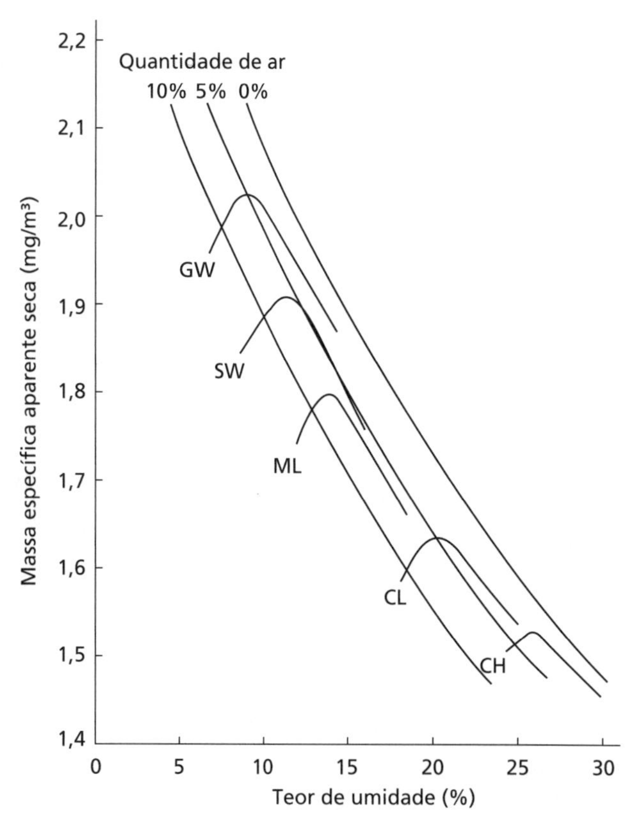

Figura 1.18 Curvas de massa específica aparente seca–teor de umidade para vários tipos de solos.

Compactação no campo

Os resultados de ensaios de compactação em laboratório não são aplicáveis diretamente à compactação no campo, porque a energia de compactação nos ensaios de laboratório é diferente e é aplicada de forma diversa daquela produzida por equipamentos no campo. Além disso, os ensaios de laboratório são realizados apenas com material menor do que 20 ou 37,5 mm. No entanto, as massas específicas aparentes secas máximas obtidas em laboratório usando os soquetes de 2,5 kg e 4,5 kg são adequadas para a faixa de valores de massas específicas secas produzida normalmente pelo equipamento de compactação no campo.

Deve-se fazer um número mínimo de passadas com o equipamento de compactação escolhido para produzir o valor exigido de massa específica seca. Esse número, que depende do tipo e da massa do equipamento e da espessura da camada de solo, normalmente, está dentro do intervalo 3–12. Acima de um determinado número de passadas, não se obtém aumento significativo na massa específica aparente seca. Em geral, quanto mais espessa a camada de solo, mais pesado é o equipamento exigido para produzir o grau de compactação adequado.

Há duas maneiras de proceder para atingir um padrão adequado de compactação no campo: **compactação pelo método** e **compactação pelo produto final**.

Na compactação pelo método, são especificados o tipo e a massa do equipamento, a profundidade da camada e o número de passadas. No Reino Unido, esses detalhes são fornecidos, para a classe de material em questão, na publicação Specification for Highway Works (Highways Agency, 2008). Na compactação pelo produto final, é especificada a massa específica aparente seca: a massa específica aparente seca do aterro compactado deve ser igual ou maior do que uma porcentagem definida de massa específica aparente seca máxima obtida em um dos ensaios-padrão de laboratório.

Os ensaios de massa específica no campo podem ser realizados, se considerados necessários, para verificar o padrão de compactação em obras de terra, a massa específica aparente seca ou a quantidade de ar calculados a partir dos valores medidos de massa específica aparente e de teor de umidade. Há vários métodos de medição da massa específica aparente no campo detalhados na BS 1377, Parte 4 (1990).

Os tipos de equipamentos de compactação usados normalmente no campo são descritos a seguir, e seus desempenhos em relação a uma série de solos-padrão são comparados na Figura 1.19. As imagens de todos os tipos de situações com a finalidade de identificação podem ser encontradas no site da LTC Editora.

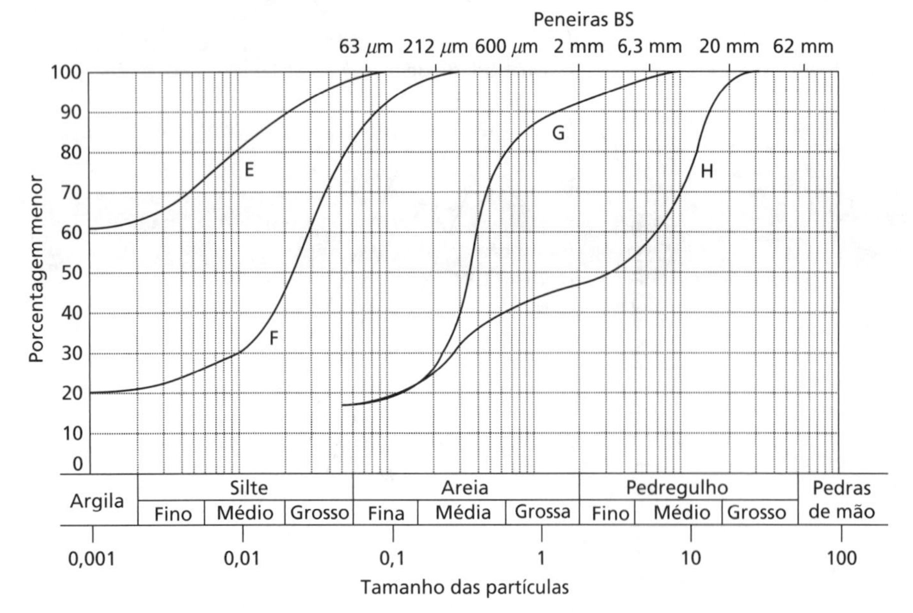

Figura 1.19a Envoltórias de desempenho dos vários métodos de compactação para tipos-padrão de solos (redesenhado com base em Croney e Croney, 1997): curvas de DTP dos solos.

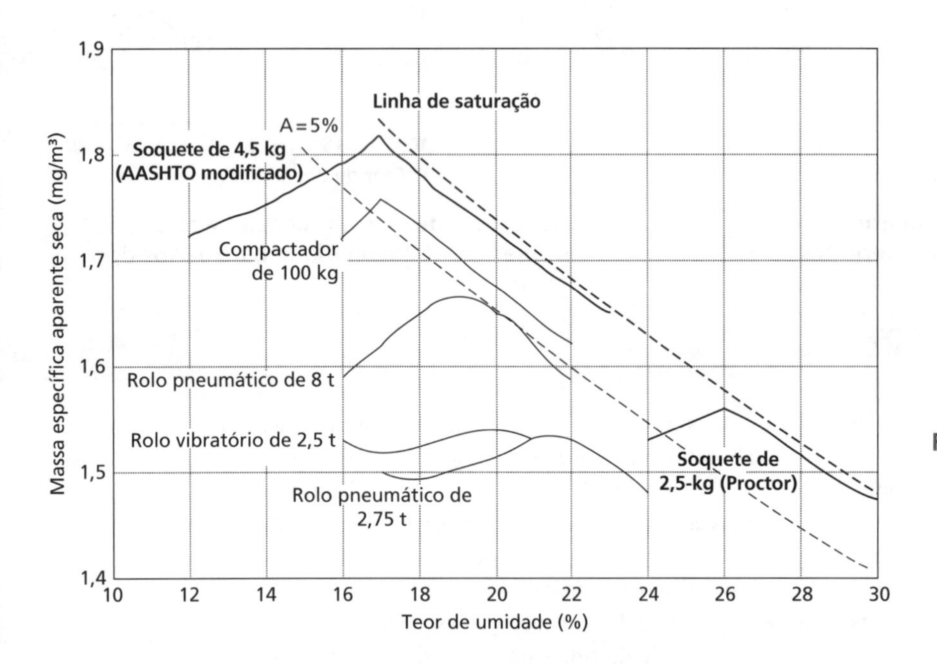

Figura 1.19b Envoltórias de desempenho dos vários métodos de compactação para tipos-padrão de solos (redesenhado com base em Croney e Croney, 1997): Solo E.

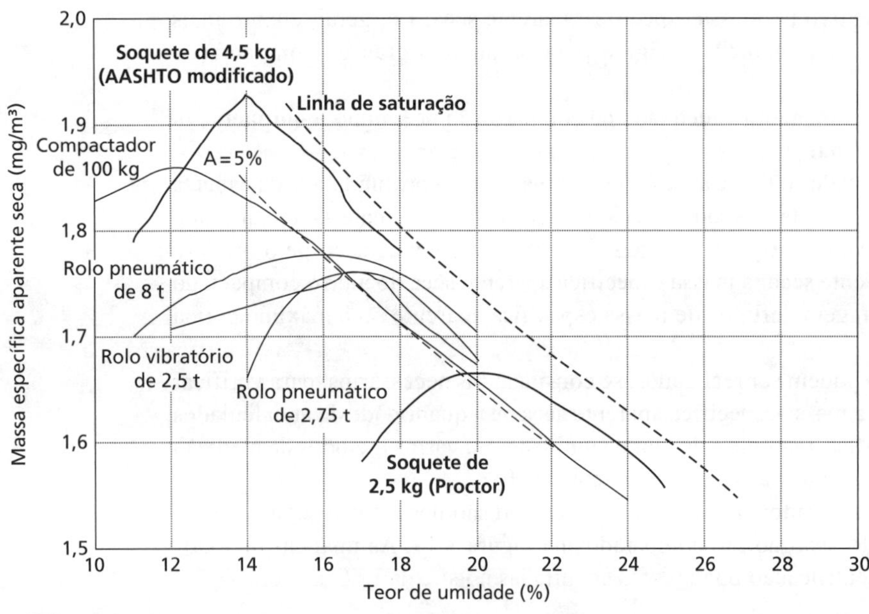

Figura 1.19c Envoltórias de desempenho dos vários métodos de compactação para tipos-padrão de solos (redesenhado com base em Croney e Croney, 1997): Solo F.

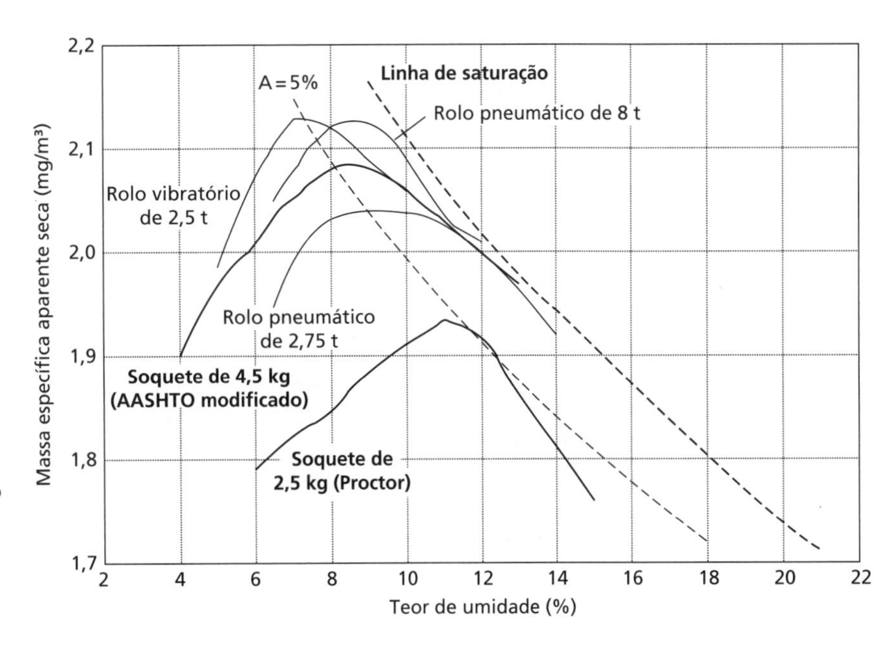

Figura 1.19d Envoltórias de desempenho dos vários métodos de compactação para tipos-padrão de solos (redesenhado com base em Croney e Croney, 1997): Solo G.

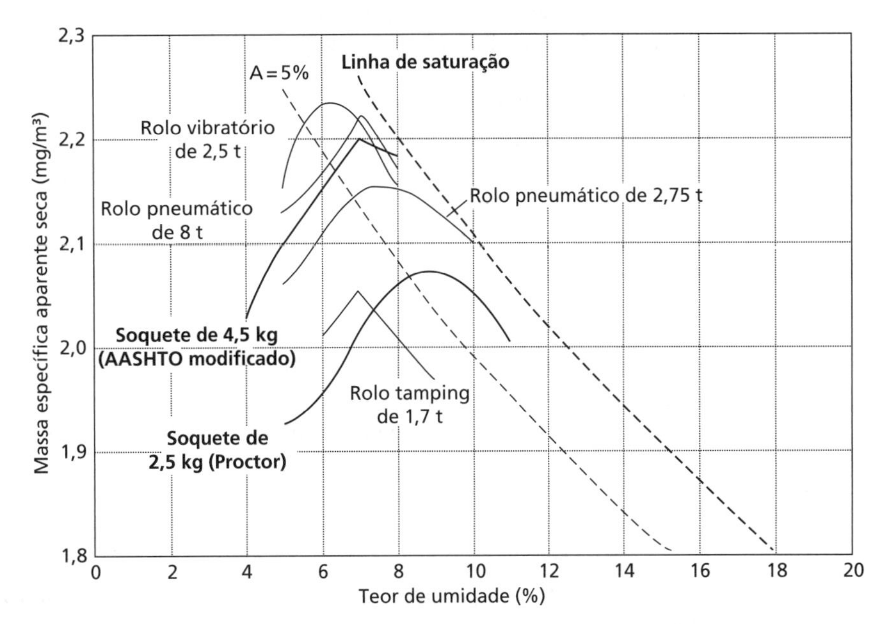

Figura 1.19e Envoltórias de desempenho dos vários métodos de compactação para tipos-padrão de solos (redesenhado com base em Croney e Croney, 1997): Solo H.

Rolos lisos

Esses equipamentos consistem em tambores ocos de aço, cuja massa pode ser aumentada por lastros de água ou areia. Eles são adequados para a maioria dos tipos de solos, exceto para areias uniformes e siltosas, uma vez que uma ação de mistura ou amassamento não se faz necessária. É produzida uma superfície lisa na camada compactada, favorecendo o escoamento de quaisquer águas de chuva, mas resultando em uma ligação relativamente fraca entre camadas sucessivas; o aterro como um todo tenderá, então, a se mostrar laminado. Os rolos lisos, e outros tipos de rolos descritos a seguir, podem ser rebocados ou autopropulsados.

Rolos pneumáticos

Esse equipamento é adequado a uma grande variedade de solos finos e grossos, mas não a um material de graduação uniforme. As rodas são colocadas bem próximas entre si em dois eixos, com o conjunto traseiro se sobrepondo às linhas do dianteiro para assegurar cobertura completa da superfície do solo. Os pneus são relativamente largos, com uma banda lisa e plana para que o solo não seja deslocado para os lados. Esse tipo de rolo também está disponível com um eixo especial que permite que as rodas oscilem, evitando, assim, que ele deixe de passar em pontos baixos e depressões da superfície. Os rolos pneumáticos transmitem ao solo uma ação de amassamento. A superfície acabada é relativamente lisa, resultando em um baixo grau de ligação entre as camadas. Se for essencial uma boa ligação, a superfície compactada deverá ser escarificada entre elas. Pode-se obter maior energia de compactação aumentando-se a pressão dos pneus ou, com menos eficiência, adicionando-se lastro (*kentledge*) ao corpo do rolo.

Rolos pés de carneiro

Esse tipo de rolo consiste em tambores ocos de aço, com várias patas afuniladas ou com forma de taco se projetando de suas superfícies. A massa dos tambores pode ser aumentada pelo acréscimo de lastro. A disposição das patas pode variar, mas, em geral, elas têm de 200 a 250 mm de comprimento, com uma área final de 40–65 cm^2. A pata transmite, assim, uma pressão relativamente alta em uma área pequena. De início, quando o solo está solto, os tambores ficam em contato com a superfície do solo. Depois, quando a pata saliente realiza a compactação abaixo da superfície e o solo torna-se suficientemente denso para suportar a alta pressão de contato, os tambores ficam elevados e sem contato com o solo. Os rolos pés de carneiro são mais adequados para solos finos, tanto plásticos quanto não plásticos, especialmente, com a umidade mais seca do que a ótima. Eles também são adequados para solos grossos com mais de 20% de finos. A ação da pata ocasiona uma mistura suficiente do solo, melhorando sua homogeneidade, e quebra torrões de material duro, fazendo com que o rolo seja particularmente adequado para recompactar argilas escavadas, que tendem a ser descarregadas na forma de grandes torrões ou fragmentos. Em consequência da penetração da pata, é produzida uma excelente ligação entre camadas sucessivas de solo, uma exigência importante para obras de contenção de água na terra. Os rolos *tamping* são similares aos rolos pés de carneiro, mas a pata tem uma área final maior, normalmente acima de 100 cm^2, e uma área total que supera em 15% a área da superfície dos tambores.

Rolos de grade

A superfície desses rolos consiste em uma rede de barras de aço que forma uma grade com orifícios quadrados. Pode-se adicionar lastro ao corpo do rolo. Os rolos de grade fornecem alta pressão de contato com o solo, mas pouca ação de amassamento, e são adequados à maioria dos solos grossos.

Rolos vibratórios

Trata-se de rolos lisos equipados com um mecanismo motorizado de vibração. Eles são usados para a maioria dos tipos de solos e são mais eficientes se a umidade deles for ligeiramente maior do que a ótima. São particularmente eficientes para solos grossos com pouca ou nenhuma fração de finos. A massa do rolo e a frequência de vibração devem ser adequadas ao tipo de solo e à espessura da camada. Quanto menor a velocidade do rolo, menor o número de passadas exigido.

Placas vibratórias

Esse equipamento, que é adequado à maioria dos tipos de solos, consiste em uma placa de aço com bordas voltadas para cima, ou uma placa curva, sobre a qual é montado um vibrador. A unidade, sob controle manual, é autopropulsionada e se movimenta lentamente sobre a superfície do solo.

Soquetes mecânicos

Soquetes (sapos) mecânicos controlados manualmente, em geral, movidos a gasolina, são usados para compactação de pequenas áreas cujo acesso é difícil ou onde o uso de equipamentos maiores não se justifica. Eles também são muito usados para compactação de reaterros em valas. Não funcionam de forma eficiente em solos de graduação uniforme.

As propriedades mecânicas modificadas de um solo compactado devem ser determinadas por ensaios de laboratório adequados, usando amostras retiradas das passadas de compactação no campo ou do solo compactado no laboratório (por exemplo, seguindo os procedimentos para o ensaio Proctor padrão; ver Capítulos 4 e 5); de forma alternativa, os ensaios *in situ* podem ser realizados nas obras de terra concluídas (Capítulo 7).

Ensaio da condição de umidade

Como uma alternativa aos ensaios-padrão de compactação, o ensaio de condição de umidade é largamente usado no Reino Unido. Este, desenvolvido pelo Transport and Road Research Laboratory (agora, TRL), permite que seja feita uma avaliação rápida da adequabilidade dos solos ao seu uso como materiais de aterro (Parsons e Boden, 1979). O ensaio não envolve a determinação do teor de umidade, uma causa de atraso na obtenção dos resultados dos ensaios de compactação, tendo em vista a necessidade de secagem do solo. Em princípio, o ensaio consiste em determinar a energia necessária para compactar uma amostra de solo (normalmente, de 1,5 kg) até que ela fique com massa específica muito próxima à máxima. O solo é compactado em um molde cilíndrico, com diâmetro interno de 100 mm, colocado no centro da placa-base do aparelho. A compactação é conferida por um soquete com 97 mm de diâmetro e 7 kg, que cai em queda livre de uma altura de 250 mm. A queda do soquete é controlada por um mecanismo ajustável de liberação e por duas barras direcionadoras verticais. A penetração do soquete no molde é medida por meio de uma escala no lado do soquete. Um disco de fibra é colocado no topo do solo para evitar a extrusão entre o soquete e o interior do molde. Detalhes completos desse teste são encontrados na BS 1377, Parte 4 (1990).

A penetração é medida em vários estágios de compactação. Para um determinado número de golpes do soquete (n), a penetração é subtraída da penetração a quatro vezes esse número de golpes ($4n$). A mudança de penetração entre n e $4n$ golpes é colocada em um gráfico em relação ao logaritmo (base 10) do menor número de golpes (n). Uma modificação de 5 mm na penetração é escolhida arbitrariamente para representar a condição além da qual não há aumento significativo da massa específica. O **valor da condição de umidade** (***moisture condition value***, ou MCV) é definido como igual a 10 vezes o logaritmo do número de golpes, que corresponde a uma variação de 5 mm no gráfico anterior. Um exemplo deste é mostrado na Figura 1.20. Para uma faixa de valores de tipos de solo, mostrou-se que o relacionamento entre o teor de umidade e o MCV é linear ao longo de uma faixa substancial de umidade. Detalhes dos tipos de solo para os quais o teste pode ser aplicado podem ser encontrados em Oliphant e Winter (1997).

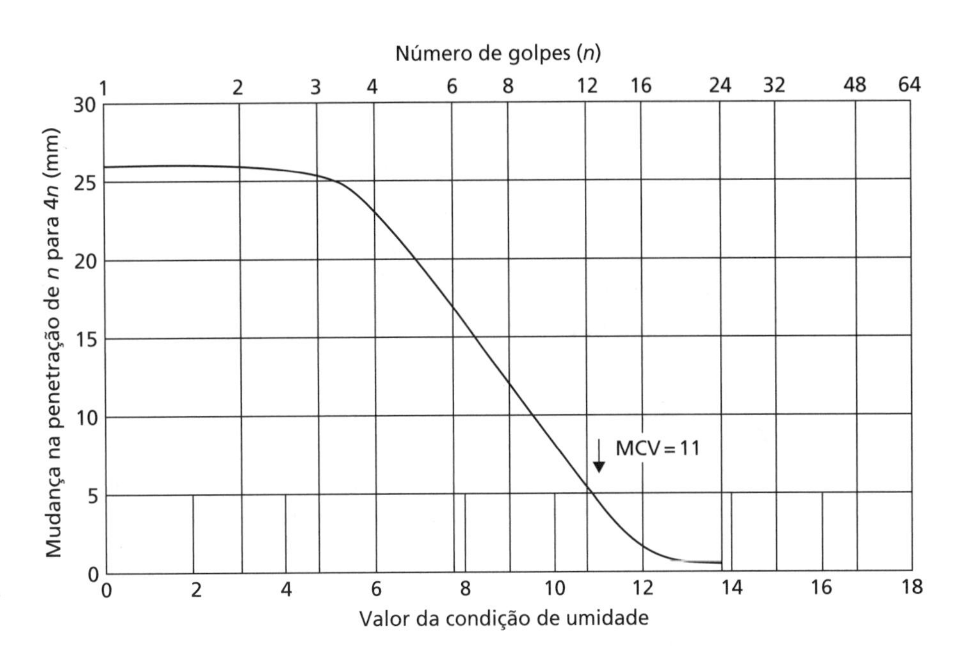

Figura 1.20 Ensaio de condição de umidade.

Resumo

1. Solo é um material composto de partículas e formado pelo intemperismo de rochas. As partículas podem ser granulares simples em uma grande faixa de variação de tamanhos (de matacões a silte) ou minerais de argila (de tamanho coloidal). O solo é formado, em geral, por uma mistura de tais partículas, e a presença de minerais de argila pode alterar significativamente as propriedades mecânicas do solo.
2. Os solos podem ser descritos e classificados por sua distribuição granulométrica (distribuição de tamanho das partículas). Os solos finos que consistem, sobretudo, em pequenas partículas (por exemplo, argilas e siltes) exibem normalmente comportamento plástico (por exemplo, coesão), que pode ser definido pela plasticidade e pelo índice de liquidez. Solos graúdos granulares, em geral, não exibem esse comportamento.
3. No nível da macrotextura, todos os solos podem ser idealizados como um contínuo com três fases, sendo estas compostas de partículas sólidas, água e ar. As proporções relativas dessas fases são controladas pela proximidade do adensamento das partículas, descrita pelo índice de vazios (e), teor de umidade (w) e grau de saturação (S_r).
4. Além de serem usados em estado *in situ*, os solos servem como material de aterro em construções geotécnicas. Sua compactação aumenta a resistência ao cisalhamento, reduz a compressibilidade e é necessária para conseguir o desempenho ótimo do aterro. A compactação pode ser quantificada por meio do ensaio Proctor e do ensaio de condição de umidade.

Problemas

1.1 Na Tabela 1.6 são fornecidos os resultados das análises de tamanho das partículas (análises granulométricas) e, quando apropriado, os ensaios de limites em amostras de quatro solos. Determine os símbolos dos grupos e forneça os termos principais e os qualificadores adequados a cada solo.

Tabela 1.6 Problema 1.1

		Percentual menor			
Peneira BS	*Tamanho das partículas*	*Solo I*	*Solo J*	*Solo K*	*Solo L*
63 mm					
20 mm		100			
6,3 mm		94	100		
2 mm		69	98		
600 mm		32	88	100	
212 mm		13	67	95	100
63 mm		2	37	73	99
	0,020 mm		22	46	88
	0,006 mm		11	25	71
	0,002 mm		4	13	58
Limite de liquidez			Não plástico	32	78
Limite de plasticidade				24	31

1.2 Um solo tem massa específica aparente de 1,91 mg/m³ e umidade de 9,5%. O valor de G_s é 2,70. Calcule o índice de vazios e o grau de saturação do solo. Quais seriam os valores de massa específica aparente e o teor de umidade se o solo estivesse completamente saturado com o mesmo índice de vazios?

1.3 Calcule o peso específico aparente seco e o peso específico aparente saturado de um solo com índice de vazios igual a 0,70 e um valor de G_s igual a 2,72. Calcule ainda o peso específico e o teor de umidade a um grau de saturação igual a 75%.

1.4 Uma amostra de solo tem 38 mm de diâmetro e 76 mm de comprimento, pesando 168,0 g em suas condições naturais. Ao ser completamente seca em um forno, a amostra passa a pesar 130,5 g. O valor de G_s é 2,73. Qual é o grau de saturação da amostra?

1.5 A massa específica aparente seca de uma areia é 1,72 mg/m³. A massa específica aparente seca máxima e a mínima, determinadas por ensaios-padrão de laboratório, são 1,81 mg/m³ e 1,54 mg/m³ respectivamente. Determine o grau de compacidade da areia.

1.6 O solo foi compactado em uma barragem a uma massa específica aparente de 2,15 mg/m³ e a uma quantidade de água de 12%. O valor de G_s é 2,65. Calcule a massa específica aparente seca, o índice de vazios, o grau de saturação e a quantidade de ar. Seria possível compactar o solo mencionado a uma quantidade de água de 13,5% até uma massa específica aparente seca de 2,00 mg/m³?

1.7 Os seguintes resultados foram obtidos de um ensaio de compactação-padrão em um solo:

TABELA C

Massa (g)	2010	2092	2114	2100	2055
Teor de umidade (%)	12,8	14,5	15,6	16,8	19,2

O valor de G_s é 2,67. Faça um gráfico da curva de massa específica aparente seca–teor de umidade; depois, dê a umidade ótima e a massa específica aparente seca máxima. Faça também um gráfico das curvas de zero, 5% e 10% da quantidade de ar e dê o valor desta quando a massa específica aparente seca for máxima. O volume do molde é de 1.000 cm³.

1.8 Determine o valor da condição de umidade para o solo cujos dados do ensaio de condição de umidade são os dados a seguir:

TABELA D

Número de golpes	1	2	3	4	6	8	12	16	24	32	64	96	128
Penetração (mm)	15,0	25,2	33,0	38,1	44,7	49,7	57,4	61,0	64,8	66,2	68,2	68,8	69,7

Referências

ASTM D698 (2007) *Standard Test Methods for Laboratory Compaction Characteristics of Soil Using Standard Effort (12,400 ft lbf/ft³ (600 kN m/m³))*, American Society for Testing and Materials, West Conshohocken, PA.
ASTM D1557 (2009) *Standard Test Methods for Laboratory Compaction Characteristics of Soil Using Modified Effort (56,000 ft lbf/ft³ (2,700 kN m/m³))*, American Society for Testing and Materials, West Conshohocken, PA.
ASTM D2487 (2011) *Standard Practice for Classification of Soils for Engineering Purposes (Unified Soil Classification System)*, American Society for Testing and Materials, West Conshohocken, PA.
ASTM D4318 (2010) *Standard Test Methods for Liquid Limit, Plastic Limit, and Plasticity Index of Soils*, American Society for Testing and Materials, West Conshohocken, PA.
ASTM D6913–04 (2009) *Standard Test Methods for Particle Size Distribution (Gradation) of Soils Using Sieve Analysis*, American Society for Testing and Materials, West Conshohocken, PA.
ASTM D7382 (2008) *Standard Test Methods for Determination of Maximum Dry Unit Weight and Water Content Range for Effective Compaction of Granular Soils Using a Vibrating Hammer*, American Society for Testing and Materials, West Conshohocken, PA.
Barnes, G.E. (2009) An apparatus for the plastic limit and workability of soils, *Proceedings ICE – Geotechnical Engineering*, **162**(3), 175–185.
British Standard 1377 (1990) *Methods of Test for Soils for Civil Engineering Purposes*, British Standards Institution, London.
British Standard 5930 (1999) *Code of Practice for Site Investigations*, British Standards Institution, London.
CEN ISO/TS 17892 (2004) *Geotechnical Investigation and Testing – Laboratory Testing of Soil*, International Organisation for Standardisation, Geneva.
Croney, D. and Croney, P. (1997) *The Performance of Road Pavements* (3rd edn), McGraw Hill, New York, NY.
Day, R.W. (2001) *Soil testing manual*, McGraw Hill, New York, NY.
EC7–2 (2007) *Eurocode 7: Geotechnical Design – Part 2: Ground Investigation and Testing, BS EN 1997–2:2007*, British Standards Institution, London.
Highways Agency (2008) Earthworks, in *Specification for Highway Works*, HMSO, Series 600, London.
Mitchell, J.K. and Soga, K. (2005) *Fundamentals of Soil Behaviour* (3rd edn), John Wiley & Sons, New York, NY.
Oliphant, J. and Winter, M.G. (1997) Limits of use of the moisture condition apparatus, *Proceedings ICE – Transport*, **123**(1), 17–29.
Parsons, A.W. and Boden, J.B. (1979) *The Moisture Condition Test and its Potential Applications in Earthworks*, TRRL Report 522, Crowthorne, Berkshire.
Sivakumar, V., Glynn, D., Cairns, P. and Black, J.A. (2009) A new method of measuring plastic limit of fine materials, *Géotechnique*, **59**(10), 813–823.
Waltham, A.C. (2002) *Foundations of Engineering Geology* (2nd edn), Spon Press, Abingdon, Oxfordshire.
White, D.J. (2003) PSD measurement using the single particle optical sizing (SPOS) method, *Géotechnique*, **53**(3), 317–326.

Leitura complementar

Collins, K. and McGown, A. (1974) The form and function of microfabric features in a variety of natural soils, *Géotechnique*, **24**(2), 223–254.
Fornece informações complementares sobre as estruturas das partículas de solo sob diferentes regimes de deposição.
Grim, R.E. (1962) *Clay Mineralogy*, McGraw-Hill, New York, NY.
Apresenta detalhes complementares sobre a mineralogia da argila em termos de sua química básica.
Rowe, P.W. (1972) The relevance of soil fabric to site investigation practice, *Géotechnique*, **22**(2), 195–300.
Apresenta 35 estudos de casos demonstrando como a história deposicional/geológica dos depósitos de solo influencia na seleção dos ensaios de laboratório e em sua interpretação, além das consequências para as construções geológicas. Inclui, ainda, várias fotografias mostrando uma série de diferentes tipos de solo e características da textura para ajudar na interpretação.
Henkel, D.J. (1982) Geology, geomorphology and geotechnics, *Géotechnique*, **32**(3), 175–194.
Apresenta uma série de estudos de caso demonstrando a importância da Geologia de Engenharia e observações geomorfológicas na Engenharia Geotécnica.

Para acessar os materiais suplementares desta obra, visite o site da LTC Editora.

Capítulo 2

Percolação

Resultados de aprendizagem

Depois de trabalhar com o material deste capítulo, você deverá ser capaz de:

1 Determinar a permeabilidade dos solos usando os resultados dos ensaios de laboratório e dos ensaios *in situ* conduzidos no campo (Seções 2.1 e 2.2).
2 Entender como a água do solo flui para uma grande variedade de condições do solo e determinar as quantidades de percolação e as pressões de água nos poros dentro do solo (Seções 2.3–2.6).
3 Usar ferramentas computacionais para resolver, de forma precisa e eficiente, problemas de percolação maiores e/ou mais complexos (Seção 2.7).
4 Avaliar a percolação através e abaixo de barragens de terra e entender as características de projeto/os métodos de correção que podem ser usados para controlá-la (Seções 2.8–2.10).

2.1 A água do solo

Todos os solos são materiais permeáveis, com a água ficando livre para fluir através dos poros interligados entre as partículas sólidas. Mostraremos nos Capítulos 3–5 que a pressão da água nos poros é um dos principais parâmetros que determinam a resistência e a rigidez dos solos. Dessa forma, é fundamental que ela seja conhecida tanto sob condições estáticas quanto durante o fluxo da água dos poros (o que é conhecido como **percolação**).

A pressão da água nos poros (também chamada de pressão neutra ou poropressão) é medida em relação à atmosférica, e o nível no qual a pressão é atmosférica (isto é, zero) é definido como **superfície do lençol de água**, **superfície do lençol freático** ou, ainda, **superfície freática**. Abaixo do nível de água, admite-se que o solo esteja totalmente saturado, embora seja provável que, em consequência da presença de pequenos volumes de ar confinado, o grau de saturação seja ligeiramente menor do que 100%. O nível do lençol freático (N.A.) varia de acordo com as condições climáticas, mas também pode variar em consequência de procedimentos construtivos. Pode existir localmente um lençol de água **suspenso** em um **aquitardo** (no qual a água é contida por um solo de baixa permeabilidade, acima do nível do lençol freático normal) ou em um **aquiclude** (em que o material circunvizinho é impermeável). A Figura 2.1 mostra um exemplo esquemático de um lençol freático suspenso. Podem existir condições **artesianas** se uma camada inclinada de solo de alta permeabilidade estiver confinada localmente por uma camada superior de pouca permeabilidade; a pressão na camada artesiana não é determinada

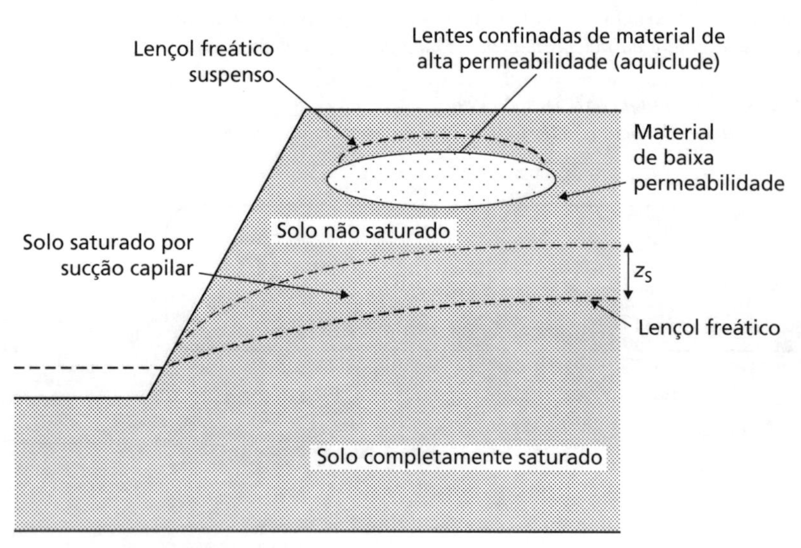

Figura 2.1 Terminologia usada para descrever as condições da água subterrânea.

pelo nível do lençol freático local, mas por um nível maior daquele em um local distante, onde a camada não esteja confinada.

Abaixo do lençol freático, a água dos poros pode se apresentar estática, com a pressão hidrostática dependendo da profundidade ali, ou pode estar percolando através do solo graças a um **gradiente hidráulico** — este capítulo trata do segundo caso. O teorema de Bernoulli pode ser aplicado à água dos poros, mas as velocidades de percolação em solos normalmente são tão pequenas que a carga cinética pode ser ignorada. Dessa forma,

$$h = \frac{u}{\gamma_w} + z \qquad (2.1)$$

em que h é a carga total (carga hidráulica), u é a pressão da água nos poros (poropressão ou pressão neutra), γ_w é o peso específico da água (9,81 kN/m^3), e z é a carga altimétrica acima de um referencial escolhido.

Acima do lençol freático, o solo pode permanecer saturado, com a água dos poros sendo mantida a uma pressão negativa pela tensão capilar; quanto menor o tamanho dos poros, mais alto o nível que a água pode atingir acima do lençol freático. A pressão negativa máxima que pode ser sustentada por um solo é estimada por

$$u_c \approx -\frac{4T_s}{eD} \qquad (2.2)$$

em que T_s é a tensão superficial do fluido nos poros (= 7 × 10^{-5} kN/m para a água a 10°C), e é o índice de vazios, e D é o tamanho dos poros. Como a maioria dos solos é graduada, com frequência, D é tomado como aquele no qual 10% do material passa em um gráfico de distribuição de partículas (distribuição granulométrica) (isto é, D_{10}). A altura da zona de sucção acima do lençol freático pode, então, ser estimada por $z_s = u_c/\gamma_w$.

A elevação capilar tende a ser irregular por causa do tamanho aleatório dos poros existentes em um solo. Este pode estar quase totalmente saturado na parte inferior da zona capilar, mas, em geral, o grau de saturação diminui com a altura. Quando a água percolar através do solo, da superfície para o lençol de água, parte dela pode ser retida pela tensão da superfície em torno dos pontos de contato entre as partículas. A pressão negativa da água mantida acima do lençol de água resulta em forças atrativas entre as partículas: essa atração é conhecida como sucção do solo e é uma função do tamanho dos poros e da umidade.

2.2 Permeabilidade e ensaios

Em uma dimensão, a água flui através de um solo completamente saturado de acordo com a lei empírica de Darcy:

$$v_d = ki \qquad (2.3)$$

ou

$$q = v_d A = Aki$$

em que q é o volume de água que flui por unidade de tempo (também denominado **vazão**), A é a área da seção transversal de solo que corresponde ao fluxo q, k é o coeficiente de permeabilidade (ou **condutividade hidráulica**), i é o gradiente hidráulico, e v_d é a velocidade de descarga. As unidades do coeficiente da permeabilidade são as mesmas da velocidade (m/s).

O coeficiente de permeabilidade depende principalmente do tamanho médio dos poros, que, por sua vez, está relacionado com a distribuição do tamanho das partículas (distribuição granulométrica), com a forma delas e com a estrutura do solo. Em geral, quanto menores as partículas, menor será o tamanho médio dos poros e menor será o coeficiente de permeabilidade. A presença de uma pequena porcentagem de finos em um solo de granulação grossa resulta em um valor de k significativamente menor do que aquele, para o mesmo solo, sem a presença de finos. Para um determinado solo, o coeficiente de permeabilidade é uma função do índice de vazios. À medida que o solo se torna mais denso (isto é, seu peso específico aumenta), o índice de vazios diminui; por isso, a compressão do solo alterará sua permeabilidade (ver Capítulo 4). Se um depósito de solo estiver **estratificado** (em camadas), a permeabilidade para o fluxo paralelo à direção de estratificação será maior do que para o fluxo perpendicular a ela. Um efeito similar pode ser observado em solos com partículas no formato de placas (por exemplo, argila) devido ao alinhamento destas ao longo de uma única direção. A presença de fissuras em uma argila resulta em um valor de permeabilidade muito maior se comparado àquele de um material sem fissuras, uma vez que estas têm tamanhos muito maiores do que os poros do material intacto, criando caminhos preferenciais para o fluxo. Isso demonstra a importância da textura do solo no entendimento da percolação da água subterrânea.

O coeficiente de permeabilidade também varia com a temperatura, da qual a viscosidade da água depende. Se o valor de k medido a 20°C for considerado como 100%, então, os valores a uma temperatura de 10°C e 0°C serão 77% e 56%, respectivamente. O coeficiente de permeabilidade também pode ser representado pela equação:

$$k = \frac{\gamma_w}{\eta_w} K$$

em que γ_w é o peso específico da água, η_w é a viscosidade da mesma, e K (unidade m^2) é um coeficiente absoluto que depende apenas das características do esqueleto do solo.

Os valores de k para os diferentes tipos de solo estão normalmente situados nos intervalos mostrados na Tabela 2.1. Para areias, Hazen mostrou que o valor aproximado de k é dado por

$$k = 10^{-2} D_{10}^2 \quad \text{(m/s)} \tag{2.4}$$

em que D_{10} está em mm.

Tabela 2.1 Coeficiente de permeabilidade (m/s)

<table>
<tr><th>1</th><th>10⁻¹</th><th>10⁻²</th><th>10⁻³</th><th>10⁻⁴</th><th>10⁻⁵</th><th>10⁻⁶</th><th>10⁻⁷</th><th>10⁻⁸</th><th>10⁻⁹</th><th>10⁻¹⁰</th></tr>
<tr><td colspan="3"></td><td colspan="4">Argilas dissecadas e fissuradas</td><td colspan="4"></td></tr>
<tr><td colspan="2">Pedregulhos limpos</td><td colspan="3">Areias limpas e misturas de areia e pedregulho</td><td colspan="3">Areias muito finas, siltes e laminados de argila/silte</td><td colspan="3">Argilas não fissuradas e argilas/siltes (>20% de argila)</td></tr>
</table>

Em escala microscópica, a água que percola através do solo segue um caminho muito tortuoso entre as partículas sólidas, mas, macroscopicamente, o caminho do fluxo (em uma dimensão) pode ser considerado uma linha suave. A velocidade média em que a água segue através dos poros do solo é obtida por meio da divisão do volume de água que flui por unidade de tempo pela área média de vazios (A_v) em uma seção transversal normal à direção macroscópica do fluxo: essa velocidade é chamada de velocidade de percolação (v_s). Dessa forma,

$$v_s = \frac{q}{A_v}$$

A porosidade de um solo é definida em termos do volume, conforme se descreve na Equação 1.9. No entanto, em média, a porosidade também pode ser expressa como

$$n = \frac{A_v}{A}$$

Daí

$$v_s = \frac{q}{nA} = \frac{v_d}{n}$$

ou

$$v_s = \frac{ki}{n} \tag{2.5}$$

De forma alternativa, a Equação 2.5 pode ser expressa em termos do índice de vazios, em vez da porosidade, substituindo n na Equação 1.11.

Determinação do coeficiente de permeabilidade

Métodos de laboratório

O coeficiente de permeabilidade de solos grossos pode ser determinado por meio do ensaio de permeabilidade de **carga constante** (Figura 2.2a). A amostra do solo, na densidade apropriada, é colocada em um cilindro de Perspex com área de seção transversal igual a A e comprimento l: deixa-se a amostra repousando em um filtro grosso ou uma malha de arame. Mantém-se um fluxo de água permanente e vertical, sob uma carga total constante, através do solo e mede-se o volume de água que flui por unidade de tempo (q). As válvulas nas laterais do cilindro permitem que o gradiente ($i = h/l$) seja medido; então, da lei de Darcy:

$$k = \frac{ql}{Ah}$$

Deve-se executar uma série de ensaios, cada um com uma intensidade diferente de fluxo. Antes de se fazer um teste, é aplicado vácuo à amostra para assegurar que o grau de saturação sob o fluxo esteja próximo a 100%. Se for necessário manter um alto nível de saturação, a água usada no teste deverá estar sem ar dissolvido.

Para solos finos, deve ser usado o **ensaio de carga variável** (Figura 2.2b). No caso deste tipo de solo, normalmente, são testadas amostras indeformadas (ver o Capítulo 6), e o cilindro do ensaio pode ser o próprio tubo de amostragem. O comprimento da amostra é l, e a área da seção transversal é A. É colocado um filtro grosso em cada extremidade da amostra, e uma bureta com área interna a é conectada ao topo do cilindro. A água escoa para o interior de um reservatório de nível constante. A bureta é preenchida com água, e é medido o tempo (t_1) que o nível

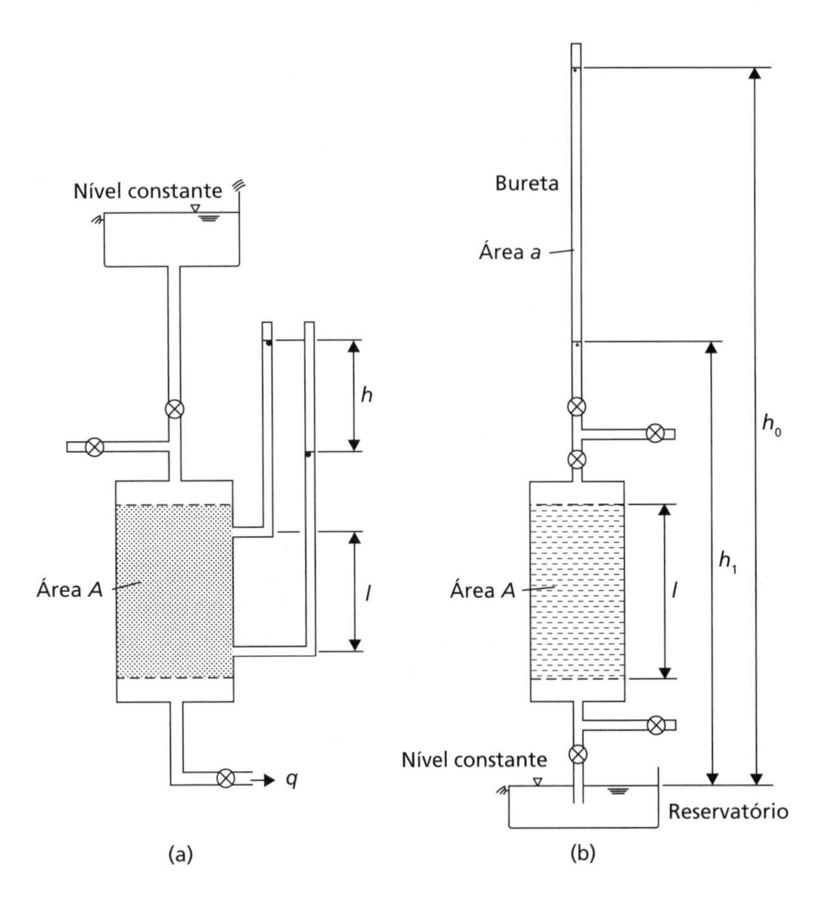

Figura 2.2 Ensaios de permeabilidade em laboratório: (a) carga constante; e (b) carga variável.

da água (em relação ao nível de água do reservatório) demora para cair de h_0 para h_1. Em qualquer tempo intermediário t, o nível da água na bureta é dado por h, e a sua taxa de variação, por $-\mathrm{d}h/\mathrm{d}t$. No tempo t, a diferença de carga total entre o topo e o fundo da amostra é h. Aplica-se, então, a lei de Darcy:

$$
\begin{aligned}
q &= Aki \\
-a\frac{\mathrm{d}h}{\mathrm{d}t} &= Ak\frac{h}{l} \\
\therefore -a\int_{h_0}^{h_1}\frac{\mathrm{d}h}{h} &= \frac{Ak}{l}\int_0^{t_1} dt \\
\therefore k &= \frac{al}{At_1}\ln\frac{h_0}{h_1} \\
&= 2{,}3\frac{al}{At_1}\log\frac{h_0}{h_1}
\end{aligned} \tag{2.6}
$$

Novamente, devem ser tomadas precauções para garantir que o nível de saturação permaneça próximo a 100%. Deve-se fazer uma série de ensaios utilizando diferentes valores de h_0 e h_1 e/ou buretas de diferentes diâmetros.

O coeficiente de permeabilidade de solos finos também pode ser determinado de forma indireta com base nos resultados dos ensaios de adensamento (ver Capítulo 4). Os padrões que determinam a implementação dos ensaios de laboratório para permeabilidade incluem o BS1377–5 (Reino Unido), CEN ISO 17892–11 (restante da Europa) e ASTM D5084 (Estados Unidos).*

A confiabilidade dos métodos de laboratório depende do grau em que as amostras dos ensaios são representativas da massa de solo como um todo. Em geral, resultados mais confiáveis podem ser alcançados pelos métodos *in situ* descritos a seguir.

Ensaio de bombeamento

Esse método é mais apropriado para uso em estratos de solos grossos homogêneos. O procedimento consiste em bombear, de forma contínua e a uma razão constante, de um poço de, normalmente, 300 mm de diâmetro no mínimo,

* No Brasil, os ensaios de permeabilidade são descritos nas normas ABNT NBR 13292:1995, *Solo – Determinação do coeficiente de permeabilidade de solos granulares à carga constante*, e ABNT NBR 14545:2000, *Solo – Determinação do coeficiente de permeabilidade de solos argilosos à carga variável*. (N.T.)

que penetra até o fundo do estrato que está sendo testado. Coloca-se um filtro ou uma tela no fundo do poço para evitar a entrada de partículas do solo. Normalmente, é necessário um revestimento perfurado para sustentar as paredes do poço. É estabelecida uma percolação constante, no sentido radial através do poço, que causa o rebaixamento do lençol de água de modo a formar um "cone de depressão". Os níveis da água são observados em vários furos de sondagem, distribuídos ao longo de linhas radiais a várias distâncias do poço. A Figura 2.3a mostra um estrato não confinado, de espessura uniforme, com uma interface inferior (relativamente) impermeável, estando o lençol de água abaixo da superfície superior do estrato. A Figura 2.3b mostra uma camada confinada entre dois estratos impermeáveis, em que o lençol de água original está dentro do estrato superior. São feitos registros frequentes dos níveis da água nos furos de sondagem, em geral, por intermédio de um medidor elétrico de imersão. O ensaio permite que seja determinado o coeficiente médio de permeabilidade da massa de solo abaixo do cone de depressão.

A análise baseia-se na hipótese de que o gradiente hidráulico, a qualquer distância r do centro do poço, é constante em uma determinada profundidade e é igual à inclinação do lençol de água, isto é,

$$i_r = \frac{\mathrm{d}h}{\mathrm{d}r}$$

em que h é a altura do lençol de água no raio r. Isso é conhecido como hipótese de Dupuit, que é razoavelmente precisa, exceto em pontos próximos ao poço.

No caso de estratos não confinados (Figura 2.3a), considere dois furos de sondagem localizados em uma linha radial a distâncias r_1 e r_2 do centro do poço, com os níveis de água respectivos em relação ao fundo do estrato sendo h_1 e h_2. À distância r do poço, a área em que ocorre percolação é $2\pi rh$, em que r e h são variáveis. Sendo assim, aplicando a lei de Darcy:

$$\begin{aligned} q &= Aki \\ q &= 2\pi rhk\frac{\mathrm{d}h}{\mathrm{d}r} \\ \therefore q\int_{r_1}^{r_2}\frac{\mathrm{d}r}{r} &= 2\pi k\int_{h_1}^{h_2} h\mathrm{d}h \\ \therefore q\ln\left(\frac{r_2}{r_1}\right) &= \pi k(h_2^2 - h_1^2) \\ \therefore k &= \frac{2{,}3q\log(r_2/r_1)}{\pi(h_2^2 - h_1^2)} \end{aligned} \tag{2.7}$$

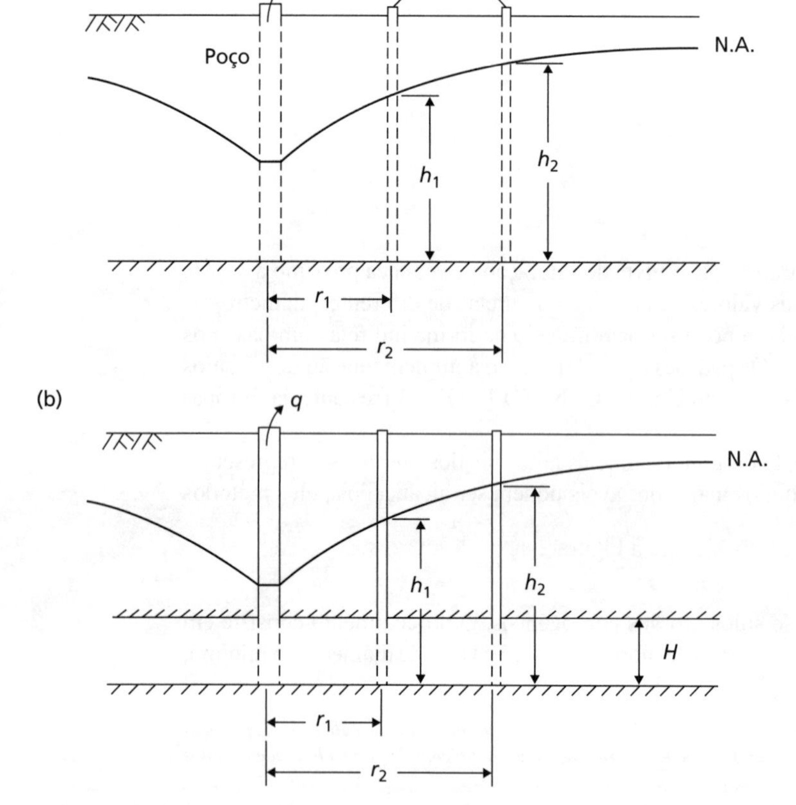

Figura 2.3 Ensaios de bombeamento: (a) estrato não confinado; e (b) estrato confinado.

Para um estrato confinado de espessura H (Figura 2.3b), a área na qual ocorre a percolação é $2\pi rH$, em que r é variável, e H é constante. Dessa forma,

$$q = 2\pi rHk\frac{dh}{dr}$$

$$\therefore q\int_{r_1}^{r_2}\frac{dr}{r} = 2\pi Hk\int_{h_1}^{h_2}dh \tag{2.8}$$

$$\therefore q\ln\left(\frac{r_2}{r_1}\right) = 2\pi Hk(h_2 - h_1)$$

$$\therefore k = \frac{2{,}3q\log(r_2/r_1)}{2\pi H(h_2 - h_1)}$$

Ensaios de furos de sondagem

O princípio geral é introduzir água ou bombeá-la para fora de um furo de sondagem que termine dentro do estrato em questão; esses procedimentos são conhecidos como ensaios de fluxo de entrada e de fluxo de saída, respectivamente. Dessa forma, é estabelecido um gradiente hidráulico, causando percolação para dentro ou para fora da massa de solo que está na circunvizinhança do furo de sondagem, e medida a taxa do fluxo. Em um ensaio de carga constante, o nível de água acima do lençol freático é mantido do início ao fim em um determinado nível (Figura 2.4a). Em um ensaio de carga variável, é permitido que o nível da água fique abaixo ou acima de sua posição inicial, registrando-se o tempo gasto para ocorrer essa mudança de nível entre dois valores (Figura 2.4b). O ensaio indica a permeabilidade do solo dentro de um raio de apenas 1–2 m do centro do furo de sondagem. É essencial uma escavação cuidadosa para evitar a perturbação da estrutura do solo.

Um problema em tais ensaios é a tendência de ocorrer obstrução da superfície do solo no fundo do furo de sondagem graças à deposição de sedimentos da água. Para atenuar o problema, o furo de sondagem pode ser estendido além da extremidade inferior do tubo de revestimento, conforme mostra a Figura 2.4c, aumentando a área na qual ocorre a percolação. A extensão pode estar sem tubo no caso de solos finos rígidos ou ser suportada por um tubo de revestimento perfurado em solos grossos.

As expressões para o coeficiente de permeabilidade dependem de o estrato estar confinado ou não, da posição da extremidade inferior do tubo de revestimento dentro do estrato e de detalhes da superfície de drenagem no solo. Se o solo for anisotrópico em relação à permeabilidade e se o furo de sondagem se estender além da extremidade inferior do revestimento (Figura 2.4c), então, haverá a tendência de medir a permeabilidade horizontal. Se, por outro lado, o tubo de revestimento penetrar até abaixo do nível do solo na extremidade inferior do furo de sondagem (Figura 2.4d), então, haverá a tendência de medir a permeabilidade. Podem ser escritas fórmulas gerais, com os detalhes anteriores sendo representados por um "fator de entrada" (F_i).

Para um ensaio de carga constante:

$$k = \frac{q}{F_i h_c}$$

Para um ensaio de carga variável:

$$k = \frac{2{,}3A}{F_i(t_2 - t_1)}\log\frac{h_1}{h_2} \tag{2.9}$$

nas quais k é o coeficiente de permeabilidade, q é a vazão, h_c é a carga constante, h_1 é a carga variável no tempo t_1, h_2 é a carga variável no tempo t_2, e A é a área da seção transversal do tubo. Os valores do fator de entrada foram publicados originalmente por Hvorslev (1951) e também são dados por Cedergren (1989).

Para o caso mostrado na Figura 2.4b

$$F_i = \frac{11R}{2}$$

em que R é o raio do círculo interno do revestimento, enquanto para a Figura 2.4c

$$F_i = \frac{2\pi L}{\ln(L/R)}$$

e para a Figura 2.4d

$$F_i = \frac{11\pi R^2}{2\pi R + 11L}$$

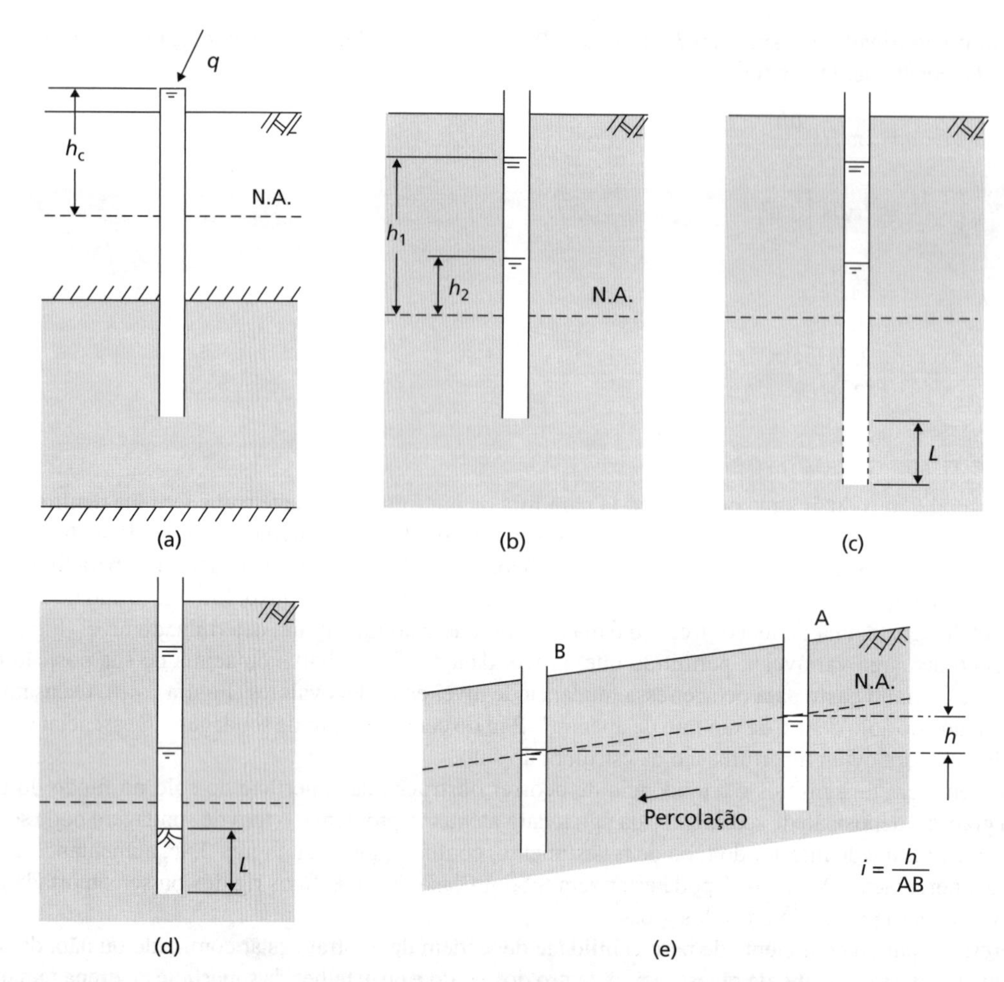

Figura 2.4 Ensaios de furos de sondagem: (a) carga constante; (b) carga variável; (c) extensão do furo de sondagem para evitar o desabamento; (d) medida da permeabilidade vertical em solo anisotrópico; e (e) medida da percolação *in situ*.

O coeficiente de permeabilidade de um solo grosso também pode ser obtido a partir de medidas *in situ* da velocidade de percolação, por meio da Equação 2.5. O método consiste em escavar furos de sondagem sem revestimento ou poços de ensaio em dois pontos, A e B (Figura 2.4e), com a percolação ocorrendo de A para B. Obtém-se o gradiente hidráulico pela diferença entre os níveis permanentes de água nos furos de sondagem dividida pela distância AB. Insere-se um corante ou outra substância de contraste adequada no furo de sondagem A e, depois, mede-se o tempo que ele leva para aparecer no furo B. A velocidade de percolação é, então, a distância AB dividida por esse tempo. A porosidade do solo pode ser determinada a partir de ensaios de densidade (massa específica). Assim,

$$k = \frac{v_s n}{i}$$

Informações adicionais sobre a implementação de ensaios *in situ* de permeabilidade podem ser encontradas em Clayton *et al.* (1995).

2.3 Teoria da percolação

Agora, será examinado o caso geral de percolação em duas dimensões. Inicialmente, admitiremos que o solo é homogêneo e isotrópico no que diz respeito à permeabilidade, sendo o coeficiente de permeabilidade denominado por k. No plano x–z, a lei de Darcy pode ser escrita de forma generalizada:

$$v_x = ki_x = -k\frac{\partial h}{\partial x} \tag{2.10a}$$

$$v_z = ki_z = -k\frac{\partial h}{\partial z} \tag{2.10b}$$

com a carga total h diminuindo nas direções de v_x e v_z.

A Figura 2.5 mostra um elemento de solo todo saturado e com dimensões dx, dy e dz nas direções x, y e z, respectivamente, com o fluxo ocorrendo apenas no plano x–z. Os componentes da velocidade de saída (descarga) da água que entra no elemento são v_x e v_z, e as taxas de variação das velocidades de descarga nas direções x e z são $\partial v_x/\partial x$ e $\partial v_z/\partial z$, respectivamente. O volume de água que entra no elemento por unidade de tempo é

$$v_x \, dydz + v_z \, dxdy$$

e o volume de água que deixa o elemento por unidade de tempo é

$$\left(v_x + \frac{\partial v_x}{\partial x} dx\right) dydz + \left(v_z + \frac{\partial v_z}{\partial z} dz\right) dxdy$$

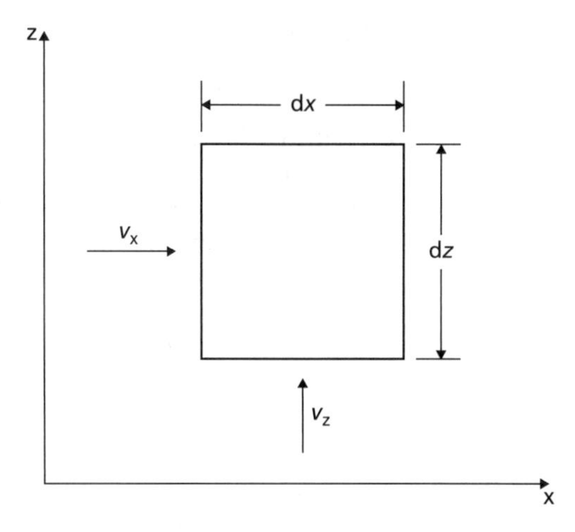

Figura 2.5 Percolação através de um elemento de solo.

Se o elemento não apresentar alteração de volume e se admitirmos que a água é incompressível, a diferença entre o volume de água que entra no elemento por unidade de tempo e o volume que sai deve ser zero. Dessa forma,

$$\frac{\partial v_x}{\partial x} + \frac{\partial v_z}{\partial z} = 0 \tag{2.11}$$

A Equação 2.11 é a equação da continuidade em duas dimensões. No entanto, se o volume do elemento apresentar alteração, ela se tornará

$$\left(\frac{\partial v_x}{\partial x} + \frac{\partial v_z}{\partial z}\right) dx\, dy\, dz = \frac{dV}{dt} \tag{2.12}$$

na qual dV/dt é a variação de volume por unidade de tempo.

Considere, agora, a função $\phi(x, z)$, chamada função potencial, tal que

$$\frac{\partial \phi}{\partial x} = v_x = -k \frac{\partial h}{\partial x} \tag{2.13a}$$

$$\frac{\partial \phi}{\partial z} = v_z = -k \frac{\partial h}{\partial z} \tag{2.13b}$$

A partir das Equações 2.11 e 2.13, fica evidente que

$$\frac{\partial^2 \phi}{\partial x^2} + \frac{\partial^2 \phi}{\partial z^2} = 0 \tag{2.14}$$

isto é, a função $\phi(x, z)$ satisfaz a equação de Laplace.

Integrando a Equação 2.13:

$$\phi(x, z) = -kh(x, z) + C$$

em que C é uma constante. Dessa forma, se a função $\phi(x, z)$ fornecer um valor constante, igual a ϕ_1 (por exemplo), ela representará uma curva ao longo da qual o valor da carga total (h_1) será constante. Se a função $\phi(x, z)$ fornecer uma série de valores constantes, ϕ_1, ϕ_2, ϕ_3 etc., uma família de curvas será especificada, e, ao longo de cada uma delas, a carga total exibirá um valor constante (mas um valor diferente para cada curva). Tais curvas são denominadas **equipotenciais** (ou **linhas equipotenciais**).

Agora, utiliza-se uma segunda função $\psi(x, z)$, chamada função de fluxo, tal que

$$-\frac{\partial \psi}{\partial x} = v_z = -k \frac{\partial h}{\partial z} \tag{2.15a}$$

$$\frac{\partial \psi}{\partial x} = v_x = -k \frac{\partial h}{\partial x} \tag{2.15b}$$

Pode-se demonstrar que essa função também satisfaz à equação de Laplace.

O diferencial total da função $\psi(x, z)$ é

$$d\psi = \frac{\partial \psi}{\partial x} dx + \frac{\partial \psi}{\partial z} dz$$
$$= -v_z dx + v_x dz$$

Se a função $\psi(x, z)$ fornecer um valor constante ψ_1, então, $d\psi = 0$ e

$$\frac{dz}{dx} = \frac{v_z}{v_x} \tag{2.16}$$

Dessa forma, a tangente em qualquer ponto da curva representada por

$$\psi(x,z) = \psi_1$$

especifica a direção da velocidade de descarga resultante ali: a curva representa, portanto, o caminho do fluxo. Se a função $\psi(x, z)$ fornecer uma série de valores constantes, ψ_1, ψ_2, ψ_3 etc., será especificada uma segunda família de curvas, com cada uma representando um caminho de fluxo. Essas curvas são denominadas **linhas de fluxo**.

Utilizando a Figura 2.6 como referência, o fluxo por unidade de tempo entre duas linhas de fluxo, para as quais os valores da função de fluxo sejam ψ_1 e ψ_2, é dado por

$$\Delta q = \int_{\psi_1}^{\psi_2} (-v_z \mathrm{d}x + v_x \mathrm{d}z)$$

$$= \int_{\psi_1}^{\psi_2} \left(\frac{\partial \psi}{\partial x} \mathrm{d}x + \frac{\partial \psi}{\partial z} \mathrm{d}z \right) = \psi_2 - \psi_1$$

Dessa forma, o fluxo através do "canal" entre as duas linhas de fluxo é constante.

O diferencial total da função $\phi(x, z)$ é

$$\mathrm{d}\phi = \frac{\partial \phi}{\partial x} \mathrm{d}x + \frac{\partial \phi}{\partial z} \mathrm{d}z$$

$$= v_x \mathrm{d}x + v_z \mathrm{d}z$$

Se $\phi(x, z)$ for constante, então, $\mathrm{d}\phi = 0$ e

$$\frac{\mathrm{d}z}{\mathrm{d}x} = -\frac{v_x}{v_z} \tag{2.17}$$

Comparando as Equações 2.16 e 2.17, fica evidente que as linhas de fluxo e as equipotenciais se interceptam em ângulos retos.

Considere, agora, duas linhas de fluxo, ψ_1 e $(\psi_1 + \Delta\psi)$, separadas entre si por uma distância Δn. Elas são interceptadas ortogonalmente por duas equipotenciais, ϕ_1 e $(\phi_1 + \Delta\phi)$, separadas entre si pela distância Δs, conforme mostra a Figura 2.7. As direções s e n fazem um ângulo α com os eixos x e z, respectivamente. No ponto A, a velocidade de descarga (na direção s) é v_s; os componentes de v_s nas direções x e z, respectivamente, são

$$v_x = v_s \cos\alpha$$

$$v_z = v_s \,\mathrm{sen}\,\alpha$$

Agora,

$$\frac{\partial \phi}{\partial s} = \frac{\partial \phi}{\partial x}\frac{\partial x}{\partial s} + \frac{\partial \phi}{\partial z}\frac{\partial z}{\partial s}$$

$$= v_s \cos^2\alpha + v_s \,\mathrm{sen}^2\,\alpha = v_s$$

e

$$\frac{\partial \psi}{\partial n} = \frac{\partial \psi}{\partial x}\frac{\partial x}{\partial n} + \frac{\partial \psi}{\partial z}\frac{\partial z}{\partial n}$$

$$= -v_s \,\mathrm{sen}\,\alpha(-\mathrm{sen}\,\alpha) + v_s \cos^2\alpha = v_s$$

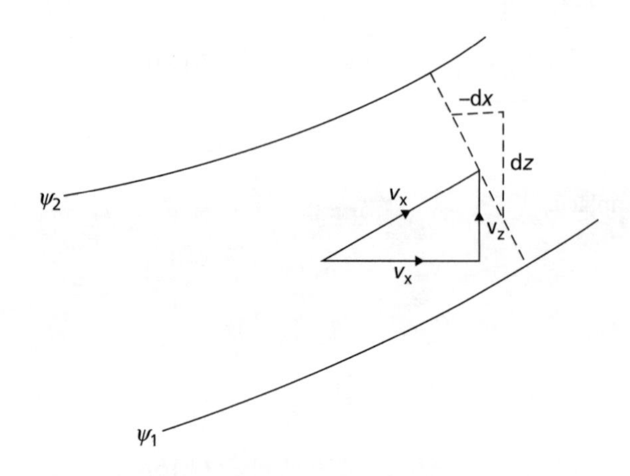

Figura 2.6 Percolação entre duas linhas de fluxo.

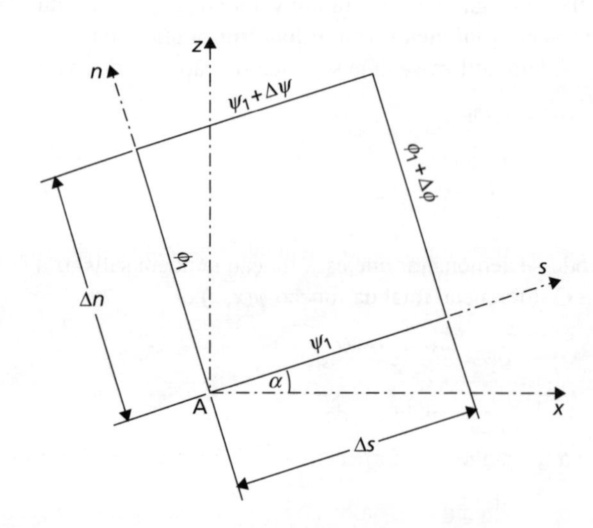

Figura 2.7 Linhas de fluxo e equipotenciais.

Desse modo,

$$\frac{\partial \psi}{\partial n} = \frac{\partial \phi}{\partial s}$$

ou aproximadamente

$$\frac{\Delta \psi}{\Delta n} = \frac{\Delta \phi}{\Delta s} \tag{2.18}$$

2.4 Redes de fluxo

Em princípio, a fim de solucionar um problema prático de percolação, devem ser encontradas as funções $\phi(x, z)$ e $\psi(x, z)$ para as condições de contorno pertinentes. A solução é representada por uma família de linhas de fluxo e uma de linhas equipotenciais, constituindo o que é conhecido como uma **rede de fluxo**. Existe ampla disponibilidade de *software* computacional baseado tanto no método das diferenças finitas quanto no dos elementos finitos para a solução de problemas de percolação. Williams *et al.* (1993) descreveram como obter soluções da equação de Laplace na forma de diferenças finitas com a utilização de uma planilha. Esse método será descrito na Seção 2.7, e há recursos eletrônicos disponíveis no *site* da LTC Editora que traz material complementar a este texto para acompanhar o material exposto no restante do capítulo. Problemas relativamente simples podem ser resolvidos por meio de um esboço da rede de fluxo, obtido por tentativa e erro, cuja forma geral é deduzida das considerações a respeito das condições de contorno. O esboço de redes de fluxo conduz a um entendimento mais amplo dos princípios da percolação. No entanto, para problemas nos quais a geometria se torna complexa e há zonas de permeabilidades diferentes ao longo da região de fluxo, normalmente, é necessário utilizar o método das diferenças finitas.

A condição fundamental a ser satisfeita em uma rede de fluxo é que toda a interseção entre uma linha de fluxo e uma equipotencial deve ser em ângulo reto. Além disso, é conveniente construir uma rede de fluxo tal que $\Delta\psi$ tenha o mesmo valor entre duas linhas de linhas de fluxo adjacentes e $\Delta\phi$ tenha o mesmo valor entre duas linhas equipotenciais adjacentes. Também é conveniente ter $\Delta s = \Delta n$ na Equação 2.18, isto é, as linhas de fluxo e equipotenciais formando "quadrados curvilíneos" ao longo de toda a rede de fluxo. Dessa forma, para qualquer quadrado curvilíneo

$$\Delta \psi = \Delta \phi$$

Agora, $\Delta\psi = \Delta q$ e $\Delta\phi = k\Delta h$, portanto:

$$\Delta q = k\Delta h \tag{2.19}$$

Para toda a rede de fluxo, h é a diferença de carga total entre a primeira linha equipotencial e a última, N_d é o número de quedas de carga entre equipotenciais, cada uma representando a mesma perda de carga total Δh, e N_f é o número de **canais de fluxo**, cada um transportando o mesmo fluxo Δq. Dessa forma,

$$\Delta h = \frac{h}{N_d} \tag{2.20}$$

e

$$q = N_f \Delta q$$

Daí, da Equação 2.19,

$$q = kh\frac{N_f}{N_d} \tag{2.21}$$

A Equação 2.21 fornece o volume total de água que flui por unidade de tempo (por dimensão unitária na direção y) e é uma função da razão N_f/N_d.

Entre duas linhas equipotenciais adjacentes, o gradiente hidráulico é dado por

$$i = \frac{\Delta h}{\Delta s} \tag{2.22}$$

Exemplo de uma rede de fluxo

Para ilustrar, será examinada a rede de fluxo do problema detalhado na Figura 2.8a. Ela mostra uma cortina de estacas-prancha enterrada 6,00 m em um estrato de solo com 8,60 m de espessura, suportada por um estrato impermeável. Em um lado das estacas, a profundidade da água é de 4,50 m; no outro, é de 0,50 m (reduzida por bombeamento). O solo tem uma permeabilidade de $1,5 \times 10^{-5}$ m/s.

O primeiro passo é levar em consideração as condições de contorno da região de fluxo (Figura 2.8b). Em todos os pontos do contorno AB, a carga total é constante, portanto AB é uma linha equipotencial; de forma similar, CD é uma linha equipotencial. O ponto de referência para a carga total pode ser escolhido em qualquer nível, mas, em problemas de percolação, é conveniente selecionar como referência o nível de água de jusante. Assim sendo, a carga total na linha equipotencial CD é zero, de acordo com a Equação 2.1 (carga piezométrica de 0,50 m; carga altimétrica de –0,50 m), e a carga total na linha equipotencial AB é 4,00 m (carga piezométrica de 4,50 m; carga altimétrica de –0,50 m). Do ponto B, o fluxo da água deve seguir para baixo ao longo da face de montante BE das estacas, contornar o ponto E e subir a face de jusante EC. O fluxo da água oriundo do ponto F deve seguir ao longo da superfície impermeável FG. Dessa forma, BEC e FG são linhas de fluxo. As outras linhas de fluxo devem se situar entre os extremos BEC e FG, enquanto as outras equipotenciais devem ficar entre AB e CD. Como a região de fluxo é simétrica em qualquer um dos lados da cortina de estacas, quando a linha de fluxo BEC alcançar o ponto E, a meio caminho de AB e CD (isto é, ao pé da cortina de estacas), a carga total deverá ser a média entre os valores ao longo de AB e CD. Esse princípio também se aplica à linha de fluxo FG, de forma que uma terceira equipotencial pode ser escrita a partir do ponto E, conforme ilustra a Figura 2.8b.

Deve-se selecionar, então, o número de quedas equipotenciais. Pode ser selecionado qualquer número, entretanto, é conveniente usar um valor de N_d que, ao dividir por ele mesmo a variação total da carga através da região de fluxo, forneça um número inteiro. Nesse exemplo, foi escolhido $N_d = 8$, assim, cada equipotencial representará uma queda de carga de 0,5 m. A escolha de N_d tem influência direta no valor de N_f. À medida que N_d aumenta, as equipotenciais vão ficando mais próximas entre si, de forma que, para obter uma rede de fluxo "quadrada", os canais de fluxo também precisarão estar próximos (isto é, precisarão ser desenhadas mais linhas de fluxo). Isso levará a uma rede de fluxo mais fina e com maiores detalhes na distribuição das pressões de percolação; entretanto, a quantidade total de fluxo permanecerá inalterada. A Figura 2.8c mostra a rede de fluxo para $N_d = 8$ e $N_f = 3$. Os parâmetros para esse exemplo em particular fornecem uma rede de fluxo "quadrada" e um número inteiro de canais de fluxo. Isso deve ser construído por tentativa e erro; deve-se fazer uma primeira tentativa de traçado da rede de fluxo, e as posições das linhas de fluxo e das equipotenciais (e, até mesmo, N_d e N_f) devem, então, ser ajustadas conforme necessário, até que se atinja uma rede de fluxo satisfatória. Esta deve satisfazer às seguintes condições:

- Todas as interseções entre linhas de fluxo e equipotenciais devem fazer um ângulo de 90°.

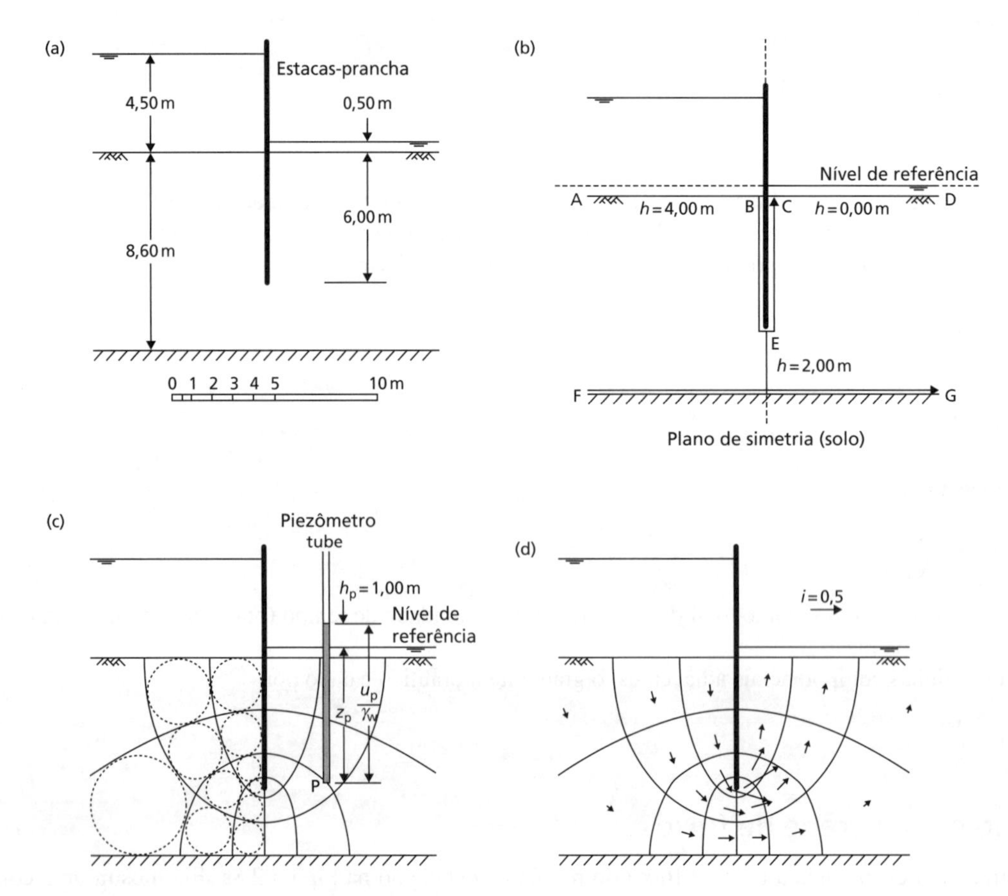

Figura 2.8 Construção de uma rede de fluxo: (a) seção; (b) condições do contorno; (c) rede de fluxo final, incluindo um exame do "formato quadrado" dos quadrados curvilíneos; e (d) gradientes hidráulicos deduzidos com base na rede de fluxo.

- Os "quadrados curvilíneos" devem ser quadrados — na Figura 2.8c, o "formato quadrado" da rede de fluxo foi analisado pela inscrição de um círculo em cada quadrado. A rede de fluxo será aceitável se o círculo apenas tocar as bordas do "quadrado curvilíneo" (isto é, se não houver elementos retangulares).

Devido à simetria dentro da região de fluxo, as equipotenciais e as linhas de fluxo podem ser desenhadas em metade do problema e, depois, refletidas em relação à linha de simetria (isto é, a cortina de estacas). Durante a construção da rede de fluxo, é um erro desenhar muitas linhas de fluxo; normalmente, de três a cinco canais de fluxo são suficientes, dependendo da geometria do problema e do valor de N_d que for mais conveniente.

Na rede de fluxo da Figura 2.8c, o número de canais de fluxo é três, e o número de quedas de carga entre equipotenciais é igual a oito; desta forma, a razão N_f/N_d é 0,375. A perda de carga total entre duas linhas equipotenciais adjacentes é

$$\Delta h = \frac{h}{N_d} = \frac{4,00}{8} = 0,5 \text{ m}$$

O volume total de água que flui sob as estacas-prancha por unidade de tempo e por unidade de comprimento da pranchada é dado por

$$\begin{aligned} q &= kh\frac{N_f}{N_d} = 1,5\times10^{-5}\times4,00\times0,375 \\ &= 2,25\times10^{-5} \text{ m}^3/\text{s} \end{aligned}$$

Há um tubo piezométrico em um ponto P da linha equipotencial com carga total $h = 1,00$ m, isto é, o nível da água é de 1,00 m acima da referência. O ponto P está a uma distância $z_P = 6$ m abaixo da referência, isto é, a carga altimétrica é $-z_P$. A pressão da água nos poros (poropressão ou pressão neutra) em P pode, então, ser calculada com base no teorema de Bernoulli:

$$\begin{aligned} u_P &= \gamma_w\left[h_P - (-z_P)\right] \\ &= \gamma_w\left(h_P + z_P\right) \\ &= 9,81\times(1+6) \\ &= 68,7 \text{ kPa} \end{aligned}$$

O gradiente hidráulico através de qualquer quadrado na rede de fluxo envolve a medida da dimensão média do quadrado (Equação 2.22). O maior gradiente hidráulico (e, em consequência, a maior velocidade de percolação) ocorre através do menor quadrado e vice-versa. A dimensão Δs foi estimada medindo-se o diâmetro dos círculos na Figura 2.8c. Os gradientes hidráulicos através de cada quadrado são mostrados por uma representação de vetores (dígrafos ou *quivers*) na Figura 2.8d, na qual o comprimento das setas é proporcional ao módulo do gradiente hidráulico.

Exemplo 2.1

Um leito de rio consiste em uma camada de areia com 8,25 m de espessura sobre uma rocha impermeável; a profundidade da água é de 2,50 m. Uma grande ensecadeira, com 5,50 m de largura, é formada pela escavação de duas linhas de estacas-prancha até uma profundidade de 6,00 m abaixo do nível do leito do rio, realizando-se uma escavação com profundidade de 2,00 m abaixo do nível do leito dentro da ensecadeira. O nível de água desta última é mantido no nível da escavação por meio de bombeamento. Se o fluxo de água na ensecadeira, por comprimento unitário, for de 0,25 m³/h, qual será o coeficiente de permeabilidade da areia? Qual é o gradiente hidráulico imediatamente abaixo da superfície escavada?

Solução

A seção e as condições de contorno são mostradas na Figura 2.9a, e a rede de fluxo, na Figura 2.9b. Nesta última, há seis canais de fluxo (três em cada lado) e dez quedas de equipotenciais (carga). A perda de carga total é de 4,50 m. O coeficiente de permeabilidade é dado por

$$\begin{aligned} k &= \frac{q}{h(N_f / N_d)} \\ &= \frac{0,25}{4,50\times6/10\times60^2} = 2,6\times10^{-5} \text{m/s} \end{aligned}$$

A distância (Δs) entre as duas últimas linhas equipotenciais é de 0,9 m. O gradiente hidráulico exigido é dado por

$$i = \frac{\Delta h}{\Delta s}$$

$$= \frac{4,50}{10 \times 0,9} = 0,50$$

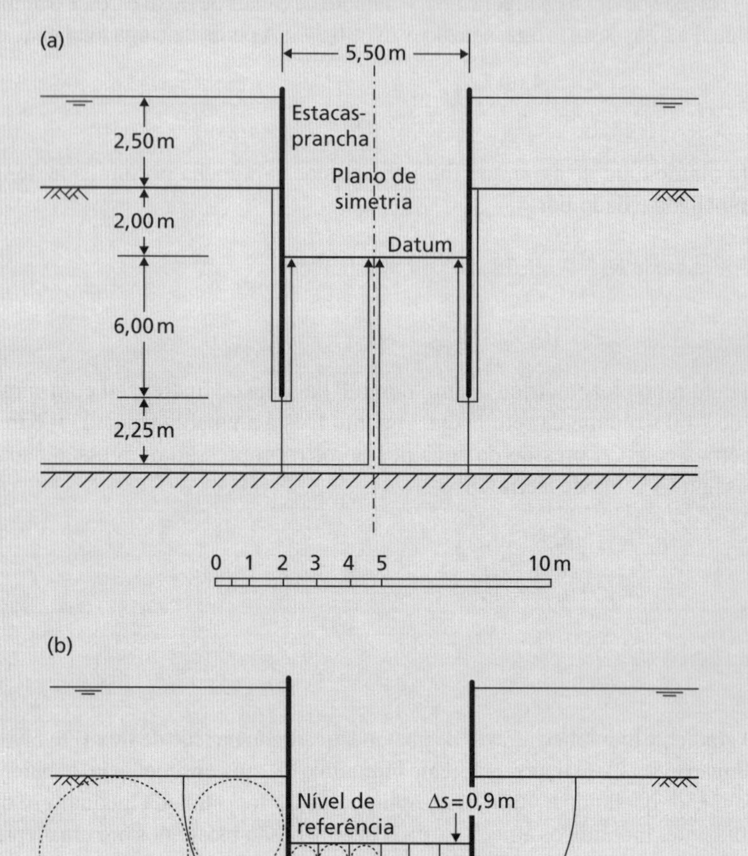

Figura 2.9 Exemplo 2.1.

Exemplo 2.2

A Figura 2.10 mostra a seção transversal do vertedouro de uma barragem. Determine a quantidade de percolação sob ela e faça um gráfico da distribuição de subpressão em sua base; determine também a distribuição líquida da pressão de água na cortina de vedação (*cut-off*) na extremidade de montante do vertedouro. O coeficiente de permeabilidade do solo da fundação é $2,5 \times 10^{-5}$ m/s.

Solução

A rede de fluxo é mostrada na Figura 2.10. O nível de água de jusante (superfície do solo) é selecionado como referência. A perda de carga total entre as linhas equipotenciais de montante e de jusante é 5,00 m. Na rede de fluxo, há três canais de fluxo e dez quedas de carga equipotenciais. A percolação é dada por

$$q = kh\frac{N_f}{N_d} = 2{,}5\times10^{-5}\times5{,}00\times\frac{3}{10}$$

$$= 3{,}75\times10^{-5}\ \text{m}^3/\text{s}$$

Esse valor de fluxo de entrada refere-se a um metro de comprimento da ensecadeira. As poropressões (pressões de água nos poros) que agem na base do vertedouro são calculadas nos pontos de interseção das linhas equipotenciais com a base do vertedouro. A carga total de cada ponto é obtida a partir da rede de fluxo e da carga altimétrica da seção. Os cálculos são mostrados na Tabela 2.2, e o diagrama de pressões é representado na Figura 2.10.

As pressões de água que agem na cortina de vedação (cortina impermeável ou, ainda, cortina de *cut-off*) são calculadas tanto na parte traseira (h_b) quanto na frontal (h_f) da cortina, nos pontos de interseção entre ela e as equipotenciais. Dessa forma, a pressão líquida que age na face traseira da cortina é

$$u_{\text{líq}} = u_b - u_f = \left(\frac{h_b - z}{\gamma_w}\right) - \left(\frac{h_f - z}{\gamma_w}\right)$$

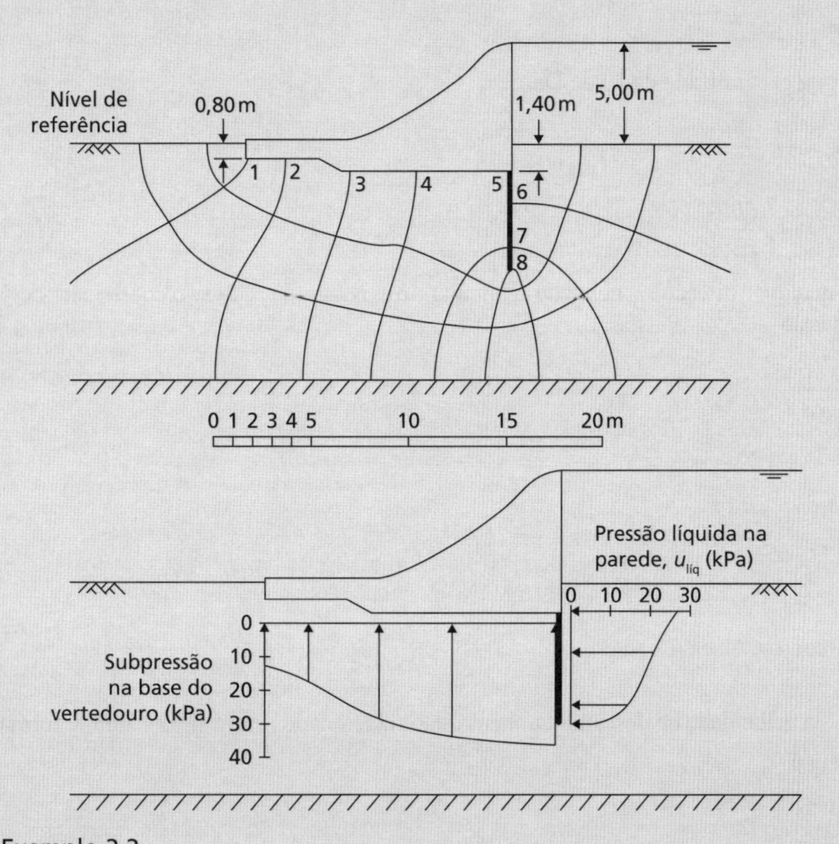

Figura 2.10 Exemplo 2.2.

Os cálculos são mostrados na Tabela 2.3, e o diagrama de pressões é representado na Figura 2.10. Os níveis (z) dos pontos 5–8 na Tabela 2.3 foram encontrados por meio da medida em escala do diagrama.

Tabela 2.2 Exemplo 2.2

Ponto	*h(m)*	*z(m)*	*h – z(m)*	*u = γ_w(h – z) (kPa)*
1	0,50	–0,80	1,30	12,8
2	1,00	–0,80	1,80	17,7
3	1,50	–1,40	2,90	28,4
4	2,00	–1,40	3,40	33,4
5	2,30	–1,40	3,70	36,3

Tabela 2.3 Exemplo 2.2 (continuação)

Nível	*z(m)*	$h_b(m)$	$u_b/\gamma_w(m)$	$h_f(m)$	$u_f/\gamma_w(m)$	$u_b - u_f$ *(kPa)*
5	–1,40	5,00	6,40	2,28	3,68	26,7
6	–3,07	4,50	7,57	2,37	5,44	20,9
7	–5,20	4,00	9,20	2,50	7,70	14,7
8	–6,00	3,50	9,50	3,00	9,00	4,9

2.5 Condições anisotrópicas de solo

Neste momento, admitiremos que o solo, ainda que homogêneo, é anisotrópico no que diz respeito à permeabilidade. A maioria dos depósitos naturais de solo é anisotrópica, com o coeficiente de permeabilidade tendo um valor máximo na direção da estratificação e um valor mínimo na direção normal daquela estratificação; essas direções são indicadas por x e z, respectivamente, isto é,

$$k_x = k_{\text{máx}} \quad \text{e} \quad k_z = k_{\text{mín}}$$

Nesse caso, a forma generalizada da lei de Darcy é

$$v_x = k_x i_x = -k_x \frac{\partial h}{\partial x} \tag{2.23a}$$

$$v_z = k_z i_z = -k_z \frac{\partial h}{\partial z} \tag{2.23b}$$

Além disso, em qualquer direção s, inclinada a um ângulo α para a direção x, o coeficiente de permeabilidade é definido pela equação

$$v_s = -k_s \frac{\partial h}{\partial s}$$

Agora

$$\frac{\partial h}{\partial s} = \frac{\partial h}{\partial x}\frac{\partial x}{\partial s} + \frac{\partial h}{\partial z}\frac{\partial z}{\partial s}$$

isto é,

$$\frac{v_s}{k_s} = \frac{v_x}{k_x}\cos\alpha + \frac{v_z}{k_z}\,\text{sen}\,\alpha$$

Os componentes da velocidade de descarga também estão relacionados entre si da seguinte forma:

$$v_x = v_s \cos\alpha$$

$$v_z = v_s\,\text{sen}\,\alpha$$

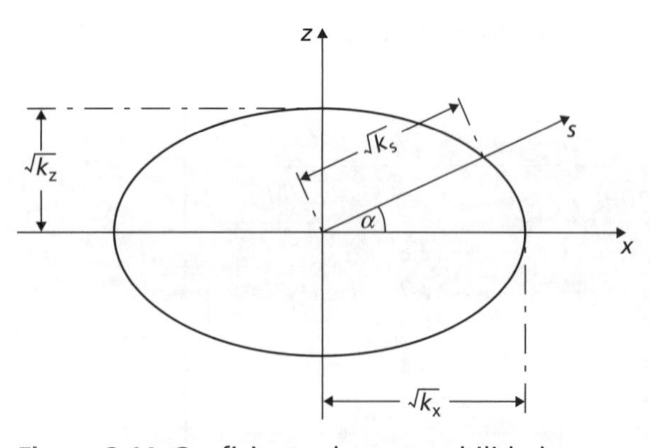

Figura 2.11 Coeficiente de permeabilidade.

Daí

$$\frac{1}{k_s} = \frac{\cos^2\alpha}{k_x} + \frac{\text{sen}^2\,\alpha}{k_z}$$

ou

$$\frac{s^2}{k_s} = \frac{x^2}{k_x} + \frac{z^2}{k_z} \tag{2.24}$$

A variação direcional da permeabilidade é, portanto, descrita pela Equação 2.24, que representa a elipse mostrada na Figura 2.11.

Dada a forma generalizada da lei de Darcy (Equação 2.23), a equação da continuidade (2.11) pode ser escrita como:

$$k_x \frac{\partial^2 h}{\partial x^2} + k_z \frac{\partial^2 h}{\partial z^2} = 0 \tag{2.25}$$

ou

$$\frac{\partial^2 h}{(k_z / k_x)\partial x^2} + \frac{\partial^2 h}{\partial z^2} = 0$$

Substituindo

$$x_t = x\sqrt{\frac{k_z}{k_x}} \tag{2.26}$$

a equação da continuidade se torna

$$\frac{\partial^2 h}{\partial x_t^2} + \frac{\partial^2 h}{\partial z^2} = 0 \tag{2.27}$$

que é a equação da continuidade para um solo isotrópico em um plano $x_t - z$.

Dessa forma, a Equação 2.26 define um fator de escala que pode ser aplicado na direção x para transformar uma determinada região de fluxo anisotrópico em uma de fluxo isotrópico fictício, na qual a equação de Laplace seja válida. Uma vez desenhada a rede de fluxo (representando a solução da equação de Laplace) para a seção transformada, a rede de fluxo para a seção natural pode ser obtida aplicando-se o inverso do fator de escala. No entanto, em geral, dados essenciais podem ser obtidos a partir da seção transformada. A transformação necessária também poderia ser feita na direção z.

O valor do coeficiente de permeabilidade que se aplica à seção transformada, denominado coeficiente isotrópico equivalente, é

$$k' = \sqrt{(k_x k_z)} \tag{2.28}$$

Uma prova formal da Equação 2.28 foi dada por Vreedenburgh (1936). A validade desta pode ser demonstrada examinando um campo elementar de uma rede de fluxo no qual o fluxo esteja na direção x. O campo desta rede é desenhado para a escala transformada e para a escala normal na Figura 2.12, com a transformação sendo efetuada na direção x. A velocidade de descarga v_x pode ser expressa tanto em termos de k' (seção transformada) quanto em termos de k_x (seção natural), isto é,

$$v_x = -k'\frac{\partial h}{\partial x_t} = -k_x\frac{\partial h}{\partial x}$$

em que

$$\frac{\partial h}{\partial x_t} = \frac{\partial h}{\sqrt{(k_z / k_x)}\partial x}$$

Dessa forma,

$$k' = k_x\sqrt{\frac{k_z}{k_x}} = \sqrt{(k_x k_z)}$$

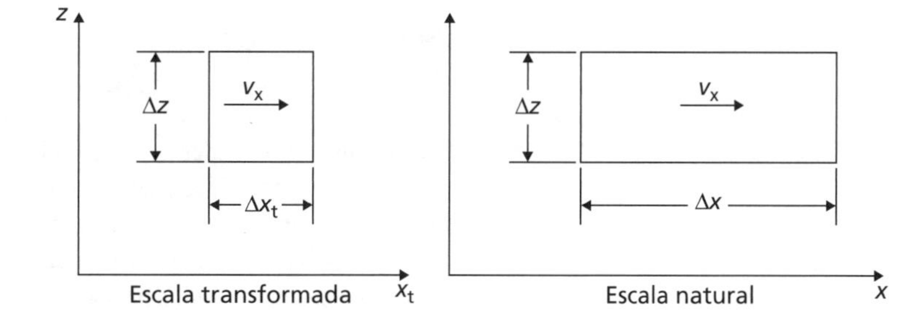

Figura 2.12 Campo elementar de rede de fluxo.

2.6 Condições não homogêneas de solo

Duas camadas isotrópicas de solo com espessuras H_1 e H_2 são mostradas na Figura 2.13, com seus respectivos coeficientes de permeabilidade sendo k_1 e k_2; o limite entre as camadas é horizontal (se as camadas fossem anisotrópicas, k_1 e k_2 representariam seus coeficientes isotrópicos equivalentes). As duas camadas podem ser consideradas uma única camada homogênea anisotrópica de espessura $(H_1 + H_2)$, em que os coeficientes na direção paralela e na normal à de estratificação são $\overline{k}_x$ e $\overline{k}_z$, respectivamente.

Na percolação unidimensional na direção horizontal, as linhas equipotenciais em cada camada são verticais. Se h_1 e h_2 representam a carga total em qualquer ponto das respectivas camadas, então, para um ponto comum no limite, $h_1 = h_2$. Sendo assim, qualquer linha vertical através das duas camadas representa uma linha equipotencial

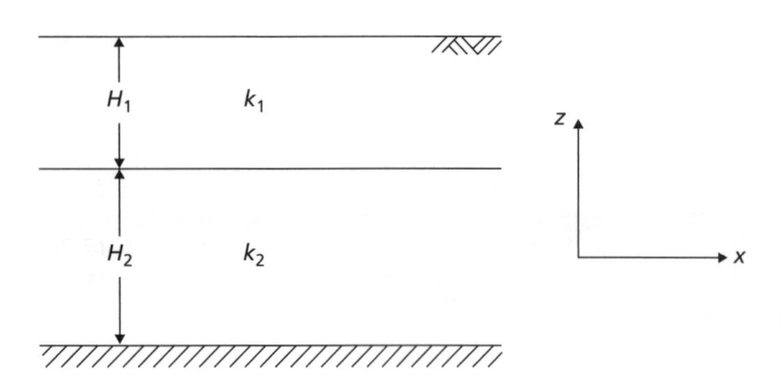

Figura 2.13 Condições não homogêneas de solo.

comum. Os gradientes hidráulicos nas duas camadas e na camada única equivalente são, portanto, iguais; os gradientes hidráulicos idênticos são indicados por i_x. O fluxo horizontal total por unidade de tempo é dado por

$$\bar{q}_x = (H_1 + H_2)\bar{k}_x i_x = (H_1 k_1 + H_2 k_2) i_x$$

$$\therefore \bar{k}_x = \frac{H_1 k_1 + H_2 k_2}{H_1 + H_2} \tag{2.29}$$

Na percolação unidimensional na direção vertical, as velocidades de descarga em cada camada e na camada única equivalente devem ser iguais, se a exigência de continuidade precisar ser satisfeita. Assim sendo,

$$v_z = \bar{k}_z \bar{i}_z = k_1 i_1 = k_2 i_2$$

na qual $\bar{i}_z$ é o gradiente hidráulico médio ao longo da profundidade $(H_1 + H_2)$. Dessa forma,

$$i_1 = \frac{\bar{k}_z}{k_1}\bar{i}_z \quad \text{e} \quad i_2 = \frac{\bar{k}_z}{k_2}\bar{i}_z$$

Agora, a perda na carga total ao longo da profundidade $(H_1 + H_2)$ é igual à soma das perdas de carga totais das camadas individuais, isto é,

$$\begin{aligned} \bar{i}_z(H_1 + H_2) &= i_1 H_1 + i_2 H_2 \\ &= \bar{k}_z \bar{i}_z \left(\frac{H_1}{k_1} + \frac{H_2}{k_2} \right) \end{aligned} \tag{2.30}$$

$$\therefore \bar{k}_z = \frac{H_1 + H_2}{\left(\frac{H_1}{k_1}\right) + \left(\frac{H_2}{k_2}\right)}$$

Expressões similares para $\bar{k}_x$ e $\bar{k}_z$ se aplicam ao caso de qualquer número de camadas de solo. Pode-se demonstrar que $\bar{k}_x$ deve sempre ser maior do que $\bar{k}_z$, isto é, a percolação pode ocorrer mais rapidamente na direção paralela à estratificação do que na perpendicular.

2.7 Solução numérica usando o Método das Diferenças Finitas

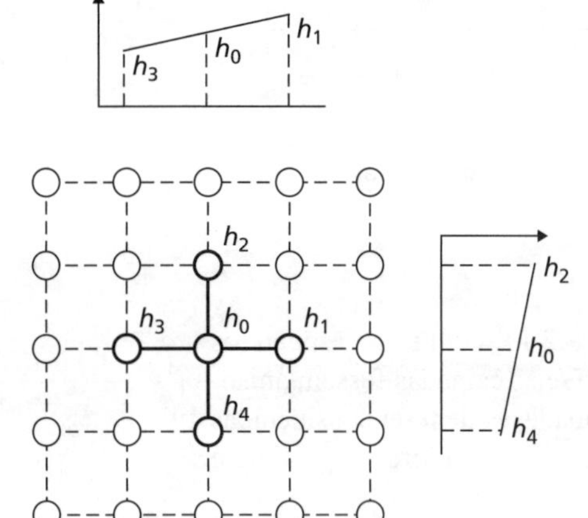

Figura 2.14 Determinação da carga em um nó do MDF.

Embora os esquemas de redes de fluxo sejam úteis para estimar as relações de percolação–poropressões induzidas e de fluxo volumétrico em problemas simples, é necessária muita prática para que se produzam resultados confiáveis. Como alternativa, podem ser usadas as planilhas (que estão disponíveis quase universalmente para os engenheiros em atividade) para determinar as pressões de percolação de modo mais rápido e confiável. Uma ferramenta baseada em planilha para resolver uma grande variedade de problemas está disponível no *site* da LTC Editora complementar a este livro, acompanhando o material deste capítulo. As planilhas analisam os problemas de percolação resolvendo a equação de Laplace por meio do **Método das Diferenças Finitas** (MDF). Em primeiro lugar, o problema é discretizado em uma malha de nós espaçados regularmente representando o solo do problema. Se estiver acontecendo uma percolação em regime permanente através de uma determinada região do solo com permeabilidade isotrópica k, a carga total em um nó genérico no solo será a média dos valores de carga nos quatro nós que se conectam, de acordo com o ilustrado na Figura 2.14:

$$h_0 = \frac{1}{4}\left(h_1 + h_2 + h_3 + h_4\right) \tag{2.31}$$

É possível obter formas modificadas da Equação 2.31 para limites impenetráveis e para determinar valores de carga em cada um dos lados de cortinas finas impermeáveis, como estacas-prancha. A técnica de análise pode ser usada adicionalmente para estudar solos anisotrópicos na escala transformada de solos de permeabilidade k', conforme a definição ao final da Seção 2.5. Também é possível modificar a Equação 2.31 para modelar os nós no limite entre duas camadas de solo de permeabilidade isotrópicas diferentes (k_1, k_2), conforme analisado na Seção 2.6.

O *site* da LTC Editora complementar a esta obra contém uma ferramenta de análise de planilha (Percolação_CSM8.xls) que pode ser usada para solucionar uma grande variedade de problemas de percolação. Cada célula é usada para representar um nó, com o valor daquela igual à carga total, h_0 para o nó. Uma biblioteca de equações para h_0 para uma grande variedade de condições de contorno diferentes está incluída nessa planilha, que pode ser copiada quando necessário para constituir um modelo completo e detalhado de diversos problemas. Uma descrição mais detalhada das condições de contorno que podem ser usadas e sua formulação são dadas no Manual do Usuário, que também pode ser encontrado no *site* da LTC Editora complementar a este texto. Depois de as fórmulas terem sido copiadas para os nós adequados, são fornecidos os valores da carga nos contornos de recarga e descarga, e, a seguir, são realizados iterativamente os cálculos até que as iterações posteriores forneçam uma variação insignificante da distribuição de carga. Esse processo iterativo é completamente automatizado dentro da planilha. Em um computador moderno, a resolução dos problemas mencionados neste capítulo deve demorar alguns segundos. O uso dessa planilha será demonstrado no exemplo a seguir, que utiliza todas as condições de contorno incluídas na planilha.

Exemplo 2.3

Deve ser feita uma escavação profunda nas proximidades de um túnel de alvenaria para linhas de metrô, conforme ilustra a Figura 2.15. O solo circunvizinho apresenta-se em camadas, com permeabilidades isotrópicas de acordo com a figura. Calcule a distribuição da pressão de água nos poros em torno do túnel e encontre a taxa de fluxo da água para o interior da escavação.

Solução

Dada a geometria mostrada na Figura 2.15, escolheu-se um espaçamento de grade de 1 m nas direções horizontal e vertical, fornecendo o *layout* nodal mostrado na figura. As fórmulas apropriadas são, então, inseridas nas células que representam cada nó, de acordo com o demonstrado no Manual do Usuário no *site* da LTC Editora complementar a este livro. Adota-se o nível da escavação como referência. A distribuição da carga total é mostrada na Figura 2.15, e, aplicando-se a Equação 2.1, pode ser desenhada a distribuição de água nos poros em torno do túnel.

A taxa de fluxo de água para o interior da escavação pode ser encontrada considerando-se o fluxo entre os oito nós adjacentes no contorno de descarga. Tendo em vista os nós nas proximidades da cortina de estacas-prancha, a variação de carga entre os dois últimos nós é $\Delta h = 0{,}47$. Isso é repetido ao longo do contorno de descarga, e o valor médio Δh entre cada conjunto de nós é calculado. Adaptando a Equação 2.19 e observando que o solo no contorno de descarga tem permeabilidade k_1, a taxa de fluxo é, consequentemente, dada por:

$$q = k_1 \sum \Delta h$$

$$= 3{,}3 \times 10^{-9}\,\text{m}^3/\text{s}$$

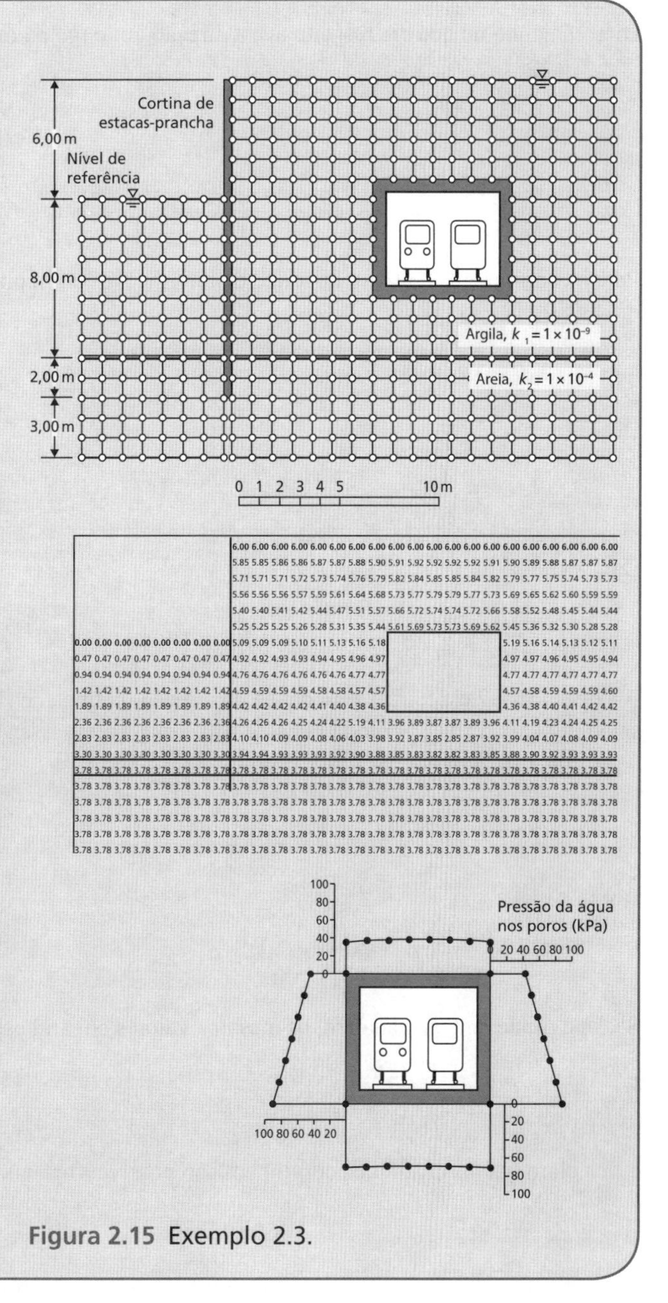

Figura 2.15 Exemplo 2.3.

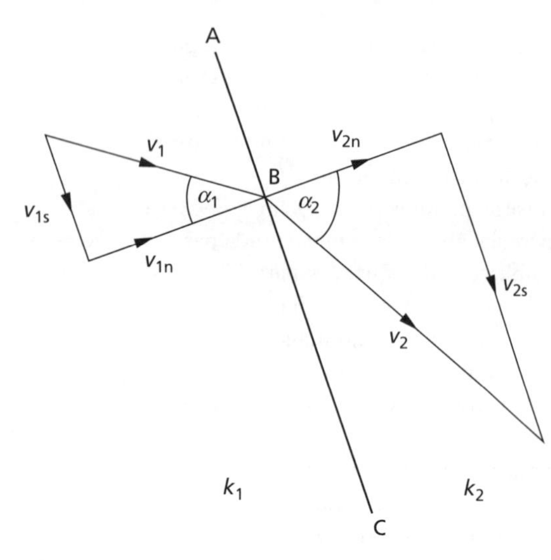

Figura 2.16 Condição de transferência.

2.8 Condição de transferência

Agora, serão feitas considerações sobre a condição que deve ser satisfeita quando a percolação ocorre diagonalmente através da interface entre dois solos isotrópicos, 1 e 2, com coeficientes de permeabilidade k_1 e k_2, respectivamente. A direção de percolação nas proximidades de um ponto B no limite ABC faz um ângulo α_1 com a normal em B, conforme mostra a Figura 2.16; a velocidade de descarga nas proximidades de B é v_1. Os componentes de v_1 na direção da interface e na direção normal a ela são v_{1s} e v_{1n}, respectivamente. A direção da percolação ao se afastar do ponto B faz um ângulo α_2 com a normal, conforme mostra a figura; a velocidade de descarga no afastamento de B é v_2. Os componentes de v_2 são v_{2s} e v_{2n}.

Para os solos 1 e 2, respectivamente

$$\phi_1 = -k_1 h_1 \quad \text{e} \quad \phi_2 = -k_2 h_2$$

No ponto comum B, $h_1 = h_2$; portanto,

$$\frac{\phi_1}{k_1} = \frac{\phi_2}{k_2}$$

Diferenciando no que diz respeito a s, a direção ao longo da interface:

$$\frac{1}{k_1}\frac{\partial\phi_1}{\partial s} = \frac{1}{k_2}\frac{\partial\phi_2}{\partial s}$$

isto é,

$$\frac{v_{1s}}{k_1} = \frac{v_{2s}}{k_2}$$

Para a continuidade do fluxo ao longo da interface, os componentes normais da velocidade de descarga devem ser iguais, isto é,

$$v_{1n} = v_{2n}$$

Dessa forma,

$$\frac{1}{k_1}\frac{v_{1s}}{v_{1n}} = \frac{1}{k_2}\frac{v_{2s}}{v_{2n}}$$

Daí, segue-se que

$$\frac{\tan\alpha_1}{\tan\alpha_2} = \frac{k_1}{k_2} \tag{2.32}$$

A Equação 2.32 especifica a mudança na direção da linha de fluxo que passa pelo ponto B. Essa equação deve ser satisfeita na interface por toda linha de fluxo que a atravessar.

A Equação 2.18 pode ser escrita como

$$\Delta\psi = \frac{\Delta n}{\Delta s}\Delta\phi$$

isto é,

$$\Delta q = \frac{\Delta n}{\Delta s}k\Delta\phi$$

Se Δq e Δh devem ter, cada um, os mesmos valores em ambos os lados da interface, então

$$\left(\frac{\Delta n}{\Delta s}\right)_1 k_1 = \left(\frac{\Delta n}{\Delta s}\right)_2 k_2$$

e fica claro que os quadrados curvilíneos são possíveis apenas em um solo. Se

$$\left(\frac{\Delta n}{\Delta s}\right)_1 = 1$$

então

$$\left(\frac{\Delta n}{\Delta s}\right)_2 = \frac{k_1}{k_2} \tag{2.33}$$

Se o índice de permeabilidade for menor do que 1/10, é improvável que a parte da rede de fluxo no solo de maior permeabilidade precise ser considerada.

2.9 Percolação através do maciço de barragens de terra

Esse problema é um exemplo de percolação não confinada, com um limite da região de fluxo sendo a superfície freática na qual a pressão é atmosférica. No interior da seção, a superfície freática constitui a linha de fluxo superior, e sua posição deve ser estimada antes que a rede de fluxo possa ser desenhada.

Considere o caso de uma barragem de terra isotrópica sobre uma fundação impermeável, conforme mostra a Figura 2.17. O limite impermeável BA é uma linha de fluxo, e CD é a linha de fluxo superior exigida. Em cada ponto do talude de montante BC, a carga total é constante (u/γ_w e z variam de um ponto para outro, mas sua soma permanece constante); portanto, BC é uma linha equipotencial. Se o nível de água de jusante for tomado como nível de referência, a carga total na linha equipotencial BC será igual a h, a diferença entre os níveis de água de montante e de jusante. A superfície de descarga AD, apenas para o caso mostrado na Figura 2.17, é a linha equipotencial para a carga total zero. Em todos os pontos da linha de fluxo superior, a pressão é nula (atmosférica), portanto a carga total é igual à altimétrica, e deve haver intervalos verticais iguais Δz entre os pontos de interseção entre linhas equipotenciais sucessivas e a linha de fluxo superior.

Em uma barragem de terra, sempre deve ser construído um filtro adequado na superfície de descarga. A função do filtro é manter a percolação completamente dentro da barragem; a saída de água de percolação no talude de jusante resultaria na erosão gradual deste. As consequências disso podem ser graves. Em 1976, foi observado um vazamento próximo a um dos encontros da barragem Teton (Teton Dam), em Idaho, EUA. A seguir, foi observada percolação através do talude de jusante. No intervalo de duas horas após o ocorrido, a barragem apresentou uma falha estrutural catastrófica, causando uma enorme inundação, conforme mostra a Figura 2.18. Os custos diretos e indiretos dessa falha estrutural foram estimados em algo próximo a 1 bilhão de dólares. A Figura 2.17 mostra um

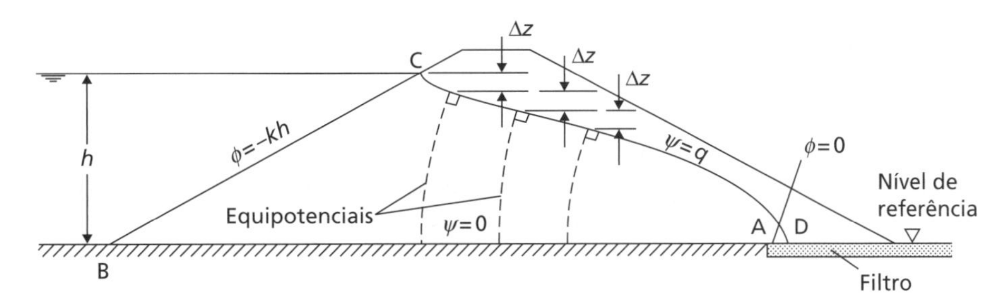

Figura 2.17 Seção transversal de uma barragem de terra homogênea.

Figura 2.18 Falha estrutural da barragem Teton (Teton Dam), 1976 (foto cedida pelo Bureau of Reclamation).

filtro subterrâneo horizontal. Outras formas possíveis de filtro são ilustradas nas Figuras 2.22a e 2.22b; nesses dois casos, a superfície de descarga AD não é uma linha de fluxo nem uma equipotencial, uma vez que há componentes da velocidade de descarga tanto no sentido normal quanto no tangencial à AD.

As condições de contorno da região de fluxo ABCD na Figura 2.17 podem ser escritas da seguinte forma:

Linha equipotencial BC: $\phi = -kh$
Linha equipotencial AD: $\phi = 0$
Linha de fluxo CD: $\psi = q$ (além disso, $\phi = -kz$)
Linha de fluxo BA: $\psi = 0$

A transformação conforme $r = w^2$

Pode-se usar a teoria de variáveis complexas a fim de se obter uma solução para o problema da barragem de terra. Vamos admitir que o número complexo $w = \phi + \mathrm{i}\psi$ seja uma função analítica de $r = x + \mathrm{i}z$. Considere a função

$$r = w^2$$

Dessa forma

$$\begin{aligned}(x + \mathrm{i}z) &= (\phi + \mathrm{i}\psi)^2 \\ &= (\phi^2 + 2\mathrm{i}\phi\psi - \psi^2)\end{aligned}$$

Igualando as partes reais e imaginárias:

$$x = \phi^2 - \psi^2 \tag{2.34}$$

$$z = 2\phi\psi \tag{2.35}$$

As Equações 2.34 e 2.35 regem a transformação de pontos entre os planos r e w.

Considere a transformação de linhas retas $\psi = n$, na qual $n = 0, 1, 2, 3$ (Figura 2.19a). A partir da Equação 2.35,

$$\phi = \frac{z}{2n}$$

e a Equação 2.34 se torna

$$x = \frac{z^2}{4n^2} - n^2 \tag{2.36}$$

A Equação 2.36 representa uma família de parábolas com mesmo foco. Para valores positivos de z, as parábolas com os valores especificados de n estão desenhadas no gráfico da Figura 2.19b.

Considere também a transformação de linhas retas $\phi = m$, na qual $m = 0, 1, 2, \ldots, 6$ (Figura 2.19a). A partir da Equação 2.35,

$$\psi = \frac{z}{2m}$$

e a Equação 2.34 se torna

$$x = m^2 - \frac{z^2}{4m^2} \tag{2.37}$$

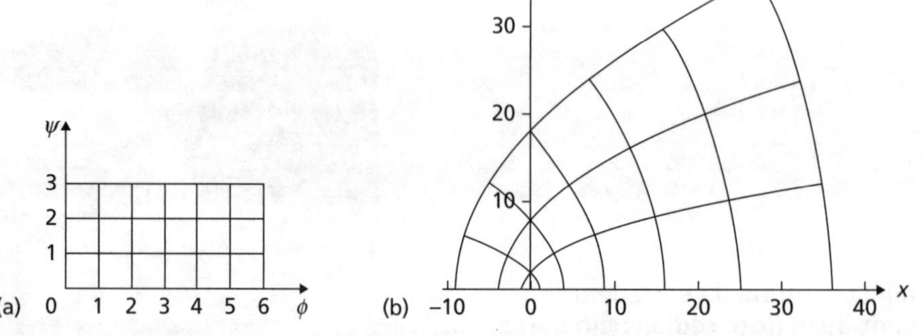

Figura 2.19 Transformação conforme $r = w^2$: (a) plano w; e (b) plano r.

A Equação 2.37 representa uma família de parábolas com mesmo foco e conjugadas àquelas representadas pela Equação 2.36. Para valores positivos de z, as parábolas com os valores especificados de m estão desenhadas no gráfico da Figura 2.19b. As duas famílias de parábolas satisfazem às exigências de uma rede de fluxo.

Aplicação a seções transversais de barragens de terra

A região de fluxo no plano w que satisfaz às condições de contorno para a seção transversal (Figura 2.17) é mostrada na Figura 2.20a. Nesse caso, será usada a função de transformação

$$r = Cw^2$$

em que C é uma constante. Assim sendo, as Equações 2.34 e 2.35 se tornam

$$x = C(\phi^2 - \psi^2)$$
$$z = 2C\phi\psi$$

A equação da linha de fluxo superior pode ser obtida por meio da substituição das condições

$$\psi = q$$
$$\phi = -kz$$

Assim,

$$z = -2Ckzq$$
$$\therefore C = -\frac{1}{2kq}$$

Por isso,

$$x = -\frac{1}{2kq}(k^2 z^2 - q^2)$$
$$x = \frac{1}{2}\left(\frac{q}{k} - \frac{k}{q}z^2\right) \tag{2.38}$$

A curva representada pela Equação 2.38 é conhecida como parábola básica de Kozeny e é mostrada na Figura 2.20b, com a origem e o foco localizados em A.

Quando $z = 0$, o valor de x é dado por

$$x_0 = \frac{q}{2k}$$
$$\therefore q = 2kx_0 \tag{2.39}$$

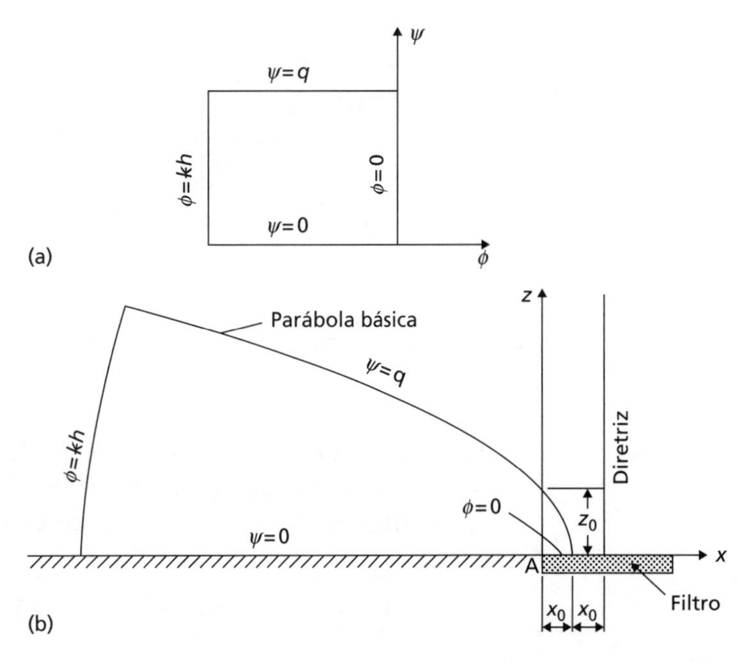

Figura 2.20 Transformação para a seção transversal da barragem de terra: (a) plano w; e (b) plano r.

em que $2x_0$ é a distância diretriz da parábola básica. Quando $x = 0$, o valor de z é dado por

$$z_0 = \frac{q}{k} = 2x_0$$

Substituindo a Equação 2.39 na Equação 2.38, obtém-se

$$x = x_0 - \frac{z^2}{4x_0} \tag{2.40}$$

A parábola básica pode ser desenhada com a Equação 2.40, contanto que as coordenadas de um ponto da parábola sejam inicialmente conhecidas.

Surge uma inconsistência devido ao fato de que a transformação conforme da linha reta $\phi = -kh$ (que representa a linha equipotencial de montante) é uma parábola, ao passo que a linha equipotencial de montante na seção transversal da barragem de terra é o talude de montante. Com base em um amplo estudo do problema, Casagrande (1940) recomendou que o ponto inicial da parábola básica deveria ser G (Figura 2.21), em que GC = 0,3HC. As coordenadas do ponto G, substituídas na Equação 2.40, permitem que o valor de x_0 seja determinado; assim, o gráfico da parábola básica pode ser desenhado. A linha de fluxo superior deve interceptar o talude de montante segundo ângulos retos; portanto, é necessário que se faça uma correção CJ (usando bom senso pessoal) na parábola básica. A rede de fluxo pode, então, ser concluída, conforme a Figura 2.21.

Se a superfície de descarga AD não for horizontal, como nos casos mostrados na Figura 2.22, é exigida mais uma correção KD na parábola básica. Usa-se o ângulo β para descrever a direção da superfície de descarga em relação a AB. A correção pode ser feita com a ajuda de valores da razão MD/MA = $\Delta a/a$, dados por Casagrande para o intervalo de valores de β (Tabela 2.4).

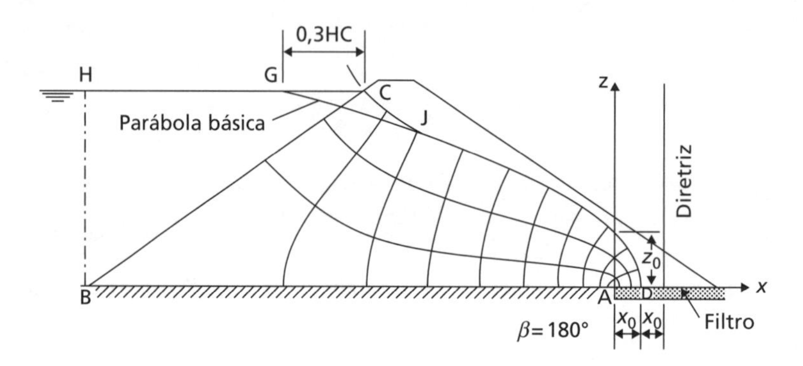

Figura 2.21 Rede de fluxo para a seção transversal da barragem de terra.

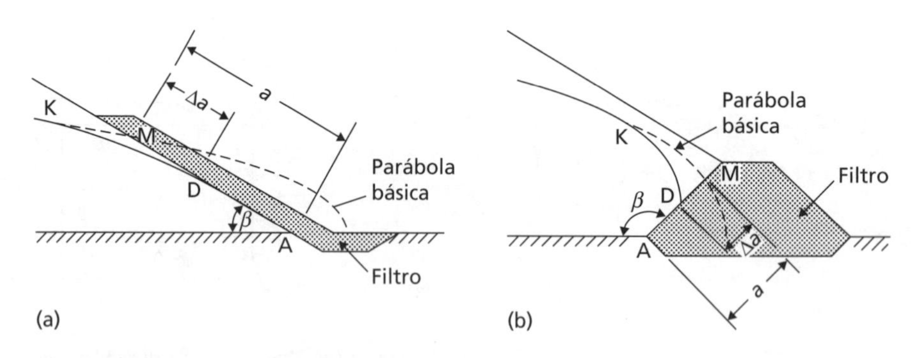

Figura 2.22 Correção de jusante da parábola básica.

Tabela 2.4 Correção de jusante da parábola básica; reproduzida de A. Casagrande (1940). Seepage through dams. **Contributions to Soil Mechanics 1925–1940**, com permissão da Boston Society of Civil Engineers

β	30°	60°	90°	120°	150°	180°
$\Delta a/a$	(0,36)	0,32	0,26	0,18	0,10	0

Exemplo 2.4

A seção transversal de uma barragem de terra homogênea e anisotrópica está detalhada na Figura 2.23a; os coeficientes de permeabilidade nas direções x e z são $4{,}5 \times 10^{-8}$ e $1{,}6 \times 10^{-8}$ m/s, respectivamente. Construa a rede de fluxo e determine a quantidade de percolação através da barragem. Qual é a pressão da água nos poros (poropressão) no ponto P?

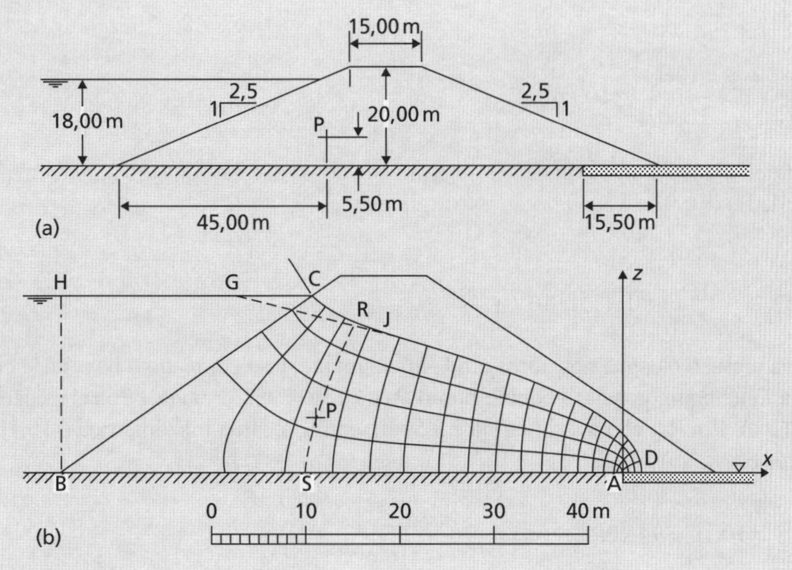

Figura 2.23 Exemplo 2.4.

Solução

O fator de escala para a transformação na direção x é

$$\sqrt{\frac{k_z}{k_x}} = \sqrt{\frac{1{,}6}{4{,}5}} = 0{,}60$$

A permeabilidade isotrópica equivalente é

$$k' = \sqrt{(k_x k_z)}$$
$$= \sqrt{(4{,}5 \times 1{,}6)} \times 10^{-8} = 2{,}7 \times 10^{-8}\,\text{m/s}$$

A seção transversal é desenhada na escala transformada na Figura 2.23b. O foco da parábola básica está no ponto A. Esta parábola passa pelo ponto G de forma que

$$\text{GC} = 0{,}3\text{HC} = 0{,}3 \times 27{,}00 = 8{,}10\,\text{m}$$

isto é, as coordenadas de G são

$$x = -40{,}80,\ z = +18{,}00$$

Substituindo essas coordenadas na Equação 2.40:

$$-40{,}80 = x_0 - \frac{18{,}00^2}{4x_0}$$

Em consequência,

$$x_0 = 1{,}90\,\text{m}$$

Usando a Equação 2.40, são calculadas, agora, as coordenadas de vários pontos da parábola básica:

TABELA E

x	1,90	0	−5,00	−10,00	−20,00	−30,00
z	0	3,80	7,24	9,51	12,90	15,57

A parábola básica está desenhada na Figura 2.23b. É feita a correção de montante (JC), e a rede de fluxo é concluída, assegurando que haja intervalos iguais entre os pontos de interseção das linhas equipotenciais sucessivas e a linha de fluxo superior. Na rede de fluxo, há quatro canais de fluxo e 18 quedas equipotenciais. Em consequência, a quantidade de percolação (por unidade de comprimento) é

$$q = k'h\frac{N_f}{N_d}$$

$$= 2{,}7 \times 10^{-8} \times 18 \times \frac{4}{18} = 1{,}1 \times 10^{-7}\,\text{m}^3/\text{s}$$

A quantidade de percolação também pode ser determinada com base na Equação 2.39 (sem a necessidade de desenhar a rede de fluxo):

$$q = 2k'x_0$$
$$= 2 \times 2{,}7 \times 10^{-8} \times 1{,}90 = 1{,}0 \times 10^{-7}\,\text{m}^3/\text{s}$$

Para determinar a pressão da água nos poros em P, inicialmente, é selecionado o Nível AD como referência. Desenha-se uma linha equipotencial RS pelo ponto P (posição transformada). Por inspeção visual, a carga total em P é 15,60 m. Em P, a carga altimétrica é 5,50 m, então, a carga piezométrica é 10,10 m, e a pressão de água nos poros é

$$u_P = 9{,}81 \times 10{,}10 = 99\,\text{kPa}$$

Alternativamente, a carga piezométrica em P é dada de forma direta pela distância vertical de P abaixo do ponto de interseção (R) da equipotencial RS com a linha de fluxo superior.

Controle da percolação em barragens de terra

O projeto da seção transversal de uma barragem de terra e, quando possível, a escolha dos solos visam reduzir ou eliminar os efeitos prejudiciais da água de percolação. Onde existirem altos gradientes hidráulicos, há a possibilidade de que a água de percolação cause erosão interna dentro da barragem, especialmente, se o solo estiver mal compactado. A erosão pode forçar seu caminho no corpo da barragem, criando vazios na forma de canais ou "tubos", prejudicando, assim, a estabilidade da barragem. Essa forma de erosão é denominada ***piping*** (**erosão interna** ou, ainda, **erosão tubular regressiva**).

Uma seção com um núcleo central de baixa permeabilidade, que se destina a reduzir o volume da percolação, é mostrada na Figura 2.24a. Quase toda a carga total é perdida no núcleo, que, se for estreito, faz surgirem altos gradientes hidráulicos. Há um perigo particular de erosão na interface entre o núcleo e o solo adjacente (de maior permeabilidade) sob um alto gradiente de saída do núcleo. Pode-se obter proteção contra esse perigo por meio de um dreno de "chaminé" (Figura 2.24a) na interface de jusante do núcleo. O dreno, projetado como um filtro (ver Seção 2.10) para fazer barreira às partículas de solo do núcleo, também serve como um interceptor, mantendo o paramento de jusante em um estado não saturado.

A maior parte das seções transversais de barragens de terra é não homogênea por causa das zonas de diferentes tipos de solo, tornando mais difícil construir uma rede de fluxo. A construção da parábola para a linha de fluxo superior se aplica somente às seções homogêneas, mas a condição de que deve haver distâncias verticais iguais entre os pontos de interseção de linhas equipotenciais e a linha de fluxo superior se aplica também à seção não homogênea. A condição de transferência (Equação 2.32) deve ser satisfeita em todas as interfaces de zonas. No caso de uma seção com núcleo central de baixa permeabilidade, a aplicação da Equação 2.32 significa que, quanto menor o índice de permeabilidade, menor a posição da linha de fluxo superior na zona de jusante (na ausência de um dreno de chaminé).

Se o solo da fundação for mais permeável do que a barragem, o controle da **percolação sob a fundação** será essencial. Ela pode ser virtualmente eliminada por meio de uma parede (ou cortina) "impermeável", como uma cortina de injeção (Figura 2.24b). Outra forma de vedação é a parede diafragma de concreto (ver a Seção 11.10). Qualquer medida destinada a alongar o caminho da percolação, como um colchão impermeável de montante (Figura 2.24c), diminuirá parcialmente a percolação sob a fundação.

Um excelente tratamento de controle da percolação é dado por Cedergren (1989).

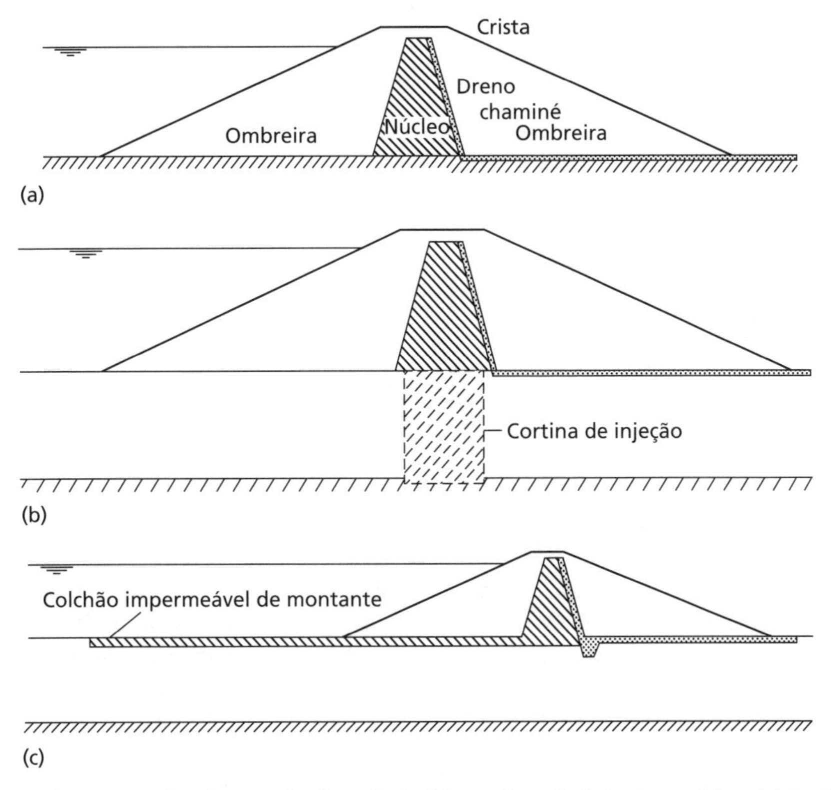

Figura 2.24 (a) Núcleo central e dreno de chaminé; (b) cortina de injeção; e (c) colchão impermeável de montante.

Exemplo 2.5

Considere o vertedouro da barragem de concreto do Exemplo 2.2 (Figura 2.10). Determine o efeito do comprimento da parede de vedação sobre a redução do fluxo de percolação abaixo do vertedouro. Determine também a redução do fluxo de percolação devida a um colchão impermeável de montante de comprimento L_b e compare a eficácia dos dois métodos de controle da percolação.

Solução

O fluxo de percolação pode ser determinado usando-se a ferramenta de planilha disponível no *site* da LTC Editora complementar a este livro. Repetindo os cálculos para os diferentes comprimentos, L_w, da cortina de vedação (ou *cut-off*; Figura 2.25a) e, separadamente, para os diferentes comprimentos do colchão impermeável, L_b, conforme ilustrado na Figura 2.25b, os resultados da figura podem ser encontrados. Comparando os dois métodos, pode-se ver que, para camadas finas como a desse problema, as cortinas de vedação (*cut-off*) são, em geral, mais eficientes para reduzir a percolação e, na maioria das vezes, exigem um volume menor de material (apresentando, portanto, menor custo) para conseguir a mesma redução do fluxo de percolação.

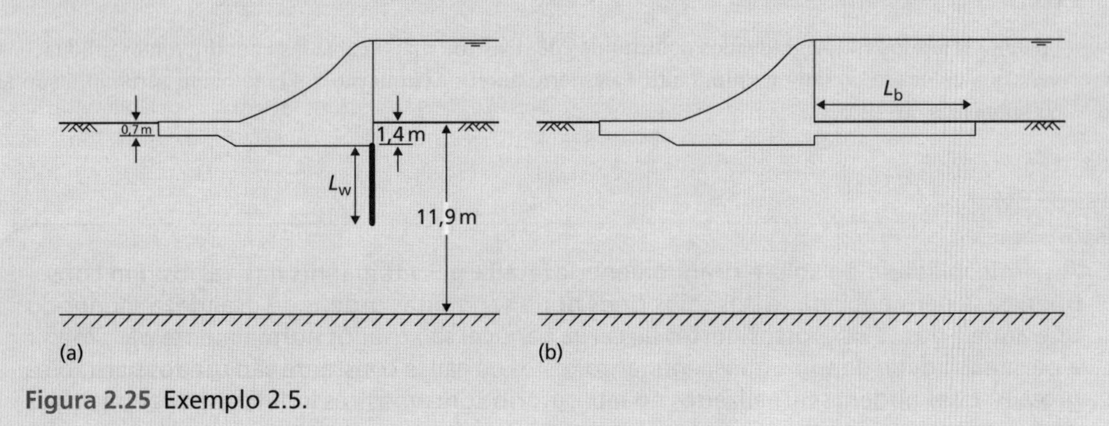

Figura 2.25 Exemplo 2.5.

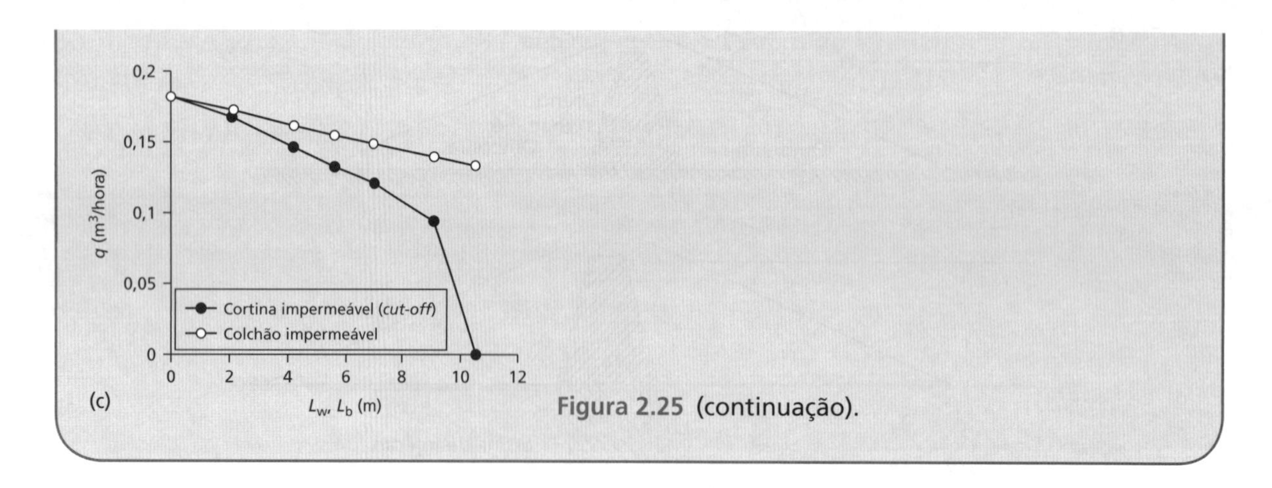

Figura 2.25 (continuação).

2.10 Projeto de filtros

Os filtros usados no controle da percolação devem satisfazer a determinadas exigências fundamentais. Os poros devem ser suficientemente pequenos para evitar que partículas do solo adjacente sejam transportadas. Ao mesmo tempo, a permeabilidade deve ser alta o bastante para assegurar uma drenagem livre da água que entrar no filtro. A capacidade de um filtro deve ser tal que ele não se torne completamente saturado. No caso de uma barragem de terra, um filtro colocado a jusante do núcleo deve ser capaz de controlar e vedar qualquer vazamento que se desenvolva no núcleo em consequência de erosão interna. O filtro também deve permanecer estável sob um gradiente hidráulico excepcionalmente alto que possa se desenvolver junto a tal vazamento.

Com base em uma grande quantidade de testes de laboratório realizados por Sherard *et al.* (1984a, 1984b) e na experiência em projetos, foi demonstrado que o desempenho do filtro pode estar relacionado ao tamanho D_{15} obtido da curva de distribuição granulométrica do material do filtro. O tamanho médio dos poros, que é bastante influenciado pelas partículas menores no filtro, é bem representado por D_{15}. Um filtro com graduação uniforme irá reter todas as partículas maiores do que aproximadamente $0{,}11D_{15}$; aquelas menores do que esse tamanho serão transportadas através do filtro em suspensão na água de percolação. As características do solo adjacente, no que diz respeito à sua retenção pelo filtro, podem ser representadas pelo tamanho D_{85} para esse solo. O critério a seguir é recomendado para um desempenho satisfatório do filtro:

$$\frac{(D_{15})_f}{(D_{85})_s} < 5 \tag{2.41}$$

no qual $(D_{15})_f$ e $(D_{85})_s$ referem-se ao filtro e ao solo adjacente (montante), respectivamente. No entanto, no caso de filtros para solos finos, o limite a seguir é recomendado para o material do filtro:

$$D_{15} \leq 0{,}5\,\text{mm}$$

Deve-se tomar cuidado para evitar a segregação das partículas componentes do filtro durante a construção.

Para assegurar que a permeabilidade do filtro é suficientemente grande para permitir a drenagem livre, é recomendado que:

$$\frac{(D_{15})_f}{(D_{15})_s} > 5 \tag{2.42}$$

Também podem ser usados filtros graduados constituídos de duas (ou mais) camadas com diferentes graduações, sendo a mais fina colocada do lado de montante. O critério anterior (Equação 2.41) também seria aplicado às camadas componentes do filtro.

Resumo

1 A permeabilidade do solo é grandemente afetada pelo tamanho dos vazios. Em consequência, a permeabilidade dos solos finos pode ser muitas ordens de grandeza menor do que aquela dos solos grossos. Testes de carga variável são usados normalmente para medir a permeabilidade de solos finos, enquanto testes de carga constante são usados para solos grossos. Esses podem ser realizados no laboratório com amostras indeformadas removidas do terreno (ver o Capítulo 6) ou *in situ*.

2 A água do solo fluirá sempre que existir um gradiente hidráulico. Para o fluxo em duas dimensões, pode-se usar uma rede de fluxo para determinar a distribuição da carga total, a pressão da água nos poros e a quantidade de percolação. Essa técnica também leva em consideração solos em camadas ou anisotrópicos em relação à permeabilidade; esses dois parâmetros influenciam significativamente a percolação.

3 Problemas complexos ou grandes de percolação, para os quais o traçado da rede de fluxo não se mostraria prático, podem ser resolvidos de forma precisa e eficiente pelo método das diferenças finitas. Uma implementação em planilha desse método está disponível no *site* da LTC Editora complementar a este livro.

4 A percolação através de barragens de terra é mais complexa quando elas não estão confinadas. A transformação conforme fornece um método simples e eficiente para determinar as quantidades de fluxo e desenvolver a rede de fluxo para tal caso. A percolação através e abaixo das barragens de terra, que podem influenciar em sua estabilidade, pode ser controlada usando-se uma variedade de técnicas, incluindo um núcleo de baixa permeabilidade, cortinas de vedação (*cut-off*) ou colchões impermeáveis. A eficácia desses métodos pode ser determinada por meio das técnicas mencionadas neste capítulo.

Problemas

2.1 Em um ensaio de permeabilidade de carga variável, a carga inicial de 1,00 m caiu para 0,35 m em 3 h, sendo o diâmetro do tubo de 5 mm. A amostra de solo tinha 200 mm de comprimento e 100 mm de diâmetro. Calcule o coeficiente de permeabilidade do solo.

2.2 A seção transversal de parte de uma ensecadeira está apresentada na Figura 2.26, sendo o coeficiente de permeabilidade do solo $2{,}0 \times 10^{-6}$ m/s. Desenhe a rede de fluxo e determine a quantidade de percolação.

2.3 A seção transversal de uma longa ensecadeira está apresentada na Figura 2.27, sendo o coeficiente de permeabilidade do solo $4{,}0 \times 10^{-7}$ m/s. Desenhe a rede de fluxo e determine a quantidade de percolação que entra na ensecadeira.

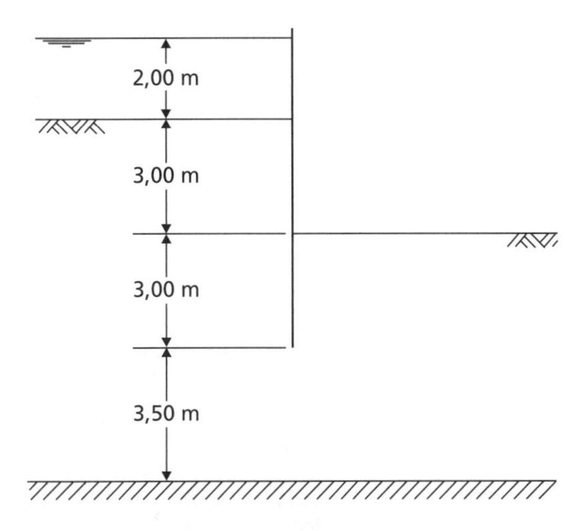

Figura 2.26 Problema 2.2.

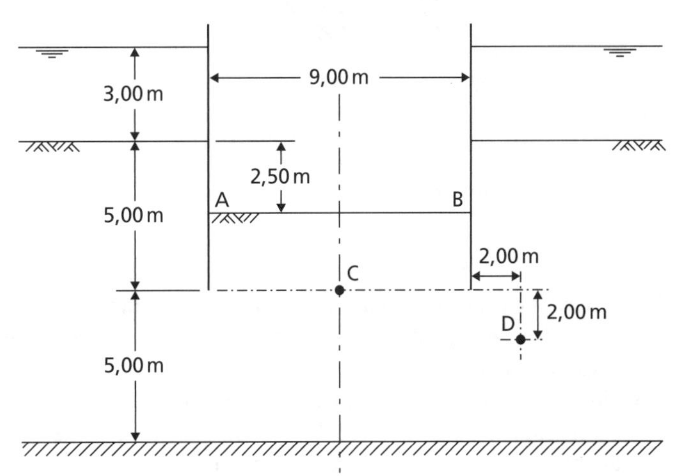

Figura 2.27 Problema 2.3.

2.4 A seção transversal de uma cortina de estacas-prancha ao longo de um estuário de maré é dada na Figura 2.28. Na maré baixa, a profundidade da água na frente da cortina é de 4,00 m; o lençol freático atrás da cortina está a 2,50 m do nível da maré. Faça um gráfico da distribuição líquida da pressão da água nas estacas.

2.5 A Figura 2.29 mostra detalhes de uma escavação adjacente a um canal. Determine a quantidade de percolação nesta escavação se o coeficiente de permeabilidade for $4{,}5 \times 10^{-5}$ m/s.

2.6 A barragem mostrada na Figura 2.30 localiza-se sobre solo anisotrópico. Os coeficientes de permeabilidade nas direções x e z são $5{,}0 \times 10^{-7}$ m/s e $1{,}8 \times 10^{-7}$ m/s, respectivamente. Determine a quantidade de percolação sob a barragem.

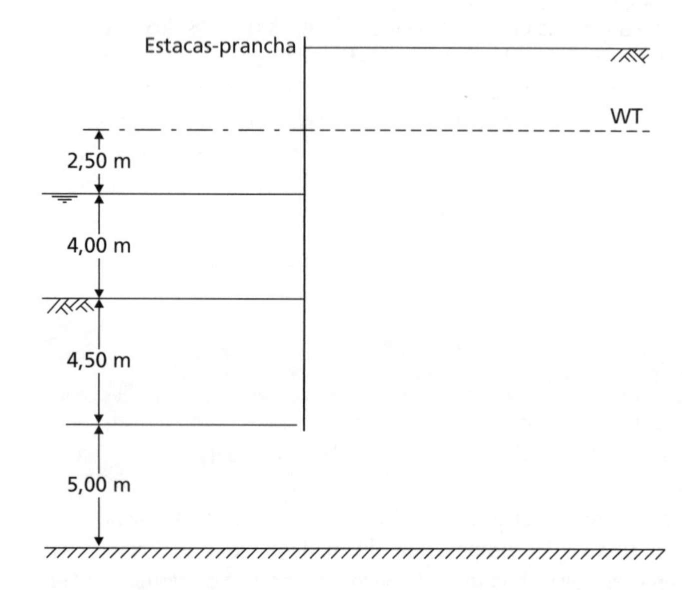

Figura 2.28 Problema 2.4.

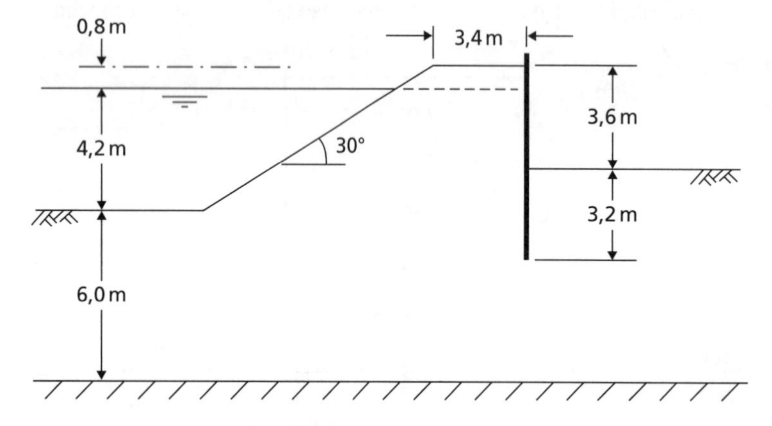

Figura 2.29 Problema 2.5.

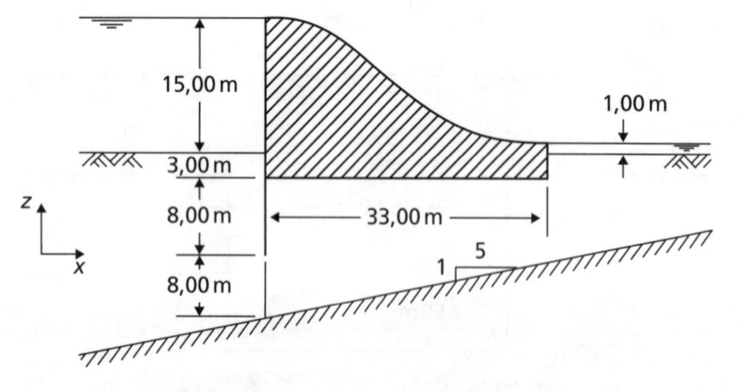

Figura 2.30 Problema 2.6.

2.7 Determine a quantidade de percolação sob a barragem mostrada na Figura 2.31. Ambas as camadas do solo são isotrópicas, e os coeficientes de permeabilidade das camadas superior e inferior são $2{,}0 \times 10^{-6}$ e $1{,}6 \times 10^{-5}$ m/s, respectivamente.

2.8 Uma barragem de terra é mostrada na Figura 2.32, e os coeficientes de permeabilidade nas direções horizontal e vertical são $7{,}5 \times 10^{-6}$ e $2{,}7 \times 10^{-6}$ m/s, respectivamente. Construa a linha de fluxo superior e determine a quantidade de percolação sob a barragem.

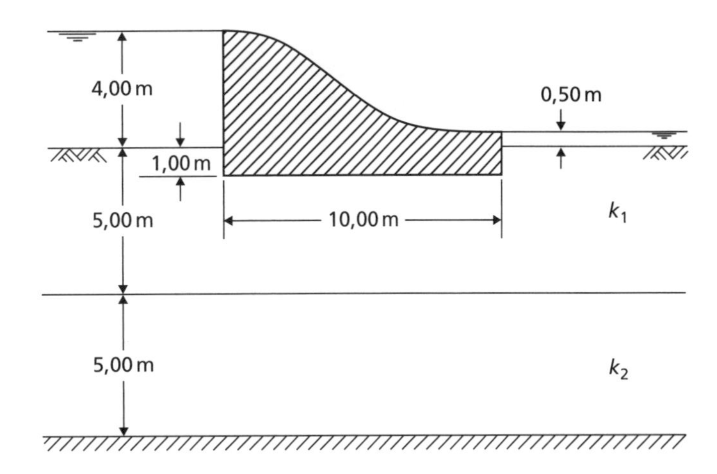

Figura 2.31 Problema 2.7.

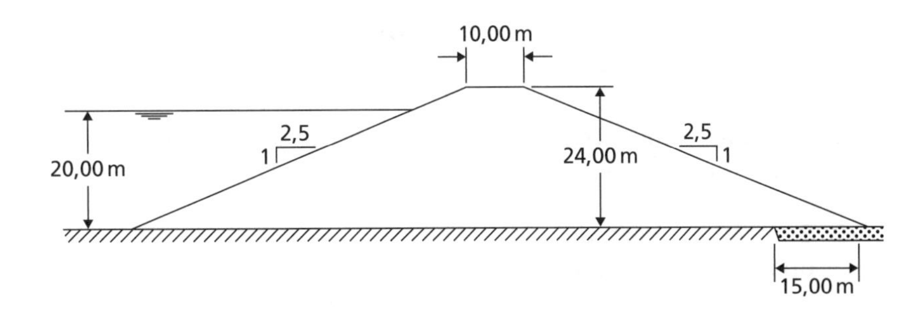

Figura 2.32 Problema 2.8.

Referências

ASTM D5084 (2010) *Standard Test Methods for Measurement of Hydraulic Conductivity of Saturated Porous Materials Using a Flexible Wall Permeameter*, American Society for Testing and Materials, West Conshohocken, PA.

British Standard 1377 (1990) *Methods of Test for Soils for Civil Engineering Purposes*, British Standards Institution, London.

CEN ISO/TS 17892 (2004) *Geotechnical Investigation and Testing – Laboratory Testing of Soil*, International Organisation for Standardisation, Geneva.

Casagrande, A. (1940) Seepage through dams, in *Contributions to Soil Mechanics 1925–1940*, Boston Society of Civil Engineers, Boston, MA, pp. 295–336.

Cedergren, H.R. (1989) *Seepage, Drainage and Flow Nets* (3rd edn), John Wiley & Sons, New York, NY.

Clayton, C.R.I., Matthews, M.C. and Simons, N.E. (1995) *Site Investigation* (2nd edn), Blackwell, London.

Hvorslev, M.J. (1951) *Time Lag and Soil Permeability in Ground-Water Observations*, Bulletin No. 36, Waterways Experimental Station, US Corps of Engineers, Vicksburg, MS.

Sherard, J.L., Dunnigan, L.P. and Talbot, J.R. (1984a) Basic properties of sand and gravel filters, *Journal of the ASCE*, **110**(GT6), 684–700.

Sherard, J.L., Dunnigan, L.P. and Talbot, J.R. (1984b) Filters for silts and clays, *Journal of the ASCE*, **110**(GT6), 701–718.

Vreedenburgh, C.G.F. (1936) On the steady flow of water percolating through soils with homogeneous-anisotropic permeability, in *Proceedings of the 1st International Conference on SMFE, Cambridge, MA*, Vol. 1.

Williams, B.P., Smyrell, A.G. and Lewis, P.J. (1993) Flownet diagrams – the use of finite differences and a spreadsheet to determine potential heads, *Ground Engineering*, **25**(5), 32–38.

Leitura complementar

Cedergren, H.R. (1989) *Seepage, Drainage and Flow Nets* (3rd edn), John Wiley & Sons, New York, NY.

Esse ainda é o texto definitivo sobre percolação, particularmente, no que diz respeito à construção de redes de fluxo. O livro também inclui histórias de casos, mostrando a aplicação das técnicas de redes de fluxo a problemas reais.

Preene, M., Roberts, T.O.L., Powrie, W. and Dyer, M.R. (2000) *Groundwater Control – Design and Practice*, CIRIA Publication C515, CIRIA, London.

Esse texto cobre o tema água do solo com mais detalhes (visto superficialmente aqui). Além disso, é uma fonte valiosa de orientação prática.

Para acessar os materiais suplementares desta obra, visite o site da LTC Editora.

Capítulo 3

Tensão efetiva

Resultados de aprendizagem

Depois de trabalhar com o material deste capítulo, você deverá ser capaz de:

1 Entender como a tensão total, a pressão da água nos poros (poropressão) e a tensão efetiva estão relacionadas entre si e a importância desta última na mecânica dos solos (Seções 3.1, 3.2 e 3.4);
2 Determinar o estado de tensões efetivas dentro do solo, tanto sob condições hidrostáticas quanto durante a percolação (Seções 3.3 e 3.6);
3 Descrever o fenômeno da liquefação e determinar as condições hidráulicas na água do solo sob a qual ocorrerá (Seção 3.7).

3.1 Introdução

Um solo pode ser considerado um esqueleto de partículas sólidas que encerram espaços vazios contínuos contendo água e/ou ar. Para a faixa de valores de tensões normalmente encontradas na prática, as partículas sólidas em si e a água podem ser consideradas incompressíveis; o ar, por outro lado, é altamente compressível. O volume do esqueleto de solo como um todo pode variar em face da reacomodação das suas partículas em novas posições, principalmente por rolamento ou deslizamento, com uma modificação equivalente nas forças que agem entre as partículas. A compressibilidade real do esqueleto de solo dependerá do arranjo estrutural das partículas sólidas, isto é, do índice de vazios, *e*. Em um solo completamente saturado, como a água é considerada incompressível, só é possível uma redução de volume se alguma quantidade dela puder escapar dos espaços vazios. Em um solo seco ou parcialmente saturado, sempre é possível uma redução de volume devido à compressão do ar nos espaços vazios, contanto que haja algum escopo para a reacomodação das partículas (isto é, o solo não esteja ainda em seu estado mais denso possível, $e > e_{mín}$).

Pode-se resistir à tensão de cisalhamento somente pelo esqueleto de partículas sólidas, por intermédio das forças desenvolvidas nos contatos entre as partículas. À tensão normal, pode-se resistir pelo esqueleto do solo por meio de um aumento nas forças entre as partículas. Se o solo estiver completamente saturado, a água que preenche os vazios também pode suportar tensão normal por um aumento da pressão da água nos poros.

3.2 O princípio da tensão efetiva

A importância das forças transmitidas, pelo esqueleto do solo, de uma partícula para outra foi reconhecida por Terzaghi (1943), que apresentou seu **Princípio da Tensão Efetiva**, uma relação intuitiva baseada em dados experimentais. O princípio se aplica apenas a solos completamente saturados e relaciona as três tensões a seguir:

1 A **tensão normal total** (σ) em um plano dentro da massa de solo, sendo a força por unidade de área transmitida na direção normal ao longo do plano, imaginando que o solo seja um material sólido (fase única);
2 A **pressão da água nos poros** (u), também chamada poropressão ou pressão neutra, que é a pressão da água que preenche os espaços vazios entre as partículas sólidas;
3 A **tensão normal** (ou **pressão**) **efetiva** (σ') no plano, representando apenas a tensão transmitida através do esqueleto do solo (isto é, devida às forças entre as partículas).

A relação é

$$\sigma = \sigma' + u \tag{3.1}$$

O princípio pode ser demonstrado pelo seguinte modelo físico. Considere um "plano" XX em um solo completamente saturado, que passa apenas por pontos de contato entre partículas, de acordo com o que mostra a Figura 3.1. Na realidade, o plano ondulado XX é indistinguível de um plano real em termos da massa de solo, devido ao tamanho relativamente pequeno das partículas de solo em si. Pode-se resistir a uma força normal P aplicada em uma área A, em parte, pelas forças entre as partículas e, em parte, por conta da pressão da água nos poros. As forças entre as partículas são muito aleatórias, tanto em magnitude quanto em direção, ao longo de toda a massa de solo, mas, em qualquer ponto de contato do plano ondulado, elas podem ser decompostas em um componente normal e um tangencial à direção do plano real ao qual XX se assemelha; os componentes normal e tangencial são N' e T, respectivamente. Dessa forma, a tensão efetiva normal é interpretada como a soma de todas as componentes N' dentro da área A, dividida pela própria área A, isto é,

$$\sigma' = \frac{\Sigma N'}{A} \tag{3.2}$$

A tensão normal total é dada por

$$\sigma = \frac{P}{A} \tag{3.3}$$

Se admitirmos que o contato entre as partículas ocorre em pontos, a pressão da água nos poros agirá no plano que contém toda a área A. Dessa forma, para equilíbrio na direção normal a XX,

$$P = \Sigma N' + uA$$

ou

$$\frac{P}{A} = \frac{\Sigma N'}{A} + u$$

isto é,

$$\sigma = \sigma' + u$$

A pressão da água nos poros, que age igualmente em todas as direções, agirá em toda a superfície de qualquer partícula, mas presume-se que ela não modifique o volume desta (isto é, as partículas de solo em si são incompressíveis); além disso, a pressão da água nos poros não faz com que as partículas sejam pressionadas umas contra as outras. O erro decorrente de admitir que o contato entre as partículas ocorra em pontos é insignificante em solos, estando a área de contato a normalmente entre 1% e 3% da área da seção transversal A. Deve-se entender que σ' não representa a tensão de contato real entre duas partículas, que seria a tensão aleatória, porém muito mais alta, N'/a.

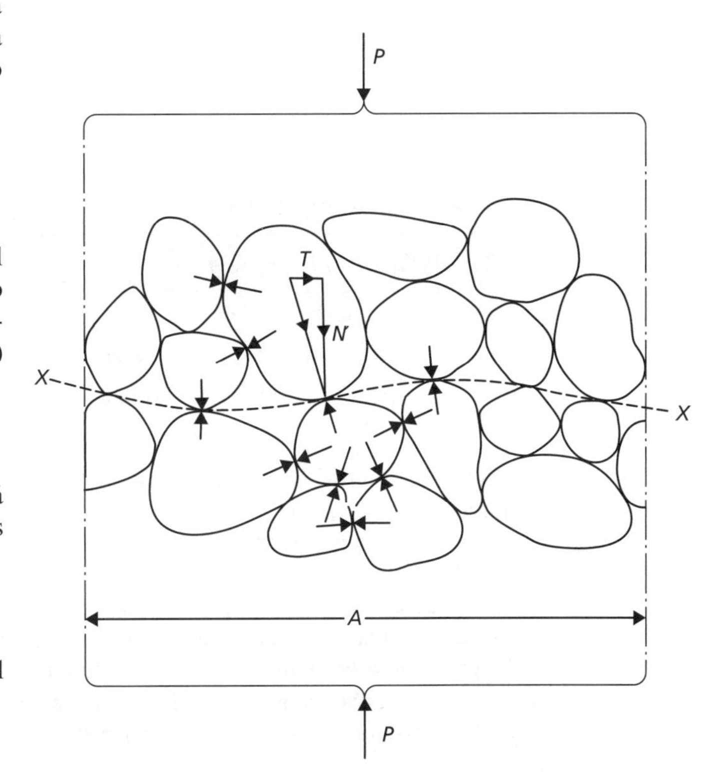

Figura 3.1 Interpretação da tensão efetiva.

Tensão vertical efetiva devida ao peso próprio do solo

Considere uma massa de solo que tenha superfície horizontal e com o lençol freático neste nível. A tensão vertical total (isto é, a tensão normal total no plano horizontal) σ_v a uma profundidade z é igual ao peso de todo o material (sólidos + água) por unidade de área acima daquela profundidade, isto é,

$$\sigma_v = \gamma_{sat} z$$

A pressão da água nos poros a qualquer profundidade será hidrostática, uma vez que o espaço vazio entre as partículas sólidas é contínuo, portanto, na profundidade z,

$$u = \gamma_w z$$

Assim sendo, conforme a Equação 3.1, a tensão efetiva vertical na profundidade z, nesse caso, será

$$\begin{aligned}\sigma'_v &= \sigma_v - u \\ &= (\gamma_{sat} - \gamma_w) z\end{aligned}$$

Exemplo 3.1

Uma camada de argila saturada com 4 m de espessura está abaixo de 5 m de areia, enquanto o lençol freático está 3 m abaixo da superfície, conforme a Figura 3.2. Os pesos específicos saturados da argila e da areia são 19 e 20 kN/m^3, respectivamente; acima do lençol freático, o peso específico (seco) da areia é 17 kN/m^3. Faça um gráfico que mostre a variação dos valores da tensão vertical total e da tensão vertical efetiva em relação à profundidade. Se a areia que está a até 1 m acima do nível de água estivesse saturada por água capilar, que alterações as tensões sofreriam?

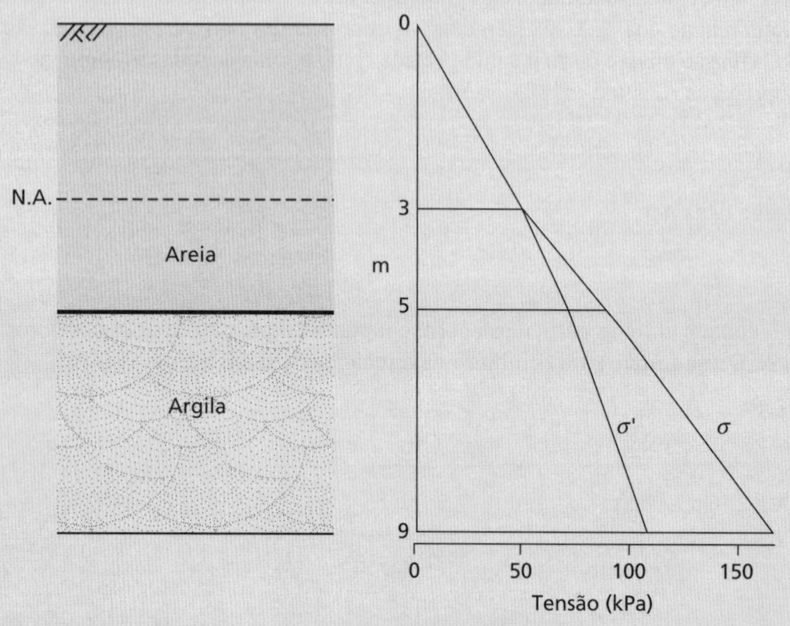

Figura 3.2 Exemplo 3.1.

Solução

A tensão vertical total é o peso de todo o material (sólidos + água) por unidade de área acima da profundidade em questão. A pressão da água nos poros é a pressão hidrostática que corresponde à profundidade abaixo do lençol freático. A tensão vertical efetiva é a diferença entre a tensão vertical total e a pressão da água nos poros a uma mesma profundidade. As tensões só precisam ser calculadas nas profundidades em que houver uma mudança de peso específico (Tabela 3.1).

Tabela 3.1 Exemplo 3.1

Profundidade (m)	σ_v *(kPa)*		*u (kPa)*	$\sigma'_v = \sigma_v - u$ *(kPa)*
3	3 × 17	= 51,0	0	51,0
5	(3 × 17) + (2 × 20)	= 91,0	2 × 9,81 = 19,6	71,4
9	(3 × 17) + (2 × 20) + (4 × 19)	= 167,0	6 × 9,81 = 58,9	108,1

Em todos os casos, normalmente, as tensões seriam arredondadas para o número inteiro mais próximo. O gráfico de variação das tensões em relação à profundidade é mostrado na Figura 3.2.

De acordo com a Seção 2.1, lençol freático é o nível no qual a pressão da água nos poros é atmosférica (isto é, $u = 0$). Acima dele, a água é mantida sob pressão negativa e, mesmo que o solo esteja saturado nesse nível, não contribui para a pressão hidrostática abaixo do lençol freático. Dessa forma, o único efeito da elevação capilar de 1 m é o aumento do peso específico total da areia na profundidade entre 2 m e 3 m, de 17 kN/m^3 para 20 kN/m^3, ou seja, um aumento de 3 kN/m^3. Tanto a tensão vertical total quanto a tensão vertical efetiva abaixo da profundidade de 3 m são, portanto, acrescidas do valor constante de 3 × 1 = 3,0 kPa, com a pressão da água nos poros permanecendo inalterada.

3.3 Solução numérica usando o Método das Diferenças Finitas

O cálculo do perfil da tensão efetiva no interior do solo (isto é, a variação em relação à profundidade) submetido a condições hidrostáticas subterrâneas é adequado à análise com utilização de planilhas. Dessa maneira, os cálculos repetitivos exigidos para definir a pressão total de água nos poros e a tensão efetiva em uma escala pequena de profundidade podem ser automatizados para permitir uma análise rápida.

A massa de solo em questão é dividida em camadas finas, isto é, uma grade unidimensional de diferenças finitas. A tensão total de cada camada é, então, calculada como o produto de sua espessura pelo peso específico saturado ou seco, conforme o caso. A tensão total em qualquer profundidade é encontrada a seguir como a soma dos aumentos da tensão total ocorridos por conta de cada uma das camadas acima daquela profundidade. Subdividindo dessa forma, fica mais simples lidar com os problemas de muitas camadas de solos diferentes. Devido ao fato de o fluido dos poros ser contínuo através da estrutura de poros interconectados, a pressão de água nos poros a qualquer profundidade pode ser encontrada com base na profundidade abaixo do lençol freático (distribuição hidrostática), modificada adequadamente para levar em conta a pressão induzida artesiana ou de percolação (ver o Capítulo 2), quando necessário. A tensão efetiva em qualquer profundidade é encontrada, assim, por meio de uma aplicação simples da Equação 3.1.

Uma ferramenta de planilha para realizar tal análise, Tensão_CSM8.xls, pode ser encontrada no *site* LTC Editora complementar a este livro. Ela permite resolver uma grande variedade de problemas, incluindo até dez camadas de solo com pesos específicos diferentes, um lençol freático variável (tanto abaixo quanto acima da superfície do solo), carregamento adicional (sobrecarga) na superfície do solo e camadas confinadas sob pressão artesiana de fluidos (ver a Seção 2.1).

3.4 Resposta da tensão efetiva a uma variação da tensão total

Para ilustrar como a tensão efetiva responde a uma variação da tensão total, imagine o caso de um solo completamente saturado sujeito a um aumento da tensão vertical total $\Delta\sigma$ e no qual o esforço lateral seja nulo, com a mudança de volume sendo inteiramente devida à deformação do solo na direção vertical. Essa condição pode ser admitida na prática, quando houver uma modificação na tensão vertical total de uma área grande se comparada à espessura da camada de solo em questão.

Admite-se, inicialmente, que a pressão da água nos poros seja constante a um valor determinado por uma posição constante do lençol freático. Esse valor inicial é chamado **pressão estática da água nos poros** (u_s). Quando a tensão vertical total for aumentada, as partículas sólidas tentarão, de imediato, assumir novas posições mais próximas entre si. No entanto, se a água for incompressível e o solo estiver confinado lateralmente, nenhum rearranjo de partículas, e, portanto, nenhum aumento das forças entre elas pode ocorrer, a menos que uma parte da água nos poros possa escapar. Como esta demora algum tempo para sair por percolação, sua pressão adquire um valor acima do valor estático imediatamente após ocorrer o aumento da tensão total. O componente da pressão da água nos poros acima do valor estático é conhecido como **sobrepressão (pressão adicional** ou **pressão excedente) da água nos poros** (u_e). Esse aumento na pressão da água nos poros será igual ao aumento da tensão vertical total, isto é, o aumento da tensão vertical total é suportado, inicialmente, em sua totalidade pela água dos poros ($u_e = \Delta\sigma$). Observe que, se a deformação lateral não fosse nula, seria possível o rearranjo das partículas de alguma forma, resultando em um aumento imediato da tensão efetiva vertical, e o aumento da pressão da água dos poros seria menor do que o da tensão vertical total pelo Princípio de Terzaghi.

O aumento da pressão da água dos poros causa um gradiente de pressão hidráulica, resultando em um fluxo transiente de água dos poros (isto é, percolação, ver o Capítulo 2) para uma interface de drenagem livre da camada de solo. Esse fluxo de drenagem continuará até quando a água dos poros voltar a ser igual ao valor determinado pela posição do lençol freático, isto é, até retornar ao seu valor estático. No entanto, é possível que a posição do lençol freático venha a se modificar durante o tempo necessário para que a drenagem ocorra, de forma que a referência para medição do excesso de água dos poros também mudará. Em tais casos, a pressão excedente da água seria expressa em relação ao valor estático determinado pela nova posição do lençol freático. A qualquer tempo durante a drenagem, a pressão total da água nos poros (u) é igual à soma do componente estático com o componente de sobrepressão, isto é,

$$u = u_s + u_e \tag{3.4}$$

A redução da sobrepressão da água nos poros no momento em que ocorre a drenagem é descrita como **dissipação**, e, quando ela termina (isto é, quando $u_e = 0$ e $u = u_s$), diz-se que o solo está na condição **drenada**. Antes da dissipação, com a sobrepressão da água nos poros em seu valor inicial, diz-se que o solo está na condição **não drenada**. Deve-se observar que o termo "drenado" não significa que toda a água escorreu para fora dos poros do solo; significa que não há pressão induzida por tensões (excesso) na água dos poros. O solo permanece completamente saturado ao longo de todo o processo de dissipação.

Enquanto ocorre a drenagem da água nos poros, as partículas ficam livres para assumir novas posições, havendo um consequente aumento das forças entre elas. Em outras palavras, quando a sobrepressão da água nos poros se dissipa, a tensão efetiva vertical aumenta, acompanhada de uma redução de volume correspondente. Quando a dissipação da sobrepressão da água nos poros terminar, o incremento da tensão vertical total será suportado completamente pelo esqueleto do solo. O tempo que a drenagem leva para terminar depende da permeabilidade do solo. Naqueles em que ela é baixa, a drenagem será lenta; nos que for alta, a drenagem será rápida. O processo inteiro é chamado de **adensamento**. Ocorrendo a deformação apenas em uma direção (vertical, como a descrita aqui), ele é considerado unidimensional. Esse processo será explicado com mais detalhes no Capítulo 4.

Quando um solo estiver sujeito a uma redução da tensão normal total, o escopo para o aumento de volume será limitado, porque o rearranjo das partículas, devido ao aumento da tensão total, é irreversível em grande parte. Como resultado do aumento das forças entre as partículas, haverá pequenas deformações elásticas (em geral, ignoradas) nas partículas sólidas, especialmente nas vizinhanças das áreas de contato, e, se houver partículas de mineral de argila no solo, elas podem ficar sujeitas à flexão. Além disso, a água adsorvida em torno das partículas de mineral de argila sofrerá compressão reversível devido a aumentos nas forças entre as partículas, especialmente se houver orientação face a face delas. Quando ocorrer um decréscimo da tensão normal total em um solo, haverá, então, uma tendência de expansão do esqueleto de solo até um determinado valor, em especial nos solos que contêm uma proporção significativa de partículas de mineral de argila. Em consequência, a pressão da água nos poros será reduzida de início, e o excesso dela será negativo. Ela aumentará gradualmente até o valor estático, com o fluxo ocorrendo para o interior do solo, acompanhado de uma redução correspondente da tensão efetiva normal e de um aumento do volume. Esse processo é conhecido como **expansão** (**empolamento** ou **inchamento**).

Em situações de percolação (ao contrário das estáticas), a sobrepressão da água nos poros em decorrência de uma variação da tensão total é o valor acima ou abaixo da **pressão estável de percolação da água nos poros** (u_{ss}), que é determinada, no ponto em questão, com base na rede de fluxo apropriada (ver o Capítulo 2).

Analogia do adensamento

A mecânica do processo de adensamento unidimensional pode ser descrita por meio de uma analogia simples. A Figura 3.3a mostra uma mola dentro de um cilindro cheio de água e um pistão, ao qual foi adaptada uma válvula, no topo dessa mola. Admite-se que não pode haver vazamento entre o pistão e o cilindro e que não há atrito. A mola representa o esqueleto compressível do solo, a água no cilindro representa a água nos poros, e o diâmetro do furo na válvula representa a permeabilidade do solo. O cilindro em si simula a condição sem deformação lateral alguma no solo.

Suponha que agora seja colocada uma carga sobre o pistão com a válvula fechada, conforme mostra a Figura 3.3b. Admitindo que a água seja incompressível, o pistão não se moverá desde que a válvula esteja fechada, resultando em nenhuma transmissão de carga à mola; a carga será suportada pela água, com o aumento de pressão nesta sendo igual à carga dividida pela área do pistão. Essa situação, com a válvula fechada, corresponde à condição não drenada do solo.

Se agora a válvula for aberta, a água será expulsa por ela a uma velocidade determinada pelo diâmetro do furo. Isso permitirá que o pistão se mova e que a mola seja comprimida à medida que a carga é transferida a ela. Essa situação é mostrada na Figura 3.3c. A qualquer momento, o acréscimo de carga na mola será diretamente proporcional à redução de pressão da água. Finalmente, conforme mostra a Figura 3.3d, toda a carga será suportada pela mola, e o pistão ficará em repouso, o que corresponde à condição drenada do solo. A qualquer tempo, a carga supor-

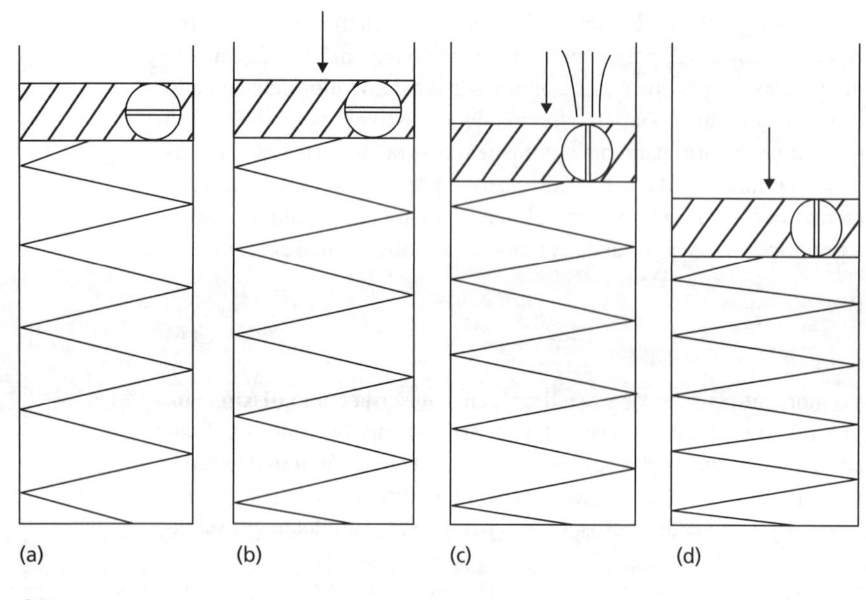

Figura 3.3 Analogia do adensamento.

tada pela mola representa a tensão normal efetiva no solo, a pressão da água no cilindro representa a pressão da água nos poros, e a carga sobre o pistão corresponde à tensão normal total. O movimento do pistão representa a modificação no volume do solo e é determinado pela compressibilidade da mola (o equivalente à compressibilidade do esqueleto do solo; ver o Capítulo 4). A analogia entre pistão e mola representa apenas um elemento do solo, uma vez que as condições de tensão variam de um ponto a outro ao longo de uma massa de solo.

Exemplo 3.2

Uma camada de areia com 5 m de profundidade está acima de uma camada de 6 m de argila, e o lençol freático está na superfície; a permeabilidade da argila é muito baixa. O peso específico saturado da areia é 19 kN/m^3, e o da argila é 20 kN/m^3. Uma camada de 4 m de material de aterro, com peso específico de 20 kN/m^3, é colocada sobre a superfície ao longo de uma extensa área. Determine a tensão vertical efetiva no centro da camada de argila (a) imediatamente após o aterro ter sido colocado, admitindo que isso ocorra rapidamente, e (b) muitos anos após isso ter ocorrido.

Solução

O perfil do solo é mostrado na Figura 3.4. Como o aterro cobre uma área extensa, pode-se admitir que seja válida a condição de deformação lateral nula. Além disso, pelo fato de a permeabilidade da argila ser muito baixa, a dissipação do excesso de água nos poros será muito lenta; imediatamente após a colocação rápida do aterro, não ocorrerá dissipação significativa. As tensões iniciais e a pressão de água nos poros no centro da camada de argila são

$$\sigma_v = (5\times19)+(3\times20)=155\,\text{kPa}$$
$$u_s = 8\times9{,}81 = 78\,\text{kPa}$$
$$\sigma_v' = \sigma_v - u_s = 77\,\text{kPa}$$

Muitos anos depois da colocação do aterro, a dissipação do excesso de água dos poros deve estar quase concluída, de modo que o aumento da tensão total do aterro será completamente suportado pelo esqueleto do solo (tensão efetiva). A tensão efetiva vertical no centro da camada de argila é, então,

$$\sigma_v' = 77 + (4\times20) = 157\,\text{kPa}$$

Logo após o aterro ser colocado, a tensão vertical total no centro da argila aumenta em 80 kPa devido ao peso dele. Como a argila está saturada e não há deformação lateral, ocorrerá um aumento correspondente na pressão da água nos poros de u_e = 80 kPa (a pressão inicial de excesso de água nos poros). A pressão estática da água nos poros foi calculada previamente como u_s = 78 kPa. Logo após a colocação, portanto, a pressão da água nos poros aumenta de 78 para 158 kPa e, então, durante o adensamento subsequente, decresce gradualmente de novo para 78 kPa, sendo acompanhada pelo aumento progressivo da tensão efetiva vertical de 77 para 157 kPa.

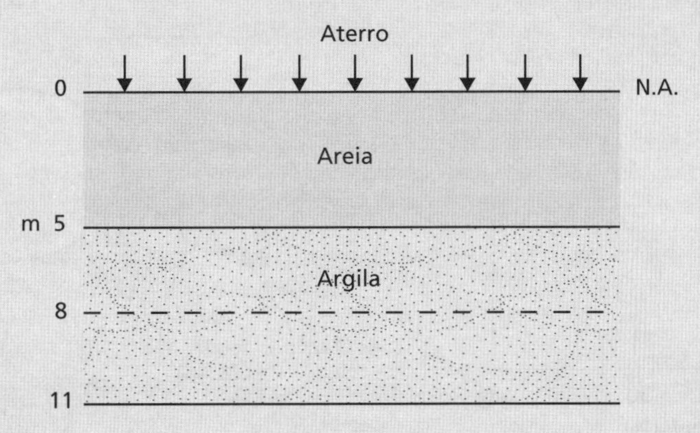

Figura 3.4 Exemplo 3.2.

3.5 Tensão efetiva em solos parcialmente saturados

No caso de solos parcialmente saturados, uma parte dos espaços vazios é ocupada por água, e a outra, por ar. A pressão da água nos poros (u_w) deve sempre ser menor do que a de ar (u_a) devido à tensão superficial. A menos que o grau de saturação esteja com valor próximo a um, o ar dos poros formará canais contínuos através do solo, e a água dos poros estará concentrada em regiões em torno dos contatos entre as partículas. As interfaces entre a água dos poros e o ar deles terão a forma de meniscos, cujos raios dependerão do tamanho dos espaços dos poros dentro do solo. Dessa forma, um trecho de qualquer superfície ondulada através do solo passará, em parte, através da água e, em parte, através do ar.

Bishop (1959) propôs a seguinte equação de tensão efetiva para solos parcialmente saturados:

$$\sigma = \sigma' + u_a - \chi\left(u_a - u_w\right) \qquad (3.5)$$

na qual χ é um parâmetro, a ser determinado de forma experimental, relacionado principalmente com o grau de saturação do solo. O termo ($\sigma' - u_a$) também é conhecido como **tensão líquida**, ao passo que ($u_a - u_w$) é uma medida da sucção do solo.

Vanapalli e Fredlund (2000) realizaram uma série de ensaios triaxiais em laboratório (descrita no Capítulo 5) em cinco solos diferentes e descobriram que

$$\chi = \left(S_r\right)^{\kappa} \qquad (3.6)$$

na qual κ é um parâmetro de ajuste, que é predominantemente uma função do índice de plasticidade (I_P), conforme a Figura 3.5. Observe que, para solos não plásticos (grossos), $\kappa = 1$. Para um solo completamente saturado ($S_r = 1$), $\chi = 1$; e, para um solo completamente seco ($S_r = 0$), $\chi = 0$. A Equação 3.5 degenera-se, então, na Equação 3.1 quando $S_r = 1$. O valor de χ também é influenciado, em menor escala, pela estrutura do solo e pelo modo com que um determinado grau de saturação foi atingido.

Pode-se conceber um modelo físico no qual o parâmetro χ seja interpretado como a proporção média de qualquer seção transversal que passe pela água. Desta forma, em uma determinada seção de área bruta A (Figura 3.6), a força total é dada pela equação

$$\sigma A = \sigma' A + u_w \chi A + u_a\left(1 - \chi\right) A \qquad (3.7)$$

que leva à Equação 3.5.

Se o grau de saturação do solo tiver valor próximo a um, é provável que o ar dos poros exista em forma de bolhas dentro da água dos poros, além de ser possível traçar uma superfície ondulada apenas através dessa água. O solo pode, então, ser considerado completamente saturado, mas com a água dos poros tendo certo grau de compressibilidade devido à presença das bolhas de ar. Isso é razoável para as aplicações mais comuns em climas temperados (como o Reino Unido). A Equação 3.1 pode, então, representar a tensão efetiva com precisão suficiente para a maioria das aplicações práticas. Uma aplicação notável, na qual é muito importante entender o comportamento do solo parcialmente saturado, é a estabilidade de taludes durante alterações sazonais da água do solo.

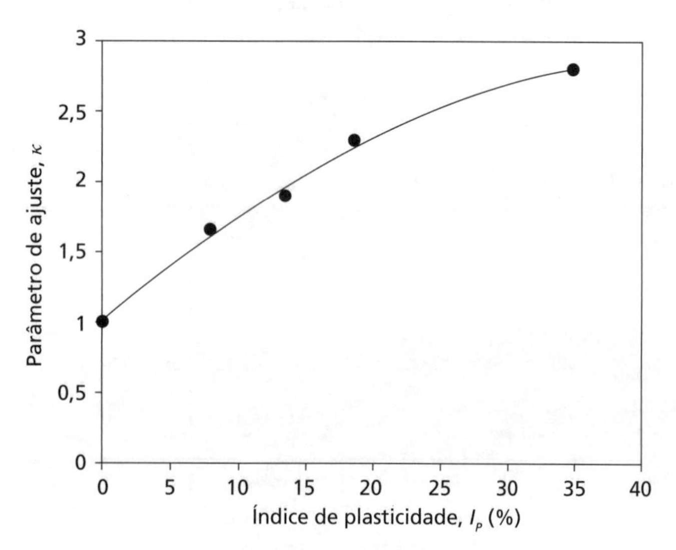

Figura 3.5 Relação entre o parâmetro de ajuste κ e a plasticidade do solo (redesenhado com base em Vanapalli e Fredlund, 2000).

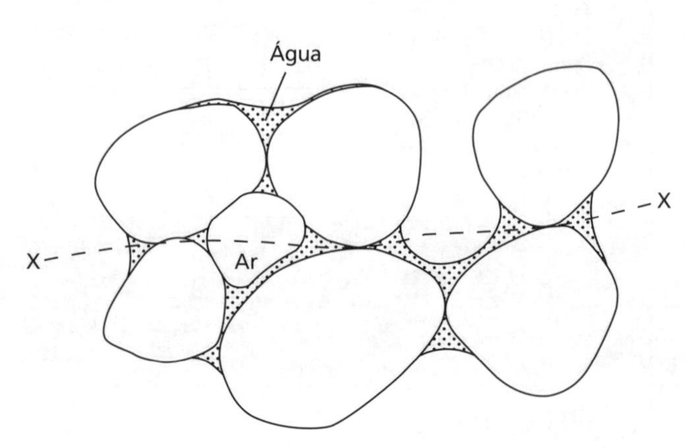

Figura 3.6 Solo parcialmente saturado.

3.6 Influência da percolação na tensão efetiva

Quando a água estiver percolando através dos poros de um solo, a carga total será dissipada como um atrito viscoso, produzindo um arraste friccional, que age na direção do fluxo, sobre as partículas sólidas. Ocorre, assim, uma transferência de energia da água para as partículas sólidas, e a força correspondente a essa transferência é chamada de **força de percolação**. Esta age sobre as partículas de solo em conjunto com a força gravitacional, e a combinação de forças na massa de um solo devida à gravidade e à água de percolação é chamada de **força de corpo resultante**. É a força de corpo resultante que define a tensão normal efetiva sobre um plano dentro de uma massa de solo através da qual está ocorrendo a percolação.

Considere um ponto em uma massa de solo no qual a direção da percolação faça um ângulo θ abaixo da horizontal. Um elemento quadrado ABCD de lado L (dimensão unitária normal ao papel) tem seu centro no ponto acima, com os lados paralelos e normais à direção da percolação, conforme mostra a Figura 3.7a — isto é, o elemento quadrado pode ser considerado um elemento de rede de fluxo (quadrado curvilíneo). Seja Δh a queda de carga total entre os lados AD e BC. Considere as poropressões nas interfaces do elemento, adotando o valor da poropressão no ponto A como u_A. A diferença de poropressão entre A e D deve-se apenas à diferença da carga altimétrica entre estes lados, com a carga total sendo a mesma em ambos.

No entanto, a diferença na poropressão entre A e B ou C deve-se à diferença da carga altimétrica e à diferença na carga total entre A e B ou C. Se a carga total em A for h_A e a carga altimétrica no mesmo ponto for z_A, aplicar a Equação 2.1 fornecerá:

$$u_A = \left[h_A - z_A\right]\gamma_w$$

$$u_B = \left[\left(h_A - \Delta h\right) - \left(z_A - L\,\text{sen}\,\theta\right)\right]\gamma_w$$

$$u_C = \left[\left(h_A - \Delta h\right) - \left(z_A - L\,\text{sen}\,\theta - L\cos\theta\right)\right]\gamma_w$$

$$u_D = \left[\left(h_A\right) - \left(z_A - L\cos\theta\right)\right]\gamma_w$$

As seguintes diferenças de pressões podem, agora, ser definidas:

$$u_B - u_A = u_C - u_D = \left[-\Delta h + L\,\text{sen}\,\theta\right]\gamma_w$$

$$u_D - u_A = u_C - u_B = \left[L\cos\theta\right]\gamma_w$$

Esses valores são plotados na Figura 3.7b, fornecendo os diagramas de distribuição da pressão líquida pelo elemento nas direções paralela e normal à direção do fluxo, conforme ilustrado.

Dessa forma, a força em BC devida à poropressão que age nas bordas do elemento, chamada força hidráulica de superfície, é dada por

$$\gamma_w\left(-\Delta h + L\,\text{sen}\,\theta\right)L$$

ou

$$\gamma_w L^2\,\text{sen}\,\theta - \Delta h\gamma_w L$$

e a força hidráulica de superfície em CD é dada por

$$\gamma_w L^2\cos\theta$$

Se não houvesse percolação, isto é, se a água nos poros estivesse estática, o valor de Δh seria zero, as forças em BC e CD seriam $\gamma_w L^2\text{sen}\,\theta$ e $\gamma_w L^2\cos\,\theta$, respectivamente, e sua resultante seria $\gamma_w L^2$, agindo na direção vertical. A força $\Delta h\;\gamma_w L$ representa a única diferença entre o caso estático e o de percolação e, portanto, é chamada de força de percolação (J), agindo na direção do fluxo (nesse caso, normal em relação a BC).

Agora, o gradiente hidráulico médio através do elemento é dado por

$$i = \frac{\Delta h}{L}$$

daí,

$$J = \Delta h\gamma_w L = \frac{\Delta h}{L}\gamma_w L^2 = i\gamma_w L^2$$

ou

$$J = \mathrm{i}\gamma_w V \tag{3.8}$$

na qual V é o volume do elemento de solo.

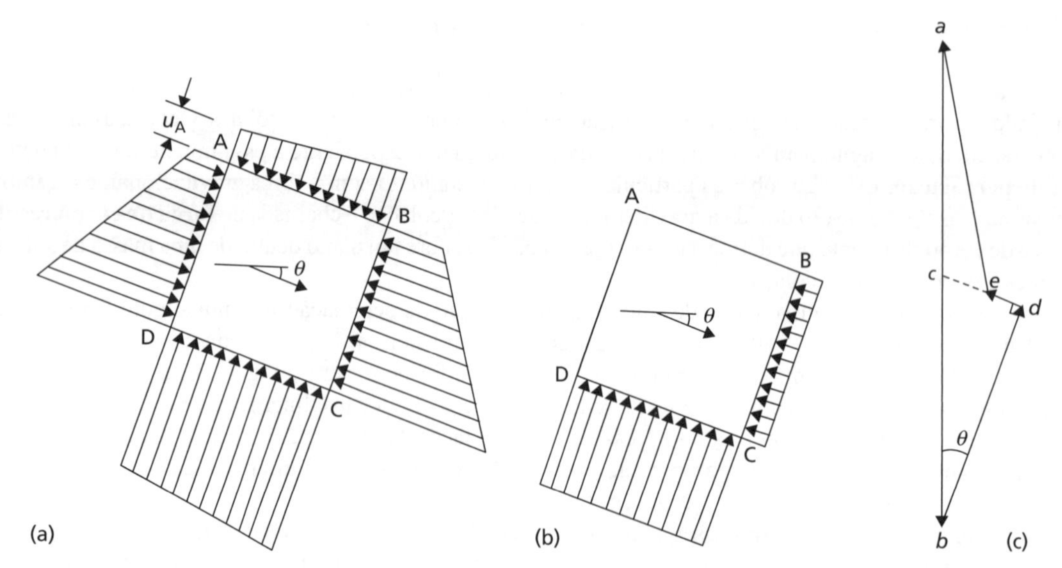

Figura 3.7 Forças sob condições de percolação [reproduzido com base em D.W. Taylor (1948) *Fundamentals of Soil Mechanics*, © John Wiley & Sons Inc., com permissão].

A pressão de percolação (j) é definida como a força de percolação por unidade de volume, isto é,

$$j = i\gamma_w \tag{3.9}$$

Deve-se observar que j (e, portanto, J) depende apenas do valor do gradiente hidráulico.

Todas as forças, tanto as gravitacionais quanto aquelas devidas à água de percolação, que agem no elemento ABCD, podem ser representadas no diagrama vetorial mostrado na Figura 3.7c. A magnitude das forças mostradas estão resumidas a seguir.

Peso total do elemento = $\gamma_{sat}L^2$ = vetor *ab*
Força hidráulica de superfície sobre CD = $\gamma_w L^2 \cos\theta$ = vetor *bd*
Força hidráulica de superfície sobre BC = $\gamma_w L^2 \text{sen}\,\theta - \Delta h \gamma_w L$ = vetor *de*
Força de corpo resultante = vetor *ea*

A força de corpo resultante pode ser obtida pela soma vetorial de $ab + bd + de$, conforme mostrado na Figura 3.7c. A força de percolação $J = \Delta h \gamma_w L$ é representada pela linha tracejada na Figura 3.7c, isto é, o vetor ce. Considerando o triângulo *cbd*:

$$bc = \gamma_w L^2$$

$$ac = ab - bc = (\gamma_{sat} - \gamma_w)L^2 = \gamma' L^2$$

Aplicando a lei dos cossenos ao triângulo *ace* e reconhecendo que o ângulo $ace = 90 + \theta$ graus, pode-se demonstrar que a magnitude da força do corpo resultante (comprimento de $|ea|$) é dado por:

$$|ea| = \sqrt{(\gamma' L^2)^2 + (\Delta h \gamma_w L)^2 + (2\gamma' L^3 \Delta h \gamma_w \,\text{sen}\,\theta)} \tag{3.10}$$

Essa força de corpo resultante age em um ângulo com a vertical descrito pelo ângulo *bae*. Aplicando a regra dos senos ao triângulo *ace*, obtém-se:

$$\angle bae = \text{sen}^{-1}\left(\frac{\Delta h \gamma_w L}{ea}\cos\theta\right) \tag{3.11}$$

Apenas a força de corpo resultante contribui para a tensão efetiva. Um componente da força de percolação que aja verticalmente de baixo para cima fará, portanto, com que um componente da tensão efetiva vertical fique menor do que o valor estático. Um outro que aja verticalmente para baixo fará com que fique maior do que o valor estático.

3.7 Liquefação

Liquefação induzida por percolação

Considere o caso especial de percolação vertical de baixo para cima ($\theta = -90°$). O vetor *ce* da Figura 3.7c seria, então, vertical de baixo para cima, e, se o gradiente hidráulico fosse grande o suficiente, a força de corpo resultante seria igual a zero. O valor do gradiente hidráulico que corresponde à força de corpo resultante nula é chamado de **gradiente hidráulico crítico** (i_{cr}). Substituindo $|ea| = 0$ e $\theta = -90°$ na Equação 3.10, chega-se a

$$0 = \left(\gamma' L^2\right)^2 + \left(\Delta h \gamma_w L\right)^2 - 2\left(\gamma' L^3 \Delta h \gamma_w\right)$$
$$= \left(\gamma' L^2 - \Delta h \gamma_w L\right)^2$$
$$\therefore i_{cr} = \frac{\Delta h}{L} = \frac{\gamma'}{\gamma_w}$$

Dessa forma,

$$i_{cr} = \frac{\gamma'}{\gamma_w} = \frac{G_s - 1}{1 + e} \tag{3.12}$$

A razão γ'/γ_w, e, em consequência, o gradiente hidráulico crítico, vale em torno de 1,0 para a maioria dos solos.

Quando o gradiente hidráulico for i_{cr}, a tensão normal efetiva em qualquer plano será zero, com as forças gravitacionais canceladas pelas forças de percolação dirigidas para cima. No caso de areias, as forças de contato entre as partículas serão nulas, e o solo não oferecerá resistência. Diz-se, então, que o solo está **liquefeito**, e, se o gradiente crítico for superado, a superfície dará a impressão de estar "fervendo", já que as partículas são transportadas por um fluxo ascendente de água. Deve-se observar que a "areia movediça" (*quicksand*, em inglês) não é um tipo especial de solo, mas simplesmente uma areia através da qual há um fluxo de água de baixo para cima devido a um gradiente hidráulico igual ou superior a i_{cr}. No caso das argilas, a liquefação pode não aparecer necessariamente quando o gradiente hidráulico alcançar o valor crítico dado pela Equação 3.12.

Condições adjacentes às cortinas de estacas-prancha

Podem ocorrer altos gradientes hidráulicos de baixo para cima em solos adjacentes à face de jusante de uma cortina de estacas-prancha. A Figura 3.8 mostra parte da rede de fluxo para percolação sob essa cortina, com o comprimento enterrado do lado de jusante tendo o valor *d*. Uma massa de solo adjacente às estacas pode se tornar instável e ser incapaz de suportar a cortina. Experimentos com modelos mostraram que é provável acontecer a ruptura hidráulica dentro de uma massa de solo com as dimensões aproximadas de $d \times d/2$ na seção (ABCD na Figura 3.8). A ruptura se apresenta inicialmente sob a forma de **levantamento de fundo** (*heave*) ou **elevação** da superfície, associada a uma expansão do solo que resulta em um aumento da permeabilidade. Isso, por sua vez, leva a um fluxo maior, com a superfície se apresentando como se estivesse "fervendo", no caso de areias, e à ruptura completa da cortina.

A variação da carga total na borda inferior CD da massa de solo pode ser obtida a partir das equipotenciais da rede de fluxo ou diretamente dos resultados das análises com o MDF, como a ferramenta de análise de planilha descrita no Capítulo 2. No entanto, para fins de análise, normalmente, é suficiente determinar a carga total média h_m por inspeção visual. A carga total na borda superior AB é zero. O gradiente hidráulico médio é dado por

$$i_m = \frac{h_m}{d}$$

Como a ruptura decorrente do levantamento de fundo do solo pode ocorrer quando o gradiente hidráulico se tornar igual a i_{cr}, o coeficiente de segurança (F) contra esse levantamento é expresso como

$$F = \frac{i_{cr}}{i_m} \tag{3.13}$$

No caso de areias, também se pode obter um coeficiente de segurança em relação à "fervura" da superfície. Pode-se determinar o gradiente hidráulico de saída (i_e) medindo-se a dimensão Δs do campo AEFG da rede de fluxo adjacente à cortina:

$$i_e = \frac{\Delta h}{\Delta s}$$

na qual Δh é a queda da carga total entre as linhas equipotenciais GF e AE. Assim, o coeficiente de segurança é

$$F = \frac{i_{cr}}{i_e} \tag{3.14}$$

É improvável haver uma diferença significativa entre os valores de F obtidos pelas Equações 3.13 e 3.14.

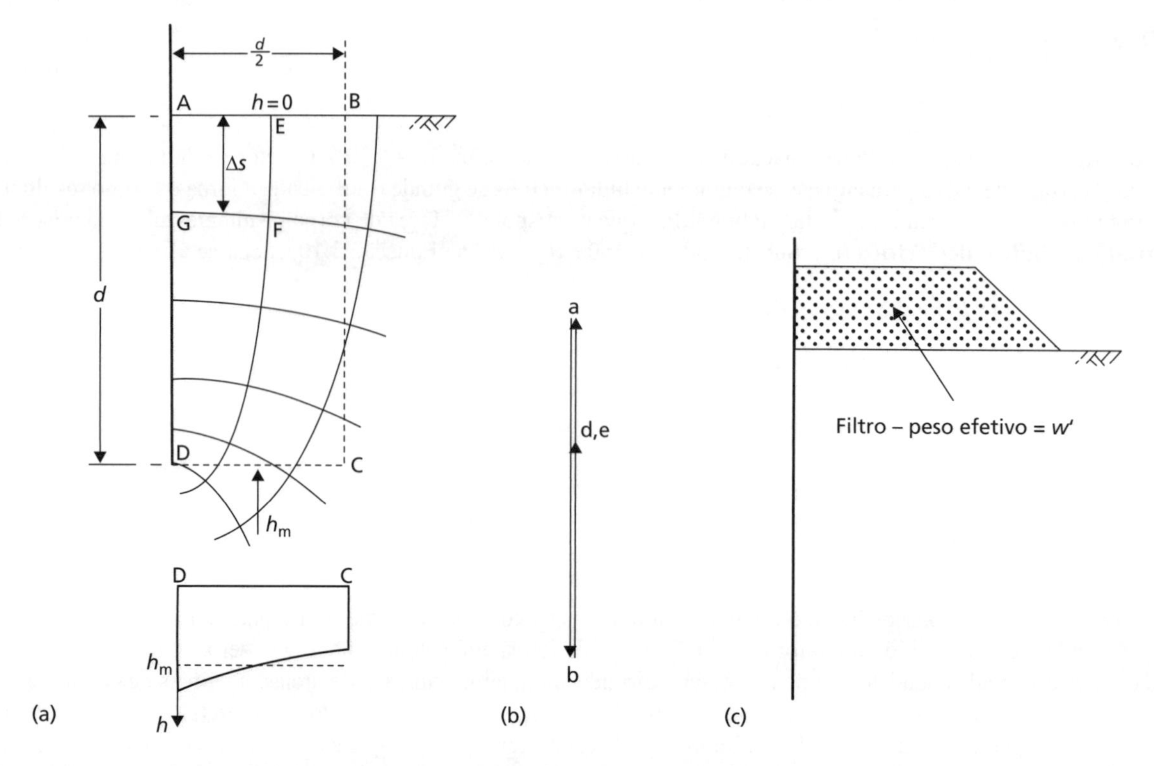

Figura 3.8 Percolação de baixo para cima, adjacente a uma cortina de estacas-prancha: (a) determinação dos parâmetros a partir de uma rede de fluxo; (b) diagrama de forças; e (c) uso de um filtro para evitar o levantamento de fundo.

O problema da cortina de estacas-prancha mostrado na Figura 3.8 também pode servir para ilustrar o método gráfico de determinação das forças de percolação mencionadas na Seção 3.6:

Peso total da massa ABCD = vetor $ab = \frac{1}{2}\gamma_{sat} d^2$
Carga total média em CD = h_m
Carga altimétrica em CD = $-d$
Poropressão média em CD = $(h_m + d)\gamma_w$
Força hidráulica de superfície em CD = vetor $bd = \frac{d}{2}(h_m + d)\gamma_w$
Força hidráulica de superfície em BC = vetor $de = 0$ (enquanto a percolação acontecer verticalmente de baixo para cima).

Força de corpo resultante de ABCD = $ab - bd - de$

$$= \frac{1}{2}\gamma_{sat}d^2 - \frac{d}{2}(h_m + d)\gamma_w - 0$$

$$= \frac{1}{2}(\gamma' + \gamma_w)d^2 - \frac{1}{2}(h_m d + d^2)\gamma_w$$

$$= \frac{1}{2}\gamma' d^2 - \frac{1}{2}h_m\gamma_w d$$

A força de corpo resultante será igual a zero e resultará no levantamento de fundo (*heave*) do terreno quando

$$\frac{1}{2}h_m\gamma_w d = \frac{1}{2}\gamma' d^2$$

O coeficiente de segurança pode, então, ser expresso como

$$F = \frac{\frac{1}{2}\gamma' d^2}{\frac{1}{2}h_m\gamma_w d} = \frac{\gamma' d}{h_m\gamma_w} = \frac{i_{cr}}{i_m}$$

Se o coeficiente de segurança contra a elevação do solo for considerado inadequado, o comprimento enterrado d poderia aumentar ou uma sobrecarga em forma de filtro poderia ser colocada na superfície AB, sendo esse filtro destinado a evitar a entrada de partículas sólidas, seguindo as recomendações da Seção 2.10. Tal filtro é mostrado na Figura 3.8c. Se o peso efetivo do filtro por unidade de área for igual a w', o coeficiente de segurança será

$$F = \frac{\gamma' d + w'}{h_m \gamma_w}$$

Exemplo 3.3

A Figura 3.9a mostra a rede de fluxo para percolação sob uma cortina de estacas-prancha, sendo o peso específico do solo 20 kN/m^3. Determine os valores da tensão efetiva vertical em A e B.

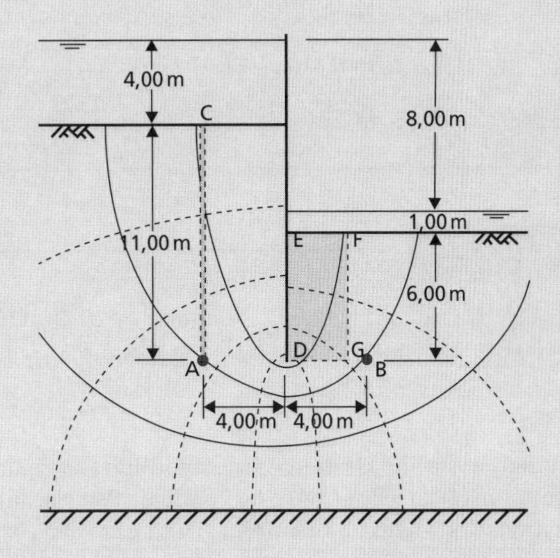

Figura 3.9 Exemplos 3.3 e 3.4.

Solução

Primeiramente, considere a coluna de solo saturado da área unitária entre A e a superfície do solo em C. O peso total da coluna é $11\gamma_{sat}$ (220 kN). Devido à mudança no nível das equipotenciais através da coluna, as forças hidráulicas de superfície nos lados dela não serão iguais, embora, neste caso, a diferença seja pequena. Há, então, uma força hidráulica de superfície líquida horizontal na coluna. No entanto, como a tensão efetiva vertical deve ser calculada, exige-se apenas o componente vertical da força de corpo resultante, e a força hidráulica horizontal de superfície não precisa ser levada em consideração. O componente vertical da força hidráulica na superfície superior da coluna deve-se apenas à profundidade da água acima de C e vale $4\gamma_w$ (39 kN). A força hidráulica na superfície inferior da coluna deve ser determinada; neste exemplo, é usada a planilha de MDF descrita na Seção 2.7, e os valores exigidos na carga total podem ser lidos diretamente dela, embora seja igualmente possível determiná-los com o auxílio de uma rede de fluxo desenhada a mão livre. A distribuição de carga total calculada pode ser encontrada em Percolação_CSM8.xls no *site* da LTC Editora complementar a este livro.

Carga total em A, $h_A = 5{,}2$ m
Carga altimétrica em A, $z_A = -7{,}0$ m
Poropressão em A, $u_A = \gamma_w (h_A - z_A) = 9{,}81\ (5{,}2 + 7{,}0) = 120$ kPa
isto é, força hidráulica na superfície inferior = 120 kN
Força hidráulica de superfície vertical líquida = 120 − 39 = 81 kN
Peso total da coluna = 220 kN
Componente vertical da força de corpo resultante = 220 − 81 = 139 kN
isto é, tensão efetiva vertical em A = 139 kPa.

Deve-se observar que o mesmo resultado seria obtido pela aplicação direta da equação da tensão efetiva, com a tensão vertical total em A sendo o peso do solo saturado e da água, acima de A, por área unitária. Desta forma,

$$\sigma_A = 11\gamma_{sat} + 4\gamma_w = 220 + 39 = 259\,\text{kPa}$$
$$u_A = 120\,\text{kPa}$$
$$\sigma'_A = \sigma_A - u_A = 259 - 120 = 139\,\text{kPa}$$

A única diferença conceitual é que a força hidráulica de superfície por unidade de área no topo da coluna de solo saturado AC contribui para a tensão vertical total em A. De forma similar em B,

$$\sigma_B = 6\gamma_{sat} + 1\gamma_w = 120 + 9{,}81 = 130\,\text{kPa}$$
$$h_B = 1{,}7\,\text{m}$$
$$z_B = -7{,}0\,\text{m}$$
$$u_B = \gamma_w\left(h_B - z_B\right) = 9{,}81\left(1{,}7 + 7{,}0\right) = 85\,\text{kPa}$$
$$\sigma'_B = \sigma_B - u_B = 130 - 85 = 45\,\text{kPa}$$

Exemplo 3.4

Usando a rede de fluxo da Figura 3.9a, determine o coeficiente de segurança contra a ruptura por levantamento de fundo do terreno adjacente à face de jusante das estacas. O peso específico saturado do solo é 20 kN/m³.

Solução

Será analisada a estabilidade da massa de solo DEFG na Figura 3.9a, com seção transversal de 6 m por 3 m. Por inspeção visual da rede de fluxo ou a partir de Percolação_CSM8.xls (disponível no *site* da LTC Editora complementar a este livro), o valor médio da carga total na base DG é dado por

$$h_m = 2{,}6\,\text{m}$$

O gradiente hidráulico médio entre DG e a superfície do solo EF é

$$i_m = \frac{2{,}6}{6} = 0{,}43$$

Gradiente hidráulico crítico, $i_{cr} = \dfrac{\gamma'}{\gamma_w} = \dfrac{10{,}2}{9{,}8} = 1{,}04$

Coeficiente de segurança, $F = \dfrac{i_{cr}}{i_m} = \dfrac{1{,}04}{0{,}43} = 2{,}4$

Liquefação dinâmica/sísmica

Nos exemplos anteriores, foi analisada a liquefação induzida por percolação ou **liquefação estática** do solo — isto é, situações nas quais a tensão efetiva dentro do solo é reduzida a zero, em consequência das altas pressões da água nos poros decorrentes da percolação. Essa pressão também pode ser aumentada em consequência do carregamento dinâmico do solo. Como este é deformado ciclicamente, ele apresenta a tendência de se contrair, reduzindo o índice de vazios e. Se esse cisalhamento e a contração resultante acontecerem rapidamente, poderia não haver tempo suficiente para que a água dos poros escapasse dos vazios, de forma que a redução em volume levaria a um aumento da pressão da água dos poros devido à incompressibilidade da água.

Considere uma camada uniforme de solo completamente saturado com o lençol freático na superfície. A tensão total em qualquer profundidade z dentro do solo é

$$\sigma_v = \gamma_{sat} z$$

O solo se liquefará a essa profundidade quando a tensão efetiva se igualar a zero. Pelo Princípio de Terzaghi (Equação 3.1), isso ocorrerá quando $u = \sigma_v$. A partir da Equação 3.4, verificamos que a pressão da água nos poros, u, contém dois componentes: a pressão hidrostática u_s (presente inicialmente antes de o solo ser carregado) e um componente de excesso u_e (que é induzido pela carga dinâmica). Dessa forma, a pressão crítica excedente de água nos poros no início da liquefação (u_{eL}) é dada por

$$u = \sigma_v$$

$$u_s + u_{eL} = \gamma_{sat} z$$

$$\gamma_w z + u_{eL} = \gamma_{sat} z$$

$$u_{eL} = \gamma' z \qquad (3.15)$$

isto é, para que o solo se liquefaça, a pressão excedente de água nos poros deverá ser igual à tensão efetiva inicial no solo (antes da aplicação da carga dinâmica). Além disso, considerando a referência na superfície do solo, a partir da Equação 2.1,

$$u = \gamma_w (h + z)$$

$$\therefore h = \frac{(\gamma_{sat} - \gamma_w)}{\gamma_w} z$$

$$\frac{h}{z} = \frac{\gamma'}{\gamma_w}$$

Isso demonstra que haverá um gradiente hidráulico positivo h/z entre o solo, a uma profundidade z, e a superfície (isto é, verticalmente, de baixo para cima), quando a liquefação acontecer. É o mesmo que o gradiente hidráulico crítico definido pela Equação 3.12 para a liquefação induzida por percolação.

O aumento da pressão da água nos poros em consequência da contração volumétrica pode ser induzido por cargas vibratórias de fontes diretas sobre ou dentro do solo ou pelo movimento cíclico deste durante um terremoto. Um exemplo do primeiro caso é uma fundação rasa para um equipamento como uma turbina elétrica. Nessa situação, normalmente, a deformação cíclica (e, portanto, a contração volumétrica e a pressão induzida excedente nos poros) no solo irá decrescer quando a distância até a fonte aumentar. Pela Equação 3.15, pode-se ver que o valor da pressão excedente de água nos poros exigida para iniciar a liquefação aumenta com a profundidade. Em consequência, qualquer liquefação estará concentrada na direção da superfície do solo, próxima à fonte.

No caso de um terremoto, o movimento do solo é induzido como resultado de ondas poderosas de tensão, que são transmitidas a partir do interior da crosta da Terra (isto é, muito abaixo do solo). Em consequência, a liquefação pode atingir profundidades muito grandes. Combinando as Equações 3.12 e 3.15,

$$u_{eL} = i_{cr} \gamma_w z = \frac{\gamma_w (G_s - 1)}{1 + e} z \qquad (3.16)$$

Com frequência, o solo na direção da superfície tem uma massa específica menor (e mais alto) do que o localizado mais abaixo. Combinada com a profundidade rasa z, é evidente que, sob o tremor do terremoto, a liquefação começará na superfície do solo e se moverá para baixo enquanto ele continuar, exigindo maiores pressões excedentes de água nos poros de acordo com a profundidade para liquefazer as camadas mais profundas. Pela Equação 3.16, fica claro também que solos mais soltos, com alto valor de e, exigirão menor pressão excedente de água nos poros para causar liquefação. Os solos com altos índices de vazios também têm um potencial mais alto para densificação quando submetidos a tremores (que aumenta quando o valor do índice de vazios se aproxima de $e_{mín}$, o estado mais denso possível); dessa forma, os solos soltos são particularmente vulneráveis à liquefação. Na verdade, terremotos fortes podem liquefazer completamente camadas de solos soltos com muitos metros de espessura.

Demonstraremos no Capítulo 5 que a resistência ao cisalhamento de um solo (que resiste a cargas aplicadas devido às fundações e a outras construções geotécnicas) é proporcional às tensões efetivas dentro dele. Dessa forma, fica claro que a ocorrência da liquefação ($\sigma'_V = 0$) pode levar a danos significativos em estruturas — um exemplo, observado durante o terremoto de Niigata, em 1964, no Japão, é mostrado na Figura 3.10.

Figura 3.10 Falha estrutural das fundações em decorrência da liquefação; terremoto de Niigata, em 1964, no Japão.

Resumo

1 A tensão total é usada para definir as tensões aplicadas a um elemento de solo (tanto as decorrentes de cargas externas aplicadas quanto as devidas a peso próprio). Os solos suportam tensões totais por meio de uma combinação da tensão efetiva devida ao contato entre as partículas com a pressão da água dos poros nos vazios. Isso é conhecido como o Princípio de Terzaghi (Equação 3.1).

2 Sob condições hidrostáticas, o estado de tensões efetivas, em qualquer profundidade dentro do solo, pode ser encontrado com base no conhecimento do peso específico das camadas de solo e da localização do lençol freático. Se estiver ocorrendo percolação, pode-se usar uma rede de fluxo ou uma malha de diferenças finitas para determinar a pressão da água nos poros em qualquer ponto no interior do solo, encontrando-se a tensão efetiva posteriormente a partir do Princípio de Terzaghi.

3 Uma consequência do Princípio de Terzaghi é que, se houver uma significativa pressão excedente de água nos poros desenvolvida no solo, o esqueleto deste pode ficar descarregado (tensão efetiva nula). Essa condição é conhecida como liquefação e pode ocorrer em consequência da percolação ou de cargas dinâmicas externas que façam com que o solo se contraia de forma rápida. A liquefação induzida por percolação pode levar a um levantamento ou "fervura" do solo ao longo da face de jusante de uma escavação de estacas-prancha e à posterior falha estrutural da escavação.

Problemas

3.1 Um rio tem 2 m de profundidade. Seu leito consiste em uma camada de areia saturada com peso específico de 20 kN/m^3. Qual é a tensão efetiva vertical 5 m abaixo da superfície superior da areia?

3.2 O Mar do Norte tem 200 m de profundidade. Seu leito consiste em uma camada de areia saturada com peso específico de 20 kN/m^3. Qual é a tensão efetiva vertical 5 m abaixo da superfície superior da areia? Compare sua resposta com o valor encontrado no Problema 3.1 — como o nível de água acima da superfície do solo afeta as tensões dentro dele?

3.3 Uma camada de argila de 4 m se situa entre duas de areia, com 4 m cada uma, estando o topo da camada superior de areia no nível do solo. O lençol freático está 2 m abaixo deste nível, mas a camada inferior de areia está submetida à pressão artesiana, com a superfície piezométrica situando-se 4 m acima do nível do solo. O peso específico saturado da argila é 20 kN/m^3, e o da areia é 19 kN/m^3; acima do lençol freático, o peso específico da areia é 16,5 kN/m^3. Calcule a tensão vertical efetiva nas superfícies superior e inferior da camada de argila.

3.4 Em um depósito de areia fina, o lençol freático está 3,5 m abaixo da superfície, mas a areia existente até uma altura de 1 m acima dele está saturada por água capilar; acima dessa altura, a areia pode ser considerada seca. Os pesos específicos saturado e seco da areia são 20 e 16 kN/m^3, respectivamente. Calcule a tensão efetiva vertical na areia 8 m abaixo da superfície.

3.5 Uma camada de areia se estende do nível do solo até uma profundidade de 9 m e está acima de uma camada de argila, de permeabilidade muito baixa, com 6 m de espessura. O lençol freático está 6 m abaixo da superfície da areia. O peso específico saturado da areia é 19 kN/m^3, e o da argila é 20 kN/m^3; o peso específico da areia acima do lençol freático é 16 kN/m^3. Em um curto período de tempo, o lençol freático se eleva 3 m, e espera-se que ele fique nesse novo nível permanentemente. Determine a tensão efetiva vertical nas profundidades de 8 m e 12 m abaixo do nível do solo (a) imediatamente após a elevação do lençol freático e (b) vários anos após isso.

3.6 Um elemento de solo com lados horizontais e verticais mede 1 m em cada direção. A água está percolando através do elemento em uma direção inclinada de 30° acima da horizontal, sob um gradiente hidráulico de 0,35. O peso específico saturado do solo é 21 kN/m^3. Desenhe um diagrama de forças em escala que mostre o seguinte: peso total e peso efetivo; força hidráulica de superfície resultante; força de percolação. Quais são a magnitude e a direção da força de corpo resultante?

3.7 Para as situações de percolação mostradas na Figura 3.11, determine a tensão normal efetiva no plano XX em cada caso, considerando (a) a poropressão (pressão da água nos poros) e (b) a pressão de percolação. O peso específico saturado do solo é 20 kN/m^3.

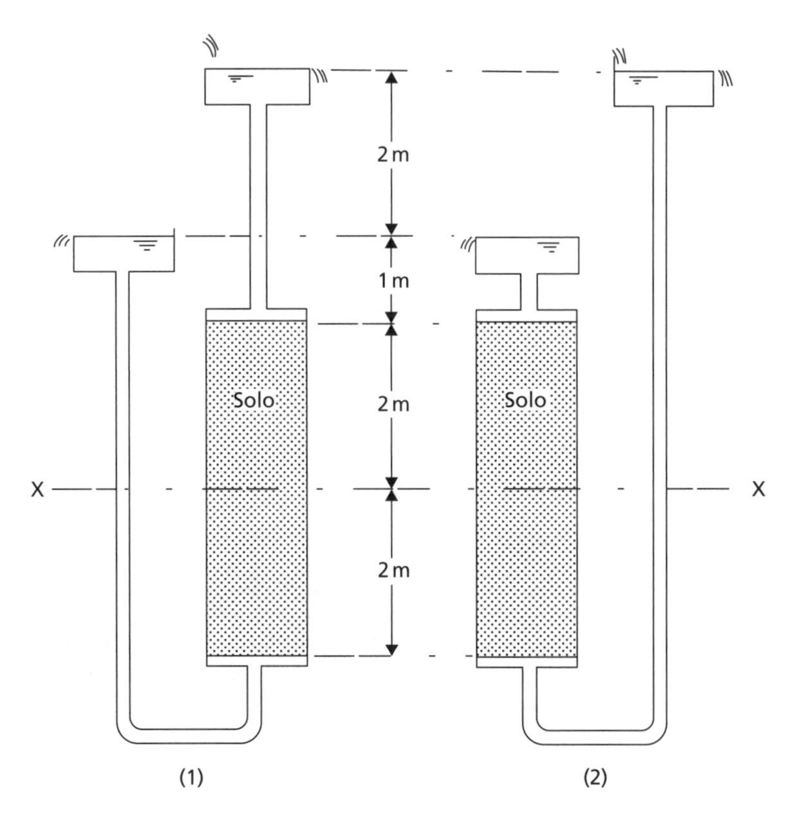

Figura 3.11 Problema 3.7.

3.8 A seção transversal de uma longa ensecadeira é mostrada na Figura 2.27, e o peso específico do solo saturado é 20 kN/m³. Determine o coeficiente de segurança contra o aparecimento de bolhas ("fervura") na superfície AB e os valores das tensões efetivas verticais em C e D.

3.9 A seção transversal de parte de uma ensecadeira é mostrada na Figura 2.26, e o peso específico do solo saturado é 19,5 kN/m³. Determine o coeficiente de segurança contra a ruptura por levantamento de fundo do terreno na escavação adjacente à cortina de estacas-prancha. Que profundidade de filtro (peso específico 21 kN/m³) seria necessária para assegurar um coeficiente de segurança igual a 3,0?

Referências

Bishop, A.W. (1959) The principle of effective stress, *Tekniche Ukeblad*, **39**, 4–16.

Taylor, D.W. (1948) *Fundamentals of Soil Mechanics*, John Wiley & Sons, New York, NY.

Terzaghi, K. (1943) *Theoretical Soil Mechanics*, John Wiley & Sons, New York, NY.

Vanapalli, S.K. and Fredlund, D.G. (2000) Comparison of different procedures to predict unsaturated soil shear strength, *Proceedings of Geo- Denver 2000, ASCE Geotechnical Special Publication*, **99**, 195–209.

Leitura complementar

Rojas, E. (2008a) Equivalent Stress Equation for Unsaturated Soils. I: Equivalent Stress, *International Journal of Geomechanics*, **8**(5), 285–290.

Rojas, E. (2008b) Equivalent Stress Equation for Unsaturated Soils. II: Solid-Porous Model, *International Journal of Geomechanics*, **8**(5), 291–299.

Esses artigos complementares descrevem detalhadamente o desenvolvimento de um modelo de resistência para solos não saturados, objetivando tratar de uma das principais questões da engenharia geotécnica, para a qual ainda não existe uma resposta satisfatória e amplamente aceita.

Para acessar os materiais suplementares desta obra, visite o site da LTC Editora.

Capítulo 4

Adensamento

Resultados de aprendizagem

Depois de trabalhar com o material deste capítulo, você deverá ser capaz de:

1 Entender o comportamento do solo durante o adensamento (drenagem da pressão da água dos poros) e determinar as propriedades mecânicas que caracterizam esse comportamento a partir de ensaios de laboratório (Seções 4.1, 4.2, 4.6 e 4.7);
2 Calcular os recalques do terreno como uma função do tempo em decorrência do adensamento, tanto de forma analítica quanto com o uso de ferramentas computacionais para problemas mais complexos (Seções 4.3–4.5, 4.8 e 4.9);
3 Projetar um esquema corretivo de drenos verticais para acelerar o adensamento e atender aos critérios especificados de desempenho.

4.1 Introdução

Conforme foi explicado no Capítulo 3, o **adensamento** é a redução gradual de volume de um solo completamente saturado e de baixa permeabilidade em consequência da variação da tensão efetiva. Isso pode acontecer como resultado da drenagem de uma determinada quantidade de água dos poros, com o processo continuando até que o excesso de poropressão (pressão neutra) causado por um aumento na tensão total tenha se dissipado por completo. O adensamento também pode ocorrer devido a uma redução da água nos poros, por exemplo, por bombeamento da água do solo ou por captação de água de poços (ver o Exemplo 4.5). O caso mais simples é o do adensamento unidimensional, no qual o incremento da tensão é aplicado em apenas uma direção (normalmente, a vertical), estando implícita a condição de deformação lateral nula. O processo de **inchamento** (também chamado de **expansão**), inverso do adensamento (chamado, algumas vezes, de **condensação** ou **consolidação**), é o aumento gradual do volume de um solo com excesso de poropressão negativa.

O **recalque por adensamento** é o deslocamento vertical da superfície correspondente à variação de volume em qualquer estágio do processo de adensamento. Será verificado o recalque por adensamento, por exemplo, se uma estrutura (exercendo tensão total adicional) for construída sobre uma camada de argila saturada ou se o lençol freático for rebaixado permanentemente a um estrato que esteja sobre uma camada de argila. Por outro lado, se for feita uma escavação (reduzindo, assim, a tensão total) em argila saturada, haverá o **levantamento hidráulico** (*heave*, ou deslocamento para cima) do fundo dessa escavação em consequência do inchamento da argila. Nos casos em que ocorre deformação lateral significativa, haverá um recalque imediato, devido à deformação do solo em condições não drenadas, além do recalque por adensamento. A determinação do recalque imediato será analisada com mais detalhes no Capítulo 8. Este capítulo é dedicado à previsão do valor e da velocidade do recalque por adensamento em condições unidimensionais (isto é, em que o solo se deforma apenas na direção vertical). Isso se estende ao caso em que o solo se deforma lateralmente (como aquele abaixo de uma fundação) na Seção 8.7.

O progresso do adensamento *in situ* pode ser monitorado por meio da instalação de piezômetros a fim de gravar a variação da pressão da água nos poros ao longo do tempo (isso será descrito no Capítulo 6). A amplitude do recalque pode ser medida por meio da gravação dos níveis dos pontos de referência adequados sobre uma estrutura ou no terreno: o nivelamento preciso é fundamental, utilizando um referencial comparativo que não esteja sujeito nem mesmo ao mínimo recalque. Devem ser aproveitadas todas as oportunidades de obter dados dos recalques no campo, uma vez que apenas por meio de tais medidas é possível avaliar a adequação dos métodos teóricos.

4.2 O ensaio oedométrico

As características de um solo durante o adensamento ou inchamento unidimensional podem ser determinadas por meio do ensaio oedométrico. A Figura 4.1 mostra de forma esquemática a seção transversal de um oedômetro. O corpo de prova tem a forma de um disco de solo, mantido no interior de um anel de metal e conservado entre duas pedras porosas. A pedra porosa superior, que pode se mover no interior do anel com uma pequena folga, está presa abaixo de uma placa de carregamento superior, pela qual a pressão pode ser aplicada ao corpo de prova. Todo aparato localiza-se dentro de uma célula aberta de água, à qual a água dos poros do corpo de prova tem livre acesso. O anel que confina esse corpo de prova pode ser fixo (preso ao corpo da célula) ou flutuante (livre para se mover verticalmente); a parte interna do anel deve ter uma superfície lisa e polida para reduzir o atrito lateral. O anel confinante impõe uma condição de deformação lateral nula para o corpo de prova. A compressão deste quando submetido à pressão é medida em um dial ou por meio de um transdutor que atue sobre a placa de carregamento.

O procedimento do ensaio foi padronizado pela norma CEN ISO/TS17892-5 (Europa) e pela ASTM D2435 (Estados Unidos), embora a BS 1377, Parte 5, que permanece em vigor no Reino Unido, especifique que o oedômetro deva ser do tipo com anel fixo. A pressão inicial (tensão total) dependerá do tipo de solo; após isso, uma série de pressões é aplicada ao corpo de prova, tendo cada uma delas o dobro do valor da pressão anterior. Normalmente, cada pressão é mantida por um período de 24 h (em casos excepcionais, pode ser necessário um período de 48 h), fazendo-se leituras do valor da compressão em intervalos adequados. No final do período do incremento, quando a pressão excedente da água nos poros estiver completamente dissipada, a tensão total aplicada se igualará à tensão efetiva vertical do corpo de prova. Os resultados são apresentados em um gráfico que mostra a espessura (ou sua variação percentual) do corpo de prova ou o índice de vazios no final de cada período de incremento em relação à tensão efetiva correspondente. Esta pode ser colocada em um gráfico de escala natural ou logarítmica, embora essa última seja adotada normalmente em consequência da redução na mudança de volume em um determinado incremento quando a tensão total aumenta. Se desejado, a expansão do corpo de prova pode ser medida adicionalmente durante reduções sucessivas da pressão aplicada, a fim de se observar o comportamento da expansão (inchamento). No entanto, mesmo que não sejam exigidas as características de inchamento do solo, deve-se medir a expansão do corpo de prova em consequência da remoção da pressão final.

O Eurocode 7, Parte 2, recomenda que sejam realizados, no mínimo, dois ensaios em um determinado estrato de solo; esse valor deve ser duplicado se houver diferença acentuada nos valores das compressibilidades medidas, em especial, se houver poucas ou nenhuma experiência relacionada com o solo em questão.

O índice de vazios no final de cada período de incremento pode ser calculado com base nas leituras de deflexões (deslocamentos), além de ou no teor de umidade ou no peso seco do corpo de prova ao final do ensaio. Utilizando como referência o diagrama de fases da Figura 4.2, os dois métodos de cálculo são os seguintes:

1 Teor de umidade medido ao final do ensaio = w_1
Índice de vazios no final do ensaio = $e_1 = w_1 G_s$ (admitindo que $S_r = 100\%$)
Espessura do corpo de prova no início do ensaio = H_0

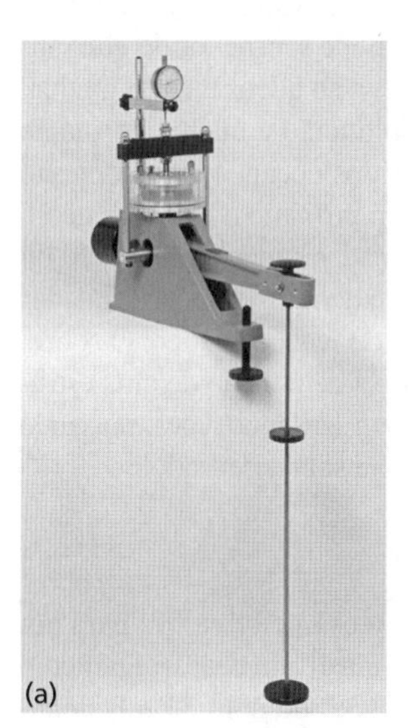

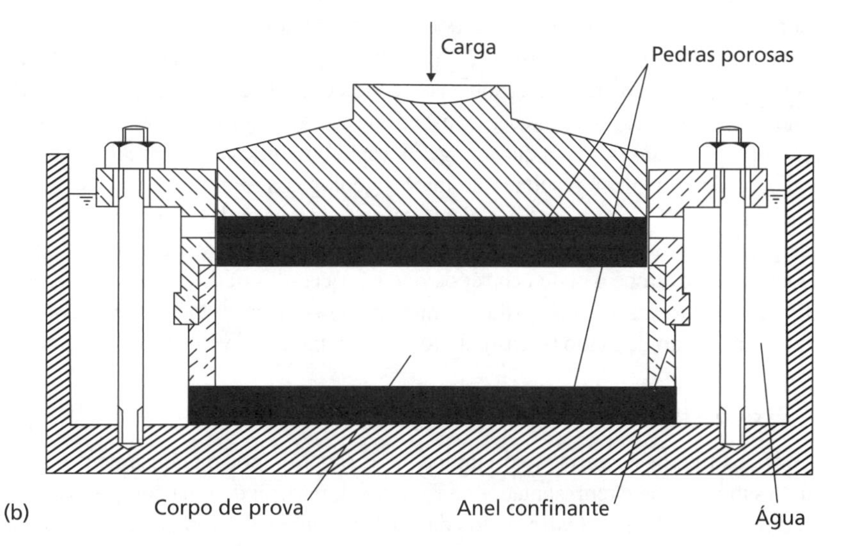

Figura 4.1 O oedômetro: (a) equipamento de ensaio, (b) esquema de montagem de ensaio (imagem cedida pela Impact Test Equipment Ltd.).

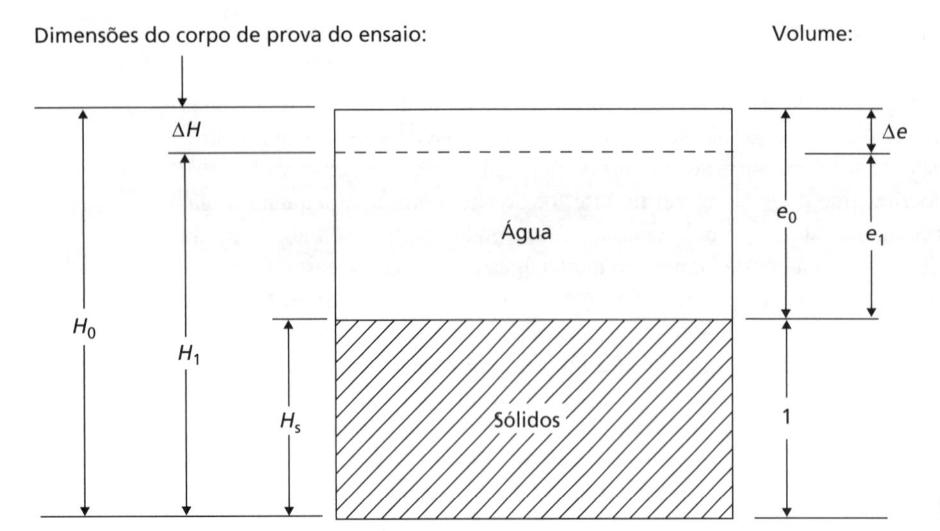

Figura 4.2 Diagrama de fases.

Variação de espessura durante o ensaio = ΔH
Índice de vazios no início do ensaio = $e_0 = e_1 + \Delta e$, em que

$$\frac{\Delta e}{\Delta H} = \frac{1+e_0}{H_0} \tag{4.1}$$

Da mesma forma, Δe pode ser calculado até o final de cada período de incremento.

2 Peso seco medido no final do ensaio = M_s (isto é, massa de sólidos)
Espessura no final de qualquer período de incremento = H_1
Área do corpo de prova = A
Espessura equivalente de sólidos = $H_s = M_s/AG_s\rho w$
Índice de vazios,

$$e_1 = \frac{H_1 - H_s}{H_s} = \frac{H_1}{H_s} - 1 \tag{4.2}$$

História de tensões

O relacionamento entre o índice de vazios e a tensão efetiva depende da **história de tensões** do solo. Se a tensão efetiva atual for a máxima à qual o solo já esteve submetido, diz-se que a argila está **normalmente adensada**. Se, por outro lado, a tensão efetiva, em alguma ocasião do passado, foi maior do que o valor atual, diz-se que o solo está **sobreadensado** (ou **pré-adensado**). O resultado da divisão do valor máximo da tensão efetiva no passado pelo valor atual é conhecido como **razão de pré-adensamento** (RPA) ou **taxa de sobreadensamento** (TSA) — também denominado OCR, devido ao termo em inglês, *overconsolidation ratio*, ou, ainda, **razão de sobreadensamento** (RSA). Desta forma, um solo normalmente adensado tem uma taxa de sobreadensamento igual à unidade; um solo sobreadensado, por sua vez, tem uma taxa de sobreadensamento maior do que a unidade. Esse valor não pode ser menor do que um.

A maioria dos solos é formada, inicialmente, pela sedimentação das partículas, que leva ao adensamento gradual sob o próprio peso crescente. Sob essas condições, as tensões efetivas no interior do solo terão aumento constante enquanto a deposição acontecer, e, assim, o solo será normalmente adensado. Os leitos dos oceanos e dos rios são exemplos comuns de solos que, em geral, estão em um estado normalmente adensado (ou próximo a ele). Em geral, o sobreadensamento é resultado de fatores geológicos — por exemplo, a erosão das camadas superiores de solo ou rocha (devido ao movimento dos glaciares, ao vento, às ondas ou às correntes marítimas), o derretimento das camadas de gelo (e, portanto, a redução de tensões) depois da glaciação ou o aumento permanente do lençol freático. O sobreadensamento também pode ocorrer devido a processos criados pelo homem, por exemplo: a demolição de uma estrutura antiga para fazer novo uso do terreno removerá as tensões totais que estavam aplicadas em suas fundações, causando o levantamento de fundo (*heave*), de forma que, para o novo uso, o solo estará inicialmente sobreadensado.

Características de compressibilidade

Gráficos típicos da variação do índice de vazios (e) após o adensamento em relação à tensão efetiva (σ') para um solo saturado estão representados na Figura 4.3, mostrando uma compressão inicial, seguida de um descarregamento e uma recompressão. Os formatos das curvas estão relacionados com a história de tensões do solo. O relacionamento e–log σ' para um solo normalmente adensado é linear (ou próximo disso), sendo chamado de **reta** (ou **linha**) **de compressão virgem** (**unidimensional**; RC1D ou LC1D). Durante a compressão ao longo dessa linha, ocorrem

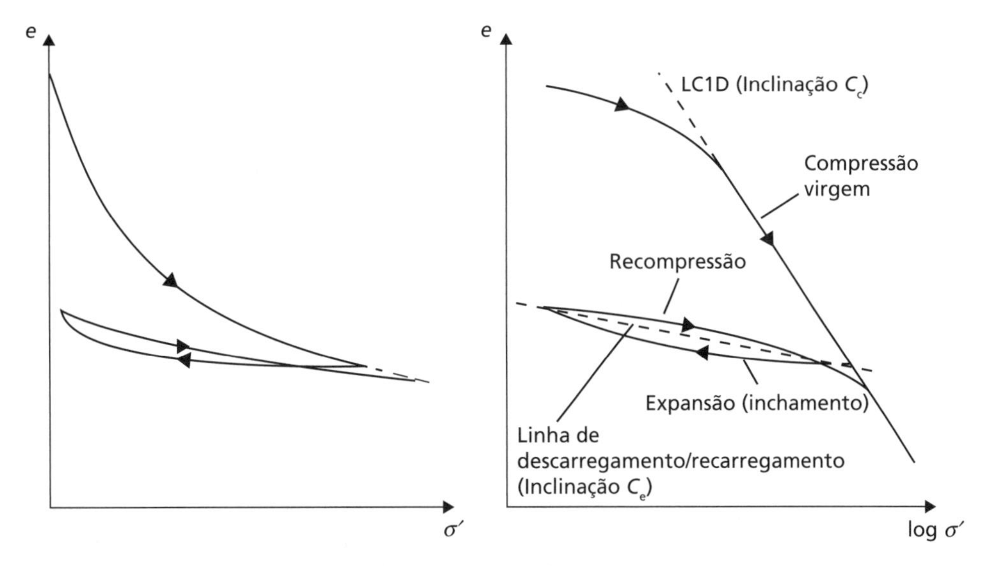

Figura 4.3 Relacionamento índice de vazios–tensão efetiva.

alterações permanentes (irreversíveis) na estrutura do solo, que não retorna à sua forma original durante a expansão. Se um solo estiver sobreadensado, seu estado será representado por um ponto na parte de expansão ou recompressão do gráfico e–log σ'. As mudanças na estrutura do solo ao longo dessa linha são quase completamente recuperáveis, conforme mostra a Figura 4.3. A curva de recompressão se liga, por fim, à reta de compressão virgem: ocorre, então, uma compressão posterior ao longo da reta virgem. Os gráficos mostram que um solo em estado sobreadensado será muito menos compressível do que um em estado normalmente adensado.

A compressibilidade do solo pode ser quantificada por um dos coeficientes a seguir.

1 O **coeficiente de compressibilidade volumétrica** ou **coeficiente de variação volumétrica** (m_v), definido como a variação de volume por unidade de volume por aumento unitário da tensão efetiva (isto é, razão entre a deformação volumétrica e a tensão aplicada). As unidades de m_v são o inverso da pressão (m²/MN). A variação de volume pode ser expressa tanto em termos de índice de vazios quanto de espessura do corpo de prova. Se, para um acréscimo de tensão efetiva, de σ'_0 para σ'_1, o índice de vazios diminuir de e_0 para e_1, então

$$m_v = \frac{1}{1+e_0}\left(\frac{e_0 - e_1}{\sigma'_1 - \sigma'_0}\right) \tag{4.3}$$

$$m_v = \frac{1}{H_0}\left(\frac{H_0 - H_1}{\sigma'_1 - \sigma'_0}\right) \tag{4.4}$$

O valor de m_v para um determinado solo não é constante, depende da faixa de valores de tensões na qual é calculado, já que esse parâmetro aparece no denominador das Equações 4.3 e 4.4. A maioria dos ensaios-padrão especifica um único valor do coeficiente m_v calculado para um incremento de 100 kN/m² acima da tensão vertical *in situ* da amostra de solo na profundidade em que for retirada (também denominada **pressão confinante ou pressão das camadas sobrejacentes**), embora o coeficiente possa ser calculado, caso assim se queira, para qualquer outra faixa de valores de tensões, selecionada para representar as alterações esperadas de tensões devidas a uma construção geotécnica em particular.

2 O **módulo confinado** (também chamado de **módulo elástico unidimensional** ou **módulo oedométrico**), E'_{oed}, é o inverso de m_v (isto é, tem unidade de tensão ou pressão, MN/m² = MPa), em que:

$$E'_{oed} = \frac{1}{m_v} \tag{4.5}$$

3 O **índice de compressão** (C_c) é a inclinação da RC1D (ou LC1D), que é a parte linear do gráfico e–log σ' e é adimensional. Para dois pontos quaisquer no trecho linear do gráfico,

$$C_C = \frac{e_0 - e_1}{\log(\sigma'_1 / \sigma'_0)} \tag{4.6}$$

O trecho de expansão do gráfico e–log σ' pode ser comparado a uma linha reta, cuja inclinação é chamada de **índice de expansão** C_e (também chamado de índice de inchamento). O índice de expansão é, muitas vezes, menor do que o de compressão (conforme ilustra a Figura 4.3).

Deve-se observar que, apesar de C_c e C_e representarem gradientes negativos no gráfico e–log σ', seus valores são sempre dados como positivos (isto é, eles representam o módulo dos gradientes).

Pressão de pré-adensamento

Casagrande (1936) propôs um procedimento empírico para obter, com base na curva e–log σ' para um solo sobreadensado, a tensão efetiva vertical máxima que atuou neste solo no passado, chamada de **pressão de pré-adensamento** ($\sigma'_{máx}$). Esse parâmetro pode ser usado para determinar o OCR *in situ* para o solo examinado:

$$OCR = \frac{\sigma'_{máx}}{\sigma'_{v0}} \tag{4.7}$$

na qual σ'_{v0} é a tensão efetiva vertical *in situ* da amostra de solo na profundidade em que foi retirada (pressão confinante efetiva), a qual pode ser calculada pelos métodos mencionados no Capítulo 3.

A Figura 4.4 mostra uma curva e–log σ' típica para um corpo de prova de solo que está inicialmente sobreadensado. A curva inicial (AB) e a transição subsequente a uma compressão linear (BC) indicam que o solo está passando por recompressão no oedômetro, já tendo sofrido expansão (inchamento) em algum estágio de sua história. A expansão do solo *in situ* pode, por exemplo, ser consequência do derretimento de camadas de gelo, da erosão das camadas superiores ou de uma elevação no nível do lençol freático. O procedimento para estimar a pressão de pré-adensamento consiste nas seguintes etapas:

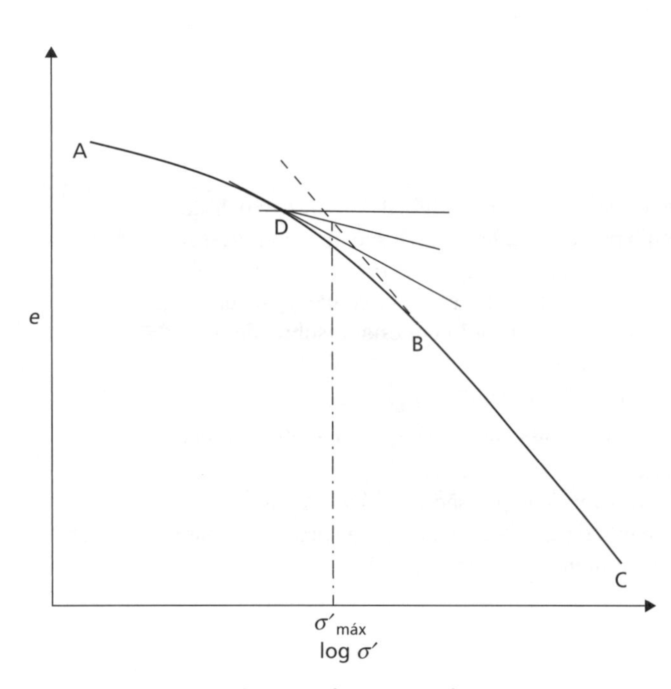

Figura 4.4 Determinação da tensão de pré-adensamento.

1 Construa novamente o trecho em linha reta (BC) da curva;
2 Determine o ponto (D) de curvatura máxima no trecho de recompressão (AB) da curva;
3 Desenhe uma linha horizontal passando por D;
4 Desenhe a tangente à curva em D e trace a bissetriz do ângulo entre a tangente e a reta horizontal que passa por D;
5 A vertical que passa pelo ponto de interseção da bissetriz com CB fornece o valor aproximado da pressão de pré-adensamento.

Sempre que possível, a pressão de pré-adensamento para uma argila sobreadensada não deve ser ultrapassada em uma construção. Em geral, a compressão não será grande se a tensão efetiva vertical permanecer abaixo de $\sigma'_{máx}$, já que o solo sempre estará no intervalo de descarregamento–recarregamento da curva de compressão. A compressão será grande apenas se $\sigma'_{máx}$ for ultrapassado. Esse é o princípio fundamental que rege o **pré-carregamento**, que é uma técnica usada para reduzir a compressibilidade dos solos, a fim de torná-los mais adequados ao uso em fundações; isso será analisado na Seção 4.11.

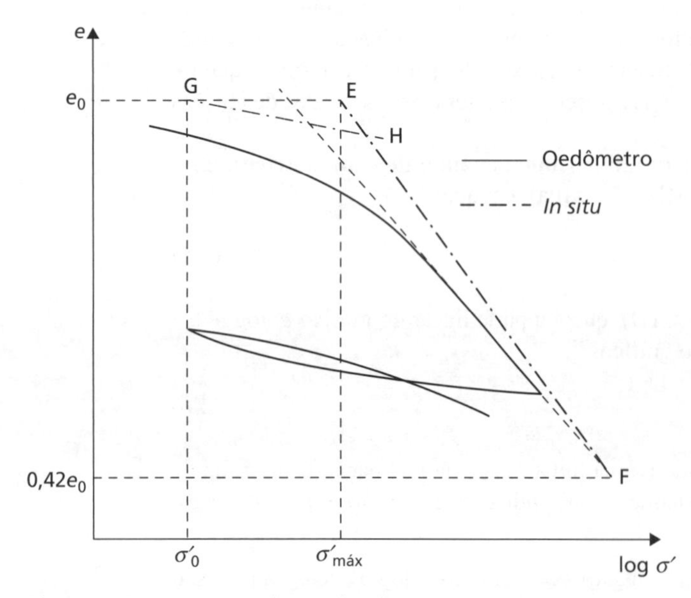

Figura 4.5 A curva e–log σ′ *in situ*.

A curva e–log σ′ *in situ*

Devido aos efeitos de amostragem (Capítulo 6) e preparação do ensaio, o corpo de prova em um ensaio oedométrico estará ligeiramente deformado (perturbado). Demonstrou-se que um aumento no grau de perturbação do corpo de prova resulta em uma pequena redução na inclinação da reta de compressão virgem. Dessa forma, pode-se esperar que a inclinação da linha representando a compressão virgem do solo *in situ* seja ligeiramente maior do que a da reta virgem obtida em um ensaio de laboratório.

Não se cometerá um erro significativo ao se tomar o índice de vazios *in situ* como igual ao índice de vazios (e_0) no início do ensaio de laboratório. Schmertmann (1953) afirmou que podemos esperar que a reta de compressão virgem de laboratório intercepte a reta de compressão virgem *in situ* em um índice de vazios de aproximadamente 0,42 vez o inicial. Dessa forma, a reta de compressão virgem *in situ* pode ser admitida como a reta EF da Figura 4.5, na qual as coordenadas de E são log $\sigma'_{máx}$ e e_0, e F é o ponto da reta de compressão virgem de laboratório com um índice de vazios igual a $0{,}42e_0$.

No caso de argilas sobreadensadas, a condição *in situ* é representada pelo ponto (G), que tem coordenadas σ'_0 e e_0, em que $\sigma'_{máx}$ é a pressão confinante efetiva atual. A curva de recompressão *in situ* pode ser aproximada da linha reta GH, paralela à inclinação média da curva de recompressão de laboratório.

Exemplo 4.1

As seguintes leituras de recompressão foram obtidas de um ensaio oedométrico com um corpo de prova de argila saturada ($G_s = 2,73$):

TABELA F

Pressão (kPa)	0	54	107	214	429	858	1716	3432	0
Leitura no medidor depois de 24 h (mm)	5,000	4,747	4,493	4,108	3,449	2,608	1,676	0,737	1,480

A espessura inicial do corpo de prova era 19,0 mm, e, ao final do ensaio, o teor de umidade era 19,8%. Faça o gráfico da curva e–log σ' e determine a pressão de pré-adensamento. Determine os valores de m_v para incrementos de tensão de 100–200 e 1.000–1.500 kPa. Qual é o valor de C_c para esse último incremento?

Solução

Índice de vazios ao final do ensaio = $e_1 = w_1 G_s = 0,198 \times 2,73 = 0,541$
Índice de vazios no início do ensaio = $e_0 = e_1 + \Delta e$

Agora

$$\frac{\Delta e}{\Delta H} = \frac{1+e_0}{H_0} = \frac{1+e_1+\Delta e}{H_0}$$

isto é,

$$\frac{\Delta e}{3,520} = \frac{1,541+\Delta e}{19,0}$$

$$\Delta e = 0,350$$

$$e_0 = 0,541 + 0,350 = 0,891$$

Em geral, o relacionamento entre Δe e ΔH é dado por

$$\frac{\Delta e}{\Delta H} = \frac{1,891}{19,0}$$

isto é, $\Delta e = 0,0996\,\Delta H$ e pode ser usado para se obter o índice de vazios ao final de cada período de incremento (ver Tabela 4.1). A Figura 4.6 mostra a curva e–log σ' usando esses valores. Usando o procedimento de Casagrande, o valor da pressão de pré-adensamento é 325 kPa.

Tabela 4.1 Exemplo 4.1

Pressão (kPa)	*ΔH (mm)*	Δe	e
0	0	0	0,891
54	0,253	0,025	0,866
107	0,507	0,050	0,841
214	0,892	0,089	0,802
429	1,551	0,154	0,737
858	2,392	0,238	0,653
1716	3,324	0,331	0,560
3432	4,263	0,424	0,467
0	3,520	0,350	0,541

$$m_v = \frac{1}{1+e_0} \cdot \frac{e_0 - e_1}{\sigma'_1 - \sigma'_0}$$

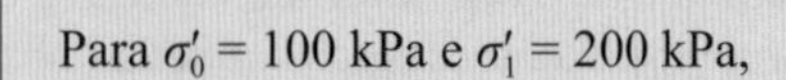

Para $\sigma'_0 = 100$ kPa e $\sigma'_1 = 200$ kPa,

$$e_0 = 0{,}845 \quad \text{e} \quad e_1 = 0{,}808$$

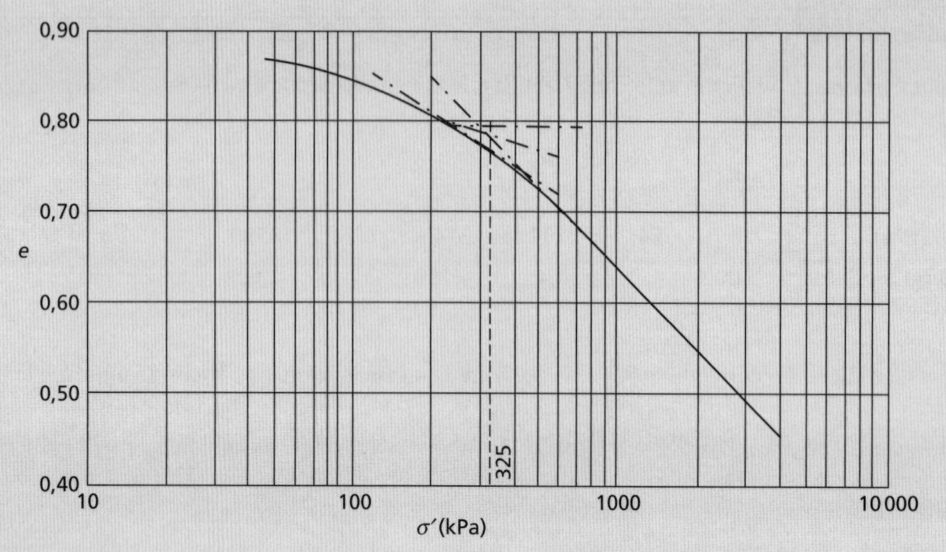

Figura 4.6 Exemplo 4.1.

e, portanto,

$$m_v = \frac{1}{1{,}845} \times \frac{0{,}037}{100} = 2{,}0 \times 10^{-4}\ \text{m}^2/\text{kN} = 0{,}20\ \text{m}^2/\text{MN}$$

Para $\sigma'_0 = 1000$ kPa e $\sigma'_1 = 1500$ kPa,

$$e_0 = 0{,}632 \quad \text{e} \quad e_1 = 0{,}577$$

e, portanto,

$$m_v = \frac{1}{1{,}845} \times \frac{0{,}055}{500} = 6{,}7 \times 10^{-5}\ \text{m}^2/\text{kN} = 0{,}07\ \text{m}^2/\text{MN}$$

e

$$C_C = \frac{0{,}632 - 0{,}557}{\log(1500/1000)} = \frac{0{,}055}{0{,}176} = 0{,}31$$

Observe que C_c será o mesmo para qualquer faixa de valores de tensão no trecho linear da curva e–log σ'; m_v irá variar de acordo com o intervalo de valores das tensões, mesmo para aqueles na parte linear da curva.

4.3 Recalque por adensamento

Para estimar o recalque unidimensional por adensamento, necessita-se ou do valor do coeficiente de compressibilidade (variação) volumétrica ou do valor do índice de compressão. Considere uma camada de solo saturado com espessura H. Em consequência de uma construção, a tensão vertical total em uma camada elementar de espessura dz a uma profundidade z recebe o acréscimo de uma **pressão de sobrecarga** $\Delta\sigma$ (Figura 4.7). Admite-se que a condição de deformação lateral nula é válida para o interior da camada de solo. Essa é uma hipótese adequada se a sobrecarga for aplicada em uma área extensa. Depois de o adensamento estar concluído, ocorrerá um aumento $\Delta\sigma'$ idêntico na tensão vertical efetiva, correspondente a um aumento de tensão de σ'_0 para σ'_1 e a uma redução do índice de vazios de e_0 para e_1 na curva e–σ'. A redução de volume por unidade de volume de solo pode ser escrita em termos do índice de vazios:

$$\frac{\Delta V}{V_0} = \frac{e_0 - e_1}{1 + e_0}$$

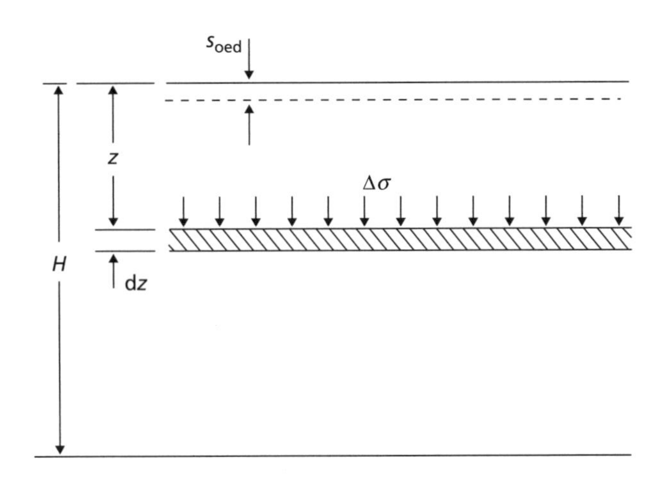

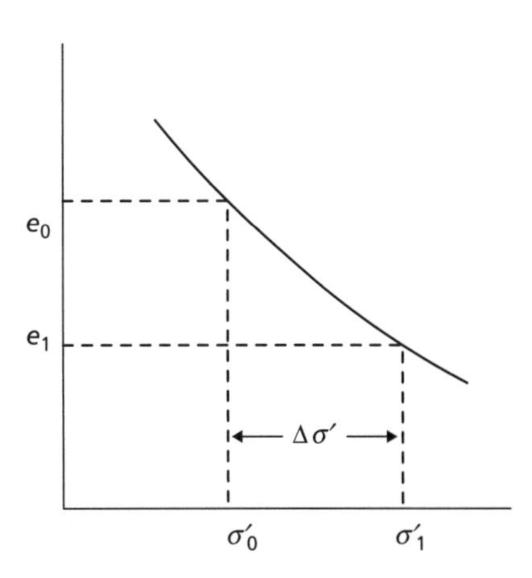

Figura 4.7 Recalque por adensamento.

Como a deformação lateral é igual a zero, a redução de volume por unidade de volume é igual à redução de espessura por unidade de espessura, isto é, o recalque por unidade de profundidade. Dessa forma, proporcionalmente, o recalque da camada de espessura dz será dado por

$$\begin{aligned} ds_{oed} &= \frac{e_0 - e_1}{1 + e_0} dz \\ &= \left(\frac{e_0 - e_1}{\sigma'_1 - \sigma'_0}\right)\left(\frac{\sigma'_1 - \sigma'_0}{1 + e_0}\right) dz \\ &= m_v \Delta\sigma' \, dz \end{aligned}$$

em que s_{oed} = recalque por adensamento (unidimensional).

O recalque da camada de espessura H é dado pela integração da variação incremental ds_{oed} ao longo da altura da camada

$$s_{oed} = \int_0^H m_v \Delta\sigma' dz \tag{4.8}$$

Se m_v e $\Delta\sigma'$ tiverem profundidades constantes, então

$$s_{oed} = m_v \Delta\sigma' H \tag{4.9}$$

Substituindo o valor de m_v da Equação 4.3, a Equação 4.9 pode ser escrita como

$$s_{oed} = \frac{e_0 - e_1}{1 + e_0} H \tag{4.10}$$

ou, no caso de um solo normalmente adensado, substituindo a Equação 4.6, a Equação 4.9 pode ser reescrita como

$$s_{oed} = \frac{C_c \log\left(\sigma'_1 / \sigma'_0\right)}{1 + e_0} H \tag{4.11}$$

A fim de levar em consideração a variação de m_v e/ou de $\Delta\sigma'$ em relação à profundidade (isto é, solo não uniforme), pode-se usar o procedimento gráfico mostrado na Figura 4.8 para determinar s_{oed}. As variações da tensão efetiva vertical inicial (σ'_0) e de seu incremento ($\Delta\sigma'$) ao longo da profundidade da camada estão representadas na Figura 4.8a; a variação de m_v está representada na Figura 4.8b. A curva da Figura 4.8c representa a variação do produto adimensional $m_v\Delta\sigma'$ em relação à profundidade, e a área sob essa curva é o recalque da camada. De forma alternativa, a camada pode ser dividida em um número adequado de subcamadas, sendo o produto $m_v\Delta\sigma'$ calculado no centro de cada uma: cada produto $m_v\Delta\sigma'$ é, então, multiplicado pela espessura da subcamada correspondente, a fim de fornecer o recalque dela. O recalque de toda uma camada é igual à soma dos recalques das subcamadas. A técnica de subcamadas também pode ser usada para analisar perfis de solos em camadas, em que estas apresentem características de compressão muito diferentes.

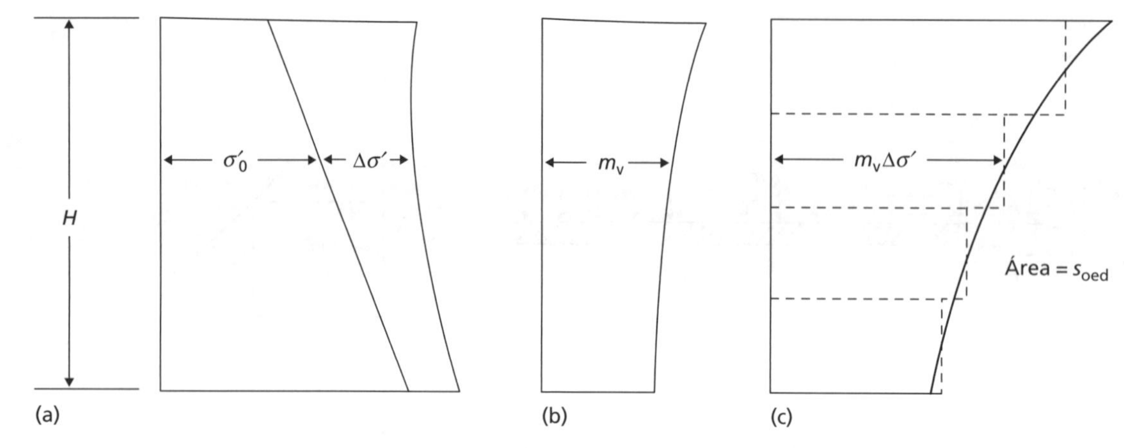

Figura 4.8 Recalque por adensamento: procedimento gráfico.

Exemplo 4.2

Um aterro longo com 30 m de largura deve ser construído sobre um solo em camadas, conforme ilustrado na Figura 4.9. A pressão vertical líquida aplicada pelo aterro (admitindo-se que esteja uniformemente distribuída) é de 90 kPa. O perfil do solo e a distribuição de tensões abaixo do centro do aterro são mostrados na Figura 4.9 (os métodos usados para determinar tal distribuição são mencionados na Seção 8.5). O valor de m_v para a camada superior de argila é 0,35 m²/MN, e m_v = 0,13 m²/MN para a camada inferior. As permeabilidades das argilas são 10^{-10} m/s e 10^{-11} m/s para os solos das camadas superior e inferior, respectivamente. Determine o recalque final sob o centro do aterro em consequência do adensamento.

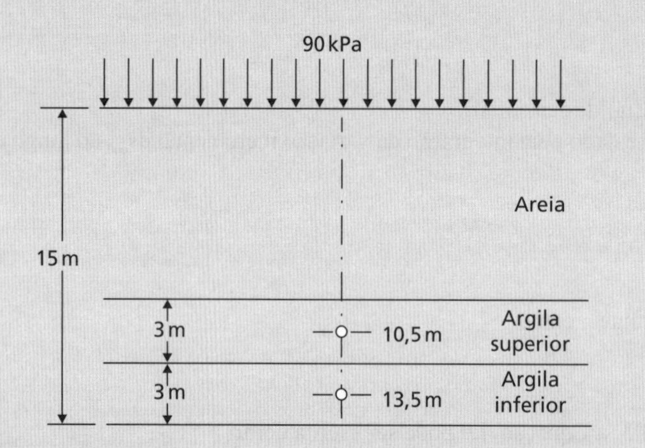

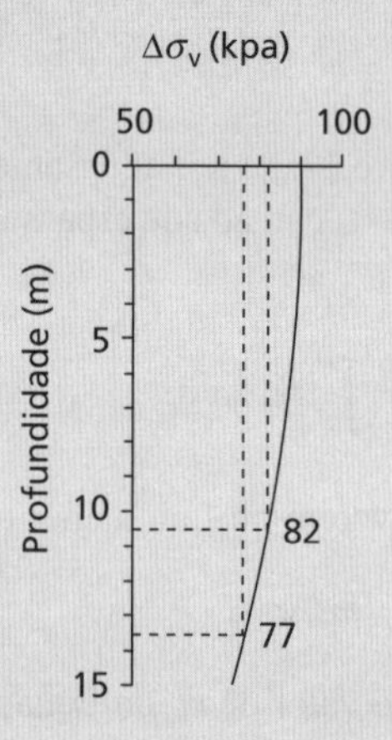

Figura 4.9 Exemplo 4.2.

Solução

As camadas de argila são finas em relação à largura da sobrecarga aplicada pelo aterro, portanto pode-se admitir que o adensamento é, aproximadamente, unidimensional. Considerando as tensões mostradas na Figura 4.9, será exato o suficiente considerar cada camada de argila como uma subcamada. Para o adensamento unidimensional, $\Delta\sigma' = \Delta\sigma$, com os incrementos de tensão no meio de cada camada indicados na Figura 4.9. Aplica-se, então, a Equação 4.9 para determinar o recalque de cada uma das camadas, cuja espessura é H (= 3 m), combinando-os para fornecer o recalque total por adensamento. Os cálculos são mostrados na Tabela 4.2.

Tabela 4.2 Exemplo 4.2

Subcamada	*z (m)*	*$\Delta\sigma'$ (kPa)*	*m_v (m²/MN)*	*H (m)*	*s_{oed} (mm)*
1 (Argila superior)	10,5	82	0,35	3	86,1
2 (Argila inferior)	13,5	77	0,13	3	30,0
					116,1

4.4 Grau de adensamento

Para um elemento de solo a uma determinada profundidade (z) em uma camada de argila, o avanço do processo de adensamento sob um determinado incremento de tensão total pode ser expresso em termos do índice de vazios da seguinte forma:

$$U_v = \frac{e_0 - e}{e_0 - e_1}$$

em que U_v é definido como o **grau de adensamento**, em um determinado instante, a uma profundidade z ($0 \leq U_v \leq 1$); e_0 = índice de vazios antes do início do adensamento; e_1 = índice de vazios no final do adensamento; e e = índice de vazios, no instante em questão, durante o adensamento. O valor de $U_v = 0$ significa que o adensamento ainda não começou (isto é, $e = e_0$); $U_v = 1$ significa que o adensamento foi concluído (isto é, $e = e_1$).

Admitindo-se que a curva e–σ' seja linear ao longo do intervalo de tensões em questão, conforme mostra a Figura 4.10, o grau de adensamento é expresso em termos de σ':

$$U_v = \frac{\sigma' - \sigma'_0}{\sigma'_1 - \sigma'_0}$$

Suponha que a tensão vertical total no solo a uma profundidade z seja aumentada de σ_0 para σ_1 e que não haja deformação lateral. Em relação à Figura 4.11, imediatamente após ocorrer o aumento, embora a tensão total tenha subido para σ_1, a tensão vertical efetiva ainda será σ'_0 (condições não drenadas); somente após o término do adensamento, a tensão efetiva se tornará σ'_1 (condições drenadas). Durante o adensamento, o aumento da tensão vertical efetiva é numericamente igual ao decréscimo do excesso de pressão da água nos poros. Se σ' e u_e forem, respectivamente, os valores da tensão efetiva e do excesso de pressão de água nos poros em qualquer instante durante o processo de adensamento e se u_i for o excesso inicial de pressão da água nos poros (isto é, o valor imediatamente após o aumento na tensão total), então, com base na Figura 4.10:

$$\sigma'_1 = \sigma'_0 + u_i = \sigma' + u_e$$

O grau de adensamento pode, assim, ser expresso como

$$U_v = \frac{u_i - u_e}{u_i} = 1 - \frac{u_e}{u_i} \tag{4.12}$$

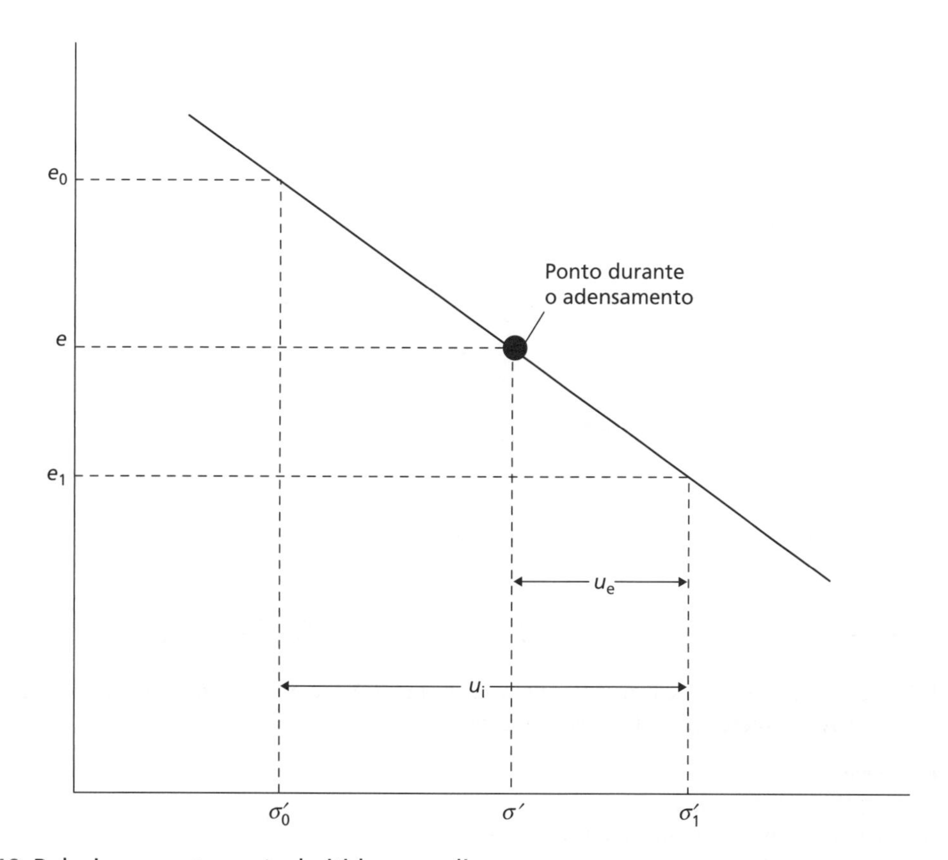

Figura 4.10 Relacionamento e–σ' admitido como linear.

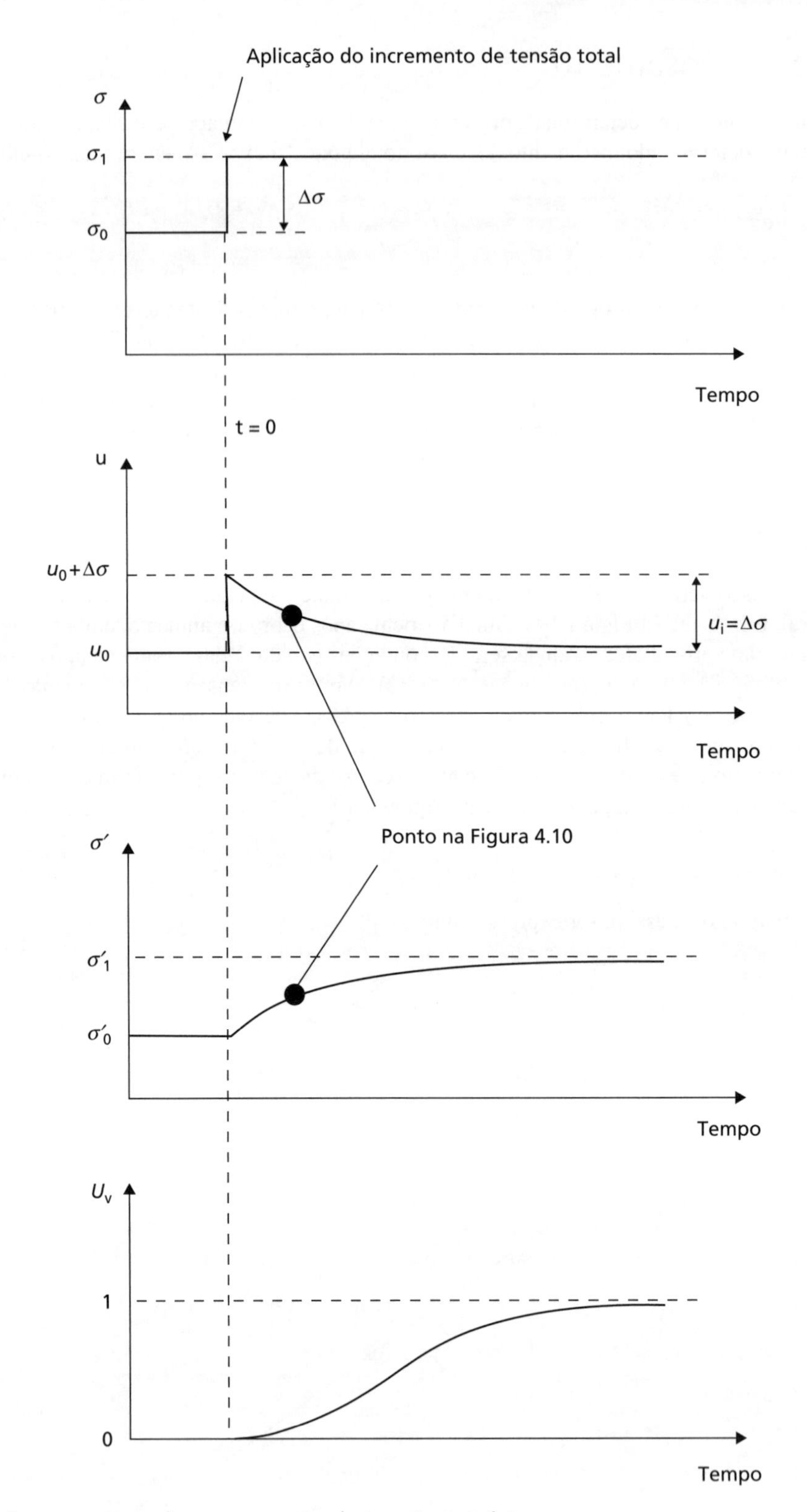

Figura 4.11 Adensamento sob um aumento de tensão total $\Delta\sigma$.

4.5 Teoria de adensamento unidimensional de Terzaghi

Terzaghi (1943) desenvolveu um modelo analítico para a determinação do grau de adensamento no interior do solo em qualquer tempo *t*. As hipóteses adotadas pela teoria são:

1 O solo é homogêneo.
2 O solo está completamente saturado.
3 As partículas sólidas e a água são incompressíveis.
4 A compressão e o fluxo são unidimensionais (verticais).

5 As deformações específicas são pequenas.
6 A lei de Darcy é válida para todos os gradientes hidráulicos.
7 O coeficiente de permeabilidade e o coeficiente de compressibilidade (variação) volumétrica permanecem constantes ao longo de todo o processo.
8 Há um relacionamento peculiar, independente do tempo, entre o índice de vazios e a tensão efetiva.

No que diz respeito à hipótese 6, há evidências de variações da lei de Darcy para gradientes hidráulicos baixos. Com relação à hipótese 7, o coeficiente de permeabilidade diminui à medida que o índice de vazios decresce durante o adensamento (Al-Tabbaa e Wood, 1987). O coeficiente de compressão (variação) volumétrica também diminui durante o adensamento, uma vez que o relacionamento e–σ' não é linear. No entanto, para pequenos incrementos de tensão, a hipótese 7 é razoável. As principais limitações da teoria de Terzaghi (além de sua natureza unidimensional) surgem em consequência da hipótese 8. Resultados experimentais mostram que o relacionamento entre o índice de vazios e a tensão efetiva não é independente do tempo.

A teoria relaciona as três grandezas a seguir.

1 O excesso de pressão da água nos poros (u_e).
2 A profundidade (z) abaixo do topo da camada de solo.
3 O tempo (t) da aplicação instantânea de um incremento de tensão total.

Considere um elemento que tenha dimensões dx, dy e dz dentro de uma camada de solo com espessura $2d$, conforme mostra a Figura 4.12. Um incremento de tensão vertical total $\Delta\sigma$ é aplicado ao elemento.

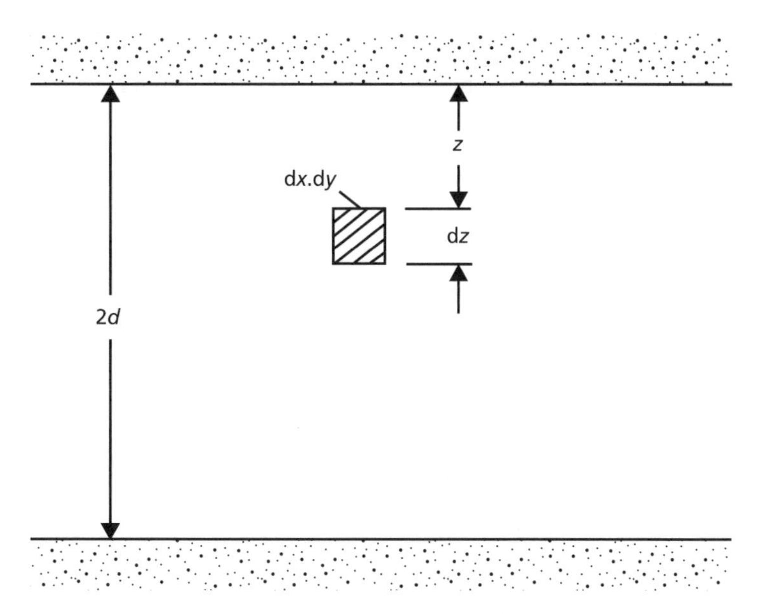

Figura 4.12 Elemento no interior de uma camada de solo em adensamento.

A velocidade de fluxo através do elemento é dada pela lei de Darcy como

$$v_z = ki_z = -k\frac{\partial h}{\partial z}$$

Já que, em uma posição fixa z, qualquer mudança na carga total (h) deve-se apenas a uma mudança na pressão da água nos poros:

$$v_z = -\frac{k}{\gamma_w}\frac{\partial u_e}{\partial z}$$

A condição de continuidade (Equação 2.12) é, então, expressa como

$$-\frac{k}{\gamma_w}\frac{\partial^2 u_e}{\partial z^2}\mathrm{d}x\,\mathrm{d}y\,\mathrm{d}z = \frac{\mathrm{d}V}{\mathrm{d}t} \tag{4.13}$$

A taxa de variação de volume é expressa em termos de m_v:

$$\frac{\mathrm{d}V}{\mathrm{d}t} = m_v\frac{\partial \sigma'}{\partial t}\mathrm{d}x\,\mathrm{d}y\,\mathrm{d}z$$

O incremento da tensão total é transferido de forma gradual para o esqueleto do solo, aumentando a tensão efetiva, à medida que o excesso de pressão de água nos poros diminui. Por isso, a taxa de variação de volume pode ser expressa como

$$\frac{dV}{dt} = -m_v \frac{\partial u_e}{\partial t} dx\,dy\,dz \quad (4.14)$$

Combinando as Equações 4.13 e 4.14,

$$m_v \frac{\partial u_e}{\partial t} = \frac{k}{\gamma_w} \frac{\partial^2 u_e}{\partial z^2}$$

ou

$$\frac{\partial u_e}{\partial t} = c_v \frac{\partial^2 u_e}{\partial z^2} \quad (4.15)$$

Essa é a equação diferencial de adensamento, na qual

$$c_v = \frac{k}{m_v \gamma_w} \quad (4.16)$$

com c_v sendo definido como **coeficiente de adensamento**, com unidade adequada de m^2/ano. Como k e m_v são consideradas constantes (hipótese 7), c_v é constante durante o adensamento.

Solução da equação de adensamento

Admite-se que o incremento de tensão total é aplicado de forma instantânea, como na Figura 4.11. No tempo zero, portanto, o incremento será suportado totalmente pela água nos poros, isto é, o valor inicial do excesso de água nos poros (u_i) é igual a $\Delta\sigma$, sendo a condição inicial

$$u_e = u_i \text{ para } 0 \le z \le 2d \text{ quando } t = 0$$

Considera-se que as interfaces superior e inferior da camada de solo tenham drenagem livre, com a permeabilidade do solo adjacente a cada interface sendo muito alta se comparada à do solo. A água, portanto, drena do centro do elemento do solo para as interfaces superior e inferior simultaneamente, de modo que o comprimento da trajetória de drenagem seja d se a espessura do solo for $2d$. Dessa forma, as condições de contorno a qualquer tempo depois da aplicação de $\Delta\sigma$ são

$$u_e = 0 \text{ para } z = 0 \text{ e } z = 2d \text{ quando } t > 0$$

A solução para o excesso de pressão de água nos poros, na profundidade z e depois do tempo t, de acordo com a Equação 4.15, é

$$u_e = \sum_{n=1}^{n=\infty} \left(\frac{1}{d} \int_0^{2d} u_i \,\text{sen} \frac{n\pi z}{2d} dz \right) \left(\text{sen} \frac{n\pi z}{2d} \right) \exp\left(-\frac{n^2 \pi^2 c_v t}{4d^2} \right) \quad (4.17)$$

em que u_i = excesso inicial de pressão de água nos poros, em geral, uma função de z. Para o caso particular no qual u_i é constante por toda a camada de argila:

$$u_e = \sum_{n=1}^{n=\infty} \frac{2u_i}{n\pi} (1 - \cos n\pi) \left(\text{sen} \frac{n\pi z}{2d} \right) \exp\left(-\frac{n^2 \pi^2 c_v t}{4d^2} \right) \quad (4.18)$$

Quando n for par, $(1 - \cos n\pi) = 0$; e, quando n for ímpar, $(1 - \cos n\pi) = 2$. Dessa forma, apenas os valores ímpares de n são relevantes, e é conveniente fazer as substituições

$$n = 2m + 1$$

e

$$M = \frac{\pi}{2}(2m + 1)$$

Também é conveniente substituir

$$T_v = \frac{c_v t}{d^2} \quad (4.19)$$

um número adimensional chamado **fator tempo**. A Equação 4.18 torna-se, então,

$$u_e = \sum_{m=0}^{m=\infty} \frac{2u_i}{M} \left(\text{sen} \frac{Mz}{d} \right) \exp(-M^2 T_v) \quad (4.20)$$

O progresso do adensamento é mostrado por meio de um gráfico com uma série de curvas de u_e em função de z para diferentes valores de t. Tais curvas são chamadas de **isócronas**, e sua forma dependerá da distribuição inicial do excesso de pressão da água nos poros e das condições de drenagem nas interfaces da camada de solo. Uma camada na qual tanto a interface superior quanto a inferior tenham drenagem livre é descrita como **camada aberta** (algumas vezes, chamada de drenagem dupla); aquela na qual apenas uma borda tem drenagem livre é chamada de **camada semifechada** (algumas vezes, é também chamada de drenagem única). A Figura 4.13 mostra exemplos de isócronas. Na parte (a) da figura, a distribuição inicial de u_i é constante, e, para uma camada aberta de espessura $2d$, as isócronas são simétricas em relação à linha de centro. A metade superior desse diagrama também representa o caso de uma camada semifechada de espessura d. A inclinação de uma isócrona a qualquer profundidade fornece o gradiente hidráulico e também indica a direção do fluxo. Nas partes (b) e (c) da figura, com uma distribuição triangular de u_i, a direção do fluxo se modifica em determinados trechos da camada. Na parte (c), a interface inferior é impermeável, e, por algum tempo, ocorre um inchamento na parte inferior da camada.

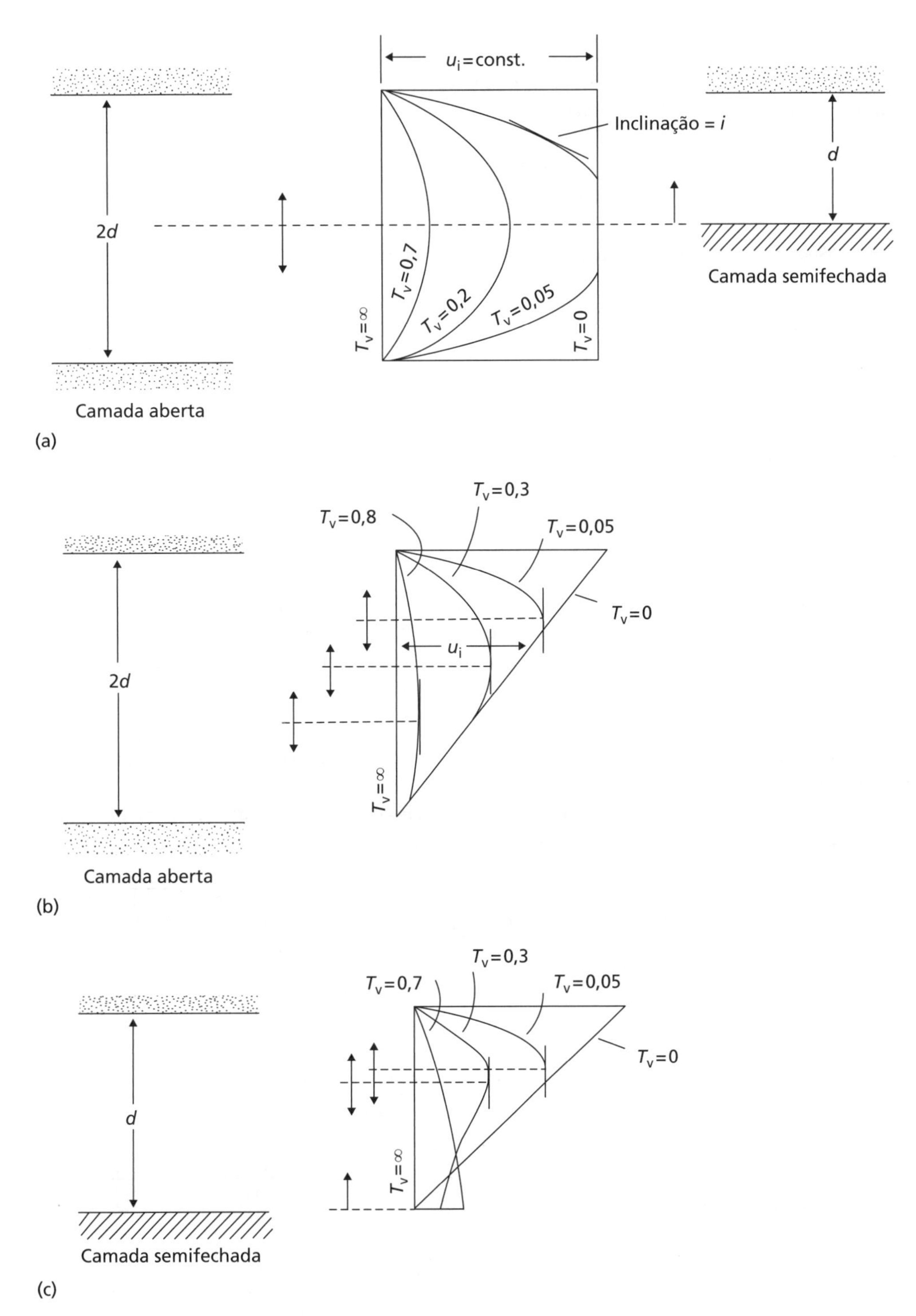

Figura 4.13 Isócronas.

O grau de adensamento na profundidade z e no tempo t é obtido pela substituição do valor de u_e (Equação 4.20) na Equação 4.12, o que fornece

$$U_v = 1 - \sum_{m=0}^{m=\infty} \frac{2}{M}\left(\operatorname{sen}\frac{Mz}{d}\right)\exp\left(-M^2 T_v\right) \tag{4.21}$$

Em problemas práticos, o que interessa é o grau médio de adensamento (U_v) ao longo da profundidade de uma camada como um todo, sendo o recalque por adensamento em um tempo t dado pelo produto de U_v com o recalque final. O grau médio de adensamento em um tempo t para um valor constante de u_i é dado por

$$\begin{aligned} U_v &= 1 - \frac{(1/2d)\int_0^{2d} u_e \, dz}{u_i} \\ &= 1 - \sum_{m=0}^{m=\infty} \frac{2}{M^2}\exp\left(M^2 T_v\right) \end{aligned} \tag{4.22}$$

O relacionamento entre U_v e T_v dado pela Equação 4.22 é representado pela curva 1 na Figura 4.14. A Equação 4.22 pode ser representada de maneira quase exata pelas seguintes equações empíricas:

$$T_v = \begin{cases} \dfrac{\pi}{4}U_v^2 & U_v < 0{,}60 \\ -0{,}933\log\left(1-U_v\right) - 0{,}085 & U_v > 0{,}60 \end{cases} \tag{4.23}$$

Se u_i não for constante, o grau médio de adensamento será dado por

$$U_v = 1 - \frac{\int_0^{2d} u_e \, dz}{\int_0^{2d} u_i \, dz} \tag{4.24}$$

na qual

$$\int_0^{2d} u_e \, dz = \text{área sob a isócrona no instante em questão}$$

e

$$\int_0^{2d} u_i \, dz = \text{área sob a isócrona inicial}$$

(Para uma camada semifechada, os limites de integração são 0 e d nas equações anteriores.)

Normalmente, a variação inicial do excesso de pressão de água nos poros em uma camada de argila pode se aproximar, na prática, de uma distribuição linear. As curvas 1, 2 e 3 na Figura 4.14 representam a solução da equação de adensamento para os casos mostrados na Figura 4.15, em que:

i São representadas as condições iniciais u_i no ensaio oedométrico e também o caso de campo em que a altura do lençol freático foi modificada (lençol freático elevado = u_i positivo; lençol freático rebaixado = u_i negativo).
ii É representado o adensamento virgem (normal).
iii Representa-se aproximadamente a condição de campo quando é aplicado um carregamento superficial (por exemplo, colocação de sobrecarga ou construção de uma fundação).

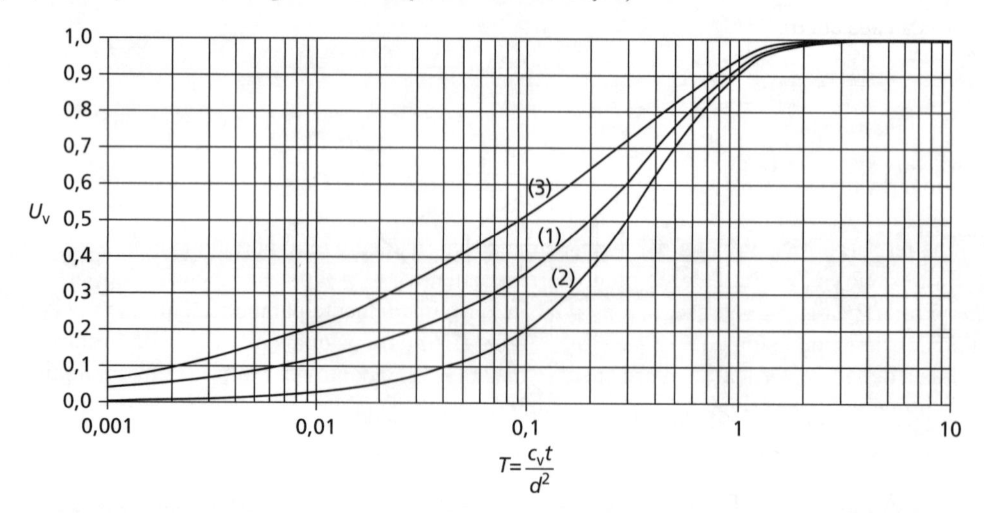

Figura 4.14 Relações entre o grau médio de adensamento e o fator tempo.

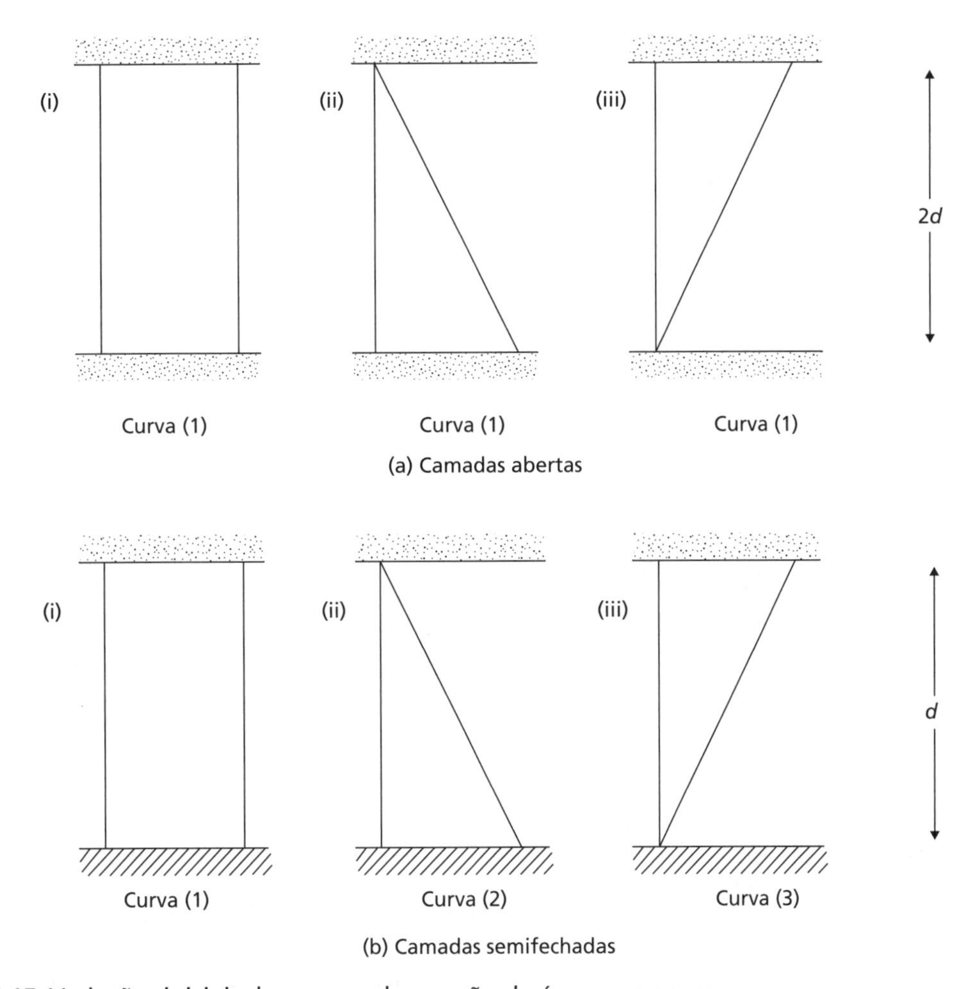

Figura 4.15 Variações iniciais do excesso de pressão da água nos poros.

4.6 Determinação do coeficiente de adensamento

Para aplicar a teoria do adensamento na prática, é necessário determinar o valor do coeficiente de adensamento para usar na Equação 4.23 ou na Figura 4.14. O valor de c_v para um incremento de pressão específico no ensaio oedométrico pode ser determinado pela comparação das características da curva de adensamento experimental com as da teórica, sendo esse procedimento conhecido como ajuste de curvas. As características das curvas ficam muito nítidas se o gráfico for construído com a variável de tempo representada por sua raiz quadrada ou por seu logaritmo. Deve-se observar que, uma vez determinado o valor de c_v, é possível calcular o coeficiente de permeabilidade pela Equação 4.16, sendo o ensaio oedométrico um método útil para obter a permeabilidade de solos finos.

O método do logaritmo do tempo (devido a Casagrande)

As formas das curvas experimental e teórica são mostradas na Figura 4.16. A curva experimental é obtida fazendo-se um gráfico das leituras dos defletômetros no ensaio oedométrico em função do tempo em minutos, plotado em um eixo logarítmico. A curva teórica (inserida) é dada como o gráfico do grau médio de adensamento em função do logaritmo do fator tempo. A curva teórica consiste em três partes: uma curva inicial, que se assemelha bastante a uma lei parabólica; uma parte linear; e uma curva final cujo eixo horizontal é uma assíntota em U_v = 1,0 (ou 100%). Na curva experimental, o ponto correspondente a $U_v = 0$ pode ser determinado utilizando o fato de que a parte inicial da curva representa uma relação aproximadamente parabólica entre compressão e tempo. São selecionados dois pontos da curva (A e B na Figura 4.16) para os quais os valores de t estão na proporção 1:4, e é medida a distância vertical (ζ) entre eles. Na Figura 4.16, o ponto A é mostrado em um minuto, e o ponto B, em quatro minutos. Uma distância igual a ζ acima do primeiro ponto fixa a leitura do defletômetro (a_s) que corresponde a $U_v = 0$. Como uma verificação, o procedimento deve ser repetido com diferentes pares de pontos. Em geral, o ponto que corresponde a $U_v = 0$ não corresponderá ao ponto (a_0) que representa a leitura inicial do defletômetro, sendo essa diferença causada, sobretudo, pela compressão de pequenas quantidades de ar no solo, com o grau de saturação um pouco abaixo de 100%: essa compressão é chamada de **compressão inicial**. A parte

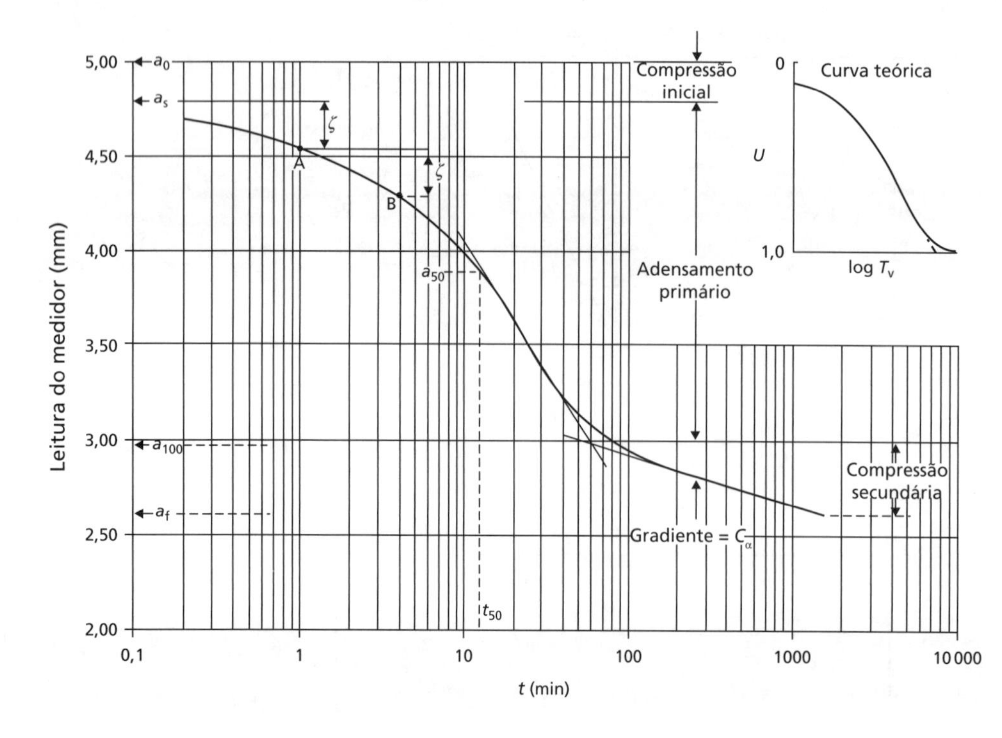

Figura 4.16 O método do logaritmo do tempo.

final da curva experimental é linear, mas não horizontal, e o ponto (a_{100}) correspondente a U_v = 100% é tomado como a interseção das duas partes lineares da curva. A compressão entre os pontos a_s e a_{100} é chamada de **adensamento primário** e representa a parte do processo considerada pela teoria de Terzaghi. Além do ponto de interseção, a compressão do solo continua a uma velocidade muito lenta por um período indefinido de tempo e é chamada de **compressão secundária** (ver Seção 4.7). O ponto a_f na Figura 4.16 representa a leitura final do defletômetro antes de ser aplicado um subsequente incremento total de tensão.

O ponto que corresponde a U_v = 50% fica no meio do trecho entre os pontos a_s e a_{100}, e o tempo correspondente (t_{50}) pode ser obtido. O valor de T_v que corresponde a U_v = 50% é 0,196 (Equação 4.22 ou Figura 4.14, curva 1), e o coeficiente de adensamento é dado por

$$c_v = \frac{0{,}196d^2}{t_{50}} \tag{4.25}$$

com o valor de d sendo tomado como metade da espessura média do corpo de prova, para um incremento de pressão em particular, em consequência da drenagem nos dois sentidos da célula oedométrica (para as partes superior e inferior). Se a temperatura média do solo *in situ* for conhecida e diferir da temperatura média do ensaio, deve-se aplicar uma correção ao valor de c_v, com os fatores de correção sendo fornecidos por ensaios-padrão (veja a Seção 4.2).

O método da raiz quadrada do tempo (devido a Taylor)

A Figura 4.17 mostra as formas da curva experimental e da curva teórica, em que se verificam as leituras do defletômetro em função da raiz quadrada do tempo em minutos e o grau médio de adensamento em função da raiz quadrada do fator tempo, respectivamente. A curva teórica é linear até um adensamento de aproximadamente 60%, e, a um adensamento de 90%, a abscissa (AC) é 1,15 vez a abscissa (AB) da extrapolação da parte linear da curva. Essa característica é usada para determinar o ponto sobre a curva experimental que corresponde a U_v = 90%.

Em geral, a curva experimental consiste em uma seção curva pequena representando a compressão inicial, uma parte linear e uma segunda curva. O ponto (D), que corresponde a U_v = 0, é obtido pelo prolongamento da parte linear da curva até a ordenada de tempo zero. A linha reta (DE) é, então, desenhada com as abscissas equivalendo a 1,15 vez as abscissas correspondentes na parte linear da curva experimental. A interseção da linha DE com a curva experimental define o ponto (a_{90}) como correspondente a U_v = 90%, e o valor equivalente $\sqrt{t_{90}}$ pode ser obtido. O valor de T_v que corresponde a U_v = 90% é 0,848 (Equação 4.22 ou Figura 4.14, curva 1), e o coeficiente de adensamento é dado por

$$c_v = \frac{0{,}848d^2}{t_{90}} \tag{4.26}$$

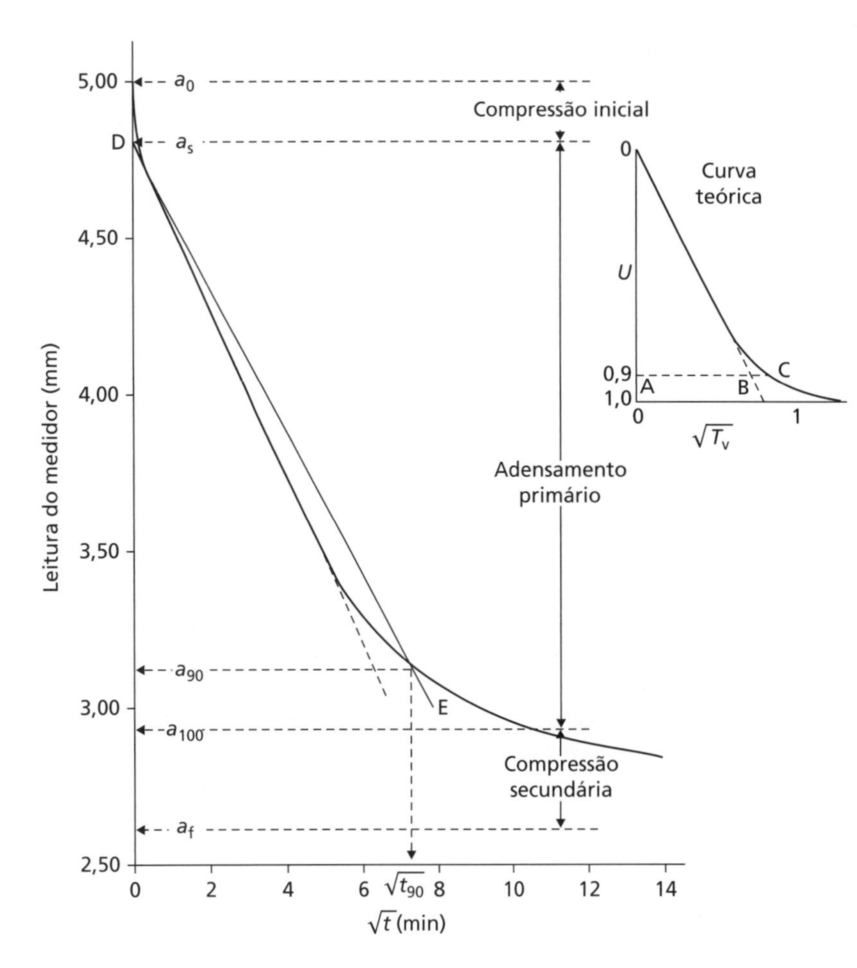

Figura 4.17 O método da raiz quadrada do tempo.

Se necessário, o ponto (a_{100}) na curva experimental que corresponde a U_v= 100%, o limite do adensamento primário, pode ser obtido por proporção. Assim como no gráfico do logaritmo do tempo, a curva vai além do ponto de 100% e avança no intervalo de compressão secundária. O método da raiz quadrada do tempo demanda leituras de compressão ao longo de um período de tempo muito mais curto em comparação com o método do logaritmo do tempo, que exige uma definição precisa da segunda parte linear da curva no interior do intervalo de compressão secundária. Por outro lado, nem sempre se obtém uma parte de linha reta no gráfico da raiz quadrada do tempo, e, em tais casos, deve-se usar o método do logaritmo do tempo.

Outros métodos para determinar c_v foram propostos por Naylor e Doran (1948), Scott (1961) e Cour (1971).

As taxas de compressão

Os valores relativos da compressão inicial, da compressão devida ao adensamento primário e da compressão secundária podem ser expressos pelas taxas a seguir (verifique as Figuras 4.16 e 4.17).

$$\text{Taxa de compressão inicial: } r_0 = \frac{a_0 - a_s}{a_0 - a_f} \tag{4.27}$$

$$\text{Taxa de compressão primária (logaritmo do tempo): } r_p = \frac{a_s - a_{100}}{a_0 - a_f} \tag{4.28}$$

$$\text{Taxa de compressão primária (raiz quadrada do tempo): } r_p = \frac{10(a_s - a_{90})}{9(a_0 - a_f)} \tag{4.29}$$

$$\text{Taxa de compressão secundária: } r_s = 1 - (r_0 + r_p) \tag{4.30}$$

Valor *in situ* de c_v

As observações de recalques indicaram que as taxas de recalque em estruturas de dimensões reais geralmente são muito maiores do que as previstas usando os valores de c_v obtidos dos resultados de ensaios oedométricos com corpos de prova de pequena dimensão (por exemplo, 75 mm de diâmetro × 20 mm de espessura). Rowe (1968) mostrou que tais discrepâncias acontecem graças à influência da macrotextura do solo sobre o comportamento de drenagem. Aspectos como laminações, camadas de silte e areia fina, fissuras preenchidas com silte, inclusões orgânicas e buracos de raízes, se atingirem um estrato permeável importante, apresentam o efeito de aumentar a permeabilidade global da massa de solo. Em geral, a macrotextura de um solo no campo não é representada de maneira exata por um pequeno corpo de prova oedométrico, cuja permeabilidade será menor do que a da massa no campo.

Nos casos em que os efeitos da textura são significativos, podem ser obtidos valores mais realistas de c_v por meio do oedômetro hidráulico desenvolvido por Rowe e Barden (1966) e fabricado para vários tamanhos de corpos de prova. Aqueles com 250 mm de diâmetro por 100 mm de espessura são considerados suficientemente grandes para representar a macrotextura natural da maioria das argilas: os valores de c_v obtidos em ensaios com corpos de prova desse tamanho mostraram-se condizentes com as taxas de recalque observadas.

A Figura 4.18 mostra detalhes do oedômetro hidráulico. A pressão vertical é aplicada ao corpo de prova por intermédio da pressão de água, que age através de um revestimento ondulado de borracha. O sistema usado para inserir a pressão deve ser capaz de compensar as variações de volume do corpo de prova e as decorrentes do vazamento. A compressão do corpo de prova é medida por meio de um eixo central, que passa através de um compartimento hermeticamente fechado na placa superior do oedômetro. A drenagem do corpo de prova pode ser tanto vertical quanto radial, e a pressão da água nos poros pode ser medida durante o ensaio. O equipamento também é usado para ensaios de fluxo, a partir dos quais se pode determinar o coeficiente de permeabilidade de forma direta (ver Seção 2.2).

Piezômetros colocados no terreno podem servir para determinar c_v *in situ*, mas o método exige o uso da teoria do adensamento tridimensional. O procedimento mais satisfatório é conservar uma carga constante na extremidade do piezômetro (acima ou abaixo da pressão neutra ambiente no solo) e medir a velocidade do fluxo que entra ou sai do sistema. Se esta medição for feita várias vezes, o valor de c_v (e o do coeficiente de permeabilidade, k) será deduzido. Gibson (1966, 1970) e Wilkinson (1968) fornecem detalhes sobre esse procedimento.

Outro método para determinar c_v é combinar valores de laboratório de m_v (que, por experiência, sabemos que são mais confiáveis do que os valores de laboratório de c_v) com medidas *in situ* de k, empregando a Equação 4.16.

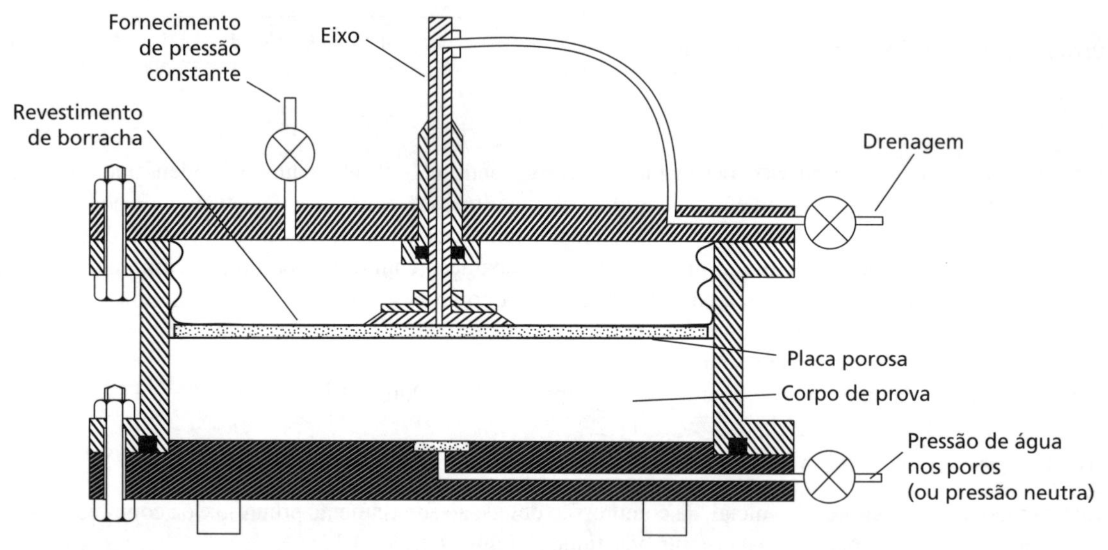

Figura 4.18 Oedômetro hidráulico.

Exemplo 4.3

As seguintes leituras de compressão foram obtidas durante um ensaio oedométrico em um corpo de prova de argila saturada ($G_s = 2{,}73$), quando a pressão aplicada foi aumentada de 214 para 429 kPa.

TABELA G

Tempo (min)	0	¼	½	1	2¼	4	9	16	25
Leitura (mm)	5,00	4,67	4,62	4,53	4,41	4,28	4,01	3,75	3,49
Tempo (min)	36	49	64	81	100	200	400	1440	
Leitura (mm)	3,28	3,15	3,06	3,00	2,96	2,84	2,76	2,61	

Depois de 1440 minutos, a espessura do corpo de prova era 13,60 mm, e o teor de umidade era 35,9%. Determine o coeficiente de adensamento, tanto por meio do método do logaritmo do tempo quanto pelo da raiz quadrada do tempo, e os valores das três taxas de compressão. Determine também o valor do coeficiente de permeabilidade.

Solução

$$\text{Variação total de espessura durante o incremento} = 5{,}00 - 2{,}61 = 2{,}39\,\text{mm}$$

$$\text{Espessura média durante o incremento} = 13{,}60 + \frac{2{,}39}{2} = 14{,}80\,\text{mm}$$

$$\text{Comprimento da trajetória da drenagem } d = \frac{14{,}80}{2} = 7{,}40\,\text{mm}$$

A partir do gráfico de logaritmo do tempo (dados mostrados na Figura 4.16),

$$t_{50} = 12{,}5\,\text{min}$$

$$c_v = \frac{0{,}196 d^2}{t_{50}} = \frac{0{,}196 \times 7{,}40^2}{12{,}5} \times \frac{1440 \times 365}{10^6} = 0{,}45\,\text{m}^2/\text{ano}$$

$$r_0 = \frac{5{,}00 - 4{,}79}{5{,}00 - 2{,}61} = 0{,}088$$

$$r_p = \frac{4{,}79 - 2{,}98}{5{,}00 - 2{,}61} = 0{,}757$$

$$r_s = 1 - (0{,}088 + 0{,}757) = 0{,}155$$

A partir do gráfico de raiz quadrada do tempo (dados mostrados na Figura 4.17), $\sqrt{t_{90}} = 7{,}30$, e, portanto,

$$t_{90} = 53{,}3\,\text{min}$$

$$c_v = \frac{0{,}848 d^2}{t_{90}} = \frac{0{,}848 \times 7{,}40^2}{53{,}3} \times \frac{1440 \times 365}{10^6} = 0{,}46\,\text{m}^2/\text{ano}$$

$$r_0 = \frac{5{,}00 - 4{,}81}{5{,}00 - 2{,}61} = 0{,}080$$

$$r_p = \frac{10(4{,}81 - 3{,}12)}{9(5{,}00 - 2{,}61)} = 0{,}785$$

$$r_s = 1 - (0{,}080 + 0{,}785) = 0{,}135$$

A fim de determinar a permeabilidade, o valor de m_v deve ser calculado.

Índice de vazios final, $e_1 = w_1 G_s = 0{,}359 \times 2{,}73 = 0{,}98$

Índice de vazios inicial, $e_0 = e_1 + \Delta e$

Agora,

$$\frac{\Delta e}{\Delta H} = \frac{1 + e_0}{H_0}$$

isto é,

$$\frac{\Delta e}{2{,}39} = \frac{1{,}98 + \Delta e}{15{,}99}$$

Dessa forma,

$$\Delta e = 0{,}35 \text{ e } e_0 = 1{,}33$$

Agora,

$$m_v = \frac{1}{1+e_0} \cdot \frac{e_0 - e_1}{\sigma_1' - \sigma_0'}$$
$$= \frac{1}{2,33} \times \frac{0,35}{215} = 7,0 \times 10^{-4}\ \text{m}^2/\text{kN}$$
$$= 0,70\,\text{m}^2/\text{MN}$$

Coeficiente de permeabilidade:

$$k = c_v m_v \gamma_w$$
$$= \frac{0,45 \times 0,70 \times 9,8}{60 \times 1440 \times 365 \times 10^3}$$
$$= 1,0 \times 10^{-10}\,\text{m/s}$$

4.7 Compressão secundária

Na teoria de Terzaghi, fica implícito pela hipótese 8 que uma variação do índice de vazios deve-se totalmente à variação da tensão efetiva, causada pela dissipação do excesso de pressão da água nos poros, com apenas a permeabilidade determinando a dependência do tempo no processo. No entanto, resultados experimentais mostram que a compressão não cessa quando o excesso de pressão da água nos poros se dissipa até zero, mas continua com uma velocidade gradualmente decrescente e sob uma tensão efetiva constante (ver Figura 4.16). Supõe-se que a compressão secundária seja resultado do reajuste gradual das partículas de solo fino para uma configuração mais estável após o distúrbio estrutural causado pela diminuição do índice de vazios, em especial, se o solo estiver confinado de forma lateral. Um fator adicional é o dos deslocamentos laterais graduais, que ocorrem em camadas grossas sujeitas a tensões de cisalhamento. Supõe-se que a velocidade da compressão secundária seja controlada pelo filme altamente viscoso de água adsorvida, que envolve as partículas de minerais de argila (ou argilominerais) no solo. A partir das zonas de contato do filme, ocorre um fluxo viscoso muito lento de água adsorvida, permitindo que as partículas sólidas se aproximem. A viscosidade do filme aumenta à medida que as partículas se aproximam, o que causa um decréscimo da taxa de compressão do solo. Admite-se que o adensamento primário e a compressão secundária aconteçam simultaneamente a partir do instante do carregamento.

A taxa da compressão secundária no ensaio oedométrico pode ser definida pela inclinação (C_α) da parte final da curva compressão – logaritmo do tempo (Figura 4.16). Mitchell e Soga (2005) reuniram dados sobre C_α para diversos solos naturais, normalizando-os por meio de C_c. Eles estão resumidos na Tabela 4.3, pela qual é possível observar que a compressão secundária está normalmente entre 1% e 10% da compressão primária, dependendo do tipo de solo.

Em geral, o valor absoluto da compressão secundária ao longo de um determinado período de tempo é maior nas argilas normalmente adensadas do que nas sobreadensadas. Nestas, as deformações são, sobretudo, elásticas, mas, nas normalmente adensadas, ocorrem deformações plásticas significativas. Para determinadas argilas altamente plásticas e para as orgânicas, o trecho da compressão secundária na curva compressão – logaritmo do tempo pode encobrir completamente a parte do adensamento primário. Para um solo em particular, o valor absoluto da compressão secundária ao longo de certo tempo, como uma porcentagem da compressão total, aumenta à medida que a taxa de incremento de pressão, em relação à pressão inicial, diminui; o valor absoluto da compressão secundária também sobe à medida que a espessura do corpo de prova do ensaio oedométrico diminui e que a temperatura aumenta. Desta forma, normalmente, as características de compressão secundária de um corpo de prova oedométrico não podem ser extrapoladas para uma situação real.

Tabela 4.3 Características da compressão secundária de solos naturais (de acordo com Mitchell e Soga, 2005)

Tipo de solo	C_α/C_c
Areias (pouco conteúdo de finos)	0,01–0,03
Argilas e siltes	0,03–0,08
Solos orgânicos	0,05–0,10

Em um pequeno número de argilas normalmente adensadas, verificou-se que a compressão secundária constitui a maior parte da compressão total sob a pressão aplicada. Bjerrum (1967) mostrou que tais argilas desenvolveram gradualmente uma reserva de resistência contra compressão adicional em consequência de um decréscimo considerável no índice de vazios que tenha ocorrido, sob tensão efetiva constante, ao longo de centenas ou milhares de anos desde a sedimentação. Essas argilas, embora normalmente adensadas, exibem uma pressão de quase pré-adensamento. Mostrou-se que, aplicando uma pressão adicional menor do que aproximadamente 50% da diferença entre a pressão de quase pré-adensamento e a efetiva sobrejacente, o recalque resultante será relativamente pequeno.

4.8 Solução numérica usando o Método das Diferenças Finitas

A equação de adensamento unidimensional pode ser resolvida numericamente pelo Método das Diferenças Finitas. O método tem a vantagem de que é possível adotar qualquer padrão de excesso de pressão inicial de água nos poros e considerar problemas nos quais a carga seja aplicada gradualmente ao longo de um período de tempo. Os erros associados ao método são insignificantes, e a solução é facilmente programada para computadores. Uma ferramenta em planilha, Adensamento_CSM8.xls, que implementa o MDF para solução dos problemas de adensamento, conforme mencionado nesta seção, é fornecida no *site* da LTC Editora complementar a este livro.

O método se baseia em uma grade (ou malha) de profundidade-tempo, conforme ilustrado na Figura 4.19. Ela difere do MDF descrito no Capítulo 2, em que a geometria bidimensional indicava que apenas as pressões de água nos poros em regime permanente poderiam ser determinadas de forma direta. Devido à natureza unidimensional mais simples do processo de adensamento, a segunda dimensão da grade de diferenças finitas pode ser usada para determinar a evolução da pressão de água nos poros ao longo do tempo.

A profundidade da camada de solo em adensamento é dividida em m partes iguais de espessura Δz, e qualquer período de tempo especificado é dividido em n intervalos iguais Δt. Qualquer ponto da grade pode ser identificado pelos subscritos i e j, sendo a posição da profundidade do ponto indicada por i ($0 \le i \le m$), e o tempo decorrido, por j ($0 \le j \le n$). O valor do excesso de água nos poros em qualquer profundidade, depois de qualquer tempo, é indicado, portanto, por $u_{i,j}$. (Nesta seção, o subscrito e é retirado do símbolo de excesso de água nos poros, isto é, u representa u_e, de acordo com a definição na Seção 3.4.) As seguintes aproximações de diferenças finitas são derivadas do teorema de Taylor:

$$\frac{\partial u}{\partial t} = \frac{1}{\Delta t}\left(u_{i,j+1} - u_{i,j}\right)$$

$$\frac{\partial^2 u}{\partial z^2} = \frac{1}{\left(\Delta z\right)^2}\left(u_{i-1,j} + u_{i+1,j} - 2u_{i,j}\right)$$

Substituindo esses valores na Equação 4.15, obtém-se a aproximação de diferenças finitas da equação de adensamento unidimensional:

$$u_{i,j+1} = u_{i,j} + \frac{c_v \Delta t}{\left(\Delta z\right)^2}\left(u_{i-1,j} + u_{i+1,j} - 2u_{i,j}\right) \qquad (4.31)$$

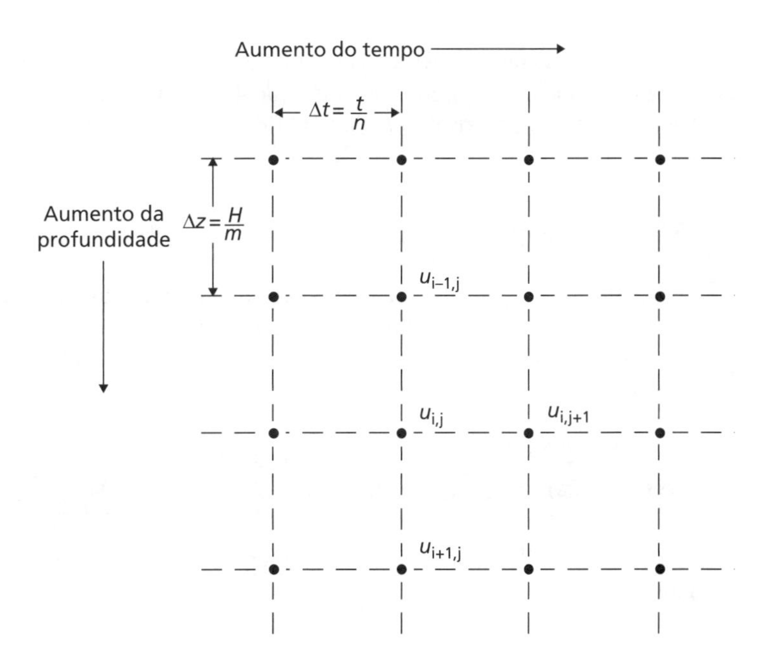

Figura 4.19 Malha de Diferenças Finitas profundidade–tempo unidimensional.

É adequado escrever

$$\beta = \frac{c_v \Delta t}{(\Delta z)^2} \tag{4.32}$$

sendo esse termo denominado operador da Equação 4.31. Demonstrou-se que, para haver convergência, o valor do operador não deve ser superior a 1/2. Os erros devidos à omissão das derivadas de ordem superior no teorema de Taylor são reduzidos a um mínimo quando o valor do operador for 1/6.

É normal especificar o número de partes iguais m nas quais a camada deve ser dividida, e, como o valor de β é limitado, coloca-se uma restrição no valor de Δt. Para qualquer período de tempo especificado (t), no caso de uma camada aberta:

$$\begin{aligned} T_v &= \frac{c_v (n\Delta t)}{\left(\frac{1}{2} m \Delta z\right)^2} \\ &= 4\frac{n}{m^2}\beta \end{aligned} \tag{4.33}$$

No caso de uma camada semifechada, o denominador se torna $(m\Delta z)^2$ e

$$T_v = \frac{n}{m^2}\beta \tag{4.34}$$

O valor de n deve, portanto, ser escolhido, de modo que o de β na Equação 4.33 ou 4.34 não ultrapasse 1/2.

A Equação 4.31 não é válida para pontos em uma interface (borda) impermeável, através da qual não pode haver fluxo, uma condição que é representada pela equação:

$$\frac{\partial u}{\partial z} = 0$$

que pode ser representada por uma aproximação de diferenças finitas:

$$\frac{1}{2\Delta z}\left(u_{i-1,j} - u_{i+1,j}\right) = 0$$

estando a interface impermeável em uma posição de profundidade indicada pelo subscrito i, isto é

$$u_{i-1,j} = u_{i+1,j}$$

Assim sendo, para todos os pontos de uma interface impermeável, a Equação 4.31 se torna

$$u_{i+1,j} = u_{i,j} + \frac{c_v \Delta t}{(\Delta z)^2}\left(2u_{i-1,j} - 2u_{i,j}\right) \tag{4.35}$$

É possível obter o grau de adensamento em qualquer tempo t determinando-se as áreas sob a isócrona inicial e a isócrona no tempo t, de acordo com a Equação 4.24. Uma implementação dessa metodologia é encontrada dentro de Adensamento_CSM8.xls no *site* da LTC Editora complementar a este livro.

Exemplo 4.4

Uma camada semifechada (drenagem livre na interface superior) tem 10 m de espessura, e o valor de c_v é 7,9 m²/ano. A distribuição inicial do excesso de pressão de água nos poros é a seguinte:

TABELA H

Profundidade (m)	0	2	4	6	8	10
Pressão (kPa)	60	54	41	29	19	15

Obtenha os valores do excesso de pressão de água nos poros depois de o adensamento estar acontecendo durante um ano.

Solução

A camada é semifechada, e, portanto, d = 10 m. Para t = 1 ano,

$$T_v = \frac{c_v t}{d^2} = \frac{7{,}9 \times 1}{10^2} = 0{,}079$$

Tabela 4.4 Exemplo 4.4

i	j										
	0	1	2	3	4	5	6	7	8	9	10
0	0	0	0	0	0	0	0	0	0	0	0
1	54,0	40,6	32,6	27,3	23,5	20,7	18,5	16,7	15,3	14,1	13,1
2	41,0	41,2	38,7	35,7	32,9	30,4	28,2	26,3	24,6	23,2	21,9
3	29,0	29,4	29,9	30,0	29,6	29,0	28,3	27,5	26,7	26,0	25,3
4	19,0	20,2	21,3	22,4	23,3	24,0	24,5	24,9	25,1	25,2	25,2
5	15,0	16,6	18,0	19,4	20,6	21,7	22,6	23,4	24,0	24,4	24,7

A camada é dividida em cinco partes iguais, isto é, m = 5. Agora,

$$T_v = \frac{n}{m^2}\beta$$

Dessa forma,

$$n\beta = 0{,}079 \times 5^5 = 1{,}98 \quad \text{(digo 2,0)}$$

(Isso faz com que o valor real de T_v = 0,080 e t = 1,01 ano.) Admitiremos o valor de n como 10 (isto é, Δt = 1/10 ano), obtendo-se β = 0,2. Assim, a equação de diferenças finitas se torna

$$u_{i,j+1} = u_{i,j} + 0{,}2\left(u_{i-1,j} + u_{i+1,j} - 2u_{i,j}\right)$$

mas, na interface impermeável:

$$u_{i,j+1} = u_{i,j} + 0{,}2\left(2u_{i-1,j} - 2u_{i,j}\right)$$

Na interface permeável, u = 0 para todos os valores de t, admitindo que a pressão inicial de 60 kPa se torne zero de forma instantânea.

Os cálculos são mostrados na Tabela 4.4. A ferramenta de análise de planilha Adensamento_CSM8.xls para analisar este exemplo e outros detalhados neste capítulo pode ser encontrada no *site* da LTC Editora complementar a este livro.

4.9 Correção para o período de construção

Na prática, as cargas estruturais não são aplicadas de forma instantânea no solo, mas ao longo de um período de tempo. Em geral, no início, há uma redução da carga líquida em consequência da escavação, resultando em um inchaço (expansão): o recalque não começará até que a carga aplicada supere o peso do solo escavado. Terzaghi (1943) propôs um método empírico para corrigir a curva instantânea tempo-recalque a fim de levar em consideração o período de construção.

A carga líquida (P') é a carga bruta menos o peso do solo escavado, e o período efetivo de construção (t_c) é medido a partir do tempo em que P' for igual a zero. Supõe-se que a carga líquida seja aplicada uniformemente ao longo do tempo t_c (Figura 4.20) e que o grau de adensamento no tempo t_c seja igual ao que existiria se a carga P' agisse como uma carga constante durante o período $1/2t_c$. Dessa forma, o recalque, a qualquer tempo durante o período de construção, é igual ao que ocorre com o carregamento instantâneo na metade daquele tempo; entretanto, como a carga que age naquele instante não é a total, o valor do recalque assim obtido deve ser reduzido na mesma proporção dela em relação à total. Esse procedimento é demonstrado graficamente na Figura 4.20.

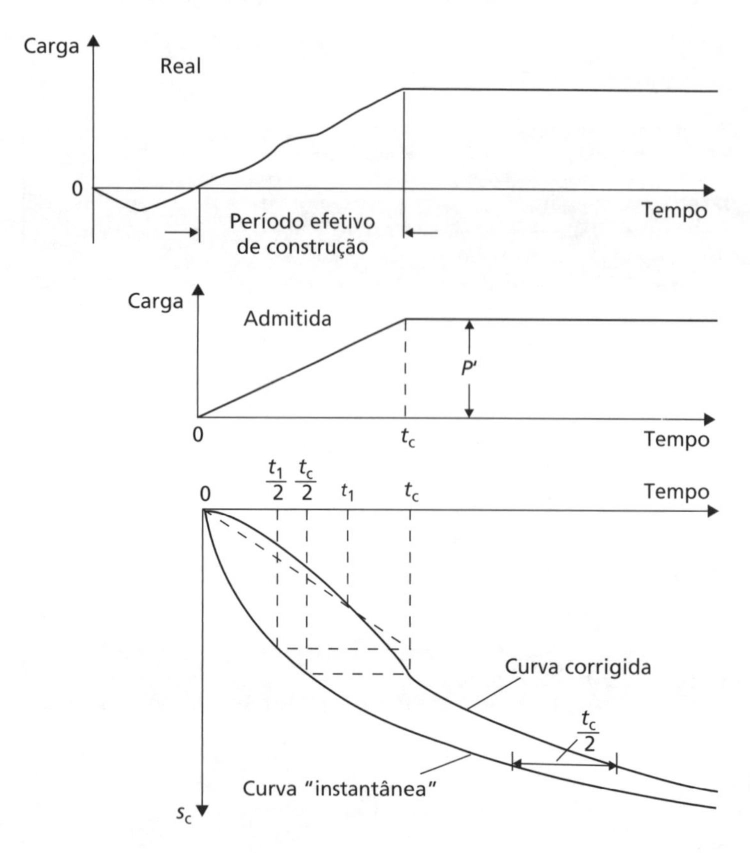

Figura 4.20 Correção para o período de construção.

Para o período subsequente ao do término da construção, a curva de recalque será o deslocamento da curva instantânea por metade do período efetivo de construção. Assim, a qualquer momento depois do fim da construção, o tempo corrigido correspondente a qualquer valor do recalque é igual ao tempo desde o início do carregamento menos metade do período efetivo de construção. Depois de um longo período de tempo, o valor absoluto do recalque não é afetado de modo significativo pelo tempo de construção.

De forma alternativa, pode-se usar uma solução numérica (Seção 4.8), na qual são aplicados incrementos sucessivos de excesso de pressão da água nos poros ao longo do período de construção.

Exemplo 4.5

Uma camada de argila com 8 m de espessura se situa entre duas de areia, conforme ilustrado na Figura 4.21. A camada superior de areia se estende do nível do terreno até uma profundidade de 4 m, estando o lençol freático a uma profundidade de 2 m. A inferior está submetida à pressão artesiana, estando o nível piezométrico 6 m acima do nível do terreno. Para a argila, $m_v = 0{,}94\ \text{m}^2/\text{MN}$ e $c_v = 1{,}4\ \text{m}^2/\text{ano}$. Em consequência do bombeamento da camada artesiana, o nível piezométrico caiu 3 m durante um período de dois anos. Desenhe a curva tempo-recalque decorrente do adensamento da argila para um período de cinco anos a partir do início do bombeamento.

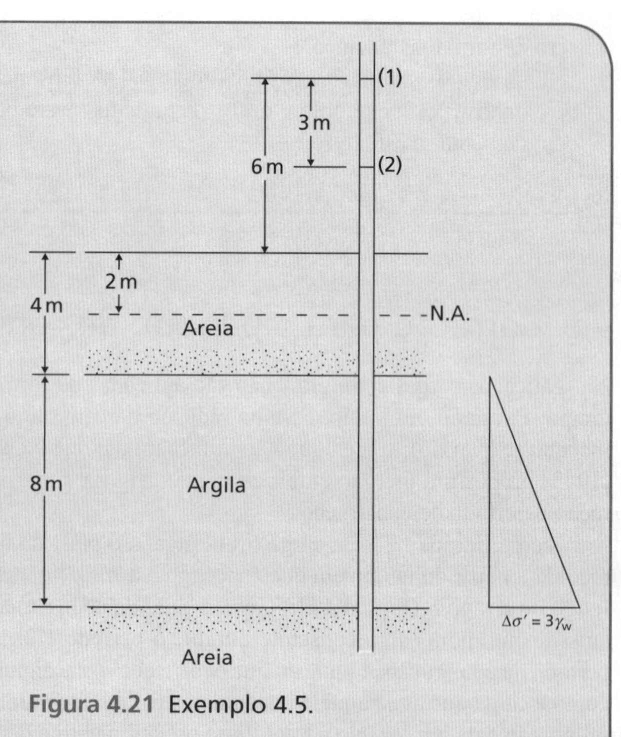

Figura 4.21 Exemplo 4.5.

Solução

Nesse caso, o adensamento deve-se apenas à variação da pressão da água nos poros na borda inferior da argila: não há mudança na tensão vertical total. A tensão vertical efetiva permanece inalterada no topo da camada de argila, mas será aumentada em $3\gamma_w$ no fundo dela, em consequência do decréscimo da pressão de água nos poros na camada artesiana adjacente. A distribuição de $\Delta\sigma'$ é mostrada na Figura 4.21. O problema é unidimensional, uma vez que o aumento na tensão vertical efetiva é o mesmo ao longo de toda a área em questão. Ao calcular o recalque por adensamento, é necessário levar em conta apenas o valor de $\Delta\sigma'$ no centro da camada. Observe que, para obter o valor de m_v, seria necessário calcular o valor inicial e o final da tensão vertical efetiva na argila.

No centro da camada de argila, $\Delta\sigma' = 1{,}5\ \gamma_w = 14{,}7$ kPa. O recalque final por adensamento é dado por

$$\begin{aligned} s_{\text{oed}} &= m_v \Delta\sigma' H \\ &= 0{,}94 \times 14{,}7 \times 8 \\ &= 110\,\text{mm} \end{aligned}$$

A camada de argila é aberta, e pode ocorrer drenagem em dois sentidos devido à alta permeabilidade da areia acima e abaixo da argila: portanto, $d = 4$ m. Para $t = 5$ anos,

$$\begin{aligned} T_v &= \frac{c_v t}{d^2} \\ &= \frac{1{,}4 \times 5}{4^2} \\ &= 0{,}437 \end{aligned}$$

A partir da curva 1 da Figura 4.14, o valor correspondente de U_v é 0,73. Para obter o relacionamento tempo-recalque, é selecionada uma série de valores de U_v até 0,73, e os tempos correspondentes são calculados por meio da equação do fator tempo (4.19): os valores correspondentes de recalque por adensamento (s_c) são dados pelo produto de U_v por s_{oed} (ver Tabela 4.5). O gráfico de s_c em função de t fornece a curva "instantânea". O método de correção de Terzaghi para o período de dois anos ao longo do qual ocorreu o bombeamento é, então, aplicado de acordo com o ilustrado na Figura 4.22.

Tabela 4.5 Exemplo 4.5

U_v	T_v	*t (anos)*	s_c *(mm)*
0,10	0,008	0,09	11
0,20	0,031	0,35	22
0,30	0,070	0,79	33
0,40	0,126	1,42	44
0,50	0,196	2,21	55
0,60	0,285	3,22	66
0,73	0,437	5,00	80

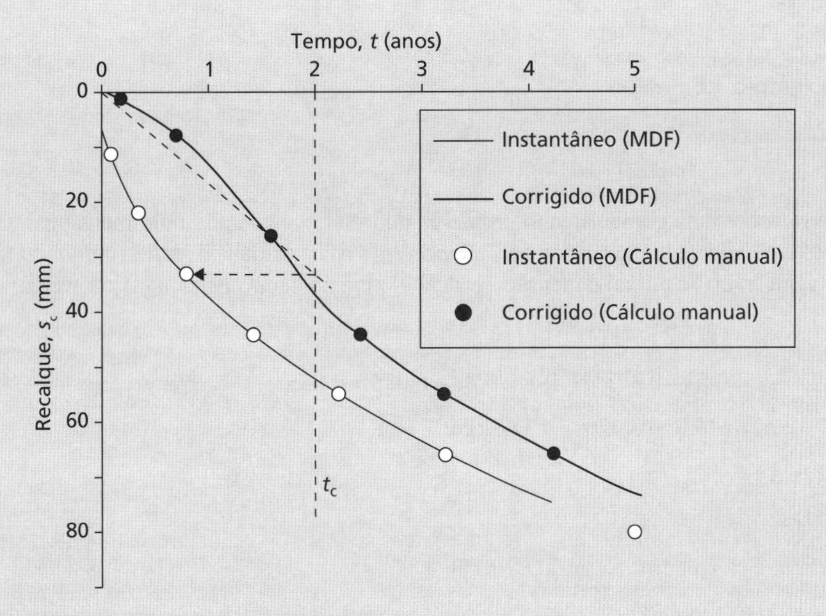

Figura 4.22 Exemplo 4.5 (continuação).

Exemplo 4.6

Uma camada de 8 m de areia está acima de uma de 6 m de argila, abaixo da qual está um estrato impermeável (Figura 4.23); o lençol freático está 2 m abaixo da superfície de areia. Ao longo do período de um ano, deve-se colocar um aterro (com peso específico de 20 kN/m^3) com profundidade de 3 m sobre a superfície de uma grande área. O peso específico saturado da areia é 19 kN/m^3, e o da argila é 20 kN/m^3; acima do lençol freático, o peso específico da areia é 17 kN/m^3. Para a argila, a relação entre o índice de vazios e a tensão efetiva (unidade kPa) pode ser representada pela equação

$$e = 0{,}88 - 0{,}32 \log\left(\frac{\sigma'}{100}\right)$$

e o coeficiente de adensamento é 1,26 m^2/ano.

a Calcule o recalque final da área em face do adensamento da argila e o recalque após um período de três anos a partir do início da colocação do material do aterro.

b Se houvesse uma camada muito fina de areia, drenando livremente, 1,5 m acima do fundo da camada de argila (Figura 4.23b), quais seriam os valores do recalque final e após três anos?

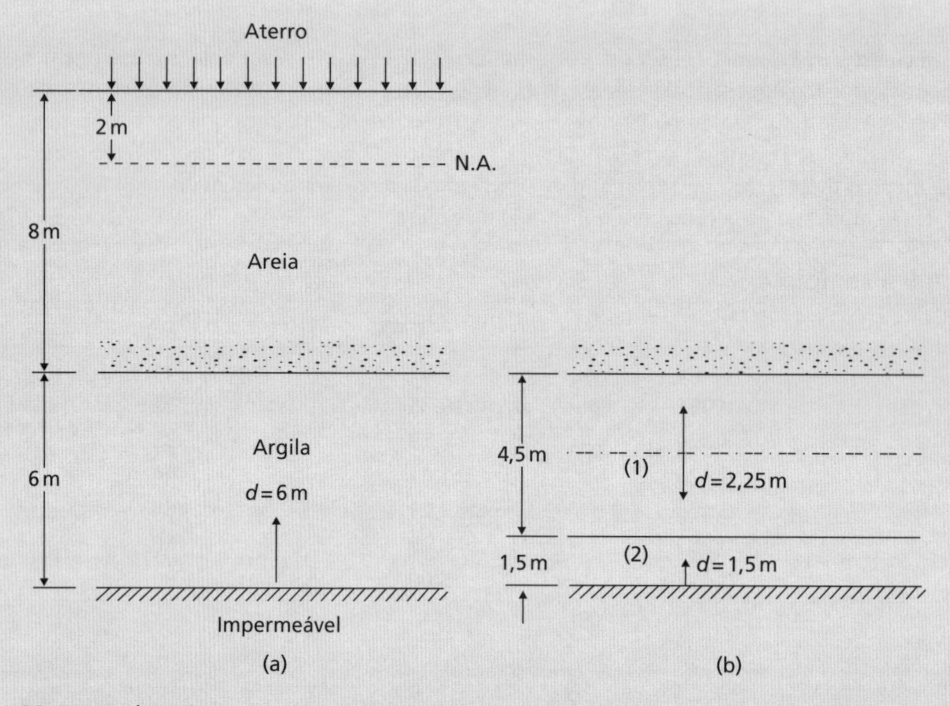

Figura 4.23 Exemplo 4.6.

Solução

a Como o aterro cobre uma grande área, o problema pode ser considerado unidimensional. O recalque por adensamento será calculado em termos de C_c, tendo em vista a camada de argila como um todo, exigindo, portanto, o valor inicial e o final da tensão vertical efetiva no centro da camada de argila.

$$\sigma'_0 = (17 \times 2) + (9{,}2 \times 6) + (10{,}2 \times 3) = 119{,}8\,\text{kPa}$$

$$e_0 = 0{,}88 - 0{,}32 \log 1{,}198 = 0{,}88 - 0{,}025 = 0{,}855$$

$$\sigma'_1 = 119{,}8 + (3 \times 20) = 179{,}8\,\text{kPa}$$

$$\log\left(\frac{179{,}8}{119{,}8}\right) = 0{,}176$$

O recalque final é calculado a partir da Equação 4.11:

$$s_{\text{oed}} = \frac{0{,}32 \times 0{,}176 \times 6000}{1{,}855} = 182\,\text{mm}$$

No cálculo do grau de adensamento três anos depois do início da colocação do aterro, o valor corrigido do tempo, para levar em consideração o período de um ano de despejo de material, é

$$t = 3 - \frac{1}{2} = 2{,}5\,\text{anos}$$

A camada é semifechada, e, portanto, $d = 6$ m. Dessa forma,

$$T_v = \frac{c_v t}{d^2} = \frac{1{,}26 \times 2{,}5}{6^2} = 0{,}0875$$

A partir da curva 1 da Figura 4.14, $U_v = 0{,}335$. O recalque após três anos será:

$$s_c = 0{,}335 \times 182 = 61\,\text{mm}$$

b O recalque final ainda terá 182 mm (ignorando a espessura da camada de drenagem): apenas a velocidade de recalque será afetada. Do ponto de vista da drenagem, há agora uma camada aberta com espessura de 4,5 m ($d = 2{,}25$ m) acima da semifechada com espessura de 1,5 m ($d = 1{,}5$ m): essas camadas recebem os números 1 e 2, respectivamente.

De maneira proporcional,

$$T_{v1} = 0{,}0875 \times \frac{6^2}{2{,}25^2} = 0{,}622$$
$$\therefore U_1 = 0{,}825$$

e

$$T_{v2} = 0{,}0875 \times \frac{6^2}{1{,}5^2} = 1{,}40$$
$$\therefore U_2 = 0{,}97$$

Agora, para cada camada, $s_c = U_v s_{oed}$, que é proporcional a $U_v H$. Assim sendo, se $\bar{U}$ for o grau total de adensamento para as duas camadas combinadas:

$$4{,}5U_1 + 1{,}5U_2 = 6{,}0\bar{U}$$
$$\text{isto é } (4{,}5 \times 0{,}825) + (1{,}5 \times 0{,}97) = 6{,}0\bar{U}.$$

Daí, $\bar{U} = 0{,}86$ e o recalque em três anos será

$$s_c = 0{,}86 \times 182 = 157\,\text{mm}$$

4.10 Drenos verticais

A velocidade lenta de adensamento em argilas saturadas de baixa permeabilidade pode ser acelerada por meio de drenos verticais, que encurtam o caminho (trajetória) de drenagem dentro da argila. Assim, o adensamento deve-se principalmente à drenagem horizontal radial, resultando em dissipação mais rápida do excesso de pressão de água nos poros e, consequentemente, em recalque mais rápido; a drenagem vertical se torna de menor importância. Na teoria, o valor absoluto final do recalque por adensamento é o mesmo, alterando-se apenas sua velocidade.

No caso de uma barragem construída sobre uma camada de argila altamente compressível (Figura 4.24), drenos verticais instalados na argila permitiriam que a barragem fosse colocada em atividade muito mais cedo. Seria desejável um grau de adensamento da ordem de 80% no final da construção, a fim de manter os recalques com valores aceitáveis durante a operação. Quaisquer vantagens, obviamente, devem ser comparadas ao custo adicional da instalação.

O método tradicional de instalar drenos verticais era fazer furos na camada de argila e preenchê-los com areia de granulometria adequada, sendo de 200–400 mm os diâmetros típicos para profundidades de mais de 30 m. Em geral, são usados hoje drenos pré-fabricados, que tendem a ser mais econômicos do que os preenchidos com areia para uma determinada área de tratamento. Um tipo de dreno (com frequência, chamado de "**fio de areia**" ou "***sandwick***") consiste em um elemento filtrante, em geral, de polipropileno trançado, preenchido com areia. Usa-se

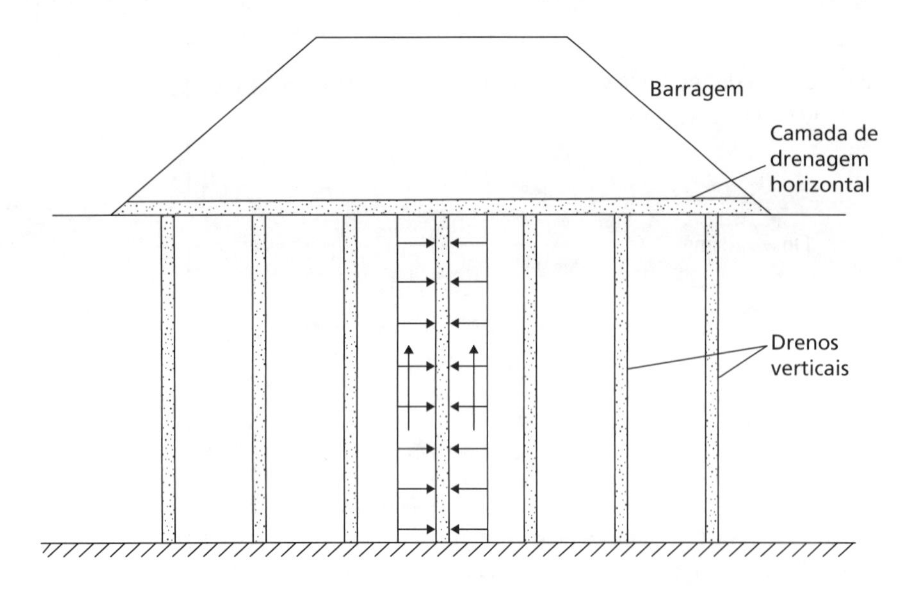

Figura 4.24 Drenos verticais.

ar comprimido para assegurar que o elemento filtrante seja completamente preenchido com areia. Esse tipo de dreno, com diâmetro típico de 65 mm, é muito flexível e, em geral, não sofre influência do deslocamento lateral do solo, sendo praticamente eliminada a possibilidade de acontecer um estrangulamento. Os drenos são instalados por inserção em furos já feitos ou, o que é mais comum, sendo colocados dentro de um mandril ou recipiente, que é, então, cravado no solo por prensagem ou vibração.

Outro tipo de dreno pré-fabricado é o **dreno de faixa** (ou **dreno de banda**), que consiste em um núcleo plano de plástico, endentado com canais de drenagem e envolto por uma camada de tecido filtrante. Este último deve ter resistência bastante para evitar que seja espremido para dentro dos canais, e o tamanho da malha deve ser suficientemente pequeno para evitar a passagem de partículas de solo, que poderiam obstruir os canais. As dimensões típicas de um dreno de faixa são 100 × 4 mm, e, no projeto, admite-se que o diâmetro equivalente seja o perímetro dividido por π. Os drenos de faixa são instalados por meio de sua colocação em um mandril de aço, que é cravado no solo por prensagem, vibração ou percussão. Coloca-se uma âncora na extremidade inferior do dreno a fim de mantê-lo na posição quando o mandril for retirado. A âncora também evita que o solo entre no mandril durante a instalação.

Em geral, os drenos são instalados em um padrão quadrado ou triangular. Como o objetivo é reduzir o comprimento do caminho de drenagem, o espaçamento dos drenos é a consideração mais importante do projeto. Obviamente, o espaçamento deve ser menor do que a espessura da camada de argila para que a taxa de adensamento seja melhorada; portanto, não faz sentido usar drenos verticais em camadas relativamente finas. Para um projeto satisfatório, é essencial que os coeficientes de adensamento tanto na direção horizontal quanto na vertical (c_h e c_v, respectivamente) sejam conhecidos da forma mais precisa possível. Em particular, a precisão de c_h é o fator mais decisivo do projeto, sendo mais importante do que o efeito de simplificar as hipóteses da teoria utilizada. Normalmente, a relação c_h/c_v está entre 1 e 2; quanto mais alta essa relação, mais vantajosa será a instalação de um dreno. Uma complicação de projeto no caso de drenos de areia com grande diâmetro é que a coluna de areia tende a agir como um pilar fraco (ver o Capítulo 9), reduzindo por um grau desconhecido o incremento de tensão vertical imposto à camada de argila, resultando em menor excesso de pressão de água nos poros e, portanto, em recalque reduzido por adensamento. Esse efeito é mínimo no caso de drenos pré-fabricados por causa de sua flexibilidade.

Os drenos verticais podem não ser eficientes em argilas sobreadensadas, se a tensão vertical depois do adensamento permanecer menor do que a pressão de pré-adensamento. Na verdade, a perturbação da argila sobreadensada durante a instalação do dreno pode, até mesmo, resultar em recalque final por adensamento ampliado. Deve-se ter em mente que a taxa da compressão secundária não pode ser controlada por drenos verticais.

Em coordenadas polares, a forma tridimensional da equação de adensamento, com propriedades de solo diferentes nas direções horizontal e vertical, é

$$\frac{\partial u_e}{\partial t} = c_h \left(\frac{\partial^2 u_e}{\partial r^2} + \frac{1}{r}\frac{\partial u_e}{\partial r} \right) + c_v \frac{\partial^2 u_e}{\partial z^2} \tag{4.36}$$

Os blocos prismáticos verticais de solo que são drenados e envolvem cada dreno são substituídos por blocos cilíndricos, de raio R, com mesma área de seção transversal (Figura 4.25). A solução da Equação 4.36 pode ser escrita em duas partes:

$$U_v = f(T_v)$$

e

$$U_r = f(T_r)$$

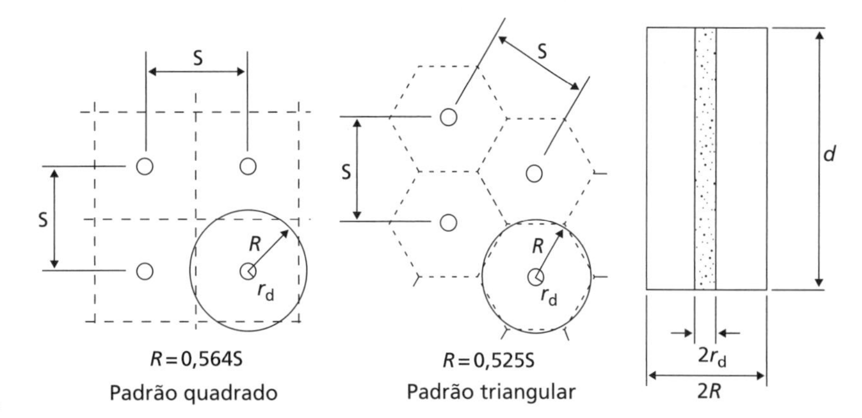

Figura 4.25 Blocos cilíndricos.

na qual U_v = grau médio de adensamento devido apenas à drenagem vertical; U_r = grau médio de adensamento devido apenas à drenagem horizontal (radial);

$$T_v = \frac{c_v t}{d^2} \tag{4.37}$$

= fator tempo para o adensamento devido apenas à drenagem vertical

$$T_r = \frac{c_h t}{4R^2} \tag{4.38}$$

= fator tempo para o adensamento devido apenas à drenagem radial

A expressão para T_r confirma o fato de que, quanto mais próximo o espaçamento dos drenos, mais rápido se efetua o processo de adensamento devido à drenagem radial. A solução da equação de adensamento para a drenagem radial só pode ser encontrada em Barron (1948); uma versão simplificada que se mostra apropriada para projetos é dada por Hansbo (1981) como

$$U_r = 1 - e^{-\frac{8T_r}{\mu}} \tag{4.39}$$

na qual

$$\mu = \frac{n^2}{n^2-1}\left(\ln n - \frac{3}{4} + \frac{1}{n^2} + \frac{1}{n^4}\right) \approx \ln n - \frac{3}{4} \tag{4.40}$$

Na Equação 4.40, $n = R/r_d$, R é o raio do bloco cilíndrico equivalente, e r_d é o raio do dreno. As curvas de adensamento dadas pela Equação 4.39 para vários valores de n são apresentadas na Figura 4.26. Continuará a acontecer alguma drenagem vertical mesmo que os drenos verticais tenham sido instalados, podendo-se demonstrar também que

$$(1-U) = (1-U_v)(1-U_r) \tag{4.41}$$

em que U é o grau médio de adensamento com as drenagens vertical e radial combinadas.

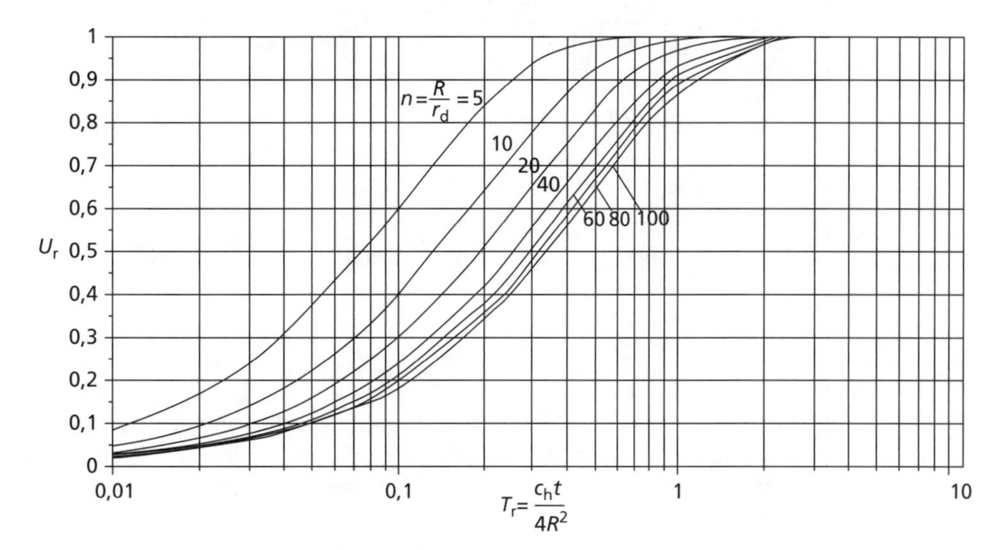

Figura 4.26 Relações entre o grau médio de adensamento e o fator tempo para a drenagem radial.

Efeitos de instalação

Os valores das propriedades do solo que está no entorno dos drenos podem ser reduzidos significativamente por conta do remodelamento durante a instalação, em especial, se for usada perfuração, um efeito conhecido como **amolgamento** (ou ***smear***). Este efeito pode ser levado em consideração se admitirmos um valor reduzido de c_h ou se usarmos um diâmetro reduzido de drenagem nas Equações 4.39–4.41. Alternativamente, se a extensão e a permeabilidade (k_s) do material amolgado forem conhecidas ou puderem ser estimadas, a expressão para μ na Equação 4.40 poderá ser modificada de acordo com Hansbo (1979), da seguinte maneira:

$$\mu \approx \ln\frac{n}{S} + \frac{k}{k_s}\ln S - \frac{3}{4} \tag{4.42}$$

Exemplo 4.7

Uma barragem deve ser construída sobre uma camada de argila com 10 m de espessura e uma interface (borda) inferior impermeável. A construção da barragem aumentará a tensão vertical total na camada de argila em 65 kPa. Para a argila, $c_v = 4{,}7$ m²/ano, $c_h = 7{,}9$ m²/ano, e $m_v = 0{,}25$ m²/MN. A exigência de projeto é de que tudo, exceto 25 mm do recalque devido ao adensamento da camada de argila, ocorra em 6 meses. Determine o espaçamento, em um padrão quadrado, dos drenos de areia com 400 mm de diâmetro para atender à exigência mencionada.

Solução

$$\text{Recalque final} = m_v \Delta\sigma' H = 0{,}25 \times 65 \times 10$$
$$= 162\,\text{mm}$$

Para $t = 6$ meses,

$$U = \frac{162 - 25}{162} = 0{,}85$$

Apenas para a drenagem vertical, a camada é semifechada, e, portanto $d = 10$ m.

$$T_v = \frac{c_v t}{d^2} = \frac{4{,}7 \times 0{,}5}{10^2} = 0{,}0235$$

A partir da curva 1 da Figura 4.14 ou usando a ferramenta de planilha do *site* da LTC Editora complementar a este livro, $U_v = 0{,}17$.

Para a drenagem radial, o diâmetro dos drenos de areia é 0,4 m, isto é, $r_d = 0{,}2$ m.

Raio de bloco cilíndrico

$$R = nr_d = 0{,}2n$$

$$T_r = \frac{c_h t}{4R^2} = \frac{7{,}9 \times 0{,}5}{4 \times 0{,}2^2 \times n^2} = \frac{24{,}7}{n^2}$$

isto é,

$$U_r = 1 - e^{-\left[\frac{8 \times 24{,}7}{n^2(\ln n - 0{,}75)}\right]}$$

Agora, $(1 - U) = (1 - U_v)(1 - U_r)$, e, portanto,

$$0{,}15 = 0{,}83\,(1 - U_r)$$
$$U_r = 0{,}82$$

O valor de n para $U_r = 0{,}82$ pode, então, ser encontrado por meio da avaliação de u_r em diferentes valores de n, usando as Equações 4.39 e 4.40 e interpolando o valor de n no qual $U_r = 0{,}82$. Alternativamente, pode-se usar uma rotina "*goal seek*" (ou seja, de "alcance de metas") ou de otimização em uma planilha-padrão para resolver as equações de forma iterativa. Para o primeiro desses métodos, a Figura 4.27 mostra o gráfico do valor de U_r em relação a n, do qual pode-se verificar que $n = 9$. Deve-se observar que esse processo é bastante resumido pelo uso de uma planilha para realizar os cálculos. Dessa forma,

$$R = 0{,}2 \times 9 = 1{,}8\,\text{m}$$

O espaçamento dos drenos em um padrão quadrado é dado por

$$S = \frac{R}{0{,}564} = \frac{1{,}8}{0{,}564} = 3{,}2\,\text{m}$$

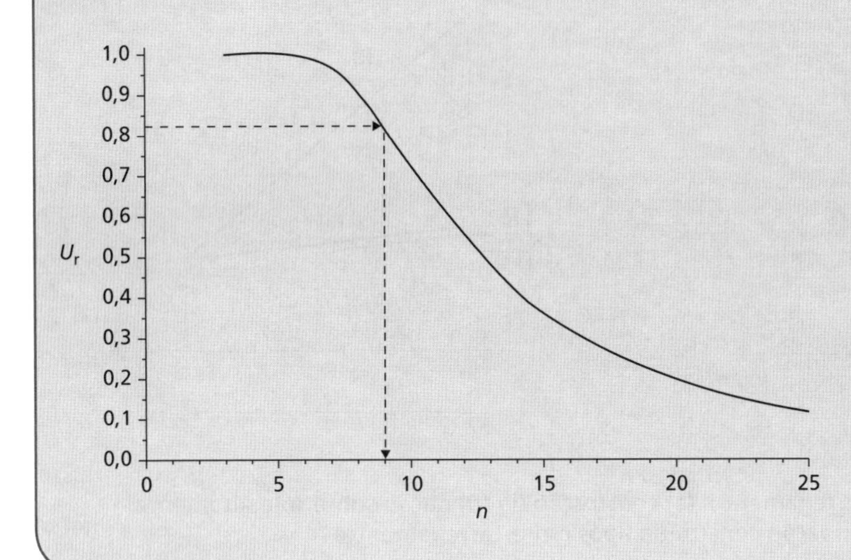

Figura 4.27 Exemplo 4.7.

4.11 Pré-carregamento

Se a construção for realizada em solo muito compressível (isto é, solo com alto m_v), é provável que os recalques por adensamento a ocorrer sejam muito grandes para que a construção os tolere. Se o material compressível estiver próximo à superfície e for de profundidade limitada, uma solução seria escavá-lo e substituí-lo por um aterro adequadamente compactado (ver Seção 1.7). Se o material compressível for de espessura significativa, isso pode se mostrar proibitivamente caro. Uma solução alternativa para tal caso seria carregar o solo de maneira prévia (pré-carregar), durante um período adequado, aplicando uma sobrecarga, em geral, sob a forma de um aterro temporário, e permitindo que a maioria do recalque ocorra antes da construção final ser realizada.

Um exemplo de solo normalmente adensado é mostrado na Figura 4.28. Na Figura 4.28a, uma fundação, aplicando uma pressão de q_f, é construída sem um pré-carregamento; ocorrerá o adensamento junto à linha de compressão virgem, e o recalque será grande. Na Figura 4.28b, inicialmente, um pré-carregamento é aplicado por meio da construção de um aterro temporário, inserindo uma pressão q_p, que induz grande modificação volumétrica (e, em consequência, grande recalque) ao longo da linha de compressão virgem. Uma vez concluído o adensamento, a pré-carga é removida, e o solo se expande ao longo de uma linha de descarga–recarga. A fundação é, então, construída, e, contanto que a pressão aplicada seja menor do que a de pré-carregamento ($q_f < q_p$), o solo permanecerá sobre a linha de descarga–recarga, e o recalque nessa fase (que a fundação apresenta) será pequeno.

O pré-carregamento pode ser aplicado em incrementos a fim de evitar uma falha estrutural não drenada por cisalhamento do solo de suporte (ver Capítulos 5 e 8). À medida que acontece o adensamento, a resistência ao cisalhamento do solo aumenta, permitindo que incrementos de carga maiores sejam aplicados. A taxa de dissipação do excesso de pressão de água nos poros é monitorada por meio da instalação de piezômetros (Capítulo 6), fornecendo, com isso, um modo de controlar a taxa de carregamento. Deve-se destacar que ocorrerá o recalque diferencial se houver condições não uniformes de solo, e a superfície do terreno talvez necessite de renivelamento ao final do período de pré-carregamento. Uma das principais desvantagens do pré-carregamento é a necessidade de esperar que o adensamento esteja concluído sob a pré-carga antes que a construção possa começar sobre a fundação. Uma solução para isso é combinar o pré-carregamento com drenos verticais (Seção 4.10) a fim de acelerar o estágio de pré-carga.

O princípio de pré-carregamento também pode ser usado para acelerar o recalque de aterros pela aplicação de sobrecarga com uma altura adicional de aterro. Ao final do período adequado, a sobrecarga é removida até o nível final (de formação).

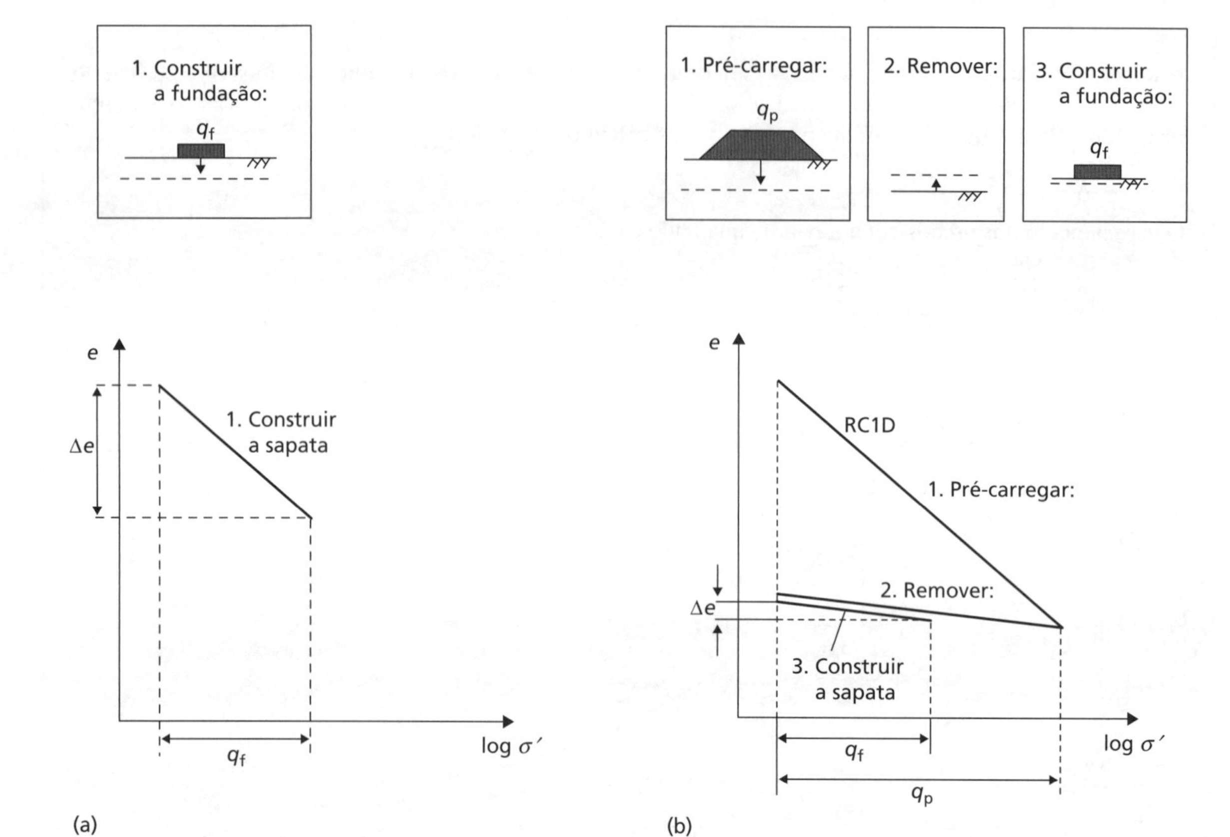

Figura 4.28 Aplicação do pré-carregamento: (a) construção da fundação sobre solo altamente compressível; (b) fundação construída após o pré-carregamento.

Resumo

1 Devido à permeabilidade finita dos solos, as modificações na tensão (total) aplicada ou as flutuações no nível de água do solo não conduzem imediatamente a incrementos correspondentes na tensão efetiva. Sob tais condições, o volume de solo se modificará com o tempo. A dissipação do excesso de pressões positivas nos poros (devido ao carregamento ou rebaixamento do lençol freático) leva à compressão, que é irrecuperável em sua maior parte. A dissipação do excesso de pressões negativas (descarregamento ou levantamento do lençol freático) leva à expansão, que é recuperável e de muito menor valor absoluto do que a compressão inicial. O comportamento da compressão é quantificado matematicamente pela linha de compressão virgem e pela linha de descarga–recarga no espaço e–log σ'. A compressibilidade (m_v), o coeficiente de adensamento (c_v) e (indiretamente) a permeabilidade (k) podem ser determinados com o oedômetro.

2 O valor final do recalque devido ao adensamento unidimensional pode ser determinado diretamente por meio da compressibilidade (m_v) e das variações conhecidas na tensão total ou nas condições da pressão dos poros induzidas pelos processos de construção. Uma descrição mais detalhada do recalque (ou do levantamento de fundo) com o tempo é encontrada analiticamente ou pelo Método das Diferenças Finitas. Uma implementação desse método em planilha está disponível no *site* da LTC Editora complementar a este texto.

3 Para solos com baixa permeabilidade (por exemplo, solos de grãos finos), talvez seja necessário acelerar o processo de adensamento durante a construção, o que se consegue por meio da adição de drenos verticais. Pode-se determinar uma especificação e um *layout* apropriados para um dreno usando soluções padronizadas para drenagem radial da água dos poros, a fim de atender a uma qualidade de desempenho (por exemplo, adensamento U_r % no tempo t).

Problemas

4.1 Em um ensaio oedométrico com um corpo de prova de argila saturada ($G_s = 2{,}72$), a pressão aplicada foi aumentada de 107 para 214 kPa, e as seguintes leituras de compressão foram registradas:

TABELA I

Tempo (min)	0	¼	½	1	2¼	4	6¼	9	16
Leitura (mm)	7,82	7,42	7,32	7,21	6,99	6,78	6,61	6,49	6,37
Tempo (min)	25	36	49	64	81	100	300	1440	
Leitura (mm)	6,29	6,24	6,21	6,18	6,16	6,15	6,10	6,02	

Depois de 1440 minutos, a espessura do corpo de prova era 15,30 mm, e o teor de umidade era 23,2%. Determine os valores do coeficiente de adensamento e as taxas de compressão com base em (a) um gráfico da raiz quadrada do tempo e em (b) um gráfico de logaritmo do tempo. Determine também os valores do coeficiente de compressibilidade volumétrica e do coeficiente de permeabilidade.

4.2 Em um ensaio oedométrico, um corpo de prova de argila saturada com 19 mm de espessura atinge 50% de adensamento em 20 minutos. Quanto tempo demoraria para que uma camada dessa argila com 5 m de espessura alcançasse o mesmo grau de adensamento sob a mesma tensão e com as mesmas condições de drenagem? Quanto tempo levaria para que a camada alcançasse 30% de adensamento?

4.3 Os resultados seguintes foram obtidos de um ensaio oedométrico com um corpo de prova de argila saturada:

TABELA J

Pressão (kPa)	27	54	107	214	429	214	107	54
Índice de vazios	1,243	1,217	1,144	1,068	0,994	1,001	1,012	1,024

Uma camada dessa argila com 8 m de espessura se situa abaixo de uma com 4 m de areia, estando o lençol freático na superfície. O peso específico saturado para ambos os solos é 19 kN/m^3. Um aterro, com peso específico de 21 kN/m^3 e 4 m de profundidade, é colocado sobre a areia ao longo de uma grande área. Determine o recalque final devido ao adensamento da argila. Se o aterro fosse removido algum tempo depois do término do adensamento, que levantamento de fundo ocorreria depois devido ao inchamento (expansão) da argila?

4.4 Admitindo que o aterro do Problema 4.3 seja colocado rapidamente, qual seria o valor do excesso de pressão de água nos poros no centro da camada de argila depois de um período de três anos? A camada é aberta, e o valor de c_v é 2,4 m^2/ano.

4.5 Uma camada de areia com profundidade de 10 m está sobre uma de 8 m de argila, abaixo da qual está outra camada de areia. Para a argila, $m_v = 0{,}83$ m^2/MN e $c_v = 4{,}4$ m^2/ano. O lençol freático está na superfície, mas deve ser rebaixado permanentemente em 4 m, com o rebaixamento inicial ocorrendo durante um período de 40 semanas. Calcule o recalque final devido ao adensamento da argila, admitindo não haver modificação alguma no peso da areia, e o recalque dois anos após o início do rebaixamento.

4.6 Uma camada aberta de argila tem 6 m de espessura, e o valor de c_v é 1,0 m^2/ano. A distribuição inicial do excesso de pressão de água nos poros varia linearmente de 60 kPa no topo da camada até zero na base. Usando a aproximação de diferenças finitas da equação unidimensional de adensamento, faça um gráfico da isócrona após o adensamento estar acontecendo durante um período de três anos, e, a partir dessa isócrona, determine o grau médio de adensamento da camada.

4.7 Uma camada semifechada de argila tem 8 m de espessura, e pode-se admitir que $c_v = c_h$. Drenos verticais de areia com 300 mm de diâmetro, espaçados 3 m de centro a centro em um padrão quadrado, serão usados para aumentar a taxa de adensamento da argila sob a tensão vertical aumentada em consequência da construção de uma barragem. Sem drenos de areia, o grau de adensamento na ocasião em que a barragem deve entrar em funcionamento foi calculado como 25%. Que grau de adensamento seria atingido nesse mesmo tempo com os drenos de areia?

4.8 Uma camada de argila saturada tem 10 m de espessura e borda inferior impermeável; deve ser construída uma barragem acima dela. Determine o tempo exigido para 90% de adensamento da camada de argila. Se forem instalados drenos de areia com 300 mm de diâmetro e espaçados 4 m de centro a centro, em que tempo o mesmo grau total de adensamento seria atingido? Os coeficientes de adensamento nas direções vertical e horizontal são, respectivamente, 9,6 e 14,0 m^2/ano.

Referências

Al-Tabbaa, A. and Wood, D.M. (1987) Some measurements of the permeability of kaolin, *Géotechnique*, **37**(4), 499–503.

ASTM D2435 (2011) *Standard Test Methods for One-Dimensional Consolidation Properties of Soils Using Incremental Loading*, American Society for Testing and Materials, West Conshohocken, PA.

Barron, R.A. (1948) Consolidation of fine grained soils by drain wells, *Transactions of the ASCE*, **113**, 718–742.

Bjerrum, L. (1967) Engineering geology of Norwegian normally-consolidated marine clays as related to settlement of buildings, *Géotechnique*, **17**(2), 83–118.

British Standard 1377 (1990) *Methods of Test for Soils for Civil Engineering Purposes*, British Standards Institution, London.

Casagrande, A. (1936) Determination of the preconsolidation load and its practical significance, in *Proceedings of the International Conference on SMFE, Harvard University, Cambridge, MA*, Vol. III, pp. 60–64.

CEN ISO/TS 17892 (2004) *Geotechnical Investigation and Testing – Laboratory Testing of Soil*, International Organisation for Standardisation, Geneva.

Cour, F.R. (1971) Inflection point method for computing *cv*, Technical Note, *Journal of the ASCE*, **97**(SM5), 827–831.

EC7–2 (2007) *Eurocode 7: Geotechnical design – Part 2: Ground Investigation and Testing, BS EN 1997–2:2007*, British Standards Institution, London.

Gibson, R.E. (1966) A note on the constant head test to measure soil permeability *in-situ*, *Géotechnique*, **16**(3), 256–259.

Gibson, R.E. (1970) An extension to the theory of the constant head *in-situ* permeability test, *Géotechnique*, **20**(2), 193–197.

Hansbo, S. (1979) Consolidation of clay by band-shaped prefabricated drains, *Ground Engineering*, **12**(5), 16–25.

Hansbo, S. (1981) Consolidation of fine-grained soils by prefabricated drains, in *Proceedings of the 10th International Conference on SMFE, Stockholm*, Vol. III, pp. 677–682.

Mitchell, J.K. and Soga, K. (2005) *Fundamentals of Soil Behaviour* (3rd edn), John Wiley & Sons, New York, NY.

Naylor, A.H. and Doran, I.G. (1948) Precise determination of primary consolidation, in *Proceedings of the 2nd International Conference on SMFE, Rotterdam*, Vol. 1, pp. 34–40.

Rowe, P.W. (1968) The influence of geological features of clay deposits on the design and performance of sand drains, in *Proceedings ICE* (Suppl. Vol.), Paper 70585.

Rowe, P.W. and Barden, L. (1966) A new consolidation cell, *Géotechnique*, **16**(4), 162–170.

Schmertmann, J.H. (1953) Estimating the true consolidation behaviour of clay from laboratory test results, *Proceedings ASCE*, **79**, 1–26.

Scott, R.F. (1961) New method of consolidation coefficient evaluation, *Journal of the ASCE*, **87**, No. SM1.

Taylor, D.W. (1948) *Fundamentals of Soil Mechanics*, John Wiley & Sons, New York, NY.

Terzaghi, K. (1943) *Theoretical Soil Mechanics*, John Wiley & Sons, New York, NY.

Wilkinson, W.B. (1968) Constant head *in-situ* permeability tests in clay strata, *Géotechnique*, **18**(2), 172–194.

Leitura complementar

Burland, J.B. (1990) On the compressibility and shear strength of natural clays, *Géotechnique*, **40**(3), 329–378.

Esse artigo descreve detalhadamente o papel da estrutura de deposição na compressibilidade inicial de argilas naturais (em vez de aquelas reconstituidas em laboratório). Ele contém uma grande quantidade de dados experimentais e, portanto, é útil como referência.

McGown, A. and Hughes, F.H. (1981) Practical aspects of the design and installation of deep vertical drains, *Géotechnique*, **31**(1), 3–17.

Esse artigo analisa os aspectos práticos relacionados ao uso de drenos verticais, que foram apresentados na Seção 4.10.

Para acessar os materiais suplementares desta obra, visite o site da LTC Editora.

Capítulo 5

Comportamento do solo sob o esforço de cisalhamento

Resultados de aprendizagem

Depois de trabalhar com o material deste capítulo, você deverá ser capaz de:

1 Entender de que forma o solo pode ser modelado como um meio contínuo e de que forma seu comportamento mecânico (resistência e deformabilidade) pode ser descrito adequadamente usando modelos (constitutivos) de material elástico e plástico (Seções 5.1–5.3);

2 Entender o método de operação dos equipamentos padronizados de ensaios em laboratório e obter as propriedades de resistência e deformabilidade (rigidez) do solo, a partir desses ensaios, para uso em análises geotécnicas subsequentes (Seção 5.4);

3 Conhecer as diferentes características de resistência de solos grossos e finos e obter os parâmetros do material a fim de modelá-los (Seções 5.5, 5.6 e 5.8);

4 Entender o conceito de estado crítico e seu importante papel na associação da resistência ao comportamento volumétrico no solo (Seção 5.7);

5 Usar correlações empíricas simples para estimar as propriedades de resistência do solo com base nos resultados dos ensaios de caracterização e identificação dos solos (ver Capítulo 1) e saber como eles podem ser usados para fornecer suporte aos resultados dos ensaios em laboratório (Seção 5.9).

5.1 Uma introdução à mecânica do contínuo

Este capítulo aborda a resistência do solo à falha estrutural por cisalhamento, cujo conhecimento é exigido para a análise da estabilidade de massas de solo e, portanto, para o projeto de estruturas geotécnicas. Muitos problemas podem ser tratados pela análise em duas dimensões, ou seja, aquela em que apenas as tensões e os deslocamentos em um único plano precisam ser considerados. Essa simplificação será usada inicialmente neste capítulo, enquanto a estrutura para o comportamento constitutivo do solo for descrita.

Normalmente, um elemento de solo no campo ficará sujeito a tensões normais totais nas direções vertical (z) e horizontal (x) em consequência do peso próprio do solo e de qualquer carregamento externo aplicado (por exemplo, de uma fundação). Esse último também pode induzir a aplicação de uma tensão de cisalhamento, que adicionalmente age no elemento. As tensões normais totais e as de cisalhamento nas direções x e z de um elemento de solo são apresentadas na Figura 5.1a e têm magnitudes positivas, conforme apresentado; além disso, elas variam ao longo do elemento. As taxas de variação das tensões normais nas direções x e z são $\partial\sigma_x/\partial x$ e $\partial\sigma_z/\partial z$, respectivamente; as das tensões de cisalhamento são $\partial\tau_{xz}/\partial x$ e $\partial\tau_{xz}/\partial z$. Cada um desses elementos da massa de solo deve estar em equilíbrio estático. Balanceando os momentos em torno do ponto central do elemento e deixando de levar em consideração os termos diferenciais de ordem mais elevada, fica evidente que $\tau_{xz} = \tau_{zx}$. Equilibrando as forças nas direções x e z, são obtidas as seguintes equações:

$$\frac{\partial\sigma_x}{\partial x} + \frac{\partial\tau_{xz}}{\partial z} = 0 \qquad (5.1a)$$

$$\frac{\partial\tau_{xz}}{\partial x} + \frac{\partial\sigma_z}{\partial z} - \gamma = 0 \qquad (5.1b)$$

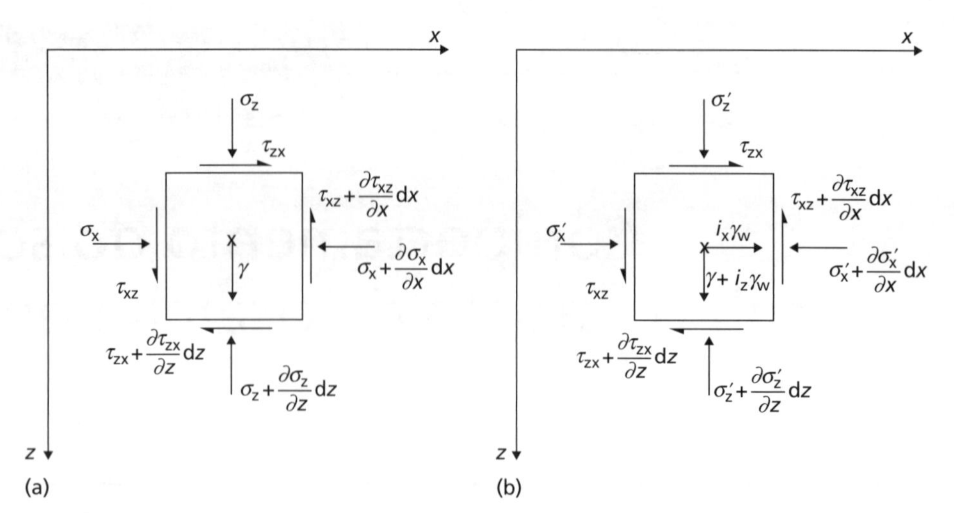

Figura 5.1 Estado bidimensional (plano) de tensão em um elemento do solo: (a) tensões totais; (b) tensões efetivas.

Essas são as **equações de equilíbrio** em duas dimensões em termos das tensões totais; para solos secos, a força de corpo (ou peso específico) $\gamma = \gamma_{seco}$, ao passo que, para um solo saturado, $\gamma = \gamma_{sat}$. A Equação 5.1 também pode ser escrita em termos da tensão efetiva. De acordo com o Princípio de Terzaghi (Equação 3.1), as forças efetivas de corpo serão $\gamma' = \gamma - \gamma_w$, nas direções x e y, respectivamente. Além disso, se a percolação estiver ocorrendo com gradientes hidráulicos de i_x e i_z nas direções x e z, haverá forças de corpo adicionais em consequência dessa percolação (ver Seção 3.6) com o valor de $i_x\gamma_w$ e $i_z\gamma_w$ nas direções x e z, isto é:

$$\frac{\partial \sigma'_x}{\partial x} + \frac{\partial \tau'_{zx}}{\partial z} - i_x\gamma_w = 0 \tag{5.2a}$$

$$\frac{\partial \tau'_{xz}}{\partial x} + \frac{\partial \sigma'_z}{\partial z} - (\gamma' + i_z\gamma_w) = 0 \tag{5.2b}$$

Os componentes da tensão efetiva estão mostrados na Figura 5.1b.

Em consequência do carregamento aplicado, pontos no interior da massa de solo serão deslocados em relação aos eixos e entre si, conforme mostrado na Figura 5.2. Se os componentes dos deslocamentos nas direções x e z forem denominados como u e w, respectivamente, então, as deformações normais nessas direções (ε_x e ε_z, respectivamente) serão dadas por

$$\varepsilon_x = \frac{\partial u}{\partial x}, \; \varepsilon_z = \frac{\partial w}{\partial z}$$

e a deformação por cisalhamento será dada por

$$\gamma_{xz} = \frac{\partial u}{\partial z} + \frac{\partial w}{\partial x}$$

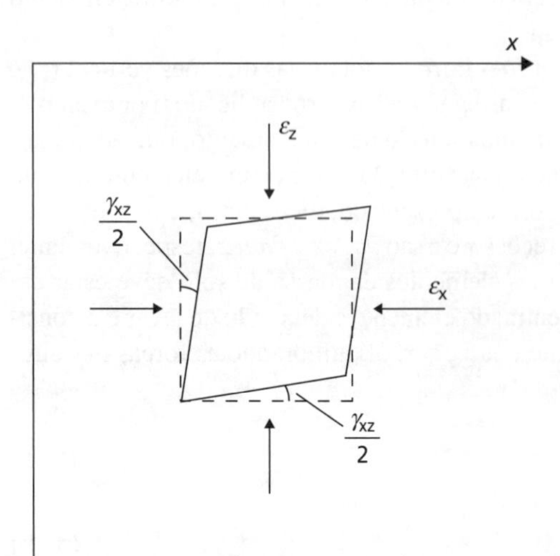

Figura 5.2 Estado de deformação bidimensional induzido em um elemento de solo em consequência das tensões mostradas na Figura 5.1.

No entanto, essas deformações específicas não são independentes; elas devem ser compatíveis umas com as outras para que a massa de solo como um todo permaneça contínua. Essa exigência leva ao seguinte relacionamento, conhecido como **equação de compatibilidade** em duas dimensões:

$$\frac{\partial^2 \varepsilon_x}{\partial z^2} + \frac{\partial^2 \varepsilon_z}{\partial x^2} - \frac{\partial \gamma_{xz}}{\partial x \partial z} = 0 \tag{5.3}$$

A solução rigorosa de um problema específico exige que as equações de equilíbrio e de compatibilidade sejam satisfeitas para as condições de contorno determinadas (isto é, condições de cargas aplicadas e de deslocamentos conhecidos) em todos os pontos no interior de uma massa de solo; também é exigido um relacionamento apropriado tensão-deformação específica para ligar as duas equações. As Equações 5.1–5.3, sendo independentes das propriedades dos materiais, podem ser aplicadas a solos com qualquer relação tensão-deformação específica (o que também é denominado um **modelo constitutivo**). Em geral, os solos não são homogêneos, exibem **anisotropia** (isto é, apresentam diferentes valores para uma determinada propriedade em direções diferentes) e têm relacionamentos tensão-deformação específica não lineares, que dependem da história das tensões (ver Seção 4.2) e da trajetória particular de tensões percorrida. Isso pode tornar difícil a solução.

Na análise, portanto, é empregada uma idealização apropriada da relação tensão-deformação específica a fim de simplificar os cálculos. Uma idealização desse tipo é mostrada pelas linhas pontilhadas na Figura 5.3a, na qual é admitido o comportamento elástico (isto é, a Lei de Hooke) entre O e Y′ (o ponto de escoamento assumido), seguido pela deformação plástica (ou fluxo plástico) ilimitada Y′P sob o efeito de tensão constante. Essa idealização, que é mostrada isoladamente na Figura 5.3b, é conhecida como o **modelo elástico–perfeitamente plástico** de comportamento do material. Se houver interesse apenas na condição de ruptura (fratura do solo) de um problema prático, então, a fase elástica pode ser omitida, podendo-se usar o **modelo rígido–perfeitamente plástico**, mostrado na Figura 5.3c. Uma terceira idealização é o **modelo elástico com endurecimento por deformação plástica**, mostrado na Figura 5.3d, no qual a deformação plástica além do ponto de escoamento necessita de aumento adicional de tensões, isto é, o solo endurece ou se torna mais resistente ao se deformar. Se ocorressem descarga e recarga após o escoamento no modelo de endurecimento por deformação plástica, conforme mostra a linha pontilhada Y″U na Figura 5.3d, haveria um novo ponto de escoamento Y″ em um nível de tensão mais alto do

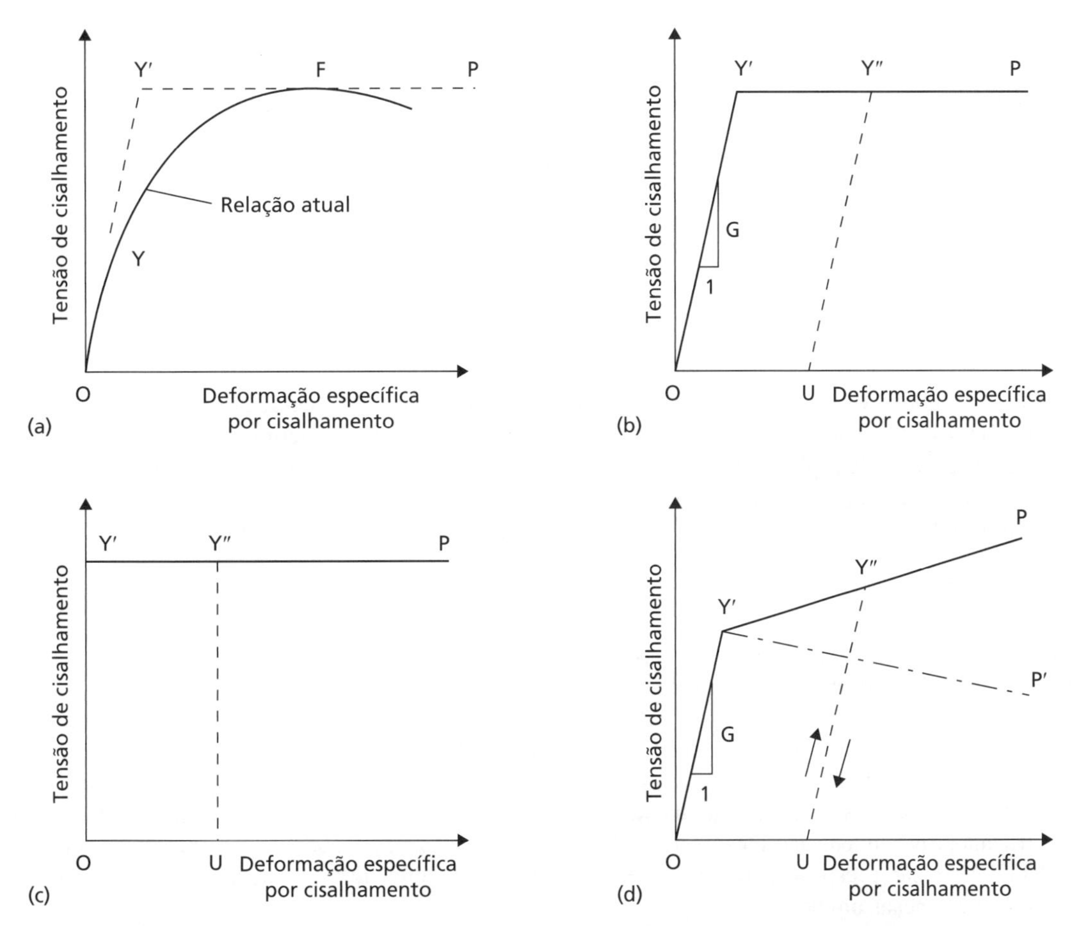

Figura 5.3 (a) Relação tensão–deformação típica para solo; (b) modelo elástico–perfeitamente plástico; (c) modelo rígido–perfeitamente plástico; e (d) modelos elásticos com endurecimento por deformação plástica e com amolecimento por deformação plástica.

que o do Y′. Um aumento na tensão de escoamento é uma característica do endurecimento por deformação plástica. Ele não acontece no caso de um comportamento perfeitamente plástico (isto é, sem endurecimento), em que a tensão em Y″ é igual àquela em Y′, conforme mostram as Figuras 5.3b e 5.3c. Uma idealização adicional é o **modelo plástico com amolecimento por deformação elástica**, representado por OY′P′ na Figura 5.3d, em que a deformação plástica além do ponto de escoamento é acompanhada por um decréscimo de tensões ou amolecimento do material.

Na teoria da plasticidade (Hill, 1950; Calladine, 2000), são levadas em consideração as características de escoamento, endurecimento e fluxo; elas são descritas por uma função de escoamento, uma lei de endurecimento e uma regra de fluxo, respectivamente. A função de escoamento é escrita em termos de componentes de tensões ou de tensões principais e define o ponto de escoamento como uma função das tensões efetivas atuais e da história de tensões. O **critério de Mohr–Coulomb**, que será descrito na Seção 5.3, é uma função de escoamento possível (simples), se for admitido o comportamento perfeitamente plástico. A lei de endurecimento representa a relação entre o aumento da tensão de escoamento e os componentes de deformação plástica correspondentes, isto é, definindo o gradiente de Y′P ou Y′P′ na Figura 5.3d. A regra de fluxo especifica as dimensões relativas (isto é, não absolutas) dos componentes da deformação plástica durante o escoamento sob um estado particular de tensão. O restante deste livro tratará de modelos simples de material elástico–perfeitamente plástico de solo, de acordo com o que mostra a Figura 5.3b, na qual o comportamento elástico é isotrópico (Seção 5.2) e o comportamento plástico é definido pelo critério de Mohr–Coulomb (Seção 5.3).

5.2 Modelos simples de elasticidade do solo

Elasticidade linear

A região inicial do comportamento do solo, antes de seu colapso plástico (escoamento), pode ser modelada usando um modelo constitutivo elástico. O modelo mais simples é o de elasticidade linear (isotrópico), no qual a deformação por cisalhamento é diretamente proporcional à tensão de cisalhamento aplicada. Tal modelo é mostrado pelas partes iniciais dos relacionamentos tensão–deformação na Figura 5.3 (a, b, d), em que o relacionamento é uma linha reta, cujo gradiente é o **módulo de elasticidade transversal**, G, isto é,

$$\tau_{xz} = \tau_{zx} = G\gamma_{xz} \tag{5.4}$$

Para um elemento geral de solo bidimensional (2D), de acordo com o que mostram as Figuras 5.1 e 5.2, o carregamento pode não ser causado apenas por uma tensão de cisalhamento aplicada τ_{xz}, mas também pelos componentes de tensão normal σ_x e σ_z. Para um modelo constitutivo linearmente elástico, o relacionamento entre a tensão e a deformação é dado pela Lei de Hooke, na qual

$$\varepsilon_x = \frac{1}{E}\left(\sigma'_x - \nu\sigma'_z\right) \tag{5.5a}$$

$$\varepsilon_z = \frac{1}{E}\left(\sigma'_z - \nu\sigma'_x\right) \tag{5.5b}$$

em que E é o **Módulo de Young** (ou **Módulo de Elasticidade Longitudinal**; = tensão normal/deformação normal), e ν é o **coeficiente de Poisson** do solo. Enquanto o solo permanecer elástico, a determinação da sua resposta (deformação específica) às tensões aplicadas exigirá apenas o conhecimento de suas propriedades elásticas, definidas por G, E e ν. Para um material **isotropicamente** elástico (isto é, o comportamento uniforme em todas as direções), pode-se demonstrar, além disso, que as três constantes elásticas do material estão relacionadas por

$$G = \frac{E}{2(1+\nu)} \tag{5.6}$$

Dessa forma, apenas é necessário conhecer duas das propriedades elásticas; a terceira sempre pode ser encontrada usando a Equação 5.6. Em mecânica dos solos, é preferível usar ν e G como essas duas propriedades. A partir da Equação 5.4, pode ser observado que o solo submetido ao cisalhamento puro é independente das tensões normais e, portanto, não é influenciado pela água dos poros (a água não pode transportar tensões de cisalhamento). Dessa forma, G pode ser medida para solos que estejam completamente **drenados** (por exemplo, após o adensamento estar concluído) ou sob uma condição **não drenada** (antes de o adensamento iniciar), com ambos os valores iguais. E, por outro lado, é dependente das tensões normais no solo (Equação 5.5) e, portanto, é influenciada pela água dos poros. Para determinar a resposta sob carregamento imediato e de longa duração, seria necessário conhecer dois valores de E, mas apenas um de G.

O coeficiente de Poisson, que é definido como a razão entre as deformações específicas em duas direções perpendiculares sob a ação de carregamento uniaxial ($\nu = \varepsilon_x/\varepsilon_z$ sob a ação de cargas σ'_z aplicadas, $\sigma'_x = 0$), também é dependente das condições de drenagem. Para condições completa ou parcialmente drenadas, $\nu < 0{,}5$, estando normalmente entre 0,2 e 0,4 na maioria dos solos em condições completamente drenadas. Em condições não drenadas, o solo é incompressível (ainda não ocorreu a drenagem da água dos poros). A deformação específica volumétrica de um elemento de material linearmente elástico que se encontre sob a ação de tensões normais σ_x e σ_z é dada por

$$\frac{\Delta V}{V} = \varepsilon_x + \varepsilon_z = \frac{1-2\nu}{E}\left(\sigma_x' + \sigma_z'\right)$$

na qual V é o volume do elemento de solo. Dessa forma, para condições não drenadas, $\Delta V/V = 0$ (não há modificação de volume), em consequência, $\nu = \nu_u = 0{,}5$. Isso é verdadeiro para todos os solos, contanto que as condições sejam completamente não drenadas.

Para determinados componentes de tensão aplicada, σ_x, σ_z e τ_{xz}, as deformações específicas resultantes podem ser encontradas pela resolução simultânea das Equações 5.4 e 5.5. Alternativamente, as equações podem ser escritas na forma matricial

$$\begin{bmatrix} \varepsilon_x \\ \varepsilon_z \\ \gamma_{xz} \end{bmatrix} = \frac{1}{2G(1+\nu)} \begin{bmatrix} 1 & -\nu & 0 \\ -\nu & 1 & 0 \\ 0 & 0 & 2(1+\nu) \end{bmatrix} \begin{bmatrix} \sigma_x' \\ \sigma_z' \\ \tau_{xz} \end{bmatrix} \tag{5.7}$$

As constantes elásticas G, E e ν ainda podem ser relacionadas ao módulo oedométrico (E'_{oed}) descrito na Seção 4.2. No ensaio oedométrico, o solo se deforma na direção z quando apresenta condições drenadas, mas as deformações laterais são nulas. A partir da versão em 3D da Equação 5.7, que será apresentada mais adiante (Equação 5.29), a condição de deformação lateral nula fornece:

$$\varepsilon_z = \frac{1}{E'}\left(\frac{1-\nu'-2\nu'^2}{1-\nu'}\right)\sigma_z'$$

na qual E' e ν' são o módulo de elasticidade longitudinal e o coeficiente de Poisson para condições completamente drenadas. Assim sendo, a partir da definição de E'_{oed} (Equações 4.3 e 4.5):

$$\begin{aligned} E'_{oed} &= \frac{\sigma_z'}{\varepsilon_z} = \frac{E'(1-\nu')}{(1-\nu'-2\nu'^2)} \\ \therefore E' &= E'_{oed}\frac{(1+\nu')(1-2\nu')}{1-\nu'} \end{aligned} \tag{5.8}$$

Substituindo a Equação 5.6,

$$\begin{aligned} 2G(1+\nu') &= E'_{oed}\frac{(1+\nu')(1-2\nu')}{1-\nu'} \\ \therefore G &= E'_{oed}\frac{(1-2\nu')}{2(1-\nu')} \end{aligned} \tag{5.9}$$

Dessa forma, os resultados dos ensaios oedométricos podem ser usados para definir o módulo de elasticidade transversal.

Elasticidade não linear

Na realidade, o módulo de elasticidade transversal do solo não é uma constante do material, mas uma função altamente não linear da deformação específica de cisalhamento e da tensão efetiva confinante, conforme mostra a Figura 5.4a. Em valores muito pequenos de deformação específica, o módulo de elasticidade transversal é um máximo (definido como G_0). O valor de G_0 é independente da deformação específica, mas aumenta com o incremento da tensão efetiva. Como consequência, em geral, G_0 aumenta conforme a profundidade no interior das massas de solo. Se o módulo de elasticidade transversal for normalizado por G_0 para remover a dependência da tensão, será obtida uma curva não linear simples de G/G_0 em relação à deformação específica por cisalhamento (Figura 5.4b). Atkinson (2000) sugeriu que esse relacionamento pode ser aproximado pela Equação 5.10:

$$\frac{G}{G_0} = \frac{1-(\gamma_p/\gamma)^B}{1-(\gamma_p/\gamma_0)^B} \leq 1{,}0 \tag{5.10}$$

na qual γ é a deformação específica por cisalhamento, γ_0 define a deformação específica máxima em que a rigidez de pequenas deformações, G_0, ainda é aplicável (normalmente, em torno de 0,001%), γ_p define a deformação específica em que o solo se torna plástico (em geral, em torno de 1%), e B define o formato da curva entre $G/G_0 = 0$ e 1, estando quase sempre entre 0,1–0,5, dependendo do tipo de solo. Esse relacionamento é mostrado na Figura 5.4b.

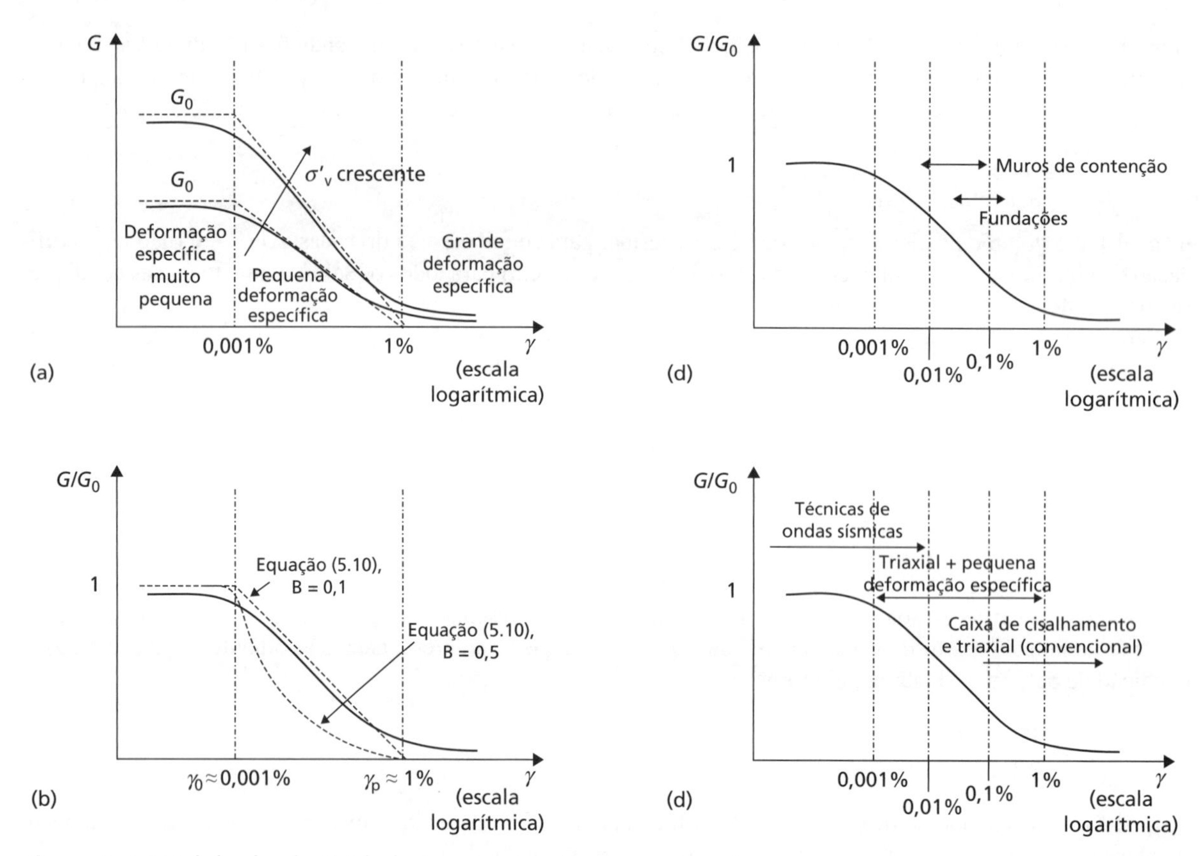

Figura 5.4 Módulo de elasticidade transversal não linear de solos.

Para as estruturas geotécnicas mais comuns, os níveis operacionais da deformação específica significarão que o módulo de elasticidade transversal $G < G_0$. Intervalos de valores comuns de deformação específica são mostrados na Figura 5.4c; eles podem ser usados para estimar um valor linearizado adequado de G para um determinado problema com base na relação não linear. A relação não linear completa G–γ pode ser determinada por:

1 Realização de ensaio triaxial (descritos adiante na Seção 5.4) em equipamentos modernos com medidas de amostras de pequenas deformações; agora, esse equipamento está disponível na maioria dos laboratórios de ensaios.
2 Determinação do valor de G_0 usando técnicas de ondas sísmicas (seja em um ensaio de célula triaxial usando elementos fletores piezocerâmicos — *bender elements* — especiais, seja *in situ*, conforme descrito nos Capítulos 6 e 7), combinando isso com uma relação entre G/G_0 normalizada e γ (por exemplo, a Equação 5.10; ver Atkinson, 2000, para obter mais detalhes).

Desses métodos, o segundo é o mais barato e rápido de implementar na prática. Em princípio, o valor de G também pode ser estimado a partir da curva que relaciona a diferença das tensões principais com a deformação específica axial em um ensaio triaxial não drenado (isso será descrito na Seção 5.4). No entanto, sem a medida da amostra de pequenas deformações, é provável que os dados só estejam disponíveis para $\gamma > 0{,}1\%$ (ver Figura 5.4d). Por causa dos efeitos do distúrbio da amostragem (ver Capítulo 6), é preferível determinar G (ou E) a partir dos resultados de ensaios *in situ* em vez daqueles oriundos de ensaios em laboratório.

5.3 Modelos simples de plasticidade de solos

O solo como um material friccional

O uso somente de modelos elásticos (conforme descrito anteriormente) significa que o solo é infinitamente forte. Se, em um ponto sobre qualquer plano no interior de uma massa de solo, a tensão de cisalhamento se tornar igual à resistência ao cisalhamento do solo, então, ali ocorrerá a falha estrutural. Coulomb propôs originalmente que a resistência limitante de solos seria por atrito (friccional), imaginando que, se ocorresse deslizamento (falha plástica) ao longo de qualquer plano no interior de um elemento de partículas intimamente ligadas (solo), então, o plano de deslizamento seria áspero em consequência dos contatos individuais de uma partícula com outra. Em geral, o atrito é descrito por:

$$T = \mu N$$

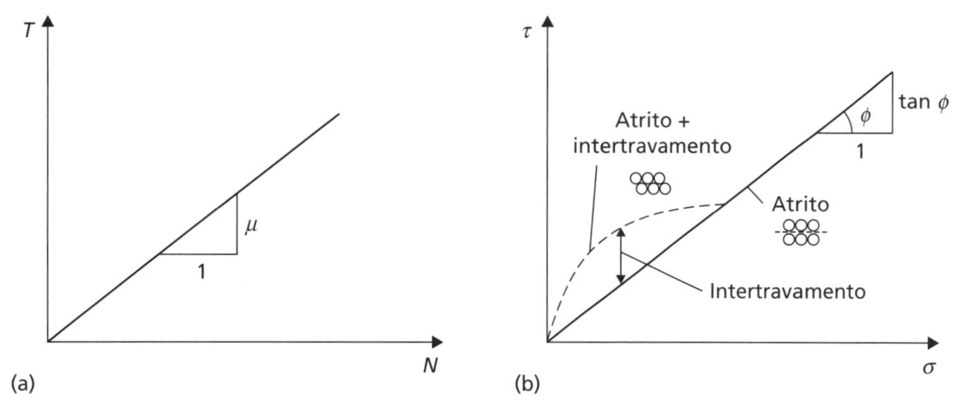

Figura 5.5 (a) Resistência friccional ao longo de um plano de deslizamento; (b) resistência de um conjunto de partículas ao longo de um plano de deslizamento.

na qual T é a força de atrito limitante, N é a força normal que age no sentido perpendicular ao plano de deslizamento, e μ é o coeficiente de atrito. Isso é mostrado na Figura 5.5a. Em um elemento de solo, é mais útil usar a tensão de cisalhamento e a tensão normal em vez de T e N

$$\tau_f = (\text{tg}\,\phi)\sigma$$

na qual tg ϕ é equivalente ao coeficiente de atrito, que é uma propriedade intrínseca do material relacionada com a rugosidade do plano de cisalhamento (isto é, o formato, o tamanho e a angularidade das partículas de solo). A relação de atrito em termos de tensões é mostrada na Figura 5.5b.

Embora o modelo de atrito de Coulomb tenha representado disposições de partículas ligadas de maneira livre, se as partículas fossem organizadas em um agrupamento denso, então, o intertravamento adicional inicial entre as partículas poderia fazer com que a resistência de atrito τ_f fosse maior do que a que considera apenas o atrito. Se a tensão normal for aumentada, ela pode se tornar grande o suficiente para que as forças de contato entre as partículas individuais causem a quebra da partícula, o que reduziria o grau de intertravamento e tornaria o deslizamento mais fácil. Em tensões normais altas, portanto, o efeito de intertravamento desaparece, e o comportamento do material se torna puramente friccional novamente. Isso também está ilustrado na Figura 5.5b.

De acordo com o princípio de que a tensão de cisalhamento em um solo pode ser suportada apenas pelo esqueleto das partículas sólidas e não pela água dos poros, a resistência ao cisalhamento (τ_f) de um solo em um ponto de um plano específico é expressa normalmente como uma função da tensão efetiva normal (σ') em vez da tensão total.

O modelo de Mohr–Coulomb

De acordo com o que foi descrito na Seção 5.1, o estado de tensão em um elemento de solo é definido em termos de tensões normais e de cisalhamento aplicadas aos seus contornos. Os estados de tensão em duas dimensões podem ser representados em um gráfico de tensão de cisalhamento (τ) em função da tensão efetiva normal (σ'). O estado de tensões para um elemento de solo em 2D pode ser representado tanto por um par de pontos com coordenadas (σ'_Z, τ'_{ZX}) e (σ'_X, τ'_{XZ}) quanto por um **círculo de Mohr** definido pelas **tensões principais** efetivas σ'_1 e σ'_3, conforme ilustrado na Figura 5.6. Os pontos de tensão em cada extremidade de um diâmetro do círculo de Mohr a um ângulo de 2θ com a horizontal representam as condições de tensão em um plano que faça um ângulo θ com a tensão principal menor. Dessa forma, o círculo representa os estados de tensão em todos os planos possíveis no interior do elemento de solo. Apenas os componentes de tensão principais já são suficientes para descrever, de forma completa, a posição e o tamanho do círculo de Mohr e, por isso, são usados com frequência para descrever o estado de tensão, já que, assim, consegue-se reduzir o número de variáveis de tensão de três (σ'_X, σ'_Z, τ'_{ZX}) para duas (σ'_1, σ'_3). Quando o elemento de solo atingir a falha estrutural, o círculo apenas tocará a envoltória de ruptura (falha estrutural) em um único ponto. A envoltória de ruptura é definida pelo modelo friccional descrito anteriormente; entretanto, pode ser difícil tratar de sua parte não linear associada ao intertravamento, por isso, é prática comum fazer a aproximação da envoltória de ruptura com uma linha reta descrita por:

$$\tau_f = c' + \sigma' \,\text{tg}\,\phi' \tag{5.11}$$

na qual c' e ϕ' são os parâmetros de resistência ao cisalhamento denominados **coesão** (ou **intercepto de coesão**) e **ângulo de atrito interno** (ou **ângulo de resistência ao cisalhamento**), respectivamente. Dessa forma, ocorrerá a falha estrutural em qualquer ponto do solo em que se desenvolva uma combinação crítica de tensão de cisalhamento com a normal efetiva. Deve-se considerar que c' e ϕ' são somente constantes matemáticas que definem um relacionamento linear entre a tensão normal efetiva e a resistência ao cisalhamento. Esta última é desenvolvida mecani-

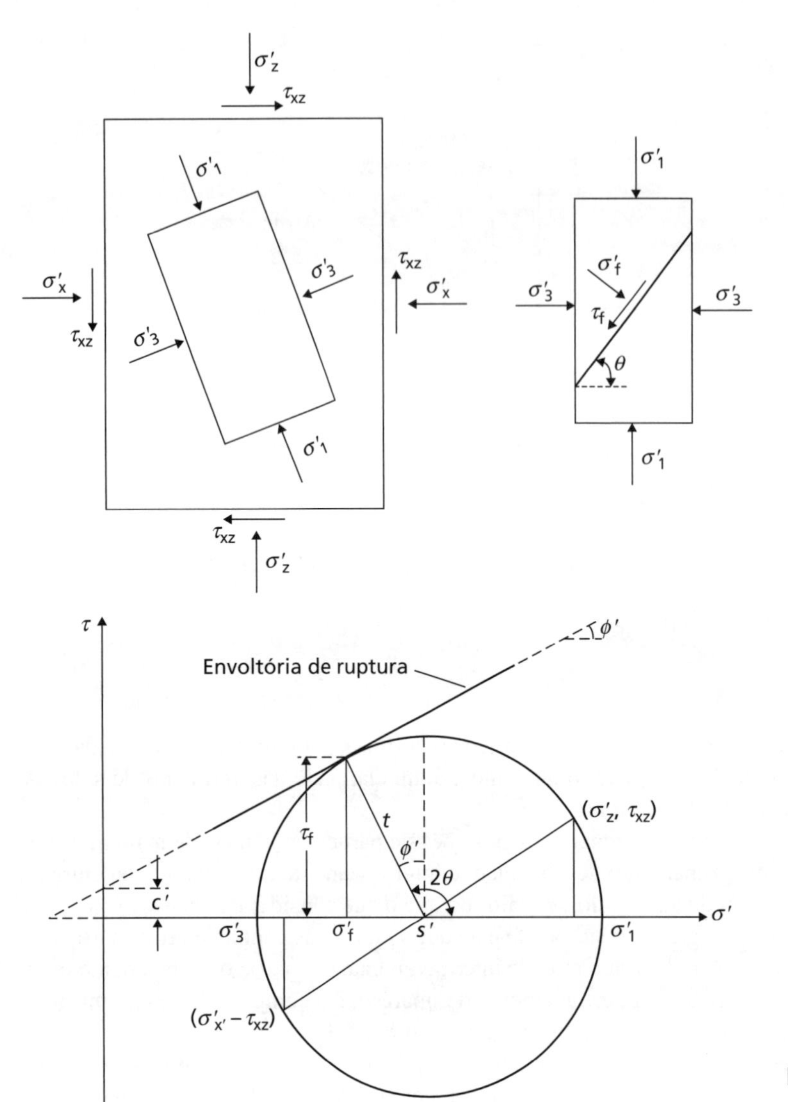

Figura 5.6 Critério de ruptura de Mohr–Coulomb.

camente em virtude das forças entre as partículas, conforme já foi descrito; portanto, se a tensão normal efetiva for nula, então, a resistência ao cisalhamento também deverá ser (a menos que haja cimentação ou algum outro tipo de ligação entre as partículas), e o valor de c' seria zero. Esse ponto é crucial para a interpretação dos parâmetros de resistência ao cisalhamento (descritos na Seção 5.4).

É impossível existir um estado de tensão representado por um ponto de tensão que se localize acima da envoltória de ruptura ou por um círculo de Mohr com uma parte acima dela.

Com relação ao caso geral com $c' > 0$ representado na Figura 5.6, pode-se deduzir o relacionamento entre os parâmetros de resistência ao cisalhamento e as tensões principais efetivas no colapso estrutural em um ponto específico, sendo admitida como positiva a tensão de compressão. As coordenadas do ponto tangente são τ_f e σ'_f, em que

$$\tau_f = \frac{1}{2}(\sigma'_1 - \sigma'_3)\operatorname{sen} 2\theta \tag{5.12}$$

$$\sigma'_f = \frac{1}{2}(\sigma'_1 + \sigma'_3) + \frac{1}{2}(\sigma'_1 - \sigma'_3)\cos 2\theta \tag{5.13}$$

e θ é o ângulo teórico entre o plano principal menor e o plano de ruptura. Torna-se evidente que $2\theta = 90° + \phi'$, de forma que

$$\theta = 45° + \frac{\phi'}{2} \tag{5.14}$$

Agora,

$$\operatorname{sen}\phi' = \frac{\frac{1}{2}(\sigma'_1 - \sigma'_3)}{c'\cot\phi' + \frac{1}{2}(\sigma'_1 + \sigma'_3)}$$

Portanto

$$(\sigma_1' - \sigma_3') = (\sigma_1' + \sigma_3')\,\text{sen}\,\phi' + 2c'\cos\phi' \tag{5.15a}$$

ou

$$\sigma_1' = \sigma_3' \tan^2\left(45° + \frac{\phi'}{2}\right) + 2c'\tan\left(45° + \frac{\phi'}{2}\right) \tag{5.15b}$$

A Equação 5.15 é conhecida como critério de ruptura de Mohr–Coulomb e define a relação entre as tensões principais na ruptura das propriedades c' e ϕ' de um determinado material.

Para um determinado estado de tensão, fica claro que, em consequência de $\sigma_1' = \sigma_1 - u$ e $\sigma_3' = \sigma_3 - u$, os círculos de Mohr para as tensões totais e para as efetivas têm o mesmo diâmetro, mas seus centros estão afastados pela poropressão (pressão da água nos poros) u correspondente, conforme ilustra a Figura 5.7. Da mesma forma, o ponto de tensão total e o de tensão efetivas estão afastados pelo valor de u.

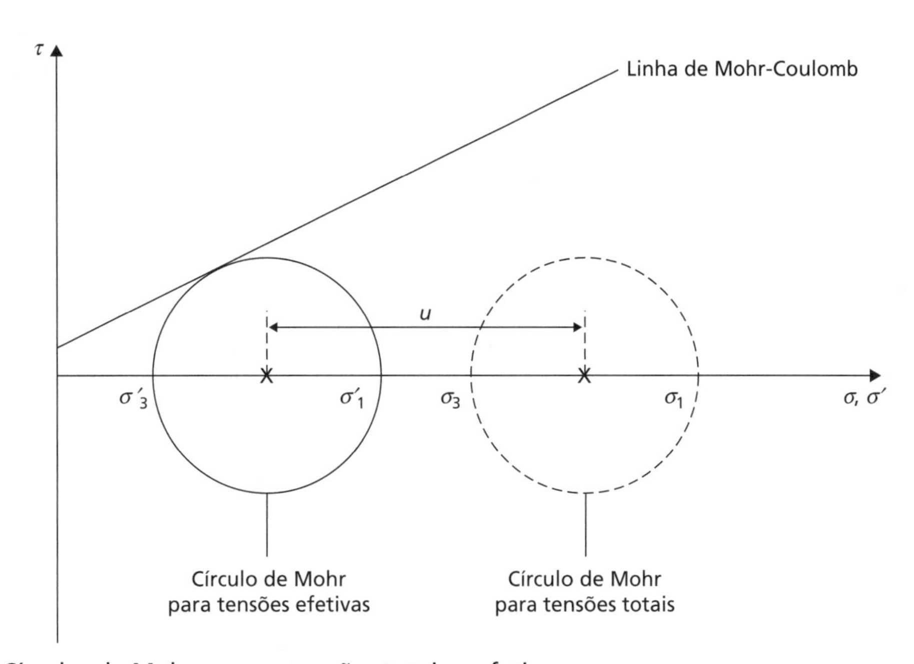

Figura 5.7 Círculos de Mohr para as tensões totais e efetivas.

Efeito das condições de drenagem sobre a resistência ao cisalhamento

A resistência ao cisalhamento de um solo em condições não drenadas é diferente daquela em condições drenadas. A envoltória de ruptura é definida em termos de tensões efetivas por ϕ' e c', portanto, é a mesma independentemente de o solo estar em condições drenadas ou não drenadas; a diferença é que, submetida a um determinado conjunto de tensões aplicadas, no carregamento não drenado, são gerados excessos de pressões nos poros, o que altera as tensões efetivas no interior do solo (em condições drenadas, o excesso de pressões nos poros é zero, uma vez que o adensamento já foi concluído). Dessa forma, duas amostras idênticas de solo sujeitas às mesmas modificações de tensão total, mas em diferentes condições de drenagem, terão tensões efetivas internas distintas e, portanto, diferentes resistências, de acordo com o critério de Mohr–Coulomb. Em vez de ter de determinar as pressões nos poros e as tensões efetivas em condições não drenadas, a **resistência não drenada** pode ser expressa em termos de tensão total. A envoltória de ruptura ainda será linear, mas terá um gradiente diferente, assim como um diferente intercepto; portanto, um modelo de Mohr–Coulomb ainda pode ser utilizado, mas os parâmetros de resistência ao cisalhamento são diferentes e indicados por c_u e ϕ_u (= 0, ver Seção 5.6), com os subscritos indicando comportamento não drenado (*undrained*). A resistência drenada é expressa diretamente em termos de parâmetros da tensão efetiva, c' e ϕ', descritos anteriormente.

Ao usar esses parâmetros de resistência para análises subsequentes das construções geotécnicas na prática, a consideração principal é a velocidade em que as modificações de tensão total (em consequência das operações construtivas) são aplicadas em relação à velocidade de dissipação do excesso de pressão de água nos poros (adensamento), o que, por sua vez, relaciona-se com a permeabilidade do solo, de acordo com o que foi descrito no Capítulo 4. Em solos de graduação fina (solos finos) e baixa permeabilidade (por exemplo, argila, silte), o carregamento em curto prazo (por exemplo, na ordem de semanas ou menos) será não drenado, ao passo que, em longo prazo, as condições serão drenadas. Em solos grossos (por exemplo, areia, pedregulho), tanto o carregamento de curto prazo quanto o de longo prazo resultarão em condições drenadas em razão da maior permeabilidade, permitindo que o adensamento ocorra rapidamente. Sob a ação de carregamento dinâmico (por exemplo, terremotos), o carregamento pode ser rápido o suficiente para gerar uma resposta não drenada em material grosso. "Curto prazo" é admitido como sinônimo de "durante a construção", ao passo que "longo prazo" normalmente se relaciona com sua vida útil (em geral, muitas dezenas de anos).

5.4 Ensaios de resistência ao cisalhamento em laboratório

Os parâmetros de rigidez ou deformabilidade (G) e de resistência (c', ϕ', c_u) de um determinado solo podem ser determinados por intermédio de ensaios de laboratório com corpos de prova retirados de amostras representativas do solo *in situ*. São exigidos grandes cuidados e muita ponderação na operação de amostragem, assim como no armazenamento e na manipulação das amostras antes do ensaio, especialmente, no caso de **amostras indeformadas** (**amostras não perturbadas**), cujo objetivo é preservar a estrutura *in situ* e o teor de umidade do solo. No caso de argilas, os corpos de prova dos ensaios podem ser obtidos de amostras em tubos ou em blocos, em geral, estando as últimas sujeitas a menores perturbações. Ocorrerá a expansão (inchamento) de um corpo de prova de argila em consequência do alívio das tensões totais *in situ*. As técnicas de amostragem serão descritas com mais detalhes no Capítulo 6.

O ensaio de cisalhamento direto

Os procedimentos de ensaio estão detalhados na BS 1377, Parte 8 (Reino Unido), na CEN ISO/TS 17892-10 (restante da Europa) e na ASTM D3080 (EUA). O corpo de prova, com área de seção transversal A, é confinado em uma caixa metálica (chamada também de **caixa de cisalhamento** ou, em inglês, ***shearbox***) de seção transversal quadrada ou circular, dividida horizontalmente à meia-altura, mantendo-se uma pequena folga entre as duas partes da caixa. Ao acontecer o colapso dentro de um elemento de solo submetido às tensões principais σ'_1 e σ'_3, será formado um plano de deslizamento no interior do elemento a um ângulo θ, conforme ilustrado na Figura 5.6. A caixa de cisalhamento destina-se a representar as condições de tensão ao longo do plano desse deslizamento. São colocadas placas porosas abaixo e acima do corpo de prova se ele estiver completo ou parcialmente saturado, a fim de permitir que a drenagem ocorra livremente: se o corpo de prova estiver seco, podem ser usadas placas sólidas de metal. Os aspectos essenciais do equipamento são mostrados na Figura 5.8. Na Figura 5.8a, é aplicada uma força vertical (N)

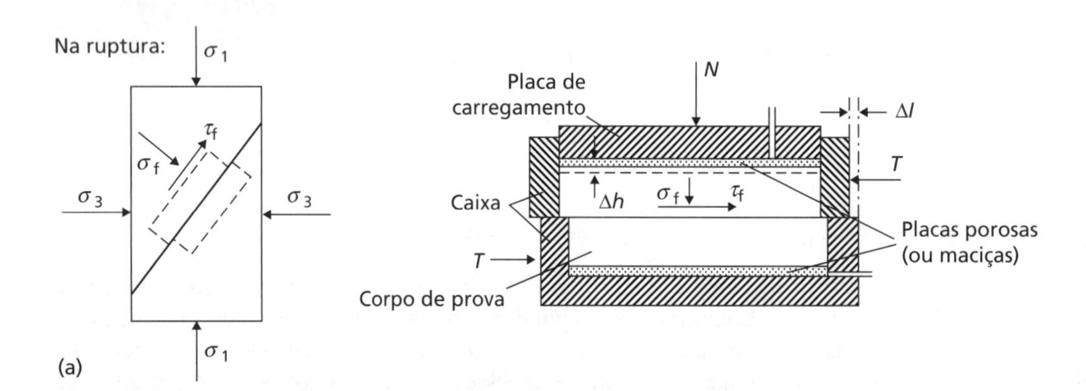

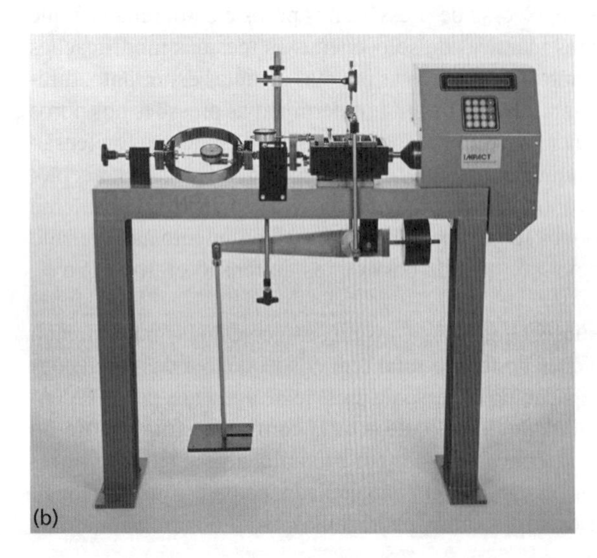

Figura 5.8 Equipamento do ensaio de cisalhamento direto: (a) esquema; (b) equipamento-padrão de ensaio de cisalhamento direto (imagem cedida por Impact Test Equipment Ltd.).

no corpo de prova por meio de uma placa de carregamento, e, sob a ação dela, pode acontecer adensamento da amostra. Em seguida, a tensão cisalhante é aplicada gradualmente sobre um plano horizontal, fazendo com que as duas metades da caixa se movam, uma em relação à outra, sendo a força cisalhante necessária (T) medida junto ao deslocamento de cisalhamento (Δl) correspondente. A tensão cisalhante induzida no interior da amostra no plano de deslizamento é igual àquela exigida para cisalhar as duas metades da caixa. As velocidades sugeridas de cisalhamento para condições completamente drenadas a serem atingidas são em torno de 1 mm/min para areia, 0,01 mm/min para silte, e 0,001 mm/min para argila (Bolton, 1991). Em geral, também é medida a variação da espessura do corpo de prova (Δh). Se a espessura inicial do corpo de prova for h_0, então, a distorção (deformação angular, γ) pode ser aproximada por $\Delta l/h_0$, e a deformação volumétrica (ε_v), por $\Delta h/h_0$.

Interpretação dos dados do ensaio de cisalhamento direto

Vários corpos de prova do solo são testados, cada um sob a ação de uma força vertical diferente, e os valores das tensões de cisalhamento na ruptura ($\tau_f = T/A$) são plotados em função da tensão normal efetiva ($\sigma'_f = N/A$) em cada ensaio. Os parâmetros de resistência ao cisalhamento de Mohr–Coulomb c' e ϕ' são obtidos, então, com base na linha reta que melhor se ajusta aos pontos plotados. A tensão cisalhante ao longo de todo o ensaio também pode ser plotada em função da deformação específica por cisalhamento (distorção); o gradiente da parte inicial da curva antes da ruptura (maior tensão cisalhante) fornece uma aproximação grosseira do módulo de elasticidade transversal (G).

O ensaio apresenta várias desvantagens, e a principal é a de que as condições de drenagem não podem ser controladas. Como não se pode medir a pressão da água nos poros (poropressão ou pressão neutra), apenas a tensão normal total pode ser determinada, embora seja igual à tensão normal efetiva se a poropressão for nula (isto é, pelo cisalhamento lento o suficiente para atingir condições drenadas). Produz-se, no corpo de prova, apenas uma situação aproximada do estado de cisalhamento puro definido na Figura 5.2, e a tensão de cisalhamento no plano de ruptura não é uniforme, ocorrendo progressivamente a ruptura a partir das bordas em direção ao centro do corpo de prova. Além disso, a área da seção transversal da amostra submetida à carga de cisalhamento e à carga vertical não permanece constante durante o ensaio. As vantagens deste são a simplicidade e, no caso de solos grossos, a facilidade de preparação do corpo de prova.

O ensaio triaxial

O **equipamento de ensaio triaxial** é o dispositivo de laboratório mais utilizado para medir o comportamento do solo sob a ação do cisalhamento e é adequado para todos os tipos de solo. O ensaio apresenta as vantagens de que as condições de drenagem podem ser controladas, permitindo que solos saturados de baixa permeabilidade sejam adensados, se necessário, como parte do procedimento do ensaio, e de que se possa medir a poropressão (pressão da água nos poros). É utilizado um corpo de prova cilíndrico no ensaio, em geral, com uma relação comprimento/diâmetro igual a 2; ele é colocado dentro de uma câmara de água pressurizada. A amostra é tensionada axialmente por um pistão de carregamento e, radialmente, pela pressão do fluido confinante sob as condições de simetria axial mostrada na Figura 5.9. O ensaio mais comum, **compressão triaxial**, envolve a aplicação do cisalhamento ao solo, mantendo a pressão confinante constante e aplicando carga axial de compressão por intermédio do pistão de carregamento.

As características principais do equipamento também estão ilustradas na Figura 5.9. A base circular tem um pedestal central em que o corpo de prova é colocado, havendo acesso, por meio dele, para drenagem e para a medida da pressão da água nos poros. Um cilindro Perspex (de acrílico), vedado entre um anel e o topo da célula circular, forma o corpo da célula. Seu topo tem um canal central por onde passa o pistão de carregamento. O cilindro e o topo da célula são presos à base, sendo sua vedação feita por meio de um anel de borracha (*O-ring*).

O corpo de prova é colocado sobre um disco poroso ou sólido no pedestal do equipamento. Os diâmetros usuais de corpos de prova (no Reino Unido) são 38 e 100 mm. É colocada uma placa de carregamento no topo do corpo de prova, e, então, ele é selado em uma membrana de borracha. Usam-se anéis de borracha (*O-rings*) tensionados para fixar hermeticamente a membrana no pedestal e na placa de carregamento, de modo a tornar essas conexões a prova de água. No caso de areias, o corpo de prova deve ser preparado em uma membrana de borracha dentro de um molde rígido que se adapte ao pedestal. É aplicada uma pequena pressão negativa à água dos poros para manter a estabilidade do corpo de prova, enquanto o molde é removido antes da aplicação da pressão confinante em todo o perímetro. Também pode ser feita uma conexão com o topo do corpo de prova por meio da placa de carregamento, com um tubo flexível de plástico ligando esta placa à base da célula; em geral, essa conexão é usada para se aplicar contrapressão (conforme será descrito mais adiante nesta seção). Tanto o topo da placa de carregamento quanto a extremidade inferior do pistão de carregamento têm superfícies cônicas, sendo a carga transmitida por meio de uma esfera de aço. O corpo de prova fica sujeito a uma pressão fluida em todo o perímetro na célula, o adensamento pode ocorrer, caso seja adequado, e, então, a tensão axial é aumentada gradualmente pela aplicação da carga compressiva por meio do pistão, até ocorrer a ruptura do corpo de prova, em geral, em um plano diagonal pela amostra (Figura 5.6). A carga é medida por intermédio de um anel ou transdutor de carga ajustado ao pistão de carregamento, colocado dentro ou fora da célula. O sistema para aplicar a tensão em todo o perímetro deve ser capaz de compensar as alterações da pressão em virtude do vazamento da célula ou da modificação no volume do corpo de prova.

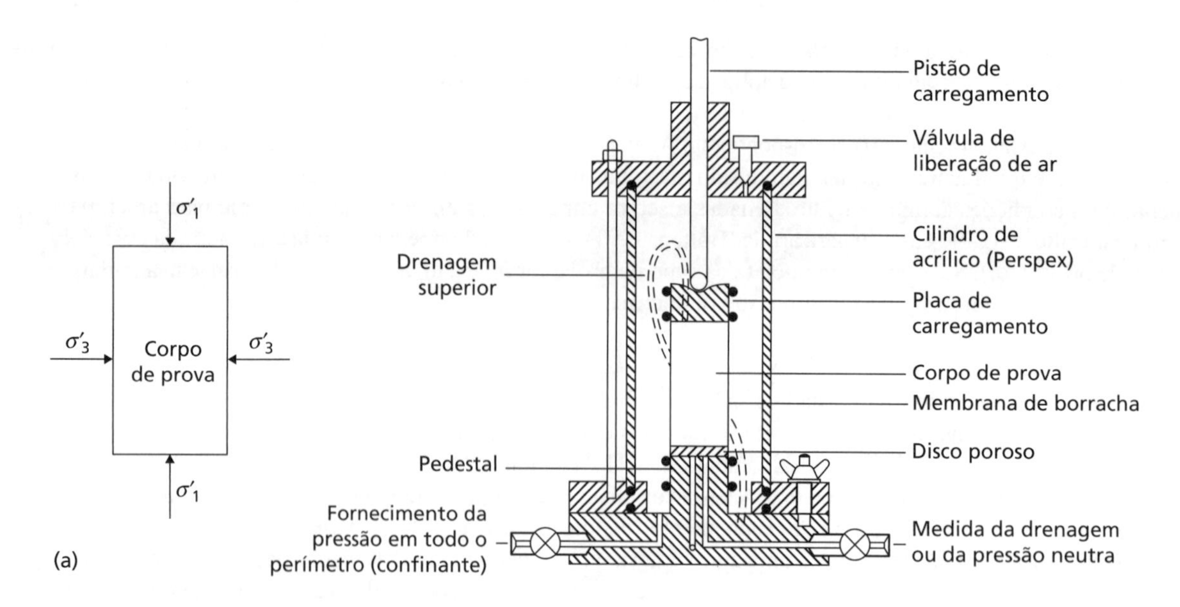

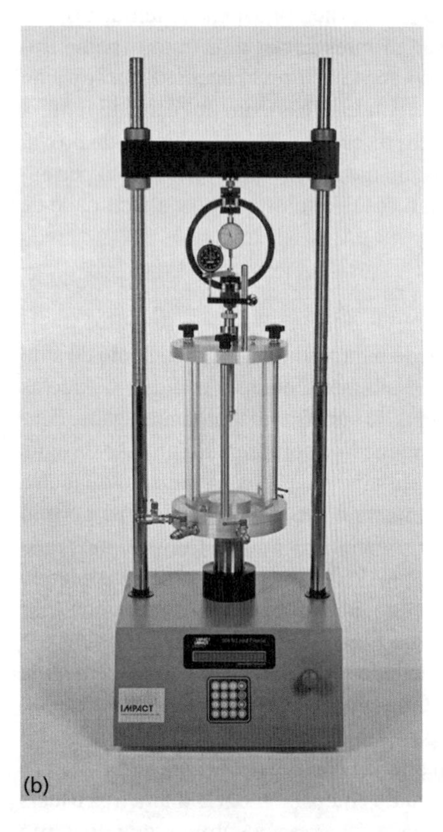

Figura 5.9 O equipamento do ensaio triaxial: (a) esquema; (b) uma célula-padrão de ensaio triaxial (imagem cedida por Impact Test Equipment Ltd.).

Antes da compressão triaxial, pode-se permitir o adensamento da amostra sob incrementos iguais da tensão normal total nas extremidades e na superfície lateral (circunferencial) do corpo de prova, isto é, aumentando a pressão do fluido confinante no interior da célula triaxial. A deformação lateral do corpo de prova é diferente de zero durante o adensamento nessas condições (ao contrário do ensaio oedométrico, como descrito na Seção 4.2). Isso é conhecido como **adensamento isotrópico**. A dissipação do excesso de pressão da água nos poros ocorre em consequência da drenagem através do disco poroso na superfície inferior (ou na superfície superior ou em ambas) do corpo de prova. A conexão de drenagem conduz a um medidor de volume (bureta) externo, permitindo que se meça o volume de água expelido pelo corpo de prova. Algumas vezes, drenos de filtros de papel, em contato com os discos porosos das extremidades, são colocados em torno da circunferência do corpo de prova; assim, pode ocorrer tanto a drenagem vertical quanto a radial, e a taxa de dissipação do excesso de pressão da água nos poros é aumentada para reduzir o tempo do ensaio nessa etapa.

Em geral, a pressão da água nos poros no interior de um corpo de prova em um ensaio triaxial pode ser medida, permitindo que os resultados sejam expressos em termos de tensões efetivas no interior da amostra, em vez apenas das tensões totais aplicadas conhecidas; as condições de fluxo nulo, tanto de saída quanto de entrada, do corpo de prova devem ser mantidas, caso contrário, a pressão correta será modificada. Normalmente, a pressão de água dos poros é medida por intermédio de um transdutor eletrônico de pressão.

Se o corpo de prova estiver parcialmente saturado, deve ser selado um disco fino e poroso de cerâmica no pedestal da célula, no caso de ser necessário medir a pressão correta de água nos poros. Dependendo do tamanho dos poros da cerâmica, apenas a água dos poros poderá fluir através do disco, mas desde que a diferença entre a pressão do ar dos poros e a pressão da água dos poros esteja abaixo de determinado valor, conhecido como **valor de entrada de ar** do disco. Em condições não drenadas, o disco de cerâmica permanecerá completamente saturado com água, considerando que o valor de entrada de ar seja suficientemente alto, permitindo que a pressão correta de água dos poros seja medida. O uso de um disco poroso grosso, como o que se costuma usar em um solo completamente saturado, resultaria na medida da pressão do ar dos poros em um solo parcialmente saturado.

Limitações e correções do ensaio

A área média da seção transversal (A) do corpo de prova não permanece constante ao longo de todo o ensaio, e isso deve ser levado em consideração na interpretação dos dados de tensão obtidos a partir das medidas das cargas axiais do pistão. Se a área original da seção transversal do corpo de prova for A_0, o comprimento original for l_0 e o volume original for V_0, então, se o volume do corpo de prova diminuir durante o ensaio,

$$A = A_0 \frac{1-\varepsilon_v}{1-\varepsilon_a} \tag{5.16}$$

na qual ε_v é a deformação volumétrica ($\Delta V/V_0$), e ε_a é a deformação específica axial (ou deformação específica linear, $\Delta l/l_0$). Se o volume do corpo de prova aumentar durante o ensaio, o sinal de ΔV será modificado, e o numerador da Equação 5.16 se tornará $(1 + \varepsilon_v)$. Caso necessário, a deformação radial (ε_r) poderia ser obtida a partir da equação

$$\varepsilon_v = \varepsilon_a + 2\varepsilon_r \tag{5.17}$$

Além disso, as condições das deformações no corpo de prova não são uniformes em consequência da restrição de atrito provocada pela placa de carregamento e pelo disco do pedestal; isso resulta em zonas mortas em cada uma das extremidades do corpo de prova, que assume a forma de um barril à medida que o ensaio se desenvolve. Pode-se diminuir bastante a deformação não uniforme do corpo de prova por meio da lubrificação das superfícies das extremidades. No entanto, foi demonstrado que a deformação não uniforme não causa efeito significativo na resistência medida do solo, desde que a relação comprimento/diâmetro do corpo de prova não seja menor do que dois. A conformidade da membrana de borracha também deve ser levada em consideração.

Interpretação dos dados do ensaio triaxial: força

Os dados do ensaio triaxial podem ser apresentados na forma de círculos de Mohr na ruptura; entretanto, é mais simples apresentá-los em termos de invariantes de tensão, de tal modo que um determinado conjunto de condições de tensões efetivas possa ser representado por um único ponto em vez de por um círculo. Em condições de tensão bidimensional (2D), o estado de tensões representado na Figura 5.6 também poderia ser definido pelo raio e pelo centro do círculo de Mohr. Em geral, o raio é indicado por $t = 1/2\ (\sigma_1' - \sigma_3')$, com o ponto central indicado por $s' = 1/2\ (\sigma_1' + \sigma_3')$. Esses valores ($t$ e s') também representam a tensão cisalhante máxima no interior do elemento e a tensão principal efetiva média, respectivamente. O estado de tensões também poderia ser expresso em termos de tensão total. Deve-se observar que

$$\frac{1}{2}(\sigma_1' - \sigma_3') = \frac{1}{2}(\sigma_1 - \sigma_3)$$

isto é, o parâmetro t, da mesma forma que a tensão cisalhante τ, é independente de u. Esse parâmetro é conhecido como **invariante da tensão desviatória** (***deviatoric stress invariant***) em condições de tensão bidimensionais (2D) e é análogo à tensão cisalhante τ agindo em um plano de cisalhamento (de forma alternativa, τ pode ser considerado o invariante de tensão desviatória em cisalhamento direto). O parâmetro s' também é conhecido como **invariante de tensão média** e é análogo à tensão normal efetiva agindo em um plano de cisalhamento (isto é, causando modificação volumétrica, mas não cisalhamento). Substituindo o Princípio de Terzaghi na definição de s', fica óbvio que

$$\frac{1}{2}(\sigma_1' + \sigma_3') = \frac{1}{2}(\sigma_1 + \sigma_3) - u$$

ou, escrevendo novamente, $s' = s - u$, isto é, o Princípio de Terzaghi reescrito em termos de invariantes de tensão bidimensional.

As condições de tensão e o círculo de Mohr para um elemento de solo tridimensional (3D) sujeito a uma distribuição geral de tensões são mostrados na Figura 5.10. Ao contrário das condições 2D, quando há três componentes únicos de tensão (σ_x', σ_z', τ_{zx}), em 3D, há seis componentes de tensão (σ_x', σ_y', σ_z', τ_{xy}, τ_{yx}, τ_{zx}). No entanto, eles podem

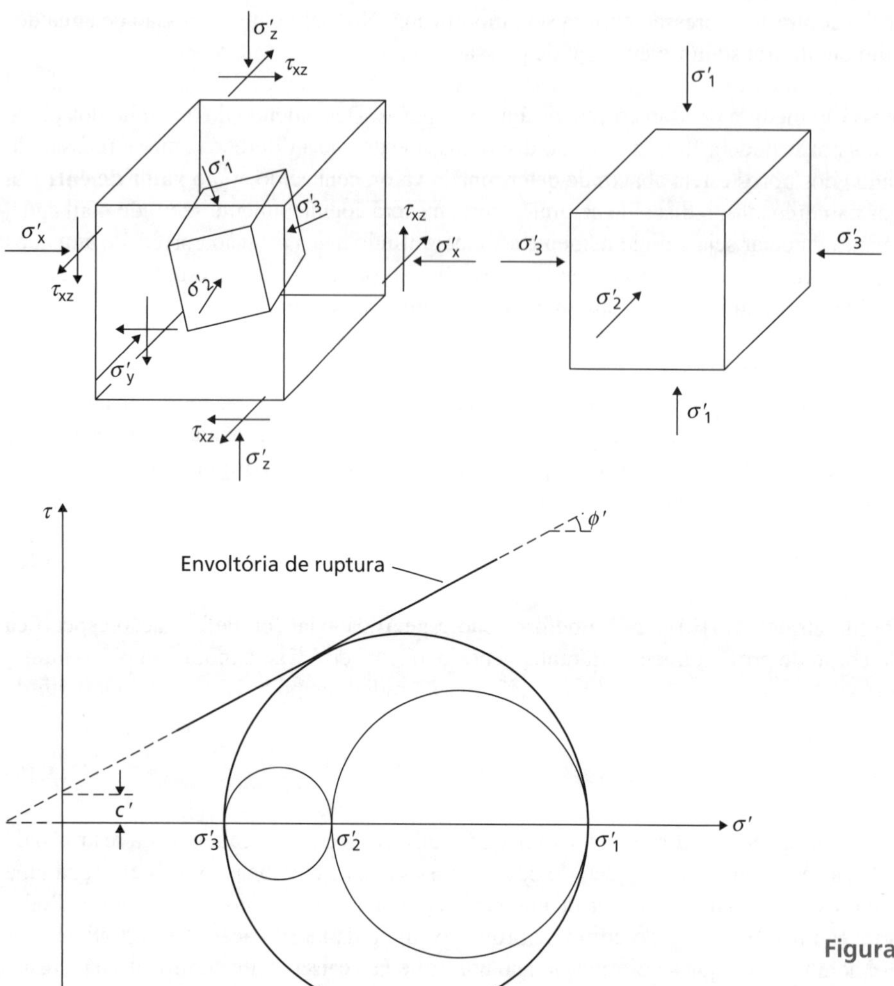

Figura 5.10 Círculos de Mohr para condições de tensões triaxiais.

ser reduzidos a um conjunto de três tensões principais, σ'_1, σ'_2 e σ'_3. Como antes, σ'_1 e σ'_3 são a maior e a menor tensão principal; σ'_2 é conhecida como a **tensão principal intermediária**. Para o caso geral em que os três componentes de tensão principal são diferentes ($\sigma'_1 > \sigma'_2 > \sigma'_3$, também descrito como condição **triaxial verdadeira**), pode ser desenhado um conjunto de três círculos de Mohr, conforme mostra a Figura 5.10.

Da mesma forma que, no caso de condições de tensão 2D, foi possível descrever o estado de tensões em termos de um invariante médio e desviatório (s' e t, respectivamente), isso também é possível em condições 3D. Para distinguir entre os casos 2D e 3D, o invariante médio triaxial é indicado por p' (tensão efetiva) ou p (tensão total), e o invariante desviatório, por q. Como antes, o invariante de tensão médio causa apenas variação volumétrica (não induz cisalhamento) e é a média dos três componentes de tensão principais:

$$p' = \frac{\sigma'_1 + \sigma'_2 + \sigma'_3}{3} \tag{5.18}$$

A Equação 5.18 também pode ser escrita em termos de tensões totais. Da mesma forma, q, como o invariante desviatório, induz cisalhamento no interior da amostra e é independente da pressão do fluido nos poros, u:

$$q = \frac{1}{\sqrt{2}}\left[\left(\sigma_1 - \sigma_2\right)^2 + \left(\sigma_2 - \sigma_3\right)^2 + \left(\sigma_3 - \sigma_1\right)^2\right]^{\frac{1}{2}} \tag{5.19}$$

Um desenvolvimento completo da Equação 5.19 encontra-se em Atkinson e Bransby (1978). Na célula triaxial, as condições de tensão são mais simples do que o caso geral mostrado na Figura 5.10. Durante um ensaio-padrão de compressão, $\sigma_1 = \sigma_a$, e, em consequência da simetria axial, $\sigma_2 = \sigma_3 = \sigma_r$, de forma que as Equações 5.18 e 5.19 se reduzem a:

$$p = \frac{\sigma_a + 2\sigma_r}{3} \quad p' = \frac{\sigma'_a + 2\sigma'_r}{3} \tag{5.20}$$

$$q = \sigma'_a - \sigma'_r = \sigma_a - \sigma_r \tag{5.21}$$

A pressão de fluido confinante no interior da célula (σ_r) é a tensão principal menor no ensaio-padrão de compressão triaxial. A soma da pressão confinante com a tensão axial aplicada oriunda do pistão de carregamento é a tensão principal maior (σ_a), considerando-se que não haja tensões de cisalhamento nas superfícies do corpo de prova. Dessa forma, o componente da tensão axial aplicada pelo pistão de carregamento é igual à tensão desviatória, q, também denominada **diferença das tensões principais**.[1] Como a tensão principal intermediária é igual à tensão principal menor, as condições de tensão na ruptura podem ser representadas por um único círculo de Mohr, conforme a Figura 5.6 com $\sigma_1' = \sigma_a'$ e $\sigma_3' = \sigma_r'$. Se forem ensaiados vários corpos de prova, cada um deles sujeito a um valor diferente de pressão confinante, é possível desenhar a envoltória de ruptura e determinar os parâmetros de resistência ao cisalhamento para o solo.

Por causa da simetria axial no ensaio triaxial, tanto o invariante 2D quanto o 3D são usados com frequência, sendo os pontos de tensão representados por s', t ou p', q, respectivamente. Os parâmetros que definem a resistência do solo (ϕ' e c') não são afetados pelos invariantes utilizados; entretanto, a interpretação dos dados para encontrar essas propriedades muda conforme o conjunto de invariantes usado. A Figura 5.11 mostra a envoltória de ruptura de Mohr–Coulomb para um elemento de solo plotado em termos dos invariantes de tensão de cisalhamento direto (σ', τ), 2D (s', t) e 3D/triaxial (p', q). Em condições de cisalhamento direto, já foi descrito na Seção 5.3 que o gradiente da envoltória de ruptura τ/σ' é igual à tangente do ângulo da resistência ao cisalhamento e que o intercepto é igual a c' (Figura 5.11a). Para condições 2D, a Equação 5.15a fornece:

$$\begin{aligned}(\sigma_1'-\sigma_3') &= (\sigma_1'+\sigma_3')\operatorname{sen}\phi' + 2c'\cos\phi' \\ 2t &= 2s'\operatorname{sen}\phi' + 2c'\cos\phi' \\ t &= s'\operatorname{sen}\phi' + c'\cos\phi'\end{aligned} \tag{5.22}$$

Dessa forma, se os pontos da falha estrutural nos ensaios triaxiais fossem plotados em termos de s' e t, seria obtida uma envoltória de ruptura na forma de linha reta — o gradiente dessa linha seria igual ao seno do ângulo de resistência ao cisalhamento, e o intercepto = c' cos ϕ' (Figura 5.11b). Em condições triaxiais com $\sigma_2 = \sigma_3$, a partir das definições de p' e q (Equações 5.20 e 5.21), fica evidente que:

$$(\sigma_1'+\sigma_3') = (\sigma_a'+\sigma_r') = \frac{6p'+q}{3} \tag{5.23}$$

e

$$(\sigma_1'-\sigma_3') = (\sigma_a'-\sigma_r') = q \tag{5.24}$$

O gradiente da envoltória de ruptura em condições triaxiais é descrito pelo parâmetro $M = q/p'$ (Figura 5.11c), de forma que, a partir da Equação 5.15a:

$$\begin{aligned}(\sigma_1'-\sigma_3') &= (\sigma_1'+\sigma_3')\operatorname{sen}\phi' + 2c'\cos\phi' \\ q &= \left(\frac{6p'+q}{3}\right)\operatorname{sen}\phi' + 2c'\cos\phi' \\ q &= \left(\frac{6\operatorname{sen}\phi'}{3-\operatorname{sen}\phi'}\right)p' + \frac{6c'\cos\phi'}{3-\operatorname{sen}\phi'}\end{aligned} \tag{5.25}$$

A Equação 5.25 representa uma linha reta quando plotada em termos de p' e q, com um gradiente dado por

$$\begin{aligned}M &= \frac{q}{p'} = \frac{6\operatorname{sen}\phi'}{3-\operatorname{sen}\phi'} \\ \therefore \operatorname{sen}\phi' &= \frac{3M}{6+M}\end{aligned} \tag{5.26}$$

As Equações 5.25 e 5.26 aplicam-se apenas à compressão triaxial, em que $\sigma_a > \sigma_r$. Para amostras sujeitas à **expansão axial**, $\sigma_r > \sigma_a$, a pressão da célula se torna a tensão principal maior. Isso não influi na Equação 5.23, mas a Equação 5.24 se torna

$$(\sigma_1'-\sigma_3') = (\sigma_r'-\sigma_a') = -q \tag{5.27}$$

fornecendo:

$$\operatorname{sen}\phi' = \frac{3M}{6-M} \tag{5.28}$$

Como o ângulo de atrito do solo deve ser o mesmo se for medido em compressão ou em expansão triaxial, isso implica que diferentes valores de M serão observados na compressão e na expansão.

[1] Esse componente é também conhecido como acréscimo de tensão axial, tensão-desvio, tensão desviatória ou mesmo tensão desviadora. Pode-se ainda encontrar o termo em inglês *deviator stress*. (N.T.)

Interpretação dos dados do ensaio triaxial: rigidez (deformabilidade)

Os dados do ensaio triaxial também são usados para calcular as propriedades de rigidez ou deformabilidade (em especial, o módulo de elasticidade transversal, G) de um solo. Admitindo que este seja elástico isotropicamente linear, para condições de tensão 3D, a Equação 5.7 pode ser estendida para fornecer:

$$\begin{bmatrix} \varepsilon_x \\ \varepsilon_y \\ \varepsilon_z \\ \gamma_{xy} \\ \gamma_{yz} \\ \gamma_{zx} \end{bmatrix} = \frac{1}{2G(1+\nu)} \begin{bmatrix} 1 & -\nu & -\nu & 0 & 0 & 0 \\ -\nu & 1 & -\nu & 0 & 0 & 0 \\ -\nu & -\nu & 1 & 0 & 0 & 0 \\ 0 & 0 & 0 & 2(1+\nu) & 0 & 0 \\ 0 & 0 & 0 & 0 & 2(1+\nu) & 0 \\ 0 & 0 & 0 & 0 & 0 & 2(1+\nu) \end{bmatrix} \begin{bmatrix} \sigma'_x \\ \sigma'_y \\ \sigma'_z \\ \tau_{xy} \\ \tau_{yz} \\ \tau_{zx} \end{bmatrix} \tag{5.29}$$

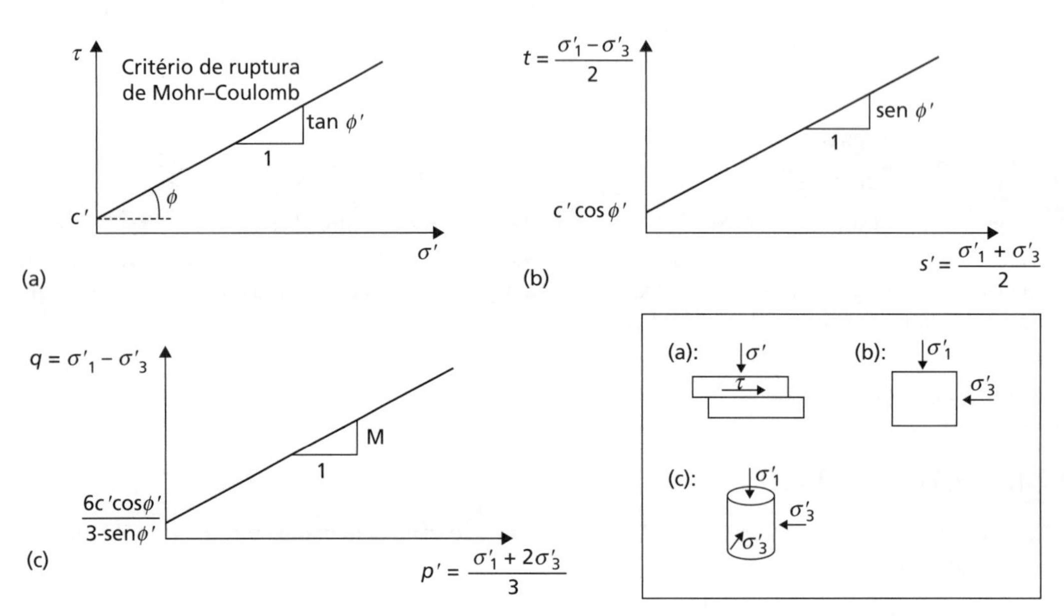

Figura 5.11 Interpretação dos parâmetros de resistência c' e ϕ' usando invariantes de tensão.

Isso também pode ser simplificado em termos das tensões principais e deformações específicas para fornecer:

$$\begin{bmatrix} \varepsilon_1 \\ \varepsilon_2 \\ \varepsilon_3 \end{bmatrix} = \frac{1}{2G(1+\nu)} \begin{bmatrix} 1 & -\nu & -\nu \\ -\nu & 1 & -\nu \\ -\nu & -\nu & 1 \end{bmatrix} \begin{bmatrix} \sigma'_1 \\ \sigma'_2 \\ \sigma'_3 \end{bmatrix} \tag{5.30}$$

A deformação específica desviatória de cisalhamento ε_s no interior de uma célula triaxial (isto é, a deformação induzida pela aplicação da tensão desviatória, q, também conhecida como **deformação específica desviatória por cisalhamento** ou **distorção desviatória**) é dada por:

$$\varepsilon_s = \frac{2}{3}(\varepsilon_1 - \varepsilon_3) \tag{5.31}$$

Substituindo ε_1 e ε_3 da Equação 5.30 e usando a Equação 5.6, a Equação 5.31 se reduz a:

$$\varepsilon_s = \frac{1}{3G} q \tag{5.32}$$

Isso implica que, em um gráfico de q em função de ε_s (isto é, tensão desviatória em função da deformação específica desviatória), o valor do gradiente da curva antes da falha estrutural é igual ao triplo do módulo de elasticidade transversal. Em geral, a fim de determinar ε_s em um ensaio triaxial, é necessário medir tanto a deformação específica axial ε_a (= ε_1 para a compressão triaxial) quanto a específica radial ε_r (= ε_3). Enquanto o primeiro parâmetro é medido de forma rotineira, a medida direta do último exige que sensores sofisticados sejam ligados diretamente à amostra, embora a alteração de volume durante o cisalhamento drenado também possa ser usada na inferência de

ε_r por meio da Equação 5.17. No entanto, se o ensaio for conduzido em condições não drenadas, não haverá variação de volume ($\varepsilon_v = 0$), e, portanto, a partir da Equação 5.17:

$$\varepsilon_r = -\frac{1}{2}\varepsilon_a \qquad (5.33)$$

Com base na Equação 5.31, fica óbvio que, para condições não drenadas, $\varepsilon_s = \varepsilon_a$. Um gráfico de q em função de ε_a para um ensaio não drenado apresentará, por conseguinte, um gradiente igual a $3G$. Dessa forma, o ensaio triaxial não drenado é extremamente útil para a determinação do módulo de elasticidade transversal, usando medidas que podem ser feitas, até mesmo, nas células triaxiais mais básicas. Como G é independente das condições de drenagem no interior do solo, o valor obtido aplica-se igualmente bem em análises subsequentes de solo sujeito a carregamentos drenados. Além de reduzir as exigências de instrumentação, os ensaios não drenados também são muito mais rápidos do que os drenados, em particular, com argilas saturadas de baixa permeabilidade.

Se forem realizados ensaios triaxiais drenados em que se permita a variação de volume, as medidas de deformação específica radial devem ser feitas de forma que G seja determinado por um gráfico de q em função de ε_s. Sob essas condições de ensaio, o coeficiente de Poisson drenado (ν') também pode ser determinado, sendo:

$$\nu' = -\frac{\varepsilon_r}{\varepsilon_a} \qquad (5.34)$$

Em condições não drenadas, não é necessário medir o coeficiente de Poisson (ν_u), uma vez que, comparando-se as Equações 5.33 e 5.34, fica evidente que $\nu_u = 0{,}5$ por não ter havido variação de volume.

Ensaio sob contrapressão

O ensaio sob contrapressão envolve o aumento artificial da pressão de água nos poros no interior da amostra, por meio da conexão de uma fonte de pressão constante de fluido através de um disco poroso com uma extremidade de um corpo de prova triaxial. Em um ensaio drenado, essa conexão permanece aberta ao longo de todo o tempo, com a drenagem ocorrendo em oposição à contrapressão; assim sendo, esta última é a referência para a medida do excesso de pressão de água nos poros. Em um ensaio adensado – não drenado (descrito posteriormente), o contato com a fonte de contrapressão é fechado no final do estágio de adensamento, antes que se inicie a aplicação da diferença das tensões principais.

O objetivo de aplicar uma contrapressão é garantir a saturação completa do corpo de prova ou simular condições *in situ* de pressão de água nos poros. Durante a amostragem, o grau de saturação de um solo fino pode ficar abaixo de 100%, em consequência da expansão (inchamento) que acontece pela liberação de tensões *in situ*. Corpos de prova compactados também terão um grau de saturação menor do que 100%. Em ambos os casos, é aplicada uma contrapressão suficientemente alta para dissolver o ar dos poros na solução da água dos poros.

É fundamental assegurar-se de que a contrapressão em si não altere as tensões efetivas do corpo de prova. É necessário, portanto, elevar a pressão da célula ao mesmo tempo em que se aplica a contrapressão e um mesmo incremento. Considere um elemento de solo, de volume V e porosidade n, em equilíbrio quando sujeito às tensões principais totais σ_1, σ_2 e σ_3, conforme ilustrado na Figura 5.12, sendo a pressão de água nos poros u_0. O elemento está sujeito a aumentos de pressão confinante $\Delta\sigma_3$ idênticos em todas as direções, isto é, um aumento isotrópico de tensão, acompanhado por um aumento Δu_3 na pressão dos poros.

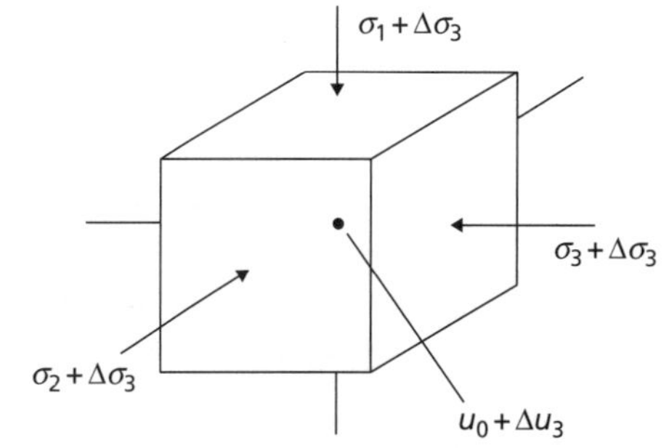

Figura 5.12 Elemento de solo sujeito a incremento isotrópico de tensão.

O aumento da tensão efetiva em cada direção = $\Delta\sigma_3 - \Delta u_3$

Redução de volume no esqueleto do solo = $C_s V(\Delta\sigma_3 - \Delta u_3)$

em que C_s é a compressibilidade do esqueleto do solo sob um incremento isotrópico de tensão efetiva.

Redução de volume no espaço dos poros = $C_v nV\Delta u_3$

em que C_v é a compressibilidade do fluido dos poros sob um incremento isotrópico de pressão.

Se for admitido que as partículas do solo são incompressíveis e se não ocorrer drenagem do fluido dos poros, então, a redução de volume do esqueleto do solo deve ser igual à redução de volume do espaço dos poros, isto é

$$C_s V\left(\Delta\sigma_3 - \Delta u_3\right) = C_v nV\Delta u_3$$

Dessa forma,

$$\Delta u_3 = \Delta\sigma_3\left(\frac{1}{1+n\left(C_v / C_s\right)}\right)$$

Escrevendo $1/[1 + n(C_v/C_s)] = B$, definido como **coeficiente de pressão nos poros** (ou **coeficiente de pressão neutra**),

$$\Delta u_3 = B\Delta\sigma_3 \quad (5.35)$$

Em solos completamente saturados, a compressibilidade do fluido dos poros (apenas água) é considerada insignificante se comparada à do esqueleto do solo, portanto, $C_v/C_s \rightarrow 0$ e $B \rightarrow 1$. Em solos parcialmente saturados, a compressibilidade do fluido dos poros é alta em virtude da presença de ar nos poros, portanto, $C_v/C_s > 0$ e $B < 1$. A variação de B com o grau de saturação de um solo em particular é mostrada na Figura 5.13.

O valor de B pode ser medido em um equipamento triaxial (Skempton, 1954). Um corpo de prova é colocado sob qualquer valor de pressão em todo seu perímetro, e a pressão da água nos poros é medida. A seguir, em condições não drenadas, a pressão no perímetro é aumentada (ou reduzida) por um valor $\Delta\sigma_3$, e a variação da pressão da água nos poros (Δu) é medida em relação ao valor inicial, permitindo que se calcule o valor de B pela Equação 5.35. Normalmente, um corpo de prova é considerado saturado se o coeficiente de pressão nos poros (coeficiente de pressão neutra) B apresentar um valor de, no mínimo, 0,95.

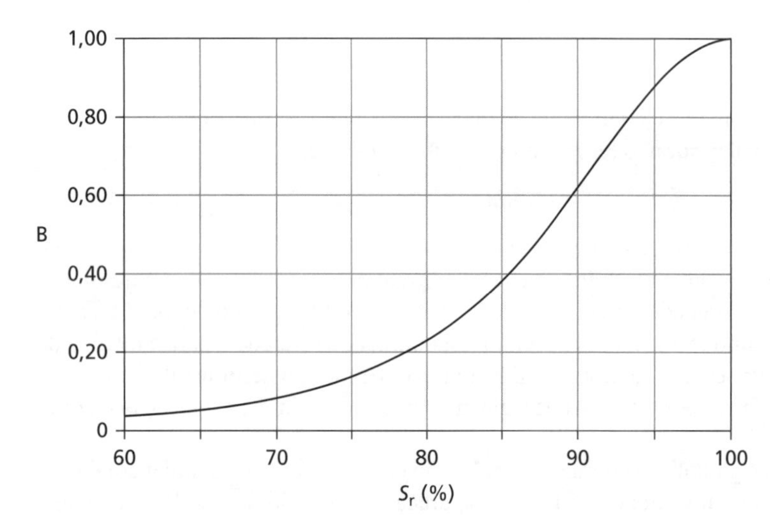

Figura 5.13 Relacionamento típico entre B e o grau de saturação.

Tipos de ensaio triaxial

São possíveis muitas variações de procedimentos de ensaio com o equipamento triaxial, mas os três tipos principais são os seguintes:

1 *Não adensado – Não drenado* (*UU, Unconsolidated – Undrained*). O corpo de prova fica sujeito a uma pressão confinante especificada, e, então, a diferença das tensões principais é aplicada imediatamente, sem que se permita drenagem/adensamento em estágio algum do ensaio. O procedimento deste é padronizado na BS1377, Parte 7 (Reino Unido), CEN ISO/TS 17892-8 (restante da Europa) e ASTM D2850 (EUA).

2 *Adensado – Não drenado* (*CU, Consolidated – Undrained*). Permite-se a drenagem do corpo de prova sob uma pressão confinante especificada até que o adensamento esteja concluído; a diferença das tensões principais é, então, aplicada, sem que se permita drenagem a partir daí. As medições de pressão de água nos poros podem ser feitas durante a parte não drenada do ensaio para determinar os parâmetros de resistência em termos das tensões efetivas. A fase de adensamento é isotrópica na maioria dos ensaios-padrão, sendo indicada por CIU. Equipamentos modernos de ensaio triaxial controlados por computador (conhecidos também como **células de trajetória de tensões**) usam unidades de controle de pressão hidráulica para monitorar a pressão (confinante) na célula, a contrapressão e a carga no pistão (tensão axial) de maneira independente (Figura 5.14). Dessa forma, tal equipamento pode aplicar uma condição de "deformação específica lateral nula", na qual as tensões são anisotrópicas, reproduzindo a compressão unidimensional que ocorre em um ensaio oedométrico. Com frequência, esses ensaios são indicados por CAU (com o "A" significando anisotrópico). O procedimento de ensaio é padronizado na BS1377, Parte 8 (Reino Unido), CEN ISO/TS 17892-9 (restante da Europa) e ASTM D4767 (EUA).

Figura 5.14 Célula triaxial de trajetória de tensão (imagem cedida por GDS Instruments).

3 *Drenado* (*CD, Consolidated – Drained*). É permitida a drenagem do corpo de prova sob uma pressão confinante até que o adensamento esteja concluído; a seguir, com a drenagem ainda sendo permitida, a diferença das tensões principais é aplicada a uma velocidade suficientemente lenta para assegurar que o excesso de pressão neutra se mantenha nulo. O procedimento de ensaio é padronizado na BS1377, Parte 8 (Reino Unido), CEN ISO/TS 17892-9 (restante da Europa) e ASTM D7181 (EUA).

O uso desses procedimentos de ensaio para determinar as propriedades de resistência e deformabilidade (rigidez) tanto em solos grossos quanto em finos será analisado nas próximas seções (5.5 e 5.6).

Outros ensaios

Embora os ensaios de cisalhamento direto e triaxial sejam os usados com mais frequência em laboratório para quantificar o comportamento constitutivo do solo, há outros que são usados sempre. Um **ensaio não confinado de compressão** é basicamente um ensaio triaxial no qual a pressão confinante $\sigma_3 = 0$. O resultado obtido de tal ensaio é a **resistência à compressão não confinada** (***unconfined compressive strength***, UCS), que é a maior tensão principal (axial) na ruptura (a qual, tendo em vista $\sigma_3' = 0$, também é a tensão desviatória na ruptura). Da mesma forma que ocorre com o ensaio triaxial, pode-se desenhar um círculo de Mohr para o ensaio, conforme ilustra a Figura 5.15; entretanto, como apenas um ensaio é realizado, não se pode definir a envoltória da resistência ao cisalhamento de Mohr–Coulomb sem que se realizem ensaios triaxiais adicionais. O ensaio não é adequado a solos sem coesão ($c' \approx 0$), que falhariam imediatamente sem a aplicação da pressão confinante. Em geral, ele é usado com solos finos, sendo especialmente popular para ensaios com rochas.

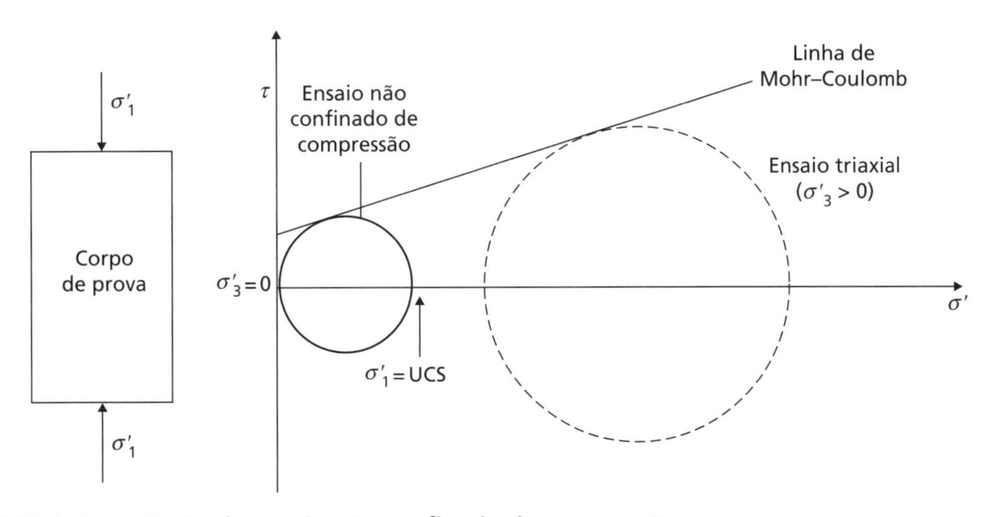

Figura 5.15 Interpretação do ensaio não confinado de compressão.

Um **ensaio de palheta em laboratório** é usado algumas vezes em solos finos para medir o parâmetro de resistência ao cisalhamento não drenada c_u. Ele é muito mais rápido e mais simples para essa finalidade do que realizar o ensaio triaxial UU. Ele não será analisado neste capítulo, uma vez que seu princípio de operação é similar ao do ensaio de palheta em campo (*in situ*), que será descrito detalhadamente na Seção 7.3.

O **equipamento de ensaio de cisalhamento simples** (*simple shear apparatus*, SSA) é uma alternativa ao equipamento de ensaio de cisalhamento direto (*direct shear apparatus*, DSA), descrito anteriormente nesta seção. Em vez de usar uma caixa de cisalhamento (*shearbox*) dividida, em geral, as paredes laterais do equipamento de cisalhamento simples são formadas por placas que giram ou por uma série de lâminas que se movem, umas em relação às outras, ou são flexíveis, permitindo a tais dispositivos a rotação dos lados da amostra, impondo, assim, um estado de cisalhamento simples, conforme definido nas Figuras 5.1 e 5.2. A análise dos dados deste ensaio é idêntica à do ensaio de cisalhamento direto (DSA), embora as aproximações e hipóteses feitas para as condições dentro do equipamento do ensaio de cisalhamento direto (DSA) sejam mais realistas para o equipamento de ensaio de cisalhamento simples (SSA). Embora este último seja melhor para ensaios de solos, ele não pode ser utilizado para ensaios de interfaces de cisalhamento e, portanto, não é tão versátil e popular quanto o primeiro.

5.5 Resistência ao cisalhamento de solos grossos

As características de resistência ao cisalhamento de solos grossos, como areias e pedregulhos, podem ser determinadas a partir dos resultados de ensaios de cisalhamento direto ou de ensaios triaxiais drenados, sendo importante, na prática, apenas a resistência drenada de tais solos. As características de areias ou pedregulhos secos e saturados

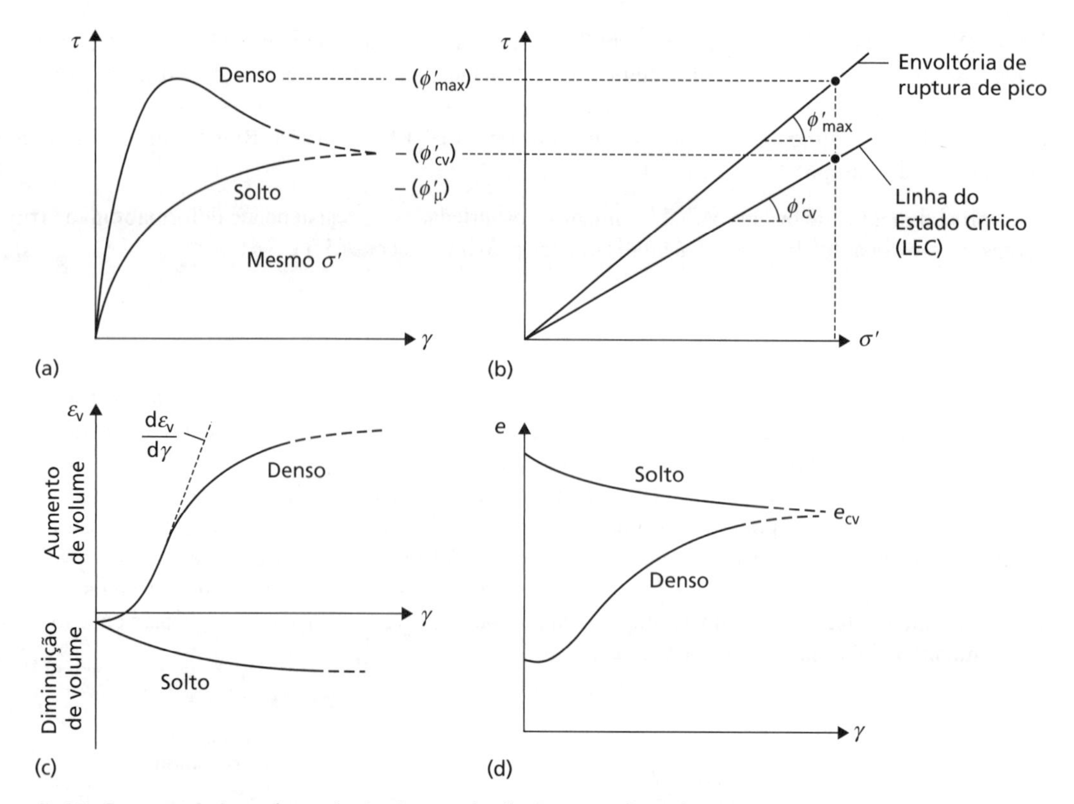

Figura 5.16 Características de resistência ao cisalhamento de solos grossos.

são as mesmas, contanto que não se gere excesso de pressão (sobrepressão) neutra no caso de solos saturados, uma vez que a resistência e a deformabilidade (ou rigidez) dependem da tensão efetiva. Curvas típicas relacionando a tensão cisalhante com a deformação de cisalhamento (distorção) para corpos de prova de areia inicialmente densa (compacta) e fofa em ensaios de cisalhamento direto são mostradas na Figura 5.16a. Curvas similares são obtidas pela relação entre a diferença das tensões principais e a deformação axial em ensaios de compressão triaxial drenados.

Em depósitos densos (alto grau de compacidade ou compacidade relativa, I_D; ver Capítulo 1), há um grau considerável de intertravamento entre as partículas. Antes de ocorrer a ruptura por cisalhamento, esse intertravamento deve ser superado além da resistência do atrito nos pontos de contato intergranular. Em geral, o grau de intertravamento é maior no caso de solos muito densos e bem graduados que consistam em partículas angulares. A curva característica de tensão-deformação específica para uma areia inicialmente densa mostra um pico de tensão (tensão máxima) em uma deformação específica relativamente pequena, e, desse ponto em diante, enquanto o intertravamento é superado de forma progressiva, a tensão diminui com o aumento da deformação específica. A redução do grau de intertravamento produz um aumento no volume do corpo de prova durante o cisalhamento, conforme caracterizado pelo relacionamento entre a deformação volumétrica e a de cisalhamento (distorção) no ensaio de cisalhamento direto, como mostra a Figura 5.16c. No ensaio triaxial drenado, seria obtido um relacionamento similar entre a deformação volumétrica e a axial. A modificação de volume também é mostrada em termos do índice de vazios (e) na Figura 5.16d. Posteriormente, o corpo de prova ficaria solto o suficiente para permitir que as partículas se movimentassem em torno daquelas que estão em suas vizinhanças, sem nenhuma modificação do volume líquido, e a tensão cisalhante seria reduzida até seu valor extremo (último). No entanto, no ensaio triaxial, a deformação não uniforme do corpo de prova torna-se excessiva conforme a deformação específica aumenta progressivamente, e é improvável que o valor extremo da diferença das tensões principais seja alcançado.

Usa-se o termo **dilatância** para descrever o aumento de volume de um solo grosso durante o cisalhamento, e a taxa (velocidade) de dilatação pode ser representada pelo gradiente $d\varepsilon_v/d\gamma$, com a taxa máxima correspondendo ao pico de tensão (ou tensão máxima; Figura 5.16c). O **ângulo de dilatação** (ψ) é definido como $\tan^{-1}(d\varepsilon_v/d\gamma)$. O conceito de dilatância pode ser ilustrado no contexto do ensaio de cisalhamento direto, verificando-se o cisalhamento de esferas densas e soltas (imaginadas como partículas de solo), da maneira ilustrada na Figura 5.17. Durante o cisalhamento de um solo denso (Figura 5.17a), o plano macroscópico de cisalhamento é horizontal, mas ocorre o deslizamento entre partículas individuais em vários planos microscópicos inclinados, segundo vários ângulos acima da horizontal, à medida que as partículas se movimentam para cima e sobre suas partículas vizinhas. O ângulo de dilatação representa um valor médio desses ângulos para o corpo de prova como um todo. A placa de carregamento do equipamento é, então, forçada para cima, e o esforço é realizado em oposição à tensão normal sobre o plano de cisalhamento. Para um solo denso, o ângulo máximo (ângulo de pico) de resistência ao cisalhamento ($\phi'_{máx}$)

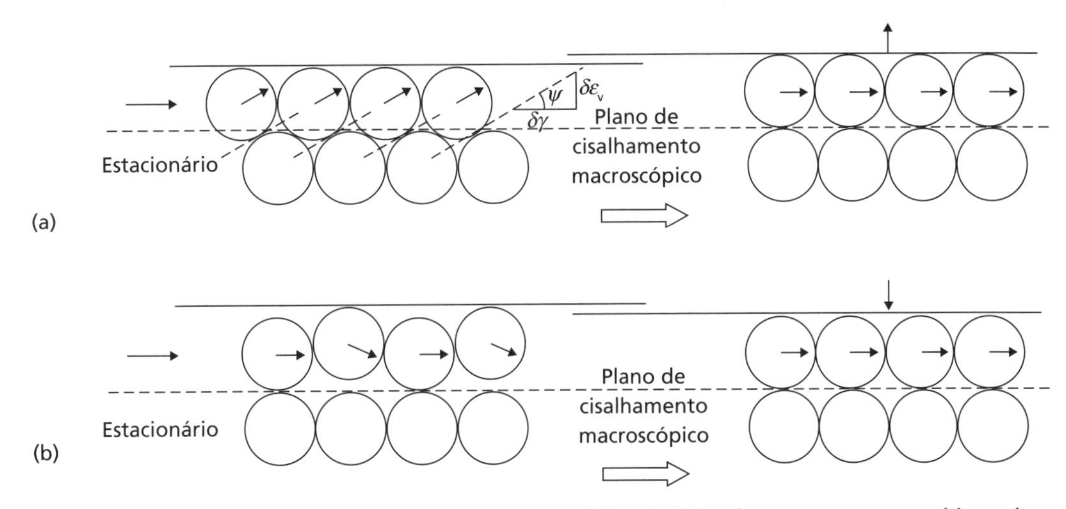

Figura 5.17 Mecanismo de dilatação em solos grossos: (a) solo inicialmente compacto (denso), apresentando dilatação; (b) solo inicialmente fofo (solto), mostrando contração.

determinado a partir das tensões máximas (Figura 5.16b) é significativamente maior do que o ângulo real de atrito (ϕ_μ) entre as superfícies das partículas individuais, com a diferença representando o trabalho exigido para superar o intertravamento e reorganizar as partículas.

No caso de solos inicialmente fofos ou soltos (Figura 5.17b), não há intertravamento significativo das partículas a ser superado, e a tensão cisalhante aumenta de forma gradual até um valor extremo (último) sem um pico anterior, acompanhado de um decréscimo de volume. Os valores extremos de tensão de cisalhamento e de índice de vazios para corpos de prova densos e soltos do mesmo solo, sujeitos aos mesmos valores de tensão normal no ensaio de cisalhamento direto, são basicamente iguais, conforme mostram as Figuras 5.16a e d. A resistência última ocorre quando não há mais variação de volume ou tensão de cisalhamento (Figuras 5.16a e c, o que se conhece como **estado crítico** (ou **último**). As tensões no estado crítico definem uma envoltória de ruptura em linha reta (Mohr–Coulomb) que intercepta a origem, conhecida como **linha do estado crítico** (**LEC**, ou ***critical state line***, **CSL**), e tem inclinação tg ϕ_{cv}' (Figura 5.16b). O ângulo correspondente de resistência ao cisalhamento no estado crítico (também denominado **ângulo do estado crítico de resistência ao cisalhamento**) é indicado como ϕ'_{cv} ou $\phi'_{crít}$. A diferença entre ϕ'_μ e ϕ'_{cv} representa o trabalho exigido para reorganizar as partículas. Os ângulos de atrito ϕ'_{cv} e $\phi'_{máx}$ estão relacionados com ψ, de acordo com a expressão dada por Bolton (1986):

$$\phi'_{máx} = \phi'_{cv} + 0{,}8\psi \tag{5.36}$$

A Equação 5.36 se aplica a condições de estado plano de deformações no interior do solo, como aqueles induzidos no interior do equipamento de cisalhamento direto (DSA) ou de cisalhamento simples (SSA). Em condições triaxiais, o termo final se torna aproximadamente $0{,}5\psi$.

Pode ser difícil determinar o valor do parâmetro ϕ'_{cv} em ensaios de laboratório por causa da deformação específica relativamente alta exigida para atingir o estado crítico. Em geral, esse estado é identificado por extrapolação da curva tensão–deformação específica, até o ponto de tensão constante, que também deve corresponder ao ponto de taxa zero de dilatação ($d\varepsilon_v/d\gamma = 0$) na curva deformação volumétrica – deformação de cisalhamento (distorção).

Um método alternativo de representar os resultados dos ensaios de cisalhamento em laboratório é fazer um gráfico da **taxa entre tensões** (τ/σ' em cisalhamento direto) em função da deformação de cisalhamento. Gráficos como esse, representando ensaios em três corpos de prova de areia em um ensaio de cisalhamento direto, cada um deles com o mesmo índice de vazios inicial, são mostrados na Figura 5.18a, sendo os valores da tensão normal efetiva (σ') diferentes em cada ensaio. Os gráficos recebem a denominação A, B e C, com a tensão normal efetiva sendo menor no ensaio A, e maior no ensaio C. Os gráficos correspondentes do índice de vazios em função da deformação de cisalhamento são mostrados na Figura 5.18b. Seus resultados indicam que tanto a taxa máxima de tensões quanto o índice de vazios último (crítico) diminuem com o aumento da tensão normal efetiva. Dessa forma, a dilatação é anulada pelo aumento da tensão média (tensão normal σ' no cisalhamento direto). Isso é descrito com mais detalhes por Bolton (1986). No entanto, os valores últimos da taxa de tensões (tg ϕ'_{cv}) são os mesmos. A partir da Figura 5.18a fica nítido que a diferença entre a tensão máxima (pico) e a tensão última (crítica) diminui com o aumento da tensão normal efetiva; portanto, se for feito um gráfico da tensão cisalhante máxima em função da tensão normal efetiva para cada ensaio isolado, os pontos plotados serão situados em uma envoltória levemente curva, conforme mostra a Figura 5.18c. Esta figura também apresenta as **trajetórias de tensões** para cada um dos três corpos de prova que levam à ruptura. Para qualquer tipo de ensaio de cisalhamento, podem ser desenhadas duas trajetórias de tensões: a **trajetória das tensões totais** (***total stress path***, **TSP**), que mostra a variação de σ e τ ao

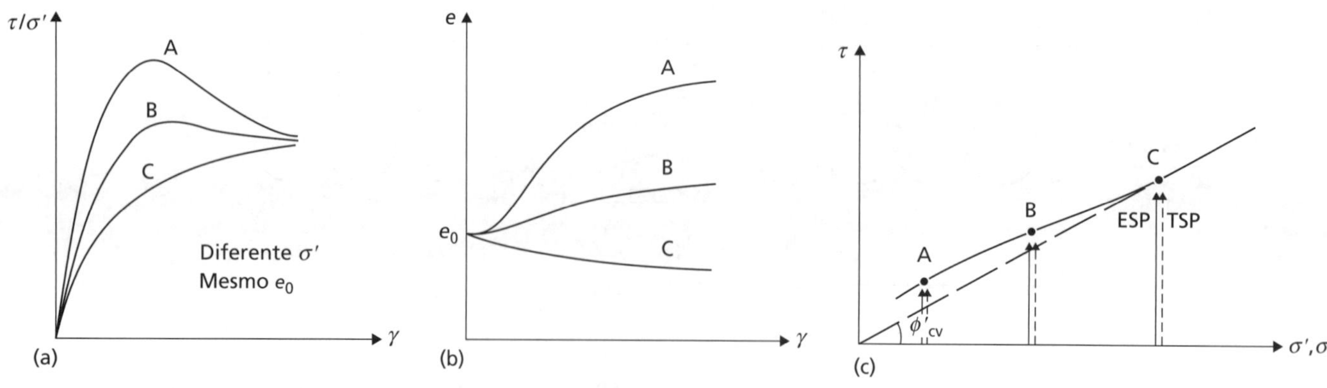

Figura 5.18 Determinação das resistências máximas a partir dos dados do ensaio de cisalhamento direto.

longo do ensaio; e a **trajetória das tensões efetivas** (***effective stress path*, ESP**), que apresenta a variação de σ' e τ. Se ambas forem desenhadas no mesmo eixo, a distância horizontal entre elas em um determinado valor de τ (isto é, σ–σ') representará a pressão da água nos poros na amostra, com base no Princípio de Terzaghi (Equação 3.1). Em ensaios de cisalhamento direto, a pressão da água nos poros é aproximadamente zero, de forma que a trajetória das tensões totais (TSP) e a das tensões efetivas (ESP) se situam sobre a mesma linha, conforme mostra a Figura 5.18c. Lembrando que são as tensões efetivas (e não as totais) que governam a resistência ao cisalhamento do solo (Equação 5.11), a ruptura ocorrerá quando a trajetória das tensões efetivas atingir a envoltória de ruptura.

O valor de $\phi'_{\text{máx}}$ para cada ensaio pode, então, ser representado por um parâmetro secante: no ensaio de cisalhamento direto, $\phi'_{\text{máx}} = \tan^{-1}(\tau_{\text{máx}}/\sigma')$. O valor de $\phi'_{\text{máx}}$ diminui com o aumento da tensão normal efetiva até se tornar igual a ϕ'_{cv}. A redução na diferença entre a tensão cisalhante máxima (pico) e a última com o aumento da tensão normal deve-se, principalmente, ao decréscimo correspondente no índice de vazios último (crítico). Quanto menor o índice de vazios último (crítico), menos escopo haverá para a dilatação. Além disso, em altos níveis de tensão, pode ocorrer alguma fratura ou esmagamento das partículas, o que resultará em menos intertravamento das mesmas a ser vencido. O esmagamento causa, assim, a supressão da dilatância e contribui para o valor reduzido de $\phi'_{\text{máx}}$.

Não havendo nenhuma cimentação ou ligação entre as partículas, as envoltórias de ruptura curvas de pico para solos grossos mostrariam resistência de cisalhamento nula na tensão normal efetiva zero. As representações matemáticas das envoltórias curvas podem ser expressas em termos de leis de potências, isto é, da forma $\tau_f = A\gamma^B$. Essas não são compatíveis com muitas análises-padrão de estruturas geotécnicas que exigem que a resistência do solo seja definida em termos de uma linha reta (modelo de Mohr–Coulomb). Sendo assim, é comum, na prática, ajustar uma linha reta aos pontos de pico de ruptura para definir a resistência máxima (pico) em termos de um ângulo de resistência ao cisalhamento ϕ' e de um intercepto de coesão c'. Deve-se observar que o parâmetro c' é apenas uma constante matemática de ajuste de curvas usada para modelar os estados de pico, não devendo ser usada para sugerir que o solo tem resistência ao cisalhamento na tensão efetiva normal nula. Dessa forma, esse parâmetro costuma ser chamado **coesão aparente** do solo. Em solos que tenham cimentação/ligação natural, o intercepto de coesão representará os efeitos combinados de qualquer coesão aparente com a **coesão real** que se deve à ligação entre as partículas.

Uma vez que o solo seja cisalhado no estado crítico (condições últimas), os efeitos de qualquer coesão real ou aparente serão destruídos. Isso é importante ao selecionar as propriedades de resistência a se usar no projeto, particularmente, nos pontos em que o solo tenha sido ensaiado em sua condição *in situ* (em que o ajuste de curvas possa sugerir $c' > 0$), a seguir, cisalhado durante a escavação e, depois, colocado para suporte de uma fundação ou usado como aterro por trás de uma estrutura de contenção. Em tais circunstâncias, a escavação/colocação impõe grandes deformações específicas por cisalhamento (distorções) no interior do solo, de tal forma que as condições de estado crítico (com $c' = 0$) devam ser admitidas no projeto.

A Figura 5.19 mostra o comportamento dos solos A, B e C do modo como se veria em um ensaio triaxial drenado. As principais diferenças, em comparação com o comportamento em cisalhamento direto (Figura 5.18), residem nas trajetórias de tensão e na envoltória de ruptura mostrada na Figura 5.19c. Na compressão triaxial-padrão, a tensão radial é mantida constante ($\Delta\sigma_r = 0$), enquanto a axial é aumentada (por $\Delta\sigma_a$). A partir das Equações 5.20 e 5.21, isso resulta em $\Delta p = \Delta\sigma_a/3$ e $\Delta q = \Delta\sigma_a$. O gradiente da trajetória das tensões totais (TSP) é, portanto, $\Delta p/\Delta q = 3$. Em um ensaio drenado, não há variação da pressão de água nos poros, portanto a trajetória das tensões efetivas (ESP) é paralela à das tensões totais (TSP). Se a amostra estiver seca, a trajetória das tensões totais e a das tensões efetivas estarão sobre a mesma linha; se estiver saturada e for aplicada uma contrapressão de u_0, a trajetória das tensões totais e a das tensões efetivas serão paralelas, mantendo-se uma separação constante horizontal de u_0 ao longo do ensaio, conforme mostra a Figura 5.19c. Como antes, a ruptura ocorre quando a trajetória das tensões efetivas encontra a envoltória de ruptura. O valor de $\phi'_{\text{máx}}$ para cada ensaio é determinado encontrando $M\,(= q/p')$ na ruptura e usando a Equação 5.26, com o valor resultante de $\phi' = \phi'_{\text{máx}}$.

Na prática, o ensaio rotineiro de areias em laboratório é difícil devido ao problema de obter corpos de prova não perturbados e colocá-los, ainda desse jeito, no equipamento de ensaio. Se exigido, os ensaios podem ser realizados com corpos de prova reconstituídos no equipamento com massas específicas adequadas, mas é improvável que a estrutura *in situ* seja reproduzida.

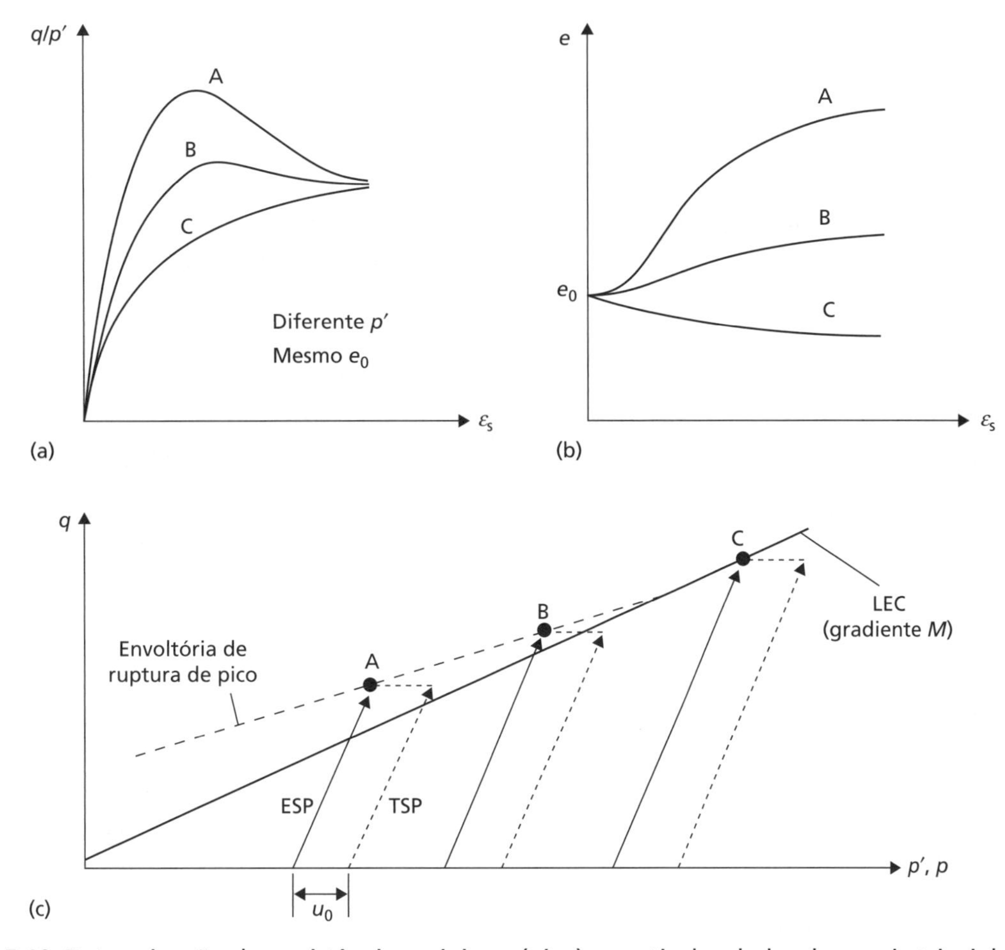

Figura 5.19 Determinação das resistências máximas (pico) a partir dos dados do ensaio triaxial drenado.

Exemplo 5.1

Os resultados mostrados na Figura 5.20 foram obtidos de ensaios de cisalhamento direto em corpos de prova reconstituídos de areia, retirados de depósitos soltos e densos e, depois, compactados até a massa específica *in situ* em cada caso. Os dados brutos dos ensaios e o uso de uma planilha para processá-los podem ser encontrados no site da LTC Editora complementar a este livro. Faça um gráfico das envoltórias de ruptura de cada areia tanto para o estado máximo (pico) quanto para o estado de ruptura (último) e, a seguir, determine o ângulo de atrito do estado crítico ϕ'_{cv}.

Solução

Os valores dos estados de tensão de cisalhamento máxima (pico) e última são lidos nas curvas da Figura 5.20 e colocados no gráfico junto aos valores correspondentes de tensão normal, conforme ilustrado na Figura 5.21. A envoltória de ruptura é a linha que apresenta o melhor ajuste aos pontos plotados; para as condições últimas, é apropriada uma linha reta que passe através da origem (LEC ou CSL). Com base nos gradientes das envoltórias de ruptura, $\phi'_{cv} = 33{,}4°$ para a areia densa e 32,6° para a areia solta. A diferença entre esses valores está no intervalo de 1°, confirmando que o ângulo de atrito do estado crítico é uma propriedade intrínseca do solo que independe do estado (isto é, massa específica). A areia solta não exibe comportamento de pico, ao passo que a envoltória de ruptura com valor de pico para a areia densa pode ser caracterizada por $c' = 15{,}4$ kPa e $\phi' = 38{,}0°$ (valor da tangente) ou pelos valores das secantes, conforme os apresentados na Tabela 5.1.

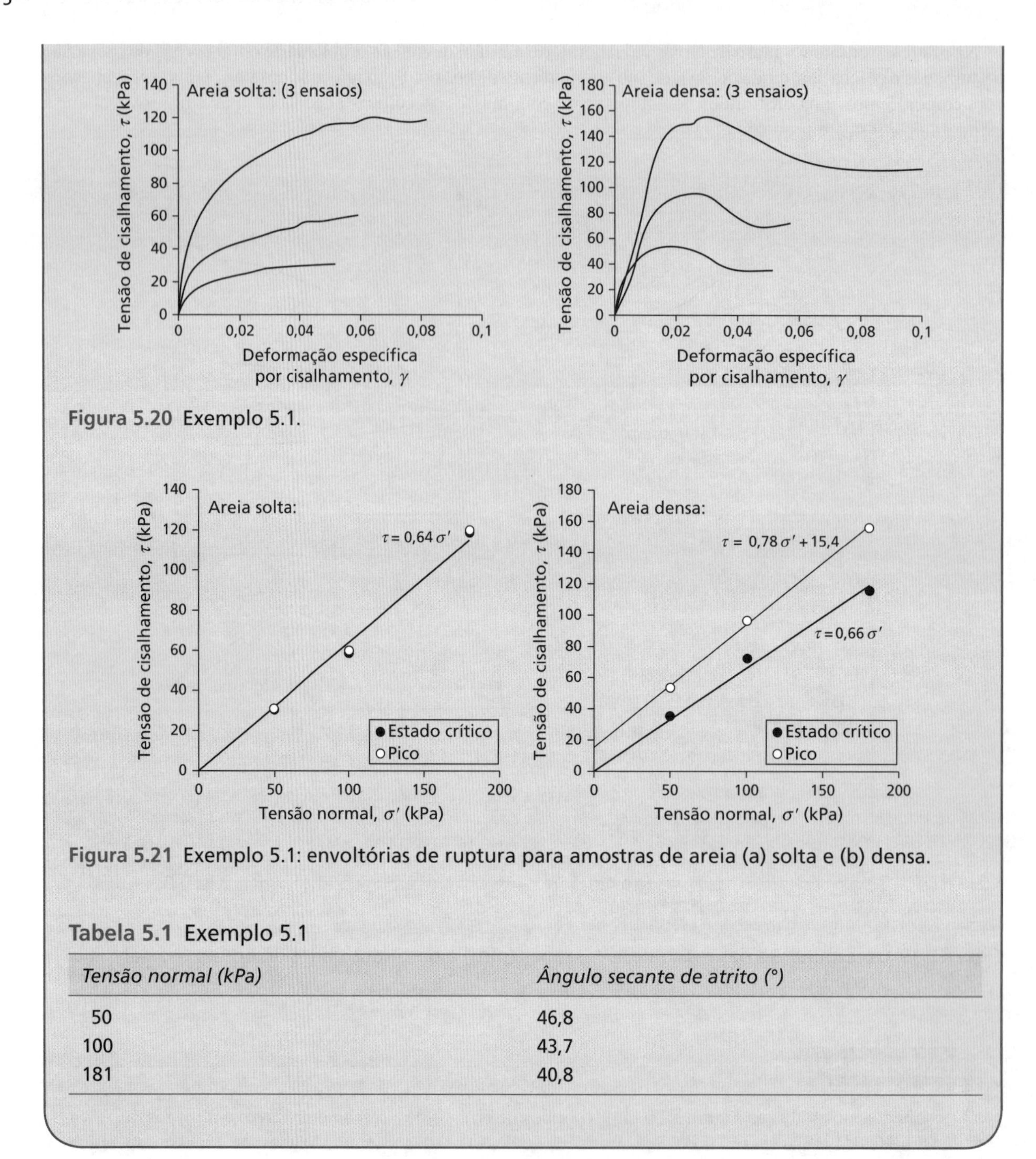

Figura 5.20 Exemplo 5.1.

Figura 5.21 Exemplo 5.1: envoltórias de ruptura para amostras de areia (a) solta e (b) densa.

Tabela 5.1 Exemplo 5.1

Tensão normal (kPa)	*Ângulo secante de atrito (°)*
50	46,8
100	43,7
181	40,8

Liquefação

A liquefação é um fenômeno no qual areias fofas saturadas perdem uma grande porcentagem de sua resistência ao cisalhamento em consequência do excesso de pressão de água nos poros, desenvolvendo características similares às de um líquido. Em geral, ela é induzida por um carregamento cíclico ao longo de um período de tempo muito curto (normalmente, segundos), resultando em condições não drenadas da areia. O carregamento cíclico pode ser causado, por exemplo, por vibrações de equipamento e, mais gravemente, por tremores de terra.

A areia fofa tende a ficar compactada sob carregamento cíclico. O decréscimo de volume causa um aumento da pressão da água nos poros, que não pode se dissipar em condições não drenadas. Na verdade, pode haver um aumento acumulativo da pressão da água nos poros em ciclos sucessivos de carregamento. Se ela se tornar igual à componente máxima da tensão total, que, em geral, é a pressão do material sobrejacente, σ_v, o valor da tensão efetiva será zero, de acordo com o Princípio de Terzaghi, conforme descrito na Seção 3.7 — isto é, as forças entre as partículas serão nulas, e a areia existirá em um estado líquido, com força de cisalhamento insignificante. Mesmo que a tensão efetiva não caia até zero, a redução da resistência ao cisalhamento pode ser suficiente para ocasionar a ruptura.

A liquefação pode se desenvolver em qualquer profundidade em um depósito de areia no qual ocorra uma combinação crítica da densidade (massa específica) *in situ* com a deformação cíclica. Quanto maior o índice de vazios da areia e menor a pressão confinante, mais rapidamente ocorrerá a liquefação. Quanto maiores as deformações específicas produzidas pelo carregamento cíclico, menor será o número de ciclos necessário para a liquefação.

A liquefação também pode ser induzida sob condições estáticas, nas quais as pressões dos poros são aumentadas em consequência da percolação. As técnicas descritas no Capítulo 2 e na Seção 3.7 podem ser usadas para determinar as pressões de água nos poros e, de acordo com o Princípio de Terzaghi, as tensões efetivas no solo para um determinado evento de percolação. A resistência ao cisalhamento nessas baixas tensões efetivas é, então, aproximada pelo critério de Mohr–Coulomb.

5.6 Resistência ao cisalhamento de solos finos saturados

Adensamento isotrópico

Se for permitido o adensamento de um corpo de prova de argila saturada em um equipamento de ensaio triaxial sob uma sequência de pressões confinantes (σ_3) idênticas na célula, admitindo-se tempo suficiente entre sucessivos incrementos para assegurar que o adensamento seja completo, pode-se obter a relação entre o índice de vazios e a tensão efetiva. Isso é similar a um ensaio oedométrico, embora os dados triaxiais sejam expressos convencionalmente em termos do volume específico (v) em vez do índice de vazios (e). O adensamento no equipamento triaxial com pressões confinantes idênticas na célula é conhecido como adensamento isotrópico. Nessas condições, $\sigma_a = \sigma_r = \sigma_3$, de forma que $p = p' = \sigma_3$, de acordo com a Equação 5.20, e $q = 0$. Como a tensão desviatória é igual a zero, não há cisalhamento induzido no corpo de prova ($\varepsilon_s = 0$), embora ocorra deformação volumétrica (ε_v) sob o aumento de p'. Ao contrário do adensamento unidimensional (anisotrópico; analisado no Capítulo 4), o elemento de solo se deformará, tanto axial quanto racialmente, em quantidades iguais (Equação 5.31).

A relação entre o índice de vazios e a tensão efetiva durante o adensamento isotrópico depende da história de tensões da argila, definida pela taxa de sobreadensamento (pré-adensamento; Equação 4.6), conforme descrito na Seção 4.2. Em geral, o sobreadensamento é resultado de fatores geológicos, de acordo com o descrito no Capítulo 4; o sobreadensamento também pode acontecer em virtude de tensões mais altas aplicadas previamente a um corpo de prova no equipamento de ensaio triaxial.

As características do adensamento unidimensional e isotrópico são comparadas na Figura 5.22. A diferença principal entre as duas relações é o uso do invariante triaxial de tensão médio p' para condições isotrópicas e da tensão normal unidimensional σ' para o adensamento 1 D. Isso exerce influência sobre o gradiente da linha de compressão virgem (aqui, definida como **linha de compressão isotrópica**, **LCI**, ou ***isotropic compression line***, **ICL**) e sobre as linhas de carregamento – recarregamento, indicadas por λ e κ, respectivamente, que são diferentes para os valores de C_c e C_e. Deve-se atentar para o fato de que é impossível ter um estado representado por um ponto à direita da LCI.

Como resultado da similaridade entre os dois processos, é possível usar valores de λ e κ determinados com base no estágio de adensamento de um ensaio triaxial, a fim de estimar diretamente a relação de compressão 1 D como $C_c \approx 2{,}3\lambda$ e $C_e \approx 2{,}3\kappa$.

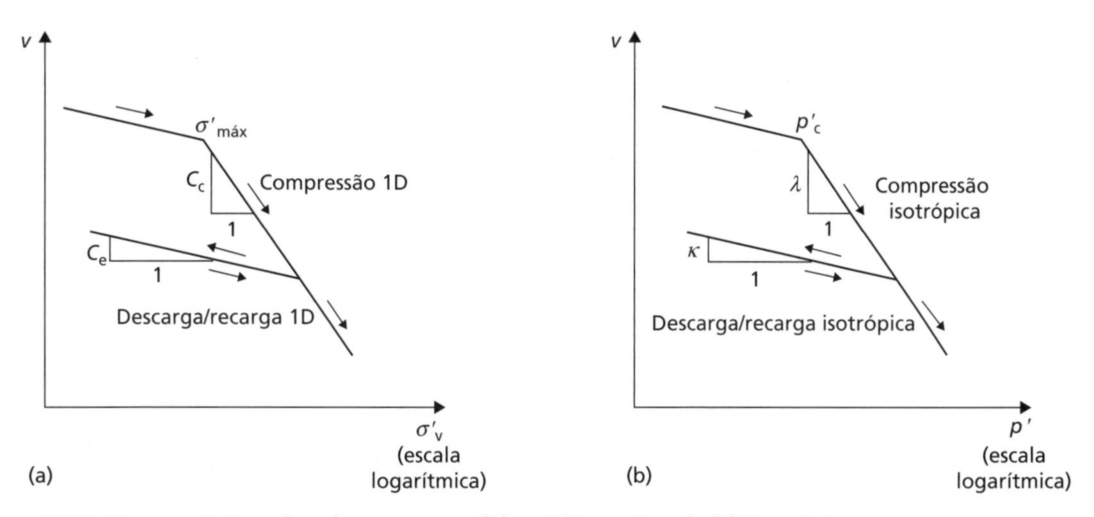

Figura 5.22 Características de adensamento: (a) unidimensional; (b) isotrópico.

Resistência em termos da tensão efetiva

A resistência de um solo fino em termos de tensão efetiva, isto é, para carregamento drenado ou de longo prazo, pode ser determinada pelo ensaio triaxial adensado – não drenado, com medida de pressão da água nos poros, ou pelo ensaio triaxial drenado. Em um ensaio drenado, o conceito de trajetória de tensões pode ser usado para determinar a envoltória de ruptura conforme descrito anteriormente para areias, determinando em que ponto a trajetória de tensões efetivas (ESP) alcança seus valores de pico e último (estado crítico) e os usando para determinar $\phi'_{\text{máx}}$ e ϕ'_{cv}, respectivamente. No entanto, por causa da baixa permeabilidade da maioria dos solos finos, os ensaios drenados são raramente usados para tais materiais, porque os adensados não drenados (CU) podem fornecer as mesmas informações em menos tempo, uma vez que o adensamento não precisa ocorrer durante a fase de cisalhamento. O estágio de cisalhamento não drenado do ensaio CU, contudo, deve ser executado com uma velocidade de deformação suficientemente lenta para permitir a equalização da pressão de água nos poros em todo o corpo de prova, sendo essa velocidade uma função da permeabilidade da argila.

O princípio fundamental do uso de ensaios não drenados (CU) para determinar propriedades drenadas é que o estado último (crítico) sempre ocorrerá quando a trajetória das tensões efetivas (ESP) atingir a linha de estado crítico. Ao contrário do que ocorre no ensaio drenado, serão desenvolvidos significativos excessos de pressão nos poros em um ensaio não drenado, resultando em divergência na trajetória das tensões totais (TSP) e na das tensões efetivas (ESP). Dessa forma, a fim de determinar a trajetória das tensões efetivas para condições não drenadas com base na trajetória das tensões totais (TSP) conhecidas e aplicadas à amostra, deve-se medir a pressão da água nos poros.

Resultados típicos de ensaios com corpos de prova de argilas normalmente adensadas e sobreadensadas são apresentados na Figura 5.23. Em ensaios adensados não drenados (CU), a tensão axial e a pressão da água nos poros são colocadas no gráfico em função da deformação específica axial. Com argilas normalmente adensadas, a tensão axial alcança um valor último com uma deformação específica relativamente grande, acompanhada de um aumento da pressão de água nos poros até um valor constante. Com argilas sobreadensadas, a tensão axial aumenta até um valor de pico e, depois, diminui com o aumento subsequente da deformação específica. No entanto, em geral, não é possível alcançar a tensão última em virtude da deformação excessiva do corpo de prova. A pressão da água nos poros aumenta inicialmente e, depois, diminui; quanto maior a taxa de sobreadensamento, maior o decréscimo. A pressão da água nos poros pode se tornar negativa no caso de argilas fortemente sobreadensadas, conforme ilustra a linha tracejada na Figura 5.23b.

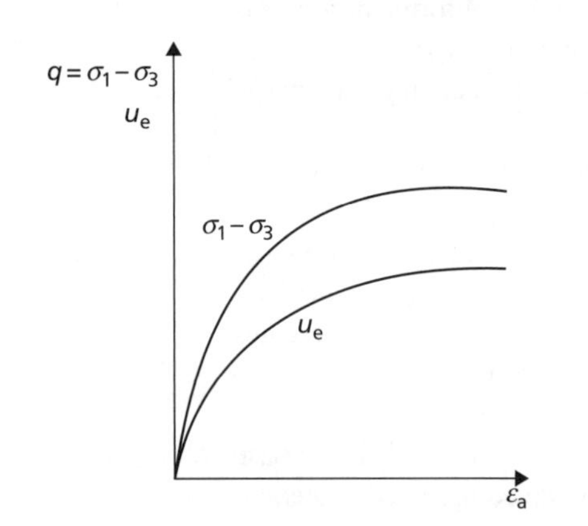

(a) Ensaio adensado – não drenado, argila normalmente adensada

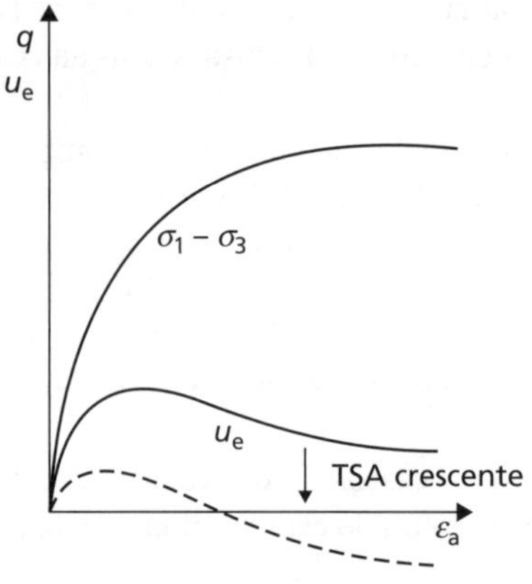

(b) Ensaio adensado – não drenado, argila sobreadensada

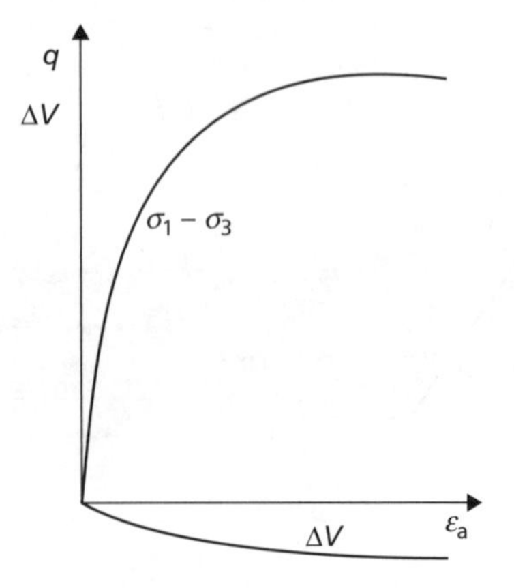

(c) Ensaio drenado, argila normalmente adensada

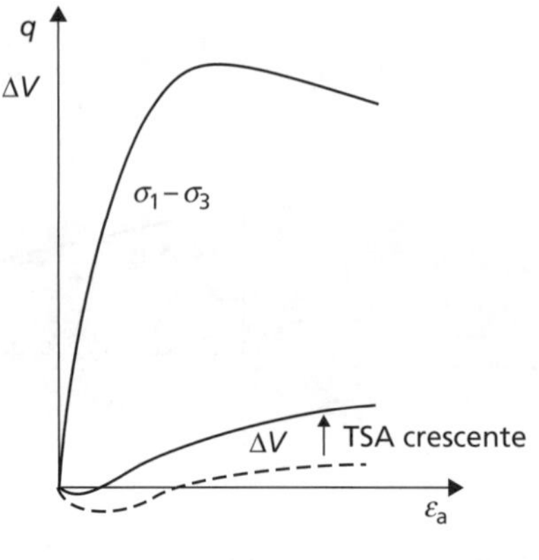

(d) Ensaio drenado, argila sobreadensada

Figura 5.23 Resultados típicos de ensaios triaxiais adensados – não drenados e drenados.

Em ensaios drenados, a tensão axial e a variação de volume são plotadas em função da deformação específica axial. Com argilas normalmente adensadas, um valor último de tensão é outra vez alcançado com uma deformação específica relativamente grande. Ocorre um decréscimo de volume durante o cisalhamento, e a argila endurece. Com argilas sobreconsolidadas, um valor de pico da tensão axial é alcançado com uma deformação específica relativamente baixa. Em seguida, a tensão axial diminui com o aumento da deformação específica, mas, mais uma vez, em geral, não é possível alcançar a tensão última no equipamento de ensaio triaxial. Depois de um decréscimo inicial, o volume de uma argila sobreadensada aumenta antes e depois da tensão de pico, e a argila amolece. Com argilas sobreadensadas, o decréscimo a partir da tensão de pico em direção ao valor último se torna menos acentuada à medida que a taxa de sobreadensamento diminui.

As envoltórias de ruptura para argilas normalmente adensadas e sobreadensadas se apresentam sob as formas ilustradas na Figura 5.24. Essa figura também mostra as trajetórias de tensões típicas para amostras de solos que, de início, estejam adensadas isotropicamente com a mesma tensão média inicial p'_c; uma parte da amostra sobreadensada é, então, descarregada isotropicamente antes do cisalhamento para induzir o sobreadensamento. Para uma argila normalmente adensada ou levemente sobreadensada com cimentação não significativa (Figura 5.24a), a envoltória de ruptura deve passar pela origem (isto é, $c' \approx 0$). É provável que a envoltória para uma argila fortemente sobreadensada exiba uma curvatura acima da faixa de tensões até aproximadamente $p'_c / 2$ (Figura 5.24b). As envoltórias de ruptura de Mohr–Coulomb correspondentes, em termos de σ' e τ, para uso em análises geotécnicas subsequentes, são mostradas na Figura 5.24c. O gradiente da parte reta da envoltória de ruptura é aproximadamente tg ϕ'_{cv}. O valor de ϕ'_{cv} é encontrado com base no gradiente da linha de estado crítico M, usando-se a Equação 5.26. Se for exigido o valor do estado crítico de ϕ'_{cv} para uma argila fortemente sobreadensada, então, os ensaios devem ser realizados, quando possível, em níveis de tensão suficientemente altos para definir a envoltória do estado crítico, isto é, os corpos de prova devem estar adensados por pressões em todo o perímetro acima do valor de pré-adensamento. De modo alternativo, pode-se obter um valor estimado de ϕ'_{cv} a partir de ensaios em corpos de prova normalmente adensados e reconsolidados a partir de um material lodoso.

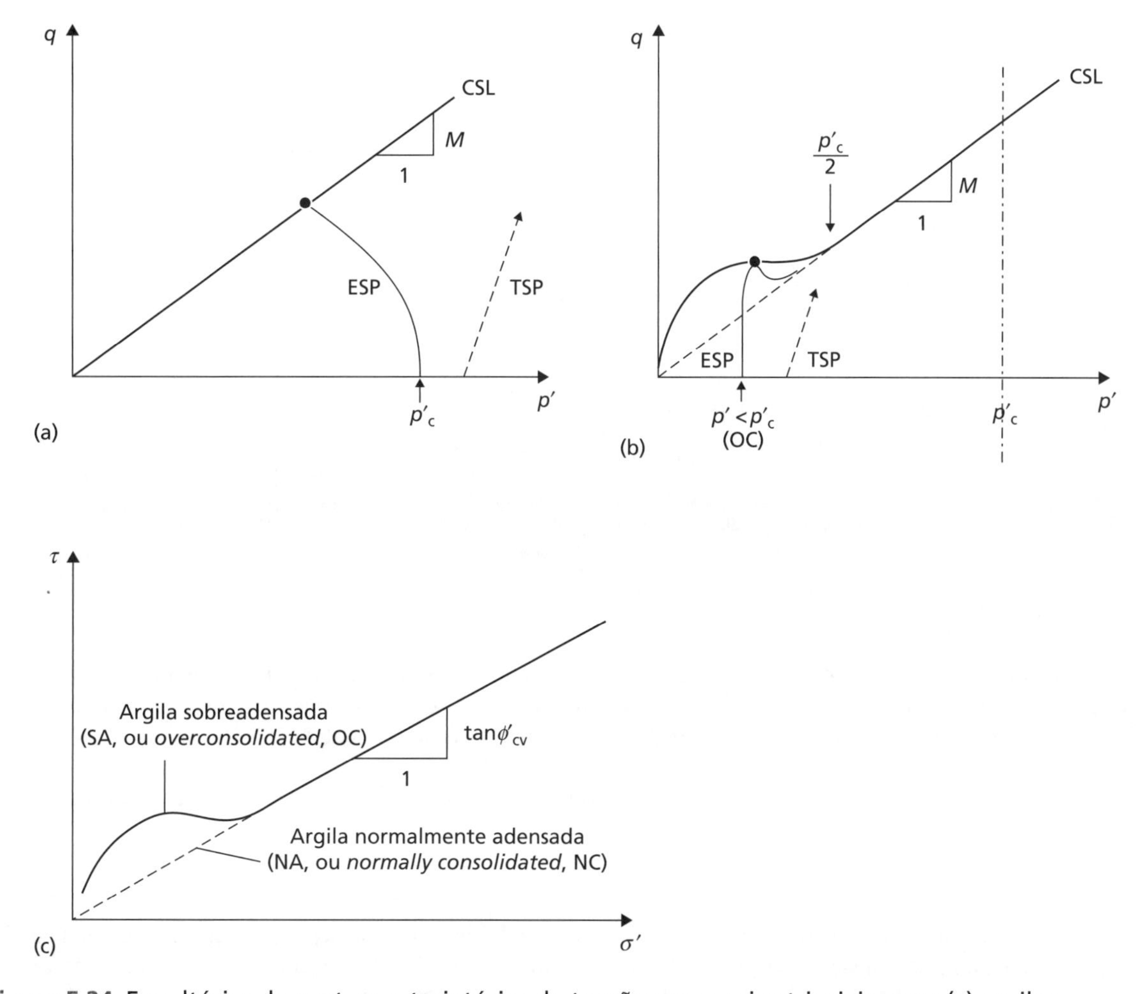

Figura 5.24 Envoltórias de ruptura e trajetórias de tensão em ensaios triaxiais para: (a) argilas normalmente adensadas (NC); (b) argilas sobreadensadas (OC); (c) envoltória de ruptura de Mohr–Coulomb correspondente.

Exemplo 5.2

Os resultados mostrados na Tabela 5.2 foram obtidos para a ruptura de pico em uma série de ensaios triaxiais adensados – não drenados, com medição da pressão de água nos poros, em corpos de prova de uma argila saturada. Determine os valores dos parâmetros de resistência da tensão efetiva, definindo a envoltória de ruptura de pico.

Tabela 5.2 Exemplo 5.2

Pressão confinante (kPa)	*Diferença das tensões principais (kPa)*	*Pressão neutra (kPa)*
150	192	80
300	341	154
450	472	222

Solução

São calculados os valores das tensões efetivas principais σ'_3 e σ'_1 na ruptura subtraindo-se a pressão da água nos poros na ruptura das tensões principais totais, conforme o ilustrado na Tabela 5.3 (todas as tensões em kPa). Os círculos de Mohr em termos da tensão efetiva são desenhados na Figura 5.25. Nesse caso, a envoltória de ruptura é levemente curva, e um valor diferente do parâmetro secante ϕ' é aplicado a cada círculo. Para o círculo (a), o valor de ϕ' é a inclinação da linha OA, isto é, 35°. Com relação aos círculos (b) e (c), os valores são 33° (OB) e 31° (OC), respectivamente.

Tabela 5.3 Exemplo 5.2 (continuação)

σ_3(kPa)	σ_1(kPa)	σ'_3(kPa)	σ'_1(kPa)
150	342	70	262
300	641	146	487
450	922	228	700

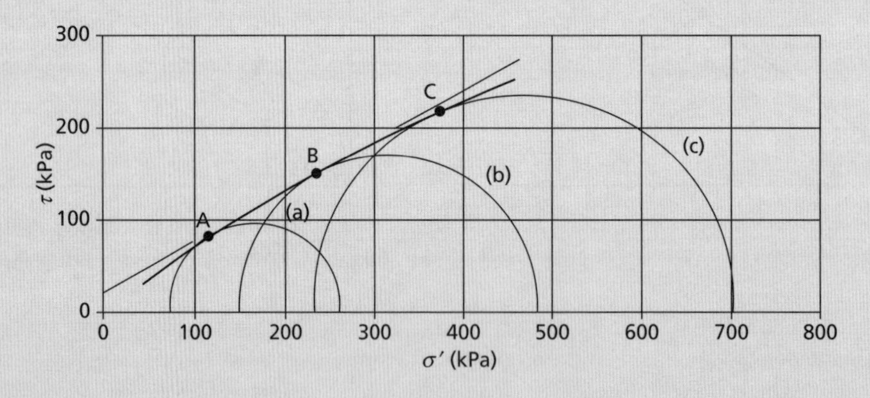

Figura 5.25 Exemplo 5.2.

Os parâmetros tangentes podem ser obtidos aproximando a envoltória curva e uma linha reta acima do intervalo de tensões relevante para o problema. Na Figura 5.25, desenhou-se uma aproximação linear para o intervalo de tensões normais efetivas de 200–300 kPa, fornecendo os parâmetros $c' = 20$ kPa e $\phi' = 29°$.

Resistência não drenada

Em princípio, o ensaio triaxial não adensado – não drenado (UU) permite que seja determinada a resistência não drenada de um solo fino em sua condição *in situ*, com o índice de vazios do corpo de prova no início do ensaio permanecendo igual ao valor *in situ* na profundidade da amostragem. No entanto, na prática, os efeitos da amostragem e da preparação resultam em um pequeno aumento do índice de vazios, em especial, como consequência do inchamento (expansão) que ocorre quando as tensões *in situ* são removidas. Resultados experimentais (por exemplo, Duncan e Seed, 1966) mostraram que a resistência não drenada *in situ* de argilas saturadas é significativamente anisotrópica, com a resistência dependendo da direção da tensão principal maior em relação à orientação *in situ* do corpo de prova. Dessa forma, a resistência não drenada não é um parâmetro exclusivo, ao contrário do ângulo do estado crítico da resistência ao cisalhamento.

Quando um corpo de prova de solo fino saturado é colocado no pedestal da célula triaxial, a pressão neutra inicial é negativa por causa da tensão capilar, sendo nulas as tensões totais e positivas as efetivas. Depois de aplicada a pressão confinante, as tensões efetivas do corpo de prova permanecem inalteradas, porque, em um solo completamente saturado sob condições não drenadas, qualquer aumento na pressão confinante resulta em um aumento idêntico na pressão neutra (ver a Figura 4.11). Admitindo que todos os corpos de prova tenham o mesmo índice de vazios e composição, vários ensaios não adensados – não drenados (UU), cada um com um valor diferente de pressão confinante, devem resultar, portanto, em valores iguais da diferença das tensões principais na ruptura. Os resultados são expressos em termos de tensão total, conforme mostra a Figura 5.26, sendo a envoltória de ruptura horizontal, isto é, $\phi_u = 0$, e a resistência ao cisalhamento sendo dada por $\tau_f = c_u$, em que c_u é a resistência ao cisalhamento não drenada. A resistência não drenada também pode ser determinada sem o uso dos círculos de Mohr; a diferença das tensões principais na ruptura (q_f) é o diâmetro do círculo de Mohr, enquanto τ_f é seu raio; dessa forma, em um ensaio triaxial não drenado:

$$c_u = \frac{q_f}{2} \tag{5.37}$$

Deve-se salientar que, se os valores da pressão neutra forem medidos em uma série de ensaios, então, em princípio, apenas um círculo de tensões efetivas, mostrado com linha tracejada na Figura 5.26, seria obtido. O círculo representando um ensaio de compressão não confinada (isto é, com a pressão da célula nula) ficaria à esquerda do círculo de tensões efetivas na Figura 5.26, por causa da poropressão negativa (sucção) no corpo de prova. A resistência não confinada de um solo é resultado de uma combinação do atrito com a sucção da água dos poros.

Se a melhor tangente comum aos círculos de Mohr obtidos de uma série de ensaios não adensados – não drenados (UU) não for horizontal, então, entende-se que houve uma redução no índice de vazios durante cada ensaio em consequência da presença de ar nos vazios — isto é, o corpo de prova não foi completamente saturado no princípio. Nunca se deve concluir que $\phi_u > 0$. Poderia acontecer também de um corpo de prova inicialmente saturado ter secado de forma parcial antes do ensaio ou ter sido reparado. Outra razão poderia ser o aprisionamento de ar entre o corpo de prova e a membrana.

No caso de argilas fissuradas, a envoltória de ruptura com valores pequenos de pressão confinante é curva, conforme mostra a Figura 5.26. Isso acontece graças ao fato de que se abrem fissuras de alguma extensão durante a amostragem, resultando em menor resistência, a qual se tornará constante apenas quando a pressão confinante for alta o suficiente para fechar as fissuras outra vez. Dessa forma, o ensaio de compressão não confinada não é apropriado no caso de argilas fissuradas. O tamanho de um corpo de prova de argila fissurada também deve ser grande o suficiente para representar a estrutura da massa, isto é, para conter fissuras que representem aquelas *in situ*, caso contrário, a resistência medida será maior do que a *in situ*. Além disso, são exigidos corpos de prova grandes para argilas que apresentem outras características de macrotextura. A curvatura da envoltória de ruptura não drenada com valores baixos de pressão confinante também pode ser constatada em argilas fortemente sobreadensadas, graças à poropressão negativa relativamente alta na ruptura causando cavitação (o ar dos poros saindo da solução na água dos poros).

Em geral, os resultados de ensaios não adensados – não drenados são apresentados como um gráfico de c_u em função da profundidade correspondente, da qual o corpo de prova se originou. Pode-se esperar grande dispersão nesse gráfico em consequência da perturbação da amostragem e das características da macrotextura (se existirem). Em solos finos normalmente adensados, a resistência não drenada costuma aumentar de forma linear com o aumento da tensão efetiva vertical σ'_v (isto é, com a profundidade, se o lençol freático estiver na superfície). Se o lençol freático estiver abaixo da superfície da argila, a resistência não drenada entre eles será significativamente maior do que aquela logo abaixo do lençol freático, graças à secagem da argila.

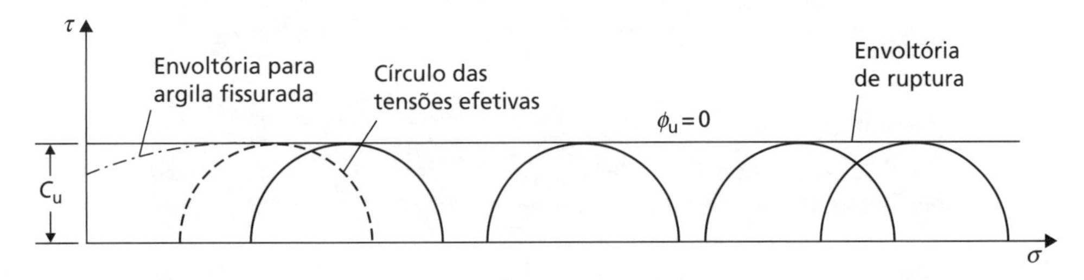

Figura 5.26 Resultados de ensaios triaxiais não adensados – não drenados para argila saturada.

O ensaio triaxial adensado – não drenado (CU) pode ser usado para determinar a resistência não drenada da argila depois de o índice de vazios ser modificado a partir do valor inicial por adensamento. Se isso for feito, deve-se ter em mente que, em geral, as argilas *in situ* foram adensadas em condições de deformação lateral nula, sendo a tensão efetiva vertical diferente da horizontal — isto é, a argila foi adensada de forma unidimensional (ver o Capítulo 4). Dessa forma, ocorre um alívio de tensões na amostragem. No ensaio triaxial adensado – não drenado (CU) padrão, o corpo de prova é adensado outra vez, embora, em geral, em condições isotrópicas, até o valor da tensão efetiva vertical *in situ*. O adensamento isotrópico no ensaio triaxial sob uma pressão igual à tensão efetiva vertical *in situ* resulta em um índice de vazios menor do que o valor *in situ* (unidimensional) e, portanto, em uma resistência não drenada maior do que o valor (real) *in situ*.

O ensaio não adensado – não drenado e a parte não drenada do ensaio adensado – não drenado podem ser realizados rapidamente (contanto que não seja necessário fazer medições da pressão neutra), produzindo-se a ruptura em um intervalo de 10–15 min. No entanto, pode-se esperar uma pequena diminuição da resistência se o tempo até a ruptura for bastante aumentado e se houver evidências de que essa diminuição será mais pronunciada quanto maior for o índice de plasticidade da argila. Cada ensaio deve prosseguir até que o valor máximo da diferença das tensões principais seja ultrapassado ou até que se alcance uma deformação axial de 20%.

Sensibilidade (ou sensitividade)

Alguns solos finos são muito sensíveis ao amolgamento, sofrendo uma perda de resistência considerável em consequência de algum dano ou destruição em sua estrutura natural. A **sensibilidade** (ou **sensitividade**) de um solo é definida como a razão entre a resistência não drenada no estado não perturbado (ou indeformado) e a resistência não drenada, com o mesmo teor de umidade, no estado amolgado, sendo indicada por S_t. Em geral, o amolgamento feito com a finalidade de realizar ensaios é conseguido pelo processo de amassamento. A sensitividade da maioria das argilas situa-se entre 1 e 4. Diz-se que as argilas com sensitividade entre 4 e 8 são de **sensitividade média**, **sensíveis** ou **sensitivas**, e aquelas com sensitividade entre 8 e 16 são de **sensitividade alta**, **extrassensíveis** ou **extrassensitivas**. As ***quick clays***, argilas **ultrassensíveis**, de **sensitividade muito alta** ou **ultrassensitivas** são aquelas que têm sensitividade maior do que 16; a sensitividade de algumas argilas ultrassensíveis pode ser da ordem de 100. Os valores típicos de S_t são fornecidos na Seção 5.9 (Figura 5.37).

A sensitividade pode apresentar importantes implicações para as estruturas geotécnicas e massas de solo. Em 1978, ocorreu um deslizamento de terra em um depósito de argila ultrassensível (*quick clay*) em Rissa, na Noruega. Os despojos dos trabalhos de escavação foram depositados sobre uma encosta suave que formava as margens do Lago Botnen. O solo já tinha uma tensão de cisalhamento *in situ* significativa aplicada em virtude da inclinação do terreno, e a carga adicional fez com que fosse ultrapassada a resistência ao cisalhamento não perturbada e não drenada, ocorrendo um pequeno deslizamento. Quando o solo se deformou, ele se amolgou, rompendo sua estrutura natural e diminuindo o valor de tensão de cisalhamento que poderia suportar. O excesso foi transferido para o solo não perturbado adjacente, que, assim, teve ultrapassada sua resistência não perturbada e não drenada. Esse processo continuou de forma progressiva até que, depois de um período de 45 minutos, 5–6 milhões de metros cúbicos de solo deslizaram para dentro do lago, alcançando a velocidade de 30–40 km/h em alguns pontos e destruindo sete fazendas e cinco casas (Figura 5.27). Felizmente, o deslizamento ocorreu sob uma área rural de baixa densidade populacional. Informações adicionais a respeito do deslizamento de Rissa podem ser encontradas no site da LTC Editora complementar a este livro.

Figura 5.27 Danos observados em consequência do deslizamento da argila ultrassensível em Rissa (foto: Norwegian Geotechnical Institute – NGI).

Exemplo 5.3

Os resultados mostrados na Figura 5.28 foram obtidos na ruptura em uma série de ensaios triaxiais não adensados – não drenados (UU), em corpos de prova retirados aproximadamente da mesma profundidade do interior de uma camada de argila mole saturada. Os dados brutos dos ensaios e uma planilha para interpretá-los podem ser encontrados no site da LTC Editora complementar a este livro. Determine a resistência não drenada ao cisalhamento a essa profundidade no interior do solo.

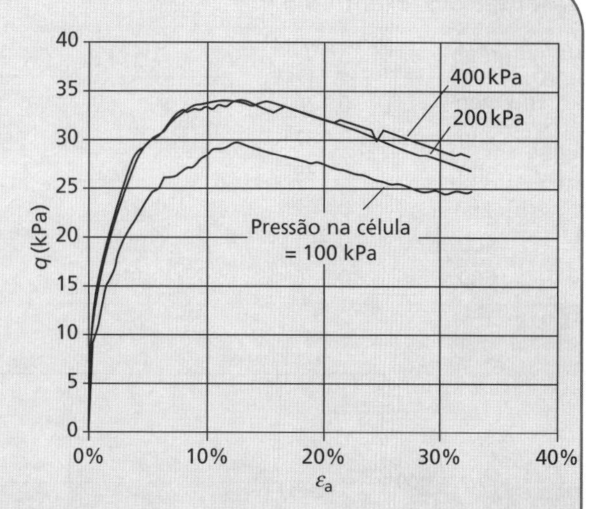

Figura 5.28 Exemplo 5.3.

Solução

O valor máximo de q ($= q_f$) é lido da Figura 5.28 para cada ensaio, e a Equação 5.37 é usada para determinar c_u de cada amostra. Como as amostras são todas da mesma profundidade, mas ensaiadas em diferentes pressões confinantes, c_u deve ser, em teoria, o mesmo para todas elas, portanto calcula-se a média de c_u = 16,3 kPa.

Exemplo 5.4

Os resultados mostrados na Tabela 5.4 foram obtidos na ruptura em uma série de ensaios triaxiais, em corpos de prova de uma argila saturada, inicialmente com 38 mm de diâmetro e 76 mm de comprimento. Determine os valores dos parâmetros de resistência ao cisalhamento em relação à (a) tensão total e à (b) tensão efetiva.

Tabela 5.4 Exemplo 5.4

Tipo de ensaio	*Pressão confinante (kPa)*	*Carga axial (N)*	*Deformação axial (mm)*	*Variação de volume (mL)*
(a) Não drenado (UU)	200	222	9,83	–
	400	215	10,06	–
	600	226	10,28	–
(b) Drenado (D)	200	403	10,81	6,6
	400	848	12,26	8,2
	600	1265	14,17	9,5

Solução

A diferença das tensões principais na ruptura em cada ensaio é obtida dividindo-se a carga axial pela área da seção transversal do corpo de prova na ruptura (Tabela 5.5). A área corrigida da seção transversal é calculada pela Equação 5.16. Obviamente, não há variação de volume durante um ensaio não drenado em uma argila saturada. Os valores iniciais de comprimento, área e volume de cada corpo de prova são:

$$l_0 = 76\,\text{mm}, \quad A_0 = 1135\,\text{mm}^2, \quad V_0 = 86\times10^3\,\text{mm}^3$$

Os círculos de Mohr na ruptura e as envoltórias de ruptura correspondentes para ambas as séries de ensaios são mostrados na Figura 5.29. Nos dois casos, a envoltória de ruptura é a linha mais próxima a uma tangente comum aos círculos de Mohr. Os parâmetros da tensão total, representando a resistência não drenada da argila, são

$$c_u = 85\,\text{kPa}, \quad \phi_u = 0$$

Tabela 5.5 Exemplo 5.4

σ_3 (kPa)	$\Delta l / l_0$	$\Delta V / V_0$	Área (mm²)	$\sigma_1 - \sigma_3$ (kPa)	σ_1 (kPa)
(a) 200	0,129	–	1304	170	370
400	0,132	–	1309	164	564
600	0,135	–	1312	172	772
(b) 200	0,142	0,077	1222	330	530
400	0,161	0,095	1225	691	1091
600	0,186	0,110	1240	1020	1620

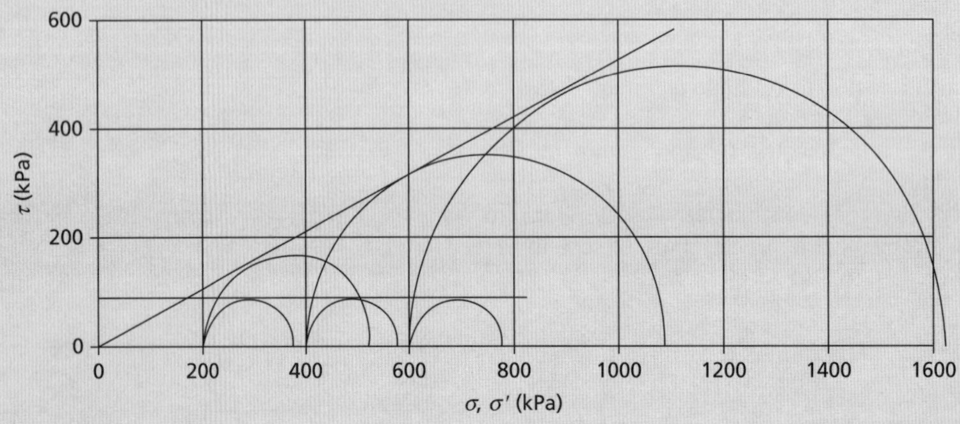

Figura 5.29 Exemplo 5.4.

Os parâmetros da tensão efetiva, representando a resistência drenada da argila, são

$c' = 0, \quad \phi' = 27°$

5.7 A estrutura de estado crítico

O conceito de estado crítico, apresentado originalmente por Roscoe *et al.* (1958), representa uma idealização dos padrões de comportamento observados de argilas saturadas sujeitas à aplicação das tensões principais. No entanto, esse conceito se aplica a todos os solos, tanto grossos (como descrito na Seção 5.5) quanto finos. Ele relaciona as tensões efetivas com o volume específico correspondente ($v = 1 + e$) de uma argila durante o cisalhamento, em condições drenadas ou não drenadas, unificando, dessa forma, as características de resistência ao cisalhamento e de deformação (variação volumétrica). Demonstrou-se que existe uma superfície característica que limita todos os estados possíveis da argila e que todas as trajetórias de tensões efetivas alcançam ou se aproximam de uma linha nessa superfície quando ocorre o escoamento a um volume constante sob a ação de tensão efetiva constante. Essa linha representa os estados críticos do solo e os liga a p', q e v. O modelo foi desenvolvido originalmente com base nas observações de comportamento em ensaios triaxiais, e, nesta seção, o conceito de estado crítico será "redescoberto" de maneira similar, considerando o comportamento triaxial analisado anteriormente neste capítulo.

Comportamento volumétrico durante o cisalhamento não drenado

O comportamento de um solo fino saturado durante o cisalhamento não drenado na célula triaxial é examinado em primeiro lugar, conforme ilustrado na Figura 5.23. Como a pressão nos poros no interior da amostra varia durante o cisalhamento não drenado, a trajetória das tensões efetivas (ESP) não pode ser determinada apenas com base na trajetória das tensões totais (TSP), conforme ocorre no ensaio drenado (Figura 5.19c). No entanto, durante o cisalhamento não drenado, sabe-se que não deve haver variação de volume ($\Delta v = 0$), portanto pode-se utilizar o comportamento volumétrico mostrado na Figura 5.22b. Como q é independente de u, qualquer excesso de pressão da água nos poros gerado durante o cisalhamento não drenado deve resultar de uma variação da tensão média ($\Delta p'$), isto é, $u_e = \Delta p'$. As argilas normalmente adensadas e sobreadensadas da Figura 5.23 são plotadas na Figura 5.30a, admitindo-se que todas as amostras foram adensadas sob a mesma pressão da célula antes do cisalhamento não drenado. A argila normalmente adensada (*normally consolidated*, NC) tem um estado inicial na linha de compressão isotrópica (LCI) e mostra um grande valor positivo último de u_e no estado crítico (resistência última), correspondendo a uma redução em p'. A argila levemente sobreadensada (*lightly overconsolidated*, LOC) tem um volume inicial mais alto, expandindo-se (inchando) um pouco, com seu estado inicial se situando sobre a linha de carregamento – descarregamento. No estado crítico, o excesso de pressão de água nos poros é menor do que o da argila normalmente adensada (NC), portanto a variação em p' é menor. A argila fortemente sobreadensada (*heavily overconsolidated*, HOC) começa com um volume inicial maior, inchando mais do que a amostra de argila levemente sobreadensada. A amostra exibe excesso negativo de poropressão no estado crítico, isto é, um aumento em p' em virtude do cisalhamento. Veremos na Figura 5.30a que todos os pontos que representam os estados críticos das três amostras se situam em uma linha paralela à de compressão isotrópica (LCI) e ligeiramente abaixo dela. Essa é a linha de estado crítico (LEC, ou *critical state line*, *CSL*) que foi descrita anteriormente, mas demonstrada pelo espaço v–p', e representa o volume específico do solo no estado crítico, isto é, quando q está em seu valor último. Essa linha é uma projeção do conjunto de estados críticos de um solo no plano v–p', da mesma forma que a linha de estado crítico no plano q–p' ($q = Mp'$, Figura 5.11c) é uma projeção do mesmo conjunto de estados críticos em termos dos parâmetros de tensão q e p'.

Comportamento volumétrico durante o cisalhamento drenado

Considerando o comportamento dos solos grossos sujeitos à compressão axial descrita na Figura 5.19, o comportamento volumétrico é plotado na Figura 5.30b. As amostras A e B apresentam dilatação (aumento em v) em consequência do cisalhamento; conforme aumenta a tensão confinante, a quantidade de dilatação diminui. Quando há um aumento ainda maior da tensão confinante (amostra C), ocorre compressão no lugar de dilatação. Mais uma vez, os pontos finais no estado crítico se situam sobre uma linha reta (a linha do estado crítico, LEC) paralela à de compressão isotrópica (LCI); entretanto, a LEC para esse solo grosso terá valores numéricos diferentes do intercepto e do gradiente, em comparação com os solos finos considerados na Figura 5.30a, sendo ela uma propriedade intrínseca do solo.

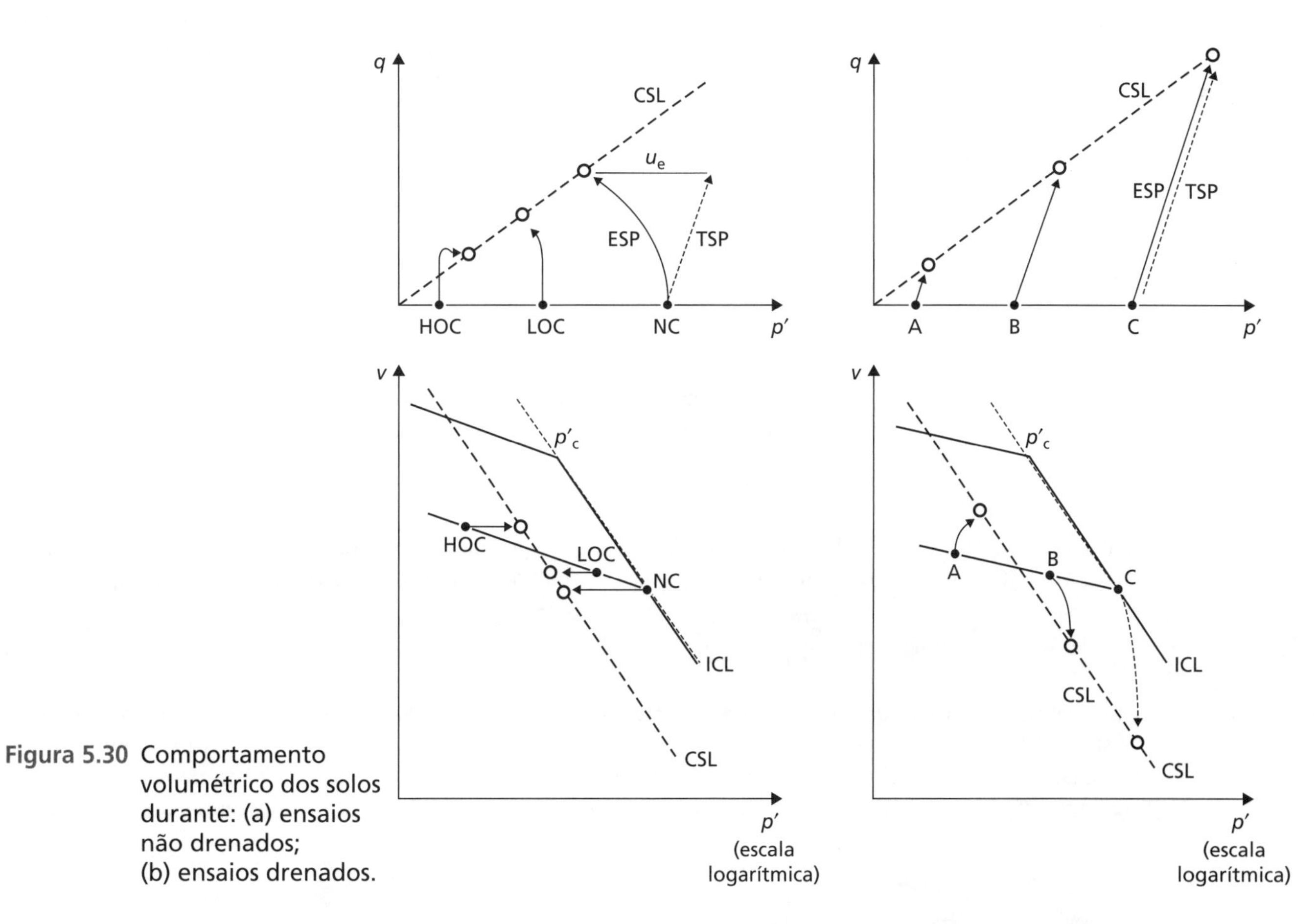

Figura 5.30 Comportamento volumétrico dos solos durante: (a) ensaios não drenados; (b) ensaios drenados.

Definindo a linha do estado crítico

A Figura 5.31 mostra a linha do estado crítico (LEC) plotada em três dimensões, juntamente com as projeções nos planos q–p' e v–p'. A primeira, no plano q–p', é uma linha reta com gradiente M. Conforme descrito anteriormente, tanto neste capítulo quanto nos anteriores, é comum plotar os dados de v–p' com um eixo logarítmico para a tensão média p'. A linha de estado crítico nesse plano é definida por

$$v_{cv} = \Gamma - \lambda \ln p' \quad (5.38)$$

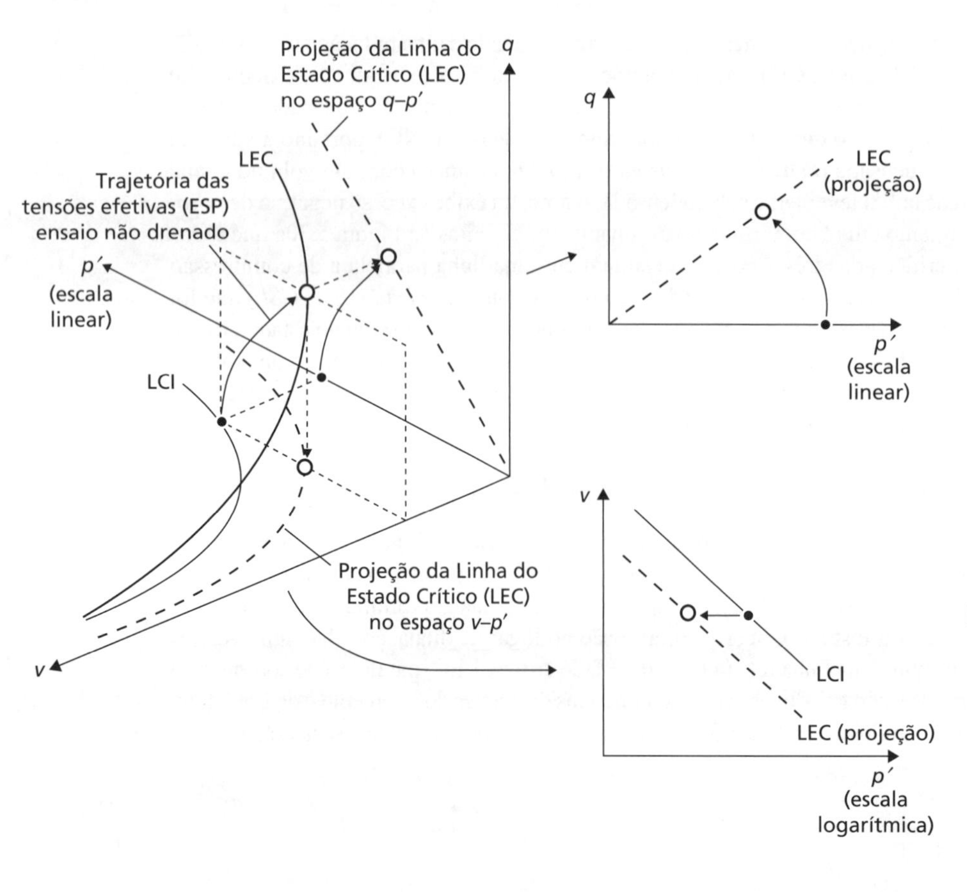

Figura 5.31 Posição da Linha de Estado Crítico (LEC) no espaço p'–q–v; também é mostrada a trajetória das tensões efetivas em um ensaio triaxial não drenado.

em que Γ é o valor de v sobre a linha de estado crítico em $p' = 1$ kPa e é uma propriedade intrínseca do solo; λ é o gradiente da LCI, conforme descrito anteriormente. A fim de usar o conceito de estado crítico, também é necessário conhecer o estado inicial do solo, que depende de sua história de tensões; em geral, em um ensaio triaxial, isso é determinado pelo adensamento prévio e pela expansão em condições isotrópicas, antes do cisalhamento. A equação da linha de adensamento normal (linha de compressão isotrópica, LCI) é

$$v_{icl} = N - \lambda \ln p' \tag{5.39}$$

em que N é o valor de v em $p' = 1$ kPa. As relações entre inchamento e recompressão (descarregamento – carregamento) podem ser aproximadas por meio de uma única linha reta de inclinação $-\kappa$, representada pela equação

$$v = v_k - \kappa \ln p' \tag{5.40}$$

em que v_k é o valor de v em $p' = 1$ kPa e dependerá da pressão de pré-adensamento (isto é, não é uma constante de material). O volume inicial antes do cisalhamento (v_0) pode ser definido, de forma alternativa, por uma única equação:

$$v_0 = N - \lambda \ln p'_c + \kappa \ln\left(\frac{p'_c}{p'}\right) \tag{5.41}$$

A fim de usar o conceito de estado crítico para prever a resistência do solo, é necessário, portanto, definir cinco constantes: N, λ, κ, Γ, M. Isso permitirá determinar o estado inicial e a linha de estado crítico (LEC) tanto no plano q–p' quanto no v–ln(p'). Em teoria, todos esses parâmetros podem ser determinados a partir de um único ensaio adensado – não drenado (CU), embora, em geral, sejam realizados vários deles com diferentes valores de p'_c.

Exemplo 5.5

Os dados mostrados na Figura 5.32 foram obtidos de uma série de ensaios triaxiais de compressão em uma argila mole saturada, em uma célula de trajetória de tensões controlada por computador. As amostras foram adensadas isotropicamente a pressões confinantes de 250, 500 e 750 kPa antes do cisalhamento não drenado. Determine os parâmetros do estado crítico N, λ, Γ e M. Os dados brutos desses ensaios e sua interpretação por meio de uma planilha são fornecidos no site da LTC Editora complementar a este livro.

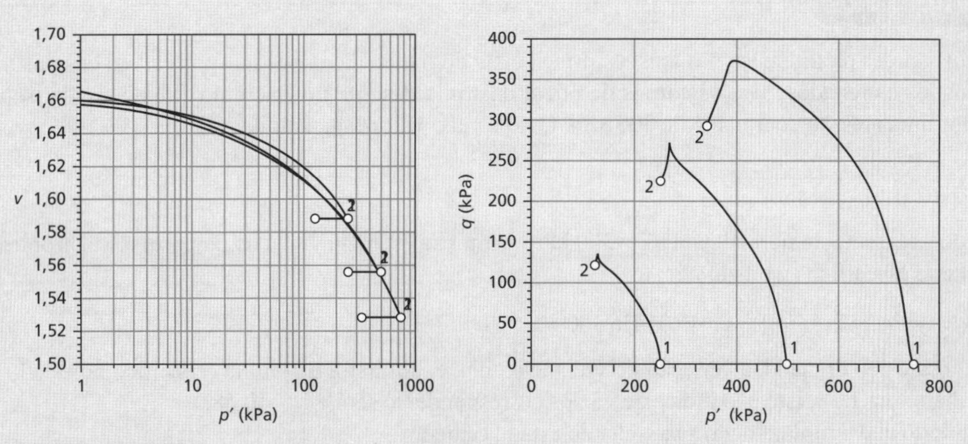

Figura 5.32 Exemplo 5.5.

Solução

Os valores de p', q e v tanto no final do estágio de adensamento (1) quanto no de cisalhamento não drenado (2) são lidos nas figuras e resumidos na Tabela 5.6. Admitindo que todas as pressões de adensamento sejam suficientemente altas para ultrapassar qualquer tensão preexistente de pré-adensamento, ao final do adensamento, todas as amostras deverão se situar sobre a linha de compressão isotrópica (LCI). Fazendo um gráfico de v_1 em função de p'_1, N e λ podem ser encontrados ajustando-se uma linha reta da maneira apresentada na Figura 5.33, sendo o intercepto $N = 1{,}886$, e o gradiente $\lambda = 0{,}054$. Se os pontos ao final do cisalhamento (p'_2, v_2) fossem plotados de maneira similar, o ajuste da linha reta se localizaria quase exatamente paralelo à linha de compressão isotrópica (LCI) — essa é a linha de estado crítico (ou LEC; admitindo que a deformação específica induzida no estágio de cisalhamento tenha sido suficiente para atingir o estado crítico em cada caso). O intercepto é $\Gamma = 1{,}867$, e o gradiente $\lambda = 0{,}057$. Para encontrar M, os pontos (p'_2, q_2) ao final do cisalhamento (estado crítico) são plotados conforme a Figura 5.33. A linha reta de melhor ajuste passa pela origem com gradiente $M = 0{,}88$.

Tabela 5.6 Exemplo 5.5

	Depois do adensamento:			*Depois do cisalhamento:*		
Pressão confinante σ_3 (kPa)	p'_1	q_1	v_1	p'_2	q_2	v_2
250	250	0	1,588	125	121	1,588
500	500	0	1,556	250	225	1,556
750	750	0	1,528	340	292	1,528

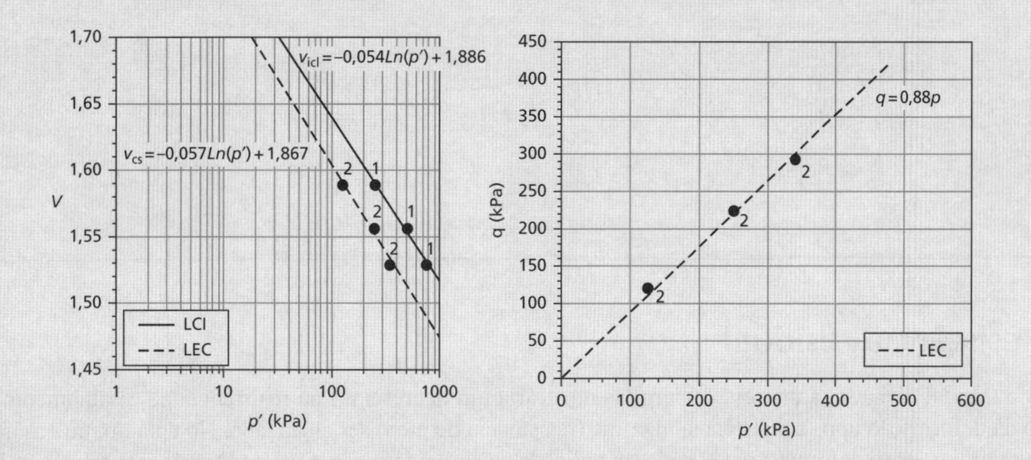

Figura 5.33 Exemplo 5.5 – determinação dos parâmetros do estado crítico por ajuste de linha.

Exemplo 5.6

Estime os valores da diferença das tensões principais e do índice de vazios na ruptura, em ensaios triaxiais não drenados e drenados, para os corpos de prova da argila descrita no Exemplo 5.5, adensada isotropicamente por uma pressão confinante de 300 kPa. Qual seria o valor esperado de ϕ'_{cv}?

Solução

Depois do adensamento normal para p'_c = 300 kPa, a amostra estará na linha de compressão isotrópica (LCI) com volume específico (v_0) dado por

$$v_0 = N - \lambda \ln p'_c = 1{,}886 - 0{,}054 \ln 300 = 1{,}578$$

Em um ensaio não drenado, a variação de volume é nula, e, portanto, o volume específico no estado crítico (v_{cs}) também será 1,58, isto é, o índice de vazios correspondente será $e_{cs(U)}$ = 0,58.

Admitindo que a ruptura ocorra na linha do estado crítico,

$$q'_f = Mp'_f$$

e o valor de p'_f pode ser obtido a partir da Equação 5.38. Dessa forma,

$$\begin{aligned} q'_{f(U)} &= M \exp\left(\frac{\Gamma - v_0}{\lambda}\right) \\ &= 0{,}88 \exp\left(\frac{1{,}867 - 1{,}578}{0{,}054}\right) \\ &= 186\,\text{kPa} \end{aligned}$$

Para um ensaio drenado, a inclinação da trajetória das tensões em um gráfico q–p' é 3, isto é,

$$q'_f = 3(p'_f - p'_c) = 3\left(\frac{q'_f}{M} - p'_c\right)$$

Dessa forma,

$$\begin{aligned} q'_{f(D)} &= \frac{3Mp'_c}{3 - M} \\ &= \frac{3 \times 0{,}88 \times 300}{3 - 0{,}88} \\ &= 374\,\text{kPa} \end{aligned}$$

Então,

$$\begin{aligned} p'_f &= \frac{q_f}{M} = \frac{374}{0{,}88} = 425\,\text{kPa} \\ \therefore v_{cs} &= \Gamma - \lambda \ln p'_f = 1{,}867 - 0{,}054 \ln 425 = 1{,}540 \end{aligned}$$

Assim sendo, $e_{cs(D)}$ = 0,54, e

$$\begin{aligned} \phi'_{cv} &= \text{sen}^{-1}\left(\frac{3M}{6 + M}\right) \\ &= \text{sen}^{-1}\left(\frac{3 \times 0{,}88}{6{,}88}\right) \\ &= 23° \end{aligned}$$

5.8 Resistência residual

No ensaio triaxial drenado, a maioria das argilas mostraria um decréscimo na resistência ao cisalhamento, com aumento da deformação após a resistência máxima (resistência de pico) ser alcançada. No entanto, no ensaio triaxial, há um limite para a deformação que pode ser aplicada ao corpo de prova. O método mais satisfatório de investigar a resistência ao cisalhamento de argilas com grandes deformações é o realizado por intermédio do equipamento de anel de cisalhamento (Bishop *et al.*, 1971; Bromhead, 1979), um equipamento de cisalhamento direto (ou corte) anelar. O corpo de prova anelar (Figura 5.34a) é cisalhado, estando sujeito a uma determinada tensão normal, em um plano horizontal pela rotação de uma metade do equipamento em relação à outra; não há restrição para o valor do deslocamento de cisalhamento entre as metades do corpo de prova. A taxa de rotação deve ser lenta o suficiente para assegurar que o corpo de prova permaneça em uma condição drenada. Dessa forma, a tensão de cisalhamento, calculada com base no torque aplicado, é plotada em função do deslocamento por cisalhamento, conforme ilustrado na Figura 5.34b.

A resistência ao cisalhamento fica abaixo do valor máximo (valor de pico), e a argila em uma região estreita adjacente ao plano de ruptura amolecerá e atingirá o estado crítico. No entanto, por causa da deformação não uniforme do corpo de prova, o ponto exato da curva que corresponde ao estado crítico é indefinido. Com deslocamento contínuo do cisalhamento, a resistência ao cisalhamento continua a decrescer, abaixo do valor do estado crítico, e talvez atinja um valor residual em um deslocamento relativamente grande. Se o solo contiver uma proporção mais ou menos alta de partículas planas, ocorrerá uma reorientação delas de forma paralela ao plano de ruptura (na região estreita adjacente a ele) à medida que a resistência decrescer e tender a um valor residual. No entanto, pode não ocorrer uma reorientação se as partículas planas apresentarem grande atrito entre si. Nesse caso e no caso de solos que contêm uma proporção relativamente alta de partículas graúdas, ocorrem a rotação e a translação das partículas conforme se aproxima o valor da resistência residual. Deve-se observar que o conceito de estado crítico admite deformação contínua do corpo de prova como um todo, ao passo que, na condição residual, há orientação preferencial ou translação das partículas em uma região estreita de cisalhamento. A estrutura original do solo nessa região é completamente destruída em consequência da reorientação das partículas. Pode-se usar, então, um corpo de prova amolgado no equipamento de cisalhamento em anel (cisalhamento por torção), no caso de se exigir a resistência residual (e não a resistência máxima ou de pico).

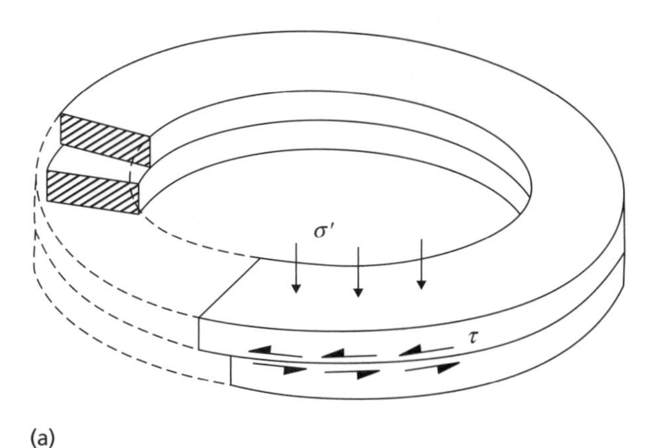

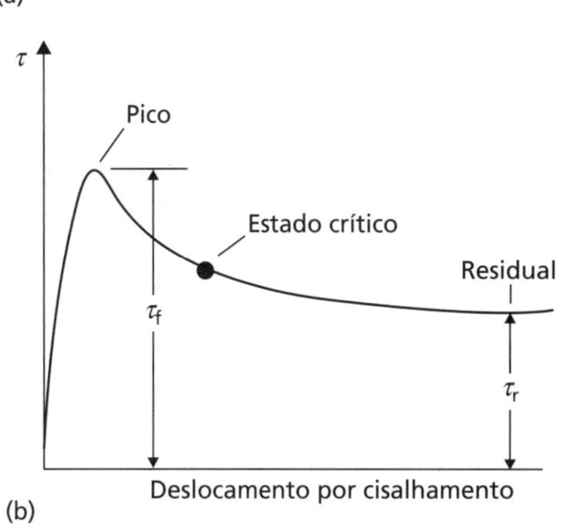

Figura 5.34 (a) Ensaio de cisalhamento direto anelar; e (b) resistência residual.

Os resultados de uma série de ensaios, sob uma faixa de valores de tensão normal, permitem que se obtenha a envoltória de ruptura tanto para a resistência máxima quanto para a residual, sendo designados por c'_r e ϕ'_r os parâmetros de resistência em termos da tensão efetiva. Os dados de resistência residual obtidos pelo ensaio de anel de cisalhamento para uma grande faixa de solos foram publicados (por exemplo, Lupini *et al.*, 1981; Mesri e Cepeda-Diaz, 1986; Tiwari e Marui, 2005), indicando que o valor de c'_r pode ser considerado zero. Dessa forma, a resistência residual pode ser expressa como

$$\tau_r = \sigma'_f \tan\phi'_r \tag{5.42}$$

Valores típicos de ϕ'_r são dados na Seção 5.9 (Figura 5.39).

5.9 Estimando os parâmetros de resistência a partir dos ensaios de caracterização e identificação de solos

A fim de obter valores confiáveis de parâmetros de resistência do solo a partir de ensaios triaxiais e de cisalhamento direto, são exigidas amostras não perturbadas de solo. Os métodos de amostragem são analisados na Seção 6.3. Nenhuma amostra será completamente não perturbada, e obter amostras de alta qualidade é quase sempre difícil e muitas vezes caro. Em consequência, as principais propriedades de resistência dos solos (ϕ'_{cv}, c_u, S_t, ϕ'_r) estão correlacionadas aqui às propriedades de índice básicas descritas no Capítulo 1 (I_P e I_L para solos finos, e $e_{máx}$ e $e_{mín}$ para solos grossos). Esses ensaios simples podem ser realizados com amostras perturbadas. O material coletado durante a realização de um furo de sondagem fornece basicamente uma amostra perturbada contínua para os ensaios, de forma que uma grande quantidade de informações descrevendo a resistência do solo pode ser reunida, sem que sejam realizados ensaios detalhados em laboratório ou no campo. Sendo assim, o uso de correlações pode ser muito útil durante os estágios preliminares de uma Investigação no Campo (IC). Esta pode ser mais barata/mais eficiente usando principalmente amostras perturbadas, complementadas por um número menor de amostras não perturbadas para verificação das propriedades.

Deve-se observar que o uso de qualquer uma das correlações aproximadas mostradas aqui deve ser considerado apenas uma estimativa; elas devem ser usadas para fornecer suporte, nunca para substituir, os ensaios de laboratório em amostras não perturbadas, em particular, quando uma determinada propriedade de resistência for crítica para o projeto ou para a análise de uma construção geotécnica em especial. Elas são muito úteis para verificar os resultados dos ensaios de laboratório, para aumentar a quantidade de dados a partir dos quais são obtidas as propriedades de resistência e para estimar parâmetros antes que sejam conhecidos os resultados dos ensaios de laboratório (por exemplo, para estudos de viabilidade e para o planejamento de uma investigação de campo).

Ângulo de estado crítico de resistência ao cisalhamento (ϕ'_{cv})

A Figura 5.35a mostra os dados de ϕ'_{cv} para 65 solos grossos determinados a partir de ensaios de cisalhamento direto (caixa de cisalhamento, ou *shearbox*) e triaxiais coletados por Bolton (1986), Miura *et al.* (1998) e Hanna (2001). Os dados são correlacionados com $e_{máx} - e_{mín}$. Essa correlação é apropriada, uma vez que $e_{máx}$ e $e_{mín}$ são independentes do estado/massa específica do solo (definido pelo índice de vazios e), da mesma forma que ϕ'_{cv} é uma propriedade intrínseca e independente de e. Também é mostrada na Figura 5.35a uma linha de correlação, representando o melhor ajuste aos dados, que sugere que ϕ'_{cv} aumenta à medida que o potencial para variação volumétrica ($e_{máx} - e_{mín}$) cresce. A grande dispersão de dados pode ser atribuída à influência do formato das partículas (angularidade), que é capturada somente parcialmente por $e_{máx} - e_{mín}$, e à rugosidade dos grãos (que é uma função do material — ou materiais — matriz do qual o solo foi produzido).

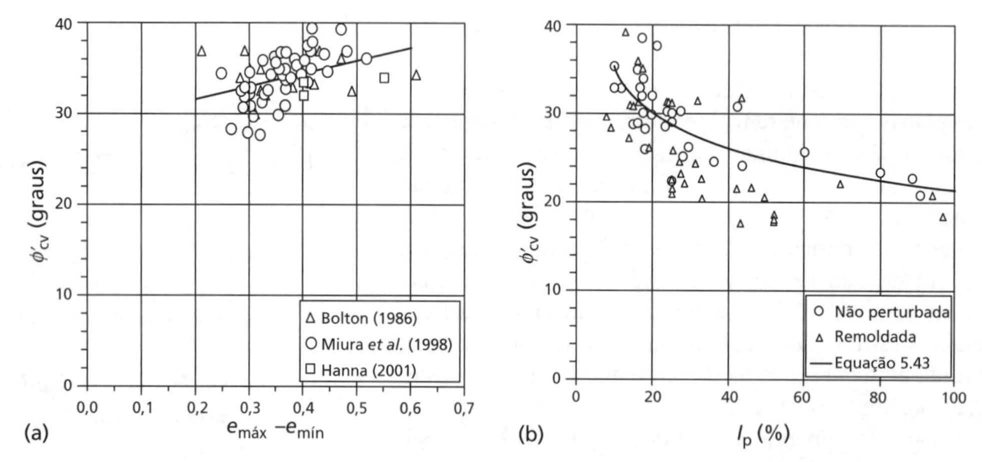

Figura 5.35 Correlação entre ϕ'_{cv} e as propriedades dos índices físicos para (a) solos grossos e (b) solos finos.

A Figura 5.35b mostra os dados de ϕ'_{cv} para 32 solos finos não perturbados e 32 solos finos amolgados coletados de ensaios triaxiais por Kenney (1959), Parry (1960) e Zhu e Yin (2000). Os dados são correlacionados com o índice de plasticidade (I_P), que também é independente do estado corrente do solo (definido pelo teor de umidade w no momento). Uma linha de correlação, representando o melhor ajuste aos dados não perturbados, também é mostrada na Figura 5.35b, que sugere que ϕ'_{cv} diminui à medida que o índice de plasticidade aumenta. Isso pode ser atribuído ao crescimento da fração de argila (isto é, partículas alongadas planas e finas) à medida que I_P aumenta, com essas partículas tendendo a apresentar menos atrito do que as maiores no interior da matriz do solo. A dispersão dos dados pode ser atribuída à mineralidade dessas partículas com o mesmo tamanho da argila — conforme mencionado no Capítulo 1, os principais minerais de argila (caolinita, esmectita, ilita, montmorilonita) têm muitos e diferentes formatos de partículas, superfície específica e propriedades de atrito. A equação da linha é dada por:

$$\phi'_{cv} = 57\left(I_P\right)^{-0,21} \tag{5.43}$$

Resistência ao cisalhamento não drenada e sensitividade (c_u, S_t)

Conforme o descrito na Seção 5.6, a resistência não drenada de um solo fino não é uma propriedade intrínseca do material, mas é dependente do estado do solo (como definido por w) e do nível de tensões. Dessa forma, a resistência ao cisalhamento não drenada deve estar correlacionada a um parâmetro de índice dependente do estado, ou seja, o índice de liquidez I_L. A Figura 5.36 mostra os dados de c_u plotados em função de I_L para 62 solos finos amolgados coletados por Skempton e Northey (1953), Parry (1960), Leroueil *et al.* (1983) e Jardine *et al.* (1984). No limite de liquidez, $c_{ur} \approx 1,7$ kPa. A resistência ao cisalhamento não drenada no limite de plasticidade é definida como 100 vezes aquela no limite de liquidez, o que sugere que o relacionamento entre c_u (em kPa) e I_L deve estar na forma

$$c_{ur} \approx 1,7 \times 100^{(1-I_L)} \tag{5.44}$$

Deve-se observar que a resistência não drenada na Equação 5.44 é a apropriada para o solo em um estado remoldado (completamente perturbado). As argilas sensitivas podem, portanto, exibir resistências aparentes não drenadas muito maiores em sua condição não perturbada do que se poderia prever com a Equação 5.4.

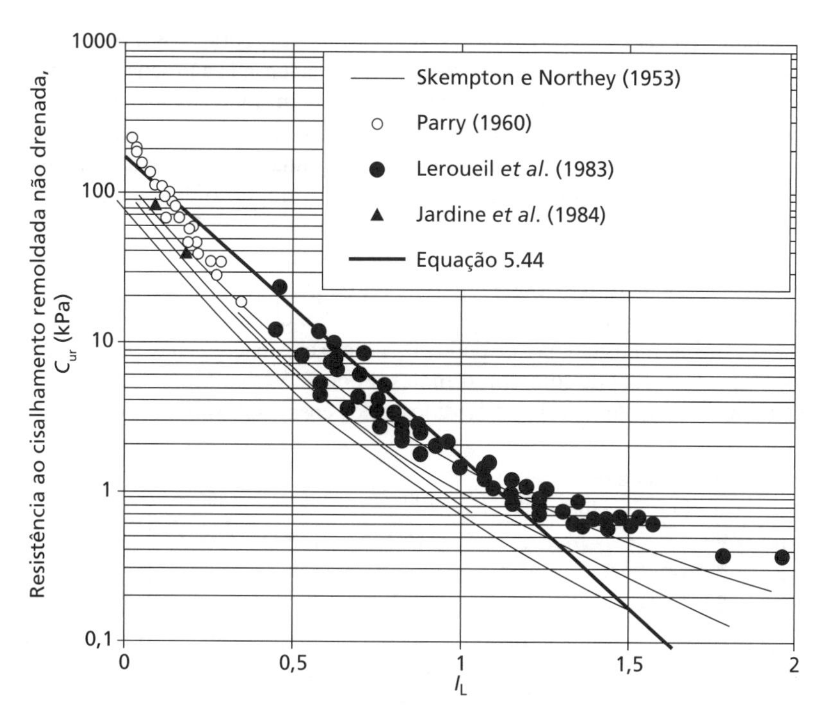

Figura 5.36 Correlação da resistência ao cisalhamento remoldada e não drenada c_{ur} com as propriedades de caracterização e identificação do solo.

A Figura 5.37 mostra dados para 49 argilas sensitivas coletadas por Skempton e Northey (1953), Bjerrum (1954) e Bjerrum e Simons (1960), nos quais a sensitividade também é correlacionada com I_L. Os dados sugerem uma correlação linear descrita por:

$$S_t \approx 100^{(0,43 I_L)} \tag{5.45}$$

Uma correlação para a resistência ao cisalhamento não perturbada (*in situ*) e não drenada também pode ser estimada a partir da definição de sensitividade como a razão entre a resistência não perturbada e a remoldada (isto é, combinando as Equações 5.44 e 5.45):

$$c_u = S_t c_{ur} \approx 1{,}7 \times 100^{(1-0,57 I_L)} \tag{5.46}$$

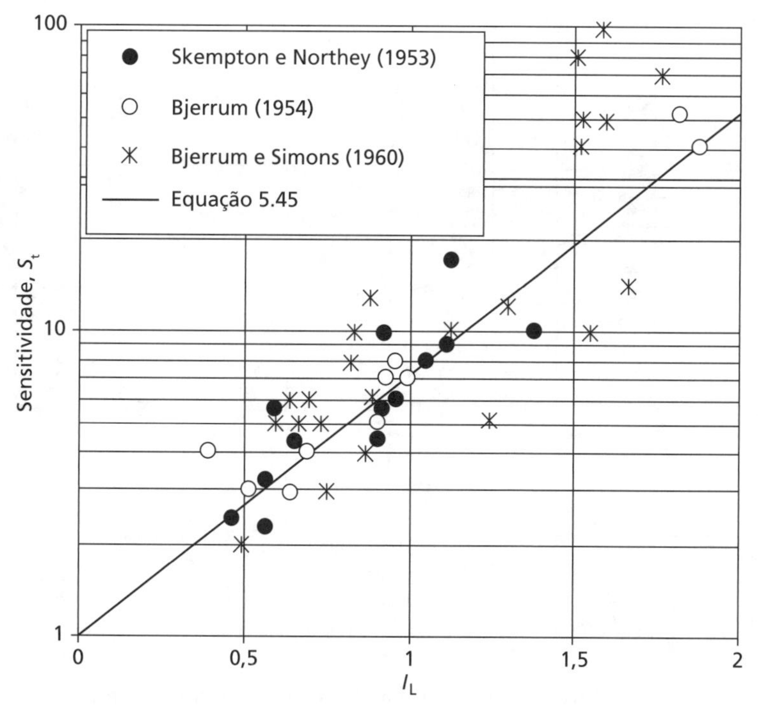

Figura 5.37 Correlação da sensitividade S_t com as propriedades de caracterização e identificação do solo.

Para demonstrar a utilidade que as Equações 5.44–5.46 podem ter, a Figura 5.38 mostra exemplos de dois perfis de solos reais. Na Figura 5.38a, o solo é uma argila fortemente sobreadensada não sensitiva (argila de Gault, próxima a Cambridge). Aplicando a Equação 5.45, pode-se ver que $S_t \approx 1{,}0$ em todos os locais, de forma que as Equações 5.44 e 5.46 fornecem valores quase idênticos (marcadores sólidos). Isso é comparado aos resultados de ensaios triaxiais UU, que medem a resistência ao cisalhamento não adensada e não drenada. Veremos que, embora haja dispersão significativa (em ambos os conjuntos de dados), tanto o valor absoluto quanto a variação com a profundidade são bem capturadas por meio das correlações aproximadas. A Figura 5.38b mostra os dados de uma argila normalmente adensada com $S_t \approx 5$ (argila de Bothkennar, próximo a Edinburgh). É provável que, para argilas sensitivas como essa, a resistência não perturbada seja muito maior do que a remoldada, e veremos que as previsões das Equações 5.44 e 5.46 são diferentes. Para validá-las, o Ensaio de Palheta no Campo (FVT, *Field Vane Test*), descrito com mais detalhes na Seção 7.3, foi usado, já que pode obter tanto a resistência não perturbada quanto a remoldada (e também, portanto, a sensitividade) de solos finos moles. Pode-se ver na Figura 5.38b que as correlações apresentadas aqui preveem razoavelmente os valores medidos pelos ensaios *in situ* mais confiáveis.

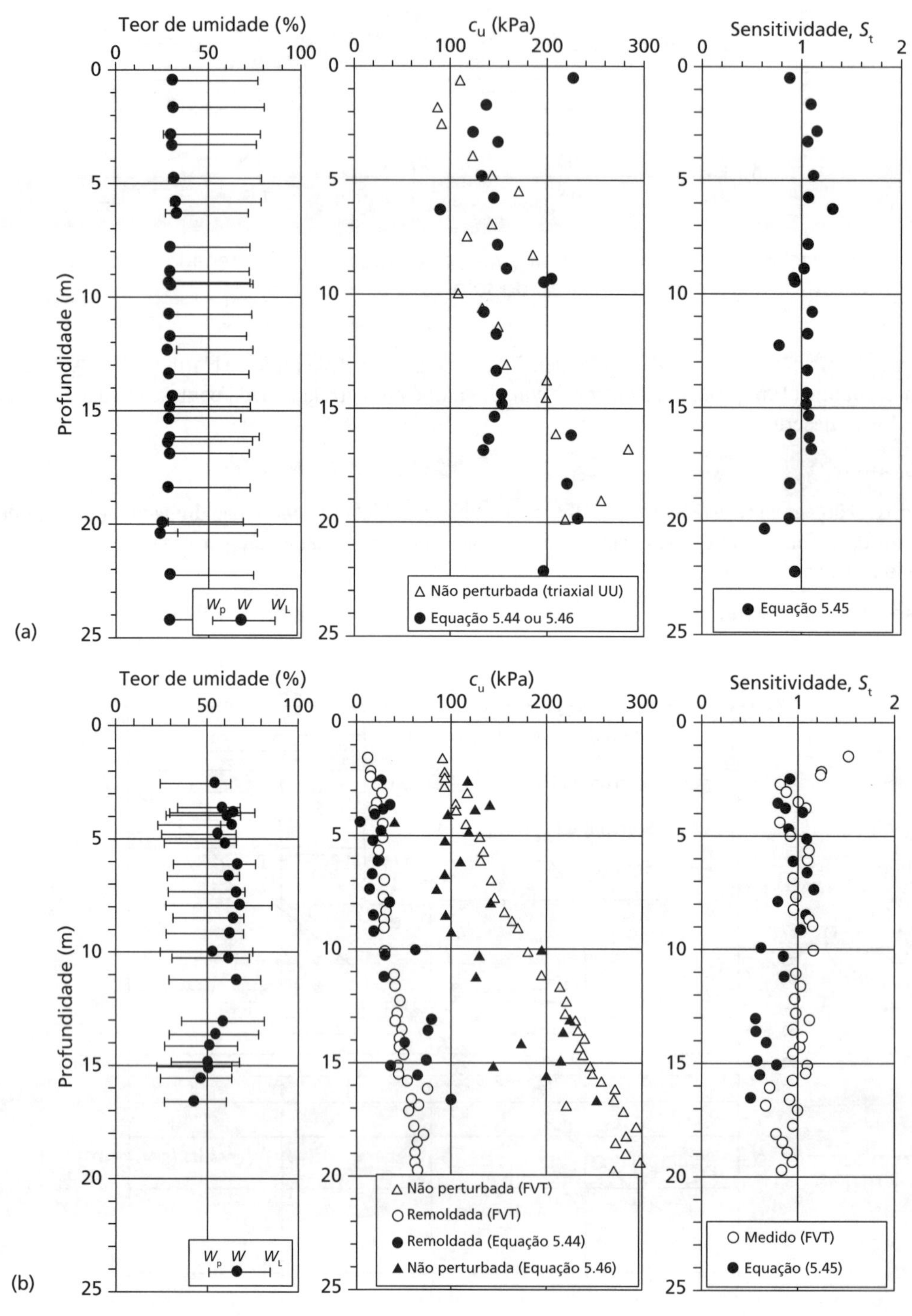

Figura 5.38 Uso de correlações para estimar a resistência não drenada de solos coesivos: (a) argila de Gault; (b) argila de Bothkennar.

Ângulo residual de atrito (ϕ'_r)

Conforme mencionado na Seção 5.8, a resistência residual de um solo se reduz com o aumento da proporção de partículas planas e alongadas (por exemplo, argilas) e, portanto, está relacionada com a fração de argila e com o índice de plasticidade. A Figura 5.39 mostra os dados de ϕ'_r, determinados a partir de ensaios de anel de cisalhamento, plotados em função de I_P para 89 argilas e *tills* (tilitos) e 23 xistos, coletados por Lupini *et al.* (1981), Mesri e Cepeda-Diaz (1986) e Tiwari e Marui (2005). Como observado para ϕ'_{cv} (Figura 5.35b), há dispersão considerável em torno da linha de correlação que pode ser atribuída às diferentes características dos minerais argila presentes no interior desses solos. Aparentemente, os dados respeitam a lei de potência na qual:

$$\phi'_r = 93\left(I_P\right)^{-0,56} \tag{5.47}$$

com ϕ'_r dado em graus.

Na maioria das aplicações geotécnicas, as deformações costumam ser pequenas o suficiente para que as condições residuais nunca sejam alcançadas. A resistência residual é, entretanto, particularmente importante no estudo da estabilização de encostas onde o deslizamento histórico pode ter sido de magnitude suficiente para alinhar as partículas ao longo de um plano de deslizamento (a estabilidade de encostas será analisada no Capítulo 12). Nessas condições, um deslizamento que seja reativado (por exemplo, em virtude da redução da tensão efetiva no plano de cisalhamento como consequência de um aumento do lençol freático — chuva — ou da percolação) estará em condições residuais, e ϕ'_r é a medida mais adequada de resistência a ser usada na análise. Como exemplo de uso dessa correlação, a Figura 5.39 também mostra uma série de pontos de dados para um intervalo de encostas no Reino Unido com deslizamentos históricos, de acordo com o relatado por Skempton (1985). Veremos que, usando apenas I_P, os valores previstos de ϕ'_r estarão dentro de um intervalo de 2° em relação aos valores medidos por grandes ensaios de cisalhamento direto sobre as superfícies de deslizamento no campo.

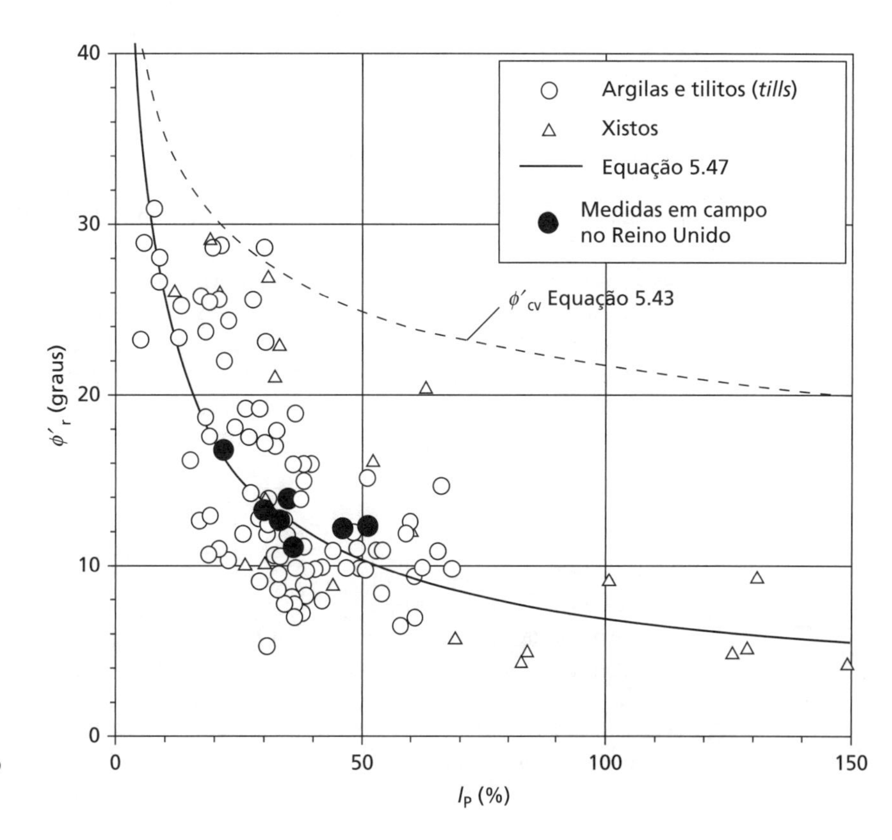

Figura 5.39 Correlação entre ϕ'_r e as propriedades de caracterização e identificação dos solos finos, mostrando a aplicação em estudos de casos de encostas no Reino Unido.

Resumo

1 O conhecimento da resistência e da rigidez (deformabilidade) do solo (seu comportamento constitutivo) é fundamental para avaliar a estabilidade e o desempenho de construções geotécnicas. Esse comportamento constitutivo relaciona as tensões no terreno (que estão em equilíbrio com as cargas aplicadas) com as deformações do solo (fornecendo deformações compatíveis). O comportamento constitutivo do solo é altamente não linear e dependente do nível da tensão confinante, mas, para a maioria dos problemas práticos, ele pode ser modelado/idealizado usando-se a elasticidade linear isotrópica em conjunto com a plasticidade de Mohr–Coulomb (dependente de tensão).

2 A resistência e a rigidez (deformabilidade) do solo podem ser medidas diretamente no laboratório, por meio de ensaios de cisalhamento direto, ensaios triaxiais ou de cisalhamento residual (anel de cisalhamento), dentre outros. O método de operação, configuração e ponto forte/fraco de cada um deles foi descrito. Esses ensaios podem ser usados para obter as propriedades de resistência para o modelo de Mohr–Coulomb (c e ϕ) e o módulo de elasticidade transversal do solo (G). Exemplos digitais fornecidos no *site* da LTC Editora que complementa este livro demonstram como os dados digitais providos por equipamentos modernos computadorizados de ensaios podem ser utilizados de forma eficiente.

3 Para as velocidades de carregamento ou para os processos geotécnicos mais comuns, os solos grossos se comportarão de modo drenado. A resistência máxima (pico) de tais solos é determinada pela dilatância (variação volumétrica), que depende da densidade (estado). Esse comportamento pode ser modelado pelos ângulos secantes de pico de atrito ou usando um modelo linearizado de Mohr–Coulomb ($\tau = c'\tau + \sigma' \text{ tg } \phi'$). Se tais solos forem cisalhados com deformações suficientemente grandes, a variação de volume será interrompida, e o solo atingirá um estado crítico (resistência última). Em geral, as propriedades do solo podem ser obtidas por ensaios de cisalhamento direto ou por ensaios triaxiais drenados. Solos finos se comportarão de modo similar se for permitida a drenagem (isto é, para processos lentos ou condições de longo prazo). Se carregados rapidamente, eles responderão de modo não drenado, e a resistência será definida em termos das tensões totais, em vez de efetivas usando o modelo de Mohr–Coulomb ($\tau = c_u$). Normalmente, as propriedades de resistência drenada e não drenada e o módulo de elasticidade transversal G (que é independente das condições de drenagem) são quantificados por meio de ensaios triaxiais (CD, CU, UU) em tais solos. Quando há deformações muito grandes, a resistência de solos finos pode se reduzir abaixo do valor de estado crítico, chegando a um valor residual definido por um ângulo de atrito ϕ'_r, que pode ser medido por um equipamento de ensaio de anel de cisalhamento.

4 Com o aumento da deformação em qualquer condição de drenagem, todos os solos saturados se aproximarão de um estado crítico quando atingirem sua resistência última ao cisalhamento. A Linha do Estado Crítico (LEC) define os estados críticos para qualquer estado inicial do solo e, portanto, é uma propriedade intrínseca deste. Associando a mudança de volume à resistência ao cisalhamento, o conceito de estado crítico mostra que tanto a resistência drenada quanto a não drenada representam a trajetória das tensões efetivas que chega à linha de estado crítico (para os dois valores extremos de drenagem).

5 Ensaios simples de caracterização e identificação de solos (descritos no Capítulo 1) podem ser usados com correlações empíricas para estimar valores de diversas propriedades de resistência (ϕ'_{cv}, c_u e ϕ'_r). Tais dados podem ser úteis quando não houver disponíveis dados de ensaios de laboratório de alta qualidade e para fornecer dados adicionais que proporcionem suporte aos resultados de tais ensaios. Embora úteis, as correlações empíricas nunca devem ser usadas para substituir um amplo programa de ensaios em laboratório.

Problemas

5.1 Qual é a resistência ao cisalhamento em termos de tensão efetiva sobre um plano no interior de uma massa de solo saturada, no qual a tensão normal total seja de 295 kPa e a poropressão, de 120 kPa? Os parâmetros de resistência do solo para o intervalo apropriado de tensões são $\phi' = 30°$ e $c' = 12$ kPa.

5.2 Três ensaios separados de cisalhamento direto foram realizados com amostras idênticas de areia seca. A caixa de cisalhamento tem 60 × 60 mm de área da base. As cargas no pendural (verticais), as forças máximas (pico) e as forças últimas medidas durante os ensaios estão resumidas a seguir.

TABELA K

Ensaio	*Carga vertical no pendural (N)*	*Força de pico de cisalhamento (N)*	*Força última de cisalhamento (N)*
1	180	162	108
2	360	297	216
3	540	423	324

Determine os parâmetros de Mohr–Coulomb (ϕ', c') para modelar a resistência máxima (pico) do solo, o ângulo do estado crítico da resistência ao cisalhamento e os ângulos de dilatação nos três ensaios.

5.3 Foi realizada uma série de ensaios triaxiais drenados com contrapressão nula em corpos de prova de uma areia preparada sempre com a mesma porosidade, obtendo-se os seguintes resultados na ruptura:

TABELA L

Pressão confinante (kPa)	100	200	400	800
Diferença das tensões principais (kPa)	452	908	1810	3624

Determine o valor do ângulo de resistência ao cisalhamento ϕ'.

5.4 De uma série de ensaios triaxiais não adensados – não drenados (*unconsolidated – undrained*, UU) com corpos de prova de uma argila completamente saturada, foram obtidos os resultados a seguir na ruptura. Determine os valores dos parâmetros de resistência ao cisalhamento c_u e ϕ_u.

TABELA M

Pressão confinante (kPa)	200	400	600
Diferença das tensões principais (kPa)	222	218	220

5.5 Os resultados a seguir foram obtidos na ruptura em uma série de ensaios triaxiais adensados – não drenados (*consolidated – undrained*, CU), medindo-se a poropressão, em corpos de prova de uma argila completamente saturada. Determine os valores dos parâmetros de resistência ao cisalhamento c' e ϕ'. Se um corpo de prova do mesmo solo fosse adensado sob uma pressão confinante de 250 kPa e a diferença das tensões principais fosse aplicada com uma pressão confinante alterada para 350 kPa, qual seria o valor esperado para a diferença das tensões principais na ruptura?

TABELA N

σ_3 (kPa)	150	300	450	600
$\sigma_1 - \sigma_3$ (kPa)	103	202	305	410
u (kPa)	82	169	252	331

5.6 Um ensaio triaxial adensado – não drenado (*consolidated – undrained*, CU) em um corpo de prova de uma argila saturada foi realizado sob uma pressão confinante de 600 kPa. O adensamento ocorreu com uma contrapressão de 200 kPa. Os resultados a seguir foram obtidos durante o ensaio.

TABELA O

$\sigma_1 - \sigma_3$ (kPa)	0	80	158	214	279	319
u (kPa)	200	229	277	318	388	433

Desenhe as trajetórias de tensões (totais e efetivas). Se a argila tiver alcançado seu estado crítico no final do ensaio, estime o valor do ângulo de atrito desse estado.

5.7 Os resultados a seguir foram obtidos na ruptura em uma série de ensaios triaxiais adensados – drenados (*consolidated – drained*, CD) em corpos de prova de uma argila completamente saturada, originalmente com 38 mm de diâmetro e 76 mm de comprimento, com contrapressão nula. Determine o valor secante de ϕ' para cada ensaio e os valores dos parâmetros tangente c' e ϕ' para o intervalo de tensões 300–500 kPa.

TABELA P

Pressão confinante (kPa)	200	400	600
Compressão axial (mm)	7,22	8,36	9,41
Carga axial (N)	565	1015	1321
Variação de volume (mL)	5,25	7,40	9,30

5.8 Em um ensaio triaxial, permitiu-se que um corpo de prova de solo fosse completamente adensado sob uma pressão confinante de 200 kPa. Em condições não drenadas, a pressão confinante é aumentada para 350 kPa, medindo-se a pressão neutra nesta ocasião como 144 kPa. A seguir, a carga axial é aplicada em condições não drenadas até ocorrer a ruptura, obtendo-se os seguintes resultados:

TABELA Q

Deformação específica axial (%)	0	2	4	6	8	10
Diferença das tensões principais (kPa)	0	201	252	275	282	283
Pressão neutra (kPa)	144	211	228	222	212	209

Determine o valor do coeficiente da pressão nos poros B e determine se o ensaio pode ser considerado saturado. Faça um gráfico da curva tensão–deformação (q–ε_s) para o ensaio e, a seguir, determine o módulo de elasticidade transversal (deformabilidade/rigidez) do solo em cada estágio de carregamento. Desenhe também as trajetórias de tensão (total e efetiva) para o ensaio e estime o ângulo de atrito do estado crítico.

Referências

ASTM D2850 (2007) *Standard Test Method for Unconsolidated-Undrained Triaxial Compression Test on Cohesive Soils*, American Society for Testing and Materials, West Conshohocken, PA.
ASTM D3080 (2004) *Standard Test Method for Direct Shear Test of Soils Under Consolidated Drained Conditions*, American Society for Testing and Materials, West Conshohocken, PA.
ASTM D4767 (2011) *Standard Test Method for Consolidated Undrained Triaxial Compression Test for Cohesive Soils*, American Society for Testing and Materials, West Conshohocken, PA.
ASTM D7181 (2011) *New Test Method for Consolidated Drained Triaxial Compression Test for Soils*, American Society for Testing and Materials, West Conshohocken, PA.
Atkinson, J.H. (2000) Non-linear soil stiffness in routine design, *Géotechnique*, **50**(5), 487–508.
Atkinson, J.H. and Bransby, P.L. (1978) *The Mechanics of Soils: An Introduction to Critical State Soil Mechanics*, McGraw-Hill Book Company (UK) Ltd, Maidenhead, Berkshire.
Bishop, A.W., Green, G.E., Garga, V.K., Andresen, A. and Brown, J.D. (1971) A new ring shear apparatus and its application to the measurement of residual strength, *Géotechnique*, **21**(4), 273–328.
Bjerrum, L. (1954) Geotechnical properties of Norwegian marine clays, *Géotechnique*, **4**(2), 49–69.
Bjerrum, L. and Simons, N.E. (1960) Comparison of shear strength characteristics of normally consolidated clays, in *Proceedings of Research Conference on Shear Strength of Cohesive Soils, Boulder, Colorado*, pp. 711–726.
Bolton, M.D. (1986) The strength and dilatancy of sands, *Géotechnique*, **36**(1), 65–78.
Bolton, M.D. (1991) *A Guide to Soil Mechanics*, Macmillan Press, London.
British Standard 1377 (1990) *Methods of Test for Soils for Civil Engineering Purposes*, British Standards Institution, London.
Bromhead, E.N. (1979) A simple ring shear apparatus, *Ground Engineering*, **12**(5), 40–44.
Calladine, C.R. (2000) *Plasticity for Engineers: Theory and Applications*, Horwood Publishing, Chichester, W. Sussex.
CEN ISO/TS 17892 (2004) *Geotechnical Investigation and Testing – Laboratory Testing of Soil*, International Organisation for Standardisation, Geneva.
Duncan, J.M. and Seed, H.B. (1966) Strength variation along failure surfaces in clay, *Journal of the Soil Mechanics & Foundations Division, ASCE*, **92**, 81–104.
Hanna, A. (2001) Determination of plane-strain shear strength of sand from the results of triaxial tests, *Canadian Geotechnical Journal*, **38**, 1231–1240.
Hill, R. (1950) *Mathematical Theory of Plasticity*, Oxford University Press, New York, NY.
Jardine, R.J., Symes, M.J. and Burland J.B. (1984) The measurement of soil stiffness in the triaxial apparatus, *Géotechnique* **34**(3), 323–340.
Kenney, T.C. (1959) Discussion of the geotechnical properties of glacial clays, *Journal of the Soil Mechanics and Foundations Division, ASCE*, **85**, 67–79.
Leroueil, S. Tavenas, F. and Le Bihan, J.P. (1983) Propriétés caractéristiques des argiles de l'est du Canada, *Canadian Geotechnical Journal*, **20**, 681–705 (in French).
Lupini, J.F., Skinner, A.E. and Vaughan, P.R. (1981) The drained residual strength of cohesive soils, *Géotechnique*, **31**(2), 181–213.
Mesri, G., and Cepeda-Diaz, A.F. (1986) Residual shear strength of clays and shales, *Géotechnique*, **36**(2), 269–274.
Miura, K., Maeda, K., Furukawa, M. and Toki, S. (1998) Mechanical characteristics of sands with different primary properties, *Soils and Foundations*, **38**(4), 159–172.
Parry, R.H.G. (1960) Triaxial compression and extension tests on remoulded saturated clay, *Géotechnique*, **10**(4), 166–180.
Roscoe, K.H., Schofield, A.N. and Wroth, C.P. (1958) On the yielding of soils, *Géotechnique*, **8**(1), 22–53.
Skempton, A.W. (1954) The pore pressure coefficients A and B, *Géotechnique*, **4**(4), 143–147.
Skempton, A.W. (1985) Residual strength of clays in landslides, folded strata and the laboratory, *Géotechnique*, **35**(1), 1–18.
Skempton, A.W. and Northey, R.D. (1953) The sensitivity of clays, *Géotechnique*, **3**(1), 30–53.
Tiwari, B., and Marui, H. (2005) A new method for the correlation of residual shear strength of the soil with mineralogical composition, *Journal of Geotechnical and Geoenvironmental Engineering*, ASCE, **131**(9), 1139–1150.
Zhu, J. and Yin, J. (2000) Strain-rate-dependent stress–strain behaviour of overconsolidated Hong Kong marine clay, *Canadian Geotechnical Journal*, **37**(6), 1272–1282.

Leitura Complementar

Atkinson, J.H. (2000) Non-linear soil stiffness in routine design, *Géotechnique*, **50**(5), 487–508.
Esse artigo fornece uma revisão do estado da arte de resistência do solo (incluindo comportamento não linear) e a seleção de um módulo de elasticidade transversal apropriado para projetos em Geotecnia.
Head, K.H. (1986) *Manual of Soil Laboratory Testing*, three volumes, Pentech, London.
Esse livro contém amplas descrições da preparação dos ensaios de laboratório mais importantes relativos à experimentação de solos, além de um guia prático sobre os procedimentos de ensaios para acompanhar os vários padrões possíveis.
Muir Wood, D. (1991) *Soil Behaviour and Critical State Soil Mechanics*, Cambridge University Press, Cambridge.
Esse livro aborda o comportamento do solo inteiramente sob o ponto de vista do conceito de estado crítico, baseando-se, de forma considerável, no material apresentado aqui, formando, ainda, um volume de referência útil.

Para acessar os materiais suplementares desta obra, visite o site da LTC Editora.

Capítulo 6

Investigação do terreno

Resultados de aprendizagem

Depois de trabalhar com o material deste capítulo, você deverá ser capaz de:

1 Especificar uma estratégia básica de investigação do terreno para identificar depósitos de solo e determinar a profundidade, a espessura e a extensão de suas áreas no interior do terreno;
2 Entender as aplicações e as limitações de uma grande variedade de métodos disponíveis para esboçar o perfil do terreno e interpretar seus resultados (Seções 6.2, 6.5–6.7);
3 Verificar os efeitos da amostragem sobre a qualidade das amostras de solo obtidas em ensaios de laboratório e as consequências desses efeitos na interpretação dos dados de tais ensaios (Seção 6.3).

6.1 Introdução

Uma investigação adequada do terreno é uma atividade preliminar essencial à execução de um projeto da Engenharia Civil. Devem ser obtidas informações suficientes para permitir que se elabore um projeto seguro e econômico e evitar quaisquer dificuldades durante a construção. Os objetivos principais da investigação são: (1) determinar a sequência, as espessuras e a dimensão lateral dos estratos do solo e, quando apropriado, o nível do substrato rochoso; (2) obter amostras representativas dos solos (e rochas) para identificação e classificação e, se necessário, para o uso em ensaios de laboratório a fim de determinar os parâmetros adequados do solo; (3) identificar as condições da água subterrânea. A investigação também pode incluir a realização de ensaios *in situ* para avaliar as características apropriadas do solo. Os ensaios *in situ* serão analisados no Capítulo 7. Surgem considerações adicionais caso se suspeite que o terreno esteja contaminado. Os resultados de uma investigação deste devem fornecer as informações adequadas; por exemplo, permitir que seja selecionado o tipo mais apropriado de fundação para uma determinada estrutura e indicar se existe a probabilidade de surgirem problemas especiais durante a construção.

Antes de qualquer investigação do terreno começar, deve-se realizar um **estudo teórico**, que compreende coletar as informações pertinentes sobre o local a fim de fornecer subsídios ao planejamento do trabalho de campo subsequente. Um estudo de mapas geológicos e dos registros (memórias), se disponíveis, deve dar uma indicação das condições prováveis do solo em questão. Se o local for amplo e nenhuma informação existente estiver disponível, o uso de fotografias aéreas, mapas topográficos ou imagens de satélites pode ser útil para identificar características de interesse geológico. Furos de sondagem existentes ou outros dados de investigação do local talvez tenham sido reunidos para usos anteriores do local; no Reino Unido, por exemplo, o National Geological Records Centre pode ser uma fonte útil de tais informações. *Links* para fontes *online* de estudos teóricos são fornecidos no site da LTC Editora complementar a este livro. Deve-se dedicar atenção especial aos locais já usados anteriormente nos quais haja riscos no terreno, incluindo fundações enterradas, serviços subterrâneos, trabalhos em minas etc. Tais usos anteriores podem ser conhecidos pelo exame dos dados históricos de mapeamento.

Antes de começar o trabalho de campo, deve-se fazer uma inspeção a pé no local e na área circunvizinha. Os leitos dos rios, as escavações existentes, as pedreiras a céu aberto e os cortes de rodovias e ferrovias, por exemplo, podem fornecer valiosas informações a respeito da natureza dos estratos e das condições da água subterrânea: deve-se examinar se as estruturas existentes apresentam sinais dos danos provenientes de recalques. Proprietários de áreas adjacentes ou autoridades locais podem já ter experiência precedente das condições da área. As considerações de todas as informações obtidas no estudo teórico permitem selecionar o tipo mais apropriado de investigação e possibilitam que o trabalho de campo seja adequado para caracterizar o local da melhor maneira possível. Isso levará, no final das contas, a uma investigação de terreno mais eficiente.

O procedimento real de investigação depende da natureza dos estratos e do tipo de projeto, mas envolverá, em geral, a escavação de furos de sondagem ou poços de inspeção (prospecção). A quantidade e a posição dos **furos de sondagem**, dos **poços de inspeção (prospecção)** e das **sondagens CPT** (Seção 6.5) devem ser planejadas de modo a permitir que se determine estrutura geológica básica do local e que se detectem as irregularidades significativas nas condições do sobsolo. Uma orientação aproximada sobre o espaçamento desses **pontos de investigação** é dada na Tabela 6.1. Quanto maior o grau de variação das condições do terreno, maior a quantidade exigida de furos de sondagem ou poços de inspeção. As posições devem estar deslocadas em relação às áreas nas quais se sabe que as fundações serão construídas. Pode ser realizada uma investigação preliminar em uma escala modesta para obter as características gerais dos estratos, seguida por uma investigação mais ampla e cuidadosamente planejada que inclua a coleta de amostras e a realização de ensaios *in situ*.

Tabela 6.1 Valores recomendados para espaçamento dos pontos de investigação do terreno (Eurocode 7, Parte 2: 2007)

Tipo de construção	*Espaçamento dos pontos de investigação*
Estruturas de grande altura ou industriais	Padrão da malha, com espaçamento de 15–40 m
Estruturas de grandes áreas	Padrão de malha, espaçamento $\leq$ 60 m
Estruturas lineares (por exemplo, rodovias, ferrovias, muros de contenção etc.)	Ao longo da linha da estrutura, com espaçamento de 20–200 m
Estruturas especiais (por exemplo, pontes, chaminés, fundações de equipamentos)	2–6 pontos de investigação por fundação
Represas e barragens	Espaçamento de 25–75 m, ao longo das seções mais importantes

É fundamental que a investigação seja feita até uma profundidade adequada, que depende do tipo e da dimensão do projeto, mas deve incluir todos os estratos que possam ser afetados de forma significativa pela estrutura e por sua construção. A investigação deve se estender até um ponto abaixo de todos os estratos que tenham resistência ao cisalhamento inadequada para o apoio das fundações ou que façam surgir um recalque significativo. Se for previsto o uso de fundações profundas (Capítulo 9), a investigação precisará se estender até uma profundidade considerável abaixo da superfície. Caso se encontre uma rocha, deve-se perfurá-la, pelo menos, 3 m, em mais de um local, para confirmar que o substrato rochoso (e não um enorme matacão) foi encontrado, a menos que a informação geológica indique o contrário. A investigação talvez precise ser conduzida em profundidades maiores do que as normais nas áreas de funcionamento de velhas minas ou de outras cavidades subterrâneas. Os furos de sondagem e os poços de inspeção devem ser novamente aterrados depois de utilizados. O preenchimento do furo com solo compactado pode ser adequado em muitos casos, mas, se as condições da água subterrânea forem alteradas por um furo de sondagem e o fluxo resultante puder produzir efeitos adversos, então, será necessário usar injeção de *grout* (argamassa de elevada resistência), com composição básica de cimento, para selar (vedar) o furo.

O custo de uma investigação depende da posição e do tamanho do local, da natureza dos estratos e do tipo de projeto que está em consideração. Em geral, quanto maior ele for e quanto menos críticas forem as condições de seu terreno e da construção da estrutura, menor o custo da investigação do terreno como uma porcentagem do custo total. Em geral, esse valor fica no intervalo de 0,1–2% do custo do projeto. Não há justificativa para reduzir o escopo de uma investigação apenas por questões financeiras. Chapman (2008) fornece um exemplo interessante disso, considerando o desenvolvimento de um edifício comercial de seis andares no centro de Londres, com um custo de construção de 30 milhões de libras. Foi demonstrado que, dividindo pela metade o custo da investigação do terreno (de 45.000 libras para 22.500), o projeto de fundações menos adequadas em virtude de menos informações disponíveis sobre o terreno levou a um custo em torno de 210.000 libras. Se a conclusão do projeto atrasar mais de um mês em virtude de condições imprevistas do terreno (isso acontece em aproximadamente 20% dos projetos), o custo associado poderia ultrapassar 800.000 libras em aluguéis de instalações perdidos e reprojeto. Dessa forma, os custos dos clientes ficam muito vulneráveis ao inesperado. O objetivo de uma boa investigação do terreno deve ser o de assegurar que as condições imprevistas não aumentem essa vulnerabilidade.

6.2 Métodos de investigação intrusiva

Poços de inspeção (prospecção)

Escavar poços de inspeção (ou prospecção) é um método simples e confiável de investigação, mas limita-se a uma profundidade máxima de 4–5 m. O solo é removido, em geral, por meio da concha de uma escavadeira mecânica. Antes que qualquer pessoa entre no poço, os lados devem sempre estar escorados, a menos que apresentem um ângulo seguro de inclinação ou estejam em degraus: o solo escavado deve ser colocado, no mínimo, a 1 m da borda do poço (ver na Seção 12.2 uma análise da estabilidade dos poços e trincheiras de inspeção). Se o poço precisar atingir profundidades abaixo do lençol freático, será necessária alguma forma de retirar água dos solos mais permeáveis, o que resulta em aumento de custos. O uso dos poços de inspeção permite que as condições *in situ* do solo sejam examinadas visualmente, e, assim, os limites entre os estratos e a natureza de qualquer macrotextura podem ser determinados com precisão. É relativamente fácil obter amostras deformadas (perturbadas) ou indeformadas (não perturbadas) do solo: em solos finos, blocos de amostras são cortados de forma manual das laterais ou do fundo do poço; já as amostras tubulares são obtidas abaixo do fundo do poço. Os poços de inspeção são apropriados para investigações em todos os tipos de solo, incluindo aqueles que contêm matacões ou pedregulhos.

Shafts (poços profundos) e galerias

É comum que os poços profundos, ou *shafts*, sejam precedidos por escavação manual e que as laterais sejam suportadas por madeiramento. As **passagens** ou galerias são escavadas lateralmente no fundo dos poços profundos ou a partir da superfície para o interior das encostas, sendo apoiados tanto suas laterais quanto seu teto. Não é provável que os poços profundos ou galerias sejam escavados abaixo do lençol freático. Os poços profundos e galerias são muito caros e seu uso só se justificaria nas investigações para estruturas muito grandes, tais como represas, se as condições do terreno não pudessem ser verificadas adequadamente por outros meios.

Sondagem à percussão

O equipamento de perfuração (Figura 6.1) consiste em uma torre de elevação (tripé), uma unidade de força e um guincho com um leve cabo de aço que passa por uma roldana no topo da torre de elevação. A maioria dos equipamentos é dotada de rodas e pneus que, quando desdobrados, permitem que eles sejam rebocados atrás de um veículo. Várias ferramentas de perfuração podem ser conectadas ao cabo. A perfuração avança pela ação percussiva da ferramenta que, alternadamente, é içada e solta (em geral, de uma altura de 1–2 m) por intermédio da unidade do guincho. As duas ferramentas mais usadas são o **barrilete amostrador** (**empacotador**, ou *shell*; Figura 6.1b) e o **cortador de argila** (*clay cutter*; Figura 6.1c). Se necessário, um elemento pesado de aço, chamado barra de penetração, pode ser encaixado logo acima da ferramenta para aumentar a energia de impacto.

O amostrador, que é usado em areias e outros solos grossos, é um tubo de aço pesado que contém uma aleta ou uma válvula de controle (ou *clack*) na extremidade inferior. Abaixo do lençol freático, a ação percussiva do amostrador amolece o solo e produz uma pasta (lama) no furo de sondagem. Acima do lençol freático, a lama é produzida pela inserção de água no furo de sondagem. Essa lama passa através da válvula de controle durante o movimento descendente do amostrador, sendo retida por ela durante o movimento ascendente. Quando cheio, o amostrador é elevado até a superfície para ser esvaziado. Em solos sem coesão (por exemplo, areias e pedregulhos), o furo de sondagem deve ser revestido para impedir o colapso. Esse revestimento, que consiste em trechos de tubos de aço aparafusados entre si, é reduzido no furo de sondagem, deslizando normalmente para baixo sob a ação de seu próprio peso; entretanto, se necessário, a instalação do revestimento pode ser auxiliada por cravação. Ao se concluída a investigação, o revestimento é recuperado por meio do guincho ou pelo uso de macacos: a cravação excessiva durante a instalação pode tornar difícil a recuperação do revestimento.

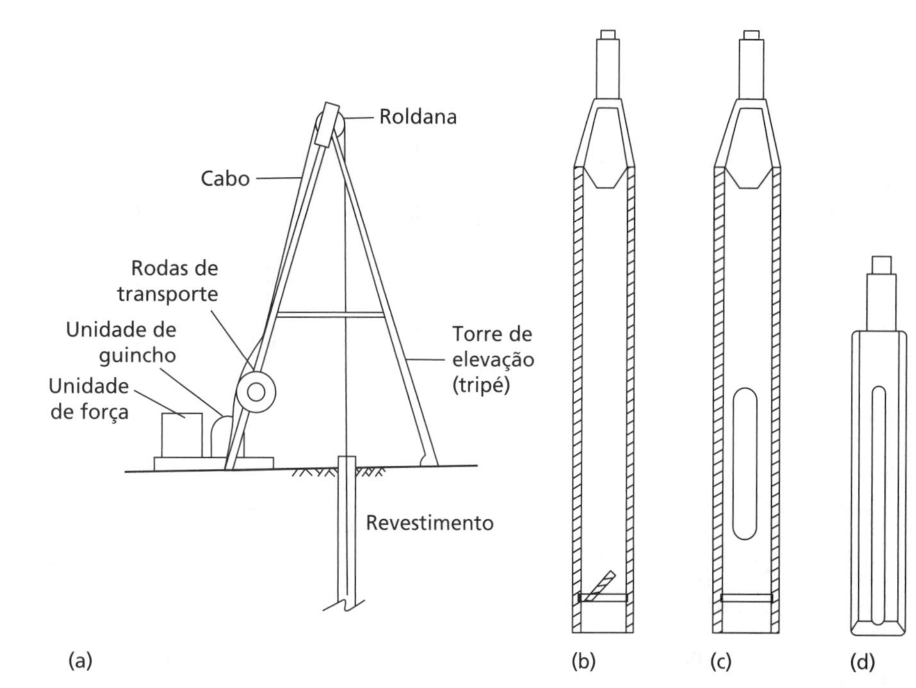

Figura 6.1 (a) Equipamento de sondagem à percussão; (b) amostrador; (c) cortador de argila; e (d) cinzel.

O cortador da argila, que é usado em solos finos (por exemplo, argilas, siltes e *tills*, ou tilitos), é um tubo de aço aberto com uma sapata de corte e um anel de retenção na extremidade inferior; essa ferramenta é usada em um furo de sondagem seco. A ação percussiva da ferramenta corta um bloco de solo que, mais tarde, sofrerá fratura perto de sua base devido à presença do anel de retenção. Este assegura também que o solo fique retido dentro do cortador quando ele é levantado até a superfície para ser esvaziado.

Matacões pequenos, pedregulhos e estratos duros podem ser penetrados por meio de uma **ponteira** (tipo **cinzel**, ou **formão**), auxiliada pelo peso adicional de uma barra de penetração, se necessário.

Os diâmetros dos furos de sondagem podem variar de 150 a 300 mm. Sua profundidade máxima costuma ficar entre 50 e 60 m. A sondagem à percussão pode ser empregada na maioria dos tipos de solo, incluindo aqueles que contêm matacões e pedregulhos. No entanto, há, em geral, alguma perturbação no solo abaixo da parte inferior do furo de sondagem, do qual são retiradas as amostras, e é muito difícil detectar camadas finas do solo e características geológicas menores com esse método. O equipamento é bastante versátil e pode ser adaptado normalmente a uma unidade de energia hidráulica e a acessórios para perfuração com trado mecânico, com núcleo rotativo e para ensaios *in situ* (Capítulo 7).

Trados mecânicos

De modo geral, os trados motorizados são montados em veículos ou na forma de acessórios ao tripé usado para a sondagem à percussão. A energia exigida para girar o trado depende de seu tipo e tamanho e do tipo de solo a ser penetrado. A pressão descendente nele pode ser aplicada de forma hidráulica, mecânica ou pelo peso próprio. Os tipos de ferramenta usados são, em geral, o **trado helicoidal** (ou **de hélice**) e o **trado de caçamba**. O diâmetro de um trado helicoidal costuma ter um valor entre 75 e 300 mm, embora estejam disponíveis diâmetros grandes com até 1 m: o de um trado de caçamba pode variar entre 300 mm e 2 m. No entanto, os tamanhos maiores são usados, sobretudo, para escavar poços para estacas perfuradas. Os trados são usados principalmente em solos nos quais o furo de sondagem não exija nenhuma sustentação e permaneça seco, isto é, em argilas mais rijas e sobreadensadas. O uso do revestimento não seria conveniente por causa da necessidade de remover o trado antes de sua cravação; entretanto, é possível usar a lama de bentonita para conter as laterais de furos instáveis (Seção 12.2). A presença de matacões ou pedregulhos cria dificuldades para os trados pequenos.

Os trados de hélice curta (Figura 6.2a) consistem em uma hélice de comprimento limitado, com os cortadores localizados abaixo dela. O trado é unido a uma haste de aço, conhecida como barra kelly, que passa através de cabeça giratória do equipamento. Ele é penetrado até ficar cheio de solo, quando, então, é levantado até a superfície, onde o solo é ejetado por meio do giro do trado no sentido inverso. É claro que, quanto mais curta a hélice, maior a frequência com que o trado deve ser levantado e abaixado para que se consiga atingir uma determinada profundidade do furo de sondagem. Essa profundidade é limitada pelo comprimento da haste de aço (barra kelly).

Os trados de hélice contínua (Figura 6.2b) consistem em hastes com uma hélice que ocupa todo seu comprimento. O solo se eleva até a superfície ao longo da hélice, evitando a necessidade de o trado ser levantado; à medida que o furo avança, são colocados comprimentos adicionais nele. É possível atingir profundidades de furo de sondagem de até 50 m com trados de hélice contínua, mas existe a possibilidade de que tipos diferentes de solo se misturem enquanto são levados à superfície, sendo difícil determinar as profundidades em que acontecem mudanças de estratos.

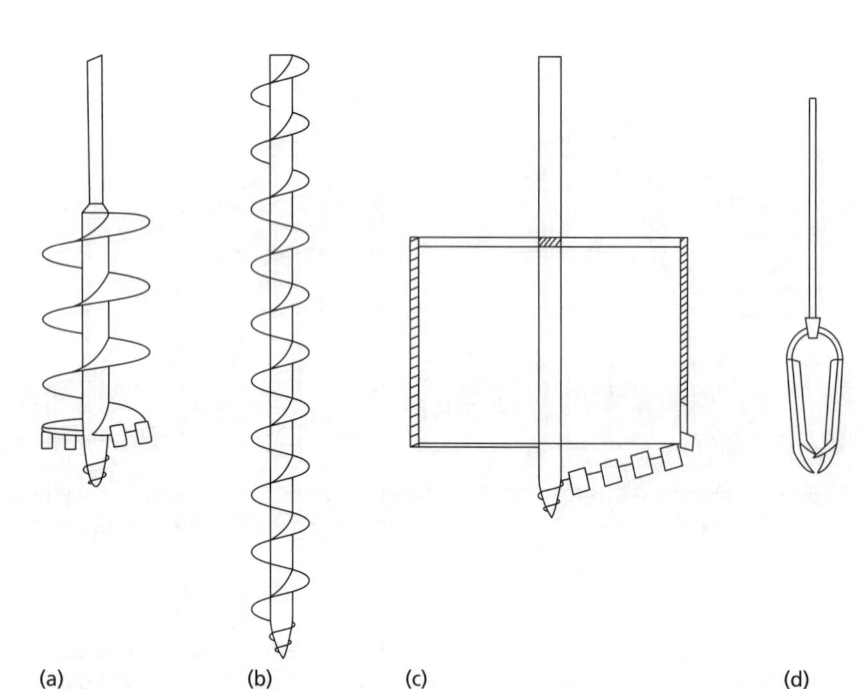

Figura 6.2 (a) Trado de hélice curta; (b) trado de hélice contínua; (c) trado de caçamba; e (d) trado Iwan (manual).

Também são usados trados de hélice contínua com hastes ocas. Enquanto a perfuração está ocorrendo, a haste oca é fechada em sua extremidade inferior por um tampão adaptado a um eixo que trabalha dentro dela. Também são acrescentados comprimentos adicionais de trado (e de eixo interno) à medida que o furo avança. Em qualquer profundidade, o eixo e o tampão podem ser retirados da haste oca para permitir a obtenção de amostras indeformadas (não perturbadas), com um tubo de amostragem preso a eixos sendo baixado ao longo da haste e cravado no solo sob o trado. Se for alcançado o substrato rochoso, a perfuração também pode ocorrer através da haste oca. O diâmetro interno da haste pode variar de 75 a 150 mm. Como o trado executa a função de um revestimento, pode-se usá-lo em solos permeáveis (por exemplo, areias) abaixo do lençol freático, embora possa haver dificuldade com o solo forçado para cima na haste em virtude da pressão hidrostática; isso pode ser evitado enchendo-se a haste com água até o nível do lençol freático.

Os trados de caçamba (Figura 6.2c) consistem em um cilindro de aço aberto no topo, mas equipado com uma placa-base na qual são montados os cortadores, adjacentes aos entalhes na placa: o trado é unido à haste de aço (barra kelly). Quando ele é girado e pressionado para baixo, o solo removido pelos cortadores passa através dos entalhes para dentro da caçamba. Quando esta fica cheia, ela é levantada até a superfície para ser esvaziada por meio da liberação da placa-base articulada.

Os furos com diâmetro igual ou superior a 1 m feitos no trado podem ser usados para a análise dos estratos do solo *in situ*, por meio da descida de uma câmera remota de CCTV (circuito fechado de televisão) no furo de sondagem.

Trados manuais e portáteis

Os trados manuais podem ser usados para escavar furos de sondagem com profundidades de até cerca de 5 m, empregando um jogo de hastes de extensão. O trado é girado e pressionado para baixo no solo por meio de uma manivela em T na haste superior. Os dois tipos comuns são o trado Iwan ou trado de "pós-furação" (Figura 6.2d), com diâmetros de até 200 mm, e o trado helicoidal pequeno, com diâmetros de mais ou menos 50 mm. Em geral, os trados manuais são usados apenas se as laterais do furo não exigirem sustentação alguma e se estiverem ausentes partículas do tamanho de areia grossa ou superiores. O trado deve ser retirado em intervalos frequentes para a remoção do solo. Podem ser obtidas amostras indeformadas (não perturbadas) cravando-se tubos de pequeno diâmetro abaixo da base do furo de sondagem.

Pequenos trados portáteis motorizados, em geral, transportados e operados por duas pessoas, são apropriados para a perfuração até as profundidades de 10–15 m; o diâmetro do furo pode variar de 75 a 300 mm. O furo de sondagem pode ser revestido, se necessário, e, como consequência, o trado pode ser usado na maioria dos tipos do solo, contanto que não haja tamanhos maiores de partículas.

Perfuração com circulação de água

Nesse método, a água é bombeada por uma série de hastes de perfuração ocas e injetada por pressão, através dos furos estreitos, em uma ponteira na forma de talhadeira ou cinzel, que é adaptada à extremidade inferior das hastes (Figura 6.3). O solo é afofado e desagregado pela ação dos jatos de água e pelos movimentos ascendente e descendente da ponteira. Há também adaptação para a rotação manual da ponteira por meio de uma barra horizontal presa às hastes de perfuração acima da superfície. As partículas do solo são levadas pela água até a superfície, entre as hastes e a lateral do furo de sondagem, e deixadas ali para que se depositem em um poço. O equipamento consiste em uma torre de elevação (tripé) com uma unidade de força, um guincho e uma bomba d'água. O guincho transporta um cabo leve de aço, que passa através da roldana da torre e é preso ao topo das hastes de perfuração. A série de hastes é levantada e liberada para cair livremente por meio da unidade de guincho, produzindo a ação de corte da ponteira do cinzel. O furo de sondagem costuma ser revestido, mas é possível usar esse método em furos sem revestimento. Nele, pode-se usar lama (fluido) de perfuração como uma alternativa à água, eliminando a necessidade de revestimento.

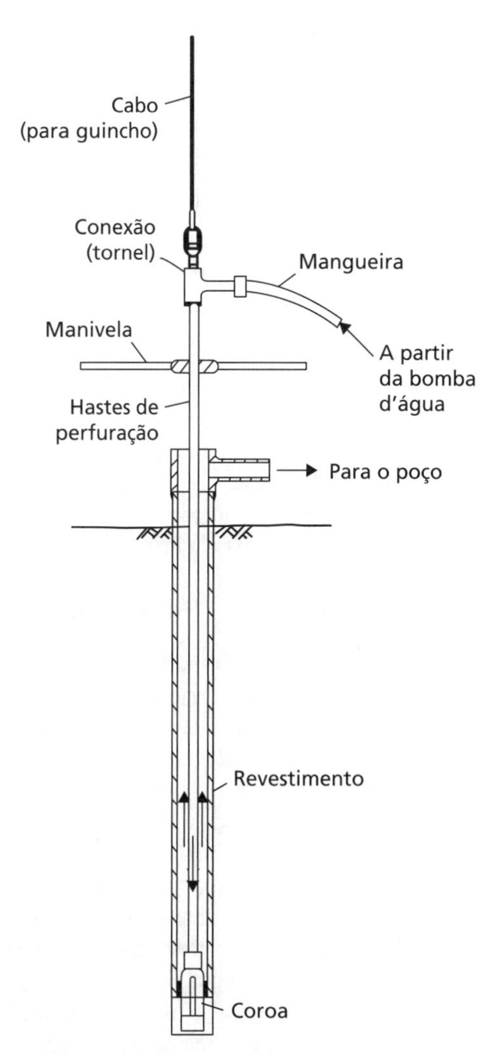

Figura 6.3 Perfuração com circulação de água.

A perfuração com circulação de água pode ser usada na maioria dos tipos de solo, mas o progresso se torna lento se estiverem presentes partículas do tamanho de cascalho grosso ou superior. A identificação exata dos tipos do solo é difícil em consequência da quebra das partículas pela ponteira e da mistura que ocorre quando o material é levado pela água até a superfície; além disso, ocorre a segregação das partículas quando elas se depositam no poço. No entanto, às vezes, pode-se detectar uma mudança na sensibilidade da ferramenta de perfuração, alterando-se também a cor da água que é levada até a superfície, quando são atin-

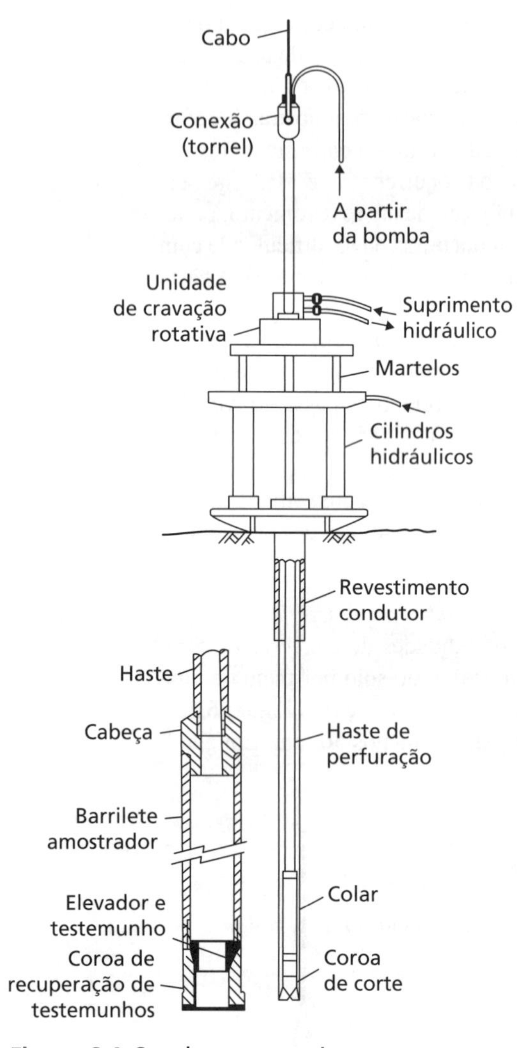

Figura 6.4 Sondagem rotativa.

gidos os limites entre estratos diferentes. O método é inadequado como forma de obter amostras do solo. Ele é usado somente como um meio de prolongar um furo de sondagem para permitir que sejam retiradas amostras tubulares ou que sejam realizados ensaios *in situ* abaixo do fundo do furo. Uma vantagem desse método é que o solo logo abaixo do furo permanece relativamente indeformado (não perturbado).

Sondagem rotativa

Embora destinado principalmente à investigação em rocha, esse método também é usado com solos. A ferramenta de perfuração, que está presa à extremidade inferior de uma série de hastes ocas de perfuração (Figura 6.4), pode ser ou uma broca de corte ou uma broca (coroa) para recuperação de testemunhos; esta última permanece fixada à extremidade inferior de um barrilete amostrador, que, por sua vez, é transportado pelas hastes de perfuração. Água ou lama de perfuração é bombeada para baixo pelas hastes ocas, passando, sob o efeito da pressão, através de orifícios estreitos na broca ou no amostrador; esse é o mesmo princípio utilizado na perfuração com circulação de água. A lama de perfuração refrigera e lubrifica a ferramenta de perfuração e transporta os fragmentos soltos para a superfície entre as hastes e as laterais do furo. O fluido também fornece algum suporte para as laterais do furo se não for usado revestimento algum.

O equipamento consiste em uma torre (tripé), uma unidade de força, um guincho, uma bomba e uma cabeça de perfuração para aplicar impulso rotativo de alta velocidade e pressão para baixo nas hastes de perfuração. Uma conexão de cabeça rotativa pode ser fornecida como um acessório ao equipamento de perfuração por percussão.

Há duas formas de sondagem rotativa: a sondagem de furo (tubo ou poço) aberto e a sondagem com retirada de testemunhos. A primeira, que costuma ser usada em solos e rochas fracas, usa uma broca (coroa) de corte para quebrar todo o material dentro do diâmetro do furo. Assim, esse tipo de sondagem só pode ser usado como um meio de prolongar o furo; as hastes de perfuração podem, então, ser removidas, de modo a permitir que se retirem amostras por meio de um tubo amostrador ou que se realizem ensaios *in situ*. Na perfuração com retirada de testemunhos, que é usada em rochas e argilas duras, a broca de diamante ou de carboneto de tungstênio corta um furo anular no material, e um núcleo intacto entra no amostrador para ser removido como uma amostra. No entanto, é provável que o teor de umidade natural do material aumente devido ao contato com o líquido (lama) de perfuração. Os diâmetros comuns de amostrador são 41, 54 e 76 mm, mas podem chegar a até 165 mm.

A vantagem da sondagem rotativa em solos é que o progresso é muito mais rápido do que com outros métodos de investigação, e a perturbação do solo abaixo do furo de sondagem é pequena. O método não é indicado se o solo tiver uma porcentagem elevada de partículas com tamanho de cascalho (ou maiores), uma vez que elas tendem a girar abaixo da broca e não são decompostas (quebradas).

Observações da água subterrânea

Uma parte importante de qualquer investigação do terreno é a determinação do nível do lençol freático e de qualquer pressão artesiana em um determinado estrato. Também pode ser necessário determinar a variação de nível ou pressão da água nos poros durante certo período de tempo. As observações da água subterrânea assumem particular importância quando é necessário realizar escavações profundas.

O nível do lençol freático pode ser determinado pela medição da profundidade até a superfície da água em um furo de sondagem. Os níveis de água em furos de sondagem podem levar um tempo considerável para se estabilizar; esse tempo, conhecido como **tempo de resposta**, depende da permeabilidade do solo. Dessa forma, as medições devem ser feitas em intervalos de tempo regulares até que o nível da água se torne constante. É preferível que o nível seja determinado assim que o furo de sondagem atingir o nível do lençol freático. Se o furo de sondagem for mais aprofundado, pode penetrar em um estrato sob a ação da pressão artesiana (Seção 2.1), fazendo com que o nível de água no furo fique acima do nível do lençol freático. É importante que um estrato de baixa permeabilidade abaixo de um lençol freático superposto (ou empoleirado; Seção 2.1) não seja penetrado antes que o nível de água se estabeleça. Se houver um lençol freático superposto, o furo de sondagem deve ser revestido a fim de que o nível principal do lençol freático seja determinado de forma correta; se o aquífero superposto não for vedado (selado), o nível de água no furo de sondagem estará acima do nível principal do lençol freático.

Quando for necessário determinar a pressão neutra em um determinado estrato, deve-se usar um **piezômetro**. Este consiste em um elemento preenchido com água desaerada e incorporando uma ponteira porosa, que fornece continuidade entre a água dos poros no solo e a água no interior do elemento. O elemento é conectado a um sistema medidor de pressões. Uma ponteira cerâmica com alta entrada de ar é essencial para medir a pressão neutra em solos parcialmente saturados (por exemplo, aterros compactados), sendo o valor da entrada de ar a diferença de pressões na qual o ar formaria bolhas através de um filtro saturado. Dessa forma, o valor da entrada de ar deve superar a diferença entre a pressão do ar e a da água dos poros, caso contrário, esta última seria registrada. Uma ponta porosa grossa só pode ser usada caso se saiba que o solo está completamente saturado. Se a pressão da água nos poros for diferente da pressão da água no sistema de medição, ocorrerá um fluxo de água entrando ou saindo do elemento. Isso, por sua vez, resultará em uma variação da pressão adjacente à ponteira e na consequente percolação da água dos poros em direção à ponteira ou se afastando dela. A medição envolve o equilíbrio entre a pressão no sistema de medição e a pressão neutra nas vizinhanças da ponteira. No entanto, o tempo de resposta para que as pressões se igualem depende da permeabilidade do solo e da flexibilidade do sistema de medição. O tempo de resposta de um piezômetro deve ser o mais curto possível. Os fatores determinantes da flexibilidade são a variação de volume para acionar o dispositivo de medição, a expansão das conexões e a presença de ar aprisionado. Uma unidade de desaeração forma uma parte essencial do equipamento: a desaeração eficiente durante a instalação é fundamental se for necessário evitar erros de medidas das pressões. Para conseguir um tempo de resposta rápido em solos de baixa permeabilidade, o sistema de medição deve ser o mais rígido possível, exigindo o uso de um sistema hidráulico fechado no qual não se exija virtualmente nenhum fluxo de água para o funcionamento do dispositivo de medição.

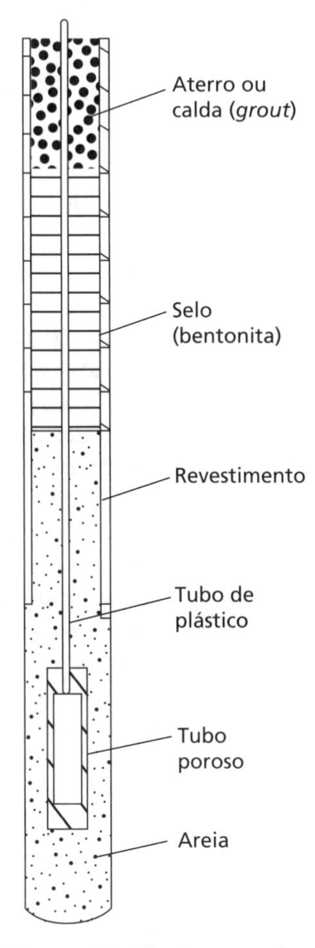

Figura 6.5 Piezômetro de tubo aberto.

O tipo mais simples é o piezômetro de tubo aberto (Figura 6.5), que é usado em um furo de sondagem revestido e adequado se o solo estiver saturado por completo e a permeabilidade for relativamente alta. Em geral, o nível da água é determinado por intermédio de um imersor elétrico, uma sonda com dois condutores na extremidade de uma trena; o circuito alimentado por uma bateria se fecha, acionando um indicador, quando os condutores entram em contato com a água. Normalmente, a coluna (bureta) é um tubo de plástico com 50 mm de diâmetro ou menos, cuja extremidade inferior é perfurada ou adaptada a um elemento poroso. Um volume mais ou menos grande de água deve passar através do elemento poroso para haver mudança no nível da coluna, portanto um tempo de resposta curto somente será obtido em solos de permeabilidade relativamente alta. Coloca-se areia fina ou média em torno da extremidade inferior, e a coluna é selada no furo de sondagem com argila (em geral, pelo uso de pelotas de bentonita) logo acima do nível no qual a pressão neutra deve ser medida. O restante do furo de sondagem é preenchido com areia, exceto nas proximidades da superfície, onde é colocado um segundo selo para evitar um fluxo de entrada de água dali. O topo da coluna recebe uma cobertura para impedir também a entrada de água. Além disso, foram desenvolvidos piezômetros de tubo aberto que podem ser cravados ou enterrados no solo. Os piezômetros também podem ser usados para coletar amostras de água para análises químicas adicionais em laboratório nos locais com possível contaminação (Seção 6.8).

O piezômetro de tubo aberto tem um tempo de resposta longo em solos de baixa permeabilidade, e, nesses casos, é preferível instalar um piezômetro hidráulico com um tempo de resposta relativamente curto. Para conseguir isso em solos de baixa permeabilidade, o sistema de medição deve ser o mais rígido possível, exigindo o uso de um sistema hidráulico fechado no qual não seja necessário fluxo de água para acionar o dispositivo de medição. Três tipos de piezômetro para uso em um sistema hidráulico fechado são ilustrados na Figura 6.6. Os piezô-

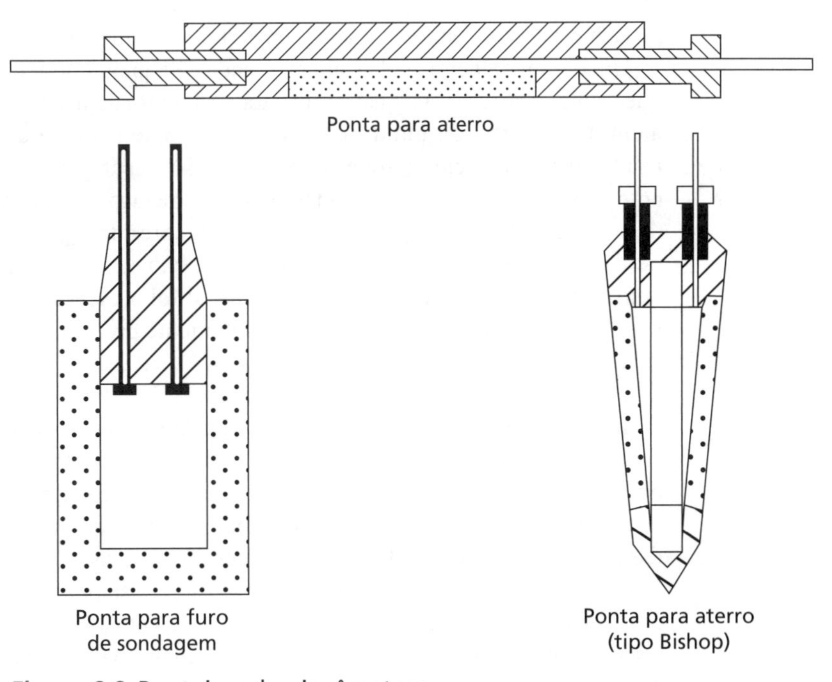

Figura 6.6 Ponteiras de piezômetros.

metros consistem em um corpo de latão ou plástico, no qual é selada uma ponteira porosa de cerâmica, bronze ou pedra. Dois tubos saem do dispositivo, um dos quais é conectado a um transdutor, permitindo que os resultados sejam registrados de forma automática. Os tubos são de náilon revestido por polietileno, sendo o náilon impermeável ao ar, e o polietileno, à água.

Os dois tubos permitem que o sistema seja mantido livre de ar pela circulação periódica de água desaerada. Admitir uma tolerância para a diferença de nível entre a ponteira e o instrumento de medição, que deve estar localizado abaixo da ponteira sempre que possível.

6.3 Amostragem

Uma vez que se faça uma abertura (poço de inspeção ou furo de sondagem) no terreno, muitas vezes, é desejável recuperar amostras do solo até a superfície para ensaios em laboratório. As amostras do solo são divididas em duas categorias principais: **indeformadas** (ou **não perturbadas**) e **deformadas** (ou **perturbadas**). As amostras indeformadas, necessárias em especial para ensaios de resistência ao cisalhamento e adensamento (Capítulos 4 e 5), são obtidas pelas técnicas que visam preservar a estrutura *in situ* e o teor de umidade do solo tanto quanto possível. Nos furos de sondagem, é possível obter amostras indeformadas (não perturbadas) retirando as ferramentas de sondagem (exceto quando são usados os trados de hélice contínua) e cravando ou introduzindo um tubo amostrador no solo do fundo do furo de sondagem. Em geral, o amostrador é unido a um trecho da haste de sondagem que pode ser abaixado e levantado pelo cabo do equipamento de percussão. Quando o tubo é trazido à superfície, remove-se uma parte de solo de cada extremidade, e é aplicada cera derretida, em camadas finas, para formar um selo impermeável com espessura aproximada de 25 mm; as extremidades do tubo são, então, cobertas por tampas protetoras. Os blocos de amostras indeformadas podem ser cortadas à mão do fundo ou das laterais de um poço de inspeção. Durante o corte, as amostras devem ser protegidas da água, do vento e do sol para evitar qualquer mudança no teor de umidade; também devem ser cobertas com cera derretida assim que trazidas à superfície. É impossível obter uma amostra completamente indeformada, não importa o quão minuciosas ou cuidadosas sejam a investigação do terreno e a técnica de amostragem. No caso das argilas, por exemplo, ocorrerá o inchamento (expansão) junto ao fundo de um furo de sondagem, em consequência da redução das tensões totais, quando o solo for removido, podendo a perturbação estrutural ser causada pela ação das ferramentas de sondagem; após isso, quando uma amostra for removida do terreno, as tensões totais serão reduzidas a zero.

As argilas moles são muito sensíveis à perturbação da amostragem, sendo os efeitos mais acentuados naquelas de baixa plasticidade do que nas de plasticidade elevada. A parte central de uma amostra de argila mole estará relativamente menos perturbada do que a zona exterior junto ao tubo de amostragem. Logo depois da amostragem, a pressão neutra no núcleo relativamente indeformado será negativa, graças à liberação das tensões totais *in situ*. O inchamento desse núcleo ocorrerá de forma gradual, em virtude da água que está sendo extraída da zona exterior mais perturbada e resultando na dissipação do excesso de poropressão negativa; a zona exterior do solo se adensará graças à redistribuição da água no interior da amostra. A dissipação do excesso de poropressão negativa é acompanhada por uma redução correspondente das tensões efetivas. Assim, a estrutura do solo da amostra oferecerá menos resistência ao cisalhamento e será menos rígida do que o solo *in situ*.

Uma amostra deformada (ou perturbada) é aquela que tem a mesma distribuição de tamanho de partículas que o solo *in situ*, mas na qual a estrutura do solo foi danificada de forma significativa ou destruída por completo; além disso, o teor de umidade pode ser diferente daquele do solo *in situ*. As amostras deformadas, que são usadas principalmente para ensaios de classificação do solo (Capítulo 1), classificação visual e ensaios de compactação, podem ser escavadas em poços de inspeção ou obtidas das ferramentas usadas para avançar furos de sondagem (por exemplo, de trados e cortadores de argila). O solo recuperado do barrilete de sondagem por percussão apresentará deficiência de finos e não será adequado para o uso como uma amostra deformada. As amostras nas quais o teor de umidade natural foi preservado devem ser colocadas em recipientes herméticos e não corrosivos; todos devem ser completamente preenchidos, de modo que o espaço de ar acima da amostra seja insignificante.

Devem ser retiradas amostras nas mudanças de estratos (conforme observado no solo recuperado por trados/perfuração) e em um espaçamento especificado no interior do estrato de não mais do que 3 m. Todas elas devem ser claramente etiquetadas para mostrar o nome do projeto, a data, a posição, o número do furo de sondagem, a profundidade e o método de amostragem; além disso, cada amostra deve receber um número de série exclusivo. É necessário um cuidado especial na manipulação, no transporte e no armazenamento das amostras (em particular, das não perturbadas ou indeformadas) antes dos ensaios.

O método de amostragem utilizado deve estar relacionado com a qualidade da amostra exigida. Essa qualidade pode ser classificada de acordo com a Tabela 6.2, com a Classe 1 sendo a mais útil e de maior qualidade, e a Classe 5 sendo útil apenas para a identificação visual do tipo de solo. Para as Classes 1 e 2, a amostra deve ser indeformada. As das Classes 3, 4 e 5 devem ser deformadas. Os principais tipos de tubos amostradores são descritos a seguir.

Tabela 6.2 Qualidade da amostra em relação ao uso final (de acordo com o EC7-2:2007)

Propriedade do solo	*Classe 1*	*Classe 2*	*Classe 3*	*Classe 4*	*Classe 5*
Sequência de camadas	•	•	•	•	•
Limites dos estratos	•	•	•	•	
Distribuição granulométrica (tamanhos das partículas)	•	•	•	•	
Limites de Atterberg, conteúdo orgânico	•	•	•	•	
Teor de umidade	•	•	•		
Compacidade (relativa), porosidade	•	•			
Permeabilidade	•	•			
Compressibilidade, resistência ao cisalhamento	•				

Amostrador de tubo aberto

Um amostrador de tubo aberto (Figura 6.7a) consiste em um tubo de aço longo com uma rosca de parafuso em cada extremidade. Uma sapata do corte é unida a uma das extremidades. Na outra, é aparafusada a uma cabeça do amostrador, à qual, por sua vez, são conectadas as hastes de perfuração. Essa cabeça incorpora também uma válvula de retenção (*non-return*) para permitir que o ar e a água escapem à medida que o solo penetra no tubo e para ajudar a reter a amostra enquanto o tubo é retirado. O interior deste deve ter uma superfície lisa e ser mantido limpo.

O diâmetro interno da borda cortante (d_c) deve ser em torno de 1% menor do que o do tubo para reduzir a resistência de atrito entre este e a amostra. Essa diferença de tamanho também permite uma pequena expansão elástica da amostra ao entrar no tubo e auxilia sua retenção. O diâmetro externo da sapata cortante (d_w) deve ser um pouco maior do que o do tubo para reduzir a força exigida para retirá-lo. O volume do solo deslocado pelo amostrador, expresso como uma proporção do volume da amostra, é representado pela relação de área (C_a) do amostrador, na qual

$$C_a = \frac{d_w^2 - d_c^2}{d_c^2} \tag{6.1}$$

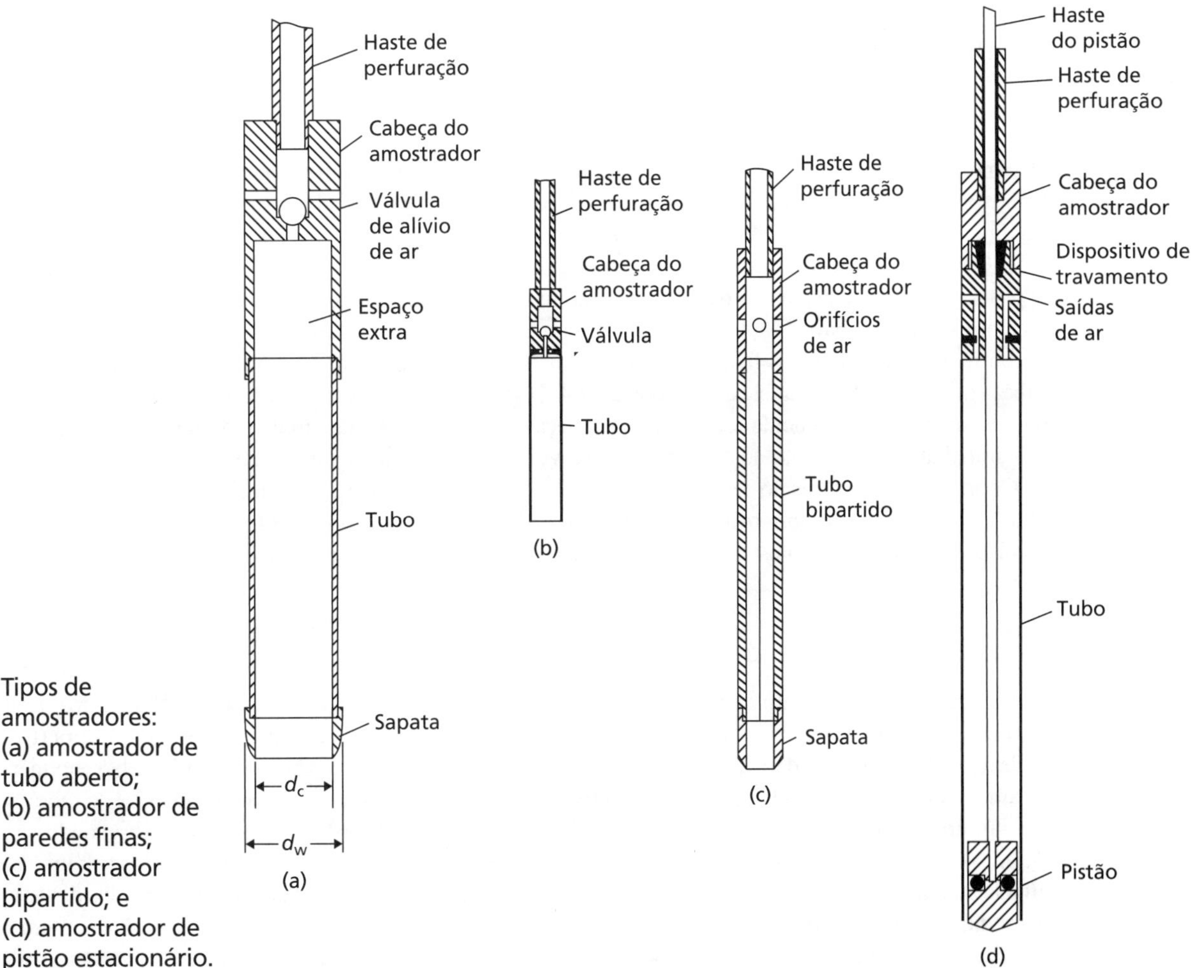

Figura 6.7 Tipos de amostradores: (a) amostrador de tubo aberto; (b) amostrador de paredes finas; (c) amostrador bipartido; e (d) amostrador de pistão estacionário.

Em geral, a relação de área é expressa como uma porcentagem. Havendo igualdade entre os outros fatores, quanto menor for o valor da relação de área, menor será o grau de perturbação da amostra.

O amostrador pode ser cravado dinamicamente, por meio da queda de um peso ou de um martelo deslizante, ou estaticamente, pela ação de macacos hidráulicos ou mecânicos. Antes da amostragem, todo o solo solto deve ser removido do fundo do furo de sondagem. Deve-se ter o cuidado de assegurar que o amostrador não seja cravado além de sua capacidade, caso contrário, a amostra ficará comprimida de encontro à cabeça dele. Alguns tipos de cabeça de amostrador têm um espaço extra abaixo da válvula para reduzir o risco de danos à amostra. Após a retirada, a sapata de corte e a cabeça do amostrador são destacadas, e as extremidades da amostra são seladas.

O tubo amostrador usado com mais frequência tem um diâmetro interno de 100 mm e um comprimento de 450 mm: a relação de área é em torno de 30%. Esse amostrador é apropriado para todos os solos argilosos. Quando usado para obter amostras da areia, deve-se adaptar um **retentor de testemunhos** (*core-catcher*), um trecho curto de tubo com abas (aletas) movidas por molas, entre o tubo e a sapata do corte para evitar a perda do solo. A classe da amostra obtida depende do tipo de solo.

Amostrador de paredes finas

Os amostradores de paredes finas (Figura 6.7b) são usados em solos sensíveis (sensitivos) à perturbação, tais como argilas moles e médias e os siltes plásticos. O amostrador não emprega uma sapata cortante separada, a própria extremidade inferior do tubo é biselada na forma de uma borda cortante. O diâmetro interno pode variar de 35 a 100 mm. A relação de área é por volta de 10%, e podem ser obtidas amostras com a qualidade da Classe 1, contanto que o solo não seja perturbado durante o avanço do furo de sondagem. Em poços de inspeção e furos de sondagem rasos, com frequência, o tubo pode ser cravado de forma manual.

Amostrador bipartido

Os amostradores bipartidos (Figura 6.7c) consistem em um tubo dividido de forma longitudinal em duas metades; uma sapata e uma cabeça de amostrador com orifícios para liberação de ar são aparafusadas nas extremidades. As duas metades do tubo podem ser separadas quando a sapata e a cabeça forem retiradas, a fim de permitir que a amostra seja removida. Os diâmetros interno e externo são 35 mm e 50 mm, respectivamente, sendo a relação da área em torno de 100%, resultando em um distúrbio considerável da amostra (Classe 3 ou 4). Esse amostrador é usado principalmente em areias, sendo a ferramenta especificada no **Ensaio de Penetração Dinâmica** (SPT, *Standard Penetration Test*, ver Capítulo 7).

Amostrador de pistão estacionário

Os amostradores de pistão estacionário (Figura 6.7d) consistem em tubos de paredes finas adaptados a um pistão. Este é preso a uma haste longa, que passa através da cabeça do amostrador e se movimenta no interior das hastes de perfuração ocas. O amostrador é abaixado no furo de sondagem com o pistão posicionado na extremidade inferior do tubo. O tubo e o pistão são unidos entre si e travados por meio de um dispositivo de fixação situado no alto das hastes. O pistão impede que a água ou o solo solto entrem no tubo. Em solos moles, o amostrador pode ser pressionado até uma profundidade abaixo do fundo do furo de sondagem, evitando qualquer solo perturbado. O pistão é mantido de encontro ao solo (em geral, fixando a haste de pistão ao revestimento), e o tubo é empurrado além dele (até que a cabeça do amostrador se nivele com o topo do pistão) para obter a amostra. A seguir, o amostrador é retirado, enquanto um dispositivo de travamento localizado na cabeça dele prende o pistão no topo do tubo. O vácuo entre o pistão e a amostra ajuda a reter o solo no tubo; o pistão serve, assim, como uma válvula de retenção (*non-return*).

Os amostradores de pistão devem sempre ser abaixados por macacos hidráulicos ou mecânicos, nunca ser cravados. O diâmetro do amostrador costuma medir entre 35 e 100 mm, mas pode ter medidas grandes de até 250 mm. Em geral, os amostradores são usados em argilas macias e podem produzir amostras com qualidade da Classe 1 e comprimento de até 1 m.

Amostrador contínuo

O amostrador contínuo é um tipo bastante especializado de amostrador, que é capaz de obter amostras indeformadas com comprimento de até 25 m; ele é usado, sobretudo, em argilas macias. Os detalhes da estrutura (textura) do solo podem ser determinados de maneira mais fácil se uma amostra contínua estiver disponível. Uma exigência essencial de amostradores contínuos é a eliminação da resistência por atrito entre a amostra e o interior do tubo do amostrador. Em um tipo de amostrador, desenvolvido por Kjellman *et al.* (1950), isso é conseguido sobrepondo-se tiras finas de lâminas de metal entre a amostra e o tubo. A extremidade inferior do amostrador (Figura 6.8a) tem uma borda cortante afiada, acima da qual o diâmetro externo é alargado para permitir que sejam encaixados 16 rolos de lâmina (folha) de metal nos rebaixos do interior da parede do amostrador. As extremidades das folhas são unidas a um pistão que se localiza, com folga, dentro do amostrador; o pistão é preso a um cabo que se encontra fixo na superfície. Trechos do tubo amostrador (com 68 mm de diâmetro) são unidos, de acordo com a necessidade, à extremidade superior do amostrador.

Conforme o amostrador é introduzido no solo, a folha se desenrola e envolve a amostra, sendo o pistão mantido em um nível constante por meio do cabo. Quando ele é retirado, os trechos do tubo são desacoplados, e é feito um corte, entre tubos adjacentes, através da lâmina (folha) de metal e da amostra. Em geral, a qualidade da amostra é da Classe 1 ou 2.

Outro tipo é o amostrador contínuo Delft, com diâmetro de 29 ou 66 mm. A amostra é introduzida em uma luva de malha de náilon impermeável, que, por sua vez, é colocada em um tubo plástico de paredes finas preenchido por um líquido.

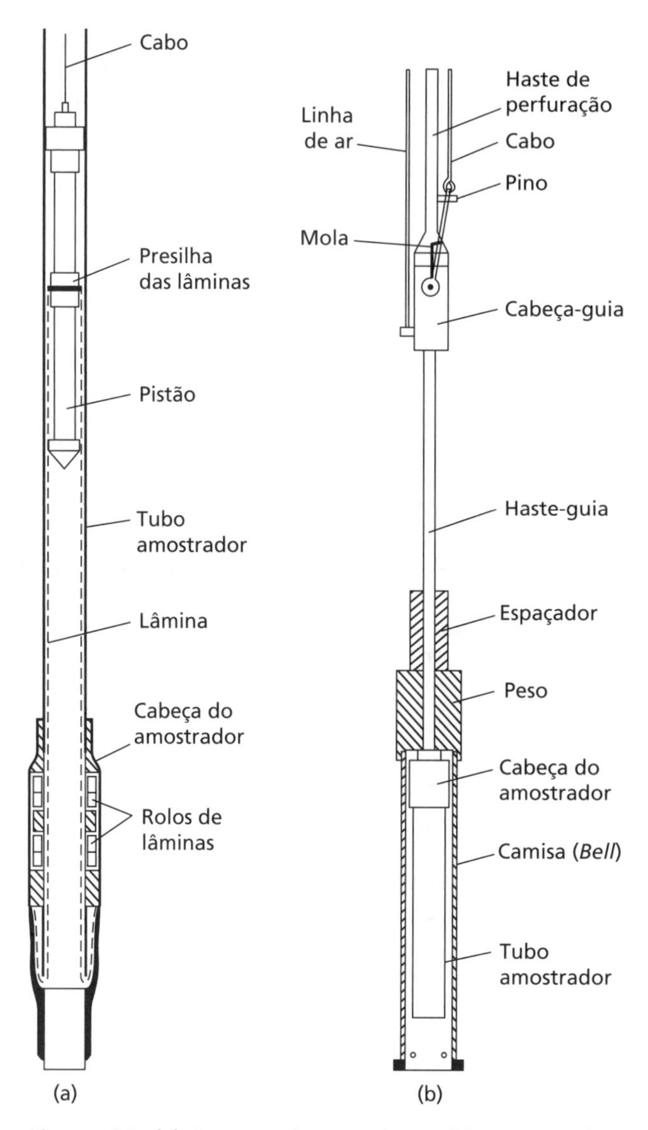

Figura 6.8 (a) Amostrador contínuo; (b) amostrador de ar comprimido.

Amostrador de ar comprimido

O amostrador de ar comprimido (Figura 6.8b) é usado na obtenção de amostras indeformadas de areia (em geral, da Classe 2) abaixo do lençol freático. O tubo amostrador, que costuma ter 60 mm de diâmetro, é unido a uma cabeça de amostrador com válvula de escape que pode ser fechada por um diafragma de borracha. Presa à cabeça do amostrador, há uma haste de guia oca com uma cabeça-guia no topo. Um tubo externo (também chamado de invólucro ou camisa, *bell*) envolve o tubo amostrador e está unido a um peso que desliza na haste de guia. As hastes de perfuração são colocadas com folga em um soquete liso no topo da cabeça-guia, sendo o peso do invólucro e do amostrador suportado por meio de uma corrente que se engancha em um pino no trecho inferior da haste de perfuração; um cabo leve, ligado à superfície, é preso à corrente. O ar comprimido, produzido por uma bomba de pé, é fornecido por meio de um tubo que conduz à cabeça-guia, com o ar passando pela haste de guia oca até o invólucro.

O amostrador desce pelas hastes de perfuração até o fundo do furo de sondagem, que conterá água abaixo do nível do lençol freático. Quando o amostrador se apoiar no fundo do furo de sondagem, a corrente soltará o pino, eliminando a conexão entre o amostrador e as hastes de perfuração. O tubo é introduzido no solo por meio dessas hastes, com um batente na haste de guia impedindo a cravação excessiva; as hastes de perfuração são, então, retiradas. Nesse instante, introduz-se ar comprimido, a fim de expelir a água do invólucro e fechar a válvula na cabeça do amostrador, pressionando o diafragma para baixo. O tubo é retido dentro do invólucro por meio do cabo, e, então, os dois juntos são levantados ao mesmo tempo para a superfície. A amostra da areia permanece no tubo em virtude do efeito de arqueamento e da pequena poropressão negativa no solo. Uma tampa é colocada no fundo do tubo antes de a sucção ser liberada, e o tubo é retirado da cabeça do amostrador.

Amostrador de janela

Esse amostrador, que é o mais adequado para solos finos secos, emprega uma série de tubos, que costumam ter 1 m de comprimento e diâmetros diferentes (em geral, 80, 60, 50 e 36 mm). Os tubos com mesmo diâmetro podem ser acoplados entre si. Uma sapata de corte é conectada à extremidade do tubo inferior. Os tubos são cravados no solo por percussão, utilizando um dispositivo manual ou mecânico, e extraídos de forma manual ou por meio de um equipamento. O de maior diâmetro é o primeiro a ser cravado e extraído com sua amostra no interior. A seguir, é cravado o tubo de menor diâmetro, abaixo do fundo do furo aberto deixado pela extração do tubo maior. A operação é repetida com tubos de diâmetros sucessivamente mais baixos, e podem ser alcançadas profundidades de até 8 m. Há entalhes ou "janelas" longitudinais nas paredes de um lado dos tubos para permitir que o solo seja examinado e que sejam coletadas amostras deformadas da Classe 3 ou da 4.

6.4 Seleção do(s) método(s) de ensaio em laboratório

O objetivo final de uma amostragem cuidadosa é obter as características mecânicas do solo para uso em análises e projetos geotécnicos subsequentes. Essas características básicas e os ensaios em laboratório para sua determinação foram descritos com detalhes nos Capítulos 1–5. A Tabela 6.3 resume as características mecânicas que devem ser obtidas de cada tipo de ensaio de laboratório analisado usando amostras indeformadas (não perturbadas; isto é, Classes 1 e 2). A tabela demonstra por que o ensaio triaxial é tão popular na mecânica dos solos, com equipamentos modernos controlados por computador sendo capazes de conduzir vários estágios diferentes do ensaio em uma única amostra de solo, fazendo, assim, melhor uso do material retirado do terreno.

As amostras deformadas podem ser usadas de maneira efetiva para fornecer suporte aos ensaios descritos na Tabela 6.3 por meio da determinação das propriedades de índices físicos (w, w_L, w_P, I_P e I_L para solos finos; $e_{máx}$, $e_{mín}$ e e para solos grossos) e do uso das correlações empíricas apresentadas na Seção 5.9 (isto é, as Equações 5.43–5.47, inclusive).

Tabela 6.3 Obtenção das propriedades principais dos solos a partir de amostras indeformadas testadas em laboratório

Parâmetro	*Oedômetro (Capítulo 4)*	*Caixa de cisalhamento (Capítulo 5)*	*Célula triaxial (Capítulo 5)*	*Permeâmetro (Capítulo 2)*	*Distribuição granulométrica (tamanho das partículas; Capítulo 1)*
Características de adensamento: m_v, C_c	SIM		C_c de λ		
Propriedades de deformabilidade: G, G_0			SIM		
Propriedades da resistência drenada: ϕ', c'		SIM	Ensaios CD/CU		
Propriedades da resistência não drenada: c_u (*in situ*)			Ensaios UU		
Permeabilidade: k			FH* – areias & pedregulhos	FH – areias & pedregulhos	Areias & pedregulhos (Eq. 2.4)
			CH* – solos mais finos	CH – solos mais finos	

Notas: * FH = Ensaio de carga variável (*falling head*); CH = Ensaio de carga constante (*constant head*). Esses ensaios podem ser realizados em células modernas de trajetória de tensões, controlando a contrapressão e mantendo uma condição de deformação específica lateral nula.

6.5 Perfil de sondagem

Depois de a investigação no terreno ser concluída e de os resultados de todos os ensaios de laboratório estarem disponíveis, as condições do terreno descobertas em cada furo de sondagem (ou poço de inspeção) são resumidas na forma de um perfil de sondagem (ou de poço de inspeção). Um exemplo de tal perfil aparece na Tabela 6.4, mas os detalhes desse *layout* podem variar. São deixadas algumas poucas colunas ao final originalmente sem os títulos (cabeçalhos) para permitir alterações nos dados apresentados. O método de investigação e os detalhes do equipamento utilizado devem ser declarados em cada perfil. A posição, o nível do terreno e o diâmetro do furo devem ser especificados, junto aos detalhes de todo o revestimento utilizado. Os nomes do cliente e do projeto precisam ser indicados.

O perfil de sondagem deve permitir que seja feita uma estimativa rápida do perfil do solo e é preparado com referência a uma escala vertical de profundidade. É dada uma descrição detalhada de cada estrato, e os níveis dos limites dos estratos são mostrados de forma clara; deve-se indicar o nível no qual a perfuração foi encerrada. Os tipos diferentes de solo (e rocha) são representados por meio de uma legenda que usa símbolos-padrão. As profundidades (ou as faixas de profundidades) nas quais as amostras foram coletadas ou nas quais foram realizados ensaios *in situ* são registradas; o tipo de amostra também é especificado. Os resultados de determinados ensaios de laboratório ou *in situ* podem ser apresentados no perfil — a Tabela 6.4 mostra N valores que são o resultado de ensaios de SPT (*Standard Penetration Test*), descritos no Capítulo 7. As profundidades nas quais a água subterrânea foi encontrada e as mudanças subsequentes dos níveis, com a ocasião em que isso ocorreu, devem ser detalhadas.

Tabela 6.4 Exemplo de perfil de sondagem

PERFIL DE SONDAGEM

Local: Barnhill
Cliente: RFG Consultants
Método de perfuração: Trado e camisa até 14,4 m
Sondagem rotativa até 17,8 m
Diâmetro: 150 mm
NX
Revestimento: 150 mm a 5 m

Furo de sondagem nº 1
Folha 1 de 1
Nível do terreno: 36,30
Data 30/7/77
Escala 1:100

Descrição dos estratos	Nível	Legenda	Profundidade	Amostras	N	C_u (kN/m²)	
CAMADA SUPERIOR	35,6		0,7				
AREIA fofa (solta), levemente marrom				D	6		
AREIA média, marrom, com pedregulhos ▽	33,7		2,6	D	15		
	32,5						
	31,9		4,4				
ARGILA firme, marrom-amarelada, fissurada				I		80	
				I		86	
				I		97	
				I		105	
	24,1		12,2				
AREIA siltosa, muito compacta, vermelha com ARENITO decomposto				D	50 para 210 mm		
	21,9		14,4				
ARENITO recente, vermelho com granulação média, moderadamente fraco e com estratos grossos							
	18,5		17,8				

OBSERVAÇÕES

I: Amostra indeformada
D: Amostra deformada
V: Amostra com deformação de volume
A: Amostra de água
▽: Lençol freático

Nível d'água (0930 h)	
29/7/77	32,2 m
30/7/77	32,5 m
31/7/77	32,5 m

A descrição do solo deve estar baseada na distribuição granulométrica (tamanho das partículas) e na plasticidade, em geral, usando-se o procedimento rápido pelo qual essas características são avaliadas por inspeção visual e tato; as amostras deformadas costumam ser usadas com essa finalidade. A descrição deve incluir detalhes da cor do solo, da forma e da composição das partículas; se possível, a formação geológica e o tipo de depósito também devem ser fornecidos. As características estruturais da massa do solo também precisam estar descritas, mas isso requer um exame das amostras indeformadas ou do solo *in situ* (por exemplo, em um poço de inspeção). É necessário fornecer detalhes sobre a presença e o espaçamento de aspectos da estratificação, de fissuras e de outras características pertinentes. O grau de compacidade (ou compacidade relativa) das areias e a consistência das argilas (Tabela 1.3) devem ser indicados.

6.6 Ensaio de penetração de cone (CPT)

O **Penetrômetro de Cone** é uma das ferramentas mais versáteis disponíveis para a exploração de solos (Lunne *et al.*, 1997). Nesta seção, será apresentado o uso do CPT para identificar a estratificação e os materiais presentes no terreno. No entanto, a técnica também pode ser usada para determinar uma grande faixa de valores dos parâmetros geotécnicos-padrão desses materiais, substituindo ou complementando os ensaios de laboratório resumidos na Seção 6.4. Isso será analisado no Capítulo 7. Além disso, em virtude da grande analogia entre o CPT e um pilar sujeito a um carregamento vertical, o primeiro também pode ser usado diretamente no projeto de fundações profundas (Capítulo 9).

O penetrômetro consiste em um elemento cilíndrico curto, em cujo final há uma ponteira de formato cônico. O cone tem um ângulo de ápice de 60° e área de seção transversal de 100 mm². Ele é empurrado verticalmente para o interior do terreno usando um **equipamento de cravação**, a uma velocidade constante de penetração de 20 mm/s (ISO, 2006). Para aplicações em terreno firme, o equipamento de cravação costuma ser composto de uma viatura CPT, que fornece uma massa de reação em consequência de seu peso próprio (em geral, 15–20 t). Uma carga de 20 t (200 kN) permitirá normalmente uma penetração aproximada de 30 m em areias densas ou argilas rijas (Lunne *et al.*, 1997). Para investigações mais profundas nas quais se encontrem resistências à penetração maiores, a carga pode ser ainda mais aumentada ou o equipamento pode ser ancorado temporariamente no solo (Figura 6.9). À medida que o instrumento penetra, são colocadas **hastes de cravação** adicionais com o mesmo diâmetro dele para aumentar seu comprimento. Cabos que passam através do centro das hastes de cravação transportam dados dos instrumentos no interior do penetrômetro para a superfície. Em um cone elétrico-padrão (CPT), uma célula de carga entre ele e o corpo do instrumento registra, conti-

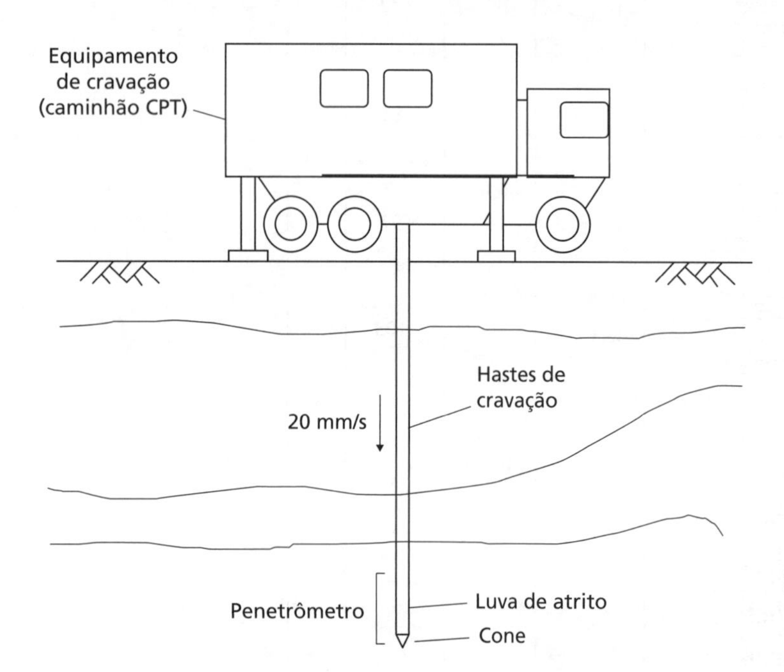

Figura 6.9 Esquema do Ensaio de Penetração de Cone (CPT, *Cone Penetrometer Test*) mostrando a terminologia-padrão.

nuamente, a resistência à penetração do cone (resistência da ponta do cone q_c), sendo usada uma luva de atrito para medir a resistência ao cisalhamento da interface (f_s) ao longo do corpo cilíndrico do instrumento. Tipos diversos de solo exibirão proporções diferentes de atrito da luva para resistência final: por exemplo, os pedregulhos costumam ter f_s baixo e q_c alto, ao passo que as argilas têm alto f_s e baixo q_c. Examinando um banco de dados extenso com informações de ensaios CPT, Robertson (1990) propôs um gráfico que pode ser usado para identificar os tipos de solo com base em versões normalizadas desses parâmetros (Q_t e F_r), o que é mostrado na Figura 6.10.

Para um cone CPT-padrão, q_t é aproximado de q_c. No entanto, durante a penetração, o excesso de pressão neutra em torno do cone aumentará, em particular, em solos finos, que reduzem q_c de forma artificial. **Piezocones** mais sofisticados (CPTU) incluem a medição localizada do excesso de pressões neutras em torno do cone que são induzidas pela penetração. Elas são medidas, em geral, logo atrás do cone (u_2), embora também possam ser feitas medições no cone em si (u_1) e/ou na outra extremidade da luva de atrito (u_3), conforme ilustra a Figura 6.11. Quando tais medições são feitas, a resistência corrigida do cone q_t é determinada por

$$q_t = q_c + u_2(1 - a) \tag{6.2}$$

O parâmetro a é um fator de correção de área que depende do penetrômetro e, em geral, varia entre 0,5 e 0,9. Como antes, solos distintos apresentarão diferentes variações de pressão neutra durante a penetração: solos grossos (areias e pedregulhos) gerarão pouco excesso de pressão neutra graças à sua alta permeabilidade, ao passo que os solos finos, de permeabilidade mais baixa, exibirão valores maiores de u_2. Se o solo estiver fortemente sobreadensado, u_2

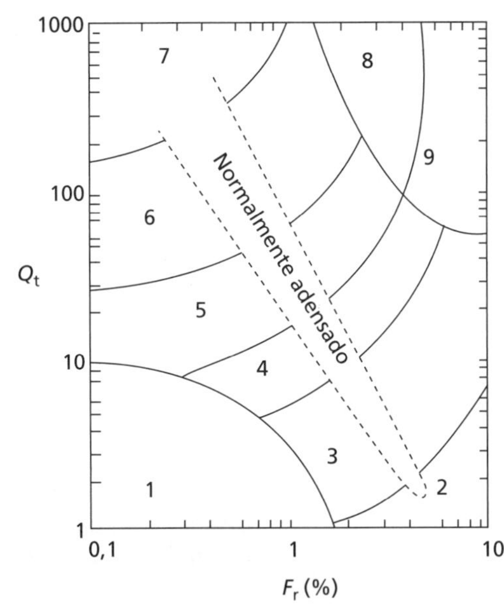

Zona	Tipo de comportamento do solo
1.	Sensitivo (sensível), fino
2.	Solos orgânicos – turfas
3.	Argilas: argila a argila siltosa
4.	Misturas de siltes; silte argiloso a argila siltosa
5.	Misturas de areia; areia siltosa a silte arenoso
6.	Areias; areias limpas a areias siltosas
7.	Areia com pedregulhos a areia
8.	Areia muito compacta a areia argilosa
9.	Finos muito rijos

$$Q_t = \frac{q_t - \sigma_{vo}}{\sigma'_{vo}}$$

$$F_r = \frac{f_s}{q_t - \sigma_{vo}} \times 100\%$$

Figura 6.10 Gráfico de classificação dos tipos de solos com base em dados normalizados de CPT (reproduzido de acordo com Robertson, 1990).

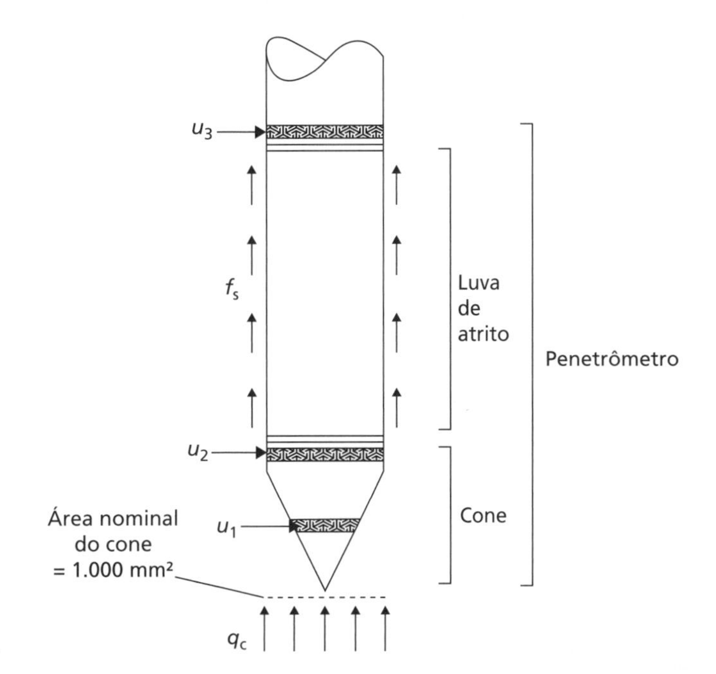

Figura 6.11 Esquema do piezocone (CPTU).

pode ser negativo. A medida da pressão neutra u_2 fornece, portanto, um terceiro parâmetro contínuo que pode ser usado para identificar os tipos de solo por meio do gráfico mostrado na Figura 6.12 (Robertson, 1990). Se os dados de CPTU estiverem disponíveis, as Figuras 6.10 e 6.12 devem ser usadas para determinar o tipo de solo. Em alguns casos, os dois gráficos podem fornecer interpretações diferentes das condições do terreno. Nessas situações, é necessário bom senso para identificar qual é a interpretação adequada. As sondagens de CPT também podem ter dificuldade para identificar camadas de solo intercaladas (Lunne *et al.*, 1997).

Como os dados são registrados continuamente com o aumento da profundidade durante uma sondagem CPT, a técnica pode ser usada para produzir um perfil do terreno que mostre a estratigrafia e a classificação, similar a um perfil de furo de sondagem. Um exemplo do uso dos gráficos de identificação precedentes é mostrado na Figura 6.13. O ensaio CPT é rápido, relativamente barato e tem a vantagem de não deixar um grande espaço vazio no terreno, como no caso de um furo de sondagem ou de um poço de inspeção. No entanto, tendo em vista as dificuldades de interpretação mencionadas anteriormente, os dados de CPT são mais eficientes para "preencher as lacunas" entre os furos de sondagem muito espaçados. Nessas condições, o uso dos gráficos de CPT(U) para identificação dos solos pode ser esclarecido pelas observações dos furos de sondagem. Os dados do CPT(U) fornecem, então, informações úteis sobre como variam os níveis de diferentes estratos de solo no local e podem identificar inclusões localizadas de material duro ou de vazios talvez omitidos pelos furos de sondagem.

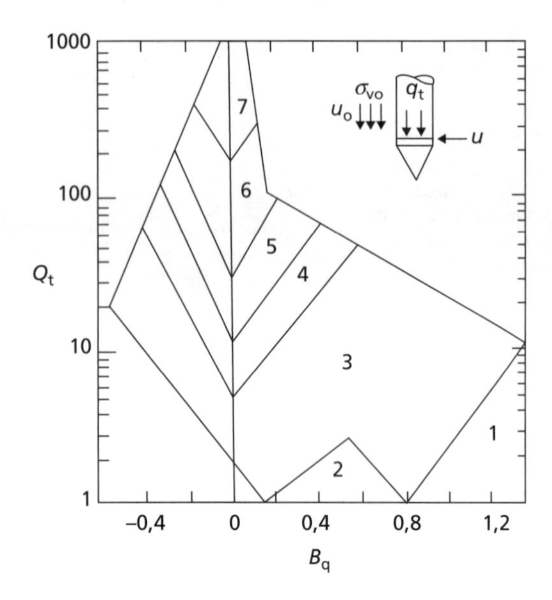

Zona	Tipo de comportamento do solo
1.	Sensitivo (sensível), fino
2.	Solos orgânicos – turfas
3.	Argilas: argila a argila siltosa
4.	Misturas de siltes; silte argiloso a argila siltosa
5.	Misturas de areia; areia siltosa a silte arenoso
6.	Areias; areias limpas a areias siltosas
7.	Areia com pedregulhos a areia
8.	Areia muito compacta a areia argilosa
9.	Finos muito rijos

$$Q_t = \frac{q_t - \sigma_{vo}}{\sigma'_{vo}}$$

$$B_q = \frac{u_2 - u_o}{q_t - \sigma_{vo}}$$

Figura 6.12 Gráfico de classificação dos tipos de comportamento de solo com base nos dados normalizados de CPTU.

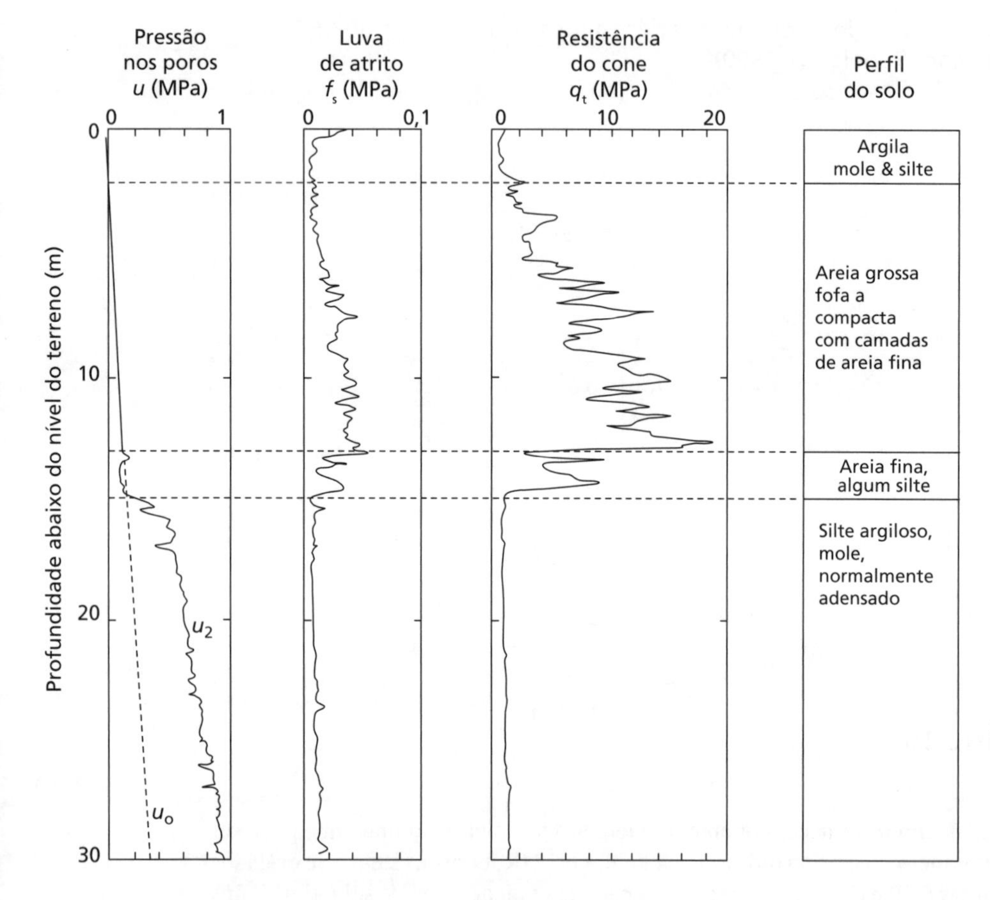

Figura 6.13 Exemplo mostrando o uso dos dados do CPTU para fornecer informações sobre o terreno.

Em face da grande quantidade de dados gerados em uma sondagem contínua CPT e do fato de que os tipos de comportamento do solo (zonas 1–9 nas Figuras 6.10 e 6.12) se enquadram em intervalos definidos pela grandeza dos parâmetros medidos, a interpretação da estratigrafia do solo a partir dos dados do CPT tira grande proveito da automação/informatização. Pode-se verificar na Figura 6.10 que os limites entre as zonas 2–7 são aproximadamente arcos circulares, com uma origem em torno do canto superior esquerdo do gráfico. Robertson e Wride (1998) quantificaram o raio desses arcos por meio de um parâmetro I_c:

$$I_c = \sqrt{\left(3{,}47 - \log Q_t\right)^2 + \left(\log F_r + 1{,}22\right)^2} \tag{6.3}$$

em que Q_t e F_r são a resistência de ponta normalizada e o coeficiente de atrito, conforme definido na Figura 6.10. A Figura 6.14 mostra as curvas desenhadas usando a Equação 6.3 para valores de I_c que representam da maneira mais fiel os limites do solo da Figura 6.10. Usar uma única equação para definir o tipo de comportamento do solo torna o processamento dos dados do CPT adequado para a análise automatizada que usa uma planilha, aplicando a

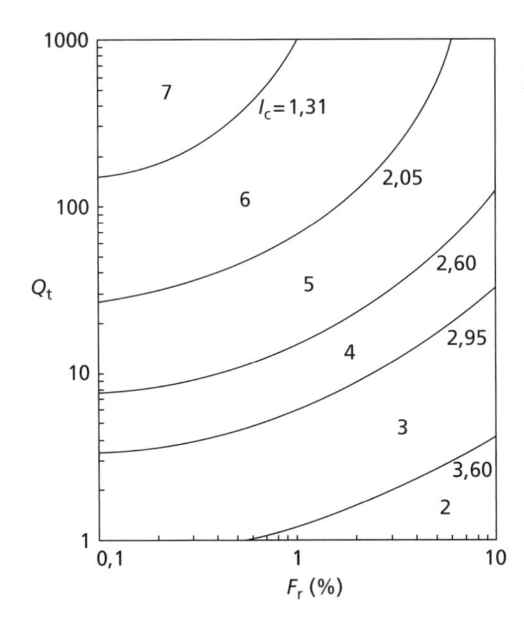

Zona	Tipo de comportamento do solo
2.	Solos orgânicos – turfas
3.	Argilas: argila a argila siltosa
4.	Misturas de siltes; silte argiloso a argila siltc
5.	Misturas de areia; areia siltosa a silte areno:
6.	Areias; areias limpas a areias siltosas
7.	Areia com pedregulhos a areia

$$Q_t = \frac{q_t - \sigma_{vo}}{\sigma'_{vo}}$$

$$F_r = \frac{f_s}{q_t - \sigma_{vo}} \times 100\%$$

Figura 6.14 Classificação do tipo de comportamento do solo usando o método I_c.

Equação 6.3 a cada ponto de dado de ensaio. Uma ferramenta de planilha, CPTic_CSM8.xls, que implementa o método I_c pode ser encontrada no site da LTC Editora complementar a este livro. Deve-se tomar cuidado ao usar o método, porque ele não identificará de forma correta os tipos de solo 1, 8 e 9 (Figura 6.10); no entanto, para um uso mais frequente, o método I_c fornece uma ferramenta valiosa de interpretação das informações estratigráficas oriundas das sondagens CPT.

6.7 Métodos geofísicos

Sob determinadas condições, os métodos geofísicos podem ser úteis na investigação do terreno, em especial, no estágio de reconhecimento. No entanto, não são apropriados para todas as condições do terreno, e há limitações para a informação que pode ser obtida; dessa forma, eles devem ser considerados, sobretudo, métodos suplementares. Só é possível encontrar limites dos estratos se as propriedades físicas dos materiais adjacentes forem significativamente diferentes. É sempre necessário comparar os resultados com os dados obtidos por métodos diretos, como a sondagem de perfuração e o CPT. Os métodos geofísicos podem produzir resultados rápidos e econômicos, tornando-os úteis para o preenchimento de informações entre furos de sondagem muito espaçados ou para indicar onde podem ser necessários furos adicionais. Os métodos também podem ser eficientes para estimar a profundidade até o substrato rochoso ou o lençol freático ou, ainda, para localizar objetos metálicos enterrados (por exemplo, granadas de artilharia não explodidas) e espaços vazios. Eles podem ter particular utilidade na investigação de locais sensíveis contaminados, uma vez que esses não são métodos intrusivos — ao contrário da sondagem e do CPT. Há diversas técnicas geofísicas, baseadas em princípios físicos diferentes. Três delas estão descritas a seguir.

Refração sísmica

O método de refração sísmica baseia-se no fato de que as ondas sísmicas têm velocidades diferentes em tipos diversos de solo (ou de rocha), conforme apresentado na Tabela 6.5; além disso, as ondas são refratadas quando

Tabela 6.5 Velocidades das ondas de cisalhamento de materiais geotécnicos comuns (de acordo com Borcherdt, 1994)

Tipo de solo/rocha	*Velocidade da onda de cisalhamento, V_s (m/s)*
Rochas duras (por exemplo, metamórficas)	1400+
Rochas firmes a duras (por exemplo, ígneas, conglomerados, sedimentares competentes)	700–1400
Solos com pedregulhos e rochas macias (por exemplo, arenito, xisto, solos com > 20% de pedregulho)	375–700
Argilas rijas e solos arenosos	200–375
Solos moles (por exemplo, aterros soltos submersos e argilas moles)	100–200
Solos muito moles (por exemplo, solo pantanoso, solo recuperado)	50–100

cruzam o limite entre tipos diferentes de solo. O método permite que sejam determinados os tipos gerais do solo e as profundidades aproximadas até os limites dos estratos ou o substrato rochoso.

As ondas são geradas pela detonação dos explosivos ou pelo golpe de um grande martelo em uma placa do metal. O equipamento consiste em um ou mais transdutores sensíveis à vibração, denominados geofones, e em um dispositivo de medição de tempo extremamente preciso chamado sismógrafo. Um circuito entre o detonador ou o martelo e o sismógrafo aciona o mecanismo de sincronização no instante da detonação ou do impacto. O geofone também é conectado eletricamente ao sismógrafo: quando a primeira onda alcança o geofone, o mecanismo de sincronização para, e o intervalo de tempo é registrado em milissegundos.

Ao ocorrer uma detonação ou um impacto, são emitidas ondas em todas as direções. Uma específica, denominada onda direta (ou de superfície), se desloca de forma paralela à superfície na direção do geofone. Outras se deslocam em um sentido descendente, em vários ângulos em relação à horizontal, sendo refratadas se passarem em um estrato de **velocidade de onda de cisalhamento** (ou sísmica; V_s) diferente. Se essa velocidade do estrato inferior for mais elevada do que a do estrato superior, uma onda em particular se deslocará ao longo do topo do estrato inferior, de forma paralela à interface, como mostra a Figura 6.15a: essa onda "deixa escapar", de maneira contínua, energia de volta para a superfície. A energia dessa onda refratada pode ser detectada pelos geofones na superfície.

O procedimento do ensaio consiste em instalar um único geofone por vez em vários pontos de uma linha reta, a distâncias crescentes da fonte de geração da onda, ou, alternativamente, usar uma única posição do geofone e produzir uma série de fontes de vibração a distâncias crescentes dele (conforme o ilustrado na Figura 6.15a). O comprimento da linha de pontos deve ser de três a cinco vezes maior do que a profundidade exigida de investigação, sendo o espaçamento entre os pontos de medida/tiro de mais ou menos 3 m. Para cada tiro (detonação ou impacto), é gravado o instante da chegada da primeira onda à posição do geofone. Quando a distância entre ele e a fonte for pequena, o tempo de chegada será o da onda direta. Quando a distância for maior do que um determinado valor (dependendo da espessura do estrato superior), a onda refratada será a primeira a ser detectada pelo geofone. Isso ocorre porque o trajeto da onda refratada, embora mais longo do que o da direta, atravessa parcialmente um estrato com velocidade sísmica mais elevada. Em geral, é necessário o uso de explosivos quando a distância fonte–geofone é superior a 30–50 m ou quando o estrato superior do solo é de material solto.

É feito um gráfico do tempo de chegada em função da distância entre a fonte e o geofone; a Figura 6.15b mostra um gráfico desse tipo. Se o afastamento entre a fonte e o geofone for menor do que d_1, a onda direta alcançará o geofone antes da onda refratada, e o relacionamento entre o tempo e a distância será representado por uma linha reta passando pela origem. Por outro lado, se a distância entre a fonte e o geofone for maior do que d_1 e menor do que d_2, a onda refratada chegará antes da direta, e o relacionamento entre o tempo e a distância será representado por uma linha reta com inclinação diferente. Para espaçamentos maiores, observa-se uma terceira linha reta representando a terceira camada e assim por diante. As inclinações das linhas lidas no gráfico são os inversos das velocidades das ondas de cisalhamento (V_{s1}, V_{s2} e V_{s3}) do estrato superior, do estrato médio e do estrato inferior, respectivamente. Os tipos gerais de solo ou rocha podem ser determinados a partir do conhe-

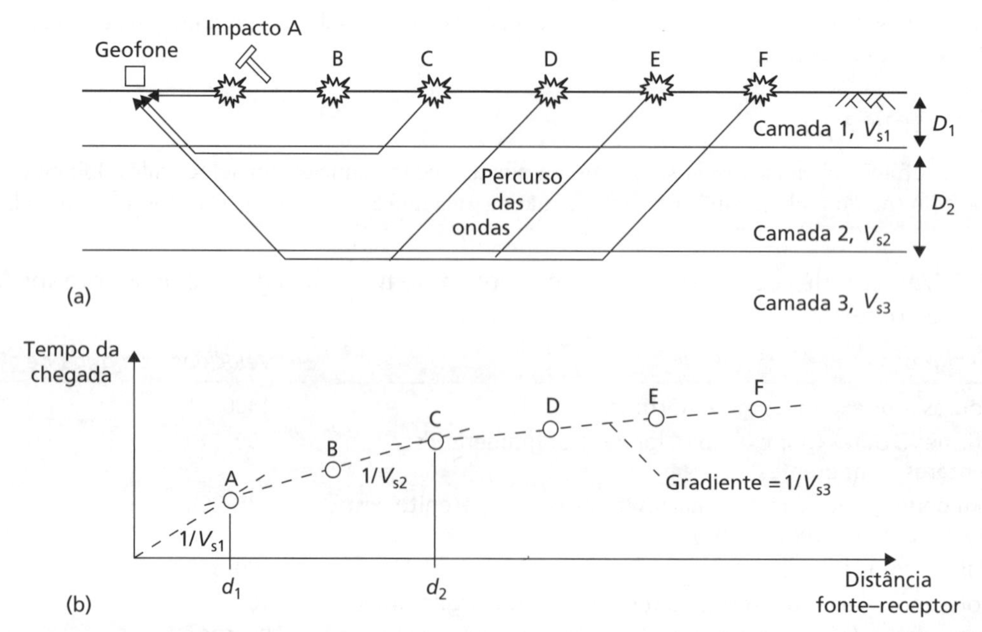

Figura 6.15 Método da refração sísmica.

cimento dessas velocidades, usando, por exemplo, a Tabela 6.5. As profundidades (D_1 e D_2) das interfaces entre os dois estratos de solo (desde que a espessura do estrato superior seja constante) podem ser estimadas pelas fórmulas

$$D_1 = \frac{d_1}{2}\sqrt{\left(\frac{V_{s2} - V_{s1}}{V_{s2} + V_{s1}}\right)} \tag{6.4}$$

$$D_2 = 0{,}8D_1 + \frac{d_2}{2}\sqrt{\left(\frac{V_{s3} - V_{s2}}{V_{s3} + V_{s2}}\right)} \tag{6.5}$$

O método também pode ser usado quando houver mais de três estratos e existirem procedimentos para identificação de interfaces inclinadas entre estratos e de descontinuidades verticais.

As fórmulas usadas para estimar as profundidades dos limites entre estratos baseiam-se nas hipóteses de que cada um deles é homogêneo e isotrópico, seus limites são planos, cada um é espesso o suficiente para produzir uma mudança na inclinação da reta no gráfico tempo–distância, e a velocidade sísmica aumenta em cada estrato consecutivo da superfície para baixo. Dessa forma, uma camada de material mais solto e de menor velocidade (por exemplo, argila mole) poderia ser ocultada por um material sobrejacente mais forte e de maior velocidade (por exemplo, pedregulho). Surgirão outras dificuldades se as faixas de velocidade dos estratos adjacentes se sobrepuserem, dificultando a distinção entre eles, e se a velocidade aumentar conforme a profundidade em um estrato em particular. É importante que os resultados sejam relacionados com os dados das sondagens.

O conhecimento de V_s também pode ser usado para determinar de forma direta a rigidez (deformabilidade) do solo. Como as ondas de cisalhamento induzem apenas pequenas deformações nos materiais quando passam por eles, o comportamento do material é elástico. Em um meio elástico, o módulo de elasticidade transversal (G_0) para pequenas deformações está relacionado com a velocidade da onda de cisalhamento por:

$$G_0 = \rho V_s^2 \tag{6.6}$$

Uma vez conhecido G_0, pode-se inferir a relação G–γ usando-se relações normalizadas, como a Equação 5.10 (Seção 5.2).

Análise espectral das ondas superficiais (SASW, *Spectral analysis of surface waves*)

Esse é um método de certa forma novo, que, do ponto de vista prático, é muito semelhante à refração sísmica; na verdade, o procedimento do ensaio é basicamente idêntico. No entanto, em vez de medir os tempos de chegada, realiza-se uma análise do conteúdo de frequência do sinal recebido no geofone, levando-se em conta apenas as ondas superficiais de menor frequência. A análise é automatizada por meio de um analisador de espectro para produzir uma curva de dispersão, utilizando-se um computador para desenvolver um modelo do terreno (uma série de camadas de diferentes velocidades de ondas de cisalhamento) que levaria ao sinal medido, um processo conhecido como **inversão**. O procedimento SASW usa um único geofone, o que pode fazer com que ele não se torne confiável em áreas urbanas com um considerável ruído de fundo de baixa frequência, o que é difícil distinguir do sinal de interesse. Uma técnica modificada que resolve esses problemas usa um conjunto de geofones em um arranjo linear. Ela é conhecida como **análise multicanal de ondas superficiais** (MASW, *multi-channel analysis of surface waves*) e apresenta a vantagem extra de que a análise pode ser automatizada de forma confiável.

Ambas as técnicas são rápidas de executar, e, realizando ensaios em diferentes locais, pode-se determinar um mapa bidimensional das camadas do terreno (com base nas velocidades das ondas de cisalhamento) — um processo conhecido como tomografia. A principal vantagem da MASW em relação ao método da refração é que o ensaio permite a inferência de camadas de baixas velocidades de onda de cisalhamento sob o material de alta velocidade de ondas de cisalhamento, que seriam alteradas no método da refração. Da mesma maneira que o método anterior, os dados do MASW sempre devem estar correlacionados com os das perfurações de sondagem. Ele pode, da mesma forma, ser usado para determinar G_0 a partir de V_s usando a Equação 6.6.

Método da Resistividade Elétrica

Esse método se baseia nas diferenças de resistência elétrica de tipos distintos de solos (e rochas). O fluxo de corrente através de um solo deve-se principalmente à ação eletrolítica e, portanto, depende da concentração de sais dissolvidos na água dos poros: as partículas minerais de um solo não são bons condutores de corrente. Dessa forma, a resistividade de um solo diminui tanto com o aumento do teor de umidade quanto com o da concentração dos sais. Uma areia densa (compacta) e limpa acima do lençol freático, por exemplo, apresentaria uma resistividade elevada, graças a seu baixo grau de saturação e à virtual ausência de sais dissolvidos. Uma argila saturada com alto índice de vazios, por outro lado, apresentaria uma resistividade baixa, graças à abundância relativa de água nos poros e aos íons livres nesta.

Em seu formato normal (Figura 6.16a), o método compreende a cravação de quatro eletrodos no terreno, espaçados de forma igual (L) entre si e dispostos em uma linha reta. A corrente (I) de uma bateria flui através do solo entre os dois eletrodos exteriores, produzindo um campo elétrico dentro desse solo. Em seguida, mede-se a queda de voltagem (E) entre os dois eletrodos internos. A resistividade aparente (R_Ω) é dada pela equação

$$R_\Omega = \frac{2\pi LE}{I} \tag{6.7}$$

A resistividade aparente representa uma média ponderada da resistividade verdadeira em um volume grande de solo, sendo que o solo perto da superfície tem peso maior do que o mais profundo. A presença de um estrato do solo de alta resistividade abaixo de um estrato de baixa resistividade obriga a corrente a fluir mais próxima à superfície, resultando em uma queda de tensão mais acentuada e, por conseguinte, em um valor mais elevado de resistividade aparente. O oposto é verdadeiro se um estrato de baixa resistividade se situar abaixo de um estrato de alta resistividade.

Quando se exigir a variação da resistividade em relação à profundidade, pode-se usar o método a seguir para estimativas aproximadas dos tipos e das profundidades dos estratos. É feita uma série de leituras, aumentando-se o espaçamento (igual) dos eletrodos a cada uma delas; entretanto, o centro dos quatro eletrodos permanece em um ponto fixo. À medida que o afastamento é aumentado, a resistividade aparente é influenciada por uma profundidade maior de solo. Se ela aumentar com o afastamento crescente dos eletrodos, pode-se concluir que um estrato subjacente de resistividade mais elevada está começando a influenciar as leituras. Por outro lado, se o afastamento crescente produzir diminuição da resistividade, um estrato de menor resistividade está começando a influenciar as leituras. Quanto maior a espessura de uma camada, maior o afastamento dos eletrodos no qual sua influência será observada, e vice-versa.

É feito um gráfico da resistividade aparente em função do afastamento dos eletrodos, de preferência, em escala log-log. As curvas características para uma estrutura de duas camadas estão ilustradas na Figura 6.16b. Para a curva A, a resistividade da camada 1 é menor do que a da 2: para a curva B, a camada 1 tem resistividade mais elevada do que a 2. As curvas tornam-se assintóticas às linhas que denotam as resistividades reais R_1 e R_2 das camadas correspondentes. As espessuras aproximadas das camadas podem ser obtidas pela comparação entre a curva observada de variação da resistividade *versus* o espaçamento dos eletrodos e um conjunto de curvas-padrão. Também foram desenvolvidos outros métodos de interpretação para sistemas de duas e três camadas.

O procedimento conhecido como perfilagem é usado para investigar a variação lateral de tipos de solo. É feita uma série de leituras, sendo os quatro eletrodos movidos lateralmente como um único elemento para cada leitura sucessiva; o espaçamento entre os eletrodos permanece constante para cada uma. Faz-se um gráfico da resistividade aparente em função da posição do centro dos quatro eletrodos, em escalas naturais; tais gráficos podem ser usados

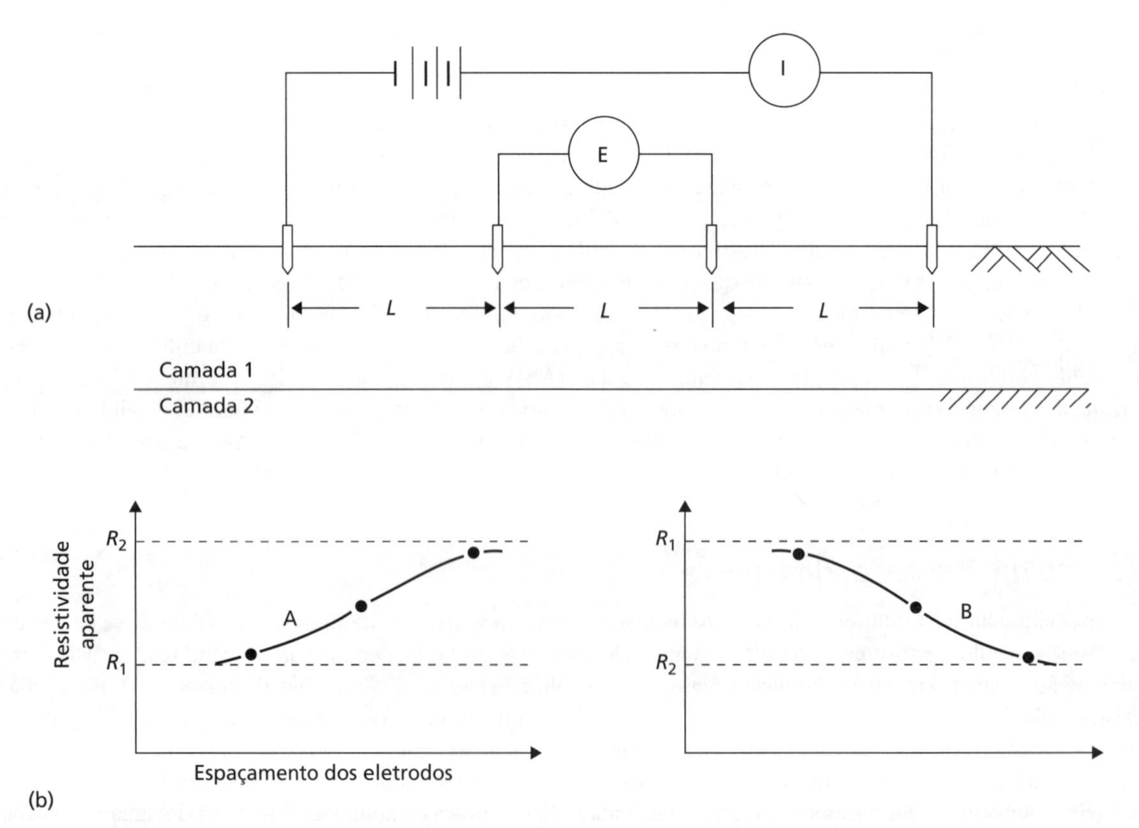

Figura 6.16 (a) Método de resistividade elétrica; (b) identificação de camadas de solo por sondagem.

para encontrar as posições do solo de resistividade alta ou baixa. Podem ser traçados os limites dos intervalos de resistividade em uma determinada área.

A resistividade aparente para um tipo particular de solo ou rocha pode variar ao longo de um grande intervalo de valores, conforme mostra a Tabela 6.6; além disso, ocorre sobreposição entre os intervalos de diferentes tipos. Isso torna bastante imprecisas a identificação do tipo de solo ou rocha e a determinação do local dos limites entre os estratos. A presença de aspectos irregulares perto da superfície e de potenciais dispersos também pode causar dificuldades na interpretação. É essencial, portanto, que os resultados obtidos sejam correlacionados com os dados dos furos de sondagem. Esse método não é considerado tão confiável quanto os métodos sísmicos descritos anteriormente.

Tabela 6.6 Resistividades aparentes de materiais geotécnicos comuns (coligidos de acordo com Campanella e Weemes, 1990; McDowell *et al.*, 2002; Hunt, 2005)

Material	*Resistividade, R_Ω (Ωm)*
Substrato rochoso (maciço)	>2400
Substrato rochoso (fraturado), depósitos secos de areia e pedregulho	300–2400
Argilito	20–60
Solos arenosos (saturados)	15–300
Solos siltosos/argilosos	1,5–15
Tilito (*till*) glacial	20–30
Lixiviado de aterro	0,5–10
Água-doce	20–60
Água do mar	0,18–0,24

6.8 Contaminação do terreno

O escopo de uma investigação deve ser ampliado caso se saiba ou se suspeite de que o terreno em questão foi contaminado. Nessas situações, o solo e a água subterrânea podem conter substâncias potencialmente prejudiciais, ou seja, produtos químicos orgânicos ou inorgânicos, materiais fibrosos, como asbesto, gases tóxicos ou explosivos, agentes biológicos e/ou elementos radioativos. O agente contaminante pode estar em estado sólido, líquido ou gasoso. Os contaminantes químicos podem ser adsorvidos nas superfícies de partículas finas do solo. A presença da contaminação influencia todos os outros aspectos da investigação do terreno e pode apresentar consequências para o projeto das fundações e para a adequação geral do local ao projeto em consideração. Devem-se tomar as precauções apropriadas para garantir a segurança em relação às ameaças à saúde de todo o pessoal que trabalha no local e quando se trabalhar com amostras. Durante a investigação, devem ser tomadas precauções para impedir a propagação dos agentes contaminadores pelo pessoal, pelo fluxo superficial ou da água subterrânea e pelo vento.

Nos estágios iniciais, a possível contaminação pode ser prevista com base nas informações de usos anteriores do local ou das áreas adjacentes, como por determinados tipos de indústria, por trabalhos de mineração ou por vazamentos registrados de líquidos perigosos sobre a superfície ou oriundos de encanamentos subterrâneos. Essas informações devem ser coletadas ainda no estudo teórico inicial em escritório. A presença visual de contaminantes e a de odores fornecem evidência direta de potenciais problemas. Técnicas de sensoriamento remoto e técnicas geofísicas (por exemplo, fotografias infravermelhas e ensaios de condutividade elétrica, respectivamente) podem ser úteis na avaliação de possíveis contaminações.

As amostras do solo e de água subterrânea costumam ser obtidas em poços de inspeção rasos ou em furos de sondagem, uma vez que a contaminação por incidentes de poluição se dá, com frequência, na superfície do solo. As profundidades nas quais as amostras são coletadas dependem da provável fonte de contaminação e dos detalhes dos tipos e estruturas dos estratos. São necessários, portanto, experiência e bom senso na formulação do programa de amostragem. As amostras sólidas, que normalmente seriam coletadas em intervalos de profundidade de 100–150 mm, são obtidas por meio de ferramentas do aço inoxidável, que são limpas com facilidade e não são contaminadas, ou por meio de tubos de aço enterrados. As amostras devem ser seladas em recipientes impermeáveis e feitas de um material que não reaja com elas. Deve-se tomar cuidado para evitar a fuga de contaminantes voláteis para a atmosfera. Podem ser exigidas amostras de água subterrânea para que uma análise química determine se elas contêm agentes que atacariam quimicamente o aço e o concreto usados em trabalhos abaixo da superfície (por exemplo, sulfatos, cloretos, magnésio e amoníaco) ou substâncias que possam ser danosas aos usuários potenciais do local e ao meio ambiente. É importante assegurar que as amostras não estejam contaminadas ou diluídas. Elas podem ser retiradas dos próprios poços de inspeção ou por meio de sondas de amostragem especialmente projetadas; entretanto, é preferível obter amostras de piezômetros tubulares, caso esses estejam instalados, para medir o regime da pressão da água nos poros. No caso da presença de água contaminada, deve-se tomar o cuidado de assegurar que o furo de sondagem não estabeleça a criação de caminhos preferenciais no interior do terreno que permitam aos contaminantes se espalhar. Deve-se coletar uma amostra logo após o estrato de suporte da água subterrânea ser atingido na perfuração, além de amostras subsequentes, ao longo de um período adequado, para determinar se as propriedades são constantes ou variáveis. Isso pode ser usado indicar se está acontecendo poluição ou migração dos contaminantes. As amostras de gás podem ser coletadas a partir de tubos suspensos em uma coluna perfurada de um furo de sondagem ou a partir de sondas especiais. Há vários tipos de recipientes adequados à coleta de gases. Os detalhes do processo da amostragem devem se basear no conselho dos analistas especializados que executarão o programa de ensaios e farão o relatório dos resultados.

Ao planejar uma investigação do local em terreno contaminado, as posições dos pontos de investigação devem estar relacionadas com a dos contaminantes. Se a posição de uma fonte de poluição for conhecida ou se puder ser inferida de um estudo teórico (por exemplo, a posição do despejo de resíduos ou do depósito de detritos industriais), deve-se realizar uma **amostragem dirigida** (**específica**) para determinar a dispersão dos contaminantes a partir da fonte. Isso costuma ser feito por meio de linhas radiais de amostragem a partir da fonte de contaminação. Um espaçamento inicialmente grande pode ser usado nas primeiras fases para determinar a extensão da contaminação, com investigações subsequentes que "preencham as lacunas" conforme necessário. Alguma **amostragem não dirigida** (**não orientada**) sempre deve ser realizada em complementação, naqueles locais que forem divididos em áreas menores, definindo-se um ponto de investigação dentro de cada uma delas. O objetivo desse tipo de amostragem é identificar contaminantes potencialmente inesperados no terreno. O espaçamento dos pontos de investigação do terreno para amostragem não dirigida deve estar entre 18 e 24 m (BSI, 2001).

Resumo

1. A investigação do terreno por métodos intrusivos (poços de inspeção, furos de sondagem, CPT) ou geofísicos não intrusivos pode ser empregada para determinar o local, a extensão e a identificação dos depósitos de solo no interior do terreno.
2. Os furos de sondagem e os poços de inspeção são essenciais para a confirmação visual dos materiais geotécnicos no interior do solo e para a obtenção de amostras para ensaios em laboratório (usando os métodos descritos nos Capítulos 2, 4 e 5). Para que sejam mais eficientes, em teoria, essas medidas devem ser usadas de forma combinada com métodos CPT e geofísicos, a fim de minimizar as chances de condições inesperadas no terreno depois de a construção se iniciar, o que pode aumentar, de maneira significativa, a duração e o custo do projeto.
3. A qualidade (e, com frequência, o custo) da amostragem exigida dependerá das propriedades/características geotécnicas exigidas pelos ensaios em laboratório com tais amostras.

Referências

Borcherdt, R. (1994) Estimates of site-dependent response spectra for design (methodology and justification), *Earthquake Spectra*, **10**, 617–653.

BSI (2001) *Investigation of Potentially Contaminated Sites – Code of Practice BS 10175:2001*, British Standards Institution, London.

Campanella, R.G. and Weemes, I.A. (1990) Development and use of an electrical resistivity cone for groundwater contamination studies, in *Geotechnical Aspects of Contaminated Sites, 5th Annual Symposium of the Canadian Geotechnical Society, Vancouver*.

Chapman, T.J.P. (2008) The relevance of developer costs in geotechnical risk management, in *Proceedings of the 2nd BGA International Conference on Foundations, Dundee*.

EC7–2 (2007) *Eurocode 7: Geotechnical Design – Part 2: Ground Investigation and Testing, BS EN 1997–2:2007*, British Standards Institution, London.

Hunt, R.E. (2005) *Geotechnical Engineering Investigation Handbook* (2nd edn), Taylor & Francis Group, Boca Raton, FL.

ISO (2006) *Geotechnical Investigation and Testing – Field Testing – Part 1: Electrical Cone and Piezocone Penetration Tests, ISO TC 182/SC 1*, International Standards Organisation, Geneva.

Kjellman, W., Kallstenius, T. and Wager, O. (1950) Soil sampler with metal foils, in *Proceedings of the Royal Swedish Geotechnical Institute*, No. 1.

Lunne, T., Robertson, P.K. and Powell, J.J.M. (1997) *Cone Penetration Testing in Geotechnical Practice*, E & FN Spon, London.

McDowell, P.W., Barker, R.D., Butcher, A.P., Culshaw, M.G., Jackson, P.D., McCann, D.M., Skipp, B.O., Matthews, S.L. and Arthur, J.C.R. (2002) *Geophysics in Engineering Investigations*, CIRIA Publication C562, CIRIA, London.

Robertson, P.K. (1990) Soil classification using the cone penetration test, *Canadian Geotechnical Journal*, **27**(1), 151–158.

Robertson, P.K. and Wride, C.E. (1998). Evaluating cyclic liquefaction potential using the cone penetration test, *Canadian Geotechnical Journal*, **35**(3): 442–459.

Leitura Complementar

BSI (2002) *Geotechnical Investigation and Testing – Identification and Classification of Soil. Identification and Description (AMD Corrigendum 14181 & 16930) BS EN ISO 14688–1:2002*, British Standards Institution, London.

Norma (no Reino Unido e no restante da Europa) pela qual o solo é identificado e descrito em procedimentos no campo e para a produção de relatórios de perfis de furos de sondagem / investigação do terreno. A ASTM D2488 e a D5434 são as normas equivalentes usadas nos Estados Unidos e em outros locais.

BSI (2006) *Geotechnical Investigation and Testing – Sampling Methods and Groundwater Measurements. Technical Principles for Execution BS EN ISO 22475–1:2006*, British Standards Institution, London.

Norma (no Reino Unido e no restante da Europa) que descreve procedimentos detalhados e exigências práticas para a coleta de amostras de solo de alta qualidade para ensaios em laboratório. Nos Estados Unidos e em outros lugares, um conjunto de normas cobre uma área similar, incluindo a ASTM D5730, a D1452, a D6151, a D1587 e a D6519.

Clayton, C.R.I., Matthews, M.C. and Simons, N.E. (1995) *Site Investigation* (2nd edn), Blackwell, London.

Um livro abrangente sobre investigação no terreno que contém muitos conselhos práticos e úteis, além de mais detalhes do que aqueles que podem ser fornecidos neste único capítulo.

Lerner, D.N. and Walter, R.G. (eds) (1998) Contaminated land and groundwater: future directions, *Geological Society, London, Engineering Geology Special Publication*, **14**, 37–43.

Esse artigo fornece uma introdução mais abrangente sobre as questões adicionais de investigação no terreno associadas à água contaminada.

Rowe, P.W. (1972) The relevance of soil fabric to site investigation practice, *Géotechnique*, **22**(2), 195–300.

Apresenta 35 estudos de caso demonstrando como a história deposicional/geológica dos depósitos de solo influencia na seleção dos ensaios de laboratório e nas exigências associadas das técnicas de amostragem.

Para acessar os materiais suplementares desta obra, visite o site da LTC Editora.

Capítulo 7

Ensaios *in situ*

Resultados de aprendizagem

Depois de trabalhar com o material deste capítulo, você deverá ser capaz de:

1 Entender a lógica que fundamenta os ensaios de solos *in situ* para obter suas propriedades constitutivas, além de entender a importância da parte que eles desempenham junto aos ensaios de laboratório e o uso de correlações empíricas para estabelecer um modelo confiável do terreno (Seção 7.1);
2 Entender o princípio de funcionamento de quatro dispositivos comuns de ensaios *in situ*, sua aplicabilidade e as propriedades constitutivas que podem ser obtidas de modo confiável a partir deles (Seções 7.2–7.5);
3 Processar os dados dos ensaios a partir desses métodos com a ajuda do computador e usá-los para obter as propriedades principais de resistência e rigidez (Seções 7.2–7.5).

7.1 Introdução

No Capítulo 5, foram descritos ensaios de laboratório para determinar o comportamento constitutivo do solo (propriedades de resistência e rigidez). Embora sejam extremamente importantes para quantificar o comportamento mecânico de um elemento de solo, eles ainda apresentam várias desvantagens. Em primeiro lugar, para obter dados de alta qualidade por meio de ensaios triaxiais, devem ser obtidas amostras indeformadas, o que pode ser difícil e caro em alguns depósitos (por exemplo, areias e argilas sensitivas, ver Capítulo 6). Em segundo lugar, nos depósitos em que há características significativas no interior da macrotextura (por exemplo, fissuração em argilas rígidas), a resposta de um pequeno elemento de solo pode não representar o comportamento de sua massa como um todo, caso aconteça de a amostra não ter nenhuma dessas características. Em consequência de tais limitações, foram desenvolvidos métodos de ensaios *in situ* que podem superar essas limitações e fornecer uma avaliação rápida dos parâmetros principais que podem ser conduzidos durante a fase de investigação do terreno.

Neste capítulo, serão vistas as quatro técnicas principais de ensaios *in situ*, a saber:

- O Ensaio de Penetração Dinâmica (SPT, *Standard Penetration Test*);
- O Ensaio de Palheta (FVT, *Field Vane Test*);
- O Ensaio de Pressiômetro (PMT, *Pressurometer Test*);
- O Ensaio de Penetração do Cone (CPT, *Cone Penetration Test*).

Para cada caso, a metodologia do ensaio será descrita de forma breve, mas o foco estará sobre os parâmetros que podem ser medidos/estimados a partir de cada ensaio e sobre os modelos teóricos/empíricos necessários para que isso seja obtido, o intervalo de aplicação para solos diferentes, a interpretação das propriedades constitutivas (por exemplo, ϕ', c_u, G), a história das tensões (OCR) e o estado de tensões (K_0) dos dados do ensaio, e as limitações dos dados coletados. Todos os exemplos práticos explicativos do texto principal e dos problemas no final do capítulo se baseiam em dados reais de ensaios feitos em locais existentes coletados da literatura. Nesse grande número de exemplos/problemas, serão usadas planilhas para a realização dos cálculos exigidos, sendo os dados digitais para essa finalidade fornecidos no site da LTC Editora complementar a este livro.

As quatro técnicas listadas anteriormente não são as únicas técnicas *in situ*; um Ensaio de Dilatômetro (DMT, *Dilatometer Test*), por exemplo, tem princípio de operação e propriedades similares às que podem ser medidas com o PMT, o que envolve expandir o orifício no solo para determinar propriedades mecânicas. Esse ensaio comum não será visto aqui, mas serão fornecidas referências ao final do capítulo para uma leitura complementar sobre esse tópico. Os Ensaios de Placas de Carregamento (PLT, *Plate Loading Tests*) também são bastante usados — eles envolvem a realização de um ensaio de carga em uma pequena placa, que é basicamente um modelo de fundação rasa, e são usados com maior frequência para obter os dados do solo para os trabalhos de fundação em virtude da grande similaridade do procedimento do ensaio com a construção final. Os parâmetros do solo são, então, calculados outra vez por meio de técnicas-padrão para a análise de fundações rasas, descritas com detalhes no Capítulo 8. Deve-se observar também que os métodos geofísicos para determinar o perfil do solo que usam métodos sísmicos (por exemplo, SASW/MASW, refração sísmica) medem a velocidade da onda de cisalhamento (V_s) *in situ* a partir da qual G_0 pode ser determinado e, portanto, são ensaios *in situ* propriamente (esses métodos já foram descritos no Capítulo 6).

Os dados coletados de ensaios *in situ* devem sempre ser considerados como complementares em vez de substituir a amostragem e os ensaios de laboratório. Na verdade, três dos ensaios que serão analisados (SPT, FVT e PMT) exigem a perfuração prévia de um furo de sondagem, portanto um único deste pode ser usado de forma eficiente para obter identificação visual dos materiais residuais (Seção 6.4), amostras indeformadas dos ensaios de caracterização e determinação de índices físicos e usar as correlações empíricas subsequentes (Seção 5.9), amostras indeformadas para ensaios de laboratório (Capítulos 5 e 6) e medidas *in situ* das propriedades do solo (este capítulo). Essas observações independentes devem ser usadas como suporte mútuo na identificação e caracterização dos depósitos de solo no terreno e na produção de um modelo detalhado e preciso do solo para análises geotécnicas subsequentes (Parte 2 deste livro).

7.2 Ensaio de Penetração Dinâmica (SPT, *Standard Penetration Test*)

O SPT é um dos ensaios *in situ* mais antigos e usados em todo o mundo. Os padrões técnicos que regem seu uso são EN ISO 22476, Parte 3 (Reino Unido e Europa) e ASTM D1586 (EUA). Sua popularidade deve-se principalmente ao seu baixo custo, à sua simplicidade e ao fato de que o ensaio pode ser realizado de forma rápida enquanto o furo de sondagem é preparado. Este é feito inicialmente (usando revestimento, quando apropriado) até uma profundidade logo acima daquela do ensaio. A seguir, um **barrilete amostrador bipartido** (Figura 7.1) com diâmetro menor do que o furo de sondagem é conectado a uma série de hastes e enterrado no solo, na base do furo de sondagem, por um **peso (martelo) de queda livre** (uma massa conhecida que cai sob a ação da gravidade a partir de uma altura conhecida). Realiza-se uma penetração inicial até 150 mm para inserir o amostrador no solo. Segue-se o ensaio em si, no qual o amostrador é enterrado ainda mais 300 mm (isso costuma ser marcado na superfície da série de hastes). O número de golpes do peso para atingir essa penetração é registrado; esse é o **número de golpes SPT** (não corrigido), N.

Uma grande variedade de equipamentos é usada no mundo todo para a realização do ensaio que influencia a quantidade de energia transferida para o amostrador em cada golpe do peso de queda livre. As propriedades constitutivas de um determinado depósito de solo não devem variar com o equipamento usado, e, portanto, N é corrigido

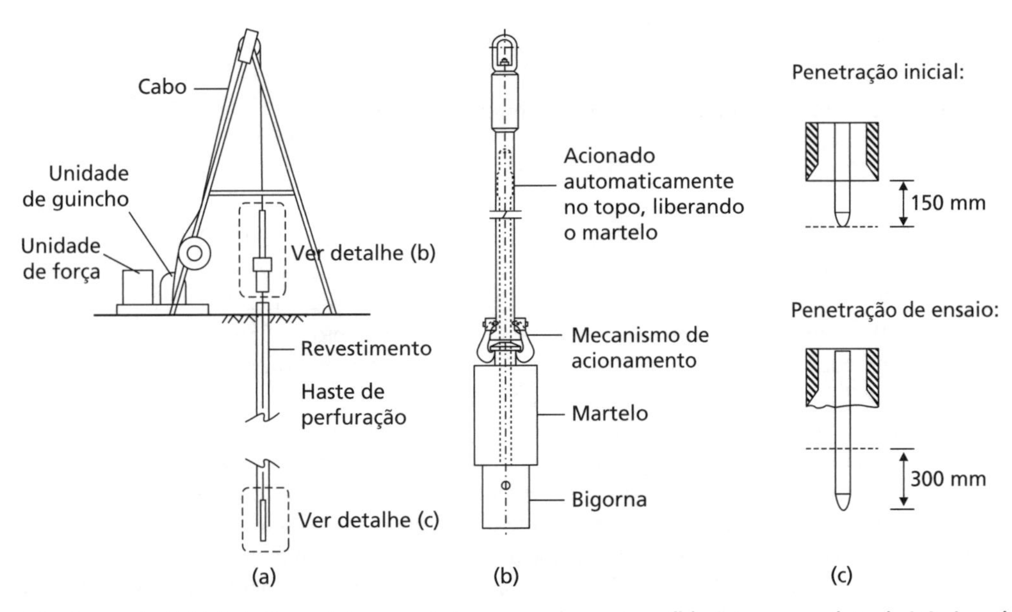

Figura 7.1 O ensaio SPT: (a) disposição geral dos equipamentos; (b) sistema-padrão britânico de martelo; (c) procedimento de teste.

de forma convencional para um valor N_{60}, que representa uma taxa de energia padronizada de 60%. A contagem de golpes também precisa ser corrigida para o tamanho do furo de sondagem e para ensaios feitos a profundidades rasas (< 10 m). Essas correções são feitas usando-se

$$N_{60} = N\zeta\left(\frac{ER}{60}\right) \tag{7.1}$$

em que ζ é o fator de correção para o comprimento da haste (isto é, profundidade do ensaio) e para o tamanho do furo de sondagem a partir da Tabela 7.1, e ER é a taxa de energia (*Energy Ratio*) do equipamento utilizado. A norma BS EN ISO 22476 (2005) descreve como se pode medir a taxa de energia para qualquer equipamento SPT; entretanto, para a maioria dos propósitos, é suficiente usar os valores dados na Tabela 7.2 (baseada em Skempton, 1986).

Tabela 7.1 Fator de correção ζ do SPT (baseado em Skempton, 1986)

	Diâmetro do furo (mm)		
Comprimento/profundidade da haste (m)	*65–115*	*150*	*200*
3–4	0,75	0,79	0,86
4–6	0,85	0,89	0,98
6–10	0,95	1,00	1,09
> 10	1,00	1,05	1,15

Tabela 7.2 Taxas de energia comuns utilizadas no mundo (baseado em Skempton, 1986)

País	*Taxa de Energia (%)*
Reino Unido	60
EUA	45–55
China	55–60
Japão	65–78

Interpretação dos dados do SPT para solos grossos (I_D, $\phi'_{máx}$)

O ensaio SPT é mais adequado para a investigação de solos grossos. Em areias e pedregulhos, o número de golpes corrigido é ainda mais normalizado para levar em conta a pressão vertical das camadas superiores de solo (σ'_{v0}) na profundidade do ensaio, uma vez que a resistência à penetração aumentará naturalmente com o nível de tensões, o que pode encobrir pequenas alterações nas propriedades constitutivas. O **número de golpes normalizado** $(N_1)_{60}$ é obtido a partir de

$$(N_1)_{60} = C_N N_{60} \tag{7.2}$$

em que C_N é o fator de correção relativo às camadas superiores, que é dado por

$$C_N = \frac{A}{B + \sigma'_{v0}} \tag{7.3}$$

Na Equação 7.3, σ'_{v0} deve ser fornecido em kPa, e A e B variam com a compacidade relativa, a granulometria e a taxa de sobreadensamento (OCR). Para areias finas ($D_{50} < 0,5$ mm) normalmente adensadas (NC) de compacidade relativa média ($I_D \approx 40 - 60\%$), $A = 200$ e $B = 100$; para areias finas sobreadensadas (OC), $A = 170$ e $B = 70$; para areias densas ($D_{50} > 0,5$ mm, $I_D \approx 60 - 80\%$), $A = 300$ e $B = 200$ (Skempton, 1986). As diferenças entre as três classes de solo são mais acentuadas para valores inferiores de σ'_{v0} (isto é, para profundidades mais rasas), conforme está ilustrado na Figura 7.2.

O grau de compacidade de um depósito de solo grosso pode, então, ser encontrado com base em $(N_1)_{60}$. Skempton (1986) propôs que, para a maioria dos depósitos naturais, $(N_1)_{60}/I_D^2 \approx 60$ forneceria uma estimativa razoável de I_D se nada mais fosse conhecido a respeito do depósito. No entanto, como uma nota de precaução, seus próprios estudos de caso mostraram que $35 < (N_1)_{60}/I_D^2 < 85$, de modo que o SPT pode, na melhor das hipóteses, fornecer apenas uma compacidade relativa estimada. Apesar disso, como a determinação de um grau de compacidade mais preciso em solos grossos exige a estimativa do índice de vazios *in situ* e e o uso da Equação 1.23 (exigindo amostras de alta qualidade, normalmente congeladas ou com injeção de resina, o que é caro), os dados do SPT são extremamente valiosos. Skempton demonstrou ainda que, para depósitos mais recentes, $(N_1)_{60}/I_D^2$ se reduz, conforme ilustra a

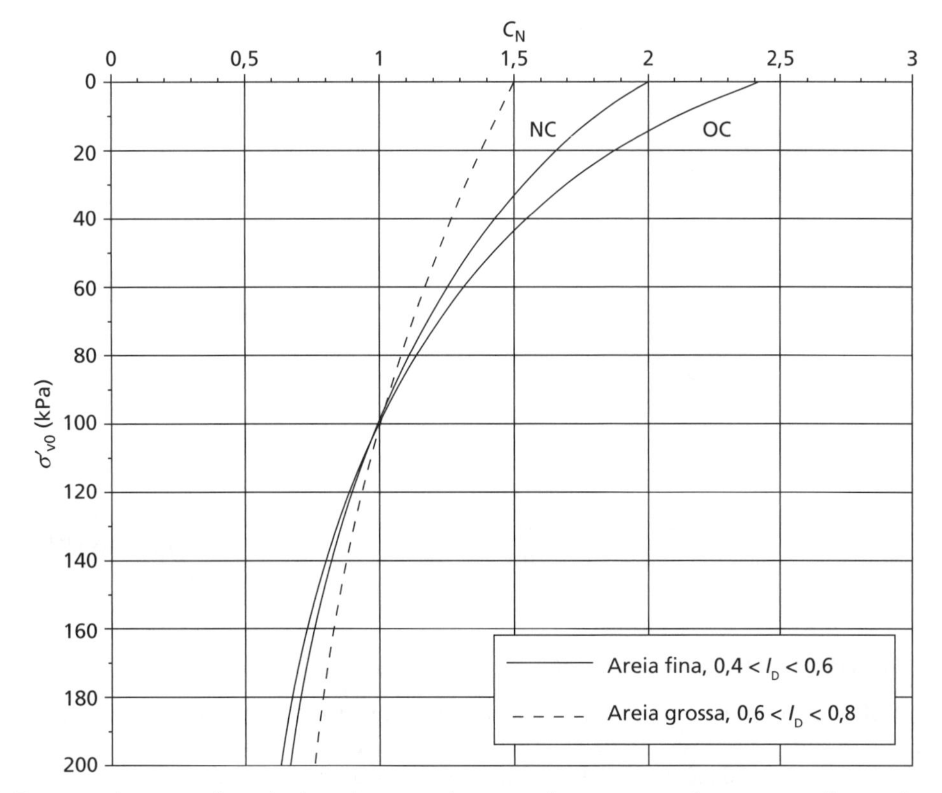

Figura 7.2 Fatores de correção relativos às camadas superiores para solos grossos (baseado em Skempton, 1986).

Figura 7.3. Isso é importante ao analisar os dados dos ensaios de aterros hidráulicos, como os usados na construção de ilhas artificiais (por exemplo, os empreendimentos *The World and Palm*, em Dubai; o aeroporto *Chek Lap Kok*, em Hong Kong) ou em ensaios com sedimentos de rios.

No Capítulo 5, demonstrou-se que o grau de compacidade, também denominado compacidade relativa (isto é, I_D), é um dos parâmetros principais para determinar a resistência de pico de solos grossos. Como o número de golpes normalizado do SPT pode ser relacionado com o grau de compacidade, segue-se que ele pode se relacionar ainda com o ângulo de pico da resistência ao cisalhamento, $\phi'_{máx}$. Isso também é algo mecanicamente razoável, já que o SPT envolve a penetração do solo (isto é, muitas vezes ultrapassando sua capacidade), de tal forma que é de se esperar que a resistência do solo seja determinada pela resistência de pico. A Figura 7.4 mostra as correlações para areias de sílica e pedregulhos com base em Stroud (1989) e nas sugestões do Eurocode 7: Part 2 (2007), admitindo que $(N_1)_{60}/I_D^2 = 60$. Os primeiros dados apresentam o efeito do sobreadensamento sobre a interpretação de $\phi'_{máx}$, em que se mostra que o aumento da taxa de sobreadensamento (OCR) reduz o ângulo de atrito de pico, conforme previsto no Capítulo 5. Os intervalos dos últimos dados representam os limites da uniformidade do solo, indo desde os solos uniformes (limite inferior) até os bem graduados (limite superior).

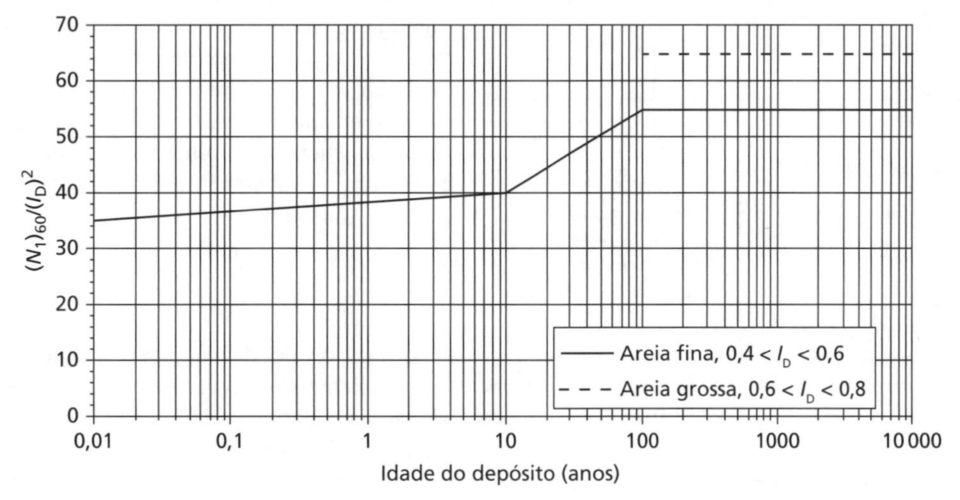

Figura 7.3 Efeito do tempo na interpretação de dados do SPT em solos grossos.

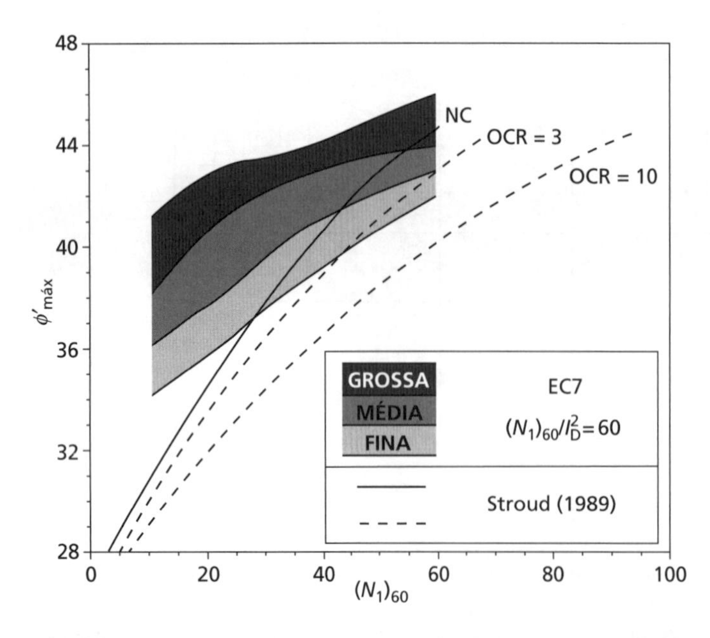

Figura 7.4 Determinação de $\phi'_{máx}$ a partir dos dados do SPT em solos grossos.

Interpretação dos dados do SPT para solos finos (c_u)

Em princípio, o SPT pode ser usado em solos finos para determinar uma estimativa da resistência ao cisalhamento não drenada *in situ* (o ensaio é rápido, de forma que é possível admitir condições não drenadas). A relação entre c_u e o número de golpes depende de vários fatores em tais solos, incluindo a taxa de sobreadensamento (OCR) e qualquer fissuração resultante, a plasticidade (I_P) e a sensibilidade (S_t) do solo. Esse alto nível de dependência significa que os dados do SPT devem ser usados de forma qualitativa em tais solos, a fim de fornecer suporte a outros dados de ensaios *in situ* ou em laboratório. No entanto, caso seja possível adquirir experiência suficiente em um determinado tipo de solo, pode-se desenvolver para ele relações específicas confiáveis que forneçam dados quantitativos (EC7-2, 2007).

Como exemplo, Stroud (1989) demonstrou que, para argilas sobreadensadas do Reino Unido, $c_u/N_{60} \approx 5$ para $I_P > 30\%$. Para argilas com índice de plasticidade menor, esse valor aumenta para aproximadamente $c_u/N_{60} = 7$ com $I_P = 15\%$.

Esse grupo de argilas apresenta várias similaridades, em geral, sendo sobreadensadas, fissuradas e insensíveis. Em consequência, a dispersão na correlação é baixa, e o SPT pode ser usado em tais solos com algum grau de confiança, o que explica sua popularidade na prática no Reino Unido. Deve-se mencionar que é usado o número de golpes não normalizado (N_{60}), uma vez que c_u é um parâmetro da tensão total e, portanto, é independente da tensão efetiva no solo. Clayton (1995) mostrou, usando a Argila de Londres (*London Clay*, que foi parte do banco de dados de Stroud), que, se a fissuração fosse removida pela remoldagem de tais solos, $c_u/N_{60} \approx 11$ — isto é, em solos não fissurados, deve ser usado um valor mais alto de c_u/N_{60} ao interpretar os dados do SPT em solos finos. Isso é consistente com a prática dos Estados Unidos, em que $c_u/N_{60} = 10$ é usado de forma rotineira (Terzaghi e Peck, 1967). Em solos sensíveis, Schmertman (1979) sugeriu que os lados do amostrador de SPT, que contribuem com aproximadamente 70% da resistência à penetração em argilas, costumam ser controlados pela resistência remoldada, ao passo que a base é influenciada pela resistência ao cisalhamento indeformada e não drenada do solo abaixo do amostrador. Isso sugere que, em solos sensíveis,

$$\frac{c_u}{N_{60}} = \frac{CS_t}{0,7 + 0,3S_t} \tag{7.4}$$

em que C é o valor de c_u/N_{60} para uma argila insensível ($S_t = 1$). Para usar a Equação 7.4, a sensibilidade pode ser estimada por meio da Equação 5.45. Combinando a Equação 7.4 com outras recomendações destacadas nesta seção, uma interpretação experimental dos dados do SPT em solos finos é mostrada na Figura 7.5.

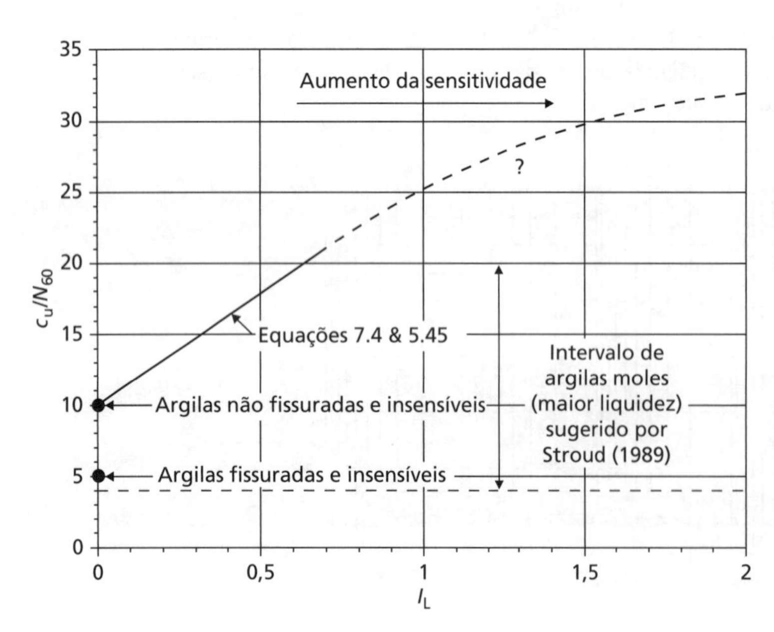

Figura 7.5 Estimativa de c_u a partir dos dados do SPT em solos finos.

7.3 Ensaio de Palheta (FVT, *Field Vane Test*)

Em contraste com o ensaio de SPT, cujo uso predominante se dá com solos grossos, o ensaio FVT é usado sobretudo para determinação *in situ* das características de resistência não drenada de argilas intactas e completamente saturadas. Siltes e tilitos glaciais também podem ser caracterizados por meio desse método, embora a confiabilidade de tais dados seja mais questionável, sendo indicado confirmá-los por dados de outros ensaios, se possível. O ensaio não é adequado para solos grossos. Em particular, o ensaio FVT é muito apropriado para argilas moles, cuja resistência ao cisalhamento, se medida em laboratório, pode ser alterada de forma significativa pelo processo de amostragem e manipulação subsequente. Em geral, esse ensaio só é usado em argilas que apresentem $c_u < 100$ kPa. Esse ensaio pode não fornecer resultados confiáveis se a argila contiver laminações de areia ou de silte.

Os padrões técnicos que determinam seu uso estão na EN ISO 22476, Parte 9 (Reino Unido e Europa) e na ASTM D2573 (Estados Unidos). O equipamento consiste em uma **palheta** de aço inoxidável (Figura 7.6) de quatro lâminas retangulares finas, formando 90° entre si e montadas na extremidade de uma haste de aço de alta resistência; a haste fica no interior de um tubo preenchido com graxa. O comprimento da palheta é igual a duas vezes seu diâmetro total, e suas dimensões típicas são 150 mm por 75 mm, e 100 mm por 50 mm. De preferência, o diâmetro da haste não deve ser maior do que 12,5 mm.

A palheta e a haste são enterradas na argila, abaixo da parte inferior de um furo de sondagem, até uma profundidade de, pelo menos, três vezes o diâmetro dele; se forem tomadas as devidas precauções, isso pode ser feito sem causar perturbação significativa na argila. São usados suportes constantes para manter a haste e a luva centralizadas no revestimento do furo de sondagem. O ensaio pode ser realizado em argilas moles, sem um furo de sondagem, por penetração direta da palheta a partir do nível do solo; nesse caso, é exigida uma sapata para resguardar a palheta durante a penetração. Aparelhos com palhetas pequenas e de operação manual também estão disponíveis para uso em estratos expostos de argila.

O torque é aplicado de forma gradual à extremidade superior da haste, até que a argila se rompa por cisalhamento em consequência de rotação da palheta. Essa ruptura ocorre na superfície e nas extremidades de um cilindro com diâmetro igual à largura total da palheta. A velocidade de rotação da palheta deve estar dentro do intervalo de 6–12° por minuto. A resistência ao cisalhamento é calculada a partir da expressão

$$T = \pi c_{uFV} \left(\frac{d^2 h}{2} + \frac{d^3}{6} \right) \tag{7.5}$$

na qual T é o torque na ruptura, d é o diâmetro total da palheta, e h é o comprimento dela (ver Figura 7.6). No entanto, a resistência ao cisalhamento sobre a superfície cilíndrica vertical pode ser diferente daquela nas duas superfícies horizontais das extremidades em virtude da anisotropia. A resistência ao cisalhamento costuma ser determinada em intervalos ao longo da profundidade desejada. Se, após o ensaio inicial, a palheta for girada rapidamente, desenvolvendo várias revoluções, o solo ficará remoldado; a resistência ao cisalhamento nessas condições poderá, então, ser determinada, se necessário. A relação entre os valores de c_u *in situ* e completamente remoldado determinados dessa maneira fornece a sensibilidade do solo.

A resistência não drenada medida pelo ensaio de palheta é, em geral, maior do que a resistência média mobilizada ao longo de uma superfície de ruptura em uma situação de campo (Bjerrum, 1973). Observou-se que a discrepância era maior quanto maior fosse o índice de plasticidade da argila, e ela foi atribuída principalmente às diferenças da velocidade de carregamento entre os dois casos. No ensaio de palheta, a falha por cisalhamento ocorre em alguns minutos, ao passo que, em uma situação de campo, as tensões costumam ser aplicadas ao longo de um período de algumas semanas ou meses. Um fator secundário pode ser a anisotropia. Bjerrum e, mais tarde, Azzouz *et al.* (1983) apresentaram fatores de correção (μ), relacionados empiricamente com I_P, de acordo com a Figura 7.7. A resistência de campo provável (c_u) é, então, determinada a partir da resistência FVT medida (c_{uFV}) usando-se

$$c_u = \mu \cdot c_{uFV} \tag{7.6}$$

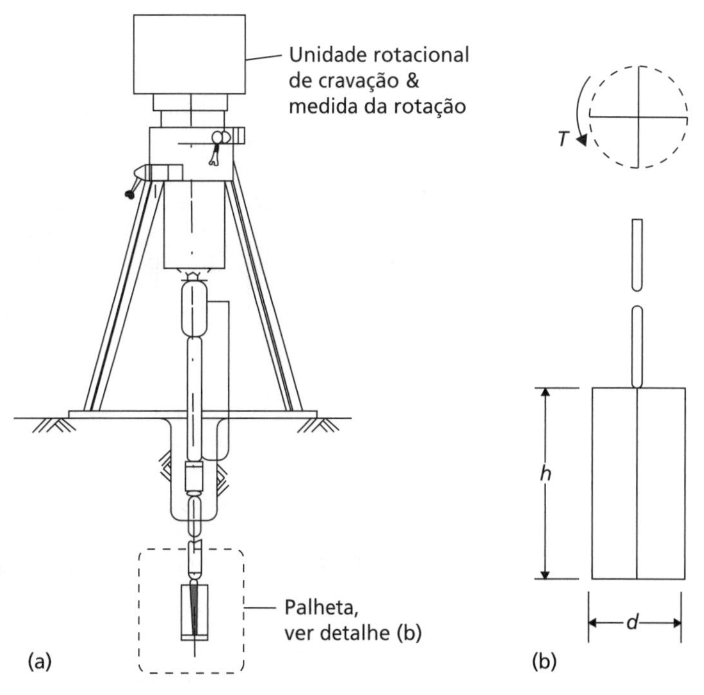

Figura 7.6 O ensaio FVT: (a) disposição geral dos equipamentos; (b) geometria da palheta.

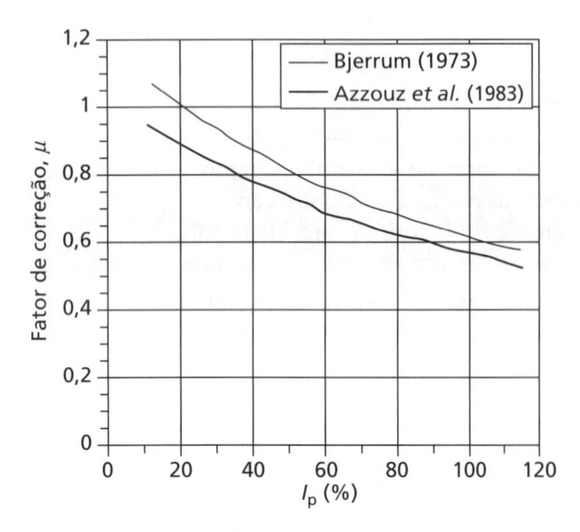

Figura 7.7 Fator de correção μ para resistência não drenada medida pelo FVT.

O FVT pode ser usado ainda para estimar a taxa de sobreadensamento (OCR, *overconsolidation ratio*) do solo, conforme demonstrado por Mayne e Mitchell (1988). Isso é conseguido usando um segundo fator empírico, α_{FV}, de forma que:

$$\text{OCR} = \alpha_{FV} \cdot \left(\frac{c_{uFV}}{\sigma'_{v0}} \right) \tag{7.7}$$

Considerando um grande banco de dados com resultados de ensaios de 96 locais diferentes, demonstrou-se que

$$\alpha_{FV} \approx 22\left(I_P\right)^{-0,48} \tag{7.8}$$

em que I_P é fornecido em porcentagem. A relação entre α_{FV} e I_P na Equação 7.8 tem formato similar àquela entre μ e I_P (Figura 7.7), de forma que $\alpha_{FV} \approx 4\mu$. Mayne e Mitchell (1988) demonstraram, mais tarde, uma boa concordância entre esse método e os resultados de ensaios oedométricos convencionais para a determinação da taxa de sobreadensamento (conforme descrito no Capítulo 4) em um intervalo de valores de $I_P = 8 - 100\%$.

Exemplo 7.1

Os dados do ensaio FVT para a argila Bothkennar da Figura 5.38b estão disponíveis em formato eletrônico no site da LTC Editora que complementa este livro (são fornecidas tanto a resistência de pico quanto a remoldada). Os dados dos ensaios de caracterização e determinação dos índices físicos (w, w_P e w_L) da Figura 5.38b também são fornecidos no formato eletrônico. O lençol freático está 0,8 m abaixo do nível do terreno (BGL, *below ground level*); o solo acima do nível do lençol freático tem um peso específico de $\gamma = 18{,}7$ kN/m³, enquanto o solo abaixo do nível do lençol freático tem $\gamma = 16$ kN/m³. Usando esses dados, estime a variação de S_t e da taxa de sobreadensamento (OCR) com a profundidade. Essa última deve ser comparada com os dados do ensaio oedométrico no mesmo solo mostrado na Figura 7.8a.

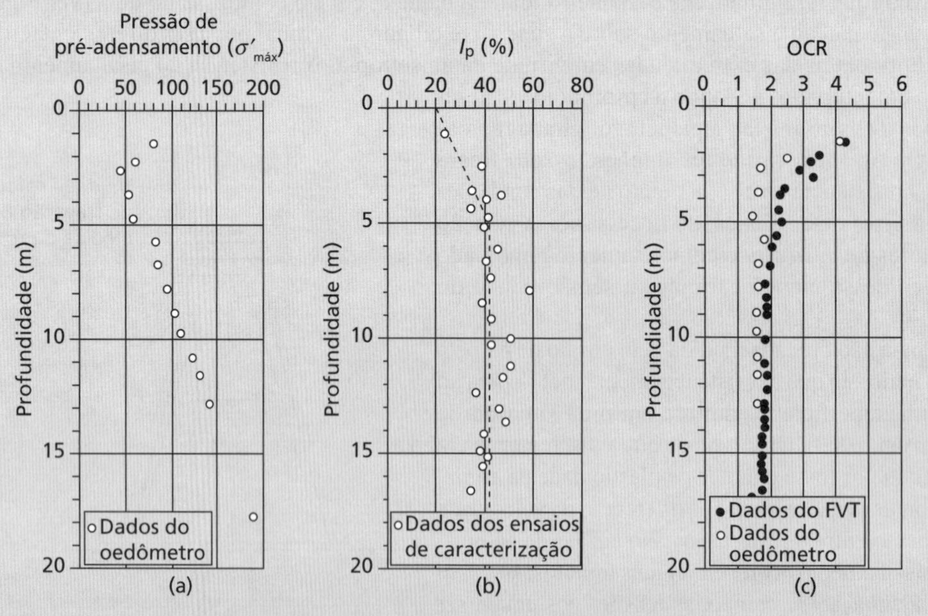

Figura 7.8 Exemplo 7.1 (a) Dados do ensaio oedométrico; (b) I_P calculado a partir dos dados dos ensaios de caracterização e determinação dos índices físicos; (c) taxa de sobreadensamento (OCR) a partir dos dados do FVT e do ensaio oedométrico.

Solução

Os cálculos detalhados foram realizados com o uso da planilha fornecida no site da LTC Editora que complementa este livro. A sensibilidade pode ser encontrada diretamente para cada ensaio dividindo-se a resistência de pico pelo valor remoldado. Os resultados desses cálculos são mostrados na Figura 5.38b, na qual eles estão bem adequados aos valores estimados pelo uso das relações empíricas da Seção 5.9. Para determinar a taxa de sobreadensamento a partir dos dados do FVT, as condições de tensão *in situ* (σ_{v0}, u_0 e σ'_{v0}) são encontradas em cada profundidade do ensaio. Como os dados dos ensaios de caracterização e determinação dos índices físicos não foram conduzidos nas mesmas profundidades que os FVT (isso é comum na prática), o I_P é estabelecido a cada profundidade, determinando-se uma tendência média, conforme ilustra a Figura 7.8b. Isso é definido por $I_P = 4{,}4z + 20\%$ para $0 \leq z \leq 5$ m, e $I_P = 42\%$ para $z \geq 5$ m. Usando esses valores de I_P, α_{FV} é calculado para cada profundidade do FVT por meio da Equação 7.8. A taxa de sobreadensamento a cada profundidade é, então, encontrada por meio da Equação 7.7. Os dados resultantes são comparados com os do ensaio oedométrico da Figura 7.8c, na qual os dois conjuntos de dados mostram tendências similares, embora os dados do FVT forneçam uma previsão levemente mais correta da taxa de sobreadensamento do que os dados do ensaio oedométrico.

7.4 Ensaio de Pressiômetro (PMT, *Pressuremeter Test*)

O **pressiômetro** (também chamado **pressurômetro**) foi desenvolvido nos anos de 1950 por Ménard, a fim de fornecer um ensaio *in situ* de alta qualidade que pudesse ser usado na obtenção tanto dos parâmetros de resistência quanto de rigidez do solo como alternativa ao ensaio triaxial. Por ser *in situ*, ele evita o problema da perturbação das amostras associado ao ensaio triaxial; como o pressiômetro influencia um volume muito maior de solo do que os ensaios normais em laboratório, ele também assegura que a macrotextura do solo seja representada de forma adequada. O desenho original de Ménard, ilustrado na Figura 7.9a, consiste em três células cilíndricas de borracha, de mesmo diâmetro, dispostas de forma coaxial. O dispositivo é rebaixado dentro de um furo (um pouco maior) até a profundidade exigida, a célula central de medição é expandida de encontro às paredes do furo por meio da pressão de água, das medidas da pressão aplicada e do aumento correspondente de volume sendo registrado. A pressão é aplicada à água por um gás comprimido (em geral, nitrogênio) em um cilindro de controle na superfície. O aumento de volume na célula de medição é determinado com base no movimento da interface gás-água nesse cilindro de controle. A pressão é corrigida por: (a) a diferença de carga entre o nível de água no cilindro e o nível de teste no furo de sondagem; (b) a pressão exigida para expandir a célula de borracha; e (c) a expansão do cilindro de controle e tubagem sob pressão. As duas células laterais externas de guarda são expandidas pela mesma pressão da célula de medição, mas

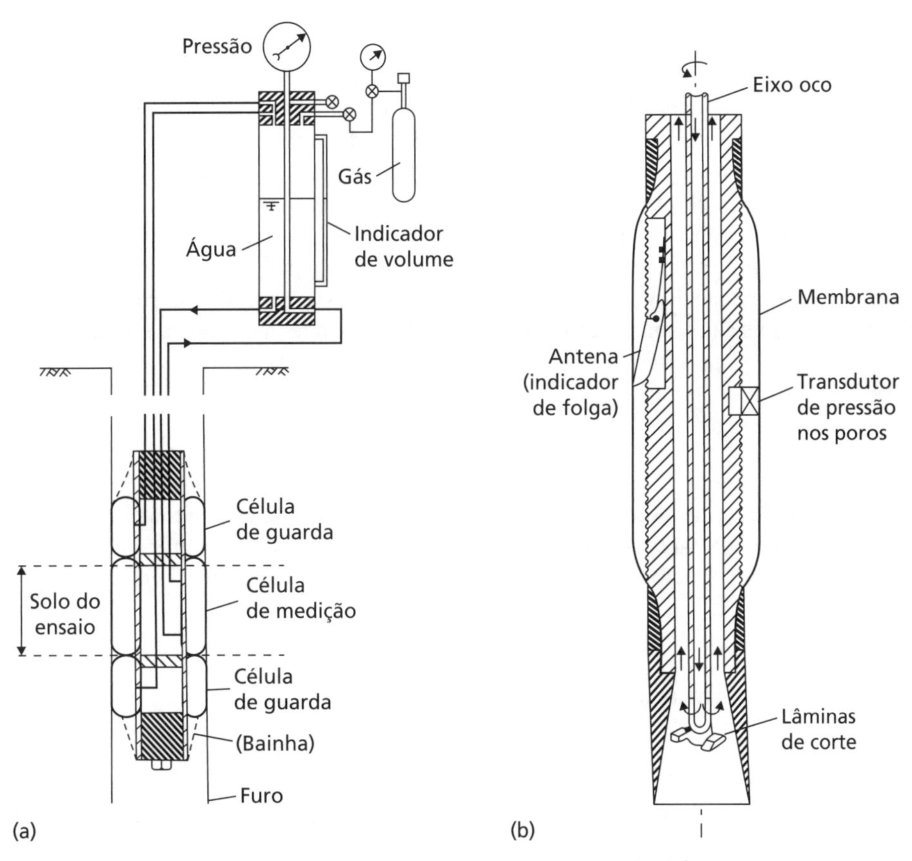

Figura 7.9 Características básicas do (a) pressiômetro de Ménard e do (b) pressiômetro autoperfurante.

utilizando gás comprimido; o aumento de volume das células laterais não é medido. A função destas é eliminar os efeitos de extremidade, assegurando um estado plano de deformações adjacente à célula de medição.

Em modernos aparelhos de pressiômetro, a célula de medição é expandida diretamente por pressão de gás. Essa pressão e a **deformação da cavidade** (expansão radial da membrana de borracha) são registradas por meio de transdutores elétricos no interior da célula. Além disso, é adaptado um transdutor de poropressão na parede da célula a fim de que esteja em contato com o solo durante o ensaio. Um aumento significativo de precisão é obtido com esses pressiômetros em relação ao dispositivo original de Ménard. Também é possível ajustar de maneira contínua a pressão da célula, usando equipamento de controle eletrônico, para que se consiga imprimir uma velocidade constante no aumento da deformação circunferencial (isto é, um ensaio de deformação controlada), em vez de aplicar a pressão em incrementos (um ensaio de tensão controlada). Os padrões técnicos que definem o uso de pressiômetros em furos pré-perfurados são a EN ISO 22476, Parte 5 (Reino Unido e Europa) e ASTM D4719 (EUA). O dispositivo de Ménard ainda é popular em algumas partes da Europa; seu uso é definido pela EN ISO 22476, Parte 4.

É inevitável que haja alguma perturbação no solo adjacente a um furo de sondagem devido ao processo de perfuração, e os resultados dos ensaios de pressiômetros em furos pré-formados podem ser afetados pelo método usado nessa perfuração. O **pressiômetro autoperfurante** (SBPM, *self-boring pressuremeter*) foi desenvolvido para superar esse problema e é adequado ao uso para a maioria dos tipos de solo; entretanto, são exigidas técnicas especiais de inserção no caso de areias. Esse dispositivo, ilustrado na Figura 7.9b, é inserido lentamente no solo, que é separado por uma lâmina rotativa adaptada no interior de uma cabeça de corte na extremidade inferior, sendo a posição ótima das lâminas uma função da resistência ao cisalhamento do solo. Injeta-se água ou fluido de perfuração pelo eixo oco ao qual a lâmina está conectada, e a calda resultante é transportada para a superfície pelo espaço anelar adjacente ao eixo; o dispositivo é, então, inserido com o mínimo de perturbação do solo. A única correção necessária é para que a pressão exigida estique a membrana. Se for usado um pressiômetro autoperfurante, o padrão adequado é o da EN ISO 22476, Parte 6 (ainda não foi divulgado um padrão ASTM).

A membrana de um pressiômetro pode ser protegida contra possíveis danos (em particular, nos solos graúdos ou grossos) por uma fina bainha de aço inoxidável com cortes longitudinais, destinada a causar uma resistência insignificante à expansão da célula.

Assim como o FVT descrito na Seção 7.3, os parâmetros do solo são obtidos com base na pressão da célula e na variação de seu volume (ou deformação da cavidade) usando um modelo teórico (ver a Equação 7.5) em vez de relações empíricas. Essas análises serão descritas nas seções seguintes.

Interpretação dos dados do PMT em solos finos (G, c_u)

Em relação a solos finos, a seguinte análise se deve a Gibson e Anderson (1961). Durante o ensaio do pressiômetro, a cavidade (furo de sondagem) é expandida radialmente a partir de seu raio inicial de r_c até um novo raio $r_c + y_c$ por uma quantidade y_c (o deslocamento da parede da cavidade). Não há deslocamento ou deformação na direção vertical (ao longo do eixo do furo de sondagem) — essas condições são conhecidas como **estado plano de deformações**, uma vez que o solo só pode se deformar em um único plano (nesse caso, horizontal). Durante essa expansão, o volume da cavidade aumenta uma quantidade dV. O solo localizado a um raio r do centro da cavidade se expande de forma semelhante a partir de seu raio r inicial até um novo raio $r + y$ por uma quantidade y. Em um ensaio não drenado, não deve haver variação no volume total do solo, portanto esta, havendo a expansão de r para $r + y$, deve ser igual a dV (isto é, os dois anéis sombreados na Figura 7.10a devem ter áreas iguais), fornecendo

$$2\pi ry\mathrm{d}z = \mathrm{d}V \tag{7.9}$$

$$y = \frac{\mathrm{d}V}{2\pi r\mathrm{d}z}$$

O solo pode se deformar, de forma radial, por uma quantidade ε_r e, de forma circunferencial, por ε_θ. A deformação específica na direção axial é $\varepsilon_a = 0$ (estado plano de deformações). Se o solo for isotrópico, ε_r, ε_θ e ε_a são as deformações específicas principais. A deformação específica por cisalhamento do solo é, então, dada por

$$\gamma = \varepsilon_r - \varepsilon_\theta \tag{7.10}$$

E a deformação específica volumétrica ε_v é dada por

$$\varepsilon_v = \varepsilon_r + \varepsilon_\theta + \varepsilon_a \tag{7.11}$$

Em um ensaio não drenado, $\varepsilon_v = 0$, portanto, com base na Equação 7.11, $\varepsilon_r = -\varepsilon_\phi$ e, com base na Equação 7.10,

$$\gamma = -2\varepsilon_\theta \tag{7.12}$$

A circunferência do anel circular de solo é, de início, $2\pi r$ (Figura 7.10a) e aumenta para $2\pi(r + y)$, fornecendo uma extensão $2\pi y$. Definindo como positiva a compressão do solo, a deformação específica circunferencial é, então:

$$\varepsilon_\theta = -\frac{2\pi y}{2\pi r} = -\frac{y}{r} \tag{7.13}$$

Substituindo as Equações 7.13 e 7.9 pela Equação 7.12, tem-se a equação de compatibilidade para o ensaio de pressiômetro (expansão da cavidade cilíndrica):

$$\gamma = \frac{2y}{r} = \frac{\mathrm{d}V}{\pi r^2 \mathrm{d}z} \tag{7.14}$$

A Equação 7.14 foi obtida considerando a compatibilidade dos deslocamentos do solo a partir da parede da cavidade para fora. Conforme descrito na Seção 5.1, o equilíbrio também deve ser satisfeito no interior da massa de solo. As tensões que agem em um segmento de solo ao longo do anel circular definido por r são mostradas na Figura 7.10b. Para haver equilíbrio radial:

$$\begin{gathered}(\sigma_r + \mathrm{d}\sigma_r)(r + \mathrm{d}r)\mathrm{d}\theta = \sigma_r r\mathrm{d}\theta + \sigma_\theta \mathrm{d}r\mathrm{d}\theta \\ \therefore r\frac{\mathrm{d}\sigma_r}{\mathrm{d}r} + (\sigma_r - \sigma_\theta) = 0\end{gathered} \tag{7.15}$$

As tensões σ_r e σ_θ são tensões principais, estando associadas às deformações específicas principais ε_r e ε_φ, respectivamente. Considerando o Círculo de Mohr representado por essas tensões, a tensão de cisalhamento máxima associada é $\tau = (\sigma_r - \sigma_\theta)/2$, que, ao ser substituída na Equação 7.15, fornece a equação de equilíbrio para o ensaio de pressiômetro (expansão da cavidade cilíndrica):

$$r\frac{\mathrm{d}\sigma_r}{\mathrm{d}r} + 2\tau = 0 \tag{7.16}$$

Tendo considerado tanto a compatibilidade quanto o equilíbrio, resta analisar o modelo constitutivo para fornecer a relação das tensões de cisalhamento (na Equação 7.16) com as deformações específicas por cisalhamento (Equação 7.14).

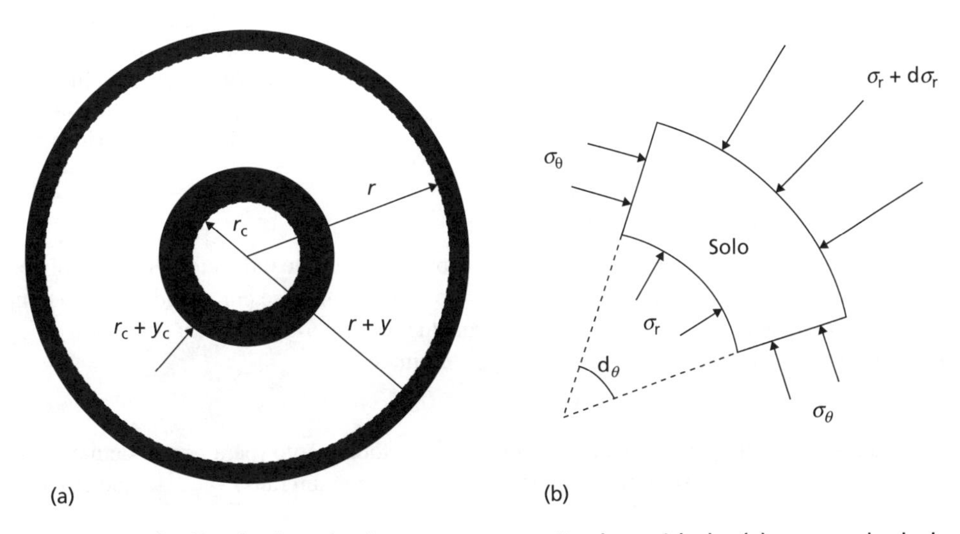

Figura 7.10 Resposta idealizada do solo durante a expansão da cavidade: (a) campo de deslocamentos compatível; (b) campo de equilíbrio de tensões.

Comportamento elástico linear do solo

Enquanto o solo estiver se comportando de forma elástica (Figura 7.11a), a relação constitutiva será dada por

$$\tau = G\gamma \tag{7.17}$$

Substituindo as Equações 7.14 e 7.17 pela Equação 7.16, obtém-se

$$r\frac{\mathrm{d}\sigma_r}{\mathrm{d}r} + 2G\frac{\mathrm{d}V}{\pi r^2 \mathrm{d}z} = 0 \tag{7.18}$$

Essa é a equação diferencial que determina a resposta de todo o solo em torno do pressiômetro.

Na parede da cavidade, $r = r_c$ e $\sigma_r = p$ (em que p é a pressão no interior do pressiômetro); longe da cavidade, o solo não é afetado pela expansão do pressiômetro, de forma que $r = \infty$ e $\sigma_r = \sigma_{h0}$, em que σ_{h0} é a tensão horizontal total *in situ* no terreno (também denominada **pressão de elevação** ou ***lift-off***). A Equação 7.18 pode, então, ser integrada usando esses limites:

$$\int_{\sigma_{h0}}^{p} d\sigma_r = -\int_{\infty}^{r_c} \frac{2G dV}{\pi r^3 dz} dr$$

$$[\sigma_r]_{\sigma_{h0}}^{p} = -2G\frac{dV}{\pi}\left[-\frac{1}{2r^2}\right]_{\infty}^{r_c}$$

$$p - \sigma_{h0} = G\frac{dV}{\pi r_c^2}$$

Reconhecendo que πr_c^2 é o volume da cavidade (V), a seguinte relação é obtida:

$$p = G\frac{dV}{V} + \sigma_{h0} \tag{7.19}$$

A Equação 7.19 sugere que, para o comportamento elástico do solo, se for desenhado um gráfico da pressão da cavidade p em relação à deformação específica volumétrica na cavidade dV/V, será obtida uma linha reta, cujo gradiente fornece o módulo de elasticidade transversal do solo G, enquanto a intersecção com o eixo horizontal fornece a tensão horizontal total inicial na profundidade do ensaio, σ_{h0}. Isso é mostrado na Figura 7.11b.

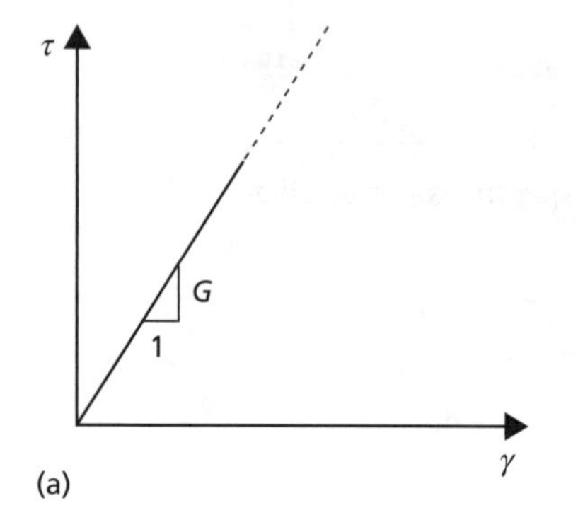

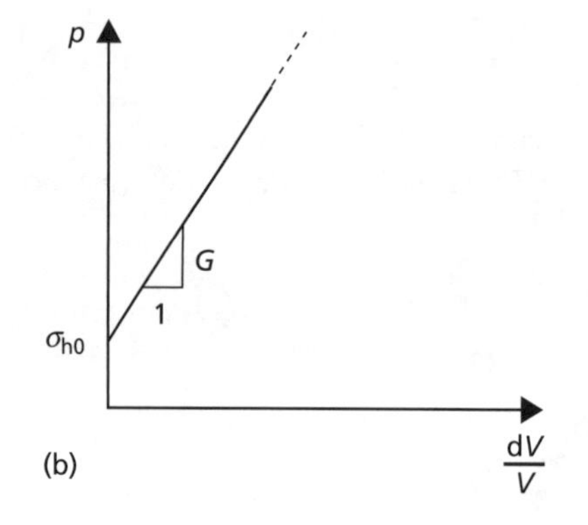

Figura 7.11 Interpretação do pressiômetro durante o comportamento elástico do solo: (a) modelo constitutivo (elasticidade linear); (b) obtenção de G e σ_{h0} a partir da medição de p e dV/V.

Comportamento elastoplástico do solo

Na realidade, o solo não pode permanecer elástico para sempre e escoará quando a tensão de cisalhamento atingir $\tau_{máx}$. Os ensaios de pressiômetros costumam ser realizados de forma rápida, se comparados com o tempo de adensamento necessário para a maioria dos solos finos, de forma que o comportamento é não drenado e $\tau_{máx} = c_u$. Ocorrerá o escoamento quando a pressão da cavidade atingir p_y, definido por

$$p_y = \sigma_{h0} + c_u \tag{7.20}$$

Isso é mostrado na Figura 7.12b. O escoamento não ocorrerá em todo o solo (para $r = \infty$) de maneira simultânea. Haverá uma zona de escoamento de solo logo em torno da cavidade até um raio $r = r_y$, em que as tensões são mais

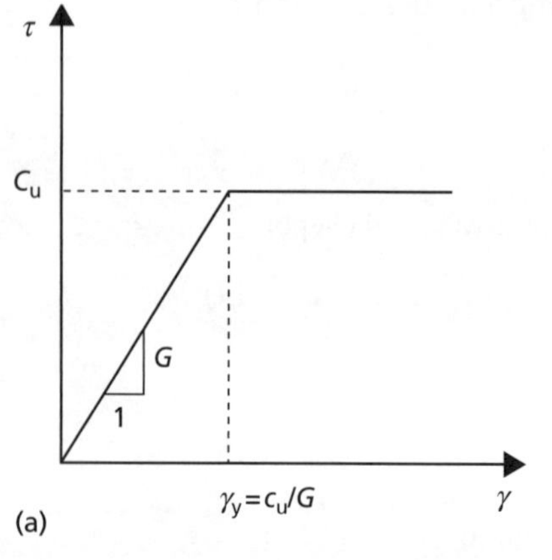

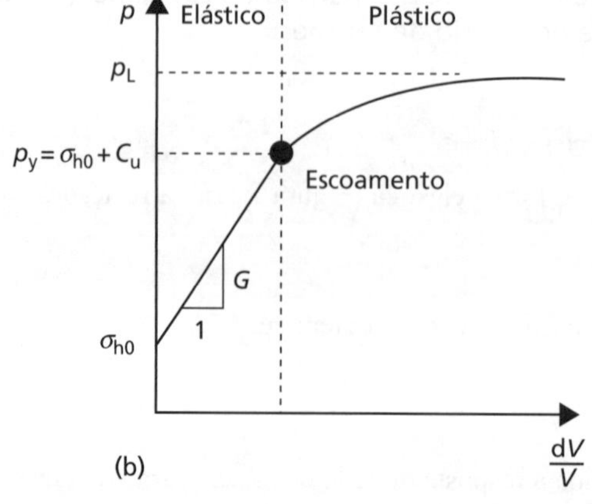

Figura 7.12 Interpretação do pressiômetro em solo elastoplástico: (a) modelo constitutivo (elasticidade linear, plasticidade de Mohr-Coulomb); (b) características não lineares da medição de p e dV/V.

altas — nessa zona, as tensões radiais serão $\sigma_r = p_y$ em todos os locais. Fora dela (isto é, para $r_y < r < \infty$), o solo será elástico. Na zona plástica, $\tau = c_u$ em todos os locais. Substituindo esse valor na Equação 7.16, obtém-se:

$$r\frac{d\sigma_r}{dr} + 2c_u = 0 \tag{7.21}$$

A Equação 7.21 só é válida no interior da zona plástica, de forma que a equação deve ser integrada entre os limites de $\sigma_r = p_y$ em $r = r_y$ até $\sigma_r = p$ em $r = r_c$ (como antes):

$$\int_{p_y}^{p} d\sigma_r = -\int_{r_y}^{r_c} \frac{2c_u}{r} dr$$
$$p - p_y = 2c_u \ln\left(\frac{r_y}{r_c}\right) \tag{7.22}$$

A fim de usar a Equação 7.22, o parâmetro r_y precisa ser expresso em termos de parâmetros familiares. Independentemente de o solo ser elástico ou plástico, não deve haver variação total no volume em um ensaio não drenado. Dessa forma, a partir da Equação 7.14,

$$\gamma_y = \frac{2y_y}{r_y} \tag{7.23}$$

e, da Equação 7.9,

$$y_y r_y = y_c r_c \tag{7.24}$$

As Equações 7.23 e 7.24 são combinadas para eliminar a incógnita y_y, fornecendo

$$\gamma_y = \frac{2y_y}{r_y}$$
$$\left(\frac{r_y}{r_c}\right)^2 = \frac{1}{\gamma_y}\left(\frac{2y_c}{r_c}\right) \tag{7.25}$$

A partir da Figura 7.12a, $\gamma_y = c_u/G$, e, da Equação 7.14, $2y/r_c = dV/V$. A substituição dessas relações na Equação 7.25 fornece

$$\left(\frac{r_y}{r_c}\right)^2 = \frac{G}{c_u}\left(\frac{dV}{V}\right) \tag{7.26}$$

Substituindo as Equações 7.20 e 7.26 pela Equação 7.22, obtém-se

$$p = c_u \ln\left(\frac{dV}{V}\right) + \sigma_{h0} + c_u + c_u \ln\left(\frac{G}{c_u}\right) \tag{7.27}$$

A Equação 7.27 sugere que, para o comportamento linearmente elástico — perfeitamente plástico, se for feito um gráfico da pressão na cavidade p em função do logaritmo da deformação volumétrica na cavidade ln (dV/V), os dados se aproximarão de uma assíntota em linha reta enquanto dV/V aumentar — isto é, quando ln(dV/V) tender a zero. O gradiente dessa assíntota será a resistência ao cisalhamento não drenada c_u, conforme mostra a Figura 7.13. Além disso, ln(dV/V) = 0 representa o caso limite da expansão infinita no solo. Isso corresponde a uma **pressão limite** ou última p_L, que é mostrada nas Figuras 7.12b e 7.13. Deve-se observar que essa pressão é impossível de se atingir na prática.

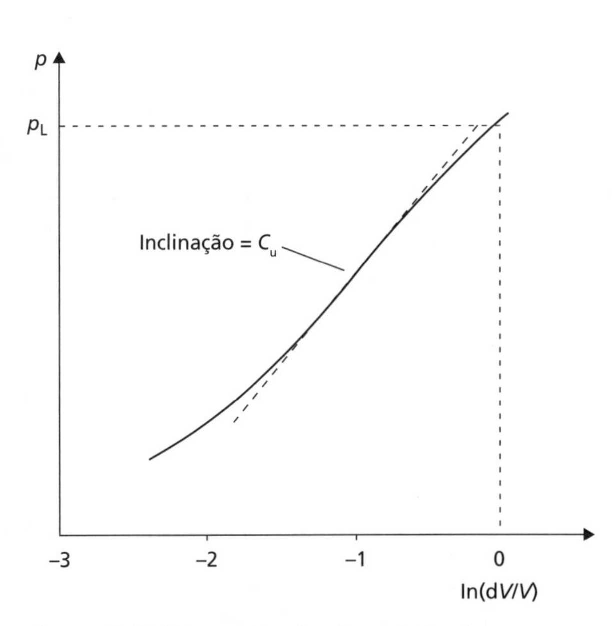

Figura 7.13 Determinação da resistência ao cisalhamento não drenada a partir dos dados do ensaio do pressiômetro.

Obtenção prática dos parâmetros do solo

Na prática, em geral, os dados do ensaio do pressiômetro são representados como um gráfico da pressão na cavidade em função da deformação específica na cavidade ε_c (Figura 7.14). Considerando as deformações específicas na parede da cavidade em consequência da variação do volume da cavidade de V para $V + dV$, pode-se demonstrar que

$$\frac{dV}{V} = 1 - \left(\frac{1}{1+\varepsilon_c}\right)^2 \tag{7.28}$$

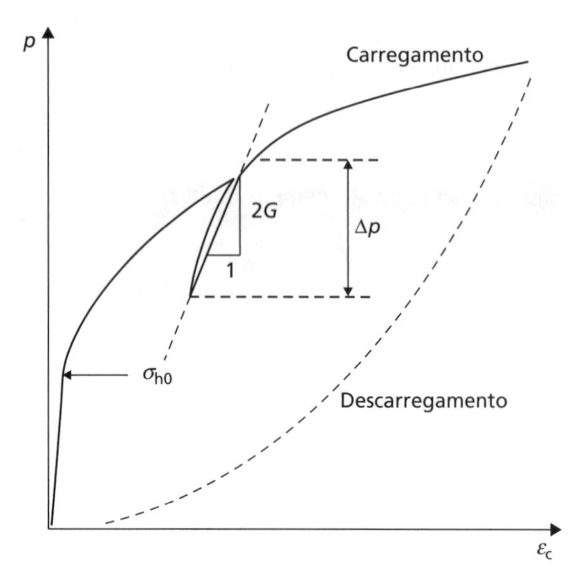

Figura 7.14 Determinação direta de G e σ_{h0} em solos finos a partir dos dados do ensaio do pressiômetro.

Na maioria dos estágios de um ensaio de pressiômetro, as deformações específicas são pequenas o suficiente para que a Equação 7.28 possa ser aproximada por

$$\frac{\mathrm{d}V}{V} \approx 2\varepsilon_c \tag{7.29}$$

A partir da Equação 7.29, tem-se que a variação volumétrica é diretamente proporcional à deformação específica da cavidade com pequenas deformações. Dessa forma, o gráfico de p em função de ε_c terá o mesmo formato da Figura 7.12b, de forma que σ_{h0} pode ser lido diretamente do gráfico, e G pode ser determinado pelo gradiente da curva em qualquer ponto. Deve-se observar que, ao contrário da Figura 7.11b, em que o gradiente era G, em um gráfico de p em função de dV/V, o gradiente será $2G$ a partir da Equação 7.29, isto é,

$$G = \frac{1}{2}\left(\frac{\mathrm{d}p}{\mathrm{d}\varepsilon_c}\right) \tag{7.30}$$

com base em Palmer (1972). Em vez de encontrar G utilizando a inclinação da parte elástica inicial da curva p–ε_c, conforme sugerido pela Figura 7.11b, na prática, o módulo é obtido a partir da inclinação de um ciclo de descarregamento–recarregamento, de acordo com o ilustrado na Figura 7.14, assegurando-se de que o solo permaneça no estado "elástico" durante o descarregamento. Wroth (1984) mostrou que, no caso de uma argila, essa exigência será satisfeita se a redução de pressão durante o estágio de descarregamento for menor do que $2c_u$, isto é,

$$\Delta p < 2c_u \tag{7.31}$$

A maioria dos pressiômetros modernos tem vários braços de deformação organizados em pares diametralmente opostos em torno de seus corpos cilíndricos. A pressão de elevação ou *lift-off* (σ_{h0}) é, em geral, um valor médio obtido de todos os medidores. No entanto, os dados de pares individuais de extensômetros podem ser usados para obter as diferenças de σ_{h0} *in situ* no interior do terreno, isto é, a anisotropia das tensões (Dalton e Hawkins, 1982).

Exemplo 7.2

A Figura 7.15 mostra dados de um ensaio de pressiômetro autoperfurante, realizado a uma profundidade de 8 m abaixo do nível do terreno em argila Gault, mostrado na Figura 5.38a. Os dados brutos desse ensaio são fornecidos em formato eletrônico no site da LTC Editora complementar a este livro. Determine os seguintes parâmetros: σ_{h0}, c_u, G (para ambos os ciclos de descarregamento–recarregamento conduzidos durante o ensaio).

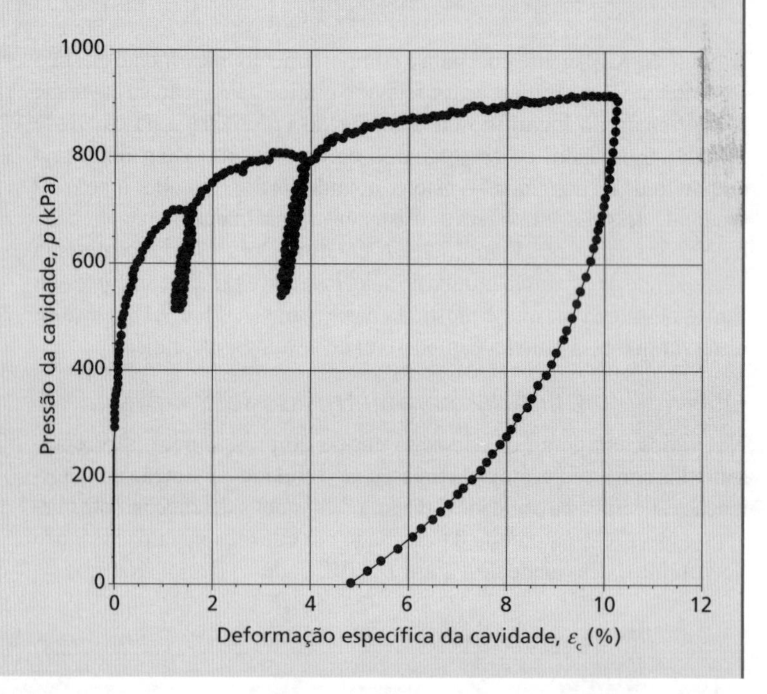

Figura 7.15 Exemplo 7.2.

Solução

A tensão horizontal *in situ* total pode ser estimada diretamente a partir da observação da curva p–ε_c da Figura 7.15, na qual a pressão de elevação (*lift-off*) $\sigma_{h0} \approx 395$ kPa. Os valores de G para cada um dos ciclos de descarregamento–recarregamento são encontrados fazendo-se um gráfico dos dados p–ε_c apenas para o intervalo do ciclo e, depois, ajustando uma linha reta a eles. A planilha no site da LTC Editora complementar a este livro mostra esse procedimento usando o ajuste de curvas no MS Excel. Observe que foi necessário variar a intersecção da linha com o eixo horizontal para forçar a curva de ajuste ao longo do eixo principal do ciclo. Com base na Equação 7.30, os gradientes de uma curva de regressão são iguais a $2G$, fornecendo os valores G = 32,3 e 27 MPa para o primeiro e o segundo ciclos, respectivamente. Para obter a resistência ao cisalhamento não drenada, as deformações específicas da cavidade são convertidas em deformações específicas volumétricas (dV/V) por meio da Equação 7.28, e os dados são recolocados em um gráfico na forma da Figura 7.13. Isso também é demonstrado na planilha disponível no site deste livro. É ajustada uma linha reta aos dados, cujo gradiente fornece c_u = 111 kPa. Isso é melhor do que o c_u medido em ensaios triaxiais a essa profundidade na Figura 5.38a.

Interpretação dos dados do PMT em solos grossos (G, ϕ', ψ)

A análise do ensaio de pressiômetro em um solo drenado é similar à descrita na seção anterior para solo não drenado, envolvendo a formação de equações de compatibilidade, equilíbrio e comportamento constitutivo, mas com as tensões expressas em termos de componentes efetivos em vez de totais. No entanto, não se pode mais fazer uso do critério de "não haver variação de volume", uma vez que a dilatância do solo precisa ser levada em consideração. Isso torna a lei constitutiva mais complexa. Uma análise completa é apresentada por Hughes *et al.* (1977). A análise permite que sejam determinados valores para o ângulo de resistência ao cisalhamento (ϕ') e para o ângulo de dilatação (ψ), e a obtenção desses parâmetros a partir dos dados do ensaio de pressiômetro está descrita a seguir.

É comum, assim como para solos finos, fazer um gráfico da pressão da cavidade em função de sua deformação específica. Uma curva típica de ensaio é mostrada na Figura 7.16. Se a pressão total da cavidade for desenhada em um gráfico (Figura 7.16a), a pressão de elevação definirá σ_{h0} como antes. Se, após a expansão da cavidade, o pressiômetro for completamente descarregado, a pressão na cavidade na qual ε_c retorna a zero representa a poropressão inicial no interior do terreno (u_0). Esta é constante ao longo de todo o ensaio, já que não são gerados excessos dela durante a resistência drenada de cisalhamento do solo (ver Capítulo 5). Os ciclos de descarregamento–recarregamento costumam ser conduzidos para determinar G. O gradiente desses ciclos é $2G$ como antes (Equação 7.30). O solo permanecerá completamente elástico durante esses estágios, contanto que a redução da pressão no estágio de descarregamento satisfaça à equação

$$\Delta p < \frac{2\,\mathrm{sen}\,\phi'}{1+\mathrm{sen}\,\phi'}\left(p-u_0\right) \tag{7.32}$$

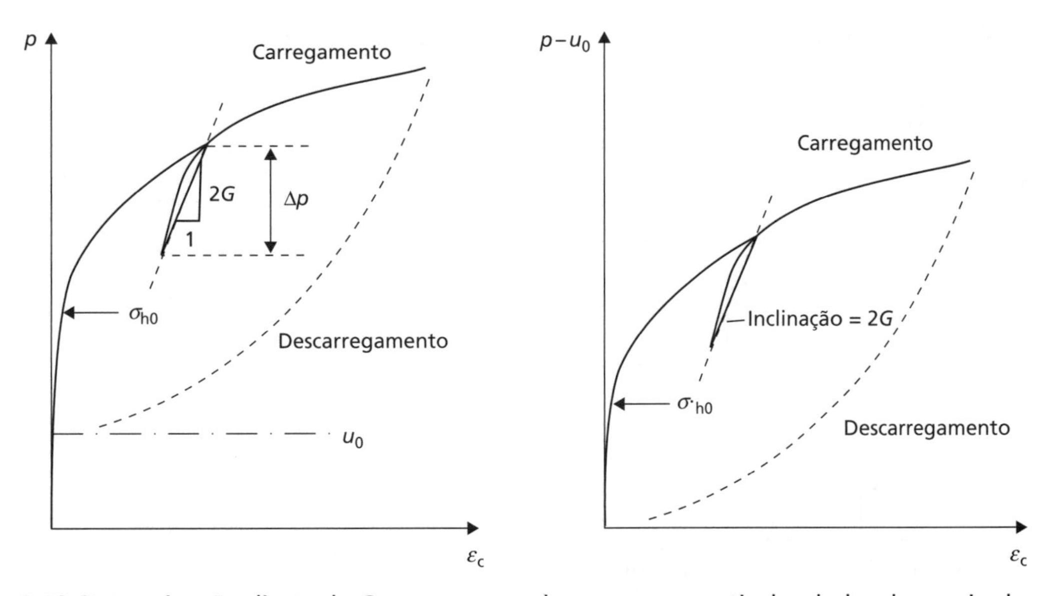

Figura 7.16 Determinação direta de G, σ_{h0} e u_0 em solos grossos a partir dos dados do ensaio de pressiômetro: (a) curva não corrigida; (b) curva corrigida para poropressão u_0.

É comum corrigir posteriormente todas as pressões da cavidade subtraindo o valor de u_0 para obter a pressão efetiva na cavidade $p - u_0$ (Figura 7.16b). A pressão de elevação identificada a partir desse gráfico representa, então, a tensão efetiva horizontal *in situ* σ'_{h0}.

A fim de determinar os parâmetros de resistência (ϕ' e ψ), os dados são colocados outra vez em um gráfico em eixos diferentes (ver a Figura 7.13). No caso da análise drenada, os dados são recolocados como $\log(p - u_0)$ em função de $\log(\varepsilon_c)$; caso contrário, os dados corrigidos podem ser recolocados em eixos log–log. Os dados devem, então, situar-se aproximadamente em uma linha reta, cujo gradiente é definido como s (Figura 7.17). Uma vez determinado o valor de s, ϕ' e ψ podem ser estimados usando

$$\operatorname{sen}\phi' = \frac{s}{1+(s-1)\operatorname{sen}\phi'_{cv}} \tag{7.33}$$

$$\operatorname{sen}\psi = s+(s-1)\operatorname{sen}\phi'_{cv} \tag{7.34}$$

O ângulo de resistência ao cisalhamento ϕ' da Equação 7.33 representa o valor de pico ($\phi'_{máx}$). Foi feito um gráfico das Equações 7.33 e 7.34 na Figura 7.18 para se encontrar uma solução gráfica. A interpretação dos dados de resistência se baseia no conhecimento do ângulo de estado crítico da resistência ao cisalhamento do solo (ϕ'_{cv}). É recomendado que isso seja encontrado a partir de ensaios triaxiais drenados em amostrar soltas do solo, de forma que as resistências de pico e de estado crítico sejam coincidentes (ϕ'_{cv} é independente da compacidade; Capítulo 5). Se esses dados não estiverem disponíveis, pode-se estimar um valor com base nos ensaios de índices físicos e caracterização do solo usando a Figura 5.35.

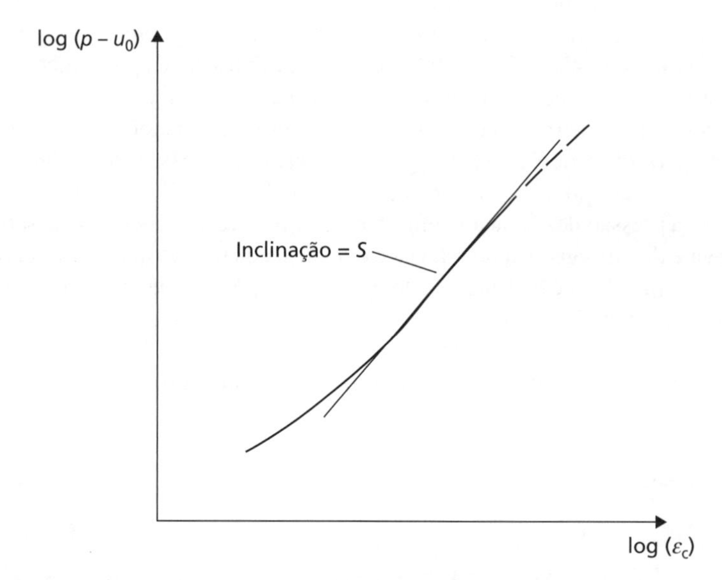

Figura 7.17 Determinação do parâmetro *s* a partir dos dados dos ensaios de pressiômetros.

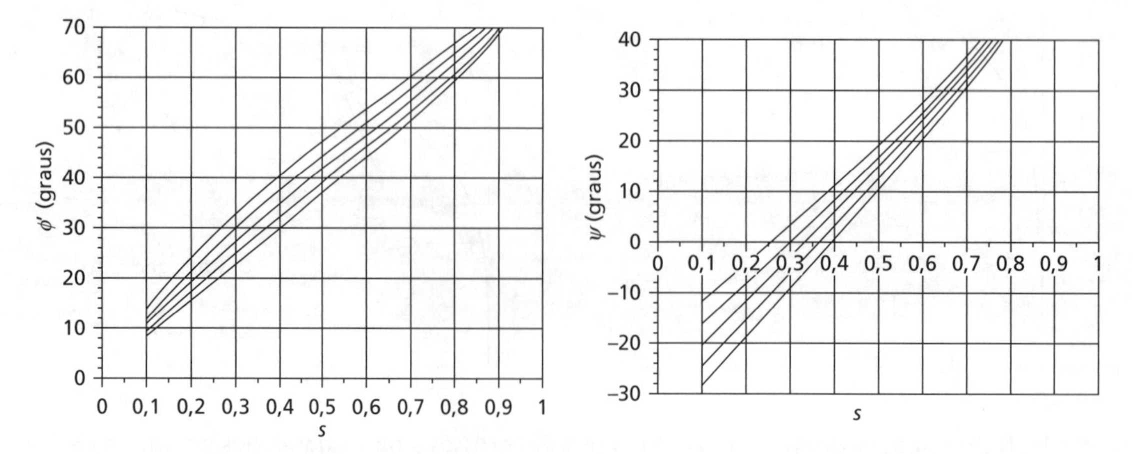

Figura 7.18 Determinação de ϕ' e ψ a partir do parâmetro *s*.

Exemplo 7.3

A Figura 7.19 mostra os dados de um ensaio de pressiômetro autoperfurante realizado em um depósito de areia. Os dados brutos são fornecidos em formato eletrônico no site da LTC Editora deste livro. Determine os seguintes parâmetros: σ_{h0}, u_0; σ'_{h0}; $\phi'_{máx}$; e ψ. Indique ainda se os ciclos de descarregamento–recarregamento foram conduzidos em uma faixa de tensões adequada (completamente elástica).

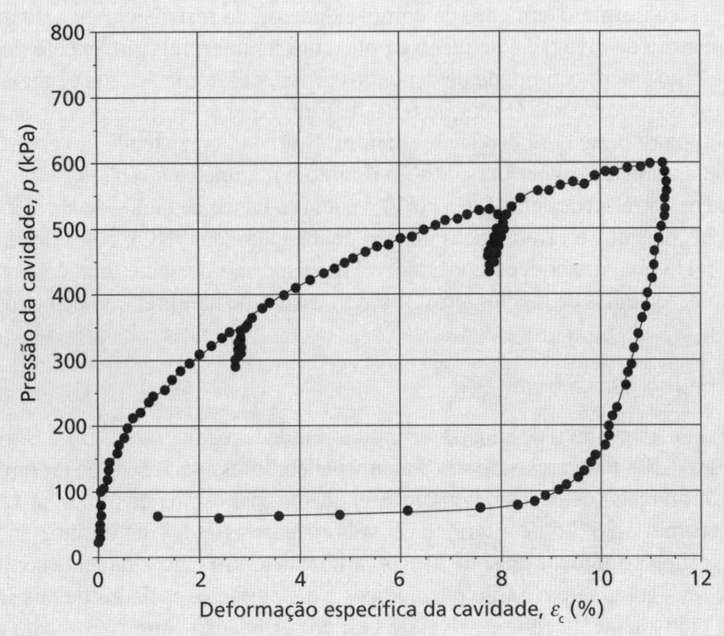

Figura 7.19 Exemplo 7.3.

Solução

A tensão total horizontal *in situ* pode ser estimada diretamente a partir da observação da curva p–ε_c na Figura 7.19, na qual a pressão de elevação (*lift-off*) $\sigma_{h0} \approx 107$ kPa. A poropressão *in situ* é dada pela interseção com o eixo horizontal da parte de descarregamento da curva em $\varepsilon_c = 0$ (isto é, a pressão na cavidade ao final do ensaio), fornecendo $u_0 = 63$ kPa. A tensão horizontal efetiva é, então, encontrada usando o Princípio de Terzaghi: $\sigma'_{h0} = 107 - 63 = 44$ kPa. Para obter os parâmetros de resistência, as pressões na cavidade são corrigidas para u_0, e os dados são colocados em um novo gráfico sob a forma da Figura 7.17. Isso é mostrado na planilha disponível no site da LTC Editora que acompanha este livro. É ajustada uma linha reta aos dados, cujo gradiente fornece $s = 0{,}50$. A seguir, esse valor será usado tanto nas Equações 7.33 e 7.34 quanto na Figura 7.18 a fim de fornecer $\phi' = \phi'_{máx} = 41{,}2°$ e $\psi = 14{,}5°$. Por fim, calcula-se Δp pela Equação 7.32 para cada ponto dos dados que empregue a pressão corrigida da cavidade ($p' = p - u_0$) e o valor de ϕ' encontrado na etapa anterior. Isso é subtraído dos valores de p (ignorando os próprios ciclos de descarregamento–recarregamento) para fornecer um local curvo, deslocado dos dados de teste por um valor Δp (mostrado na planilha no site da LTC Editora). Os ciclos de descarregamento–carregamento não são realizados abaixo dessa linha, portanto o comportamento esperado é o completamente elástico.

7.5 Ensaio de Penetração de Cone (CPT, *Cone Penetration Test*)

O ensaio de CPT foi descrito no Capítulo 6, no qual seu uso na identificação e determinação do perfil dos diferentes estratos no interior do terreno foi demonstrado. Os padrões que definem seu uso como ferramenta de ensaio *in situ* são EN ISO 22476, Parte 1 (Reino Unido e Europa) e ASTM D5778 (EUA). Os dados coletados pelo CPT durante a determinação do perfil do terreno podem ser usados mais tarde a fim de estimar várias propriedades do solo por meio de correlações empíricas. O CPT é um ensaio muito mais sofisticado do que os SPT ou FVT descritos antes, que medem apenas um único parâmetro (número de golpes e torque máximo, respectivamente); até mesmo o cone básico (CPT) mede dois parâmetros independentes (q_c e f_s), enquanto um piezocone (CPTU) amplia essa quantidade para três (u_2, além dos dois parâmetros mencionados), e o cone sísmico mais sofisticado (SCPTU) mede quatro (q_c, f_s, u_2 e V_s). Em consequência, o CPT pode ser usado para estimar de modo confiável uma grande variedade de propriedades do solo, incluindo resistência, rigidez, estado e parâmetros de adensamento. Além disso, ao contrário do SPT, do FVT e do PMT, em que as medidas só podiam ser feitas em pontos discretos, o CPT faz medidas contínuas, de forma que, usando o perfil interpolado do solo, também se pode determinar a variação completa das propriedades do solo correlacionadas com a profundidade.

Interpretação dos dados do CPT em solos grossos (I_D, $\phi'_{máx}$, G_0)

Um grande banco de dados de ensaios CPT em solos grossos está disponível na literatura. Em tais solos, q_c costuma ser usado em correlações conforme o aumento de compacidade ou da resistência do solo aumenta a resistência à penetração. Em geral, o atrito da luva (f_s) é pequeno e pouco útil na interpretação, exceto por identificar o solo em questão como grosso. Como a permeabilidade de depósitos grossos costuma ser alta (Tabela 2.1), não é necessário corrigir q_c para os efeitos da poropressão (Equação 6.2), de forma que $q_t \approx q_c$, e um cone básico é adequado para a maioria dos ensaios. Na maior parte das correlações, é normal ajustar a resistência do cone de acordo com o valor das tensões causadas pelas camadas superiores de solo usando o parâmetro $q_c/(\sigma'_{v0})^{0,5}$.

A Figura 7.20 mostra as correlações entre I_D e $q_c/(\sigma'_{v0})^{0,5}$ para um banco de dados de aproximadamente 300 ensaios em um intervalo de areias de sílica e carbonáticas normalmente adensadas (NC), coletados por Jamiolkowski *et al.* (2001) e Mayne (2007). Há uma quantidade considerável de dispersão presente, que é, sobretudo, uma função da compressibilidade do solo. As linhas de melhor ajuste a serem usadas na interpretação de novos dados são dadas por

$$I_D = D + E\log\left(\frac{q_c}{\sigma'^{0,5}_{v0}}\right) \tag{7.35}$$

na qual q_c e σ'_{v0} estão em kPa. Para areias de sílica de compressibilidade média, $D = -1,21$ e $E = 0,584$ (linha de melhor ajuste mostrada na Figura 7.20). Para areias de sílica altamente compressíveis, D pode ter um valor alto como $-1,06$ (limite superior da envoltória para os dados de ensaios), enquanto, para solos de muito baixa compressibilidade, D pode ter um valor baixo como $-1,36$ (limite inferior da envoltória para os dados dos ensaios); o valor de E (o gradiente da linha) independe da compressibilidade do solo. Areias carbonáticas são mais altamente compressíveis do que as de sílica devido ao fato de seus grãos serem muito quebradiços e de, portanto, os dados de tais solos se situarem acima dos de sílica (isto é, no lado altamente compressível do gráfico). A relação entre I_D e q_c para esses solos pode ainda ser caracterizada usando a Equação 7.35, mas com $D = -1,97$ e $E = 0,907$ (linha também mostrada na Figura 7.20).

Assim como ocorre com o ensaio SPT, os dados do CPT em solos grossos pode ser relacionado ainda com $\phi'_{máx}$, conforme mostra a Figura 7.21. Os dados usados para determinar essa relação são os de Mayne (2007) e mostram uma dispersão muito baixa para solos com pouco conteúdo de finos. As linhas de melhor ajuste a serem usadas na interpretação de novos dados são dadas por

$$\phi'_{máx} = 6,6 + 11\log\left(\frac{q_c}{\sigma'^{0,5}_{v0}}\right) \tag{7.36}$$

em que $\phi'_{máx}$ está em graus, e q_c e σ'_{v0} estão em kPa, como antes.

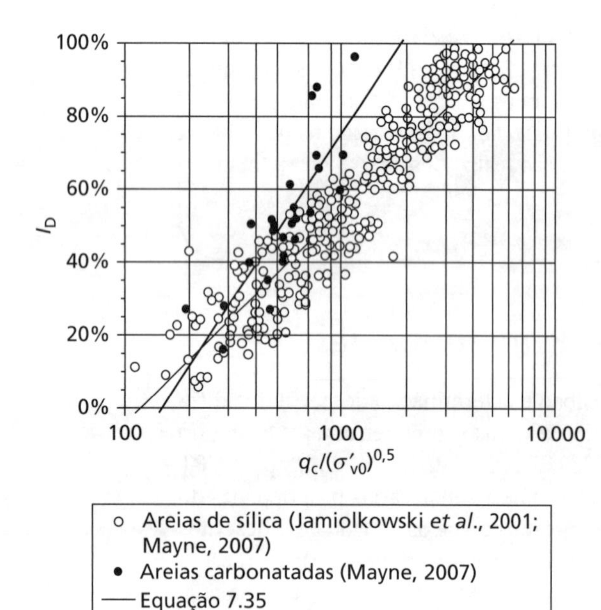

Figura 7.20 Determinação de I_D a partir dos dados de CPT/CPTU.

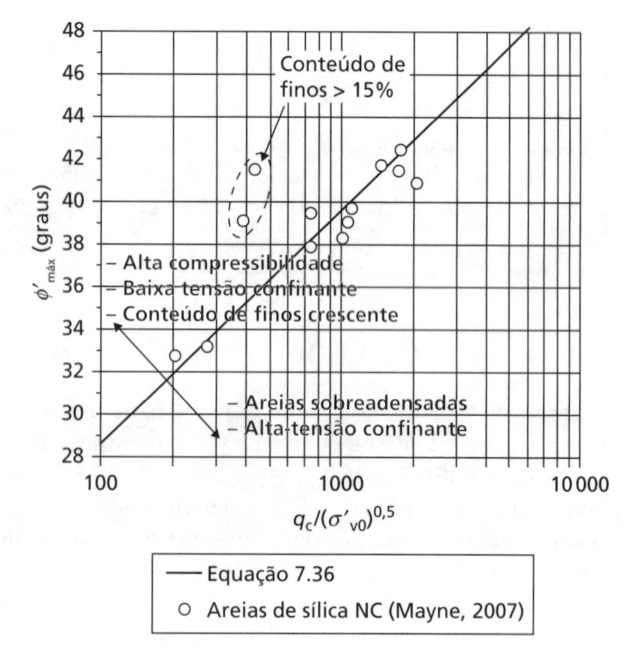

Figura 7.21 Determinação de $\phi'_{máx}$ a partir dos dados de CPT/CPTU.

O uso de um cone sísmico (SCPTU) permite fazer sondagens sísmicas discretas durante um ensaio CPT, de modo que a velocidade da onda de cisalhamento também seja determinada. O pequeno módulo de elasticidade transversal (G_0) pode, então, ser determinado da mesma maneira que os métodos geofísicos descritos na Seção 6.7 usando a Equação 6.6:

$$G_0 = \rho V_s^2$$

Interpretação dos dados de CPT em solos finos (c_u, OCR, K_0, $\phi'_{máx}$, G_0)

Em solos finos, os dados do CPT são mais usados para avaliar a resistência ao cisalhamento não drenada *in situ* do solo. Conforme mencionado, o CPT fornece esses dados de maneira contínua ao longo de toda a profundidade de tal camada, ao contrário dos ensaios triaxiais em amostras não perturbadas, que só podem fornecer um número limitado de valores discretos. Os dados do CPT sempre devem ser calibrados em relação a uma outra forma de ensaio (por exemplo, ensaios triaxiais de compressão UU ou dados de FVT) em um dado material, mas, uma vez feito isso, o CPT pode, então, ser usado de forma direta para determinar c_u em outros locais dentro da mesma unidade geológica.

O processo de calibração descrito anteriormente varia um pouco dependendo do tipo de cone utilizado, embora o princípio seja idêntico em cada caso. Se estiverem disponíveis apenas os dados do CPT básico, c_u é determinado usando

$$c_u = \frac{q_c - \sigma_{v0}}{N_k} \tag{7.37}$$

em que N_k é o "fator de calibração". Isso é determinado pelo uso dos resultados de uma série de ensaios de laboratório (por exemplo, ensaio triaxial UU), do qual c_u é conhecido, e pela interpolação do valor de q_c e σ_{v0} a partir do registro de CPT nas profundidades das quais foram retiradas as amostras dos ensaios de laboratório (ver Exemplo 7.4). Uma vez determinado o valor médio apropriado de N_k para uma dada unidade de solo, a Equação 7.37 é aplicada ao registro completo do CPT a fim de determinar a variação de c_u com a profundidade. A Figura 7.22a mostra os valores registrados de N_k como função do índice de plasticidade para diferentes solos finos destinada à orientação geral e à verificação de N_k. Veremos que $N_k = 15$ costuma ser uma boa aproximação inicial, embora, em argilas fissuradas (essas mostradas são oriundas do Reino Unido), o valor possa ser significativamente maior (isto é, usar um valor de $N_k = 15$ superestimaria c_u em uma argila fissurada).

Se os dados do CPTU estiverem disponíveis, o processo será o mesmo; no entanto, q_t substituirá q_c para que o excesso de poropressão gerado durante a penetração seja corrigido. Com essa mudança, os fatores de calibração não serão os mesmos já descritos, e é convencional modificar a Equação 7.37 para ler

$$c_u = \frac{q_t - \sigma_{v0}}{N_{kt}} \tag{7.38}$$

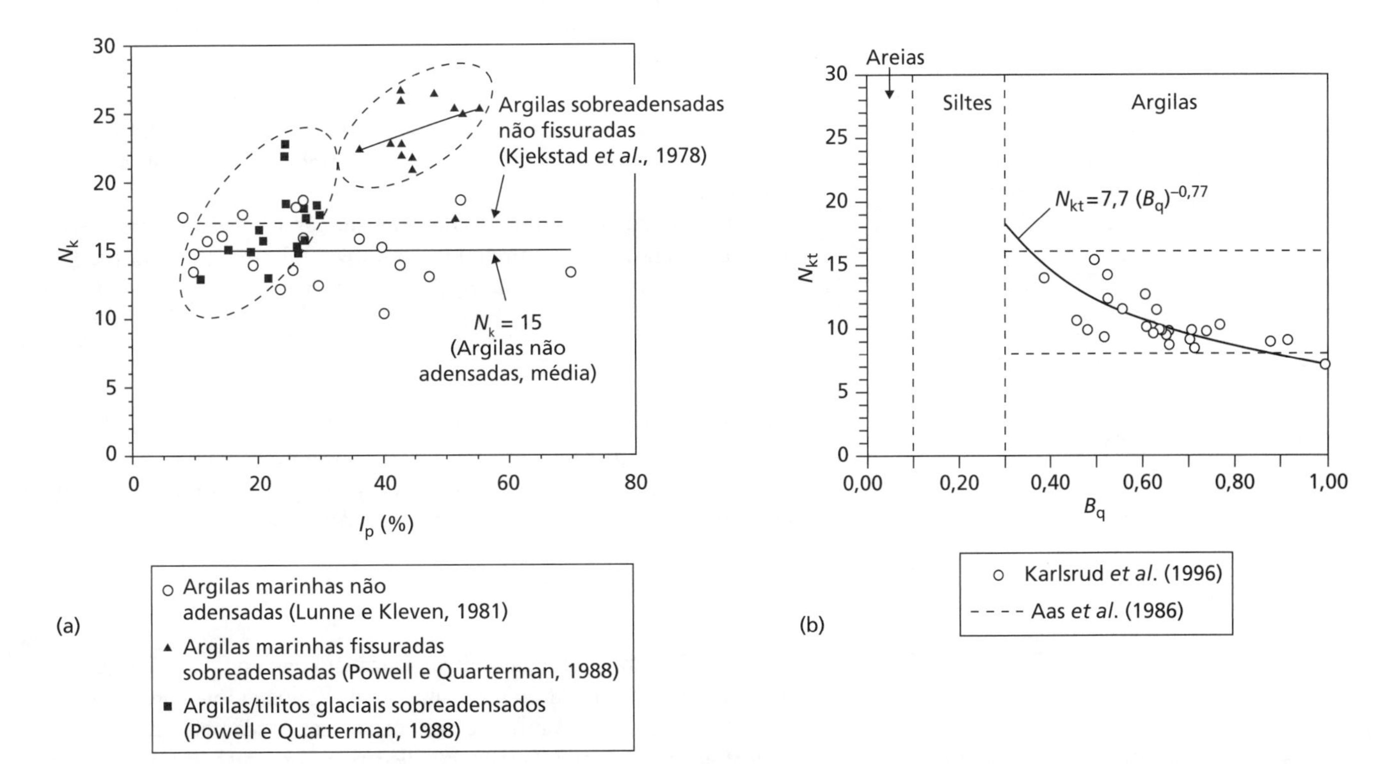

Figura 7.22 Banco de dados de fatores de calibração para determinar c_u: (a) N_k; (b) N_{kt}.

em que N_{kt} é o fator de calibração para os dados do CPTU. A Figura 7.22b mostra os valores registrados de N_{kt} que podem ser vistos como uma função do parâmetro de poropressão B_q (definido na Figura 6.12). A dispersão dos dados aqui é muito mais baixa, já que, entre eles, q_t e B_q incluem de maneira implícita os efeitos do sobreadensamento (ver análise a seguir). A linha de melhor ajuste para os dados é expressa por

$$N_{kt} = 7{,}2\left(B_q\right)^{-0{,}77} \tag{7.39}$$

Deve-se observar que, na Figura 7.22a, o valor de referência de c_u é aquele dos ensaios triaxiais de compressão UU; para argilas fissuradas, esses ensaios foram realizados em grandes amostras (100 mm de diâmetro) para levar em conta os efeitos das fissuras. Em argilas não fissuradas, deve haver pouca diferença entre os valores de N_k e N_{kt} para diferentes tamanhos de amostras triaxiais. Se houver diferentes unidades de argila indicadas em um único registro (por exemplo, argila marinha mole depositada sobre argila fissurada), pode ser necessário usar diferentes valores de N_k e N_{kt} nos diversos estratos.

Além de determinar as propriedades de resistência não drenada de solos finos, os dados do CPTU também podem ser usados para estimar o parâmetro de resistência da tensão efetiva $\phi'_{máx}$. Mayne e Campanella (2005) sugeriram que esse parâmetro talvez esteja relacionado com a resistência de cone normalizada $Q_t = (q_t - \sigma_{v0}) / \sigma'_{v0}$ e com o parâmetro da poropressão B_q por meio de

$$\phi'_{máx} \approx 29{,}5\left(B_q\right)^{0{,}121}\left[0{,}256 + 0{,}336B_q + \log\left(\frac{q_t - \sigma_{v0}}{\sigma'_{v0}}\right)\right] \tag{7.40}$$

A Equação 7.40 é válida para $0{,}1 < B_q < 1{,}0$. Para solos com $B_q < 0{,}1$ (isto é, areias), deve-se usar a Equação 7.36 em seu lugar.

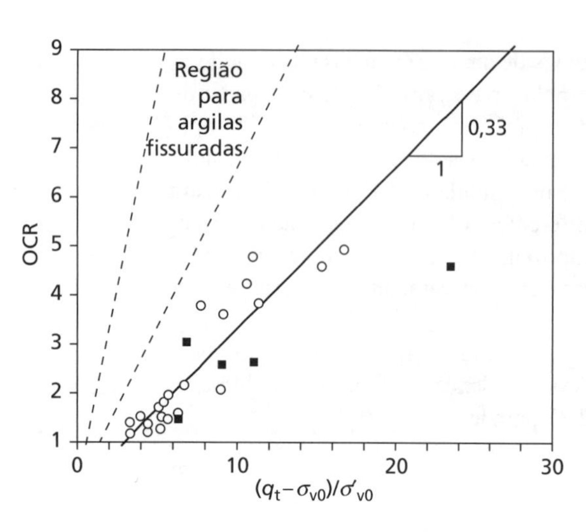

Figura 7.23 Determinação da taxa de sobreadensamento (OCR) a partir dos dados do CPTU.

Os dados do CPT também podem ser confiáveis na maioria dos solos finos para determinar a OCR com a profundidade de forma detalhada e, assim, quantificar a história de tensões do solo. Com base em um grande banco de dados de ensaios para argilas não fissuradas, Mayne (2007) sugeriu que a OCR pode ser estimada usando

$$\text{OCR} = 0{,}33\left(\frac{q_t - \sigma_{v0}}{\sigma'_{v0}}\right) \tag{7.41}$$

Na Figura 7.23, a Equação 7.41 é comparada com os dados das argilas marinhas depositadas de Lunne *et al.* (1989), e pode-se ver que o método é confiável em solos não fissurados. Também está ilustrada na Figura 7.23 uma zona para argilas fissuradas baseada em um banco de dados adicional menor de Mayne (2007), no qual o coeficiente na Equação 7.41 deve ser aumentado para um valor entre 0,66 e 1,65. Dada a larga extensão dessa zona, o CPT deve ser considerado menos confiável para determinar a taxa de sobreadensamento (OCR) em solos fissurados e sempre deve ser confirmado por dados de outros ensaios (por exemplo, dados de ensaios oedométricos).

O CPT também pode ser usado para estimar as tensões horizontais *in situ* no terreno. A taxa entre a tensão horizontal efetiva *in situ* (σ'_{h0}) e a tensão vertical efetiva *in situ* (σ'_{v0}) é expressa por

$$K_0 \approx \frac{\sigma'_{h0}}{\sigma'_{v0}} \tag{7.42}$$

em que K_0 é o **coeficiente de empuxo lateral (em repouso)**. Kulhawy e Mayne (1990) apresentaram uma correlação empírica para K_0 a partir dos dados do CPTU, significando que o CPT também pode fornecer informações sobre o estado de tensões *in situ* no interior do terreno:

$$K_0 \approx 0{,}1\left(\frac{q_t - \sigma_{v0}}{\sigma'_{v0}}\right) \tag{7.43}$$

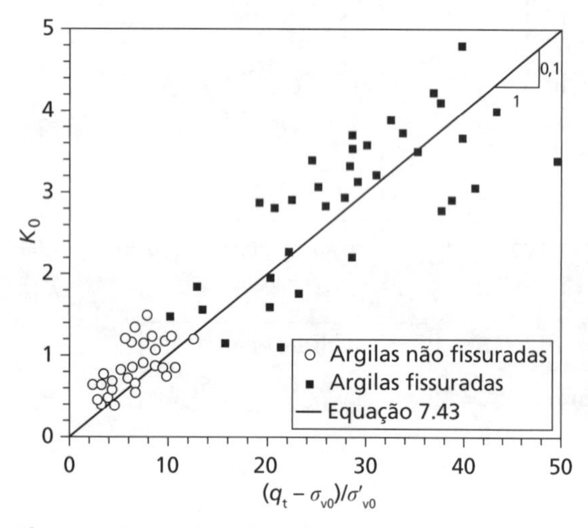

Figura 7.24 Estimativa de K_0 a partir dos dados do CPTU.

Uma vez determinado o valor de σ'_{h0} por meio das Equações 7.42 e 7.43, pode-se encontrar a tensão horizontal total adicionando a poropressão *in situ* (Princípio de Terzaghi). A correlação representada pela Equação 7.43 é mostrada na Figura 7.24. Há uma dispersão considerável nos dados, de forma que o CPT só pode ser usado para interpretar K_0 se não houver outros dados disponíveis. Caso se exija um valor mais preciso, deve-se usar o PMT para medir de forma direta as tensões horizontais *in situ*, a partir das quais é possível determinar K_0 usando a Equação 7.42.

Da mesma maneira que nos solos grossos, o uso de um cone sísmico (SCPTU) permite medidas de G_0 a partir da velocidade da onda de cisalhamento a ser feita, por meio da Equação 6.6.

Exemplo 7.4

Os dados do CPTU são mostrados na Figura 7.25 para a argila Bothkennar do Exemplo 7.1. A Figura 7.26 mostra os dados do ensaio de laboratório, oriundos de um ensaio triaxial UU e de um ensaio oedométrico para o mesmo solo. Ambos os conjuntos de dados são fornecidos sob a forma eletrônica no site da LTC Editora complementar a este livro. Usando os dois conjuntos de dados: (a) determine o valor de N_{kt} apropriado para o CPT nessa unidade geológica; (b) determine a variação da taxa de sobreadensamento (OCR) com a profundidade a partir dos dados do CPTU e a compare com os dados do ensaio oedométrico.

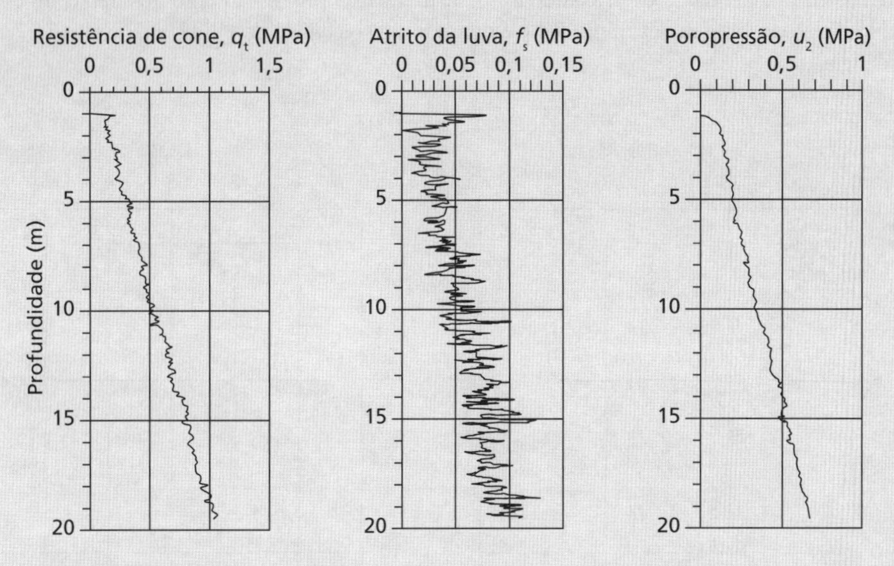

Figura 7.25 Exemplo 7.4: Dados do CPTU.

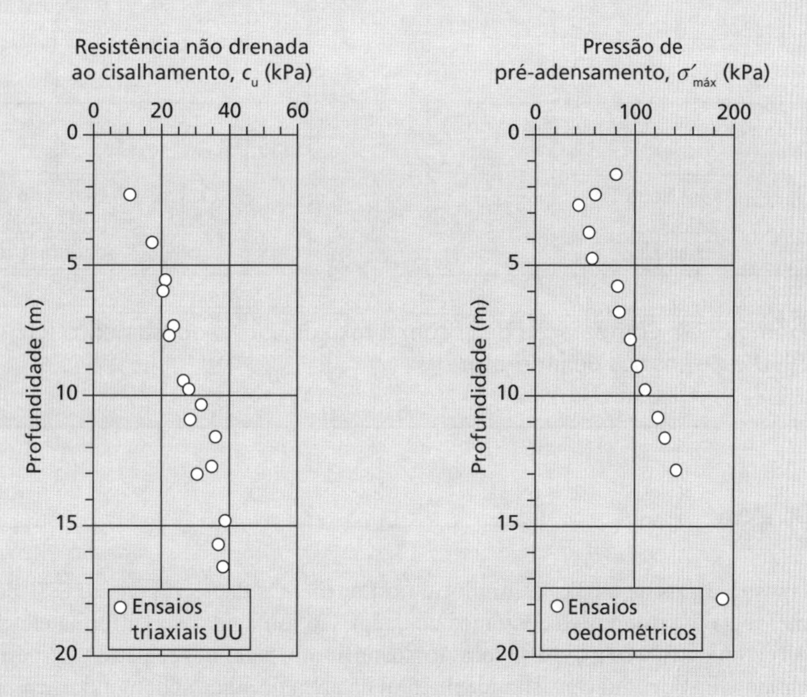

Figura 7.26 Exemplo 7.4: Dados do ensaio de laboratório.

Solução

Inicialmente, são encontrados os valores de σ_{v0}, u_0 e σ'_{v0} em cada profundidade amostrada com o CPTU usando o peso específico do solo e as informações do lençol freático (Exemplo 7.1). Os parâmetros CPT normalizados (Q_t, F_r e B_q) podem, então, ser encontrados. Uma estimativa inicial para N_{kt} é fornecida e usada na Equação 7.38 para determinar o valor de c_u em cada profundidade amostrada durante o ensaio. Em seguida, é feito um gráfico da resistência ao cisalhamento não drenada em função da profundidade tanto para os dados do ensaio CPT quanto para os do ensaio triaxial. O valor de N_{kt} pode ser ajustado de forma manual até haver uma boa correspondência entre os dois conjuntos de dados. Como alternativa a esse método manual de tentativa e erro, os valores de c_u do CPT podem ser interpolados a cada uma das profundidades do ensaio triaxial. A diferença entre esses valores e os do ensaio triaxial pode, então, ser encontrada a cada profundidade, além de ser possível calcular a soma dos quadrados das diferenças. Dessa forma, o valor de N_{kt} que fornece o melhor ajuste pode ser encontrado pela minimização da soma dos quadrados das diferenças usando uma rotina de otimização (sujeita à restrição de N_{kt} ser positivo). Isso fornece N_{kt} = 14,4, e os dois conjuntos de dados de resistência não drenada são comparados na Figura 7.27. A taxa de sobreadensamento (OCR) é determinada diretamente a partir dos dados do CPT usando a Equação 7.41. O processamento dos dados do ensaio oedométrico é idêntico ao descrito no Exemplo 7.1 e é comparado aos dados do CPTU na Figura 7.27, mostrando boa concordância.

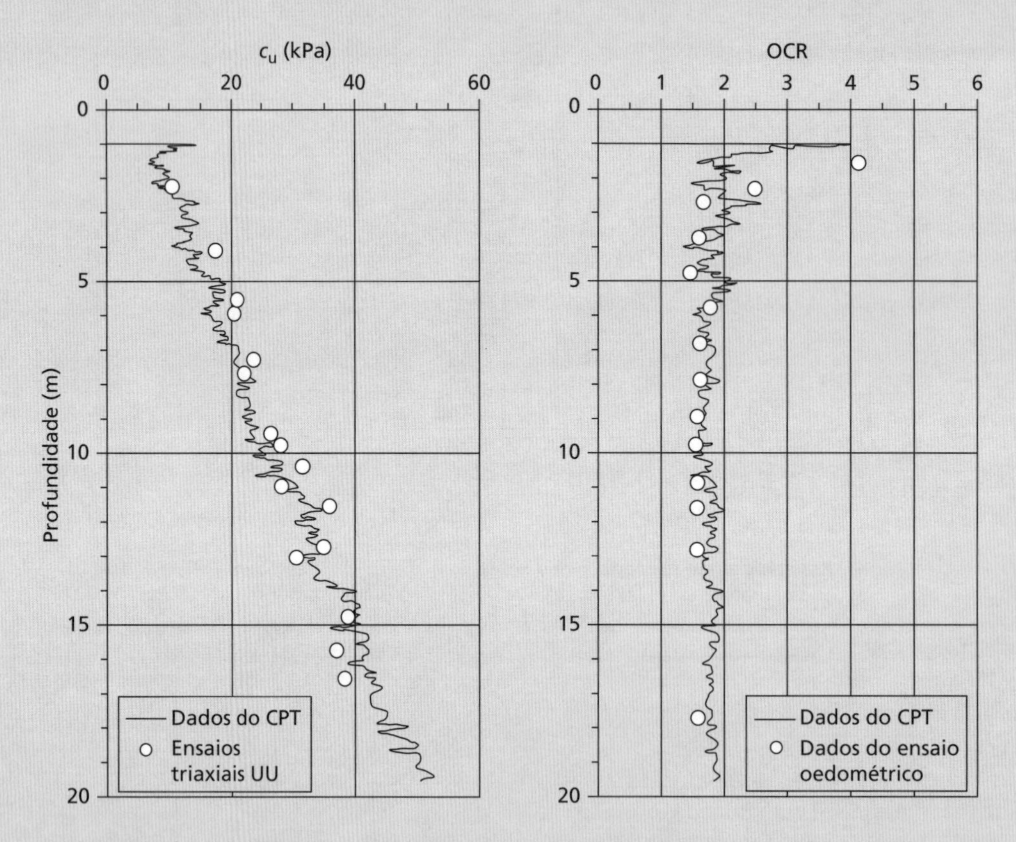

Figura 7.27 Exemplo 7.4: Comparação de c_u com a taxa de sobreadensamento (OCR) a partir do CPTU e de ensaios de laboratório.

Exemplo 7.5

A Figura 7.28 mostra dados de CPTU de um local no Canadá. Os dados do ensaio SPT desse espaço são apresentados na Tabela 7.3. Ambos os conjuntos de dados são fornecidos sob a forma eletrônica no site da LTC Editora que complementa este livro. O local foi identificado, tanto nos registros dos perfis de sondagem quanto no do ensaio CPTU, como consistindo em 15 m de areia de sílica sobrepondo-se a uma argila mole. O peso específico de ambos os solos foi estimado em $\gamma \approx 17$ kN/m³, e o nível do lençol freático está 2 m abaixo do nível do terreno (BGL, *below ground level*). Determine a compacidade relativa e o ângulo de atrito de pico da camada de areia e a resistência ao cisalhamento não drenada da camada de argila usando ambos os bancos de dados.

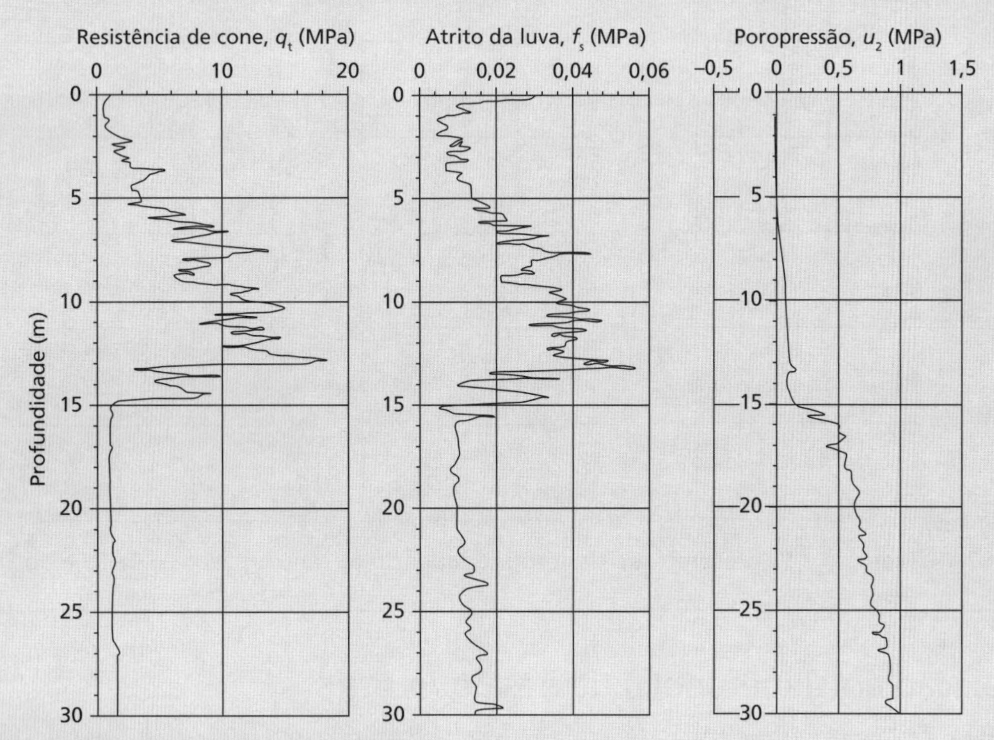

Figura 7.28 Exemplo 7.5: Dados do CPTU.

Tabela 7.3 Exemplo 7.5: Dados do SPT

Profundidade (m)	1,3	3,4	5,1	6,7	8,2	9,8	11,3	12,8	14,3	15,2	17,3	19,0	21,2	22,6	24,0
N_{60}	2	3	6	17	15	24	19	17	6	4	4	4	6	6	5

Solução

Inicialmente, os dados do CPTU são processados como no Exemplo 7.4 (são encontrados σ_{v0}, u_0, σ'_{v0}, Q_t, F_r e B_q). Para os dados do que está abaixo da profundidade de 15 m (areia), a compacidade relativa (I_D) é encontrada em cada profundidade amostrada usando a Equação 7.35 com $D = -1{,}21$ e $E = 0{,}584$ (são usados os parâmetros de melhor ajuste, porque não há informações a respeito da compressibilidade da areia). O ângulo de atrito de pico é encontrado de maneira similar usando a Equação 7.36. Abaixo da profundidade de 15 m (na argila), c_u é determinado a cada profundidade amostrada, sendo N_{kt} encontrado a partir de B_q por meio da Equação 7.39. Para os dados do SPT, em primeiro lugar, são determinados σ_{v0}, u_0 e σ'_{v0} a cada profundidade do ensaio. Em seguida, os valores de σ'_{v0} são usados para determinar os fatores de correção (C_N) a cada profundidade por meio da Equação 7.3, com $A = 200$ e $B = 100$ (na ausência de qualquer informação mais detalhada a respeito da granulometria). Esses valores são usados para determinar o número de golpes corrigido $(N_1)_{60}$, a partir do qual se tem um valor aproximado da compacidade relativa para ensaios até a profundidade de 15 m usando $(N_1)_{60}/I_D^2 = 60$, seguido da determinação dos valores de $\phi'_{máx}$ com base na Figura 7.4. Para os pontos do ensaio abaixo de 15 m que estão na argila, as resistências não drenadas ao cisalhamento são determinadas diretamente a partir do número de golpes normalizados (N_{60}) usando $c_u/N_{60} \approx 10$ (isto é, admitindo uma argila mole, não fissurada e insensível na ausência de quaisquer informações mais detalhadas). Os parâmetros obtidos a partir dos dados do CPTU e do SPT são comparados na Figura 7.29 e mostram concordância razoável. Os dados do SPT indicam uma previsão um pouco menos correta de $\phi'_{máx}$ se comparados com os do CPTU (embora a tendência seja similar), sugerindo que a areia seja sobreadensada (ver Figura 7.4).

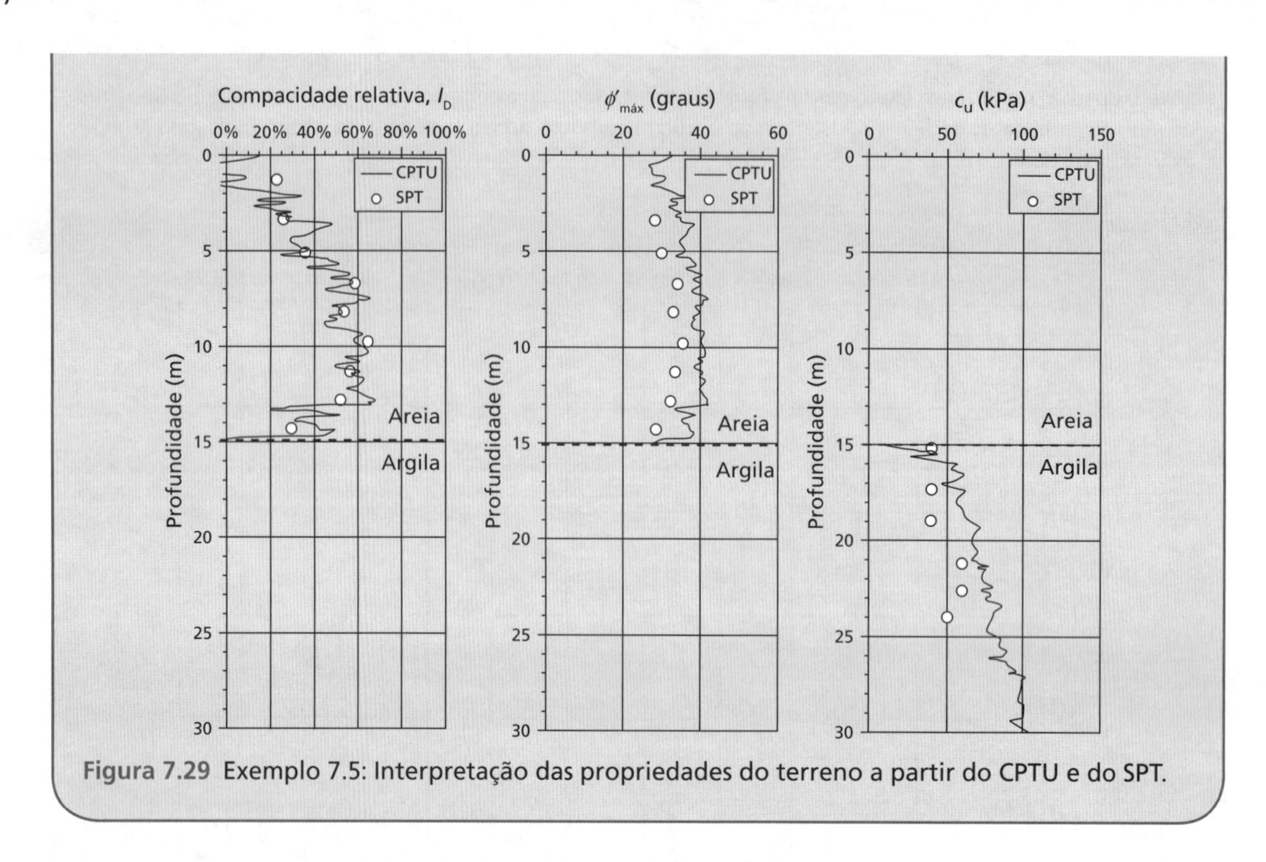

Figura 7.29 Exemplo 7.5: Interpretação das propriedades do terreno a partir do CPTU e do SPT.

7.6 Seleção do(s) método(s) de ensaio *in situ*

A Seção 6.4 descreveu os parâmetros que poderiam ser determinados a partir dos vários ensaios de laboratório para ajudar no projeto de um programa de investigação de terreno. É possível fazer o mesmo com os ensaios *in situ* descritos neste capítulo e no anterior. A Tabela 7.4 resume as características mecânicas que podem ser obtidas a partir de cada tipo de ensaio *in situ*, incluindo aqueles mencionados na Seção 7.1, mas que não foram descritos com detalhes (DMT, PLT). Será mostrado na Parte 2 deste livro (Capítulos 8–13 inclusive) que os métodos modernos de *design* exigem que tanto os parâmetros de rigidez quanto os de resistência verifiquem se um nível apropriado de desempenho será atingido de forma rigorosa. Isso é um contraste com os métodos "tradicionais" mais antigos, que confiavam apenas nos parâmetros de resistência e aplicavam fatores globais altamente empíricos de segurança para garantir o desempenho adequado. A prevalência dos métodos "tradicionais" até pouco tempo atrás explica a popularidade do SPT, pois ele pode determinar os parâmetros de resistência necessários, ainda que seja simples, rápido e barato. Espera-se que, ao longo dos próximos anos, o CPT e o PMT tornem-se mais populares no uso geral, já que podem fornecer dados confiáveis tanto de resistência quanto de rigidez do solo.

Tabela 7.4 Obtenção das propriedades principais do solo por meio de ensaios *in situ*

Parâmetro	*SPT*	*FVT*	*PMT*	*CPT*	*DMT*	*PLT*
Características de adensamento: m_v, C_c						
Propriedades de rigidez: G, G_0			G	G_0* (SCPTU)	G, G_0*	SIM
Propriedades de resistência drenada: ϕ', c'	SIM		SIM	SIM	SIM	SIM
Propriedades de resistência não drenada: c_u (*in situ*)	SIM	SIM	SIM	SIM	SIM	SIM
Propriedades do estado do solo: I_D, OCR, K_0	I_D		K_0 (via σ_{h0})	I_D OCR (K_0)	TODOS	
Permeabilidade: k				SIM†	SIM‡	

Notas: * Usando um instrumento sísmico (isto é, SCPTU ou SDMT). †Por meio de um ensaio de dissipação em um piezocone (CPTU ou SCPTU) — isto é, interrompendo a penetração e medindo o decaimento de u_2 (ver Leituras Complementares).
‡ Interrompendo a expansão DMT e medindo o decaimento da pressão da cavidade (ver Leituras Complementares).

O uso final também deve ser levado em consideração para determinar a técnica *in situ* a ser utilizada. Para o projeto de fundações rasas (Capítulo 8), o PLT é útil, uma vez que o procedimento de ensaio é representativo da construção final (em particular, em termos da definição da rigidez apropriada). Para fundações profundas (Capítulo 9), o CPT costuma ser o preferido, em virtude da grande semelhança entre uma sonda CPT e uma estaca prensada. No caso de estruturas de contenção (Capítulo 11), são preferidos o PMT e o DMT por ser muito importante definir de forma precisa as pressões laterais de terra em tais problemas, e esses ensaios são mais confiáveis para conseguir isso.

Resumo

1 Os ensaios *in situ* podem ser um instrumento precioso para avaliar as propriedades constitutivas do terreno. Em geral, uma massa muito maior de solo é influenciada durante tais ensaios, o que pode ser vantajoso em relação aos ensaios em laboratório em pequenas amostras de determinados solos (por exemplo, argilas fissuradas). Os ensaios também podem remover muitas das questões associadas à amostragem, embora, em vez disso, se deva dedicar atenção à perturbação do solo que pode ocorrer durante a instalação do dispositivo do ensaio. Os dados coletados em ensaios *in situ* complementam (em vez de substituir) os ensaios em laboratório e o uso de correlações empíricas (Capítulo 5). O uso dos ensaios *in situ* pode reduzir de maneira drástica a quantidade de amostragem e de ensaios em laboratório exigidos, desde que eles sejam calibrados de acordo com, pelo menos, uma pequena quantidade de ensaios de alta qualidade em laboratório. Dessa forma, eles podem ser bastante valiosos para a investigação do custo-benefício de grandes locais.

2 Os quatro ensaios *in situ* principais realizados na prática são (sem dúvida) o Ensaio de Penetração Dinâmica (SPT, *Standard Penetration Test*), o Ensaio de Palhetas (FVT, *Field Vane Test*), o Ensaio de Pressiômetro (PMT, *Pressuremeter Test*) e o Ensaio de Penetração de Cone (CPT, *Cone Penetration Test*). Os dois primeiros são os mais simples e mais baratos e são usados para determinar as características de resistência de solos grossos (SPT) e finos (FVT); o SPT também pode ser usado em solos finos mais rijos com grande cautela. Os dois últimos ensaios (PMT e CPT) representam dispositivos modernos fazendo uso de sensores miniaturizados e registros de dados/controle computacional para medir vários parâmetros, fornecendo dados mais detalhados e aumentando sua faixa de aplicação. Esses ensaios são aplicáveis tanto em solos grossos quanto em finos e podem ser usados para determinar de maneira confiável as características de resistência e as de rigidez do solo por meio de modelos teóricos (PMT) ou correlações empíricas (CPT).

3 Demonstrou-se que, por meio da aplicação de dados reais de ensaios em solo, as planilhas são uma ferramenta útil para o processamento e a interpretação de um conjunto detalhado de dados de ensaios *in situ*; além disso, elas são essenciais para o processamento de dados de dispositivos computadorizados de PMT e CPT, que fornecem saída digital. No site da LTC Editora que complementa este livro, foram fornecidos modelos digitais dos exemplos detalhados e discutidos neste capítulo, utilizando dados de todos os quatro ensaios mencionados.

Problemas

7.1 A Tabela 7.5 apresenta o número de golpes SPT corrigido para um local que consiste em 5 m de silte sobreposto a um depósito espesso de areia de sílica limpa. Esses dados são fornecidos sob a forma eletrônica no site da LTC Editora complementar a este livro. O peso específico saturado de ambos os solos é $\gamma \approx 16$ kN/m³, e o lençol freático está 1,6 m abaixo do nível do terreno (BGL, *below ground level*). Determine a compacidade relativa média e o ângulo de atrito de pico da areia entre 10 m e 20 m abaixo do nível do terreno (BGL).

Tabela 7.5 Problema 7.1

Profundidade (m)	N_{60} *(golpes)*	*Profundidade (m)*	N_{60} *(golpes)*	*Profundidade (m)*	N_{60} *(golpes)*
1,32	4	11,27	23	21,06	35
2,50	10	12,29	22	22,21	27
3,29	7	13,39	30	23,16	28
4,30	2	14,34	29	24,32	24
5,34	8	15,20	19	25,20	30
6,44	11	16,34	9	26,08	30
7,31	10	17,33	30	27,10	30
8,41	12	18,28	30	28,12	32
9,29	18	19,23	34	29,25	11
10,40	24	20,25	30	30,22	22

7.2 A Figura 7.30 apresenta os resultados de um ensaio de pressiômetro autoperfurante realizado a uma profundidade de 10,4 m abaixo do nível do terreno (BGL) no depósito de areia descrito no Problema 7.1. Os dados são fornecidos sob a forma eletrônica no site da LTC Editora complementar a este livro. Determine os seguintes parâmetros: σ_{h0}, u_0, σ'_{h0}, $\phi'_{máx}$ e ψ. Encontre também o valor de G do ciclo de descarregamento–carregamento.

7.3 A Figura 7.31 apresenta os resultados de um ensaio CPT realizado no depósito de areia descrito nos Problemas 7.1 e 7.2. Os dados são fornecidos sob a forma eletrônica no site da LTC Editora que complementa este livro. Determine a variação da compacidade relativa e do ângulo de atrito de pico com a profundidade e compare os resultados com aqueles dos ensaios SPT no Problema 7.1 (os dados do SPT também são fornecidos eletronicamente).

7.4 A Figura 7.32 apresenta os resultados de um ensaio de pressiômetro autoperfurante realizado a uma grande profundidade em um depósito de argila. Os dados são fornecidos sob a forma eletrônica no site da LTC Editora que complementa este livro. Determine a tensão total horizontal *in situ* e a resistência ao cisalhamento não drenada da argila na profundidade do ensaio. O ciclo de descarregamento–recarregamento está dimensionado adequadamente?

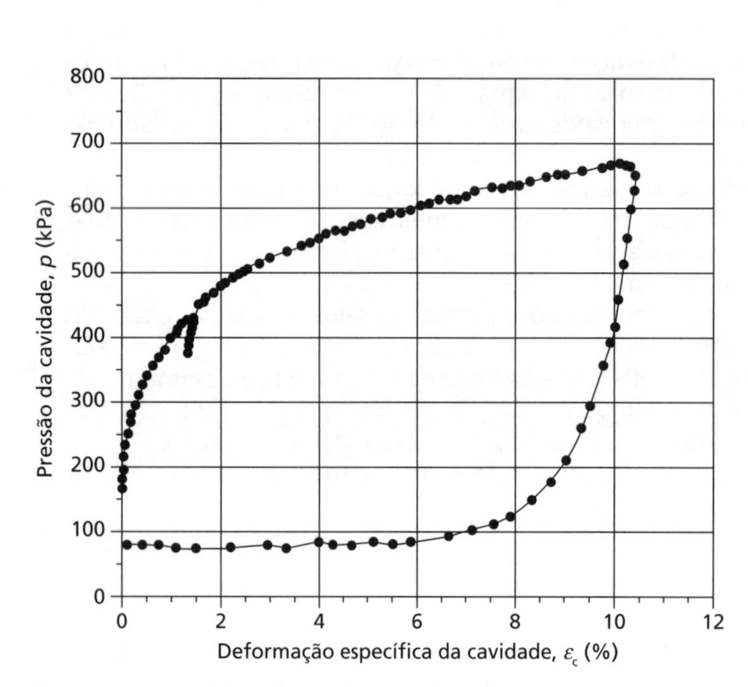

Figura 7.30 Problema 7.2.

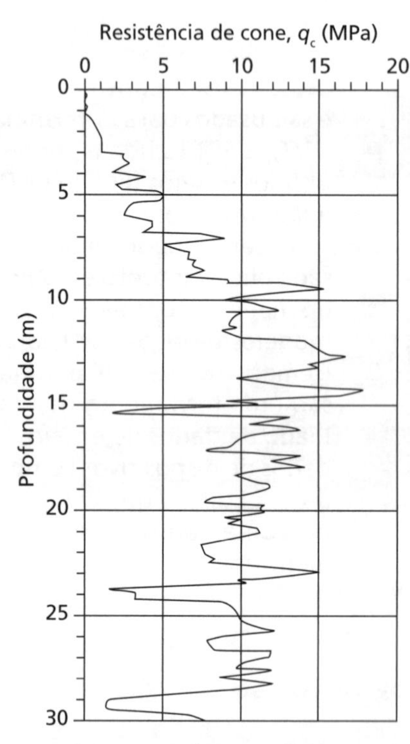

Figura 7.31 Problema 7.3.

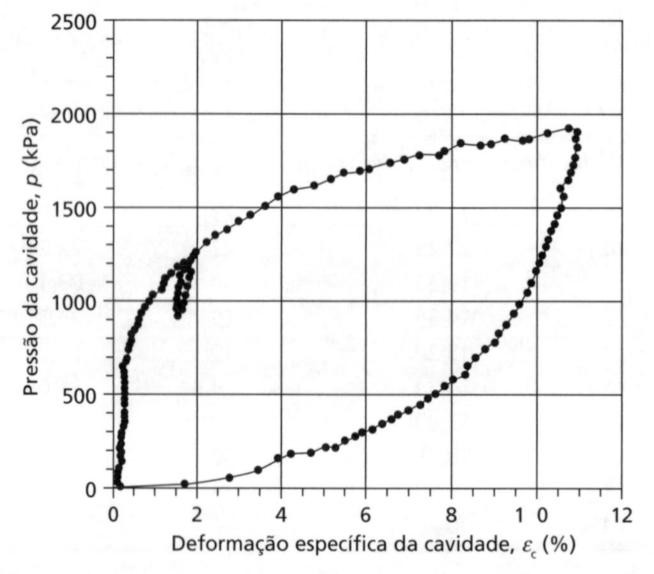

Figura 7.32 Problema 7.4.

7.5 A Figura 7.33 apresenta os resultados de um ensaio CPTU realizado na argila Gault mostrada na Figura 5.38a. Os dados são fornecidos sob a forma eletrônica no site da LTC Editora que acompanha este livro, junto aos dados de uma série de ensaios SBPM e SPT realizados no mesmo material. A argila tem peso específico de $\gamma \approx 19$ kN/m^3 acima e abaixo do lençol freático, que está a uma profundidade de 1 m abaixo do nível do terreno (BGL).

a) Usando os dados do SBPM como referência, determine o valor apropriado de N_{kt} para obter c_u a partir dos dados do CPTU. O que isso sugere a respeito do depósito de argila?

b) Usando sua resposta ao item (a) ou outra, determine a variação de c_u com a profundidade a partir dos dados do SPT.

c) Determine a variação de K_0 com a profundidade usando tanto os dados de SBPM quanto os do CPTU.

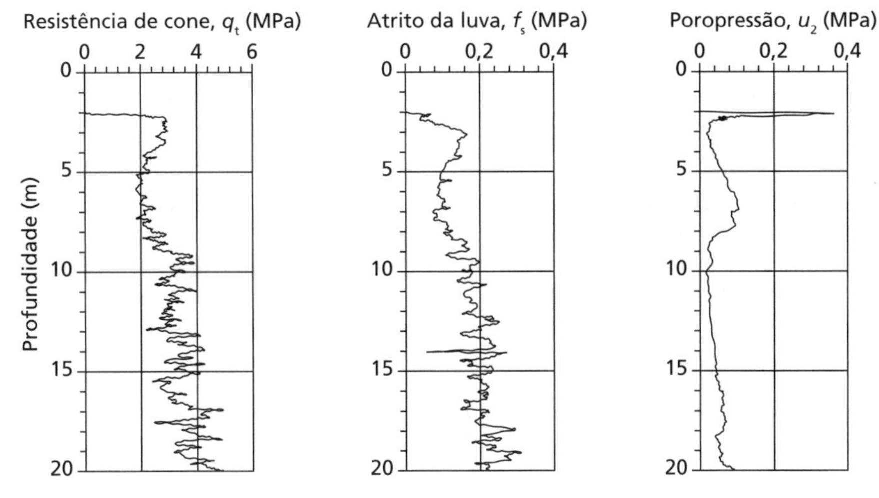

Figura 7.33 Problema 7.5.

Referências

Aas, G., Lacasse, S., Lunne, T. and Høeg, K. (1986) Use of in situ tests for foundation design on clay, in *Proceedings of the ASCE Speciality Conference In- situ '86: Use of In- situ Tests in Geotechnical Engineering, Blacksburg, VA*, pp. 1–30.

ASTM D1586 (2008) *Standard Test Method for Standard Penetration Test (SPT) and Split- Barrel Sam-pling of Soils*, American Society for Testing and Materials, West Conshohocken, PA.

ASTM D2573 (2008) *Standard Test Method for Field Vane Shear Test in Cohesive Soil*, American Society for Testing and Materials, West Conshohocken, PA.

ASTM D4719 (2007) *Standard Test Method for Prebored Pressuremeter Testing in Soils*, American Society for Testing and Materials, West Conshohocken, PA.

ASTM D5778 (2007) *Standard Test Method for Electronic Friction Cone and Piezocone Penetration Testing of Soils*, American Society for Testing and Materials, West Conshohocken, PA.

Azzouz, A., Baligh, M. and Ladd, C.C. (1983) Corrected field vane strength for embankment design, *Journal of Geotechnical and Geoenvironmental Engineering*, **109**(5), 730–734.

Bjerrum, L. (1973) Problems of soil mechanics and construction on soft clays, in *Proceedings of the 8th International Conference on SMFE, Moscow*, Vol. 3, pp. 111–159.

BS 1377 (1990) *Methods of test for soils for civil engineering purposes, Part 9: In- situ tests*, British Standards Institution, UK.

BS EN ISO 22476 (2005) *Geotechnical Investigation and Testing – Field Testing*, British Standards Institution, UK.

Clayton, C.R.I. (1995) The Standard Penetration Test (SPT): methods and use, *CIRIA Report 143*, CIRIA, London.

Dalton, J.C.P. and Hawkins, P.G. (1982) Fields of stress – some measurements of the in- situ stress in a meadow in the Cambridgeshire countryside. *Ground Engineering*, **15**, 15–23.

EC7–2 (2007) Eurocode 7: Geotechnical design – Part 2: Ground investigation and testing, BS EN 1997–2:2007, British Standards Institution, London.

Gibson, R.E. and Anderson, W.F. (1961) In- situ measurement of soil properties with the pressuremeter, *Civil Engineering and Public Works Review*, **56**, 615–618.

Hughes, J.M.O., Wroth, C.P. and Windle, D. (1977) Pressuremeter tests in sands, *Géotechnique*, **27**(4), 455–477.

Jamiolkowski, M., LoPresti, D.C.F. and Manassero M. (2001) Evaluation of relative density and shear strength of sands from Cone Penetration Test and Flat Dilatometer Test, *Soil Behavior and Soft Ground Construction, Geotechnical Special Publication 119*, American Society of Civil Engineers, Reston, VA, pp. 201–238.

Karlsrud, K., Lunne, T. and Brattlien, K. (1996). Improved CPTU correlations based on block samples, in *Proceedings of the Nordic Geotechnical Conference, Reykjavik*, Vol 1, pp. 195–201.

Kjekstad, O., Lunne, T. and Clausen, C.J.F. (1978) Comparison between in situ cone resistance and lab-oratory strength for overconsolidated North Sea clays. *Marine Geotechnology*, **3**, 23–36.

Kulhawy, F.H. and Mayne, P.W. (1990), *Manual on Estimating Soil Properties for Foundation Design*, Report EPRI EL- 6800, Electric Power Research Institute, Palo Alto, CA.

Lunne, T. and Kleven, A. (1981) Role of CPT in North Sea foundation engineering. *Session at the ASCE National Convention: Cone Penetration testing and materials*, St Louis, American Society of Civil Engineers, Reston, VA, 76–107.
Lunne, T., Lacasse, S. and Rad, N.S. (1989) SPT, CPT, pressuremeter testing and recent developments on in situ testing of soils, in *General Report, Proceedings of the 12th International Conference of SMFE, Rio de Janeiro*, Vol. 4, pp. 2339–2403.
Mayne, P.W. (2007) *Cone penetration testing: a synthesis of highway practice.* NCHRP Synthesis Report 368, Transportation Research Board, Washington DC.
Mayne, P.W. and Mitchell, J.K. (1988) Profiling of overconsolidation ratio in clays by field vane. *Canadian Geotechnical Journal*, **25**(1), 150–157.
Mayne, P.W. and Campanella, R.G. (2005) Versatile site characterization by seismic piezocone, in *Proceedings of the 16th International Conference on SMFE*, Osaka, Vol. 2, pp. 721–724.
Palmer, A.C. (1972) Undrained plane strain expansion of a cylindrical cavity in clay: a simple interpretation of the pressuremeter test, *Géotechnique*, **22**(3), 451–457.
Powell, J.J.M. and Quarterman, R.S.T. (1988) The Interpretation of Cone Penetration Tests in Clays with Particular Reference to Rate Effects, *Penetration Testing 1988, Orlando*, **2**, 903–909.
Schmertmann, J.H. (1979) Statics of SPT. *Journal of the Geotechnical Division, Proceedings of the ASCE*, **105**(GT5), 655–670.
Skempton, A.W. (1986) Standard penetration test procedures and the effects in sands of overburden pressure, relative density, particle size, ageing and overconsolidation, *Géotechnique*, **36**(3), 425–447.
Stroud, M.A. (1989) The Standard Penetration Test – its application and interpretation, in *Proceedings of the ICE Conference on Penetration Testing in the UK*, Thomas Telford, London.
Terzaghi, K. and Peck, R.B. (1967) *Soil Mechanics in Engineering Practice* (2nd edn), Wiley, New York.
Wroth, C.P. (1984) The interpretation of in-situ soil tests, *Géotechnique*, **34**(4), 449–489.

Leitura Complementar

Clayton, C.R.I., Matthews, M.C. and Simons, N.E. (1995) *Site Investigation* (2nd edn), Blackwell, London.
Um livro abrangente sobre investigação do terreno que contém muitos conselhos práticos úteis e orientações sobre ensaios in situ.
Lunne, T., Robertson, P.K. and Powell, J.J.M. (1997) *Cone Penetration Testing in Geotechnical Practice*, E & FN Spon, London.
Uma referência abrangente sobre todos os aspectos do CPT, incluindo equipamentos, preparação e procedimento do ensaio e interpretação (de um número maior de parâmetros do que os vistos aqui). Inclui abundantes dados de locais reais ao redor do mundo e a interpretação em condições mais desafiadoras de terreno (por exemplo, terreno congelado, solo vulcânico).
Marchetti, S. (1980) In-situ tests by flat dilatometer, *Journal of the Geotechnical Engineering Division, Proceedings of the ASCE*, **106**(GT3), 299–321.
Esse artigo (escrito pelo desenvolvedor do ensaio) descreve o dilatômetro plano de Marchetti, o dispositivo utilizado com mais frequência para o DMT, e seu uso na obtenção das propriedades do solo.
Powell, J.J.M. and Uglow, I.M. (1988) The interpretation of the Marchetti Dilatometer Test in UK clays, *Proceedings of the ICE Conference on Penetration Testing in the UK*, Thomas Telford, London.
Um complemento ao item anterior de leitura complementar, descrevendo as propriedades que podem ser obtidas do DMT de modo confiável, as correlações a serem usadas na prática e uma ideia da dispersão associada a tais observações.

Para acessar os materiais suplementares desta obra, visite o site da LTC Editora.

Parte 2

Aplicações em engenharia geotécnica

Capítulo 8

Fundações rasas

Resultados de aprendizagem

Depois de trabalhar com o material deste capítulo, você deverá ser capaz de:

1. Entender os princípios funcionais por trás das fundações rasas;
2. Resolver problemas simples sobre capacidade de fundações, usando a equação de capacidade de carga de Terzaghi e/ou técnicas de análise limite;
3. Calcular as tensões induzidas abaixo de fundações rasas e o recalque resultante usando soluções elásticas e a teoria do adensamento;
4. Entender a filosofia que serve de fundamento para as normas de projeto de estados limites e como isso é aplicado ao projeto de acordo com o Eurocode 7;
5. Projetar uma fundação rasa dentro do contexto do projeto de estados limites (Eurocode 7), de forma analítica (com base em propriedades fundamentais do terreno) ou direta, a partir de dados de ensaios *in situ*.

8.1 Introdução

A fundação é aquela parte de uma estrutura que transmite cargas diretamente ao solo subjacente, um processo conhecido como **interação solo-estrutura**. Isso é mostrado de forma esquemática na Figura 8.1a. Para se comportar de maneira satisfatória, a fundação deve ser projetada para atender a duas exigências principais de desempenho (conhecidas como **estados limites**), a saber:

1. Tal que sua capacidade ou resistência seja suficiente para suportar as cargas (ações) aplicadas (isto é, de forma que não entre em colapso).
2. Para evitar deformações excessivas sob essas cargas aplicadas, o que pode danificar a estrutura suportada ou levar a uma perda de funcionalidade.

Esses critérios são mostrados de forma esquemática na Figura 8.1b. Os **estados limites últimos** (**ELU**, ou **ULS**, *ultimate limit states*) são aqueles que envolvem o colapso ou a instabilidade da estrutura como um todo, ou a falha de um de seus componentes (item 1 anterior). Os **estados limites de serviço** (**ELS**, ou **SLS**, *serviceability limit states*) são aqueles que envolvem deformações excessivas, que levam ao dano ou perda da funcionalidade. Tanto o estado limite último quanto o de serviço devem ser sempre levados em consideração no projeto. A filosofia dos estados limites é a base do Eurocode 7 (EC7, BSI 2004), um padrão que especifica todas as situações que devem ser consideradas em projetos no Reino Unido e no restante da Europa. Padrões similares estão começando a aparecer em outras partes do mundo (por exemplo, GeoCode 21 no Japão). Nos Estados Unidos, a filosofia do projeto de estados limites é denominada *Load and Resistance Factor Design* (LRFD).

Este capítulo será dedicado ao comportamento e ao *design* de fundações rasas submetidas a carregamento vertical. Se um estrato de solo próximo à superfície for capaz de suportar de forma adequada as cargas estruturais, é possível usar tanto **sapatas** quanto um **radier**, o que é conhecido, em geral, como **fundação rasa** (ou **superficial**). Uma sapata é uma placa (ou laje) mais ou menos curta, que fornece apoio isolado a uma parte da estrutura. A que suporta um único pilar é conhecida como sapata isolada ou ***pad***; a que suporta um grupo de pilares muito próximos entre si é conhecida como sapata combinada ou conjunta; e a que fornece suporte a uma parede estrutural é conhecida como **sapata corrida**. Um radier é uma laje isolada relativamente grande, enrijecida, em geral, por elementos trans-

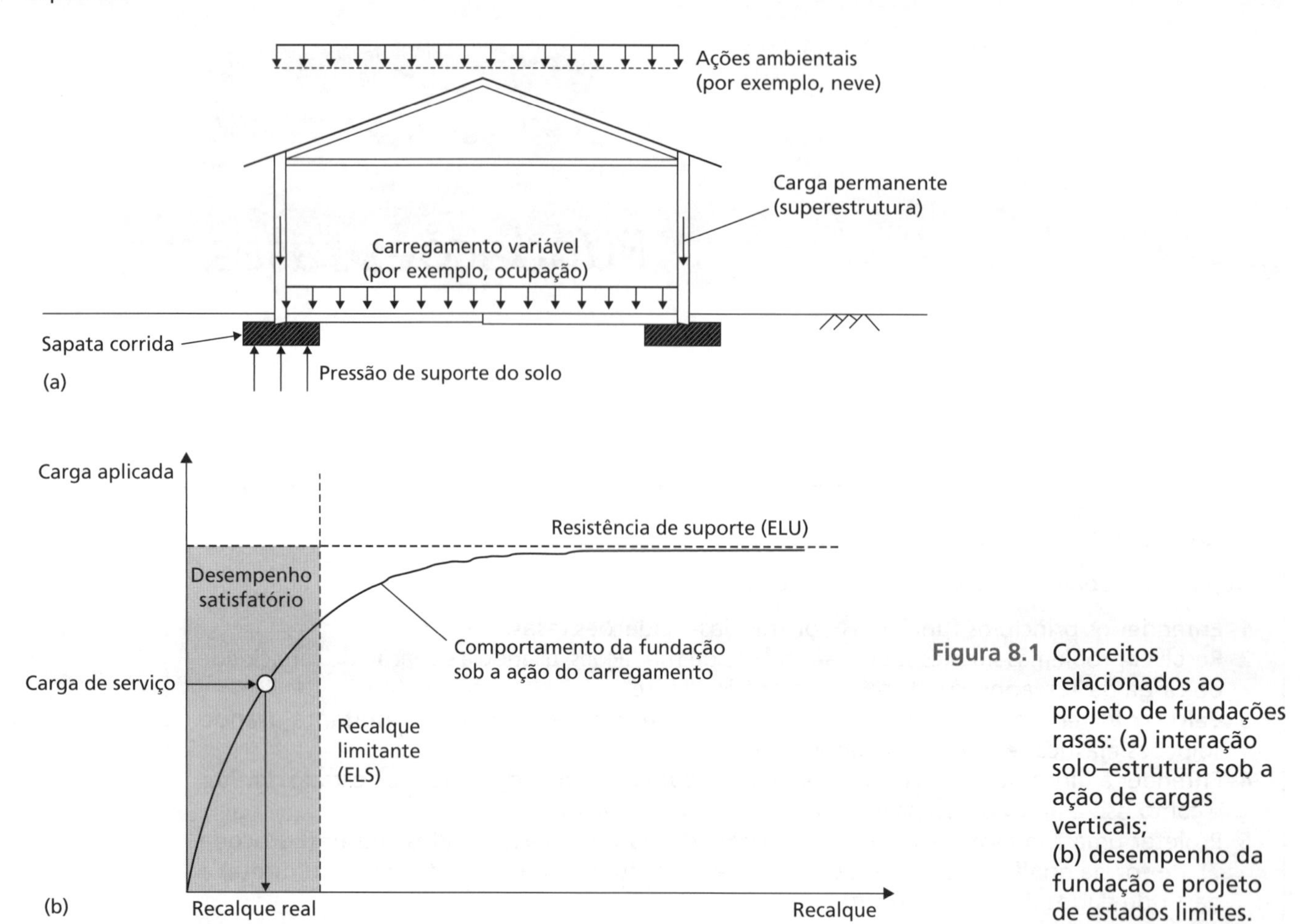

Figura 8.1 Conceitos relacionados ao projeto de fundações rasas: (a) interação solo–estrutura sob a ação de cargas verticais; (b) desempenho da fundação e projeto de estados limites.

versais e que suporta a estrutura como um todo. A resistência de uma fundação rasa é quantificada por sua **resistência de suporte** (uma carga limitante) ou **capacidade de carga** (uma pressão limitante), cuja determinação será tratada nas Seções 8.2–8.4. A capacidade de carga (ou portante) está diretamente relacionada com a resistência ao cisalhamento do solo e, portanto, exige as propriedades de resistência ϕ', c' ou c_u, dependendo de se as condições drenadas ou não drenadas forem mantidas, respectivamente. A deformação de uma fundação submetida a uma carga vertical será tratada nas Seções 8.5–8.8; ela depende da rigidez do solo (G ou módulo de Young E). O projeto de estado limite de uma fundação rasa será tratado na Seção 8.9. Quando elementos isolados de fundações rasas forem usados como partes de um sistema de fundações (por exemplo, Figura 8.1a, consistindo em duas sapatas corridas suportando a estrutura), eles poderão suportar, além disso, cargas horizontais e/ou momentos, por exemplo, induzidos pelo carregamento do vento (ação ambiental); isso será visto no Capítulo 10.

Se o solo próximo à superfície for incapaz de suportar de maneira adequada as cargas estruturais, serão usadas **estacas** ou outras formas de **fundações profundas**, como tubulões ou caixões, para transmitir as cargas aplicadas ao solo (ou rocha) adequado em maiores profundidades, onde as tensões efetivas (e, em consequência, a resistência ao cisalhamento, de acordo com o descrito no Capítulo 5) são maiores. As fundações profundas serão tratadas no Capítulo 9.

Além de estar localizada dentro de estrato com capacidade de suporte adequada, uma fundação rasa deve estar abaixo da profundidade sujeita à ação de congelamento (em torno de 0,5 m no Reino Unido) e, quando for o caso, daquela em que ocorre inchamento (expansão) ou encolhimento (contração) ocasional do solo. Também se devem levar em consideração os problemas que surgem em consequência da escavação abaixo do lençol freático, caso seja necessário colocar fundações abaixo desse nível. A escolha do nível (cota) da fundação também pode ser influenciada pela possibilidade de escavações futuras para serviços próximos à estrutura e pelo efeito de construções, em particular, escavações, em estruturas e serviços existentes.

8.2 Capacidade de carga e análise limite

A capacidade de carga, ou de suporte, (q_f) é definida como a pressão que causaria ruptura por cisalhamento do solo de apoio logo abaixo e adjacente a uma fundação.

Foram identificados três modos diferentes de ruptura, que estão ilustrados na Figura 8.2; eles serão descritos em relação a uma sapata corrida. No caso de uma **ruptura generalizada por cisalhamento**, serão desenvolvidas superfícies contínuas de ruptura entre as bordas da sapata e a superfície do terreno, de acordo com o ilustrado na Figura 8.2. À

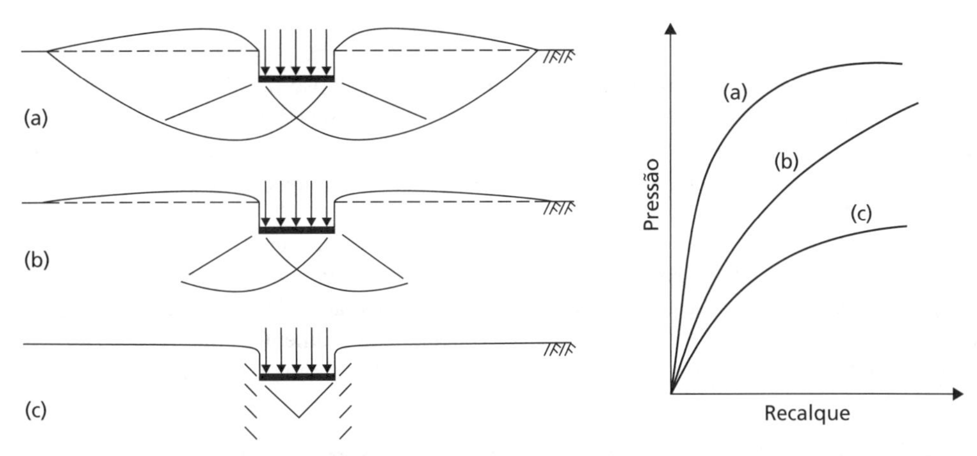

Figura 8.2 Modos de ruptura: (a) cisalhamento geral; (b) cisalhamento local; e (c) cisalhamento por punção.

medida que a pressão aumenta e se aproxima de q_f, será alcançado um estado de equilíbrio plástico, inicialmente no solo próximo às bordas da sapata e, depois, se espalhando de forma gradual para baixo e para fora. Ao fim, o estado de equilíbrio plástico se desenvolverá por completo ao longo do solo acima das superfícies de ruptura. Ocorrerá, então, o levantamento das superfícies do terreno em ambos os lados da sapata, apesar de, em muitos casos, o movimento final de deslizamento (escorregamento) ocorrer em apenas um dos lados, acompanhado da inclinação (desaprumo) da sapata, já que ela não estará perfeitamente nivelada, tendendo, por isso, a cair para um lado. Esse modo de ruptura é típico de solos de baixa compressibilidade (isto é, solos grossos compactos ou solos finos rijos), e a curva pressão–recalque é mostrada de forma geral na Figura 8.2, sendo a capacidade final de carga bem definida. No modo de **ruptura localizada ao cisalhamento**, há compressão significativa do solo sob a sapata e apenas o desenvolvimento parcial do estado de equilíbrio plástico. As superfícies de ruptura, portanto, não atingem a superfície do terreno, e ocorre somente um pequeno levantamento. Não é esperada uma inclinação da fundação. A ruptura localizada ao cisalhamento está associada a solos de alta compressibilidade e, conforme indica a Figura 8.2, é caracterizada pela ocorrência de recalques relativamente grandes (que seriam inaceitáveis na prática) e pelo fato de que a capacidade última de carga não está definida de forma clara. A **ruptura de cisalhamento por punção** ocorre quando há compressão relativamente alta do solo sob a sapata, acompanhada de cisalhamento na direção vertical em torno das bordas dela. Não há levantamento da superfície do terreno afastado das bordas nem inclinação da sapata. Recalques relativamente grandes também são uma característica desse modo, e, mais uma vez, a capacidade última de carga não fica bem definida. A ruptura por punção também ocorrerá em um solo de baixa compressibilidade se a fundação estiver localizada em uma profundidade considerável. Em geral, o modo de ruptura depende da compressibilidade do solo e da profundidade da fundação em relação à sua largura.

O problema de capacidade de carga pode ser examinado em termos da teoria da plasticidade. Admite-se que o comportamento de tensão–deformação do solo pode ser representado pela idealização rígida – perfeitamente plástica, que é mostrada na Figura 8.3, na qual tanto o escoamento quanto a ruptura por cisalhamento ocorrem no mesmo estado de tensões: o fluxo plástico irrestrito ocorre nesse nível de tensões. Diz-se que uma massa de solo está em um estado de equilíbrio plástico se a tensão de cisalhamento em cada ponto no interior da massa de solo atingir o valor representado pelo ponto Y′.

O colapso plástico ocorre depois de se alcançar um estado de equilíbrio plástico em parte de uma massa de solo, resultando na formação de um mecanismo instável: aquela parte da massa de solo desliza em relação ao restante. O sistema de cargas aplicadas, incluindo as forças de corpo, para essa condição é denominado carga de colapso. Sua determinação é conseguida usando os teoremas limites da plasticidade (também conhecidos como análise limite) para calcular o **limite inferior** e o **limite superior** da carga verdadeira de colapso. Em determinados casos, os teoremas produzem o mesmo resultado, que seria o valor exato da carga de colapso. Os teoremas dos limites podem ser enunciados da maneira que se segue.

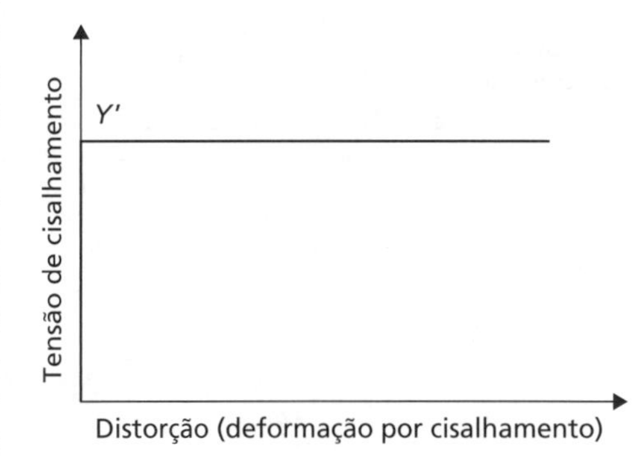

Figura 8.3 Relação idealizada tensão–deformação em um material perfeitamente plástico.

Teorema do limite inferior (*lower bound*, LB)

Se for encontrado um estado de tensões que não ultrapasse em nenhum ponto o critério de ruptura para o solo e esteja em equilíbrio com um sistema de cargas externas (que inclua o peso próprio do solo), então, o colapso não poderá ocorrer; dessa forma, o sistema de cargas externas constituirá um limite inferior para a verdadeira carga de colapso (porque poderá existir uma distribuição mais eficiente de tensões, que estaria em equilíbrio com cargas externas maiores).

Teorema do limite superior (*upper bound*, UB)

Se for postulado um mecanismo **cinematicamente admissível** de colapso plástico e se, em um incremento de deslocamento, o trabalho feito por um sistema de cargas externas for igual à dissipação de energia pelas tensões internas, então, deverá ocorrer o colapso; o sistema de cargas externas constituirá, dessa forma, um limite superior para a verdadeira carga de colapso (porque poderá existir um mecanismo mais eficiente, que resulte em um colapso submetido a cargas externas menores).

Na abordagem do limite superior, é formado um mecanismo plástico pela escolha de uma superfície de deslizamento (escorregamento), e o trabalho realizado pelas forças externas é igualado à perda de energia por meio das tensões que agem ao longo da superfície de deslizamento, sem consideração de equilíbrio. Não é obrigatório que o mecanismo de colapso escolhido seja o verdadeiro, mas deve ser cinematicamente admissível — isto é, o movimento da massa de solo que desliza deve permanecer contínuo e ser compatível com quaisquer restrições dos contornos.

8.3 Capacidade de carga em materiais não drenados

Análise usando o teorema do limite superior

Abordagem do limite superior, mecanismo UB–1

Pode-se mostrar que, para condições não drenadas, o mecanismo de falha estrutural no interior da massa de solo consiste em linhas de deslizamento (escorregamento) que são linhas retas ou arcos circulares (ou uma combinação dos dois). Um mecanismo simples, consistindo em três blocos de deslizamento, é mostrado na Figura 8.4, para uma sapata corrida submetida a um carregamento vertical puro.

Se a fundação oferecer trabalho ao sistema por meio de um movimento vertical para baixo com velocidade v, os blocos precisarão se mover de acordo com a Figura 8.4 para formar um mecanismo e, portanto, ser cinematicamente admissíveis. Esse movimento gera velocidades relativas entre cada bloco deslizante e sua vizinhança, o que resultará em dissipação de energia ao longo das linhas de deslizamento mostradas (OA, OB, OC, AB e BC). Para determinar as velocidades relativas ao longo das linhas de deslizamento, desenha-se um **hodógrafo** (diagrama de velocidades), cujo procedimento de construção é mostrado na Figura 8.5. Começando com o deslocamento vertical conhecido da sapata (v), obtém-se o ponto f (fundação) no hodógrafo, conforme mostrado na Figura 8.5a. O bloco A deve se mover a um ângulo de 45° em relação ao solo estacionário; o componente vertical desse movimento deve ser igual a v para que a sapata e o solo permaneçam em contato. Podem ser adicionadas ao hodógrafo duas linhas

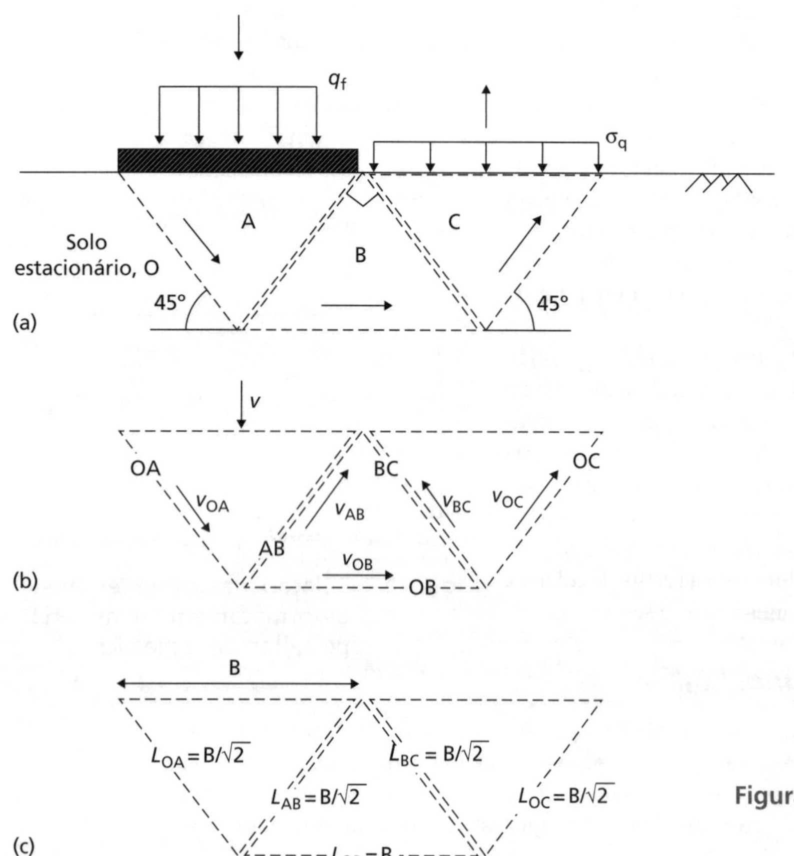

Figura 8.4 (a) Mecanismo simples proposto, UB–1; (b) velocidades de deslizamento ou escorregamento; (c) dimensões.

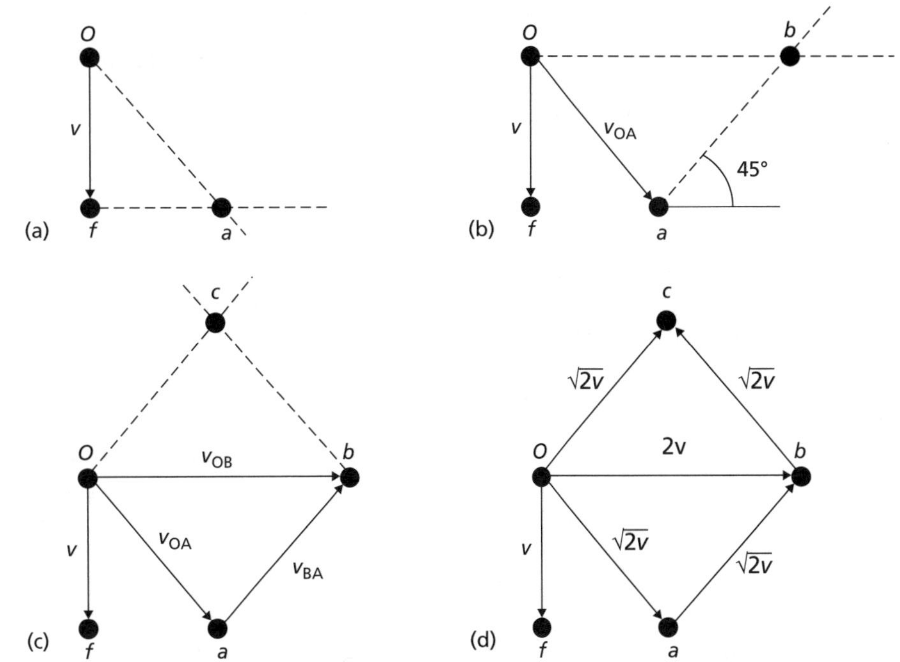

Figura 8.5 Construção do hodógrafo para o mecanismo UB–1.

auxiliares da construção, conforme ilustra a Figura 8.5a, para representar essas duas condições limitantes. O ponto de cruzamento dessas linhas determina a posição do ponto a no hodógrafo e, portanto, a velocidade v_{OA}. O bloco B se move horizontalmente em relação a O e a 45° em relação a A. Adicionar duas linhas auxiliares de construção para essas condições fixa a posição de b, conforme ilustra a Figura 8.5b, e, portanto, as velocidades v_{OB} e v_{BA}. O bloco C se move a 45° dos pontos o e b, conforme ilustra a Figura 8.5c, o que fixa a posição de c e, portanto, as velocidades relativas v_{OC} e v_{CB}. Pode-se usar, então, trigonometria básica no hodógrafo final, a fim de determinar os comprimentos das linhas que representam as velocidades relativas no mecanismo em termos do movimento conhecido da fundação v, conforme ilustrado na Figura 8.5d.

A energia dissipada (E_i) em virtude do cisalhamento na velocidade relativa v_i ao longo de uma linha de deslizamento de comprimento L_i é dada por:

$$E_i = \tau_f \cdot L_i \cdot v_i \tag{8.1}$$

sendo a energia igual à força multiplicada pela velocidade (tensão multiplicada pelo comprimento é força por metro de comprimento do plano de deslizamento na página). A resistência τ_f é usada como tensão de cisalhamento ao longo da linha de deslizamento, já que o solo está em falha plástica ao longo dela por definição (isto é, $\tau = \tau_f$). A energia total dissipada no solo pode, então, ser encontrada somando-se E_i para todas as linhas de deslizamento, conforme ilustrado na Tabela 8.1.

Tabela 8.1 Energia dissipada no interior da massa de solo no mecanismo UB–1

Linha de deslizamento	*Tensão, τ_f*	*Comprimento, L_i*	*Velocidade relativa, v_i*	*Energia dissipada, E_i*
OA	c_u	$B/\sqrt{2}$	$\sqrt{2}\,v$	c_uBv
OB	c_u	B	$2v$	$2c_uBv$
OC	c_u	$B/\sqrt{2}$	$\sqrt{2}\,v$	c_uBv
AB	c_u	$B/\sqrt{2}$	$\sqrt{2}\,v$	c_uBv
BC	c_u	$B/\sqrt{2}$	Energia total, ΣE_i =	$6c_uBv$

O trabalho pode ser fornecido ao sistema pelo movimento da fundação de cima para baixo, sendo positivo quando a velocidade e a força tiverem a mesma direção. Se houver uma pressão de sobrecarga σ_q agindo em torno da fundação conforme ilustrado na Figura 8.4, ela será movida para cima em consequência do componente vertical do movimento do bloco C. Como a força e a velocidade estão em sentidos opostos (a sobrecarga está se movendo para cima, em oposição à gravidade), haverá trabalho negativo (dissipando energia de maneira efetiva). O trabalho realizado W_i por uma pressão q_i agindo em uma área por unidade de comprimento B_i se movendo a uma velocidade v_i é dado por

$$W_i = q_i \cdot B_i \cdot v_i \tag{8.2}$$

Tabela 8.2 Trabalho realizado pelas pressões externas, mecanismo UB-1

Componente	*Pressão, p_i*	*Área, B_i*	*Velocidade relativa, v_i*	*Trabalho realizado, W_i*
Pressão da sapata	q_f	B	v	$q_f Bv$
Sobrecarga	σ_q	B	$-v$	$-\sigma_q Bv$
			Trabalho total realizado, ΣW_i =	$(q_f - \sigma_q)Bv$

O trabalho total realizado pode, então, ser encontrado somando-se W_i para todos os componentes, conforme ilustrado na Tabela 8.2.

Pelo teorema do limite superior, se o sistema estiver em colapso plástico, o trabalho realizado pelas cargas/pressões externas deverá ser igual à energia dissipada no interior do solo, isto é,

$$\sum W_i = \sum E_i \tag{8.3}$$

Dessa forma, para o mecanismo UB–1, inserindo os valores das Tabelas 8.1 e 8.2, obtém-se a capacidade de carga q_f:

$$\begin{aligned} (q_f - \sigma_q)Bv &= 6c_u Bv \\ q_f &= 6c_u + \sigma_q \end{aligned} \tag{8.4}$$

Abordagem do limite superior, mecanismo UB–2

O mecanismo UB–1 exige alterações drásticas na direção do movimento dos blocos para traduzir um de cima para baixo sob a fundação em um de baixo para cima do solo adjacente. Um mecanismo mais eficiente (isto é, que dissipa menos energia) substitui o bloco B na Figura 8.4 por várias cunhas menores, conforme ilustrado na Figura 8.6a. Elas descrevem um arco circular de raio R entre os blocos rígidos A e C, conforme mostra a figura, conhecido como **leque de cisalhamento**. O hodógrafo para esse mecanismo é mostrado na Figura 8.6d — os blocos A e C se moverão na mesma direção e com o mesmo valor, como na Figura 8.5; a velocidade ao longo do contorno do arco circular será constante, uma vez que o solo nessa região gira em torno do ponto X.

A energia dissipada em virtude do cisalhamento entre a cunha i (de ângulo interno $\delta\theta$) e o solo estacionário pode, então, ser encontrada por meio da Equação 8.1, na qual o comprimento ao longo do plano de deslizamento é $R\delta\theta$, conforme mostram as Figuras 8.6b e 8.6c:

$$E_i = c_u \cdot (R\delta\theta) \cdot v_{\text{leque}} \tag{8.5}$$

A energia dissipada em virtude do cisalhamento que ocorre entre cada cunha e a seguinte pode ser encontrada de maneira similar, com o comprimento ao longo da linha de deslizamento sendo R, e a velocidade relativa obtida do hodógrafo, $v\delta\phi$:

$$E_{i,j} = c_u \cdot R \cdot (v_{\text{leque}}\delta\theta) \tag{8.6}$$

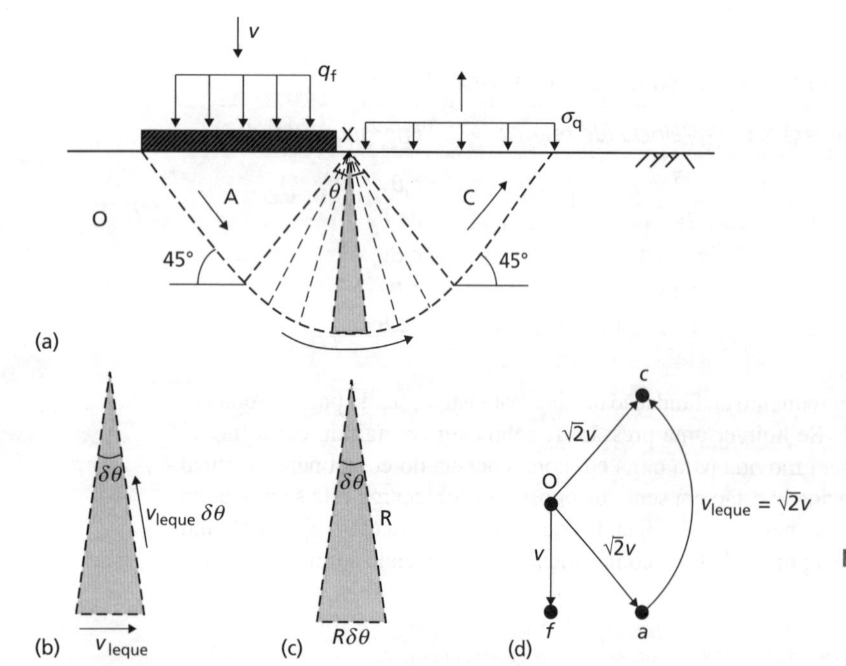

Figura 8.6 (a) Mecanismo refinado UB–2; (b) velocidades de deslizamento na cunha i; (c) geometria da cunha i; (d) hodógrafo.

A quantidade total de energia dissipada no interior dessa zona é dada, então, pela soma dos componentes das Equações 8.5 e 8.6 ao longo de todas as cunhas. Se o ângulo da cunha $\delta\theta$ for considerado infinitesimal, esse somatório se tornará uma integral ao longo de todo o ângulo interno da região (θ):

$$\begin{aligned} E_{\text{leque}} &= \sum_{i}\left(E_i + E_{i,j}\right) = \sum_{i} 2c_u R v_{\text{leque}}\delta\theta = \int_0^{\theta} 2c_u R v_{\text{leque}}\delta\theta \\ &= 2c_u R v_{\text{leque}}\theta \end{aligned} \tag{8.7}$$

O componente de energia E_{leque} substitui os termos ao longo das linhas de deslizamento OB, AB e BC no mecanismo UB–1. Se os blocos A e C ainda se moverem nas mesmas direções de antes, o ângulo da cunha $\theta = \pi/2$ (90°), $v_{\text{leque}} = v_{OA} = v_{OC} = \sqrt{2}v$ e $R = B/\sqrt{2}$. A energia dissipada em UB–2 está de acordo, portanto, com a Tabela 8.3.

Tabela 8.3 Energia dissipada no interior da massa de solo no mecanismo UB–2

Linha de deslizamento	*Tensão, τ_f*	*Comprimento, L_i*	*Velocidade relativa, v_i*	*Energia dissipada, E_i*
OA	c_u	$B/\sqrt{2}$	$\sqrt{2}\,v$	c_uBv
Zona de leque ($\theta = \pi/2$)	c_u	$R = B/\sqrt{2}$	$v_{\text{leque}} = \sqrt{2}\,v$	πc_uBv (da Eq. 8.7)
OC	c_u	$B/\sqrt{2}$	$\sqrt{2}\,v$	c_uBv
			Energia total, ΣE_i =	$(2+\pi)c_uBv$

O trabalho dissipado no mecanismo UB–2 é o mesmo que para UB–1 (valores na Tabela 8.2), tal que, aplicando-se a Equação 8.3, obtém-se:

$$\begin{aligned} \left(q_f - \sigma_q\right)Bv &= (2+\pi)c_uBv \\ q_f &= (2+\pi)c_u + \sigma_q \end{aligned} \tag{8.8}$$

A pressão no solo na Equação 8.8 é menor do que para UB–1 (Equação 8.4), portanto UB–2 representa uma estimativa melhor do colapso verdadeiro pelo teorema do limite superior.

Análise usando o teorema do limite inferior

Abordagem do limite inferior, estado de tensões LB–1

Na abordagem do limite inferior, as condições de equilíbrio e escoamento foram satisfeitas sem considerar o modo de deformação. Para condições não drenadas, o critério de escoamento é representado por $\tau_f = c_u$ em todos os pontos do interior da massa de solo. O campo de tensões mais simples possível satisfazendo ao equilíbrio que pode ser desenhado para uma sapata corrida é mostrado na Figura 8.7a. Abaixo da fundação (zona 1), a maior tensão principal (σ_1) será vertical. No solo de cada lado desta (zona 2), a maior tensão principal será horizontal. As tensões principais menores (σ_3) em cada zona serão perpendiculares às maiores. Essas duas zonas distintas são separadas por uma descontinuidade de tensões sem atrito e isolada, que permite a rotação do sentido da tensão principal maior.

Os círculos de Mohr (ver Capítulo 5) podem ser desenhados para cada zona de solo, conforme ilustrado na Figura 8.7b. A fim de que o solo esteja em equilíbrio, σ_1 na zona 2 deve ser igual a σ_3 na zona 1. Essa exigência faz com que os círculos apenas se toquem, de acordo com a ilustração da Figura 8.7b. A tensão principal maior em qualquer ponto no interior da zona 1 é

$$\sigma_1 = q_f + \gamma z \tag{8.9}$$

isto é, a tensão vertical total devida ao peso do solo (γz) mais a pressão aplicada da sapata (q_f). Na zona 2, a tensão principal menor é, de maneira similar,

$$\sigma_3 = \sigma_q + \gamma z \tag{8.10}$$

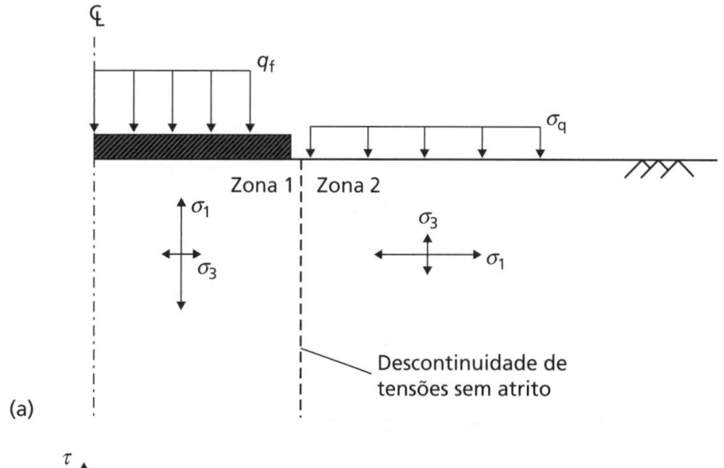

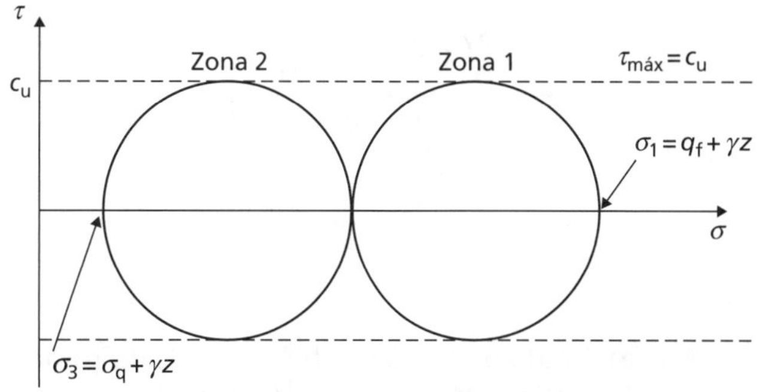

Figura 8.7 (a) Estado de tensões simples LB–1 proposto; (b) círculos de Mohr.

Se um solo for não drenado com resistência ao cisalhamento c_u e, em todos os locais, estiver em um estado de escoamento plástico, o diâmetro de cada círculo será $2c_u$. Dessa forma, no ponto em que os círculos se tocam,

$$q_f + \gamma z - 2c_u = \sigma_q + \gamma z + 2c_u$$
$$\therefore q_f = 4c_u + \sigma_q \tag{8.11}$$

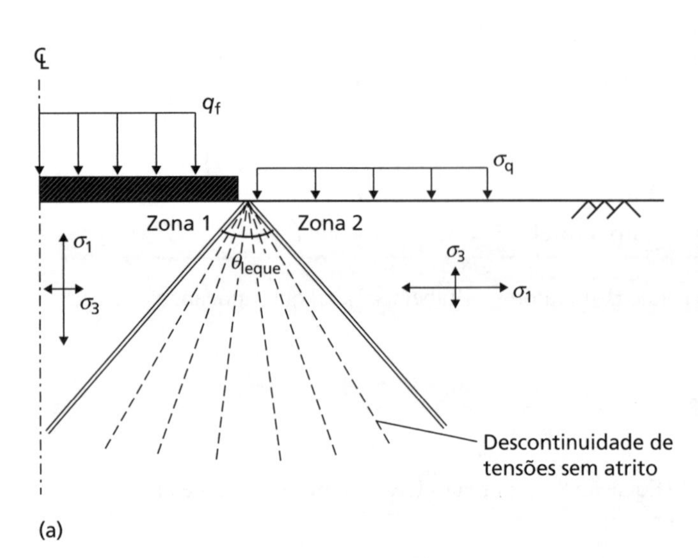

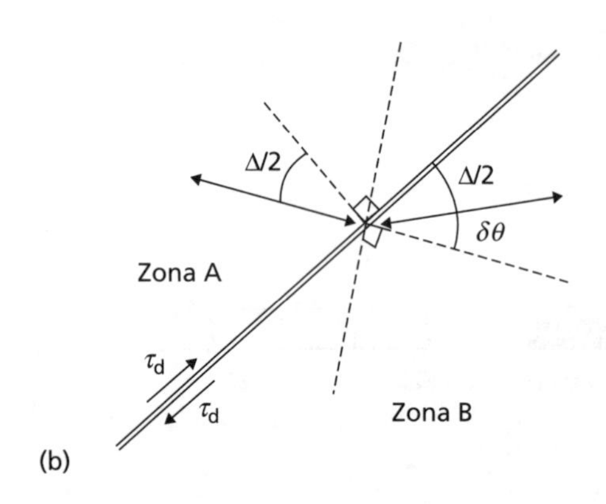

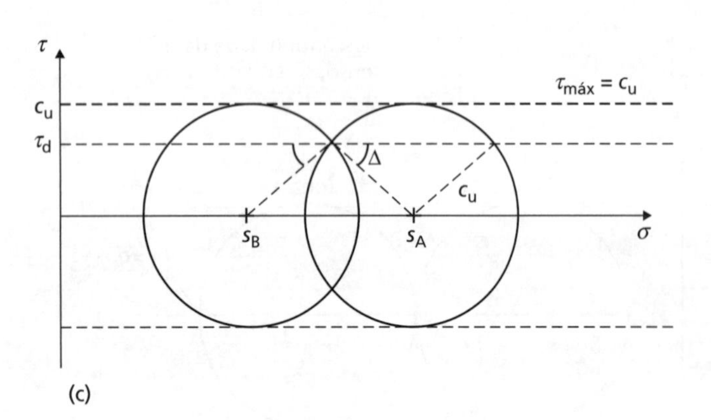

Figura 8.8 (a) Estado de tensões refinado LB–2; (b) rotação da tensão principal ao longo de uma descontinuidade de tensões causada pelo atrito; (c) círculos de Mohr.

Abordagem do limite inferior, estado de tensões LB-2

Da mesma forma que para o limite superior UB–1, a mudança brusca do campo de tensões por meio de uma descontinuidade isolada no estado de tensões LB–1 é apenas uma representação grosseira do campo de tensões real no interior do solo. Um estado de tensões mais realista pode se encontrado considerando uma série de descontinuidades causadas pelo atrito, ao longo da qual pode-se mobilizar uma proporção significativa da resistência do solo, formando uma **zona de leque** que gira de forma gradual a tensão principal maior, desde a direção vertical abaixo da sapata até a horizontal no exterior da zona. Isso é mostrado na Figura 8.8a.

A mudança de direção da tensão principal maior ao longo de uma descontinuidade causada pelo atrito depende da força de atrito nesta (τ_d, Figura 8.8b). Os círculos de Mohr que representam os estados de tensão nas zonas dos dois lados de uma descontinuidade são ilustrados na Figura 8.8c. A tensão média em cada zona é representada por s (ver Capítulo 5). Da mesma forma que com o mecanismo LB–1, os círculos se tangenciarão, mas em um ponto em que $\tau = \tau_d$, conforme mostra a figura. Isso define a posição relativa dos dois círculos, isto é, a diferença $s_A - s_B$. Ao cruzar a descontinuidade, a tensão principal maior girará um valor $\delta\theta$ (Figura 8.8b):

$$\delta\theta = \frac{\pi}{2} - \Delta \tag{8.12}$$

Quando o raio dos círculos de Mohr for c_u, com base na Figura 8.8c,

$$s_A - s_B = 2c_u \cos\Delta \tag{8.13}$$

A Equação 8.12 pode, então, ser substituída por Δ na Equação 8.13. Assim, no limite $s_A - s_B \to \delta s'$, sen $\delta\theta \to \delta\theta$

$$\begin{aligned} \delta s &= 2c_u \cos\left(\frac{\pi}{2} + \delta\theta\right) \\ &= 2c_u \operatorname{sen} \delta\theta \\ &= 2c_u \delta\theta \end{aligned} \tag{8.14}$$

Para uma zona de leque de descontinuidades de tensão causadas pelo atrito que subtenda um ângulo θ, a Equação 8.14 pode ser integrada da zona 1 até a zona 2 na Figura 8.8a ao longo do ângulo do leque θ_{leque}, isto é,

$$\begin{aligned} \int_{s_2}^{s_1} \delta s &= \int_0^{\theta_{leque}} 2c_u \delta\theta \\ s_1 - s_2 &= 2c_u \theta_{leque} \end{aligned} \tag{8.15}$$

Para o problema de fundação rasa mostrado na Figura 8.9, σ_1 na zona 1 ainda é dado pela Equação 8.9, e σ_3 na zona 2 ainda é dado pela Equação 8.10. Dessa forma, a rotação da tensão principal maior exigida no leque é $\theta_{\text{leque}} = \pi/2$ (90°), fornecendo, com base na Equação 8.15,

$$\begin{aligned}(q_f + \gamma z - c_u) - (\sigma_q + \gamma z + c_u) &= 2c_u \frac{\pi}{2} \\ \therefore q_f &= (2+\pi)c_u + \sigma_q\end{aligned} \tag{8.16}$$

A pressão de carregamento na Equação 8.16 é maior do que para LB–1 (Equação 8.11), portanto LB–2 representa uma melhor estimativa da carga verdadeira de colapso pelo teorema do limite inferior.

Combinando os limites superior e inferior para obter a carga de colapso verdadeira

Ignorando a pressão de sobrecarga σ_q (que é a mesma em todas as expressões obtidas até aqui), a capacidade de carga de acordo com o UB–1 é $6c_u$, enquanto que, de acordo com o LB–1, é $4c_u$. Esses valores formam os limites superior e inferior para a verdadeira carga de colapso, de forma que $4c_u \leq q_f \leq 6c_u$. No entanto, comparando as análises refinadas, UB–2 e LB–2, ambas fornecem o mesmo valor de $q_f = (2 + \pi)c_u = 5{,}14c_u$, portanto, pelos teoremas do limite superior e do limite inferior, essa deve ser a solução exata — isto é, LB–2 representa o estado de tensões assim que UB–2 é formado.

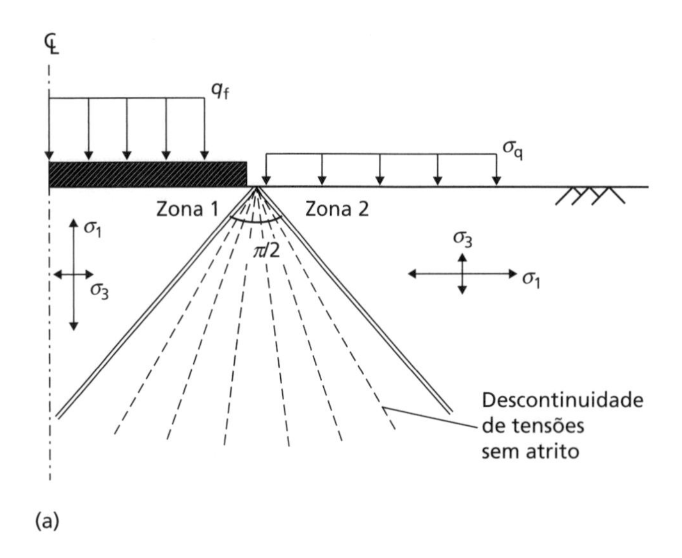

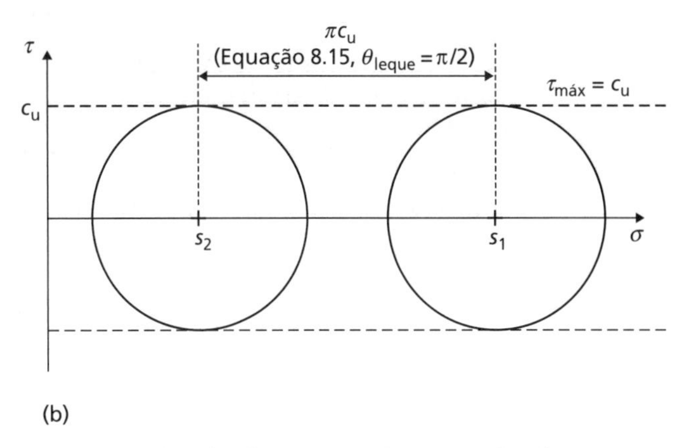

Figura 8.9 Estado de tensões LB–2 para fundação rasa em solo não drenado.

Nesse problema, foi possível, com um esforço de certa forma pequeno, determinar a solução exata. Ao resolver qualquer problema generalizado usando a análise limite, pode ser necessário experimentar muitos mecanismos e estados de tensão diferentes, a fim de determinar a capacidade de suporte de maneira exata (ou, se não exata, com apenas uma pequena margem entre as melhores soluções de limite superior e de limite inferior). Podem ser usados computadores para automatizar esse processo de otimização. No site da LTC Editora que complementa este livro, são fornecidos *links* para o *software* apropriado, que está disponível tanto para uso comercial quanto acadêmico.

Fatores de capacidade de carga

Comparando as Equações 8.8 e 8.16, a capacidade de carga de uma fundação rasa em um material não drenado pode ser escrito na forma generalizada como

$$q_f = s_c N_c c_u + \sigma_q \tag{8.17}$$

na qual, para o caso de uma sapata cercada por uma pressão de sobrecarga σ_q, $N_c = 5{,}14$. N_c é o **fator de capacidade de carga** para uma fundação contínua submetida a condições não drenadas ($\tau_f = c_u$). O parâmetro s_c na Equação 8.17 é um fator de forma ($s_c = 1{,}0$ para uma fundação contínua). Em princípio, as análises UB e LB similares às apresentadas anteriormente podem ser conduzidas para vários outros casos (por exemplo, sapata próxima a um talude ou em solos dispostos em camadas). Em muitos casos, entretanto, tais análises foram realizadas, e os resultados publicados como gráficos auxiliares de *design* para selecionar o valor de N_c a ser usado na Equação 8.17.

Em geral, as fundações não estão localizadas na superfície de uma massa de solo, mas colocadas a uma profundidade d abaixo dela. O solo acima do **plano da fundação** (o nível da base da fundação) é considerado uma sobrecarga, impondo uma pressão uniforme $\sigma_q = \gamma d$ no plano horizontal ao nível (cota) da fundação. Isso pressupõe que a resistência ao cisalhamento do solo entre a superfície e a profundidade d seja ignorada. Essa é uma hipótese razoável, contanto que d não seja maior do que a largura da fundação B. O solo acima do nível (cota) da fundação costuma ser mais fraco (em especial, se for aterrado) do que o solo a maiores profundidades.

Skempton (1951) apresentou valores de N_c para fundações contínuas enterradas em solo não drenado como uma função de d com base em evidências empíricas, que são dadas na Figura 8.10; também estão incluídos valores sugeridos por Salgado *et al.* (2004), que são descritos por

$$N_c = (2+\pi)\left(1 + 0{,}27\sqrt{\frac{d}{B}}\right). \tag{8.18}$$

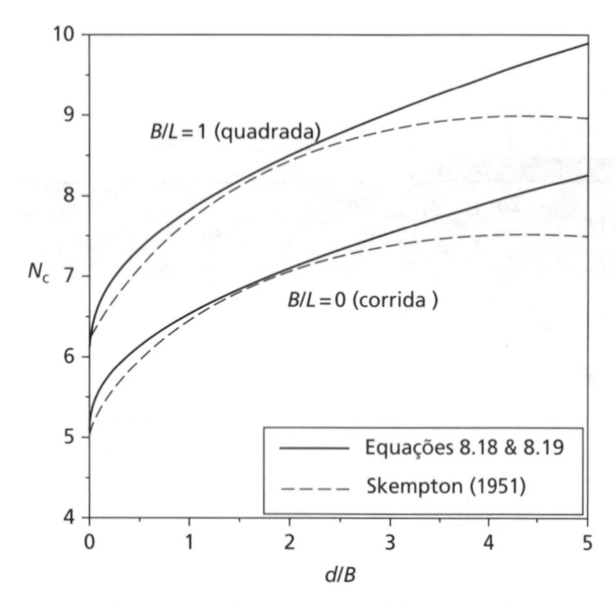

Figura 8.10 Fatores de capacidade de carga N_c para fundações enterradas em solo não drenado.

Para uma sapata retangular comum de dimensões $B \times L$ (em que $B < L$), o Eurocode 7 recomenda que o fator de forma s_c na Equação 8.17 seja dado por:

$$s_c = 1 + 0{,}2\frac{B}{L} \quad (8.19)$$

As Equações 8.18 e 8.19 são comparadas com os dados de Skempton para os casos extremos de fundações corridas ($B/L = 0$) e quadradas ($B/L = 1$) na Figura 8.19. O N_c para fundações circulares pode ser obtido adotando-se os valores quadrados. Na prática, N_c costuma estar limitado a um valor de 9,0 para fundações muito profundas quadradas ou circulares. Os valores de N_c obtidos da Figura 8.10 podem ser usados para depósitos estratificados, contanto que o valor de c_u para um determinado estrato não seja maior nem menor em 50% do que o valor médio para todos os estratos no interior de uma profundidade significativa do solo.

Para solos em camadas, Merifield *et al.* (1999) apresentaram os valores dos limites superior e inferior de N_c para fundações corridas apoiadas em um solo coesivo de duas camadas, como uma função da espessura H da camada superior do solo de resistência c_{u1} que esteja acima de um depósito profundo de material de resistência c_{u2}. Os valores de projeto propostos de N_c para esse caso são dados na Figura 8.11a, sendo válidos caso se use, na Equação 8.17, a resistência não drenada ao cisalhamento da camada superior (isto é, $c_u = c_{u1}$). Em seguida, Merifield e Nguyen (2006) conduziram mais análises para fundações quadradas com $B/L = 1{,}0$. Os fatores de forma resultantes que eles obtiveram são apresentados na Figura 8.11b.

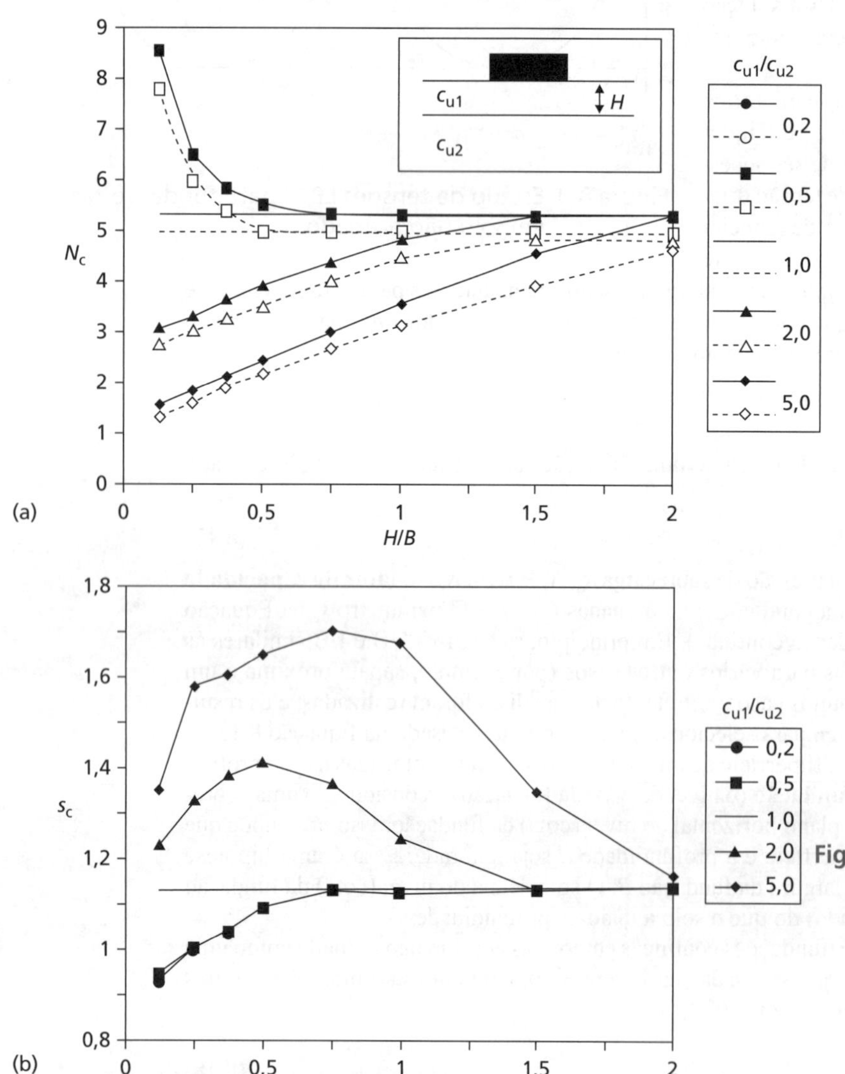

Figura 8.11 Fatores de capacidade de carga N_c para fundações corridas com largura B em solos não drenados em camadas (de acordo com Merifield *et al.*, 1999), linhas contínuas – UB, linhas tracejadas – LB; (b) fatores de forma s_c (de acordo com Merifield e Nguyen, 2006).

Se for construída uma fundação rasa próxima a um talude, sua capacidade de carga poderá ser reduzida de forma drástica. Esse é um caso comum para infraestruturas de transportes (por exemplo, uma rodovia ou uma ferrovia) situadas em aterros. Em geral, esses tipos de fundações são muito longas e, portanto, sempre se comportarão como fundações corridas. Georgiadis (2010) apresentou gráficos de N_c para fundações corridas situadas a uma distância do topo de um talude com ângulo β que seja um múltiplo λ da largura da fundação. Esses valores se baseiam nas análises de limite superior em que o mecanismo ótimo de falha estrutural foi encontrado com o menor limite inferior. Para esse caso, foi importante incluir tanto os mecanismos "locais" de falha (falha da capacidade de carga apenas da fundação) quanto os "globais" (falha de todo talude, incluindo a fundação). A estabilidade do talude é analisada com mais detalhes no Capítulo 12. A partir da Figura 8.12, temos que a presença de um talude próximo reduz o N_c (e, em consequência, também a capacidade de carga). Se a fundação for construída longe o suficiente da crista do talude ($\lambda > 2B$), então este não exercerá efeito na capacidade de carga, e $N_c = 2 + \pi$ como para o nível do terreno.

É comum que a resistência não drenada varie com a profundidade, em vez de ser uniforme (constante com a profundidade). Davis e Booker (1973) realizaram análises de plasticidade de limite superior e inferior para solos com uma variação linear da resistência não drenada ao cisalhamento, com profundidade z abaixo do plano da fundação, isto é,

$$c_u(z) = c_{u0} + Cz \tag{8.20}$$

na qual c_{u0} é a resistência não drenada ao cisalhamento no plano da fundação ($z = 0$), e C é o gradiente da relação c_u–z. A capacidade de carga é expressa de forma diferente em relação à Equação 8.17, como

$$q_f = \left[(2+\pi)c_{u0} + \frac{CB}{4}\right]F_z \tag{8.21}$$

O parâmetro F_z é lido a partir da Figura 8.13. Se a relação de $CB/c_{u0} \leq 20$, o valor de F_z pode ser lido usando o lado esquerdo da figura; se $CB/c_{u0} \geq 20$, é mais conveniente exprimir a relação como c_{u0}/CB e usar o lado direito da figura. Para o caso especial de $C = 0$ e $c_{u0} = c_u$ (resistência uniforme com profundidade), $CB/c_{u0} = 0$, $F_z = 1$, de forma que a Equação 8.21 se reduz a $q_f = 5{,}14c_u$ como antes.

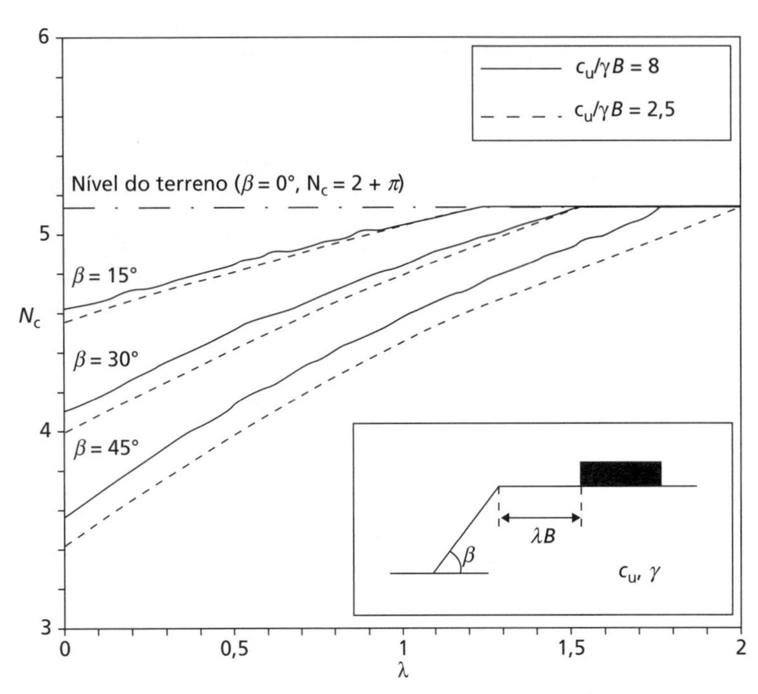

Figura 8.12 Fatores de capacidade de carga N_c para fundações corridas de largura B na crista de um talude de solo não drenado (de acordo com Georgiadis, 2010).

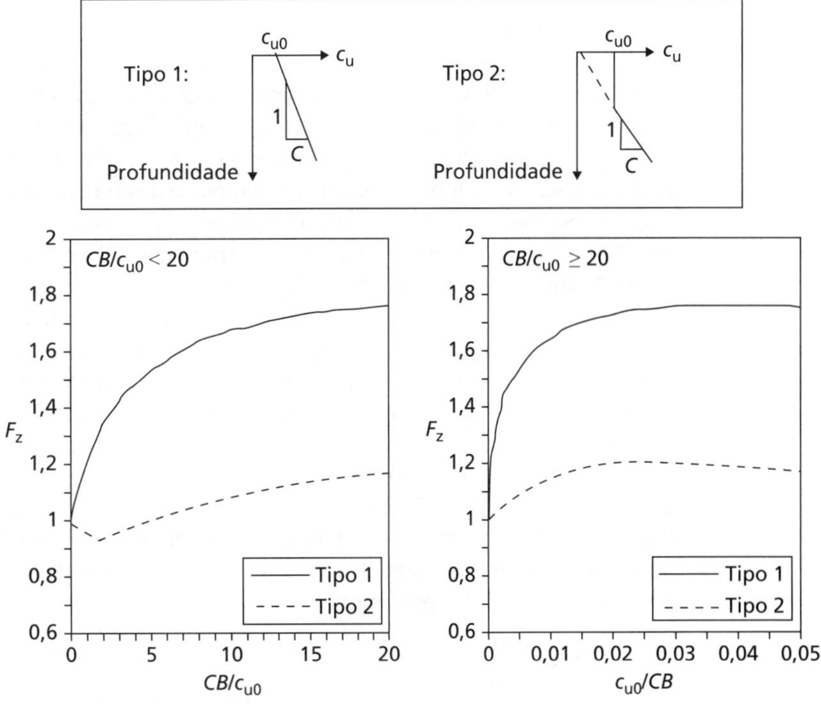

Figura 8.13 Fator F_z para fundações corridas em solo não uniforme e não drenado (de acordo com Davis e Booker, 1973).

Exemplo 8.1

Uma fundação corrida com 2,0 m de largura está localizada a uma profundidade de 2,0 m em uma argila rija com peso específico saturado de 21 kN/m³. A resistência não drenada ao cisalhamento é uniforme com a profundidade, com c_u = 120 kPa. Determine a capacidade de carga não drenada da fundação sob as seguintes condições:

a A fundação está construída no nível do terreno.
b Será feito, em seguida, um corte no terreno adjacente à fundação, com gradiente de 1:2 e com a crista do talude a 1,5 m da borda da fundação.

Solução

Para o caso (a) d/B = 2,0/2,0 = 1, portanto, a partir da Figura 8.10a, N_c = 6,4 (usando os valores de Skempton). Como a fundação é corrida, s_c = 1,0. A pressão de sobrecarga $\sigma_q = \gamma d = 21 \times 2{,}0 = 42$ kPa. Dessa forma:

$$\begin{aligned} q_f &= s_c N_c c_u + \sigma_q \\ &= (1{,}0 \cdot 6{,}4 \cdot 120) + 42 \\ &= 810\,\text{kPa} \end{aligned}$$

Para o caso (b), uma inclinação 1:2 tem um ângulo $\beta = \text{tg}^{-1}(1/2) = 26{,}6°$. O parâmetro $c_u/\gamma B = 120/(21 \times 2{,}0) = 2{,}9$ e $\lambda = 1{,}5/2{,}0 = 0{,}75$. A interpolação entre as linhas da Figura 8.12 é usada, então, para encontrar N_c = 4,4. O fator de forma é o mesmo anterior, fornecendo:

$$\begin{aligned} q_f &= s_c N_c c_u + \sigma_q \\ &= (1{,}0 \cdot 4{,}4 \cdot 120) + 42 \\ &= 570\,\text{kPa} \end{aligned}$$

A construção do talude reduzirá, portanto, a capacidade de carga da fundação. Deve-se observar que a capacidade de carga real no caso (b) será provavelmente maior, uma vez que o valor de N_c não foi corrigido para a profundidade do aterro.

8.4 Capacidade de carga em materiais drenados

Análise usando o teorema do limite superior

Pode-se mostrar que, para condições drenadas, as superfícies de deslizamento no interior de um mecanismo de falha cinematicamente admissível devem consistir em linhas retas ou curvas de uma forma específica conhecida como espiral logarítmica (ou de uma combinação das duas). As condições em uma superfície de deslizamento em qualquer ponto serão análogas a um ensaio de cisalhamento direto (conforme o descrito na Seção 5.4). Isso é mostrado de maneira esquemática na Figura 8.14 para um solo sem coesão ($c' = 0$). De acordo com a Figura 5.16, todos os materiais drenados exibirão alguma quantidade de dilatância durante o cisalhamento (quantificada pelo ângulo de dilatação, ψ). Em geral, todos os solos terão $\psi \leq \phi'$. No entanto, para o caso especial de $\psi = \phi'$, a direção do movimento será perpendicular à força resultante (R_s) no plano de cisalhamento, portanto, de acordo com a Equação 8.1, não há energia dissipada no cisalhamento ao longo da linha de deslizamento (isto é, não há movimento na direção da força resultante). Essa condição é conhecida como **princípio da normalidade**. Esse caso especial de $\psi = \phi'$ representa uma **regra do fluxo associativo**, e o uso dela simplifica de forma considerável a análise limite em materiais drenados.

A Figura 8.15a mostra um mecanismo de falha em um solo sem coesão, sem peso ($\gamma = c' = 0$) e com ângulo de atrito ϕ'. Isso é similar a UB–2 (Figura 8.6), mas com uma espiral logarítmica substituindo o arco circular para a zona de leque B. Abaixo da sapata, será formado um bloco rígido com superfícies de deslizamento fazendo um ângulo de $\pi/4 + \phi'/2$ com a horizontal, conforme ilustrado. Deve-se observar que esse é um valor geral para os ângulos das cunhas internas em qualquer solo; o ângulo destas de 45° ($\pi/4$) usado anteriormente para o caso não drenado surge do fato que $\phi' = \phi_u = 0$ em materiais não drenados. Esses ângulos fixam o comprimento dos planos de deslizamento OA e AB. Para determinar a geometria do restante do mecanismo, deve-se encontrar, em primeiro lugar, uma equação que descreva a espiral logarítmica. A Figura 8.15b mostra a variação da geometria entre dois pontos da linha de deslizamento em relação ao centro de rotação da zona de cisalhamento, a partir da qual se pode observar que, se $d\theta$ for pequeno,

$$\text{tg}\,\psi = \frac{dr}{r d\theta} \tag{8.22}$$

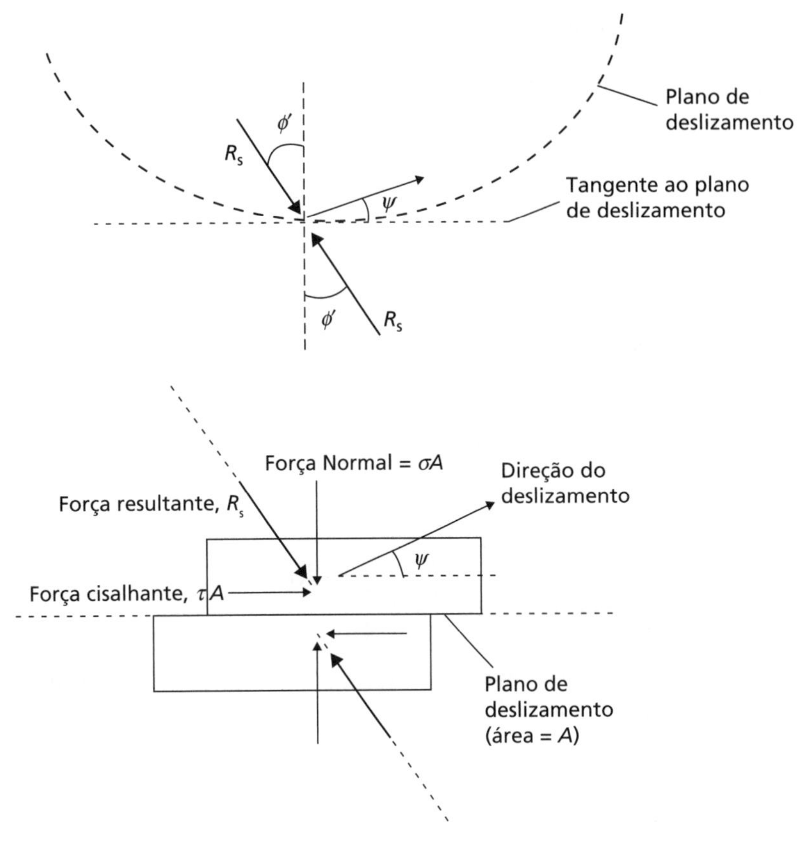

Figura 8.14 Condições ao longo de um plano de deslizamento em material drenado.

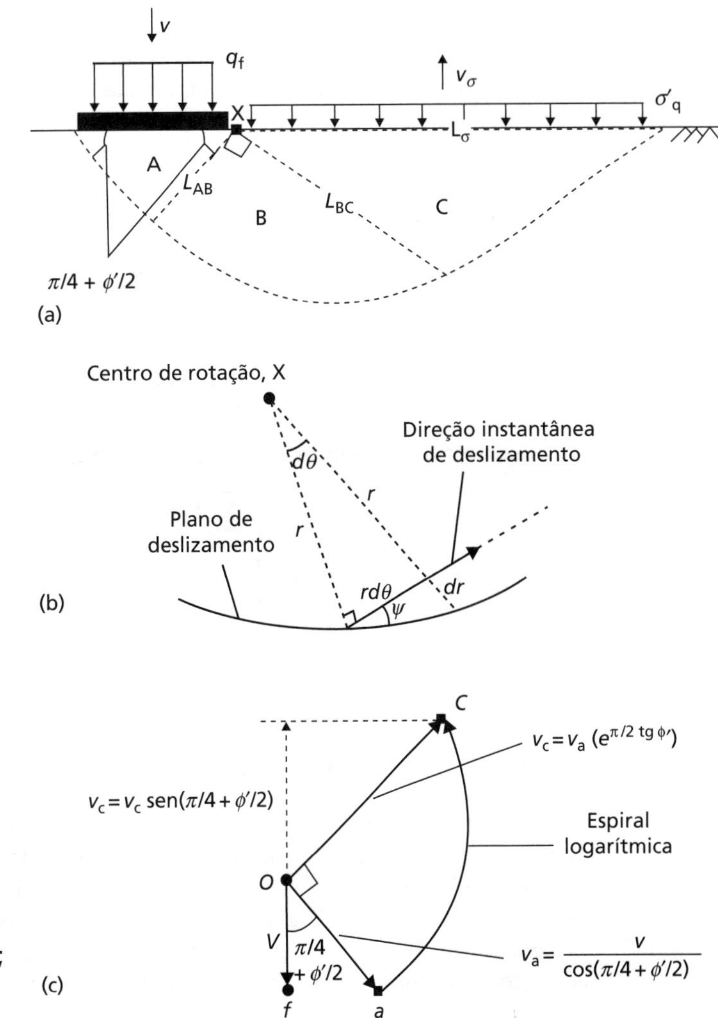

Figura 8.15 Mecanismo do limite superior em solo drenado: (a) geometria do mecanismo; (b) geometria da espiral logarítmica; (c) hodógrafo.

Reorganizando a Equação 8.22, ela pode ser integrada a partir de um raio inicial r_0 em $\theta = 0$ até um raio geral r em θ:

$$\int_{r_0}^{r} \frac{dr}{r} = \int_0^{\theta} \text{tg}\,\psi\, d\theta$$

$$\ln\left(\frac{r}{r_0}\right) = \theta\, \text{tg}\,\psi \tag{8.23}$$

$$r = r_0 e^{\theta\, \text{tg}\,\psi}$$

A Equação 8.23 pode, então, ser aplicada ao mecanismo da Figura 8.15a, na qual $r_0 = L_{AB}$, $r = L_{BC}$ e $\theta = \pi/2$. Pelo fluxo associativo, $\psi = \phi'$. O comprimento L_{AB} é encontrado por trigonometria, conhecendo-se a largura da fundação B e os ângulos de cunha $\pi/4 + \phi'/2$, isto é,

$$L_{AB} = \frac{B}{2\cos\left(\frac{\pi}{4} + \frac{\phi'}{2}\right)}$$

$$L_{BC} = \frac{Be^{\frac{\pi}{2}\text{tg}\,\phi'}}{2\cos\left(\frac{\pi}{4} + \frac{\phi'}{2}\right)} = L_{OC}$$

A área por unidade de comprimento sobre a qual age a sobrecarga no mecanismo L_σ pode, então, ser encontrada por trigonometria:

$$L_\sigma = Be^{\frac{\pi}{2}\text{tg}\,\phi'} \cdot \text{tg}\left(\frac{\pi}{4} + \frac{\phi'}{2}\right) \tag{8.24}$$

O hodógrafo para o mecanismo é mostrado na Figura 8.15c. Ele é similar ao usado para o caso não drenado (UB–2) que aparece na Figura 8.6d; entretanto, no caso drenado, a linha curva que une os pontos a e c é uma espiral logarítmica em vez de um arco circular (assim, o módulo de v_c pode ser encontrado a partir de v_a, usando a Equação 8.23, intercambiando os módulos dos raios pelos das velocidades).

Em consequência do princípio da normalidade, não há energia dissipada pelo cisalhamento no interior da massa de solo, de forma que $\Sigma E_i = 0$. Do mesmo modo que para o caso não drenado, a sapata e as pressões de sobrecarga ainda realizam trabalho, e os cálculos para o caso drenado são mostrados na Tabela 8.4.

Tabela 8.4 Trabalho realizado pelas pressões externas, mecanismo UB–1

Componente	*Pressão*	*Área, B_i*	*Velocidade relativa, v_i*	*Trabalho realizado, W_i*
Pressão da sapata	q_f	B	v	$q_f B v$
Sobrecarga	σ'_q	$Be^{(\pi/2\ \text{tg}\,\phi)} \times \text{tg}(\pi/4 + \phi'/2)$	$v_2 = -ve^{(\pi/2\ \text{tg}\,\phi)} \times \text{tg}(\pi/4 + \phi'/2)$	$-\sigma'_q B v\, e^{(\pi/2\ \text{tg}\,\phi)} \times \text{tg}^2(\pi/4 + \phi'/2)$

Dessa forma, aplicando-se a Equação 8.3, obtém-se

$$\sum W_i = 0$$

$$q_f B v - \sigma'_q B v e^{\pi\,\text{tg}\,\phi'}\, \text{tg}^2\left(\frac{\pi}{4} + \frac{\phi'}{2}\right) = 0 \tag{8.25}$$

$$q_f = \left[e^{\pi\,\text{tg}\,\phi'}\, \text{tg}^2\left(\frac{\pi}{4} + \frac{\phi'}{2}\right)\right]\sigma'_q$$

Análise usando o teorema do limite inferior

O estado de tensões proposto analisado é o mesmo de LB–2 para o caso não drenado, isto é, considerando uma zona de leque de descontinuidade de tensões de atrito. Isso é mostrado na Figura 8.16a. A mudança de direção das maiores tensões principais ao longo da descontinuidade de atrito depende da resistência ao atrito ao longo da descontinuidade, como antes (τ_d, Figura 8.16b). No entanto, a envoltória que tangencia os círculos de Mohr nas zonas 1 e 2 agora está na forma $\tau_f = \sigma'\, \text{tg}\,\phi'$ para o caso drenado, e $\tau_d = \sigma'_d\, \text{tg}\,\phi'_{mob}$, na qual ϕ'_{mob} é o ângulo de atrito mobilizado ao longo da descontinuidade. Isso é mostrado na Figura 8.16c. A tensão efetiva média em cada zona é representada por s'.

Da mesma forma que ocorre com o mecanismo LB–2, os círculos se cruzarão no ponto em que $\tau = \tau_d$, conforme ilustrado na figura, definindo a posição relativa dos dois círculos. Ao passar pela descontinuidade, a maior tensão principal sofrerá um giro de valor $\delta\theta$. A partir da Figura 8.16b, pode-se determinar que

$$\delta\theta = \frac{\pi}{2} - \Delta \tag{8.26}$$

Considerando a resistência ao cisalhamento no ponto de cruzamento dos dois círculos de Mohr na Figura 8.16c,

$$\tau_d = t_B \operatorname{sen}\left(\Delta - \phi'_{mob}\right) = t_A \operatorname{sen}\left(\Delta + \phi'_{mob}\right)$$

$$\frac{t_B}{t_A} = \frac{\operatorname{sen}\left(\Delta + \phi'_{mob}\right)}{\operatorname{sen}\left(\Delta - \phi'_{mob}\right)} \tag{8.27}$$

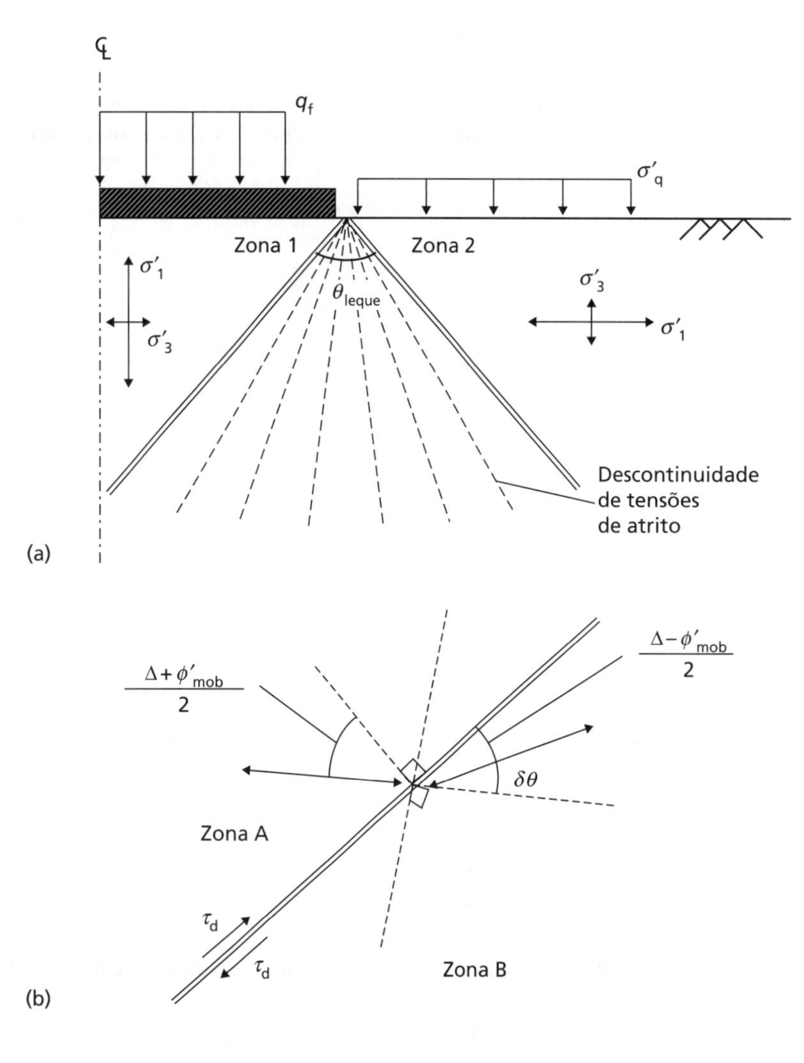

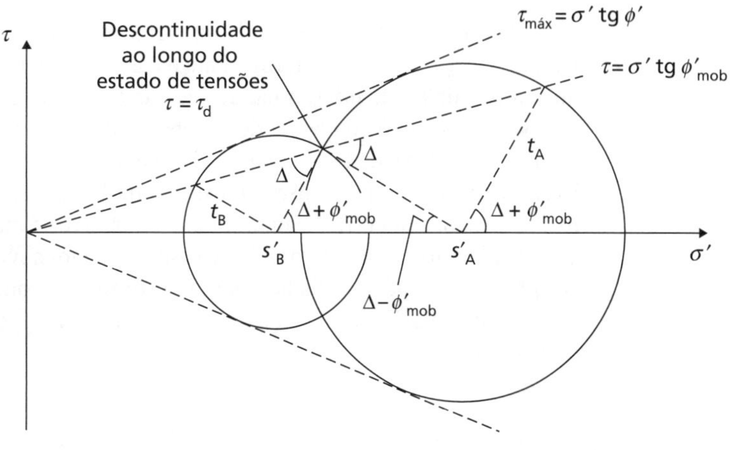

Figura 8.16 (a) Estado de tensões; (b) giro da tensão principal através de uma descontinuidade de tensões por atrito; (c) círculos de Mohr.

Os raios dos círculos de Mohr (t_A e t_B) também podem ser descritos por $t = s' \operatorname{sen} \phi'$ para um solo sem coesão, conforme ilustrado na Figura 5.6. Essa condição significa que $s'_B/s'_A = t_B/t_A$. Aplicando essa igualdade e substituindo a Equação 8.26, a Equação 8.27 se tornará

$$\frac{s'_A}{s'_B} = \frac{s'_B + \delta s'}{s'_B} = \frac{\cos(\phi'_{mob} - \delta\theta)}{\cos(\phi'_{mob} + \delta\theta)} \tag{8.28}$$

Estabelecendo $s'_B = s'$, conforme a resistência da descontinuidade se aproximar da resistência do solo ($\phi'_{mob} \rightarrow \phi'$), a Equação 8.28 poderá ser simplificada a

$$\begin{aligned} 1 + \frac{\delta s'}{s'} &= 1 + 2\delta\theta \operatorname{tg} \phi' \\ \frac{\delta s'}{s'} &= 2\delta\theta \operatorname{tg} \phi' \end{aligned} \tag{8.29}$$

para pequeno $\delta\theta$. Para uma zona de leque de descontinuidades de tensão de atrito que subtenda um ângulo θ_{leque}, a Equação 8.29 pode ser integrada da zona 1 até a zona 2, isto é,

$$\begin{aligned} \int_{s'_2}^{s'_1} \frac{\delta s'}{s'} &= \int_0^{\theta_{leque}} 2 \operatorname{tg} \phi' \delta\theta \\ \frac{s'_1}{s'_2} &= e^{2\theta_{leque} \operatorname{tg} \phi'} \end{aligned} \tag{8.30}$$

A partir da Figura 8.16c, $s'_1 = q_f - s'_1 \operatorname{sen} \phi'$ na zona 1 e $s'_2 = \sigma'_q - s'_2 \operatorname{sen} \phi'$ na zona 2. A rotação da tensão principal exigida no leque é $\theta_{leque} = \pi/2$ (90°), fornecendo, de acordo com a Equação 8.30,

$$\begin{aligned} \frac{q_f}{(1 + \operatorname{sen}\phi')} \cdot \frac{(1 - \operatorname{sen}\phi')}{\sigma'_q} &= e^{\pi \operatorname{tg} \phi'} \\ \therefore q_f &= \left[\frac{(1 + \operatorname{sen}\phi')}{(1 - \operatorname{sen}\phi')} e^{\pi \operatorname{tg}\phi'} \right] \sigma'_q \end{aligned} \tag{8.31}$$

Fatores de capacidade de carga

As soluções de limite superior e limite inferior para a capacidade de carga de uma fundação corrida em um solo sem peso e sem coesão (Equações 8.25 e 8.31, respectivamente) fornecem a mesma resposta para q_f, já que se pode demonstrar de forma matemática que

$$\frac{(1 + \operatorname{sen}\phi')}{(1 - \operatorname{sen}\phi')} = \operatorname{tg}^2\left(\frac{\pi}{4} + \frac{\phi'}{2}\right)$$

Assim como no caso não drenado, a capacidade de carga pode ser escrita da forma generalizada como

$$q_f = s_q N_q \sigma'_q$$

na qual N_q é o fator de capacidade de carga relativo à sobrecarga aplicada em torno da fundação em condições drenadas, e s_q é um fator de forma. Para o caso não drenado, mostrou-se que a inclusão do peso unitário do solo (γ) em análises de limite inferior não influencia o módulo de q_f. Isso se deve ao fato de que a quantidade de solo que se movia para baixo com a gravidade abaixo da fundação era igual à quantidade de solo que se movia para cima contra a gravidade, de modo que não houve trabalho líquido realizado em virtude do peso do solo. O mesmo não é verdadeiro para o mecanismo mostrado na Figura 8.15, em que o tamanho do bloco que se move para cima abaixo da sobrecarga (realizando trabalho negativo) é maior do que o bloco que se move para baixo sob a sapata (realizando trabalho positivo). Nesse caso, portanto, haverá uma quantidade adicional de resistência causada pelo trabalho líquido negativo adicional, que surgiu em consequência do peso próprio. Qualquer coesão c' do solo também aumentará a capacidade de carga. Como resultado, a capacidade de carga em materiais drenados é expressa em geral por

$$q_f = s_q N_q \sigma'_q + \frac{1}{2}\gamma B s_\gamma N_\gamma + s_c N_c c' \tag{8.32}$$

na qual N_γ é o fator de capacidade de carga relacionado ao peso próprio, N_c é o fator relacionado à coesão, e s_γ e s_c são fatores de forma adicionais. Os valores de N_q foram encontrados anteriormente pela análise limite e são dados em forma fechada por:

$$N_q = \frac{(1+\operatorname{sen}\phi')}{(1-\operatorname{sen}\phi')} e^{\pi \operatorname{tg}\phi'} \tag{8.33}$$

O parâmetro N_c pode ser obtido de forma similar para um solo com c' diferente de zero para se chegar a

$$N_c = \frac{N_q - 1}{\operatorname{tg}\phi'} \tag{8.34}$$

O fator final de capacidade de carga, N_γ, é difícil de se determinar de maneira analítica e é influenciado pela rugosidade da interface sapata–solo (Kumar e Kouzer, 2007). Além disso, a dilatação do solo (e, em consequência, o valor representativo de ϕ' e o grau de associatividade) é controlada pela tensão efetiva média abaixo da sapata ($0{,}5\gamma B$ na Equação 8.32), de acordo com o que foi descrito na Seção 5.4, de forma que existe também um efeito de dimensão no valor de N_γ (Zhu *et al.*, 2001). Salgado (2008) recomenda que, para um solo associativo com uma interface sapata–solo rugosa,

$$N_\gamma = (N_q - 1)\operatorname{tg}(1{,}32\phi') \tag{8.35}$$

No EC7, é proposta a seguinte expressão:

$$N_\gamma = 2(N_q - 1)\operatorname{tg}\phi' \tag{8.36}$$

Os valores de N_q, N_c e N_γ são plotados em função de ϕ' na Figura 8.17. Deve-se observar que, com base na Equação 8.34, $N_c \rightarrow 2 + \pi$ quando $\phi' \rightarrow 0$, o que corresponde ao valor encontrado na Seção 8.3 para condições não drenadas.

Lyamin *et al.* (2007) apresentam os fatores de forma para fundações retangulares obtidos de análises limites rigorosas. Seus resultados para s_q são exibidos na Figura 8.18a, na qual se vê que s_q varia com ϕ' e B/L. Nessa figura, também são mostrados valores utilizando a expressão recomendada no EC7:

$$s_q = 1 + \frac{B}{L}\operatorname{sen}\phi' \tag{8.37}$$

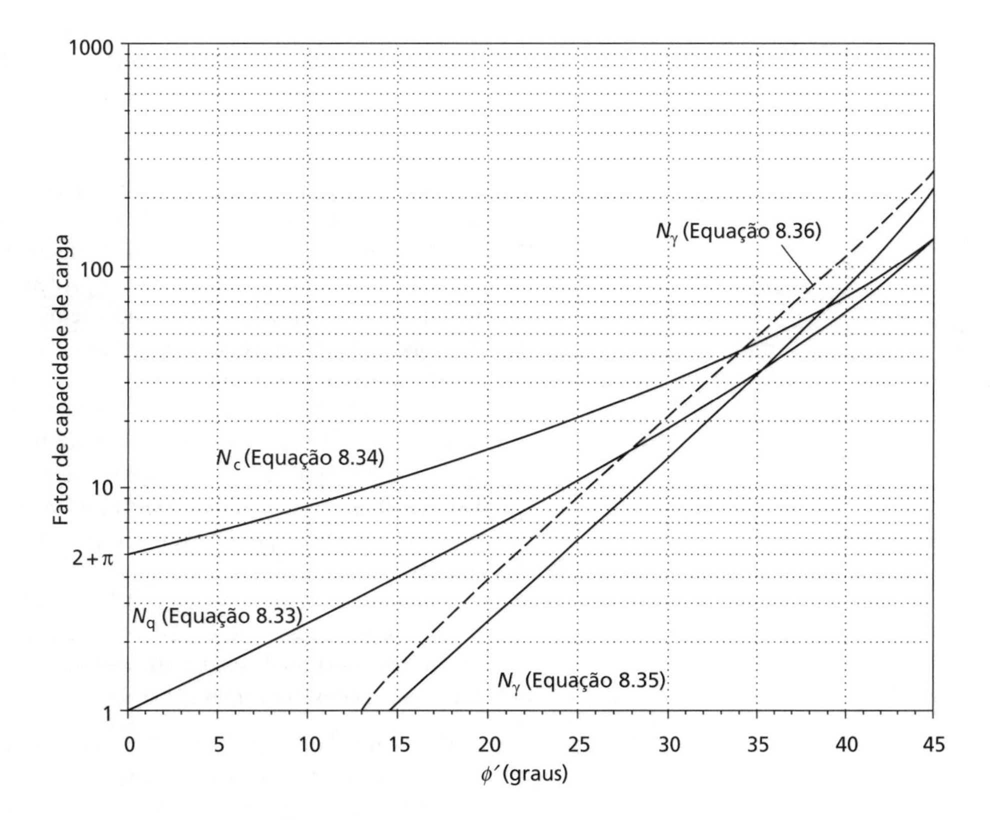

Figura 8.17 Fatores de capacidade de carga para fundações rasas sob condições drenadas.

Pode-se ver pela Figura 8.18a que, para valores baixos de ϕ' (típicos de resistência drenada de solos finos), a Equação 8.37 prevê valores superiores aos reais de s_q, o que resultaria em uma superestimativa da capacidade de carga; para valores maiores de $\phi' > 30°$ (típico de solos grossos), a Equação 8.37 prevê valores inferiores aos reais de s_q, fornecendo uma estimativa conservadora da capacidade de carga. Uma vez encontrado s_q, pode-se mostrar, de forma analítica, que

$$s_c = \frac{s_q N_q - 1}{N_q - 1} \tag{8.38}$$

A Equação 8.38 é o procedimento recomendado pelo EC7 para encontrar s_c.

Os dados para s_γ, também de Lyamin *et al.* (2007), são mostrados na Figura 8.18b, que, como se pode observar, variam da mesma forma com ϕ' e B/L. O Eurocode 7 recomenda o uso da seguinte expressão:

$$s_\gamma = 1 - 0{,}3\frac{B}{L} \tag{8.39}$$

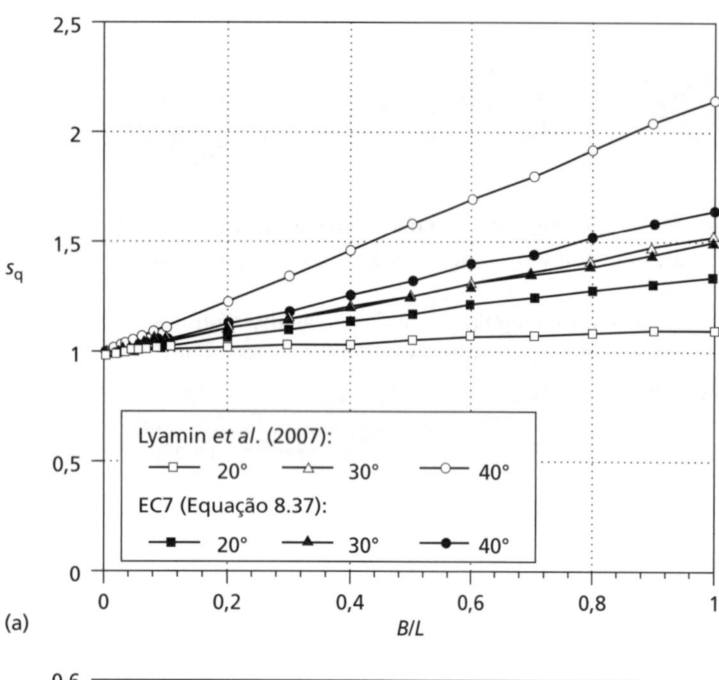

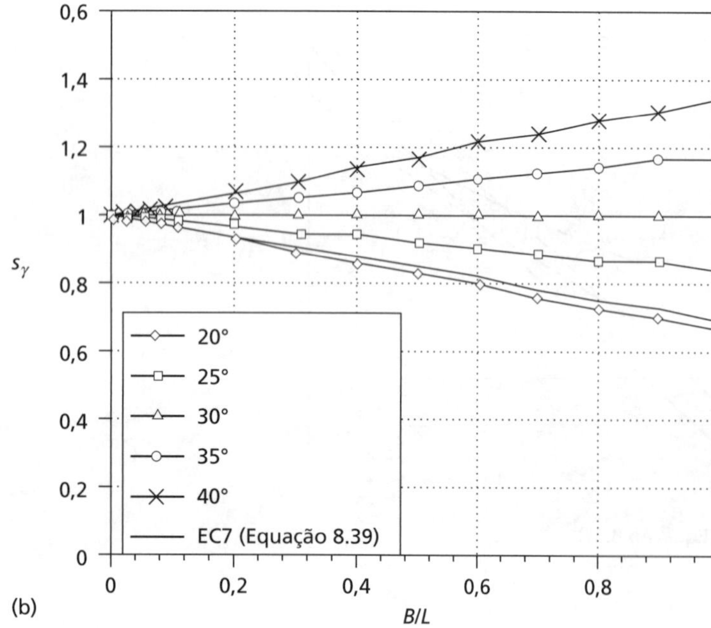

Figura 8.18 Fatores de forma para fundações rasas sob condições drenadas: (a) s_q; (b) s_γ.

que, com base na Figura 8.18b, parece formar um limite inferior para os dados. Dessa forma, para $\phi' > 20°$, o uso da Equação 8.39 sempre fornecerá uma estimativa conservadora da capacidade de carga de uma fundação retangular.

Os fatores de profundidade d_c, d_q e d_γ também podem ser aplicados aos termos da Equação 8.32 para os casos em que o solo acima do plano da fundação apresentar uma resistência que não seja insignificante (os efeitos da profundidade para solos não drenados foram previamente considerados na Figura 8.10). Esses fatores são uma função de d/B, e os valores recomendados podem se encontrados em Lyamin *et al.* (2007). No entanto, eles só devem ser usados se houver certeza de que a resistência ao cisalhamento do solo acima do nível da fundação é, e permanecerá, igual (ou quase igual) àquela abaixo do nível da fundação. Na verdade, o EC7 não recomenda o uso de fatores de profundidade (isto é, $d_c = d_q = d_\gamma = 1$).

Em fundações submetidas a cargas de serviço, a deformação máxima por cisalhamento no interior do solo de suporte normalmente será menor do que a exigida para que se desenvolva a resistência ao cisalhamento de pico em areias densas ou argilas rijas, já que as deformações devem ser pequenas o suficiente para assegurar que o recalque da fundação seja aceitável (Seções 8.6–8.8). A capacidade de carga admissível ou a resistência de suporte de projeto (*design*), portanto, deve ser calculada usando-se os parâmetros de resistência de pico que correspondam aos níveis de tensão apropriados. Deve-se reconhecer, entretanto, que os resultados dos cálculos de capacidade de carga são muito sensíveis aos valores admitidos para os parâmetros de resistência ao cisalhamento, em especial, os valores mais elevados de ϕ'. Dessa forma, deve-se ter a devida atenção ao provável grau de precisão dos parâmetros.

É muito importante que sejam usados os valores apropriados de peso específico na equação de capacidade de carga. Em uma análise de tensão efetiva, devem ser levadas em consideração três situações diferentes:

i Se o nível do lençol freático estiver muito abaixo do plano da fundação, usa-se o peso específico (γ) total no primeiro e no segundo termos da Equação 8.32.

ii Se o nível do lençol freático estiver no plano da fundação, deve-se usar o **peso específico do solo submerso (efetivo**, $\gamma' = \gamma - \gamma_w$) no segundo termo (que representa a resistência causada pelo peso do solo abaixo do nível da fundação), sendo usado o peso específico no primeiro termo (resistência devida à sobrecarga).

iii Se o lençol freático estiver no nível do terreno ou acima dele (por exemplo, solos abaixo de lagos/rios ou no leito do mar), deve-se usar o peso específico do solo submerso tanto no primeiro quanto no segundo termos.

Exemplo 8.2

Uma sapata de 2,25 m × 2,25 m está localizada a uma profundidade de 1,5 m em uma areia para a qual $c' = 0$ e $\phi' = 38°$. Determine a resistência de suporte (a) se o lençol freático estiver muito abaixo do nível da fundação e (b) se estiver na superfície. O peso específico da areia acima do nível do lençol freático é 18 kN/m³; o peso específico saturado é 20 kN/m³.

Solução

Para $\phi' = 38°$, os fatores de capacidade de carga são $N_q = 49$ (Equação 8.33) e $N_\gamma = 75$ (Equação 8.36). A sapata é quadrada ($B/L = 1$), portanto os fatores de forma são $s_q = 1{,}62$ (Equação 8.37) e $s_\gamma = 0{,}70$ (Equação 8.39). Ambos os valores de s_q e s_γ são conservativos (pois $\phi' > 30°$). Como $c' = 0$ nesse caso, não há necessidade de calcular N_c e s_c. Para o caso (a), quando o nível do lençol freático estiver muito abaixo do plano da fundação:

$$q_f = s_q N_q \gamma d + \frac{1}{2}\gamma B s_\gamma N_\gamma$$
$$= (1{,}62 \cdot 49 \cdot 18 \cdot 1{,}5) + (0{,}5 \cdot 18 \cdot 2{,}25 \cdot 0{,}70 \cdot 75)$$
$$= 3206 \text{ kPa}$$

Quando o nível do lençol freático estiver na superfície, a capacidade última de carga será dada por

$$q_f = s_q N_q \gamma' d + \frac{1}{2}\gamma' B s_\gamma N_\gamma$$
$$= [1{,}62 \cdot 49 \cdot (20 - 9{,}81) \cdot 1{,}5] + [0{,}5 \cdot (20 - 9{,}81) \cdot 2{,}25 \cdot 0{,}70 \cdot 75]$$
$$= 1815 \text{ kPa}$$

Comparando esses dois resultados, pode-se observar que a alteração das condições hidráulicas (poropressões) no interior do solo exerce um efeito significativo na capacidade de carga.

8.5 Tensões abaixo de fundações rasas

Sob a ação de cargas de serviço típicas, a pressão vertical de suporte aplicada por uma fundação rasa ao solo subjacente será muito menor do que a capacidade de carga (a fim de que a fundação esteja segura em relação ao colapso estrutural). Sob essas condições, o solo estará em um estado de equilíbrio elástico em vez de plástico. O comportamento constitutivo do solo é aproximado como elástico linear (ver a Equação 5.4), embora o módulo de elasticidade transversal (G) do solo possa variar em função da pressão confinante (isto é, profundidade) ou entre as camadas de solo. Se as tensões abaixo da fundação forem conhecidas para uma pressão de suporte aplicada (q), então as deformações induzidas (e, em consequência, os movimentos da fundação) podem ser determinadas a partir das propriedades elásticas do material (G, ν). Um intervalo de soluções, adequadas à determinação das tensões abaixo das fundações, é dado nessa seção.

Carga concentrada

As tensões no interior de uma massa isotrópica, semi-infinita, homogênea e com relação tensão–deformação linear, devido a uma carga concentrada na superfície, foram determinadas por Boussinesq em 1885. As tensões verticais, radiais, circunferenciais e de cisalhamento a uma profundidade z e a uma distância horizontal r do ponto de aplicação da carga foram obtidas. Com base na Figura 8.19a, as tensões induzidas em X devido a uma carga concentrada Q na superfície são as seguintes:

$$\Delta\sigma_z = \frac{3Q}{2\pi z^2}\left[\frac{1}{1+\left(\frac{r}{z}\right)^2}\right]^{2,5} \tag{8.40}$$

$$\Delta\sigma_r = \frac{Q}{2\pi}\left[\frac{3r^2 z}{\left(r^2+z^2\right)^{2,5}} - \frac{1-2\nu}{r^2+z^2+z\sqrt{\left(r^2+z^2\right)}}\right] \tag{8.41}$$

$$\Delta\sigma_\theta = -\frac{Q}{2\pi}(1-2\nu)\left[\frac{z}{\left(r^2+z^2\right)^{1,5}} - \frac{1}{r^2+z^2+z\sqrt{\left(r^2+z^2\right)}}\right] \tag{8.42}$$

$$\Delta\tau_{rz} = \frac{3Q}{2\pi}\left[\frac{rz^2}{\left(r^2+z^2\right)^{2,5}}\right] \tag{8.43}$$

Deve-se observar que as tensões dependem da posição (r, z) e do valor absoluto da carga, mas são independentes da rigidez (módulo de elasticidade transversal) do solo (embora este deva ser elástico e tenha rigidez constante com a profundidade). Quando $\nu = 0,5$, o segundo termo da Equação 8.41 se anula, e a Equação 8.42 fornece $\Delta\sigma_\theta = 0$.

Das quatro equações dadas anteriormente, na prática, a Equação 8.40 é usada com mais frequência e pode ser escrita em termos de um **fator de influência** (relacionado às tensões) I_Q em que

$$I_Q = \frac{3}{2\pi}\left[\frac{1}{1+\left(\frac{r}{z}\right)^2}\right]^{2,5} \tag{8.44}$$

Então,

$$\Delta\sigma_z = \left(\frac{Q}{z^2}\right)I_Q \tag{8.45}$$

A Tabela 8.5 fornece valores de I_Q em termos de r/z. A forma da variação de $\Delta\sigma_z$ com z e r está ilustrada na Figura 8.19b. O lado esquerdo da figura mostra a variação de $\Delta\sigma_z$ com z na vertical que atravessa o ponto de aplicação da carga Q (isto é, para $r = 0$); o lado direito mostra a variação de $\Delta\sigma_z$ com r para três valores diferentes de z.

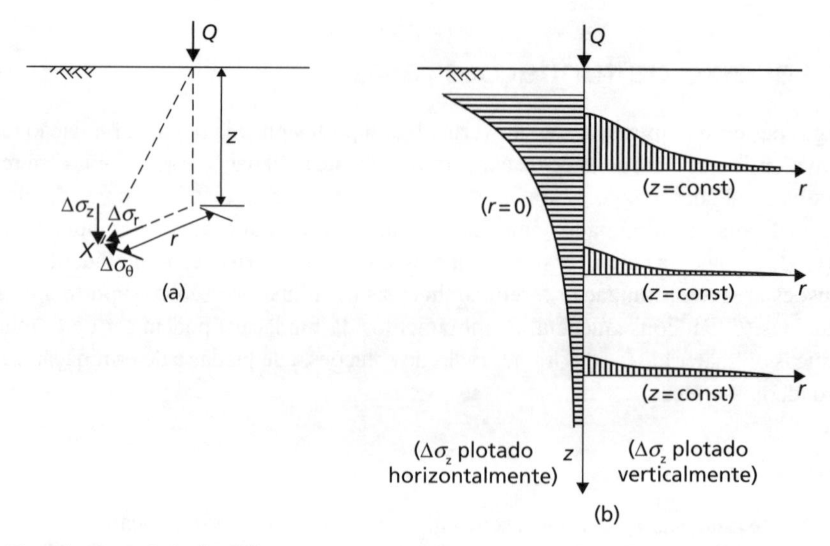

Figura 8.19 (a) Tensões totais induzidas por uma carga concentrada; (b) variação da tensão vertical total induzida por uma carga concentrada.

Tabela 8.5 Fatores de influência (I_Q) para tensões verticais causadas por uma carga concentrada

r/z	I_Q	r/z	I_Q	r/z	I_Q
0,00	0,478	0,80	0,139	1,60	0,020
0,10	0,466	0,90	0,108	1,70	0,016
0,20	0,433	1,00	0,084	1,80	0,013
0,30	0,385	1,10	0,066	1,90	0,011
0,40	0,329	1,20	0,051	2,00	0,009
0,50	0,273	1,30	0,040	2,20	0,006
0,60	0,221	1,40	0,032	2,40	0,004
0,70	0,176	1,50	0,025	2,60	0,003

As tensões causadas pelas cargas de superfície distribuídas ao longo de uma área em particular (por exemplo, uma sapata) podem ser obtidas pela integração das soluções de cargas concentradas. As tensões em um ponto causadas por mais de uma carga na superfície são obtidas por superposição. Na prática, as cargas não costumam ser aplicadas diretamente na superfície, mas os resultados do carregamento ali podem ser aplicados de maneira conservativa em problemas relacionados a cargas em profundidades rasas.

Carga distribuída ao longo de uma linha (carga linear)

Com base na Figura 8.20a, as tensões induzidas no ponto X causadas por uma carga linear de valor Q por unidade de comprimento sobre a superfície são as seguintes:

$$\Delta\sigma_z = \frac{2Q}{\pi}\left[\frac{z^3}{\left(x^2+z^2\right)^2}\right] \tag{8.46}$$

$$\Delta\sigma_x = \frac{2Q}{\pi}\left[\frac{x^2 z}{\left(x^2+z^2\right)^2}\right] \tag{8.47}$$

$$\Delta\tau_{xz} = \frac{2Q}{\pi}\left[\frac{xz^2}{\left(x^2+z^2\right)^2}\right] \tag{8.48}$$

Carga uniformemente distribuída em uma faixa

Fazendo a superposição de uma série de cargas concentradas atuando em uma área de largura B, pode-se demonstrar que as tensões em um ponto X devidas a uma pressão uniforme q em uma faixa de largura B e comprimento infinito são dadas em termos dos ângulos α e β, definidos na Figura 8.20b como:

$$\Delta\sigma_z = \frac{q}{\pi}\left[\alpha + \operatorname{sen}\alpha\cdot\cos\left(\alpha+2\beta\right)\right] \tag{8.49}$$

$$\Delta\sigma_x = \frac{q}{\pi}\left[\alpha - \operatorname{sen}\alpha\cdot\cos\left(\alpha+2\beta\right)\right] \tag{8.50}$$

$$\Delta\tau_{xz} = \frac{q}{\pi}\left[\operatorname{sen}\alpha\cdot\operatorname{sen}\left(\alpha+2\beta\right)\right] \tag{8.51}$$

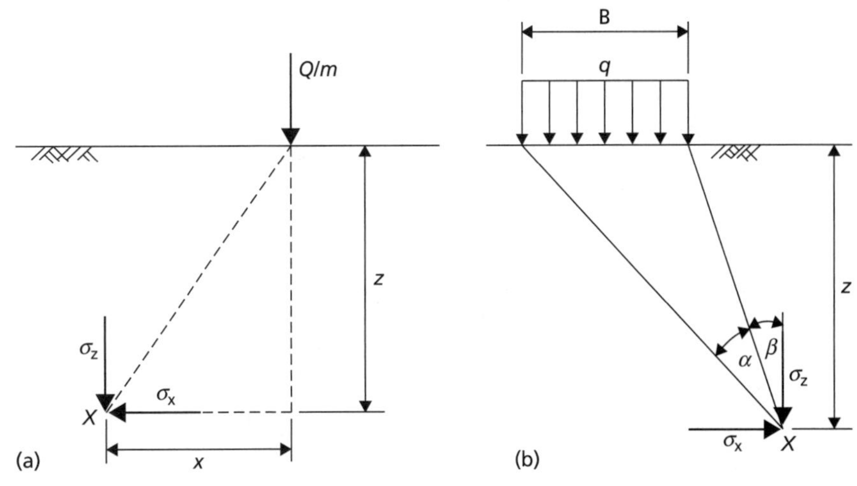

Figura 8.20 Tensões totais induzidas por: (a) uma carga linear; (b) uma carga uniformemente distribuída em uma faixa.

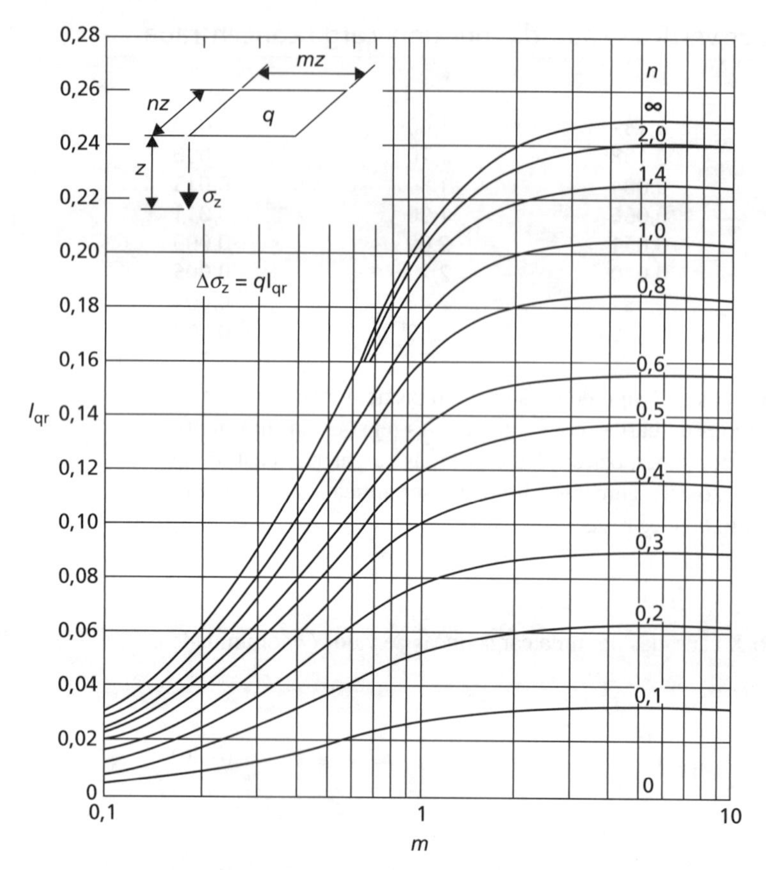

Figura 8.21 Tensão vertical sob o canto de uma área retangular que suporta uma pressão uniforme (reproduzida de R.E. Fadum, 1948, *Proceedings of the 2nd International Conference of SMFE*, Rotterdam, Vol. 3, com permissão do professor Fadum).

Carga uniformemente distribuída em uma área retangular

Foi obtida uma solução para a tensão vertical induzida a uma profundidade z sob um canto de uma área retangular de dimensões mz e nz (Figura 8.21) submetida a uma pressão uniforme q. A solução pode ser escrita na forma

$$\Delta\sigma_z = qI_{qr} \tag{8.52}$$

Os valores do fator de influência I_{qr}, em termos de m e n, são apresentados na Figura 8.21, de acordo com Fadum (1948). Os fatores m e n são intercambiáveis. O gráfico também pode ser usado para uma faixa, considerada como uma área retangular de comprimento infinito ($n = \infty$), e para uma área quadrada ($n = m$). A superposição permite que qualquer área baseada em retângulos seja analisada e que se obtenha a tensão vertical sob qualquer ponto dentro ou fora dela.

Linhas de mesmas tensões verticais nas vizinhanças de uma faixa de área submetida a uma pressão uniforme são apresentadas no gráfico da Figura 8.22a. A zona dentro da área limitada pela tensão vertical de valor $0{,}2q$ é descrita como **bulbo de pressões** e representa a zona de solo da qual se espera uma contribuição significativa para o recalque da fundação sob a pressão de suporte do solo aplicada. As linhas de mesma tensão vertical nas vizinhanças de uma área quadrada que suporte uma pressão uniforme são apresentadas na Figura 8.22b.

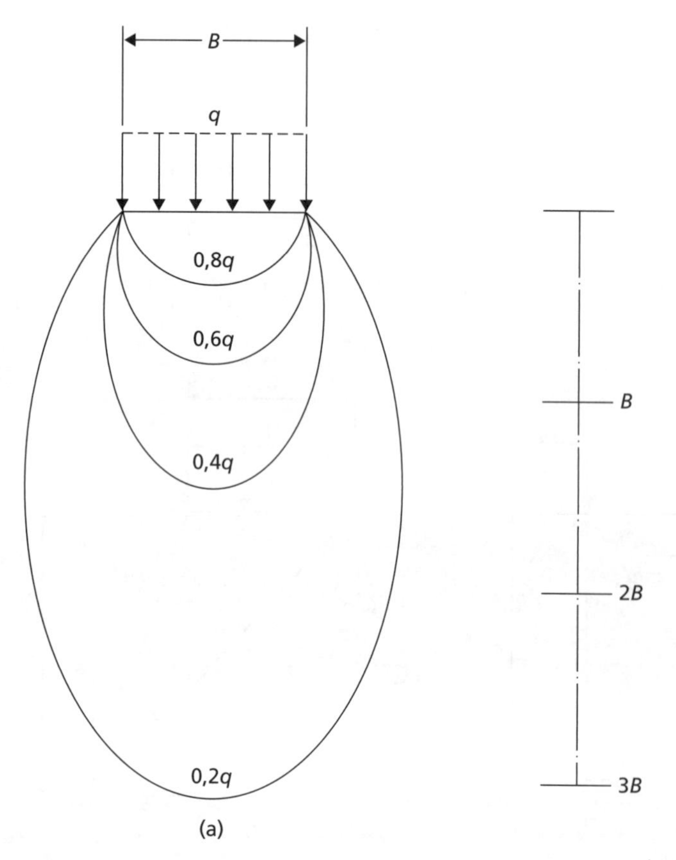

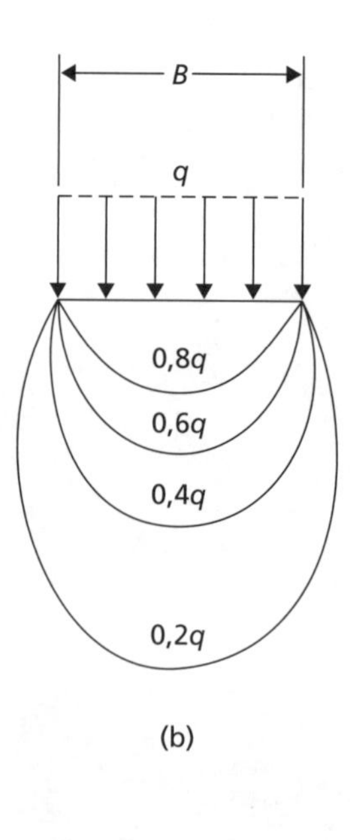

Figura 8.22 Linhas de mesma tensão vertical: (a) sob uma faixa de área; (b) sob uma área quadrada.

Exemplo 8.3

Uma fundação retangular de 6 m × 3 m suporta uma pressão uniforme de 300 kPa próximo à superfície de uma massa de solo. Determine a tensão vertical a uma profundidade de 3 m abaixo do ponto (A) na linha central, afastado 1,5 m da borda maior da fundação.

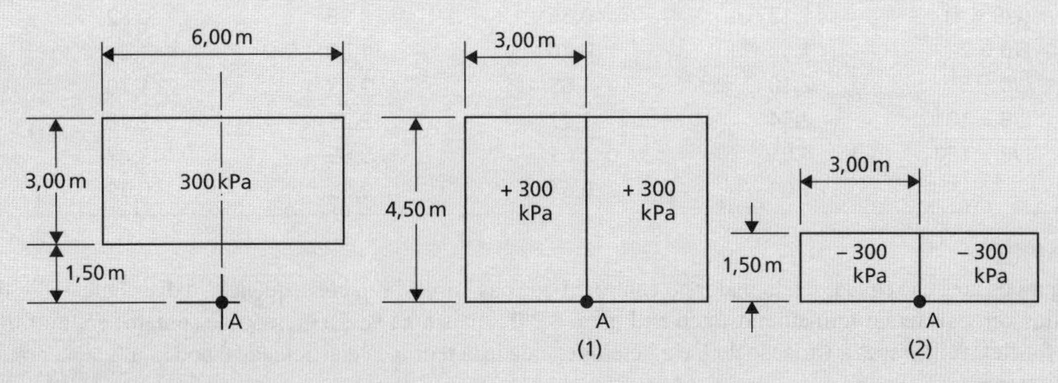

Figura 8.23 Exemplo 8.3.

Solução

Usando o princípio da superposição, o problema é tratado conforme mostrado na Figura 8.23. Para os dois retângulos (1) que recebem uma pressão positiva de 300 kPa, $m = 1,00$ e $n = 1,50$, portanto

$$I_{qr} = 0,193$$

Para os dois retângulos (2) que recebem uma pressão negativa de 300 kPa, $m = 1,00$ e $n = 0,50$, portanto

$$I_{qr} = 0,120$$

Em consequência,

$$\begin{aligned}\Delta\sigma_z &= \sum qI_{qr} \\ &= 2\cdot(300\cdot 0,193) - 2\cdot(300\cdot 0,120) \\ &= 44\,\text{kPa}\end{aligned}$$

8.6 Recalques com base na teoria da elasticidade

Um deslocamento vertical (s) sob uma área que recebe uma pressão uniforme q na superfície de uma massa semi-infinita, homogênea e isotrópica e com um relacionamento linear entre tensão e deformação pode ser expresso como

$$s = \frac{qB}{E}\left(1 - v^2\right)I_s \tag{8.53}$$

em que E é o módulo de elasticidade longitudinal (módulo de Young) do solo, e I_s é um fator de influência que depende do formato da área carregada. No caso de uma área retangular, B é a menor dimensão (e a maior é L), e, no caso de uma área circular, B é o diâmetro. Os valores dos fatores de influência são apresentados na Tabela 8.6 para deslocamentos sob o centro e sob um canto (a borda, no caso de um círculo) de uma área **flexível** carregada (isto é, com rigidez à flexão insignificante) e também para o deslocamento médio sob a área como um todo. De acordo com a Equação 8.53, o deslocamento vertical aumenta na proporção direta tanto da pressão quanto da largura da área carregada. A distribuição do deslocamento vertical para uma área flexível é do formato apresentado na Figura 8.24a, estendendo-se além das bordas da área. A pressão de contato entre a área carregada e a massa de solo que oferece suporte é uniforme (igual a q em todos os pontos).

No caso de um depósito extenso e homogêneo de argila saturada, é uma aproximação razoável admitir que E seja constante em toda a extensão do depósito e que a distribuição de tensões mostrada na Figura 8.24a seja válida. No entanto, no caso de areias, o valor de E varia de acordo com a pressão confinante e, portanto, irá variar ao longo

Tabela 8.6 Fatores de influência (I_s) para o deslocamento vertical sob áreas flexíveis e rígidas que suportam pressão uniforme

Formato da área		I_s (flexível) Centro	Canto	Média	I_s (rígido) Média
Quadrado	(L/B = 1)	1,12	0,56	0,96	0,82
Retângulo	L/B = 2	1,52	0,76	1,30	1,20
Retângulo	L/B = 5	2,10	1,05	1,83	1,70
Retângulo	L/B = 10	2,54	1,27	2,25	2,10
Retângulo	L/B = 100	4,01	2,01	3,69	3,47
Círculo		1,00	0,64	0,85	0,79

da largura da área carregada, sendo maior no centro do que nas bordas. Em consequência, a distribuição dos deslocamentos verticais terá o formato mostrado na Figura 8.24b; mais uma vez, a pressão de contato será uniforme se a área for flexível. Graças à variação de E e à heterogeneidade, a teoria da elasticidade é pouco usada na prática no caso de areias.

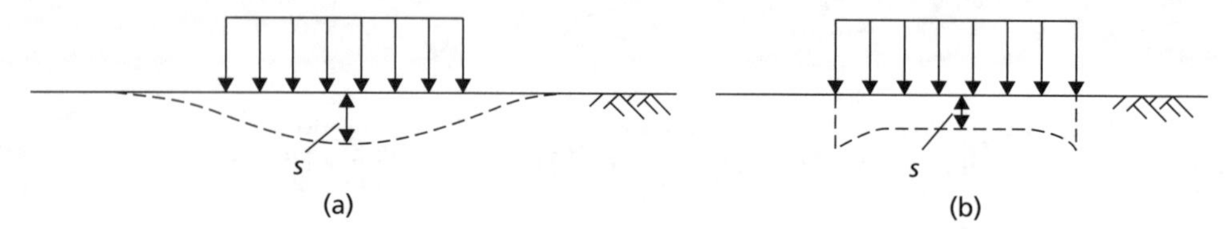

Figura 8.24 Distribuições do deslocamento vertical abaixo de uma área flexível: (a) argila; e (b) areia.

Se a área carregada for **rígida** (infinitamente rígida à flexão), o deslocamento vertical será uniforme ao longo da largura da área, e seu valor absoluto será apenas um pouco menor do que o deslocamento médio sob a área flexível correspondente. Os fatores de influência para fundações rígidas também são fornecidos na Tabela 8.6. Sob uma área rígida, a distribuição da pressão de contato não é uniforme. Para uma área circular, as formas de distribuição da pressão de contato na argila e na areia são mostradas respectivamente nas Figuras 8.25a e 8.25b.

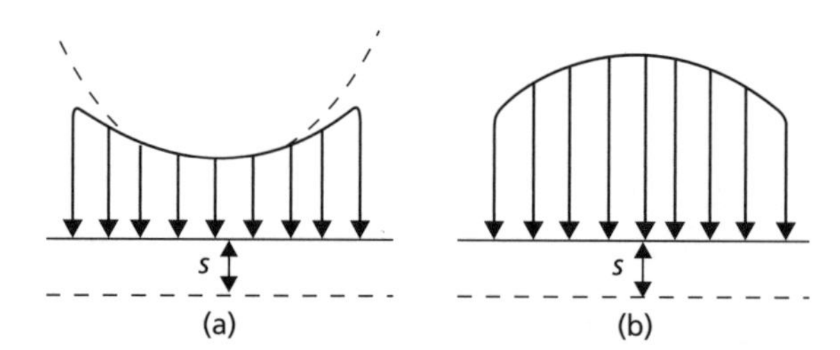

Figura 8.25 Distribuição da pressão de contato abaixo de uma área rígida: (a) argila; e (b) areia.

Na maioria dos casos, na prática, o depósito de solo terá espessura limitada e estará sobre um estrato rígido (por exemplo, rocha-mãe). Christian e Carrier (1978) propuseram o uso dos resultados obtidos por Giroud (1972) e por Burland (1970) em tais situações. Para esse caso, o deslocamento vertical médio sob uma área flexível que recebe uma pressão uniforme q é dado por

$$s = \mu_0 \mu_1 \frac{qB}{E} \tag{8.54}$$

em que μ_0 depende da profundidade do engastamento (ou cravação), e μ_1, da espessura da camada e do formato da área carregada. Os valores dos coeficientes μ_0 e μ_1 para o coeficiente de Poisson igual a 0,5 são dados na Figura 8.26. O princípio da superposição pode ser usado nos casos de várias camadas de solo em que cada uma delas tem um valor diferente de E (ver Exemplo 8.4).

Deve-se observar que, ao contrário das expressões para tensão vertical ($\Delta\sigma_z$) dadas na Seção 8.5, aquelas para deslocamentos verticais dependem dos valores do módulo de elasticidade (E) e do coeficiente de Poisson (ν) para o solo em questão. Em virtude das incertezas envolvidas na obtenção desses parâmetros elásticos, os valores de deslocamento vertical calculados com base na teoria da elasticidade são menos confiáveis do que os de tensão vertical. Para a maioria dos casos, na prática, cálculos simples de recalques são adequados, contanto que tenham sido determinados valores confiáveis de parâmetros do solo para o solo *in situ*. Deve-se ter em mente que a exatidão das previsões de recalque é muito mais influenciada pelas incertezas nos valores dos parâmetros do solo do que pelas desvantagens dos métodos de análise. A perturbação das amostras pode ter efeito considerável nos valores dos parâmetros determinados em laboratório. Na análise de recalques, não se deve esperar o mesmo grau de precisão que há, por exemplo, em cálculos estruturais.

Determinação dos parâmetros elásticos

A fim de utilizar as Equações 8.53 e 8.54, as propriedades elásticas E e v devem ser determinadas. Essas soluções são usadas principalmente para estimar o **recalque imediato** $s = s_i$ (isto é, que ocorre antes do adensamento) de fundações em solos finos; tal recalque ocorre em condições não drenadas, sendo o valor adequado do coeficiente de Poisson $v = v_u = 0{,}5$ (para que os valores da Figura 8.26 sejam válidos). Dessa forma, o valor do módulo não drenado E_u é exigido, e a principal dificuldade na previsão do recalque imediato reside na determinação desse parâmetro. A Equação 5.6 pode ser usada para definir E_u a partir de um valor conhecido do módulo de elasticidade transversal G. Este pode ser determinado a partir de ensaios triaxiais (não drenados), conforme descrito na Seção 5.4, ou a partir de ensaios *in situ* (CPT sísmico ou PMT, Seções 7.5 e 7.4 respectivamente). No entanto, deve-se ter cautela em relação à deformação na qual o valor de laboratório ou *in situ* de G foi determinado (ver a Figura 5.4). Por exemplo, os dados do CPT sísmico fornecerão G_0 (via V_s), mas, sob as cargas de serviço, a rigidez real verificada abaixo da fundação estará, em geral, entre 0,2 e 0,5 G_0 (Figura 5.4c), dependendo do quanto as cargas aplicadas estarão próximas da resistência de suporte. Para a maioria dos solos, o módulo aumenta com a profundidade. O uso de um valor constante de E_u superestima o recalque imediato (isto é, fornece um valor conservativo).

Em princípio, as Equações 8.53 e 8.54 podem ser usadas para estimar os recalques últimos (drenados) de fundações, tanto em solos grossos quanto em finos, utilizando o módulo de elasticidade longitudinal (módulo de Young) drenado E' e o coeficiente de Poisson v'. No entanto, v' (ao contrário de v_u) é um parâmetro que depende do material e, portanto, deve ser determinado por meio de ensaio triaxial com medida em amostras (descrito na Seção 5.4). Reunindo as dificuldades potenciais de obter valores confiáveis de v' com a estimativa de um nível adequado de deformações para a determinação de G (e, em consequência, de E'), obtém-se valores de recalques elásticos drenados que não são confiáveis na prática. Em vez disso, para solos finos, os recalques de adensamento são calculados e adicionados aos recalques imediatos calculados por meio da teoria da elasticidade (ver Seção 8.7). Para solos grossos, são usados métodos empíricos baseados tanto em dados do SPT quanto nos do CPT, que são descritos na Seção 8.8.

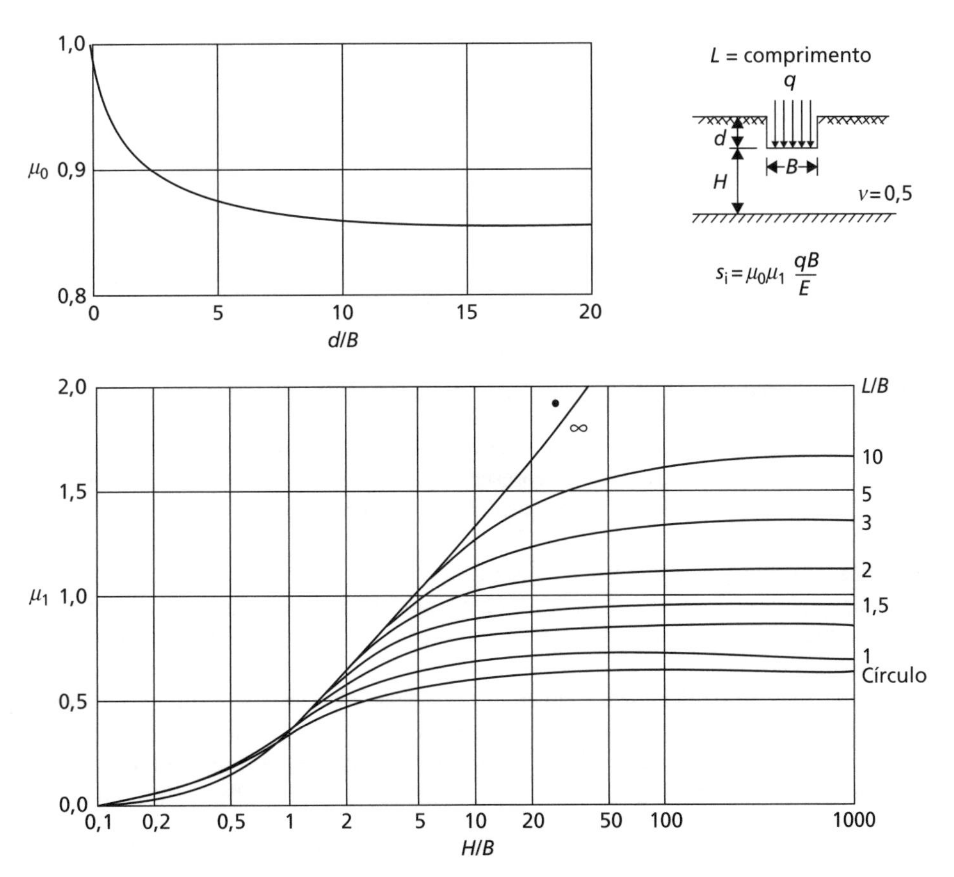

Figura 8.26 Coeficientes μ_0 e μ_1 para deslocamentos verticais (de acordo com Christian e Carrier, 1978).

Exemplo 8.4

Uma fundação de 4 m × 2 m, suportando uma pressão uniforme de 150 kPa, está localizada a uma profundidade de 1 m em uma camada de argila com 5 m de espessura para a qual o valor de E_u é 40 MPa. Essa camada está sobre uma outra de argila com 8 m de espessura para a qual o valor de E_u é 75 MPa. Um estrato rígido está localizado abaixo da segunda camada. Determine o recalque médio imediato s_i sob a fundação.

Solução

Agora, $d/B = 0{,}5$, e, portanto, com base na Figura 8.26, $\mu_0 = 0{,}94$.

1 Considerando a camada superior de argila, com $E_u = 40$ MPa:

$$H/B = 4/2 = 2, \quad L/B = 2$$
$$\therefore \mu_1 = 0{,}60$$

Dessa forma, a partir da Equação 8.54,

$$s_{i1} = 0{,}94 \times 0{,}60 \times \frac{150 \times 2}{40} = 4{,}2\,\text{mm}$$

2 Considerando as duas camadas combinadas, com $E_u = 75$ MPa:

$$H/B = 12/2 = 6, \quad L/B = 2$$
$$\therefore \mu_1 = 0{,}85$$

$$s_{i2} = 0{,}94 \times 0{,}85 \times \frac{150 \times 2}{75} = 3{,}2\,\text{mm}$$

3 Considerando a camada superior, com $E_u = 75$ MPa:

$$H/B = 2, \quad L/B = 2$$
$$\therefore \mu_1 = 0{,}60$$

$$s_{i3} = 0{,}94 \times 0{,}60 \times \frac{150 \times 2}{75} = 2{,}3\,\text{mm}$$

Daí, usando o princípio da superposição, o recalque da fundação será dado por

$$\begin{aligned} s_i &= s_{i1} + s_{i2} - s_{i3} \\ &= 4{,}2 + 3{,}2 - 2{,}3 \\ &= 5\,\text{mm} \end{aligned}$$

8.7 Recalques de acordo com a teoria do adensamento

As previsões de recalque por adensamento usando o método unidimensional podem ser feitas com base em resultados de ensaios oedométricos que usam amostras representativas do solo. Graças ao anel confinante no oedômetro, a deformação lateral líquida no corpo de prova é nula, e, para essa condição, o excesso inicial de pressão neutra é, em teoria, igual ao aumento da tensão vertical total. Na prática, a condição de deformação lateral nula é satisfeita aproximadamente nos casos de camadas finas de argila e de camadas em áreas carregadas que sejam grandes em comparação com a espessura delas (essas situações foram examinadas no Capítulo 4). No entanto, em muitas situações práticas, ocorrerá deformação lateral significativa, e o excesso de pressão neutra inicial dependerá das condições *in situ* das tensões.

Considere um elemento de solo inicialmente em equilíbrio sob a ação das tensões principais totais σ_1, σ_2 e σ_3. Se a maior tensão principal (σ_1) for aumentada por um valor $\Delta\sigma_1$ (de acordo com o ilustrado na Figura 8.27) em virtude de uma fundação rasa, por exemplo, haverá um aumento imediato Δu_1 na poropressão. Os aumentos na tensão efetiva são:

$$\Delta\sigma_1' = \Delta\sigma' - \Delta u_1$$
$$\Delta\sigma_3' = \Delta\sigma_2' = \Delta u_1$$

Se o solo se comportasse como um material elástico durante a aplicação inicial de carga, a redução de volume do esqueleto do solo seria

$$\frac{1}{3}C_s V\left(\Delta\sigma_1 - 3\Delta u_1\right)$$

A redução no volume do espaço dos poros é

$$C_n nV\Delta u_1$$

Em condições não drenadas, essas duas variações de volume serão iguais, isto é,

$$\frac{1}{3}C_s V\left(\Delta\sigma_1 - 3\Delta u_1\right) = C_v nV\Delta u_1$$

Dessa forma,

$$\Delta u_1 = \frac{1}{3}\left(\frac{1}{1+n\left(C_v / C_s\right)}\right)\Delta\sigma_1$$
$$= \frac{1}{3}B\Delta\sigma_1$$

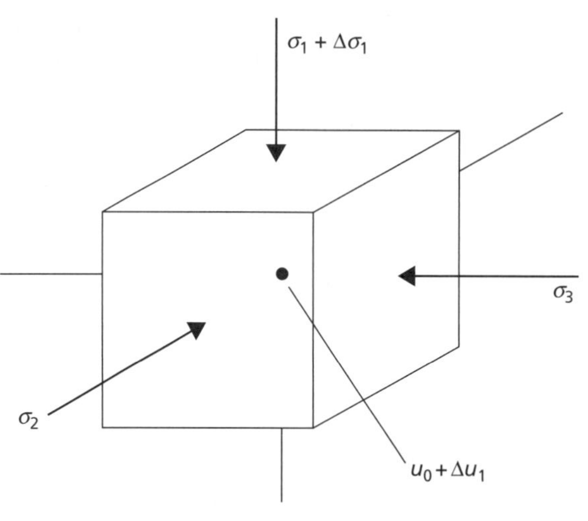

Figura 8.27 Elemento de solo submetido a um incremento da maior tensão principal.

No entanto, os solos não são elásticos, e a equação anterior é escrita novamente na forma geral

$$\Delta u_1 = AB\Delta\sigma_1 \tag{8.55}$$

na qual A é um coeficiente de poropressão que pode ser determinado de modo experimental. O coeficiente B já foi descrito na Seção 5.4 (Equação 5.35). No caso de solo completamente saturado ($B = 1$),

$$\Delta u_1 = A\Delta\sigma_1 \tag{8.56}$$

Aumentar apenas σ_1 representa uma mudança na tensão desviatória de $\Delta q = \Delta\sigma_1$ (já que $\Delta\sigma_3 = \Delta\sigma_2 = 0$). Qualquer mudança geral nas condições de tensão no interior de um elemento de solo pode ser representada por um incremento da tensão desviatória (anterior) e um da tensão média (isto é, isotrópico). O caso de um incremento da tensão média foi visto na Seção 5.4, e, a partir dele, obteve-se a Equação 5.35. Dessa forma, a equação geral para a resposta de poropressão Δu a um incremento isotrópico de tensão $\Delta\sigma_3$ aliado a um aumento da tensão desviatória ($\Delta\sigma_1 - \Delta\sigma_3$) pode ser obtida pela combinação das Equações 8.56 e 5.35:

$$\Delta u = \Delta u_3 + \Delta u_1$$
$$= B\left[\Delta\sigma_3 + A\left(\Delta\sigma_1 - \Delta\sigma_3\right)\right] \tag{8.57}$$

Nos casos em que a deformação lateral não é nula, haverá um recalque imediato, em condições não drenadas, além daquele por adensamento. O recalque imediato será nulo se a deformação lateral também o for, conforme foi admitido no método unidimensional de cálculo do recalque. No método de Skempton–Bjerrum (Skempton e Bjerrum, 1957), o recalque total (s) de uma fundação sobre argila é dado por

$$s = s_i + s_c$$

em que s_i = recalque imediato, ocorrendo em condições não drenadas (ver Seção 8.6), e s_c = recalque por adensamento, em consequência da redução de volume que acompanha a dissipação gradual do excesso de pressão neutra.

Se não houver mudança na pressão neutra estática, o valor inicial do excesso de pressão neutra (indicado por u_i) em um ponto da camada de argila será dado pela Equação 8.57, com $B = 1$ para um solo completamente saturado. Dessa forma,

$$u_i = \Delta\sigma_3 + A\left(\Delta\sigma_1 - \Delta\sigma_3\right)$$
$$= \Delta\sigma_1\left[A + \frac{\Delta\sigma_3}{\Delta\sigma_1}\left(1 - A\right)\right] \tag{8.58}$$

na qual $\Delta\sigma_1$ e $\Delta\sigma_3$ são os incrementos de tensões principais totais originados pelo carregamento da superfície. A partir da Equação 8.58, vê-se que

$$u_i > \Delta\sigma_3$$

se A for positivo. Observe também que $u_i = \Delta\sigma_1$ se $A = 1$.

As tensões efetivas *in situ* antes do carregamento, logo após o carregamento e após o adensamento estão representadas na Figura 8.28a, e os círculos de Mohr correspondentes (A, B e C, respectivamente), na Figura 8.28b. Nesta última, *abc* é a trajetória da tensão efetiva (TTE, ou ESP, *effective stress path*) para o carregamento *in situ* e o adensamento, *ab* representa uma mudança imediata de tensão, e *bc*, uma variação gradual desta, na medida em que o excesso de pressão neutra se dissipa. Logo após o carregamento, há uma redução em σ'_3 graças ao fato de u_i ser maior do que $\Delta\sigma_3$, e ocorre a expansão lateral. O adensamento subsequente envolverá, portanto, a recompressão lateral. O círculo D na Figura 8.28b representa as tensões correspondentes no ensaio oedométrico após o adensamento, e *ad* é a TTE correspondente para o ensaio oedométrico. Na medida em que o excesso de pressão neutra se dissipa, o coeficiente de Poisson diminui do valor não drenado (0,5) para o drenado no final do adensamento. Esse decréscimo não afeta de forma significativa a tensão vertical, mas resulta em uma pequena diminuição na tensão horizontal (o ponto *c* se tornaria *c'* na Figura 8.28b): esse decréscimo é ignorado no método de Skempton–Bjerrum.

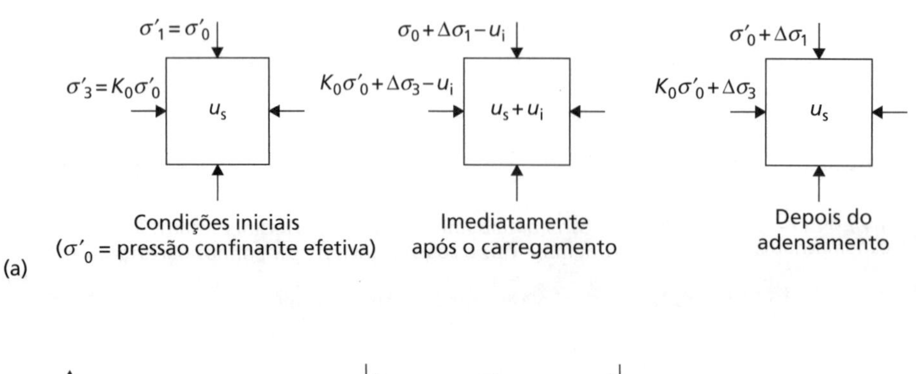

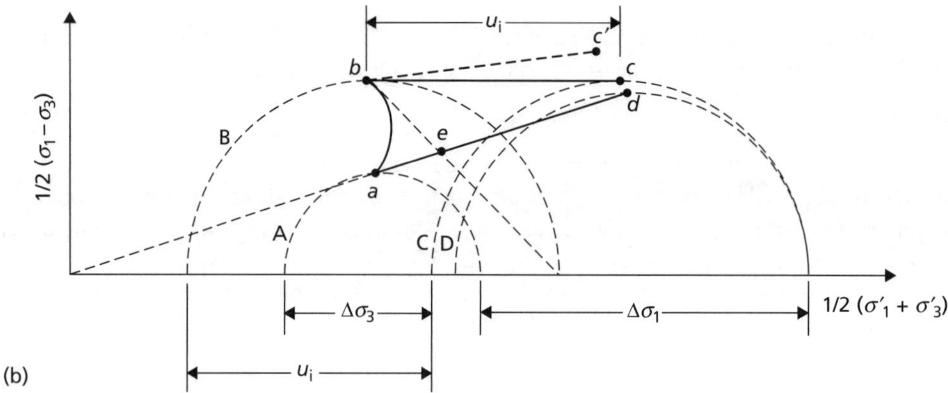

Figura 8.28 (a) Tensões efetivas para condições *in situ* e sob a ação de um incremento de tensão total geral $\Delta\sigma_1$, $\Delta\sigma_3$; (b) trajetórias das tensões.

Skempton e Bjerrum (1957) propuseram que o efeito da deformação lateral fosse ignorado no cálculo do recalque por adensamento (s_c), permitindo, assim, que o ensaio oedométrico fosse mantido como base do método. Admitiu-se, contudo, que essa simplificação poderia causar erros de até 20% em recalques verticais. No entanto, o valor do excesso de pressão neutra dado pela Equação 8.58 é usado no método.

Pelo método unidimensional, o recalque por adensamento (igual ao recalque total) é dado pela Equação 4.8 como

$$s_{oed} = \int_0^H m_v \Delta\sigma_1 dz \quad (\text{isto é, } \Delta\sigma' = \Delta\sigma_1)$$

em que H é a espessura da camada de solo. Pelo método de Skempton–Bjerrum, o recalque por adensamento é expresso na forma

$$s_c = \int_0^H m_v u_i dz$$
$$= \int_0^H m_v \Delta\sigma_1 \left[A + \frac{\Delta\sigma_3}{\Delta\sigma_1}(1-A) \right] dz$$

O valor do excesso de poropressão inicial (u_i) deveria, em geral, corresponder às condições de tensão *in situ*. É apresentado o coeficiente de adensamento μ_c, tal que

$$s_c = \mu_c s_{oed} \tag{8.59}$$

no qual

$$\mu_c = \frac{\int_0^H m_v \Delta\sigma_1 \left[A + \left(\frac{\Delta\sigma_3}{\Delta\sigma_1} \right) (1 - A) \right] dz}{\int_0^H m_v \Delta\sigma_1 dz}$$

Se for possível admitir que m_v e A são constantes com a profundidade (podem ser usadas subcamadas na análise para levar em consideração a mudança do módulo com a profundidade; ver o Exemplo 8.5), então μ_c pode ser expresso como

$$\mu_c = A + (1 - A)\alpha \tag{8.60}$$

em que

$$\alpha = \frac{\int_0^H \Delta\sigma_3 dz}{\int_0^H \Delta\sigma_1 dz}$$

O valor de α depende apenas do formato da área carregada e da espessura da camada de solo em relação às dimensões dela; dessa forma, α pode ser estimado com base na teoria da elasticidade.

Determinação dos parâmetros A e μ_c

O valor de A para um solo completamente saturado pode ser determinado a partir das medidas da poropressão durante a aplicação da diferença das tensões principais em condições não drenadas em um ensaio triaxial. A variação da maior tensão principal total é igual ao valor da diferença das tensões principais aplicada, e, se a variação correspondente da pressão de água nos poros for medida, o valor de A poderá ser calculado utilizando a Equação 8.56. O valor do coeficiente em qualquer estágio do ensaio pode ser obtido, mas o da falha estrutural é de maior interesse.

Para solos altamente compressíveis, como as argilas normalmente adensadas, o valor de A costuma se situar no intervalo de 0,5 a 1,0. No caso de argilas de alta sensibilidade, o aumento da maior tensão principal pode causar o colapso estrutural do solo, resultando em poropressões muito altas e valores de A maiores do que 1. Para solos com compressibilidade mais baixa, como as argilas levemente sobreadensadas, o valor de A costuma se situar no intervalo de 0 a 0,5. Se a argila for fortemente sobreadensada, haverá uma tendência de o solo se dilatar quando a maior tensão principal for aumentada, mas, em condições não drenadas, a água não poderá ser levada para o elemento, e poderá resultar uma poropressão negativa. O valor de A para solos fortemente sobreadensados pode se situar entre –0,5 e 0.

O uso de um valor de A obtido a partir dos resultados de um ensaio triaxial em um corpo de prova cilíndrico de argila se aplica estritamente a uma condição de simetria axial, isto é, ao caso de adensamento abaixo do centro de uma sapata circular. No entanto, o valor de A assim obtido servirá como uma boa aproximação para o caso de recalque sob o centro de uma sapata quadrada (usando uma circular de mesma área). Apesar disso, abaixo de uma sapata corrida, as condições de estado plano de deformações se aplicam, e o incremento da tensão principal intermediária $\Delta\sigma_2$, na direção do eixo longitudinal, é igual a $0{,}5(\Delta\sigma_1 + \Delta\sigma_3)$. Scott (1963) mostrou que o valor de u_i adequado no caso de uma sapata corrida pode ser obtido usando um coeficiente de pressão nos poros A_s, em que

$$A_s = 0{,}866A + 0{,}211 \tag{8.61}$$

O coeficiente A_s substitui A (o coeficiente para condições de simetria axial) na Equação 8.60 no caso de uma sapata corrida; a expressão para α permanece inalterada.

Os valores para o coeficiente de adensamento μ_c, para sapatas circulares e corridas, em função de A e da razão entre a espessura da camada e a largura da sapata (H/B), são dados na Figura 8.29.

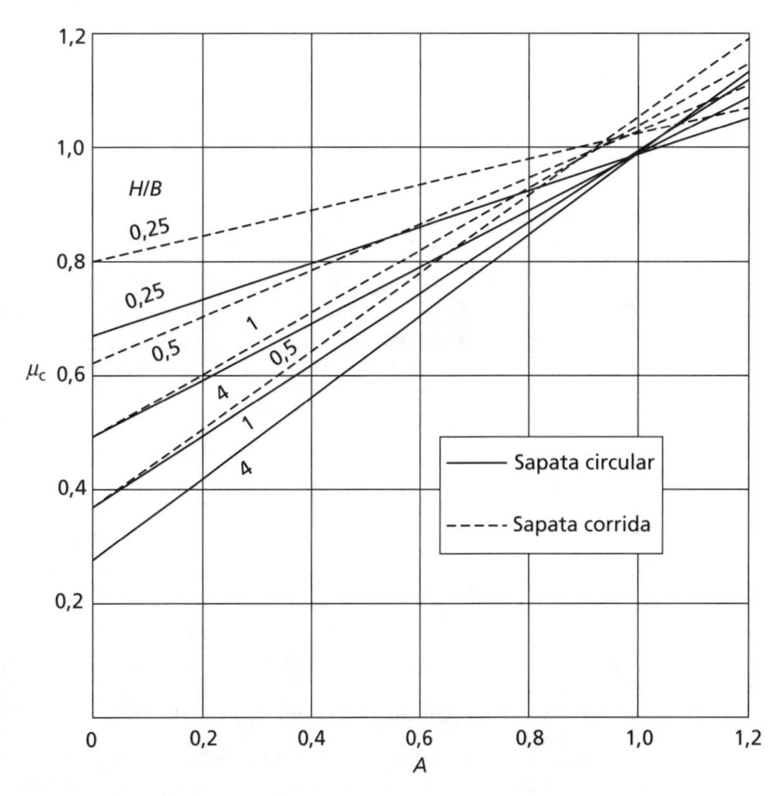

Figura 8.29 Coeficiente de adensamento μ_c (de acordo com Scott, 1963).

Exemplo 8.5

Uma sapata quadrada com lado de 6 m², suportando uma pressão líquida de 160 kPa, está localizada a uma profundidade de 2 m em um depósito de argila rija com 17 m de espessura: um estrato firme se situa logo abaixo da argila. A partir de ensaios oedométricos em corpos de prova da argila, o valor encontrado de m_v foi de 0,13 m²/MN, e, a partir de ensaios triaxiais, o valor encontrado para A foi de 0,35. O módulo de elasticidade longitudinal não drenado para a argila foi estimado como 55 MPa. Determine o recalque total abaixo do centro da sapata.

Solução

Nesse caso, haverá deformação lateral significativa na argila abaixo da sapata (resultando em recalque imediato), e o uso do método de Skempton–Bjerrum se mostra adequado. A seção transversal é mostrada na Figura 8.30.

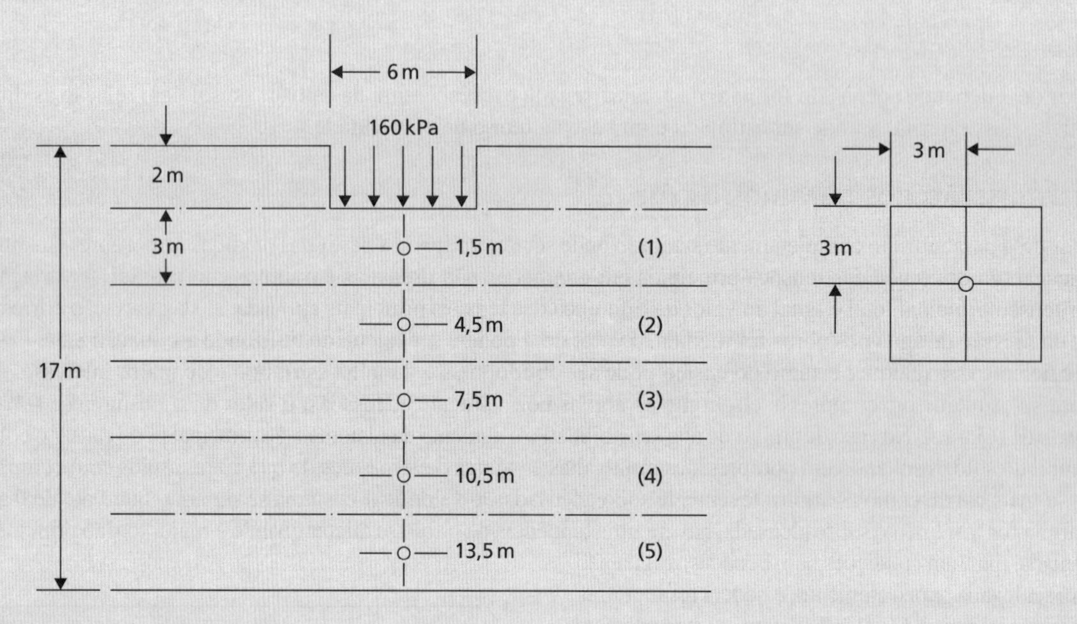

Figura 8.30 Exemplo 8.5.

a *Recalque imediato*. Os fatores de influência são obtidos por meio da Figura 8.26. Agora,

$$\frac{H}{B} = \frac{15}{6} = 2{,}5$$

$$\frac{d}{B} = \frac{2}{6} = 0{,}33$$

$$\frac{L}{B} = 1$$

$$\therefore \mu_0 = 0{,}95 \text{ e } \mu_1 = 0{,}55$$

Em consequência,

$$s_i = \mu_0 \mu_1 \frac{qB}{E_u}$$

$$= 0{,}95 \times 0{,}55 \times \frac{160 \times 6}{55} = 9\,\text{mm}$$

b *Recalque por adensamento*. Na Tabela 8.7,

$$\Delta\sigma' = 4 \times 160 \times I_{qr} \quad \text{(kPa)}$$

$$s_{oed} = 0{,}13 \times \Delta\sigma' \times 3 = 0{,}39\Delta\sigma' \quad \text{(mm)}$$

Agora,

$$\frac{H}{B}=\frac{15}{6,77}=2,2$$

(diâmetro equivalente = 6,77 m) e A = 0,35. Em consequência, a partir da Figura 8.29,

$$\mu_c = 0,55$$

Então,

$$s_c = 0,55 \times 116,6 = 64\,\text{mm}$$

$$\begin{aligned}\text{Recalque total} &= s_i + s_c \\ &= 9 + 64 \\ &= 73\,\text{mm}\end{aligned}$$

Tabela 8.7 Exemplo 8.5

Camada	*z (m)*	*m, n*	I_{qr}	$\Delta\sigma'$ *(kPa)*	s_{oed} *(mm)*
1	1,5	2,00	0,233	149	58,1
2	4,5	0,67	0,121	78	30,4
3	7,5	0,40	0,060	38	14,8
4	10,5	0,285	0,033	21	8,2
5	13,5	0,222	0,021	13	5,1
					116,6

8.8 Recalque a partir dos dados dos ensaios *in situ*

Em virtude da extrema dificuldade de obter amostras indeformadas de areia para ensaios de laboratório e da heterogeneidade inerente aos depósitos de areia, os recalques de fundações em solos grossos são estimados, em geral, por meio de correlações baseadas em resultados de ensaios *in situ*. Essa seção descreverá os métodos recomendados no EC7, baseados nos ensaios de SPT e CPT (descritos no Capítulo 7).

Análise usando dados do SPT

Burland e Burbidge (1985) realizaram uma análise estatística em mais de 200 registros de recalques de fundações em areias e pedregulhos. Foi estabelecida uma relação entre a compressibilidade do solo (a_f), a largura da fundação (B) e o valor médio do número de golpes do SPT ($\overline{N}$) com a profundidade de influência (z_I) da fundação. Foram apresentadas evidências indicando que, se N tender a aumentar com a profundidade ou for aproximadamente constante com ela, então a razão entre a profundidade de influência e a largura da fundação (z_I/B) diminuirá com o aumento da largura da fundação; valores de z_I obtidos a partir da Figura 8.31 podem ser usados como uma base para o projeto (ou *design*). No entanto, se N tender a diminuir com a profundidade, o valor de z_I deverá ser tomado como $2B$, desde que a espessura do estrato seja maior do que isso. A compressibilidade relaciona-se com a largura da fundação por meio de um índice de compressibilidade (I_c), no qual

$$I_c = \frac{a_f}{B^{0,7}} \tag{8.62}$$

O índice de compressibilidade, por sua vez, está relacionado com o valor médio da resistência-padrão corrigida de penetração ($\overline{N} = \overline{N}_{60}$) pela expressão

$$I_c = \frac{1,71}{\left(\overline{N}_{60}\right)^{1,4}} \tag{8.63}$$

Os valores não normalizados de N_{60} usados como correção para a pressão confinante efetiva (Equação 7.2) têm uma grande influência tanto na resistência-padrão à penetração quanto na compressibilidade; essa influência deve ser

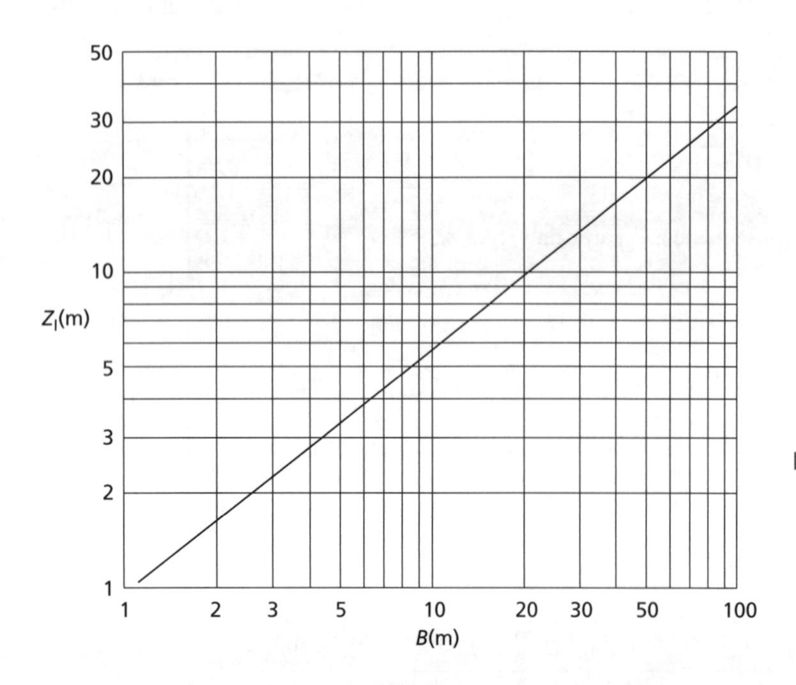

Figura 8.31 Relação entre a profundidade de influência e a largura da fundação (reproduzida de J.B. Burland e M.C. Burbidge, 1985, *Proceedings Institution of Civil Engineers*, Part 1, v. 78, com permissão de Thomas Telford Ltd.).

eliminada da correlação. Os resultados da análise sugeriram que a influência do nível do lençol freático é refletida nos valores medidos de N. No entanto, a posição dele influencia o recalque, de modo que, se o nível caísse após a determinação dos valores de N, então seria esperado um recalque maior. No caso de areias finas e areias siltosas abaixo do lençol freático, o valor medido de N, se maior do que 15, deveria ser corrigido pela resistência aumentada em virtude da pressão negativa do excesso de água dos poros, estabelecida durante a cravação e incapaz de se dissipar imediatamente: o valor corrigido (N') é dado por

$$N' = 15 + \frac{1}{2}(N - 15) \tag{8.64}$$

Mais tarde, propôs-se que, no caso de pedregulhos e areias pedregulhosas, os valores medidos de N deveriam ser aumentados em 25%.

Em uma areia normalmente adensada, o recalque médio s (mm) no final da construção para uma fundação com largura B (m) que suporte uma pressão de fundação q (kPa) é dado por

$$s = qB^{0,7}I_c \tag{8.65a}$$

Caso se possa estabelecer que a areia é sobreadensada e se possa fazer uma estimativa da pressão de pré-adensamento ($\sigma'_{máx}$), o recalque será dado, em vez disso, por uma das seguintes expressões:

$$s = \left(q - \frac{2}{3}\sigma'_{máx}\right)B^{0,7}I_c \quad \left(\text{se } q > \sigma'_{máx}\right) \tag{8.65b}$$

$$s = qB^{0,7}\frac{I_c}{3} \quad \left(\text{se } q < \sigma'_{máx}\right) \tag{8.65c}$$

A análise indicou que a profundidade da fundação não tem influência significativa no recalque para relações profundidade/largura menores do que 3. No entanto, foi encontrada uma correlação significativa entre o recalque e a relação comprimento/largura (L/B) da fundação; por conseguinte, o recalque dado pela Equação 8.65 deve ser multiplicado por um fator de forma F_s, expresso como

$$F_s = \left(\frac{1,25L/B}{L/B + 0,25}\right)^2 \tag{8.66}$$

Foi proposto, como experimentação, que, se a espessura (H) do estrato de areia abaixo do nível (ou cota) da fundação fosse menor do que a profundidade de influência (z_I), o recalque deveria ser multiplicado por um fator F_I, em que

$$F_I = \frac{H}{z_I}\left(2 - \frac{H}{z_I}\right) \tag{8.67}$$

Embora se costume supor que o recalque em areias esteja virtualmente concluído ao final da construção e do carregamento inicial, os registros indicaram que pode ocorrer o recalque continuado (fluência ou *creep*); com isso, propôs-se que o recalque fosse multiplicado por um fator F_t para o tempo superior a três anos depois do final da construção, expresso como

$$F_t = \left[1 + R_3 + R_t \log\left(\frac{t}{3}\right)\right] \tag{8.68}$$

no qual R_3 é o recalque que depende do tempo, como uma porcentagem de s, que ocorre durante os três primeiros anos depois da construção, e R_t é o recalque que ocorre durante cada ciclo logarítmico de tempo superior a três anos. Uma interpretação conservativa dos dados indica que, depois de 30 anos, F_t pode alcançar 1,5 para as cargas estáticas e 2,5 para as variáveis. Um exemplo do uso desse método no projeto de fundações será apresentado na Seção 8.9.

Análise usando os dados do CPT

Esse método de estimativa de recalque foi apresentado por Schmertmann (1970) e se baseia em uma distribuição simplificada da deformação vertical sob o centro, ou a linha de centro, de uma fundação rasa, expressa sob a forma de um fator de influência de deformação I_z. A deformação vertical ε_z é escrita como

$$\varepsilon_z = \frac{q_n}{E} I_z$$

em que q_n é a pressão líquida sobre a fundação, e E é o valor adequado do módulo de elasticidade longitudinal. As distribuições admitidas do fator de influência de deformação com a profundidade para fundações quadradas (L/B = 1) e longas ($L/B \geq 10$) ou corridas é mostrada na Figura 8.32, sendo a profundidade expressa em função da largura dessas fundações. Os dois casos correspondem às condições de simetria axial e estado plano de deformações, respectivamente. Essas são distribuições simplificadas e baseadas em resultados teóricos e experimentais, nos quais se admite que as deformações se tornam insignificantes nas profundidades $z_{f0} = 2B$ e $4B$, respectivamente, abaixo das fundações. O valor máximo (de pico) do fator de influência de deformação I_{zp} em cada caso é dado pela expressão

$$I_{zp} = 0{,}5 + 0{,}1\left(\frac{q_n}{\sigma'_p}\right)^{0{,}5} \tag{8.69}$$

em que σ'_p é a pressão confinante efetiva na profundidade de I_{zp} e ocorre a uma profundidade $z_{fp} = 0{,}25z_{f0}$. Para fundações retangulares com dimensões $B \times L$, z_{f0} e z_{fp} na Figura 8.32 são calculados de acordo com Lee *et al.* (2008) por meio de

$$\frac{z_{f0}}{B} = 0{,}95\cos\left\{\frac{\pi}{5}\left[\min\left(\frac{L}{B},6\right)-1\right]-\pi\right\}+3 \tag{8.70}$$

$$\frac{z_{fp}}{B} = 0{,}11\left[\min\left(\frac{L}{B},6\right)-1\right]+0{,}5 \leq 1 \tag{8.71}$$

Deve-se observar que as deformações verticais máximas não ocorrem logo abaixo das fundações, como no caso da tensão vertical. Pode-se aplicar uma correção às distribuições de deformação de acordo com a profundidade da fundação abaixo da superfície. O fator de correção para a profundidade da sapata é dado por

$$C_1 = 1 - 0{,}5\frac{\sigma'_q}{q_n} \tag{8.72}$$

na qual σ'_q = pressão confinante efetiva no nível da fundação, e q_n = pressão líquida na fundação.

Embora se admita, em geral, que o recalque em areias esteja praticamente concluído ao final da construção, alguns registros de casos indicam recalques que continuam com o passar do tempo, sugerindo, assim, um **efeito de fluência** ou ***creep***. Isso pode ser corrigido por meio do uso da Equação 8.73; entretanto, isso costuma ser ignorado em projetos comuns:

$$C_2 = 1 + 0{,}2\log\left(\frac{t}{0{,}1}\right) \tag{8.73}$$

na qual t é o tempo em anos no qual se deseja saber o recalque.

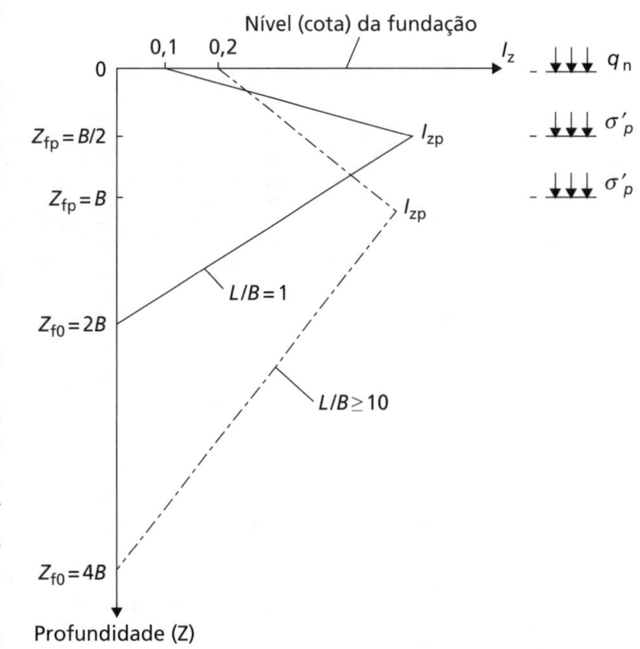

Figura 8.32 Distribuição do fator de influência das deformações.

O recalque de uma sapata que suporte uma pressão líquida q_n é escrito como

$$s = \int_0^{2B} \varepsilon_z \, dz$$

ou, aproximadamente,

$$s = C_1 C_2 q_n \sum_0^{2B} \frac{I_z}{E} \Delta z \qquad (8.74)$$

Schmertmann obteve as correlações seguintes, baseadas em ensaios de carga *in situ*, entre o módulo de deformação e a resistência de penetração do cone para areias normalmente adensadas, como segue:

$E = 2{,}5q_c$ para fundações quadradas ($L/B = 1$)

$E = 3{,}5q_c$ para fundações longas (corridas; $L/B \geq 10$)

Para argilas sobreadensadas, os valores anteriores devem ser duplicados.

Para aplicar a Equação 8.74, o perfil q_c–profundidade, até uma profundidade de $2B$ ou $4B$ (ou interpolada) abaixo da fundação, é inicialmente dividida em camadas adequadas de espessura Δz, admitindo-se, no interior de cada uma delas, o valor de q_c como constante. O valor de I_z no centro de cada camada é obtido a partir da Figura 8.32. A Equação 8.74 é, então, calculada a fim de fornecer o recalque da fundação.

Exemplo 8.6

Uma sapata de 2,5 m × 2,5 m suporta uma pressão líquida da fundação de 150 kPa, a uma profundidade de 1,0 m em um depósito profundo de areia fina normalmente consolidada e de peso específico 17 kN/m³. A variação da resistência de penetração do cone ao longo da profundidade é apresentada na Figura 8.33. Faça uma estimativa do recalque da sapata.

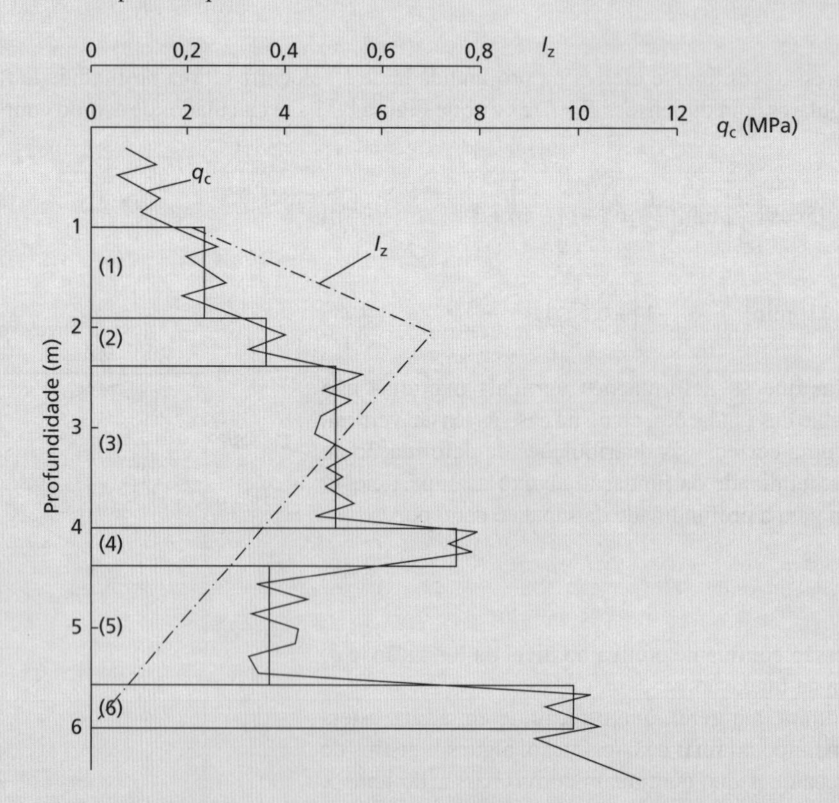

Figura 8.33 Exemplo 8.6.

Solução

O gráfico q_c–z abaixo da cota (ou nível) da fundação é dividido em várias camadas de espessuras Δz, admitindo-se, para cada uma, o valor de q_c como constante.

O valor de pico do fator de influência de deformação ocorre a uma profundidade de 2,25 m (isto é, $B/2$ abaixo do nível da fundação) e é dado por

$$I_{zp} = 0,5 + 0,1\left(\frac{150}{17 \times 2,25}\right)^{0,5} = 0,70$$

A distribuição do fator de influência de deformação ao longo da profundidade é superposta ao gráfico q_c–z, conforme ilustrado na Figura 8.33, e o valor de I_z é determinado no centro de cada camada. O valor de E para cada uma é igual a $2,5q_c$.

O fator de correção para a profundidade da fundação (Equação 8.72) é

$$C_1 = 1 - \frac{0,5 \times 17}{150} = 0,94$$

O fator de correção para a fluência ou *creep* (C_2) é tomado como igual a 1.

Os cálculos são apresentados na Tabela 8.8. Dessa forma, o recalque é dado pela Equação 8.74:

$$s = 0,94 \times 1,0 \times 150 \times 0,20 = 28\,\text{mm}$$

Tabela 8.8 Exemplo 8.6

	Δz (m)	q_c (MPa)	E (MPa)	I_c	$I_c\Delta z/E$ (m^3/MN)
1	0,90	2,3	5,75	0,41	0,064
2	0,50	3,6	9,00	0,68	0,038
3	1,60	5,0	12,50	0,50	0,064
4	0,40	7,5	18,75	0,33	0,007
5	1,20	3,3	8,25	0,18	0,026
6	0,40	9,9	24,75	0,04	0,001
					0,200

8.9 Dimensionamento nos estados limites

As Seções 8.3 e 8.4 descreveram as ferramentas analíticas básicas para determinar a resistência do solo no limiar da falha estrutural (resistência de carga). Se a carga vertical aplicada for igual ou maior do que a resistência de carga, isso representará um estado limite último que causa falha/colapso estrutural. Na prática, o objetivo principal é assegurar que a resistência de uma fundação rasa seja sempre maior do que o carregamento aplicado, conservando alguma margem, de forma que a fundação seja segura. As Seções 8.6–8.8 desenvolveram ferramentas analíticas simples para avaliar a resposta de deslocamentos de uma fundação submetida a uma carga aplicada para condições de carregamento abaixo do estado limite último (isto é, no estado limite de serviço). No material apresentado até aqui, deu-se ênfase à **análise** (ou verificação), isto é, caracterizando a resposta de fundações existentes (de tamanho/propriedades conhecidos). Com base nisso, é possível determinar a quantidade de carga que pode ser suportada, a fim de que a fundação não sofra colapso (estado limite último, ELU) ou ultrapasse o recalque especificado (estado limite de serviço, ELS). Esse processo não o mesmo que o ***design*** (ou **dimensionamento**), no qual o carregamento aplicado é conhecido (por exemplo, de uma estrutura suportada), e o objetivo é dimensionar a fundação para fornecer uma margem de segurança suficiente contra colapso e evitar movimento excessivo. Esta seção descreverá como as ferramentas analíticas mencionadas anteriormente podem ser usadas no projeto de fundações rasas dentro de um contexto de *design* ou dimensionamento nos estados limites. Isso será realizado no contexto do Eurocode 7, embora os princípios sejam diretamente transferíveis para outros contextos de dimensionamentos (ou *design*) nos estados limites com uma modificação de fatores parciais.

Dimensionamento no estado limite último

Para satisfazer ao estado limite último, a soma das **ações** aplicadas (cargas) na fundação deve ser menor ou igual à resistência disponível. A resistência (suporte), R, de uma fundação rasa é sua capacidade de carga multiplicada por sua área plana, A_f, (isto é, $R = q_f A_f$), e será uma função de várias propriedades do material (por exemplo, c_u para condições não drenadas; ϕ', c' e γ para condições drenadas). Definindo as ações por Q e as propriedades do material por X, o critério que deve ser satisfeito no *design* pode ser expresso por

$$\sum Q \leq R(X) \tag{8.75}$$

A Equação 8.75 somente será satisfeita quando $\Sigma Q = R$; entretanto, isso não deixará margem para erro associado aos três termos da equação, incluindo as hipóteses implícitas na equação de capacidade de carga, a variabilidade potencial nas propriedades reais do solo a partir daquelas obtidas em laboratório e a determinação precisa dos valores das cargas aplicadas. Em consequência, serão usados coeficientes parciais de ponderação (ou de segurança) para modificar os três termos da Equação 8.75 a fim de fornecer a equação de *design*:

$$\sum \gamma_A Q \leq \frac{R\left(\dfrac{X}{\gamma_X}\right)}{\gamma_R} \tag{8.76}$$

na qual γ_A são os coeficientes de ponderação aplicados às ações Q, γ_X são os aplicados às propriedades do material X, e γ_R são os aplicados à resistência R. Os coeficientes de ponderação não devem ser confundidos com os pesos específicos, apesar de compartilharem o mesmo símbolo. Os parâmetros Q, R e X representam as "melhores estimativas" das ações, das propriedades do material e das resistências — essas também são conhecidas como **valores característicos**, e sua determinação será vista no Capítulo 13. Todos os coeficientes de ponderação terão valor absoluto maior ou igual a 1,0, portanto γ_A aumentará o módulo das ações (isto é, a fundação deverá suportar um pouco mais carga do que o esperado), γ_X reduzirá os valores das propriedades do material (isto é, o solo será mais fraco do que o valor medido), e γ_R reduzirá a resistência (isto é, a capacidade de carga poderá ser menor do que a prevista usando os métodos das Seções 8.3 e 8.4). Um valor característico que tenha sido modificado por um coeficiente de ponderação é conhecido como **valor de projeto** (isto é, $\gamma_A Q$ representa uma ação de projeto, X/γ_X é a propriedade de projeto do material, e R/γ_R é a resistência de projeto).

Os três conjuntos de coeficientes de ponderação não são todos aplicados necessariamente ao mesmo tempo, dependendo da norma de *design* de estado limite que estiver sendo seguida. No EC7, são propostos três métodos possíveis de *design*:

- Método de Projeto 1 (*Design Approach 1*, DA1): (a) uso de coeficientes de ponderação apenas nas ações; (b) uso de coeficientes de ponderação apenas nos materiais.
- Método de Projeto 2 (*Design Approach 2*, DA2): (a) uso de coeficientes de ponderação nas ações e nas resistências (mas não nos materiais).
- Método de Projeto 3 (*Design Approach 3*, DA3): (a) uso de coeficientes de ponderação apenas em ações estruturais (ações geotécnicas do solo não recebem coeficientes de ponderação) e materiais.

Variados métodos de projeto podem ser adotados por diferentes países incluídos na zona do Eurocode, embora seja prudente (e exija um pouco de esforço adicional) verificar todos eles e dimensionar as fundações a fim de satisfazer a todos. Isso pode ser implementado com facilidade por meio de uma planilha, a fim de realizar de forma automática os cálculos dos diferentes métodos de projeto. Na prática, os valores dos coeficientes de ponderação são aplicados a todas as ações, propriedades do material e resistências, de forma que a mesma equação geral possa ser usada para todos os métodos de projeto; às propriedades sem coeficientes de ponderação, atribui-se o valor 1,0. Deve-se observar que o DA2 representa o método usado no LRFD (isto é, uso de coeficientes de ponderação nas cargas/ações e resistências).

A Tabela 8.9 descreve os conjuntos de coeficientes de ponderação usados nos três métodos de projeto do EC7. Os valores deles para os diferentes conjuntos que serão usados ao longo deste livro são dados nas Tabelas 8.10 e 8.11 para ações e propriedades dos materiais, respectivamente. O coeficiente $\gamma_R = \gamma_{Rv}$ para resistência de suporte é 1,00 para os conjuntos R1 e R3 (isto é, sem coeficientes de ponderação) e 1,4 para o conjunto R2.

Tabela 8.9 Seleção dos coeficientes de ponderação para uso no projeto de ELU do EC7

	Coeficientes de ponderação a serem tomados do conjunto ...		
	Ações (γ_A)	*Resistências (γ_R)*	*Propriedades do material (γ_X)*
Método de Projeto (*Design Approach*) 1a	A1	R1	M1
Método de Projeto (*Design Approach*) 1b	A2	R1 (R4 para estacas)	M2
Método de Projeto (*Design Approach*) 2	A1	R2	M1
Método de Projeto (*Design Approach*) 3	A2	R3	M2

Tabela 8.10 Coeficientes de ponderação das ações para uso no projeto de ELU do EC7

Ação (Q)	*Símbolo*	*Conjunto*	
		A1	*A2*
Ação permanente desfavorável	γ_A	1,35	1,00
Ação variável desfavorável		1,50	1,30
Ação permanente favorável		1,00	1,00
Ação variável favorável		0	0
Ação acidental		1,00	1,00

Tabela 8.11 Coeficientes de ponderação das propriedades dos materiais para uso no projeto de ELU do EC7

Propriedade de material (X)	*Símbolo*	*Conjunto*	
		M1	*M2*
tg ϕ'	$\gamma_{tg\,\phi}$	1,00	1,25
Intercepto de coesão, c'	γ_c	1,00	1,25
Resistência não drenada ao cisalhamento, c_u	γ_{cu}	1,00	1,40
Peso específico*, γ	γ_γ	1,00	1,00

Nota: *O EC7 usa o termo *weight density* em vez de *unit weight* para designar o peso específico.

Todos os valores dados aqui e ao longo do livro são normativos e recomendados no Eurocode (EC7: Parte 1) geral e serão usados para demonstrar os princípios do projeto nos estados limites; cada país tem um Anexo Nacional (*National Annex*) próprio para usar em suas fronteiras, que pode sugerir valores alternativos dos coeficientes de ponderação com base na experiência nacional. Em projetos, o Anexo Nacional adequado sempre deve ser cumprido. Uma folha de referência rápida com todos os coeficientes de ponderação (normativos) e regras de combinação é fornecida no site da LTC Editora complementar a este livro para uso nos problemas ao final deste capítulo e dos subsequentes.

No que se refere às ações (Tabela 8.10), o modo da ação deve ser determinado. As **ações permanentes** são aquelas que sempre agem na fundação durante sua vida útil, por exemplo, oriundas do peso próprio da estrutura. As **ações variáveis** atuam apenas de forma intermitente, por exemplo, vento ou outro carregamento exercido pelo meio ambiente. Uma ação é **desfavorável** se aumentar a carga total aplicada, por exemplo, uma carga vertical de cima para baixo que atue em uma fundação. Uma ação é **favorável** se reduzir a carga total aplicada. No que se refere às propriedades dos materiais (Tabela 8.11), a grandeza do coeficiente de ponderação depende da precisão com a qual uma propriedade em particular pode ser determinada e a provável variabilidade do valor característico. O peso específico tem um coeficiente de ponderação baixo, uma vez que o peso de uma amostra de solo pode ser determinado de maneira muito precisa por meio de uma balança. A resistência não drenada ao cisalhamento, por outro lado, é determinada de forma rotineira por ensaios de laboratório, em que a perturbação da amostra pode ter influenciado bastante o valor, ou por ensaios *in situ* (por exemplo, SPT, FVT, CPT), usando correlações empíricas que são ajustadas a dados esparsos; a baixa confiabilidade desse valor é representada por um grande coeficiente de ponderação.

Exemplo 8.7

Uma fundação de 2,0 m × 2,0 m está localizada a uma profundidade de 1,5 m em uma argila estratificada com peso específico saturado de 21 kN/m³. A resistência ao cisalhamento não drenada característica é 160 kPa na camada superior, com 2,5 m de espessura e 80 kPa abaixo dela. A fundação suporta uma carga permanente existente de 1.000 kN e está sujeita a uma carga variável de 500 kN. Devem ser acrescentados pisos adicionais à estrutura suportada, que aumentarão a carga permanente agindo na fundação. Determine a carga permanente adicional máxima que pode ser suportada pela fundação em condições não drenadas se ela satisfizer ao EC7 no estado limite último (ELU).

Solução

Esse é um problema de análise (de uma fundação existente). Definindo o aumento desconhecido da carga permanente como Q_1, a ação total aplicada na fundação é dada por

$$\sum Q = \left[(1000 + Q_1)\cdot \gamma_{A1}\right] + \left[500 \cdot \gamma_{A2}\right]$$

Os coeficientes de ponderação γ_{A1} e γ_{A2} são para as condições permanentes desfavoráveis e variáveis desfavoráveis, respectivamente. A capacidade de carga é dada pela Equação 8.17, com N_c e s_c determinados pela Figura 8.11. $H/B = (2,5 - 1,5)/2,0 = 0,5$ e $c_{u1}/c_{u2} = 160/80 = 2,0$, fornecendo $N_c = 3,52$, de acordo com a Figura 8.11a (valor de limite inferior, conservativo), e $s_c = 1,41$, de acordo com a Figura 8.11b. Assim,

$$R = q_f A_f = \frac{\left[s_c N_c \left(\dfrac{c_{u1}}{\gamma_{cu}}\right) + \sigma_q\right] A_f}{\gamma_R}$$

$$= \frac{\left[1,41 \cdot 3,52 \cdot \left(\dfrac{160}{\gamma_{cu}}\right) + \left(\dfrac{21}{\gamma_\gamma} \cdot 1,5\right)\right] \cdot (2 \cdot 2)}{\gamma_R}$$

$$= \frac{\dfrac{3176,4}{\gamma_{cu}} + \dfrac{126}{\gamma_\gamma}}{\gamma_R}$$

Usando DA1a como exemplo, $\gamma_{A1} = 1,35$, $\gamma_{A2} = 1,50$, $\gamma_{cu} = 1,00$, $\gamma_\gamma = 1,00$, e $\gamma_R = 1,00$, de acordo com as Tabelas 8.9–8.11. Dessa forma, aplicando a Equação 8.76 para que o ELU seja satisfeito,

$$(1000 + Q_1)\gamma_{A1} + 500\gamma_{A2} \leq \frac{\dfrac{3176,4}{\gamma_{cu}} + \dfrac{126}{\gamma_\gamma}}{\gamma_R}$$

$$2100 + 1,35Q_1 \leq 3302,4$$

$$Q_1 \leq 891\,\text{kN}$$

Os resultados para os outros métodos de projeto são apresentados na Tabela 8.12, pelos quais se pode ver que DA2 é mais crítico, e, portanto, a maior carga permanente adicional (característica) que pode ser aplicada é $Q_1 = 192$ kN.

Tabela 8.12 Exemplo 8.7

Método de projeto	*Q_1 máximo (kN)*
DA1a	891
DA1b	745
DA2	192
DA3	745

Exemplo 8.8

Uma sapata corrida de concreto com 0,7 m de espessura deve ser projetada para suportar uma carga permanente de 500 kN/m e uma carga imposta de 300 kN/m, a uma profundidade de 0,7 m em uma areia pedregulhosa. Os valores característicos dos parâmetros de resistência ao cisalhamento são $c' = 0$ e $\phi' = 40°$. Determine a largura exigida da sapata para satisfazer ao EC7 no ELU, admitindo que o lençol freático possa subir até o nível da fundação. O peso específico da areia acima do nível do lençol freático é 17 kN/m³ e, abaixo dele, o peso específico saturado é 20 kN/m³. O peso específico do concreto é 24 kN/m³.

Solução

Esse é um problema de projeto ou dimensionamento (de uma fundação nova e ainda sem dimensões). O peso da fundação aplicará uma ação adicional (permanente, desfavorável) de $24dB = 16{,}8B$ kN/m para $d = 0{,}7$ m. A ação total aplicada na fundação é, portanto, dada por

$$\sum Q = \left[(500 + 16{,}8B)\cdot \gamma_{A1}\right] + \left[300 \cdot \gamma_{A2}\right]$$

Os coeficientes de ponderação γ_{A1} e γ_{A2} são para as condições permanentes desfavoráveis e variáveis desfavoráveis, respectivamente, como no Exemplo 8.7. O peso da fundação é incluído como uma carga permanente adicional. A capacidade de carga em condições drenadas é dada pela Equação 8.32. As propriedades ϕ' e c' de resistência do solo influenciam a capacidade de carga por meio dos fatores de capacidade de carga e de forma, portanto os valores de projeto das propriedades desse material devem ser usados na determinação dos coeficientes. O valor de ϕ' do projeto é dado por

$$\phi'_{des} = \text{tg}^{-1}\left(\frac{\text{tg}\,\phi'}{\gamma_{\text{tg}\,\phi}}\right) \tag{8.77}$$

Para DA1a (como um exemplo), $\phi'_{des} = 40°$, fornecendo $N_q = 64$ (Equação 8.33) e $N_\gamma = 106$ (Equação 8.36). A sapata é corrida, portanto $s_q = s_\gamma = 1{,}00$. Como $c' = 0$, neste caso, não há necessidade de calcular N_c e s_c. Para o pior caso de condições hidrológicas, quando o nível do lençol freático estiver no plano da fundação,

$$R = q_f A_f = \frac{\left[s_q N_q \gamma d + \frac{1}{2}\gamma' B s_\gamma N_\gamma\right] A_f}{\gamma_R}$$

$$= \frac{\left[1{,}00 \cdot 64 \cdot \frac{17}{\gamma_\gamma}\cdot 0{,}7 + 0{,}5 \cdot \frac{(20-9{,}81)}{\gamma_\gamma}\cdot B \cdot 1{,}00 \cdot 106\right] B}{\gamma_R}$$

$$= \frac{\frac{761{,}6}{\gamma_\gamma} B + \frac{540{,}1}{\gamma_\gamma} B^2}{\gamma_R}$$

A área da sapata corrida é B por unidade de comprimento, e os coeficientes de ponderação das propriedades do material são levados em consideração nos fatores de capacidade de carga e de forma. Usando DA1a como exemplo, $\gamma_{A1} = 1{,}35$, $\gamma_{A2} = 1{,}50$, $\gamma_\gamma = 1{,}00$, e $\gamma_R = 1{,}00$, a partir das Tabelas 8.9–8.11. Dessa forma, aplicando a Equação 8.76 para satisfazer ao ELU,

$$(500 + 16{,}8B)\gamma_{A1} + 300\gamma_{A2} \le \frac{\frac{761{,}6}{\gamma_\gamma} B + \frac{540{,}1}{\gamma_\gamma} B^2}{\gamma_R}$$

$$1125 + 22{,}7B \le 761{,}6B + 540{,}1B^2$$

$$0 \le 540{,}1B^2 + 738{,}9B - 1125$$

Essa equação quadrática em B pode ser resolvida usando os métodos-padrão (por exemplo, a fórmula quadrática) e adotando a raiz positiva. Isso fornece $B \ge 0{,}91$ m para DA1a. Os resultados para os outros métodos de *design* são dados na Tabela 8.13, a partir da qual se pode ver que DA1b/3 é mais crítico com uma largura exigida de fundação de $B \ge 1{,}46$ m.

Tabela 8.13 Exemplo 8.8

Método de projeto	*B mínimo (m)*
DA1a	0,91
DA1b	1,46
DA2	1,16
DA3	1,46

Dimensionamento no estado limite de serviço

Para que uma fundação rasa satisfaça ao estado limite de serviço, o efeito das ações aplicadas, E_A (também chamado um **efeito da ação**), que tipicamente será um recalque calculado por meio dos métodos das Seções 8.6–8.8, deve ser menor ou igual a um valor limite do efeito da ação, C_A (isto é, um recalque limite). Em termos matemáticos, isso pode ser expresso como

$$E_A \le C_A \quad (8.78)$$

Ao realizar os cálculos do estado limite de serviço, valores característicos são usados amplamente, já que esse estado limite não se relaciona com a segurança da fundação, apenas com seu desempenho quando submetida à carga de serviço. Em consequência, exige-se apenas um cálculo simples para demonstrar que esse estado limite foi atingido. Depois de uma fundação ser dimensionada para satisfazer aos estados limites últimos, o recalque da fundação ($s = E_A$) deverá ser encontrado. Se isso satisfizer à Equação 8.78, então o estado limite último determinará o *design*, que, assim, estará completo. Se a Equação 8.78 não for satisfeita, o cálculo deverá ser repetido, tornando a largura B variável como no projeto no estado limite último (ver o Exemplo 8.9) ou por tentativa e erro. Isso resultará em uma fundação mais larga, que determinará o projeto (já que tanto o estado limite último, ELU, quanto o estado limite de serviço, ELS, devem ser satisfeitos). Alargar as fundações pode alterar as ações aplicadas, portanto deve-se fazer uma nova verificação do estado limite último.

Para estruturas normais com fundações isoladas, os recalques totais (brutos) até 50 mm são aceitáveis, embora isso possa ser reduzido para 25 mm em areias. Recalques maiores podem ser aceitáveis, contanto que os recalques totais não causem problemas aos serviços executados na estrutura nem resultem em inclinação etc. Zhang e Ng (2005) sugeriram que os recalques brutos de até 125 mm em fundações de edificações e de 135 mm em fundações de pontes podem ser toleráveis, com base em um estudo probabilístico de um grande número de estruturas que sofreram vários níveis de danos de utilização. Essas diretrizes referentes aos recalques limitadores se aplicam a estruturas rotineiras normais. Elas não devem ser usadas em edificações ou estruturas fora do comum ou para as quais a intensidade da carga seja nitidamente não uniforme.

Exemplo 8.9

Uma sapata quadrada submetida a uma pressão de suporte de 250 kPa deve ser colocada a uma profundidade de 1,5 m em um depósito de areia, estando o nível do lençol freático 3,5 m abaixo da superfície. Os valores da resistência-padrão à penetração foram determinados de acordo com o indicado na Tabela 8.14. Determine a largura mínima da fundação se o recalque deve estar limitado a 25 mm.

Tabela 8.14 Exemplo 8.9

Profundidade (m)	N_{60}	ϕ'_v *(kPa)*	C_N	$(N_1)_{60}$
0,75	8	—	—	—
1,55	7	26	2,0	14
2,30	9	39	1,6	14
3,00	13	51	1,4	18
3,70	12	65	1,25	15
4,45	16	70	1,2	19
5,20	20	—	—	—

Solução

Em virtude da não linearidade presente no método empírico para dados SPT, deve-se estimar, de início, uma largura B e chegar à solução de maneira progressiva por tentativa e erro. Começando com $B = 3$ m, a profundidade de influência (Figura 8.31) é 2,2 m, isto é, 3,7 m abaixo da superfície. A média dos valores medidos de N_{60} entre as profundidades de 1,5 e 3,7 m é 10, e, em consequência, o índice de compressibilidade (Equação 8.63) é dado por

$$I_c = \frac{1,71}{10^{1,4}} = 0,068$$

Dessa forma, a Equação 8.65a é usada para avaliar o efeito da ação ($E_A = s$), fornecendo

$$\begin{aligned} E_A &= qB^{0,7}I_c \\ &= 250 \cdot B^{0,7} \cdot 0{,}068 \\ &= 17B^{0,7} \end{aligned}$$

Aplicando a Equação 8.78 para que o estado limite de serviço (ELS) seja satisfeito, tem-se

$$\begin{aligned} E_A &\leq C_A \\ 17B^{0,7} &\leq 25 \\ B &\geq 1{,}73\,\text{m} \end{aligned}$$

Os cálculos são, então, repetidos usando esse novo valor mínimo de B até que não haja mudança no valor de B com as iterações subsequentes. Os cálculos são mostrados na Tabela 8.15, pelos quais se pode ver que a solução converge depois de quatro iterações para fornecer $B \geq 1{,}11$ m.

Tabela 8.15 Exemplo 8.9 (continuação)

Iteração	*B (m)*	z_I *(m)*	$\overline{N}_{60}$	I_c	*B (m)*
1	3,00	2,2	10	0,068	1,73
2	1,73	1,5	9	0,079	1,40
3	1,40	1,2	8	0,093	1,11
4	1,11	1,1	8	0,093	1,11

Resumo

1. A aplicação de carga a uma fundação rasa induz tensões no interior da massa de solo subjacente, gerando cisalhamento. Quando a fundação é carregada, ela apresenta recalque. Se as tensões de cisalhamento atingirem uma condição de equilíbrio plástico e um mecanismo de falha compatível puder ser formado, a sapata sofrerá falha estrutural da capacidade de carga (o recalque se tornará infinito).
2. A condição de falha plástica no interior da massa de solo pode ser analisada usando a análise limite. As técnicas de limite superior envolvem definir um mecanismo de falha compatível e realizar o equilíbrio de energia com base no movimento do interior do mecanismo. As técnicas de limite inferior envolvem definir um campo de tensões que esteja em equilíbrio com a carga externa aplicada. A verdadeira carga de colapso se localizará entre as soluções de limite superior e de limite inferior — se o limite superior for igual ao inferior, a solução verdadeira foi encontrada. Esses métodos têm sido aplicados tanto para condições drenadas quanto para não drenadas a fim de encontrar a capacidade de carga. Soluções mais avançadas presentes na literatura expandiram esses métodos para condições mais complexas do terreno, a fim de determinar a capacidade de carga em condições mais realistas para emprego em projeto de fundações.
3. As tensões induzidas abaixo de uma fundação rasa carregada têm seus módulos reduzidos com o aumento da profundidade e da distância lateral da fundação. Com base nas tensões induzidas totais, pode-se usar a teoria da elasticidade para encontrar os recalques imediatos (não drenados) em solos finos, enquanto a teoria do adensamento apresentada no Capítulo 4 pode ser modificada para prever o recalque que ocorre quando o solo se adensa. O recalque final é a soma desses valores.
4. As normas de projeto modernas usam uma filosofia de projeto de estados limites, na qual são propostos estados limites que representem um nível aceitável de desempenho. Esses podem estar relacionados ou com o ato de evitar um colapso catastrófico (estado limite último, ELU) ou com o de evitar um dano na estrutura suportada (estado limite de serviço, ELS). A fim de assegurar que a fundação seja segura, são aplicados coeficientes de ponderação de segurança aos vários parâmetros de projeto em cálculos de ELU para levar em consideração a incerteza nos valores desses parâmetros. Os cálculos de ELS não utilizam coeficientes de ponderação.

5 As equações de capacidade de suporte desenvolvidas a partir de análises limites (ponto 2) descrevem a condição de falha estrutural para uma fundação rasa e, portanto, descrevem o comportamento no ELU. Se forem aplicados coeficientes de ponderação adequados aos parâmetros nessas equações, a sapata poderá ser projetada para assegurar que o ELU seja satisfeito (a fundação não atingirá o colapso). Da mesma forma, as equações de recalque desenvolvidas com base na teoria da elasticidade/adensamento (ponto 3) podem ser usadas para assegurar que o ELS seja satisfeito. Para sapatas em solos grossos, os dados do SPT ou do CPT podem ser usados de forma alternativa/adicional para determinar o recalque da fundação e o projeto para o ELS.

Problemas

8.1 Uma fundação corrida com 2 m de largura foi feita a uma profundidade de 1 m em uma argila rija de peso específico saturado de 21 kN/m³, estando o lençol freático no nível do terreno. Determine a capacidade de carga da fundação (a) quando $c_u = 105$ kPa e $\phi_u = 0$, e (b) quando $c' = 10$ kPa e $\phi' = 28°$.

8.2 Determine a carga de projeto admissível em uma sapata com 4,50 m × 2,25 m a uma profundidade de 3,50 m em uma argila rija, de acordo com o EC7 DA1a. O peso específico saturado da argila é 20 kN/m³, e os parâmetros característicos de resistência ao cisalhamento são $c_u = 135$ kPa e $\phi_u = 0$.

8.3 Uma sapata de 2,5 m × 2,5 m suporta uma pressão de 400 kPa a uma profundidade de 1 m em uma areia. O peso específico saturado dessa areia é 20 kN/m³, e o peso específico acima do lençol freático é 17 kN/m³. Os parâmetros de projeto de resistência ao cisalhamento são $c' = 0$ e $\phi' = 40°$. Determine a capacidade de carga da sapata nos seguintes casos:

a O lençol freático está 5 m abaixo do nível do terreno.
b O lençol freático está 1 m abaixo do nível do terreno.
c O lençol freático está no nível do terreno, e ocorre percolação verticalmente de baixo para cima, sob um gradiente hidráulico de 0,2.

8.4 Uma sapata corrida está localizada a uma profundidade de 0,75 m em uma areia com peso específico de 18 kN/m³, estando o lençol freático bem abaixo do nível da fundação. Os parâmetros característicos de resistência ao cisalhamento são $c' = 0$ e $\phi' = 38°$. A sapata suporta uma carga de projeto de 500 kN/m. Determine a largura exigida da fundação para que o estado limite último seja satisfeito de acordo com o EC7 DA1b.

8.5 Uma sapata quadrada suporta uma carga permanente de 4.000 kN e uma carga variável de 1.500 kN (ambos os valores são característicos) a uma profundidade de 1,5 m na areia. O lençol freático está na superfície, sendo 20 kN/m³ o peso específico saturado da areia. Os valores característicos dos parâmetros de resistência ao cisalhamento são $c' = 0$ e $\phi' = 39°$. Determine o tamanho exigido da fundação para que o estado limite último esteja satisfeito de acordo com o EC7 DA1a.

8.6 Uma fundação de 4 m × 4 m está localizada a uma profundidade de 1 m em uma camada de argila saturada de 13 m de espessura. Os parâmetros característicos para a argila são $c_u = 100$ kPa, $\phi_u = 0$, $c' = 0$, $\phi' = 32°$, $m_v = 0{,}065$ m²/MN, $A = 0{,}42$, $\gamma_{sat} = 21$ kN/m³. Determine a carga admissível para a fundação a fim de assegurar que (a) o estado limite de resistência de suporte seja satisfeito de acordo com o EC7 DA1b e que (b) o recalque por adensamento não seja maior do que 30 mm.

8.7 Uma sapata de 3 m × 3 m suporta uma pressão líquida na fundação de 130 kPa a uma profundidade de 1,2 m, em um depósito profundo de areia com peso específico de 16 kN/m³, estando o lençol freático bem abaixo da superfície. A variação da resistência à penetração do cone (q_c) em função da profundidade (z) é a seguinte:

TABELA R

z (m)	1,2	1,6	2,0	2,4	2,6	3,0	3,4	3,8	4,2	4,6	5,0	5,4	5,8	6,2	6,6	7,0	7,4	8,0
q_c (MPa)	3,2	2,1	2,8	2,3	6,1	5,0	3,6	4,5	3,5	4,0	8,1	6,4	7,6	6,9	13,2	11,7	12,9	14,8

Determine o recalque da sapata usando o método de Schmertmann.

8.8 Uma fundação de 3,5 m × 3,5 m deve ser construída a uma profundidade de 1,2 m em um depósito profundo de areia, estando o nível do lençol freático 3,0 m abaixo da superfície. Os seguintes valores de resistência-padrão à penetração foram determinados no local:

TABELA S

Profundidade (m)	0,70	1,35	2,20	2,95	3,65	4,40	5,15	6,00
N_{60}	6	9	10	8	12	13	17	23

Considerando que o recalque não deve ser maior do que 25 mm, determine a carga admissível para satisfazer ao estado limite de serviço (utilização).

8.9 Uma carga permanente de 2.500 kN e uma variável de 1.250 kN devem ser suportadas por uma fundação quadrada a uma profundidade de 1,0 m, em um depósito de areia pedregulhosa que se estende da superfície até uma profundidade de 6,0 m. Uma camada de argila de 2,0 m de espessura está situada logo abaixo da areia. O lençol freático pode se elevar até o nível da fundação. O peso específico da areia acima do nível do lençol freático é 17 kN/m³ e, abaixo dele, o peso específico saturado é 20 kN/m³. Os valores característicos dos parâmetros de resistência ao cisalhamento para a areia são $c' = 0$ e $\phi' = 38°$. O coeficiente de compressibilidade de volume para a argila é 0,15 m²/MN. Foi especificado que o recalque de longo prazo da fundação em virtude do adensamento da argila não deve ser superior a 20 mm. Determine o tamanho exigido da fundação para que o estado limite último e o de serviço (utilização) sejam satisfeitos (use EC7 DA1b em ELS).

Referências

Burland, J.B. (1970) Discussion, in *Proceedings of Conference on In-Situ Investigations in Soils and Rocks*, British Geotechnical Society, London, p. 61.

Burland, J.B. and Burbidge, M.C. (1985) Settlement of foundations on sand and gravel, *Proceedings ICE*, **1**(78), 1325–1381.

Christian, J.T. and Carrier III, W.D. (1978) Janbu, Bjerrum and Kjaernsli's chart reinterpreted, *Canadian Geotechnical Journal*, **15**(1), 123, 436.

Davis, E.H. and Booker, J.R. (1973) The effect of increasing strength with depth on the bearing capacity of clays, *Géotechnique*, **23**(4), 551–563.

EC7–1 (2004) *Eurocode 7: Geotechnical design – Part 1: General rules, BS EN 1997–1:2004*, British Standards Institution, London.

Fadum, R.E. (1948) Influence values for estimating stresses in elastic foundations, in *Proceedings of the 2nd International Conference of SMFE, Rotterdam*, Vol. 3, pp. 77–84.

Georgiadis, K. (2010) An upper-bound solution for the undrained bearing capacity of strip footings at the top of a slope, *Géotechnique*, **60**(10), 801–806.

Giroud, J.P. (1972) Settlement of rectangular foundation on soil layer, *Journal of the ASCE*, **98**(SM1), 149–154.

Kumar, J. and Kouzer, K.M. (2007) Effect of footing roughness on bearing capacity factor N_γ, *Journal of Geotechnical and Geoenvironmental Engineering*, **133**(5), 502–511.

Lee, J., Eun, J., Prezzi, M. and Salgado, R. (2008) Strain influence diagrams for settlement estimation of both isolated and multiple footings in sand. *Journal of Geotechnical and Geoenvironmental Engineering*, **134**(4), 417–427.

Lyamin, A.V., Salgado, R., Sloan, S.W. and Prezzi, M. (2007) Two- and three-dimensional bearing capacity of footings in sand, *Géotechnique*, **57**(8), 647–662.

Merifield, R.S. and Nguyen, V.Q. (2006) Two- and three-dimensional bearing-capacity solutions for footings on two-layered clays, *Geomechanics and Geoengineering: An International Journal*, **1**(2), 151–162.

Merifield, R.S., Sloan, S.W. and Yu, H.S. (1999) Rigorous plasticity solutions for the bearing capacity of two-layered clays, *Géotechnique*, **49**(4), 471–490.

Salgado, R. (2008). *The Engineering of Foundations*, McGraw-Hill, New York, NY.

Salgado, R., Lyamin, A.V., Sloan, S.W. and Yu, H.S. (2004) Two- and three-dimensional bearing capacity of foundations in clay, *Géotechnique*, **54**(5), 297–306.

Schmertmann, J.H. (1970) Static cone to compute static settlement over sand, *Proceedings ASCE*, **96**(SM3), 1011–1043.

Scott, R.E. (1963) *Principles of Soil Mechanics*, Addison-Wesley, Reading, MA.

Skempton, A.W. (1951) The bearing capacity of clays, *Proceedings of the Building Research Congress*, Vol. 1, pp. 180–189.

Skempton, A.W. and Bjerrum, L. (1957) A contribution to the settlement analysis of foundations on clay, *Géotechnique*, **7**(4) 168–178.

Zhang, L.M. and Ng, A.M.Y. (2005) Probabilistic limiting tolerable displacements for serviceability limit state design of foundations, *Géotechnique*, **55**(2), 151–161.

Zhu, F., Clark, J.I. and Philips, R. (2001) Scale effect of strip and circular footings resting on dense sand, *Journal of Geotechnical and Geoenvironmental Engineering*, **127**(7), 613–620.

Leitura Complementar

Frank, R., Bauduin, C., Driscoll, R., Kavvadas, M., Krebs Ovesen, N., Orr, T. and Schuppener, B. (2004) *Designers' Guide to EN 1997–1 Eurocode 7: Geotechnical Design – General rules*, Thomas Telford, London.

Esse livro fornece um guia para o projeto de estados limites em vários tipos de construções (incluindo fundações rasas), usando o Eurocode 7 com a perspectiva de um projetista (designer), *além de um complemento útil ao Eurocode durante a realização de um projeto. É fácil de ler e tem muitos exemplos detalhados.*

Para acessar os materiais suplementares desta obra, visite o site da LTC Editora.

Capítulo 9

Fundações profundas

Resultados de aprendizagem

Depois de trabalhar com o material deste capítulo, você deverá ser capaz de:

1. Entender os princípios de funcionamento das fundações profundas, como elas são construídas/instaladas e as vantagens que oferecem em relação às rasas ou superficiais (Capítulo 8);
2. Projetar uma estaca segundo o conceito de projeto por estados limites (Eurocode 7), de forma analítica (com base em propriedades fundamentais do terreno), diretamente dos dados de ensaios *in situ* ou a partir de resultados da prova de carga em uma estaca.

9.1 Introdução

Ao projetar fundações, com frequência, há situações em que o uso de uma fundação rasa (ou superficial) não é econômico ou prático. Dentre elas:

- quando as ações aplicadas às fundações são grandes (por exemplo, grandes cargas concentradas);
- quando os solos próximos à superfície têm pouca resistência e/ou rigidez (isto é, pouca capacidade de carga);
- quando grandes estruturas estão situadas em depósitos muito heterogêneos ou onde as camadas de solo estão inclinadas;
- para estruturas sensíveis a recalques nas quais os deslocamentos devem se manter pequenos;
- em ambientes marinhos em que a ação das marés, das ondas ou das correntes pode erodir o material em torno de uma fundação próxima à superfície do terreno (esse processo é conhecido como **erosão localizada**, **degradação localizada** ou, pelo termo em inglês, ***scour***).

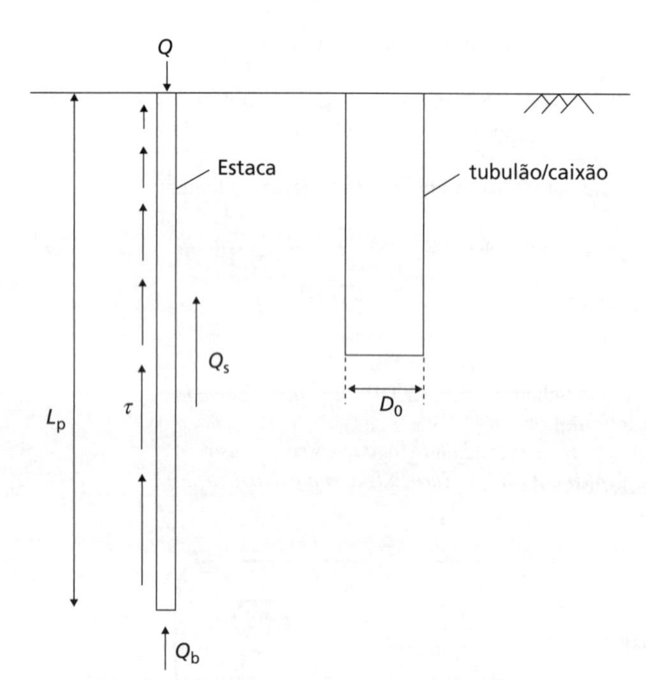

Figura 9.1 Fundações profundas.

O efeito de todos os pontos anteriores é aumentar a área plana e/ou a profundidade do assentamento de uma fundação rasa. Os efeitos podem ocorrer de forma simultânea, o que tornaria a fundação muito cara ou difícil de construir. Nessas circunstâncias, as fundações profundas oferecem projetos mais eficientes e menos onerosos.

Quando as fundações rasas são largas em relação à sua profundidade, as profundas são elementos muito menores em planta, mas se estendem a uma profundidade maior no interior do solo. O tipo mais comum de fundação profunda é a estaca (ou pilar), que é uma coluna de concreto, aço ou madeira instalada no interior do solo (Figura 9.1). Os pilares podem ter seção quadrada ou circular, mas sempre terão um diâmetro (externo; D_0) ou largura (B_p) muito menor do que seu comprimento (L_p), isto é, $L_p >> D_0$. Um **tubulão** ou **caixão** é outro tipo de fundação profunda que tem um diâmetro muito maior em relação ao seu comprimento, isto é, $L_p > D_0$, mas que pode ser analisada da mesma maneira que um pilar. Os caixões são usados com frequência como fundações de estruturas em alto-mar (*offshore*).

As estacas geram parte de sua resistência na ponta da estaca (base) pela compressão e, nesse caso, pode ser imaginada como uma fundação rasa colocada em uma maior profundidade. Esse elemento de resistência também é conhecido como **resistência de ponta**, Q_{bu}. A Seção 9.2 descreverá como as teorias de capacidade de suporte do solo desenvolvidas no Capítulo 8 podem ser aplicadas à determinação da capacidade da ponta da estaca. Em consequência de seu comprimento significativo (e, portanto, da área de superfície), as estacas também geram resistência adicional significativa ao longo do seu eixo em virtude da interface de atrito entre o material de que são feitas e o solo. Esse elemento da resistência é conhecido como **resistência lateral** ou **de fuste**. As estacas são capazes de usar essa resistência adicional, uma vez que seus métodos de instalação (descritos no material a seguir) asseguram haver uma boa ligação entre elas e o solo ao longo do comprimento. Para fundações rasas (ou superficiais), essa interface de atrito foi ignorada, porque a profundidade de assentamento $d << B$, de forma que a resistência adicional foi insignificantemente pequena em relação à capacidade de suporte. A Figura 9.2 mostra como a capacidade lateral de uma estaca é encontrada determinando-se, de início, a interface de resistência ao cisalhamento τ_{int} ao longo dela e, depois, integrando isso à sua área da superfície para determinar a resistência lateral, Q_{su}, fornecendo

$$Q_{su} = \pi D_0 \int_0^{L_p} \tau_{int}(z)\,dz \quad \text{(seção transversal circular)} \tag{9.1a}$$

$$Q_{su} = 4B_p \int_0^{L_p} \tau_{int}(z)\,dz \quad \text{(seção transversal quadrada)} \tag{9.1b}$$

na qual z é a distância vertical ao longo da estaca, medida a partir da superfície. A Seção 9.2 descreve como determinar τ_{int} para que seja usado na Equação 9.1. Deve-se observar que, nesta equação, o termo antes do sinal de integral (πD_0 ou $4B_p$) é o perímetro em torno da seção transversal da estaca. Em algumas destas, o perímetro varia conforme a profundidade por conta de uma mudança na largura ou no diâmetro; nesses casos, a constante D_0 ou B_p deverá ser substituída por $D_0(z)$ e $B_p(z)$, respectivamente, passando para dentro da integral. Uma estaca cujo diâmetro ou largura diminui com a profundidade é conhecida como **estaca cônica**.

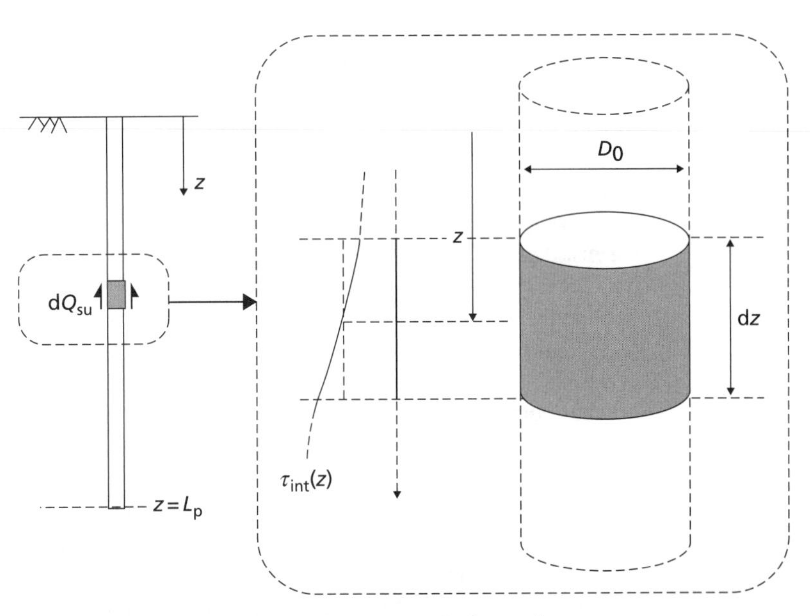

Figura 9.2 Determinação da resistência lateral.

Instalação de Estacas

A interface de resistência ao cisalhamento ao longo do eixo de uma estaca é influenciada não somente pela geometria exterior (área da superfície), mas também pelo método de instalação. As estacas podem ser divididas em duas categorias principais, de acordo com seu método de instalação. A primeira consiste em **estacas de deslocamento** ou **estacas cravadas**, já que causam o deslocamento e perturbam o solo em torno de si. Exemplos de estacas cravadas incluem as de aço ou de concreto pré-moldado e as formadas pela cravação de tubos ou canos assentados por uma **sapata de cravação** (para facilitar a penetração e proteger a extremidade da estaca de danos durante a cravação), sendo eles preenchidos com concreto depois de cravados (são também conhecidos como **estacas com camisa metálica**, **estacas tubulares** ou ***shell piles***). No caso de estacas de aço de seção H e tubos sem sapata de cravação, o deslocamento do solo pode ser pequeno, ao menos no início. Com o aumento da penetração dessas estacas, as tensões horizontais entre os flanges da estaca H ou que agem nas paredes interiores de uma estaca tubular são ampliadas, aumentando o atrito da interface sobre essas superfícies. Em alguns casos, essas tensões podem ser tão altas que a ação decorrente da pressão da base (ponta) agindo de baixo para cima na massa de solo do interior da estaca é menor do que a resistência devida ao atrito ampliado da interface agindo na massa pelas paredes interiores, de forma que o solo pode não mais continuar a preencher os vazios. Quando isso ocorre, diz-se que a estaca está **embuchada** (**"plugada"**, ou ***plugged***). Uma estaca embuchada terá a resistência de uma com ponta fechada de mesmo diâmetro externo. Também estão incluídas nessa categoria as estacas formadas pela colocação de concreto durante a retirada dos tubos cravados de aço (**estacas moldadas no local**).

Figura 9.3 Construção de uma estaca: estacas sem deslocamento (CFA; imagem cedida por Cementation Skanska Ltd.).

A segunda categoria consiste em estacas instaladas sem deslocamento de solo (chamadas **estacas sem deslocamento** ou **escavadas**, ou estacas moldadas no local). O solo é removido por perfuração ou escavação a fim de formar um poço (fuste), que é preenchido com concreto para formar a estaca. Como tais poços podem ser muito profundos, dependendo do tipo de solo, eles podem ser revestidos ou escavados com um fluido de perfuração, como bentonita, cuja pressão age para evitar que eles desmoronem até que o concreto seja colocado. A estabilidade das escavações com ou sem suporte de fluido será abordada no Capítulo 12. Em argilas, o poço pode ser alargado em sua base por um processo conhecido como ***under-reaming***; a estaca resultante tem, assim, uma área de base maior em contato com o solo, aumentando sua resistência de ponta. A **estaca de hélice contínua (CFA —** ***continuous flight auger pile*****)** é um tipo de estaca escavada que tem uma hélice enterrada no solo ao longo de seu comprimento em um único processo. O volume (ou *plug*) de solo preso entre as hélices é, então, retirado do terreno, à medida que o concreto é bombeado para dentro do poço por meio de um tubo que percorre o centro do trado. Essas representam, hoje, alternativas mais populares para estacas moldadas no local. A Figura 9.3 mostra uma perfuratriz para hélice contínua que indica o comprimento que tais ferramentas devem ter no caso de estacas longas precisarem ser instaladas. Os principais tipos de estacas estão resumidos e ilustrados na Figura 9.4.

As técnicas de instalação de estacas, tanto com deslocamento quanto sem, têm vantagens e desvantagens. Como as estacas cravadas costumam ser pré-fabricadas, sua integridade estrutural pode ser inspecionada antes da cravação, e o deslocamento do solo durante a instalação pode deixá-lo mais denso no trecho ao redor da estaca, formando depósitos mais soltos, o que aumenta a capacidade. No entanto, em depósitos densos, a dilatação do solo no cisalhamento pode causar o levantamento do terreno em torno da estaca, danificando potencialmente a infraestrutura adjacente; os martelos de cravação (que fixam as estacas por impacto) também são muito barulhentos, embora o uso de modelos modernos com supressão de ruídos ou de técnicas de cravação *push-in* (**prensadas**, ou ***jacked***) possa amenizar isso. Por isso, em geral, as estacas com deslocamento não são recomendadas para locais urbanos congestionados. No entanto, elas são muito adequadas para uso em ambientes *offshore*, onde o barulho não é um problema, e seu método simples de instalação é vantajoso ao se trabalhar debaixo d'água.

Por outro lado, as técnicas de perfuração sem deslocamento criam perturbação mínima no solo em torno da estaca e são muito silenciosas. Dessa forma, elas podem ser usadas muito próximas a estruturas existentes em áreas urbanas congestionadas. Por serem moldadas no local, podem ser criadas formas complexas de estacas, incluindo o acréscimo de um alargamento de ponta para aumentar a capacidade de base ou a adição de flanges ao longo delas para aumentar sua capacidade lateral. No entanto, ser moldada no local também é uma desvantagem, já que podem ocorrer problemas na estaca como defeitos no concreto por consequência de sua compactação inadequada, existência de vazios ou excesso de água no concreto se a estaca passar por camadas altamente permeáveis pelas quais esteja ocorrendo percolação.

O método de instalação tem uma grande influência sobre a resistência ao cisalhamento da interface τ_{int}, e isso será descrito com mais detalhes na Seção 9.2.

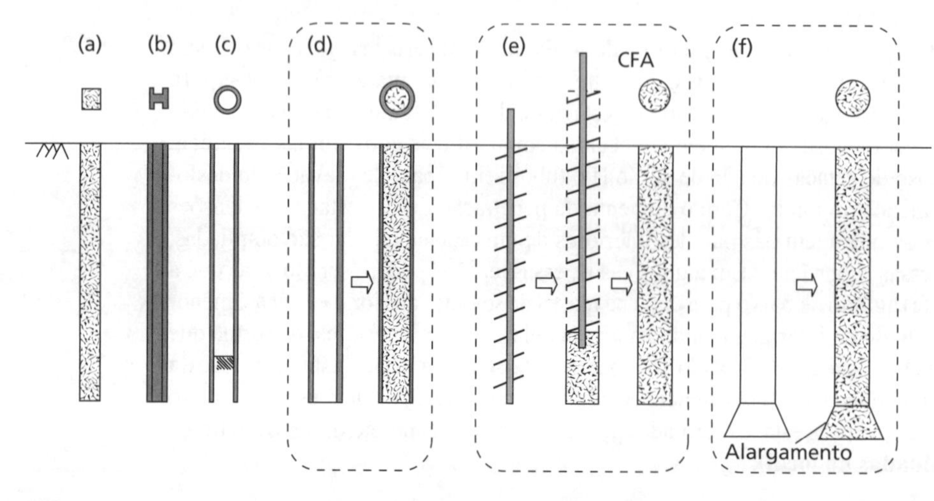

Figura 9.4 Tipos principais de estacas: (a) estaca pré-moldada de concreto armado; (b) estaca de aço em perfil H; (c) estaca tubular de aço (embuchada); (d) estaca preenchida com concreto; (e) estaca de hélice contínua; (f) estaca perfurada com base (ponta) alargada (moldada no local).

9.2 Resistência das estacas sob a ação de cargas de compressão

Resistência de ponta

Conforme já foi destacado na Seção 9.1, a resistência de ponta de estacas e de outras fundações profundas pode ser determinada de forma analítica, considerando-as como fundações rasas colocadas a uma grande profundidade. Para solos em condições não drenadas, a Equação 8.17 descreve a pressão de suporte do solo na ponta da estaca por ocasião da falha estrutural, portanto a resistência de ponta é

$$Q_{bu} = A_p\left(s_c N_c c_u + \sigma_q\right) \tag{9.2}$$

na qual A_p é a área da seção transversal da ponta da estaca (= $\pi D_0^2/4$ ou B_p^2 para estacas circulares ou quadradas, respectivamente). Ao usar a Equação 9.2, todo o solo acima do nível da ponta da estaca é tratado como sobrecarga, sendo $\sigma_q = \sigma_v$ no mesmo nível. Dessa forma, mesmo um solo com camadas muito complexas em torno do fuste da estaca pode ser levado em conta de maneira simples, contanto que a tensão vertical total dessas camadas possa ser calculada (por exemplo, usando Stress_CSM8.xls, disponível no site da LTC Editora que complementa este livro; ver o Capítulo 3). Dessa forma, torna-se possível usar as várias soluções apresentadas na Seção 8.3 para as condições do solo em torno da ponta da estaca, conforme está ilustrado na Figura 9.5. As estacas circulares são tratadas como as quadradas para fins de determinar o fator de forma s_c. Em relação à Figura 9.5:

- para os casos (a) e (b), são, em geral, usados os valores de N_c de acordo com Skempton a partir da Figura 8.10, que, para uma estaca quadrada ou circular, limitam $s_c N_c$ a 9,0.
- para o caso (c), N_c e s_c devem ser obtidos a partir da Figura 8.11.
- para os casos (d) e (e), a capacidade de carga se baseia na Equação 8.21, isto é,

$$Q_{bu} = A_p s_c\left[\left(2+\pi\right)c_{u0} + \frac{CB}{4}\right]F_z + A_p\sigma_q \tag{9.3}$$

em que F_z é encontrado pela Equação 8.13, e s_c é aproximado usando a Equação 8.19, isto é, $s_c = 1{,}2$.

Em solo drenado, a resistência de ponta pode ser determinada de forma similar utilizando a Equação 8.32 em vez da Equação 8.17. No entanto, no caso de estacas, o grande assentamento significa que os valores do termo de peso próprio e do termo de coesão são pequenos em relação ao da sobrecarga. Dessa forma, a Equação 8.32 é simplificada para

$$Q_{bu} = A_p\left(N_q \sigma'_q\right) \tag{9.4}$$

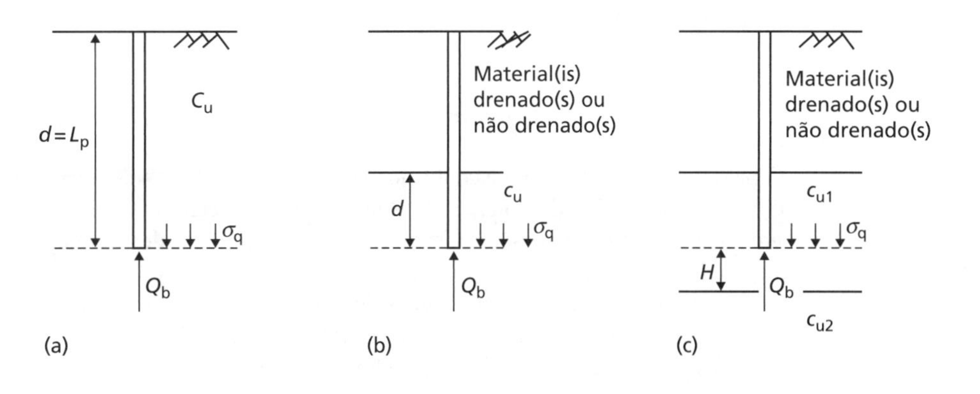

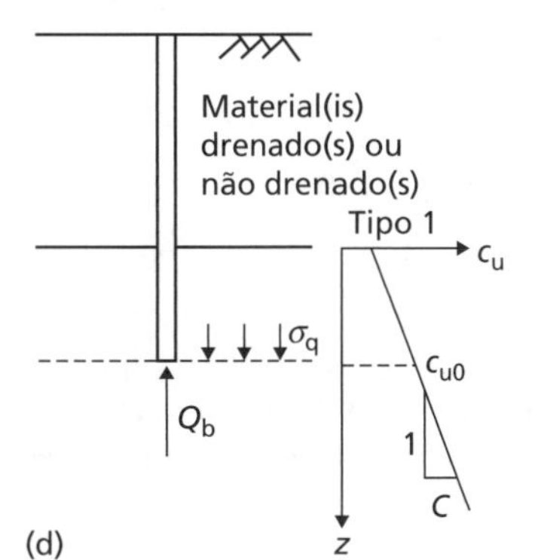

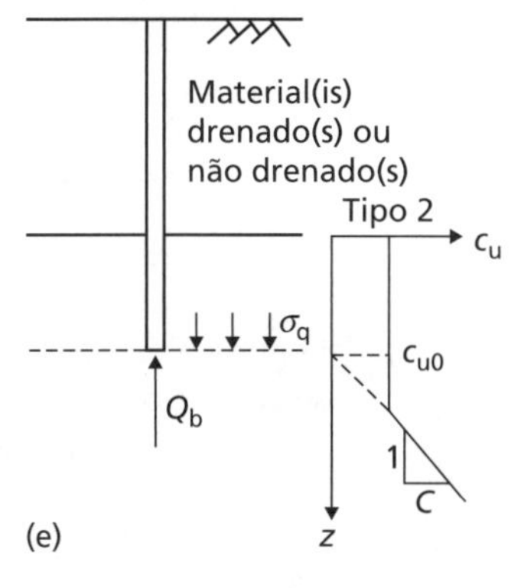

Figura 9.5 Determinação de N_c e s_c para capacidade da ponta em solo não drenado.

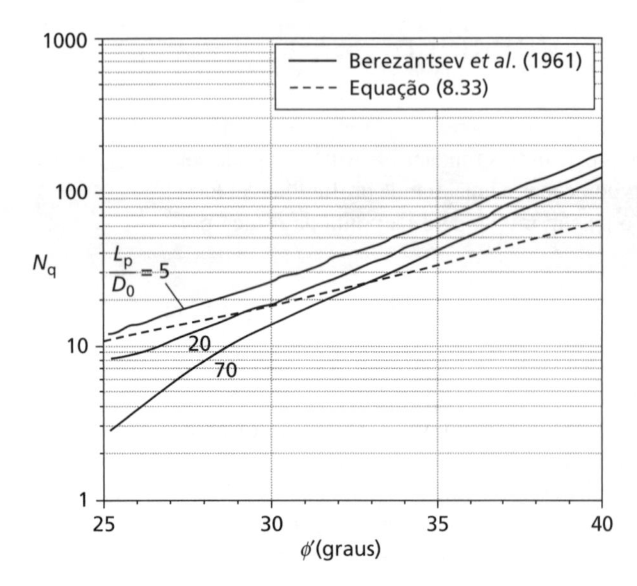

Figura 9.6 Fator de capacidade de carga N_q para capacidade da ponta de estacas.

Os valores de N_q dados pela Equação 8.33 para fundações rasas são aproximados apenas para L_p/D_0 muito grandes. Dessa forma, devem ser usados na Equação 9.4 os valores dados por Berezantsev *et al.* (1961) para estacas circulares, e esses são mostrados na Figura 9.6 (N.B. esses valores de N_q incluem implicitamente o efeito de forma).

Resistência lateral

Para determinar a resistência lateral (ou resistência de fuste) de uma estaca usando a Equação 9.1, deve ser determinada a resistência ao cisalhamento da interface. Em solo não drenado, ela é representada por

$$\tau_{int} = \alpha c_u \tag{9.5}$$

na qual α é denominado o **fator de adesão**, tendo um valor entre 0 e 1, com $\alpha = 1$ representando uma interface perfeitamente rugosa que seja tão forte quanto o solo circunvizinho, e $\alpha = 0$ representando uma interface perfeitamente lisa (isto é, nenhuma tensão pode ser transferida entre a estaca e o solo). A determinação do atrito do fuste em solo não drenado é denominada frequentemente o **método α** no projeto de estacas. O fator de adesão é uma função tanto da condição da superfície ao longo da estaca quanto do método de instalação.

Para estacas com deslocamento em solos finos, foi mostrado, por meio de observações em campo, que existe uma correlação com c_u / σ'_{v0} (também conhecida como **taxa de tensão de escoamento**), de acordo com o ilustrado na Figura 9.7a, embora haja muita dispersão. Para fins de projeto, pode-se definir uma linha média, de acordo com Randolph e Murphy (1985) e Semple e Rigden (1984), em que

$$\begin{aligned} \alpha &= 0{,}5F_P\left(\frac{c_u}{\sigma'_{v0}}\right)^{-0{,}5} \leq 1 \quad \text{para } \frac{c_u}{\sigma'_{v0}} \leq 1 \\ \alpha &= 0{,}5F_P\left(\frac{c_u}{\sigma'_{v0}}\right)^{-0{,}25} \quad \text{para } \frac{c_u}{\sigma'_{v0}} \geq 1 \end{aligned} \tag{9.6}$$

na qual F_p é um fator relacionado ao comprimento da estaca (ou comprimento no interior de uma camada, no caso de solo em camadas). Para $L_p/D_0 < 50$ (por exemplo, caixões), $F_p = 1{,}0$; para $L_p/D_0 > 120$, $F_p = 0{,}7$; para valores de L_p/D_0 entre esses limites, F_p é estimado, por interpolação linear, entre 0,7 e 1,0. Kolk e van der Velde (1996) propuseram um método alternativo no qual

$$\alpha = 0{,}55\left(\frac{40}{L_p/D_0}\right)^{0{,}2}\left(\frac{c_u}{\sigma'_{v0}}\right)^{-0{,}3} \tag{9.7}$$

O parâmetro L_p/D_0 também é conhecido como o **índice de esbeltez** da estaca. As Equações 9.6 e 9.7 também são colocadas no gráfico da Figura 9.7a. Ainda que eles façam uma boa aproximação das observações de campo, há uma quantidade de dispersão considerável, de forma que se deve tomar cuidado para selecionar um valor conservativo de α no projeto.

Para estacas sem deslocamento em solos finos, os valores de α estão correlacionados apenas com c_u. Um grande banco de dados de ensaios de estacas é mostrado na Figura 9.7b, em que os dados de Skempton (1959) foram determinados para estacas em Argila de Londres (*London Clay*), e os dados de Weltman e Healy (1978) são para estacas em tilitos glaciais. Os dados mostram maior dispersão do que para estacas com deslocamento, embora possa ser desenvolvida uma linha média que é descrita por

$$\begin{aligned} \alpha &= 1 && \text{para } c_u \leq 30 \\ \alpha &= 1{,}16 - \left(\frac{c_u}{185}\right) && \text{para } 30 \leq c_u \leq 150 \\ \alpha &= 0{,}35 && \text{para } c_u \geq 150 \end{aligned} \tag{9.8}$$

O gráfico da Equação 9.8 é mostrado na Figura 9.7b. Assim como para as estacas com deslocamento, devem ser selecionados valores conservativos de α para o projeto inicial.

Em solos drenados, a resistência ao cisalhamento da interface é representada por

$$\tau_{int} = K\sigma'_{v0}\,\text{tg}\,\delta' \tag{9.9}$$

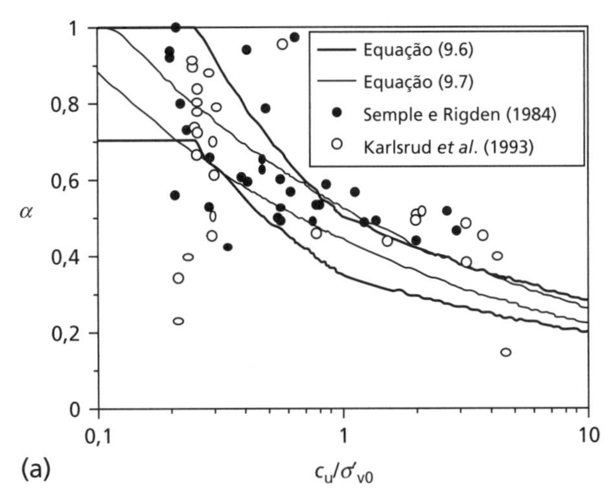

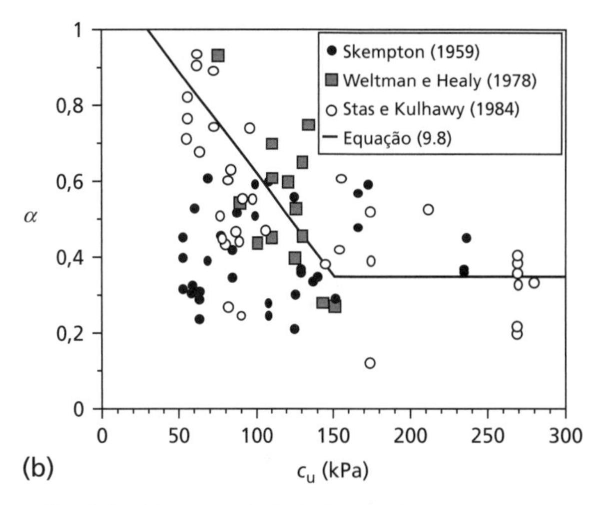

Figura 9.7 Determinação do fator de adesão α em solo não drenado: (a) estacas com deslocamento; (b) estacas sem deslocamento.

na qual δ' é o **ângulo de atrito da interface** ($\delta' \leq \phi'$), e $K\sigma'_{v0}$ é a tensão efetiva que age de forma normal no fuste da estaca. Dessa forma, a Equação 9.9 é análoga ao critério de ruptura de Mohr-Coulomb para um material drenado sem coesão. O parâmetro δ' é uma função da rugosidade da estaca e das propriedades do solo; o caso $\delta' = \phi'$ representa uma interface perfeitamente rugosa, ao passo que $\delta' = 0$ representa uma interface perfeitamente lisa. O parâmetro K é um coeficiente de pressão horizontal de terra e é uma função das propriedades do solo e do método de instalação.

Em materiais grossos (areias e pedregulhos), o parâmetro K costuma ser expresso em termos de K_0, o coeficiente de pressão lateral de terra em repouso. Esse parâmetro depende do tipo de solo e da história de tensões (quantificado por ϕ' e a taxa de sobreadensamento, OCR) e é descrito com mais detalhes na Seção 11.3. Para estacas moldadas no local, $0{,}7 < K/K_0 < 1{,}0$, ao passo que, para estacas com deslocamento, K/K_0 pode ter um valor alto como 2,0. O ângulo de atrito da interface depende da rugosidade do material da estaca e pode ser determinado usando um **ensaio de cisalhamento da interface**. Esse é realizado em um equipamento de cisalhamento direto (ver Capítulo 5), no qual a placa (bloco) do material da estaca é colocada na metade inferior da caixa de cisalhamento, e o solo, na metade superior. Os ensaios são, então, realizados e interpretados da mesma maneira que aqueles em solo–solo do Capítulo 5, por meio da construção de um gráfico da tensão de cisalhamento na interface durante a ruptura em função da tensão normal efetiva; o gradiente da linha de melhor ajuste é, então, tg δ'. A Figura 9.8 mostra os dados dos ensaios de cisalhamento da interface reunidos da literatura (Uesugi e Kishida, 1986; Uesugi *et al.*, 1990; Subba Rao *et al.*, 1998; Frost *et al.*, 2002) para um intervalo de materiais comuns de estacas, em que δ' é expresso em termos do ângulo de resistência ao cisalhamento do solo. Esses dados são plotados em função do parâmetro R_a/D_{50}, no qual R_a é a altura média das asperezas na superfície do material da estaca que fornece a rugosidade do material, e D_{50} é o tamanho médio das partículas do solo (ver Capítulo 1). Deve-se observar que o aço doce se oxida (enferruja) no terreno, portanto δ'/ϕ' costuma ser limitado a um mínimo de 0,5. Os valores do concreto dados na Figura 9.8 se referem ao pré-moldado (isto é, para estacas cravadas); para concreto moldado no local, a rugosidade será muito maior, e, em geral, se assume $\delta' = \phi'$.

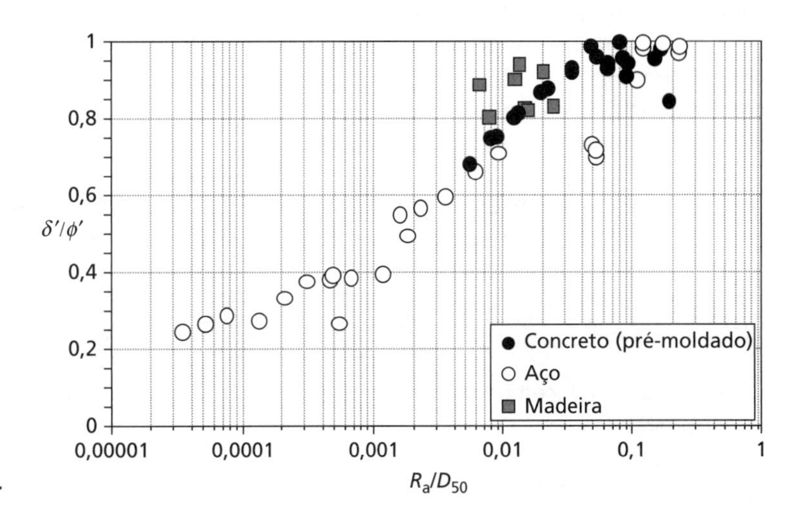

Figura 9.8 Ângulos de atrito da interface δ' para vários materiais de construção.

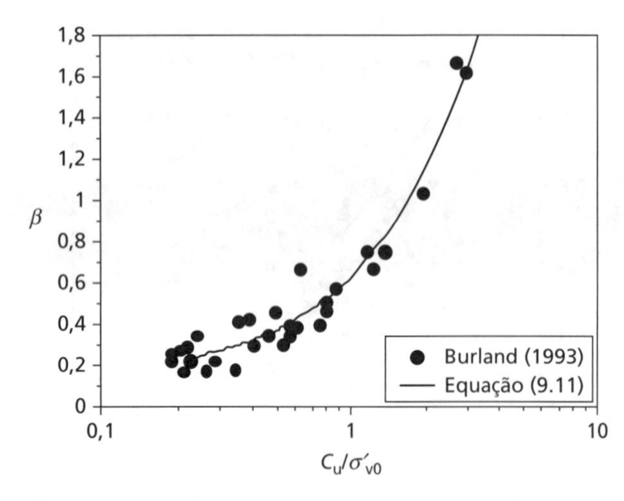

Figura 9.9 Determinação do fator β em solos finos drenados (todos os tipos de estacas).

Em materiais finos sob condições drenadas, costuma-se considerar $K \approx K_0$ e $\delta' = \phi'$. Por outro lado, os parâmetros K e tan δ' podem ser reunidos em um único fator $\beta = K$ tg δ', isto é

$$\tau_{\text{int}} = \beta\sigma'_{v0} \tag{9.10}$$

A determinação do atrito no fuste em solos drenados é denominada com frequência como **método β** em projetos de estacas. Burland (1993) mostrou que β se relaciona de forma linear com a taxa de tensão de escoamento, com uma quantidade surpreendentemente pequena de dispersão, conforme mostra a Figura 9.9 (os pontos de dados representam estacas sem deslocamento). Uma linha de melhor ajuste para esses dados fornece

$$\beta = 0{,}52\left(\frac{c_u}{\sigma'_{v0}}\right) + 0{,}11 \tag{9.11}$$

Verificou-se que a Equação 9.11 fornece estimativas razoáveis da capacidade lateral tanto para estacas com deslocamento quanto para aquelas sem.

No caso de estacas com ponta (base) alargada, como consequência do recalque, há uma possibilidade de que se desenvolva uma pequena folga entre o topo do alargamento e o solo sobrejacente. Por conseguinte, não se deve levar em consideração o atrito lateral abaixo de um nível de $2D_0$ sobre o topo do alargamento, e a resistência de ponta deve ser determinada como se a base não estivesse assentada — isto é, Figura 9.5 caso (b) com $d = 0$, $s_cN_c = 6{,}2$.

Resistência da estaca e projeto de estados limites

A resistência de uma estaca é a soma de suas capacidades de ponta e lateral. No contexto de projeto de estado limite, a resistência compressiva combinada (total) pode ser ponderada usando-se um coeficiente parcial γ_{RC} para que se obtenha a resistência de projeto, isto é,

$$R = \frac{Q_{bu} + Q_{su}}{\gamma_{RC}} \tag{9.12a}$$

Como alternativa, as resistências de ponta e lateral podem ser fatoradas (ponderadas) em separado por γ_{Rb} e γ_{Rs}, respectivamente, para que se ajustem melhor ao grau de precisão para o qual Q_{bu} e Q_{su} são conhecidos, isto é,

$$R = \frac{Q_{bu}}{\gamma_{Rb}} + \frac{Q_{su}}{\gamma_{Rs}} \tag{9.12b}$$

No Eurocode 7 DA1b, é usado um conjunto alternativo de coeficientes de resistência (conjunto R4). Os valores normativos sugeridos para coeficientes de ponderação de resistência são apresentados na Tabela 9.1. Quando forem fornecidos dois valores, o primeiro se refere às estacas com deslocamento, ao passo que o segundo se refere às sem. Deve-se observar que os coeficientes de ponderação da Tabela 9.1 somente se relacionam com o grau de incerteza dos métodos de cálculo empregados para determinar a capacidade da estaca; ainda é necessário ter cautela ao estimar valores empiricamente derivados como α ou β, já que a variação deles não é considerada nos coeficientes de ponderação de resistência. Como já mencionado no Capítulo 8, os coeficientes da Tabela 9.1 podem ser suplantados pelos valores do anexo nacional (*National Annex*) de um determinado país.

Os coeficientes de resistência da Tabela 9.1 estão incluídos na folha de consulta rápida (*quick reference sheet*) do EC7, presente no site da LTC Editora que complementa este livro, a ser usada nos exemplos trabalhados e nos problemas do final do capítulo.

Tabela 9.1 Coeficientes de ponderação de resistência a serem usados no projeto de estacas do ELU de acordo com o EC7 (estacas em compressão apenas)

		Conjunto			
Resistência (R)	*Símbolo*	*R1*	*R2*	*R3*	*R4*
Capacidade total (compressão)	γ_{RC}	1,00/1,15	1,10	1,00	1,30/1,50
Capacidade de ponta Q_{bu}	γ_{Rb}	1,00/1,25	1,10	1,00	1,30/1,60
Capacidade lateral Q_{su}	γ_{Rs}	1,00/1,00	1,10	1,00	1,30/1,30

Para satisfazer ao ELU, a resistência dada na Equação 9.12 deve ser maior do que a soma das ações aplicadas à estaca. Essa é a mesma condição de fundações rasas (ou superficiais), portanto a Equação 8.76 representa a desigualdade que deve ser satisfeita. As ações são ponderadas usando os valores de γ_A da Tabela 8.10. Como as estacas são usadas com frequência em circunstâncias em que se devem suportar altas cargas concentradas, a ação aplicada no topo delas será, em geral, muito maior do que o peso delas próprias. As propriedades do material usadas na determinação de Q_{bu} e Q_{su} são ponderadas usando os valores da Tabela 8.11.

Exemplo 9.1

Uma estaca tubular isolada de aço com diâmetro externo de 0,3 m, espessura de parede de 10 mm e comprimento de 10 m é cravada em areia fofa seca. O solo tem peso específico $\gamma = 15$ kN/m³, $\phi' = 32°$ e $c' = 0$. Ao longo da interface estaca–solo, pode-se admitir que $K = 1$ e $\delta' = 0{,}75\phi'$. Admitindo que a estaca esteja embuchada e que o peso do solo no interior dela seja insignificante, determine a carga (permanente) admissível de projeto na estaca sob o EC7 DA1b.

Solução

Como o solo está seco, não existe pressão de água dos poros ($u = 0$), e o peso específico é o valor total (γ). A tensão efetiva vertical na ponta (base) da estaca é, então, $\sigma'_v(z = L_p) = \gamma L_p$. Pelo DA1b, $\gamma_{tg\,\phi} = 1{,}25$, o valor de projeto do ângulo de resistência ao cisalhamento é

$$\phi'_{des} = \text{tg}^{-1}\left(\frac{\text{tg}\,\phi'}{\gamma_{tg\,\phi}}\right) = \text{tg}^{-1}\left(\frac{\text{tg}\,32°}{1{,}25}\right) = 26{,}6°$$

do qual $\delta'_{des} = 0{,}75\phi'_{des} = 20°$. O índice de esbeltez $L_p/D_0 = 10/0{,}3 = 33$, portanto, a partir da Figura 9.6, $N_q \approx 15$. A área bruta da estaca $A_p = \pi \times 0{,}15^2 = 0{,}0707$ m² (a estaca está embuchada), e, para o DA1b, o coeficiente de ponderação da resistência para uma estaca com deslocamento $\gamma_{Rb} = 1{,}30$, conforme o conjunto R4. Dessa forma, a capacidade de ponta do projeto é

$$Q_{bu,\,des} = \frac{Q_{bu}}{\gamma_{Rb}} = \frac{A_p N_q \left(\dfrac{\gamma}{\gamma_\gamma}\right) L_p}{\gamma_{Rb}} = \frac{0{,}0707 \cdot 15 \cdot \left(\dfrac{15}{1{,}00}\right) \cdot 10}{1{,}30} = 122 \text{ kN}$$

A partir das Equações 9.1a e 9.9, a capacidade lateral de projeto é

$$Q_{su,\,des} = \frac{Q_{su}}{\gamma_{Rs}} = \frac{\pi D_0 \displaystyle\int_0^{10} K\left(\frac{\gamma}{\gamma_\gamma}\right) z \,\text{tg}\,\delta'_{des}\, dz}{\gamma_{Rs}} = \frac{\pi \cdot 0{,}3 \cdot 1 \cdot \text{tg}\,20° \cdot \left(\dfrac{15}{1{,}00}\right) \cdot \left[\dfrac{z^2}{2}\right]_0^{10}}{1{,}30} = 198 \text{kN}$$

Dessa forma, a capacidade de projeto da estaca $R = 122 + 198 = 320$ kN. Para que o ELU seja satisfeito, o valor de projeto da ação aplicada à estaca $Q \le R$. Para uma ação permanente desfavorável $\gamma_A = 1{,}00$, conforme o DA1b, portanto Q = 320 kN é a carga máxima característica admissível que pode ser suportada pela estaca, caso o ELU precise ser satisfeito de acordo com o EC7.

Exemplo 9.2

Uma estaca escavada de concreto (peso específico = 24 kN/m³) com 0,75 m de diâmetro deve ser construída em um depósito de argila com duas camadas e com o nível do lençol freático na superfície do terreno. A camada superior da argila tem peso específico saturado $\gamma = 18$ kN/m³ e resistência ao cisalhamento não drenada constante $c_u = 100$ kPa. Abaixo dela, está localizada uma camada inferior espessa de argila mais forte, iniciando a uma profundidade de 15 m abaixo da superfície do terreno. Essa camada de argila tem $\gamma = 20$ kN/m³ e $c_u = 200$ kPa. Todos os cálculos devem ser realizados de acordo com o EC7 DA1b.

a Determine a carga (permanente) máxima admissível de projeto que a estaca pode suportar sob condições não drenadas se ela tiver 15 m de comprimento.
b Determine o comprimento total da estaca exigido para suportar uma carga (permanente) característica de 3 MN em condições não drenadas.

Solução

a Se a estaca tiver 15 m de comprimento, seu fuste estará na camada superior da argila, enquanto a ponta (base) se apoiará na superfície da camada inferior — isto é, o caso (b) da Figura 9.5 com um assentamento de $d = 0$ na camada inferior de argila. A resistência característica ao cisalhamento não drenada para a ponta é, então, $c_u = 200$ kPa e $s_c N_c = 6{,}2$ (Figura 8.10, $d/B = 0$). A tensão vertical total na ponta da estaca $\sigma_q = \gamma L_p$. De acordo com o DA1b, $\gamma_{Rb} = 1{,}60$ para uma estaca escavada (sem deslocamento) e $\gamma_{cu} = 1{,}40$, portanto

$$Q_{bu,\,des} = \frac{A_p\left[s_c N_c\left(\dfrac{c_u}{\gamma_{cu}}\right) + \gamma L_p\right]}{\gamma_{Rb}} = \frac{\dfrac{\pi \cdot 0{,}75^2}{4}\cdot\left[6{,}2\cdot\left(\dfrac{200}{1{,}40}\right) + 18\cdot 15\right]}{1{,}60} = 319\,\text{kN}$$

Ao longo do fuste, $c_u = 100$ kPa em todos os pontos, portanto, com base na Figura 9.7b ou na Equação 9.8, $\alpha = 0{,}62$ em todos os pontos. Como τ_{int} é constante ao longo do fuste, a integração da Equação 9.1a é simples. De acordo com o DA1b, $\gamma_{Rs} = 1{,}30$ para uma estaca escavada, assim

$$Q_{su,\,des} = \frac{\pi D_0 L_p \alpha\left(\dfrac{c_u}{\gamma_{cu}}\right)}{\gamma_{Rs}} = \frac{\pi \cdot 0{,}75 \cdot 15 \cdot 0{,}62 \cdot \left(\dfrac{100}{1{,}40}\right)}{1{,}30} = 1204\,\text{kN}$$

Dessa forma, a capacidade de projeto da estaca $R = 319 + 1204 = 1523$ kN. As ações na estaca são a carga aplicada (Q) e seu peso próprio $= 24 \times A_p \times L_p = 159$ kN. Se as ações forem permanentes, então $\gamma_A = 1{,}00$ para o DA1b. Para o ELU ser satisfeito de acordo com o EC7, $Q + 159 < 1523$, portanto o valor máximo de projeto (e característico) da ação que pode ser aplicada à estaca com 15 m de comprimento $Q \leq 1{,}36$ MN.

b Se a estaca for suportar uma carga característica permanente de 3 MN, ela precisará ser mais longa do que 15 m, com base na resposta da parte (a). De acordo com o DA1b, $\gamma_A = 1{,}00$, portanto a carga de projeto $Q = 3$MN. Considerando a Figura 9.10b, a ponta da estaca se estenderá a uma profundidade maior dentro da camada inferior, então $s_c N_c$ aumentará em comparação com o valor da parte (a). Como foi usada uma suposição inicial $s_c N_c = 9{,}0$ (isto é, admitindo grande d/B na Figura 8.10; isso será verificado adiante), a capacidade de ponta será escrita agora em termos da incógnita L_p:

$$Q_{bu,\,des} = \frac{A_p\left[s_c N_c\left(\dfrac{c_u}{\gamma_{cu}}\right) + \gamma L\right]}{\gamma_{Rb}} = \frac{\dfrac{\pi \cdot 0{,}75^2}{4}\cdot\left[9{,}0\cdot\left(\dfrac{200}{1{,}40}\right) + 20 L_p\right]}{1{,}60} = 354 + 5{,}5 L_p\ \text{kN}$$

A capacidade de fuste do projeto ao longo dos 15 m superiores da estaca foi calculada na parte (a). Sua capacidade adicional a partir do segmento da estaca na camada inferior de argila é encontrada de forma similar, mas com $\alpha = 0{,}35$ para $c_u = 200$ kPa:

$$Q_{su,\,des}\Big|_{camada\ 2} = \frac{\pi D_0 (L_p - 15)\alpha\left(\dfrac{c_u}{\gamma_{cu}}\right)}{\gamma_{Rs}} = \frac{\pi \cdot 0{,}75 \cdot (L_p - 15) \cdot 0{,}35 \cdot \left(\dfrac{200}{1{,}40}\right)}{1{,}30} = 90{,}6 L_p - 1359\,\text{kN}$$

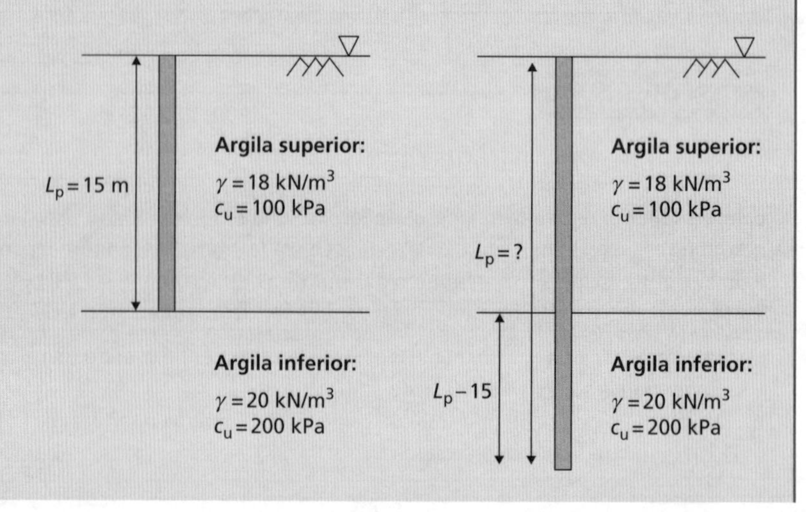

Figura 9.10 Exemplo 9.2.

A ação total aplicada à estaca (carga aplicada + peso próprio) em termos de L_p é agora

$$1{,}00 \cdot \left[Q + \left(\frac{\pi \cdot 0{,}75^2}{4} \cdot 24 \cdot L_p \right) \right] = 3000 + 10{,}6L_p$$

Assim sendo, para satisfazer ao ELU,

$$Q + 10{,}6L_p \leq R$$

$$3000 + 10{,}6L_p \leq 354 + 5{,}5L_p + 1204 + 90{,}6L_p - 1359$$

$$L_p \geq \frac{2801}{85{,}5}$$

$$= 32{,}8\,\text{m}$$

Com esse comprimento de estaca, ela estará enterrada 18 m na camada inferior de argila, portanto d/B = 18/0,75 = 24, e o uso de $s_c N_c$ = 9,0 estava correto.

9.3 Resistência de estacas a partir de dados de ensaios *in situ*

Em face das dificuldades de obter valores precisos dos parâmetros exigidos, são usadas, em geral, correlações empíricas, baseadas em resultados de testes de carga em estacas e ensaios *in situ*, para fornecer métodos alternativos de obtenção da resistência de estacas. A partir dos dados do SPT, costuma-se usar a seguinte correlação:

$$Q_{bu} = A_p C_b N_{60} \text{ (kN)} \tag{9.13}$$

na qual N_{60} é o valor da resistência-padrão à penetração nas vizinhanças da ponta da estaca, e C_b é uma constante que depende do solo, cujos valores são fornecidos na Tabela 9.2 com base em Poulos (1989). A correlação para a capacidade lateral, ou de fuste, é

$$Q_{su} = (\pi D_0 L_p) C_s \overline{N}_{60} \text{ (kN)} \tag{9.14}$$

na qual $\overline{N}_{60}$ é o valor médio de N_{60} ao longo do comprimento da estaca, e C_s é uma constante que, em condições desconhecidas do solo, pode ser tomado como $C_s \approx 2{,}0$ (Clayton, 1995).

Os resultados de ensaios de penetração de cone (CPT) também podem ser usados de maneira direta no projeto de estacas, em particular, para aquelas com deslocamento oriundo da similaridade entre o CPT e seu método de construção. A pressão final limitante de suporte do solo ($q_b = Q_{bu}/A_p$) está relacionada com a resistência média do cone $\overline{q}_c$ nas vizinhanças da ponta da estaca por meio de

$$q_b = C_{cpt} \overline{q}_c \tag{9.15}$$

na qual C_{cpt} depende da estaca e do tipo de solo. Valores sugeridos de C_{cpt} são fornecidos na Tabela 9.3 com base nas pesquisas de Jardine *et al.* (2005) e de Lee e Salgado (1999). Foram sugeridos procedimentos diferentes para determinar essa média. Os valores de C_{cpt} na Tabela 9.3 estão adequados se a média de q_c for maior do que $1{,}5D_0$ acima ou abaixo da ponta da estaca.

Tabela 9.2 Constantes dependentes do solo para determinação da capacidade de ponta com base nos dados do SPT

Tipo de estaca	*Solo*	C_b
Com deslocamento (cravada)	Areia	400–450
	Silte	350
	Tilito glacial	250
	Argila	75-100
Cravada moldada no local	Sem coesão	150
Escavada	Areia	100
	Argila	75–100

Tabela 9.3 Constantes dependentes do solo para determinação da capacidade de ponta com base nos dados do CPT

Tipo de estaca	*Solo*	C_{cpt}
Cravada (fechada)	Areia	0,4
	Argila (não drenada)	0,8
	Argila (drenada)	1,3
Estaca escavada	Areia	0,2

Correlações dos dados do CPT com os parâmetros de atrito do fuste são nitidamente não confiáveis, e se sugere que as propriedades básicas do solo (por exemplo, c_u, ϕ') sejam determinadas usando os dados do CPT, a partir dos quais Q_{su} é, então, definido por meio dos métodos descritos na Seção 9.2.

Os valores de Q_{bu} e Q_{su} estabelecidos a partir de dados de ensaios *in situ* são resistências características em termos do contexto de projetos por estados limites. Se forem realizados n ensaios, a resistência característica ($R_k = Q_{bu} + Q_{su}$) será determinada por

$$R_k = \min\left[\frac{R_{méd}}{\xi_3}, \frac{R_{mín}}{\xi_4}\right] \tag{9.16}$$

em que ξ_3 e ξ_4 são **fatores de correlação** que dependem do número de ensaios realizados. Valores normativos dos fatores de correlação são dados na Tabela 9.4; como antes, eles podem ser substituídos pelos publicados nos documentos dos anexos nacionais (*National Annex*). Deve-se observar que os valores de ξ são reduzidos com o aumento do número de ensaios para refletir a maior confiança na resistência derivada com mais ensaios de suporte. Esse valor característico pode ser reduzido usando um **fator de modelo** para levar em consideração a incerteza nas correlações usadas para obter Q_{bu} e Q_{su}. O valor resultante é, então, ponderado como uma resistência, como na Seção 9.2.

Tabela 9.4 Fatores de correlação para determinar a resistência característica a partir de ensaios *in situ* de acordo com o EC7

Fator	*n = 1*	*2*	*3*	*4*	*5*	*10*
ξ_3	1,40	1,35	1,33	1,31	1,29	1,25
ξ_4	1,40	1,27	1,23	1,20	1,15	1,08

9.4 Recalque de estacas

Da mesma forma que com as fundações superficiais, a verificação do ELS envolve assegurar que o recalque da estaca sob a ação aplicada não afetará de modo adverso a estrutura apoiada. O recalque de uma estaca é muito mais difícil de se calcular do que aquele de uma fundação rasa por vários motivos, incluindo:

1 comportamento constitutivo — os mecanismos de transferência de tensões na ponta e ao longo do fuste da estaca são muito diferentes;
2 estratificação — com frequência, as estacas atravessam várias camadas de solo com características de rigidez diferentes;
3 esbeltez da estaca (L_0/D_0) — como as estacas são longas em relação à área da seção transversal, a compressão (encurtamento) delas próprias pode ter valor significativo;
4 condição elastoplástica — as cargas suportadas pela estaca são maiores no topo, onde a resistência do solo é menor; portanto, o solo pode estar na ruptura no topo da estaca, elástico em profundidades maiores e ainda estar abaixo do ELU (já que isso exige que todo o solo tenha atingido a ruptura).

Como resultado dessas dificuldades, sempre serão realizados testes de carga em estacas com carga de serviço para verificar se o ELS foi atingido. Nos casos em que muitas estacas de mesmo projeto serão usadas, apenas um percentual delas precisará ser testado. Os testes de carga serão descritos com mais detalhes na Seção 9.6. No entanto, a fim de minimizar a possibilidade de qualquer reprojeto, pode-se fazer uma boa estimativa usando técnicas analíticas ou numéricas ou, ainda, com base em experiências anteriores de *design* em condições similares do terreno, a fim de produzir uma estaca que atenda com segurança ao ELS durante o teste de carga.

Nesta seção, serão consideradas três técnicas analíticas. A primeira, conhecida como **método de Randolph e Wroth** em homenagem a seus criadores, considera que o solo se comporta de forma elástica (ver a Seção 8.6 para fundações rasas) e que, por outro lado, a estaca é axialmente rígida. Podem ser obtidas soluções simples de forma fechada para a rigidez vertical de uma estaca, a partir das quais o deslocamento sob uma determinada carga pode ser encontrado.

Na segunda técnica, conhecida como **método T–z**, a estaca é dividida em várias seções discretas, e, para cada uma, é adicionada uma mola representando a iteração solo–estaca. As propriedades dessas molas podem ser determinadas de forma analítica pelos modelos elásticos de Randolph e Wroth, definindo a reação na estaca T para um determinado deslocamento estaca–solo relativo z. Tendo definido as molas T–z, o conjunto resultante de equações pode ser resolvido de forma iterativa por meio de um Esquema de Diferenças Finitas; dessa forma, o método é adequado para análise em computador por meio de uma planilha, uma ferramenta que é fornecida no site da LTC Editora complementar a este livro. O uso de um esquema de diferenças finitas permite que esse método leve em consideração a compressibilidade da estaca e a variação das propriedades do solo e da estaca ao longo do comprimento desta.

O terceiro método se baseia na observação de que a curva global carga na estaca–recalque pode, em quase todos os casos, ser aproximada de forma razoável por uma curva hiperbólica. Esse método é conhecido, portanto, como **método hiperbólico** e exige o conhecimento de Q_{bu} e Q_{su} (Seção 9.2), além de alguns parâmetros adicionais de adequação, determinados empiricamente a partir de um grande banco de dados de ensaios em estacas (aos quais o método é razoavelmente insensível). Esse método também é adequado a uma solução que use uma planilha e tem a vantagem extra de que os dados de um teste de carga posterior (Seção 9.6) podem ser usados para atualizar os parâmetros do solo usados na análise das aplicações subsequentes a outras estacas na mesma unidade de solo que talvez esteja suportando diferentes cargas de serviço.

Método de Randolph e Wroth

Considera-se que o solo responda de uma maneira elástica linear até a ruptura (em Q_{bu} ou Q_{su}, conforme apropriado). A ponta da estaca é tratada como uma fundação rasa enterrada, como na Seção 9.2, assentada em solo elástico (abaixo da ponta da estaca). A Equação 8.53 pode, então, ser usada para definir a rigidez da ponta $K_{bi} = T_{bi}/s_b$, na qual T_{bi} é a carga que age na estaca, e s_b é o recalque de sua ponta. No caso de estacas, a rigidez costuma ser definida em termos do módulo de elasticidade transversal G em vez de pelo módulo de elasticidade longitudinal E (ou módulo de Young) — $E = 2G(1 + \nu)$, conforme a Equação 5.6. Para uma estaca circular considerada rígida em sua base (ponta), como L_p/D_0 é grande, a pressão de ponta $q = 4T_{bi}/\pi D_0^2$ e $I_s = 0{,}79$, de acordo com a Tabela 8.6. Reconhecendo que $(1 - \nu^2) = (1 - \nu)(1 + \nu)$,

$$s_b = \frac{4T_{bi}D_0\left(1-\nu^2\right)I_s}{\pi D_0^2 2G\left(1+\nu\right)}$$

$$\therefore K_{bi} = \frac{T_{bi}}{s_b} = \frac{\pi}{2I_s}\left(\frac{D_0 G}{1-\nu}\right) \tag{9.17a}$$

$$= 2{,}00\left(\frac{D_0 G}{1-\nu}\right)$$

Para uma estaca quadrada, $q = T_{bi}/B_p^2$ e $I_s = 0{,}82$, de acordo com a Tabela 8.6, fornecendo

$$\therefore K_{bi} = \frac{T_{bi}}{s_b} = \frac{2}{I_s}\left(\frac{B_p G}{1-\nu}\right) \tag{9.17b}$$

$$= 2{,}44\left(\frac{B_p G}{1-\nu}\right)$$

Ao longo do fuste da estaca, se o atrito da interface não for superado na interface estaca–solo, ela estabelecerá o modo de cisalhamento de deformação na área anelar circunvizinha, conforme mostra a Figura 9.11. Para que o anel de solo mostrado na Figura 9.11 esteja em equilíbrio vertical,

$$\left(2\pi r L_{si}\right)\cdot\bar{\tau} = \left(2\pi\frac{D_0}{2}L_{si}\right)\cdot\bar{\tau}_0 \tag{9.18}$$

$$\therefore \bar{\tau} = \left(\frac{D_0}{2r}\right)\bar{\tau}_0$$

em que $\bar{\tau}_0$ é a tensão de cisalhamento média agindo sobre o comprimento do elemento L_{si}. A deformação de cisalhamento (distorção) no anel de solo é aproximada

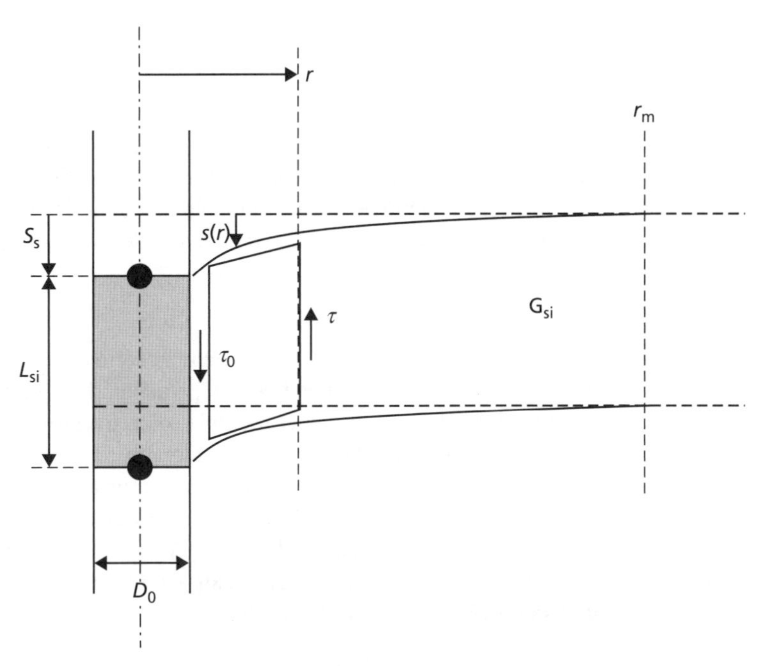

Figura 9.11 Equilíbrio de solo em torno do recalque de um fuste de estaca.

por $\gamma = \mathrm{d}s/\mathrm{d}r$ (admitindo que qualquer deformação radial do solo seja insignificante), de forma que, com base na Equação 5.4

$$\gamma = \frac{\bar{\tau}}{\bar{G}_{si}}$$
$$\frac{\mathrm{d}s}{\mathrm{d}r} = \left(\frac{D_0\bar{\tau}_0}{2\bar{G}_{si}}\right)\frac{1}{r} \tag{9.19}$$

em que $\bar{G}_{si}$ é o módulo de elasticidade transversal médio do elemento de solo com comprimento L_{si}. Conforme a Equação 9.19, o recalque do solo diminuirá com o aumento de r, de forma que $s = 0$ em $r = \infty$. Na prática, em geral, é suficiente definir um raio máximo (r_m) além do qual o recalque seja insignificante, isto é, $s \approx 0$ em $r = r_m$. No fuste da estaca, $s = s_s$ (recalque do fuste da estaca) em $r = D_0/2$. Assim sendo, integrando a Equação 9.19 entre esses limites, tem-se, então,

$$\int_{s_s}^{0} \mathrm{d}s = \left(\frac{D_0\bar{\tau}_0}{2\bar{G}_{si}}\right)\int_{D_0/2}^{r_m} \frac{1}{r}\mathrm{d}r$$
$$s_s = \left(\frac{D_0\bar{\tau}_0}{2\bar{G}_{si}}\right)\ln\left(\frac{2r_m}{D_0}\right) \tag{9.20}$$

A força ao longo do fuste da estaca que resulta em s_s é simplesmente

$$T_{si} = \pi D_0 L_{si}\bar{\tau}_0 \tag{9.21}$$

Dividindo a Equação 9.21 pela Equação 9.20, pode-se determinar a rigidez do fuste:

$$K_{si} = \frac{T_{si}}{s_s} = \frac{2\pi L_{si}\bar{G}_{si}}{\ln\left(\frac{2r_m}{D_0}\right)} \tag{9.22}$$

O valor de r_m na Equação 9.22 costuma ser aproximado por L_p.

Se a estaca for rígida, as Equações 9.17 e 9.22 podem ser usadas para determinar analiticamente o recalque da cabeça da estaca sob a ação de uma carga específica, conforme demonstrado por Randolph e Wroth (1978). Para uma estaca rígida, os recalques são os mesmos em toda a extensão da estaca, isto é, $s_b = s_s = s_r$, sendo s_r o recalque global no topo da estaca rígida. A carga aplicada no topo da estaca $Q = T_{bi} + T_{si}$, portanto

$$Q = T_{bi} + T_{si}$$
$$= K_{bi}s_r + K_{si}s_r \tag{9.23}$$
$$\therefore s_r = \frac{Q}{K_{bi} + K_{si}}$$

Se a estaca for compressível, $s_b \neq s_s \neq s_r$, de tal forma que a Equação 9.23 não será mais válida. Randolph e Wroth (1978) também apresentaram uma solução mais sofisticada para o caso de uma estaca compressível (levando em consideração o efeito de um alargamento da ponta, se presente). No entanto, costuma ser mais rápido resolver esse caso (e, na verdade, casos mais complexos) de forma numérica pelo método *T–z*.

Método *T–z*

No método *T–z*, a estaca é dividida em uma série de seções, conforme ilustra a Figura 9.12, e, a cada uma delas, é adicionada uma mola elástica linear, representando a interação solo–estaca.

O *i*-ésimo elemento é carregado pela força transmitida das seções de estaca acima dele (F_i). Sob a ação dessa carga, o elemento de estaca, que é considerado elástico linear com módulo de elasticidade longitudinal (módulo de Young) E_{pi}, área de seção transversal A_{pi} e comprimento L_{si}, pode ser comprimido por um valor $\Delta z_i - \Delta z_{i+1}$ (portanto, o método leva em consideração o efeito da esbeltez da estaca). O movimento vertical médio do elemento de estaca em relação ao solo circunvizinho $(\Delta z_i + \Delta z_{i+1})/2$ gera uma força resistiva na mola *T–z* (T_{si}). Essa força mais a dos elementos de estaca abaixo (F_{i+1}) atuam para resistir à F_i. Se a estaca estiver abaixo do ELU, então deve estar em uma condição de equilíbrio, portanto

$$F_i = F_{i+1} + K_{si}\left(\frac{\Delta z_i + \Delta z_{i+1}}{2}\right) \tag{9.24}$$

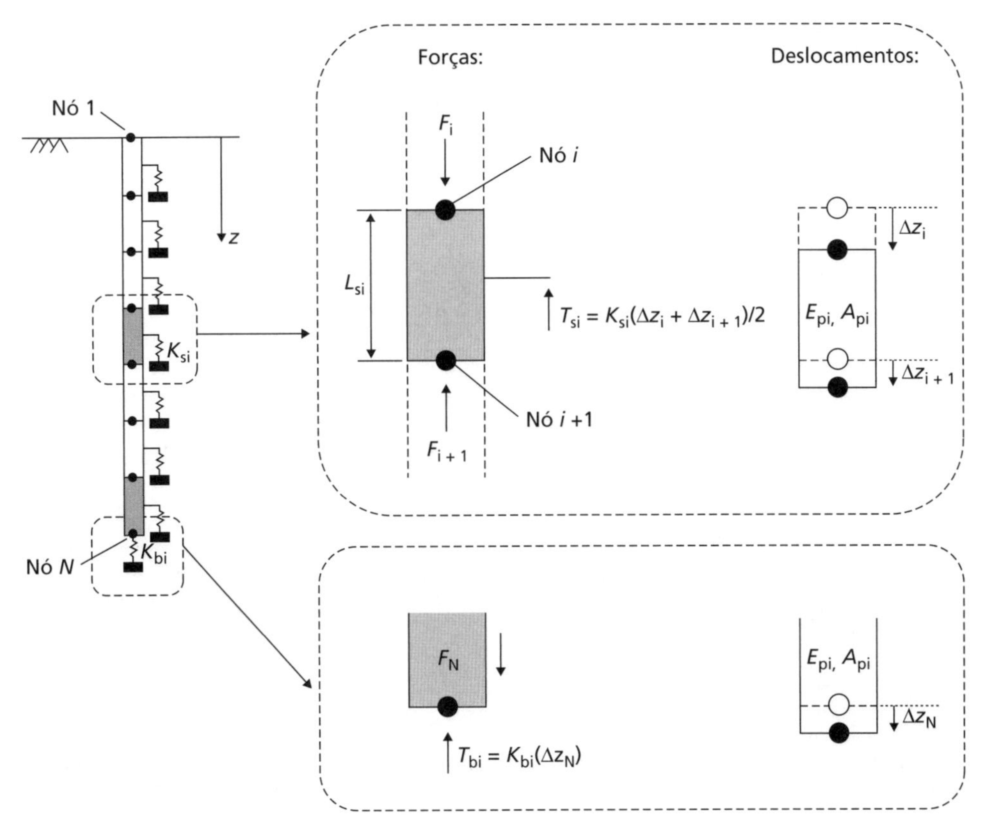

Figura 9.12 Método *T–z*.

A determinação da rigidez de mola *T–z* (K_{si}) para um solo elástico é alcançada utilizando a Equação 9.22. Os deslocamentos na Equação 9.24 estão relacionados entre si por meio da compressão elástica do elemento da estaca sob a força média no elemento, isto é,

$$\Delta z_i - \Delta z_{i+1} = \frac{L_{si}}{E_{pi} A_{pi}} \left(\frac{F_i + F_{i+1}}{2} \right) \tag{9.25}$$

O objetivo da análise é encontrar as distribuições desconhecidas de forças e deslocamentos (isto é, os valores de F_i e Δz_i) ao longo da estaca. O método de solução é fazer uma estimativa inicial do recalque da cabeça da estaca (no nó 1). Os deslocamentos dos nós abaixo dele (para o resto da estaca) podem, assim, ser encontrados usando a Equação 9.25. O deslocamento do nó na ponta da estaca (Δz_N) corresponde, então, à compressão da mola elástica que representa o comportamento da ponta e pode, portanto, ser utilizado para que se encontre a força nesse nó usando

$$F_N = K_{bi} \Delta z_N \tag{9.26}$$

em que K_{bi} é a rigidez da base (ponta) da estaca (determinada pela Equação 9.17). Como as diferentes molas de solo podem ser definidas na ponta (K_{bi}) e ao longo do fuste (K_{si}), o método leva em conta o efeito do comportamento constitutivo descrito anteriormente nesta seção.

Com base na força conhecida da ponta (base) da estaca (nó N), as forças para cada nó acima dela são encontradas pela Equação 9.24. A menos que o recalque correto da cabeça da estaca tenha sido adivinhado, a carga resultante da estaca recuperada no nó 1 no topo não será igual à carga de serviço aplicada. Dessa forma, faz-se necessária uma técnica iterativa para encontrar o recalque da cabeça da estaca que forneça a carga de serviço ali aplicada. Os valores de F_i e Δz_i em cada nó dependem uns dos outros (Equações 9.24 e 9.25), assim como no caso dos nós nos problemas bidimensionais de percolação da Seção 2.7. Dessa forma, o procedimento de solução pode ser automatizado por meio de uma planilha. O site da LTC Editora que traz material complementar a este livro inclui a implementação desse método — PileTz_CSM8.xls —, que é fornecido com um extenso manual de usuário descrevendo como os problemas gerais de recalques em estacas podem ser resolvidos.

Deve-se observar que podem ser definidas propriedades diferentes de estacas (E_{pi}, A_{pi} e L_{si}) para cada elemento individual sem tornar os cálculos mais difíceis, de forma que o método também pode levar em consideração a estratificação do solo e as estacas com seção transversal variável (por exemplo, estacas cônicas).

Uma estaca rígida pode ser modelada com PileTz_CSM8.xls definindo E_{pi} com um valor muito grande. Nesse caso, a solução será idêntica àquela do método de Randolph e Wroth.

Exemplo 9.3

Uma estaca escavada com 21,5 m de comprimento e ponta (base) alargada deve ser construída em uma unidade de argila para a qual $G = 5 + 0{,}5z$ MPa, em que z é a profundidade em metros abaixo do nível do terreno, e $\nu' = 0{,}2$. O fuste da estaca tem comprimento de 20 m acima do alargamento e diâmetro de 1,5 m. O alargamento tem um diâmetro de 2,5 m na base, e pode-se admitir a estaca como rígida. Determine o recalque de longo prazo da estaca, a carga suportada pelo fuste e a ponta da estaca sob a ação de uma carga de serviço de 5 MN:

a Usando o método de Randolph e Wroth.
b Usando método *T–z*.

Determine ainda os valores do recalque e da distribuição de cargas se a estaca for compressível com E_{pi} = 30 GPa.

Solução

a Como a estaca possui um alargamento de ponta (*under-ream*), o atrito do fuste só é levado em consideração até uma profundidade de $2D_0$ (= 3m) acima do topo dele. O módulo de elasticidade transversal é 5 MPa na superfície e 13,5 MPa a 17 m de profundidade, portanto sua média ao longo dos 17 m superiores da estaca é $\bar{G} = 9{,}25$ MPa. Dessa forma, pela Equação 9.22:

$$K_{si} = \frac{2\pi L_{si}\bar{G}_{si}}{\ln\left(\frac{2r_m}{D_0}\right)} = \frac{2\cdot\pi\cdot 17\cdot 9{,}25}{\ln\left(\frac{2\cdot 21{,}5}{1{,}5}\right)} = 294{,}4\,\text{MN/m}$$

Na ponta da estaca, $D_0 = 2{,}5$ m e $G = 15{,}75$ MPa, portanto, a partir da Equação 9.17a,

$$K_{bi} = 2{,}00\left(\frac{D_0 G}{1-\nu}\right) = 2\cdot\left(\frac{2{,}5\cdot 15{,}75}{1-0{,}2}\right) = 98{,}4\,\text{MN/m}$$

A estaca é rígida, e $Q = 5$ MN, portanto, a partir da Equação 9.23,

$$s_r = \frac{Q}{K_{bi}+K_{si}} = \frac{5}{98{,}4+294{,}4} = 0{,}0127\,\text{m} = 12{,}7\,\text{mm}$$

A carga suportada na ponta é, então, $T_b = K_{bi}s_r = 1{,}25$ MN, e a carga ao longo do fuste é $T_s = K_{si}s_r = 3{,}74$ MN (como verificação, a soma desses valores é 4,99 MN).

b A estaca é dividida em elementos de 1 m de comprimento ao longo do fuste (20), mais um adicional com 1,5 m de comprimento para o alargamento. O módulo de elasticidade transversal é, então, calculado na metade da profundidade de cada elemento até uma profundidade de 17 m (por exemplo, em $z = 0{,}5$ m, 1,5 m, … até 16,5 m); com base nisso, são encontrados os valores de K_{si} para cada mola como na parte (a), sendo os cálculos automatizados em uma planilha.

Uma planilha completa para esse exemplo usando o arquivo PileTZ_CSM8.xls está disponível no site da LTC Editora que traz material complementar a este livro. Para modelar de forma aproximada uma estaca rígida, foi usado $E_{pi} = 5 \times 10^{27}$.

O recalque resultante da cabeça da estaca é de 12,8 mm, sendo constante ao longo do comprimento da estaca. Isso mostra boa concordância com a resposta da parte (a). A Figura 9.13 mostra a distribuição da carga ao longo do comprimento da estaca, o que não pôde ser obtido na parte (a). As forças na ponta (base) e ao longo do fuste são, então, $T_b = 1{,}25$ e $T_s = 3{,}75$ MN, respectivamente.

Para o caso da estaca compressível, define-se $E_{pi} = 30$ GPa em PileTz_CSM8, e a otimização é executada outra vez. O novo recalque da cabeça da estaca é de 13,6 mm, e a distribuição de carga fica praticamente inalterada, conforme mostra a Figura 9.13.

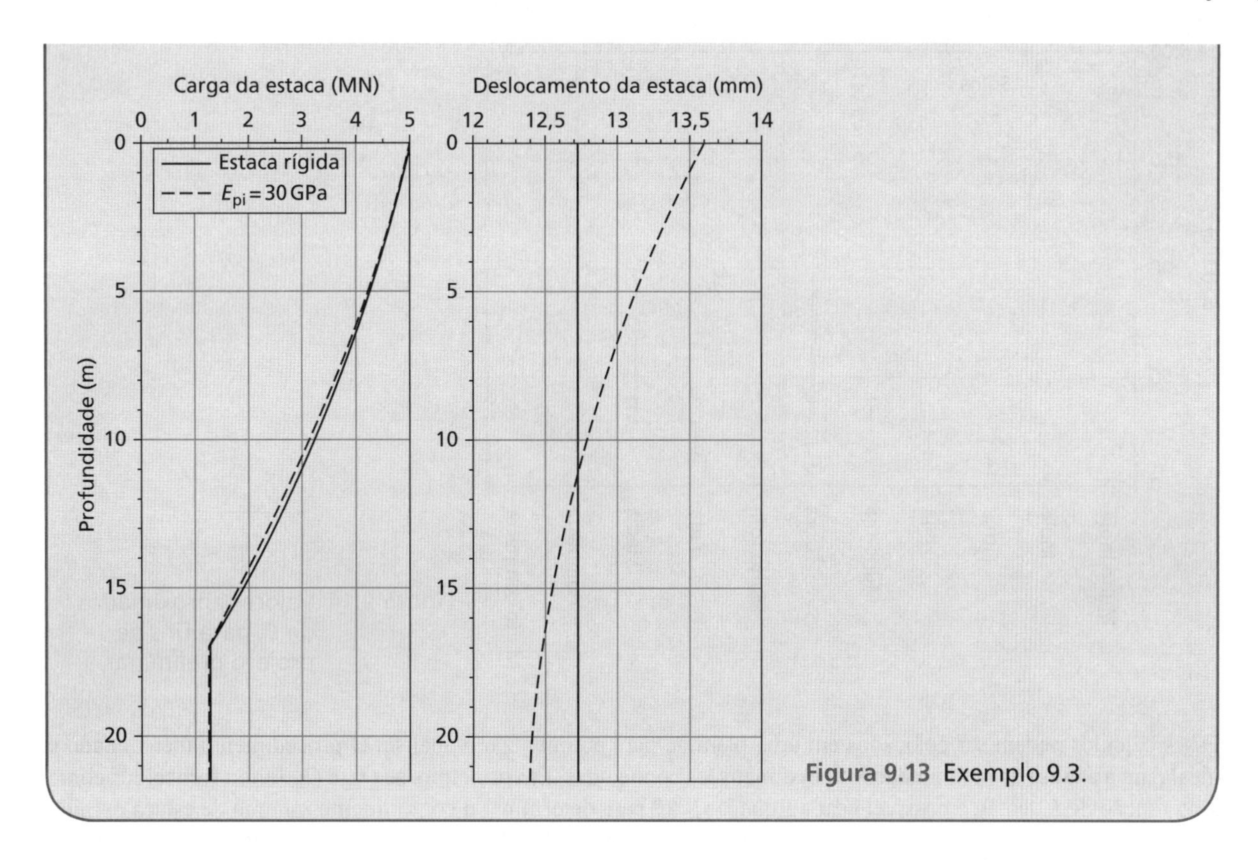

Figura 9.13 Exemplo 9.3.

Método hiperbólico

O modelo hiperbólico é descrito por Fleming (1992). O recalque no topo de uma estaca rígida submetida a uma carga aplicada Q é dado pela solução da seguinte equação quadrática:

$$as_r^2 + bs_r + c = 0 \tag{9.27}$$

em que

$$a = \eta(Q - \alpha) - \beta$$
$$b = Q(\delta + \lambda\eta) - \alpha\delta - \beta\lambda$$
$$c = \lambda\delta Q$$

e

$$\alpha = Q_{su}$$
$$\beta = D_b Q_{bu} E_b$$
$$\delta = 0{,}6 Q_{bu}$$
$$\lambda = M_s D_s$$
$$\eta = D_b E_b$$

Os parâmetros D_b e D_s representam o diâmetro da estaca na ponta e no fuste, respectivamente (de forma que um alargamento de ponta possa ser modelado, se necessário), E_b é um módulo de elasticidade longitudinal atuante no solo abaixo da ponta da estaca (pode-se fazer uma estimativa inicial dele usando os valores aproximados da Figura 9.14), e M_s é um fator de flexibilidade fuste-solo. Com base em um grande banco de dados de testes de carga em estacas, valores de M_s entre 0,001 e 0,0015 foram determinados de modo empírico; a análise é relativamente insensível a esse valor, de modo que, em geral, é possível admitir M_s = 0,001. Dessa forma, a fim de usar o modelo hiperbólico, o seguinte procedimento é feito:

1 Determine Q_{bu} e Q_{su} (Seção 9.2).
2 Estime E_b.
3 Determine α, β, δ, λ e η.
4 Determine a, b e c.
5 Resolva a Equação 9.27 e encontre o valor de s_r (essa é uma equação quadrática padrão e pode ser resolvida por meio da fórmula quadrática; utiliza-se apenas a raiz positiva).

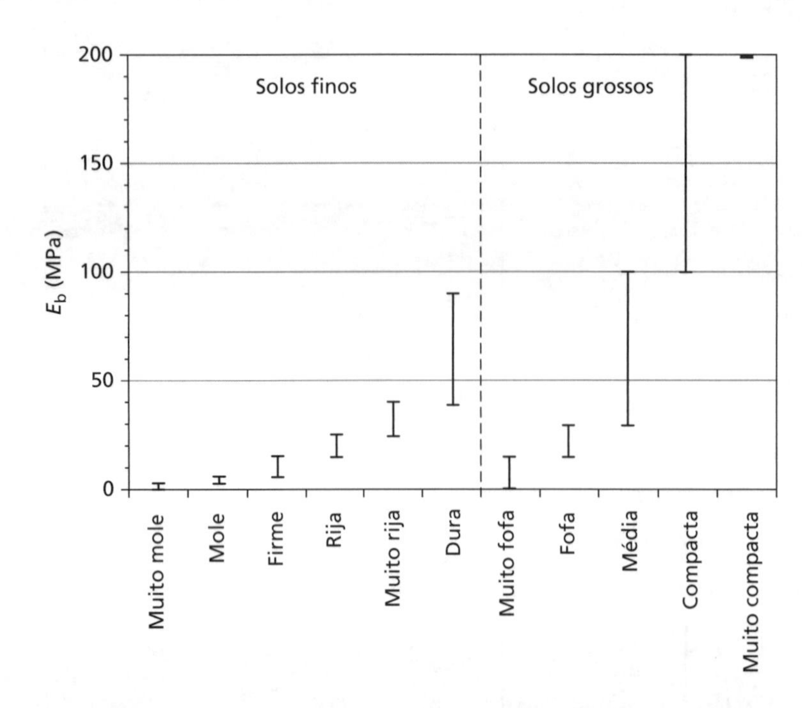

Figura 9.14 Valores aproximados de E_b para fins de projeto preliminar.

Esses cálculos podem ser colocados em uma planilha para automatizar a análise. O procedimento mencionado é ideal para a análise de uma fundação com dimensões conhecidas. Em princípio, se Q_{bu} e Q_{su} forem fornecidos como uma função de L_p, então é possível usar a Equação 9.27 para determinar o comprimento mínimo de estaca exigido para satisfazer a um recalque limitante específico do projeto de ELS. Na prática, isso é difícil de fazer à mão livre; entretanto, com uma planilha, pode-se usar uma rotina de otimização (por exemplo, Solver, do Microsoft Excel) para fazer isso com precisão. Além disso, se for realizado um teste de carga em uma estaca, podem ser fornecidas suas dimensões conhecidas e o recalque medido na carga aplicada, além de ser possível realizar a otimização para recalcular o valor de E_b (isto é, usando o teste de carga da estaca como um ensaio de solo *in situ*).

A Equação 9.27 aplica-se apenas a uma estaca rígida. Se esta for compressível, haverá uma quantidade adicional de encurtamento elástico s_e, de modo que o recalque total da estaca em sua cabeça seja

$$s = s_r + s_e \tag{9.28}$$

Fleming (1992) apresentou equações adicionais para determinar s_e, o que pode levar em consideração uma região (de comprimento L_0) no topo de uma estaca onde ocorre uma quantidade insignificante de transferência de carga do fuste. Isso pode ser usado para modelar o descolamento em direção ao topo de uma estaca como consequência do procedimento de construção (por exemplo, um revestimento de aço liso usado para suportar um fuste escavado que, ao final, terá uma superfície rugosa).

$$s_e = \frac{4Q\left[L_0 + K_e\left(L_p - L_0\right)\right]}{\pi D_s^2 E_p} \quad \text{para } Q \leq Q_{su}$$
$$s_e = \frac{4\left[QL_p - Q_{su}\left(1 - K_e\right)\left(L_p - L_0\right)\right]}{\pi D_s^2 E_p} \quad \text{para } Q \geq Q_{su} \tag{9.29}$$

Fleming (1992) fornece uma análise do valor de K_e que deveria ser selecionado; para a maioria das situações, K_e = 0,4 é preciso o suficiente.

O modelo hiperbólico foi programado em uma planilha, PileHyp_CSM8.xls, que pode ser encontrada no site da LTC Editora com material complementar a este livro, acompanhado de um volumoso manual do usuário. Essa implementação do método hiperbólico calcula, além disso, o recalque de um conjunto de cargas de $Q = 0$ até $Q = Q_{bu} + Q_{su}$, de modo que a curva completa de carga e deflexão da estaca possa ser estimada.

9.5 Estacas sob a ação de cargas de tração

Embora as estacas sejam usadas com mais frequência para suportar cargas de compressão, há várias situações nas quais elas podem ser usadas para suportar cargas de tração, incluindo:

- quando usadas como parte de um grupo de estacas suportando uma estrutura em que é aplicada uma carga horizontal ou de momento;

- quando usadas como estacas de reação para fornecer reação a testes de carga feitos com elas (Seção 9.6);
- para fornecer ancoragem contra forças de levantamento (Seção 10.2).

Quando carregada por tração, admite-se que a resistência da estaca deve-se apenas ao atrito lateral (do fuste), sendo a base (ponta) levantada em relação ao solo abaixo dela. Em solos finos, podem ocorrer pressões adicionais de sucção na base da estaca sob carregamento não drenado (rápido), proporcionando alguma capacidade adicional de tração, embora seja um procedimento conservador ignorar esse esforço, já que se trata da estabilidade de uma estaca sob tração.

Em solos não drenados, o atrito lateral é calculado usando os métodos descritos na Seção 9.2, sem modificação. A Figura 9.15a mostra os valores de α determinados a partir de um banco de dados de ensaios de tração em estacas sem deslocamento em solos finos coletados por Kulhawy e Phoon (1993). A Equação 9.8 (que foi desenvolvida com base em ensaios de compressão em estacas) também é mostrada nessa figura, na qual se pode ver que os valores de tração são em torno de 70% dos valores de compressão. Em solos grossos, a inversão de tensões que ocorre na estaca entre o momento de sua instalação (sob carga de compressão) e o de um carregamento posterior (de tração) tem um efeito mais significante no solo da interface da estaca, levando, em geral, à contração do solo nessa zona e a um atrito lateral que é menor na tração do que na compressão. De Nicola e Randolph (1993) propuseram a seguinte expressão:

$$\frac{Q_{su}\big|_{\text{tensão}}}{Q_{su}\big|_{\text{compressão}}} \approx \left[1-0{,}2\log_{10}\left(\frac{100}{L_p/D_0}\right)\right]\left[1-8\left(\nu\frac{L_p\bar{G}}{D_0E_p}\right)+25\left(\nu\frac{L_p\bar{G}}{D_0E_p}\right)^2\right] \tag{9.30}$$

na qual $\bar{G}$ é o módulo de elasticidade transversal médio do solo ao longo do comprimento da estaca L_p, e ν é seu coeficiente de Poisson. A resistência à tração do fuste dada pela Equação 9.30 costuma ser 70–85% de sua resistência à compressão para valores típicos de solo e de parâmetros de estacas. A Figura 9.15b mostra resistências medidas do fuste como uma função da resistência N_{60} do SPT, com base em um banco de dados de ensaios de tração em estacas sem deslocamento em solos grossos coletados por Rollins *et al.* (2005). A Equação 9.8 desenvolvida para carregamento de compressão também é mostrada, verificando-se que uma redução de 70% desses valores fornece um bom limite inferior para os dados (para estimativas conservadoras da resistência lateral).

Ao fatorar (ponderar) a resistência à tração de uma estaca para verificar o ELU, são empregados coeficientes de ponderação alternativos no Eurocode 7. É usado o coeficiente de ponderação γ_{RT}, com o "*T*" indicando tração (em contraste com γ_{RC} para compressão, de acordo com a Seção 9.2). Os valores normativos, aplicáveis tanto para as estacas com deslocamento quanto para as sem, são γ_{RT} = 1,25 (conjunto R1), 1,15 (conjunto R2), 1,10 (conjunto R3) e 1,60 (conjunto R4).

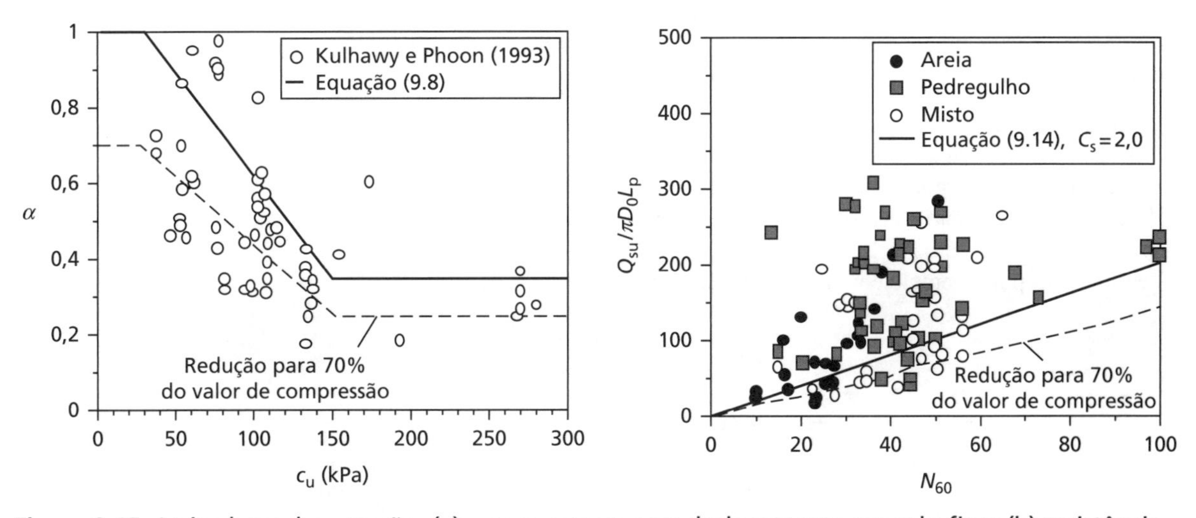

Figura 9.15 Atrito lateral na tração: (a) α para estacas sem deslocamento em solo fino; (b) resistência lateral para estacas sem deslocamento em solo grosso.

9.6 Testes de carga

É uma prática comum em projetos de estacas verificar a capacidade de uma estaca usando um teste de carga, assim:

1. A incerteza associada ao uso de propriedades empíricas em cálculos (por exemplo, α e β) é reduzida.
2. Pode-se verificar que a técnica de construção proposta é aceitável e permite verificar a integridade das estacas moldadas no local construídas de acordo com o método proposto.
3. Pode-se verificar que o ELU e o ELS serão atendidos pelo projeto proposto.

Os testes de carga podem ser realizados em **estacas de teste** (também conhecidas como **estacas de ensaio**) — são as construídas exclusivamente com a finalidade de testes de carga, em geral, antes do início dos trabalhos principais da construção das estacas. Se for aplicada carga suficiente, essas estacas podem ser testadas até o ELU (isto é, até a ruptura) para verificar sua capacidade, uma vez que elas não serão usadas mais tarde para suportar a estrutura proposta. Os testes de carga também podem ser realizados em **estacas de serviço** (também conhecidas como **estacas de produção**). Essas são as que farão parte da fundação final e, por isso, não serão carregadas até a ruptura. Uma carga máxima típica em tal teste seria 150% da carga de serviço que a estaca suportará, permitindo que se verifique o ELS com tolerância para uma possível redistribuição de cargas para outras estacas no interior da fundação.

Teste de carga estático

O teste de carga estático é a forma mais comum de testes em estacas e o método mais similar ao regime de carregamento na fundação pronta. A Figura 9.16 mostra a disposição dos equipamentos para esse teste. É usado um macaco hidráulico para empurrar a estaca em teste para dentro do terreno (para um ensaio convencional de compressão), usando ou o peso próprio de um **lastro** (em geral, blocos de concreto pré-moldado ou ferro; Figura 9.16a) ou uma série de estacas de tração/tirantes (Figura 9.16b) para fornecer a reação. Se for usado um lastro, o peso deve ser, pelo menos, igual à carga de teste, embora ela costume ser aumentada em 20% para levar em consideração a variabilidade da capacidade prevista. No caso de estacas de tração, a resistência trativa é menos fácil de prever com segurança, portanto o sistema de estacas ou tirantes deve ser pré-testado, normalmente com até 130% da carga de teste prevista. Uma célula de carga axial é utilizada para medir a força aplicada na cabeça da estaca, enquanto o deslocamento desta pode ser medido ou por meio de transdutores locais de deslocamento ou por medida remota usando equipamentos de precisão para nivelamento. Em geral, o primeiro método é mais preciso, embora seja afetado por quaisquer recalques do terreno em torno da estaca de teste.

Os testes de carga estáticos costumam ser realizados em um dos dois modos seguintes. Os **testes de velocidade constante de penetração** (CRP — ***constant rate of penetration tests***) são usados para estacas de teste nas quais haja uma velocidade de penetração de 0,5 a 2 mm/min na compressão para deslocar a estaca até que se alcance uma carga última constante ou até que o deslocamento supere 10% do diâmetro da estaca (ou da largura, para uma estaca quadrada). Esse teste é basicamente um ensaio CPT muito grande, usando a estaca em vez da ponteira. Os testes CRP também podem ser realizados em estacas de tração (as estacas de reação são, assim, carregadas em compressão; Figura 9.16b), caso em que a velocidade de penetração será reduzida para 0,1–0,3 mm/min, uma vez que a estaca mobilizará sua capacidade de tensão com deslocamentos muito menores do que em compressão.

Ensaios de carregamento em estágios (ou **ensaios de carga constante**; ***maintained load tests***, MLT) são usados em estacas de serviço. Eles compreendem a aplicação da carga na estaca por meio de um macaco, o que, então, é mantido por um determinado período de tempo. Em geral, são aplicadas séries de estágios de carregamento, conforme detalhado a seguir:

1 Carregar até 100% da carga de projeto (em serviço), também denominada **carga de verificação de projeto** (DVL, ***design verification load***), em incrementos de 25%.
2 Descarregar por completo em incrementos de 25%.
3 Recarregar diretamente até 100% DVL, depois até 150% da carga de serviço (também denominada **carga de prova**) em incrementos de 25%.
4 Descarregar por completo em incrementos de 25%.

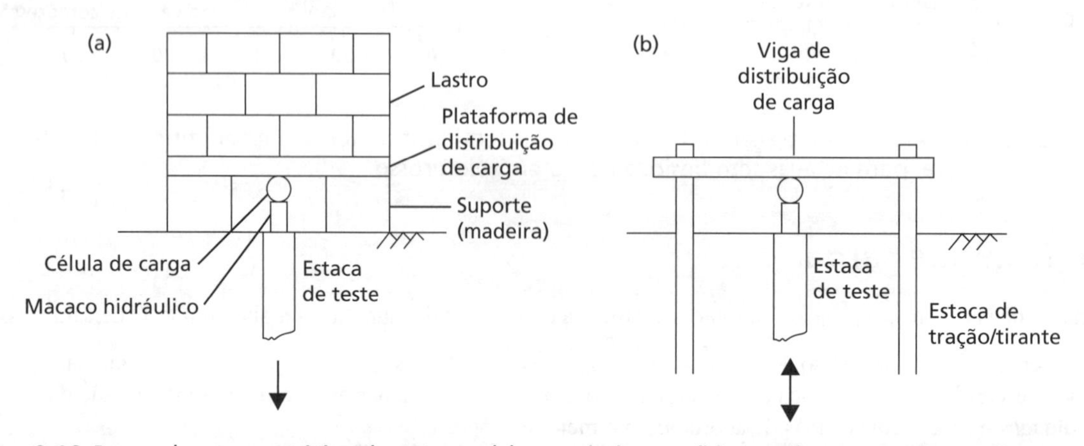

Figura 9.16 Prova de carga estática de estacas: (a) usando lastro; (b) usando estacas de reação.

O recalque sob a carga de prova é usado para verificar se o ELS foi atingido para a estaca. Esse recalque e a carga de prova também podem ser inseridos na planilha PileHyp_CSM8.xls e usados para determinar o valor prático de E_p, a fim de refinar os cálculos do estado limite de serviço ou usar no projeto de estacas similares no local.

Para estacas longas, com grande diâmetro, em solo forte e com um alargamento de ponta ou uma combinação desses fatores, as provas de carga podem não prosseguir até a ruptura, em virtude dos custos envolvidos e/ou do recalque relativamente grande exigido. No entanto, vários métodos para extrapolar os dados do teste até a ruptura última foram propostos; eles foram resumidos por Fellenius (1980). Um método popular é o proposto originalmente por Chin (1970), que se baseia na suposição de um formato hiperbólico da curva carga–recalque. Fazendo um gráfico de s/Q em função s, os dados do teste tenderão a se aproximar de uma linha reta com gradiente $1/R$, de acordo com o que mostra a Figura 9.17. Informações adicionais sobre os testes CRP e MLT e a interpretação dos dados também podem ser encontradas em Fleming *et al.* (2009).

A capacidade da estaca determinada em um teste de carga CRP é uma medida *in situ* de sua resistência característica (R_k) testada no ELU. Essa resistência pode ser usada para fornecer um valor alternativo da carga de projeto pela ponderação apropriada. No Eurocode 7, o resultado do teste de carga não é usado de forma direta, sendo R_k determinado pela divisão da resistência média medida por um fator de correlação (ξ) que depende do número de testes. Se for realizada uma série de testes, a resistência gravada média e a mínima serão ponderadas (fatoradas) de forma separada, e o valor mínimo será tomado como R_k, isto é,

$$R_k = \text{mín}\left[\frac{R_{\text{méd}}}{\xi_1}, \frac{R_{\text{mín}}}{\xi_2}\right] \tag{9.31}$$

Os valores normativos dos coeficientes de ponderação são dados na Tabela 9.5; como antes, eles podem ser substituídos por aqueles publicados nos documentos do anexo nacional (*National Annex*) de cada país.

Os valores de ξ na Tabela 9.5 diminuem com o aumento da quantidade de testes para refletir a maior confiabilidade na resistência obtida com mais testes de apoio. A resistência de suporte deve se basear ou nos cálculos validados pelos testes de carga ou apenas nestes testes.

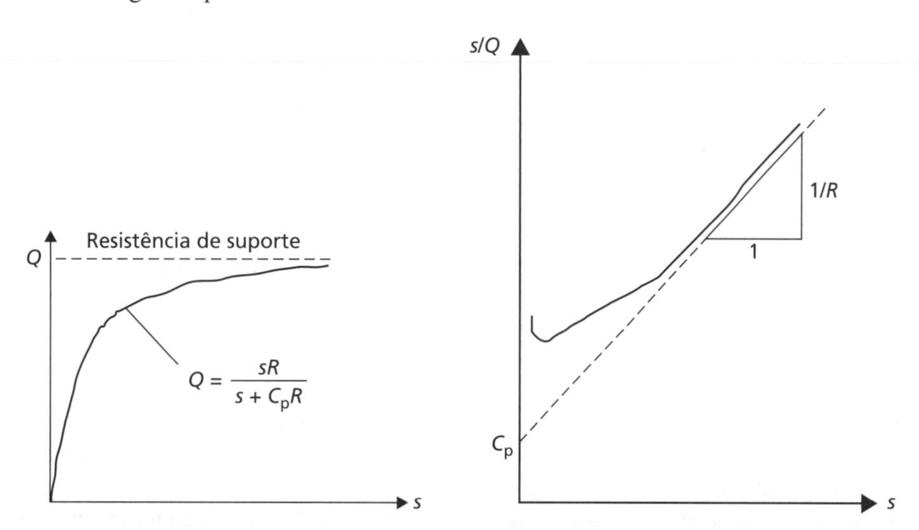

Figura 9.17 Interpretação da capacidade da estaca usando o método de Chin.

Tabela 9.5 Fatores de correlação para determinar a resistência característica com base em provas de carga estáticas, de acordo com o EC7

Fator	*n = 1*	*2*	*3*	*4*	*5+*
ξ_3	1,40	1,30	1,20	1,10	1,00
ξ_4	1,40	1,20	1,05	1,00	1,00

Outros métodos de testes em estacas

Para superar as dificuldades de se fornecer reação suficiente às provas de carga estáticas de estacas longas, de grande diâmetro, em solos fortes ou com alargamentos de ponta, métodos alternativos de testagem foram desenvolvidos. Nos **testes dinâmicos**, uma carga de impulso (em geral, com um martelo instrumentado) é aplicada ao topo da estaca. Analisando a propagação das ondas através dela, em particular, a onda refletida de sua ponta, sua capacidade pode ser determinada. Em um ensaio **Statnamic**, uma câmara de combustão cheia de combustível propelente sólido é colocada entre o topo da estaca e a massa de reação. O teste consiste em inflamar o combustível, o que leva a uma combustão explosiva, cujos gases de alta pressão levam a massa para cima, em sentido contrário ao da gravidade, e a estaca para baixo. A aceleração transmitida à massa costuma estar entre 10 *g* e 20 *g* — como isso é 10–20 vezes a gravidade usada em um teste estático convencional, apenas 5–10% da carga máxima da estaca é exigida como massa de reação.

Em ambos os procedimentos mencionados, as tensões aplicadas à estaca em teste são muito rápidas, e os efeitos dinâmicos precisam ser levados em consideração ao interpretar os dados do teste (por exemplo, amortecimento da estaca e do solo). Informações adicionais podem ser encontradas em Fleming *et al.* (2009).

9.7 Grupos de estacas

Uma fundação em estacas pode consistir em um grupo de estacas cravadas a uma distância relativamente pequena entre si (com um espaçamento S que costuma variar entre $2D_0$ e $4D_0$) e unidas por uma laje ou placa, conhecida como **bloco de coroamento**, concretada no topo delas. Esse bloco costuma estar em contato com o solo, caso em que parte da carga estrutural é suportada diretamente pelo solo que está logo abaixo da superfície. Se o bloco de coroamento não estiver em contato com a superfície do terreno, as estacas do grupo serão denominadas **independentes**.

Projeto no ELU

Em geral, a carga última que pode ser suportada por um grupo de n estacas não é igual a n vezes a capacidade última de uma única estaca isolada de mesmas dimensões e no mesmo solo. A razão entre a carga média por estaca em um grupo na ruptura e a resistência de uma única estaca é definida como a **eficiência** (η_g) do grupo. Na maioria dos solos finos em condições não drenadas, a eficiência estará próxima de 1,0. Em algumas argilas sensíveis, ela pode ser um pouco menor. Estacas com deslocamento em todos os solos terão, em geral, eficiências maiores do que 1,0 em virtude do esforço imposto ao solo durante a instalação, o que tenderá a aumentar a capacidade lateral em torno das estacas (embora seja provável que a capacidade de ponta permaneça inalterada). Por exemplo, a cravação de um grupo de estacas em areia fofa ou média causará compactação da mesma entre as estacas, contanto que o espaçamento seja menor do que aproximadamente $8D_0$; em consequência, a eficiência do grupo é maior do que 1. Costuma-se usar um valor de 1,2 em projeto. Em geral, admite-se que a distribuição de carga entre as estacas em um grupo carregado axialmente seja uniforme. No entanto, resultados experimentais demonstram que, em condições de carga de serviço para um grupo na areia, as estacas no centro carregam cargas maiores do que as do perímetro; em argila, por outro lado, as estacas no perímetro do grupo sustentam cargas maiores do que aquelas do centro (ver a Figura 8.25 para fundações rasas).

Em consequência, pode-se fazer a verificação do ELU de um grupo de estacas assegurando que cada uma delas isolada satisfaça ao ELU sob a ação da carga distribuída a partir do bloco de coroamento, usando os métodos mencionados na Seção 9.2. Isso é mostrado como Modo 1 na Figura 9.18. Em geral, pode-se admitir que, no ELU, todas as estacas suportam a mesma parcela de carga ($= Q_{pg}/n$, na qual Q_{pg} é a carga suportada pelo grupo), uma vez que essa distribuição satisfaz ao teorema do limite inferior (contanto que o bloco de coroamento seja dúctil o suficiente para permitir que ocorra a redistribuição de cargas a partir da condição de serviço). No entanto, há um mecanismo de ruptura alternativo que deve ser verificado, conhecido como **falha do bloco** (Modo 2 na Figura 9.18). Isso acontece quando o bloco inteiro de solo abaixo do bloco de coroamento e encerrado pelas estacas falha estruturalmente como uma grande coluna.

Pode-se determinar a capacidade do bloco tratando-o como uma única coluna de comprimento L_p e área de seção transversal $B_r \times L_r$, conforme mostra a Figura 9.18, usando os métodos mencionados na Seção 9.2. Ao determinar

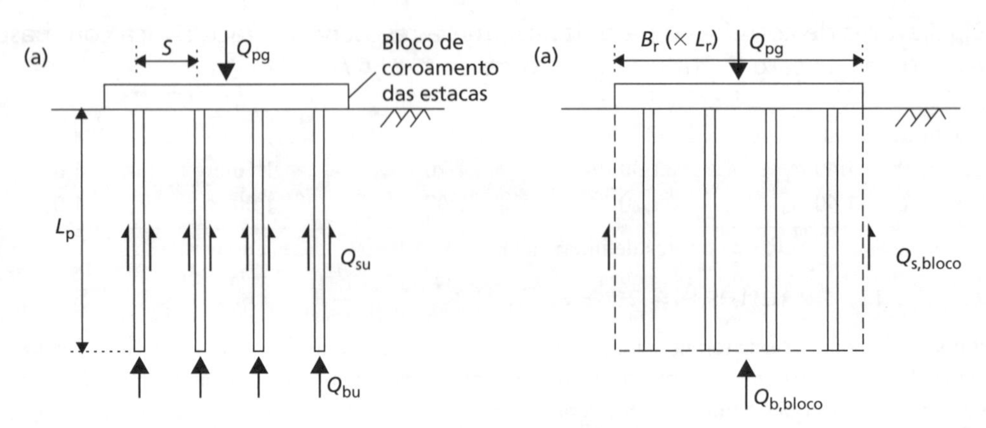

Figura 9.18 Modos de ruptura de um grupo de estacas no ELU: (a) modo 1, ruptura de estacas individuais; (b) ruptura de bloco.

a capacidade lateral, deve-se usar $\alpha = 1$ em condições não drenadas e $\delta' = \phi'$ em condições drenadas em cada caso, uma vez que o cisalhamento da interface ao longo das paredes do bloco é quase completamente solo–solo. Como, em geral, $Q_{bu} > Q_{su}$, a falha do bloco é muito mais provável para grupos de estacas longas e esbeltas com espaçamentos pequenos (alto L_p/D_0) do que para aqueles muito espaçados de estacas curtas e grossas (baixo L_p/D_0). A falha do bloco também é mais provável para grupos de estacas em solos finos do que em solos grossos, já que Q_{bu}/Q_{su} costuma ser menor no primeiro caso. Testes de modelos de grupos de estacas em argilas por Whitaker (1957) e De Mello (1969) sugeriram que o modo de falha não sofre transição para a falha de bloco até $S < 2$–$3D_0$.

Projeto no ELS

Quando as estacas são instaladas em grupos com pequeno espaçamento, o recalque de qualquer uma delas causará o recalque no solo circunvizinho. Considerando que o comportamento da estaca ainda esteja dentro do intervalo elástico (isto é, abaixo do ELU), o recalque de uma determinada (i) no grupo será, portanto, igual àquele sob sua própria carga (Seção 9.4), mais uma pequena quantidade de recalque adicional induzido por cada uma das outras estacas no grupo. A quantidade de recalque adicional induzido por uma estaca próxima j diminuirá com a distância até a estaca em questão (estaca i). Dessa forma, para um grupo de n estacas idênticas, o recalque da i será dado por

$$s_i = \left(\frac{1}{K_{estaca}}\right)\left[Q_i + \sum_{j=1}^{n} \alpha_j Q_j\right] \tag{9.32}$$

na qual K_{estaca} é a rigidez total da cabeça da estaca i (conforme determinado na Seção 9.4), Q_i é a soma das ações na estaca i, Q_j é a soma das ações na estaca j, e α_j é um fator de interação que descreve a influência da estaca j no recalque da estaca i. Esse método foi desenvolvido originalmente por Poulos e Davis (1980), que também apresentaram gráficos simplificados de projeto para α_j que dependiam de E_{pi}, G, L_p, D_0 e S. Mylonakis e Gazetas (1998) apresentaram fatores de interação revisados que também incorporaram os efeitos reforçadores de estacas adjacentes e que, portanto, são mais precisos para uso em projeto. Esses fatores foram definidos por:

$$\alpha_j = \frac{\ln\left(\dfrac{r_m}{S}\right)}{\ln\left(\dfrac{2r_m}{D_0}\right)} F_\alpha \tag{9.33}$$

Da mesma forma que na Seção 9.4, r_m pode ser aproximado por L_p. O valor de F_α (também conhecido como um fator de difração) é determinado pela Equação 9.34 ou de forma gráfica por meio da Figura 9.19:

$$F_\alpha = \frac{2\mu L_p + \text{senh}(2\mu L_p) + \Omega^2\left[\text{senh}(2\mu L_p) - 2\mu L_p\right] + 2\Omega\left[\cosh(2\mu L_p) - 1\right]}{\left[2 + 2\Omega^2\right]\text{senh}(2\mu L_p) + 4\Omega\cosh(2\mu L_p)} \tag{9.34}$$

em que

$$\mu = \sqrt{\frac{2\pi\bar{G}}{\ln(2r_m/D_0)E_pA_p}}$$

e

$$\Omega = \frac{K_{bi}}{E_pA_p\mu}$$

Foi feito um gráfico da Equação 9.34 para uma grande variedade de combinações possíveis de propriedades de estacas usando os parâmetros μ e Ω definidos na Figura 9.19.

O procedimento para determinação dos recalques e da distribuição de carga dentro de um grupo de estacas é o seguinte:

1 Para cada estaca, determinar os fatores de interação α_j para todas as estacas circunvizinhas. É melhor fazer isso no formato tabular, aproveitando a simetria do *layout* das estacas (ver Exemplo 9.4).
2 Usar a Equação 9.32 para formar uma equação para o recalque de cada estaca em termos das forças desconhecidas nas estacas.
3 Se o bloco de coroamento for perfeitamente flexível, a carga total suportada pelo grupo será distribuída de forma igual entre todas as estacas. Essas cargas de estaca conhecidas são usadas, então, nas equações do item (2) para determinar os recalques máximos possíveis em cada uma (já que, na realidade, o bloco de coroamento terá alguma rigidez).

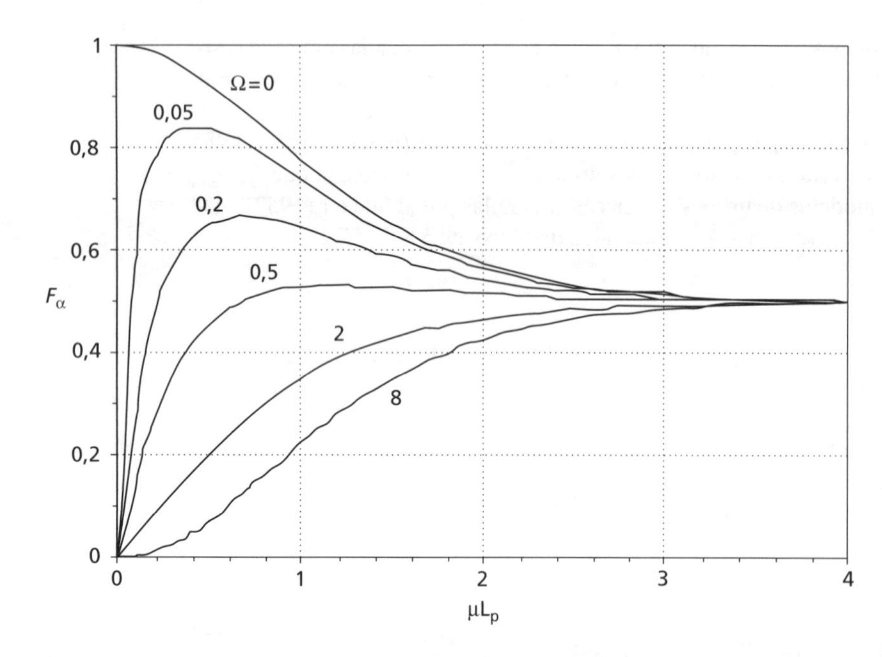

Figura 9.19 Coeficiente de difração F_α (de acordo com Mylonakis e Gazetas, 1998).

4 Se o bloco de coroamento for perfeitamente rígido, os recalques de cada uma das estacas serão os mesmos. Essa condição pode ser usada com as equações do item (2) para determinar a distribuição de cargas entre as estacas do grupo.

Os itens (3) e (4) representam os dois casos extremos de flexibilidade do bloco de coroamento. Na realidade, a rigidez finita do bloco significa que os recalques de quaisquer cargas suportadas por cada pilar terá algum valor intermediário dentre os calculados nos itens (3) e (4). O método citado de análise é, portanto, muito útil para fornecer limites às respostas das estacas que podem ser usadas no projeto.

Para determinar os recalques das estacas e a distribuição de carga reais, deve-se realizar uma versão mais avançada da análise aqui apresentada usando um *software* computacional comercialmente disponível que inclua o bloco de coroamento, modelado como uma viga elástica. Além disso, os fatores de interação descritos pela Equação 9.34 só se aplicam a estacas em solo uniforme com G conforme a profundidade, e a Equação 9.32 só é válida se as estacas forem idênticas. Métodos baseados em computador podem levar em consideração variações mais complexas da rigidez ao longo da profundidade, assim como grandes grupos (com muitas dezenas ou, até mesmo, centenas de estacas), *layouts* irregulares e comprimentos diferentes de estacas dentro do grupo.

Exemplo 9.4

Um grupo de estacas de 4 × 2 é formado por oito das consideradas no Exemplo 9.3. O grupo suporta uma carga total de 40 MN, e as estacas são espaçadas a $5D_0$ (de centro a centro). Determine o recalque de cada uma das estacas do grupo.

Solução

Por considerações de simetria, as quatro estacas dos cantos do grupo terão o mesmo recalque, assim como as quatro centrais. Dessa forma, só precisam ser realizados os cálculos para as duas definidas como estaca tipo A (canto) e estaca tipo B (centro). Para aplicar a Equação 9.32, devem ser encontrados os fatores de interação. A partir da Equação 9.34,

$$\mu = \sqrt{\frac{2 \cdot \pi \cdot 9{,}25 \times 10^6}{\ln\left(\frac{2 \cdot 21{,}5}{1{,}5}\right) \cdot 30 \times 10^9 \cdot \left(\frac{\pi \cdot 1{,}5^2}{4}\right)}} = 0{,}018$$

e

$$\Omega = \frac{98{,}4 \times 10^6}{30 \times 10^9 \cdot \left(\frac{\pi \cdot 1{,}5^2}{4}\right) \cdot 0{,}018} = 0{,}103$$

portanto, $\mu L_p = 0{,}018 \times 21{,}5 = 0{,}39$ e $F_\alpha = 0{,}75$. Assim sendo, para usar a Equação 9.33, deve ser encontrado o espaçamento entre cada par de estacas dos tipos A e B, de acordo com o ilustrado na Figura 9.20. Os fatores de interação podem, então, ser encontrados e usados na Equação 9.32. Os cálculos para as estacas A e B são mostrados nas Tabelas 9.6 e 9.7, respectivamente, a partir dos quais

$$s_A = \left(\frac{1}{K_{estaca}}\right)(1{,}86Q_A + 1{,}38Q_B)$$

$$s_B = \left(\frac{1}{K_{estaca}}\right)(1{,}38Q_A + 2{,}24Q_B)$$

Se o bloco de coroamento das estacas for perfeitamente flexível, então $Q_A = Q_B = 40/8 = 5$ MN. No Exemplo 9.3, uma estaca isolada apresenta o recalque de 13,6 mm sob a ação dessa carga, portanto $K_{estaca} = 5/0{,}0136 = 385$ MN/m. Inserindo esses valores nas equações citadas, tem-se $s_A = 42$ mm e $s_B = 47$ mm.

Se o bloco de coroamento das estacas for perfeitamente rígido, então $s_A = s_B$, fornecendo $0{,}48Q_A = 0{,}86Q_B$, ou $Q_A = 1{,}79Q_B$. A partir do equilíbrio, $4Q_A + 4Q_B = 40$ MN. Substituindo Q_A nessa expressão, tem-se $Q_B = 3{,}58$ MN e $Q_A = 6{,}42$ MN, e $s_A = s_B = 44$ mm.

Deve-se observar que, independentemente da flexibilidade do bloco de coroamento, o recalque de um grupo de oito estacas é muito maior do que o de uma única sob a mesma carga nominal (do Exemplo 9.3). Dessa forma, ao projetar e dimensionar grupos de estacas, as isoladas devem ser dimensionadas para ser muito rígidas, em particular, quando n for grande.

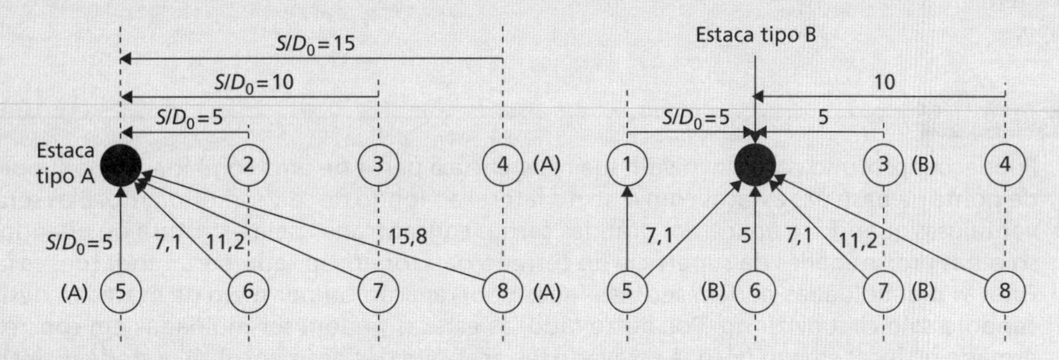

Figura 9.20 Exemplo 9.4.

Tabela 9.6 Exemplo 9.4 – cálculos para estaca tipo A

	Efeito da estaca...							
Tipo de estaca: A	*j = 1*	*2*	*3*	*4*	*5*	*6*	*7*	*8*
S/D_0	0	5	10	15	5	7,1	11,2	15,8
α_j	N/A	0,44	0,30	0,22	0,44	0,36	0,28	0,20
Q_j	Q_A	Q_B	Q_B	Q_A	Q_A	Q_B	Q_B	Q_A
Notas:	Estaca *i*							

Tabela 9.7 Exemplo 9.4 – cálculos para estaca tipo B

	Efeito da estaca...							
Tipo de estaca: B	*j = 1*	*2*	*3*	*4*	*5*	*6*	*7*	*8*
S/D_0	5	0	5	10	7,1	5	7,1	11,2
α_j	0,44	N/A	0,44	0,30	0,36	0,44	0,36	0,28
Q_j	Q_A	Q_B	Q_B	Q_A	Q_A	Q_B	Q_B	Q_A
Notas:		Estaca *i*						

Figura 9.21 Atrito lateral negativo.

9.8 Atrito lateral negativo

Pode ocorrer o **atrito lateral negativo** no perímetro de uma estaca cravada em uma camada de argila que esteja sofrendo adensamento (por exemplo, em virtude de um aterro recém-colocado sobre a argila) e apoiada em um estrato firme de suporte (Figura 9.21). A camada em adensamento exerce na estaca um esforço de arrasto para baixo, e, portanto, a direção do atrito lateral nessa camada é invertido. A força resultante desse atrito lateral para baixo ou negativo é, portanto, uma ação adicional (e ponderada de acordo com isso) em vez de uma que ajude a suportar a carga externa aplicada à cabeça da estaca. É um procedimento conservador admitir que toda a camada em adensamento aplica atrito lateral negativo e apenas o solo abaixo contribui para a resistência da estaca, embora, na realidade, o ponto de transição entre o atrito negativo e o positivo (também chamado de **plano neutro**) ocorra dentro do solo em adensamento, no qual os recalques do solo e da estaca são iguais. O atrito lateral negativo aumenta de forma gradual à medida que o adensamento da argila prossegue, aumentando a pressão confinante efetiva σ'_{v0} conforme o excesso de pressão de água nos poros se dissipa. A Equação 9.10 também pode ser usada para representar o atrito lateral negativo. Em argilas normalmente adensadas, evidências atuais indicam que um valor de β de 0,25 representa um limite superior razoável de atrito lateral negativo para fins de projeto preliminar. Deve-se observar que haverá uma redução da pressão efetiva da sobrecarga adjacente à estaca no estrato de suporte em virtude da transferência de parte do peso do solo sobrejacente para a estaca; se o estrato de suporte for areia, isso resultará em uma redução da capacidade de carga.

Resumo

1 Fundações profundas desenvolvem sua resistência a partir de uma combinação do suporte de ponta na base das estacas com o atrito lateral ao longo de seu comprimento. Elas serão vantajosas quando se aplicarem grandes cargas concentradas pela estrutura ou quando o solo nas proximidades da superfície do terreno não for apropriado para fundações rasas. Estacas pré-moldadas podem ser instaladas por cravação ou por meio de macacos, deslocando o solo circunvizinho. Por outro lado, as estacas podem ser moldadas em concreto armado no local em um poço já escavado (estacas sem deslocamento). O método de instalação e o procedimento de construção têm uma grande influência na interface solo–fuste e, como consequência, sobre a capacidade lateral.

2 No ELU, a capacidade de ponta de uma fundação profunda é determinada usando versões modificadas das equações de capacidade de carga do Capítulo 8. A capacidade lateral depende do atrito da interface estaca–solo e pode ser determinada pelo método α (condições não drenadas) ou pelo método β (condições drenadas). A capacidade de uma estaca também pode ser determinada diretamente com base nos dados de SPT ou CPT ou com base em testes de carga feitos na ruptura em estacas de teste. No ELS, o recalque de uma estaca pode ser determinado por computador usando o método *T–z* ou o hiperbólico. No primeiro caso, pode-se usar a teoria da elasticidade para definir a rigidez estaca–solo (embora estejam disponíveis na literatura relações não lineares mais sofisticadas), e problemas complexos podem ser resolvidos empregando um esquema de diferenças finitas. Podem ser usadas provas de carga em estacas de serviço para verificar os cálculos no ELS.

Problemas

9.1 Uma estaca quadrada isolada pré-moldada de concreto, com seção transversal de 0,5 m × 0,5 m e comprimento de 10 m, é cravada em uma areia seca solta. O solo tem peso específico γ = 15 kN/m³, ϕ' = 32° e c' = 0. Ao longo da interface estaca–solo, pode-se admitir que K = 1 e δ' = 0,75ϕ'. Determine a resistência característica da estaca e a carga admissível de projeto (permanente) na estaca de acordo com o EC7 DA1b. A seguir, determine o coeficiente global de segurança equivalente que foi projetado dentro da estaca usando, neste caso, o contexto de projeto do EC7.

9.2 Uma estaca escavada de concreto (peso específico 23,5 kN/m³) com uma base (ponta) alargada deve ser instalada em uma argila rija, que apresenta a resistência característica não drenada variando com a profundidade, de 80 kPa na superfície do terreno até 220 kPa a 22 m, permanecendo constante abaixo dessa profundidade. O peso específico saturado da argila é 21 kN/m³. Os diâmetros do fuste da estaca e da base são 1,05 m e 3,00 m, respectivamente. A estaca se estende de uma profundidade de 4 m até uma de 22 m, estando o topo do alargamento a 20 m. Determine a carga de projeto da estaca em condições de curto prazo, caso a estaca precise satisfazer ao ELU do EC7 DA1a.

9.3 As turbinas de um novo parque eólico em mar aberto (*offshore*) devem ser instaladas usando monoestacas tubulares de aço com 1,5 m de diâmetro (externo), que serão cravadas no leito do mar. O solo no local é uma argila mole normalmente adensada (NC) com $c_u = 1{,}5z$ (kPa), na qual z é a profundidade abaixo do leito do mar, e peso específico saturado de 16 kN/m³. A superestrutura da turbina tem uma massa total de 236 toneladas acima do leito do mar, e pode-se admitir que a monoestaca embuchada (*plugged*) tenha a mesma massa que o volume de solo que desloca. Determine o comprimento mínimo da monoestaca exigido para suportar a turbina com segurança, em condições de curto prazo, de acordo com o Eurocode 7, usando o Método de Projeto (*Design Approach*) DA1b.

9.4 Para a situação descrita no Problema 9.3, determine o comprimento mínimo exigido da monoestaca para que suporte a turbina com segurança em condições de longo prazo, de acordo com o Eurocode 7, usando o mesmo método de projeto. A argila tem $\phi' = 24°$, $\delta' = \phi' - 5°$.

9.5 Foi realizada uma série de quatro provas de carga estática com estacas, em argila rija fortemente sobreadensada, como parte do projeto de fundação de uma nova grande estrutura aeroportuária. As estacas escavadas de concreto têm 39 m de comprimento e 1,05 m de diâmetro. Os dados da carga de penetração são mostrados na Figura 9.22. No início do processo de *design*, apenas a prova 1 estava concluída. Determine a resistência característica do projeto usando apenas os dados dessa prova. Após isso, foram realizadas três provas adicionais, que falharam com cargas levemente mais baixas. Usando todos os dados da Figura 9.22, determine a resistência característica revisada do projeto das estacas.

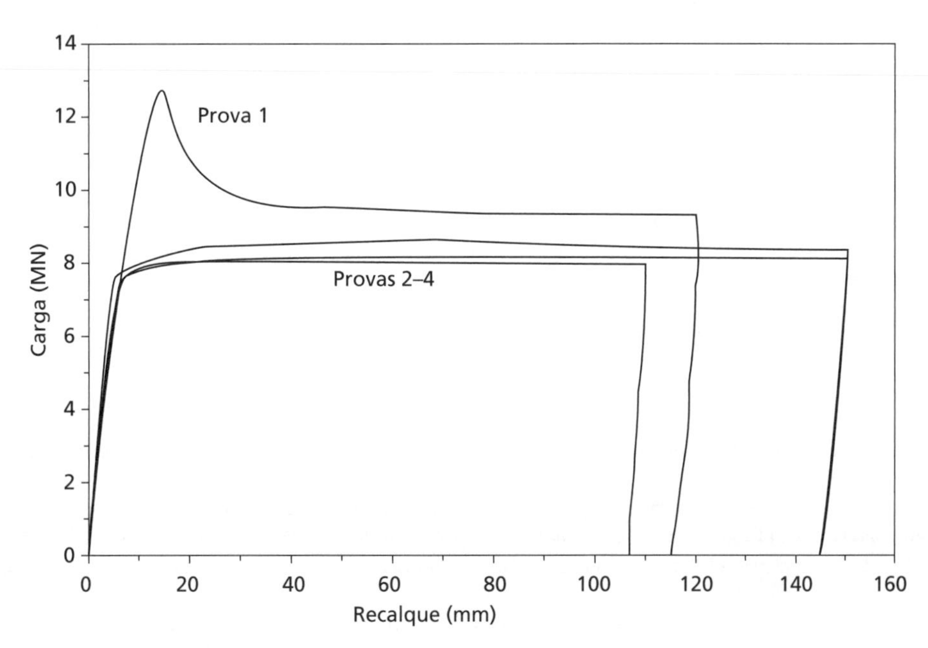

Figura 9.22 Problema 9.5.

9.6 Uma estaca tubular de aço com ponta fechada, diâmetro externo de 0,4 m e espessura de parede de 5 mm é cravada 8 m no solo, que consiste em 5 m de areia fofa acima de uma camada espessa de areia medianamente compacta. O nível do lençol freático (NA, ou WT para o termo em inglês, *water table*) está 1,5 m abaixo da superfície do terreno. A camada superior de areia tem peso específico $\gamma = 16$ kN/m³ acima do nível do lençol freático e $\gamma = 17{,}9$ kN/m³ abaixo dele, $\phi' = 31°$ e $c' = 0$. O depósito inferior de areia tem $\gamma = 20{,}5$ kN/m³, $\phi' = 40°$ e $c' = 0$. Ao longo da interface estaca–solo, pode-se admitir que $K = 1{,}2K_0\,(1 - \text{sen}\,\phi)$, $\delta' = 0{,}75\phi'$ e que o peso da estaca é insignificante. Determine as resistências características do fuste e da ponta da estaca. Em seguida, se a rigidez da ponta for $E_b = 2 \times 10^5$ kPa e $M_s = 0{,}001$, determine o recalque na cabeça da estaca sob a ação de uma carga vertical aplicada de 600 kN usando o método hiperbólico.

9.7 Em um determinado local, o perfil do solo consiste em uma camada de argila mole acima de uma profunda de areia. Os valores da resistência-padrão de penetração nas profundidades de 0,75 m, 1,50 m, 2,25 m, 3,00 m e 3,75 m na areia são 18, 24, 26, 34 e 32, respectivamente. Nove estacas de concreto pré-moldado, em um grupo quadrado, são cravadas na argila e 2 m na areia. As estacas têm seção transversal de 0,25 m × 0,25 m e são espaçadas 0,75 m de centro a centro. O grupo de estacas suporta uma carga permanente de 2 MN e uma variável de 1 MN. Ignorando o atrito lateral na argila, determine se o ELU é satisfeito de acordo com o Eurocode 7 (DA1a).

9.8 Um grupo de estacas 3 × 3 consiste em nove estacas circulares e maciças de concreto com $E_p = 30$ GPa, 300 mm de diâmetro e 7,6 m de comprimento, instaladas em argila de consistência média, para a qual $G = 9{,}6$ MPa, $\nu = 0{,}25$, sendo esses dois valores constantes ao longo da profundidade. As estacas têm espaçamento de 1,5 m de centro a centro, e o grupo deve suportar uma carga vertical de serviço de 4,5 MN. Uma prova de carga realizada em uma das estacas forneceu um recalque de 15 mm, com 500 kN de carga aplicada. Considerando o bloco de coroamento das estacas flexível, determine o recalque de cada estaca do grupo.

Referências

Berezantzev, V.G., Khristoforov, V.S. and Golubkov, V.N. (1961) Load bearing capacity and deforma-tion of piled foundations, in *Proceedings of the 5th International Conference on Soil Mechanics and Foundation Engineering, Paris, France*, pp. 11–15.

Burland, J.P. (1993) Closing address, in *Proceedings of Recent Large- Scale Fully Instrumented Pile Tests in Clay, Institute of Civil Engineers, London*, pp. 590–595.

Chin, F.K. (1970) Estimation of the ultimate load of piles not carried to failure, in *Proceedings of the 2nd South East Asia Conference on Soil Engineering*, pp. 81–90.

Clayton, C.R.I. (1995) The Standard Penetration Test (SPT): methods and use, *CIRIA Report 143*, CIRIA, London.

De Mello, V.F.B. (1969) Foundations of buildings on clay. State of the Art report, in *Proceedings of the 7th International Conference on Soil Mechanics and Foundation Engineering*, Vol. 1, pp. 49–136.

De Nicola, A. and Randolph, M.F. (1993). Tensile and compressive shaft capacity of piles in sand. *Journal of the Geotechnical Engineering Division, ASCE*, **119**(12), 1952–1973.

EC7–1 (2004) *Eurocode 7: Geotechnical Design – Part 1: General Rules, BS EN 1997–1:2004*, British Standards Institution, London.

Fellenius, B.H. (1980) The analysis of results from routine pile load tests, *Ground Engineering*, **13**(6), 19–31.

Fleming, W.G.K. (1992). A new method for single pile settlement prediction and analysis, *Géotechnique*, **42**(3), 411–425.

Fleming, W.G.K., Weltman, A., Randolph, M.R. and Elson, K. (2009). *Piling Engineering* (3rd edn), Taylor & Francis, Abingdon, Oxon.

Frost, J.D., DeJong, J.T. and Recalde, M. (2002). Shear failure behavior of granularcontinuum interfaces, *Engineering Fracture Mechanics*, **69**(17), 2029–2048.

Jardine, R., Chow, F.C., Overy, R. and Standing, J. (2005). *ICP Design Methods for Driven Piles in Sands and Clays*. Thomas Telford, London.

Karlsrud, K., Hansen, S.B., Dyvik, R. and Kalsnes, B. (1993) NGI's pile tests at Tilbrook and Pentre – review of testing procedures and results, in *Large- scale Pile Tests in Clay*, Thomas Telford, London, pp. 549–583.

Kolk, H.J. and van der Velde, E. (1996) A reliable method to determine friction capacity of piles driven into clays, in *Proceedings of the Offshore Technology Conference, Houston*, Paper OTC 7993.

Kulhawy, F.H. and Phoon, K.K. (1993) Drilled shaft side resistance in clay soil to rock, in *Design and Performance of Deep Foundations: Piles and Piers in Soil and Rock, ASCE GSP No. 38*, pp. 172–183.

Lee, J.H. and Salgado, R. (1999) Determination of pile base resistance in sands, *Journal of Geotechnical and Geoenvironmental Engineering*, **125**(8), 673–683.

Mylonakis, G. and Gazetas, G. (1998) Settlement and additional internal forces of grouped piles in layered soil, *Géotechnique*, **48**(1), 55–72.

Poulos, H.G. (1989) Pile behaviour – theory and application, *Géotechnique*, **39**(3), 363–416.

Poulos, H.G. and Davis, E.H. (1980) *Pile Foundation Analysis and Design*, John Wiley & Sons, New York, NY.

Randolph, M.F. and Murphy, B.S. (1985) Shaft capacity of driven piles in clay, in *Proceedings of the 17th Annual Offshore Technology Conference, Houston*, Vol. 1, pp. 371–378.

Randolph, M.F. and Wroth, C.P. (1978) Analysis of deformation of vertically loaded piles, *Journal of the Geotechnical Engineering Division, ASCE*, **104**(GT12), 1465–1488.

Rollins, K.M., Clayton, R.J., Mikesell, R.C. and Blaise, B.C. (2005) Drilled shaft side friction in gravelly soils, *Journal of Geotechnical and Geoenvironmental Engineering, ASCE*, **131**(8), 987–1003.

Semple, R.M. and Rigden, W.J. (1984) Shaft capacity of driven piles in clay, in *Proceedings of the Symposium on Analysis and Design of Pile Foundations, San Francisco*, pp. 59–79.

Skempton, A.W. (1959) Cast in- situ bored piles in London Clay, *Géotechnique*, **9**(4) 153–173.

Stas, C.V. and Kulhawy, F.H. (1984) *Critical Evaluation of Design Methods for Foundations under Axial Uplift and Compression Loading*, EPRI Report EL3771, Palo Alto, CA, 198 pp.

Subba Rao, K.S., Allam, M.M. and Robinson, R.G. (1998) Interfacial friction between sands and solid surfaces, *Proceedings ICE – Geotechnical Engineering*, **131**(2) 75–82.

Uesugi, M. and Kishida, H. (1986) Frictional resistance at yield between dry sand and mild steel, *Soils and Foundations*, **26**(4), 139–149.

Uesugi, M., Kishida, H. and Uchikawa, Y. (1990) Friction between dry sand and concrete under monotonic and repeated loading, *Soils and Foundations*, **30**(1), 115–128.

Weltman, A.J. and Healy, P.R. (1978) Piling in 'Boulder Clay' and other glacial tills, *CIRIA Report PG5*, CIRIA, London.

Whitaker, T. (1957) Experiments with models piles in groups, *Géotechnique*, **7**(4), 147–167.

Leitura complementar

Fleming, W.G.K., Weltman, A., Randolph, M.R. and Elson, K. (2009) *Piling Engineering* (3rd edn), Taylor & Francis, Abingdon, Oxon.

Juntamente com o livro de Tomlinson e Woodward (ver a seguir), esse livro é o volume de referência definitivo para todos os aspectos das engenharias de estacas, incluindo os requisitos para investigação do terreno, análise, design, construção e ensaios.

Frank, R., Bauduin, C., Driscoll, R., Kavvadas, M., Krebs Ovesen, N., Orr, T. and Schuppener, B. (2004) *Designers' Guide to EN 1997–1 Eurocode 7: Geotechnical Design – General Rules*, Thomas Telford, London.

Esse livro fornece uma orientação para o projeto pelos estados limites de várias construções (incluindo fundações profundas) usando o Eurocode 7 sob o ponto de vista do projetista e fornece um complemento útil aos Eurocodes na realização dos projetos. É fácil de ler e vem com muitos exemplos detalhados.

Poulos, H.G. and Davis, E.H. (1980) *Pile Foundation Analysis and Design.* John Wiley & Sons, New York, NY.

Um livro um pouco antigo, mas que contém uma pletora de soluções analíticas para a análise de estacas e outras fundações profundas sob uma variedade de condições de carregamento, muitas das quais ainda servem de referência para normas de projeto modernas.

Randolph, M.F. (2003) Science and empiricism in pile foundation design, *Géotechnique*, **53**(10), 847–875.

Uma revisão do estado da arte do comportamento de fundações em estacas e das metodologias de projeto, que também destaca as principais incógnitas e as limitações que ainda permanecem na engenharia de estacas.

Tomlinson, M.J. and Woodward, J. (2008). *Pile Design and Construction Practice* (5th edn), Taylor & Francis, Abingdon, Oxon.

Juntamente com o livro de Fleming et al. *(ver referência anterior), esse livro é um volume de referência definitivo para todos os aspectos das engenharias de estacas, incluindo os requisitos para investigação do terreno, análise, design, construção e ensaios.*

Para acessar os materiais suplementares desta obra, visite o site da LTC Editora.

Capítulo 10

Tópicos avançados sobre fundações

Resultados de aprendizagem

Depois de trabalhar com o material deste capítulo, você deverá ser capaz de:

1 Entender como as estacas e as fundações rasas podem ser usadas como elementos de sistemas maiores de fundações, incluindo grupos de estacas, radiers, radiers estaqueados e pavimentos subterrâneos, e ser capaz de projetar tais sistemas.
2 Projetar elementos de fundações rasas e profundas que estejam sujeitos a carregamento combinado (vertical, horizontal, momento), usando técnicas de análise limite (ELU) e soluções elásticas (ELS), segundo o conceito de projeto por estados limites.

10.1 Introdução

Os elementos de fundação explorados no Capítulo 8 (fundações rasas ou superficiais) e no Capítulo 9 (estacas e grupos de estacas) não são usados sempre de forma isolada. Na verdade, a Figura 8.1 mostra uma estrutura simples na qual são usadas duas sapatas corridas adjacentes para suportar as colunas em cada lado de uma estrutura. O projeto dos elementos individuais das fundações ainda exigirá o uso das técnicas descritas nos Capítulos 8 e 9; entretanto, o compartilhamento da carga entre os diferentes elementos do sistema também deve ser levado em consideração, seja para obter as condições de carregamento para o projeto dos elementos individuais, seja para determinar quaisquer modificações na resposta do elemento em virtude de sua inclusão no sistema. A Seção 10.2 também levará em consideração o desempenho de uma variedade de sistemas de fundações diferentes sob cargas verticais.

Um segundo fator importante é que, embora a maioria das fundações exista principalmente para suportar cargas verticais, há determinadas aplicações nas quais um carregamento significativo horizontal ou momento pode ser aplicado à fundação, além da carga vertical. Na verdade, a Figura 8.1 mostrou apenas as ações verticais que agem no sistema de fundação; entretanto, podem existir ações horizontais em consequência da ação da carga de vento na lateral da estrutura. Isso acrescentará, é claro, uma ação horizontal à fundação; se as colunas (pilares) da estrutura forem flexionadas em consequência do carregamento, podem ser aplicados, além disso, momentos fletores à conexão coluna–sapata, e a rotação da estrutura poderá transferir carregamento vertical adicional para os elementos desta. Dessa forma, é necessário entender como as combinações das ações influenciam a estabilidade (ELU) e os movimentos (ELS) de uma fundação.

Na maioria das estruturas de edificações, as ações horizontais e de momentos são pequenas em relação às cargas verticais e não precisam ser levadas em consideração de forma explícita no projeto. Exemplos em que elas podem ser significativas incluem:

- fundações para turbinas eólicas e torres de distribuição de energia elétrica;
- fundações costeiras ou em alto-mar;
- elementos de fundações usados para ancoragem (por exemplo, para suportar a tração do cabo de uma ponte suspensa que seja aplicada fazendo um determinado ângulo com a fundação);
- ações sísmicas em qualquer fundação.

A Seção 10.3 desenvolverá as técnicas de análise limite do Capítulo 8 para levar em consideração a estabilidade das fundações rasas submetidas a carregamento combinado (ELU) e apresentará novas soluções elásticas para determinar os deslocamentos das fundações sob tais carregamentos (ELS). A seguir, a Seção 10.4 tratará de fundações profundas tanto no ELU quanto no ELS.

10.2 Sistemas de fundações

Suponha o caso da estrutura de uma edificação com uma grande área plana (**em planta**). Há vários projetos possíveis de fundações que podem ser considerados (mostrados esquematicamente na Figura 10.1), incluindo:

- sapatas isoladas individuais abaixo de cada pilar (coluna);
- sapatas corridas adjacentes, cada uma suportando uma fileira de pilares (colunas);
- uma única fundação superficial se estendendo por toda a área em planta (radier);
- estacas individuais abaixo de cada pilar (os pilares podem ser concretados diretamente no topo das estacas — isso é conhecido como construção de **estaca-pilar** ou **pilar enterrado**);
- um **radier em estacas** (ou **radier estaqueado**), em que a fundação consiste em estacas conectadas por um radier agindo como um bloco de coroamento das estacas.

Há vantagens e desvantagens para cada um dos sistemas de fundações mencionados, embora costume ser possível produzir uma fundação que satisfaça tanto às exigências do ELU quanto às do ELS usando qualquer um deles, estando a seleção do projeto final baseada no custo e nas questões práticas que se relacionam com a construção. Esta seção explorará alguns dos tópicos relacionados a esses diferentes sistemas de fundações. Ao projetar sistemas de fundações para estruturas com grandes áreas ou grandes vãos (por exemplo, pontes), o atendimento a critérios de serviço (servicibilidade) tende a se relacionar menos com o recalque bruto dos elementos individuais da fundação e mais com os **recalques diferenciais**, Δ, entre as diferentes partes da estrutura. Isto é o mais importante se as propriedades do terreno forem muito variáveis ao longo da planta da estrutura. Por isso, os danos devidos aos recalques diferenciais também serão analisados nesta seção, incluindo os limites toleráveis para as várias classes da estrutura.

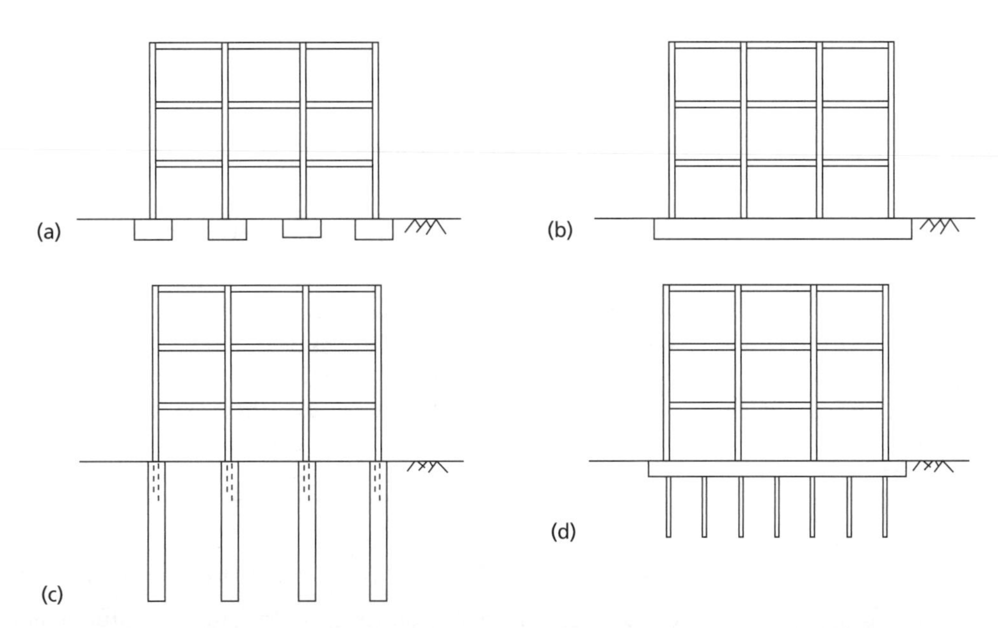

Figura 10.1 Sistemas de fundações: (a) sapatas isoladas/corridas; (b) radier; (c) pilares em estacas (estaca-pilar); (d) radier estaqueado.

Recalque diferencial e danos estruturais

Os danos devidos ao recalque diferencial podem ser classificados em arquitetônicos, funcionais ou estruturais. No caso de estruturas reticuladas, os danos por recalque costumam estar limitados a revestimentos e acabamentos (isto é, danos arquitetônicos); tais danos são causados somente pelo recalque que ocorre após a aplicação do revestimento e dos acabamentos. Em alguns casos, as estruturas são projetadas e construídas de tal forma que um determinado grau de movimento possa ser absorvido sem quaisquer danos; em outros, um determinado grau de danos menores pode ser inevitável, se a estrutura precisar ser econômica. Pode ser que os danos à condição de serviço, e não à estrutura, sejam os critérios limitantes. Baseados na observação de danos em edifícios, Skempton e MacDonald (1956) propuseram limites para o recalque diferencial máximo até os quais se poderiam admitir danos e relacionaram o recalque máximo com a **deformação (distorção) angular**, β_d. A deformação angular (também conhecida como rotação relativa) entre dois pontos sob uma estrutura é igual ao recalque diferencial entre os pontos, dividido pela distância entre eles (e, em consequência, é adimensional). Não foi observado dano algum onde a deformação angular era menor do que 1/300. Os limites para a deformação angular foram propostos mais tarde por Bjerrum

(1963) como uma orientação geral para várias situações estruturais; eles são apresentados na Tabela 10.1. Recomenda-se que o limite seguro para evitar rachaduras em paredes divisórias (paredes de enchimento, ou seja, sem função estrutural) de estruturas reticuladas seja 1/500. As estruturas também podem se **inclinar**, além de se distorcer angularmente (Figura 10.2), e isso também deve ser minimizado no projeto. Os limites de inclinação foram reunidos por Charles e Skinner (2004) como guia geral para várias situações estruturais; isso é dado na Tabela 10.2. A deformação angular e a inclinação podem ser determinadas de acordo com o ilustrado na Figura 10.2, uma vez conhecido o recalque em cada ponto do sistema de fundação.

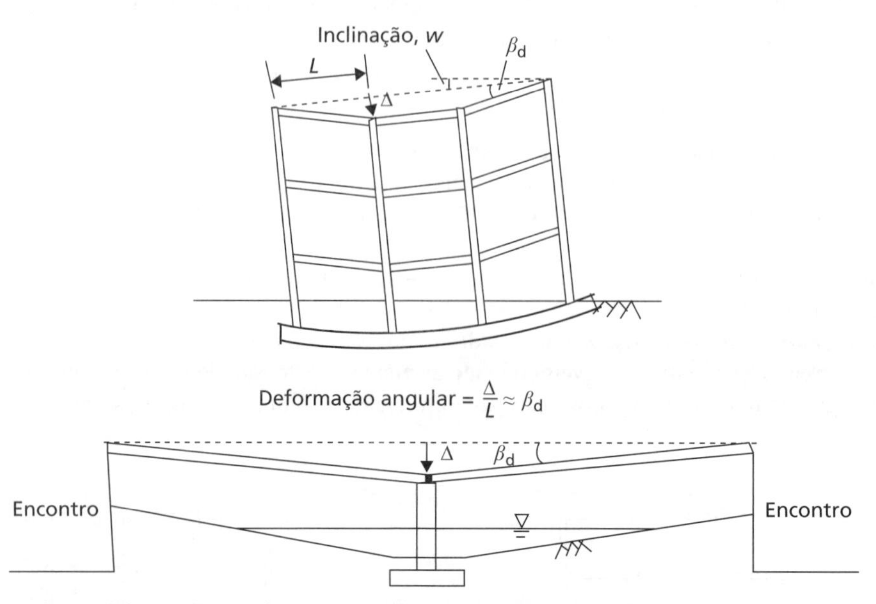

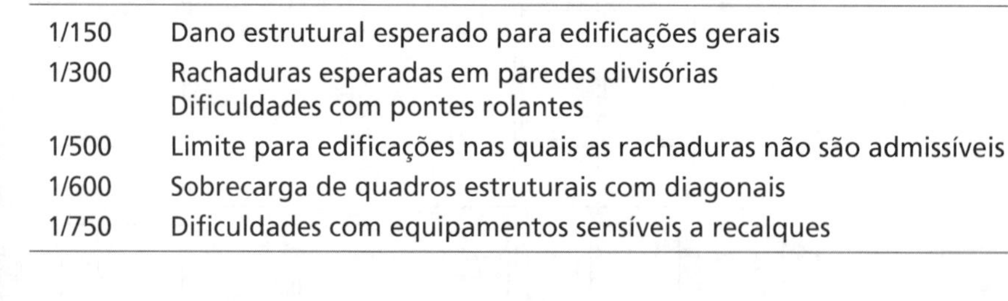

Figura 10.2 Recalque diferencial, deformação angular e inclinação.

Tabela 10.1 Limites da deformação angular (distorção) para estruturas de construções civis

1/150	Dano estrutural esperado para edificações gerais
1/300	Rachaduras esperadas em paredes divisórias Dificuldades com pontes rolantes
1/500	Limite para edificações nas quais as rachaduras não são admissíveis
1/600	Sobrecarga de quadros estruturais com diagonais
1/750	Dificuldades com equipamentos sensíveis a recalques

Tabela 10.2 Limites de inclinação para estruturas de construções civis

1/50	É provável que a edificação esteja deteriorada estruturalmente, exigindo renivelamento urgente ou demolição
1/100	A drenagem do piso pode não funcionar, tornando perigosa a estocagem de mercadorias
1/250	A inclinação de estruturas altas (por exemplo, chaminés e torres) pode ser visível
1/333	Dificuldades com pontes rolantes
1/400	Valor limite de projeto para habitações de pequena altura
1/500	Limite máximo para tanques monolíticos de concreto
1/2000	Dificuldades com armazéns de prateleiras altas
1/5000	Limite máximo para fundações de equipamentos (por exemplo, turbinas de centrais elétricas)

Figura 10.3 A Torre Inclinada de Pisa: um exemplo de inclinação excessiva (imagem cedida por cortesia de Guy Vanderelst/ Photographer's Choice/ Getty Images).

O campanário da Catedral de Santa Maria Assunta, em Pisa, Itália (conhecida como a Torre Inclinada de Pisa), talvez seja o exemplo mais famoso de uma estrutura que sofre inclinação excessiva (Figura 10.3). Antes do início dos trabalhos de estabilização em 1990, a inclinação era de 5,5° (em torno de 1/10). Esses valores eram muito maiores do que o valor limite de 1/250 (a inclinação é certamente visível!) e do que o limite de intervenção de 1/50 da Tabela 10.2. Isso ocorreu em função do recalque diferencial no solo altamente compressível abaixo da torre. O sistema de fundação pode ser classificado de forma definitiva como tendo falhado em atender ao critério de servicibilidade, uma vez que a construção dos níveis superiores teve de ser modificada para evitar mais inclinação, e, agora, a estrutura apresenta uma curva peculiar. A estabilização foi alcançada por engenheiros geotécnicos com a remoção cuidadosa do solo abaixo do lado mais alto da fundação, fazendo com que a torre girasse de volta para a vertical, de modo que, hoje em dia, ela está a 4° com a vertical (uma inclinação aproximada de 1/15).

Com base em um estudo probabilístico incluindo mais de 300 construções com estruturas de aço e concreto armado, com vários tipos de fundação que apresentavam danos menores em vários graus, Zhang e Ng (2005) sugeriram deformações angulares toleráveis limitantes de 1/360. No mesmo estudo, eles também levaram em conta mais de 400 estruturas de pontes rodoviárias em aço e concreto armado de construção simplesmente apoiada ou contínua, encontrando deformações angulares toleráveis limitantes em um vão isolado de 1/160 para pontes em aço e 1/130 para aquelas em concreto.

O método para limites de recalques dado anteriormente é empírico e pretende apenas ser um guia geral para estruturas simples. Um critério de dano mais fundamental é a deformação normal limitante de tração em que ocorram fendas visíveis em um determinado material. Isso é particularmente importante para estruturas em alvenaria (aquelas com paredes portantes de alvenaria estrutural ou as reticuladas com paredes de enchimento em alvenaria). Burland e Wroth (1975) apresentaram uma análise semiempírica para tais estruturas, considerando uma parede de alvenaria como uma viga elástica alta na flexão. Eles consideraram dois modos limitantes de ruptura dentro da alvenaria, flexão (quando fissuras de tração começam a aparecer na borda extrema da parede) e cisalhamento (quando ocorrem fissuras diagonais de tração), de acordo com o ilustrado na Figura 10.4. Foram examinados casos nos quais o recalque foi maior nas proximidades do centro da edificação (configuração de momento positivo, denominado modo de tosamento ou *sagging,* podendo ainda ser chamado de modo de contra-alquebramento) e nas proximidades da borda (configuração de momento negativo, denominado modo de alquebramento ou *hogging*). A deformação de tração induzida na flexão é dada por

$$\varepsilon_{t,\,\text{flexão}} = \frac{\dfrac{\Delta}{L_w}}{\dfrac{L_w}{6H_w} + \dfrac{H_w}{4L_w}\left(\dfrac{E}{G}\right)} \tag{10.1a}$$

em momentos fletores positivos (*sagging*) e

$$\varepsilon_{t,\,\text{flexão}} = \frac{\dfrac{\Delta}{L_w}}{\dfrac{L_w}{12H_w} + \dfrac{H_w}{2L_w}\left(\dfrac{E}{G}\right)} \tag{10.1b}$$

em momentos fletores negativos (*hogging*). Na Equação 10.1, L_w e H_w são as dimensões da parede (Figura 10.4), E é o módulo de elasticidade longitudinal (módulo de Young) da alvenaria, e G é seu módulo de elasticidade transversal. A partir da Equação 5.6, $E/G = 2(1 + \nu) \approx 2{,}6$ para alvenaria ($\nu \approx 0{,}3$). No modo de ruptura por cisalhamento, a deformação limitante por tração é dada por

$$\varepsilon_{t,\,\text{cisalhamento}} = \frac{\dfrac{\Delta}{L_w}}{1 + \dfrac{2}{3}\left(\dfrac{H_w}{L_w}\right)^2\left(\dfrac{E}{G}\right)} \tag{10.2a}$$

em momentos fletores positivos (*sagging*) e

$$\varepsilon_{t,\,\text{cisalhamento}} = \frac{\dfrac{\Delta}{L_w}}{1 + \dfrac{1}{6}\left(\dfrac{H_w}{L_w}\right)^2\left(\dfrac{E}{G}\right)} \tag{10.2b}$$

em momentos fletores negativos (*hogging*). A Figura 10.4 mostra os danos observados em um banco de dados de estruturas com paredes portantes nas quais os recalques diferenciais foram tanto no modo de tosamento (*sagging*) quanto de alquebramento (*hogging*). As Equações 10.1 e 10.2 também foram plotadas para o caso de $\varepsilon_t = 0{,}075\%$. Esse valor de deformação específica limitante fornece uma divisão aproximada entre os casos de não existência de danos e os de danos leves e graves. Pode-se ver que, com valores baixos de L_w/H_w, o cisalhamento é o mecanismo crítico (valores mais baixos de Δ/L), ao passo que, para valores mais altos de L_w/H_w, a flexão se torna o mecanismo determinante da ruptura. As razões de aspecto nas quais há uma modificação no modo de ruptura são $L_w/H_w = 0{,}6$

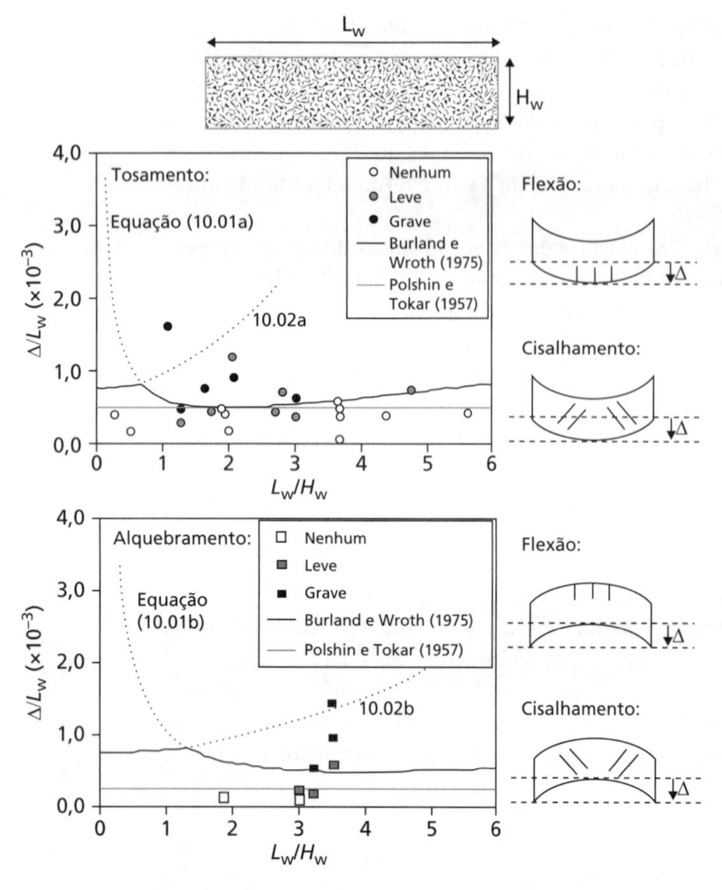

Figura 10.4 Danos a paredes portantes de alvenaria (de acordo com Burland e Wroth, 1975).

e 1,3 para tosamento (*sagging*) e alquebramento (*hogging*), respectivamente. Também estão indicados, nessa figura, os valores limites obtidos de maneira empírica em um estudo separado de Polshin e Tokar (1957).

A Figura 10.5 mostra comparações similares para estruturas reticuladas que quase sempre se comportam em um modo de tosamento (contra-alquebramento ou *sagging*). Como antes, ε_t = 0,075% separa "inexistência de danos" de "danos leves", ao passo que ε_t = 0,25% separa "danos leves" de "danos graves". Esse último resultado, em particular, é digno de nota, uma vez que essa deformação específica limitante é mais ou menos igual à deformação específica limitante de tração na ruptura para alvenaria/concreto.

Sistemas de fundações isoladas/corridas

Quando as sapatas isoladas ou corridas estão próximas entre si, elas podem interagir umas com as outras. No ELU, essa interação é sempre benéfica, sendo a capacidade de sapatas adjacentes maior do que a de uma separada. Em solos grossos, haverá uma interação insignificante de $S > 3B$ ($\phi' = 30°$) até $S > 5B$ ($\phi' = 40°$), em que S é o espaçamento de centro a centro, conforme foi demonstrado por Stuart (1962) e Kumar e Ghosh (2007). Em solos não drenados, Gourvenec e Steinepreis (2007) mostraram que a interação benéfica decresce mais rapidamente com o aumento da distância, com as sapatas apresentando a mesma capacidade que as isoladas para $S > B$. Dessa forma, para o projeto no ELU de sistemas de fundações em sapatas isoladas/corridas, a condição crítica que deve ser verificada é a estabilidade das sapatas isoladas dentro do sistema.

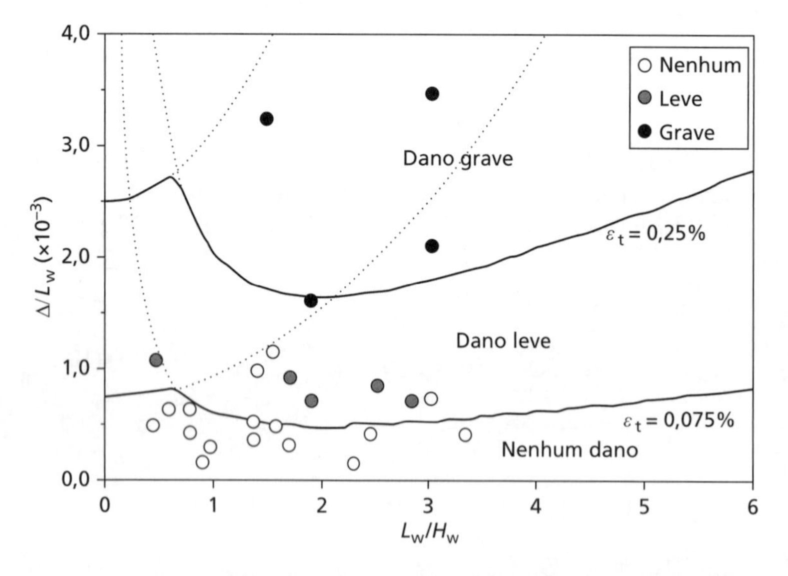

Figura 10.5 Danos a paredes de enchimento de alvenaria em estruturas reticuladas.

No ELS, os efeitos da interação são danosos, com sapatas adjacentes aumentando o recalque total da fundação, da mesma forma que estacas agindo em um grupo (Seção 9.7). Há pouca informação sobre isso na literatura, e não existem fatores de interação similares aos descritos na Equação 9.33 para estacas. No entanto, Lee *et al.* (2008) apresentou um método baseado no diagrama de influência de deformações de Schmertmann e em dados do ensaio CPT (ver Seção 8.8). No caso de duas sapatas idênticas adjacentes com espaçamento de borda a borda igual a S_e,

$$\frac{z_{f0}}{B} = 0{,}22e^{1,1\left(0,6-\frac{S_e}{B}\right)} + 2 \tag{10.3}$$

substitui a Equação 8.70, com z_{fp} e I_{zp} permanecendo inalterados (determinados pelas Equações 8.71 e 8.69, respectivamente). Para o caso de três sapatas idênticas adjacentes com mesmo espaçamento de borda a borda entre cada fundação, z_{f0} para a fundação central é encontrado usando

$$\frac{z_{f0}}{B} = 0{,}50e^{1{,}2\left(0{,}6-\frac{S_e}{B}\right)} + 2 \tag{10.4}$$

com as fundações das extremidades sendo analisadas por meio da Equação 10.3. Esses valores são usados a seguir para a construção de um novo diagrama de influência das deformações específicas, a partir do qual podem ser determinados os recalques com base nos dados do ensaio CPT, conforme ilustra o Exemplo 8.6.

Sistemas de fundações em radier

Conforme ilustrado na Figura 10.1b, um radier (ou *raft*) é uma fundação rasa com uma grande relação entre largura e espessura (B_r/t_r), que se estende por baixo de toda a estrutura. Ao contrário dos sistemas de fundações em sapatas isoladas/corridas vistos anteriormente, nas quais ocorre recalque diferencial ao longo da estrutura em consequência da interação entre sapatas adjacentes, em um radier o grande valor de B_r/t_r torna-o flexível, de forma que o recalque aumentará em direção ao seu centro. Esse efeito pode ser visto na Tabela 8.6, em que o fator de influência é muito maior no centro de uma área perfeitamente flexível do que no canto. No entanto, isso representa um caso extremo, uma vez que a rigidez à flexão do radier ajudará a reduzir o recalque diferencial. Horikoshi e Randolph (1997) determinaram o recalque diferencial máximo entre o centro e as bordas dos radiers com valores diversos de rigidez para uso em projetos de ELS, o que é mostrado na Figura 10.6 como função da rigidez normalizada radier–solo K_{rs}, dada por

$$K_{rs} = 5{,}57\left(\frac{E_r}{E_s}\right)\left(\frac{1-\nu_s^2}{1-\nu_r^2}\right)\left(\frac{B_r}{L_r}\right)^{0,5}\left(\frac{t_r}{L_r}\right)^3 \tag{10.5}$$

na qual os parâmetros com subscrito "r" se referem ao radier e os com subscrito "s" se referem ao solo. Deve-se observar que, com $K_{rs} = 0$, os recalques diferenciais normalizados são os mesmos calculados usando os métodos da Seção 8.6 (caso flexível). Pode-se ver na Figura 10.6 que, à medida que o radier torna-se mais rígido, o recalque diferencial é reduzido de forma drástica. Para tirar o maior proveito desse efeito, podem ser usados **radiers celulares**, que têm vazios em seu interior, permitindo que eles sejam mais espessos para o mesmo peso de fundação (e, portanto, o mesmo custo). Aumentando t_r, K_{rs} é aumentado conforme a Equação 10.5, reduzindo os recalques diferenciais.

Horikoshi e Randolph (1997) também apresentaram resultados para o momento fletor máximo, $M_{máx}$, induzido no radier (em seu centro) para permitir que a fundação fosse projetada estruturalmente; verificou-se que esses momentos são dependentes da razão de aspecto quando plotados como função de K_{rs}, e seus valores para L_r/B_r = 1,0 (quadrado) e L_r/B_r = 10 (≈ placa contínua) são dados na Figura 10.7 como uma função de qL_r^2, em que q é a pressão média aplicada no radier, como na Seção 8.6.

Para projeto no ELU, o radier é tratado como uma fundação rasa usando os métodos detalhados nas Seções 8.3 e 8.4.

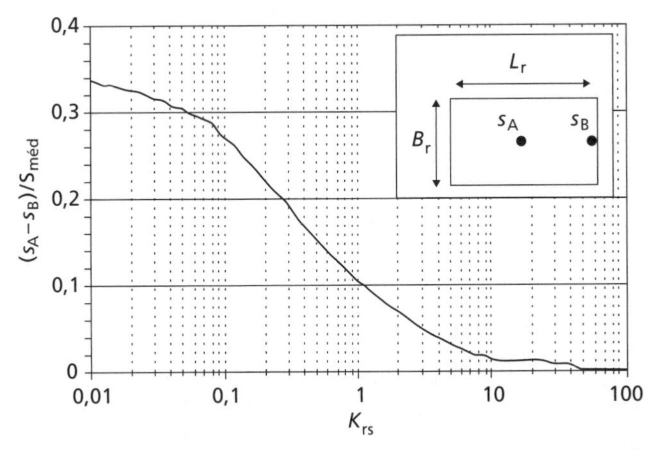

Figura 10.6 Recalque diferencial normalizado em radiers (de acordo com Horikoshi e Randolph, 1997).

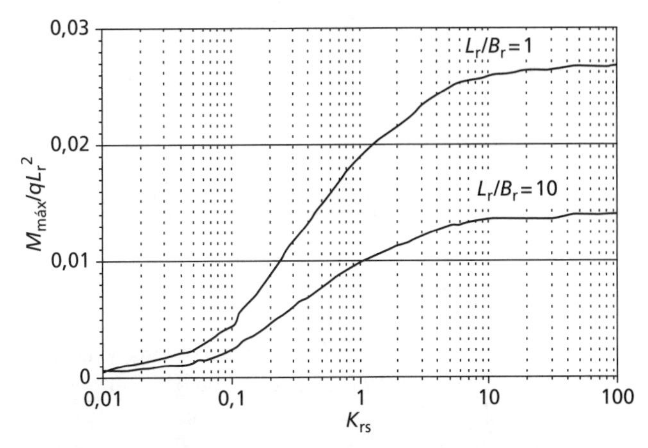

Figura 10.7 Momento fletor máximo normalizado no centro de um radier (de acordo com Horikoshi e Randolph, 1997).

Exemplo 10.1

Uma fundação em radier deve ser usada para suportar uma edificação com dimensões de 20 m × 20 m, em planta, aplicando uma pressão de apoio de 100 kPa sobre o solo arenoso com $E' = 30$ MPa e $\nu' = 0,3$. O radier deve ter 1,5 m de espessura e ser feito de concreto ($E = 30$ GPa, $\nu = 0,15$). Determine o recalque diferencial e a deformação angular entre o centro e a borda do radier:

a Tratando-o como flexível;
b Levando em consideração sua rigidez real à flexão.

Se forem colocadas paredes internas sensíveis de alvenaria no centro da fundação ao longo de sua largura, determine se elas sofrerão danos.

Solução

a Se o radier for flexível, ele pode ser analisado segundo os princípios mencionados na Seção 8.6. O recalque no centro pode ser encontrado pela Equação 8.53, com $I_s = 1,12$ (Tabela 8.6):

$$s = \frac{100 \cdot 20}{30000} \cdot \left(1 - 0,3^2\right) \cdot 1,12$$
$$= 0,0679\,\text{m}$$
$$= 68\,\text{mm}$$

Para encontrar o recalque na borda, a projeção da edificação em planta é dividida em duas áreas retangulares, conforme ilustrado na Figura 10.8 (cada uma delas tendo $L/B = 2$, $B = 10$ m e $I_s = 0,76$), e emprega-se o princípio da superposição:

$$s = 2 \cdot \left[\frac{100 \cdot 10}{30000} \cdot \left(1 - 0,3^2\right) \cdot 0,76\right]$$
$$= 0,0461\,\text{m}$$
$$= 46\,\text{mm}$$

Dessa forma, o recalque diferencial $\Delta = 68 - 46 = 22$ mm, fornecendo uma deformação angular de $\beta_d = 0,022/10 = 2,2 \times 10^{-3}$ (em torno de 1/500).

b A partir da Equação 10.5,

$$K_{rs} = 5,57 \cdot \left(\frac{30000}{30}\right)\left(\frac{1 - 0,3^2}{1 - 0,15^2}\right)\left(\frac{20}{20}\right)^{0,5}\left(\frac{1,5}{20}\right)^3$$
$$= 2,19$$

Dessa forma, pela Figura 10.6, $\Delta/s_{\text{médio}} \approx 0,06$. Uma estimativa conservadora do recalque médio pode ser encontrada usando a Equação 8.53, com $I_s = 0,95$ (flexível, médio):

$$s_{\text{médio}} = \frac{100 \cdot 20}{30000} \cdot \left(1 - 0,3^2\right) \cdot 0,95$$
$$= 0,0576\ \text{m}$$
$$= 58\ \text{mm}$$

de forma que $\Delta = 0,06 \times 58 = 3,5$ mm, fornecendo uma deformação angular de $\beta_d = 0,0035/10 = 0,35 \times 10^{-3}$ (em torno de 1/1.400).

As paredes estruturais (portantes) são mostradas na Figura 10.8. Quando o recalque central é maior do que o da borda, as paredes se comportam em uma configuração de momento positivo (modo de tosamento ou de *sagging*). Conforme a Figura 10.4, as paredes poderiam ser danificadas seriamente usando a previsão do item (a), mas não com a do item (b), mostrando a importância de levar em consideração a rigidez real do radier no projeto do ELS.

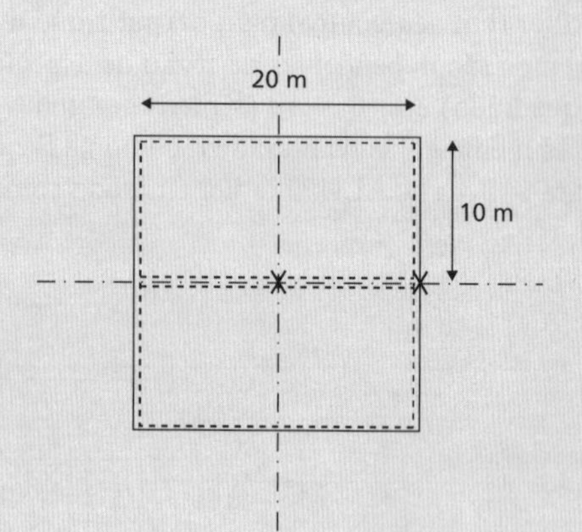

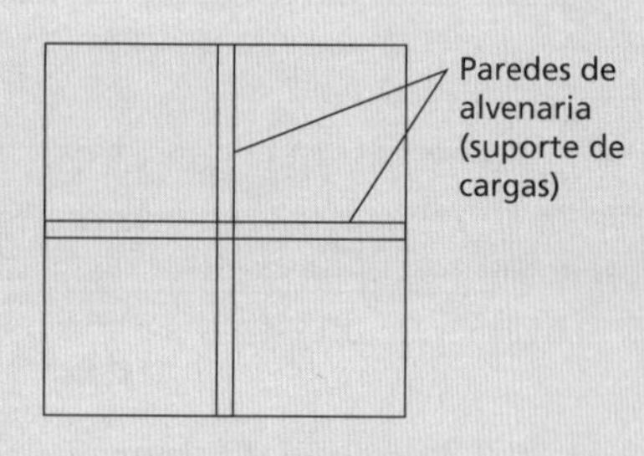

Figura 10.8 Exemplo 10.1.

Sistemas de fundações em estacas

De acordo com o descrito no Capítulo 9, as estacas podem ser usadas de forma isolada (por exemplo, como uma monoestaca simples abaixo de uma turbina eólica ou para suportar uma estaca-pilar na estrutura de uma edificação) ou em grupos. Podem ser usados pequenos grupos de estacas para suportar cargas pontuais da estrutura (por exemplo, dos pilares) como uma alternativa ao método de estaca-pilar (pilar enterrado), que estariam normalmente interconectados por vigas no terreno a fim de fornecer alguma rigidez adicional contra o recalque diferencial. Se o carregamento estiver distribuído de maneira uniforme ao longo da projeção em planta da estrutura, o radier será, muitas vezes, uma boa opção; entretanto, conforme já descrito, os recalques diferenciais em um radier podem ser grandes se ele for relativamente flexível (baixo K_{rs}). Em algumas circunstâncias, pode ser mais eficiente ou econômico reduzir os recalques diferenciais do radier instalando estacas abaixo dele em vez de tentar aumentar o K_{rs}. A fundação resultante é conhecida como radier estaqueado e difere um pouco de um grupo de estacas, já que a área plana do bloco de coroamento das estacas (o radier) é muito larga em relação ao comprimento das estacas ($B_r >> L_p$), de forma que o radier pode desempenhar uma função mais importante no comportamento global da fundação.

A rigidez global de um radier estaqueado (K_f) surge em consequência de uma combinação da rigidez vertical do radier (K_r) com a rigidez vertical das estacas que agem como um grupo (K_{pg}). Randolph (1983) propôs que

$$K_f = \frac{K_{pg} + K_r\left(1-2\alpha_{rp}\right)}{1-\alpha_{rp}^2\left(\dfrac{K_r}{K_{pg}}\right)} \tag{10.6}$$

em que

$$\alpha_{rp} \approx 1 - \frac{\ln\left(0{,}5\dfrac{S}{D_0}\right)}{\ln\left(2\dfrac{L_p}{D_0}\right)} \tag{10.7}$$

para estacas uniformemente distribuídas abaixo do radier e com espaçamento S de centro a centro. Como resultado da interação estaca a estaca descrita na Seção 9.7, a rigidez de um grupo de n estacas será menor do que a combinada de n estacas isoladas. Em vez de precisar realizar os cálculos trabalhosos detalhados na Seção 9.7 para grandes números de estacas em radiers estaqueados, a rigidez global do grupo pode ser aproximada usando

$$K_{pg} = \eta_g n K_{estaca}$$

na qual η_g é a eficiência do grupo de estacas. Foi mostrado por Butterfield e Douglas (1981) que

$$\eta_g \approx n^{-e_p}$$

em que e_p é um valor que costuma se situar no intervalo 0,5–0,6, de forma que

$$K_{pg} \approx n^{(1-e_p)} K_{estaca} \tag{10.8}$$

A rigidez de estacas isoladas (K_{estaca}) é determinada por meio dos métodos apresentados na Seção 9.4. Para grandes radiers estaqueados, pode-se admitir o radier como muito flexível, de forma que K_r possa ser estimado pelos métodos descritos na Seção 8.6 (usando os valores de I_s para condições médias).

A carga total suportada pela fundação (Q_f) será distribuída entre o radier (Q_r) e o grupo de estacas (Q_{pg}) de acordo com

$$\frac{Q_r}{Q_f} = \frac{K_r\left(1-\alpha_{rp}\right)}{K_{pg} + K_r\left(1-2\alpha_{rp}\right)} \tag{10.9}$$

e

$$\frac{Q_{pg}}{Q_f} = 1 - \frac{Q_r}{Q_f} \tag{10.10}$$

Como exemplo, um radier estaqueado quadrado de dimensões $B_r \times B_r$ é considerado apoiado em solo uniforme (G constante ao longo da profundidade). Se as estacas forem consideradas rígidas e circulares, então, a partir das Equações 9.17a, 9.22 e 9.23,

$$K_{estaca} = \left[2\left(\frac{D_0}{L_p}\right) + \frac{2\pi(1-\nu)}{\ln\left(2\dfrac{L_p}{D_0}\right)}\right]\frac{GL_p}{(1-\nu)}$$

A partir da Equação 8.53, usando $I_s = 0,95$ (recalque médio, quadrado),

$$K_r = \left[2,1\left(\frac{B_r}{L_p}\right)\right]\frac{GL_p}{(1-\nu)}$$

Essas expressões para K_{estaca} e K_r são, então, usadas com as Equações 10.7 e 10.8 na Equação 10.6, da qual se depreende que a rigidez da fundação é uma função de L_p/D_0 (esbeltez da estaca), S/D_0 (espaçamento normalizado entre as estacas), n, B_r/L_p (que descreve a geometria geral do radier estaqueado) e $GL_p/(1-\nu)$. Se, em seguida, a rigidez da fundação K_f for expressa em termos da rigidez do radier não estaqueado (isto é, K_f/K_r), o último parâmetro será cancelado. A Figura 10.9a apresenta o gráfico da razão K_f/K_r como uma função de B_r/L_p para $L_p/D_0 = 25$, $S/D_0 = 5$, $e_p = 0,6$ e $\nu = 0,5$ (isto é, caso não drenado). Pode-se ver que, para radiers estaqueados "pequenos" ($B_r/L_p < 1$), a rigidez da fundação é determinada pela do grupo de estacas — esses casos referem-se essencialmente aos grupos de estacas considerados na Seção 9.7, em que o bloco de coroamento das estacas exerce pouca influência sobre a rigidez da fundação.

Para radiers estaqueados "grandes" ($B_r/L_p > 1$), a rigidez da fundação se aproxima da do radier, de forma que as estacas se tornam muito ineficientes (isso representaria um projeto de fundação muito caro). A Figura 10.9b mostra a carga suportada pelo radier e as estacas calculadas pelas Equações 10.9 e 10.10, pelas quais se pode verificar que, para os radiers pequenos, as estacas suportam a maior parte da carga, enquanto o inverso é verdadeiro para radiers estaqueados maiores.

Embora esteja claro para a análise a seguir que os radiers estaqueados são mais rígidos do que os não estaqueados e que, portanto, apresentarão menores recalques médios (brutos), sua principal vantagem é que as estacas reduzem o recalque diferencial dentro da fundação. Como este é maior no centro dela (Figura 10.6), com frequência só é necessário incluir estacas abaixo da área central do radier para estabelecer o equilíbrio (desde que o recalque bruto seja aceitável sem a colocação de estacas nele todo). Isso é mostrado na Figura 10.10. Um procedimento aproximado de projeto torna-se, então:

1 Determine o recalque diferencial do radier (sem quaisquer estacas).
2 Adicione um pequeno grupo de estacas ao centro do radier, calcule a rigidez vertical (K_{pg}) e determine a distribuição de carga entre ele e o grupo (Equações 10.9 e 10.10).
3 Determine o recalque do grupo de estacas sob a carga Q_{pg} (Seção 9.7).
4 Reavalie o recalque diferencial entre a parte exterior do radier (determinado pelo comportamento dele, recalque do item 1) e sua parte central (determinado pelo comportamento das estacas, recalque do passo 3).
5 Se o recalque diferencial ainda for muito alto, aumente o número de estacas no centro e repita os passos 2–5.

Normalmente apenas uma pequena parte da área do radier em torno do centro da fundação precisa ser suportada por estacas para que os recalques diferenciais sejam aceitáveis. Dessa forma, um projeto eficiente/otimizado será alcançado quando só forem adicionadas estacas nas áreas em que são mais efetivas.

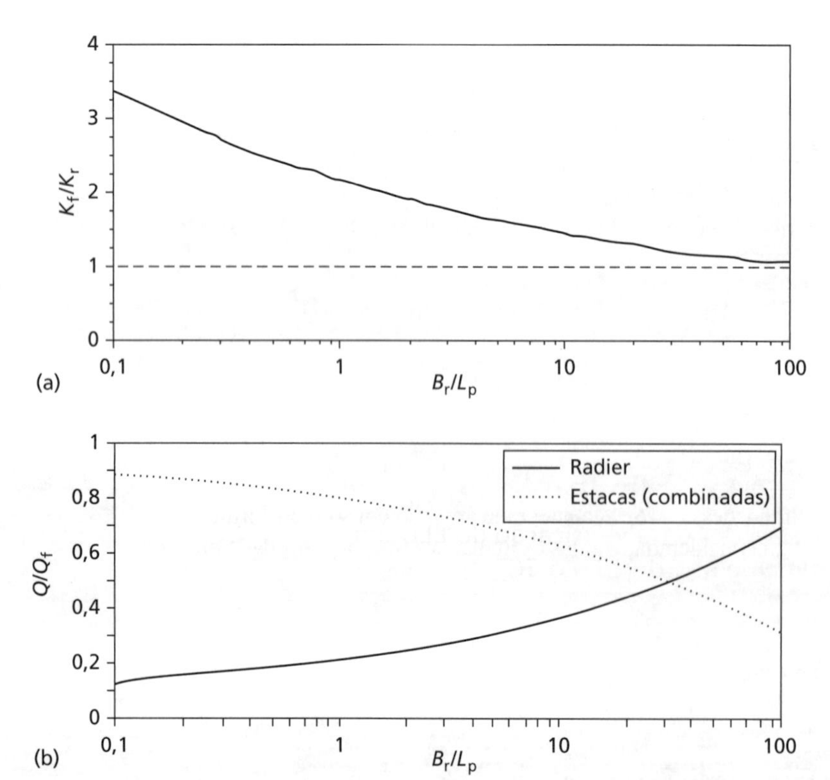

Figura 10.9 Rigidez vertical e distribuição de cargas em um radier quadrado e estaqueado ($L_p/D_0 = 25$, $S/D_0 = 5$, $\nu = 0,5$).

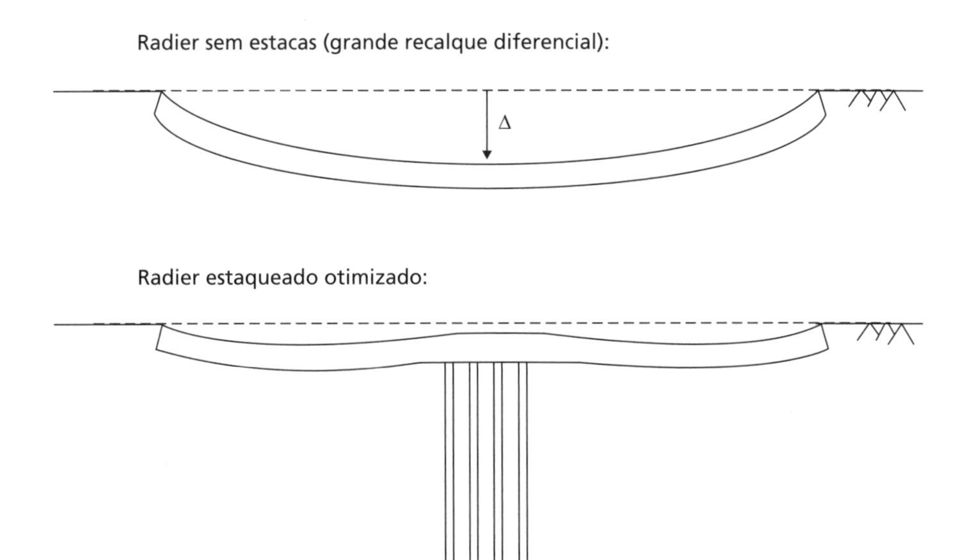

Figura 10.10 Minimização de recalques diferenciais usando estacas de redução de recalque.

Pavimentos no subsolo

São usados **pavimentos no subsolo** quando uma estrutura tiver espaço adicional utilizável abaixo do nível do terreno. Eles são empregados com frequência nas fundações de edifícios altos, cujo espaço possa ser usado para a criação de estacionamentos de automóveis no subsolo ou para fins comerciais, ou ainda como estações de metrô para sistemas de transporte de massa. Dessa forma, eles podem ser muito eficientes agindo, ao mesmo tempo, como uma fundação e como um espaço utilizável. Em projeto, um pavimento no subsolo é tratado como um radier celular profundamente enterrado; se necessário, podem ser adicionadas estacas abaixo do pavimento para fornecer capacidade adicional de suporte no ELU ou para reduzir o recalque bruto/diferencial no ELS. As paredes de um pavimento no subsolo também devem ser dimensionadas para resistir a pressões horizontais de terra do solo circunvizinho tanto no ELU quanto no ELS; isso será visto no Capítulo 11. Como os pavimentos no subsolo costumam incluir uma quantidade significativa de espaço vazio, o peso total do pavimento pode ser menor do que o peso de solo removido para criá-lo. Em terreno saturado com nível alto de lençol freático, o pavimento pode, então, ficar submerso (flutuante) — um modo de ruptura conhecido como **levantamento de terreno (*uplift*)**.

A verificação do ELU relacionado ao levantamento de terreno envolve assegurar que a força vertical total (causada, sobretudo, pelo próprio peso) agindo de cima para baixo no pavimento seja maior do que a força de levantamento de terreno causada pela poropressão (U), isto é,

$$\sum Q \geq U \tag{10.11}$$

Em todos os cálculos de projetos anteriores de ELU deste e dos dois capítulos precedentes, os modos geotécnicos (GEO) ou estruturais (STR) de ruptura foram considerados, e, para cada um deles, foi possível definir uma resistência (R_k). Em contraposição, o levantamento de terreno (UPL) é um exemplo de modo de ruptura relacionado a uma perda de equilíbrio global entre dois conjuntos de ações (Q e U), exigindo uma abordagem diferente para definir os coeficientes de ponderação. No EC7, as cargas favoráveis agem para estabilizar a construção, ao passo que as desfavoráveis agem para desestabilizá-la. A Tabela 10.3 fornece os valores normativos recomendados pelo EC7 para o ELU de levantamento de terreno.

Se a Equação 10.11 não puder ser satisfeita sob o peso da estrutura e do pavimento de subsolo, podem ser incorporadas estacas de tração (Seção 9.5) ou ancoragem no terreno (Seção 11.8) a fim de fornecer uma ação estabilizadora adicional permanente. Deve-se observar que, em geral, o atrito de interface entre as paredes do pavimento no subsolo e o solo é ignorado (o que é conservador).

Tabela 10.3 Coeficientes de ponderação das ações para verificação do ELU em relação ao levantamento de terreno (*uplift*) de acordo com o EC7

Ação (Q, U)	*Símbolo*	*Valor*
Ação permanente desfavorável	$\gamma_{A,dst}$	1,00
Ação variável desfavorável	$\gamma_{A,dst}$	1,50
Ação permanente favorável	$\gamma_{A,stb}$	0,90

Exemplo 10.2

Uma livraria subterrânea deve ser construída como parte da extensão de uma biblioteca. Sua estrutura é do tipo celular (caixão), com dimensões externas de 20 m × 20 m em planta e 10 m de profundidade. A espessura das paredes é 0,5 m de um lado ao outro, e o concreto tem peso específico de 24 kN/m³. A superfície superior do teto da livraria está 2 m abaixo do nível do terreno, e o solo circunvizinho tem $\gamma = 19$ kN/m³. Determine a profundidade mínima do lençol freático abaixo da superfície do terreno na qual o ELU (levantamento de terreno) será satisfeito:

a Imediatamente após a construção quando a livraria estiver vazia.

b Durante o serviço, quando metade do volume interno da livraria estiver preenchido por livros com peso específico de 3,5 kN/m³.

Considerando que o nível do lençol freático possa se elevar até a superfície do terreno, determine a força adicional de contenção que as estacas de tração precisariam fornecer para satisfazer ao ELU.

Solução

a O volume de concreto na livraria é (20 × 20 × 10) – (19 × 19 × 9) = 751 m³. A carga vertical oriunda do concreto é, portanto, 751 × 24 = 18.024 kN = 18,0 MN. O peso do solo acima do teto da livraria é (20 × 20 × 2) × 19 = 15.200 kN = 15, 2 MN. Se o nível do lençol freático estiver a uma profundidade z abaixo da superfície do terreno, então a poropressão agindo na base da livraria será $u = \gamma_w(10 + 2 - z) = 117{,}7 - 9{,}8z$ kPa, fornecendo uma força de levantamento de terreno de $U = 47{,}1 - 3{,}9z$ MN.

As ações verticais oriundas dos pesos do concreto e do solo são permanentes favoráveis (em consequência, ponderadas por $\gamma_{A,stb} = 0{,}90$, conforme a Tabela 10.3), ao passo que a força de levantamento de terreno U é uma ação permanente desfavorável ($\gamma_{A,dst} = 1{,}00$). Dessa forma, aplicando a Equação 10.11, tem-se:

$$\sum Q \geq U$$

$$0{,}90 \cdot (18{,}0 + 15{,}2) \geq 1{,}00 \cdot (47{,}1 - 3{,}9z)$$

$$29{,}9 \geq 47{,}1 - 3{,}9z$$

$$z \geq 4{,}4\,\text{m}$$

b O volume interno da livraria é (19 × 19 × 9) = 3.249 m³, portanto a força vertical adicional dos livros é 0,5 × 3.249 × 3,5 = 5.686 kN = 5,7 MN. A Equação 10.11 torna-se, então,

$$\sum Q \geq U$$

$$0{,}90 \cdot (18{,}0 + 15{,}2 + 5{,}7) \geq 1{,}00 \cdot (47{,}1 - 3{,}9z)$$

$$35{,}0 \geq 47{,}1 - 3{,}9z$$

$$z \geq 3{,}1\,\text{m}$$

Com base nas respostas a (a) e (b), a condição imediata após a construção quando as cargas aplicadas são menores é mais crítica (o inverso da falha de suporte do solo). Definindo a força de contenção adicional como T, se o nível do lençol freático se elevar até a superfície, $z = 0$, e a Equação 10.11 se tornará:

$$\sum Q \geq U$$

$$0{,}90 \cdot (18{,}0 + 15{,}2 + T) \geq 1{,}00 \cdot (47{,}1)$$

$$29{,}9 + 0{,}9T \geq 47{,}1$$

$$T \geq 19{,}1\,\text{MN}$$

10.3 Fundações rasas sob a ação de carregamento combinado

A maioria das fundações está sujeita a um componente horizontal de carregamento (H), além das ações verticais (V) vistas no Capítulo 8. Se ele for relativamente pequeno em relação ao componente vertical, não precisará ser considerado no projeto — por exemplo, o carregamento típico do vento sobre a estrutura de um edifício costuma ser suportado com segurança por uma fundação dimensionada de forma satisfatória para receber as ações verticais. No entanto, se H (e/ou qualquer momento aplicado, M) for relativamente grande (por exemplo, um edifício alto sob o carregamento de vento causado por um furacão), a estabilidade global da fundação sob uma combinação de ações deve ser analisada.

Para uma fundação carregada por ações *V*, *H* e *M* (normalmente abreviadas como *V–H–M*), os seguintes estados limites devem ser atendidos:

ELU–1 A ação resultante vertical sobre a fundação *V* não deve ultrapassar a resistência de suporte do solo em que se apoia (isto é, a Equação 8.75 deve ser satisfeita).
ELU–2 Não deve ocorrer deslizamento entre a base da parede e o solo subjacente em consequência da ação da resultante lateral, *H*.
ELU–3 Não deve ocorrer o tombamento da parede em consequência da ação do momento resultante, *M*.
ELS Os movimentos resultantes da fundação em consequência de qualquer recalque, deslocamento horizontal ou rotação não devem causar desconforto ou perda de funcionalidade da estrutura suportada.

As técnicas de análise limite podem ser aplicadas para determinar a estabilidade no ELU, usando-se soluções elásticas para determinar os movimentos da fundação no ELS, similares àquelas utilizadas no Capítulo 8 para carregamento vertical puro.

Estabilidade da fundação com base na análise limite (ELU)

Antes de examinar o caso geral de carregamento *V–H–M*, será vista a estabilidade de fundações sob combinações simples de *V–H* para apresentação dos conceitos fundamentais. Isso se baseia nas técnicas de análise de limite inferior do Capítulo 8.

O acréscimo da carga horizontal *H* a um problema convencional de carregamento vertical ($q_f = V/A_f$) causará uma tensão de cisalhamento adicional $\tau_f = H/A_f$ na interface entre o solo e a sapata, conforme ilustra a Figura 10.11a. Admite-se, nessa análise, que a sapata seja perfeitamente rugosa. Isso servirá para girar a direção da maior tensão principal na região 1. Para um material não drenado, essa rotação será $\theta = \Delta/2$ em relação à vertical (Figura 10.11b). As condições de tensão na região 2 ficam inalteradas se comparadas àquelas mostradas na Figura 8.9a. Dessa forma, a rotação total das tensões principais ao longo da região de leque será, agora, $\theta_{\text{leque}} = \pi/2 - \Delta/2$, de forma que, de acordo com a Equação 8.15,

$$s_1 - s_2 = c_u(\pi - \Delta) \tag{10.12}$$

A partir da Figura 10.11b,

$$\operatorname{sen}\Delta = \frac{\tau_f}{c_u} = \frac{H}{A_f c_u} \tag{10.13}$$

Na região 2, $s_2 = \tau_q + \gamma z + c_u$, conforme o apresentado na Seção 8.3 (sem alterações), ao passo que, na região 1, $s_1 = q_f + \gamma z - c_u \cos\Delta$, conforme a Figura 10.11b. Substituindo essas relações na Equação 10.12 e reorganizando-a, tem-se

$$\begin{aligned} q_f = \frac{V}{A_f} &= c_u(1 + \pi - \Delta + \cos\Delta) + \sigma_q \\ &= c_u N_c + \sigma_q \end{aligned} \tag{10.14}$$

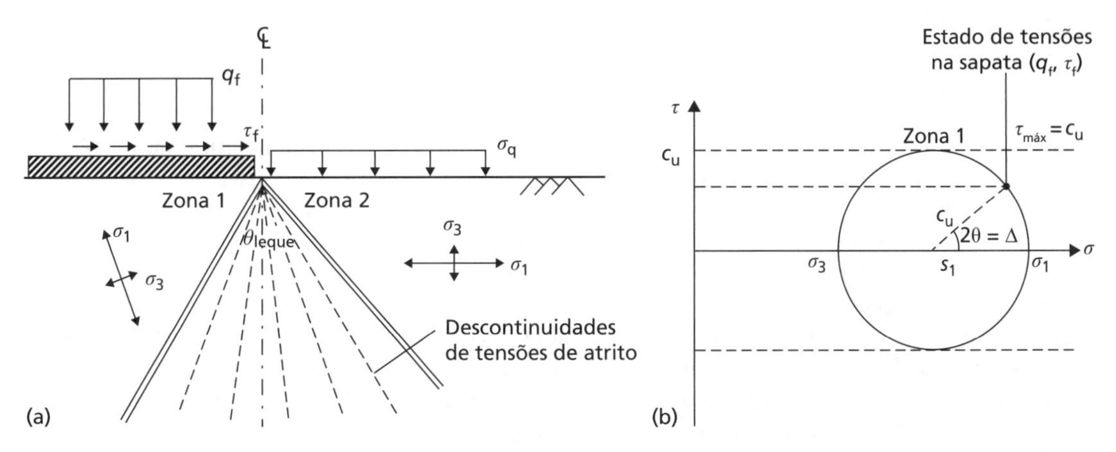

Figura 10.11 (a) Estado de tensões para o carregamento *V–H*, solo não drenado; (b) círculo de Mohr na região 1.

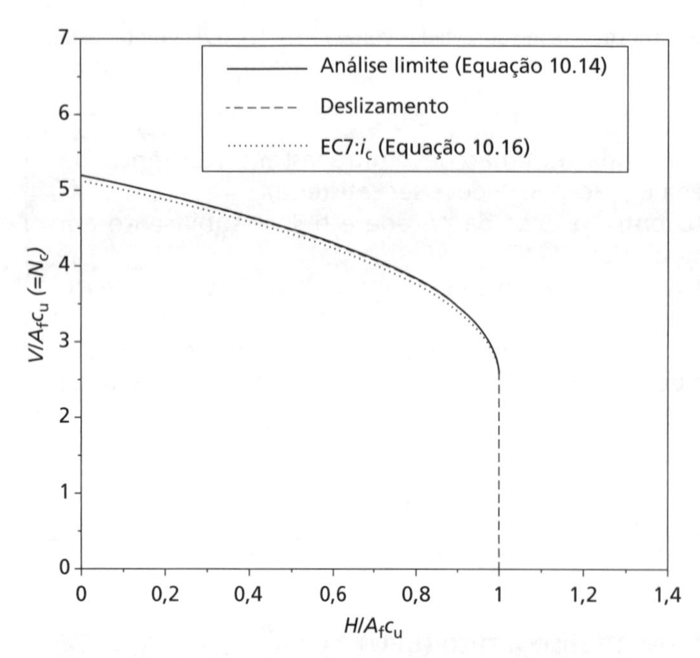

Figura 10.12 Superfície de escoamento para uma fundação em sapata corrida, em solo não drenado, sob a ação de carregamento *V–H*.

Para todos os valores possíveis de H ($0 \leq H/A_f c_u \leq 1$), pode-se encontrar Δ por meio da Equação 10.13, e $V/A_f c_u$ (= fator de capacidade de carga N_c) pode ser calculado pela Equação 10.14. Esses valores foram colocados em um gráfico na Figura 10.12 para o caso de inexistência de sobrecarga ($\sigma_q = 0$). Quando $H/A_f c_u = 0$ (isto é, carga puramente vertical), $\Delta = 0$ e $V/A_f c_u = 2 + \pi$ (ver Equação 8.16); quando $H/A_f c_u = 1$, a tensão de cisalhamento $\tau_f = c_u$, e a sapata deslizará no plano horizontal, independentemente do valor de V. A curva resultante representa a **superfície de escoamento** da fundação sob a ação do carregamento *V–H*. As combinações de V e H que se situam no interior dessa superfície serão estáveis, ao passo que aquelas situadas fora serão instáveis (isto é, resultarão em falha estrutural plástica). Se $V >> H$, a falha estrutural será predominantemente por esmagamento ou compressão (vertical, ELU–1); se $V << H$, será por deslizamento (translação horizontal, ELU–2). Nos estados intermediários, ocorrerá um mecanismo combinado que resultará em importantes componentes verticais e horizontais.

No Eurocode 7 e em muitas outras normas ao redor do mundo, é adotado um procedimento diferente. Este consiste em aplicar um **fator de inclinação** adicional i_c à equação-padrão de capacidade de carga (Equação 8.17), na qual

$$i_c = \frac{1}{2}\left(1 + \sqrt{1 - \frac{H}{A_f c_u}}\right) \tag{10.15}$$

Para o caso de não haver sobrecarga e uma sapata corrida ($s_c = 1$), pela Equação 8.17,

$$q_f = \frac{V}{A_f} = i_c (2 + \pi) c_u$$
$$\frac{V}{A_f c_u} = \frac{(2+\pi)}{2}\left(1 + \sqrt{1 - \frac{H}{A_f c_u}}\right) \tag{10.16}$$

O gráfico da Equação 10.16 também é apresentado na Figura 10.12, em que ele é praticamente idêntico à solução rigorosa de plasticidade apresentada pela Equação 10.14.

Gourvenec (2007) apresentou uma superfície de escoamento para o caso geral de carregamento *V–H–M* em solo não drenado, em que

$$\left[\frac{1{,}29\dfrac{H}{R}}{0{,}25 - \left(\dfrac{V}{R} - 0{,}5\right)^2}\right]^2 + \left[\frac{2{,}01\dfrac{M}{BR}}{\dfrac{V}{R} - \left(\dfrac{V}{R}\right)^2}\right]^2 = 1 \tag{10.17}$$

Na Equação 10.17, R é a resistência vertical da fundação submetida a carregamento vertical puro, ($H = M = 0$), como foi visto no Capítulo 8, e B é a largura da fundação. Como $R = (2 + \pi) A_f c_u$, as Equações 10.14 e 10.16 podem ser reescritas em termos de V/R e H/R, substituindo $A_f c_u$. A Figura 10.13a compara a solução de limite inferior, o procedimento do Eurocode 7 e a superfície de escoamento completa (Equação 10.17) para o caso de carregamento *V–H* ($M = 0$). Usando essa normalização alternativa, vê-se que a ação horizontal máxima que pode ser sustentada é por volta de 19% da resistência vertical.

Quando $M \neq 0$, a superfície de escoamento se torna tridimensional (uma função de V, H e M). A Figura 10.13b mostra os contornos de V/R para combinações de H e M sob o carregamento geral para uso em projetos de ELU. A presença de momentos permite o tombamento (rotação) da fundação quando $M >> V, H$. A superfície de escoamento representada na Figura 10.13b admite que a tensão não pode ser sustentada ao longo da interface solo–sapata, isto é, a fundação se **levantará** se o efeito de tombamento for intenso. Caso a combinação de V, H e M se situe no interior da superfície de escoamento, a fundação não apresentará falha estrutural por compressão (esmagamento),

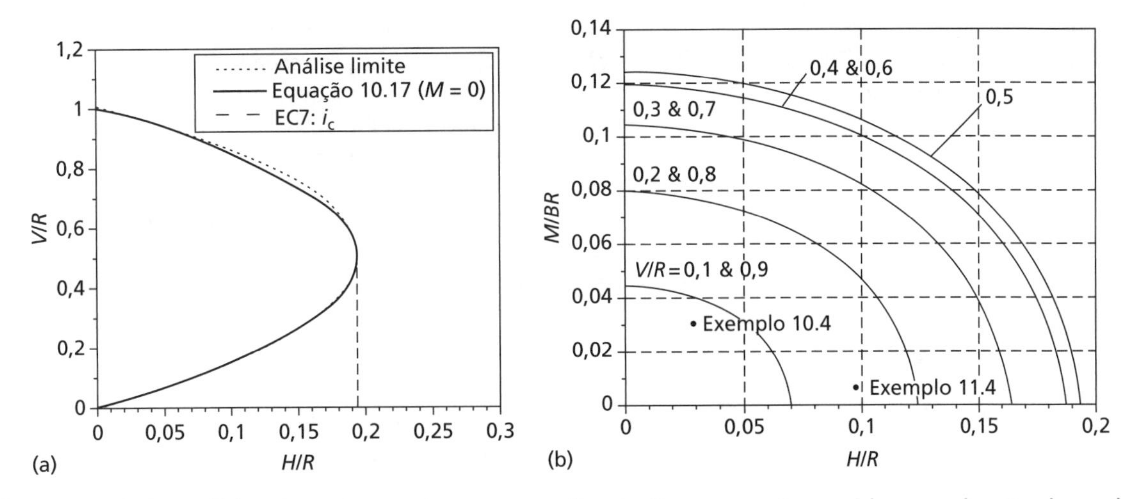

Figura 10.13 Superfícies de escoamento para uma fundação em sapata corrida em solo não drenado submetido a (a) carregamento *V–H*; (b) carregamento *V–H–M*.

deslizamento ou tombamento, de forma que ELU–1–ELU–3 serão todos satisfeitos (e poderão ser verificados de forma simultânea), mostrando o poder do conceito da superfície de escoamento.

Também pode ser realizada uma análise de limite inferior para uma fundação em material drenado e sem peso (Figura 10.14a). Aqui, $H/V = \tau_f/q_f = \text{tg}\,\beta$. A partir da Figura 10.14b, a rotação do sentido da maior tensão principal na região 1 é $\theta = (\Delta + \beta)/2$ quanto à vertical. As condições de tensão na região 2 ficam inalteradas se as compararmos às mostradas na Figura 8.16a. Dessa forma, a rotação total das tensões principais ao longo da zona de leque é, agora, $\theta_{\text{leque}} = \pi/2 - (\Delta + \beta)/2$, de forma que, a partir da Equação 8.30,

$$\frac{s_1'}{s_2'} = e^{(\pi-\Delta-\beta)\text{tg}\,\phi'} \tag{10.18}$$

A partir da Figura 10.14b,

$$\text{sen}\,\Delta = \frac{\text{sen}\,\beta}{\text{sen}\,\phi'} \tag{10.19}$$

Na região 2, $s'_2 = \sigma_q + s'_2 \,\text{sen}\,\phi'$, como na Seção 8.4 (sem alterações), ao passo que, na região 1, $s'_1 = q_f - s'_1 \,\text{sen}\,\phi' \cos(\Delta + \beta)$ de acordo com a Figura 10.14b. Substituindo essas relações na Equação 10.18 e reorganizando-a, tem-se

$$\begin{aligned} q_f = \frac{V}{A_f} &= \left[\frac{1+\text{sen}\,\phi'\cos(\Delta+\beta)}{1-\text{sen}\,\phi'}\right] e^{(\pi-\Delta-\beta)\text{tg}\,\phi'} \cdot \sigma_q \\ &= N_q \sigma_q \end{aligned} \tag{10.20}$$

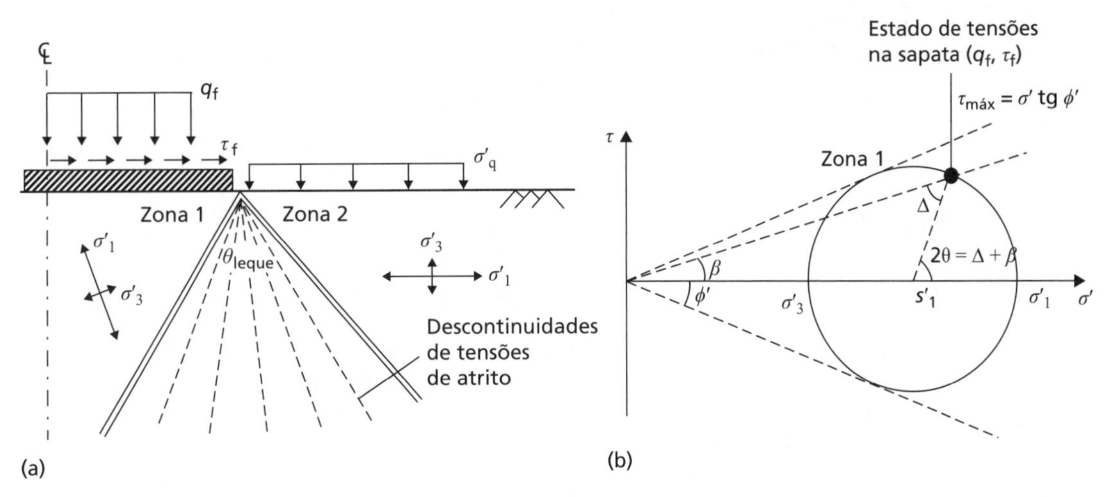

Figura 10.14 (a) Estado de tensões para o carregamento *V–H*, solo drenado; (b) círculo de Mohr na região 1.

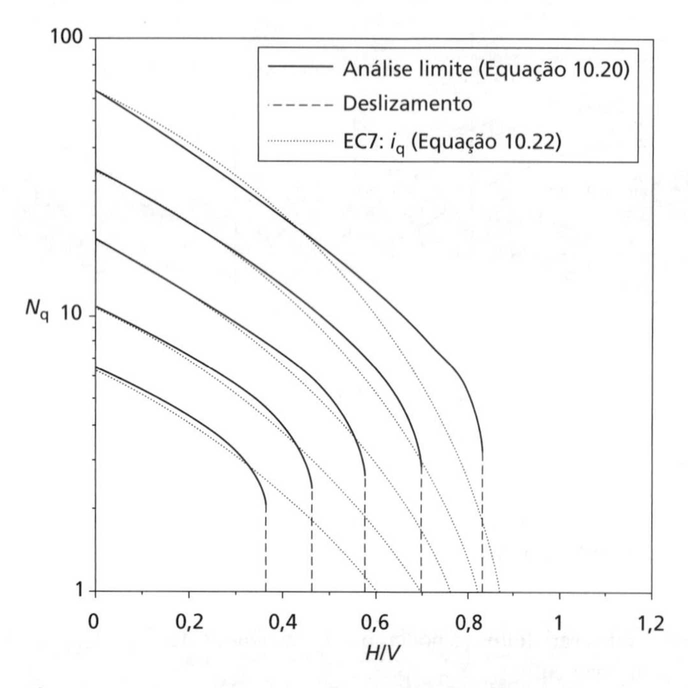

Figura 10.15 N_q para uma fundação em sapata corrida sobre solo drenado e submetida ao carregamento *V–H*.

Os valores de β podem ser encontrados para qualquer combinação de V e H, a partir das quais pode-se calcular Δ pela Equação 10.19 e os valores de N_q pela Equação 10.20. Esses valores estão colocados no gráfico da Figura 10.15. Sendo a sapata perfeitamente rugosa ($\delta' = \phi'$), ocorrerá o deslizamento se $H/V \geq \text{tg}\ \phi'$.

Assim como no caso não drenado, o Eurocode 7 e muitas outras normas ao redor do mundo adotam um procedimento alternativo. Este consiste em aplicar um fator de inclinação adicional i_q à equação-padrão de capacidade de carga (Equação 8.31), na qual

$$i_q = \left(1 - \frac{H}{V}\right)^2 \tag{10.21}$$

Para o caso de uma fundação em sapata corrida sobre solo sem coesão ($c' = 0$), a partir da Equação 8.31,

$$N_q = \frac{q_f}{\sigma_q} = i_q \left[\frac{(1 + \text{sen}\,\phi')}{(1 - \text{sen}\,\phi')} e^{\pi\,\text{tg}\,\phi'}\right] \tag{10.22}$$

O gráfico da Equação 10.22 também é apresentado na Figura 10.15, na qual ele é quase idêntico à solução rigorosa de plasticidade representada pela Equação 10.20, embora se deva observar que a Equação 10.21 só é válida quando $H/V \leq \text{tg}\ \phi'$ para levar em conta o deslizamento.

Butterfield e Gottardi (1994) apresentaram uma superfície de escoamento para o caso geral de carregamento *V–H–M* em solo drenado, na qual

$$\frac{3{,}70\left(\frac{H}{R}\right)^2 - 2{,}42\left(\frac{H}{R}\right)\left(\frac{M}{BR}\right) + 8{,}16\left(\frac{M}{BR}\right)^2}{\left[\frac{V}{R}\left(1 - \frac{V}{R}\right)\right]^2} = 1 \tag{10.23}$$

Reconhecendo que V/R em qualquer valor de H/V é o valor de N_q da Equação 10.22 dividido pelo valor de N_q em $H/V = 0$ (Equação 8.31) e que $H/R = (H/V) \times (V/R)$, as Equações 10.20 e 10.22 podem ser expressas em termos de V/R e H/R para o caso de $M = 0$. A Figura 10.16a compara a solução de limite inferior, o procedimento do Eurocode 7 e a superfície de escoamento completa para o caso do carregamento *V–H* ($M = 0$). Usando essa normalização alternativa, pode-se ver que o esforço horizontal máximo que pode ser suportado é por volta de 13% da resistência vertical, menor do que para o caso não drenado.

Quando $M \neq 0$, a superfície de escoamento se torna tridimensional, como antes. A Figura 10.16b mostra os contornos de V/R para combinações de H e M sob carregamento geral para uso em projetos de ELU com base na Equação 10.23. Para o caso drenado, o Eurocode 7 também é capaz de levar em consideração os efeitos dos momentos por meio do

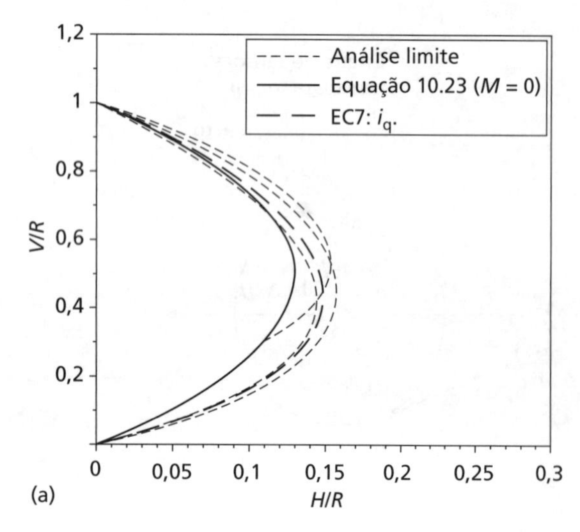

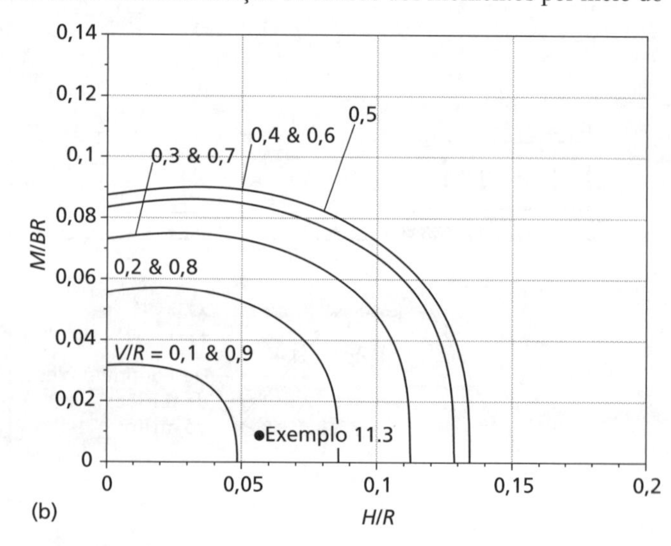

Figura 10.16 Superfícies de escoamento para uma fundação corrida em solo drenado sob (a) carregamento *V–H*; (b) carregamento *V–H–M*.

uso de uma largura reduzida da sapata $B' = B - 2e_m$ na Equação 8.31, na qual e_m é a excentricidade da carga vertical a partir do centro da sapata, que cria um momento de módulo M, isto é, $e_m = M/V$. Para uma fundação em sapata corrida, a área de contato sapata–solo é, portanto, B' por metro de comprimento sob o carregamento V–H–M e

$$q_f = \frac{V}{B'} = i_q N_q \sigma_q \tag{10.24}$$

Sob o carregamento vertical puro V (em que $V = R$ na falha estrutural por capacidade de carga),

$$q_f = \frac{R}{B} = N_q \sigma_q \tag{10.25}$$

Dividindo a Equação 10.24 pela Equação 10.25 e substituindo i_q (Equação 10.21), B' e e_m, tem-se

$$\frac{V}{R} = i_q\left(\frac{B'}{B}\right) = \left(1 - \frac{H}{V}\right)^2\left(1 - \frac{2M}{BV}\right) \tag{10.26}$$

Pode-se fazer um gráfico da Equação 10.26 como uma superfície de escoamento para comparação com a Equação 10.23, da qual se pode ver que, para valores baixos de $V/R \leq 0{,}3$, a Equação 10.26 fornecerá uma estimativa não conservadora da estabilidade da fundação. Com todos os valores de V/R, a Equação 10.26 também superestima a capacidade para valores baixos de H/R (isto é, quando o tombamento for o mecanismo predominante de falha estrutural), tornando-a menos adequada para a verificação do ELU–3.

Deslocamento da fundação com base em soluções elásticas (ELS)

Mesmo que a combinação das ações V–H–M aplicadas a uma fundação rasa se situe no interior da superfície de escoamento, ainda será necessário verificar se os deslocamentos da fundação sob a ação das cargas aplicadas são toleráveis (ELS). Enquanto no Capítulo 8 o recalque s (deslocamento vertical) era o efeito da ação associado à ação V, sob um carregamento multiaxial, a sapata pode ainda se deslocar de forma horizontal por h (sob a ação de H) e girar por θ (sob a ação de M). A relação entre a ação e seu efeito em cada caso pode ser definida pela rigidez elástica $K_v = V/s$ (rigidez vertical), $K_h = H/h$ (rigidez horizontal) e $K_\theta = M/\theta$ (rigidez rotacional).

A solução elástica para o recalque vertical dado na Equação 8.53 pode ser expressa outra vez como uma rigidez vertical K_v, reconhecendo que a pressão de suporte é $q = V/BL$.

É comum exprimir a rigidez da fundação em termos do módulo de elasticidade transversal G, em vez do módulo de elasticidade longitudinal (módulo de Young) E, de forma que considerar as condições não drenadas ou drenadas envolve apenas a modificação do valor de v. Dessa forma, usando a Equação 5.6, a Equação 8.53 pode ser reorganizada como:

$$K_v = \frac{V}{s} = \left(\frac{2L}{I_s}\right)\frac{G}{(1-v)} \tag{10.27}$$

A rigidez horizontal de uma fundação rasa foi obtida por Barkan (1962) como

$$K_h = \frac{H}{h} = 2G(1+v)F_h\sqrt{BL} \tag{10.28}$$

na qual F_h é uma função de L/B, conforme mostra a Figura 10.17. A rigidez rotacional de uma fundação rasa foi obtida por Gorbunov-Possadov e Serebrajanyi (1961) como

$$K_\theta = \frac{M}{\theta} = \frac{G}{1-v}F_\theta BL^2 \tag{10.29}$$

na qual F_θ também é uma função de L/B, conforme mostra a Figura 10.17. As três equações anteriores (10.27–10.29) consideram que não haja acoplamento entre os termos diferentes.

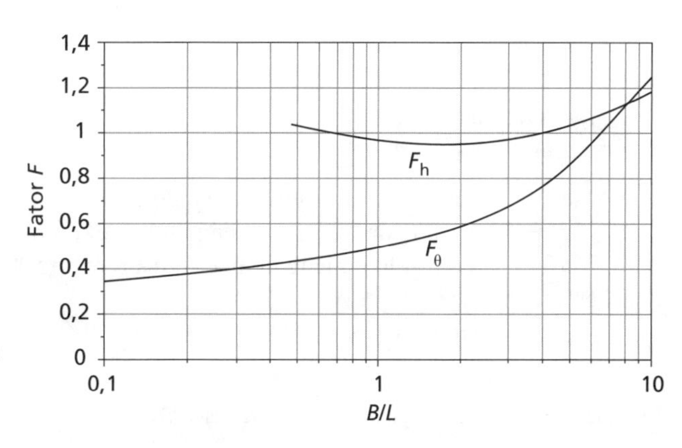

Figura 10.17 Fatores adimensionais F_h e F_θ para determinação de rigidez das fundações.

Exemplo 10.3

Uma turbina eólica em alto-mar (*offshore*) deve ser instalada em uma fundação de gravidade com base quadrada, conforme mostra a Figura 10.18 (uma fundação de gravidade é uma grande fundação rasa*). O subsolo é argila com $c_u = 20$ kPa (constante com a profundidade). O peso da estrutura da turbina é 2,6 MN, e a base de gravidade está flutuando de forma neutra (isto é, ela é oca, com seu peso sendo equilibrado pela força de levantamento ou empuxo da pressão da água). Determine a largura exigida da fundação para satisfazer ao ELU para o DA1a, se o carregamento horizontal (ambiental) valer 20% da carga vertical e agir no nível do leito do mar.

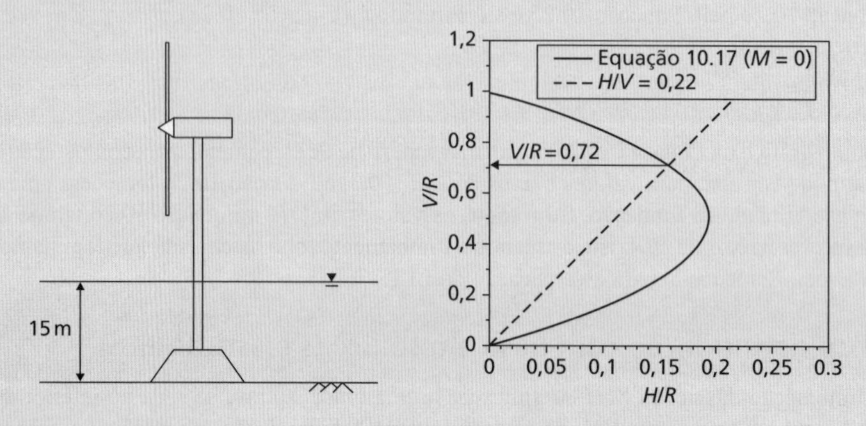

Figura 10.18 Exemplo 10.3.

Solução

Se o carregamento horizontal for uma ação variável desfavorável ($\gamma_A = 1{,}50$) que age rapidamente (não drenado) e a carga vertical for uma ação permanente desfavorável ($\gamma_A = 1{,}35$), a relação entre as cargas de projeto será

$$\frac{H}{V} = 0{,}2 \cdot \frac{1{,}50}{1{,}35} = 0{,}22$$

Isso gera um gráfico de uma linha reta com inclinação (gradiente) 1/0,22 = 4,5 na Figura 10.13a, conforme ilustra a Figura 10.18. Essa reta intercepta a superfície de escoamento em $V/R = 0{,}72$. A carga de projeto $V = 1{,}35 \times 2{,}6 = 3{,}51$ MN (flutuação neutra significa que a base de gravidade não aplica nenhuma carga líquida). A resistência vertical R é dada pela Equação 8.17 como

$$\frac{R}{B^2} = \frac{s_c N_c \left(\dfrac{c_u}{\gamma_{cu}}\right)}{\gamma_{Rv}}$$

na qual $s_c = 1{,}2$ (Equação 8.19), $N_c = 5{,}14$, $c_u = 20$ kPa e $\gamma_{cu} = \gamma_{Rv} = 1{,}00$ para DA1a. Substituindo esses valores, tem-se $R = 123{,}4B^2$ (kN). Dessa forma, para haver estabilidade,

$$\frac{V}{R} \leq 0{,}72 \quad \therefore 3510 \leq 0{,}72 \cdot 123{,}4B^2$$

$$B \geq 6{,}29\,\text{m}$$

Exemplo 10.4

A base de gravidade para a turbina eólica do Exemplo 10.3 foi construída depois como um quadrado de 15 m × 15 m. Se a ação horizontal agora age no nível do mar, determine se a fundação satisfaz ao ELU para o EC7 DA1a. Caso o solo do leito do mar tenha $E_u/c_u = 500$, determine os deslocamentos da fundação sob as ações aplicadas.

* Mantida por seu peso, ou seja, pela ação da gravidade. (N.T.)

Solução

No ELU, a carga vertical de projeto $V = 3{,}51$ MN como antes. A carga horizontal de projeto $H = 1{,}5 \times 0{,}2 \times 2{,}6 = 0{,}78$ MN. Como ela age no nível do mar (15 m acima do plano da fundação), $M = 15 \times H = 11{,}7$ MNm. Agora, a resistência de projeto é

$$R = \frac{s_c N_c \left(\frac{c_u}{\gamma_{cu}}\right)}{\gamma_{Rv}} B^2 = \frac{1{,}2 \cdot 5{,}14 \cdot \left(\frac{20}{1{,}00}\right)}{1{,}00} \cdot 15^2 = 27{,}8\,\text{MN}$$

Os parâmetros normalizados para uso com a Figura 10.13b são, então: $H/R = 0{,}78/27{,}8 = 0{,}03$, $M/BR = 11{,}7/(15 \times 27{,}8) = 0{,}03$. O ponto definido por esses parâmetros é plotado na Figura 10.13b, que mostra que $0{,}07 < V/R < 0{,}93$. Como $V/R = 3{,}51/27{,}8 = 0{,}13$, a fundação satisfaz ao ELU.

O módulo de elasticidade longitudinal (módulo de Young) não drenado $E_u = 500 \times 20 = 10$ MPa, de forma que, a partir da Equação 5.6,

$$G = \frac{E_u}{2(1+\nu_u)} = \frac{10}{2(1+0{,}5)} = 3{,}3\,\text{MPa}$$

Tratando a base de gravidade como se fosse rígida, $I_s = 0{,}82$ pela Tabela 8.6 (quadrado), de forma que, a partir da Equação 10.27,

$$\frac{V}{s} = \left(\frac{2L}{I_s}\right)\frac{G}{(1-\nu)} \quad \therefore s = \frac{2{,}60}{\left(\frac{2 \cdot 15}{0{,}82}\right)\frac{3{,}3}{(1-0{,}5)}} = 0{,}0107\,\text{m}$$

observando que V é agora a carga característica para os cálculos de ELS. A partir da Figura 10.17, $F_h = 0{,}95$ e $F_\theta = 0{,}5$, de modo que, pelas Equações 10.28 e 10.29,

$$\frac{H}{h} = 2G(1+\nu)F_h\sqrt{BL} \quad \therefore h = \frac{(0{,}2 \cdot 2{,}6)}{2 \cdot 3{,}3 \cdot 1{,}5 \cdot 0{,}95 \cdot \sqrt{15 \cdot 15}} = 0{,}0037\,\text{m}$$

$$\frac{M}{\theta} = \frac{G}{1-\nu}F_\theta BL^2 \quad \therefore \theta = \frac{(0{,}2 \cdot 2{,}6 \cdot 15)}{\left(\frac{3{,}3}{1-0{,}5}\right) \cdot 0{,}5 \cdot 15^3} = 7{,}0 \times 10^{-4}\ \text{radianos}$$

Dessa forma, a base de gravidade se deslocará de forma vertical por 10,7 mm e, na horizontal, por 3,7 mm, além de girar 0,04°, sob as ações aplicadas.

10.4 Fundações profundas sob a ação de carregamento combinado

As estacas suportam as ações laterais graças à resistência do solo adjacente, tensões laterais no solo aumentando na frente da estaca e diminuindo em sua retaguarda, quando a carga é aplicada. Da mesma forma que as fundações rasas (Seção 10.3), se a ação horizontal for relativamente pequena em relação à vertical, ela não precisará ser considerada de forma explícita no projeto. Se H (e/ou M) for relativamente grande, a resistência lateral da estaca deverá ser determinada. Ações laterais muito grandes talvez exijam a instalação de estacas inclinadas (ou ***racked***), que podem usar a resistência axial disponível para suportar uma parte da ação horizontal. O carregamento lateral em estacas também pode ser causado pelo movimento do solo, por exemplo, o movimento lateral abaixo de um aterro, atrás de um encontro de ponte em estacas.

Já que, sob carregamento lateral, as ações e as reações do solo aplicadas à estaca são horizontais, ela age como uma viga sob flexão. Dessa forma, o ELU que deve ser satisfeito consiste em assegurar que a estaca não irá falhar estruturalmente pela formação de uma rótula plástica. Em geral, não se consegue isso modificando o comprimento da estaca (sendo ele determinado com base em considerações verticais, conforme descrito no Capítulo 9), mas selecionando um tamanho de seção apropriado para fornecer a capacidade de momento exigida (em estacas de concreto isso pode incluir o detalhamento do aço da armadura). No ELS, o movimento da cabeça da estaca (em consequência do recalque, do deslocamento horizontal e da rotação) deve estar dentro de limites toleráveis, do mesmo modo que para as fundações rasas.

Capacidade da estaca sob a ação de carregamento horizontal e de momento

O carregamento lateral máximo que pode ser aplicado a uma estaca ocorrerá quando o solo falhar estruturalmente (escoar) em torno dela. Próxima à superfície (em uma profundidade que não seja superior ao diâmetro/largura da estaca), admite-se que a ruptura do solo seja análoga à formação de uma cunha passiva em frente a um muro de contenção (ver o Capítulo 11), sendo a superfície do solo empurrada para cima. Em um solo não drenado de resistência não drenada uniforme ao cisalhamento c_u, uma relação generalizada entre o valor último ou limitante de pressão lateral (p_l) agindo na estaca e a profundidade foi proposta por Fleming *et al.* (2009), na qual p_l aumenta linearmente de um valor de $2c_u$ na superfície até $9c_u$ a uma profundidade de $3D_0$, sendo D_0 o diâmetro (externo) ou largura da estaca, permanecendo com o valor constante de $9c_u$ em profundidades abaixo de $3D_0$. Em um solo drenado sem coesão, p_l aumenta de forma linear com a profundidade e pode ser aproximado por

$$p_l = K_p^2 \sigma'_v$$

ignorando os efeitos tridimensionais, em que K_p é o coeficiente de pressão passiva de terra, cuja determinação é descrita no Capítulo 11, e σ'_v é a tensão vertical efetiva na profundidade em questão.

O modo de ruptura de uma estaca sob carga lateral depende de seu comprimento e de ela estar ou não restrita em seu topo por um bloco de coroamento. Uma estaca relativamente curta, rígida e livre girará em torno de um ponto B próximo à base, como mostra a Figura 10.19a. No caso de uma estaca flexível relativamente longa, será desenvolvida uma rótula plástica em algum ponto D ao longo do comprimento dela, como mostra a Figura 10.19b, e apenas acima desse ponto haverá um deslocamento significativo da estaca e do solo.

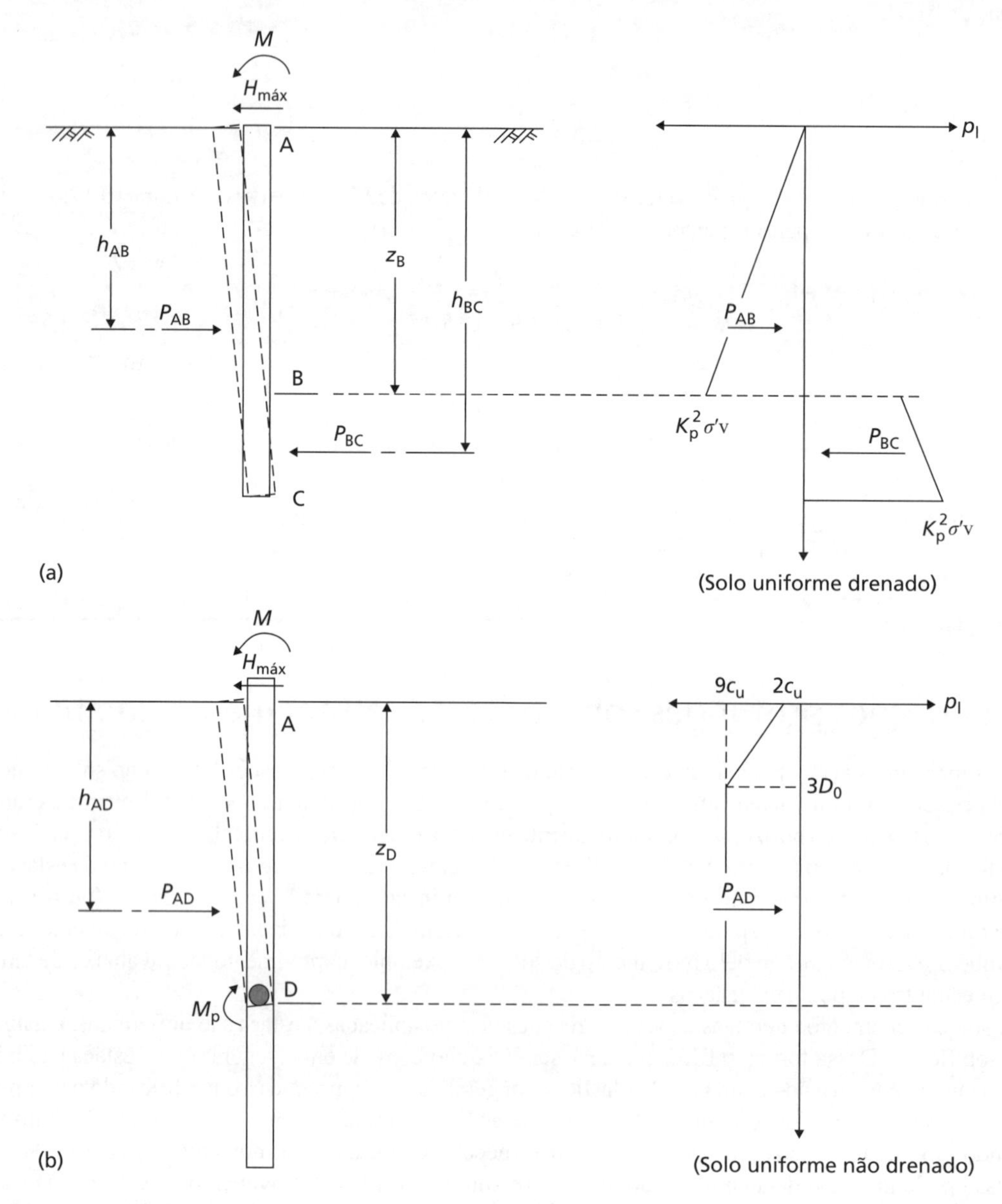

Figura 10.19 Carregamento lateral de estacas (isoladas) sem restrições (livres): (a) estaca "curta"; (b) estaca "longa".

A força horizontal que resultaria na falha dentro do solo é indicada por $H_{máx}$. O momento que age na estaca é expresso como uma relação da carga horizontal, isto é, pelo parâmetro M/H. Para uma estaca "curta" sem restrições (Figura 10.19a), a profundidade do ponto de rotação é escrita como z_B. As forças limitantes na frente da estaca acima do ponto de rotação e em sua retaguarda abaixo deste ponto são indicadas por P_{AB} e P_{BC}, respectivamente. As forças limitantes são calculadas integrando a pressão limite p_l ao longo dos comprimentos AB e BC da estaca abaixo da superfície do terreno, respectivamente. Essas forças agem em profundidades h_{AB} e h_{BC} (nessa ordem). Dessa forma, para haver equilíbrio horizontal,

$$H_{máx} = P_{AB} - P_{BC} \tag{10.30a}$$

e para haver equilíbrio de momentos

$$H_{máx}\left(z_B + \frac{M}{H}\right) = P_{AB}\left(z_B - h_{AB}\right) + P_{BC}\left(h_{BC} - z_B\right) \tag{10.30b}$$

Os valores desconhecidos são $H_{máx}$ e z_B, sendo M/H a relação conhecida entre a ação horizontal e a de momento aplicadas.

Para uma estaca "longa" sem restrições (Figura 10.19b), é desenvolvida uma rótula plástica na profundidade z_D; nesse ponto, o momento fletor será máximo, de valor M_p (a capacidade de momento da estaca), e o esforço cortante será igual a zero. Apenas as forças acima da rótula, isto é, ao longo do comprimento AD, precisam ser consideradas. Dessa forma, para haver equilíbrio horizontal,

$$H_{máx} = P_{AD} \tag{10.31a}$$

e para haver equilíbrio de momentos

$$\begin{aligned} H_{máx}\left[\frac{M}{H} + z_D - \left(z_D - h_{AD}\right)\right] &= M_p \\ H_{máx}\left[\frac{M}{H} + h_{AD}\right] &= M_p \end{aligned} \tag{10.31b}$$

Resolver a Equação 10.30 ou a Equação 10.31 pode ser muito complicado, uma vez que o valor de p_l usado para encontrar as forças limites nas equações depende de z_B, que é desconhecido e, portanto, exige um procedimento iterativo. Como um método alternativo de solução, Fleming *et al.* (2009) apresentaram gráficos de dimensionamento para vários valores de L_p/D_0, M_p e M/H, tanto para condições não drenadas quanto para drenadas do solo, que são mostrados nas Figuras 10.20 e 10.21, respectivamente. A ocorrência do mecanismo de falha de estaca "curta" ou "longa" depende de qual deles fornece a menor capacidade lateral $H_{máx}$ (pois essa será atingida em primeiro lugar). Isso foi analisado para várias propriedades e dimensões de estacas a fim de produzir os gráficos mostrados na Figura 10.22a para condições não drenadas e 10.22b para condições drenadas. Essa figura (10.22) pode ser usada para determinar qual é o modo crítico de falha e, portanto, qual dos gráficos nas Figuras 10.20 e 10.21 deve ser usado para encontrar a capacidade lateral.

Para estacas sobrepostas por um bloco de coroamento que restrinja a rotação de suas cabeças, há três modos de falha estrutural possíveis. Uma estaca curta rígida sofrerá deslocamento de translação de acordo com o ilustrado na Figura 10.23a. Nesse caso, $H_{máx}$ é encontrado integrando a pressão limite p_l ao longo de todo o comprimento da estaca.

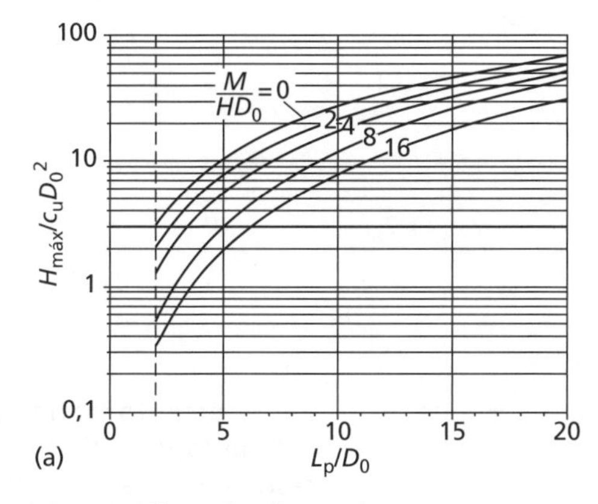

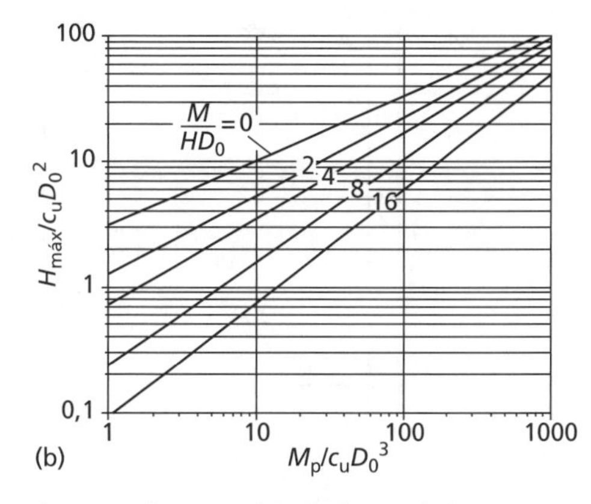

Figura 10.20 Gráficos de dimensionamento para determinação da capacidade lateral de uma estaca sem restrição em condições não drenadas: (a) estaca "curta"; (b) estaca "longa".

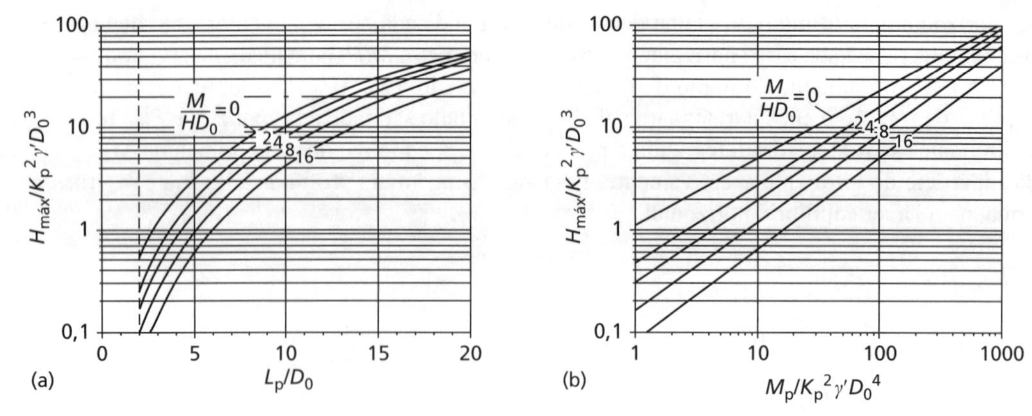

Figura 10.21 Gráficos de dimensionamento para determinação da capacidade lateral de uma estaca sem restrição em condições drenadas: (a) estaca "curta"; (b) estaca "longa".

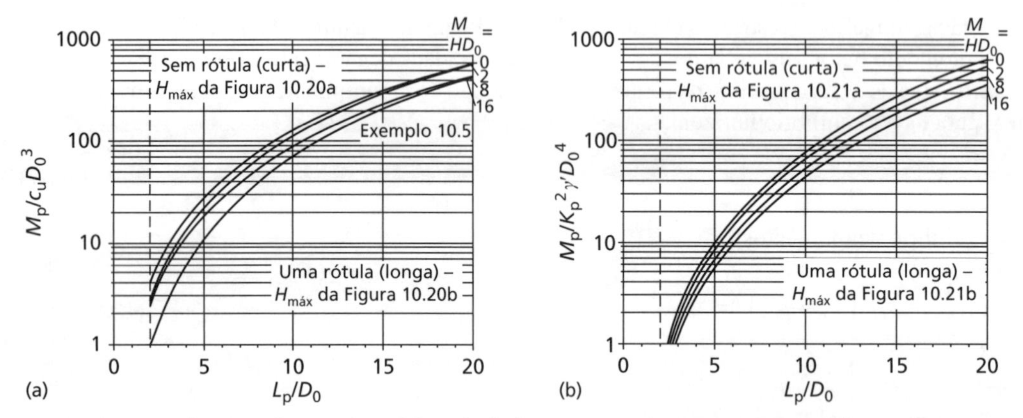

Figura 10.22 Determinação do modo crítico de falha, estacas sem restrições: (a) condições não drenadas; (b) condições drenadas.

Uma estaca com restrição e de comprimento intermediário desenvolverá uma rótula plástica no nível do bloco de coroamento e girará em torno de um ponto próximo à sua base (ponta), de acordo com o ilustrado na Figura 10.23b. A interação estaca–solo, nesse caso, é a mesma para a estaca curta sem restrição (Figura 10.19a), embora haja um momento adicional de valor M_p agindo no topo dela, de modo que a Equação 10.30b se tornará

$$H_{máx}\left(z_B + \frac{M}{H}\right) = P_{AB}\left(z_B - h_{AB}\right) + P_{BC}\left(h_{BC} - z_B\right) + M_p \tag{10.32}$$

A equação de equilíbrio horizontal fica inalterada.

Uma estaca longa com restrição desenvolverá rótulas plásticas no nível do bloco de coroamento e em um ponto ao longo de seu comprimento, conforme o indicado na Figura 10.23c. A interação estaca–solo, nesse caso, é idên-

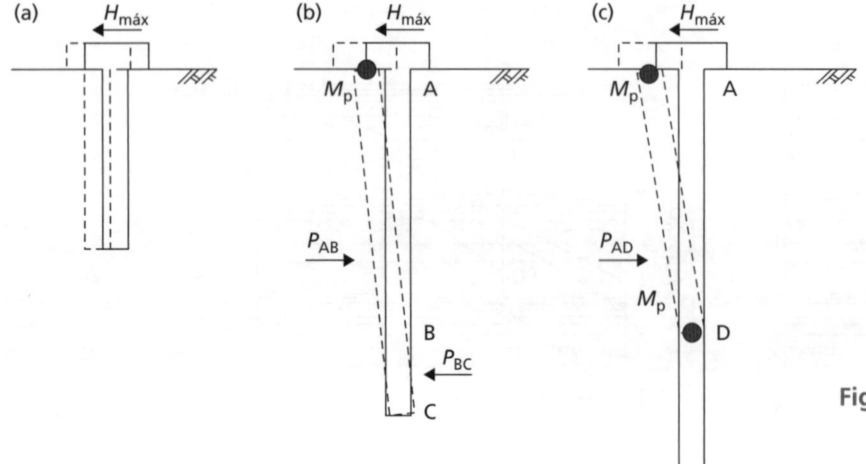

Figura 10.23 Carregamento lateral de estacas (agrupadas) com restrição: (a) estaca "curta"; (b) estaca "intermediária"; (c) estaca "longa".

tica àquela da estaca longa sem restrição (Figura 10.19b), embora, como antes, haja um momento adicional de valor M_p agindo no topo da estaca, de modo que a Equação 10.31b se torna

$$H_{\text{máx}}\left[\frac{M}{H}+h_{\text{AD}}\right]=2M_p \tag{10.33}$$

A equação de equilíbrio horizontal fica inalterada.

Assim como para as estacas sem restrição, Fleming *et al.* (2009) apresentaram gráficos de dimensionamento para estacas com restrição para vários valores de L_p/D_0 e M_p, tanto para condições não drenadas do solo quanto para drenadas, que são mostrados nas Figuras 10.24 e 10.25, respectivamente. A ocorrência do mecanismo de falha de estaca "curta", "intermediária" ou "longa" depende de qual fornece a menor capacidade lateral $H_{\text{máx}}$ (pois essa será atingida em primeiro lugar). Isso foi analisado para várias propriedades e dimensões de estacas a fim de produzir os gráficos mostrados na Figura 10.26a para condições não drenadas e na Figura 10.26b para drenadas. Essa figura (10.26) pode ser usada para determinar qual é o modo crítico de falha e, portanto, quais das linhas nas Figuras 10.24 e 10.25 devem ser usadas para encontrar a capacidade lateral.

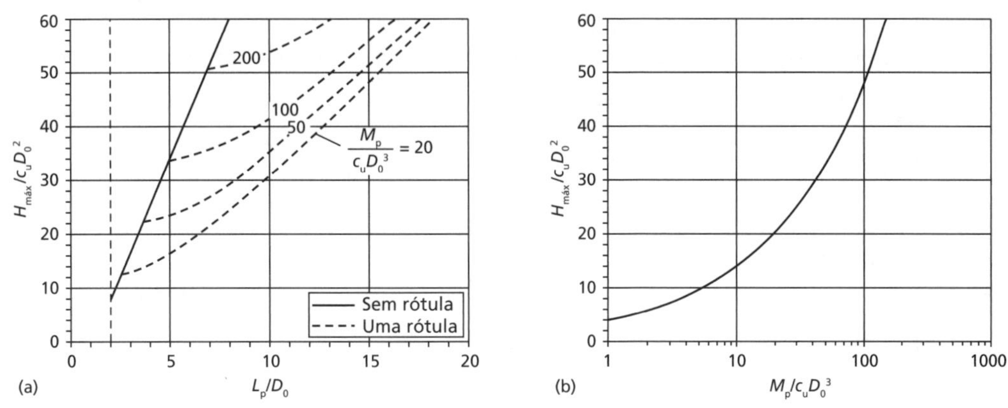

Figura 10.24 Gráficos de dimensionamento para determinação da capacidade lateral de uma estaca com restrição em condições não drenadas: (a) estacas "curtas" e "intermediárias"; (b) estaca "longa".

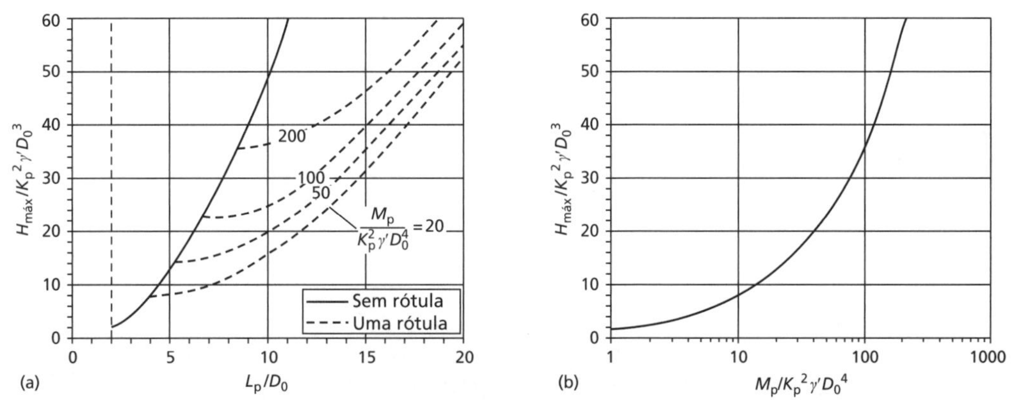

Figura 10.25 Gráficos de dimensionamento para determinação da capacidade lateral de uma estaca com restrição em condições drenadas: (a) estacas "curtas" e "intermediárias"; (b) estaca "longa".

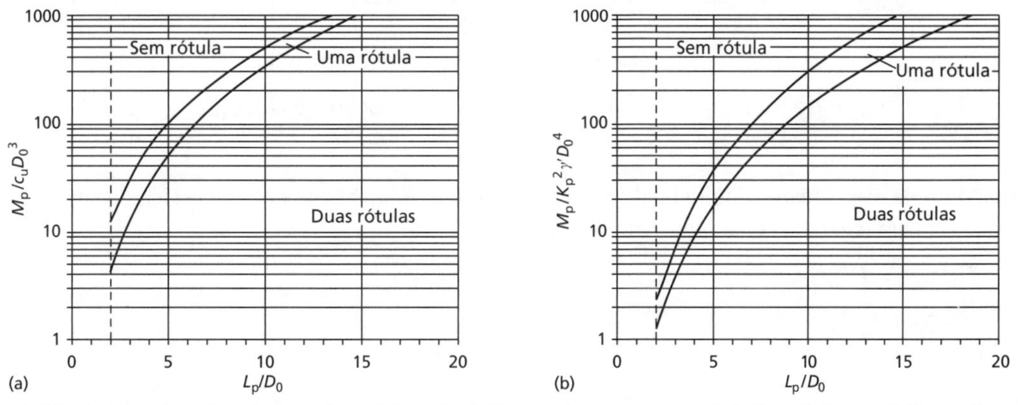

Figura 10.26 Determinação do modo crítico de falha, estacas com restrições: (a) condições não drenadas; (b) condições drenadas.

Capacidade da estaca sob a ação de carregamento combinado (ELU)

Em muitos casos, as estacas sujeitas a ações horizontais também suportam cargas verticais. Levy *et al.* (2008) demonstraram que a superfície de escoamento sob carregamento combinado *V–H* pode ser aproximada da forma mostrada na Figura 10.27, na qual R é a resistência da estaca sob a ação de carregamento vertical puro, calculada pelos métodos do Capítulo 9, e $H_{\text{máx}}$ é determinado de acordo com as Figuras 10.20–10.26. Em contraste com as fundações rasas, a resistência lateral de uma estaca costuma ser maior do que sua resistência axial (isto é, $R/H_{\text{máx}} < 1$). Em relação à Figura 10.27, isso significa que, na maioria das circunstâncias, os estados limites vertical e horizontal são independentes entre si e podem ser verificados em separado.

Deslocamento da fundação com base nas soluções elásticas (ELS)

A ação horizontal e a de momento que se situarem dentro da superfície de escoamento (isto é, satisfazendo ao ELU) gerarão deslocamento horizontal e/ou rotação da cabeça da estaca. A maioria das deflexões desta ocorrerá nas proximidades da superfície do terreno, reduzindo-se com a profundidade até se tornar zero a uma profundidade conhecida como **comprimento crítico** (L_c). Para o caso geral de aumento linear do módulo de elasticidade transversal do solo com a profundidade, $G(z) = G_{gl} + G_z z$, a profundidade crítica pode ser encontrada conforme Randolph (1981):

$$L_c = D_0 \left(\frac{E_p}{G_c} \right)^{\frac{2}{7}} \tag{10.34}$$

em que

$$G_c = \bar{G}_{Lc} \cdot [1 + 0{,}75\nu] \tag{10.35}$$

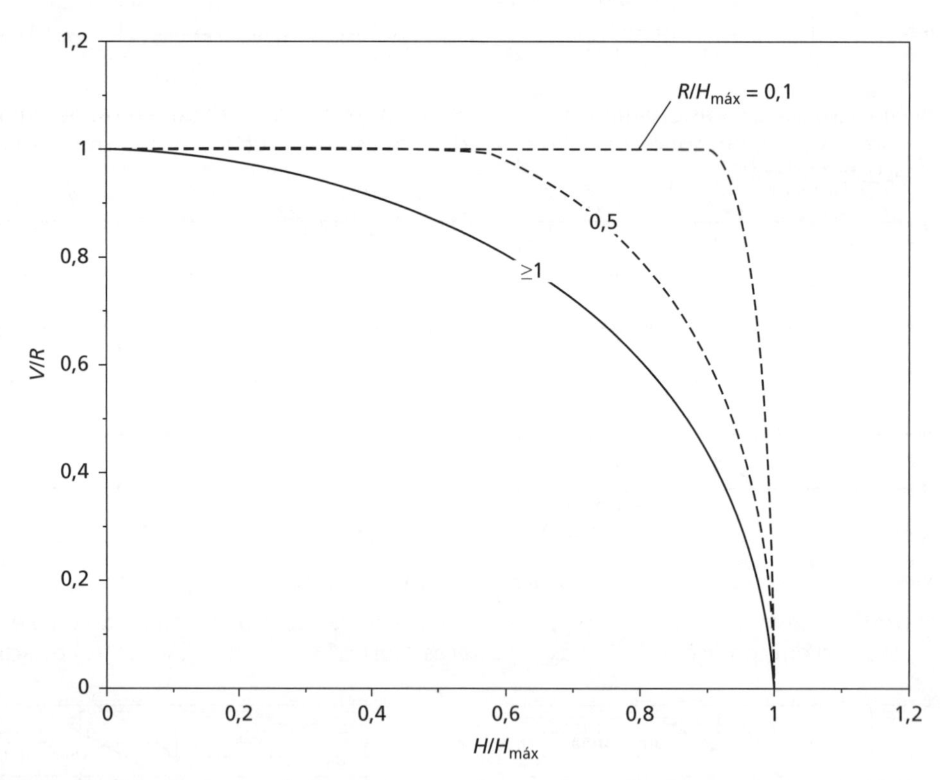

Figura 10.27 Superfície de escoamento para uma estaca sob a ação de carregamento *V–H*.

e E_p é o módulo de elasticidade longitudinal (módulo de Young) equivalente de uma estaca de seção transversal circular maciça, para levar em conta o formato da estaca, isto é,

$$\begin{aligned} E_p I_{\text{círculo}} &= EI_{\text{estaca}} \\ E_p \left(\frac{\pi D_0^2}{64} \right) &= EI_{\text{estaca}} \\ E_p &= \frac{64 EI_{\text{estaca}}}{\pi D_0^2} \end{aligned} \tag{10.36}$$

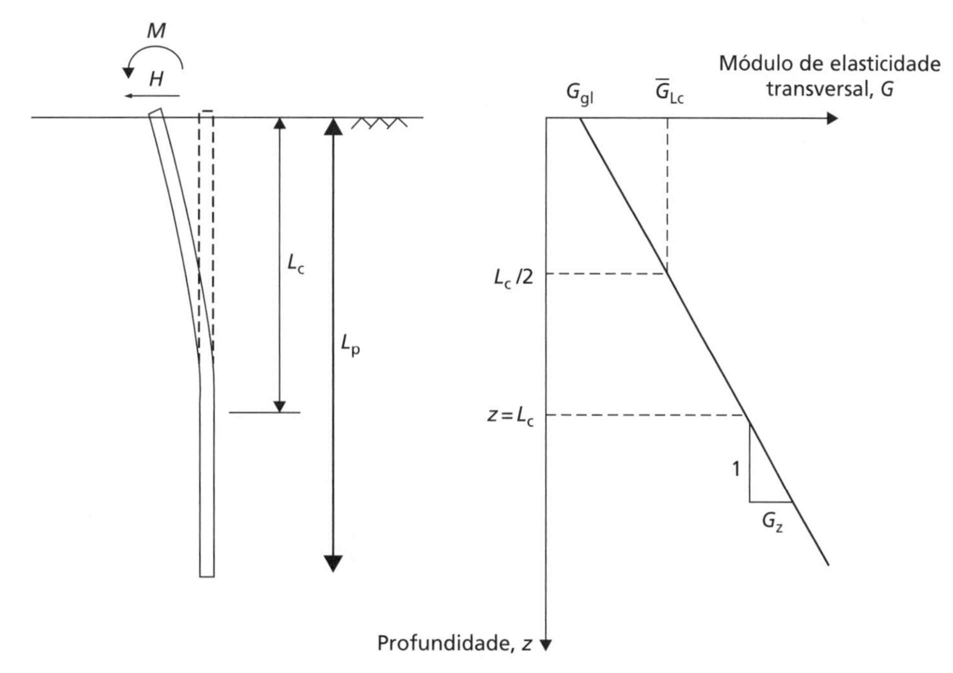

Figura 10.28 Comprimento crítico de uma estaca sob a ação de um carregamento lateral.

Na Equação 10.35, $\overline{G}_{Lc}$ é o valor médio do módulo de elasticidade transversal ao longo do comprimento crítico, isto é, o valor de G a uma profundidade de $L_c/2$. As definições de L_c e de $\overline{G}_{Lc}$ são mostradas de maneira esquemática na Figura 10.28.

O deslocamento horizontal na cabeça da estaca é, então, dado por:

$$h = \frac{\left(E_p/G_c\right)^{1/7}}{\rho_c G_c}\left[\frac{H}{1{,}85L_c} + \frac{M}{0{,}83L_c^2}\right] \quad (10.37)$$

na qual ρ_c é um fator de homogeneidade que descreve a variação de G com a profundidade, calculado por:

$$\rho_c = \frac{G(z = L_c/4)}{G(z = L_c/2)} = \frac{G(z = L_c/4)}{\overline{G}_{L_c}} \quad (10.38)$$

A rotação na cabeça da estaca é dada por

$$\theta = \frac{\left(E_p/G_c\right)^{1/7}}{\rho_c G_c}\left[\frac{H}{0{,}83L_c^2} + \frac{M}{0{,}16\rho_c^{-0,5}L_c^3}\right] \quad (10.39)$$

Pode-se ver nas Equações 10.37 e 10.39 que há acoplamento significativo entre os efeitos de H e M; entretanto, o recalque é bastante independente desses efeitos e pode ser calculado pelas técnicas descritas no Capítulo 9. No caso de estacas com cabeças restritas sob a ação de carregamento lateral puro, o bloco de coroamento evitará a rotação. Estabelecendo $\theta = 0$ na Equação 10.39, M pode ser encontrado como uma função de H; esse valor pode ser substituído na Equação 10.37 para fornecer o deslocamento lateral de uma estaca com restrição submetida a uma carga lateral H:

$$h = \frac{\left(E_p/G_c\right)^{1/7}}{\rho_c G_c}\left(0{,}54 - \frac{0{,}22}{\rho_c^{0,5}}\right)\frac{H}{L_c} \quad (10.40)$$

Exemplo 10.5

Foi proposta uma alternativa para a fundação da turbina eólica do Exemplo 10.4 consistindo em uma única monoestaca tubular de aço, com 40 m de comprimento, diâmetro externo de 2 m e espessura de parede de 20 mm (EI = 12 GN/m²; M_p = 28 MNm). Sendo as ações aplicadas idênticas àquelas do Exemplo 10.4, determine se a fundação satisfaz ao ELU do EC7 DA1a e quais são seus deslocamentos sob a ação das cargas aplicadas (pode-se admitir que a monoestaca já satisfaça ao ELU vertical).

Solução

A monoestaca não tem restrições em sua cabeça. O DA1a apenas pondera as ações, portanto os parâmetros exigidos para usar as Figuras 10.20 e 10.22 são $L_p/D_0 = 40/2 = 20$; $M_p/c_u D_0^3 = 28/(0{,}02 \times 2^3) = 175$; $M/HD_0 = 11{,}7/(0{,}78 \times 2) = 7{,}5$. Pela Figura 10.22a, pode-se ver que a estaca é "longa", portanto deve-se usar a Figura 10.20b para determinar a capacidade horizontal. Isso é mostrado na Figura 10.29, da qual

$$\frac{H_{\text{máx}}}{c_u D_0^2} \approx 18 \quad \therefore H_{\text{máx}} = 18 \cdot 0{,}02 \cdot 2^2 = 1{,}44\,\text{MN}$$

Esse valor é muito maior do que a carga horizontal de projeto aplicada (0,78 MN), portanto a estaca satisfaz ao ELU (isto é, não irá falhar estruturalmente).

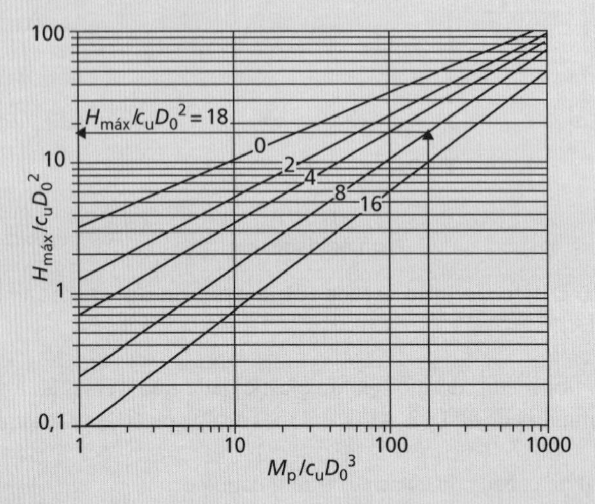

Figura 10.29 Exemplo 10.5.

No ELS, o módulo de elasticidade longitudinal (módulo de Young) equivalente é encontrado por meio da Equação 10.36:

$$E_p = \frac{64 \cdot 12}{\pi \cdot 2^2} = 61\,\text{GPa}$$

Como o módulo de elasticidade transversal do solo é constante com a profundidade $\rho_c = 1$ (Equação 10.38) e $\overline{G}_{Lc} = 3{,}3$ MPa, portanto, pela Equação 10.35:

$$G_c = 3{,}3 \cdot \left[1 + (0{,}75 \cdot 0{,}5)\right]$$
$$= 4{,}54\,\text{MPa}$$

Dessa forma, da Equação 10.34:

$$L_c = 2 \cdot \left(\frac{61000}{4{,}54}\right)^{\frac{2}{7}} = 30{,}2\,\text{m}$$

O movimento horizontal e a rotação são, assim, encontrados por meio das Equações 10.37 e 10.39, respectivamente:

$$h = \frac{(61000/4{,}54)^{1/7}}{1 \cdot 4{,}54}\left[\frac{0{,}52}{1{,}85 \cdot 30{,}2} + \frac{7{,}8}{0{,}83 \cdot 30{,}2^2}\right] = 0{,}0168\,\text{m}$$

$$\theta = \frac{(61000/4{,}54)^{1/7}}{1 \cdot 4{,}54}\left[\frac{0{,}52}{0{,}83 \cdot 30{,}2^2} + \frac{7{,}8}{0{,}16 \cdot 1 \cdot 30{,}2^3}\right] = 2{,}1 \times 10^{-3}\ \text{radianos}$$

Dessa forma, a monoestaca se deslocará 16,8 mm na horizontal e apresentará um giro de 0,12° em sua cabeça sob a ação das cargas aplicadas. Os movimentos da fundação são maiores do que aqueles da base de gravidade (Exemplo 10.4), que, nesse caso, parecem ser a melhor escolha de fundação para a turbina eólica (embora não se tenha considerado o custo aqui).

Resumo

1 As estacas podem ser agrupadas e conectadas por um bloco de coroamento rígido para formar um grupo. Os elementos de fundações rasas podem ser usados para suportar estruturas como uma série de sapatas isoladas/corridas. Em ambos os casos, o ELU crítico será a falha dos elementos individuais da fundação, ao passo que, no ELS, ocorrerão recalques muito maiores em virtude da interação entre os elementos de fundação adjacentes. Para estruturas cobrindo uma grande área, com frequência os recalques diferenciais determinam o ELS. O recalque diferencial limitante para uso em projeto depende do tipo de estrutura suportada, cujos valores foram apresentados. Os radiers podem ser usados para suportar tais estruturas e ser estaqueados para reduzir tanto o recalque bruto quanto o diferencial. É possível usar pavimentos no subsolo (profundos) para fornecer espaço subterrâneo útil, assim como estrutura de suporte — esses devem ser dimensionados contra falha por esmagamento (compressão), pressões laterais de terra e levantamento (elevação do terreno, ou *uplift*).

2 A resistência vertical de compressão (e, portanto, a capacidade de carga) das fundações rasas é reduzida quando estão presentes ações horizontais e de momento significativas. Pode-se empregar a análise limite para obter uma superfície de escoamento a ser usada no projeto em ELU, que pode verificar de maneira eficiente a estabilidade global da fundação (isto é, contra a falha por capacidade de suporte, deslizamento ou tombamento). Soluções elásticas, similares àquelas do Capítulo 8 para o carregamento vertical, foram apresentadas para a determinação do movimento horizontal e da rotação adicionais no ELS. Em fundações profundas, a resistência lateral costuma ser muito maior do que a axial, e os efeitos das ações horizontais e dos momentos, em geral, podem ser considerados independentemente das ações verticais. No ELU, a resistência lateral é controlada pelas resistências estrutural da fundação e relativa solo-fundação. No ELS, uma fundação profunda só se deslocará de forma ativa em um comprimento limitado (seu comprimento crítico), podendo-se usar uma solução elástica para determinar os movimentos em seu topo, dependendo, sobretudo, da rigidez relativa solo-fundação. Foram apresentadas as soluções para estacas isoladas e em grupo, tanto para condições de ELU quanto de ELS.

Problemas

10.1 Deve-se usar um radier para suportar a estrutura de um depósito que aplica uma pressão de compressão de 150 kPa em uma área plana de 100 m × 50 m. O radier de concreto deve ter 1,5 m de espessura, com módulo de elasticidade longitudinal (módulo de Young) de 30 GPa e $\nu = 0{,}25$. O solo tem $E' = 25$ MPa e $\nu' = 0{,}3$. Os guindastes e equipamentos altos do depósito são sensíveis a recalques diferenciais e se tornarão inúteis se a deformação angular (distorção) for maior do que 1/300. Determine o recalque diferencial máximo entre a borda da fundação e o centro e se o radier proposto atenderá ao estado limite de serviço.

10.2 O radier descrito no Problema 10.1 deve ser estaqueado para reduzir os recalques diferenciais, instalando estacas em torno de seu centro. Se for usado um grupo de 20 × 20 de estacas, com $D_0 = 300$ mm, $L_p = 10$ m, $S = 1{,}5$ m e $e_p = 0{,}6$, determine o recalque diferencial revisado entre a borda do radier e seu centro.

10.3 Um túnel superficial, formado por seções celulares de concreto pré-fabricado ($\gamma = 23{,}5$ kN/m^3), deve ser instalado em terreno aquífero. O túnel tem dimensões externas de 15 m de altura por 30 m de largura, com paredes, teto e cobertura de 1,5 m de espessura. Ele será instalado de tal modo que a superfície superior da célula esteja nivelada com a superfície do terreno. Durante a construção, o lençol freático é deslocado para baixo do lado inferior da célula, mas esse rebaixamento será aliviado depois de a construção ser concluída.

a Determine a profundidade do nível do lençol freático em que a estrutura começará a flutuar, de acordo com o EC7 (admitindo que as paredes da célula sejam lisas).

b Se forem instaladas estacas de tração abaixo da célula, determine a resistência de projeto que o estaqueamento deve ser capaz de fornecer.

10.4 Determine a carga lateral máxima que pode ser aplicada à estaca descrita no Problema 9.1, caso se aplique carregamento lateral puro e $M_p = 200$ kNm, realizando todos os cálculos de acordo com o EC7 DA1b (pode-se admitir $K_p = 3$).

10.5 Determine a carga lateral máxima que pode ser aplicada ao grupo 2 × 2 de estacas de 33 m de comprimento vistas no Exemplo 9.2b ($EI = 230$ MNm^2), considerando que o movimento horizontal da fundação não deve ultrapassar 20 mm em curto prazo. Deve-se admitir que $E_u/c_u = 250$.

10.6 Determine a carga horizontal máxima que pode ser aplicada à turbina eólica do Problema 9.3, considerando que a rotação da fundação não deve ultrapassar 0,1° para os seguintes casos:

a A carga horizontal é aplicada na base da turbina eólica (cabeça da estaca).

b A carga horizontal é aplicada na turbina eólica 20 m acima do leito do mar.

Deve-se admitir que $E_u/c_u = 100$ para a argila, $L_p = 34$ m, e $EI = 5$ GNm^2.

Referências

Barkan, D.D. (1962) *Dynamic Bases and Foundations*, McGraw-Hill Book Company, New York, NY.

Bjerrum, L. (1963) Discussion, in *Proceedings of the European Conference on SMFE, Wiesbaden*, Vol. 3, pp. 135–137.

Burland, J.B. and Wroth, C.P. (1975) Settlement of buildings and associated damage, in *Proceedings of Conference on Settlement of Structures (British Geotechnical Society)*, Pentech Press, London, pp. 611–653.

Butterfield, R. and Douglas, R.A. (1981) *Flexibility Coefficients for the Design of Piles and Pile Groups*, CIRIA Technical Note 108, Construction Industry Research and Information Association.

Butterfield, R. and Gottardi, G. (1994) A complete three-dimensional failure envelope for shallow footings on sand, *Géotechnique*, **44**(1), 181–184.

Charles, J.A. and Skinner, H.D. (2004) Settlement and tilt of low-rise buildings, *Proceedings ICE – Geotechnical Engineering*, **157**(GE2), 65–75.

Fleming, W.G.K., Weltman, A., Randolph, M.R. and Elson, K. (2009) *Piling Engineering* (3rd edn), Taylor & Francis, Abingdon, Oxon.

Gorbunov-Possadov, M.I. and Serebrajanyi, R.V. (1961) Design of structures upon elastic foundations, in *Proceedings of the 5th International Conference on Soil Mechanics and Foundation Engineering*, Vol. 1, pp. 643–648.

Gourvenec, S. (2007) Shape effects on the capacity of rectangular footings under general loading, *Géotechnique*, **57**(8), 637–646.

Gourvenec, S. and Steinepreis, M. (2007) Undrained limit states of shallow foundations acting in consort, *International Journal of Geomechanics*, **7**(3), 194–205.

Horikoshi, K. and Randolph, M.F. (1997) On the definition of raft–soil stiffness ratio, *Géotechnique* **47**(5), 1055–1061.

Kumar, J. and Ghosh, P.(2007) Ultimate bearing capacity of two interfering rough strip footings, *International Journal of Geomechanics*, **7**(1), 53–62.

Lee, J., Eun, J., Prezzi, M. and Salgado, R. (2008) Strain influence diagrams for settlement estimation of both isolated and multiple footings in sand, *Journal of Geotechnical and Geoenvironmental Engineering*, **134**(4), 417–427.

Levy, N.H., Einav, I. and Randolph, M.F. (2008) Numerical modeling of pile lateral and axial load interaction, in *Proceedings of the 2nd BGA International Conference on Foundations, ICOF 2008*, IHS BRE Press, Bracknell, Berkshire.

Polshin, D.E. and Tokar, R.A. (1957) Maximum allowable non-uniform settlement of structures, in *Proceedings of the 4th International Conference SMFE, London*, Vol. 1, pp. 402–405.

Randolph, M.F. (1981) The response of flexible piles to lateral loading, *Géotechnique*, **31**(2), 247–259.

Randolph, M.F. (1983) Design of piled raft foundations, in *Proceedings of the International Symposium on Recent Developments in Laboratory and Field Tests and Analysis of Geotechnical Problems, Bangkok*, pp. 525–537.

Skempton, A.W. and MacDonald, D.H. (1956) Allowable settlement of buildings, *Proceedings ICE*, **5**(3), 727–768.

Stuart, J.G. (1962) Interference between foundations, with special reference to surface footings in sand, *Géotechnique* **12**(1), 15–22.

Zhang, L.M. and Ng, A.M.Y. (2005) Probabilistic limiting tolerable displacements for serviceability limit state design of foundations, *Géotechnique*, **55**(2), 151–161.

Leitura complementar

Tomlinson, M.J. (2001) *Foundation Design and Construction* (7th edn), Prentice Hall, Pearson Education Ltd, Harlow.

Um volume extenso de referência, cobrindo várias aplicações de sistemas de fundações e seu dimensionamento, que tem um escopo muito mais amplo do que o material apresentado aqui.

Para acessar os materiais suplementares desta obra, visite o site da LTC Editora.

Capítulo 11

Estruturas de contenção

Resultados de aprendizagem

Depois de trabalhar com o material deste capítulo, você deverá ser capaz de:

1. Usar a análise limite e as técnicas de equilíbrio para determinar as pressões laterais de terra máximas que agem em estruturas de contenção;
2. Determinar as tensões laterais *in situ* com base nas propriedades fundamentais do solo e entender como são mobilizadas as pressões de terra máximas a partir desses valores por movimento relativo solo–estrutura;
3. Determinar as tensões laterais induzidas em uma estrutura de contenção em virtude das cargas externas e dos procedimentos construtivos;
4. Projetar uma estrutura de contenção por gravidade, um muro de flexão (ou engastado), uma escavação escorada ou uma estrutura de contenção de solo reforçado, de acordo com o projeto de estados limites (EC7).

11.1 Introdução

Com frequência, é necessário na Engenharia Geotécnica conter massas de solo (Figura 11.1). Tais aplicações podem ser permanentes, por exemplo, para:

- represar solo instável nas proximidades de uma rodovia ou ferrovia.
- elevar uma seção do terreno com movimento mínimo de terra.
- criar um espaço subterrâneo.

ou temporárias, por exemplo, para:

- criar uma escavação para instalar tubos/cabos ou reparar serviços existentes.

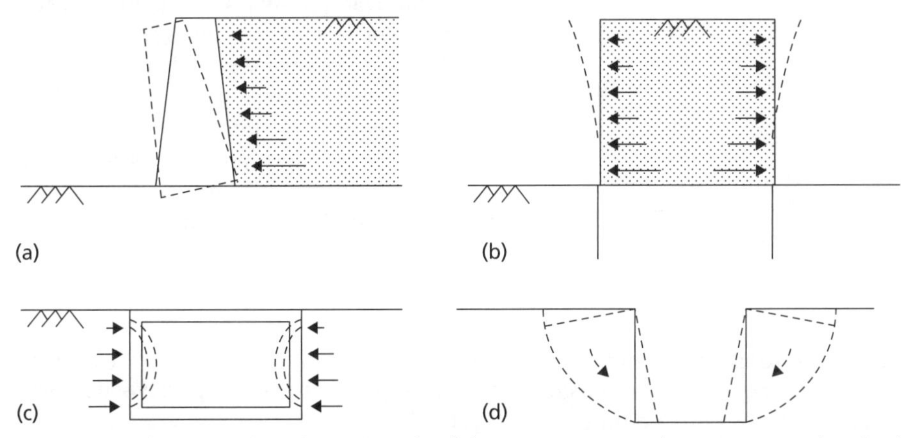

Figura 11.1 Algumas aplicações de solo arrimado: (a) represamento de uma massa instável de solo, (b) criação de um terreno elevado, (c) criação de um espaço subterrâneo, (d) escavações temporárias.

Em aplicações permanentes, costuma-se usar um elemento estrutural para suportar a massa de solo contida. Isso se faz, em geral, tanto por um **muro de contenção** (ou **arrimo**) **de gravidade**, que conserva a estabilidade do solo contido por ação de sua massa, quanto por um **muro de contenção** (ou **arrimo**) **flexível**, que resiste ao movimento do solo por flexão. Em ambos os casos, é essencial determinar a grandeza e a distribuição do empuxo (pressão) lateral entre a massa de solo e a estrutura de contenção adjacente, para que seja verificada a estabilidade de um muro de gravidade em relação ao deslizamento e ao tombamento ou para optar pelo projeto estrutural de um muro de contenção flexível. Da mesma forma que as fundações, tais estruturas permanentes devem ser dimensionadas para satisfazer tanto ao estado limite último quanto ao de serviço. Esses assuntos serão analisados com mais detalhes nas Seções 11.4 e 11.7. O solo pode ser contido pelo reforço da própria massa de solo; isso será descrito na Seção 11.11.

As escavações podem ser autoportantes se a resistência não drenada puder ser mobilizada, e, nesses casos, a teoria do empuxo lateral de terra é usada para determinação da profundidade máxima até a qual as escavações são feitas com segurança (um estado limite último). As escavações apoiadas serão analisadas com mais detalhes na Seção 11.9, ao passo que as não apoiadas serão analisadas no Capítulo 12.

A Seção 11.2 apresenta as teorias básicas do empuxo lateral de terra usando as técnicas de análise limite, como no Capítulo 8. Soluções rigorosas de limite inferior serão desenvolvidas tanto para condições não drenadas quanto para drenadas. Como anteriormente, admite-se que o comportamento tensão–deformação do solo pode ser representado pela idealização rígida perfeitamente plástica, mostrada na Figura 8.3. Podem-se admitir as condições de estado plano de deformações (da mesma forma que para as sapatas corridas), isto é, as deformações específicas na direção longitudinal da estrutura são admitidas como nulas em virtude do comprimento da maior parte das estruturas de contenção.

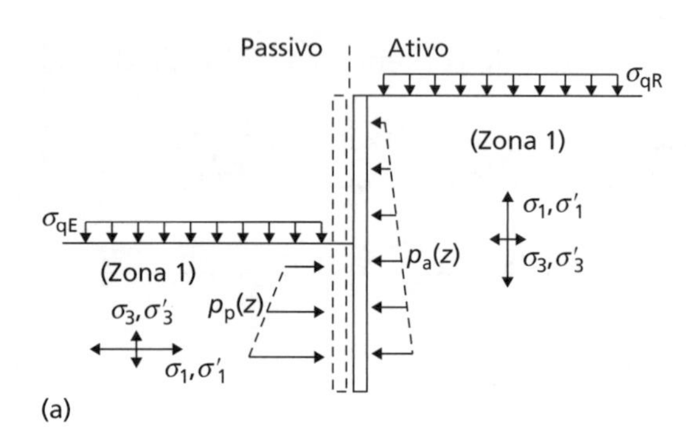

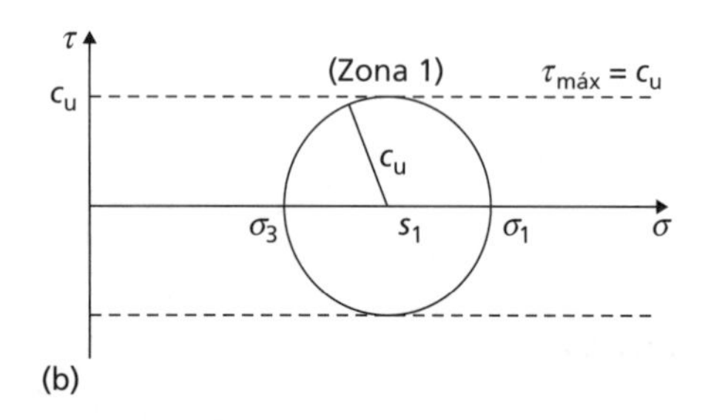

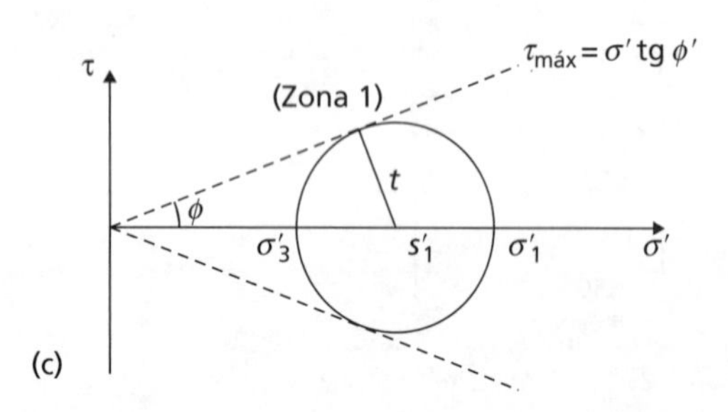

Figura 11.2 Campo de tensões de limite inferior: (a) condições de tensão sob as condições ativa e passiva; (b) círculo de Mohr, caso não drenado; (c) círculo de Mohr, caso drenado.

11.2 Empuxos máximos de terra com base na análise limite

Empuxos máximos laterais de terra

A Figura 11.2a mostra as condições de tensão do solo em ambos os lados de um muro de contenção engastado, em que as maiores tensões principais são definidas por σ_1, σ'_1 (total e efetiva, respectivamente) e as menores por σ_3, σ'_3. Se o muro atingisse a ruptura se movendo de forma horizontal (translação) na direção mostrada, as tensões horizontais no interior do **solo contido** atrás do muro seriam reduzidas. Se o movimento fosse grande o suficiente, o valor da tensão horizontal diminuiria até um valor mínimo, de forma que se desenvolveria o estado de equilíbrio plástico para o qual a maior tensão principal total e a maior tensão principal efetiva fossem verticais. Isso é conhecido como **condição ativa**. No solo do outro lado do muro, haverá compressão lateral do solo quando o muro de deslocar, resultando em um aumento das tensões horizontais até que se alcançasse um estado de equilíbrio plástico, de forma que a maior tensão principal total e a maior tensão principal efetiva seriam horizontais. Isso é conhecido como **condição passiva**. Os círculos de Mohr no ponto de ruptura são mostrados na Figura 11.2b para solos não drenados e na Figura 11.2c para material drenado.

No caso ativo para material coesivo não drenado na ruptura, $\sigma_1(z) = \sigma_v(z) = \gamma z + \sigma_{qR}$ (tensão vertical total), e σ_3 é a tensão horizontal no solo, que, por equilíbrio, também deve agir no muro. Dessa forma, $\sigma_3 = \sigma_h = p_a$, em que p_a é o **empuxo (pressão) ativo de terra**. A partir da Figura 11.2b,

$$\begin{aligned} \sigma_3 &= \sigma_1 - 2c_u \\ p_a(z) &= \sigma_v(z) - 2c_u \end{aligned} \tag{11.1}$$

No caso passivo, $\sigma_3(z) = \sigma_v(z) = \gamma z + \sigma_{qE}$ e $\sigma_1 = p_p$, em que p_p é o **empuxo (pressão) passivo de terra**. A partir da Figura 11.2b,

$$\begin{aligned} \sigma_1 &= \sigma_3 + 2c_u \\ p_p(z) &= \sigma_v(z) + 2c_u \end{aligned} \tag{11.2}$$

No caso ativo para um material drenado sem coesão, $\sigma'_1(z) = \sigma'_v(z)$ (tensão efetiva vertical) e $\sigma'_3(z) = \sigma'_h(z)$ é a tensão efetiva horizontal no solo. A parir da Figura 11.2c,

$$\text{sen}\,\phi' = \frac{t}{s'_1} = \frac{\sigma'_1 - \sigma'_3}{\sigma'_1 + \sigma'_3} \tag{11.3}$$

Substituindo σ'_1 e σ'_3 na Equação 11.3 e reorganizando, tem-se

$$\frac{\sigma'_h}{\sigma'_v} = \frac{1 - \text{sen}\,\phi'}{1 + \text{sen}\,\phi'} \tag{11.4}$$

A relação σ'_h/σ'_v é denominada coeficiente de empuxo de terra, K (ver Capítulo 7). Como a Equação 11.4 foi desenvolvida para condições ativas,

$$K_a = \frac{1 - \text{sen}\,\phi'}{1 + \text{sen}\,\phi'} \tag{11.5}$$

na qual K_a é o **coeficiente de empuxo ativo de terra**. O empuxo ativo de terra que age no muro ($p_a = \sigma_h$, uma tensão total) é, então, encontrado aplicando-se o Princípio de Terzaghi ($\sigma_h = \sigma'_h + u$)

$$p_a(z) = \sigma_h(z) = K_a \sigma'_v(z) + u(z) \tag{11.6}$$

No caso passivo para um material drenado, $\sigma'_3(z) = \sigma'_v(z)$ (tensão efetiva vertical), e $\sigma'_1(z) = \sigma'_h(z)$ é a tensão efetiva horizontal no solo. Substituindo σ'_1 e σ'_3 na Equação 11.3 e reorganizando, tem-se

$$\frac{\sigma'_h}{\sigma'_v} = \frac{1 + \text{sen}\,\phi'}{1 - \text{sen}\,\phi'} = K_p \tag{11.7}$$

na qual K_p é o **coeficiente de empuxo passivo de terra**. O empuxo passivo de terra que age no muro é, então,

$$p_p(z) = \sigma_h(z) = K_p \sigma'_v(z) + u(z) \tag{11.8}$$

Teoria de Rankine de empuxo de terra (material com ϕ', c' geral)

Rankine desenvolveu uma solução de limite inferior baseada no **Método das Características** para o caso de um solo com parâmetros de resistência ϕ' e c' gerais. O círculo de Mohr que representa o estado de tensões na ruptura em um elemento bidimensional é mostrado na Figura 11.3, com os parâmetros pertinentes de resistência ao cisalhamento indicados por c' e ϕ'. A ruptura por cisalhamento ocorre ao longo de um plano que faz um ângulo de $45° + \phi'/2$ com o plano da maior tensão principal. Se a massa de solo como um todo estiver submetida a tensões de tal forma que as tensões principais em todos os pontos estejam nas mesmas direções, então, em teoria, haverá uma rede de planos de ruptura (conhecidos como um campo de linhas de deslizamento) inclinados de forma igual aos planos principais, conforme mostra a Figura 11.3. Os dois conjuntos de planos são denominados características α e β, de onde o método obtém seu nome. Deve-se ter em mente que o estado de equilíbrio plástico só poderá ser desenvolvido caso possa ocorrer deformação suficiente da massa de solo (ver a Seção 11.3).

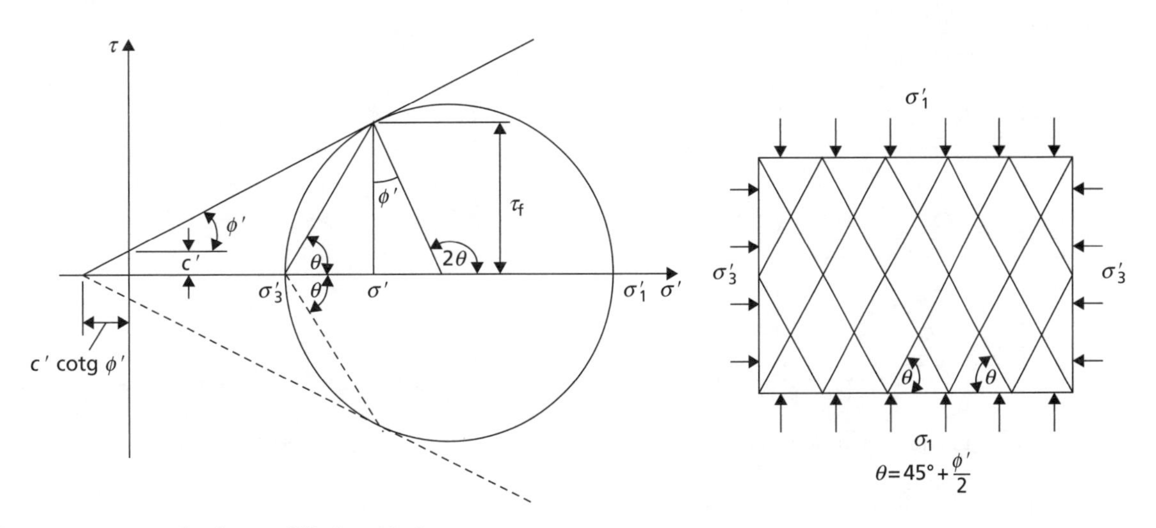

Figura 11.3 Estado de equilíbrio plástico.

Considera-se, como antes, uma massa semi-infinita de solo com superfície horizontal, tendo um limite vertical formado por uma superfície lisa do muro que se estende a uma profundidade semi-infinita, como apresentado na Figura 11.4a. De acordo com a Figura 11.3,

$$\operatorname{sen}\phi' = \frac{(\sigma_1' - \sigma_3')}{(\sigma_1' + \sigma_3' + 2c'\cot\phi')}$$

$$\therefore \sigma_3'(1+\operatorname{sen}\phi') = \sigma_1'(1-\operatorname{sen}\phi') - 2c'\cos\phi'$$

$$\therefore \sigma_3' = \sigma_1'\left(\frac{1-\operatorname{sen}\phi'}{1+\operatorname{sen}\phi'}\right) - 2c'\left(\frac{\sqrt{(1-\operatorname{sen}^2\phi')}}{1+\operatorname{sen}\phi'}\right) \tag{11.9}$$

$$\therefore \sigma_3' = \sigma_1'\left(\frac{1-\operatorname{sen}\phi'}{1+\operatorname{sen}\phi'}\right) - 2c'\left(\sqrt{\frac{1-\operatorname{sen}\phi'}{1+\operatorname{sen}\phi'}}\right)$$

Alternativamente, $\operatorname{tg}^2(45° - \phi'/2)$ pode ser substituída por $(1 - \operatorname{sen}\phi')/(1 + \operatorname{sen}\phi')$.

Como antes, no caso ativo, $\sigma'_1 = \sigma'_v$ e $\sigma'_3 = \sigma'_h$. Quando a tensão horizontal se torna igual ao empuxo ativo, diz-se que o solo está no estado ativo de Rankine, havendo dois conjuntos de planos de ruptura, cada um deles inclinado em $\theta = 45° + \phi'/2$ com a horizontal (a direção do maior plano principal), conforme ilustra a Figura 11.4b. Usando a Equação 11.5 e o Princípio de Terzaghi, a Equação 11.9 pode ser escrita como

$$p_a(z) = \sigma_h(z) = K_a\sigma_v'(z) - 2c'\sqrt{K_a} + u(z) \tag{11.10}$$

Se $c' = 0$, a Equação 11.10 se reduz à Equação 11.6; se $\phi' = 0$ e $c' = c_u$, $K_a = 1$, e a Equação 11.10 se reduz à Equação 11.1.

No caso passivo, $\sigma'_1 = \sigma'_h$ e $\sigma'_3 = \sigma'_v$. Quando a tensão horizontal se torna igual ao empuxo passivo do solo, diz-se que ele está no estado passivo de Rankine, havendo dois conjuntos de planos de ruptura, cada um deles com inclinação de $\theta = 45° + \phi'/2$ com a vertical (a direção do maior plano principal), conforme mostra a Figura 11.4c. Reorganizando a Equação 11.9, tem-se

$$\sigma_1' = \sigma_3'\left(\frac{1+\operatorname{sen}\phi'}{1-\operatorname{sen}\phi'}\right) + 2c'\left(\sqrt{\frac{1+\operatorname{sen}\phi'}{1-\operatorname{sen}\phi'}}\right) \tag{11.11}$$

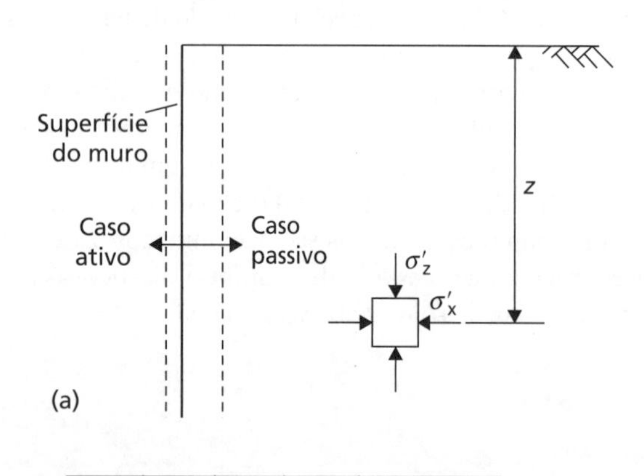

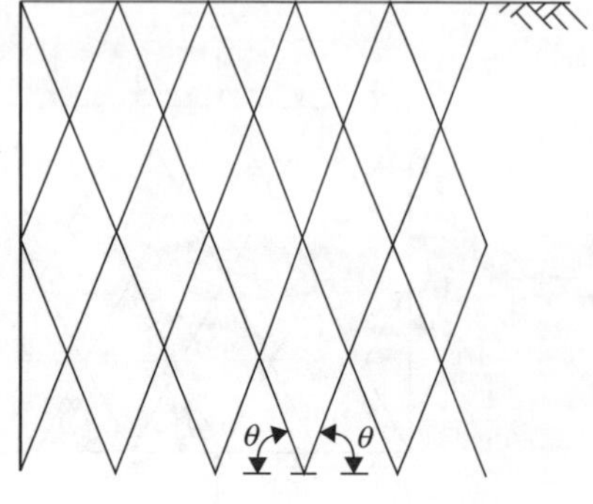

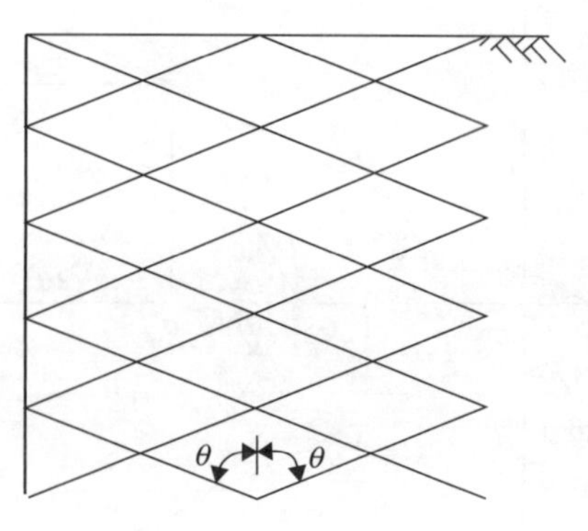

Figura 11.4 Estados de Rankine ativo e passivo.

Usando a Equação 11.5 e o Princípio de Terzaghi, a Equação 11.1 pode ser reescrita como

$$p_p(z) = \sigma_h(z) = K_p\sigma'_v(z) + 2c'\sqrt{K_p} + u(z) \tag{11.12}$$

Se $c' = 0$, a Equação 11.2 se reduz à Equação 11.8; se $\phi' = 0$ e $c' = c_u$, $K_a = 1$, e a Equação 11.12 se reduz à Equação 11.2.

Exemplo 11.1

As condições do solo adjacente a uma cortina de estacas-prancha são mostradas na Figura 11.5, sendo suportada uma sobrecarga de 50 kPa na superfície atrás do muro. Para o solo 1, uma areia acima do lençol freático, $c' = 0$, $\phi' = 38°$, e $\gamma = 18$ kN/m³. Para o solo 2, uma argila saturada, $c' = 10$ kPa, $\phi' = 28°$, e $\gamma_{sat} = 20$ kN/m³. Faça um gráfico das distribuições das pressões ativas atrás da cortina e das pressões passivas à frente dela.

Solução

Para o solo 1,

$$K_a = \frac{1 - \text{sen}\,38°}{1 + \text{sen}\,38°} = 0{,}24, \quad K_p = \frac{1}{0{,}24} = 4{,}17$$

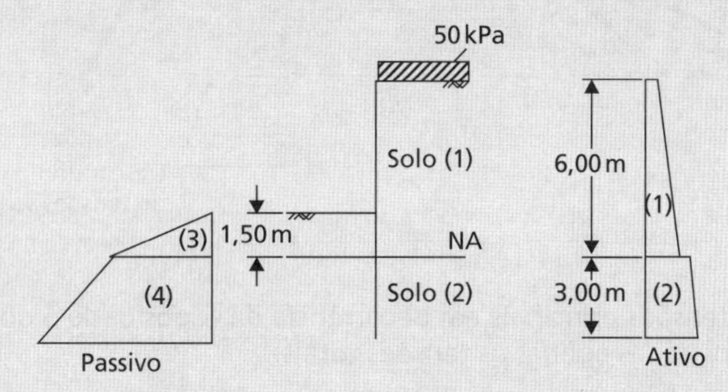

Figura 11.5 Exemplo 11.1.

Para o solo 2,

$$K_a = \frac{1 - \text{sen}\,28°}{1 + \text{sen}\,28°} = 0{,}36, \quad K_p = \frac{1}{0{,}36} = 2{,}78$$

As pressões no solo 1 são calculadas usando-se $K_a = 0{,}24$, $K_p = 4{,}17$ e $\gamma = 18$ kN/m³. O solo 1 é, assim, considerado como uma sobrecarga de (18 × 6) kPa no solo 2, além da sobrecarga da superfície. As pressões no solo 2 são calculadas usando $K_a = 0{,}36$, $K_p = 2{,}78$ e $\gamma' = (20 - 9{,}8) = 10{,}2$ kN/m³ (ver Tabela 11.1). As distribuições de pressões ativas e passivas estão apresentadas na Figura 11.5. Além disso, há pressões hidrostáticas idênticas em cada lado da cortina abaixo do lençol d'água.

Tabela 11.1 Exemplo 11.1

Solo	*Profundidade (m)*	*Empuxo (kPa)*	
Empuxo ativo:			
(1)	0	0,24 × 50	= 12,0
(1)	6	(0,24 × 50) + (0,24 × 18 × 6) = 12,0 + 25,9	= 37,9
(2)	6	0,36[50 + (18 × 6)] − (2 × 10 × √0,36) = 56,9 − 12,0	= 44,9
(2)	9	0,36[50 + (18 × 6)] − (2 × 10 × √0,36) + (0,36 × 10,2 × 3) = 56,9 − 12,0 + 11,0	= 55,9
Empuxo passivo:			
(3)	0	0	
(3)	1,5	4,17 × 18 × 1,5	= 112,6
(4)	1,5	(2,78 × 18 × 1,5) + (2 × 10 × √2,78) = 75,1 + 33,3	= 108,4
(4)	4,5	(2,78 × 18 × 1,5) + (2 × 10 × √2,78) + (2,78 × 10,2 × 3) = 75,1 + 33,3 + 85,1	= 193,5

Efeito das propriedades do muro (rugosidade, inclinação da face)

Na maioria dos casos práticos, o muro não será liso, de forma que as tensões de cisalhamento podem ser geradas ao longo da interface solo–muro, que também pode não estar na vertical, mas inclinada e fazendo um ângulo w com a linha vertical. Esse cisalhamento adicional causará uma rotação das tensões principais próximas ao muro, ao passo que, no solo mais afastado, as maiores destas serão verticais (caso ativo) ou horizontais (caso passivo), como antes. A fim de assegurar o equilíbrio ao longo da massa de solo, devem ser usadas descontinuidades de tensões de atrito (ver as Seções 8.3 e 8.4) para girar as tensões principais entre a região 1 e a região 2, de acordo com o que mostra a Figura 11.6.

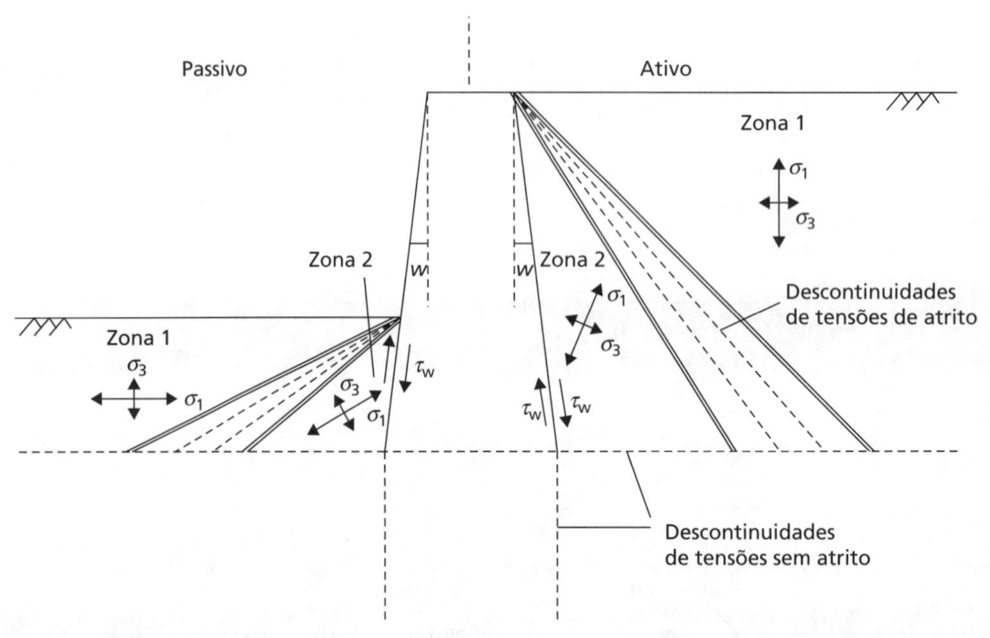

Figura 11.6 Rotação das tensões principais em decorrência da rugosidade e do ângulo da face do muro (são mostradas apenas as tensões totais).

O valor de giro das tensões principais depende do módulo da tensão de cisalhamento que pode ser desenvolvida ao longo da interface solo–muro, τ_w (a resistência ao cisalhamento da interface, do Capítulo 9). Em materiais não drenados, admite-se $\tau_w = \alpha c_u$, ao passo que, em materiais drenados, usa-se $\tau_w = \sigma' \text{ tg } \delta'$. Esses dois métodos estão descritos na Seção 9.2.

Em um material não drenado, as condições de tensão da região 1 ainda são representadas pelo círculo de Mohr mostrado na Figura 11.2b. O da região 2 é mostrado na Figura 11.7a para o caso ativo, em que o solo na região 2 apresenta ruptura plástica. A maior tensão principal σ_1 age em um plano que está inclinado em $2\theta = \pi - \Delta_2$ com o estado de tensões do muro, que, por sua vez, está a um ângulo w com a vertical. Como σ_1 na região 1 é vertical, a rotação do sentido da tensão principal da região 1 para a 2 é $\theta_{\text{leque}} = \Delta_2/2 - w$, de acordo com a Figura 11.7a. O valor absoluto de s_1 diminui durante o percurso da região 1 para a 2, portanto, a partir da Equação 8.15,

$$s_1 - s_2 = c_u\left(\Delta_2 - 2w\right) \tag{11.13}$$

Na região 1 (da Figura 11.2b),

$$s_1 = \sigma_v - c_u \tag{11.14}$$

Na região 2, a tensão total que age na direção normal ao muro (o empuxo ativo de terra), de acordo com a Figura 11.7a, é dado por

$$p_a = s_2 - c_u \cos \Delta_2 \tag{11,15}$$

O círculo de Mohr para a região 2 é mostrado na Figura 11.7b para o caso passivo, quando o solo na região 2 está em ruptura plástica não drenada. O estado de tensões no muro representa as tensões na direção vertical. A maior tensão principal σ_1 age em um plano que está inclinado em $2\theta = \Delta_2$ com o estado de tensões do muro, que, por sua vez, faz um ângulo w com a vertical. Como σ_1 na região 1 é horizontal, a rotação do sentido da tensão principal é $\theta_{\text{leque}} = \Delta_2/2 - w$. O valor absoluto de s_1 aumenta durante o percurso da região 1 para a 2, portanto, a partir da Equação 8.15,

$$s_2 - s_1 = c_u\left(\Delta_2 - 2w\right) \tag{11.16}$$

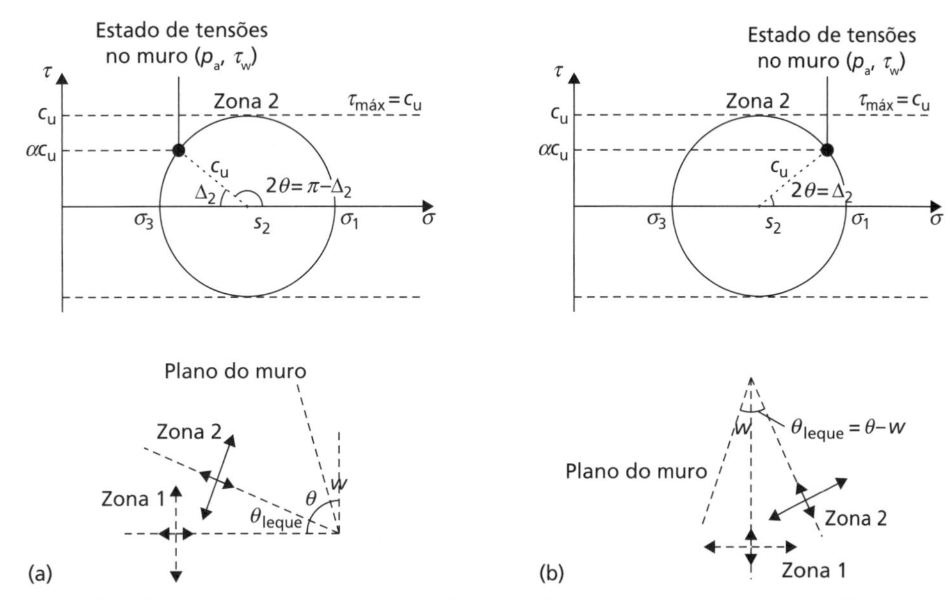

Figura 11.7 Círculos de Mohr para o solo da região 2 (adjacente ao muro) em condições não drenadas: (a) caso ativo; (b) caso passivo.

Na região 1 (da Figura 11.2b),

$$s_1 = \sigma_v + c_u \tag{11.17}$$

Na região 2, a tensão total que age na direção normal ao muro (o empuxo ativo de terra), de acordo com a Figura 11.7b, é dado por

$$p_p = s_2 + c_u \cos \Delta_2 \tag{11.18}$$

Pela Figura 11.7, fica evidente que

$$\operatorname{sen} \Delta_2 = \frac{\tau_w}{c_u} = \alpha \tag{11.19}$$

Para determinar as pressões ativas ou passivas de terra que agem em um determinado muro, deve-se adotar o procedimento a seguir:

1 Encontre a tensão média na região 1 por meio das Equações 11.14 ou 11.17 para as condições ativas ou passivas, respectivamente;
2 Determine Δ_2 por meio da Equação 11.19;
3 Encontre a tensão média na região 2 por meio da Equação 11.13 ou da Equação 11.16;
4 Calcule as pressões de terra usando a Equação 11.15 ou a Equação 11.18.

Deve-se observar que, para o caso especial de um muro liso vertical, $\alpha = w = 0$, portanto $\Delta_2 = 0$ (Equação 10.19), e as Equações 11.15 e 11.19 se reduzem às Equações 11.1 e 11.2, respectivamente.

O círculo de Mohr para a região 2 em solos drenados é mostrado na Figura 11.8a para o caso ativo, quando o solo na região 2 está em ruptura plástica. A maior tensão principal σ'_1 age em um plano inclinado em $2\theta = \pi - (\Delta_2 - \delta')$ com o estado de tensões do muro, que, por sua vez, faz um ângulo w com a vertical. As condições de tensão na região 1 ainda são representadas pelo círculo de Mohr mostrado na Figura 11.2b. Como σ'_1 na região 1 é vertical, a rotação do sentido da tensão principal é $\theta_{leque} = (\Delta_2 - \delta')/2 - w$, de acordo com a Figura 11.8a. O valor absoluto de s'_1 diminui durante o percurso da região 1 para a 2, portanto, a partir da Equação 8.30,

$$\frac{s'_1}{s'_2} = e^{(\Delta_2 - \delta' - 2w)\operatorname{tg}\phi'} \tag{11.20}$$

Na região 1 (da Figura 11.2b),

$$s'_1 = \frac{\sigma'_v}{1 + \operatorname{sen}\phi'} \tag{11.21}$$

Na região 2, a tensão efetiva que age no sentido normal ao muro (σ'_n) na Figura 11.8a é dada por

$$\begin{aligned}\sigma'_n &= s'_2 - s'_2 \operatorname{sen}\phi' \cos(\Delta_2 - \delta') \\ &= s'_2\left[1 - \operatorname{sen}\phi' \cos(\Delta_2 - \delta')\right]\end{aligned} \tag{11.22}$$

Dessa forma, definindo o coeficiente de empuxo ativo de terra em termos da tensão normal em vez da efetiva horizontal (uma vez que o muro tem inclinação w),

$$\begin{aligned}K_a &= \frac{\sigma'_n}{\sigma'_v} = \frac{s'_2}{s'_1} \cdot \frac{1 - \operatorname{sen}\phi' \cos(\Delta_2 - \delta')}{1 + \operatorname{sen}\phi'} \\ &= \frac{1 - \operatorname{sen}\phi' \cos(\Delta_2 - \delta')}{1 + \operatorname{sen}\phi'} e^{-(\Delta_2 - \delta' - 2w)\operatorname{tg}\phi'}\end{aligned} \tag{11.23}$$

O círculo de Mohr para a região 2 é mostrado na Figura 11.8b para o caso passivo, quando o solo nesta região está em ruptura plástica. A maior tensão principal σ'_1 age em um plano que apresenta um giro de $2\theta = \Delta_2 + \delta'$ em relação ao estado de tensões do muro, que, por sua vez, faz um ângulo w com a vertical. Como σ'_1 na região 1 é horizontal, a rotação de sentido da tensão principal é $\theta_{\text{leque}} = (\Delta_2 + \delta')/2 - w$. O valor absoluto de s'_1 aumenta durante o percurso da região 1 para a 2, portanto, a partir da Equação 8.30,

$$\frac{s'_2}{s'_1} = e^{(\Delta_2 + \delta' - 2w)\operatorname{tg}\phi'} \tag{11.24}$$

Na região 1 (pela Figura 11.2b),

$$s'_1 = \frac{\sigma'_v}{1 - \operatorname{sen}\phi'} \tag{11.25}$$

Na região 2, a tensão efetiva que age no sentido normal ao muro na Figura 11.8b é dada por

$$\begin{aligned}\sigma'_n &= s'_2 + s'_2 \operatorname{sen}\phi' \cos(\Delta_2 + \delta') \\ &= s'_2\left[1 + \operatorname{sen}\phi' \cos(\Delta_2 + \delta')\right]\end{aligned} \tag{11.26}$$

Assim, definindo o coeficiente de empuxo passivo de terra em termos da tensão normal em vez da efetiva horizontal (uma vez que o muro tem inclinação w),

$$\begin{aligned}K_p &= \frac{\sigma'_n}{\sigma'_v} = \frac{s'_2}{s'_1} \cdot \frac{1 + \operatorname{sen}\phi' \cos(\Delta_2 + \delta')}{1 - \operatorname{sen}\phi'} \\ &= \frac{1 + \operatorname{sen}\phi' \cos(\Delta_2 + \delta')}{1 - \operatorname{sen}\phi'} e^{(\Delta_2 + \delta' - 2w)\operatorname{tg}\phi'}\end{aligned} \tag{11.27}$$

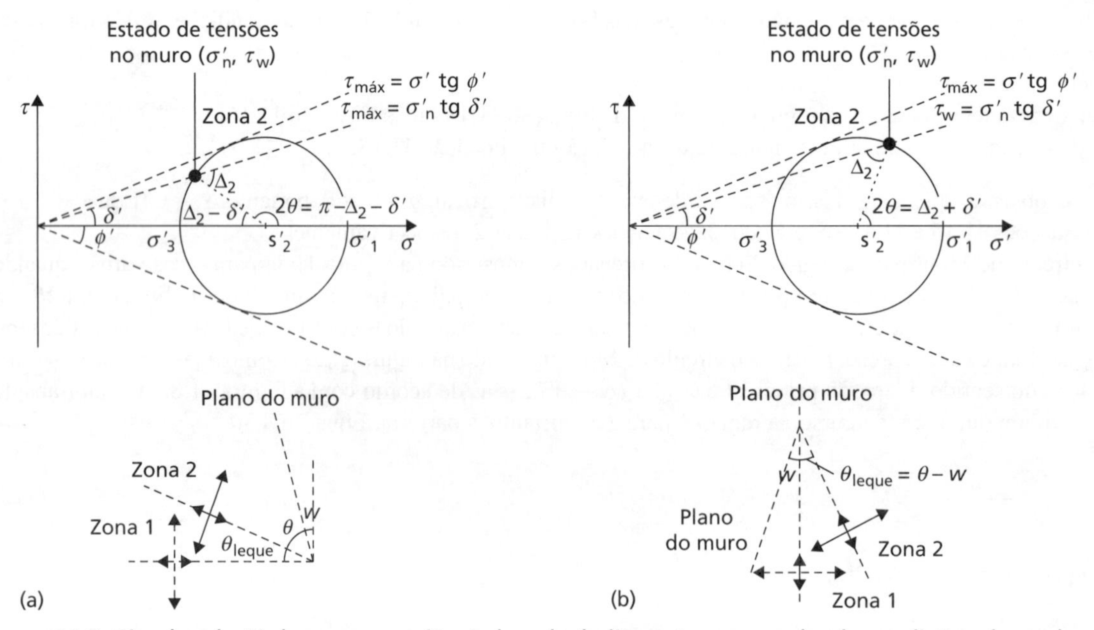

Figura 11.8 Círculos de Mohr para a região 2 do solo (adjacente ao muro) sob condições drenadas: (a) caso ativo; (b) caso passivo.

Nas equações 11.23 e 11.27,

$$\text{sen}\,\Delta_2 = \frac{\text{sen}\,\delta'}{\text{sen}\,\phi'} \quad (11.28)$$

Para determinar os empuxos ativos ou passivos de terra que agem em um determinado muro, deve-se adotar o procedimento a seguir:

1 Encontre as tensões efetivas verticais σ'_v na região 1;
2 Determine Δ_2 por meio da Equação 11.28;
3 Encontre o coeficiente de empuxo de terra por meio da Equação 11.23 ou da Equação 11.27;
4 Calcule os empuxos de terra usando a Equação 11.6 ou a Equação 11.8.

Deve-se observar que, para o caso especial de um muro liso vertical, $\delta' = w = 0$, portanto $\Delta_2 = 0$ (Equação 10.28), e as Equações 11.23 e 11.27 se reduzem às Equações 11.5 e 11.7, respectivamente.

Solo arrimado inclinado

Em muitos casos, o solo arrimado ou represado por trás do muro não está nivelado, mas pode apresentar uma inclinação para cima em um ângulo β com a horizontal, de acordo com o ilustrado na Figura 11.9a. Nesse caso, a maior tensão principal no solo arrimado da região 1 não estará mais na vertical, uma vez que a inclinação do solo induzirá uma tensão cisalhante estática permanente no interior da massa de solo, causando um giro na direção da tensão principal. As condições de tensão (tanto as normais quanto cisalhantes) em um plano paralelo à superfície em qualquer profundidade podem ser encontradas considerando o equilíbrio da maneira mostrada na Figura 11.9b. O componente do peso próprio do bloco W, que age na direção normal ao plano inclinado por metro de comprimento da massa de solo, é, portanto,

$$W = \gamma z A \cos\beta \quad (11.29)$$

Considerando o equilíbrio paralelo ao plano,

$$\tau_{mob} = \frac{W}{A}\,\text{sen}\,\beta = \gamma z \cos\beta\,\text{sen}\,\beta \quad (11.30)$$

Considerando o equilíbrio perpendicular ao plano,

$$\sigma' = \sigma - u = \frac{W}{A}\cos\beta - u = \gamma z \cos^2\beta - u \quad (11.31)$$

em que u é a poropressão no plano. As condições de tensão no solo contido podem ser representadas pela relação de tensões τ_{mob}/σ' dada por

$$\frac{\tau_{mob}}{\sigma'} = \frac{\gamma z \cos\beta\,\text{sen}\,\beta}{\gamma z \cos^2\beta - u} = \text{tg}\,\phi'_{mob} \quad (11.32a)$$

A Equação 11.32 é válida para condições drenadas. Para as não drenadas em que somente as tensões totais sejam exigidas,

$$\frac{\tau_{mob}}{\sigma} = \frac{\gamma z \cos\beta\,\text{sen}\,\beta}{\gamma z \cos^2\beta} = \text{tg}\,\beta \quad (11.32b)$$

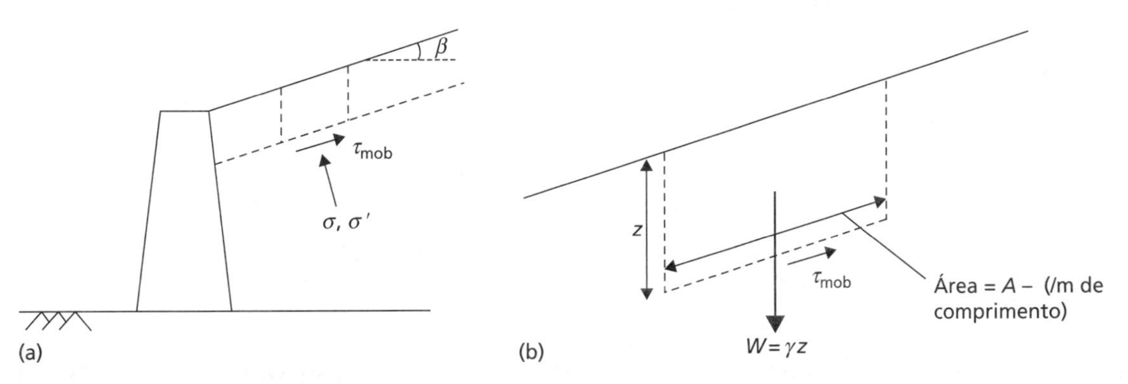

Figura 11.9 Equilíbrio do talude do solo contido.

O círculo de Mohr para condições não drenadas na região 1 no caso inclinado é mostrado na Figura 11.10a. Pode-se ver que a maior tensão principal σ_1 está inclinada em $2\theta = \Delta_1$ com o estado de tensões no plano inclinado do solo contido, que, por sua vez, faz um ângulo β com a horizontal. A rotação resultante das tensões principais na região 1 em relação à superfície do nível do terreno é $\theta = \Delta_1/2 - \beta$. Em consequência, o valor de θ_{leque} na Equação 11.13 deve ser modificado para

$$\theta_{\text{leque}} = \left(\frac{\Delta_2}{2} - w\right) - \left(\frac{\Delta_1}{2} - \beta\right) \tag{11.33}$$

Na região 1 (da Figura 11.10a),

$$s_1 = \sigma - c_u \cos \Delta_1 \tag{11.34}$$

que substitui a Equação 11.14. A diferença na tensão média entre as regiões 1 e 2 (caso ativo) para o caso geral de um talude de aterro contido por um muro rugoso com face inclinada é, então, dada por

$$s_1 - s_2 = c_u \left(\Delta_2 - 2w - \Delta_1 + 2\beta\right) \tag{11.35}$$

na qual

$$\operatorname{sen} \Delta_1 = \frac{\tau_{\text{mob}}}{c_u} \tag{11.36}$$

A Equação 11.35 substitui a Equação 11.13 no caso de um talude de aterro e de condições não drenadas; o procedimento de solução permanece inalterado.

O círculo de Mohr para condições drenadas na região 1 é mostrado na Figura 11.10b. Pode-se ver que a maior tensão efetiva principal σ'_1 está inclinada em $2\theta = \Delta_1 + \phi'_{\text{mob}}$ com o estado de tensões no plano inclinado do solo contido, que, por sua vez, faz um ângulo β com a horizontal. A rotação resultante das tensões principais na região 1 em relação à superfície do nível do terreno é, então, $\theta = (\Delta_1 + \phi'_{\text{mob}})/2 - \beta$. Em consequência, o valor de θ_{leque} na Equação 11.20 deve ser modificado para

$$\theta_{\text{leque}} = \left(\frac{\Delta_2 - \delta}{2} - w\right) - \left(\frac{\Delta_1 + \phi'_{\text{mob}}}{2} - \beta\right) \tag{11.37}$$

Pela Figura 11.10b, pode-se ver ainda que

$$\begin{aligned} \sigma' &= s'_1 + s'_1 \operatorname{sen}\phi' \cos\left(\Delta_1 + \beta\right) \\ &= s'_1\left[1 + \operatorname{sen}\phi' \cos\left(\Delta_1 + \beta\right)\right] \end{aligned} \tag{11.38}$$

portanto o coeficiente de empuxo ativo de terra para o caso geral de um talude de aterro contido por um muro rugoso com face inclinada é dado por

$$K_a = \frac{\sigma'_n}{\sigma'} = \frac{1 - \operatorname{sen}\phi' \cos\left(\Delta_2 - \delta'\right)}{1 + \operatorname{sen}\phi' \cos\left(\Delta_1 + \beta\right)} e^{-(\Delta_2 - \delta' - 2w - \Delta_1 - \phi'_{\text{mob}} + 2\beta)\operatorname{tg}\phi'} \tag{11.39}$$

em que

$$\operatorname{sen} \Delta_1 = \frac{\operatorname{sen}\phi'_{\text{mob}}}{\operatorname{sen}\phi'} \tag{11.40}$$

A Equação 11.39 substitui a Equação 11.23 no caso de um talude de aterro e de condições drenadas; o procedimento de solução e todas as outras equações permanecem inalterados.

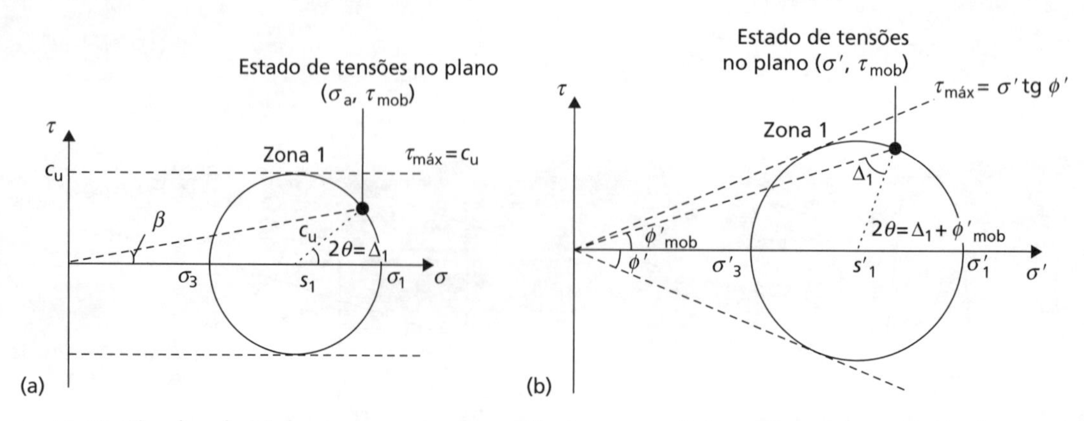

Figura 11.10 Círculos de Mohr para o solo da região 1 em condições ativas: (a) caso não drenado; (b) caso drenado.

11.3 Empuxo da terra no repouso

Mostrou-se que a pressão (empuxo) ativa está associada à expansão lateral do solo na ruptura e tem um valor mínimo; a passiva está associada à compressão lateral do solo na ruptura e tem um valor máximo. Os valores ativos e passivos podem, então, ser denominados **pressões limites**. Se a deformação lateral do solo for igual a zero, o empuxo (pressão) lateral correspondente, p'_0, que age em uma estrutura de contenção será chamado de **empuxo de terra no repouso**, que, em geral, é expresso em termos da tensão efetiva pela equação

$$p'_0 = K_0 \sigma'_v \tag{11.41}$$

na qual K_0 é o coeficiente de empuxo de terra no repouso em termos da tensão efetiva. Na ausência de uma estrutura de contenção, p'_0 é a tensão efetiva horizontal no solo, σ'_h, de forma que a Equação 11.41 se torna uma reafirmação da Equação 7.42.

Como a condição no repouso não envolve ruptura do solo, o círculo de Mohr que representa as tensões verticais e horizontais não tangencia a envoltória de ruptura, e a tensão horizontal não pode ser determinada de maneira analítica por meio da análise limite. No entanto, o valor de K_0 pode ser definido de forma experimental por meio de um ensaio triaxial em que a tensão axial e a pressão confinante sejam aumentadas simultaneamente, de modo que a deformação lateral do corpo de prova se mantenha com o valor zero; em geral, isso exigirá o uso de uma célula triaxial com tensões controladas (célula de trajetória de tensões, ou *stress-path*).

O valor de K_0 também pode ser estimado com base em dados de ensaios *in situ*, usando, principalmente, o pressiômetro (PMT) ou o CPT. Desses métodos, o PMT é o mais confiável, uma vez que os parâmetros exigidos são medidos diretamente, enquanto o CPT se baseia em uma correlação empírica. Usando o PMT, a tensão horizontal total *in situ* σ_{h0} em qualquer tipo de solo é determinada a partir da pressão de levantamento (elevação) do terreno, conforme ilustrado nas Figuras 7.14 e 7.16. A tensão vertical total *in situ* σ_{v0} é determinada, então, a partir do peso específico (de amostras deformadas retiradas do furo de sondagem), e as poropressões (u_0), a partir da profundidade observada do nível do lençol freático no furo de sondagem ou de outras medições piezométricas (ver Capítulo 6). Dessa forma,

$$K_0 = \frac{\sigma'_{h0}}{\sigma'_{v0}} = \frac{\sigma_{h0} - u_0}{\sigma_{v0} - u_0} \tag{11.42}$$

Pelos dados do CPT, K_0 é determinado empiricamente a partir da resistência normalizada da ponta do cone usando a Equação 7.43 (nota: isso só se aplica a solos finos).

Para solos normalmente adensados, o valor de K_0 pode também ser relacionado, de forma aproximada, ao parâmetro de resistência ϕ' pela fórmula seguinte proposta por Jaky (1944):

$$K_{0,NC} = 1 - \text{sen}\,\phi' \tag{11.43a}$$

Para solos sobreadensados, o valor de K_0 depende da história das tensões e pode ser maior do que 1, sendo que uma parte do empuxo no repouso desenvolvido durante o adensamento inicial será retido no solo quando a tensão vertical efetiva for reduzida mais tarde. Mayne e Kulhawy (1982) propuseram a seguinte correlação para solos sobreadensados durante a expansão (mas não durante a recompressão):

$$K_0 = (1 - \text{sen}\,\phi') \cdot \text{OCR}^{\text{sen}\,\phi'} \tag{11.43b}$$

No Eurocode 7, propõe que

$$K_0 = (1 - \text{sen}\,\phi') \cdot \sqrt{\text{OCR}} \tag{11.43c}$$

Os valores de K_0 da Equação 11.43 são mostrados na Figura 11.11, na qual eles são comparados com os valores obtidos em ensaios de laboratório para vários solos reunidos por Pipatpongsa *et al.* (2007), Mayne (2007) e Mayne

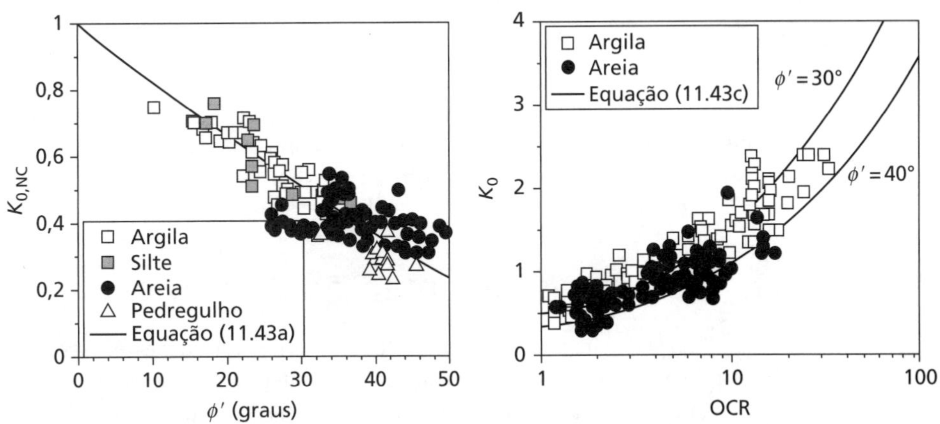

Figura 11.11 Estimativa de K_0 a partir de ϕ' e OCR e comparação dos dados dos ensaios *in situ*.

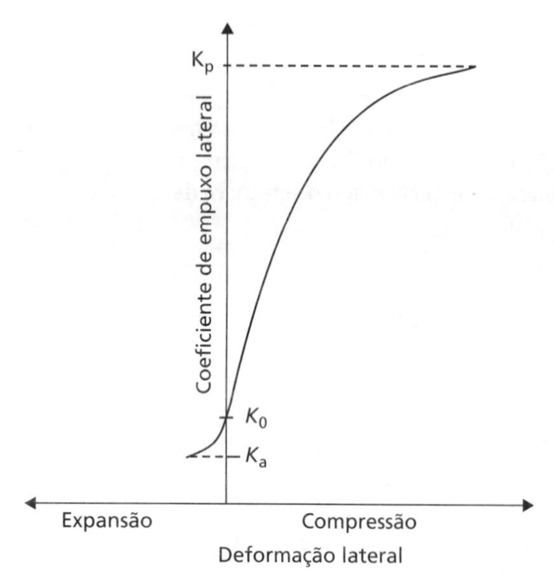

Figura 11.12 Relacionamento entre a deformação específica lateral e o coeficiente de empuxo lateral.

e Kulhawy (1982). Embora as expressões analíticas se mostrem adequadas aos dados, deve-se observar que a dispersão sugere que provavelmente há uma quantidade significativa de incerteza associada a esse parâmetro.

Geralmente, para qualquer condição intermediária entre os estados ativo e passivo, o valor da tensão lateral será desconhecido. A Figura 11.12 mostra a forma do relacionamento entre a deformação específica e o coeficiente de empuxo lateral. O relacionamento exato depende do valor inicial de K_0 e de se a construção da massa de solo contida envolve escavação ou reaterro. A deformação específica exigida para mobilizar o empuxo passivo é bastante maior do que aquela exigida para mobilizar o empuxo ativo.

Nas análises de limite inferior apresentadas na Seção 11.2, toda a massa de solo estava sujeita à expansão (caso ativo) ou compressão (caso passivo) lateral. No entanto, o movimento de um muro de contenção de dimensões finitas não pode desenvolver o estado ativo ou passivo nela como um todo. O estado ativo, por exemplo, seria desenvolvido apenas dentro de uma cunha de solo entre o muro e um plano de ruptura que passasse através da extremidade inferior dele e fizesse um ângulo de $45° + \phi'/2$ com a horizontal, conforme ilustra a Figura 11.13a; o restante da massa de solo não atingiria o estado de equilíbrio plástico. Um valor específico (mínimo) de deformação específica lateral seria necessário para o desenvolvimento do estado ativo no interior dessa cunha. Aqui, seria produzida uma deformação específica uniforme por um movimento rotacional (A′B) do muro, longe do solo, nas proximidades de sua extremidade inferior, e uma deformação desse tipo, de valor absoluto suficiente, constitui a exigência de deformação mínima para o desenvolvimento do estado ativo. Qualquer configuração de deformações que envolva A′B, por exemplo, um movimento de translação uniforme A′B′, também resultaria no desenvolvimento do estado ativo. Se a deformação do muro não satisfizesse à exigência de deformação mínima, o solo adjacente ao muro não atingiria um estado de equilíbrio plástico, e o empuxo lateral estaria entre os valores do empuxo ativo e no repouso.

No caso passivo, a exigência de deformação mínima é um movimento rotacional do muro, em torno de sua extremidade inferior, no interior do solo. Se esse movimento fosse de valor absoluto suficiente, o estado passivo seria desenvolvido dentro de uma cunha de solo entre o muro e um plano de ruptura em um ângulo de $45° + \phi'/2$ com a vertical, conforme mostra a Figura 11.13b. No entanto, na prática, apenas parte do potencial de resistência passiva seria mobilizada. A deformação relativamente grande necessária ao desenvolvimento completo da resistência passiva seria inaceitável, com o resultado de que o empuxo em condições de serviço estaria entre o valor de empuxo no repouso e o passivo, conforme indica a Figura 11.12 (e, como consequência, fornecendo um coeficiente de segurança contra a ruptura passiva).

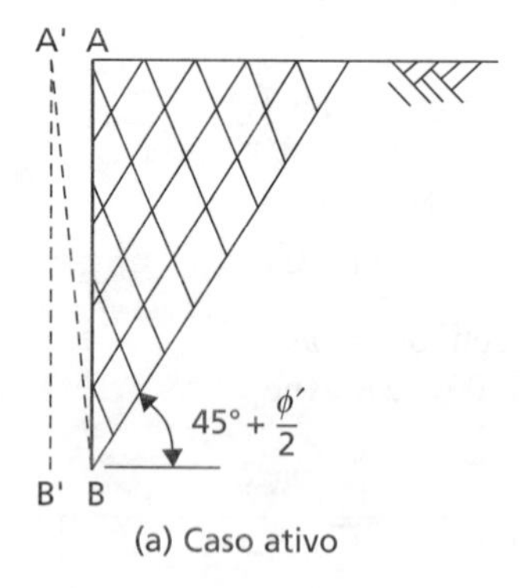

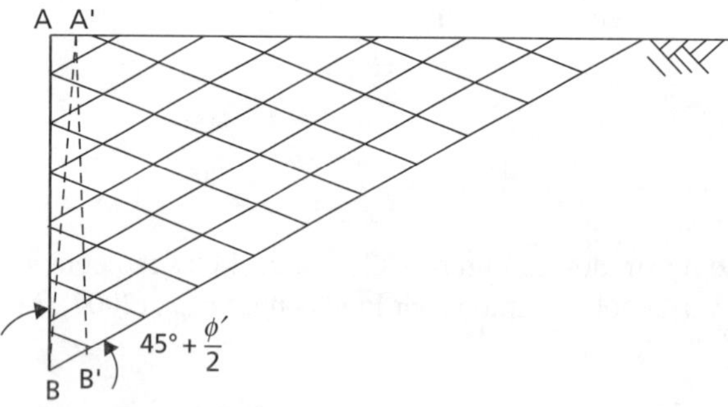

Figura 11.13 Condições de deformação mínima para mobilizar: (a) estado ativo; (b) estado passivo.

Evidências experimentais indicam que a mobilização da resistência passiva completa exige um deslocamento do muro da ordem de 2–4% de profundidade enterrada no caso de areias compactas (densas) e da ordem de 10–15% no caso de areias fofas (soltas). As porcentagens correspondentes para a mobilização do empuxo ativo são da ordem de 0,25% e 1%, respectivamente.

11.4 Estruturas de contenção de gravidade

A estabilidade dos muros de gravidade (ou muros de peso) deve-se ao seu peso próprio, talvez auxiliado pela resistência passiva desenvolvida na frente da parte anterior da base ou do pé (chamado em inglês de *toe*, ou ponta) do muro. O muro de gravidade tradicional (Figura 11.14a), construído de alvenaria de pedra ou concreto massa, é

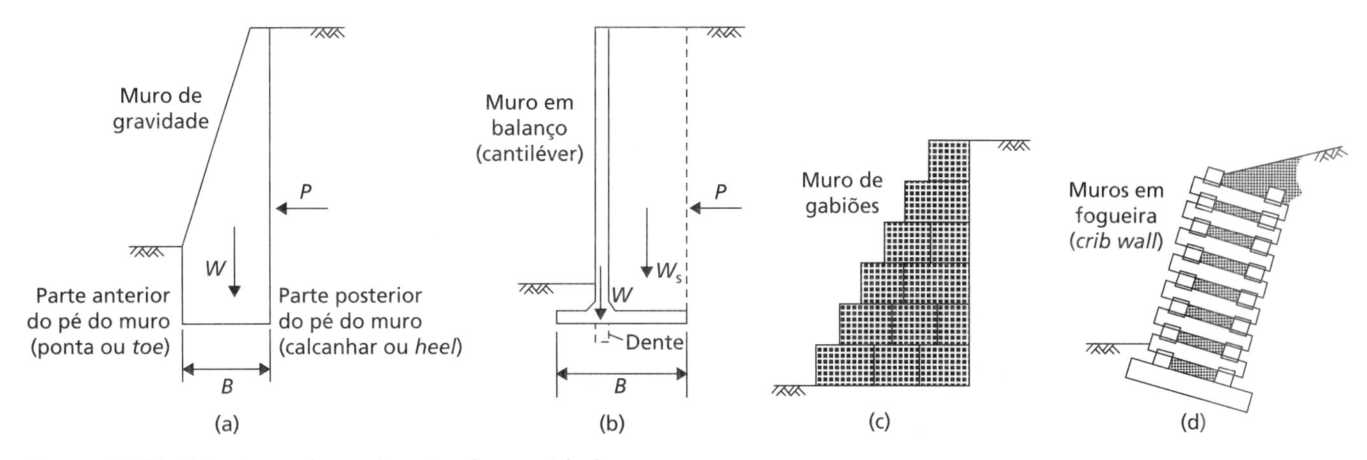

Figura 11.14 Estruturas de contenção de gravidade.

antieconômico, porque o material é usado apenas para dotar a estrutura de peso próprio adequado. Os muros engastados (cantiléver) de concreto armado (Figura 11.14b) podem ser mais econômicos, porque o próprio reaterro, agindo sobre a base, é utilizado para fornecer a maior parte do peso próprio necessário. Outros tipos de estruturas de gravidade incluem muros de gabião e em fogueira (ou *crib walls*; Figuras 11.14c e 11.14d). Os de gabião são gaiolas de telas de aço, com seções retangulares em planta e em corte lateral, preenchidas com partículas que costumam ter o tamanho de pedras de mão e que são utilizadas como blocos de construção de uma estrutura de gravidade. Os muros em fogueira, ou *crib walls*, são estruturas abertas montadas com vigas de concreto pré-fabricado ou de madeira e que contêm em seu interior um preenchimento de materiais granulares grossos; a estrutura e o preenchimento agem como uma unidade composta para formar um muro de gravidade.

Projeto por estado limite

No estado limite último (ELU), ocorrerá a ruptura com o solo contido em condições ativas conforme o muro se mover no sentido da escavação, uma vez que a geração de empuxos passivos (maiores do que K_0; Figura 11.12) exigiria esforço adicional na direção do solo contido para induzir o deslizamento para lá. Um muro de contenção de gravidade é mais complexo do que as fundações carregadas de forma uniaxial dos Capítulos 8 e 9, com ações verticais (peso próprio do muro), ações horizontais (empuxos ativos de terra), efeitos potenciais de percolação e níveis irregulares do terreno. Os estados limites últimos que devem ser considerados no projeto de muros são mostrados de forma esquemática na Figura 11.15 e descritos a seguir:

ELU-1 A pressão na base aplicada pelo muro não deve exceder a capacidade de suporte última do solo de sustentação;
ELU-2 Deslizamento entre a base do muro e o solo subjacente causado pelos empuxos de terra laterais;
ELU-3 Tombamento do muro causado pelas forças horizontais dos empuxos de terra quando a massa arrimada de solo se tornar instável (ruptura ativa);
ELU-4 Desenvolvimento de uma profunda superfície de deslizamento que envolve a estrutura como um todo (analisado usando os métodos que serão descritos no Capítulo 12);
ELU-5 Efeitos adversos de percolação em torno do muro, erosão interna ou vazamento através do muro: devem-se levar em consideração as consequências da falha dos sistemas de drenagem em funcionar de acordo com o previsto (Capítulo 2);
ELU-6 Falha estrutural de qualquer elemento do muro ou falha combinada solo/estrutura.

Os critérios de servicibilidade também devem ser atendidos no estado limite de serviço (estado limite de utilização) e são os seguintes:

ELS-1 As deformações do solo e do muro não devem causar efeitos adversos no muro em si ou nas estruturas e serviços adjacentes;
ELS-2 Devem ser evitadas deformações excessivas da estrutura do muro sob a ação dos empuxos de terra aplicados (em geral, isso só é significativo no caso de muros esbeltos engastados, ou cantiléver, Figura 11.14b, que serão tratados de forma isolada mais adiante neste capítulo).

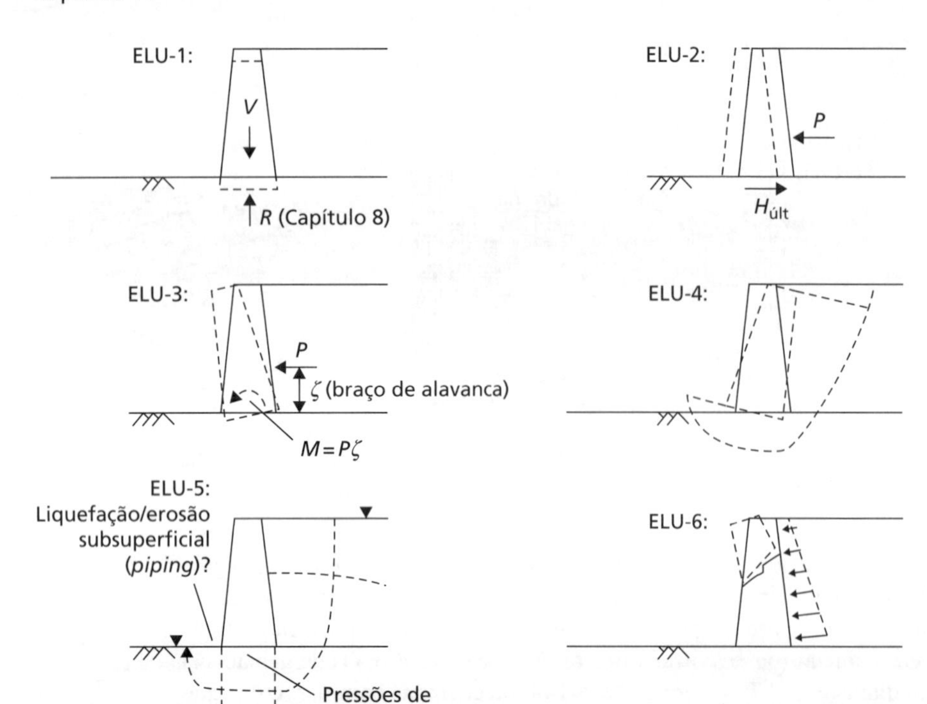

Figura 11.15 Modos de ruptura para estruturas de contenção de gravidade no ELU.

O primeiro passo do projeto é determinar todas as ações/empuxos de terra que agem no muro a partir dos quais os esforços resultantes podem ser determinados conforme será descrito nesta seção. Os níveis do solo e da água devem representar as condições mais desfavoráveis concebíveis na prática. Deve-se admitir a possibilidade de escavação futura (planejada ou não) na frente do muro conhecida como **sobre-escavação**, sendo recomendada uma profundidade mínima de 0,5 m; por isso, a resistência passiva na frente do muro costuma ser ignorada.

Em termos de projeto no ELU, este capítulo se dedicará, sobretudo, aos estados limites desde ELU-1 até o ELU-3. Uma vez conhecidos os esforços dos empuxos de terra, os componentes resultantes vertical, horizontal e de momento que agem na base do muro (*V*, *H* e *M*, respectivamente) serão obtidos. É possível verificar, então, do ELU-1 até o ELU-3 usando os conceitos de superfície de escoamento da Seção 10.3, tratando o muro de gravidade como uma fundação rasa (superficial) submetida a carregamento combinado. O ELU-2 exige uma verificação adicional se a interface muro–solo não for perfeitamente rugosa (conforme admitido na Seção 10.3). Nesse caso, a força resultante do empuxo ativo de terra causada pelo solo contido representa a ação que está induzindo a ruptura. Ignorando a resistência passiva na frente do muro, a resistência ao deslizamento por metro de comprimento do muro ($H_{\text{últ}}$) origina-se no atrito da interface ao longo da base (pé) dele. Para o deslizamento de um muro rugoso em solo não drenado, a resistência de projeto é

$$H_{\text{últ}} = \frac{\alpha c_u B}{\gamma_{Rh}} \tag{11.44a}$$

ao passo que o deslizamento em solo drenado é

$$H_{\text{últ}} = \frac{V \operatorname{tg} \delta'}{\gamma_{Rh}} \tag{11.44b}$$

em que α e δ' representam a adesão e o ângulo de atrito da interface, respectivamente, como antes. $H_{\text{últ}}$ é uma resistência, portanto o parâmetro γ_{Rh} é um coeficiente de ponderação de resistência para o deslizamento, análogo a γ_{Rv} para a resistência de esmagamento (compressão) de fundações rasas (Capítulo 8). No Eurocode 7, o valor normativo de γ_{Rh} = 1,00 para os conjuntos R1 e R3 e 1,10 para o conjunto R2. Dessa forma, para satisfazer ao ELU-2,

$$H \leq H_{\text{últ}} \tag{11.45}$$

Das condições de ELU restantes, o ELU-4 será visto no Capítulo 12 (estabilidade de massas de solo não suportadas), uma vez que, nesse caso, a ruptura se desvia por completo do muro (Figura 11.15). Os efeitos da percolação sobre a estabilidade de um muro de contenção foram parcialmente considerados nos capítulos anteriores (ELU-5), e o ELU-6 não é considerado aqui por se relacionar somente com a resistência estrutural do próprio muro sob empuxos laterais de terra, que deve ser determinada por meio dos princípios de mecânica do contínuo/estrutural. Deve-se observar que, caso esteja ocorrendo percolação, seus efeitos também devem ser considerados nos outros modos de ruptura (por exemplo, pressões de levantamento de fundo reduzirão a tensão de contato normal no ELU-2, diminuindo a resistência ao deslizamento).

Força de empuxo resultante

A fim de verificar a estabilidade global de uma estrutura de contenção, as distribuições de empuxos de terra ativo e passivo são integradas ao longo da altura do muro para determinar a **força de empuxo resultante** (uma força por unidade de comprimento do muro), que é usada para definir a ação horizontal. Se a estrutura de contenção for lisa, o empuxo resultante agirá no sentido perpendicular ao muro (esse sentido poderá não ser horizontal se o muro tiver uma face inclinada). Para o caso de um solo contido não drenado e com peso específico uniforme γ (de forma que $\sigma = \gamma z \cos^2\beta$), combinando as Equações 11.35, 11.15 e 11.34, tem-se

$$p_a = \gamma z \cos^2 \beta - c_u\left(1+\Delta_2+\cos\Delta_2-2w-\Delta_1-2\beta\right) \qquad (11.46a)$$

ao passo que combinar as Equações 11.16, 11.17 e 11.18 fornece

$$p_p = \gamma z + c_u\left(1+\Delta_2+\cos\Delta_2-2w\right) \qquad (11.46b)$$

A Equação 11.46 é linear em z, e essas distribuições de empuxos totais são mostradas na Figura 11.16.

No caso ativo, o valor de p_a é zero em uma determinada profundidade z_0. A partir da Equação 11.46a, com $p_a = 0$,

$$z_0 = \frac{c_u\left(1+\Delta_2+\cos\Delta_2-2w-\Delta_1-2\beta\right)}{\gamma} \qquad (11.47)$$

Isso significa que, no caso ativo, o solo está em um estado de tração entre a superfície e a profundidade z_0. No entanto, na prática, não se pode confiar que essa tração aja sobre o muro, uma vez que provavelmente se desenvolverão rachaduras no interior da região de tração e parte do diagrama de distribuição de pressões acima da profundidade z_0 deveria ser ignorada. A força de empuxo ativo total (P_a) que age no sentido perpendicular a um muro de altura h e com um ângulo w de inclinação de face é, então,

$$P_a = \int_{z_0}^{h} p_a \frac{dz}{\cos w} \qquad (11.48)$$

A força P_a age a uma distância de $\frac{1}{3}(h - z_0)$ acima da base do muro. Se este for rugoso, haverá ainda uma força de superfície (T_a), devida ao cisalhamento na interface, agindo de cima para baixo ao longo da superfície do muro no mesmo ponto de

$$T_a = \int_{z_0}^{h} \tau_w \frac{dz}{\cos w} \qquad (11.49)$$

em que $\tau_w = \alpha c_u$. A Equação 11.49 ignora qualquer cisalhamento da interface na região de tração acima de z_0 (isto é, admite-se que surja uma rachadura entre o solo e o muro nessa região), portanto a força age a uma distância de $\frac{1}{2}(h - z_0)$ acima da base do muro.

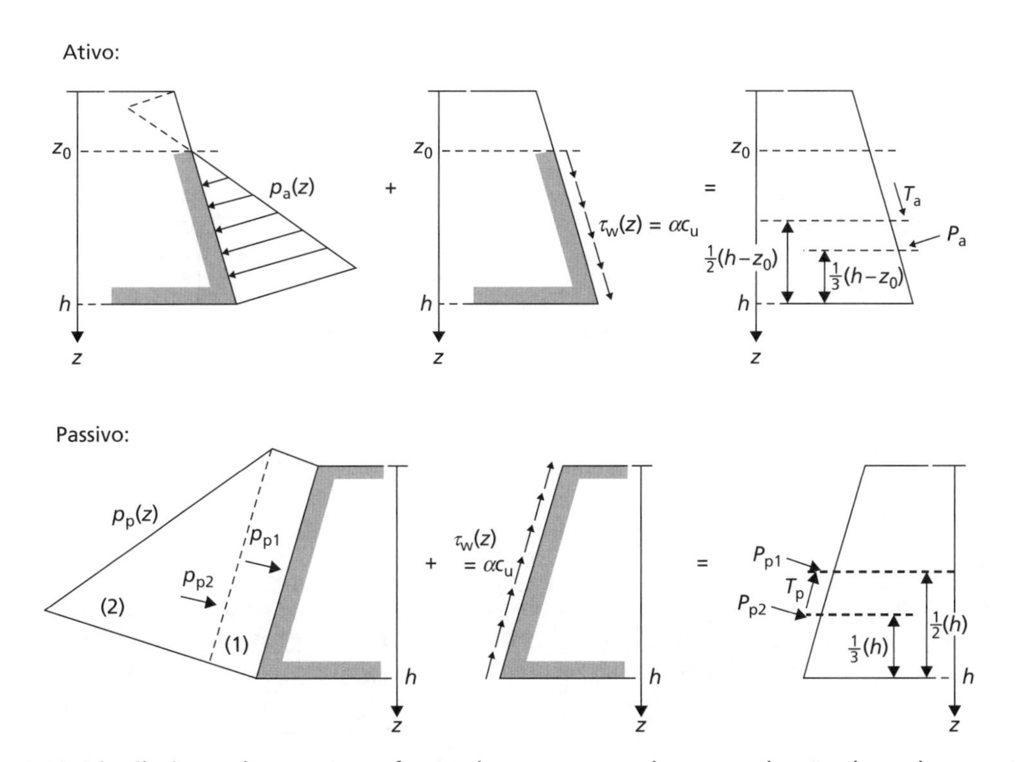

Figura 11.16 Distribuições de pressões e forças de empuxo resultantes: solo não drenado.

No caso passivo, p_p é sempre positivo, de modo que a força de empuxo passivo total (P_p) agindo no sentido perpendicular a um muro de altura h com um ângulo w de inclinação de face é

$$P_p = \int_0^h p_p \frac{dz}{\cos w} \tag{11.50}$$

Os dois componentes de P_p agem a distâncias ⅓h e ½h, respectivamente, acima da base da superfície do muro, conforme ilustra a Figura 11.16. Se este for rugoso, haverá ainda uma força de superfície (T_p), agindo de baixo para cima ao longo da superfície do muro, com o valor de

$$T_p = \int_0^h \tau_w \frac{dz}{\cos w} \tag{11.51}$$

No caso de um material drenado e sem coesão ($c' = 0$), os empuxos laterais agindo na estrutura de contenção devem ser separados no componente devido à tensão efetiva no solo ($p' = K\sigma'$) e a qualquer pressão de água nos poros (u). A força de empuxo efetiva (P') agindo no sentido perpendicular a um muro de altura h e com sua face inclinada em um ângulo w é

$$P'_a = \int_0^h K_a \sigma' \frac{dz}{\cos w} \text{ (ativo)} \tag{11.52a}$$

$$P'_p = \int_0^h K_p \sigma' \frac{dz}{\cos w} \text{ (passivo)} \tag{11.52b}$$

e a força resultante de empuxo da poropressão (U)

$$U = \int_0^h u \frac{dz}{\cos w} \tag{11.53}$$

Se o muro for rugoso, haverá uma força adicional de cisalhamento da interface agindo de cima para baixo ao longo da superfície do muro no lado ativo e de baixo para cima no passivo. Ela é determinada usando a Equação 11.51, tanto no lado ativo quanto no passivo (já que não há região de tração); entretanto, a resistência de cisalhamento da interface é $\tau_w = \sigma' \text{ tg } \delta'$. Os componentes normal e cisalhante da força de empuxo P' e T são com frequência combinados em uma única força resultante, que age fazendo um ângulo δ' com a normal ao muro, conforme ilustra a Figura 11.17.

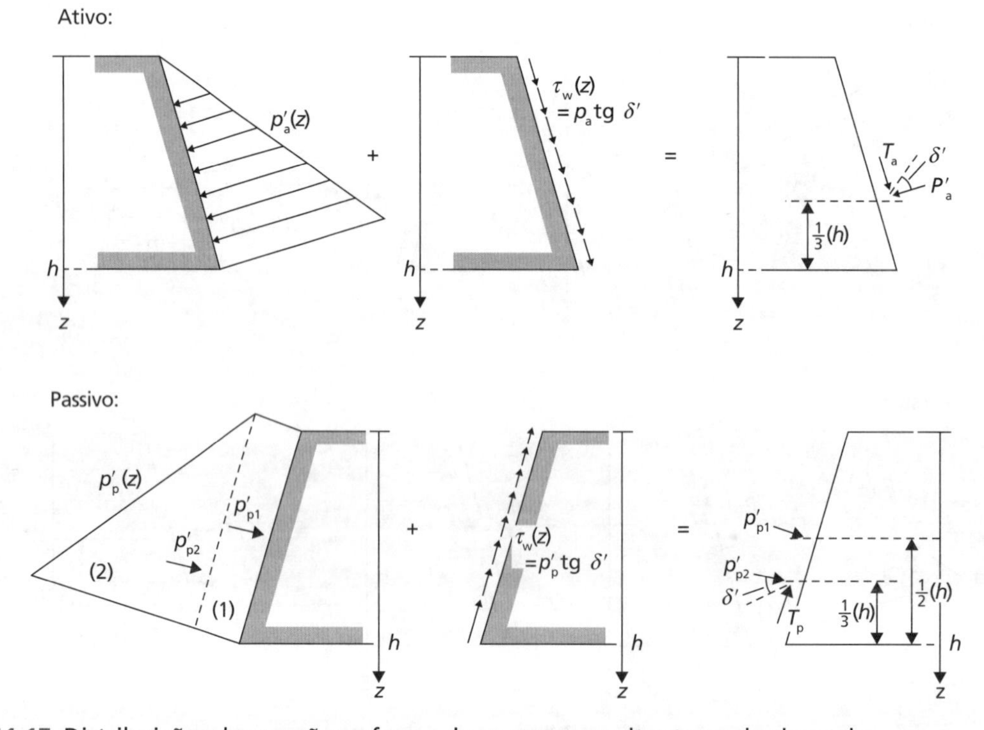

Figura 11.17 Distribuições de pressões e forças de empuxo resultantes: solo drenado.

Exemplo 11.2

a Calcule a força de empuxo ativo total em um muro vertical liso com 5 m de altura que faz a contenção de uma areia de peso específico 17 kN/m³, para a qual $\phi' = 35°$ e $c' = 0$; a superfície da areia é horizontal, e o nível do lençol freático está abaixo da base do muro.

b Determine a força de empuxo no muro para o caso de o lençol freático se elevar a um nível de 2 m abaixo da superfície da areia. O peso específico saturado da areia é 20 kN/m³.

Solução

a $w = \delta' = \beta = 0$, portanto, usando a Equação 11.39, 11.23 ou 11.5, tem-se

$$K_a = \frac{1 - \text{sen}\,\phi'}{1 + \text{sen}\,\phi'} = 0{,}27$$

Com o nível do lençol freático abaixo da base do muro, $\sigma' = \sigma'_v = \gamma_{seco} z$, portanto, a partir da Equação 11.52a,

$$P'_a = \int_0^h K_a \gamma_{seco} z \mathrm{d}z$$

$$= \frac{1}{2} K_a \gamma_{seco} h^2$$

$$= \frac{1}{2} \cdot 0{,}27 \cdot 17 \cdot 5^2$$

$$= 57{,}5\,\text{kN/m}$$

b A distribuição de pressões no muro está agora conforme mostrada na Figura 11.18, incluindo a pressão hidrostática nos 3 m inferiores. Os componentes da força de empuxo são:

$$(1)\quad P'_a = \int_0^2 K_a \gamma_{seco} z \mathrm{d}z = \frac{1}{2} \cdot 0{,}27 \cdot 17 \cdot 2^2 = 9{,}2\,\text{kN/m}$$

$$(2)\quad P'_a = 0{,}27 \cdot 17 \cdot 2 \cdot 3 = 27{,}6\,\text{kN/m}$$

$$(3)\quad P'_a = \int_{2-2}^{5-2} K_a \left(\gamma_{sat} z - \gamma_w z\right) \mathrm{d}z = \frac{1}{2} \cdot 0{,}27 \cdot \left(20 - 9{,}81\right) \cdot 3^2 = 12{,}4\,\text{kN/m}$$

$$(4)\quad U_a = \int_{2-2}^{5-2} \gamma_w z \mathrm{d}z = \frac{1}{2} \cdot 9{,}81 \cdot 3^2 = 44{,}1\,\text{kN/m}$$

Somando os quatro componentes da força de empuxo, tem-se uma força total = 93,3 kN/m.

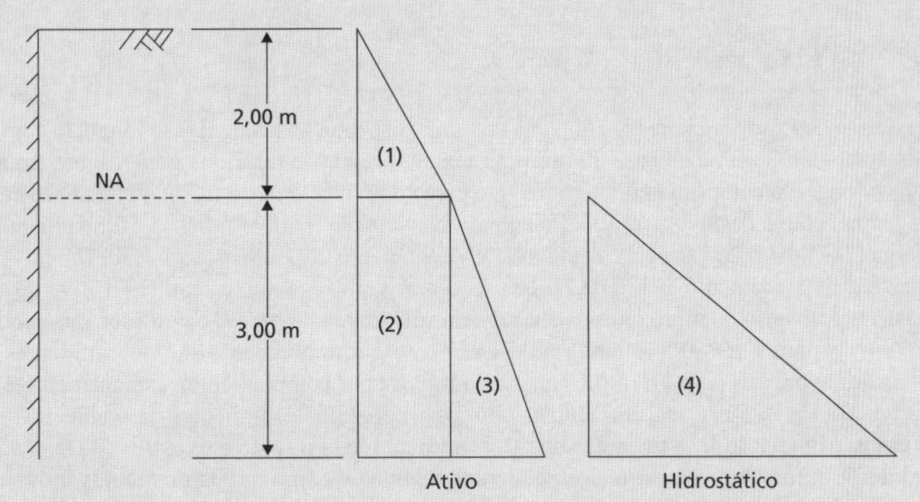

Figura 11.18 Exemplo 11.2.

Exemplo 11.3

A Figura 11.19 apresenta detalhes de um muro de contenção em cantiléver, estando o nível do lençol freático abaixo da base do muro. O peso específico do reaterro é 17 kN/m³, e uma sobrecarga de 10 kPa age na superfície. Os valores característicos dos parâmetros de resistência ao cisalhamento para o reaterro são $c' = 0$ e $\phi' = 36°$. O ângulo de atrito entre a base e o solo da fundação é 27° (isto é, $\delta' = 0{,}75\ \phi'$). O projeto do muro é satisfatório no estado limite último de acordo com o EC7, DA1b?

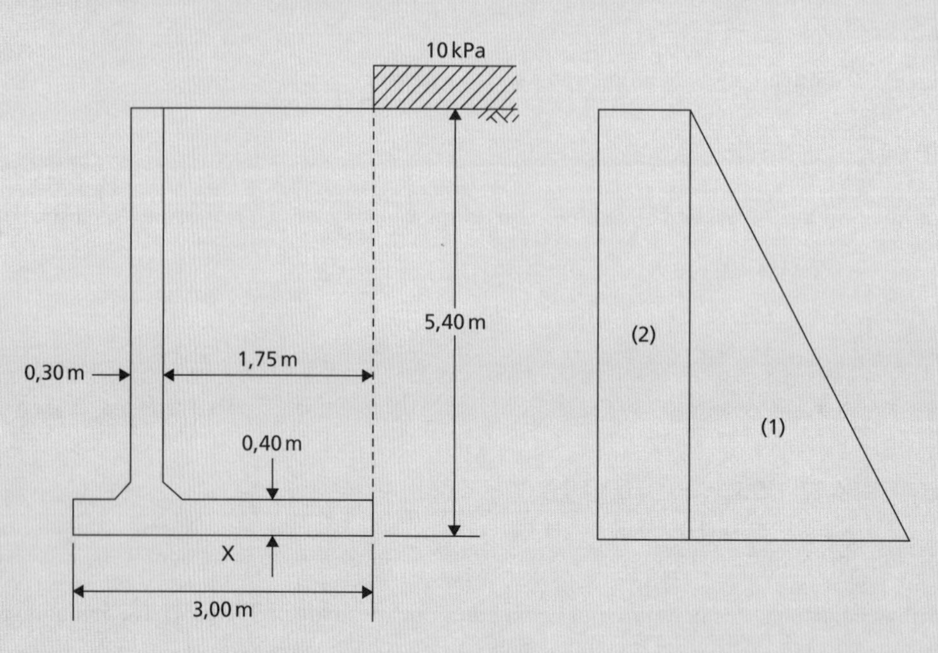

Figura 11.19 Exemplo 11.3.

Solução

Será adotado o peso específico do concreto como 23,5 kN/m³. A força de empuxo ativo do solo contido age no plano vertical através do solo mostrado pela linha tracejada na Figura 11.19 (também conhecida como **paramento virtual**), portanto $\delta' = \phi'$ e $w = 0$ nessa interface. O valor de K_a pode, então, ser encontrado por meio da Equação 11.39, com $w = \beta = \Delta_1 = \phi'_{mob} = 0$, ou pela Equação 11.23 (uma vez que o solo retido não está inclinado). Para o DA1b (Tabelas 8.9 e 8.11), o valor de projeto de $\phi' = \text{tg}^{-1}(\text{tg}\ 36°/1{,}25) = 30°$. Dessa forma, $\delta' = 30°\ (\pi/6)$ e $\Delta_2 = \pi/2$, fornecendo $K_a = 0{,}27$. O solo está seco, portanto $\sigma' = \sigma'_v = \gamma z + \sigma_q$, fornecendo $p_a = K_a\sigma'_v$ (Equação 11.6). Assim, a partir da Equação 11.53, $U_a = 0$, e, da Equação 11.52,

$$P_a = P'_a = \int_0^h K_a\left(\gamma z + \sigma_q\right)\mathrm{d}z = \frac{1}{2}K_a\gamma z h^2 + K_a\sigma_q h$$

O primeiro termo de P_a se relaciona com (1), que tem uma distribuição triangular ao longo do comprimento e, portanto, atuará a $h/3$ acima da base do muro. O segundo termo se relaciona com a sobrecarga (2), que é uniforme ao longo do comprimento, de modo que esse componente age a $h/2$ acima da base do muro. A ação (1) é permanente e desfavorável (coeficiente de ponderação = 1,00, Tabela 8.10), enquanto o efeito da sobrecarga (2) é uma ação variável e desfavorável (coeficiente de ponderação = 1,30, Tabela 8.10). Para usar a superfície de escoamento da Figura 10.16b, as forças verticais (com o sentido positivo de cima para baixo) causadas pelo peso do muro (corpo + base) e do solo acima da base são consideradas ações permanentes favoráveis para $V/R < 0{,}5$ (quando o deslizamento e o tombamento são determinantes) e ações permanentes desfavoráveis para $V/R \geq 0{,}5$ (quando a ruptura por compressão ou esmagamento é determinante). Para o DA1b, isso não tem influência sobre os valores dos coeficientes de ponderação, que, em ambos os casos, é igual a 1,00. A força de superfície vertical (de cima para baixo) $T_a = P'_a\ \text{tg}\ \delta'$ do cisalhamento da interface no paramento virtual é ponderada de maneira similar. Os momentos induzidos pelas ações verticais e horizontais são determinados em torno do centro da base da fundação (ponto X na Figura 11.19), considerando positivos os momentos em sentido contrário ao dos ponteiros do relógio (ou anti-horário; esses momentos agem para tombar o muro). Os cálculos das ações que afetam o muro são apresentados na Tabela 11.2.

Tabela 11.2 Exemplo 11.3

	Força (kN/m)		*Braço de alavanca (m)*	*Momento (kNm/m)*
(1)	$\frac{1}{2}\cdot 0{,}27\left(\frac{17}{1{,}00}\right)\cdot 5{,}40^2\cdot 1{,}00$	= 66,9	1,80	= 120,4
(2)	0,27·10·5,40·1,30	= 19,0 H = 85,9	2,70	= 51,3
(Corpo)	$5{,}00\cdot 0{,}30\cdot\left(\frac{23{,}5}{1{,}00}\right)\cdot 1{,}00$	= 35,3	0,40	= 14,1
(Base)	$0{,}40\cdot 3{,}00\cdot\left(\frac{23{,}5}{1{,}00}\right)\cdot 1{,}00$	= 28,2	0,00	= 0,0
(Solo)	$5{,}00\cdot 1{,}75\cdot\left(\frac{17}{1{,}00}\right)\cdot 1{,}00$	= 148,8	–0,63	= –93,7
(Paramento virtual)	(66,9 + 19,0) tg 30	= 49,6 V = 261,9	–1,50	= –74,4 M = 17,7

A resistência de suporte do muro é calculada admitindo que a ruptura ocorra na frente dele (pior caso), portanto, a partir da Equação 8.32,

$$R=\frac{q_f A}{\gamma_R}=\frac{\frac{1}{2}\gamma B^2 N_\gamma}{\gamma_R}=\frac{\frac{1}{2}\cdot\left(\frac{17}{1{,}00}\right)\cdot 3^2\cdot 20{,}1}{1{,}00}=1{,}54\,\text{MN/m}$$

na qual N_γ é da Equação 8.36. Dessa forma, $H/R = 0{,}056$ e $M/BR = 0{,}004$. Esse ponto está indicado no gráfico da Figura 10.16b, no qual se pode ver que, para se situar no interior da superfície de escoamento, $0{,}12 < V/R < 0{,}88$ (interpolando entre os valores). Nesse caso, $V/R = 0{,}11$, portanto o ELU não é satisfeito. Verificando explicitamente o ELU-2 (Equações 11.44b e 11.45), $H_{últ} = V\,\text{tg}\,\delta' = 261{,}9 \times \text{tg}\,30 = 151{,}2$ kN/m, que é maior do que H, portanto o muro não desliza. Além disso, $V << R$, portanto o ELU-1 também é atendido. Em consequência, o tombamento é que está causando o problema.

Se for exigido que o muro tenha 5,40 m de altura, a largura da base precisaria ser estendida (para dentro do solo contido). Isso aumentaria o valor de V e reduziria o de M (pelo aumento do momento restaurador do solo acima da base). Deve-se observar que a resistência passiva na frente do muro foi ignorada para permitir uma escavação imprevista.

Exemplo 11.4

A Figura 11.20 mostra detalhes de um muro de contenção de gravidade maciço de concreto, sendo o peso específico de seu material igual a 23,5 kN/m³. O peso específico do solo seco retido é 18 kN/m³, e os parâmetros característicos de resistência ao cisalhamento são $c' = 0$ e $\phi' = 33°$. O valor de δ' entre o muro e o solo arrimado e entre o muro e o solo da fundação é 26°. O muro está assentado sobre argila uniforme, com $c_u = 120$ kPa e $\alpha = 0{,}8$ entre sua base e a argila. O projeto do muro é satisfatório no estado limite último, de acordo com o EC7 DA1a?

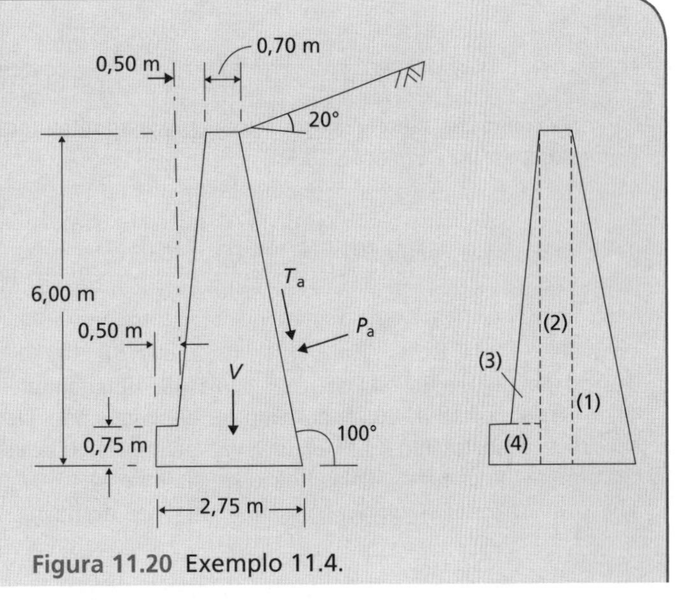

Figura 11.20 Exemplo 11.4.

Solução

Tendo em vista que tanto a parte posterior do muro quanto a superfície do solo são inclinadas, o valor de K_a será calculado pela Equação 11.39. Os valores de projeto dos ângulos de resistência cisalhante nessa equação são $\phi' = 33°$, $\delta' = 26°$ para o DA1a, $w = 100 - 90 = 10°$, $\Delta_2 = 53{,}6°$ (Equação 11.28), $\beta = 20°$, $\phi'_{mob} = \beta = 20°$ (Equação 11.32), e $\Delta_1 = 38{,}9°$ (Equação 11.40), fornecendo $K_a = 0{,}46$. A partir da Equação 11.53, $U_a = 0$, e, das Equações 11.52 e 11.31,

$$P_a = P'_a = \int_0^h K_a\sigma' \frac{dz}{\cos w} = \int_0^h \frac{K_a\gamma z\cos^2\beta}{\cos w}dz = \frac{K_a\gamma\cos^2\beta}{2\cos w}h^2$$

Essa força age no sentido perpendicular à parte posterior do muro, a uma distância vertical de $h/3$ acima da base dele, e é uma ação permanente desfavorável (coeficiente de ponderação = 1,35, Tabela 8.10). A força de atrito (de cima para baixo) da interface ao longo da parte posterior do muro é dada por

$$T_a = \int_0^h (K_a\sigma')\operatorname{tg}\delta' \frac{dz}{\cos w} = P'_a \operatorname{tg}\delta' = \frac{K_a\gamma z\cos^2\beta}{2\cos w}h^2 \operatorname{tg}\delta'$$

Da mesma forma, essa ação é permanente e desfavorável. Avaliando essas duas expressões e aplicando coeficientes de ponderação, são obtidos os valores de projeto das ações: $P_a = 180{,}4$ kN/m, $T_a = 88{,}0$ kN/m. Essas ações são mostradas na Figura 11.20. A ação vertical causada pelo peso próprio do muro de contenção é determinada dividindo o muro em seções menores e mais simples, do modo ilustrado na Figura 11.20. Essa também é uma ação permanente desfavorável. Os momentos são considerados em torno do centro da base do muro (sendo o sentido anti-horário considerado positivo), e os cálculos estão mostrados na Tabela 11.3.

Tabela 11.3 Exemplo 11.4

	Força (kN/m)		*Braço de alavanca (m)*	*Momento (kNm/m)*
P_a cos 10°	180,4 cos 10	= 239,8	2,00	= 479,6
T_a sen 10°	−88,0 sen 10	= −20,6 H = 219,2	2,00	= −41,2
P_a sen 10°	180,4 sen 10	= 42,3	−2,40	= −101,5
T_a cos 10°	88,0 cos 10	= 117,0	−2,40	= −280,8
Muro (1)	$\frac{1}{2}\cdot 1{,}05\cdot 6{,}00\cdot\left(\frac{23{,}5}{1{,}00}\right)\cdot 1{,}35$	= 99,9	−0,68	= −67,9
(2)	$0{,}70\cdot 6{,}00\cdot\left(\frac{23{,}5}{1{,}00}\right)\cdot 1{,}35$	= 133,2	0,03	= 4,0
(3)	$\frac{1}{2}\cdot 0{,}50\cdot 5{,}25\cdot\left(\frac{23{,}5}{1{,}00}\right)\cdot 1{,}35$	= 41,6	0,54	= 22,5
(4)	$1{,}00\cdot 0{,}75\cdot\left(\frac{23{,}5}{1{,}00}\right)\cdot 1{,}35$	= 23,8 V = 457,8	0,88	= 20,9 M = 35,6

A resistência de suporte do muro é calculada admitindo que a ruptura ocorra na frente dele (pior caso), portanto, a partir da Equação 8.17,

$$R = \frac{q_f A}{\gamma_R} = \frac{N_c c_u B}{\gamma_R} = \frac{5{,}14\cdot\left(\dfrac{120}{1{,}00}\right)\cdot 2{,}75}{1{,}00} = 1{,}70\,\text{MN/m}$$

na qual $N_c = 5{,}14$. Dessa forma, $H/R = 0{,}129$ e $M/BR = 0{,}008$. Esse ponto está indicado no gráfico da Figura 10.13b, em que é possível verificar que, para se situar no interior da superfície de escoamento, $0{,}21 < V/R < 0{,}79$. Nesse caso, $V/R = 0{,}25$, portanto o ELU é satisfeito. Deveria ser feita, aqui, uma verificação posterior quanto ao deslizamento (ELU-2), uma vez que superfície de escoamento admite ligação perfeita entre o muro e a argila (isto é, $\alpha = 1$). Pelas Equações 11.44a e 11.45, $H_{últ} = (\alpha c_u B)/\gamma_{Rh} = (0{,}8 \times 120 \times 2{,}75)/1{,}00 = 264$ kN/m, que é maior do que H, portanto o muro não deslizará.

11.5 Teoria de Coulomb sobre empuxos de terra

Enquanto as soluções rigorosas de análise limite apresentadas na Seção 11.2 são aplicáveis a uma grande variedade de problemas em estruturas de contenção, de maneira alguma, elas são a única forma de determinar empuxos laterais. Um método de análise alternativo, conhecido como **equilíbrio limite**, envolve a consideração de estabilidade, como um todo, da cunha de solo entre um muro de contenção e um plano de ruptura arbitrado. A força entre a cunha e a superfície do muro é determinada pela consideração de equilíbrio das forças que agem na cunha quando ela está prestes a deslizar para cima ou para baixo ao longo do plano de ruptura, isto é, quando está em uma condição de equilíbrio limite. Leva-se em consideração o atrito entre o muro e o solo adjacente, da mesma forma que para a análise limite na Seção 11.2, representado por $\tau_w = \alpha c_u$ em solo não drenado e $\tau_w = \sigma' \text{ tg } \delta'$ em solo drenado. O método foi desenvolvido inicialmente para estruturas de contenção por Coulomb (1776), e seu uso em projetos é popular.

A teoria do equilíbrio limite é interpretada agora como uma solução de limite superior de plasticidade (embora a análise seja baseada no equilíbrio de forças, não no equilíbrio de energia e trabalho definido no Capítulo 8), ocorrendo a ruptura do maciço acima do plano de ruptura escolhido quando o muro se afasta do solo ou se insere nele. Dessa forma, em geral, a teoria subestima o empuxo ativo total e superestima a resistência passiva total (isto é, fornece limites superiores para a carga real de ruptura).

Caso ativo

A Figura 11.21a mostra as forças que agem na cunha de solo entre a superfície de um muro AB, inclinada a um ângulo x com a horizontal, e um plano de ruptura arbitrado BC, que faz um ângulo θ_p com a horizontal. A superfície AC do solo é inclinada a um ângulo β com a horizontal. O parâmetro de resistência ao cisalhamento c' será, no início, admitido como zero, embora essa limitação possa ser relaxada mais tarde para um material geral ϕ' e c'. Para a condição de ruptura, a cunha de solo está em equilíbrio sob a ação de seu próprio peso (W), da reação à força (P) entre o solo e o muro e da reação resultante (R_s) sobre o plano de ruptura. Em virtude de a cunha de solo tender a se deslocar para baixo ao longo do plano BC na ruptura, a reação P age em um ângulo δ' abaixo da reta normal ao muro. (Se o recalque do muro fosse maior do que o do reaterro, a reação P agiria a um ângulo δ' acima da normal.) Na ruptura, quando a resistência ao cisalhamento do solo estiver completamente mobilizada, a direção de R_s fará um ângulo ϕ' abaixo da normal ao plano de ruptura. As direções de todas as três forças e o valor absoluto de W são conhecidos, e, portanto, é possível desenhar um triângulo de forças (Figura 11.21b) e determinar o valor absoluto de P para a situação arbitrada em questão.

Vários planos de ruptura arbitrados precisariam ser selecionados para se obter o valor máximo de P, que seria o empuxo ativo total sobre o muro. No entanto, usando a lei dos senos, P pode ser expresso em função de W e dos ângulos do triângulo de forças. Dessa forma, o valor máximo de P, correspondente a um específico de θ_p, é dado por $\partial P/\partial\theta = 0$. Isso leva à seguinte solução para P'_a em solo seco:

$$P'_a = \frac{1}{2} K_a \gamma H^2 \tag{11.54}$$

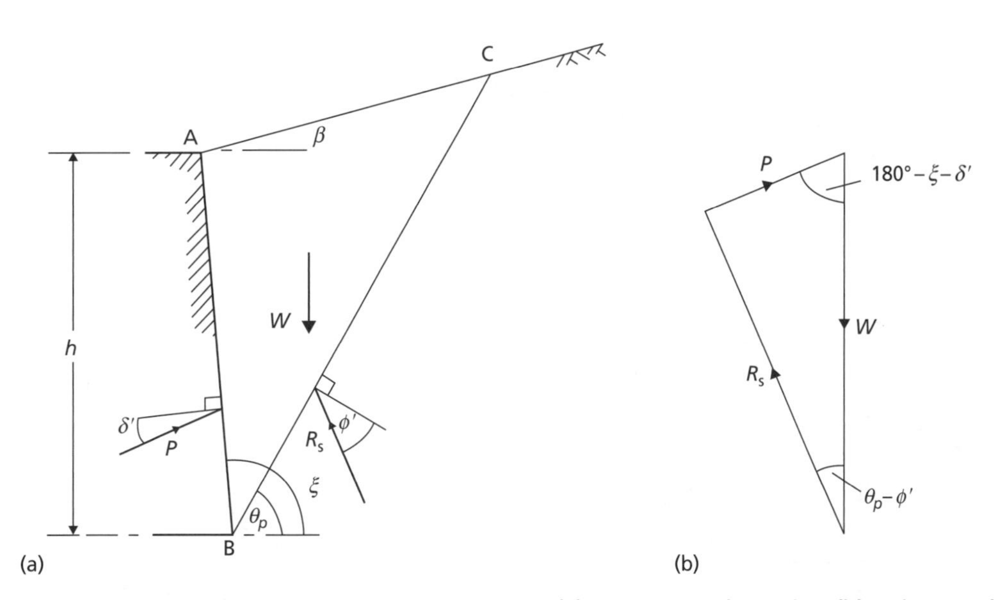

Figura 11.21 Teoria de Coulomb – caso ativo com $c' = 0$: (a) geometria da cunha; (b) polígono de forças.

em que

$$K_a = \left[\frac{\dfrac{\operatorname{sen}(\xi - \phi')}{\operatorname{sen}\xi}}{\sqrt{\operatorname{sen}(\xi + \delta')} + \sqrt{\dfrac{\operatorname{sen}(\phi' + \delta')\operatorname{sen}(\phi' - \beta)}{\operatorname{sen}(\xi - \beta)}}} \right]^2 \tag{11.55}$$

O ponto de aplicação do empuxo ativo total não é dado pela teoria de Coulomb, mas admite-se que ele se situe a uma distância de ⅓h acima da base do muro, conforme considerado antes. Se fosse usada a Equação 11.55 para determinar os valores de K_a nos Exemplos 11.3 e 11.4, seriam obtidos os valores de 0,30 e 0,48, respectivamente, que são muito próximos aos valores da análise de limite inferior de 0,27 e 0,46.

A análise pode ser estendida aos casos de solo seco em que o parâmetro de resistência ao cisalhamento c' é maior do que zero. Admite-se que as fendas de tração possam se estender até uma profundidade z_0, com o plano de ruptura arbitrado (a um ângulo θ_p com a horizontal) indo da parte posterior do pé do muro (em inglês, denominada *heel*, ou calcanhar) até a base da zona de tração, conforme mostra a Figura 11.22. Assim sendo, as forças que agem na cunha de solo na ruptura são as seguintes:

1 o peso da cunha (W).
2 a reação (P) entre o muro e o solo, agindo segundo um ângulo δ' abaixo da normal.
3 a força devida ao componente constante de resistência ao cisalhamento sobre o muro ($T_a = \tau_w \times$ EB).
4 a reação (R_s) no plano de ruptura agindo a um ângulo ϕ' abaixo da normal.
5 a força no plano de ruptura devida ao componente constante de resistência ao cisalhamento ($C = c' \times$ BC).

As direções de todas as cinco forças são conhecidas, assim como os valores absolutos de W, T_a e C, e, portanto, o valor de P pode ser determinado a partir do diagrama para o plano de ruptura arbitrado. Mais uma vez, seriam selecionados vários desses planos para se obter o valor máximo de P. O empuxo resultante é, então, expresso como

$$P_a' = \frac{1}{2} K_a \gamma h^2 - 2K_{ac} c' h \tag{11.56}$$

em que

$$K_{ac} = 2\sqrt{K_a \left(1 + \frac{\tau_w}{c'}\right)} \tag{11.57}$$

Se o solo estiver saturado, haverá a atuação de forças adicionais causadas pela pressão da água. Nessas condições, é melhor determinar o empuxo ativo resultante usando um diagrama de forças que inclua o empuxo resultante da água nos poros U_a agindo no plano de deslizamento. Essa técnica geral permitirá, então, a determinação do empuxo resultante em uma estrutura de contenção sob condições estáticas ou de percolação (ver Exemplo 11.5).

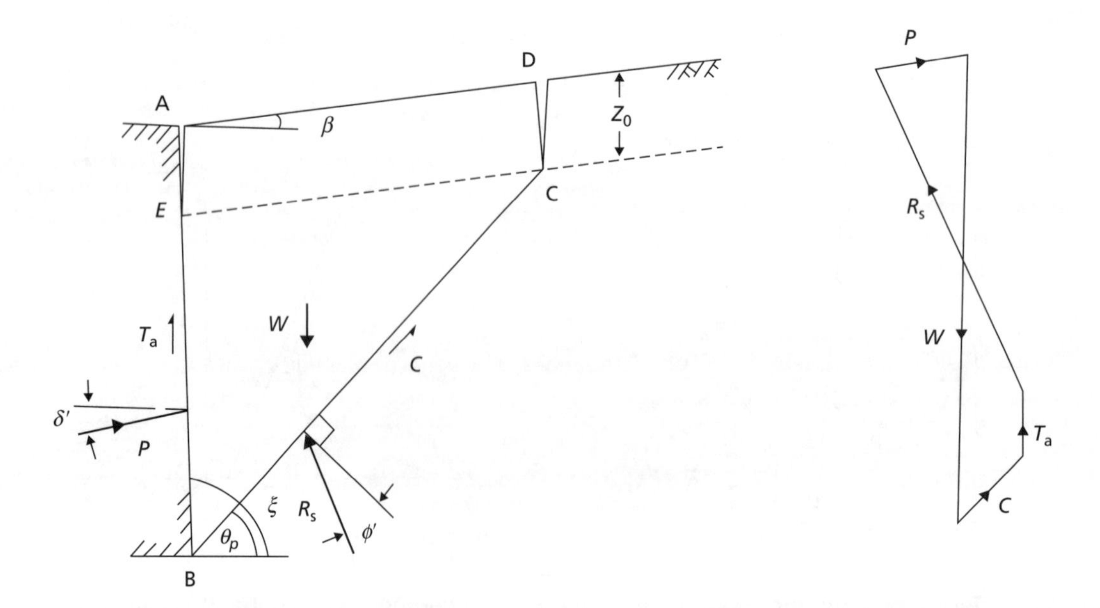

Figura 11.22 Teoria de Coulomb: caso ativo com $c' > 0$.

Caso passivo

No caso passivo, a reação P age a um ângulo δ' acima da normal à superfície do muro (ou δ' abaixo da normal, se o recalque do muro for maior do que o do solo adjacente), e a reação R_s faz um ângulo ϕ' acima da normal ao plano de ruptura. No triângulo de forças, o ângulo entre W e P é igual a $180° - \xi + \delta'$, e o ângulo entre W e R_s é $\theta_p + \phi'$. A resistência passiva total, igual ao valor mínimo de P, é dada por

$$P'_p = \frac{1}{2}K_a \gamma H^2 \tag{11.58}$$

em que

$$K_p = \left[\frac{\dfrac{\operatorname{sen}(\xi + \phi')}{\operatorname{sen}\xi}}{\sqrt{\operatorname{sen}(\xi - \delta')} - \sqrt{\dfrac{\operatorname{sen}(\phi' + \delta')\operatorname{sen}(\phi' + \beta)}{\operatorname{sen}(\xi - \beta)}}}\right]^2 \tag{11.59}$$

Deve-se ter cuidado ao usar a Equação 11.59, uma vez que se sabe que ela superestima a resistência passiva, de forma muito acentuada para os maiores valores de ϕ', representando um erro contra a segurança.

Como antes, a análise pode ser estendida aos casos de solos secos em que o parâmetro de resistência ao cisalhamento c' é maior do que zero, fornecendo

$$P_p = \frac{1}{2}K_p \gamma h^2 - 2K_{pc}c'h \tag{11.60}$$

em que

$$K_{pc} = 2\sqrt{K_p\left(1 + \frac{\tau_w}{c'}\right)} \tag{11.61}$$

Exemplo 11.5

A Figura 11.23a mostra detalhes de uma estrutura de contenção, com um dreno vertical adjacente à superfície posterior. Os parâmetros de resistência do projeto para o solo são $c' = 0$, $\phi' = 38°$ e $\delta' = 15°$. Admitindo um plano ativo de ruptura a $\theta_p = 45° + \phi'/2$ com a horizontal (ver Figura 11.13), determine a força de empuxo total horizontal no muro sob as seguintes condições:

a Quando o retroaterro ficar saturado por completo em consequência de chuvas contínuas, com percolação constante através do dreno;

b Se o dreno vertical fosse substituído por um inclinado abaixo do plano de ruptura a 45° com a horizontal;

c Se não houvesse um sistema de drenagem por trás do muro — isto é, os drenos em (a) ou (b) ficassem entupidos.

Solução

Essa questão demonstra como os efeitos da percolação podem ser levados em conta nos problemas de empuxo de terra. Em cada caso, devem ser determinadas as forças resultantes causadas pela água dos poros. É possível conseguir isso desenhando uma rede de fluxo (Capítulo 2); entretanto, são exigidas apenas as poropressões para determinar o empuxo da água nos poros resultante, e é possível usar a planilha Seepage_CSM8.xls para determinar de forma mais rápida o valor da pressão nos diferentes casos. Os resultados desse método são mostrados a seguir; a modelagem deste problema com a ferramenta da planilha é detalhada em um apêndice do Manual do Usuário correspondente, que pode ser encontrado no *site* da LTC Editora complementar a este livro.

a As linhas equipotenciais para percolação através de um dreno vertical da ferramenta de planilha são mostradas na Figura 11.23a. Como a permeabilidade do dreno deve ser muito maior do que a do retroaterro, ele permanece não saturado, e a pressão neutra em todos os pontos de seu interior é nula (atmosférica). Dessa forma, em cada ponto da interface entre o dreno e o retroaterro, a carga total é igual à altimétrica (isso pode ser incluído com facilidade como uma condição de contorno em uma planilha de método de diferenças finitas, ou MDF). Dessa forma, as linhas equipotenciais devem se interceptar nesse contorno em pontos que sejam espaçados por intervalos verticais iguais Δh, conforme ilustrado. O contorno em si não é uma linha de fluxo nem uma equipotencial.

Os valores da carga total e da altimétrica podem ser determinados nos pontos de interseção das linhas equipotenciais com o plano de ruptura. As poropressões nesses pontos são determinadas por meio da Equação 2.1 e integradas numericamente ao longo do plano de deslizamento para fornecer a força de empuxo da poropressão sobre ele, U = 36,8 kN/m. A força da água nos poros dos outros dois contornos da cunha de solo é nula.

Agora, é calculado o peso total (W) da cunha de solo, isto é,

$$W = \frac{1}{2} \cdot 6{,}00 \cdot \left[\frac{6{,}00}{\text{tg}\,(45+19)°} \right] \cdot 20 = 176\,\text{kN/m}$$

As forças que agem na cunha são mostradas na Figura 11.23b. Como as direções das quatro forças são conhecidas, assim como os valores absolutos de W e U, o polígono delas pode ser desenhado em escala, conforme ilustrado, e, por meio dele, é possível medir P_a = 104 kN/m no diagrama. A força de empuxo horizontal no muro é, então, dada por

$$P_a \cos\delta' = 101\,\text{kN/m}$$

Seria necessário escolher outras superfícies de ruptura para que o valor máximo do empuxo ativo total pudesse ser determinado (caso mais crítico).

b As linhas equipotenciais acima do dreno inclinado mostrado na Figura 11.23c são horizontais, sendo a carga total igual à altimétrica nessa região. Dessa forma, em qualquer ponto do plano de ruptura, a pressão neutra (poropressão) é igual a zero, e, em consequência, U = 0. Esse formato de dreno é preferível em relação ao vertical. Nesse caso, a partir da Figura 11.23d, P_a = 80 kN/m, de forma que a força horizontal de empuxo no muro é, por conseguinte, dada por

$$P_a \cos\delta' = 77\,\text{kN/m}$$

c No caso de não haver sistema de drenagem por trás do muro, a água dos poros é estática, isto é, a pressão da água nos poros (poropressão) em cada ponto do plano de deslizamento é $\gamma_w z$ (Figura 11.23e). Essa distribuição pode, outra vez, ser integrada de forma numérica para fornecer U = 196,5 kN/m. A partir da Figura 11.23f, P_a = 203 kN/m, de forma que a força de empuxo horizontal no muro é dada por

$$P_a \cos\delta' = 196\,\text{kN/m}$$

Esse exemplo mostra como é importante fazer uma boa manutenção da drenagem por trás de estruturas de contenção, já que o empuxo no muro aumenta bastante (e, portanto, a estabilidade no ELU é muito reduzida) quando a água nos poros não pode ser drenada.

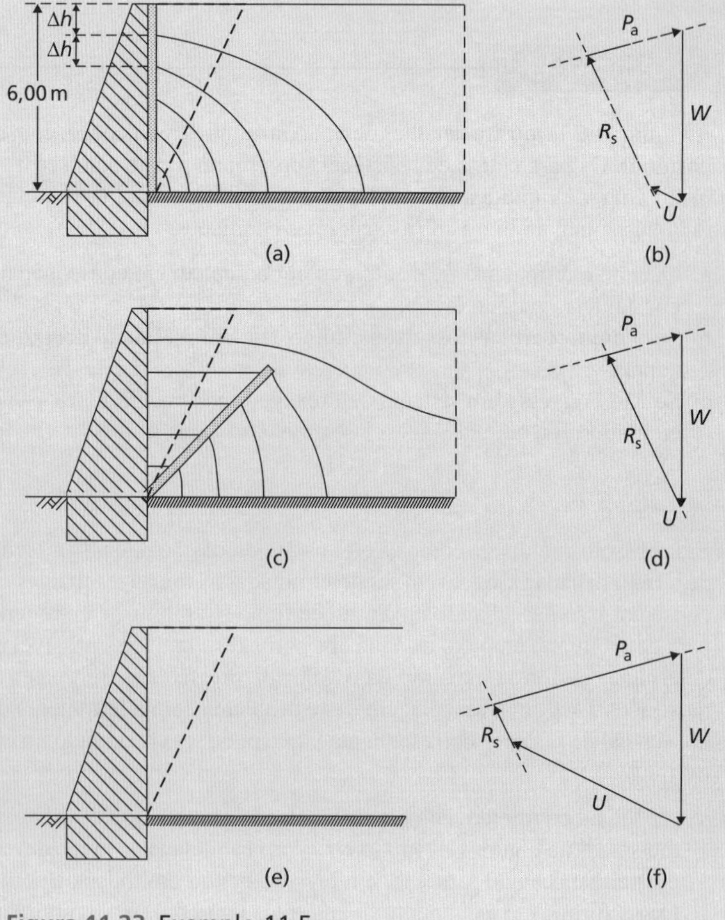

Figura 11.23 Exemplo 11.5.

11.6 Retroaterros e empuxos de terra induzidos por compactação

Se forem usadas estruturas de contenção para criar terrenos elevados (Figura 11.1b), é comum fazê-las até o nível desejado e, depois, **retroaterrar** a parte de trás de sua estrutura. Esse solo é conhecido como retroaterro e costuma ser compactado *in situ* até atingir o peso específico ótimo (e, em consequência, o desempenho esperado em obras de Engenharia; ver a Seção 1.7). A pressão (empuxo) lateral resultante contra a estrutura de contenção é influenciada pelo processo de compactação, um efeito que não foi levado em consideração nas teorias de empuxo de terra descritas antes. Durante o retroaterro, o peso do equipamento de compactação produz empuxo lateral adicional sobre o muro. Podem resultar pressões muito maiores do que o valor ativo próximo ao topo do muro, em especial, se ele estiver contido por escoramento durante a compactação. À medida que cada camada é compactada, o solo adjacente ao muro é empurrado para baixo, em oposição à resistência ao atrito da superfície dele (τ_w). Quando o equipamento de compactação é removido, o potencial retorno (rebote ou *rebound*) do solo é contido pelo atrito com o muro, inibindo, assim, a redução do empuxo lateral adicional. Além disso, as deformações laterais induzidas pela compactação têm um componente plástico significativo que é irrecuperável. Dessa forma, há uma pressão lateral residual na parede. Um método analítico simples de estimá-la foi proposto por Ingold (1979).

A compactação do retroaterro atrás de um muro de contenção costuma ser realizada por rolagem. O equipamento de compactação pode ser representado aproximadamente por uma linha de cargas igual ao peso do compactador. Se for empregado um rolo vibratório, a força centrífuga devida ao mecanismo vibratório deve ser adicionada ao peso estático. De acordo com a Figura 11.24, as tensões no ponto X causadas pela linha de cargas de Q por unidade de comprimento sobre a superfície são as seguintes:

$$\sigma_z = \frac{2Q}{\pi}\frac{z^3}{\left(x^2+z^2\right)^2} \tag{11.62}$$

$$\sigma_x = \frac{2Q}{\pi}\frac{x^2 z}{\left(x^2+z^2\right)^2} \tag{11.63}$$

$$\tau_{xz} = \frac{2Q}{\pi}\frac{xz^2}{\left(x^2+z^2\right)^2} \tag{11.64}$$

A partir da Equação 11.62, a tensão vertical logo abaixo da linha de cargas é

$$\sigma_z = \frac{2Q}{\pi z}$$

Assim, o empuxo lateral no muro a uma profundidade z é dado por

$$p_c = K_a\left(\gamma z + \sigma_z\right)$$

Quando a tensão σ_z é removida, a tensão lateral pode não voltar ao seu valor original ($K_a\gamma_z$). Em profundidades rasas, o empuxo lateral residual poderia ser grande o suficiente, em relação à tensão vertical γ_z, para causar ruptura passiva no solo. Portanto, admitindo não haver redução do empuxo lateral após o equipamento de compactação ser retirado, a profundidade (z_c) máxima (ou crítica) para a qual poderia ocorrer a ruptura é dada por

$$p_c = K_p \gamma z_c$$

Dessa forma,

$$K_a\left(\gamma z_c + \sigma_z\right) = \frac{1}{K_a}\gamma z_c$$

Se for admitido que γz_c é insignificante se comparado a σ_z, então

$$z_c = \frac{K_a^2 \sigma_z}{\gamma} = \frac{K_a^2 2Q}{\gamma \pi z_c}$$

Assim,

$$z_c = K_a\sqrt{\frac{2Q}{\pi\gamma}}$$

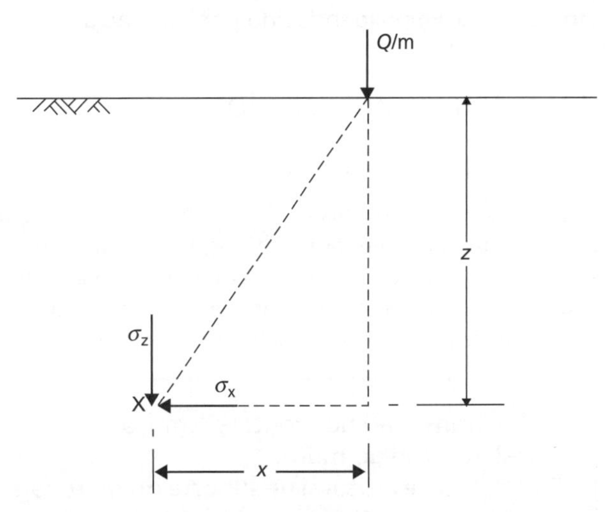

Figura 11.24 Tensões causadas por uma linha de cargas.

O valor máximo do empuxo lateral ($p_{máx}$) ocorre na profundidade crítica, portanto (outra vez, ignorando γz_c)

$$p_{máx} = \frac{2QK_a}{\pi z_c} = \sqrt{\frac{2Q\gamma}{\pi}} \tag{11.65}$$

Em geral, o retroaterro é lançado e compactado em camadas. Admitindo que o empuxo $p_{máx}$ seja atingido e mantido, em cada uma das camadas sucessivas, pode ser desenhada uma linha vertical como uma envoltória de pressões abaixo da profundidade crítica. Dessa forma, a distribuição mostrada na Figura 11.25 representa uma base conservativa para o projeto. No entanto, a uma profundidade z_a, a pressão ativa será maior do que o valor $p_{máx}$. A profundidade z_a, que é o limite de profundidade da envoltória vertical, é obtida pela equação

$$K_a \gamma z_a = \sqrt{\frac{2Q\gamma}{\pi}}$$

Assim

$$z_a = \frac{1}{K_a}\sqrt{\frac{2Q}{\pi\gamma}} \tag{11.66}$$

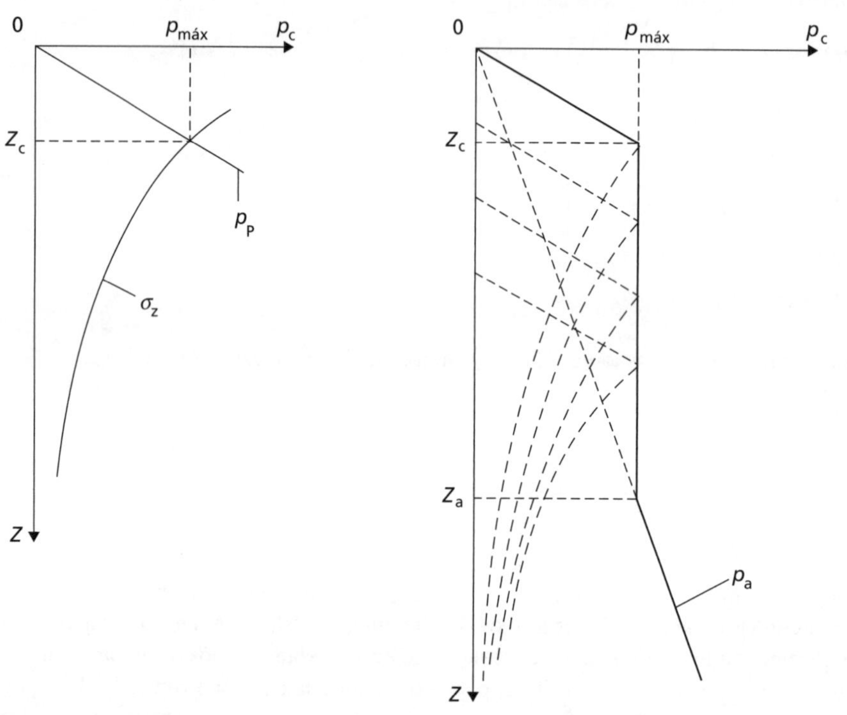

Figura 11.25 Empuxo induzido por compactação.

11.7 Muros enterrados

Muros em balanço (ou cantiléver)

Muros desse tipo são constituídos, sobretudo, por cortinas de estacas-prancha de aço e usados apenas quando a altura arrimada do solo for relativamente pequena. Em areias e cascalhos, eles podem ser usados como estruturas permanentes, mas, em geral, são usados apenas para suporte temporário. Sua estabilidade deve-se inteiramente à resistência passiva mobilizada na sua frente. Os estados limites principais considerados antes para estruturas de contenção de gravidade são, então, substituídos por

ELU-1 Translação horizontal do muro.
ELU-2 Rotação do muro.
ELU-3 Falha estrutural de suporte do muro (agindo como uma estaca) sob a ação de seu peso próprio e de forças cisalhantes na interface causadas pelo solo arrimado.

Os estados limites ELU-4 até ELU-6 listados para muros de gravidade (Seção 11.4) também devem ser levados em consideração, assim como os estados limites de serviço ELS-1 e ELS-2. O modo de ruptura de um muro enterrado é por rotação em torno de um ponto O próximo à extremidade inferior do muro, conforme mostra a Figura 11.26a. Consequentemente, a resistência passiva age acima de O na frente do muro e abaixo de O atrás dele, conforme mostra a Figura 11.26b, fornecendo, assim, um momento de fixação. No entanto, essa distribuição de pressões é uma idealização, uma vez que não é provável haver uma mudança completa na resistência passiva da parte da frente para a parte de trás do muro no ponto O. Para permitir escavações posteriores, é recomendável que o nível do solo na frente do muro seja reduzido em 10% da altura do talude a ser contido, sujeito a um valor máximo de 0,5 m (sobre-escavação).

Em geral, o projeto se baseia na simplificação mostrada na Figura 11.26c, admitindo-se que a resistência passiva líquida abaixo do ponto O seja representada por uma carga concentrada *R* agindo em um ponto C, um pouco abaixo de O, a uma profundidade *d* abaixo da superfície inferior do solo. O ELU-1 é atendido assegurando-se que a força de empuxo passiva resultante seja maior do que a ativa. O ELU-2 é atendido assegurando-se que o momento restaurador (sentido horário) em torno de O, causado pela força de empuxo passivo resultante do solo na frente do muro, seja maior do que o momento de tombamento (sentido anti-horário) causado pela força de empuxo ativo resultante atrás do muro. Devem ser usados os métodos mencionados nos Capítulos 9 e 10 para verificar o ELU-3. Tendo em vista que o muro em balanço (cantiléver) é flexível, a verificação da estabilidade estrutural interna e do desempenho do muro (ELU-6 e ELS-2) torna-se mais importante do que para estruturas de gravidade, por isso, é comum em projetos determinar a distribuição de forças cisalhantes e momentos fletores no muro para verificações estruturais subsequentes (que vão além do escopo deste livro).

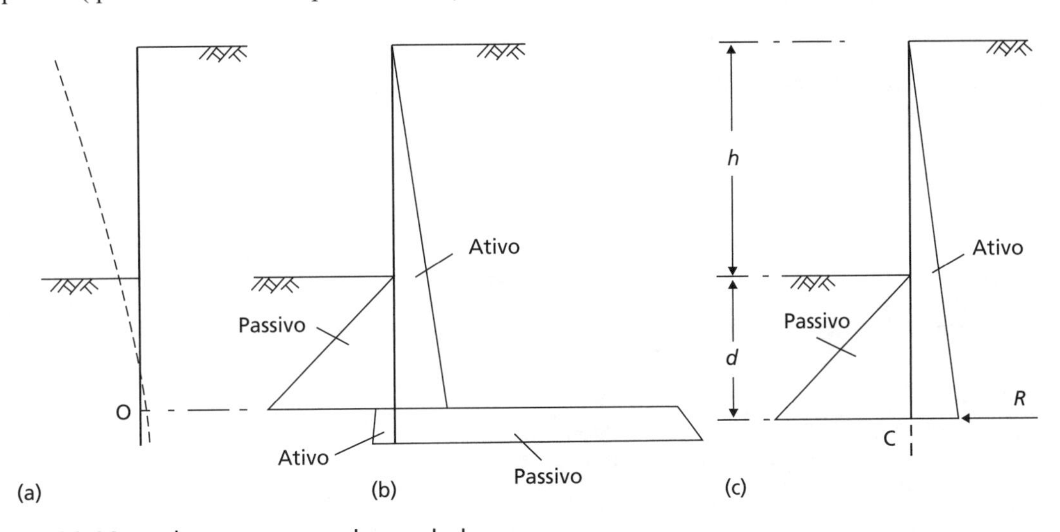

Figura 11.26 Muro de estacas-prancha em balanço.

Muros ancorados e escorados

Geralmente, estruturas desse tipo são cortinas de estacas-prancha de aço ou paredes diafragma de concreto armado, cuja construção é descrita na Seção 11.10; entretanto, também podem ser usadas estacas secantes para formar um muro (cortina), que seria ancorado ou escorado. O suporte adicional a muros engastados é fornecido por meio de **tirantes** (ancoragens) ou escoras próximos ao topo do muro, conforme ilustra a Figura 11.27a. Os tirantes costumam

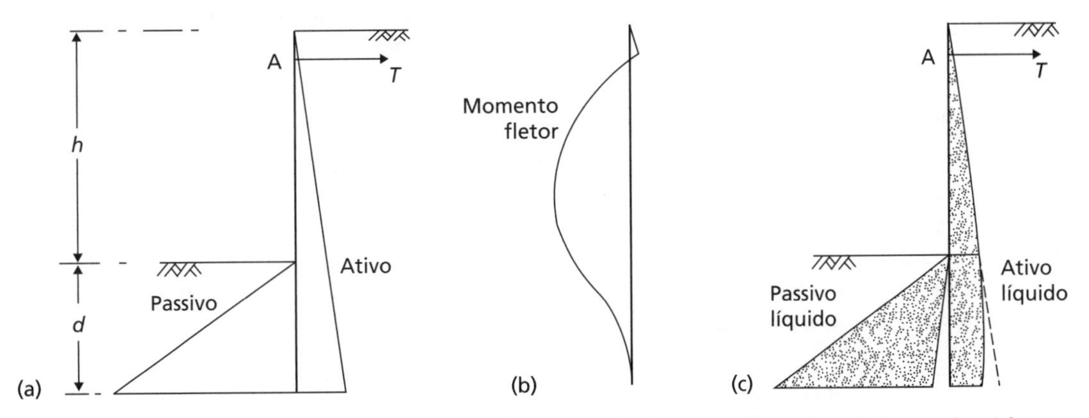

Figura 11.27 Cortina de estacas-prancha ancorada: método de apoio livre (também conhecido como método do apoio simples ou método da extremidade livre).

ser de cabos ou barras de aço de alta resistência à tração, ancorados no solo a certa distância atrás do muro. Os muros desse tipo são usados de forma extensiva como apoio para escavações profundas e em construções à beira-mar. No caso de cortinas de estacas-prancha, há dois modelos básicos de construção. Os muros escavados são construídos pela cravação de uma linha de estacas-prancha, seguida de escavação ou dragagem até a profundidade desejada na sua frente. Os muros com retroaterro são construídos por cravação parcial, seguida de retroaterro até a altura desejada por trás da cortina (ver a Seção 11.6). No caso de paredes diafragma, a escavação ocorre na frente da parede após ela ter sido moldada *in situ*. A estabilidade se deve à resistência passiva desenvolvida na frente da parede somada às reações de apoio nos tirantes ou escoras.

Os estados limites a serem considerados incluem os listados anteriormente para muros em balanço (cantiléver). Além deles, os dois a seguir devem ser considerados:

ELU-7 Falha estrutural das ancoragens/tirantes pelo arrancamento do solo (muros ancorados com tirantes apenas tracionados). Isso é basicamente uma verificação da resistência da interface solo–tirante.

ELU-8 Falha estrutural nos tirantes/escoras. Nas escoras carregadas em compressão, poderia ocorrer a falha por flambagem; em ancoragens, poderia ocorrer a falha por ruptura. Isso é basicamente uma verificação da resistência estrutural do tirante/escora em si.

Um estado limite de serviço adicional é

ELS-3 O deslocamento dos tirantes/escoras deve ser mínimo.

Esses estados limites adicionais são descritos com mais detalhes na Seção 11.8.

As consequências de não atender a esses estados limites podem ser graves. Em 20 de abril de 2004, uma seção escorada com 33 m de profundidade de uma escavação entrou em colapso em Cingapura (Figura 11.28). A falha estrutural da estrutura de contenção levou ao colapso de uma região de solo com 150 m × 100 m em planta e 30 m de profundidade, tornando a estrada adjacente (Nicoll Highway) intrafegável pelos 8 meses seguintes. Dos trabalhadores da construção que estavam na escavação no momento do acidente, quatro foram mortos, outros três ficaram feridos. As causas do colapso foram identificadas como subestimativa das forças de empuxo que atuavam na estrutura de contenção (ELU-1/2) associada ao projeto estrutural inadequado da conexão escora–estrutura (ELU-8). Observou-se a deformação excessiva da estrutura de contenção antes do colapso, mas não foram tomadas providências para corrigir o problema.

Figura 11.28 Colapso da Nicoll Highway, Cingapura.

Análise de apoio livre para cortinas atirantadas/escoradas

Admite-se que a profundidade enterrada (engastamento) abaixo do nível da escavação seja insuficiente para produzir a fixação na extremidade inferior do muro (cortina). Dessa forma, este fica livre para girar em torno de sua extremidade inferior, e, em consequência, o momento fletor assume a forma apresentada na Figura 11.27b. Para satisfazer ao estado limite de rotação ELU-2, a soma dos momentos estabilizantes ou restauradores (ΣM_R ponderados como resistências) em torno da ancoragem ou escora deve ser maior ou igual à soma dos momentos de tombamento (ΣM_A ponderados como ações), isto é,

$$\sum M_A \le \sum M_R \tag{11.67}$$

O ELU-1 é, então, verificado, examinando o equilíbrio das forças horizontais. Para esse estado limite, as forças de empuxo ativas atrás do muro ainda são as ações (fazendo com que o muro se afaste), ao passo que a força no tirante/

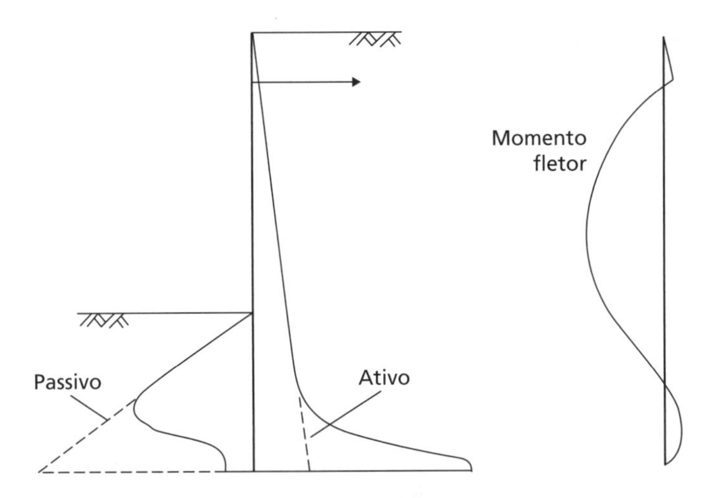

Figura 11.29 Cortina de estacas–prancha ancorada: distribuição de pressões sob condições de serviço.

escora e as de empuxo passivo sejam as resistências. Isso fornece a resistência mínima que o tirante/escora deve ser capaz de proporcionar para satisfazer ao ELU-1. As forças nessas escoras são, assim, as ações características nesses elementos para verificar o ELU-7 e o ELU-8. A distribuição dos empuxos líquidos no muro usando o sistema final de atirantamento/escoramento é determinada, então, sob as condições de carga de serviço (todos os coeficientes de ponderação = 1,00), a fim de fornecer os carregamentos característicos para a verificação da estabilidade estrutural do muro (ELU-6). Por fim, se adequado, as forças verticais no muro são calculadas e verificadas usando os métodos do Capítulo 9, sendo uma exigência que a força dirigida para baixo (por exemplo, o componente da força em um tirante inclinado) não seja maior do que a resistência de atrito (dirigida para cima) existente entre o muro e o solo no lado passivo, menos a força de atrito (dirigida para baixo) no lado ativo (ELU-3).

Ao aplicar a análise de apoio livre no projeto de ELU, os empuxos ativos (efetivos) que resultam em momentos de tombamento são considerados ações e ponderados de acordo (da mesma forma que para estruturas de contenção de gravidade). Os empuxos passivos que agem na frente do muro e que originam momentos restauradores são tratados como resistências. Os coeficientes de ponderação para a resistência do empuxo $\gamma_{Re} = 1{,}00$ para os conjuntos R1 e R3 e 1,40 para o conjunto R2. Esses coeficientes estão presentes na folha de referência rápida do EC7 no site da LTC Editora que complementa este livro. A distribuição da poropressão líquida em um muro enterrado sempre será um momento de tombamento e, portanto, é tratada como uma ação.

Deve-se observar que a resistência passiva completa só é desenvolvida sob condições de equilíbrio limite, isto é, quando a estrutura está prestes a entrar em colapso. Em condições de serviço, trabalhos analíticos e experimentais indicaram a possibilidade de que a distribuição de pressões laterais seja da forma mostrada na Figura 11.29, com a resistência passiva sendo mobilizada por completo nas proximidades da superfície inferior. A profundidade extra de cravação exigida para fornecer a segurança adequada resulta em um momento parcial de fixação na extremidade inferior do muro e, como consequência, em um momento fletor máximo menor do que o valor no equilíbrio limite ou em condições de colapso. Em face das incertezas a respeito da distribuição de pressões em condições de serviço, recomenda-se que os momentos fletores e a força do tirante ou escora em condições de equilíbrio limite sejam usados no projeto estrutural do muro. Dessa forma, a força calculada no tirante ou escora deve ser aumentada em 25% a fim de permitir a possível redistribuição de pressões em virtude do arqueamento (veja a seguir). Os momentos fletores devem ser calculados da mesma forma que o caso de muros em balanço (cantiléver).

O comportamento de um muro ancorado também sofre influência de seu grau de flexibilidade ou rigidez. No caso de cortinas flexíveis de estacas-prancha, resultados experimentais e analíticos indicam que ocorre a redistribuição da pressão lateral. As pressões nas partes do muro que se deslocam (entre o tirante e o nível da escavação) são reduzidas, e aquelas nas partes que não se deslocam (nas vizinhanças do tirante e abaixo do nível da escavação) são aumentadas em relação aos valores teóricos, conforme ilustra a Figura 11.30. Essas redistribuições de pressão lateral são o resultado do fenômeno conhecido como **arqueamento** (ou

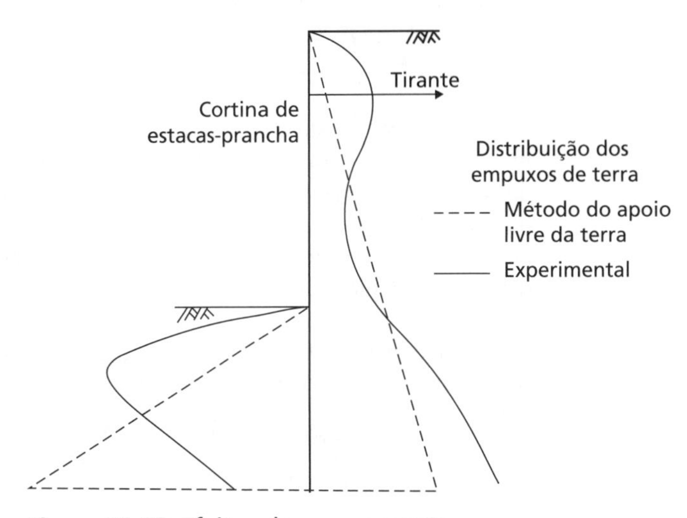

Figura 11.30 Efeitos de arqueamento.

efeito de arco). Não ocorrem tais redistribuições no caso de muros rígidos, como paredes diafragma de concreto (Seção 11.10).

O efeito de arco foi definido por Terzaghi (1943) da seguinte maneira:

> Se parte do suporte de uma massa de solo se deslocar enquanto o restante permanece no lugar, o solo adjacente à parte deslocada se afastará de sua posição original entre as massas de solo adjacentes estacionárias. O movimento relativo dentro do solo encontra oposição da resistência ao cisalhamento dentro da zona de contato entre as massas que se deslocam e as estacionárias. Como a resistência ao cisalhamento tende a manter a massa que se desloca em sua posição original, a pressão na parte do suporte que se desloca é reduzida, e aquela nas partes estacionárias é aumentada. Essa transferência de pressão de uma parte que se desloca para as adjacentes de uma massa de solo que não se movem é chamada efeito de arco ou arqueamento. Este também ocorre quando uma parte de um suporte se desloca mais do que as adjacentes.

As condições para o arqueamento estão presentes nas cortinas de estacas-prancha ancoradas quando elas se curvam. Se ocorrer o deslocamento da ancoragem (ELU–7), os efeitos de arco são reduzidos a um certo valor que depende da grandeza do deslocamento. No lado passivo do muro, a pressão é aumentada logo abaixo do nível da escavação em consequência de maiores deformações no interior do solo. No caso de muros com retro-aterro, o arqueamento é efetivo apenas em parte até que o aterro esteja acima do nível do tirante. Os efeitos do arqueamento são muito maiores em areias do que em siltes ou argilas e maiores em areias compactas do que em areias fofas.

Em geral, as redistribuições de empuxos de terra resultam em momentos fletores menores do que aqueles obtidos pelo método de análise de apoio livre; quanto maior a flexibilidade do muro, maior a redução do momento. No entanto, para muros rígidos, como paredes diafragma, formados por escavação em solos com alto valor de K_0 (no intervalo 1–2), como argilas sobreadensadas, Potts e Fourie (1984, 1985) mostraram que tanto o momento fletor máximo quanto a força na escora podem ser muito maiores do que aqueles obtidos usando o método do apoio livre.

Distribuição da pressão neutra

Os muros enterrados costumam ser analisados em termos de tensões efetivas. É importante, por isso, ter cuidado ao decidir a distribuição apropriada da pressão neutra (poropressão). Várias situações diferentes estão ilustradas na Figura 11.31.

Se os níveis do lençol freático forem os mesmos em ambos os lados do muro, as distribuições de pressões neutras serão hidrostáticas e irão se equilibrar (Figura 11.31a); dessa forma, elas podem ser eliminadas dos cálculos, uma vez que os empuxos e momentos resultantes causados pela água dos poros em ambos os lados do muro irão se equilibrar.

Se os níveis de lençol freático forem diferentes e se forem desenvolvidas e mantidas condições de percolação permanente, as distribuições nos dois lados do muro estarão desequilibradas. Em cada um, elas podem ser combinadas em uma única distribuição de pressão líquida, porque não há coeficiente de empuxo envolvido. A distribuição líquida na parte de trás do muro poderia ser determinada a partir da rede de fluxo, conforme ilustrou o Exemplo 2.2, ou usando a planilha do método das diferenças finitas (MDF) que acompanha o Capítulo 2. No entanto, em muitas situações, pode-se obter uma distribuição aproximada, ABC na Figura 11.31b, ao admitir que a carga total se dissipa de maneira uniforme ao longo das superfícies traseira e dianteira do muro entre os dois níveis de lençol freático. A pressão líquida máxima ocorre no lado oposto ao do nível mais baixo de lençol freático e, com base na Figura 11.31b, é dada por

$$u_{\mathrm{C}} = \frac{2ba}{2b+a}\gamma_{\mathrm{w}} \tag{11.68}$$

Em geral, esse método aproximado subestimará a pressão neutra líquida, em especial, se a base do muro estiver mais ou menos próxima do limite inferior da região de fluxo (isto é, se houver grandes diferenças nos tamanhos dos quadrados curvilíneos na rede de fluxo próxima à base do muro). A aproximação não deve ser usada no caso de uma escavação rasa entre duas linhas de estacas-prancha na qual os quadrados curvilíneos sejam relativamente pequenos (e a pressão de percolação seja relativamente alta) e se aproximem da base da escavação. Nesses casos, deve-se usar a planilha do método das diferenças finitas (MDF) ou uma rede de fluxo.

A Figura 11.31c mostra uma lâmina d'água na frente do muro, com o nível d'água estando abaixo do lençol freático que atua atrás daquele. Nesse caso, deve-se usar a distribuição aproximada DEFG em combinações adequadas, sendo a pressão líquida em G dada por

$$u_{\mathrm{G}} = \frac{(2b+c)a}{2b+c+a}\gamma_{\mathrm{w}} \tag{11.69}$$

Se $c = 0$, a Equação 11.69 se reduz à Equação 11.68.

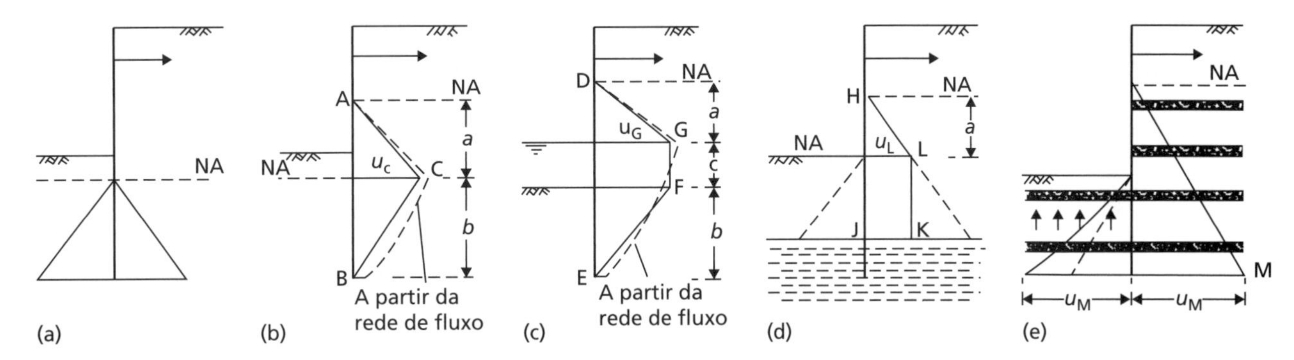

Figura 11.31 Várias distribuições de pressão neutra.

A Figura 11.31d mostra um muro construído, sobretudo, em um solo de permeabilidade relativamente alta, mas penetrando uma camada de baixa permeabilidade (geralmente, argila). Isso pode ser feito para reduzir a quantidade de percolação embaixo do muro, usando o solo de baixa permeabilidade como uma barreira natural para a percolação. Se as condições não drenadas forem válidas dentro da argila, a pressão da água nos poros do solo sobrejacente será hidrostática, e a distribuição de pressões líquidas será HJKL, de acordo com o ilustrado, em que

$$u_L = a\gamma_w \tag{11.70}$$

A Figura 11.31e mostra um muro construído em um solo de baixa permeabilidade (por exemplo, argila) que contém camadas finas ou intercalações de material de alta permeabilidade (por exemplo, areia ou silte). Nesse caso, deve-se admitir que a areia ou silte permite que água sob pressão hidrostática alcance a superfície traseira do muro. Isso significa haver pressão maior do que a hidrostática e, em consequência, percolação de baixo para cima na frente do muro (ver Seção 3.7).

Para situações de curto prazo de muros em argila (por exemplo, durante ou logo após a escavação), existe a possibilidade de desenvolvimento de fendas (rachaduras) de tração ou abertura de fissuras. Se tais fendas ou fissuras forem preenchidas com água, deve-se admitir pressão hidrostática ao longo da profundidade em questão. A água nas fendas ou fissuras também causaria amolecimento da argila, que ocorreria nas proximidades da superfície do solo na frente do muro, em virtude do alívio de tensões na escavação. Uma análise de tensões efetivas asseguraria um projeto seguro no caso de ocorrer um amolecimento rápido da argila ou se os trabalhos fossem retardados durante um estágio temporário da construção.

Em condições de percolação constante, o uso da aproximação de que a carga total é dissipada de maneira uniforme ao longo do muro traz a consequente vantagem de que a pressão de percolação não será modificada. Para as condições mostradas na Figura 11.31b, por exemplo, a pressão de percolação em qualquer profundidade é

$$j = \frac{a}{2b + a}\gamma_w \tag{11.71}$$

Dessa forma, o peso específico efetivo do solo abaixo do nível do lençol freático seria aumentado para $\gamma' + j$ atrás do muro, onde a percolação acontece de cima para baixo, e reduzido para $\gamma' - j$ na frente dele, onde a percolação acontece de baixo para cima. Esses valores devem ser usados no cálculo das pressões ativas e passivas, respectivamente, se as condições da água no solo forem tais que permitam manter a percolação constante. Dessa forma, as pressões ativas são aumentadas, e as passivas, diminuídas em relação aos seus valores estáticos correspondentes.

Exemplo 11.6

Os lados de uma escavação de 2,25 m de profundidade em areia devem ser suportados por uma cortina de estacas-prancha em balanço (cantiléver), estando o nível do lençol freático 1,25 m abaixo do fundo da escavação. O peso específico da areia acima do nível do lençol freático é 17 kN/m³, e, abaixo, o peso específico saturado é 20 kN/m³. Os parâmetros de resistência característicos são $c' = 0$, $\phi' = 35°$ e $\delta' = 0$. Permitindo uma pressão de sobrecarga de 10 kPa na superfície, determine a profundidade enterrada (de engastamento) exigida para que o estaqueamento atenda aos estados limites de rotação (ELU-2) e de translação (ELU-1) do Eurocode 7, DA1b.

Solução

Abaixo do lençol freático, o peso específico efetivo do solo é (20 – 9,81) = 10,2 kN/m³. A fim de permitir uma possível escavação futura, o nível do solo deve ser reduzido em 10% da altura suportada de 2,25 m, isto é, em 0,225 m. Dessa forma, a profundidade de escavação se torna 2,475 m, ou seja, por volta de 2,50 m, e o nível do lençol freático estará 1,00 m abaixo disso.

As dimensões de projeto e os diagramas de empuxo da terra são mostrados na Figura 11.32. As distribuições de pressões hidrostáticas nos dois lados do muro se equilibram e podem ser eliminadas dos cálculos (não está ocorrendo percolação). Aplicando os coeficientes de ponderação:

- os empuxos de terra ativos no lado represado ou arrimado (2–4 na Figura 11.32) são ações permanentes desfavoráveis (fazendo com que o muro gire ou deslize).
- o empuxo horizontal causado pela sobrecarga (1 na Figura 11.32) é uma ação variável desfavorável.
- os empuxos passivos na frente do muro (5–7 na Figura 11.32) são tratados como resistências (uma vez que se opõem à rotação ou ao deslizamento do muro) e recebem o coeficiente γ_{Re}.

O procedimento é verificar a estabilidade de rotação aplicando, inicialmente, a Equação 11.67 em torno do ponto C. O valor de projeto de ϕ' para o DA1b é tg^{-1} (tg 35°/1,25) = 29°. Os valores correspondentes de K_a e K_p são 0,35 e 2,88, respectivamente, usando as Equações 11.5 e 11.7, ou 11.23 e 11.27. Os valores de projeto (ponderados) das forças, dos braços de alavanca e dos momentos são apresentados na Tabela 11.4.

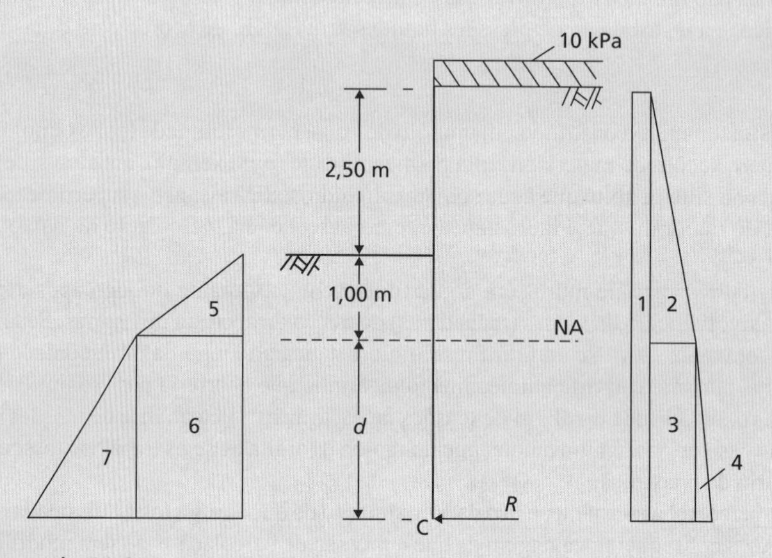

Figura 11.32 Exemplo 11.6.

Tabela 11.4 Exemplo 11.6

	Força (kN/m)	*Braço de alavanca (m)*	*Momento (kNm/m)*
	Ações (H_A, M_A):		
(1)	$0,33 \cdot 10 \cdot (d + 3,5) \cdot 1,30 = 4,29d + 15,02$	$\frac{d + 3,5}{2}$	$2,15d^2 + 15,02d + 26,29$
(2)	$\frac{1}{2} \cdot 0,33 \cdot 17 \cdot 3,5^2 \cdot 1,00 = 34,36$	$d + \frac{3,5}{3}$	$34,36d + 40,09$
(3)	$0,33 \cdot 17 \cdot 3,5 \cdot d \cdot 1,00 = 19,64d$	$\frac{d}{2}$	$9,82d^2$
(4)	$\frac{1}{2} \cdot 0,33 \cdot 10,2 \cdot d^2 \cdot 1,00 = 1,68d^2$	$\frac{d}{3}$	$0,56d^3$
	Resistências (H_R, M_R):		
(5)	$\frac{\frac{1}{2} \cdot 2,88 \cdot 17 \cdot 1,0^2}{1,00} = 24,48$	$d + \frac{1,0}{3}$	$24,48d + 8,16$
(6)	$\frac{2,88 \cdot 17 \cdot 1 \cdot d}{1,00} = 48,96d$	$\frac{d}{2}$	$24,48d^2$
(7)	$\frac{\frac{1}{2} \cdot 2,88 \cdot 10,2 \cdot d^2}{1,00} = 14,69d^2$	$\frac{d}{3}$	$4,90d^3$

Aplicando a Equação 11.67 para verificar o ELU-2, a profundidade mínima de cravação ou engastamento irá simplesmente atender ao ELU, portanto

$$\sum M_A = \sum M_R$$

$$0{,}56d^3 + 11{,}97d^2 + 49{,}38d + 66{,}38 = 4{,}90d^3 + 24{,}48d^2 + 24{,}48d + 8{,}16$$

$$0 = 4{,}34d^3 + 12{,}51d^2 - 24{,}9d - 58{,}22$$

A equação cúbica resultante pode ser resolvida por métodos usuais, fornecendo $d = 2{,}27$ m. Dessa forma, a profundidade exigida de cravação considerando a profundidade adicional do muro exigida abaixo de C e de sobre-escavação = 1,2(2,27 + 1,00) + 0,25 = 4,18 m, ou seja, em torno de 4,20 m.

Para verificar o ELU-1, considera-se o equilíbrio horizontal com $d = 2{,}27$ m para examinar se R é suficiente para a fixação, em relação à resistência passiva líquida disponível ao longo da profundidade adicional de cravação de 20%. A partir da Figura 11.32,

$$R + \sum H_A = \sum H_R$$

$$R = 24{,}48 + (48{,}96 \cdot 2{,}27) + (14{,}69 \cdot 2{,}27^2) - (4{,}29 \cdot 2{,}27 + 15{,}02) - 34{,}36 - (19{,}64 \cdot 2{,}27) - (1{,}68 \cdot 2{,}27^2)$$

$$= 99{,}0\,\text{kN/m}$$

O empuxo passivo age na parte de trás do muro entre a profundidade de 5,77 m (profundidade de R) e sua base a 6,70 m (ver a Figura 11.26b), enquanto o empuxo ativo age na frente dele ao longo da mesma distância. Sendo assim, o empuxo passivo líquido a meia altura entre R e a base do muro (6,24 m) é

$$p'_p - p'_a = [2{,}88 \cdot 10 \cdot 6{,}24 + 2{,}88 \cdot 17 \cdot 3{,}5 + 2{,}88 \cdot 10{,}2 \cdot (6{,}24 - 3{,}5)] - [0{,}35 \cdot 17 \cdot 1 + 0{,}35 \cdot 10{,}2 \cdot (6{,}24 - 3{,}5)]$$

$$= 415{,}8\,\text{kPa}$$

A resistência passiva líquida disponível ao longo da profundidade adicional de cravação ($P_{p,\,\text{líquida}}$) deve, então, ser maior ou igual a R para atender ao ELU-1:

$$P_{p,\,\text{líquida}} = 415{,}8 \cdot (6{,}70 - 5{,}77)$$

$$= 386{,}7\,\text{kN/m}$$

$P_{p,\,\text{líquida}} > R$, portanto o ELU-1 está atendido.

O procedimento já detalhado poderia, assim, ser repetido para quaisquer outros métodos de projeto, conforme a necessidade, alterando-se os coeficientes de ponderação aplicados na Tabela 11.4.

Exemplo 11.7

A Figura 11.33 mostra um muro escorado de cantiléver que suporta os lados de uma escavação em argila rija. O peso específico saturado da argila (acima e abaixo do nível do lençol freático) é 20 kN/m³. Os valores de projeto dos coeficientes ativo e passivo de empuxo lateral são 0,30 e 0,42, respectivamente. Admitindo condições de percolação constante, determine a profundidade necessária de cravação (engastamento) para que o muro fique estável (use EC7 DA1b). Determine também a força em cada escora.

Solução

As distribuições de empuxos e de pressão neutra líquida (admitindo diminuição uniforme da carga total em torno do muro de acordo com a Figura 11.31b) são mostradas na Figura 11.33.

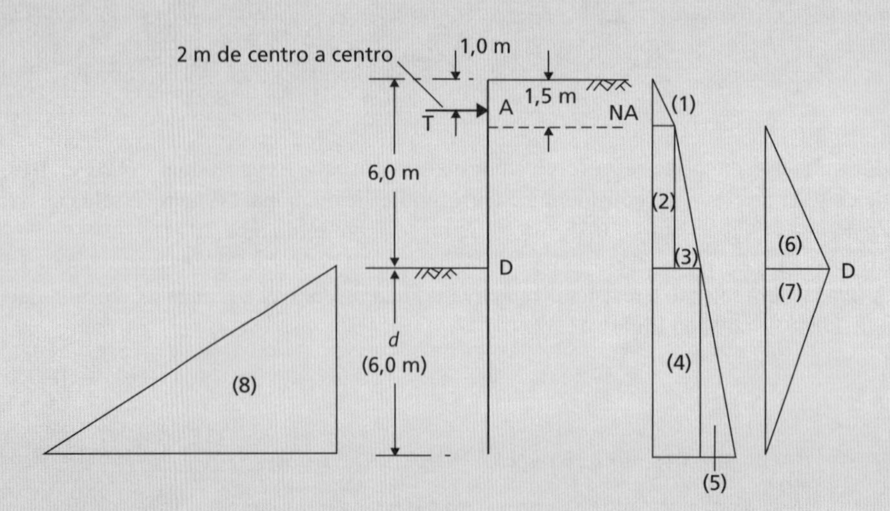

Figura 11.33 Exemplo 11.7.

A pressão líquida máxima no nível D, usando a Equação 11.68, é:

$$u_D = \frac{2 \cdot d \cdot (6{,}0 - 1{,}5)}{2 \cdot d + (6{,}0 - 1{,}5)} \cdot 9{,}81 = \frac{88{,}3d}{2d + 4{,}5} \text{ kPa}$$

e a pressão média de percolação é

$$j = \frac{(6{,}0 - 1{,}5)}{2 \cdot d + (6{,}0 - 1{,}5)} \cdot 9{,}81 = \frac{44{,}1}{2d + 4{,}5} \text{ kPa}$$

Dessa forma, abaixo do nível do lençol freático, as forças ativas são calculadas usando um peso específico efetivo de

$$(\gamma' + j) = 10{,}2 + \frac{44{,}1}{2d + 4{,}5} \text{ kN/m}^3$$

e as forças passivas são calculadas usando um peso específico efetivo de

$$(\gamma' + j) = 10{,}2 - \frac{44{,}1}{2d + 4{,}5} \text{ kN/m}^3$$

Se as forças, braços de alavanca e momentos forem expressos em termos da profundidade desconhecida de cravação d, seriam obtidas expressões algébricas complexas; dessa forma, é preferível admitir, por tentativas, uma série de valores arbitrados de d e verificar o ELU-2 para cada um deles. Se o ELU for atendido no valor inicial, devem-se arbitrar outros mais, reduzindo d até que o ELU não seja atendido. Similarmente, se o ELU não for atendido no primeiro valor, devem-se arbitrar outros, aumentando d até que o ELU seja atendido. Em qualquer caso, o valor final em que o ELU é atendido de forma exata representa o valor mínimo de d. Para evitar o aparecimento da força desconhecida na escora, T, o ELU-2 é verificado calculando-se os momentos em torno do ponto A, através do qual T age.

Adotando esse procedimento, um valor arbitrado de $d = 6{,}0$ m é selecionado de início. Dessa forma, $u_D = 32{,}1$ kPa, $(\gamma' + j) = 12{,}9$ kN/m³ e $(\gamma' - j) = 7{,}5$ kN/m³. Os empuxos ativos geram momentos desestabilizadores e são ponderados como ações permanentes desfavoráveis como antes. A pressão líquida causada pela percolação também age nessa direção e é ponderada da mesma forma. Os empuxos passivos são ponderados como resistências. De acordo com o DA1b, todos esses coeficientes são 1,00; entretanto, eles são incluídos nos cálculos a seguir a fim de manter as expressões completas. Os cálculos para $d = 6{,}00$ m são, então, mostrados na Tabela 11.5, a partir dos quais $\Sigma M_A = 3068{,}3$ kNm/m $< \Sigma M_R = 5103{,}0$, satisfazendo ao ELU-2 e sugerindo que d pode ser reduzido a fim de produzir um projeto mais eficiente.

Os cálculos podem ser inseridos em uma planilha como uma tabela similar à anterior, mas como uma função de d. Uma ferramenta de otimização (por exemplo, Solver no MS Excel) pode, então, ser usada para encontrar o valor de d, fazendo com que o ELU-2 seja atendido de forma precisa. Um exemplo desse método é fornecido no site da LTC Editora complementar a este livro, para o qual $d = 4{,}57$ m (para DA1b). O uso de uma planilha simplifica a consideração de outros métodos de projeto, já que será necessário apenas modificar os coeficientes de ponderação de maneira adequada e fazer outra vez a otimização.

A carga suportada pela escora deve, então, ser calculada com base no equilíbrio limitador (horizontal). A planilha usada para encontrar o valor ótimo de d também serve para verificar isso, e, a partir dela, $T = 122{,}2$ kN/m. Multiplicando o valor calculado por 1,25 para permitir o efeito de arco, a força em cada escora quando espaçadas de 2 m de centro a centro é

$$1{,}25 \cdot 2 \cdot 122{,}2 = 306\,\text{kN}$$

Tabela 11.5 Exemplo 11.7 (caso d = 6,0 m)

	Força (kN/m)		*Braço de alavanca (m)*	*Momento (kNm/m)*
	Ações (H_A, M_A):			
(1)	$\frac{1}{2}\cdot 0{,}30\cdot\left(\frac{20}{1{,}00}\right)\cdot 1{,}5^2 \times 1{,}00$	= 6,8	0,00	= 0,0
(2)	$0{,}30\cdot\left(\frac{20}{1{,}00}\right)\cdot 1{,}5\cdot 4{,}5\cdot 1{,}00$	= 40,5	2,75	= 111,4
(3)	$\frac{1}{2}\cdot 0{,}30\cdot\left(\frac{12{,}9}{1{,}00}\right)\cdot 4{,}5^2 \times 1{,}00$	= 39,2	3,50	= 137,2
(4)	$0{,}30\cdot\left[\left(\frac{20}{1{,}00}\cdot 1{,}5\right)+\left(\frac{12{,}9}{1{,}00}\cdot 4{,}5\right)\right]\cdot 6{,}0\cdot 1{,}00$	= 158,2	8,00	= 1265,6
(5)	$\frac{1}{2}\cdot 0{,}30\cdot\left(\frac{12{,}9}{1{,}00}\right)\cdot 6{,}0^2 \times 1{,}00$	= 69,7	9,00	= 627,3
(6)	$\frac{1}{2}\cdot 32{,}1\cdot 4{,}5\cdot 1{,}00$	= 72,2	3,50	= 252,7
(7)	$\frac{1}{2}\cdot 32{,}1\cdot 6{,}0\cdot 1{,}00$	= 96,3	7,00	= 674,1
	Resistências (H_R, M_R):			
(8)	$\dfrac{\frac{1}{2}\cdot 4{,}2\cdot\left(\frac{7{,}5}{1{,}00}\right)\cdot 6{,}0^2}{1{,}00}$	= 567,0	9,00	= 5103,0

11.8 Ancoragens no solo

Em geral, os tirantes são ancorados em vigas, placas ou blocos de concreto (também conhecidos como DMA, ou *deadman anchors*), colocados a alguma distância atrás do muro (Figura 11.34a). A força no tirante obtida em uma análise de apoio livre (T) é suportada pela resistência passiva desenvolvida na frente da ancoragem, reduzida pelo empuxo ativo que age na parte traseira. Para evitar a possibilidade de ruptura progressiva de uma linha de tirantes, deve-se admitir que qualquer um deles isolado poderia apresentar falha estrutural, por ruptura ou por se soltar, e que sua carga poderia ser redistribuída com segurança para os dois tirantes adjacentes. Em consequência, recomenda-se que um coeficiente de carregamento de pelo menos 2,0 seja aplicado à força do tirante, além de quaisquer coeficientes de ponderação envolvidos nas verificações do ELU. As seções a seguir descrevem os modelos de cálculo para determinação da resistência ao arrancamento de ancoragens (T_f) para verificação do ELU-7. Os valores de norma dos coeficientes de ponderação que devem ser aplicados a essa resistência, de acordo com o Eurocode 7, são $\gamma_{Ra} = 1{,}10$ para os conjuntos R1 e R2 e 1,00 para o conjunto R3. Esses coeficientes estão incluídos na folha de consulta rápida do EC7 no site da LTC Editora que complementa este livro. Para que o ELU-7 seja atendido:

$$T \leq T_f \tag{11.72}$$

Ancoragens com placas

Se a largura (b) da ancoragem não for menor do que metade da profundidade (d_a) da superfície até sua base, pode-se admitir que a resistência passiva é desenvolvida ao longo do comprimento d_a. A ancoragem deve estar localizada além do plano YZ (Figura 11.34a) para assegurar que sua cunha passiva não se sobreponha à cunha ativa atrás do muro.

A equação de equilíbrio para uma ancoragem no solo na ruptura (para o ELU-7) é

$$T_f = \frac{1}{2}\left(K_p - K_a\right)\gamma d_a^2 l - K_a \sigma_q d_a l \tag{11.73}$$

em que l = comprimento da ancoragem por tirante e σ_q = pressão de sobrecarga na superfície.

Tirantes ancorados no solo

Cabos tracionados, fixados ao muro e ancorados em uma massa de calda de cimento (*grout*) ou solo injetado com essa calda (Figura 11.34b) também são outros meios de suporte. Eles são conhecidos como **tirantes ancorados no solo**. Em geral, eles consistem em um cabo ou barra de aço de alta resistência, chamado tendão, que tem uma extremidade fortemente presa ao solo por uma massa de calda de cimento ou de solo injetado com ela; a outra extremidade do tendão é ancorada em uma placa de apoio na unidade estrutural a ser suportada. Apesar de a principal aplicação das ancoragens no solo se dar na construção de tirantes para paredes diafragma ou cortinas de estacas–prancha, outras aplicações são ancoragem de estruturas sujeitas a tombamento, deslizamento ou flutuação (subpressão), e o fornecimento de reação para provas de carga *in situ*. Os tirantes ancorados no solo podem ser construídos em areia (incluindo areias com pedregulhos e areias siltosas) e argilas rijas e podem ser usados em situações em que se exige apoio temporário ou permanente.

O comprimento do tendão injetado com calda, por meio do qual a força é transmitida para o solo circunvizinho, é chamado de **comprimento da ancoragem fixa**. O comprimento do tendão entre a ancoragem fixa e a placa de apoio é chamado de **comprimento da ancoragem livre**; nenhuma força é transmitida para o solo ao longo dele. Para ancoragens temporárias, o tendão costuma ser engraxado e coberto com uma fita plástica ao longo do comprimento de ancoragem livre. Isso permite o movimento livre do tendão e fornece proteção contra a corrosão. Para ancoragens permanentes, o tendão costuma ser engraxado e revestido com uma bainha de polietileno em condições de fábrica; no local de aplicação, o tendão é retirado da bainha e desengraxado no trecho que constituirá o comprimento da ancoragem fixa.

A carga última que pode ser suportada por uma ancoragem depende da resistência mobilizada (principalmente, do atrito lateral) do solo adjacente ao comprimento da ancoragem fixa. É claro que isso admite que não haverá ruptura prévia na interface calda de cimento–tendão ou no próprio tendão (isto é, o ELU-7 será atingido antes do ELU-8). As ancoragens costumam ser protendidas a fim de reduzir o deslocamento lateral exigido para mobilizar a resistência do solo e para minimizar os movimentos do terreno em geral. Cada ancoragem está sujeita a uma prova de carga depois da instalação, sendo as temporárias normalmente ensaiadas com cargas iguais a 1,2 vez a carga de serviço, e as permanentes, com cargas iguais a 1,5 vez a carga de serviço. Por fim, é realizada a protensão das ancoragens. Em tirantes ancorados no solo, ocorrerão deslocamentos de deformação lenta (*creep*) sob carga constante. Um coeficiente de deformação lenta, definido como o deslocamento pelo logaritmo do tempo, pode ser determinado por intermédio de uma prova de carga.

É fundamental realizar uma investigação ampla em qualquer local onde devem ser instaladas ancoragens no solo. O perfil deste deve ser determinado com precisão, pois são particularmente importantes quaisquer variações no nível e na espessura dos estratos. No caso de areias, deve ser determinada a distribuição granulométrica (tamanho das partículas), a fim de que sejam estimadas a permeabilidade e a aceitabilidade da calda de cimento.

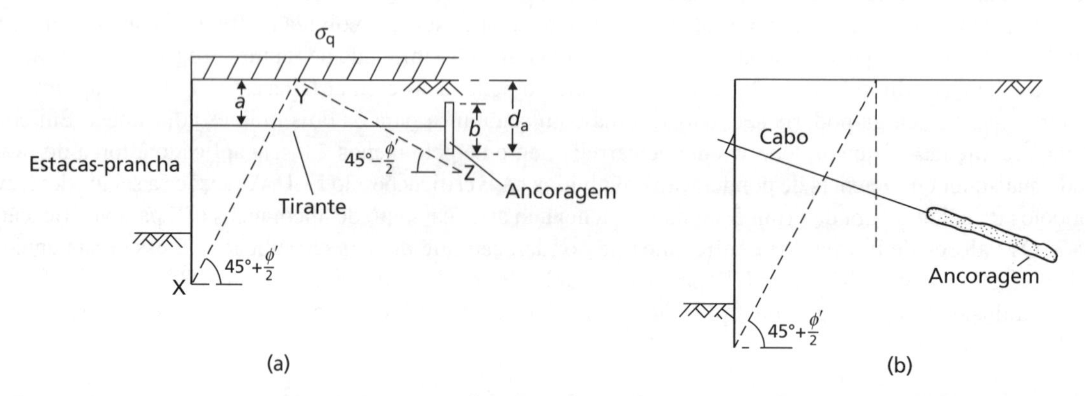

Figura 11.34 Tipos de ancoragens: (a) ancoragem em placa; (b) tirante ancorado no terreno.

Projeto de tirantes ancorados em solos grossos

A sequência de construção costuma ser a seguinte. É feito no solo um furo de sondagem revestido (em geral, com diâmetro na faixa de 75–125 mm) até a profundidade desejada. O tendão é, então, posicionado no furo, e a calda de cimento é injetada sob pressão ao longo do comprimento da ancoragem fixa à medida que o revestimento é retirado. A calda penetra no solo em torno do furo de sondagem até uma distância que depende de sua permeabilidade e da pressão de injeção, formando uma zona de solo injetado, cujo diâmetro pode ser de até quatro vezes o do furo de sondagem (Figura 11.35a). Deve-se tomar o cuidado de assegurar que a pressão de injeção não supere a pressão das camadas do solo acima da ancoragem, caso contrário, pode acontecer o levantamento ou a fissuração. Quando a calda adquirir a resistência necessária, a outra extremidade do tendão é ancorada na placa de apoio. Normalmente, o espaço entre o tendão com bainha e os lados do furo de sondagem, ao longo do comprimento de ancoragem livre, é preenchido com calda de cimento (sob baixa pressão); essa calda fornece ao tendão proteção adicional contra a corrosão.

A resistência última de um tirante ancorado contra o arrancamento (ELU-7) é igual à soma da resistência lateral com a resistência de ponta da massa de terreno injetada. Considerando que o tirante ancorado atue como uma estaca, a seguinte expressão teórica foi proposta:

$$T_f = A\sigma'_v \pi DL \operatorname{tg}\phi' + B\gamma' h \frac{\pi}{4}\left(D^2 - d^2\right) \tag{11.74}$$

em que T_f = capacidade de arrancamento da ancoragem, A = razão entre a pressão normal na interface e a pressão confinante efetiva (basicamente, um coeficiente de empuxo), σ'_v = pressão confinante efetiva adjacente à ancoragem fixa; e B = fator de capacidade de carga.

Sugeriu-se que o valor de A costuma estar no intervalo 1–2. O fator B é análogo ao fator de capacidade de carga N_q no caso de estacas, e foi sugerido que a razão N_q/B está no intervalo 1,3–1,4, usando os valores de N_q de Berezantzev *et al.* (1961) que podem ser encontrados na Figura 9.6. No entanto, não é provável que a Equação 11.74 represente todos os fatores relevantes em um problema complexo. A resistência última também depende dos detalhes da técnica de instalação, e várias fórmulas semiempíricas foram propostas por consultores especialistas, adequadas ao uso com suas técnicas específicas. Um exemplo de tais fórmulas é

$$T_f = Ln \operatorname{tg}\phi' \tag{11.75}$$

Em geral, o valor do fator empírico n está dentro do intervalo 400–600 kN/m para solos grossos e pedregulhos e no intervalo 130–165 kN/m para areias finas e médias.

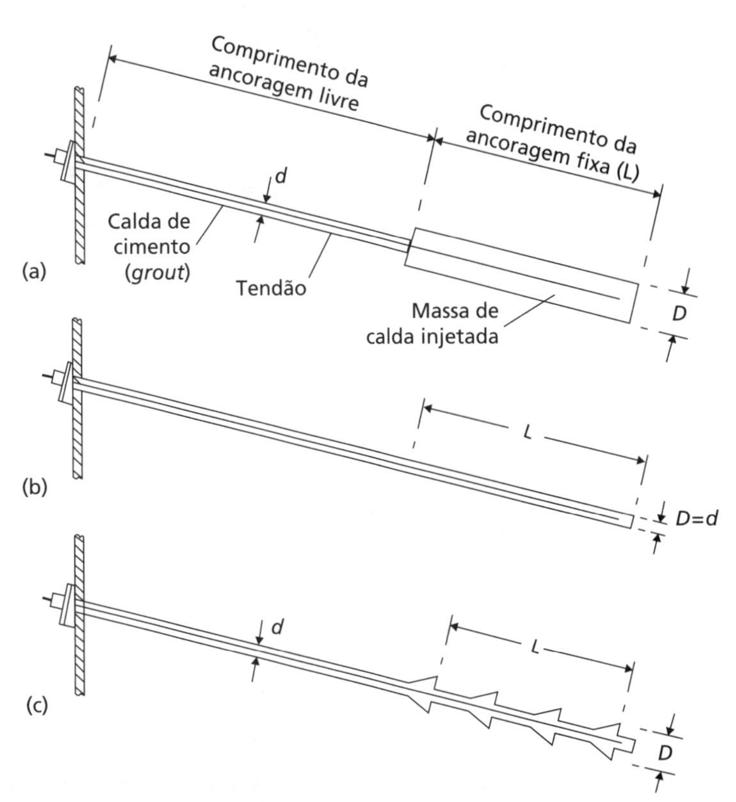

Figura 11.35 Tirantes ancorados no solo: (a) massa de calda de cimento formada por injeção sob pressão; (b) cilindro de calda de cimento; e (c) ancoragem com alargamentos múltiplos.

Projeto de tirantes ancorados em solos finos

A técnica mais simples de construção para tirantes ancorados em argilas rijas é escavar um buraco com um trado até a profundidade desejada, posicionar o tendão e injetar calda no comprimento da ancoragem fixa usando uma tremonha (Figura 11.35b). No entanto, tal técnica produziria uma ancoragem com capacidade de carga mais ou menos baixa, porque é improvável que o atrito lateral na interface calda–argila seja maior do que $0{,}3c_u$ (isto é, $\alpha \leq 0{,}3$).

A capacidade da ancoragem pode ser aumentada pela técnica de injeção de pedregulhos. O furo cavado com trado é preenchido com cascalho ao longo do comprimento de ancoragem fixa, no qual, a seguir, é cravado um revestimento, adaptado a uma ponteira pontiaguda, forçando sua inserção na argila circunvizinha. O tendão é, então, posicionado, e a calda é injetada no cascalho à medida que o revestimento é retirado (deixando para trás a ponteira). Essa técnica resulta em um aumento no diâmetro efetivo da ancoragem fixa (da ordem de 50%) e em um aumento da resistência lateral: pode-se esperar um valor de $\alpha \approx 0{,}6$. Além disso, haverá alguma resistência de ponta. O furo de sondagem é preenchido outra vez com calda de cimento ao longo do comprimento de ancoragem livre.

Outra técnica emprega um dispositivo cortante expansível para formar uma série de alargamentos (ou expansões) no furo feito a trado em intervalos pequenos ao longo do comprimento de ancoragem fixa (Figura 11.35c); o material cavado costuma ser removido por lavagem com água. O cabo é, então, posicionado, e ocorre a injeção da calda. Em geral, pode-se admitir um valor de $\alpha \approx 1$ ao longo da superfície cilíndrica através das extremidades dos alargamentos.

A seguinte fórmula de projeto (análoga à Equação 11.74) pode ser usada para tirantes ancorados em condições não drenadas de solo (no ELU-7):

$$T_f = \pi D L \alpha c_u + \frac{\pi}{4}\left(D^2 - d^2\right) c_u N_c \tag{11.76}$$

em que T_f = capacidade de arrancamento da ancoragem, L = comprimento da ancoragem fixa, D = diâmetro da ancoragem fixa, d = diâmetro do furo de sondagem, α = coeficiente de atrito lateral, e N_c = coeficiente de capacidade de suporte (em geral, admitido como 9). Também se pode considerar a resistência na interface calda de cimento–argila ao longo do comprimento de ancoragem livre.

Exemplo 11.8

A Figura 11.36 mostra detalhes de uma cortina de estacas-prancha ancoradas, assim como os níveis do terreno e do lençol freático utilizados no projeto. Os tirantes estão espaçados em 2,0 m de centro a centro. Acima do nível do lençol freático, o peso específico do solo é 17 kN/m³, e, abaixo dele, o peso específico saturado é 20 kN/m³. Os parâmetros característicos são $c' = 0$, $\phi' = 36°$, e admite-se $\delta' = ½\phi'$. Determine a profundidade de cravação (engastamento) necessária e a capacidade mínima de cada tirante para satisfazer ao ELU de acordo com o Eurocode 7 (DA1b). Projete uma ancoragem contínua para suportar os tirantes.

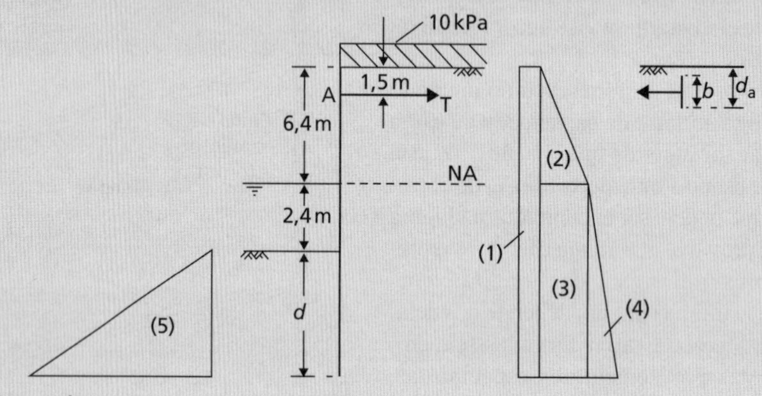

Figura 11.36 Exemplo 11.8.

Solução

De acordo com o DA1b, o valor de projeto $\phi' = \text{tg}^{-1}$ (tg 36°/1,25) = 30°. Em consequência, (para $\delta' = ½\phi'$) $K_a = 0{,}29$ e $K_p = 4{,}6$. Os diagramas de empuxo lateral são mostrados na Figura 11.36. Os níveis do lençol freático nos dois lados da cortina são iguais, portanto as distribuições de pressões hidrostáticas estão em equilíbrio e podem ser eliminadas dos cálculos. As forças e seus braços de alavanca são mostrados na Tabela 11.6. A Força (1) nesta tabela está multiplicada pelo coeficiente de ponderação 1,30, sendo a sobrecarga uma ação variável desfavorável. O coeficiente de ponderação para todas as outras forças, por serem ações permanentes desfavoráveis, é de 1,00.

Aplicando a Equação 11.67 para verificar o ELU-2, a profundidade mínima de cravação (engastamento) irá simplesmente satisfizer ao ELU, assim

$$\sum M_A = \sum M_R$$

$$0{,}99d^3 + 32{,}02d^2 + 312{,}6d + 893{,}12 = 15{,}63d^3 + 171{,}11d^2$$

$$0 = 14{,}64d^3 + 139{,}09d^2 - 312{,}6d - 893{,}12$$

A equação cúbica resultante pode ser resolvida por métodos-padrão, fornecendo d = 3,19 m. Para satisfazer ao ELU–1,

$$\sum H_A = \sum H_R$$

$$1{,}48d^2 + 42{,}41d + 218{,}38 = 23{,}44d^2 + T$$

$$T = -21{,}96 \cdot (3{,}19)^2 + 42{,}41 \cdot (3{,}19) + 218{,}38$$

$$= 130{,}2\,\text{kN/m}$$

Tabela 11.6 Exemplo 11.8

	Força (kN/m)		*Braço de alavanca (m)*
	Ações (H_A, M_A):		
(1)	$1{,}30 \cdot 0{,}29 \cdot 10 \cdot (d + 8{,}8)$	$= 3{,}77d + 33{,}18$	$\frac{1}{2}d + 2{,}9$
(2)	$1{,}00 \cdot \frac{1}{2} \cdot 0{,}29 \cdot \left(\frac{17}{1{,}00}\right) \cdot 6{,}4^2$	$= 100{,}97$	$2{,}77$
(3)	$1{,}00 \cdot 0{,}29 \cdot \left(\frac{17}{1{,}00}\right) \cdot 6{,}4\,(d + 2{,}4)$	$= 31{,}55d + 75{,}72$	$\frac{1}{2}d + 6{,}1$
(4)	$1{,}00 \cdot \frac{1}{2} \cdot 0{,}29 \cdot \left(\frac{20 - 9{,}81}{1{,}00}\right) \cdot 6{,}4\,(d + 2{,}4)^2$	$= 1{,}48d^2 + 7{,}09d + 8{,}51$	$\frac{2}{3}d + 6{,}5$
	Resistências (H_R, M_R):		
(5)	$1{,}00 \cdot \frac{1}{2} \cdot 4{,}6 \cdot \left(\frac{20 - 9{,}81}{1{,}00}\right) \cdot d^2$	$= 23{,}44\,d^2$	$\frac{2}{3}d + 7{,}3$
Tirante		$= T$	0

Em consequência, a força em cada tirante = 2 × 130,2 = 260 kN. A carga de projeto a que a ancoragem deve resistir é 130,2 kN/m. Dessa forma, o valor mínimo de d_a é dado pela Equação 11.73 como

$$\frac{T_f}{l} = \frac{1}{2}\left(K_p - K_a\right)\gamma d_a^2 - K_a \sigma_q d_a$$

$$130{,}2 = \frac{1}{2} \cdot (4{,}6 - 0{,}29) \cdot \left(\frac{17}{1{,}00}\right) \cdot d_a^2 - 0{,}29 \cdot 10 \cdot d_a$$

$$0 = 36{,}64 d_a^2 - 2{,}90 d_a - 130{,}2$$

$$\therefore d_a = 1{,}93\,\text{m}$$

Dessa forma, a dimensão vertical (b) da ancoragem = 2(1,93 – 1,5) = 0,86 m.

11.9 Escavações escoradas

Estacas-prancha ou escoramentos de madeira costumam ser usados para suportar os lados de escavações profundas e rasas, com a estabilidade sendo mantida por meio de escoras através da escavação, conforme ilustra a Figura 11.37a. Em geral, as estacas são cravadas em primeiro lugar, e as escoras são colocadas em estágios à medida que a escavação prossegue. Quando a primeira linha de escoras for instalada, a profundidade da escavação será pequena, e não terá ocorrido movimento significativo da massa de solo. Conforme a profundidade da escavação aumenta, ocorre movimento significativo da massa de solo antes da instalação das escoras, mas a primeira linha delas impede o deslocamento próximo à superfície. A deformação do muro terá, portanto, o formato mostrado na Figura 11.37a, sendo insignificante no topo e aumentando com a profundidade. Dessa forma, o estado de deformação para condições ativas na Figura 11.13 não é satisfeito, e não se pode admitir a ação de empuxos ativos de terra em tais estruturas de contenção. Ocorrerá a ruptura do solo ao longo de uma superfície de deslizamento na forma mostrada na Figura 11.37a, com apenas a parte inferior da cunha de solo na superfície atingindo um estado de equilíbrio plástico e com a parte superior permanecendo em um estado de equilíbrio elástico. Os estados limites mencionados anteriormente para muros escorados devem ser atendidos no projeto; entretanto, como as condições ativas não são mobilizadas, não deve ser usada a análise de apoio simples para determinar as forças nas escoras/estroncas para o ELU-8. Um procedimento alternativo é descrito a seguir. Além disso, tendo em vista que, em geral, o escoramento permite que as escavações atinjam profundidades maiores, haverá um alívio de tensões maior causado pela escavação, o que pode resultar em levantamento do solo na base desta em solos finos (também denominado **levantamento/ruptura de fundo** ou, em inglês, ***basal heave***). Esse estado limite (indicado por ELU-9) é, basicamente, um problema inverso daquele de capacidade de carga (envolvendo o descarregamento em vez do carregamento do solo) e também é descrito a seguir.

Determinação das forças nas escoras

A ruptura de um muro escorado deve-se, em geral, à ruptura inicial de uma das escoras (isto é, no ELU-8), o que resulta em uma ruptura progressiva de todo o sistema. As forças em cada uma das escoras podem ser muito diferentes, porque dependem de fatores aleatórios, como a força com a qual as escoras foram colocadas em seus lugares e o

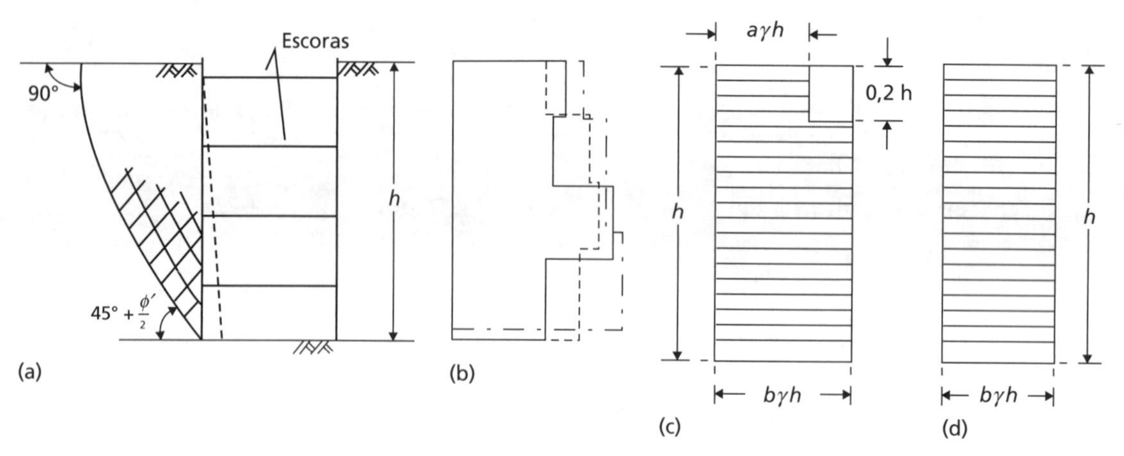

Figura 11.37 Envoltórias dos empuxos para escavações escoradas.

tempo entre a escavação e a instalação delas. O procedimento normal de projeto para muros escorados é semiempírico e se baseia em medidas reais de cargas nas escoras de escavações em areias e argilas em vários locais. Por exemplo, a Figura 11.37b mostra as distribuições aparentes de empuxos de terra geradas por medidas de carregamentos em escoras em três seções de uma escavação escorada em uma areia compacta. Por ser essencial que nenhuma escora isolada falhe, a distribuição de pressões admitida em projeto é considerada como a envoltória que cobre todas as distribuições aleatórias obtidas de medidas de campo. Ela não deve ser interpretada como uma representação da distribuição real do empuxo ao longo da profundidade, mas como um diagrama hipotético de pressões a partir do qual as prováveis cargas máximas características nas escoras podem ser obtidas com algum grau de confiabilidade.

Com base em 81 estudos de caso em vários solos do Reino Unido, Twine e Roscoe (1999) apresentaram as envoltórias de pressões mostradas na Figura 11.37c e 11.37d. Para argilas moles e médias, é proposta uma envoltória da forma mostrada na Figura 11.37c para muros flexíveis (isto é, cortinas de estacas-prancha e cortinas de madeira) e, de maneira experimental, para muros rígidos (isto é, paredes diafragma e muros de estacas contíguas; ver a Seção 11.10). Os valores superior e inferior de pressão são representados por $a\gamma h$ e $b\gamma h$, respectivamente, em que γ é o peso específico total do solo, e h é a profundidade da escavação, incluindo uma folga para levar em conta a sobre-escavação. Para argila mole com os elementos do muro se estendendo até a base da escavação, $a = 0{,}65$ e $b = 0{,}50$. Para argila mole com os elementos do muro enterrados abaixo da base da escavação, $a = 1{,}15$ e $b = 0{,}5$. Para argila média, os valores de a e b são 0,3 e 0,2, respectivamente.

As envoltórias para argilas rijas e muito rijas e para solos grossos são retangulares (Figura 11.37d). Para argilas rijas e muito rijas, o valor de b é 0,3 para muros flexíveis e 0,5 para muros rígidos. Para solos grossos, $b = 0{,}2$, mas, abaixo do nível do lençol freático, a pressão é $b\gamma'H$ (sendo γ' o peso específico submerso), com o acréscimo da ação da carga da pressão hidrostática.

Em argilas, as envoltórias consideram o aumento na carga da escora que acompanha a dissipação da poropressão negativa excedente induzida durante a escavação. As envoltórias estão baseadas em cargas características de escoras, sendo aplicado o coeficiente de ponderação apropriado para fornecer a carga de projeto para verificações estruturais do escoramento no ELU-8. As envoltórias também admitem uma sobrecarga nominal de superfície de 10 kPa no solo arrimado em cada lado da escavação.

Levantamento de fundo

A teoria de capacidade de suporte (Capítulo 8) pode ser aplicada ao problema de ruptura de fundo nas escavações escoradas em solos finos sob condições não drenadas (ELU-9). A aplicação limita-se à análise dos casos nos quais o escoramento é adequado para evitar deformação lateral significativa do solo adjacente à escavação (isto é, quando outras condições de ELU estiverem satisfeitas). Um mecanismo simples de ruptura, originalmente proposto por Terzaghi (1943), está ilustrado na Figura 11.38, sendo 45° o ângulo em a, e sendo bc um arco circular em um material não drenado; assim, o comprimento de ab é $(B/2)/\cos 45°$ (em torno de $0{,}7B$).

Ocorre a ruptura quando a resistência ao cisalhamento do solo é insuficiente para resistir à tensão cisalhante média, que resulta da pressão vertical (p) sobre ac causada pelo peso do solo ($0{,}7\gamma Bh$), somada a qualquer sobrecarga (σ_q) reduzida pela resistência ao cisalhamento em cd ($c_u h$). Dessa forma,

$$p = \gamma h + \sigma_q - \frac{c_u h}{0{,}7B} \tag{11.77}$$

O problema é basicamente o de uma análise de capacidade de suporte ao inverso, havendo pressão nula na base da escavação, e com p representando a pressão das camadas superiores de solo. A resistência ao cisalhamento disponível

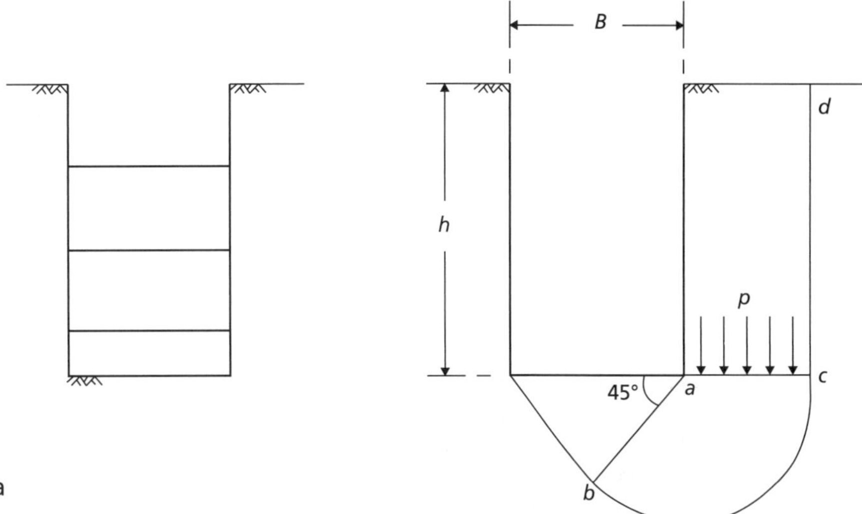

Figura 11.38 Ruptura de fundo em uma escavação escorada.

ao longo da superfície de ruptura, agindo na direção oposta àquela do problema de capacidade de suporte, pode ser expressa como $p_f = c_u N_c$ (Equação 8.17). Assim sendo, para o equilíbrio limite (isto é, para satisfazer ao ELU-9),

$$p \leq p_f \tag{11.78}$$

A Equação 11.78 pode ser resolvida de modo a se determinar o valor de h e se encontrar a profundidade máxima da escavação para satisfazer ao ELU–9. Aplicando os coeficientes de ponderação, p é a ação, ao passo que p_f é a resistência, e esses valores devem ser ponderados de forma adequada. Se existisse um estrato firme na profundidade D_f abaixo da base da escavação, em que $D_f < 0{,}7B$, então D_f deveria substituir $0{,}7B$ na Equação 11.77.

Com base em observações de rupturas reais de fundo em Oslo, Bjerrum e Eide (1956) concluíram que a Equação 11.77 fornecia resultados confiáveis apenas no caso de escavações com relação profundidade/largura (h/B) relativamente baixa. No caso de escavações com relação profundidade/largura relativamente alta, a ruptura local ocorria antes que a ruptura ao cisalhamento em cd fosse completamente mobilizada até o nível da superfície, de forma que

$$p = \gamma h + \sigma_q \tag{11.79}$$

isto é, aplicando a Equação 8.17 com $q_f = 0$.

Onde houver uma possibilidade de que a base da escavação venha a apresentar ruptura por levantamento de fundo, essa situação deve ser analisada antes de considerar as cargas nas escoras. Em virtude do levantamento de fundo e da deformação da argila de fora para dentro da escavação, haverá movimento horizontal e vertical do solo externo a ela. Tais movimentos podem resultar em dano às estruturas e serviços adjacentes e devem ser monitorados durante a escavação; assim, podem ser obtidos sinais antecipados de alerta a respeito de movimento excessivo ou possível instabilidade.

Projeto de escavações escoradas no ELS

Costumam-se usar paredes diafragma ou estaqueadas em escavações escoradas. Em geral, quanto maior a flexibilidade do sistema da estrutura de contenção e quanto maior o tempo antes de as escoras ou ancoragens serem instaladas, maior será o movimento externo à escavação. O recalque do solo arrimado ao lado da escavação (ELS-1) é crítico quando as escavações escoradas são feitas em áreas urbanas, em que o recalque diferencial atrás do muro pode afetar de forma direta as estruturas ou serviços adjacentes. A análise do estado limite de serviço para estruturas de contenção é difícil, exigindo normalmente análises numéricas complexas que usam uma grande quantidade de parâmetros do solo e exigem ampla validação. Dessa forma, em projetos, é preferível usar métodos empíricos baseados em observações de movimentos de estruturas de contenção em escavações bem-sucedidas. Felizmente, agora existem bancos de dados com muitas dezenas de histórias de casos em vários materiais (por exemplo, Gaba *et al.*, 2003; ver Leituras Complementares), e as envoltórias limites estão resumidas na Figura 11.39. Nesta, x é a

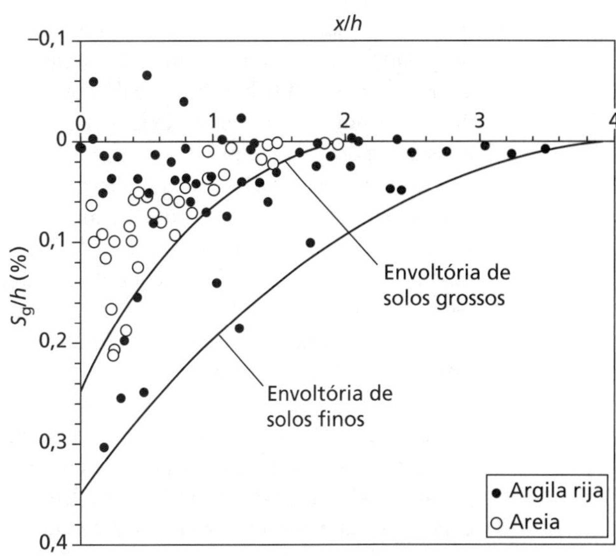

Figura 11.39 Envoltórias dos recalques do terreno atrás das escavações.

distância atrás da escavação (normalizada pela profundidade da mesma, h), e s_g é o recalque da superfície do terreno (outra vez, normalizada por h).

O valor absoluto e a distribuição dos movimentos do terreno dependem do tipo de solo, das dimensões da escavação, dos detalhes do procedimento construtivo e do padrão da força de trabalho. Os movimentos do terreno devem ser monitorados durante a escavação e comparados com os limites mostrados na Figura 11.39, para que possam ser obtidos sinais de alerta antecipados quanto ao movimento excessivo ou à possível instabilidade. Admitindo técnicas de construção e forças de trabalho similares, é provável que o valor absoluto do recalque adjacente a uma escavação seja relativamente pequeno em solos compactos sem coesão, mas excessivo em argilas moles plásticas.

11.10 Paredes diafragma

Uma **parede diafragma** é uma membrana de concreto armado relativamente fina, moldada em uma escavação ou trincheira, cujos lados são suportados antes do lançamento do concreto pela pressão hidrostática de uma lama de **bentonita** (uma argila montmorilonítica) em água. A estabilidade da trincheira durante a fase de escavação e lançamento do concreto é descrita com mais detalhes na Seção 12.2. Ao ser misturada à água, a bentonita se dispersa com rapidez para formar uma suspensão coloidal que exibe propriedades tixotrópicas — isto é, torna-se gel quando deixada em repouso, mas fluida quando agitada. A trincheira, cuja largura é igual à da parede, é escavada de forma progressiva em comprimentos adequados (conhecidos como **painéis** ou **lamelas**) a partir da superfície do terreno, de acordo com o ilustrado na Figura 11.40a, usando, em geral, uma concha com mandíbulas (*clamshell*); costumam ser construídas finas paredes (muretas) guias de concreto para ajudar na escavação. A trincheira é preenchida com a lama bentonítica à medida que a escavação prossegue; dessa forma, a escavação ocorre através da lama já colocada no local. O processo de escavação transforma o gel em um fluido, mas ele se restabelece quando a perturbação cessa. A lama tende a se contaminar com o solo e o cimento durante a construção, mas pode ser limpa e reutilizada.

As partículas de bentonita formam uma membrana de permeabilidade muito baixa, conhecida como ***filter cake*** (ou simplesmente ***cake*** ou, ainda, **película** ou **filtro)**, nas paredes do solo escavado. Isso ocorre graças ao fato de que a água é filtrada da lama para o solo, deixando uma camada de partículas bentoníticas, com alguns milímetros de espessura, na superfície do solo. Como consequência, a pressão hidrostática total da lama age contra os lados da escavação, permitindo manter a estabilidade. O *filter cake* somente se formará se a pressão do fluido na trincheira for maior do que a pressão neutra no solo; dessa forma, um nível alto do lençol freático pode ser considerado um obstáculo considerável para a construção de uma parede diafragma. Em solos de baixa permeabilidade, como argilas, não haverá praticamente nenhuma filtragem de água para o solo, e, portanto, não ocorrerá formação significativa do *filter cake*; entretanto, as condições das tensões totais são válidas, e a pressão da lama agirá contra a argila. Em solos de alta permeabilidade, como pedregulhos arenosos, pode haver perda excessiva de bentonita para o solo, resultando em uma camada deste impregnado por bentonita e na formação precária do *filter cake*. No entanto, se for adicionada uma pequena quantidade de areia fina (em torno de 1%) à lama, o mecanismo de impermeabilização (selagem) em solos de alta permeabilidade pode ser melhorado, com uma redução considerável de perda de bentonita. A estabilidade da escavação depende da presença de uma impermeabilização eficiente na superfície do solo; quanto maior a permeabilidade deste, mais importante se torna a eficiência da impermeabilização.

Sob os pontos de vista da estabilidade da escavação, da redução da perda em solos de alta permeabilidade e da retenção de partículas contaminantes em suspensão, é desejável uma lama com densidade relativamente alta. Por outro lado, uma com densidade relativamente baixa será removida de maneira mais limpa das superfícies do solo e dos reforços, sendo bombeada e descontaminada de maneira mais fácil. As especificações da lama devem refletir um compromisso entre essas exigências conflitantes. Em geral, elas se baseiam na densidade, na viscosidade, na resistência do gel e no pH.

Quando a escavação é concluída, o reforço é posicionado, e o comprimento da trincheira é preenchido com concreto úmido usando um **tubo de concretagem (tubo tremonha)**, que desce através da lama até a base da escavação. O concreto úmido (cuja densidade é aproximadamente o dobro da densidade da lama) desloca a lama da base da trincheira para cima, sendo o tubo tremonha elevado em estágios à medida que o nível do concreto sobe. Depois de o muro (construído como uma série de painéis individuais conectados entre si) ser concluído e o concreto atingir a resistência adequada, o solo em um lado do muro pode ser escavado. É comum instalar ancoragens ou estroncas no terreno em níveis adequados, à medida que a escavação se desenvolve, para fixar o muro de volta no solo suportado (Seções 11.7–11.9). O método é muito conveniente para a construção de subsolos profundos e passagens subterrâneas, com a importante vantagem de que o muro pode ser construído próximo às estruturas limítrofes, desde que o solo seja moderadamente compacto e as deformações do terreno sejam toleráveis. Com frequência, as paredes diafragmas são preferidas em detrimento das cortinas de estacas-prancha por causa de sua relativa rigidez e de sua capacidade de ser incorporada como parte da estrutura final.

Uma alternativa a uma parede diafragma é um **muro de estacas contíguas**, no qual uma linha de estacas escavadas forma o muro (Figura 10.40b), baseando-se no efeito de arco entre elas para suportar o solo arrimado ou represado. Uma fina face de concreto (ou outro material) pode ser aplicada ao solo entre as estacas para evitar a

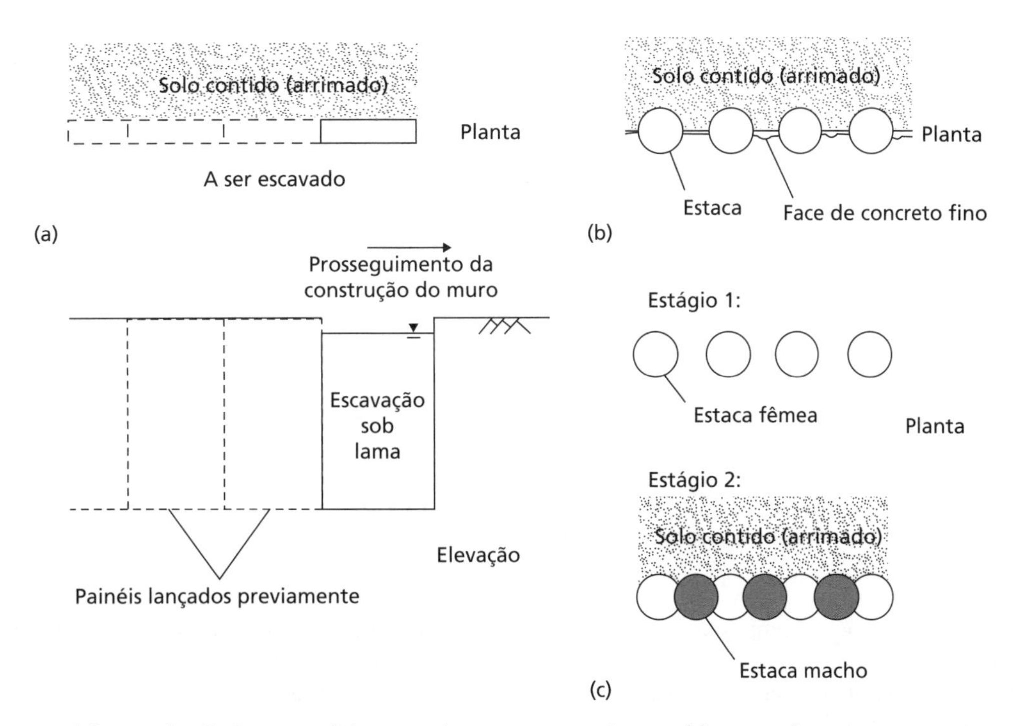

Figura 11.40 (a) Parede diafragma; (b) muro de estacas contíguas; (c) muro de estacas secantes.

erosão que levaria à ruptura progressiva. Um **muro de estacas secantes** (Figura 10.40c) é similar ao de estacas contíguas, embora sejam instalados dois conjuntos de estacas para que um se sobreponha ao outro, formando uma estrutura contínua. Em geral, elas são formadas instalando uma linha inicial de estacas de concreto escavadas e moldadas no local (Capítulo 9) no terreno, com um espaçamento de centro a centro menor do que um diâmetro. Essas são conhecidas como estacas "fêmea". Nelas, é usado um concreto com resistência menor (ou, de preferência, um com resistência maior que tenha ganho lento de resistência). Uma vez concluída a linha, são instaladas mais estacas "macho" nos espaços entre elas. Como existe um espaçamento disponível menor do que um diâmetro, a escavação do segundo conjunto de estacas irá atravessar, em parte, as existentes (daí a necessidade de que o concreto tenha baixa resistência nessa ocasião). Como o muro é formado por uma série de estacas circulares sobrepostas, ele tem uma superfície nervurada (canelada); assim, pode ser necessário fornecer uma face adicional a ele caso precise ser usado como parte da estrutura final.

A decisão de usar uma distribuição triangular ou trapezoidal de pressão lateral no projeto de uma parede diafragma depende da deformação prevista para ela. É provável que uma distribuição triangular (Seção 11.7) seja indicada no caso de uma linha simples de tirantes ou escoras (estroncas) próxima ao topo da parede. No caso de várias linhas ao longo da altura da parede, as distribuições trapezoidais mostradas na Figura 11.37 poderiam ser consideradas mais apropriadas.

11.11 Solo reforçado

O solo reforçado consiste em uma massa de solo compactado dentro do qual são embutidos elementos de uma armadura de tração, em geral, na forma de tiras horizontais de aço. (As patentes para a técnica foram adquiridas por Henri Vidal e a Reinforced Earth Company, com o termo **terra armada**, ou *reinforced earth*, como sua marca registrada.) Outras formas de reforço de solo incluem tiras, barras, grelhas e malhas de materiais metálicos ou polímeros e mantas de **geotêxteis**. A massa é estabilizada em virtude da interação entre solo e os elementos, sendo as tensões laterais dentro daquele transferidas para estes, que, dessa maneira, são colocados sob tensão. O solo usado como material de enchimento deve ser predominantemente de granulometria grossa e drenado de forma adequada para evitar que se torne saturado. Em enchimentos grossos, a interação se deve às forças de atrito que dependem das características do solo mais o tipo e a textura da superfície dos elementos. Nos casos de reforços com grelhas e malhas, a interação é melhorada pelo intertravamento entre o solo e as aberturas do material.

Em uma estrutura de contenção de solo reforçado (também conhecida como um **muro composto**), coloca-se um paramento (revestimento) ligado às extremidades externas dos elementos para evitar que o solo escape na borda da massa e para satisfazer a exigências estéticas; o paramento não age como um muro de contenção. Ele deve ser flexível o suficiente para absorver qualquer deformação do aterro. Os tipos usados em geral são painéis isolados de concreto pré-moldado, painéis com a altura total da contenção (*full height*) e seções flexíveis em formato de U alinhadas de forma horizontal. As características básicas de um muro de contenção de solo reforçado são apresen-

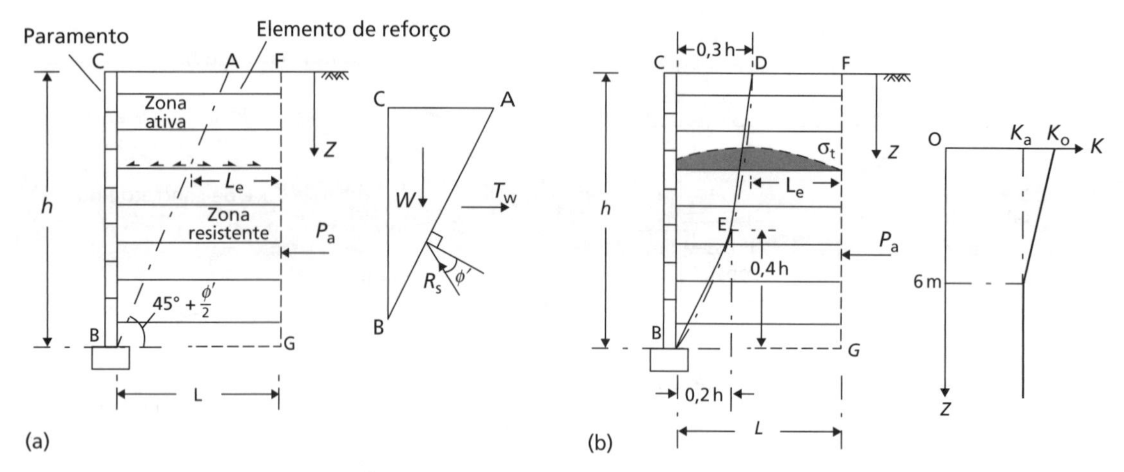

Figura 11.41 Estrutura de contenção de solo reforçado (armado): (a) método da cunha dos tirantes; (b) método da gravidade coerente.

tadas na Figura 11.41. Tais estruturas têm considerável flexibilidade inerente e, como consequência, podem absorver recalques diferenciais relativamente grandes. O princípio do solo reforçado também pode ser empregado em barragens, em geral, por meio de geotêxteis, e na estabilização de encostas pela inserção de barras de aço — uma técnica conhecida como grampeamento de solo.

Tanto a estabilidade externa quanto a interna devem ser consideradas em projeto. A estabilidade externa de uma estrutura de solo reforçado (armado) costuma ser analisada pelo método do equilíbrio limite (Seção 11.5). A parte de trás do muro deve ser tomada como o plano vertical (FG) que passa na extremidade interna do elemento mais baixo, sendo, então, calculado o empuxo ativo total (P_a) devido ao reaterro atrás desse plano, da mesma forma que para um muro de gravidade. Os estados limites últimos para estabilidade externa são:

ELU-1: falha estrutural na resistência de suporte do solo subjacente, resultando na inclinação da estrutura.
ELU-2: deslizamento entre o aterro reforçado e o solo subjacente.
ELU-3: desenvolvimento de uma profunda superfície de deslizamento que envolve a estrutura como um todo.

O ELU-1 é verificado usando os métodos descritos na Seção 11.4 para muros de gravidade; os métodos exigidos para verificação do ELU-3 serão descritos no Capítulo 12. O restante desta seção se dedicará à verificação do ELU-2. Os estados limites de serviço (utilização) são valores excessivos de recalque e deformação do muro, similarmente a outras classes de estruturas de contenção analisadas antes.

Ao considerar a estabilidade interna da estrutura, os estados limites principais são a ruptura por tração dos elementos e o deslizamento entre estes e o solo. A ruptura por tração de um dos elementos poderia levar ao colapso progressivo de toda a estrutura (um estado limite último). O deslizamento local devido à resistência de atrito insatisfatória resultaria em uma redistribuição das tensões de tração e na deformação gradual da estrutura, não necessariamente conduzindo ao colapso (isto é, um estado limite de utilização).

Examine um elemento de reforço a uma profundidade z abaixo da superfície de uma massa de solo. A força de tração no elemento causada pela transferência da tensão lateral do solo é dada por

$$T = K\sigma_z S_x S_z \tag{11.80}$$

em que K é o coeficiente apropriado de empuxo de terra na profundidade z, σ_z é a tensão vertical, S_x é o espaçamento horizontal entre os elementos, e S_z é o vertical. Se o reforço (armação) consiste em uma camada contínua, como uma grelha, então o valor de S_x será 1, e T será a força de tração por unidade de comprimento do muro. A tensão vertical σ_z deve-se à pressão sobrejacente na profundidade z, mais as tensões devidas a qualquer carregamento de sobrecarga e momento fletor externo (incluindo aquele causado pelo empuxo ativo total na parte do plano FG entre a superfície e a profundidade z). A tensão vertical média pode ser expressa como

$$\sigma_z = \frac{V}{L - 2e}$$

em que V é o componente vertical da força resultante na profundidade z, e é a excentricidade da força, e L, o comprimento do elemento de reforço nessa profundidade. Dada a resistência à tração do projeto do material de reforço, a área exigida para a seção transversal ou a espessura do elemento pode ser obtida com base no valor de T. A adição do carregamento da sobrecarga na superfície do solo arrimado causará um aumento da tensão vertical que pode ser calculado de acordo com a teoria da elasticidade.

Há dois procedimentos para o projeto de estruturas de retenção. Um deles é o **método da cunha de tirantes** (***tie-back wedge method***), que é aplicável a estruturas com reforço (armação) de alta extensibilidade, como grelhas, malhas e mantas geotêxteis. Ele é uma extensão do método de Coulomb e considera as forças que agem em uma cunha de solo, com base na qual é possível desenhar um diagrama de forças. Admite-se que o estado ativo seja alcançado ao longo de toda a massa de solo por causa das deformações relativamente grandes possíveis na interface entre o solo e o reforço; dessa forma, o coeficiente de empuxo de terra na Equação 11.80 é admitido como K_a em todas as profundidades, e a superfície de ruptura no colapso será um plano AB com inclinação de $45° + \phi'/2$ com a horizontal, conforme mostra a Figura 11.41a, dividindo a massa reforçada em uma zona ativa, dentro da qual as tensões de cisalhamento sobre os elementos atuam de dentro para fora em direção ao paramento da estrutura, e uma zona resistente, dentro da qual as tensões de cisalhamento agem de fora para dentro. A resistência de atrito disponível nas superfícies superior e inferior de um elemento é, então, dada por

$$T_f = 2bL_e\sigma_z \operatorname{tg}\delta' \tag{11.81}$$

em que b é a largura do elemento, L_e é o comprimento dele na zona resistente, e δ' é o ângulo de atrito entre ele e o solo. O deslizamento entre elementos e solo (conhecido como **falha de aderência**) não ocorrerá se T_f for maior ou igual a T. O valor de δ' pode ser determinado por intermédio de ensaios de cisalhamento direto ou ensaios de arrancamento em tamanho natural.

A estabilidade da cunha ABC é verificada além da estabilidade externa e interna da estrutura como um todo. As forças que agem na cunha, conforme ilustra a Figura 11.41a, são seu peso próprio (W), a reação sobre o plano de ruptura (R) que age fazendo um ângulo ϕ' com a normal (sendo a resultante das forças normal e cisalhante) e a força de tração total resistida por todos os elementos de reforço (T_w). Dessa forma, o valor de T_w pode ser determinado. Na realidade, a força T_w substitui a reação P de um muro de contenção (como, por exemplo, na Figura 11.21a). Quaisquer forças externas devem ser incluídas na análise, caso em que a inclinação do plano de ruptura não será igual a $45° + \phi'/2$, e uma série de cunhas arbitrárias deve ser analisada para que se obtenha o valor máximo de T_w. A exigência de projeto é que a soma ponderada das forças de tração em todos os elementos, calculada de acordo com a Equação 11.81, deve ser maior ou igual a T_w para satisfazer ao ELU-2.

O segundo procedimento do projeto é o **método da massa coerente** (***coherent gravity method***), devido a Juran e Schlosser (1978), aplicável a estruturas com elementos de extensibilidade relativamente baixa, como tiras de aço. Resultados experimentais indicaram que a distribuição de tensões de tração (σ_t) ao longo de um de tais elementos assume a forma geral mostrada na Figura 11.41b, não ocorrendo o valor máximo na face da estrutura, mas, sim, em um ponto dentro do solo reforçado, e a posição deste ponto varia com a profundidade, conforme indica a curva DB na Figura 11.41b. Essa curva divide outra vez a massa reforçada em uma zona ativa e uma zona resistente, sendo que o método se baseia na análise de estabilidade da zona ativa. O modo de ruptura admitido é o da ruptura progressiva dos elementos de reforço nos pontos de tensões máximas de tração, e, como consequência, das condições de equilíbrio plástico que se desenvolvem em uma fina camada de solo ao longo da trajetória de ruptura. A curva de tensão máxima de tração define, portanto, a superfície potencial de ruptura. Se for admitido que o solo torna-se perfeitamente plástico, a superfície de ruptura será uma espiral logarítmica. Admite-se que esta passe pela base do paramento (placas de revestimento) e intercepte a superfície do aterro em ângulos retos, em um ponto localizado a uma distância aproximada de $0{,}3h$ atrás do paramento, conforme mostra a Figura 11.41b. Pode-se fazer uma análise simplificada admitindo que a curva de tensões máximas de tração seja representada pela aproximação bilinear DEB mostrada na Figura 11.41b, em que $CD = 0{,}3h$. A seguir, são aplicadas as Equações 11.80 e 11.81. Admite-se que o coeficiente de empuxo na Equação 11.80 seja igual a K_0 (o coeficiente no repouso) no topo do muro, reduzindo-se de maneira linear até K_a a uma profundidade de 6 m. A adição de um carregamento de superfície resultaria na modificação da linha de tensões máximas de tração, e, para essa situação, a BS 8006 (BSI, 1995) propõe uma aproximação bilinear corrigida, fornecendo orientação importante para o projeto de construções de solo reforçado a fim de complementar o EC7.

Resumo

1 A análise de limite inferior pode ser usada para determinar os empuxos laterais máximos que agem em estruturas de contenção em condições homogêneas do solo, de forma direta (em materiais não drenados) ou por meio dos coeficientes de empuxo lateral K_a e K_p (em material drenado). Se a estrutura de contenção se afastar do solo arrimado na ruptura, serão gerados empuxos ativos, ao passo que os maiores empuxos passivos agem em estruturas que se movem para dentro do solo arrimado na ruptura. Essas técnicas de análise

limite podem levar em conta uma interface solo–muro inclinada e/ou rugosa e um talude de solo arrimado. Podem ser usadas, por outro lado, técnicas de equilíbrio limite que consideram o equilíbrio de uma cunha de solo em ruptura por trás da estrutura de contenção e, além disso, podem ser usadas com as técnicas de rede de fluxo/método das diferenças finitas (MDF) do Capítulo 2 para analisar problemas nos quais esteja ocorrendo a percolação no solo arrimado.

2 As tensões horizontais *in situ* no interior do terreno estão diretamente relacionadas com as tensões efetivas verticais (calculadas usando os métodos do Capítulo 3) por meio do coeficiente de empuxo lateral em repouso (K_0). Esse valor pode ser determinado analiticamente para qualquer solo com base em seu ângulo de atrito drenado ϕ' e em sua taxa de sobreadensamento (OCR). As condições de K_0 são válidas quando não há deformação lateral na massa de solo. Sob expansão, os empuxos se reduzirão aos valores ativos ($K_a < K_0$); sob compressão, aumentarão para os valores passivos ($K_p > K_0$).

3 O carregamento de sobrecarga na superfície do solo arrimado pode ser levado em consideração modificando-se a tensão vertical total ou efetiva utilizada nos cálculos dos empuxos laterais em materiais não drenados e drenados, respectivamente. Se o muro for construído antes de o solo que ele deve arrimar ser colocado (um muro retroaterrado), podem ser induzidas tensões laterais de compactação ao longo do muro.

4 As estruturas de contenção de gravidade contam com sua massa para resistir aos empuxos laterais. Os critérios principais de projeto para essas estruturas é manter a estabilidade global (ELU). As forças de empuxo podem ser determinadas com base nos empuxos limitantes (ponto 1) e usadas para verificar a estabilidade do muro em relação à sua capacidade de suporte, deslizamento ou tombamento por meio do método da superfície de escoamento (Capítulo 10). Os muros de flexão (em balanço) são flexíveis e resistem aos empuxos de terra com base em um equilíbrio de forças de empuxo laterais do solo atrás do muro agindo para tombá-lo ou empurrá-lo (ativas) e aquelas resistentes à ruptura na frente do muro (passivas). O projeto no ELU pode ser realizado usando o método do apoio livre (ou método do apoio simples). Podem ser usadas ancoragens no terreno ou escoras (estroncas) para fornecer suporte adicional, e esses elementos também devem ser dimensionados para resistir à ruptura estrutural ou ao arrancamento. Se um muro flexível for escorado com mais força, ele será descrito como uma escavação escorada, sendo muito menores os empuxos de terra operacionais em tais construções. Esses empuxos são usados para dimensionar estruturalmente o sistema de escoramento, evitando a ruptura progressiva. Pode ocorrer o levantamento de fundo em escavações escoradas, e elas também devem ser dimensionadas para resistir a isso. Em muros flexíveis, os movimentos também são significativos, impondo critérios adicionais de ELS para o projeto.

Problemas

11.1 O retroaterro atrás de um muro de contenção liso, localizado acima do nível do lençol freático, consiste em uma areia de peso específico 17 kN/m³. A altura do muro é 6 m, e a superfície do retroaterro é horizontal. Determine o empuxo ativo total no muro se $c' = 0$ e $\phi' = 37°$. Se o muro for impedido de se deslocar, qual será o valor aproximado do empuxo sobre ele?

11.2 Faça um gráfico da distribuição do empuxo ativo sobre a superfície do muro mostrado na Figura 11.42. Calcule o empuxo total no muro (ativo + hidrostático) e determine seu ponto de aplicação. Admita $\delta' = 0$ e $\tau_w = 0$.

11.3 Uma linha de estacas-prancha é cravada 4 m em uma argila média e suporta, de um lado, um aterro com profundidade de 3 m no topo de uma argila. O nível do lençol freático está na superfície da argila. O peso específico do aterro é 18 kN/m³, e o peso específico saturado da argila é 20 kN/m³. Calcule os empuxos ativos e passivos na extremidade inferior das estacas-prancha (a) se $c_u = 50$ kPa, $\tau_w = 25$ kPa, e $\phi_u = \delta' = 0$, e (b) se $c' = 0$, $\phi' = 26°$, e $\delta' = 13°$, para a argila.

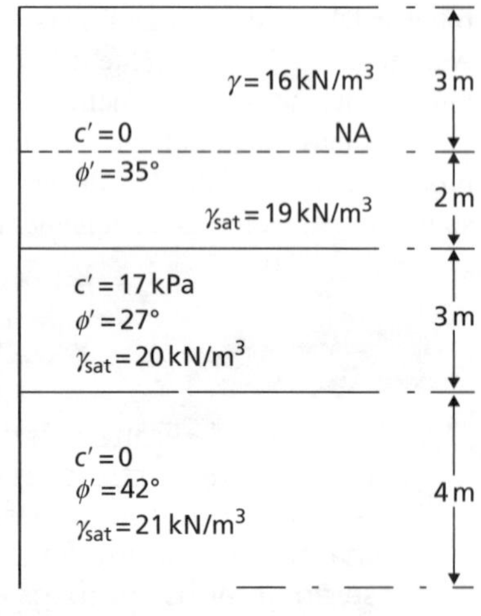

Figura 11.42 Problema 11.2.

11.4 A Figura 11.43 mostra detalhes de um muro de contenção de concreto armado em balanço (cantiléver), sendo 23,5 kN/m³ o peso específico do concreto. Em consequência de uma drenagem insatisfatória, o lençol freático subiu para o nível indicado. Acima dele, o peso específico do solo arrimado é 17 kN/m³, e, abaixo, o peso específico saturado é 20 kN/m³. Os valores característicos dos parâmetros de resistência ao cisalhamento são $c' = 0$ e $\phi' = 38°$. O ângulo de atrito entre a base do muro e o solo da fundação é 25°. Verifique se os estados limites relativos ao tombamento e ao deslizamento foram satisfeitos ou não de acordo com o EC7 DA1b.

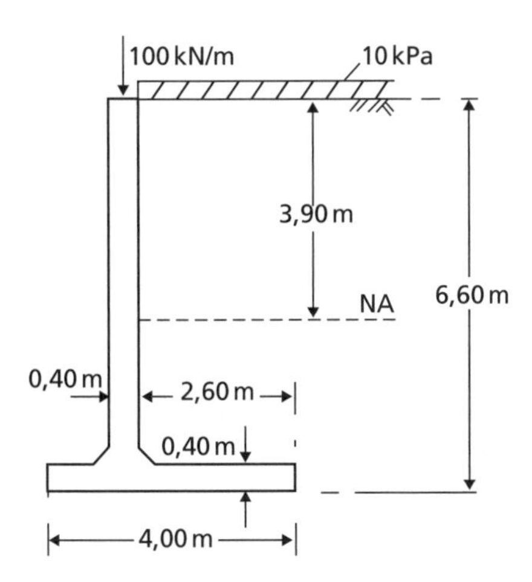

Figura 11.43 Problema 11.4.

11.5 A Figura 11.44 mostra a seção transversal de um muro de arrimo de gravidade, sendo 23,5 kN/m³ o peso específico de seu material. O do retroaterro é 19 kN/m³, e os valores de projeto dos parâmetros de resistência ao cisalhamento são $c' = 0$ e $\phi' = 36°$. O valor de δ' entre o muro e o retroaterro e entre a base e o solo da fundação é 25°. A capacidade última de suporte do solo da fundação é 250 kPa. Determine se o projeto do muro é satisfatório em relação aos estados limites correspondentes ao tombamento, à resistência de suporte e ao deslizamento, de acordo com o EC7 DA1a.

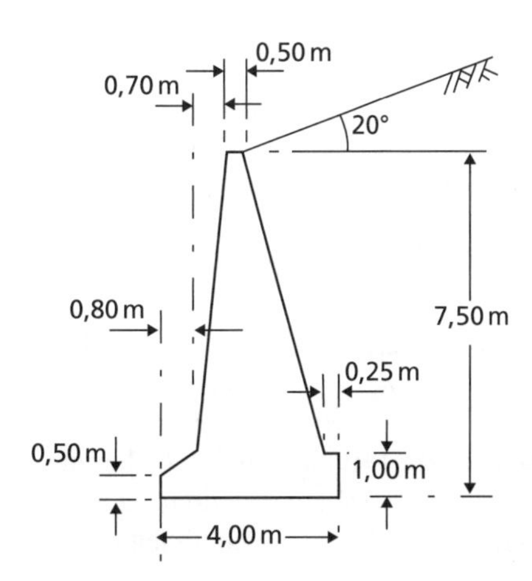

Figura 11.44 Problema 11.5.

11.6 Os lados de uma escavação com 3,0 m de profundidade em areia devem ser suportados por uma cortina de estacas-prancha em balanço (cantiléver). O nível do lençol freático está 1,5 m abaixo do fundo da escavação. A areia tem peso específico saturado de 20 kN/m³ e peso específico acima do lençol freático de 17 kN/m³, e o valor característico de ϕ' é 36°. Determine a profundidade necessária de engastamento (cravação) das estacas abaixo do fundo da escavação se esta deve ser dimensionada para atender ao EC7 DA1b.

11.7 Uma cortina de estacas-prancha ancorada é construída pela cravação de uma linha de estacas em um solo para o qual o peso específico saturado é 21 kN/m³, e os parâmetros característicos de resistência ao cisalhamento são $c' = 10$ kPa e $\phi' = 27°$. O reaterro é colocado a uma profundidade de 8,00 m atrás das estacas; ele tem peso específico saturado de 20 kN/m³, peso específico acima do lençol freático de 17 kN/m³ e parâmetros característicos de resistência ao cisalhamento $c' = 0$ e $\phi' = 35°$. Tirantes, espaçados em 2,5 m de centro a centro, estão localizados 1,5 m abaixo da superfície do reaterro. Tanto o nível de água na frente do muro quanto o lençol freático atrás dele estão 5,00 m abaixo da superfície do reaterro. Determine a profundidade de cravação necessária para atender ao EC7 DA1b e à força de projeto em cada tirante.

11.8 O solo em ambos os lados da cortina de estacas-prancha ancorada detalhada na Figura 11.45 tem peso específico saturado de 21 kN/m³ e peso específico acima do nível do lençol freático de 18 kN/m³. Os parâmetros característicos do solo são $c' = 0$, $\phi' = 36°$, e $\delta' = 0°$. Há uma diferença de 1,5 m entre o nível do lençol freático atrás do muro e o de maré em sua frente. Determine a profundidade de cravação exigida de acordo com o EC7 DA1a e a força de projeto nos tirantes.

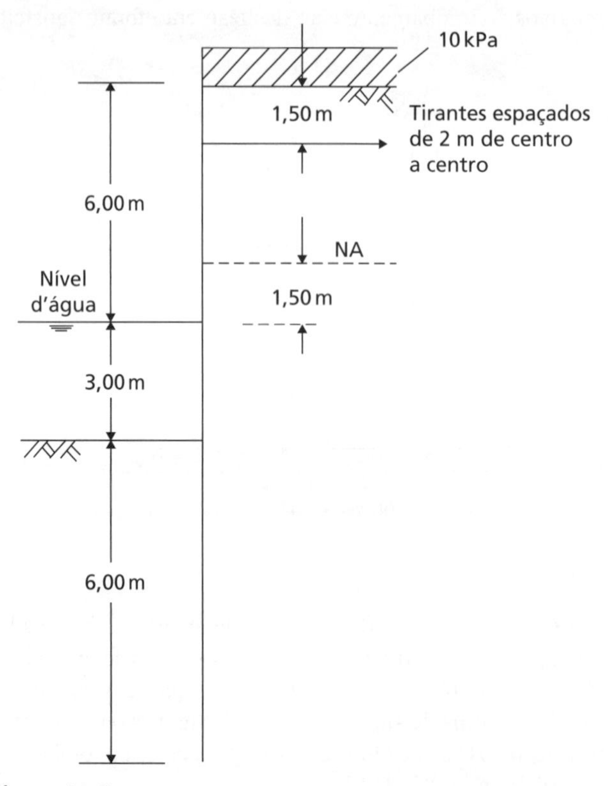

Figura 11.45 Problema 11.8.

11.9 Uma ancoragem em argila rija, formada pela técnica de injeção de solo grosso, tem um comprimento fixo de ancoragem de 5 m e um diâmetro efetivo de ancoragem fixa de 200 mm; o diâmetro do furo de sondagem é 100 mm. Os parâmetros relevantes de resistência ao cisalhamento para a argila são $c_u = 110$ kPa e $\phi_u = 0$. Qual seria a capacidade última característica de carga da ancoragem, admitindo um coeficiente de atrito lateral de 0,6?

11.10 As escoras em uma escavação escorada de 9 m de profundidade em areia compacta estão colocadas a 1,5 m na vertical, de centro a centro, e a 3,0 m na horizontal, também de centro a centro, estando o fundo da escavação acima do lençol freático. O peso específico da areia é 19 kN/m³. Com base nos parâmetros de resistência ao cisalhamento do projeto $c' = 0$ e $\phi' = 40°$, que carga cada escora deve ser dimensionada para suportar? (Use EC7 DA1a.)

11.11 Uma grande escavação escorada em argila mole tem 4 m de largura e 8 m de profundidade. O peso específico saturado da argila é 20 kN/m³, e a resistência não drenada ao cisalhamento adjacente ao fundo da escavação é dada por $c_u = 40$ kPa, ($\phi_u = 0$). Determine o coeficiente de segurança em relação à ruptura de fundo da escavação.

11.12 Um muro de solo reforçado tem altura de 5,2 m. Os elementos de reforço, que estão espaçados entre si em 0,65 m na vertical e 1,20 m na horizontal, têm seção transversal de 65 mm × 3 mm e 5,0 m de comprimento. A resistência última à tração do material do reforço é 340 MPa. Os valores de projeto a serem usados são os seguintes: peso específico do aterro selecionado = 18 kN/m³; ângulo de resistência ao cisalhamento do aterro selecionado = 36°; ângulo de atrito entre o aterro e os elementos = 30°. Usando (a) o método da cunha dos tirantes e (b) o método da massa coerente, verifique se um elemento localizado 3,6 m abaixo do topo do muro sofrerá ou não ruptura por tração e se ocorrerá ou não o deslizamento entre ele e o aterro. O valor de K_a para o material arrimado pelo aterro reforçado é 0,30, e o peso específico desse material é 18 kN/m³.

Referências

Berezantzev, V.G., Khristoforov, V.S. and Golubkov, V.N. (1961) Load bearing capacity and deformation of piled foundations, in *Proceedings of the 5th International Conference on Soil Mechanics and Foundation Engineering, Paris, France*, pp. 11–15.

Bjerrum, L. and Eide, O. (1956) Stability of strutted excavations in clay, *Géotechnique*, **6**(1), 32–47.

British Standard 8006 (1995) *Code of Practice for Strengthened Reinforced Soils and Other Fills*, British Standards Institution, London.

Coulomb, C.A. (1776). Essai sur une application des régeles des maximus et minimus a quelque problémes de statique rélatif à l'architecture, *Memoirs Divers Savants*, 7, Académie Sciences, Paris (in French).

EC7–1 (2004) *Eurocode 7: Geotechnical design – Part 1: General rules, BS EN 1997–1:2004*, British Standards Institution, London.

Ingold, T.S. (1979) The effects of compaction on retaining walls, *Géotechnique*, **29,** 265–283.

Jaky, J. (1944). The coefficient of earth pressure at rest, *Journal of the Society of Hungarian Architects and Engineers*, Appendix 1, 78(22) (transl.).

Juran, I. and Schlosser, F. (1978) Theoretical analysis of failure in reinforced earth structures, in *Proceedings of the Symposium on Earth Reinforcement, ASCE Convention, Pittsburgh*, pp. 528–555.

Mayne, P.W. (2007) *Cone Penetration Testing: A Synthesis of Highway Practice*, NCHRP Synthesis Report 368, Transportation Research Board, Washington DC.

Mayne, P.W. and Kulhawy, F.H. (1982) Ko-OCR (At rest pressure – Overconsolidation Ratio) relationships in soil, *Journal of the Geotechnical Engineering Division, ASCE*, **108**(GT6), 851–872.

Pipatpongsa, T., Takeyama, T., Ohta, H. and Iizuka, A. (2007) Coefficient of earth pressure at-rest derived from the Sekiguchi-Ohta Model, in *Proceedings of the 16th Southeast Asian Geotechnical Conference, Subang Jaya, Malaysia, 8–11 May*, pp. 325–331.

Potts, D.M. and Fourie, A.B. (1984) The behaviour of a propped retaining wall: results of a numerical experiment, *Géotechnique*, **34**(3), 383–404.

Potts, D.M. and Fourie, A.B. (1985) The effect of wall stiffness on the behaviour of a propped retaining wall, *Géotechnique*, **35**(3), 347–352.

Terzaghi, K. (1943) *Theoretical Soil Mechanics*, John Wiley & Sons, New York, NY.

Twine, D. and Roscoe, H. (1999) Temporary propping of deep excavations: guidance on design, *CIRIA Report C517*, CIRIA, London.

Leitura complementar

Frank, R., Bauduin, C., Driscoll, R., Kavvadas, M., Krebs Ovesen, N., Orr, T. and Schuppener, B. (2004) *Designers' Guide to EN 1997–1 Eurocode 7: Geotechnical Design – General Rules,* Thomas Telford, London.

Este livro fornece um guia ao projeto de estado limite de várias construções (incluindo muros de contenção) usando o Eurocode 7 pela perspectiva de um projetista e fornece um auxílio útil aos Eurocodes ao realizar um projeto. É fácil de ler e traz muitos exemplos explicados.

Gaba, A.R., Simpson, B., Powrie, W. and Beadman, D.R. (2003) Embedded retaining walls – guidance for economic design, *CIRIA Report C580*, CIRIA, London.

Esse relatório fornece orientação prática valiosa para a seleção de metodologias de design *e construção para estruturas flexíveis de contenção, incluindo fluxogramas de procedimentos. Ele também incorpora uma grande coleção de histórias de casos para auxiliar na elaboração do futuro projeto.*

Para acessar os materiais suplementares desta obra, visite o site da LTC Editora.

Capítulo 12

Estabilidade de massas de solo autossuportadas

Resultados de aprendizagem

Depois de trabalhar com o material deste capítulo, você deverá ser capaz de:

1 Determinar a estabilidade de escavações não suportadas, incluindo aquelas suportadas por lama, e planejar esses trabalhos com uma base conceitual de projeto por estados limites.
2 Determinar a estabilidade de taludes, cortes verticais e barragens e conceber esses trabalhos com uma base conceitual de projeto por estados limites.
3 Determinar a estabilidade de túneis e recalques do terreno causados por trabalhos em túneis e usar essas informações para realizar um projeto preliminar desses trabalhos com uma base conceitual de projeto por estados limites.

12.1 Introdução

Este capítulo é dedicado ao projeto de massas de solo potencialmente instáveis que foram formadas pela atividade humana (escavação ou construção) ou por processos naturais (erosão e deposição). Essa classe de problemas inclui taludes, barragens e escavações não suportadas. No entanto, ao contrário do material do Capítulo 11, as massas de solo aqui não são suportadas por um elemento estrutural externo, como um muro de arrimo; em vez disso, elas desenvolvem sua estabilidade pela resistência do solo no interior da massa em cisalhamento.

As forças gravitacionais e de percolação tendem a causar instabilidade em taludes naturais, nos formados por escavações e nos de barragens. Um corte vertical (ou uma trincheira, formada por dois cortes verticais) é um caso especial de terreno inclinado cujo ângulo de inclinação é de 90° com a horizontal. O projeto de sistemas autossuportados de solo está baseado na exigência de manter a estabilidade (ELU) em vez de na necessidade de minimizar a deformação (ELS). Se esta fosse tal que a deformação específica em um elemento de solo ultrapassasse o valor correspondente à resistência última, então a solicitação ultrapassaria o valor último. Dessa forma, é recomendado usar a resistência do estado crítico ao analisar a estabilidade. No entanto, se houvesse uma superfície de deslizamento preexistente no interior do solo, o uso da resistência residual seria apropriado.

A Seção 12.2 aplicará tanto a técnica de análise limite quanto a de equilíbrio para a estabilidade de cortes/escavações (trincheiras) verticais. A seguir, esses métodos serão estendidos para considerar como o suporte de fluido pode ser usado para melhorar a estabilidade de tais construções (por exemplo, a perfuração de estacas escavadas ou a escavação de estacas de parede diafragma com lama). Nas Seções 12.3 e 12.4, os métodos analíticos serão estendidos ainda mais para incluir a consideração de projetos de taludes e barragens, respectivamente. Finalmente, na Seção 12.5, será realizada uma introdução ao projeto de trabalhos em túneis, em que a estabilidade da face de um corte vertical muito abaixo da superfície do terreno define o projeto. Essa seção final também leva em consideração como a estabilidade da frente de escavação de túneis pode ser melhorada pela pressurização da face do corte (de maneira análoga ao uso de fluidos de perfuração no apoio de escavações).

12.2 Cortes e escavações (trincheiras) verticais

As escavações verticais em solo só podem ser suportadas quando ele se comportar de maneira não drenada (com uma resistência não drenada c_u) ou se for drenado e com alguma coesão (c'). Já que, na ausência de agente químico ou outra ligação entre as partículas do solo, $c' = 0$, em geral, as escavações e trincheiras verticais não podem ser suportadas em condições drenadas. Isso se deve ao fato de que, de acordo com a definição de resistência de Mohr–Coulomb (Equação 5.11), um solo drenado sem coesão sempre atingirá a ruptura quando o ângulo de inclinação chegar a ϕ'. No entanto, em condições não drenadas, as escavações verticais podem se manter estáveis até uma determinada profundidade/altura limite, que depende da resistência não drenada do solo. Isso é muito útil durante trabalhos temporários em solos finos (em geral, argilas) que sejam rápidos o suficiente para manter as condições não drenadas. A escavação de poços/trincheiras de inspeção e as técnicas de construção de estacas escavadas são dois exemplos do uso disso na prática da Engenharia.

Altura/profundidade limitante usando a análise limite

A Figura 12.1 mostra um mecanismo simples de ruptura de limite superior UB–1 (ou LS–1) para uma escavação vertical em solo não drenado com peso específico γ. À medida que o mecanismo se desenvolve e o solo atinge a ruptura na escavação/corte, o trabalho é fornecido ao sistema a partir da energia potencial recuperada, enquanto o peso do bloco deslizante se move para baixo por ação da gravidade. A força vertical devida ao peso do bloco (W) é dada por

$$W = \frac{\gamma h^2}{2\,\mathrm{tg}\,\theta} \tag{12.1}$$

por metro de comprimento da escavação. Se o bloco escorregar ao longo do plano de deslizamento com uma velocidade v, então o componente na direção vertical (na direção de W) será v sen θ. Pela Equação 8.2, o trabalho fornecido é, então,

$$\sum W_\mathrm{i} = \frac{\gamma h^2 v\,\mathrm{sen}\,\theta}{2\,\mathrm{tg}\,\theta} = \frac{1}{2}\gamma h^2 v \cos\theta \tag{12.2}$$

Da mesma forma que no Capítulo 8, a energia é dissipada no cisalhamento ao longo do plano de deslizamento; sendo $L_{\mathrm{OA}} = h/\mathrm{sen}\,\theta$ o comprimento do plano de deslizamento por metro de comprimento da escavação, c_u a tensão de cisalhamento na ruptura plástica, e v a velocidade de deslizamento. Dessa forma, de acordo com a Equação 8.1, a energia dissipada é

$$\sum E_\mathrm{i} = \frac{c_\mathrm{u} h v}{\mathrm{sen}\,\theta} \tag{12.3}$$

Conforme o teorema do limite superior, se o sistema estiver em ruptura plástica, o trabalho realizado pelas cargas/pressões externas deverá ser igual à energia dissipada no interior do solo, portanto, de acordo com a Equação 8.3:

$$\begin{aligned} \sum W_\mathrm{i} &= \sum E_\mathrm{i} \\ \frac{1}{2}\gamma h^2 v\cos\theta &= \frac{c_\mathrm{u} h v}{\mathrm{sen}\,\theta} \\ h &= \frac{2c_\mathrm{u}}{\gamma\,\mathrm{sen}\,\theta\cos\theta} \end{aligned} \tag{12.4}$$

A Equação 12.4 é uma função do ângulo θ. A escavação atingirá a ruptura quando o valor de h for um mínimo. O valor de θ no qual isso ocorre pode ser encontrado resolvendo $\mathrm{d}h/\mathrm{d}\theta = 0$, que fornece $\theta = \pi/4$ (45°); substituindo esse valor na Equação 12.4, tem-se $h \leq 4c_\mathrm{u}/\gamma$ para que haja estabilidade.

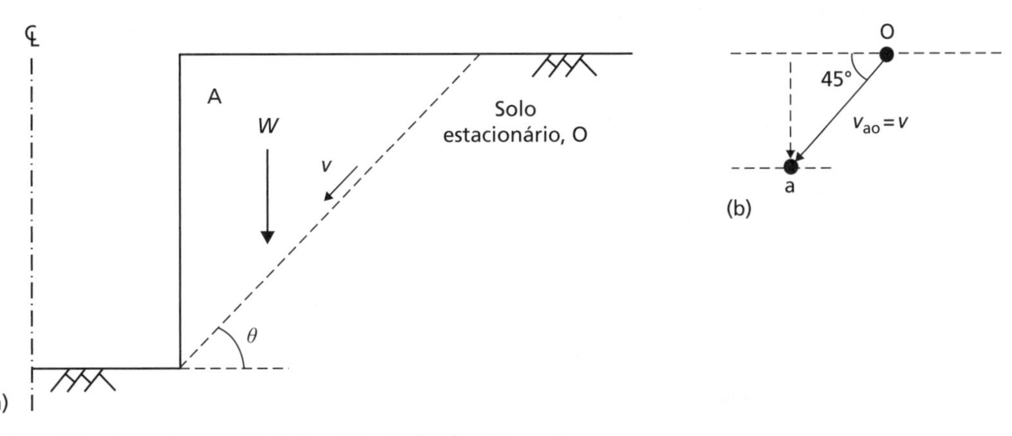

Figura 12.1 (a) Mecanismo UB–1 (ou LS–1); (b) hodógrafo.

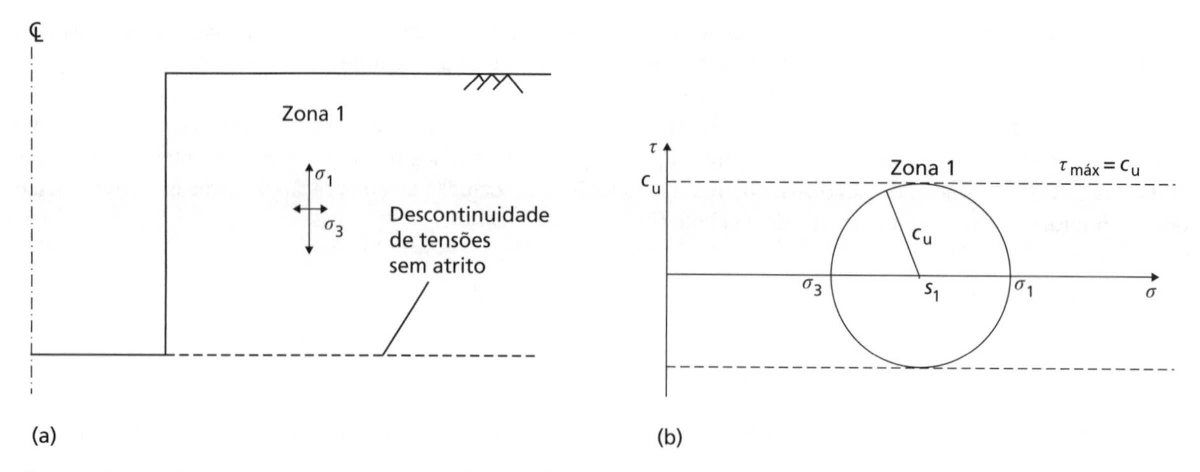

Figura 12.2 (a) Campo de tensões LB–1 (LI–1); (b) Círculo de Mohr.

Um campo de tensões simples de limite inferior para a escavação vertical é mostrado na Figura 12.2a. Na ruptura plástica, o solo se moverá para dentro em direção à escavação, portanto as maiores tensões principais no solo arrimado serão verticais (condição ativa). A Figura 12.2b mostra o círculo de Mohr para o solo; para condições não drenadas, $\sigma_3 = \sigma_1 - 2c_u$ e $\sigma_1 = \sigma_v = \gamma z$. Assim sendo, a soma das tensões horizontais na superfície vertical deve ser nula para que haja equilíbrio, isto é,

$$\int_0^h (\gamma z - 2c_u)\,dz = 0$$
$$\frac{1}{2}\gamma h^2 - 2c_u h = 0 \tag{12.5}$$

A solução da Equação 12.5 fornece $h \leq 4c_u/\gamma$ para haver estabilidade; ela é idêntica à do limite superior e, portanto, representa a solução real.

Altura/profundidade limitante usando o equilíbrio limite (EL)

Pode-se usar também o método de equilíbrio limite (Coulomb) que considera uma cunha de solo apresentado na Seção 11.5 para avaliar a estabilidade de uma escavação vertical. A Figura 12.3 mostra uma cunha com um ângulo θ em solo não drenado. Uma força adicional S também é incluída nessa análise para modelar o suporte fornecido pelo fluido de perfuração no interior do poço (trincheira). O peso específico da lama é γ_s, e o do solo é γ, enquanto a profundidade da lama é nh. A força de resistência resultante ao longo do plano de deslizamento (R_s conforme a Seção 11.5) é dividida aqui em um componente normal e um tangencial, indicados por N e T, respectivamente. Examinando o equilíbrio de forças,

$$S + T\cos\theta - N\,\text{sen}\,\theta = 0 \tag{12.6}$$

$$W - T\,\text{sen}\,\theta - N\cos\theta = 0 \tag{12.7}$$

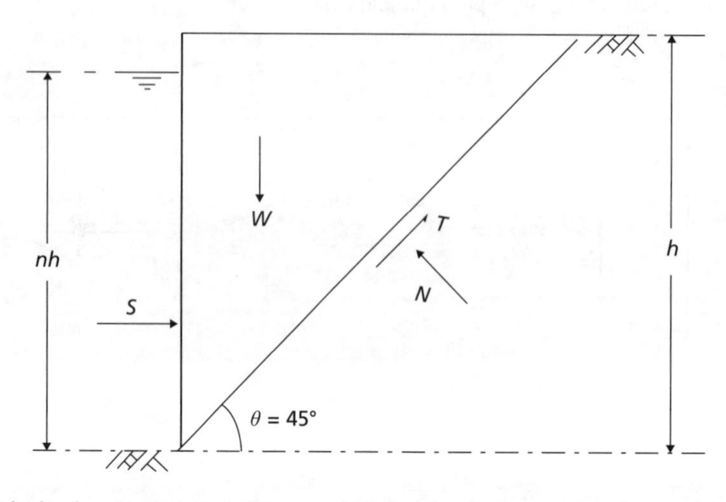

Figura 12.3 Estabilidade de uma escavação em solo não drenado suportada por lama.

O empuxo resultante da lama surge em consequência da distribuição de pressões hidrostáticas no interior da escavação, isto é,

$$S = \int_0^{nh} (\gamma_s z)\,dz = \frac{1}{2}\gamma_s (nh)^2 \tag{12.8}$$

O peso da cunha é dado pela Equação 12.1, como antes. A força tangencial na ruptura é a resistência ao cisalhamento do solo multiplicada pela área plana de deslizamento (h/sen θ por metro de comprimento), isto é,

$$T = c_u \cdot \frac{h}{\operatorname{sen}\theta} \tag{12.9}$$

Substituindo S e T na Equação 12.6 e reorganizando, tem-se

$$N = \frac{S}{\operatorname{sen}\theta} + \frac{c_u h}{\operatorname{tg}\theta \operatorname{sen}\theta} \tag{12.10}$$

Em seguida, substituindo W, T e N na Equação 12.7 e reorganizando, tem-se

$$h = \frac{2c_u}{\gamma \operatorname{sen}\theta \cos\theta} \cdot \left[\frac{1}{1 - \left(\frac{\gamma_s}{\gamma}\right) n^2 \operatorname{tg}\theta} \right] \tag{12.11}$$

Se $\gamma_s = 0$ (isto é, não há lama na escavação), a Equação 12.11 se reduzirá à Equação 12.4.

De acordo com o mencionado na Seção 11.10, a lama bentonítica forma uma membrana (*filter cake*) na superfície da escavação permitindo manter as pressões hidrostáticas totais, mesmo em contato com materiais drenados sem coesão. Em condições drenadas, a análise de equilíbrio limite apresentada pode sofrer modificações para que seja aplicada a uma análise de tensões efetivas, levando em conta a presença do nível do lençol freático (a uma altura mh acima do fundo do poço), conforme ilustra a Figura 12.4.

As Equações 12.6–12.8 podem ser usadas sem modificações; entretanto, a força total de resistência ao cisalhamento T agora se baseia na tensão efetiva ao longo do plano de deslizamento, isto é,

$$T = c'\left(\frac{h}{\operatorname{sen}\theta}\right) + (N - U)\operatorname{tg}\phi' \tag{12.12}$$

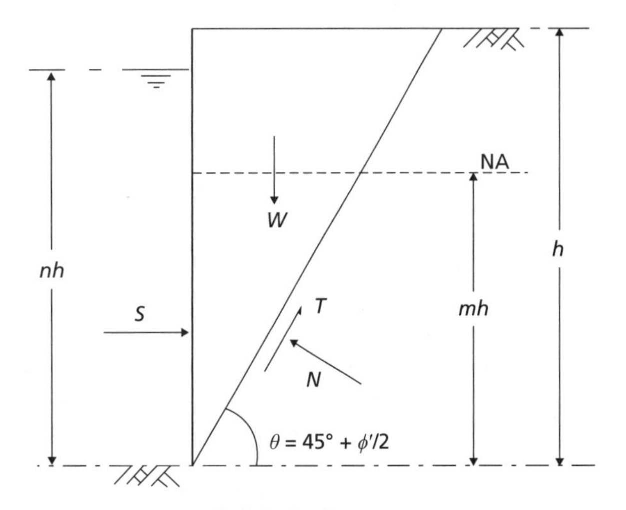

Figura 12.4 Estabilidade de uma escavação em solo drenado suportado por lama.

na qual U, a força da água na superfície do plano de ruptura, é dada por

$$U = \frac{1}{2}\gamma_w (mh)^2 \operatorname{cosec}\theta \tag{12.13}$$

Quando a cunha estiver a ponto de deslizar para o interior da escavação, isto é, o solo no interior da cunha estiver em uma condição de equilíbrio limite ativo, pode-se admitir o ângulo θ como 45° + $\phi'/2$. As equações são resolvidas usando o mesmo procedimento anterior; entretanto, a solução em forma fechada para o caso drenado é mais complexa do que a Equação 12.11. Em vez disso, as equações podem ser programadas de maneira simples em uma planilha.

A Figura 12.5a apresenta a profundidade normalizada de segurança da escavação h como uma função do peso específico da lama para escavações em solo não drenado. Para o caso de não haver lama (escavação sem apoios, $\gamma_s = 0$), $h = 4c_u/\gamma$, como antes. A fim de manter a viabilidade da escavação, a lama nova, em geral, terá uma massa específica de 1.150 kg/m³ (γ_s = 11,3 kN/m³). Os pontos de dados na Figura 12.5a representam as profundidades máximas de escavação para algumas das argilas descritas nos Capítulos 5 e 7, ou seja, a argila orgânica NC de Bothkennar, o tilito glacial de Cowden e a argila fissurada de Madingley. O valor de γ_s/γ para cada uma dessas argilas se baseia em pesos específicos típicos de 15,5, 21,5 e 19,5 kN/m³, respectivamente, e no peso específico da lama nova dado antes. Será visto que a escavação com lama é particularmente adequada para solos NC, nos quais $h = 14c_u/\gamma$ pode ser atingido (isto é, três vezes e meia a profundidade de uma escavação não apoiada). Mesmo em argilas mais rijas, a profundidade da escavação pode ser, no mínimo, duplicada usando o suporte de lama.

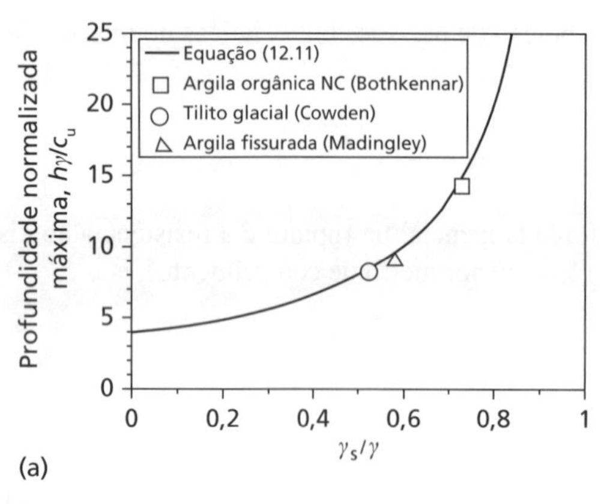

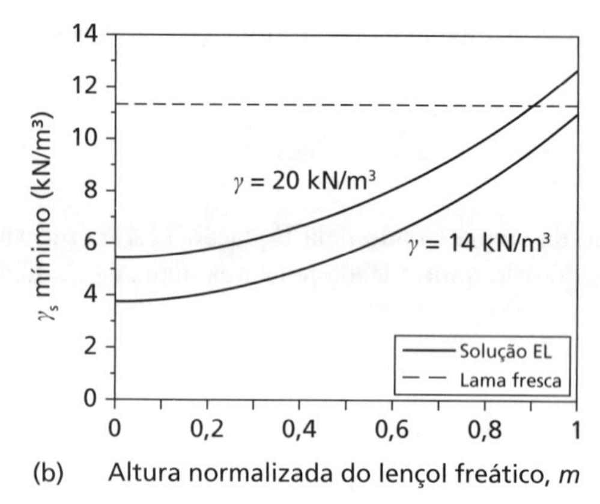

Figura 12.5 Escavações suportadas por lamas: (a) profundidade máxima de escavação em solo não drenado; (b) massa específica mínima da lama para evitar colapso em solo drenado (ϕ' = 35°, n = 1).

A Figura 12.5b mostra o gráfico de massa específica mínima de lama exigida para evitar o colapso (ruptura) em função da altura normalizada do nível do lençol freático m em um solo drenado. Pode-se ver que a escavação em tais solos só será problemática em situações em que o nível do lençol freático estiver próximo à superfície do terreno. Em consequência, ao construir estacas escavadas em materiais drenados (por exemplo, areias), é comum usar revestimento de aço nas proximidades do topo da escavação para evitar a ruptura.

12.3 Taludes

Os tipos mais importantes de ruptura de taludes estão ilustrados na Figura 12.6. Em **deslizamentos rotacionais**, o formato da superfície de ruptura na seção pode ser o de um arco circular ou de uma curva não circular. Em geral, deslizamentos circulares estão associados a condições homogêneas e isotrópicas do solo, enquanto os não circulares estão associados a condições não homogêneas. Os deslizamentos **translacionais** e **compostos** ocorrem onde o formato da superfície de ruptura é influenciado pela presença de um estrato adjacente com resistência significativamente diferente, sendo provável que a maior parte da superfície de ruptura passe através do estrato com menor resistência ao cisalhamento. O formato da superfície seria influenciado também pela presença de descontinuidades, tais como fissuras e deslizamentos preexistentes. Os deslizamentos translacionais tendem a ocorrer onde o estrato adjacente está a uma profundidade relativamente pequena abaixo da superfície do talude, e a superfície de ruptura tende a ser plana e mais ou menos paralela à do talude. Os deslizamentos compostos ocorrem, em geral, onde o estrato adjacente está localizado em profundidades maiores, com a superfície de ruptura consistindo em seções curvas e planas. Na maioria dos casos, a estabilidade do talude pode ser considerada um problema bidimensional, sendo admitidas condições do estado plano de deformações.

Um exemplo de deslizamento rotacional ocorreu de 3 a 5 de junho de 1993 em Holbeck, Yorkshire. Imaginou-se que a poropressão gerada como resultado de uma forte chuva, associada a problemas de drenagem, tenha sido a

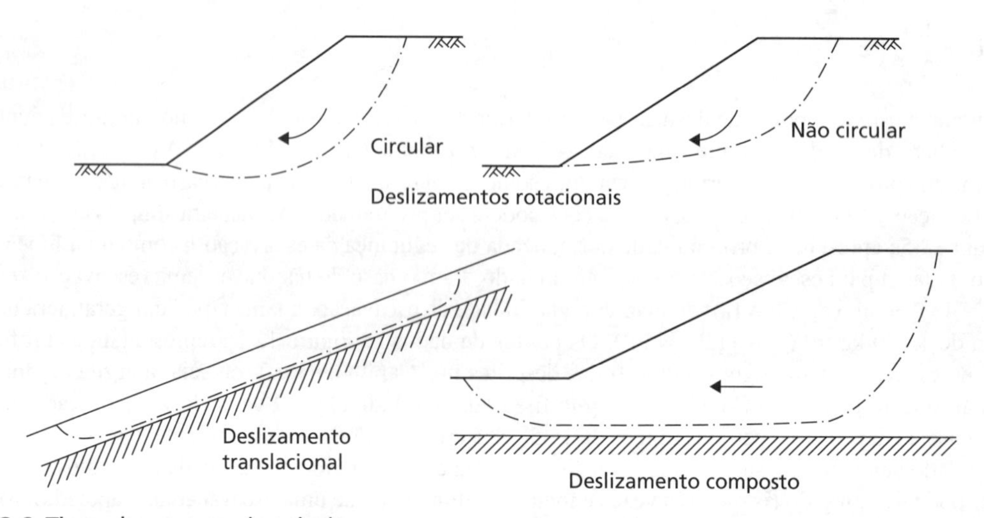

Figura 12.6 Tipos de ruptura de taludes.

causa do deslizamento, que envolveu por volta de 1 milhão de toneladas de tilito glacial, conforme ilustra a Figura 12.7. O deslizamento de terra causou um dano catastrófico ao Holbeck Hall Hotel, situado na crista do talude, como mostra a Figura 12.7.

Em geral, são usadas as técnicas de equilíbrio limite na análise da estabilidade de taludes, nas quais se considera que a ruptura esteja a ponto de acontecer ao longo de uma superfície de ruptura suposta ou conhecida. Para verificar a estabilidade no estado limite último, as forças gravitacionais que determinam o deslizamento (por exemplo, o componente do peso que age ao longo do plano de deslizamento) são consideradas ações e ponderadas de acordo; as forças desenvolvidas como resultado do cisalhamento ao longo dos planos de deslizamento são tratadas como resistências, junto a quaisquer forças gravitacionais que resistam ao deslizamento, e ponderadas para baixo usando um coeficiente de ponderação γ_{Rr}. No Eurocode 7, o valor normativo de $\gamma_{Rr} = 1{,}00$ para os conjuntos R1 e R3 e 1,10 para o conjunto R2.

Tendo analisado uma determinada superfície de ruptura, os cálculos devem ser repetidos para várias posições diferentes da superfície de deslizamento. A superfície de ruptura que estiver mais próxima ao ELU é, então, a crítica ao longo da qual ocorrerá a falha estrutural. Esse processo costuma ser automatizado por meio de um computador.

Figura 12.7 Falha rotacional de talude em Holbeck, Yorkshire.

Deslizamentos rotacionais em solos não drenados

Esta análise, em termos de tensões totais, trata do caso de uma argila completamente saturada em condições não drenadas, isto é, para a condição imediatamente depois da construção. Somente o equilíbrio dos momentos é considerado na análise. Se o solo for homogêneo, pode-se admitir que a superfície de ruptura tenha a seção transversal de um arco circular. Uma superfície experimental (arbitrária) de ruptura (centro O, raio r e comprimento L_a) é mostrada na Figura 12.8. A instabilidade potencial se deve ao peso total da massa de solo (W por unidade de comprimento) acima da superfície de ruptura.

O momento responsável pelo movimento do solo (no sentido horário) em torno de O é, portanto, $M_A = Wd$ (uma ação). A resistência do solo é descrita por um momento anti-horário $M_R = c_u L_a r$ em torno de O. Se a superfície de deslizamento for um arco circular, então $L_a = r\theta$, de acordo com a Figura 12.8. O critério de estabilidade no ELU é descrito, então, por

$$M_A \leq M_R \tag{12.14}$$

Os momentos de todas as forças adicionais (por exemplo, sobrecarga) devem ser levados em consideração para determinar M_A. No caso do desenvolvimento de uma fenda de tração, o comprimento do arco L_a diminuirá, e uma força hidrostática agirá no sentido normal à fenda se ela for preenchida com água. É necessário analisar o talude para várias superfícies de ruptura experimentais (arbitradas) a fim de que se possa determinar a superfície de ruptura

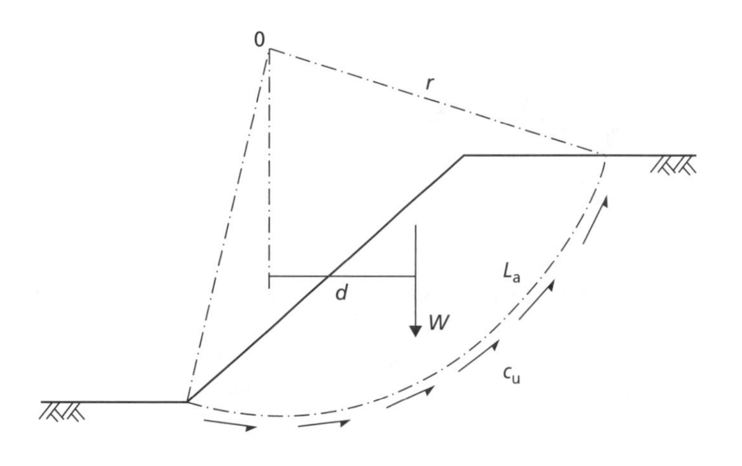

Figura 12.8 Análise de equilíbrio limite em solo não drenado.

mais crítica. Na análise de um talude existente, M_A será menor do que M_R (quando o talude estiver estável), e, em geral, seu nível de segurança será expresso por meio de um coeficiente de segurança F, tal que

$$F = \frac{M_R}{M_A} \tag{12.15}$$

Pela Equação 12.15, pode-se ver que um talude estável terá $F > 1$, ao passo que um instável terá $F < 1$. Se $F = 1$, o talude estará prestes a ruir (ponto de ruptura), e o critério da estabilidade do ELU será outra vez adotado.

No projeto de um novo talude, normalmente, o objetivo é encontrar a altura máxima h com a qual ele pode ser construído com um determinado ângulo β. Para conseguir isso, os parâmetros W e d podem ser expressos em termos das propriedades h e β do talude e das que descrevem a geometria da superfície de deslizamento (r e θ), embora sua obtenção não seja simples. Felizmente, foram publicados gráficos de projeto por Taylor (1937), para o caso de c_u uniforme com a profundidade e uma interface subjacente rígida, e por Gibson e Morgenstern (1962), para o caso de c_u aumentar de forma linear com a profundidade ($c_u = Cz$). Essas duas soluções expressam as condições críticas que levam à ruptura do talude como um **número de estabilidade** adimensional N_s, em que

$$N_s = \frac{c_u}{F\gamma h} \tag{12.16}$$

No caso de uma resistência ao cisalhamento crescente com a profundidade, $N_s = C/F\gamma h$. Os valores de N_s em função do ângulo de inclinação β são mostrados na Figura 12.9. Reorganizando a Equação 12.16 para fornecer $F = c_u/N_s\gamma h$ e comparando isso com a Equação 12.15, pode-se ver que o numerador da Equação 12.16 representa a resistência do solo à ruptura, enquanto o denominador representa a soma das ações mobilizadoras para aplicação dos coeficientes de ponderação. Esses valores devem ser ponderados de forma adequada, assim como as propriedades do material (c_u e γ). No projeto de estado limite, o valor de N_s é, portanto, determinado com base na Figura 12.9 para um determinado ângulo de inclinação; F é definido com o valor de 1,0, de forma que a equação resultante que controla o ELU é

$$h \leq \frac{1}{N_s}\left[\frac{\left(\dfrac{c_u}{\gamma_{cu}}\right)}{\gamma_{Rr}\gamma_A\left(\dfrac{\gamma}{\gamma_\gamma}\right)}\right] \tag{12.17}$$

A Equação 12.17 é, então, resolvida usando as propriedades conhecidas do solo e N_s para que se determine a altura máxima do talude.

A Equação 12.16 também pode ser usada para analisar taludes existentes no lugar do método de equilíbrio de momentos (Equação 12.15), caso em que a altura do talude h é conhecida, e a equação é reorganizada para que se encontre o coeficiente de segurança. Uma análise tridimensional para taludes em argila sob condições não drenadas foi apresentada por Gens *et al.* (1988).

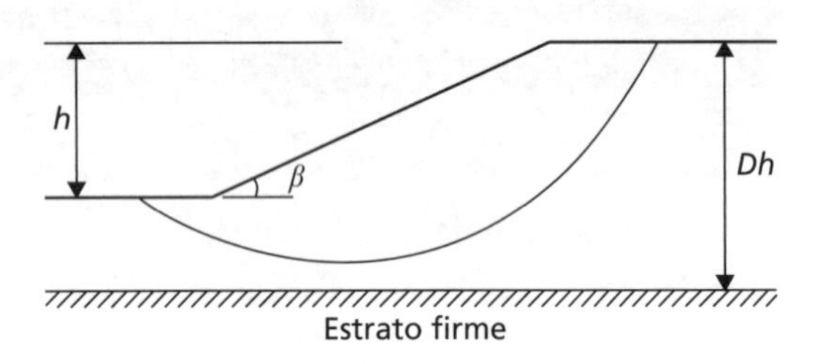

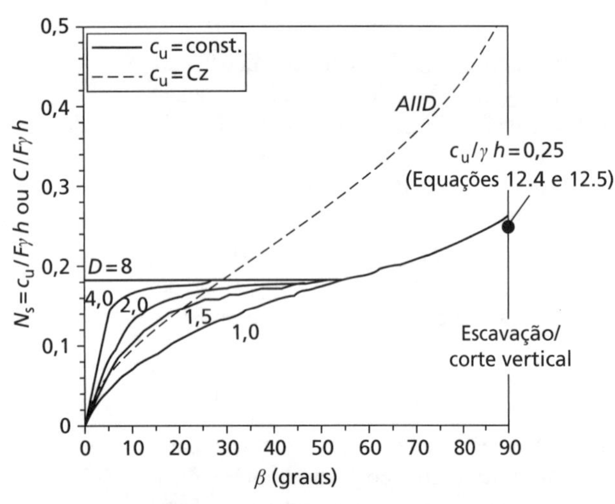

Figura 12.9 Números de estabilidade para taludes em solo não drenado.

Exemplo 12.1

Um talude de corte com inclinação de 45° é escavado até uma profundidade de 8 m em uma camada profunda de argila saturada com peso específico de 19 kN/m³: os parâmetros relevantes de resistência ao cisalhamento são $c_u = 65$ kPa.

a Determine o coeficiente de segurança para a superfície experimental arbitrada de ruptura especificada na Figura 12.10.

b Certifique-se de que não ocorrerá perda da estabilidade global de acordo com o método dos estados limites (usando o EC7 DA1b).

c Determine a profundidade máxima em que o talude poderia ser escavado se o ângulo de inclinação fosse mantido em 45°.

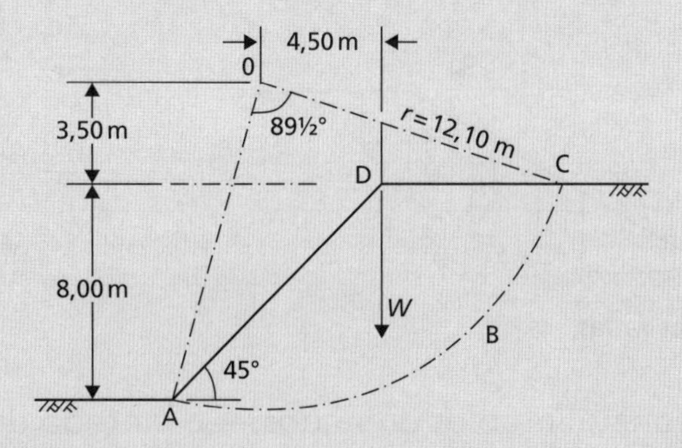

Figura 12.10 Exemplo 12.1.

Solução

a Na Figura 12.10, a área de seção transversal ABCD é 70 m². Dessa forma, o peso da massa do solo W = 70 × 19 = 1.330 kN/m. O centroide (centro de gravidade) de ABCD está a 4,5 m de O. O ângulo AOC é 89,5°, e o raio OC é 12,1 m. O comprimento de arco ABC é calculado (ou pode ser medido) como 18,9 m. A partir da Equação 12.15:

$$F = \frac{c_u L_a r}{Wd} = \frac{65 \cdot 18{,}9 \cdot 12{,}1}{1330 \cdot 4{,}5} = 2{,}48$$

Esse é o coeficiente de segurança para a superfície experimental de ruptura selecionada, não é necessariamente o mínimo. Pela Figura 12.9, $\beta = 45°$, e, admitindo que D seja grande, o valor de N_s é 0,18. Dessa forma, pela Equação 12.16, $F = 2{,}37$. Esse valor é menor do que o encontrado antes, portanto o plano experimental de ruptura mostrado na Figura 12.10 não é a superfície real de ruptura.

b Para o DA1b, $\gamma_\gamma = 1{,}00$, $\gamma_{cu} = 1{,}40$, $\gamma_A = 1{,}00$ (o peso próprio do talude é uma ação permanente desfavorável), e $\gamma_{Rr} = 1{,}00$, em consequência,

$$M_A = \gamma_A \left(\frac{W}{\gamma_\gamma}\right) d = 1{,}00 \cdot \left(\frac{1330}{1.00}\right) \cdot 4{,}5 = 5985\,\text{kNm/m}$$

$$M_R = \frac{\left(\frac{c_u}{\gamma_{cu}}\right) L_a r}{\gamma_{Rr}} = \frac{\left(\frac{65}{1{,}40}\right) \cdot 18{,}9 \cdot 12{,}1}{1{,}00} = 10520\,\text{kNm/m}$$

$M_A < M_R$, portanto o estado limite de estabilidade global (ELU) é satisfeito para o EC7 DA1b.

c A profundidade máxima da escavação é dada pela Equação 12.17, sendo os coeficientes de ponderação aqueles fornecidos anteriormente — procedimento de cálculo idêntico ao da parte (b) — e $N_s = 0{,}18$ para $\beta = 45°$:

$$h \le \frac{1}{0{,}18}\left[\frac{\left(\frac{65}{1{,}40}\right)}{1{,}00 \cdot 1{,}00 \cdot \left(\frac{19}{1{,}00}\right)}\right] \le 13{,}58\,\text{m}$$

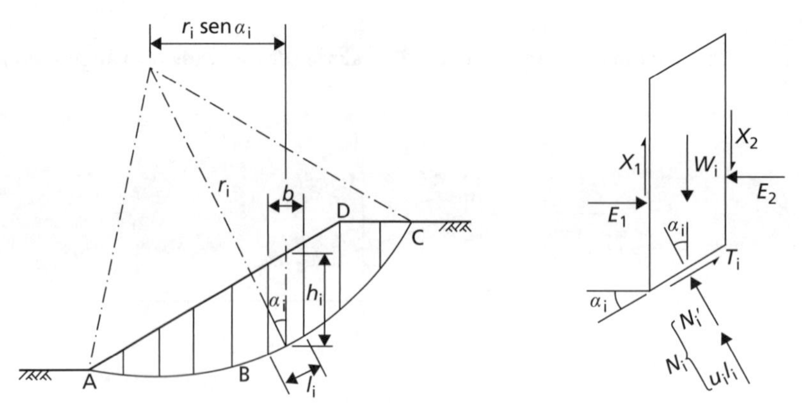

Figura 12.11 O método das fatias.

Deslizamentos rotacionais em solos drenados — o método das fatias

Nesse método, admite-se mais uma vez que a superfície potencial de ruptura, em seção transversal, seja um arco circular com centro em O e raio r. A massa do solo (ABCD) acima de uma superfície experimental de ruptura (AC) é dividida por planos verticais em uma série de fatias com largura b, de acordo com o ilustrado na Figura 12.11. Admite-se que a base de cada uma seja uma linha reta. Para a i-ésima fatia, a inclinação da base com a horizontal é α_i, e a altura, medida na linha central, é h_i. A análise se baseia no uso de um coeficiente de segurança (F), que é definido como a relação entre a resistência ao cisalhamento disponível (τ_f) e a resistência ao cisalhamento (τ_{mob}) que deve ser mobilizada para manter uma condição de equilíbrio no limite ao longo da superfície de deslizamento, isto é,

$$F = \frac{\tau_f}{\tau_{mob}}$$

Admite-se que o coeficiente de segurança seja o mesmo para todas as fatias, significando que deve haver uma sustentação mútua entre elas, isto é, devem agir forças entre as fatias (E_1, X_1, E_2 e X_2 na Figura 12.11). As forças (por dimensão unitária normal à seção) que agem em uma fatia são:

1 O peso total da fatia, $W_i = \gamma b h_i$ (γ_{sat}, quando apropriado);
2 A força normal total sobre a base, N_i (igual a $\sigma_i l_i$) — em geral, essa força tem dois componentes, a força normal efetiva N'_i (igual a $\sigma'_i l_i$) e a força da água nos poros do contorno U_i (igual a $u_i l_i$), em que u_i é a pressão neutra no centro da base, e l_i é o comprimento da base;
3 A força de cisalhamento na base, $T_i = T_{mob} l_i$;
4 As forças normais totais nos lados, E_1 e E_2;
5 As forças de cisalhamento nos lados, X_1 e X_2.

Quaisquer forças externas (por exemplo, sobrecarga, forças de fixação, ou *pinning*, de inclusões) também devem ser incluídas na análise.

O problema é estaticamente indeterminado, e, para que seja encontrada uma solução, devem-se adotar hipóteses a respeito das forças entre fatias E e X; portanto, em geral, a solução resultante para o coeficiente de segurança não é exata.

Considerando os momentos em torno de O, a soma dos momentos das forças de cisalhamento T_i no arco de ruptura AC deve ser igual ao momento do peso da massa de solo ABCD. Para qualquer fatia, o braço de alavanca de W_i é r_i sen α_i, portanto, no equilíbrio limite,

$$\sum M_R = \sum M_A$$

$$\sum_i T_i r_i = \sum_i W_i r_i \operatorname{sen} \alpha_i$$

Agora,

$$T_i = \tau_{mob,i} l_i = \left(\frac{\tau_{f,i}}{F}\right) l_i$$

$$\therefore \sum_i \left(\frac{\tau_{f,i}}{F}\right) l_i = \sum_i W_i \operatorname{sen} \alpha_i$$

$$\therefore F = \frac{\sum_i \tau_{f,i} l_i}{\sum_i W_i \operatorname{sen} \alpha_i}$$

Para uma análise das tensões efetivas (em termos dos parâmetros c' e ϕ'), $\tau_{f,i}$ é dado pela Equação 5.11, de forma que

$$F = \frac{\sum_i \left(c_i' + \sigma_i' \operatorname{tg} \phi_i'\right) l_i}{\sum_i W_i \operatorname{sen} \alpha_i} \tag{12.18a}$$

A Equação 12.18a pode ser usada no caso geral de c' e/ou ϕ' variando com a profundidade e com a posição no talude, sendo usados os valores médios apropriados para cada fatia. Para o caso de condições homogêneas de solo, a Equação 12.18a é simplificada para

$$F = \frac{c' L_a + \operatorname{tg} \phi' \sum_i N_i'}{\sum_i W_i \operatorname{sen} \alpha_i} \tag{12.18b}$$

em que L_a é o comprimento de arco AC (isto é, o comprimento de todo o plano de deslizamento). A Equação 12.18b é exata, mas são introduzidas aproximações para determinar as forças N'_i. Para um determinado arco de ruptura, o valor de F dependerá da maneira pela qual as forças N'_i são estimadas. Em muitos casos, a resistência do estado crítico é apropriada para as análises de estabilidade de taludes, isto é, $\phi' = \phi'_{cv}$ e $c' = 0$, portanto a expressão é simplificada ainda mais para

$$F = \frac{\operatorname{tg} \phi_{cv}' \sum_i N_i'}{\sum_i W_i \operatorname{sen} \alpha_i} \tag{12.18c}$$

A solução de Fellenius (ou sueca)

Nessa solução, admite-se que, para cada fatia, a resultante das forças entre elas seja nula. A solução exige que sejam calculadas as forças normais à base, isto é,

$$N_i' = W_i \cos \alpha_i - u_i l_i$$

Daí, o coeficiente de segurança em termos de tensões efetivas (Equação 12.18b) é dado por

$$F = \frac{c' L_a + \operatorname{tg} \phi' \sum_i \left(W_i \cos \alpha_i - u_i l_i\right)}{\sum_i W_i \operatorname{sen} \alpha_i} \tag{12.19}$$

Os componentes $W_i \cos \alpha_i$ e $W_i \operatorname{sen} \alpha_i$ podem ser determinados graficamente para cada fatia. Alternativamente, os valores de W_i e α_i podem ser calculados. Mais uma vez, deve-se escolher uma série de superfícies experimentais de ruptura para que seja obtido o coeficiente de segurança mínimo. Pode-se ver na obtenção da Equação 12.19 que o numerador representa a resistência global, ao passo que o denominador representa a falha global causadora da ação. Dessa forma, a Equação 12.19 pode ser usada para verificar o ELU por meio da definição de $F = 1$, ponderando de forma adequada o numerador (resistência), o denominador (ação) e as propriedades do material como antes e assegurando que o numerador seja maior do que o denominador.

Sabe-se que essa solução subestima o coeficiente de segurança real em virtude das suposições inerentes a ela: o erro, comparado a métodos mais precisos de análise, costuma estar no intervalo 5–20%. O uso do método de Fellenius não é recomendado na prática hoje.

A solução de rotina de Bishop

Nessa solução, admite-se que as forças resultantes nos lados das fatias são horizontais, isto é,

$$X_1 - X_2 = 0$$

Para haver equilíbrio, a força de cisalhamento na base de qualquer fatia é

$$T_i = \frac{1}{F}\left(c_i' l_i + N_i' \operatorname{tg} \phi_i'\right)$$

Encontrando as forças no sentido vertical:

$$W_i = N_i' \cos\alpha_i + u_i l_i \cos\alpha_i + \left(\frac{c_i' l_i}{F}\right)\operatorname{sen}\alpha_i + \left(\frac{N_i'}{F}\right)\operatorname{tg}\phi_i' \operatorname{sen}\alpha_i$$

$$\therefore N_i' = \frac{W_i - \left(\dfrac{c_i' l_i}{F}\right)\operatorname{sen}\alpha_i - u_i l_i \cos\alpha_i}{\cos\alpha_i + \left(\dfrac{\operatorname{tg}\phi_i' \operatorname{sen}\alpha_i}{F}\right)} \tag{12.20}$$

É conveniente substituir

$$l_i = b \sec\alpha_i \tag{12.21}$$

Substituindo a Equação 12.20 na Equação 12.18a, pode-se mostrar, após uma reordenação, que

$$F = \frac{1}{\sum_i W_i \operatorname{sen}\alpha_i} \cdot \sum_i \left\{ \left[c_i' b + (W_i - u_i b)\operatorname{tg}\phi_i'\right] \frac{\sec\alpha_i}{1 + \left(\dfrac{\operatorname{tg}\phi_i' \operatorname{tg}\alpha_i}{F}\right)} \right\} \tag{12.22}$$

Bishop (1955) mostrou também como os valores não nulos das forças resultantes ($X_1 - X_2$) poderiam ser introduzidos na análise, mas esse refinamento só causa um efeito secundário no coeficiente de segurança.

A pressão neutra pode ser expressa como uma parcela da "pressão total do aterro" em qualquer ponto por meio da **taxa de pressão neutra** (r_u) adimensional, definida como

$$r_u = \frac{u}{\gamma h} \tag{12.23}$$

Dessa forma, para a *i*-ésima fatia,

$$r_u = \frac{u_i b}{W_i}$$

Daí, a Equação 12.22 pode ser escrita como

$$F = \frac{1}{\sum_i W_i \operatorname{sen}\alpha_i} \cdot \sum_i \left\{ \left[c_i' b + W_i (1 - r_{u,i})\operatorname{tg}\phi_i'\right] \frac{\sec\alpha_i}{1 + \left(\dfrac{\operatorname{tg}\phi_i' \operatorname{tg}\alpha_i}{F}\right)} \right\} \tag{12.24}$$

Como o coeficiente de segurança aparece em ambos os lados das Equações 12.22 e 12.24, deve-se usar um processo de aproximações sucessivas para obter uma solução, mas a convergência é rápida. Graças à natureza repetitiva dos cálculos e à necessidade de selecionar um número adequado de superfícies de ruptura experimentais, o método das fatias é particularmente apropriado para uma solução computacional. Dessa forma, também se podem introduzir com facilidade dados referentes a geometrias mais complexas de taludes e estratos de solo diferentes.

Mais uma vez, o coeficiente de segurança determinado por esse método é subestimado, mas é improvável que o erro seja maior do que 7%, e, na maioria de casos, ele é menor do que 2%. Spencer (1967) propôs um método de análise no qual as forças resultantes entre as fatias são paralelas e no qual são satisfeitos os equilíbrios de forças e de momentos. O autor mostrou que a exatidão do método de rotina de Bishop, em que somente o equilíbrio de momentos é satisfeito, se deve à insensibilidade da equação de momento à inclinação das forças entre as fatias.

Bishop e Morgenstern (1960) e Michalowski (2002) publicaram coeficientes adimensionais de estabilidade para taludes homogêneos baseados na Equação 12.24. Pode-se mostrar que, para um determinado ângulo de inclinação e para determinadas propriedades de solo, o coeficiente de segurança varia linearmente com r_u e, portanto, pode ser expresso como

$$F = m - n r_u \tag{12.25}$$

em que m e n são os coeficientes de estabilidade. Os coeficientes m e n são funções de β, ϕ', do coeficiente de profundidade D e do coeficiente adimensional $c'/\gamma h$ (que é igual a zero se for usada a resistência do estado crítico).

Uma análise limite tridimensional para taludes em solos drenados foi apresentada por Michalowski (2010).

Exemplo 12.2

Usando o método das fatias de Fellenius, determine o coeficiente de segurança, em termos de tensões efetivas, do talude mostrado na Figura 12.12 para a superfície de ruptura apresentada: (a) usando parâmetros de resistência máxima (pico) $c' = 10$ kPa e $\phi' = 29°$; e (b) usando o parâmetro de estado crítico $\phi'_{cv} = 31°$. O peso específico do solo acima e abaixo do lençol freático é 20 kN/m³.

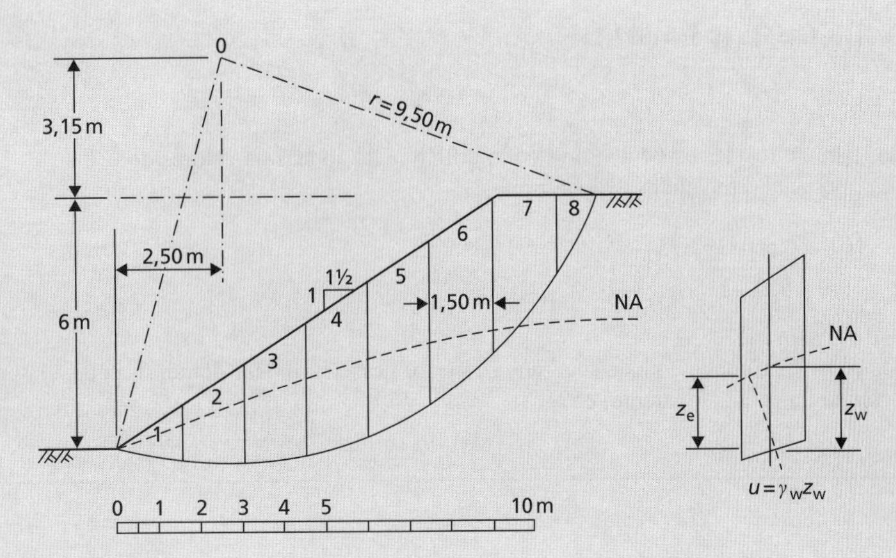

Figura 12.12 Exemplo 12.2.

Solução

a O coeficiente de segurança é dado pela Equação 12.19. A massa de solo é dividida em fatias com largura de 1,5 m. O peso (W_i) de cada uma é dado por

$$W_i = \gamma b h_i = 20 \cdot 1{,}5 \cdot h_i = 30 h_i \text{ kN/m}$$

A altura h_i e o ângulo α_i para cada fatia são medidos na Figura 12.12 (em que estão desenhados em escala), e, a partir deles, são calculados os valores de W_i usando a expressão dada anteriormente; os valores de l_i são calculados usando a Equação 12.21. Admite-se que a pressão neutra no centro da base de cada fatia seja $\gamma_w z_w$, em que z_w é a distância vertical do ponto central abaixo do lençol freático (de acordo com o que mostra a figura). Esse procedimento superestima um pouco a pressão neutra, que estritamente deveria ser $\gamma_w z_e$, em que z_e é a distância vertical abaixo do ponto de interseção do nível do lençol freático com a linha equipotencial que passa pelo centro da base da fatia. O erro admitido está a favor da segurança. Os valores obtidos são dados na Tabela 12.1.

Tabela 12.1 Exemplo 12.2

Fatia	h_i (m)	α_i(°)	W_i (kN/m)	l_i (m)	u_i (kPa)	$W_i \cos \alpha_i - u_i l_i$ (kN/m)	W_i sen α_i (kN/m)
1	0,76	−11,2	22,8	1,55	5,9	13,22	−4,43
2	1,80	−3,2	54,0	1,50	11,8	36,22	−3,01
3	2,73	8,4	81,9	1,55	16,2	55,91	11,96
4	3,40	17,1	102,0	1,60	18,1	68,53	29,99
5	3,87	26,9	116,1	1,70	17,1	74,47	52,53
6	3,89	37,2	116,7	1,95	11,3	70,92	70,56
7	2,94	49,8	88,2	2,35	0	56,93	67,37
8	1,10	59,9	3,00	2,15	0	16,55	28,55
						392,75	253,52

O comprimento de arco (L_a) é calculado/medido com o valor de 14,35 m. Dessa forma, pela Equação 12.19,

$$\begin{aligned} F &= \frac{c'L_a + \operatorname{tg}\phi' \sum_i (W_i \cos\alpha_i - u_i l_i)}{\sum_i W_i \operatorname{sen}\alpha_i} \\ &= \frac{(10 \cdot 14{,}35) + (0{,}554 \cdot 392{,}75)}{253{,}52} \\ &= 1{,}42 \end{aligned}$$

b O uso dos parâmetros de resistência do estado crítico afeta apenas os valores de c' e ϕ'; os cálculos da Tabela 12.1 permanecem válidos. Dessa forma,

$$\begin{aligned} F &= \frac{(0) + (0{,}601 \cdot 392{,}75)}{253{,}52} \\ &= 0{,}93 \end{aligned}$$

Apesar de $\phi'_{cv} > \phi'$, o coeficiente de segurança é menor nesse caso. Isso demonstra que, em projeto, não se deve confiar na coesão (aparente) c'.

Deslizamentos translacionais

Admite-se que a superfície potencial de ruptura seja paralela à do talude e esteja a uma profundidade considerada pequena em relação ao comprimento dele. O talude pode, então, ser considerado de comprimento infinito, para o qual são ignorados os efeitos localizados na extremidade. O talude está inclinado segundo um ângulo β com a horizontal, e a profundidade do plano de ruptura é z, de acordo com o ilustrado na seção transversal na Figura 12.13. Admite-se que o lençol freático esteja paralelo ao talude em uma altura de mz ($0 < m < 1$) acima do plano de ruptura. Além disso, considera-se que esteja ocorrendo percolação constante em uma direção paralela ao talude. As forças nos lados de qualquer fatia vertical são iguais e opostas, e as condições de tensões são as mesmas em todos os pontos no plano de ruptura.

Em termos de tensões efetivas, a resistência ao cisalhamento do solo ao longo do plano de ruptura (usando a resistência do estado crítico) é

$$\tau_f = (\sigma - u)\operatorname{tg}\phi'_{cv}$$

e o coeficiente de segurança é

$$F = \frac{\tau_f}{\tau_{mob}} \tag{12.26a}$$

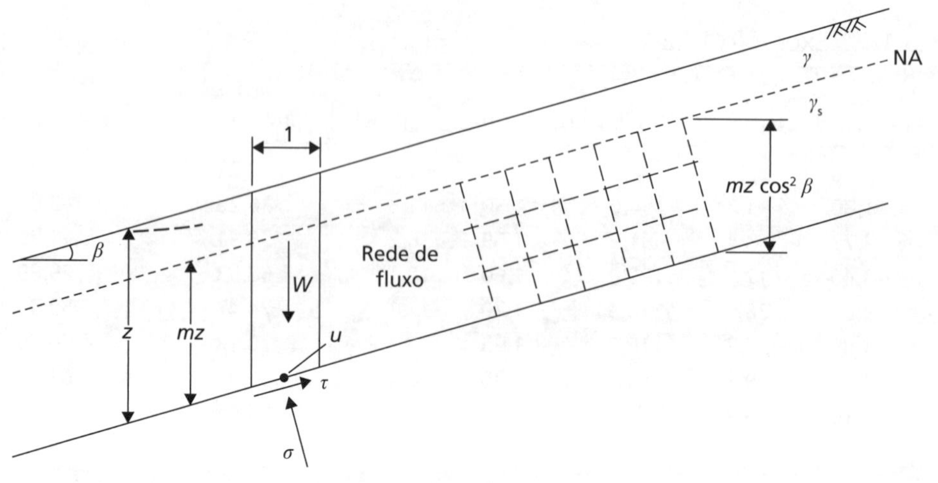

Figura 12.13 Deslizamento translacional plano.

em que τ_{mob} é a tensão de cisalhamento mobilizada ao longo do plano de ruptura (ver Capítulo 11). As expressões para σ, τ_{mob} e u são

$$\sigma = \left[(1-m)\gamma + m\gamma_s\right] z \cos^2 \beta$$

$$\tau_{mob} = \left[(1-m)\gamma + m\gamma_s\right] z \operatorname{sen} \beta \cos \beta$$

$$u = m\gamma_w z \cos^2 \beta$$

fornecendo

$$F = \frac{\left[(1-m)\gamma + m(\gamma_s - \gamma_w)\right] \operatorname{tg} \phi'_{cv}}{\left[(1-m)\gamma + m\gamma_s\right] \operatorname{tg} \beta} \qquad (12.26b)$$

Para uma análise de tensões totais, usa-se $\tau_f = c_u$, fornecendo

$$F = \frac{c_u}{\left[(1-m)\gamma + m\gamma_s\right] z \operatorname{sen} \beta \cos \beta} \qquad (12.26c)$$

Da mesma forma que com os deslizamentos rotacionais, o termo do numerador da Equação 12.26 representa a resistência do solo ao deslizamento, ao passo que o denominador representa a ação causadora do movimento. Para verificação do ELU, portanto, F = 1,00, e o numerador, o denominador e as propriedades do material recebem coeficientes de ponderação adequados.

Exemplo 12.3

Um talude natural longo em uma argila fissurada sobreadensada, com peso específico saturado de 20 kN/m³, está inclinado em 12° em relação à horizontal. O nível do lençol freático está na superfície, e a percolação ocorre em uma direção mais ou menos paralela ao talude. Ocasionou-se um deslizamento em um plano paralelo à superfície a uma profundidade de 5 m. Determine se o ELU foi satisfeito de acordo com o EC7 DA1b usando (a) o parâmetro de estado crítico ϕ'_{cv} = 28° e (b) o parâmetro de resistência residual ϕ'_r = 20°.

Solução

a O nível do lençol freático está na superfície do terreno, portanto m =1. Para o DA1b, γ_γ = 1,00, $\gamma_{tg\phi}$ = 1,25, γ_A = 1,00 (o peso próprio do talude é uma ação permanente desfavorável), e γ_{Rr} = 1,00. A resistência τ_f é

$$\tau_f = \frac{\left[(1-m)\left(\frac{\gamma}{\gamma_\gamma}\right) + m\left(\frac{\gamma_s - \gamma_w}{\gamma_\gamma}\right)\right] z \cos^2 \beta \left(\frac{\operatorname{tg} \phi'_{cv}}{\gamma_{tg\phi}}\right)}{\gamma_{Rr}}$$

$$= \frac{\left[0 + \left(\frac{20-9{,}81}{1{,}00}\right)\right] \cdot 5 \cdot \cos^2 12 \cdot \left(\frac{\operatorname{tg} 28}{1{,}25}\right)}{1{,}00}$$

$$= 20{,}7\,\text{kPa}$$

enquanto a tensão de cisalhamento mobilizada τ_{mob} (ação) é

$$\tau_{mob} = \gamma_A \left[(1-m)\left(\frac{\gamma}{\gamma_\gamma}\right) + m\left(\frac{\gamma_s}{\gamma_\gamma}\right)\right] z \operatorname{sen} \beta \cos \beta$$

$$= \left[0 + \left(\frac{20}{1{,}00}\right)\right] \cdot 5 \cdot \operatorname{sen} 12 \cdot \cos 12$$

$$= 20{,}3\,\text{kPa}$$

Como $\tau_f > \tau_{mob}$, o ELU foi satisfeito, e o talude é estável.

b Usar ϕ'_r no lugar de ϕ'_{cv} modifica a resistência para τ_f = 14,2 kPa, enquanto τ_{mob} permanece inalterado. Nesse caso, $\tau_f < \tau_{mob}$, portanto o ELU não foi satisfeito (o talude deslizará se as condições de resistência residual forem atingidas).

Métodos gerais de análise

Morgenstern e Price (1965, 1967) desenvolveram uma análise geral baseada no equilíbrio limite na qual todas as condições de contorno e de equilíbrio são satisfeitas e na qual a superfície de ruptura pode assumir qualquer forma, circular, não circular ou composta. O *software* computacional para realizar tais análises está disponível. Bell (1968) propôs um método alternativo de análise no qual todas as condições de equilíbrio são satisfeitas, e a superfície de ruptura admitida pode assumir qualquer forma. A massa de solo é dividida em várias fatias verticais, e a determinação estática é obtida por intermédio de uma distribuição admitida de tensões normais ao longo da superfície de ruptura. O uso de um computador também é fundamental para esse método. Em ambos os métodos gerais mencionados aqui, as soluções devem ser examinadas para garantir que sejam aceitáveis fisicamente. Já estão disponíveis ferramentas computacionais modernas para análise do ELU de taludes, usando as análises limites combinadas com rotinas de otimização (ver mais detalhes no site da Editora LTC que complementa este livro).

Estabilidade final de construção e em longo prazo

Quando um talude é formado por escavação, os alívios de tensões totais resultam em mudanças na pressão neutra em suas vizinhanças e, em particular, ao longo de uma superfície potencial de ruptura. Para o caso ilustrado na Figura 12.14a, a pressão neutra inicial (u_0) depende da profundidade do ponto em questão abaixo do lençol freático (estático) inicial (isto é, $u_0 = u_s$). Em teoria, a variação da pressão neutra (Δu) devida à escavação é dada pela Equação 8.55. Para um ponto P genérico em uma superfície potencial de ruptura (Figura 12.14a), a variação da pressão neutra Δu é negativa. Após a escavação, a água dos poros fluirá em direção ao talude, e ocorrerá o rebaixamento do lençol freático. À medida que a dissipação acontecer, a pressão neutra aumentará para um valor estável* de percolação, de acordo com o ilustrado na Figura 12.14a, que pode ser determinado por uma rede de fluxo ou pelos métodos numéricos descritos na Seção 2.7. A pressão neutra final (u_f), depois de a dissipação do excesso de pressão neutra estar concluída, será o valor de percolação estável (constante) determinado a partir da rede de fluxo.

Se a permeabilidade do solo for baixa, decorrerá um tempo considerável antes que ocorra alguma dissipação significativa do excesso de pressão neutra. No final da construção, o solo estará virtualmente na condição não drenada, e uma análise de tensões totais será relevante para verificação da estabilidade (ELU). Em princípio, também é possível uma análise de tensão efetiva para a condição final da construção usando o valor apropriado da pressão neutra ($u_0 + \Delta u$). No entanto, em virtude de sua maior simplicidade, costuma-se usar uma análise de tensões totais. Deve-se observar que, em geral, não será obtido o mesmo coeficiente de segurança de uma análise de tensões totais e de uma de tensões efetivas na condição de final de construção. Em uma análise de tensões totais, está implícito que as pressões neutras são aquelas para uma condição de ruptura (sendo o equivalente da pressão neutra na ruptura em um ensaio triaxial não drenado); em uma análise de tensões efetivas, as pressões neutras usadas são aquelas previstas para uma condição sem ruptura. Em longo prazo, a condição completamente drenada será atingida, e somente uma análise de tensões efetivas será adequada.

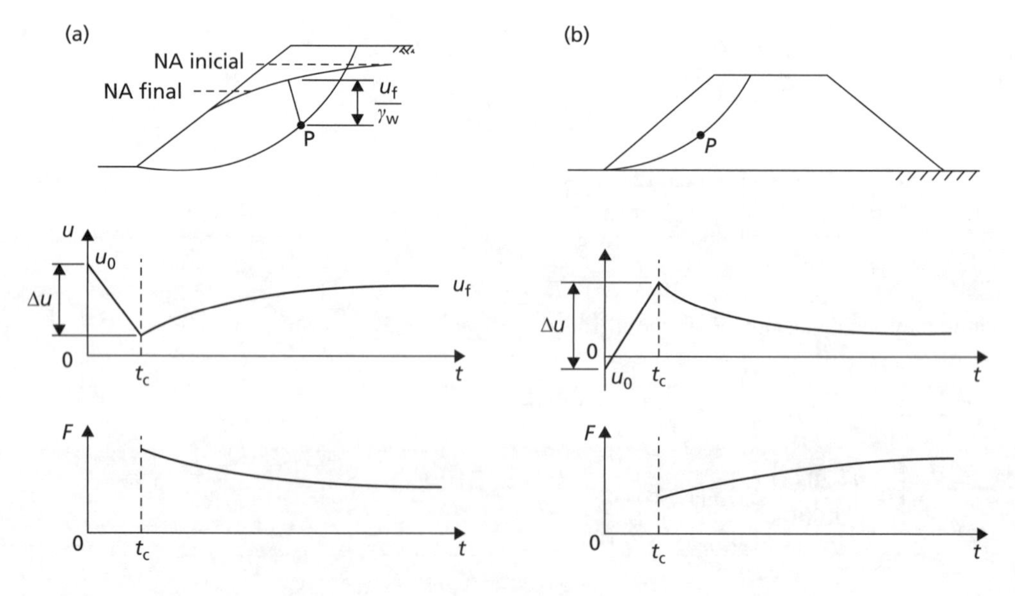

Figura 12.14 Dissipação da pressão neutra e coeficiente de segurança: (a) após a escavação (isto é, um corte); (b) após a construção (isto é, um aterro).

* Em regime permanente. (N.T.)

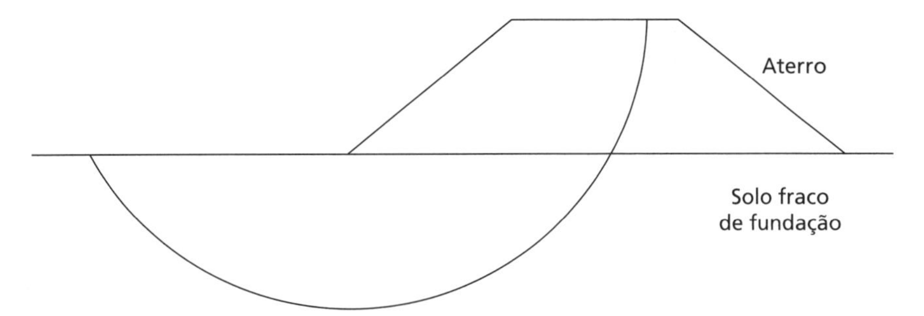

Figura 12.15 Ruptura abaixo de um aterro.

Por outro lado, se a permeabilidade do solo for elevada, a dissipação do excesso de pressão neutra estará quase completa ao final da construção. Uma análise de tensões efetivas é adequada para todas as condições com valores da pressão neutra sendo obtidos a partir do nível estático do lençol freático ou da rede de fluxo de percolação constante.

Independentemente da permeabilidade do solo, o aumento das pressões neutras após a escavação causará uma redução da tensão efetiva (e, portanto, da resistência) com o tempo, de forma que o coeficiente de segurança será menor em longo prazo, quando a dissipação estiver concluída, do que no final da construção.

A criação de um terreno inclinado ao longo da construção de um aterro resulta no aumento da tensão total, tanto dentro do próprio aterro quando forem lançadas camadas sucessivas de solo quanto no terreno da fundação. A pressão neutra inicial (u_0) depende, sobretudo, do teor de umidade do material de aterro. O período da construção de um aterro típico é mais ou menos curto, e, se a permeabilidade do material compactado for baixa, é provável que não haja dissipação significativa durante a construção. Após a conclusão desta, a dissipação prossegue, com a pressão neutra diminuindo até o valor final em longo prazo, conforme o ilustrado na Figura 12.14b. Dessa forma, o coeficiente de segurança de um aterro no final da construção é mais baixo do que após um longo período de tempo. Os parâmetros de resistência ao cisalhamento para o material do aterro devem ser determinados com base em ensaios com os corpos de prova compactados com os valores da massa específica aparente seca e do teor de umidade a serem especificados para o aterro (ver Capítulo 1).

A estabilidade de um aterro também pode depender da resistência ao cisalhamento do solo da fundação. A possibilidade de ruptura ao longo de uma superfície como a ilustrada na Figura 12.15 deve ser levada em consideração em casos apropriados.

Taludes em argilas fissuradas sobreadensadas exigem atenção especial. Há registros de vários casos em que ocorreram rupturas nesse tipo de argila muito tempo depois de a dissipação do excesso de pressão neutra ter acabado. A análise dessas rupturas mostrou que a resistência ao cisalhamento média na ruptura estava bem abaixo do valor de pico. É provável que tenham ocorrido grandes deformações localmente em consequência da presença de fissuras, o que fez com que a resistência de pico fosse alcançada, seguida por uma diminuição gradual até o valor do estado crítico. O desenvolvimento de grandes deformações locais pode conduzir, eventualmente, a uma ruptura progressiva do talude. No entanto, as fissuras podem não ser a única causa da ruptura progressiva; há uma falta de uniformidade considerável da tensão de cisalhamento ao longo de uma superfície potencial de ruptura, e o valor excessivo de tensões localizadas pode iniciar a ruptura progressiva. É também possível que haja uma superfície preexistente de deslizamento nesse tipo de argila e que ela possa ser reativada pela escavação. Nesses casos, poderia já ter ocorrido um movimento considerável de deslizamento, grande o suficiente para que a resistência ao cisalhamento ficasse abaixo do valor do estado crítico e tendesse para o valor residual.

Assim, para uma ruptura inicial (um deslizamento "original") em argila fissurada sobreadensada, a resistência relevante para a análise da estabilidade em longo prazo é o valor do estado crítico. No entanto, para a ruptura ao longo de uma superfície preexistente de deslizamento, a resistência que importa é o valor residual. Nitidamente, é fundamental que a presença de uma superfície preexistente de deslizamento nas vizinhanças de uma escavação projetada seja detectada durante a investigação do terreno.

É difícil determinar de forma precisa a resistência de uma argila sobreadensada no estado crítico para uso na análise de um deslizamento potencial original. Skempton (1970) sugeriu que a resistência máxima da argila amolgada na condição normalmente adensada pode ser admitida como uma aproximação prática da resistência da argila sobreadensada no estado crítico, isto é, quando ela ficou amolecida por completo junto ao plano do deslizamento em virtude da expansão ocorrida durante o cisalhamento.

12.4 Barragens de terra

Costuma-se usar uma barragem de terra onde as condições da fundação e dos encontros se mostram inadequadas para uma barragem de concreto e onde os materiais apropriados para fazê-la estão disponíveis no local ou próximo a ele. Uma ampla investigação do terreno é fundamental, geral no início, mas tornando-se mais detalhada à medida que os estudos de projeto prosseguem, para determinar as condições da fundação e dos encontros e para identificar áreas de empréstimo adequadas. É importante determinar tanto a quantidade quanto a qualidade do material disponível. O teor de umidade natural de solos finos deve ser determinado para comparação com o teor de umidade ótimo de compactação.

A maioria das barragens de terra não é homogênea, mas construída em zonas, com sua seção transversal detalhada dependendo da disponibilidade dos tipos do solo que servem de material para o corpo do aterro. Em geral, uma barragem consiste em um núcleo de solo de baixa permeabilidade com as ombreiras de outro material apropriado em cada lado. O talude de montante costuma ser coberto por uma camada fina de enrocamento (conhecido como ***rip-rap***) para protegê-lo da erosão causada pela ação das ondas ou de outros fluidos. É comum que o talude de jusante seja gramado (mais uma vez, para resistir à erosão). Em geral, seria incorporado um sistema interno de drenagem para aliviar os efeitos prejudiciais de qualquer percolação de água. Dependendo dos materiais utilizados, também podem ser incorporadas camadas horizontais de drenagem a fim de acelerar a dissipação do excesso de pressão neutra. Os ângulos dos taludes devem ser tais que a estabilidade seja assegurada, mas deve-se evitar um projeto conservador em excesso: uma pequena diminuição em torno de 2–3° (com a horizontal) no ângulo do talude significaria um aumento expressivo no volume do aterro de uma grande represa.

A ruptura de uma barragem de terra poderia resultar das seguintes causas: (1) instabilidade dos taludes tanto de montante quanto de jusante; (2) erosão interna; e (3) erosão da crista e do talude de jusante por transbordamento. (A terceira causa surge de erros nas previsões hidrológicas.)

O coeficiente de segurança para ambos os taludes deve ser determinado da forma mais precisa possível para os estágios mais críticos da vida da barragem, usando os métodos mencionados na Seção 12.3. A superfície potencial de ruptura pode se encontrar por completo dentro da barragem ou passar através da barragem e do solo da fundação (como na Figura 12.15). No caso do talude de montante, os estágios mais críticos são o final da construção e durante o abaixamento rápido do nível do reservatório. Para o talude de jusante, são o final da construção e durante a percolação constante quando o reservatório estiver cheio. A distribuição da pressão neutra em qualquer estágio tem uma influência dominante sobre o coeficiente de segurança dos taludes, e é prática comum instalar um sistema de piezômetros (Capítulo 6), de modo que as pressões neutras reais possam ser medidas e comparadas com os valores previstos no projeto (contanto que se tenha realizado uma análise de tensões efetivas). Poderia, então, ser adotada uma ação corretiva se, baseado nos valores medidos, o talude começasse a se aproximar do ELU.

Se uma superfície potencial de ruptura passasse através do material da fundação que contivesse fissuras, juntas ou superfícies de deslizamento preexistentes, haveria a possibilidade de ocorrer ruptura progressiva (como descrito na seção anterior). As características diferentes de tensão–deformação dos materiais das várias zonas pelas quais passa uma superfície potencial de ruptura, junto com a não uniformidade da tensão de cisalhamento, também poderiam levar à ruptura progressiva.

Outro problema é o perigo de rachaduras causadas por movimentos diferenciais entre zonas do solo e entre a barragem e os encontros. A possibilidade de **ruptura hidráulica**, em particular, dentro do núcleo da argila, também deve ser levada em consideração. Ela ocorre em um plano em que a tensão normal total seja menor do que o valor local da pressão neutra. Depois do término da construção, o núcleo da argila tenderá a apresentar recalques em relação ao restante da barragem, em virtude do adensamento em longo prazo: em consequência, o núcleo será suportado, em parte, pelo restante da barragem. Dessa forma, a tensão vertical no núcleo será reduzida, e as possibilidades de ruptura hidráulica aumentarão. A transferência de tensões do núcleo para as ombreiras da barragem é outro exemplo do fenômeno de arqueamento ou efeito de arco (Seção 11.7). Após a ruptura ou a rachadura da barragem, o vazamento resultante poderia conduzir a uma grave erosão interna e prejudicar a estabilidade.

Estabilidade de final de construção e em longo prazo

A maioria das rupturas de taludes em barragens de terra ocorre durante a construção ou ao final dela. As pressões neutras dependem do teor de umidade do material de aterro no lançamento e da velocidade de construção. O esforço realizado para conseguir uma conclusão rápida resultará na maximização da pressão neutra ao final da construção. No entanto, é provável que o período de construção de uma barragem de terra seja longo o suficiente para permitir a dissipação parcial do excesso de pressão neutra, em especial, para uma barragem com drenagem interna. Dessa forma, uma análise de tensões totais resultaria em um projeto conservador demais. É preferível uma análise de tensões efetivas usando valores previstos de r_u.

Se forem previstos valores altos de r_u, a dissipação do excesso de pressão neutra poderá ser acelerada por intermédio de camadas horizontais de drenagem incorporadas à barragem, ocorrendo a drenagem verticalmente através das camadas: uma seção transversal típica de barragem de terra está ilustrada na Figura 12.16. A eficiência das camadas

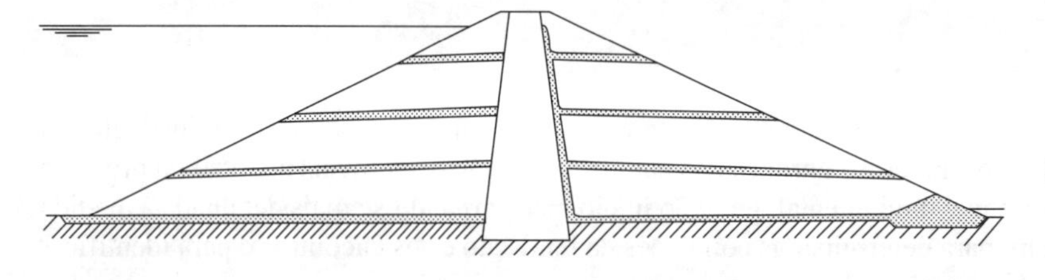

Figura 12.16 Camadas horizontais de drenagem.

de drenagem foi examinada de forma teórica por Gibson e Shefford (1968); demonstrou-se que, em um caso típico, as camadas, para serem completamente eficientes, deveriam ter uma permeabilidade de, pelo menos, 10^6 vezes a do solo da barragem: seria obtida uma eficiência aceitável com uma razão de permeabilidade da ordem de 10^5.

Depois de o reservatório estar cheio por algum tempo, são estabelecidas as condições de percolação constante através da barragem, com o solo abaixo da linha de fluxo superior no estado completamente saturado. Essa condição deve ser analisada em termos de tensões efetivas, com os valores da pressão neutra determinados a partir da rede do fluxo (ou usando os métodos numéricos descritos na Seção 2.7). São possíveis valores de r_u de até 0,45 em barragens homogêneas, mas valores muito mais baixos podem ser conseguidos naquelas que tenham drenagem interna. A erosão interna é um perigo específico quando o reservatório está cheio, porque ela pode surgir e se desenvolver em um tempo mais ou menos curto, danificando de forma grave a segurança da barragem.

Abaixamento rápido

Depois de estabelecida uma condição de percolação constante, um abaixamento do nível do reservatório resultará em uma mudança na distribuição da pressão neutra. Se a permeabilidade do solo for baixa, um período de abaixamento medido em semanas pode ser "rápido" em relação ao tempo de dissipação, e é possível admitir que a variação da pressão neutra ocorra sob condições não drenadas. Com referência à Figura 12.17, a pressão neutra antes do abaixamento em um ponto típico P sobre uma superfície potencial de ruptura é dada por

$$u_0 = \gamma_w \left(h + h_w - h'\right) \tag{12.27}$$

em que h' é a perda de carga total graças à percolação entre a superfície do talude de montante e o ponto P. Admite-se, mais uma vez, que a maior tensão principal total em P seja igual à pressão do aterro. A variação dessa tensão se deve à retirada total ou parcial da água acima do talude em uma linha vertical que passe por P. Para uma profundidade de abaixamento maior do que h_w:

$$\Delta\sigma_1 = -\gamma_w h_w$$

A partir da Equação 8.57, a variação da pressão neutra Δu pode, então, ser expressa em termos de $\Delta\sigma_1$ por

$$\begin{aligned}\frac{\Delta u}{\Delta\sigma_1} &= \frac{B\left[\Delta\sigma_3 + A\left(\Delta\sigma_1 - \Delta\sigma_3\right)\right]}{\Delta\sigma_1} \\ &= B\left[1 - (1-A)\left(1 - \frac{\Delta\sigma_3}{\Delta\sigma_1}\right)\right] \\ &= \bar{B}\end{aligned} \tag{12.28}$$

Dessa forma, a pressão neutra em P logo depois do abaixamento é

$$\begin{aligned}u &= u_0 + \Delta u \\ &= \gamma_w\left\{h + h_w\left(1 - \bar{B}\right) - h'\right\}\end{aligned}$$

Daí,

$$\begin{aligned}r_u &= \frac{u}{\gamma h} \\ &= \frac{\gamma_w}{\gamma}\left[1 + \frac{h_w}{h}\left(1 - \bar{B}\right) - \frac{h'}{h}\right]\end{aligned} \tag{12.29}$$

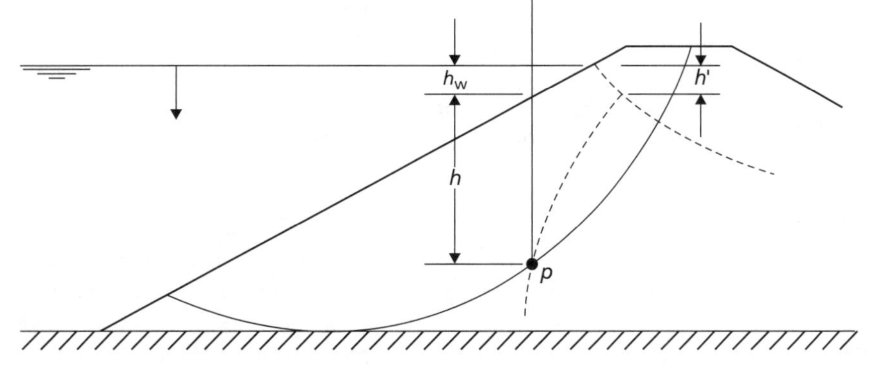

Figura 12.17 Condições de abaixamento rápido.

O solo estará não drenado logo após um abaixamento rápido. Pode-se obter um limite superior de r_u para essas condições admitindo $\bar{B} = 1$ e ignorando h'. Os valores típicos de r_u logo após o abaixamento estão dentro do intervalo 0,3–0,4.

Morgenstern (1963) publicou coeficientes da estabilidade para a análise aproximada de taludes homogêneos após o abaixamento rápido, com base nas técnicas de equilíbrio limite.

A distribuição da pressão neutra depois do abaixamento em solos de permeabilidade elevada diminui à medida que a água dos poros é drenada para fora do solo acima do nível de abaixamento. A linha de saturação se move para baixo a uma velocidade que depende da permeabilidade do solo. Pode-se desenhar uma série de redes do fluxo para posições diferentes da linha de saturação e obter os valores da pressão neutra. Dessa forma, o coeficiente de segurança pode ser determinado, usando uma análise de tensões efetivas, para qualquer posição da linha de saturação. Viratjandr e Michalowski (2006) publicaram coeficientes de estabilidade para a análise aproximada de taludes homogêneos em tais condições, com base nas técnicas de análise limite.

12.5 Uma introdução aos túneis

Os túneis são a classe final dos problemas que serão vistos neste capítulo, nos quais o autossuporte da massa de solo controla o projeto. Os túneis de pequena profundidade (túneis rasos) em terra firme podem ser construídos pela técnica ***cut-and-cover*** (de recobrimento de vala, ou "escavar e cobrir", em tradução literal); é quando se faz uma escavação profunda, dentro da qual o túnel é construído e, depois reaterrado para enterrar sua estrutura. O projeto de tais trabalhos pode ser concluído pelas técnicas descritas no Capítulo 11, e essa classe de túnel não será mais vista aqui. Em aplicações em alto-mar e distantes da praia (*offshore*), as seções da estrutura do túnel são transportadas até o local, inundadas para afundar em uma vala rasa escavada no leito do rio/mar e conectadas abaixo d'água, realizando-se, a seguir, o bombeamento para expulsar a água interna. Esses túneis são conhecidos como **túneis submersos**. Alguns dos termos relacionados a eles são mostrados na Figura 12.18.

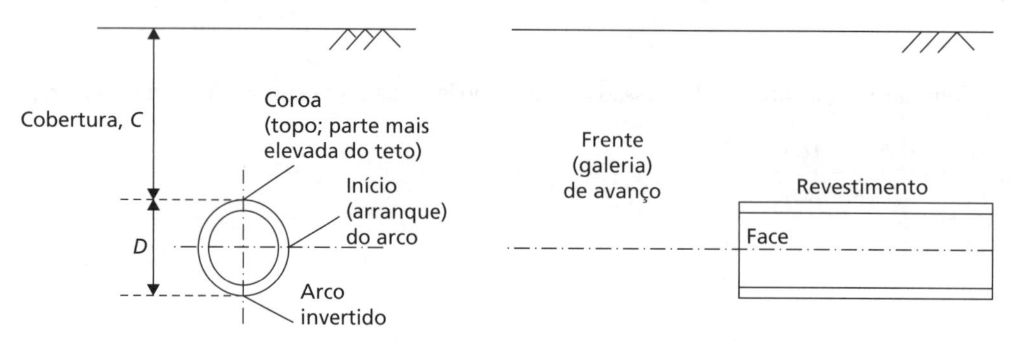

Figura 12.18 Terminologia relacionada a túneis.

Neste capítulo, é visto o projeto de túneis profundos que são formados pela perfuração profunda no interior do solo. Em determinadas condições (mais precisamente, na resposta de solos não drenados e em uma **profundidade de execução** rasa), o túnel pode ser autossuportado. Para escavações mais profundas em solo não drenado e para aquelas em materiais drenados, o túnel terá de ser suportado por uma pressão interna para evitar a ruptura do solo acima dele no interior da escavação (o ELU); isso é conhecido como construção pelo método **EPB** (***earth pressure balance*** ou **contrapressão de terra**). Uma vez concluído o túnel, sua pressão interna de suporte descreve o carregamento estrutural que seu revestimento deve ser capaz de resistir e que é usado no projeto estrutural deste. Além de manter a estabilidade do túnel (condição ELU), o projeto dos trabalhos em túneis também exige que se considerem os recalques na superfície do terreno, que são induzidos pela execução dos trabalhos a fim de assegurar que esses movimentos não danifiquem as construções ou qualquer outra infraestrutura (ELS).

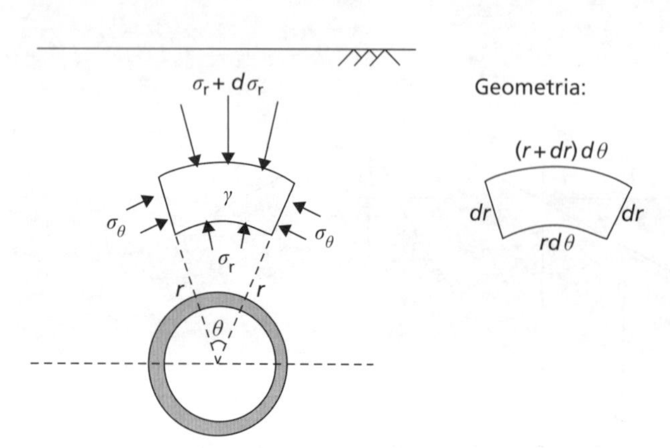

Figura 12.19 Condições de tensão no solo acima do topo (coroa) de um túnel.

Estabilidade de túneis em solo não drenado

A Figura 12.19 mostra um elemento de solo acima do topo (ou coroa) de um túnel (isto é, dentro da profundidade de cobertura, C). Esse elemento de solo é carregado de maneira similar àquela em torno de um ensaio de pressiômetro (PMT, Figura 7.10b), embora a ruptura (colapso) do túnel envolva o colapso da cavidade cilíndrica (túnel), não da expansão no PMT. Como as tensões e deformações estão agora em um plano vertical (em vez de no plano horizontal para o PMT), o peso do solo também deve ser levado em consideração. O volume do elemento de solo é dado por

$$\left(\frac{(r+\mathrm{d}r)\mathrm{d}\theta + r\mathrm{d}\theta}{2}\right)\mathrm{d}r = r\mathrm{d}r\mathrm{d}\theta + \frac{d^2 r\mathrm{d}\theta}{2} \tag{12.30}$$

O segundo termo da Equação 12.30 é muito pequeno em relação ao primeiro e pode ser omitido. Encontrando o valor das forças verticais, obtém-se

$$\begin{aligned}&(\sigma_\mathrm{r} + \mathrm{d}\sigma_\mathrm{r})(r+\mathrm{d}r)\mathrm{d}\theta + \gamma r\mathrm{d}r\mathrm{d}\theta = \sigma_\mathrm{r} r\mathrm{d}\theta + \sigma_\theta \mathrm{d}r\mathrm{d}\theta \\ &\therefore r\frac{\mathrm{d}\sigma_\mathrm{r}}{\mathrm{d}r} - (\sigma_\mathrm{r} - \sigma_\theta) + \gamma r = 0\end{aligned} \tag{12.31}$$

A Equação 12.31 é similar à Equação 7.15; o sinal do termo $(\sigma_\mathrm{r} - \sigma_\theta)$ foi modificado (a ruptura da cavidade em vez da expansão), e há um termo adicional de peso específico. Como no Capítulo 7, a tensão cisalhante máxima associada é $\tau = (\sigma_\mathrm{r} - \sigma_\theta)/2$ e, em solo não drenado, no ponto de ruptura, $\tau = c_\mathrm{u}$. Substituindo essas expressões na Equação 12.31 e reorganizando, tem-se

$$\mathrm{d}\sigma_\mathrm{r} = \left[\left(\frac{2c_\mathrm{u}}{r}\right) - \gamma\right]\mathrm{d}r \tag{12.32}$$

Na parede do túnel (cavidade), $r = D/2$ e $\sigma_\mathrm{r} = p$ (em que p é qualquer pressão interna dentro do túnel); de acordo com a Figura 12.18, na superfície do terreno $r = C + D/2$ e $\sigma_\mathrm{r} = \sigma_\mathrm{q}$, em que σ_q é a pressão da sobrecarga. A Equação 12.32 pode, então, ser integrada usando esses limites para fornecer

$$\begin{aligned}&\int_p^{\sigma_q} d\sigma_\mathrm{r} = \int_{D/2}^{C+D/2} \left[\left(\frac{2c_\mathrm{u}}{r}\right) - \gamma\right]\mathrm{d}r \\ &\sigma_\mathrm{q} - p = 2c_\mathrm{u} \ln\left(\frac{2C}{D} + 1\right) - \gamma C\end{aligned} \tag{12.33}$$

A Equação 12.33 pode ser usada para determinar a pressão de suporte exigida com base nas propriedades do solo (c_u, γ), em qualquer carregamento externo (σ_q) e nas propriedades geométricas (C, D). A Equação 12.33 é expressa com frequência como um número de estabilidade N_t, em que

$$N_\mathrm{t} = \frac{\sigma_\mathrm{q} - p + \gamma(C + D/2)}{c_\mathrm{u}} \tag{12.34}$$

Para túneis profundos, $C >> D$, de modo que, comparando as Equações 12.33 e 12.34, obtém-se uma expressão aproximada para N_t, adequada para fins de projeto preliminar:

$$N_\mathrm{t} = 2\ln\left(\frac{2C}{D} + 1\right) \tag{12.35}$$

A análise anterior considerou o colapso da parte superior (coroa) de um túnel longo (foi realizada uma análise de estado plano de deformações). Embora isso seja apropriado para um túnel acabado, durante a construção pode haver também o colapso do solo adiante no túnel (frente de escavação) para dentro da face. Isso envolve um mecanismo de ruptura/campo de tensões tridimensional mais complexo. No caso de materiais não drenados, Davis *et al.* (1980) apresentaram números de estabilidade para serem usados na Equação 12.34 no caso de uma frente de escavação circular de túnel em que

$$N_\mathrm{t} = \min\left\{2 + 2\ln\left(\frac{2C}{D} + 1\right), 4\ln\left(\frac{2C}{D} + 1\right)\right\} \tag{12.36}$$

As Equações 12.35 e 12.36 são comparadas na Figura 12.20, que mostra que a estabilidade do túnel atrás da escavação costuma ser crítica (um valor menor de N_t exige uma pressão de suporte mais alta a ser fornecida pelo túnel, de acordo com a Equação 12.34).

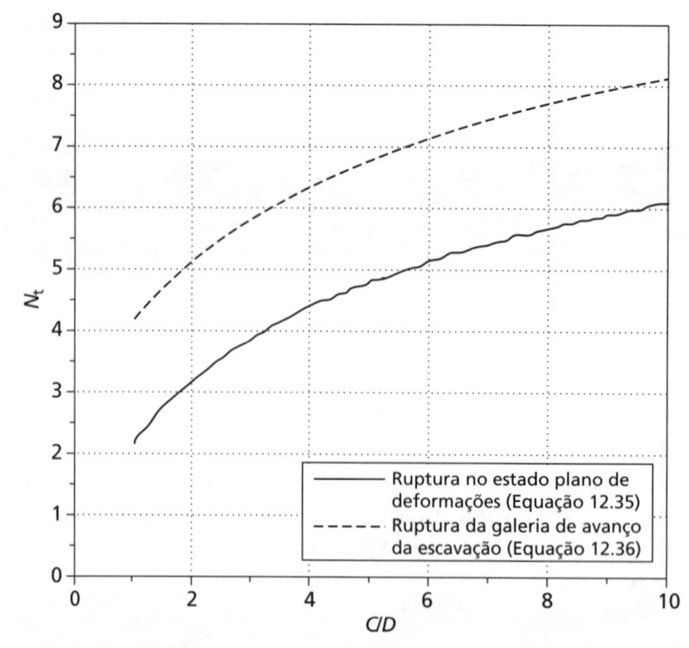

Figura 12.20 Números de estabilidade para túneis circulares em solo não drenado.

Estabilidade de túneis em solos drenados

Em condições drenadas, a relação entre as tensões efetivas radiais e horizontais é $\sigma'_q = K_p\sigma'_r$. A seguir, reescrevendo a Equação 12.31 em termos das tensões efetivas e substituindo, tem-se

$$\frac{d\sigma'_r}{dr} - \frac{\sigma'_r}{r}\left(K_p - 1\right) + \gamma' = 0 \tag{12.37}$$

A Equação 12.37 pode ser simplificada por integração substituindo $x = \sigma'_r/r$, de modo que $d\sigma'_r/dr = r(dx/dr) + x$, fornecendo

$$\begin{aligned} r\frac{dx}{dr} + x &= x\left(K_p - 1\right) - \gamma \\ \frac{dx}{\left(K_p - 2\right)x - \gamma} &= \frac{dr}{r} \end{aligned} \tag{12.38}$$

A Equação 12.38 é integrada entre os mesmos limites de antes, mas com $\sigma'_r = \sigma'_q$, em que σ'_q é a pressão efetiva de sobrecarga. Isso fornece $x = 2p'/D$ em $r = D/2$ e $x = \sigma'_q/(C + D/2)$ em $r = C + D/2$, de modo que

$$\begin{aligned} \int_{2p'/D}^{\sigma'_q/(C+D/2)} \frac{dx}{\left(K_p - 2\right)x - \gamma} &= \int_{D/2}^{C+D/2} \frac{dr}{r} \\ \frac{\left(K_p - 2\right)\left(\dfrac{2\sigma'_q}{\gamma(2C + D)}\right) - 1}{\left(K_p - 2\right)\left(\dfrac{2p'}{\gamma D}\right) - 1} &= \left(\frac{2C + D}{D}\right)^{\left(K_p - 2\right)} \end{aligned} \tag{12.39}$$

A Equação 12.39 pode ser reorganizada para que se encontre a pressão efetiva radial aplicada pelo solo sobrejacente que o túnel deve suportar (p'). Se este estiver seco, a pressão total de suporte $p = p'$, e γ na Equação 12.39 é para o solo seco. Se estiver submerso, então $p = p' + u$, em que u é a pressão neutra no nível do arranque do arco, e $\gamma = \gamma'$ (peso específico submerso) na Equação 12.39 para um túnel com revestimento impermeável.

São traçados os gráficos da Equação 12.39 para diversos valores diferentes de ϕ' na Figura 12.21a para o caso de $\sigma'_q = 0$. Como era de se esperar, à medida que a resistência ao cisalhamento aumenta (representada por ϕ'), a pressão exigida de suporte é reduzida. Pode-se ver também que, para a maioria dos valores comuns de ϕ' (> 30°), é atingida uma pressão máxima de suporte mesmo para túneis rasos (baixo C/D). Pela Equação 12.39, esse valor é

$$\frac{p'_{máx}}{\gamma D} = \frac{1}{2\left(K_p - 2\right)} \tag{12.40}$$

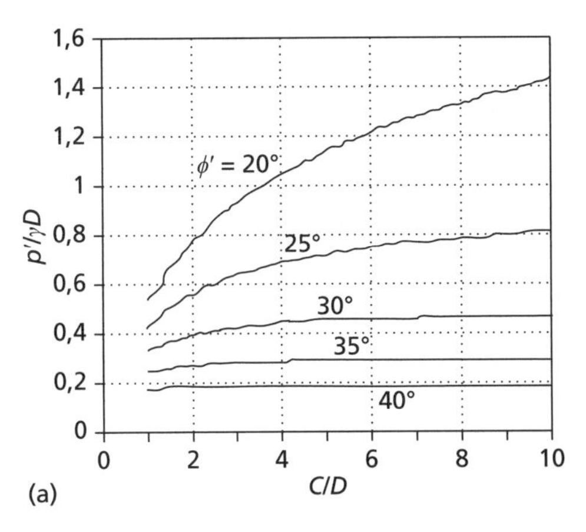

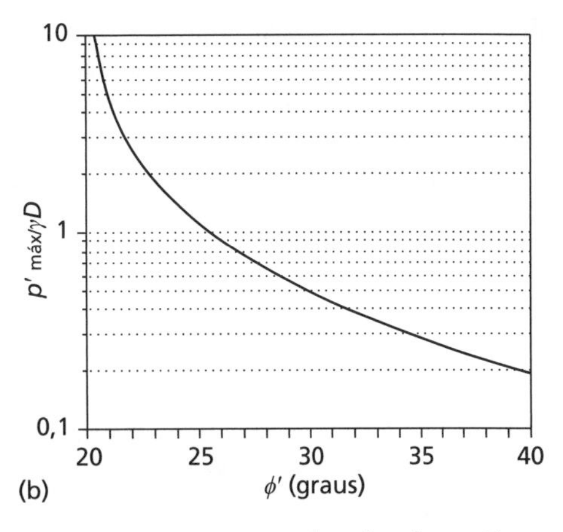

Figura 12.21 (a) Pressão de suporte em solo drenado para túneis rasos e profundos ($\sigma'_q = 0$); (b) pressão máxima de suporte para uso em projetos de ELU ($\sigma'_q = 0$).

O gráfico da Equação 12.40 aparece na Figura 12.21b, que demonstra que as tensões em longo prazo (depois de o adensamento ser concluído, no caso de solos finos) no revestimento do túnel são, em geral, muito pequenas e independentes da profundidade do túnel.

Informações adicionais a respeito do colapso da frente de escavação em materiais drenados podem ser encontradas em Atkinson e Potts (1977) e Leca e Dormieux (1990).

Critério de serviço para trabalhos em túneis

Como o material é escavado a partir da parte frontal de um túnel (face), o solo à frente deste cairá em direção à face sob a ação de seu próprio peso. Isso tenderá a levar a uma sobre-escavação do material, o que gerará uma calha de recalque na superfície do terreno em virtude da perda de volume do solo ao longo e acima da superfície do túnel (Figura 12.22). Essa calha terá um recalque máximo logo acima do topo (coroa) do túnel, que será reduzido com o aumento da distância radial dele. Dessa forma, quaisquer construções ou outras infraestruturas estarão sujeitas a recalques diferenciais quando o terreno abaixo delas ceder (ver Seção 10.2). A minimização dos danos a infraestruturas existentes é a principal consideração de uso nos trabalhos de túneis em ambiente urbano.

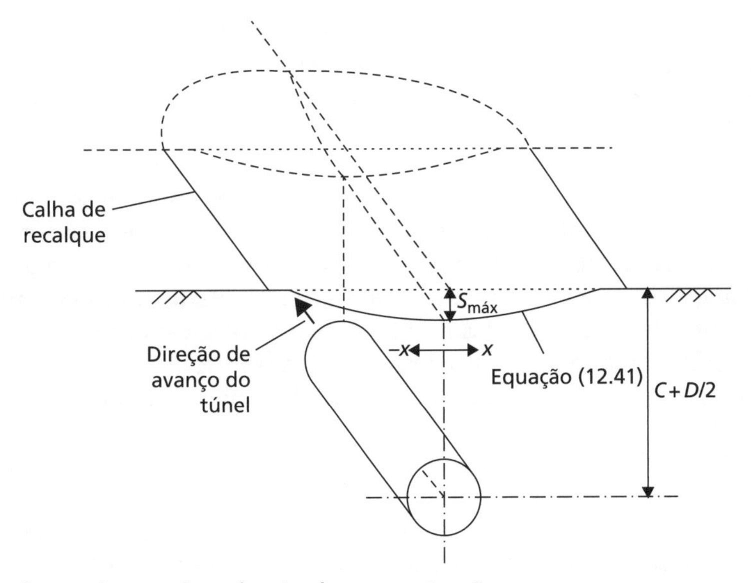

Figura 12.22 Calha de recalque acima de túnel em construção.

A observação desses trabalhos mostrou que a calha de recalque pode ser descrita por

$$s_g = s_{máx} e^{-x^2/2i^2} \qquad (12.41)$$

em que s_g é o recalque da superfície do solo no ponto definido pela posição x, $s_{máx}$ é o recalque máximo (acima do topo, ou coroa, do túnel), e i é o parâmetro de largura da calha que determina o formato da curva e que é uma função do tipo de solo.

Em argilas, $i = 0{,}5(C + D/2)$; em areias e pedregulhos, $i = 0{,}35(C + D/2)$. O parâmetro i também pode ser expresso como uma função da profundidade, de forma que é possível encontrar o perfil do recalque em qualquer ponto entre a superfície do terreno e do túnel; dessa forma, pode-se usar isso na verificação do movimento diferencial de tubos e outros serviços enterrados existentes.

A classe de equação descrita pela Equação 12.41 também é conhecida como uma **curva gaussiana**. O volume de material sobre-escavado por metro de comprimento do túnel (V_{solo}) é encontrado integrando a Equação 12.41 de $x = -\infty$ a $x = \infty$, obtendo

$$V_{solo} = \sqrt{2\pi} \cdot is_{máx} = 2{,}507 is_{máx} \qquad (12.42)$$

(esse é um resultado-padrão para uma curva gaussiana). O volume de sobre-escavação na Equação 12.42 é normalizado para que possa ser expresso como uma porcentagem do volume do túnel, $V_t = \pi D^2/4$ por metro de comprimento. A porcentagem resultante é conhecida como **perda de volume** (V_L):

$$V_L = \frac{2{,}507 is_{máx}}{0{,}25\pi D^2} = 3{,}192\frac{is_{máx}}{D^2} \qquad (12.43)$$

A perda de volume depende da técnica de execução do túnel utilizada e do controle de qualidade que pode ser aplicado durante a construção. Um túnel construído com perfeição escavaria apenas o solo estritamente necessário, de forma que $V_L = 0$ e $s_{máx} = 0$ pela Equação 12.43. Na prática, isso é impossível, e a perda de volume costuma se situar entre 1% e 3% em terrenos moles. A perda de volume pode ser minimizada pelo uso de modernos **equipamentos de perfuração EPB (*earth pressure balance* ou de contrapressão de terra) de túneis**. Nesses equipamentos controlados por computador, a face de corte é pressurizada com o objetivo de se equiparar com as tensões *in situ* horizontais dentro do terreno; entretanto, mesmo isso não é perfeito. No projeto de acordo com o ELS, é selecionado um valor conservador (maior) de V_L com base em experiência anterior em solos similares. A Equação 12.43 é usada, então, para determinar $s_{máx}$, a partir do qual se encontra o perfil do recalque do solo usando a Equação 12.41. Esses recalques são, então, aplicados à infraestrutura dentro da área afetada pela calha e verificados quanto ao dano causado pelo recalque diferencial e pela inclinação usando os métodos mencionados na Seção 10.2.

Resumo

1. Escavações e poços abertos podem ser feitos até uma profundidade limitada em solos finos em condições não drenadas (isto é, apenas para trabalhos temporários) e em solos grossos ligados/cimentados (tendo $c' > 0$). Essas escavações podem ter profundidade aumentada usando suporte de fluidos na trincheira (por exemplo, bentonita). Este também permite que tais escavações sejam feitas em solos sem coesão. O principal critério de projeto é evitar o colapso (ruptura) delas (ELU).
2. As técnicas de análise limite podem ser aplicadas à estabilidade de taludes e cortes verticais em solo homogêneo. As de equilíbrio limite também podem ser aplicadas usando o método das fatias, que ainda pode levar em consideração a distribuição variável da pressão neutra, e, em consequência, casos nos quais esteja ocorrendo a percolação, e considerar tanto deslizamentos rotacionais quanto translacionais. Para ambas as técnicas, devem ser encontradas superfícies otimizadas de ruptura que forneçam as condições mais críticas. Do mesmo modo que para as escavações, o critério principal de projeto é evitar o colapso do talude e a ocorrência de deslocamentos causados por deslizamentos catastroficamente extensos (ELU).
3. Em materiais não drenados, é possível construir os túneis não suportados em curto prazo até uma profundidade limitada. Em condições drenadas e em profundidades maiores em material coesivo, a pressão interna de suporte deve ser aplicada ao longo do eixo do túnel (pelo seu revestimento) e na face enquanto a escavação estiver sendo realizada. Essas informações podem ser usadas para determinar as pressões de terra agindo no revestimento de um túnel quando ele é concluído, para projeto estrutural do sistema de revestimento tanto no ELU quanto no ELS. Além de evitar o colapso do túnel (ELU), o projeto também deve levar em consideração o perfil de recalque do terreno acima do túnel em virtude da perda de volume e do dano potencial a infraestruturas superficiais ou enterradas, em vista do recalque bruto ou diferencial nessa região (ELS).

Problemas

12.1 Deve-se construir uma parede-diafragma em um solo com peso específico de 18 kN/m³ e parâmetros de projeto de resistência ao cisalhamento $c' = 0$ e $\phi' = 34°$. A profundidade da escavação é 3,50 m, e o nível do lençol freático está 1,85 m acima do fundo. Determine se a escavação será estável de acordo com o EC7 DA1b, caso o peso específico da lama seja de 10,6 kN/m³ e sua profundidade na escavação seja de 3,35 m. Determine também a profundidade máxima até a qual a escavação poderia seguir se a lama fosse mantida no mesmo nível abaixo da superfície do terreno.

12.2 Para a superfície de ruptura dada, determine se o talude esquematizado na Figura 12.23 é estável em termos de tensão total de acordo com o EC7 DA1a. O peso específico de ambos os solos é 19 kN/m³. A resistência característica não drenada (c_u) é 20 kPa para o solo 1 e 45 kPa para o 2. De que maneira a resposta se modificaria caso fosse admitido o desenvolvimento de uma fenda de tração?

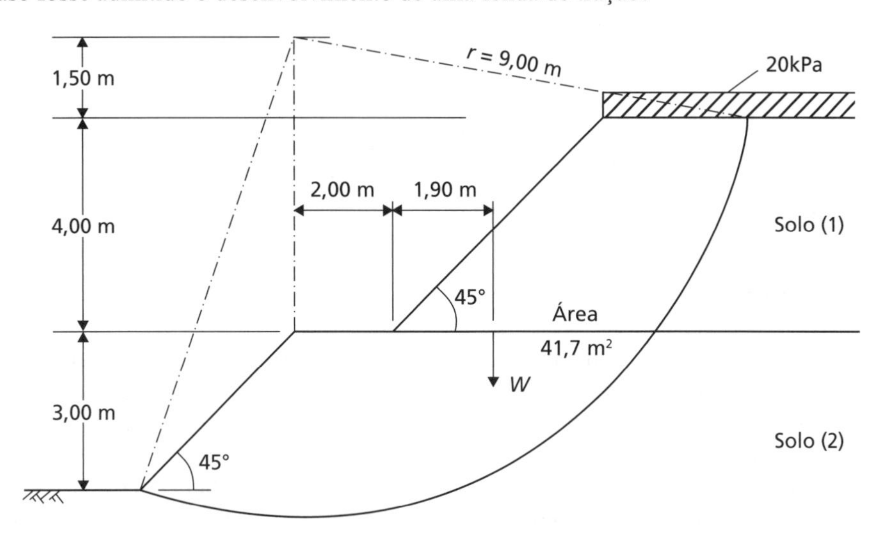

Figura 12.23 Problema 12.2.

12.3 Deve-se escavar um corte de 9 m de profundidade em uma argila saturada com peso específico de 19 kN/m³. Os parâmetros característicos de resistência ao cisalhamento são $c_u = 30$ kPa e $\phi_u = 0$. Abaixo da argila, existe um estrato rígido a uma profundidade de 11 m abaixo do nível do terreno. Determine o ângulo do talude no qual ocorreria a ruptura. Qual seria o ângulo admissível para o talude se ele precisasse satisfazer ao EC7 DA1b e qual o coeficiente de segurança global que corresponderia a tal projeto?

12.4 Para a superfície de ruptura dada, determine se o talude detalhado na Figura 12.24 é estável de acordo com o EC7 DA1b usando o método das fatias de Fellenius. O peso específico do solo é 21 kN/m³, e os parâmetros característicos de resistência ao cisalhamento são $c' = 8$ kPa e $\phi' = 32°$.

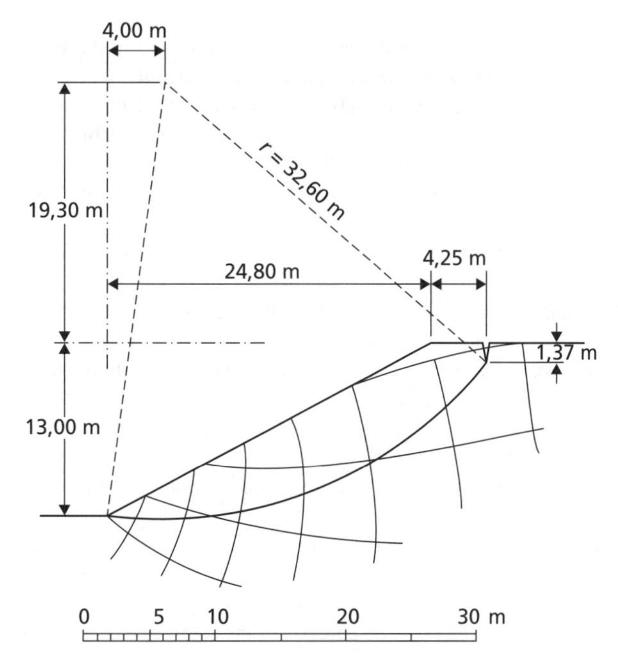

Figura 12.24 Problema 12.4.

12.5 Repita a análise do talude detalhado no Problema 12.4 usando o método das fatias de rotina de Bishop.

12.6 Usando o método das fatias de rotina de Bishop, determine se o talude detalhado na Figura 12.25 é estável de acordo com o EC7 DA1a, em termos das tensões efetivas para a superfície de ruptura especificada. O valor de r_u é 0,20, e o peso específico do solo é 20 kN/m³. Os valores característicos dos parâmetros de resistência ao cisalhamento são $c' = 0$ e $\phi' = 33°$.

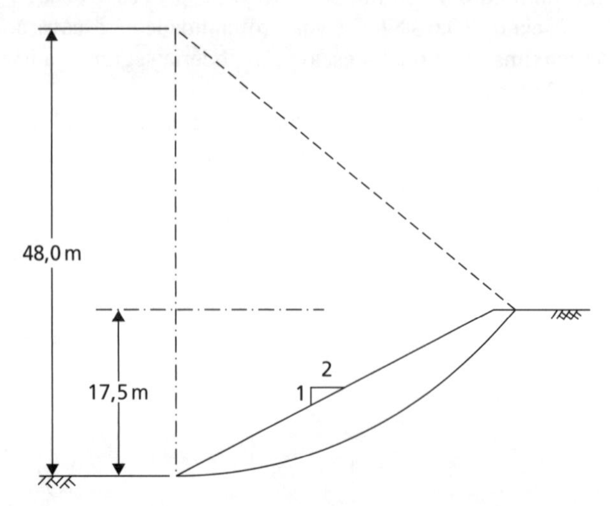

Figura 12.25 Problema 12.6.

12.7 Um talude longo deve ser formado em um solo de peso específico 19 kN/m³, para o qual os parâmetros característicos da resistência ao cisalhamento são $c' = 0$ e $\phi' = 36°$. Um estrato firme encontra-se abaixo dele. Admite-se que o nível do lençol freático possa, por vezes, se levantar até a superfície, com a percolação ocorrendo no sentido paralelo ao talude. Determine o ângulo máximo seguro para este de acordo com o EC7 DA1b, admitindo uma superfície potencial de ruptura paralela a ele. Determine também o coeficiente de segurança global para o ângulo do talude determinado no item anterior, para o caso de o lençol freático estar muito abaixo da superfície.

12.8 Um túnel circular com diâmetro de 12 m deve ser perfurado em argila rija com $c_u = 200$ kPa e $\gamma = 19$ kN/m³ (ambos constantes com a profundidade). Uma estrutura com área em planta de 16 m × 16 m² está situada logo acima do túnel, que tem 16 m de altura e paredes estruturais de alvenaria. Pode-se admitir que o método de execução do túnel cause uma perda de volume de 2,5%. Determine a profundidade adequada para essa execução (na linha central do túnel).

Referências

Atkinson, J.H. and Potts, D.M. (1977) Stability of a shallow circular tunnel in cohesionless soil, *Géotechnique*, **27**(2), 203–215.

Bell, J.M. (1968) General slope stability analysis, *Journal ASCE*, **94**(SM6), 1253–1270.

Bishop, A.W. (1955) The use of the slip circle in the stability analysis of slopes, *Géotechnique*, **5**(1), 7–17.

Bishop, A.W. and Bjerrum, L. (1960) The relevance of the triaxial test to the solution of stability problems, in *Proceedings of the ASCE Research Conference on Shear Strength of Cohesive Soils, Boulder, Colorado*, pp. 437–501.

Bishop, A.W. and Morgenstern, N.R. (1960) Stability coefficients for earth slopes, *Géotechnique*, **10**(4), 129–147.

Davis, E.H., Gunn, M.J., Mair, R.J. and Seneviratne, H.N. (1980). The stability of shallow tunnels and underground openings in cohesive material, *Géotechnique*, **30**(4), 397–416.

EC7–1 (2004) *Eurocode 7: Geotechnical design – Part 1: General rules, BS EN 1997–1:2004*, British Standards Institution, London.

Gens, A., Hutchinson, J.N. and Cavounidis, S. (1988) Three-dimensional analysis of slides in cohesive soils, *Géotechnique*, **38**(1), 1–23.

Gibson, R.E. and Morgenstern, N.R. (1962) A note on the stability of cuttings in normally consolidated clays, *Géotechnique*, **12**(3), 212–216.

Gibson, R.E. and Shefford, G.C. (1968) The efficiency of horizontal drainage layers for accelerating consolidation of clay embankments, *Géotechnique*, **18**(3), 327–335.

Leca, E. and Dormieux, L. (1990) Upper and lower bound solutions for the face stability of shallow circular tunnels in frictional material, *Géotechnique*, **40**(4), 581–606.

Michalowski, R.L. (2002). Stability charts for uniform slopes, *Journal of Geotechnical and Geoenvironmental Engineering*, **128**(4) 351–355.

Michalowski, R.L. (2010) Limit analysis and stability charts for 3D slope failures, *Journal of Geotechnical and Geoenvironmental Engineering*, **136**(4), 583–593.

Morgenstern, N.R. (1963) Stability charts for earth slopes during rapid drawdown, *Géotechnique*, **13**(2), 121–131.

Morgenstern, N.R. and Price, V.E. (1965) The analysis of the stability of general slip surfaces, *Géotechnique*, **15**(1), 79–93.

Morgenstern, N.R. and Price, V.E. (1967) A numerical method for solving the equations of stability of general slip surfaces, *Computer Journal*, **9**, 388–393.
Skempton, A.W. (1970) First-time slides in overconsolidated clays (Technical Note), *Géotechnique*, **20**(3), 320–324.
Spencer, E. (1967) A method of analysis of the stability of embankments assuming parallel inter-slice forces, *Géotechnique*, **17**(1), 11–26.
Taylor, D.W. (1937) Stability of earth slopes, *Journal of the Boston Society of Civil Engineers*, **24**(3), 337–386.
Viratjandr, C. and Michalowski, R.L. (2006). Limit analysis of slope instability caused by partial submergence and rapid drawdown, *Canadian Geotechnical Journal*, **43**(8), 802–814.

Leitura complementar

Frank, R., Bauduin, C., Driscoll, R., Kavvadas, M., Krebs Ovesen, N., Orr, T. and Schuppener, B. (2004) *Designers' Guide to EN 1997–1 Eurocode 7: Geotechnical Design – General Rules*, Thomas Telford, London.

Este livro fornece um guia para o projeto de estado limite de várias construções (incluindo taludes), usando o Eurocode 7 sob a perspectiva de um projetista, e fornece uma literatura auxiliar útil aos Eurocodes durante a realização de um projeto. É fácil de ler e traz muitos exemplos explicados.

Mair, R.J. (2008) Tunnelling and geotechnics: new horizons, *Géotechnique*, **58**(9), 695–736.

Inclui algumas histórias de casos interessantes sobre a construção de túneis, baseadas em muitos dos conceitos básicos mencionados na Seção 12.5, e destaca questões atuais e futuras.

Michalowski, R.L. (2010). Limit analysis and stability charts for 3D slope failures. *Journal of Geotechnical & Geoenvironmental Engineering,* **136**(4), 583–593.

Fornece gráficos de estabilidade similares àqueles da Seção 12.3 para análise de taludes sob várias condições de solo, nos casos mais complicados (porém mais realistas) de falha tridimensional em vez de naqueles de falhas no estado plano de deformações (por exemplo, Figura 12.7).

Para acessar os materiais suplementares desta obra, visite o site da LTC Editora.

Capítulo 13

Casos ilustrativos

Resultados de aprendizagem

Depois de trabalhar com o material deste capítulo, você deverá ser capaz de:

1 Selecionar valores característicos dos parâmetros de Engenharia a partir de dados de laboratório ou *in situ* que sejam adequados para o uso em um projeto de Engenharia;
2 Entender o princípio de operação de instrumentação de campo usada para medir a resposta das construções geotécnicas e ser capaz de selecionar a instrumentação apropriada para verificar as hipóteses de projeto;
3 Entender como o Método Observacional pode ser usado em construções geotécnicas;
4 Aplicar as técnicas de estado limite apresentadas nos Capítulos 8–12 à análise e ao projeto de construções geotécnicas reais na prática, a fim de começar a desenvolver o senso crítico de Engenharia.

13.1 Introdução

Pode haver muitas incertezas na aplicação prática da mecânica dos solos de Engenharia Geotécnica. O solo é um material natural (e não um fabricado), portanto pode-se esperar algum grau de **heterogeneidade** dentro de um depósito. Uma investigação do terreno pode não detectar todas as variações e detalhes geológicos dentro de um estrato de solo, de forma que sempre existe o risco de encontrar condições imprevistas durante a construção. Corpos de prova com tamanhos relativamente pequenos e sujeitos a algum grau de perturbação, mesmo com a técnica de amostragem mais cuidadosa, são ensaiados para modelar o comportamento de grandes massas *in situ*, que podem exibir aspectos não incluídos nos corpos de prova (por exemplo, fissuras em uma argila fortemente sobreadensada). Os resultados obtidos em ensaios *in situ* podem refletir as indefinições devidas à heterogeneidade (por exemplo, valores de N_k na Figura 7.22). Como consequência, devem ser feitas considerações judiciosas a respeito dos parâmetros característicos do solo a se usar no projeto. Em argilas, a dispersão aparente vista em gráficos de resistência ao cisalhamento não drenada em função da profundidade é um exemplo do problema de selecionar parâmetros característicos (por exemplo, Figura 5.38). Um projeto geotécnico se baseia em uma teoria apropriada, que envolve inevitavelmente simplificações do comportamento real do solo e um perfil simplificado dele. No entanto, em geral, tais simplificações são menos significativas do que as incertezas nos valores dos parâmetros do solo necessários para o cálculo de resultados quantitativos. Detalhes dos procedimentos construtivos e o padrão da mão de obra podem resultar em ainda mais incertezas na previsão do desempenho das construções geotécnicas. A Seção 13.2 analisa a interpretação dos dados da investigação do terreno e a seleção dos valores característicos a serem usados nas técnicas de projeto mencionadas nos Capítulos 8–12.

Na maioria dos casos de construções simples e rotineiras, o projeto se baseia em experiências anteriores, e, com frequência, surgem sérias dificuldades. No entanto, em projetos maiores ou incomuns, pode ser desejável, ou mesmo fundamental, comparar o desempenho real com o previsto durante o projeto. Lambe (1973) classificou os diferentes tipos de previsões. As da Classe A são aquelas feitas antes do evento. As feitas durante o evento são classificadas como Classe B, e as feitas depois dele são da Classe C: nesses dois últimos casos, nenhum resultado de observações é conhecido antes de as previsões serem feitas, embora possam estar disponíveis dados independentes do terreno nesses estágios derradeiros para desenvolver valores característicos mais confiáveis dos parâmetros do solo. Se os dados de observações estiverem disponíveis por ocasião das previsões, esses tipos serão classificados como B1 e C1, respectivamente, com os dados observacionais sendo usados para inferir quais devem ser os valores dos parâmetros do solo para fornecer a resposta observada (algumas vezes, esse procedimento é denominado **retrocálculo**).

Estudos de projetos específicos (estudos de caso), assim como a demonstração de que um projeto econômico e seguro foi alcançado ou não, fornecem a matéria-prima para a evolução da teoria e da aplicação da mecânica dos solos. Em geral, os estudos de caso envolvem o acompanhamento de valores durante certo período de tempo, como movimentos do terreno, pressões neutras e tensões. São feitas comparações com os valores teóricos ou previstos, por exemplo, o recalque medido de uma fundação poderia ser comparado com o valor calculado. Se ocorrer a ruptura de uma massa de solo e o perfil da superfície de deslizamento estiver determinado, por exemplo, em um talude de um corte ou de um aterro, os parâmetros mobilizados de resistência ao cisalhamento poderiam ser retrocalculados e comparados com os valores obtidos de ensaios em laboratório e/ou *in situ*. Procedimentos empíricos de projetos estão baseados em medições *in situ* de estudos de caso, por exemplo, o projeto de escavações escoradas está baseado em medidas de cargas de escoras em diferentes tipos de solo (ver Figura 11.37).

As medições exigidas em estudos de caso dependem da disponibilidade de instrumentação apropriada (descrita na Seção 13.3), cujo papel é monitorar a resposta do solo ou da estrutura à medida que a construção prossegue, de forma que as decisões tomadas no estágio de projeto possam ser avaliadas e, se necessário, revisadas. O uso de medições para reavaliar de forma contínua as hipóteses de projeto (análises da Classe B1) e refiná-lo ou modificar/controlar as técnicas de construção é conhecido como **Método Observacional** (Seção 13.4). A instrumentação também pode ser usada no estágio de investigação do terreno para obter informações a serem utilizadas no projeto (por exemplo, detalhes das condições da água subterrânea, como mencionado no Capítulo 6). No entanto, a instrumentação só se justifica se puder conduzir à resposta para uma questão específica: ela não pode, por si mesma, garantir um projeto seguro e econômico e a eliminação de problemas imprevistos durante a construção. Deve-se ter em mente que um entendimento correto dos princípios básicos da mecânica dos solos é essencial para que os dados obtidos da instrumentação no campo sejam interpretados de forma correta.

A Seção 13.5 trará um conjunto de histórias de casos que abrangem várias construções geotécnicas diferentes. Uma avaliação detalhada não é apresentada no texto principal, mas cada uma delas pode ser encontrada como um documento autossuficiente que pode ser baixado do *site* da LTC Editora complementar a este livro. Nesses casos, serão fornecidos os dados básicos de investigação do terreno, a partir dos quais serão interpretados os valores característicos usando os métodos mencionados na Seção 13.2. Os estados limites apropriados serão, então, verificados em relação ao Eurocode 7 como exemplos detalhados completos, e os resultados serão comparados com o desempenho observado para demonstrar que os procedimentos de projeto de estados limites descritos neste livro geram projetos aceitáveis.

13.2 Seleção dos valores característicos

Em situações práticas, os dados de propriedades dos materiais obtidos em laboratório e de ensaios *in situ* apresentarão dispersão. A fim de realizar os cálculos descritos nos capítulos anteriores, será necessário idealizar os dados da investigação do terreno adicionando uma curva de ajuste (em geral, linear para facilitar os cálculos subsequentes), que removerá a dispersão e descreverá a variação das propriedades do material em função da profundidade. Nos solos em camadas, podem-se usar curvas de ajuste separadas para caracterizar as diferentes camadas, e, usando um procedimento de subcamada, podem ser idealizadas mesmo as variações muito complexas de propriedades. Essas idealizações representarão, a seguir, os valores característicos que serão usados na fase de projeto. Na determinação dos valores característicos, o Eurocode 7 recomenda que eles devem representar uma "estimativa cautelosa dos valores que podem influir no estado limite considerado".

Se uma camada de solo tiver propriedades uniformes com a profundidade (também conhecida como homogênea), então os dados dos ensaios de solo podem ser analisados de forma estatística, com cada ponto de dado representando uma medida da resistência uniforme. O ajuste mais simples em tal conjunto de dados serviria para determinar um valor médio dos dados do ensaio ($X_{\text{médio}}$). Por definição, haverá um número significativo de pontos de dados abaixo do valor médio, portanto esse valor não será usado com frequência nos cálculos de ELU, pois poderia não ser seguro. Schneider (1999) propôs que, em vez disso, os valores característicos deveriam ser tomados como o valor em 0,5 desvio-padrão abaixo da média, isto é,

$$X_k = X_{\text{médio}} - 0{,}5 s_x \tag{13.1}$$

em que s_x é o desvio-padrão do parâmetro X do solo. No entanto, na prática, haverá apenas uma quantidade limitada de dados de ensaios disponíveis em virtude do desejo de manter os custos da investigação do terreno (IT) os mais baixos possíveis. Sob essas circunstâncias, o uso da Equação 13.1 é questionável por causa do pequeno tamanho da amostra.

Embora seja provável que a média e o desvio-padrão de um determinado parâmetro variem muito de um solo para outro, foi demonstrado que o coeficiente de variação (*COV*) de uma determinada propriedade se

Tabela 13.1 Coeficientes de variação de diversas propriedades dos solos

Propriedade do solo	*COV*
ϕ'	0,1
c_u, c'	0,4
m_v	0,4
γ	0

situa dentro de limites estreitos para uma grande variedade de tipos de solos. O coeficiente de variação é definido como

$$COV = \frac{s_x}{X_{\text{médio}}} \tag{13.2}$$

A consequência disso é que a variação do desvio-padrão está ligada à do valor médio para solos distintos em diferentes locais. Valores conservadores de *COV* para propriedades mecânicas diversas, baseadas em estudos de grandes bancos de dados de ensaios de solos, são dados na Tabela 13.1, de acordo com Schneider (1999). Usando a Equação 13.2, a Equação 13.1 pode ser reescrita em termos de $X_{\text{médio}}$ e *COV*, substituindo o valor arbitrário de 0,5 por um coeficiente k_n:

$$X_k = X_{\text{médio}}\left(1 - k_n COV\right) \tag{13.3}$$

O coeficiente k_n é uma função do número de pontos de dados de ensaios (n) usado para calcular $X_{\text{médio}}$ e se baseia na hipótese de que os dados respeitam uma distribuição normal (gaussiana). É encontrada uma estimativa robusta do valor característico médio, correspondendo a um nível de confiança de 95% de que ele esteja abaixo do valor médio real do solo (admitindo que pudesse ser feito um número infinito de ensaios), usando

$$k_n = 1{,}64\sqrt{\frac{1}{n}} \tag{13.4}$$

Os valores de X_k calculados usando as Equações 13.3 e 13.4 serão quase idênticos aos da Equação 13.1 se n for relativamente grande. Se n for pequeno, a Equação 13.1 fornecerá resultados mais pobres, uma vez que s_x pode ser muito influenciado por um ou dois pontos de dados isolados. As Equações 13.3 e 13.4 devem ser usadas em seu lugar, pois a variação estatística em torno da média (definida pelo *COV*) se baseia em um grande banco de dados (valores na Tabela 13.1), embora o valor médio se baseie na menor quantidade de dados de ensaios da investigação no terreno.

Os valores característicos calculados usando as técnicas mencionadas antes são particularmente adequados para uso em cálculos do ELS, cujo objetivo é prever a resposta real com a maior exatidão possível. Para os cálculos de ELU, um valor mais baixo pode ser desejável, com o qual nenhum (ou apenas uma pequena fração) dos dados medidos dos ensaios se situará abaixo do valor característico selecionado. Tais valores podem ser determinados usando a Equação 13.3, com uma expressão alternativa para k_n dada por

$$k_n = 1{,}64\sqrt{\frac{1}{n} + 1} \tag{13.5}$$

Os valores de X_k assim obtidos representam um **valor fractil de 5%**, significando que existe uma probabilidade de apenas 5% de que em algum lugar da camada (talvez em um local não medido) haja um elemento de solo com uma resistência menor do que X_k. É recomendado usar o valor fractil de 5% se houver variação significativa nos dados (isto é, caso eles se aproximem pouco de uma distribuição uniforme); pode-se usar um valor entre aquele correspondente ao nível de confiança de 95% da média e o fractil de 5% quando a variação for pequena, baseado em experiência prévia em solos similares.

Se o solo apresentar uma variação não uniforme ao longo da profundidade, a variação da média pode ser encontrada ajustando uma curva de tendência linear no intervalo de interesse da profundidade, usando, em geral, o procedimento de ajuste dos mínimos quadrados. Esse perfil pode ser usado nos cálculos do ELS. O intercepto dessa linha pode, então, ser reduzido de forma manual, até que a maior parte ou todos os pontos dos dados dos ensaios estejam acima dela ao determinar o valor inferior dos cálculos do ELU. As técnicas estatísticas podem ser aplicadas para ajustar curvas de tendência lineares, de acordo com o descrito no Capítulo 2 de Frank *et al.* (2004), mas elas estão além do escopo deste livro.

Para demonstrar a aplicação das técnicas precedentes, a Figura 13.1 mostra os dados de ensaios de resistência ao cisalhamento não drenada em três locais diferentes de solos finos, dos quais foram obtidos os perfis característicos. A Figura 13.1a mostra os dados de uma camada em que predomina tilito glacial baseado em argila de Cowden, próximo a Kingston-upon-Hull (dados de Lunne *et al.*, 1997). Foi realizado tanto o ensaio CPTU quanto o triaxial UU em amostras recuperadas. Os dados do CPTU foram processados usando a Equação 7.37 com $N_k = 22$, representando a extremidade superior do intervalo de tilitos glaciais dado na Figura 7.22a e, portanto, um limite inferior (conservador) para c_u. O uso das Equações 7.38 e 7.39 não é apropriado nesse caso, já que os valores de B_q no interior da camada são, em sua maioria, negativos, graças ao material com tamanho de areia e pedregulho contido no interior da matriz de argila. Pode-se ver nitidamente que c_u é mais ou menos uniforme ao longo da profundidade. Admitindo que os dados do ensaio triaxial sejam mais confiáveis (os do CPTU foram obtidos de uma correlação empírica) e, por simplicidade, baseando o valor de c_{uk} nisso, a média dos 40 ensaios triaxiais é 110 kPa. Para n = 40, k_n = 0,26 para o nível de confiança de 95% do valor médio (Equação 13.4), e k_n = 1,66 para o valor fractil (baixo) de 5%. Adotando COV = 0,4 para c_u, a partir da Tabela 13.1, tem-se $c_{uk,médio}$ = 99 kPa e $c_{uk,baixo}$ = 37 kPa. Esses valores são mostrados na Figura 13.1a. Nesse caso, seria razoável usar um valor característico mais próximo da média correspondente ao nível de confiança de 95%, já que tanto os dados do ensaio triaxial quanto os do CPTU apresentam que a distribuição é muito uniforme, com qualquer variação servindo para aumentar a resistência. O valor fractil de 5% parece ser conservador em excesso nesse caso.

A Figura 13.1b mostra os dados de um ensaio triaxial em uma argila sobreadensada (Oxford Clay) em Tilbrook Grange, em Cambridgeshire (de acordo com Clarke, 1993). Nesse exemplo, são mostrados os dados de três furos de sondagem separados espacialmente, e o objetivo é desenvolver um único perfil característico de resistência para verificação do ELU de uma fundação rasa. Dessa forma, admite-se que os dados dos furos de sondagem separados representem um grande banco de dados. No início, a variação das propriedades parece mais complexa em relação à da Figura 13.1a, embora seja possível fazer a distinção entre as três regiões diferentes de aumento da resistência média, sendo 0–7 m, 7–20 m e 20–30 m as profundidades dentro das quais o perfil uniforme pode ser obtido. Esse é o método de subcamadas descrito anteriormente. As técnicas detalhadas no exemplo anterior são aqui aplicadas de forma separada dos dados dos ensaios em cada uma das subcamadas, estando os resultados resumidos na Tabela 13.2 e mostrados na Figura 13.1b.

Comparado ao exemplo anterior, há muito mais variação nas propriedades no interior das subcamadas especificadas e maior dispersão. Nesse caso, seria mais apropriado usar o valor fractil de 5% para um cálculo de ELU, já que se pode observar que alguns dos resultados dos ensaios se situam próximo a essa linha (em particular, em torno das interfaces das subcamadas). Isso permite apenas uma interpretação possível: uma variação mais precisa pode ser determinada com o uso de mais subcamadas. No entanto, a vantagem de usar a distribuição da Figura 13.1b é que, para a maioria das fundações rasas, seria possível usar o método de duas camadas no ELU (Figura 8.11). Esse exemplo demonstra, portanto, que é importante ter em mente a finalidade com que os valores característicos serão utilizados em última análise, uma vez que isso pode influenciar sua determinação.

Tabela 13.2 Exemplo de cálculos para o método de subcamadas

Subcamada	*n*	*$c_{uk,\ médio}$ (kPa)*	*COV*	*k_n (nível de confiança de 95% da média)*	*$c_{uk,\ médio}$ (kPa)*	*k_n (fractil de 5%)*	*$c_{uk,\ baixo}$ (kPa)*
0–7 m	15	342	0,4	0,42	284	1,69	110
7–20 m	36	440	0,4	0,27	393	1,66	148
20–30 m	31	562	0,4	0,29	496	1,67	188

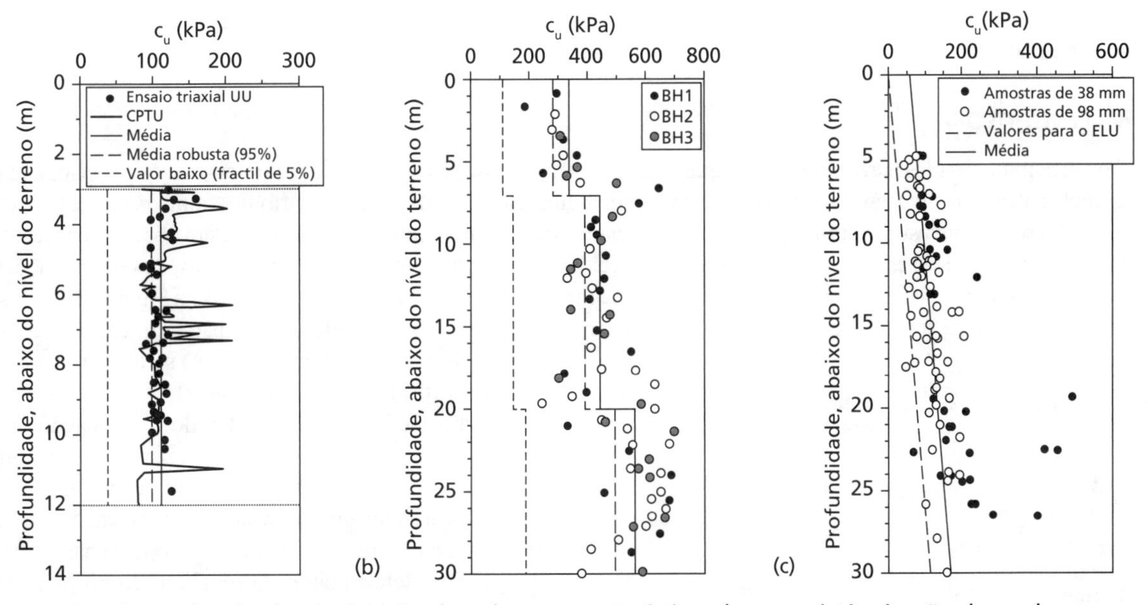

Figura 13.1 Exemplos de determinação de valores característicos (para resistência não drenada ao cisalhamento): (a) tilito glacial uniforme; (b) argila sobreadensada em camadas; (c) argila sobreadensada fissurada.

A Figura 13.1c mostra dados de um ensaio triaxial UU com uma argila fissurada fortemente sobreadensada (Gault Clay) em Cambridge central, retirada antes do trabalho de execução de estacas. Nesse local em particular, foram ensaiadas tanto pequenas amostras, com 38 mm de diâmetro, quanto maiores, com 98 mm. Conforme mencionado na Seção 7.5, é improvável que pequenas amostras de ensaios triaxiais levem em consideração as fissuras, uma vez que elas podem ter sido retiradas da argila intacta entre elas. Na Figura 13.1c, as amostras maiores sugerem resistências mais baixas do que aquelas menores e demonstram que é importante levar em consideração as observações locais da textura do solo e as informações geológicas a respeito da unidade de interpretação dos valores característicos. Nesse caso, os dados relativos às amostras de 98 mm teriam preferência de uso em relação aos das amostras de 38 mm. Uma linha média é ajustada a esses dados pelo método dos mínimos quadrados, no qual $c_u = 3{,}73z + 58{,}4$ (kPa), em que z é a profundidade abaixo do nível do terreno em metros. Reduzir o intercepto para fornecer $c_{uk} = 3{,}73z$ (kPa) forneceria um perfil característico apropriado para o projeto do ELU de uma fundação em estacas.

Deve-se fazer uma nota final sobre a seleção dos valores característicos dos parâmetros de resistência drenados. Na maioria dos casos de projeto cujo objetivo é evitar a ruptura, devem ser usadas as propriedades de resistência do estado crítico, se disponíveis, com $\phi' = \phi'_{cv}$ e $c' = 0$. Embora ϕ'_{cv} seja claramente representativo da resistência última de solos compressíveis ("soltos"), se os valores de resistência de pico forem usados para solos expansivos ("compactos"), a ruptura será caracterizada por uma ruptura súbita (uma resposta frágil). Dessa forma, o uso de parâmetros menores de resistência do estado crítico para tais solos fornece uma margem de segurança adicional contra a ruptura. Além disso, ensaios em laboratório e *in situ* medem o comportamento do solo em um estado grandemente indeformado, em que pode haver coesão/intertravamento aparente em virtude da história deposicional prévia e/ou coesão verdadeira como resultado da cimentação/ligação. No entanto, se o solo for trabalhado depois durante a construção (por exemplo, escavação seguida de recompactação), esses procedimentos destrutivos eliminarão quaisquer efeitos naturais preexistentes, de forma que os parâmetros do estado crítico serão mais adequados.

Para alguns cálculos, contudo, pode ser desejável selecionar uma estimativa elevada de parâmetros de resistência. Um exemplo seria a determinação da capacidade de uma estaca a fim de que se possa especificar um aparelho de estaqueamento suficientemente dimensionado. Para tal cálculo, é mais conservador superestimar a capacidade da estaca, a fim de assegurar que o aparelho de estaqueamento tenha capacidade suficiente com uma margem de segurança (coeficientes de ponderação também não seriam usados para tal estimativa). Nessas condições, seria mais adequado usar valores de resistência de pico.

13.3 Instrumentação de campo

Os requisitos mais importantes de um instrumento geotécnico são a confiabilidade e a sensibilidade. Em geral, quanto maior a simplicidade de um instrumento, maior é a probabilidade de que ele seja confiável. Por outro lado, o instrumento mais simples pode não ser sensível o suficiente para assegurar que as medições sejam obtidas com o grau de precisão exigido, e é preciso chegar a um termo comum entre sensibilidade e confiabilidade. Os instrumentos podem ser baseados em princípios óticos, mecânicos, hidráulicos, pneumáticos e elétricos; eles estão listados em ordem decrescente de simplicidade e confiabilidade. Deve-se ter em mente, entretanto, que a confiabilidade de instrumentos modernos de todos os tipos é de um alto padrão. Os instrumentos usados com maior frequência para os vários tipos de medição são descritos a seguir. (N.B. a medida da pressão neutra não é descrita aqui, tendo sido vista na Seção 6.2.)

Movimento vertical

A técnica mais simples para medir o recalque ou o levantamento de uma superfície é o **nivelamento preciso**. Deve-se estabelecer um marco estável como referência, e, em alguns casos, pode ser necessário fixar uma haste de referência em rocha ou em um estrato firme profundo, separada do solo circunvizinho por uma luva. Para observações de recalques das fundações de estruturas, devem ser estabelecidas estações duráveis de nivelamento em lajes de fundações ou nas proximidades da base de colunas ou paredes. Uma forma conveniente de estação, ilustrada na Figura 13.2, consiste em um soquete de aço inoxidável no qual, antes do nivelamento, é aparafusado um tampão com cabeça redonda. Depois, o tampão é removido, e o soquete é selado com um parafuso de acrílico (perspex).

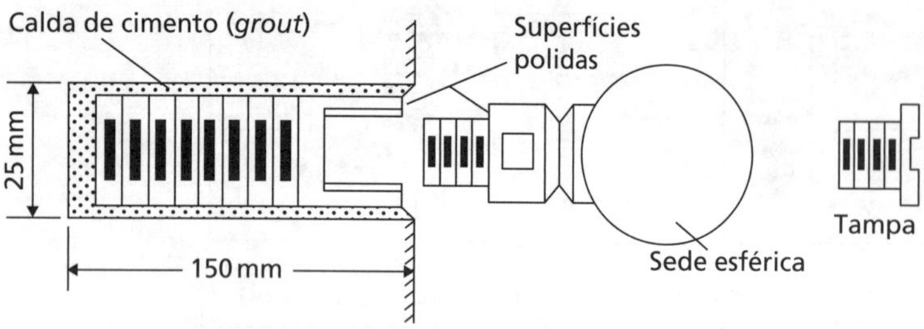

Para medir o recalque devido à colocação de um aterro sobrejacente, assenta-se uma placa horizontal, à qual é fixada uma haste ou um tubo vertical, na superfície do terreno antes de o aterro ser colocado, conforme mostra a Figura 13.3a. O nível do topo da haste ou tubo é, então, determinado. O recalque do próprio aterro poderia ser determinado a partir dos níveis da superfície, usando, em geral, estações de nivelamento embutidas em concreto. Movimentos verticais em um estrato

Figura 13.2 Tampão de nivelamento.

inferior podem ser determinados por meio de uma **sonda profunda de recalque**. Um tipo de sonda, ilustrado na Figura 13.3b, consiste em um trado de rosca ligado a uma haste que é cercada por uma luva para que ela fique isolada do solo vizinho. O trado está localizado na base de um furo de sondagem e ancorado no nível exigido pela rotação da haste interna. O furo de sondagem é reaterrado após a instalação da sonda.

O **extensômetro de haste**, mostrado na Figura 13.3c, é um dispositivo simples e preciso para medir movimentos. As hastes usadas costumam ser tubos de ligas de alumínio, em geral, com 14 mm de diâmetro. Vários comprimentos podem ser unidos entre si, caso seja necessário. A extremidade inferior da haste é cimentada ao solo no fundo de um furo de sondagem, com uma ancoragem rugosa aparafusada a ela, e a extremidade superior passa por dentro de um tubo de referência fixado ao topo do furo de sondagem. A haste fica isolada dentro de uma luva plástica. O movimento relativo entre a âncora inferior e o tubo de referência é medido com um defletômetro ou transdutor de deslocamentos, que funciona junto ao topo da haste. Um parafuso de ajuste é adaptado a um colar rosqueado, acoplado à extremidade superior da haste para ampliar a faixa de medição. Uma instalação de várias hastes, ancoradas em diferentes níveis do furo de sondagem, permite determinar os recalques em diferentes profundidades. O furo de sondagem é reaterrado após a instalação do extensômetro. O uso de extensômetros de haste não se limita à medição de movimentos verticais; eles podem ser usados em furos de sondagem inclinados em qualquer direção.

Os recalques em várias profundidades dentro de uma massa de solo também podem ser determinados por intermédio de um **extensômetro multiponto**, sendo um de tais aparelhos o extensômetro magnético, mostrado na Figura 13.3d, projetado para uso em furos de sondagem em argilas. O equipamento consiste em magnetos permanentes na forma de anéis, imantados axialmente e montados em suportes plásticos que são mantidos nos níveis exigidos do

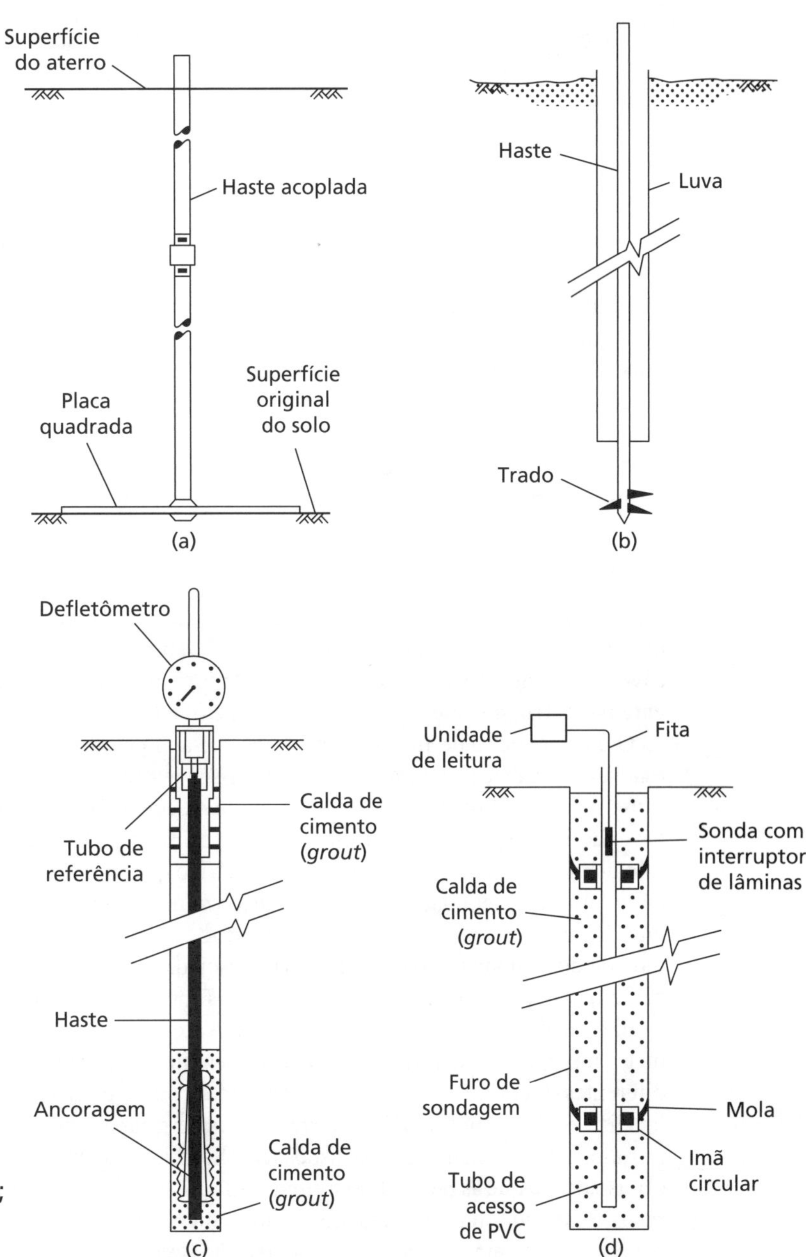

Figura 13.3 Medida do movimento vertical: (a) placa e haste; (b) sonda profunda de recalque; (c) extensômetro de haste; e (d) extensômetro magnético.

furo de sondagem por molas. Os magnetos, que são revestidos por uma resina epóxi para proteção contra a corrosão, são inseridos em volta de um tubo-guia de plástico colocado abaixo do centro do furo de sondagem. Caso seja necessário para manter a estabilidade, o furo de sondagem é preenchido com lama bentonítica. Os níveis dos magnetos são determinados pelo abaixamento de um sensor que incorpora um interruptor de lâminas no tubo central. Quando este se move no campo de um magneto, ele se fecha e ativa um indicador luminoso ou sonoro. Uma fita de aço presa ao sensor permite que o nível da estação seja obtido com uma precisão de 1–2 mm. Pode-se obter maior precisão colocando uma haste de medição no interior do tubo-guia, à qual são ligados diferentes interruptores de lâminas no nível de cada magneto, com cada um deles funcionando em um circuito elétrico separado. A haste de medição, que consiste em um tubo oco de aço inoxidável com fios elétricos passando por dentro, é puxada para cima por meio de uma cabeça de medição incorporando um micrômetro de rosca, sendo os níveis de cada magneto determinados de forma sequencial. Como precaução contra falhas, podem ser montados dois interruptores em cada nível.

O recalque de aterros pode ser medido por meio de placas de aço com furos centrais, aparafusadas ao longo do comprimento de um tubo vertical de plástico e colocadas, em vários níveis, na superfície do aterro à medida que este é lançado. Depois, os níveis das placas são determinados por meio de uma bobina de indução, que é abaixada no interior do tubo.

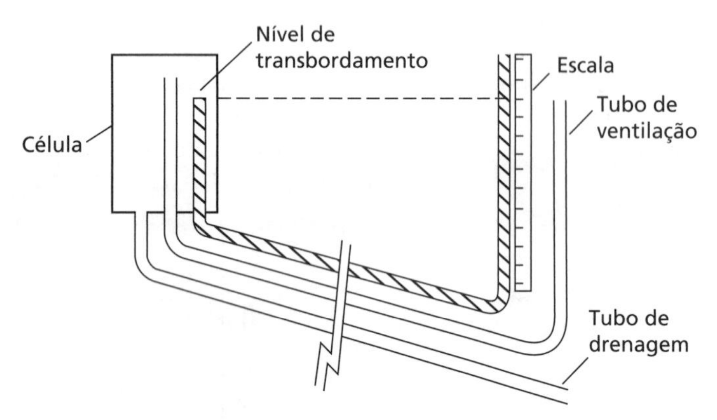

Figura 13.4 Célula hidráulica de recalque.

Medidores hidráulicos de recalque, usados normalmente em barragens, fornecem outro meio de se determinar o movimento vertical. Em princípio, a célula de transbordamento hidráulico de recalque (Figura 13.4) consiste em um tubo em U com lados de alturas diferentes: a água transborda do lado menor quando ocorre um recalque, causando uma queda no nível d'água, igual ao recalque, no lado maior. A célula, que é moldada em um bloco de concreto no local escolhido, consiste em um recipiente cilíndrico plástico, rígido e lacrado, que contém um tubo vertical para atuar como barragem de transbordamento. O tubo de náilon revestido de polietileno conduz da barragem até um tubo ou coluna graduada (bureta) colocado longe da célula. Um tubo de dreno que sai da base da célula permite que a água do transbordamento seja removida, e outro tubo que age como aspirador de ar assegura que o interior da célula seja mantido com pressão atmosférica. O tubo d'água é preenchido com água desaerada até que ela transborde na barragem. A bureta também é preenchida, e, quando conectada ao tubo célula, o nível d'água na coluna cairá até ficar igual ao da barragem. Usa-se água desaerada para evitar a formação de bolhas de ar que afetariam a precisão do mostrador. O uso de contrapressão de ar aplicada à célula permite que ela seja colocada abaixo do nível do manômetro. O sistema fornece o recalque em apenas um ponto, mas pode ser usado em locais inacessíveis a outros dispositivos e não tem hastes e tubos que poderiam interferir com a construção.

Movimento horizontal

Em princípio, o movimento horizontal das estações em relação a uma referência fixa pode ser medido por meio de um teodolito, usando técnicas precisas de investigação. No entanto, em muitas situações, esse método é impraticável em virtude das condições do local. O movimento em uma direção particular pode ser medido por meio de um **extensômetro**, do qual existem vários tipos.

O extensômetro de fita (Figura 13.5b) é usado para medir o movimento relativo entre dois parafusos de referência com cabeças esféricas, que podem ser permanentes ou desmontáveis, conforme mostra a Figura 13.5a. Consiste em uma fita métrica de aço inoxidável com orifícios distribuídos em espaçamentos iguais. A extremidade livre da fita é presa a um conector ativado por mola e localizado em um dos parafusos esféricos de referência. O rolo de fita está montado em um corpo cilíndrico que liga um dispositivo de mola sob tensão e um mostrador digital de leitura. A extremidade do corpo se localiza no segundo parafuso esférico. A fita é travada pelo encaixe de um pino em um dos orifícios, e a tensão é aplicada na mola pela rotação da seção frontal do corpo, com um indicador mostrando o momento em que a tensão desejada foi aplicada. A distância é obtida com base na leitura da fita no orifício com pino e na do mostrador digital. É possível uma precisão de 0,1 mm.

Para medidas mais ou menos pequenas, pode-se usar um extensômetro de haste (Figura 13.5c) com um micrômetro incorporado. O instrumento consiste em uma cabeça micrométrica com hastes de extensão de comprimentos diferentes, além de duas peças de extremidade, uma com sede cônica e outra com uma superfície plana, que se localiza em frente aos parafusos de referência com cabeça esférica. As hastes têm conectores de precisão para minimizar os erros na montagem do dispositivo. Seleciona-se um comprimento apropriado no mostrador, e o micrômetro é ajustado até que as peças de extremidade façam contato com os parafusos de referência. A distância entre os parafusos é lida no cilindro graduado do micrômetro. Um extensômetro de haste típico pode medir um movimento máximo de 25 mm, de acordo com a precisão do micrômetro.

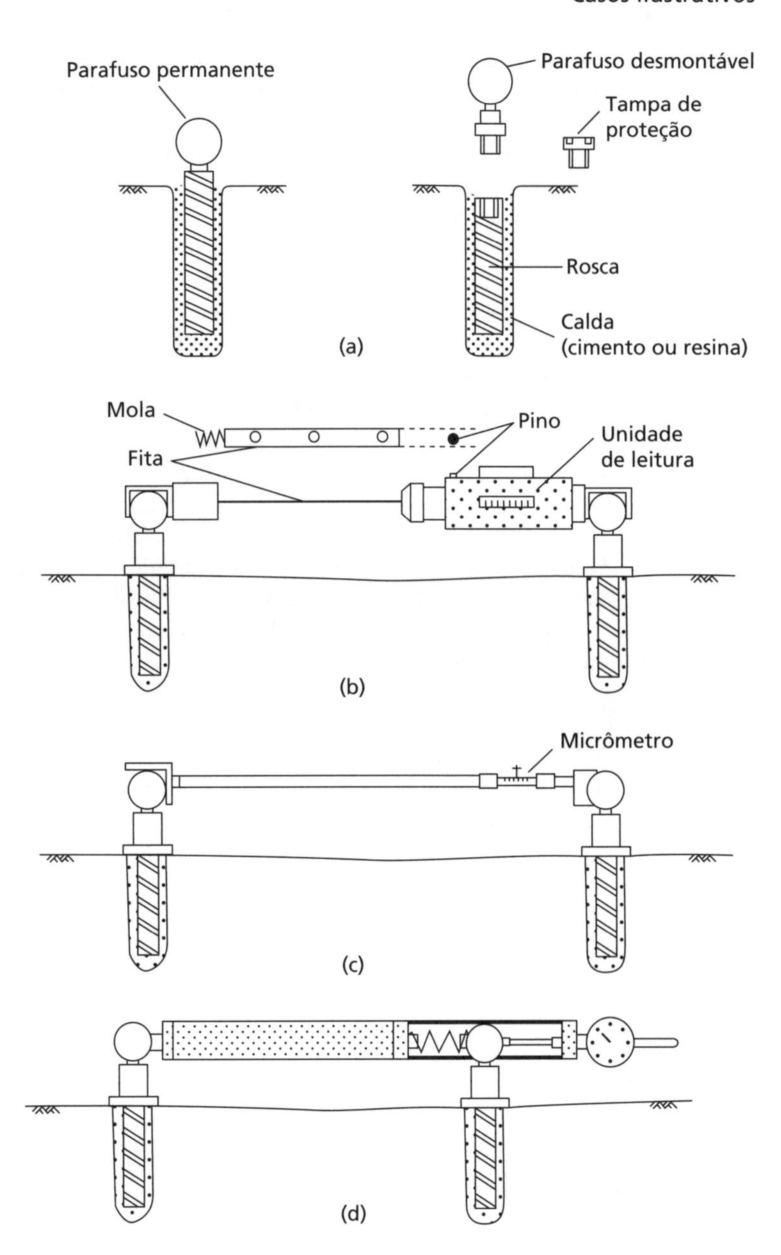

Figura 13.5 Medida de movimento horizontal: (a) parafusos de referência; (b) extensômetro de fita; (c) extensômetro de haste; e (d) extensômetro de tubo.

O extensômetro de tubo (Figura 13.5d) funciona segundo um princípio similar. Uma peça de extremidade tem uma sede cônica, como a anterior; a outra consiste em um tubo entalhado com uma mola helicoidal dentro. A peça entalhada de extremidade é colocada sobre um dos parafusos de referência com cabeça esférica, comprimindo a mola e assegurando o contato firme entre o segundo parafuso e a peça cônica de extremidade no outro lado do extensômetro. A distância entre a extremidade externa do tubo entalhado e o parafuso de referência é medida por um defletômetro, que permite que o movimento entre as duas barras seja deduzido. Podem ser medidos movimentos de até 100 mm com um extensômetro de tubo.

O extensômetro potenciométrico consiste em um potenciômetro retilíneo de resistência no interior de um revestimento cilíndrico preenchido com óleo. Os contatos ligados ao pistão do extensômetro deslizam ao longo do fio da resistência. A posição do pistão é determinada por intermédio de uma unidade de leitura nula de equilíbrio, calibrada diretamente em unidades de deslocamento. São usadas hastes de extensão acopladas ao instrumento para fornecer o comprimento exigido do medidor. Podem ser medidos movimentos de até 300 mm, até uma precisão de 0,2 mm.

Também foram desenvolvidos vários extensômetros que usam transdutores. Um deles usa um **medidor de deformação por corda vibrante**, cujo diagrama é mostrado na Figura 13.6. Faz-se com que a corda vibre por meio de um eletroímã situado a mais ou menos 1 mm da corda. A oscilação induz corrente alternada, de frequência

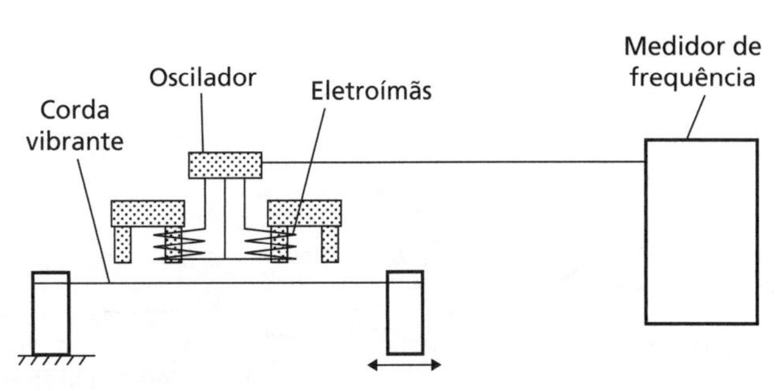

Figura 13.6 Medidor de deformação por corda vibrante.

igual à da corda, em um segundo imã. Uma variação na tensão da corda faz com que haja uma mudança em sua frequência de vibração e uma mudança correspondente na frequência da corrente induzida. O medidor que registra a frequência de saída pode ser calibrado em unidades de comprimento. Uma extremidade do dispositivo é fixada ao primeiro ponto de referência por um conector de pino, e a outra consiste em uma cabeça deslizante que se move com o outro ponto de referência. A corda vibrante é presa em uma de suas extremidades e conectada à cabeça móvel por meio de uma mola tracionada.

Quando ocorre um deslocamento, há uma mudança na tração da mola, que resulta, por sua vez, em uma mudança na frequência de vibração da corda, que é uma função do movimento entre os pontos de referência. Podem ser medidos movimentos de 200 mm com uma precisão de 0,1 mm. Várias unidades de extensômetros podem ser ligadas entre si por segmentos de hastes de conexão, a fim de permitir que sejam medidos movimentos ao longo de um comprimento considerável.

Movimentos horizontais a maiores profundidades dentro de uma massa de solo são muitas vezes exigidos em terrenos inclinados para determinar a massa móvel e a provável localização da superfície de deslizamento. Tais medidas podem ser determinadas por meio do **inclinômetro**, ilustrado na Figura 13.7a. O instrumento funciona dentro de um tubo de acesso vertical (ou mais ou menos vertical), que é cimentado em um furo de sondagem ou inserido em um aterro, permitindo que se determine o perfil do deslocamento ao longo do comprimento do tubo. O tubo tem quatro entalhes internos espaçados em ângulos de 90°, de centro a centro. A sonda do inclinômetro (conhecida como torpedo) consiste em um estojo de aço inoxidável que recebe um acelerômetro de equilíbrio de forças. O estojo é ajustado com dois discos com molas, diametralmente opostos, em cada extremidade, permitindo que a sonda se desloque ao longo do tubo de acesso, com os discos encaixados em um par de entalhes e com o

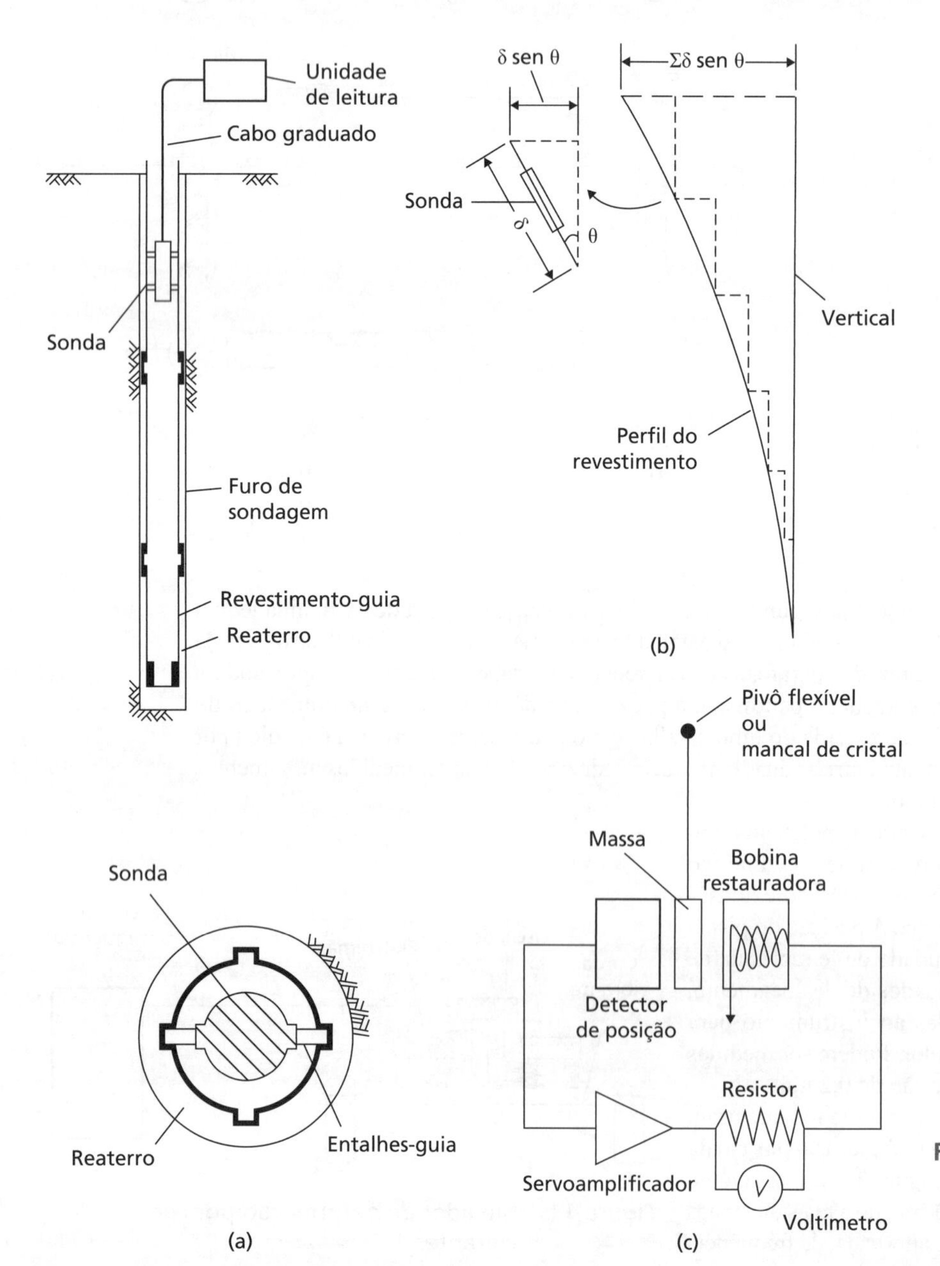

Figura 13.7 Inclinômetro: (a) sonda e tubo-guia; (b) método de cálculo; e (c) acelerômetro de equilíbrio de forças.

acelerômetro detectando a inclinação do tubo no plano dos entalhes. O princípio do acelerômetro de equilíbrio de forças é mostrado na Figura 13.7c. O dispositivo consiste em uma massa suspensa entre dois eletromagnetos — uma bobina detectora e uma restauradora. Um movimento lateral da massa induz uma corrente na bobina detectora. A corrente é reconduzida, por meio de um servoamplificador, à bobina restauradora, que transmite à massa uma força eletromotriz igual e oposta ao componente da força gravitacional que causou o movimento inicial. Dessa forma, as forças são equilibradas, e, na realidade, a massa não se move. A voltagem através de um resistor no circuito de restauração é proporcional à força restauradora e, por conseguinte, ao ângulo de inclinação da sonda. Essa voltagem é medida, e a leitura pode ser calibrada para fornecer tanto o deslocamento angular quanto o horizontal. A posição vertical da sonda é obtida a partir de graduações no cabo preso ao dispositivo. O uso do outro par de entalhes permite determinar os movimentos na direção ortogonal. As leituras são feitas em intervalos (δ) ao longo do alojamento, e o movimento horizontal é calculado conforme mostra a Figura 13.7b. Dependendo do equipamento de leitura, os movimentos podem ser determinados com precisão de 0,1 mm.

Em anos recentes, surgiu o SAA (***shape acceleration array***) como alternativa para os inclinômetros. Esse dispositivo consiste em uma série de ligações rotuladas conectas entre si, cada uma das quais contendo acelerômetros em miniatura, para formar um longo "cabo" combinado. Isso pode ser conduzido de um carretel para dentro de um furo de sondagem a partir da superfície, exigindo pouco equipamento especializado além do dispositivo em si. As mudanças de aceleração medidas por cada um desses sensores podem ser integradas para determinar os deslocamentos ao longo do comprimento do SAA usando um computador. Tal instrumento se tornou possível em virtude da tecnologia de MEMS (*micro electro-mechanical machines* ou sistemas microeletromecânicos) de aceleração, que fornece sensores altamente miniaturizados a baixo custo. Comparado a um inclinômetro, um SAA é mais fácil e mais rápido de instalar (uma vez que tem menos componentes isolados), além de mais barato e mais robusto.

O **indicador de deslizamento** é um dispositivo simples que permite que o local de uma superfície de deslizamento seja detectado (ainda que não consiga medir de forma precisa a grandeza da deformação). Um tubo plástico flexível, ao qual é presa uma placa-base, é colocado em um furo de sondagem. O tubo, que costuma ter 25 mm de diâmetro, é envolvido por uma luva rígida. Ele é cercado por areia, sendo retirada a luva à medida que aquela é introduzida. Uma sonda na extremidade de um cabo é abaixada até a extremidade inferior do tubo. Se ocorrer um movimento de deslizamento, ele se deformará. A posição da zona de deslizamento é determinada tanto pela elevação da sonda quanto pelo abaixamento de uma segunda sonda a partir da superfície, até que elas encontrem resistência.

Medida de deformações

Os medidores de deformação por cordas vibrantes (descritos anteriormente) também podem ser unidos a barras da armadura em elementos de concreto armado, incluindo estacas (em que as deformações axiais podem ser usadas para inferir a carga axial suportada pela estaca) ou muros de arrimo (em que a diferença de deformação através da seção é indicativa do momento fletor induzido no muro). A medida das deformações específicas de flexão em elementos de fundação de concreto é importante para determinar o início do fissuramento dentro do concreto, o que pode levar à entrada de água, à corrosão da armadura e a uma consequente degradação da resistência e da rigidez.

Em anos recentes, sensores de fibra ótica apresentaram uma alternativa aos extensômetros. Isso compreende a instalação de um comprimento de fibra ótica dentro do concreto, com o acesso para uma de suas extremidades. A partir daí, pode-se determinar a distribuição da deformação ao longo do comprimento da fibra usando a técnica **BOTDR** (***Brillouin optical time domain reflectometry technique***). Ela compreende anexar uma unidade analisadora a uma extremidade da fibra ao longo da qual é passada a luz, determinando-se as deformações a partir da análise das informações recebidas do refletômetro. Pode-se usar uma única fibra ótica em vez de vários extensômetros, economizando tempo e dinheiro. Um sistema de fibras óticas também é mais robusto, demandando apenas que a fibra em si seja inserida na estrutura, sendo exigidos dispositivos eletrônicos sensíveis (o analisador) apenas quando for necessário realizar a leitura do instrumento. Um exemplo de uso de um sistema BOTDR de sensores no interior do revestimento de um túnel pode ser encontrado em Chueng *et al.* (2010).

Tensão normal total

A tensão total em qualquer direção pode ser medida por meio de células de pressão localizadas no terreno. Em geral, as células têm o formato de discos e contêm uma membrana relativamente rígida em contato com o solo. Elas também são usadas para medir a pressão do solo em estruturas. Deve-se entender que a presença de uma célula, assim como o processo de instalação, modifica as tensões *in situ* graças ao processo de arqueamento e à redistribuição de tensões. As células devem ser projetadas para reduzir a modificação de tensões a limites aceitáveis. Estudos teóricos indicaram que a amplitude da modificação das tensões depende de um relacionamento complexo entre a taxa de aspecto (razão espessura/diâmetro da célula), o coeficiente de flexibilidade (dependendo da razão rigidez do solo/célula e da razão espessura/diâmetro do diafragma) e a razão de tensões no solo (a razão entre a tensão normal e a paralela à célula). A deflexão central no diafragma não deve ser maior do que 1/5.000 de seu diâmetro, e a célula deve ter um anel externo rígido. O diâmetro da célula também deve estar relacionado ao tamanho máximo das partículas do solo.

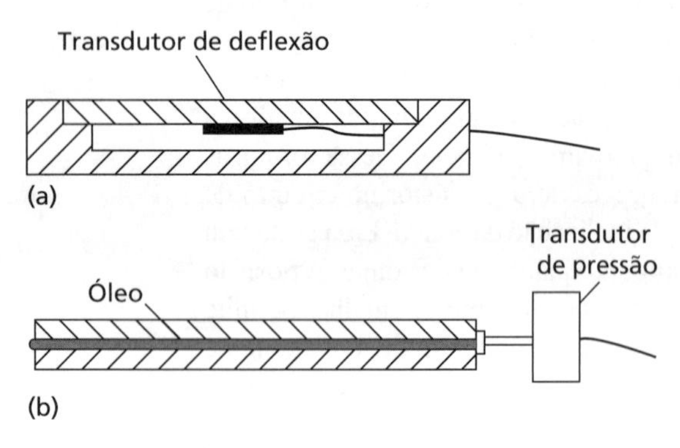

Figura 13.8 (a) Célula de pressão de diafragma; e (b) célula de pressão hidráulica.

Há duas categorias gerais de instrumentos, conhecidas como a célula de diafragma e a célula hidráulica, representadas na Figura 13.8. Na primeira, a deflexão do diafragma é medida por dispositivos sensores como extensômetros de resistência elétrica, transdutores lineares e cordas vibrantes, sendo a leitura em cada caso calibrada em unidades de tensão. A célula hidráulica consiste, em geral, em duas placas de aço inoxidável soldadas entre si em torno de sua periferia, sendo o interior da célula preenchido com óleo. A pressão deste, que é igual à tensão normal total agindo no exterior da célula, é medida por um transdutor (em geral, do tipo pneumático ou hidráulico) conectado à célula por um tubo de aço de pequeno comprimento. Células finas com formato de lâminas, que podem ser enfiadas no solo, são úteis para medir as tensões horizontais *in situ*.

Carga

As células descritas anteriormente podem ser calibradas para medir cargas, sendo o tipo hidráulico o mais empregado com essa finalidade. Tais células são usadas, por exemplo, em provas de carga de estacas e nas medições de cargas em escoras de escavações suportadas. Podem-se usar células com um orifício central para medir cargas de tração em tirantes. O uso de extensômetros colocados na superfície (baseados em princípios de resistência elétrica ou de corda vibrante) é um método alternativo para a medição de cargas em escoras e tirantes. Células de carga baseadas no princípio da fotoelasticidade também são usadas. A carga é aplicada a um cilindro de vidro ótico, e as deformações correspondentes produzem padrões de franjas de interferência, visíveis sob luz polarizada. O número de franjas é observado por meio de um contador de franjas, e a carga é obtida pela multiplicação desse número por um fator de calibração. Outro método de determinar a carga de um elemento estrutural como um tirante é usar um **medidor de deslocamentos** (***tell-tale***). Um *tell-tale* é uma barra livre de tensões, presa a um elemento em uma extremidade e colocada paralela a ele. A variação de comprimento do elemento carregado é medida usando-se a extremidade livre do *tell-tale* como referência. A carga pode, então, ser determinada a partir da variação de comprimento, contanto que seja conhecido o módulo de elasticidade longitudinal do elemento estrutural em questão.

13.4 O método observacional

As principais dúvidas em previsões geotécnicas são o grau de variação e continuidade dos estratos, as pressões neutras (que podem depender das características da macrotextura) e os valores dos parâmetros do solo. Os métodos típicos de lidar com essas incertezas são usar os coeficientes de ponderação (úteis apenas no ELU) e admitir hipóteses relacionadas à experiência geral, o que ignora o perigo de situações imprevistas. O método observacional, de acordo com o descrito por Peck (1969), oferece um procedimento alternativo. Ele é um dos procedimentos de projeto listados no Eurocode 7 pelo qual se pode verificar que nenhum limite relacionado ao caso seja violado.

A filosofia do método observacional é basear o projeto, a princípio, em qualquer informação que possa ser obtida e, depois, reconhecer todas as diferenças concebíveis entre as suposições e a realidade. A seguir, são feitos os cálculos dos valores pertinentes, que podem ser medidos de forma confiável no campo, com base nas suposições originais — por exemplo, recalque, movimento lateral, pressão neutra. Os valores previstos e medidos são comparados à medida que a construção prossegue, e o projeto ou o método construtivo são modificados conforme a necessidade. O engenheiro deve ter um plano de ação, preparado com antecedência, para qualquer situação desfavorável que as observações possam revelar. Dessa forma, é fundamental que se instale a instrumentação adequada para detectá-las quando ocorrerem. No entanto, se a natureza do projeto for tal que este não possa ser modificado durante a construção, no caso de surgirem determinadas condições desfavoráveis, então, o método não será aplicável. Em tais circunstâncias, deve ser adotado um projeto baseado nas condições menos favoráveis concebidas, mesmo que a probabilidade de sua ocorrência seja muito pequena. Se surgisse um evento imprevisto para o qual não houvesse estratégia, o projeto poderia se encontrar em sérias dificuldades. As vantagens potenciais do método são economia de custos, economia de tempo e garantia de segurança.

Há duas situações diferentes às quais ele pode ser apropriado:

- Projetos nos quais o uso do método seja visualizado desde a concepção, conhecidos como aplicações "*ab initio*". Pode ser que uma hipótese de trabalho aceitável não seja possível e que o uso do método observacional ofereça a única esperança de se atingir o objetivo.
- Circunstâncias em que seja necessário aplicar o método para assegurar a conclusão satisfatória do projeto, conhecidas como aplicações de "melhor saída" ("*best way out*"). Deve-se ter em mente que os projetos podem dar errado, e, então, o método observacional pode oferecer a única solução para as dificuldades encontradas.

A aplicação abrangente do método envolve os passos seguintes. O quanto cada passo deve ser cumprido depende do tipo e da complexidade do projeto.

1 Investigação do terreno para estabelecer a natureza geral, a sequência, a extensão e as propriedades dos estratos, mas não necessariamente em detalhes.
2 Avaliação das condições mais prováveis e das anormalidades mais desfavoráveis concebíveis dessas condições, sendo as condições geológicas, em geral, da maior importância.
3 Processo de projeto baseado em uma hipótese prática de comportamento sob as condições mais prováveis.
4 Seleção das grandezas a serem observadas à medida que a construção prossegue e cálculo de seus valores previstos com base nas hipóteses práticas (por exemplo, usando os princípios dos Capítulos 8–12).
5 Cálculo dos valores das mesmas grandezas sob as condições mais desfavoráveis compatíveis com os dados disponíveis sobre as condições do terreno.
6 Decisão antecipada sobre uma mudança de linha de ação ou de projeto para todas as discordâncias concebíveis entre as observações e as previsões com base nas hipóteses de trabalho.
7 Medição das grandezas a serem observadas e avaliação das condições reais.
8 Modificação do projeto ou do método construtivo para adequação às condições reais.

Um exemplo simples, dado por Peck, do uso do método planejado desde a fase de projeto é o caso de uma escavação escorada em argila, com escoras em três níveis. A escavação, até uma profundidade de 14 m, se destinava à construção de um edifício em Chicago. O projeto das escoras fundamentou-se em uma suposta distribuição de pressões nas paredes (ver Seção 11.9), baseada em uma envoltória das medidas de cargas em escoras registradas em vários locais. Para um determinado local, portanto, era esperado que a maioria das escoras ficasse sujeita a cargas muito menores do que as previstas pelo diagrama. Para o local em questão, as escoras foram projetadas para receber cargas iguais a dois terços daquelas dadas pelo diagrama, e o fator de carga usado foi relativamente baixo. Com base nisso, exigiu-se um total de 39 escoras. Havia, assim, a possibilidade de que algumas fossem sobrecarregadas e chegassem a apresentar falha estrutural. O procedimento adotado foi medir as cargas de cada uma em estágios críticos da construção e ter escoras adicionais disponíveis para colocação imediata se necessário. Foram exigidas apenas três escoras adicionais. O custo extra de monitorar as cargas e ter escoras adicionais disponíveis foi pequeno se comparado à economia global de usar escoras com seções transversais menores e carregadas com valores muito próximos à sua capacidade de carga. O procedimento também assegurou que nenhuma delas ficasse sobrecarregada. Se fosse exigido um número muito maior de escoras adicionais, o custo global poderia ter sido maior, e a construção seria retardada; mas tal risco foi considerado mínimo, e, em qualquer um dos casos, a segurança ainda seria preservada.

13.5 Casos ilustrativos

No site da LTC Editora que complementa este livro, podem ser encontrados sete casos baseados em projetos do Reino Unido e do norte da Europa, de acordo com o ilustrado na Figura 13.9. Esses casos cobrem várias construções geotécnicas diferentes, incluindo fundações (rasas e profundas), escavações e taludes, em várias condições de solo, conforme a lista a seguir:

- Estudo de caso 1: Radier celular em areia, Belfast, Reino Unido.
- Estudo de caso 2: Radier em argila, Glasgow, Reino Unido.
- Estudo de caso 3: Estaca tubular cravada em argila, Shropshire, Reino Unido.
- Estudo de caso 4: Radier estaqueado em argila, Londres, Reino Unido.
- Estudo de caso 5: Escavação profunda em argila, Londres, Reino Unido.
- Estudo de caso 6: Ruptura de um corte em argila, Oslo, Noruega.
- Estudo de caso 7: Construção de aterro para autoestrada, Belfast, Reino Unido.

Figura 13.9 Locais dos casos ilustrativos.

Para cada caso, é fornecida uma breve descrição da construção, seguida dos dados disponíveis da investigação do terreno (incluindo tanto os dados de ensaios em laboratório quanto os do *in situ*, quando aplicáveis). Isso é interpretado seguindo as recomendações da Seção 13.2 para determinar os perfis simplificados das propriedades do solo para uso em projeto. Os cálculos de projeto do Eurocode 7 tanto para o ELU quanto para o ELS (quando adequado) são, assim, detalhados, a fim de demonstrar como os métodos descritos nos capítulos anteriores podem ser aplicados a situações reais de projeto. As previsões resultantes são, então, comparadas com o desempenho observado para demonstrar que os métodos fornecidos levam a projetos aceitáveis, satisfazendo a todos os estados limites.

Resumo

1 Os valores característicos sempre devem representar uma estimativa cautelosa dos valores que podem afetar o estado limite considerado. Em geral, as distribuições linearizadas são mais adequadas para uso em projetos, e sua determinação pode ser informada por técnicas estatísticas. Condições complexas de terreno podem ser divididas em uma série de seções linearizadas usando subcamadas. Na seleção dos valores característicos, a confiabilidade dos métodos de ensaio deve ser levada em consideração, assim como as técnicas analíticas para as quais são desejados os valores característicos.

2 Existe uma grande variedade de instrumentação comum para medir movimentos verticais e horizontais, deformações específicas, tensões totais e cargas. Somente a instrumentação de um projeto não garantirá um resultado satisfatório — ela sempre deverá ser instalada com o objetivo de responder a uma pergunta específica ou de verificar uma determinada hipótese de projeto.

3 O Método Observacional envolve o uso de instrumentação para medir de forma contínua o desempenho durante a construção e modificar/refinar o projeto ou alterar os métodos construtivos à medida que ela prossegue, assegurando, dessa maneira, que os estados limites sejam sempre satisfeitos. Isso pode ser particularmente útil para projetos complexos em difíceis condições de terreno cujo comportamento do solo seja difícil de prever.

4 Sete casos ilustrativos (estudos de caso) cobrindo uma diversidade de construções geotécnicas são apresentados no *site* da LTC Editora que complementa este livro, o que demonstra a seleção de valores característicos (ponto 1) e a aplicação das técnicas já descritas neste livro em situações do mundo real. Dessa maneira, o leitor pode começar a desenvolver um senso crítico em Engenharia (que é desenvolvido sobretudo na prática). Também é demonstrado que o procedimento de projeto de estados limites apresentado neste livro fornece *designs* e previsões de desempenho adequados ao uso em projetos geotécnicos rotineiros.

Referências

Cheung, L.L.K., Soga, K., Bennett, P.J., Kobayashi,Y., Amatya, B. and Wright, P. (2010) Optical fibre strain measurement for tunnel lining monitoring, *Proceedings ICE – Geotechnical Engineering*, **163**(GE3), 119–130.

Clarke, M.J. (1993) *Large Scale Pile Tests in Clay*, Thomas Telford, London.

Lambe, T.W. (1973) Predictions in soil engineering, *Géotechnique*, **23**(2), 149–202.

Lunne, T., Robertson, P.K. and Powell, J.J.M. (1997) *Cone Penetration Testing in Geotechnical Practice*, E & FN Spon, London.

Peck, R.B. (1969) Advantages and limitations of the observational method in applied soil mechanics, *Géotechnique*, **19**(2), 171–187.

Schneider, H.R. (1999) Determination of characteristic soil properties, in *Proceedings of the 12th European Conference on SMFE, Balkema, Rotterdam*, Vol. 1, pp. 273–281.

Leitura complementar

Frank, R., Bauduin, C., Driscoll, R., Kavvadas, M., Krebs Ovesen, N., Orr, T. and Schuppener, B. (2004) *Designers' Guide to EN 1997–1 Eurocode 7: Geotechnical Design – General Rules*, Thomas Telford, London.

Esse livro contém mais detalhes a respeito da obtenção estatística de valores característicos, com exemplos adicionais e mais conceitos fundamentais sobre os métodos estatísticos que servem de base para as recomendações do EC7.

Para acessar os materiais suplementares desta obra, visite o site da LTC Editora.

Principais símbolos

Alfabeto Romano

A Quantidade de ar
A Coeficiente de pressão neutra (relacionado ao incremento da maior tensão principal, simetria axial)
A Área da seção transversal
A_f Área plana da fundação
A_p, A_{pi} Área da seção transversal da estaca
A_s Coeficiente de pressão neutra (relacionado com o incremento da maior tensão principal, estado plano de deformações)
B Coeficiente de pressão neutra (relacionado com o incremento isotrópico de tensões)
B Largura da sapata
B' Largura efetiva da sapata (levando em consideração o levantamento de fundo)
B_p Largura da estaca quadrada
B_q Parâmetro de pressão neutra (CPT)
B_r Largura do radier ou do bloco de coroamento
C Modificação da resistência não drenada ao cisalhamento por unidade de profundidade (gradiente da resistência não drenada)
C Profundidade da cobertura (por exemplo, para um túnel)
C_1 Fator de correção para a profundidade da sapata (método Schmertmann)
C_b Fator de correlação entre o SPT e a resistência de ponta da estaca
C_c Índice de compressão
C_{cpt} Fator de correlação entre o CPT e a resistência de ponta da estaca
C_e Índice de expansão
C_s Fator de correlação entre o SPT e a resistência de fuste da estaca
C_u Coeficiente de uniformidade
C_z Coeficiente de curvatura
C_A Valor limite do efeito de uma ação (ELS)
C_N Fator de correção da pressão do material sobrejacente (SPT)
COV Coeficiente de variação
D Diâmetro
D_0 Diâmetro externo (por exemplo, de uma estaca)
D_{10} Tamanho das partículas (diâmetro) em relação ao qual 10% delas são menores
D_{50} Tamanho médio das partículas
D_b Diâmetro da ponta da estaca
D_s Diâmetro do fuste da estaca
E Módulo de elasticidade longitudinal (Módulo de Young)
E' Módulo de elasticidade longitudinal para o solo em condições drenadas
E'_{oed} Módulo restrito ou módulo elástico unidimensional
E_b Módulo de elasticidade longitudinal operacional abaixo da ponta de uma estaca
E_p Módulo de elasticidade longitudinal equivalente para uma estaca circular maciça
E_{pi} Módulo de elasticidade longitudinal do material da estaca
E_u Módulo de elasticidade longitudinal para o solo em condições não drenadas
E_A Efeito da ação (ELS)
ER Taxa de Energia (SPT)
F Coeficiente de segurança

F_h	Fator horizontal normalizado de rigidez da fundação
F_i	Fator de entrada
F_p	Fator de correção da esbeltez da estaca
F_r	Índice de atrito (atrito normalizado da luva, CPT)
F_s	Fator de forma (método de Burland e Burbidge)
F_t	Fator tempo (método de Burland e Burbidge)
F_z	Fator adimensional para a capacidade de carga em solo não drenado com um gradiente de resistência
F_I	Fator de profundidade (método de Burland e Burbidge)
F_α	Fator de difração
F_ϕ	Fator rotacional normalizado de rigidez da fundação
G	Módulo de elasticidade transversal (Módulo de cisalhamento)
G_0	Módulo de elasticidade transversal para pequenas deformações
G_s	Densidade relativa (de partículas sólidas)
$\overline{G}_{Lc}$	Valor mediano do módulo de elasticidade transversal ao longo do comprimento crítico
H	Espessura da camada de solo
H	Carga horizontal (ação)
$H_{últ}$	Resistência ao deslizamento da fundação
H_w	Altura do muro
I_c	Índice do tipo de comportamento do solo (CPT)
I_c	Índice de compressibilidade (método de Burland e Burbidge)
I_{qr}	Fator de influência (para tensão, sob área retangular carregada)
I_s	Fator de influência (para recalque)
I_z	Fator de influência de deformação
I_{zp}	Fator de influência (método de Schmertmann)
I_D	Grau de compacidade ou compacidade relativa
I_L	Índice de liquidez
I_P	Índice de plasticidade
I_Q	Fator de influência (para tensão, sob carga concentrada)
J	Força de percolação
K	Coeficiente de empuxo lateral de terra
K_0	Coeficiente de empuxo lateral de terra no repouso (*in situ*)
$K_{0,NC}$	Coeficiente de empuxo lateral de terra no repouso para solo normalmente adensado
K_a	Coeficiente de empuxo ativo
K_{bi}	Rigidez de ponta da estaca
K_{estaca}	Rigidez total da cabeça de uma estaca isolada
K_f	Rigidez vertical total (da fundação) do radier estaqueado
K_h	Rigidez horizontal da fundação rasa
K_p	Coeficiente de empuxo passivo
K_r	Rigidez vertical do radier
K_{rs}	Rigidez normalizada radier–solo
K_{pg}	Rigidez vertical do grupo de estacas
K_{si}	Rigidez de fuste da estaca
K_v	Rigidez vertical de uma fundação rasa
K_ϕ	Rigidez rotacional de uma fundação rasa
L	Comprimento
L_0	Comprimento da estaca que não contribui para a transferência de carga do fuste
L_a	Comprimento ao longo do plano de deslizamento
L_c	Comprimento crítico
L_p	Comprimento da estaca
L_r	Comprimento do radier ou do bloco de coroamento
L_{si}	Comprimento do fuste da estaca
L_w	Comprimento do muro
M	Gradiente da linha de estado crítico no espaço q–p'
M	Momento (ação)
$M_{máx}$	Momento fletor máximo
M_p	Capacidade de momento plástico de uma estaca (momento de escoamento)
M_s	Fator de flexibilidade fuste–solo
M_A	Momento de cravação (uma ação)
M_R	Momento restaurador (uma resistência)
N	Volume específico de uma linha carga–recarga em $p' = 1$ kPa

N'	Número corrigido de golpes do SPT levando em consideração a pressão neutra induzida na cravação (método Burland e Burbidge)
$\overline{N}$	Número médio de golpes do SPT
$N_{(60)}$	Valor-N do SPT (corrigido pela transferência de energia)
$(N_1)_{60}$	Número de golpes normalizado do SPT (removidos os efeitos da pressão do material sobrejacente)
N_c	Fator de capacidade de carga
N_d	Número de quedas de equipotenciais (em uma rede de fluxo)
N_f	Número de canais de fluxo (em uma rede de fluxo)
N_k	Fator de calibração para determinar c_u a partir dos dados do CPT
N_{kt}	Fator de calibração para determinar c_u a partir dos dados do CPTU
N_q	Fator de capacidade de carga
N_s	Número de estabilidade (talude)
N_t	Número de estabilidade (túnel)
N_γ	Fator de capacidade de carga
OCR	Taxa de sobreadensamento (*overconsolidation ratio*)
P_a	Empuxo ativo total
P'_a	Empuxo ativo efetivo
P_p	Empuxo passivo total
P'_p	Empuxo passivo efetivo
Q	Carga concentrada/pontual aplicada (ou ação)
Q_{bu}	Resistência da base (de uma fundação profunda)
Q_f	Carga total suportada por uma fundação de radier estaqueado
Q_{pg}	Carga suportada por um grupo de estacas
Q_r	Carga suportada por um radier
Q_{su}	Resistência de fuste (de uma fundação profunda)
Q_t	Resistência normalizada do cone (CPT)
R	Resistência de suporte
R_a	Altura da aspereza (rugosidade)
R_k	Resistência característica
$R_{méd}$	Valor médio da resistência característica de uma população
$R_{mín}$	Menor valor da resistência característica de uma população
R_s	Força de reação resultante em um plano de ruptura
R_Ω	Resistividade
S	Espaçamento (de centro a centro)
S_e	Espaçamento (de borda a borda)
S_r	Índice de saturação
S_t	Sensitividade
S_x	Espaçamento horizontal
S_z	Espaçamento vertical
T	Força de tração
T_a	Força de arraste (ativa)
T_{bi}	Carga na ponta da estaca
T_f	Resistência de arrancamento (da ancoragem)
T_p	Força de arraste (passiva)
T_r	Fator tempo (adensamento, drenagem da água dos poros na direção radial)
T_s	Força de tração na superfície
T_{si}	Carga no fuste da estaca
T_v	Fator tempo (adensamento, drenagem da água dos poros na direção vertical)
T_w	Força total de tração resistida por todos os elementos de reforço (armação)
U	Empuxo resultante da pressão da água nos poros
U_r	Grau de adensamento (drenagem da água dos poros na direção radial)
U_v	Grau de adensamento (drenagem da água dos poros na direção vertical)
V	Carga vertical (ação)
V	Volume
V_s	Velocidade da onda de cisalhamento
V_{solo}	Volume de solo sobre-escavado em consequência do trabalho em túneis
V_t	Volume do túnel
V_L	Perda de volume
W	Força vertical causada pela massa de solo (isto é, peso)
X	Propriedade do material (genérica)

$X_{méd}$ Valor médio de uma propriedade do solo
a Fator de correção de área para um penetrômetro de cone
c' Intercepto de coesão
c_h Coeficiente de adensamento (drenagem da água dos poros na direção horizontal)
c_u Resistência não drenada ao cisalhamento
c_{u0} Resistência não drenada ao cisalhamento no plano da fundação
c_{uFV} Resistência não drenada ao cisalhamento medida no FVT (não corrigida)
c_v Coeficiente de adensamento (drenagem da água dos poros na direção vertical)
d Profundidade de instalação (fundações), comprimento enterrado (estruturas de contenção)
d_a Profundidade de ancoragem
e Índice de vazios
e_m Excentricidade
$e_{máx}$ Máximo índice de vazios possível (empacotamento mais solto)
$e_{mín}$ Mínimo índice de vazios possível (empacotamento mais compacto)
e_p Expoente relacionado à eficiência do grupo de estacas
f_s Atrito no fuste medido ao longo da luva de atrito (CPT)
h Carga (hidrostática)
h Deslocamento horizontal
h Altura do solo arrimado ou contido (alternativamente, profundidade da escavação)
i Gradiente hidráulico
i Parâmetro de largura da calha (recalque acima de túneis)
i_c Fator de inclinação (capacidade de carga)
i_{cr} Gradiente hidráulico crítico
i_e Gradiente hidráulico de saída
i_q Fator de inclinação (capacidade de carga)
j Pressão de percolação
k Coeficiente de permeabilidade (ou condutividade hidráulica)
k_n Parâmetro usado na análise estatística dos dados do solo
m_v Coeficiente de compressibilidade de volume
n Porosidade
n Número
p Pressão na cavidade (PMT)/pressão interna (suporte) de um túnel
p Tensão total média (condições triaxiais)
p' Tensão efetiva média (condições triaxiais)
p'_0 Empuxo (efetivo) de terra no repouso
p_a Empuxo ativo de terra
p_c Pressão lateral induzida pela compactação
p'_c Pressão de pré-adensamento (compressão isotrópica em célula triaxial)
p_p Empuxo passivo de terra
p_y Pressão da cavidade no escoamento do solo (PMT)
p_L Pressão-limite (PMT)
q Tensão desviatória (condições triaxiais)
q Vazão volumétrica (percolação)
q Pressão de suporte (fundação)
q_c Resistência do cone
$\overline{q_c}$ Resistência média do cone
q_f Capacidade de carga
q_n Pressão líquida (fundação)
q_t Resistência do cone, corrigida pelos efeitos da pressão de água nos poros (CPT)
r Raio
r_c Raio da cavidade
r_d Raio do dreno
r_m Raio "máximo" (recalque da estaca)
r_u Taxa de pressão neutra
s Recalque
s Parâmetro usado na interpretação do PMT em solos grossos
s Tensão total média (condições biaxiais/estado plano de deformações)
s' Tensão efetiva média (condições biaxiais/estado plano de deformações)
s_b Recalque da ponta da estaca
s_c Fator de forma (capacidade de carga)

s_c Recalque de adensamento (termo geral)
s_e Encurtamento elástico (de uma estaca)
s_g Recalque da superfície do terreno
s_i Recalque imediato
s_{oed} Recalque de adensamento unidimensional (de acordo com a medição no oedômetro)
s_q Fator de forma (capacidade de carga)
s_r Recalque da cabeça de uma estaca rígida
s_s Recalque do fuste da estaca
s_X Desvio-padrão (do parâmetro X)
s_γ Fator de forma (capacidade de carga)
t Tempo
t Tensão desviatória (estado plano/biaxial de deformações)
t_{90} Tempo para concluir 90% do adensamento primário
t_c Período de construção
t_r Espessura do radier
u_0 Pressão neutra inicial ou *in situ* (também contrapressão inicial em um ensaio triaxial)
u_1 Medida de pressão neutra feita em um cone CPT
u_2 Medida de pressão neutra feita na lateral de um cone CPT
u_3 Medida de pressão neutra feita na extremidade superior da luva de atrito (CPT)
u_a Pressão do ar nos poros
u_c Pressão de sucção em consequência da elevação capilar
u_e Excesso de pressão neutra
u_i Excesso inicial de pressão neutra
u_s Pressão neutra estática
u_{ss} Pressão neutra de percolação constante
$u_{(w)}$ Pressão neutra
v Volume específico
v_0 Volume específico inicial
v_d Velocidade (do fluxo da água nos poros)
v_{leque} Velocidade no interior de um leque de cisalhamento
v_s Velocidade de percolação
w Ângulo de inclinação do paramento (de uma estrutura de contenção)
w Teor de umidade
$w_{ót}$ Umidade ótima
w_L Limite de liquidez
w_P Limite de plasticidade
x Distância atrás da escavação
y_c Deslocamento na parede da cavidade (PMT/túnel)
z Carga altimétrica e profundidade
z_0 Profundidade da zona de tração em solo ativo (não drenado)
z_c Profundidade crítica
z_{f0} Profundidade de influência (método de Schmertmann)
z_{fp} Profundidade de influência de pico (método de Schmertmann)
z_I Profundidade de influência (abaixo de uma fundação rasa)

Alfabeto Grego

Δ Recalque diferencial
Γ Volume específico na linha de estado crítico em $p' = 1$ kPa
α Fator de adesão
α_j Fator de interação (recalque de um grupo de estacas)
α_{rp} Fator de interação radier–estaca
α_{FV} Fator empírico de correlação para determinação da OCR a partir dos dados do FVT
β Ângulo do talude (em relação à horizontal)
β Parâmetro de resistência drenada da interface
β_d Deformação angular (distorção)
χ Parâmetro que descreve o efeito da sucção sobre a tensão efetiva em solo parcialmente saturado
δ' Ângulo de atrito da interface

δ'_{des} Valor de projeto do ângulo de atrito da interface (depois de aplicar o coeficiente de ponderação do material)
ε_a Deformação específica axial
ε_c Deformação específica da cavidade
ε_r Deformação específica radial
ε_s Deformação específica desviatória de cisalhamento (triaxial)
ε_t Deformação específica de tração
ε_v Deformação específica volumétrica
$\varepsilon_{x,y,z}$ Deformação específica normal (na direção x, y ou z)
ε_θ Deformação específica circunferencial
η_g Eficiência do grupo de estacas
η_w Viscosidade da água
γ Peso específico (peso por unidade de volume)
γ_w Peso específico da água (= 9,81 kN/m³)
$\gamma_{(xz)}$ Deformação específica de cisalhamento (distorção)
γ_y Deformação específica de cisalhamento no escoamento do solo
γ_c Coeficiente de ponderação do intercepto de coesão (c')
γ_{cu} Coeficiente de ponderação da resistência não drenada ao cisalhamento
$\gamma_{A,dst}$ Coeficiente de ponderação da ação desestabilizadora
$\gamma_{A,stb}$ Coeficiente de ponderação da ação estabilizadora
γ_A Coeficiente de ponderação da ação
γ_R Coeficiente de ponderação da resistência
γ_{Ra} Coeficiente de ponderação da resistência ao arrancamento
γ_{Rb} Coeficiente de ponderação da resistência de ponta
γ_{Re} Coeficiente de ponderação dos empuxos de terra (ao agir como resistência)
γ_{Rr} Coeficiente de ponderação das ações gravitacionais e da resistência ao cisalhamento (taludes)
γ_{Rh} Coeficiente de ponderação da resistência ao deslizamento
γ_{Rs} Coeficiente de ponderação da resistência de fuste
γ_{Rv} Coeficiente de ponderação da resistência de suporte vertical
γ_{RC} Coeficiente de ponderação da resistência total à compressão (estacas)
γ_{RT} Coeficiente de ponderação da resistência total à tração (estacas)
γ_X Coeficiente de ponderação das propriedades do material
$\gamma_{tg\,\phi}$ Coeficiente de ponderação da tg ϕ'
γ_γ Coeficiente de ponderação do peso específico (peso por unidade de volume)
κ Inclinação da linha isotrópica descarga–recarga
λ Inclinação da linha de compressão isotrópica
μ Fator de correção para o FVT
μ_0 Fator de recalque elástico para camada de espessura finita
μ_1 Fator de recalque elástico para camada de espessura finita
μ_c Coeficiente de recalque (método Skempton–Bjerrum)
ν Coeficiente de Poisson
ν' Coeficiente de Poisson para condições drenadas
ν_u Coeficiente de Poisson para condições não drenadas (= 0,5)
θ Rotação (ângulo)
θ_{leque} Ângulo de leque
ϕ' Ângulo de resistência ao cisalhamento
ϕ'_{cv} Ângulo de estado crítico da resistência ao cisalhamento
ϕ'_{des} Valor de projeto do ângulo de resistência ao cisalhamento (depois de aplicar o coeficiente de ponderação do material)
$\phi'_{máx}$ Ângulo de pico da resistência ao cisalhamento
ϕ'_{mob} Ângulo mobilizado de resistência ao cisalhamento (dentro de um terreno inclinado)
ϕ'_u Ângulo de resistência ao cisalhamento em condições não drenadas (= 0 para solos saturados)
ϕ'_μ Ângulo real de atrito (entre as partículas do solo)
ρ Massa específica aparente ou densidade
ρ_c Fator de homogeneidade (estacas carregadas lateralmente)
ρ_d Densidade seca
ρ_{d0} Massa específica aparente seca do material saturado
ρ_s Densidade das partículas
ρ_w Massa específica aparente da água (= 1000 kg/m³)
σ Tensão total

σ'	Tensão normal efetiva ($\sigma' = \sigma - u$)
$\sigma'_{1,2,3}$	Tensões principais efetivas
σ_a	Tensão axial
σ_{h0}	Tensão horizontal total *in situ*/pressão de levantamento (PMT)
$\sigma'_{máx}$	Pressão de pré-adensamento
σ_n	Tensão normal total
σ'_n	Tensão normal efetiva
σ_q	Pressão total de sobrecarga (fundação)
σ'_q	Pressão efetiva de sobrecarga (fundação)
σ_r	Tensão radial
σ_{v0}	Tensão vertical total *in situ* (pressão total do material sobrejacente)
σ'_{v0}	Tensão vertical efetiva *in situ* (pressão efetiva do material sobrejacente)
σ_θ	Tensão circunferencial
$\Delta\sigma_z$	Mudança na tensão vertical (total)
τ	Tensão cisalhante
$\overline{\tau_0}$	Tensão cisalhante média que age no fuste da estaca
τ_f	Tensão cisalhante na ruptura
τ_{int}	Resistência ao cisalhamento da interface
τ_{mob}	Tensão cisalhante mobilizada (no interior de um talude)
τ_w	Resistência ao cisalhamento ao longo do muro
ξ_1	Fator de correlação do EC7 (prova de carga de estaca)
ξ_2	Fator de correlação do EC7 (prova de carga de estaca)
ξ_3	Fator de correlação do EC7 (ensaio *in situ*)
ξ_4	Fator de correlação do EC7 (ensaio *in situ*)
ψ	Ângulo de dilatação
ζ	Fator de correção do SPT

Glossário

Capítulo 1

Agregação Grupo de partículas que se comporta como uma única unidade maior.

Aluvião Depósito de solo formado de material transportado por processos fluviais (por exemplo, rios).

Aterro de engenharia Solo que foi selecionado, colocado e compactado de acordo com uma especificação apropriada, com a finalidade de alcançar um determinado desempenho de engenharia.

Atividade Relação entre o índice de plasticidade e a fração de argila de um solo. Solos de alta atividade apresentam maior variação de volume quando o teor de umidade é modificado.

Bem graduado Um solo grosso que não apresenta excesso de partículas de qualquer intervalo de tamanhos e no qual não faltam as de tamanhos intermediários.

Coeficiente de curvatura (C_z) Coeficiente que descreve o formato de uma curva granulométrica (ou curva de distribuição de partículas).

Coeficiente de uniformidade (C_u) Coeficiente que descreve a inclinação de uma curva granulométrica (ou curva de distribuição de partículas).

Coesão Resistência de uma amostra de solo quando ela não está confinada (coesão verdadeira). Não deve ser confundida com o parâmetro de resistência ao cisalhamento c', que é chamado, com frequência, de coesão aparente.

Coloidal Descrição das partículas de solo de tamanho $< 0{,}002$ mm.

Compacidade relativa ou **grau de compacidade (I_D)** Grau de empacotamento, isto é, índice de vazios atual em relação aos valores máximos e mínimos, Equação 1.23 ($I_D = 0$ – solo no estado mais solto, $e = e_{máx}$; $I_D = 1$ – solo no estado mais denso, $e = e_{mín}$).

Compactação pelo método Especificação de compactação na qual o tipo e a massa do equipamento, a profundidade da camada e o número de passadas são detalhados.

Compactação pelo produto final Especificação de compactação na qual é determinada a massa específica seca exigida.

Delta Depósito de solo formado por deposição de material em um local estuarino.

Densidade das partículas Massa específica (densidade) das partículas sólidas.

Densidade relativa dos grãos ou **densidade relativa das partículas de solo (G_s)** Relação entre a densidade das partículas sólidas e a densidade da água.

Depósitos de deriva Sedimentos depositados recentemente.

Dispersa (estrutura) Arranjo estrutural de partículas do mineral argila que consiste em uma orientação face a face das partículas (Figura 1.9a).

Distribuição do tamanho das partículas (DTP) ou **distribuição granulométrica (PSD, *particle size distribution*)** As proporções relativas de partículas com diferentes tamanhos dentro de depósito de solo.

Ensaio AASHTO modificado Ensaio-padrão de características de compactação (massa de 4,5 kg caindo livremente por 450 mm, 27 golpes). Usado na especificação de aterros de engenharia, em geral, para equipamentos de compactação mais pesados e de grande esforço.

Ensaio de martelo vibratório Um ensaio alternativo usado na especificação de aterros de engenharia.

Ensaio Proctor Ensaio-padrão para características de compactação (massa de 2,5 kg caindo livremente em uma extensão de 300 mm, 27 golpes). Usado na especificação de aterros de engenharia, em geral, para equipamentos de compactação mais leve e de esforço menor.

Esforço de compactação ou **energia de compactação** Quantidade de energia fornecida pelo equipamento de compactação.

Floculada (estrutura) Arranjo estrutural de partículas de mineral argila que consiste em uma orientação aresta a face ou aresta a aresta das partículas (Figura 1.9b).

Fração de argila Porcentagem de partículas com tamanho de argila no solo.

Graduação aberta ou **graduação descontínua** Um solo grosso que consiste tanto em partículas de tamanho grande quanto naquelas de tamanho pequeno, mas com uma porcentagem relativamente baixa de partículas de tamanho intermediário.

Grão simples (estrutura) Arranjo estrutural de partículas de solo no qual cada uma delas está em contato direto com as adjacentes, sem que haja qualquer ligação entre elas.

Grãos finos/fino (solo) Depósito de solo que consiste, sobretudo, em partículas de tamanho de argila ou silte (minerais argila podem exercer uma influência considerável sobre o comportamento do solo).

Grãos grossos/grosso (solo) Depósito de solo consistindo, sobretudo, em partículas com tamanho de areia e pedregulho (estrutura de grão simples).

Índice de liquidez (I_L) Teor de umidade relativo ao índice de plasticidade, Equação 1.2 ($I_L = 0$ – solo no limite de plasticidade; $I_L = 1$ – solo no limite de liquidez).

Índice de plasticidade (I_P) Intervalo de valores de umidade no qual o solo apresenta plasticidade ($= w_L - w_P$).

Índice de saturação (S_r) Porcentagem do espaço de poros ocupado pela água.

Índice de vazios (e) Relação entre o volume de vazios e o volume de sólidos (isto é, um indicador do empacotamento das partículas).

Intercalado/interlaminado Depósito que consiste em camadas de diferentes tipos de solo.

Interestratificado Depósito com camadas alternadas de tipos variáveis de solos ou com bandas ou lentes de outros materiais.

Limite de contração Teor de umidade no qual o volume de um solo alcança seu menor valor ao ser seco.

Limite de liquidez (w_L) Teor de umidade acima do qual o solo flui como um líquido (lama).

Limite de plasticidade (w_P) Umidade abaixo da qual o solo é frágil.

Linha–A Linha limitadora que separa os siltes das areias no gráfico de plasticidade para a classificação dos solos (Figura 1.12).

Linha de saturação Relação entre a massa específica aparente seca do material saturado e o teor de umidade.

Litificação A conversão do sedimento solto (solo) em rocha sedimentar.

Loesse ou ***loess*** Depósito de solo formado por sedimentos trazidos pelo vento.

Mal graduado Um solo grosso que tem uma alta proporção de partículas entre limites muito estreitos (também denominado solo uniforme).

Massa específica aparente/densidade Relação entre a massa total e o volume total do solo.

Massa específica aparente seca do material saturado (ρ_{d0}) Máximo valor possível de densidade seca.

Partições Superfícies intercaladas dentro de um depósito de solo que se separam com facilidade.

Pedimento Uma grande superfície de rocha, inclinada de maneira suave, coberta frequentemente com sedimentos na base de um talude mais acentuado, como uma montanha em regiões áridas onde há pouca vegetação para conservar o solo sobrejacente.

Peneiramento Processo que envolve a passagem do solo através de peneiras padronizadas de ensaio de tamanho de malha crescente, em geral, por vibração, para determinar a distribuição granulométrica de um solo (limitado a partículas sólidas).

Peso específico aparente ou natural (γ) Relação entre o peso total e o volume total do solo.

Porosidade (n) Relação entre o volume de vazios e o volume total do solo (alternativa ao índice de vazios).

Praia Uma área de terra plana e ressecada, em especial, uma bacia deserta a partir da qual a água se evapora.

Quantidade de ar ou **índice de vazio de ar (A)** Relação entre o volume de ar e o volume total do solo.

Sedimentação Processo que envolve a acomodação de partículas finas pela água em um tubo de sedimentação a fim de determinar a distribuição granulométrica de um solo (para partículas mais finas).

Sólido (geologia) Classe de material geológico que inclui rochas e depósitos mais antigos de solo que sofreram adensamento significativo.

Solo orgânico Solo que contém uma proporção significativa de matéria vegetal dispersa (por exemplo, turfa). À medida que a resistência dessa matéria diminui, o solo pode ser descrito como fibroso, pseudofibroso ou amorfo.

Solo residual Sedimento formado por rocha que sofreu intemperismo e que não teve uma parte considerável transportada do local em que isso ocorreu.

Solo transportado Sedimento formado de rocha que sofreu intemperismo, transportado do local da intempérie por gelo, água ou vento.

Substituição isomórfica Substituição parcial do silício e do alumínio por outros elementos em minerais argila.

Tamanho efetivo Termo alternativo para D_{10}, tamanho de partícula de solo em relação ao qual 10% do material é mais fino.

Teor de umidade (w) ou **quantidade de água** Relação entre a massa de água no solo e a massa de partículas sólidas.

Tilito glacial Depósito de solo formado por material transportado pela glaciação.

Troca de base Substituição de cátions da água no espaço vazio entre as partículas de mineral argila.

Umidade ótima ou **teor de umidade ótima ($w_{ót}$)** Umidade na qual é obtido o valor máximo de densidade (massa específica) seca.

Valor de condição de umidade (MCV, *moisture condition value*) Parâmetro que descreve a adequabilidade do solo para a compactação, determinada por meio do Ensaio de condição de umidade (Seção 1.7).

Volume específico (v) Volume total do solo que contém uma unidade de volume de sólidos.

Capítulo 2

Aquiclude Uma zona de material impermeável em torno de um terreno que represa água (criando condições de um lençol freático suspenso).

Aquitardo Uma zona de material de baixa permeabilidade em torno de um terreno que represa água (criando condições de um lençol freático suspenso).

Artesiano Pressão de água nos poros determinada não pelo nível do lençol freático local, mas por um nível mais elevado de lençol freático em um local distante.

Canal de fluxo Área de solo entre duas linhas de fluxo adjacentes em uma rede de fluxo.

Condutividade hidráulica Parâmetro do solo que descreve a facilidade com que a água nos poros flui através do solo. Uma condutividade hidráulica alta significa que a água flui com facilidade. Também denominada coeficiente de permeabilidade.

Ensaio (de permeabilidade) de carga constante Ensaio de laboratório para determinar o coeficiente de permeabilidade (condutividade hidráulica) em solos de permeabilidade relativamente alta (por exemplo, solos grossos).

Ensaio (de permeabilidade) de carga variável Ensaio de laboratório para determinar o coeficiente de permeabilidade (condutividade hidráulica) em solos de permeabilidade relativamente baixa (por exemplo, solos finos).

Equipotencial Linha de carga total constante (perpendicular às linhas de fluxo).

Erosão interna ou ***piping*** Processo no qual são criados vazios na forma de canais ou "tubos" ("*pipes*") em consequência da erosão em locais de gradiente hidráulico alto.

Estratificado Depósito de solo que se estabelece em camadas.

Gradiente hidráulico (i) Diferença de carga piezométrica entre dois pontos dividida pela distância entre eles. É necessário um gradiente hidráulico para haver fluxo de água nos poros (percolação).

Lençol freático Local onde a água nos poros está sob pressão atmosférica (também chamado de superfície freática).

Linha de fluxo Linha de fluxo da água subterrânea (perpendicular às linhas equipotenciais).

Método das Diferenças Finitas (MDF; ou **FDM, *Finite Difference Method*)** Técnica computacional para resolver problemas complexos por meio da divisão do sistema de interesse em uma série de partes menores. O valor de um determinado parâmetro dentro de cada uma está relacionado às partes a ela conectadas, de forma que, aplicando as condições de contorno adequadas, pode-se obter uma solução completa.

Percolação Processo de fluxo da água nos poros.

Percolação sob a fundação Percolação abaixo de uma estrutura (em contraste com a que acontece através de uma estrutura, como no caso de uma barragem de terra).

Rede de fluxo Construção gráfica de linhas de fluxo e equipotenciais que pode ser usada para resolver problemas de percolação constante.

Superfície freática Local onde a água nos poros está sob pressão atmosférica (também chamada lençol freático).

Suspenso (lençol freático) Material que represa a água existente acima do lençol freático.

Taxa de fluxo ou **vazão** Volume de água nos poros que flui por unidade de tempo.

Capítulo 3

Adensamento Redução do volume e aumento da tensão efetiva enquanto a pressão excedente (sobrepressão) positiva da água nos poros se dissipa.

Condições drenadas Estado do solo no qual qualquer sobrepressão de água nos poros esteja dissipada por completo (isto é, o adensamento esteja concluído). Também denominadas "condições de longo prazo".

Condições não drenadas Estado do solo logo após um incremento da tensão total ser aplicado e antes de o adensamento se iniciar, no qual o aumento de tensão é suportado inteiramente como um incremento da sobrepressão de água nos poros. Também denominadas "condições de curto prazo".

Dissipação Redução da pressão excedente (sobrepressão) da água nos poros conforme ocorre a drenagem.

Elevação (levantamento de fundo) Movimento do solo de baixo para cima.

Expansão ou **inchamento** Aumento de volume e redução da tensão efetiva enquanto a sobrepressão negativa da água nos poros se dissipa.

Força de corpo resultante Força resultante que age em uma massa de solo em consequência dos efeitos combinados da gravidade e da percolação.

Força de percolação (J) Força de atrito que age na direção do fluxo nas partículas sólidas durante a percolação.

Gradiente hidráulico crítico (i_{cr}) Gradiente hidráulico que corresponde à força de corpo resultante nula (início da liquefação).

Liquefação dinâmica/sísmica Processo no qual o gradiente hidráulico crítico é alcançado (isto é, o solo se torna liquefeito) em consequência de uma redução no volume do esqueleto do solo durante um carregamento dinâmico (incluindo terremotos).

Liquefação estática Processo pelo qual o gradiente hidráulico crítico é alcançado (isto é, o solo se torna liquefeito) em consequência da percolação.

Liquefeito (solo) Diz-se que está liquefeito o solo no qual o gradiente hidráulico crítico foi alcançado em consequência da percolação, indicando que a tensão efetiva é nula.

Pressão da água nos poros ou **poropressão (u)** Pressão da água que preenche os espaços vazios entre as partículas sólidas.

Pressão estática da água nos poros (u_s) Pressão inicial da água nos poros antes da aplicação de um incremento de tensão total, quando não estiver ocorrendo a percolação. Na ausência de condições artesianas, essa é a pressão hidrostática determinada pela posição do lençol freático.

Pressão estável de percolação da água nos poros (u_{ss}) Pressão inicial da água nos poros antes da aplicação de um incremento da tensão total, enquanto está ocorrendo a percolação.

Princípio da Tensão Efetiva A tensão total é igual à soma da tensão efetiva (reação do esqueleto do solo) com a pressão dos poros, $\sigma = \sigma' + u$.

Sobrepressão (pressão excedente) de água nos poros (u_e) Aumento da pressão de água nos poros induzido por um incremento da tensão total, antes de a percolação (adensamento) iniciar.

Tensão líquida Tensão efetiva, sem considerar a pressão do ar nos poros em solo parcialmente saturado. Em solo completamente saturado (úmido ou seco), tensão líquida = tensão efetiva (σ').

Tensão normal efetiva (σ') Representa a tensão total transmitida somente através do esqueleto do solo (em consequência da força entre as partículas).

Tensão normal total (σ) Força por unidade de área transmitida em uma direção normal através de um plano, imaginando que o solo seja um material sólido (fase única).

Capítulo 4

Adensamento primário Adensamento devido à drenagem de água nos poros, segundo a teoria de adensamento de Terzaghi; costuma-se utilizar o termo geral "adensamento" para fazer referência ao adensamento primário.

Amolgamento (*smear*) Redução dos valores das propriedades do solo que está imediatamente em torno dos drenos verticais (ou qualquer outra inclusão) em consequência da perturbação do solo durante a instalação.

Camada aberta Camada de solo que está livre para drenar tanto em sua interface superior quanto na inferior (também chamada camada de drenagem dupla).

Camada semifechada Camada de solo que está livre para drenar em apenas um de seus contornos (também chamada de camada de drenagem única).

Coeficiente de adensamento (c_v, c_h) Parâmetro do solo que determina a velocidade na qual ocorre o adensamento. O subscrito "v" indica a drenagem da água nos poros na direção vertical; o subscrito "h" indica a drenagem da água nos poros na direção horizontal.

Coeficiente de compressibilidade volumétrica (m_v) Parâmetro do solo que descreve a modificação de volume por unidade de volume e por aumento unitário da tensão efetiva (de maneira alternativa, relação entre a deformação volumétrica e a tensão aplicada).

Compressão inicial Compressão de pequenas quantidades de ar no solo que ocorre antes do adensamento, resultando em um valor pequeno de variação de volume.

Compressão secundária Compressão lenta adicional do solo que ocorre após o adensamento primário ser concluído em consequência da fluência ou deformação lenta do solo, continuando por um período indefinido de tempo.

Dreno de banda ou **dreno de faixa** Dreno vertical pré-fabricado que consiste em um núcleo plástico plano endentado com canais de drenagem, cercado por uma camada de tecido filtrante.

Dreno de fio de areia ou ***sandwick*** Dreno vertical pré-fabricado que consiste em um elemento filtrante, em geral, de polipropileno trançado, preenchido com areia.

Fator tempo Tempo adimensional durante o processo de adensamento.

Grau de adensamento Medida da quantidade de adensamento que é concluído em um determinado tempo — relação entre a tensão efetiva atual menos a tensão efetiva inicial e a variação esperada de tensão efetiva quando o adensamento estiver concluído.

História de tensões A sequência de tensões (carregamento e descarregamento) às quais um depósito de solo esteve submetido desde quando foi depositado. Isso inclui tanto os carregamentos naturais (geológicos/hidrológicos) quanto os produzidos pelo homem.

Índice de compressão (C_c) Inclinação da linha de compressão virgem (LC1D) em um gráfico e–log σ'.

Índice de expansão (C_e) Inclinação da linha de descarregamento–recarregamento em um gráfico e–log σ'.

Isócrona Curva que mostra a variação de um parâmetro em relação à profundidade em um determinado instante.

Levantamento de fundo Deslocamento vertical de baixo para cima em consequência da expansão do solo.

Módulo oedométrico ou **módulo confinado** ou **módulo elástico unidimensional (E'_{oed})** Módulo de elasticidade calculado em condições de carregamento unidimensional (isto é, deformação específica lateral nula), como no oedômetro. Inverso do coeficiente de compressibilidade de volume.

Normalmente adensado Descrição da história de tensões quando as tensões efetivas atuais aplicadas a um elemento de solo também são as máximas às quais o solo já esteve submetido.

Pré-carregamento Aplicação de uma grande pressão de sobrecarga no solo para induzir um estado de sobreadensamento, preparando-o para ser usado em fundações. A tensão aplicada nesse caso é maior do que a aplicada pela construção subsequente, de forma que as variações de volume durante a construção e a operação se situem sobre a linha de descarga–recarga e que, portanto, sejam pequenas, reduzindo potenciais preocupações estruturais.

Pressão confinante Termo alternativo para a tensão vertical.

Pressão de pré-adensamento ($\sigma'_{máx}$) A tensão efetiva vertical máxima que agiu sobre um solo desde quando ele foi depositado.

Pressão de sobrecarga Tensão vertical aplicada em um determinado plano horizontal (em geral, a superfície do terreno ou o plano da fundação) no interior de um depósito de solo.

Recalque por adensamento Deslocamento vertical da superfície do solo que corresponde à variação de volume em qualquer estágio do processo de adensamento.

Reta (ou **linha) de compressão virgem (unidimensional) (LC1D)** Relação entre índice de vazios e (logaritmo de) tensão efetiva quando o solo está em um estado normalmente adensado.

Sobreadensado Descrição da história de tensões quando as tensões efetivas em algum instante no passado foram maiores do que os valores atuais.

Taxa de sobreadensamento (TSA; ou **OCR, *overconsolidation ratio*)** Parâmetro numérico que quantifica a história de tensões de um solo, igual à relação entre a tensão efetiva vertical máxima (a pressão de pré-adensamento) e a tensão efetiva vertical atual. Um solo normalmente adensado tem OCR = 1; um sobreadensado tem OCR > 1. O OCR nunca pode ser menor do que 1.

Capítulo 5

Adensamento isotrópico Adensamento que acontece sob a ação de pressão confinante uniforme, ocorrendo deformação idêntica em todas as direções. É diferente de adensamento unidimensional, no qual a deformação lateral é evitada.

Ângulo de dilatação (ψ) Relação entre a deformação volumétrica e a deformação de cisalhamento, expressa como um ângulo (direção do movimento) = tg^{-1} ($d\varepsilon_v/d\gamma$).

Ângulo de estado crítico de resistência ao cisalhamento (ϕ'_{cv}) Ângulo equivalente de resistência ao cisalhamento que define a inclinação da linha de estado crítico em um gráfico τ–σ'.

Ângulo de resistência ao cisalhamento (ϕ') Ajuste linear usado no modelo de Mohr–Coulomb.

Anisotropia Apresentar valores distintos de uma determinada propriedade ou característica em diferentes direções.

Aparelho triaxial Equipamento de ensaio de laboratório para determinação do comportamento constitutivo completo do solo (tanto resistência ao cisalhamento quanto rigidez ao cisalhamento).

Célula de trajetória de tensões Equipamento triaxial controlado por computador no qual as tensões radiais e axiais e a pressão da água nos poros da amostra podem ser controladas de forma independente, permitindo que quaisquer condições de tensão sejam aplicadas a um de elemento de solo testado.

Círculo de Mohr Construção gráfica que representa os estados de tensão em todos os planos possíveis no interior de um elemento de solo.

Coeficiente de Poisson (ν) Constante elástica que expressa a relação entre as deformações nas duas direções transversais perpendiculares e a deformação na direção do carregamento sob carregamento uniaxial.

Coeficientes de pressão neutra (A, B) Coeficientes que se relacionam com as variações da pressão da água nos poros sob incrementos de tensão total.

Coesão aparente Descrição da resistência ao cisalhamento independente de tensões (c') obtida de uma envoltória de ruptura de Mohr–Coulomb (linha reta) em consequência de um procedimento de ajuste de linhas (na realidade, o solo pode estar sem coesão).

Coesão real Resistência ao cisalhamento independente de tensões (c') obtida a partir da cimentação ou ligação real entre as partículas de solo.

Compressão triaxial Regime de carregamento no interior de uma célula triaxial em que a tensão cisalhante é induzida em uma amostra de solo pelo aumento da tensão axial enquanto a tensão radial (pressão confinante) é mantida constante.

(Condições) triaxiais verdadeiras Estado geral de tensões no qual $\sigma'_1 > \sigma'_2 > \sigma'_3$ (isto é, todas as três tensões principais são diferentes).

Critério de Mohr–Coulomb Um exemplo específico de um modelo constitutivo rígido perfeitamente plástico, que é muito usado para descrever a resistência do solo.

Deformação triaxial por cisalhamento É igual à deformação desviatória por cisalhamento, isto é, 2/3 da diferença entre a maior e a menor deformação específica principal.

Diferença das tensões principais A diferença entre a maior e a menor tensão principal (= invariante da tensão desviatória, q).

Dilatância O aumento de volume de um solo (grosso) compacto (denso) durante o cisalhamento, em geral, em virtude do intertravamento entre as partículas e do movimento de umas sobre as outras.

Ensaio de palheta em laboratório Ensaio de laboratório simples e rápido para medição da resistência não drenada ao cisalhamento de solos finos.

Ensaio não confinado de compressão Ensaio triaxial no qual a pressão confinante $\sigma_3 = 0$ (isto é, a amostra não é mantida no interior de um recipiente com água).

Equação de compatibilidade Equação que descreve as relações entre os componentes de deformação no interior de um elemento de solo, de forma que eles sejam fisicamente aceitáveis (compatíveis).

Equação de equilíbrio Equação que descreve o equilíbrio de um elemento estático de solo sob a aplicação de tensão externa (normal e cisalhante) e peso próprio.

Equipamento de ensaio de cisalhamento direto/caixa de cisalhamento (DSA, *direct shear apparatus/shearbox*) Equipamento de ensaio de laboratório para determinação da resistência ao cisalhamento de um solo. Também pode ser usado para encontrar a resistência ao cisalhamento (de interface) nas interfaces solo–estrutura.

Equipamento de ensaio de cisalhamento simples (SSA, *simple shear apparatus*) Equipamento de ensaio de laboratório para determinação da resistência ao cisalhamento do solo em um estado de cisalhamento simples. Não pode ser usado para medir a resistência ao cisalhamento de interfaces.

Estado crítico Estado do solo (combinação de tensão e volume) no qual a aplicação de uma deformação de cisalhamento não causa mudança adicional na resistência do cisalhamento ou no volume do solo.

Expansão triaxial Regime de carregamento no interior de uma célula triaxial em que a tensão cisalhante é induzida em uma amostra de solo pela redução da tensão axial enquanto a tensão radial (pressão confinante) é mantida constante.

Extrassensitiva ou **extrassensível** Descrição de uma argila com $8 < S_t < 16$.

Intercepto de coesão (c') Ajuste linear usado no modelo de Mohr–Coulomb.

Invariante da tensão desviatória Parâmetro de tensão que é uma função das tensões principais e que causa apenas deformação de cisalhamento no interior de um elemento de solo.

Invariante média de tensões Parâmetro de tensões que é uma função das tensões principais e que causa apenas deformação volumétrica no interior de um elemento de solo.

Isotropia Ter o mesmo valor de uma determinada propriedade ou característica em todas as direções.

Linha de compressão isotrópica (LCI; ou **ICL, *isotropic compression line*)** Linha de compressão virgem devida ao adensamento isotrópico (em vez do unidimensional).

Linha de estado crítico (LEC; ou **CSL, *critical state line*)** Envoltória de ruptura que define todos os estados críticos possíveis de um solo em termos do índice de vazios e das tensões efetivas.

Modelo constitutivo Relação generalizada entre a tensão e a deformação específica, associando as equações de equilíbrio e compatibilidade.

Modelo elástico com amolecimento por deformação plástica Modelo constitutivo no qual o solo se deforma como uma função da tensão aplicada (elasticidade) até que se alcance uma tensão limitante (ponto de escoamento); se a tensão cisalhante aplicada for mantida após o escoamento, ocorrerão grandes deformações de forma rápida, resultando em uma falha catastrófica.

Modelo elástico com endurecimento por deformação plástica Modelo constitutivo no qual o solo se deforma como uma função da tensão aplicada (elasticidade) até que se alcance uma tensão limitante (ponto de escoamento); após o escoamento, é exigida tensão adicional para causar mais deformações (isto é, o solo se torna mais forte — isso é conhecido como endurecimento).

Modelo elástico perfeitamente plástico Modelo constitutivo no qual o solo se deforma como uma função da tensão aplicada (elasticidade) até que se alcance uma tensão limitante, ponto em que o solo escoa e ocorre o fluxo plástico irrestrito (plasticidade perfeita).

Modelo rígido perfeitamente plástico Modelo constitutivo no qual o comportamento elástico inicial é ignorado, isto é, quando há interesse apenas na ruptura do solo. Esse modelo é usado com frequência para a análise de estruturas geotécnicas no estado limite último (ELU).

Módulo de elasticidade longitudinal ou **Módulo de Young (E)** Parâmetro elástico do material definido como a relação entre a tensão normal e a deformação específica normal.

Módulo de elasticidade transversal (G) Parâmetro elástico do material definido como a relação entre a tensão cisalhante e a deformação por cisalhamento.

Resistência (ao cisalhamento) não drenada (c_u) Resistência ao cisalhamento do solo em condições não drenadas (apenas).

Resistência não confinada à compressão (UCS, *unconfined compressive strength*) Maior tensão principal (axial) (= tensão desviatória) na ruptura em um ensaio não confinado de compressão.

Sensitiva ou **sensível** Descrição de uma argila com $4 < S_t < 8$.

Sensitividade (S_t) Relação da resistência não drenada no estado indeformado com a resistência não drenada, com o mesmo teor de umidade, no estado amolgado.

Taxa entre tensões Tensão desviatória (cisalhamento) normalizada pela tensão média efetiva (volumétrica), por exemplo, τ/σ'.

Tensão principal intermediária Em condições triaxiais gerais, há três tensões principais — o valor intermediário se situa entre o maior e o menor.

Tensões principais Tensões que atuam em um plano dentro do elemento de solo em que não há tensão de cisalhamento resultante. O valor mais baixo é a tensão principal menor; o mais alto é a maior. As tensões principais podem ser usadas para definir a posição e o tamanho de um círculo de Mohr.

Trajetória de tensões Gráfico linear da tensão desviatória em relação à tensão média. Se for usada a tensão média efetiva, é descrita a trajetória das tensões efetivas (ESP, *effective stress path*); se for usada a média total, é descrita a trajetória das tensões totais (TSP, *total stress path*).

Ultrassensitiva ou ultrassensível (*quick*) Descrição de uma argila com $S_t > 16$.

Valor de entrada de ar Diferença entre a pressão do ar nos poros e a pressão da água nos poros, abaixo do qual o ar não passará através de um material.

Capítulo 6

Amostra deformada Amostras que tenham a mesma distribuição granulométrica do solo *in situ*, mas nas quais a estrutura *in situ* não esteja preservada.

Amostra indeformada Amostra em que a estrutura do solo *in situ* foi essencialmente preservada (tornando-a adequada para ensaios laboratoriais de resistência e rigidez).

Amostragem dirigida ou **amostragem orientada** Pontos de investigação são direcionados em torno de uma fonte particular conhecida (ou suspeita) de contaminação/perigo, com o objetivo de determinar sua extensão de maneira sistemática.

Amostragem não dirigida ou **amostragem não orientada** Os pontos de investigação são distribuídos de maneira uniforme em uma grande área nos casos em que fontes de contaminação ou outros perigos são desconhecidos/inesperados.

Análise multicanais de ondas de superfície (MASW, *multichannel analysis of surface waves*) Uma técnica geofísica para determinação do perfil do terreno, originada da SASW, mas que usa várias medições simultâneas de chegada de ondas para fornecer maior confiabilidade, em particular, em áreas urbanas "barulhentas".

Barrilete amostrador ou **empacotador (*shell*)** Ferramenta usada na sondagem à percussão em solos grossos, consistindo em um tubo oco que é cravado no terreno por uma força de percussão. Uma válvula de controle (*one-way* ou *clack*) no fundo do tubo permite que o solo entre nele, fechando-se quando o amostrador é retirado.

Cinzel Ferramenta usada na sondagem à percussão para quebrar matacões, pedras de mão e estratos duros.

Cortador de argila Ferramenta usada na sondagem à percussão em solos finos. Similar a um cilindro, mas baseado na resistência não drenada de solos finos para reter os resíduos em seu interior.

Equipamento de cravação Veículo ou conjunto consistindo em um equipamento de macacos hidráulicos e um meio de fornecer uma reação, usado para cravar um penetrômetro de cone no terreno.

Estudo teórico Reunião e interpretação do material previamente existente que se relacione a um local, incluindo detalhes de topologia (mapeamento), geologia e geotécnica, serviços, construções anteriores, contaminação etc.

Furo de sondagem Furo circular profundo que é escavado ou cravado com a finalidade de determinar o local e a espessura dos estratos de solo e de rocha, retirando amostras para ensaios em laboratório e *in situ*.

Galeria Um pequeno túnel, com suporte temporário, que pode ser escavado do fundo de um poço profundo ou para dentro de uma encosta a fim de investigar as condições do terreno.

Hastes de cravação Tubos ocos inseridos entre um penetrômetro de cone (ou qualquer outro dispositivo) e o equipamento de cravação para conectá-los.

In situ No solo do local em questão.

Inversão Procedimento de cálculo retroativo que envolve a determinação de um modelo do terreno com características especificadas (por exemplo, função de transferência para a passagem das ondas de cisalhamento).

Penetrômetro de cone Dispositivo tubular que termina em uma ponta com formato de cone que é cravada no solo. A sonda é instrumentada, e os dados desses instrumentos são registrados e podem ser usados na identificação do solo, na definição do perfil do terreno e na determinação das propriedades mecânicas.

Piezocones (CPTU) Penetrômetro de cone incorporando um ou mais transdutores de pressão de água nos poros.

Piezômetro Instrumento usado para medir a pressão da água nos poros.

Poço de inspeção Escavação rasa feita com a finalidade de investigar camadas próximas à superfície e sua extensão lateral.

Ponto de investigação Local da superfície do terreno no qual uma (ou mais) técnica investigativa será aplicada.

Retentor de testemunhos (*core-catcher*) Um comprimento curto de tubo com abas (*flaps*) acionadas por molas, ajustado entre um tubo de amostragem e a sapata de corte para evitar a perda de solo (grosso) sem coesão.
Sondagem CPT Ensaio *in situ* que usa um penetrômetro de cone, cujos dados podem ser utilizados para identificação do solo e definição do perfil do terreno (além da determinação dos parâmetros do solo).
SPT (*Standard Penetration Test*) Ensaio *in situ* de solo que envolve a cravação de um tubo de amostragem de paredes finas em uma penetração especificada e que conta o número de golpes de percussão para que isso seja alcançado. A contagem dos golpes é um indicador da densidade/resistência do solo.
Tempo de resposta Tempo decorrido para a estabilização do nível d´água em um furo após a sondagem.
Trado de caçamba Ferramenta de sondagem rotatória que encerra a argila dentro de um grande recipiente enquanto ela é girada para penetrar no solo.
Trado de hélice (contínua) Haste de aço cercada por uma hélice que encerra o solo entre as aletas quando é girada para penetrar-lhe. É usado em sondagem rotatória (investigação do terreno e construção de estacas escavadas). Um trado de hélice contínua tem uma hélice que se estende por todo o seu comprimento, de forma que o furo de sondagem também possa ser escavado por todo ele sem exigir esvaziamento intermediário.
Velocidade da onda de cisalhamento (V_s) Velocidade na qual as ondas de cisalhamento percorrem um meio elástico (como o solo). Pode ser usada para determinar pequenos módulos de deformação ao cisalhamento, G_0.

Capítulo 7

Barrilete amostrador bipartido Tubo padronizado de amostragem que pode ser dividido pela metade ao longo de seu comprimento para retirada das amostras. Essa é a ferramenta utilizada para cravação no solo de teste no SPT (*Standard Penetration Test*).
Coeficiente de empuxo lateral de terra (em repouso, K_0) Relação entre a tensão efetiva horizontal e a tensão efetiva vertical. O valor depende da quantidade de deformação no interior do solo: se não ocorrer deformação alguma, como na condição *in situ*, diz-se que o solo está “em repouso”.
Deformação da cavidade (ε_c) Deformação específica radial da parede do furo de sondagem (cavidade) durante o ensaio do pressiômetro.
Estado plano de deformações Também descrito como condições de tensão biaxiais ou 2D, em que o solo só pode se deformar em um único plano (isto é, o problema em questão é tão longo na terceira direção que as deformações podem ser ignoradas).
Número de golpes do SPT (N) Número de golpes do martelo de queda livre exigido para que se consiga atingir a penetração de 300 mm do barrilete amostrador no SPT.
Número de golpes normalizado $(N_1)_{60}$ Número de golpes do SPT que foi normalizado a fim de levar em consideração a pressão confinante (σ'_{v0}) na profundidade do ensaio.
Palheta Haste de aço com uma seção no formato cruciforme que é girada em solos finos moles para medir a sua resistência ao cisalhamento não drenada (c_u).
Peso (martelo) de queda livre Uma massa conhecida que cai sob a ação da gravidade de uma altura conhecida; é usado para cravar o barrilete amostrador bipartido no SPT.
Pressão de elevação (σ_{h0}) Pressão na cavidade dentro de um pressiômetro em que a deformação de cavidade diferente de zero é registrada pela primeira vez, implicando que foi alcançada a tensão horizontal total *in situ*.
Pressão limite (p_L) Pressão teórica da cavidade em um ensaio de pressiômetro que levaria à expansão radial infinita do solo (impossível de se atingir na prática).
Pressiômetro autoperfurante (SBPM, *self-boring pressuremeter*) Pressiômetro que inclui uma cabeça cortante em sua ponta, projetado para se instalar no solo do ensaio com perturbação mínima.
Pressiômetro ou **pressurômetro** Dispositivo inserido em um furo de sondagem e que é capaz de expandir radialmente as paredes deste. Medindo-se de forma contínua a pressão interna exigida e as deformações resultantes, os dados de resistência e a rigidez do solo podem ser obtidos.

Capítulo 8

Ação Uma carga ou um deslocamento que é aplicado a uma construção.
Ação permanente Ação que sempre atua em uma construção durante sua vida de projeto, por exemplo, peso próprio de uma estrutura.
Ação variável Ação que acontece apenas de modo intermitente, por exemplo, vento ou outro carregamento por fator ambiental.
Análise Caracterização da resposta de uma construção existente (de propriedades/dimensões conhecidas).
Bulbo de pressão Zona de solo abaixo de uma fundação na qual as tensões verticais são maiores do que 20% da pressão aplicada da sapata, representando a zona de solo que se espera que contribua de maneira significativa para o recalque da fundação.

Capacidade de carga ou **capacidade de suporte** (q_f) Pressão agindo na área de uma fundação que pode ocasionar a ruptura por cisalhamento do solo de suporte logo abaixo e adjacente à fundação.

Cinematicamente admissível (mecanismo) Um mecanismo válido no qual o movimento da massa de solo deslizante deve permanecer contínuo e ser compatível com quaisquer restrições de contorno.

Desfavorável Uma ação é desfavorável se aumentar o carregamento total aplicado —, por exemplo, uma carga vertical de cima para baixo agindo em uma fundação.

Efeito da ação A resposta de uma construção a uma ação aplicada (por exemplo, recalque de fundações sob uma carga aplicada).

Efeito de fluência (*creep effect*) Aumento da deformação ou do movimento ao longo do tempo, sob tensão aplicada constante.

Estaca Um tipo de fundação profunda que se comporta como uma coluna e que é usada para suportar grandes cargas concentradas ou quando há um solo de baixa qualidade próximo à superfície do terreno.

Estado limite Desempenho exigido no qual uma fundação (ou outra construção) se tornará inadequada/insegura.

Estado limite de serviço ou **estado limite de utilização (ELS**; ou **SLS, *serviceability limit state*)** Estado limite no qual ou acima do qual uma construção deixará de ser adequada para sua função pretendida (mas será segura).

Estado limite último (ELU; ou **ULS, *ultimate limit state*)** Estado limite no qual ou acima do qual uma construção sofrerá uma ruptura catastrófica.

Fator de capacidade de carga Fator adimensional que descreve a capacidade de carga de uma fundação.

Fator de influência Fator adimensional que descreve a distribuição de tensões em um meio elástico.

Favorável Uma ação é favorável se reduz a carga total aplicada.

Flexível Ter rigidez à flexão insignificante.

Fundação profunda Qualquer fundação cuja profundidade seja muito maior do que sua largura.

Fundações rasas Qualquer fundação cuja largura seja muito maior do que sua profundidade.

Hodógrafo Diagrama que mostra as velocidades relativas.

Interação solo–estrutura Transmissão de carga entre uma estrutura e o solo que a suporta (ou que a cerca).

Leque de cisalhamento/zona de leque Zona rotacional plástica dentro da qual todo solo sofre deslizamento relativo e as direções das tensões principais giram de forma contínua.

Limite inferior (teorema) Se puder ser encontrado um estado de tensões que em ponto algum viole o critério de ruptura do solo e que esteja em equilíbrio com o sistema de cargas externas, então o colapso estrutural não pode ocorrer; dessa forma, o sistema de cargas externas constitui um limite inferior para a carga verdadeira de colapso estrutural.

Limite superior (teorema) Se, em um incremento de deslocamento, o trabalho feito por um sistema de cargas externas for igual à dissipação de energia pelas tensões internas dentro de um mecanismo cinematicamente admissível de colapso plástico, então deve ocorrer o colapso estrutural; o sistema de cargas externas constitui, assim, um limite superior para a carga verdadeira de colapso estrutural.

Peso específico efetivo (submerso) (γ') Peso específico saturado menos o peso específico da água, isto é, em um solo completamente saturado com o nível do lençol freático na superfície, $\gamma' z$ fornecerá, de forma direta, a tensão efetiva vertical.

Peso por volume unitário (*weight density*) Termo alternativo para peso específico usado no Eurocode 7.

Plano da fundação O nível do lado inferior da fundação.

Princípio da normalidade É aplicado a uma linha de deslizamento, quando a direção do movimento for perpendicular à força resultante, de modo que não haja energia dissipada no cisalhamento.

Projeto (*design* ou **dimensionamento)** Determinação das dimensões/propriedades de uma construção para satisfazer a um estado limite.

Radier Fundação rasa que se estende ao longo de toda a projeção horizontal (planta baixa) de uma estrutura como um único elemento contínuo.

Recalque imediato (s_i) Recalque que ocorre antes do adensamento (isto é, em condições não drenadas).

Regra do fluxo associativo Regra para o fluxo plástico em materiais drenados para os quais a dilatação do solo atinge um valor máximo ($\psi = \phi'$) e o princípio da normalidade se aplica.

Resistência de suporte Carga máxima que uma sapata pode suportar antes da ruptura (isto é, definindo o ELU).

Rígido Infinitamente resistente à flexão.

Ruptura de cisalhamento por punção Modo de ruptura de uma fundação rasa no qual há uma compressão relativamente alta do solo sob a sapata, acompanhada do cisalhamento na direção vertical em torno das bordas da mesma.

Ruptura generalizada ao cisalhamento Modo de ruptura de uma fundação rasa no qual superfícies contínuas de ruptura são desenvolvidas entre as bordas da sapata e a superfície do terreno, desenvolvendo-se por completo um estado de equilíbrio plástico ao longo de todo o solo acima das superfícies de ruptura.

Ruptura local por cisalhamento Modo de ruptura de uma fundação rasa no qual há uma compressão significativa do solo sob a sapata e o desenvolvimento apenas parcial de um estado de equilíbrio plástico.
Sapata Termo genérico para o elemento isolado de uma fundação rasa que, em geral, é parte de um sistema de fundações maior.
Sapata corrida Sapata que é muito longa em relação à sua largura, suportando, em geral, uma fileira de colunas.
Sapata isolada (*pad*) Sapata que suporta uma única coluna ou pilar no interior de uma estrutura.
Valor característico Estimativa cautelosa do valor de uma propriedade que exerça influência em um estado limite.
Valor de projeto Valor característico que foi modificado pela aplicação de um coeficiente de ponderação.

Capítulo 9

Alargamento de ponta Base alargada em uma estaca escavada, é usado para aumentar a resistência de base e a capacidade de tração.
Ângulo de atrito da interface (δ') Ângulo de resistência ao cisalhamento ao longo da interface solo–estrutura.
Atrito lateral negativo Situação em que uma camada em adensamento em torno de uma fundação profunda apresenta recalque maior do que a estaca, de forma que a direção do atrito lateral nessa camada é invertido, exercendo uma ação adicional na estaca (em vez de contribuir para a resistência).
Bloco de coroamento de estacas Uma placa moldada no topo das estacas de um grupo que distribui a carga entre elas. Com frequência, ele está em contato com o solo subjacente.
Carga de prova 150% da carga de serviço (isto é, 1,5 × DVL).
Carga de verificação de projeto (DVL, *Design Verification Load*) A carga de serviço esperada que é suportada pela estaca na fundação final.
Eficiência (de um grupo de estacas) (η_g) A relação entre a carga média por estaca em um grupo na ruptura e a resistência de uma estaca isolada.
Embuchada ou **plugada (*plugged*)** Uma estaca oca está embuchada quando a massa de solo (bucha ou *plug*) no interior dela apresenta uma resistência a partir do atrito adicional da interface ao longo das paredes internas que é maior do que a pressão da base agindo de baixo para cima na massa de solo. Em consequência, a estaca apresentará a mesma resistência de uma estaca com extremidade fechada de diâmetro externo igual.
Ensaio de Carga Constante (MLT, *Maintained Load Test*) Ensaio de estacas com controle de carga no qual esta é aplicada à estaca em uma série de estágios, e cada um deles é conservado por um período de tempo.
Ensaio de cisalhamento da interface Ensaio de cisalhamento direto no qual uma metade da caixa de cisalhamento contém um material estrutural e a outra contém solo, cuja finalidade é medir a resistência ao cisalhamento ao longo da interface.
Ensaio de velocidade constante de penetração (CRP) Ensaio de carga em estacas com controle de deslocamento realizado a uma velocidade constante de penetração de 0,5–2 mm/min (na compressão, mais lento na tração) até que se alcance uma carga última constante ou até que o recalque ultrapasse 10% do diâmetro/largura da estaca.
Ensaio dinâmico (de estacas) Ensaio não destrutivo de uma estaca no qual a onda de tensões é passada ao longo dela.
Ensaio Statnamic (de estacas) Ensaio de carga rápido no qual é usada uma carga explosiva para reduzir a massa de reação exigida em uma prova de carga.
Erosão localizada (*scour*) Erosão do solo ao redor de uma construção em consequência de ações de marés, ondas ou correntes.
Estaca com camisa metálica (*shell pile*) Estaca tubular preenchida por concreto depois da cravação.
Estaca com deslocamento ou **cravada** Estaca cuja instalação envolve o deslocamento e a perturbação do solo ao seu redor.
Estaca cônica Uma estaca cujo diâmetro ou largura diminui com a profundidade.
Estaca de hélice contínua (CFA, *Continuous Flight Auger pile*) Tipo específico de estaca escavada em que um trado helicoidal é perfurado no solo no comprimento de estaca desejado em um único processo. O bloco de solo contido entre as hélices é, então, retirado do terreno à medida que o concreto é bombeado no poço por meio de um tubo que se estende no centro do trado.
Estaca moldada no local Estaca formada pelo lançamento do concreto à medida que é retirado um tubo de aço cravado no solo.
Estaca sem deslocamento (escavada) Estaca que é instalada sem deslocamento do solo. Este é removido por escavação ou perfuração para formar um poço, sendo, posteriormente, o concreto lançado no poço para formar a estaca.
Estacas de serviço ou **estacas de produção** Estacas que serão parte da fundação final e que, como tal, são carregadas até apenas 150% da carga de serviço que cada estaca virá a suportar, em última análise, em uma prova de carga, permitindo que o ELS seja verificado.

Estacas de teste/ensaio Estacas construídas exclusivamente com a finalidade de testes de carga, em geral, antes do início dos trabalhos principais de instalação das estacas, e que podem ser levadas até o ELU.

Fator de adesão (a) Proporção da resistência ao cisalhamento não drenada que pode ser mobilizada ao longo de uma interface.

Fator de correlação Fator empírico do Eurocode 7 usado na definição de um valor característico de resistência de estacas a partir dos dados dos ensaios com base na quantidade de ensaios realizados.

Fator de modelo Fator empírico no Eurocode 7 que funciona como um fator de ponderação adicional de resistência e que leva em consideração a insegurança/incerteza das correlações usadas na obtenção de um valor característico de resistência de estacas a partir dos dados de ensaios.

Independentes (grupo de estacas) Quando o bloco de coroamento das estacas não está em contato com a superfície do terreno.

Índice de esbeltez (L_p/D_0) Relação entre o comprimento e o diâmetro (ou largura) de uma estaca.

Lastro Peso morto que consiste em blocos (em geral, de concreto pré-moldado ou ferro).

Método α Determinação da resistência de fuste em condições não drenadas (isto é, com o atrito da interface caracterizado por αc_u).

Método β Determinação da resistência de fuste em condições drenadas (isto é, com o atrito da interface caracterizado por σ' tg δ').

Método de Randolph e Wroth Método simples elástico linear para prever o recalque de estacas, que leva em consideração o comportamento puramente elástico do solo e condições idealizadas do terreno.

Método hiperbólico Método empírico usado para prever o recalque de estacas, baseado no comportamento carga–deflexão e que é bem aproximado por uma curva de formato hiperbólico.

Método T–z Técnica numérica para prever o recalque de estacas utilizando um esquema de diferenças finitas na solução. Qualquer tipo de interação solo–estaca pode ser modelado (linear ou não linear), permitindo considerar solos e formatos de estacas mais complicados.

Plano neutro Profundidade na qual o recalque do solo e o da estaca são iguais, dividindo zonas de atrito lateral negativo e positivo.

Prensada (estaca) Método para instalação de estacas de deslocamento que evita o ruído associado à cravação.

Resistência de fuste/atrito lateral (Q_{su}) Resistência de uma fundação profunda originada pelo atrito na interface entre o material da fundação e o solo ao longo da superfície lateral do fuste.

Resistência de ponta (Q_{bu}) Resistência de uma fundação profunda originada por um suporte de extremidade na ponta (base).

Ruptura de bloco (de um grupo de estacas) Modo de ruptura no qual todo o bloco de solo abaixo do bloco de coroamento das estacas e contido por elas entra em colapso como um único tubulão de grandes dimensões.

Sapata de cravação Cobertura rígida colocada na ponta da estaca para protegê-la de danos quando submetida a altas tensões locais de cravação.

Taxa de tensão de escoamento (c_u/σ'_{v0}) Normalização de resistência que incorpora os efeitos do sobreadensamento em solo não drenado. Solos normalmente adensados que estejam saturados por completo costumam apresentar $c_u/\sigma'_{v0} = 0{,}2 - 0{,}25$. Solos sobreadensados têm valores mais altos (uma vez que c_u é maior para a mesma profundidade).

Tubulão/caixão Tipo de fundação profunda que tem uma relação entre comprimento e diâmetro muito menor do que a de uma estaca.

Capítulo 10

Comprimento crítico (L_c) Ponto ao longo do comprimento de uma estaca abaixo do qual seu deslocamento causado pela carga lateral, aplicada na cabeça, é insignificante.

Deformação angular (distorção), (β_d) Rotação que ocorre entre dois pontos em consequência do recalque diferencial (= Δ/L).

Em planta Uma área plana ocupada por uma edificação ou outra estrutura.

Fator de inclinação (i_c) Fator de modificação usado para determinar a capacidade de carga, a fim de levar em consideração a aplicação de carga horizontal em conjunto com uma carga vertical (a resultante dessas forças está inclinada em relação à vertical, daí seu nome).

Inclinação (*tilt*) Rotação global (bruta) de uma estrutura.

Inclinada (estaca) Uma estaca instalada a um certo ângulo com a vertical de tal forma que parte da resistência axial possa ser usada para suportar um componente de qualquer carregamento horizontal.

Levantamento do terreno O processo por meio do qual as cargas momento fazem com que parte da fundação se eleve em relação ao solo, perdendo contato e reduzindo a área da fundação que contribui com a capacidade de carga.

Levantamento (hidráulico) Modo de ruptura no qual uma fundação ou outra estrutura subterrânea se torna submersa.

Pavimentos no subsolo Uma estrutura vazada abaixo do nível do terreno que fornece espaço útil e ainda age como uma fundação rasa enterrada de forma rígida.

Pilar enterrado ou **estaca–pilar** Uma coluna da estrutura de uma edificação que é lançada diretamente na cabeça de uma estaca de concreto usada para suportá-la.

Radier celular Radier espesso dentro do qual são formados vazios para reduzir a pressão de suporte sem reduzir de forma drástica sua rigidez à flexão.

Radier estaqueado Um grupo muito grande de estacas no qual o bloco de coroamento (radier) é relativamente flexível.

Recalque diferencial (Δ) Diferença de recalque entre duas partes de uma edificação ou outra estrutura.

Superfície de escoamento Superfície representando combinações de ações (por exemplo, V, H e M) que terão como resultado alcançar em um estado de equilíbrio plástico.

Capítulo 11

Ancoragem no terreno Ancoragem que consiste em um cabo ou barra de aço (tendão) com alta resistência à tração e que tem uma extremidade presa de maneira segura ao solo por uma massa de calda de cimento (*grout*) ou de solo com injeção dessa calda; a outra extremidade do tendão é ancorada contra uma placa de apoio na unidade estrutural a ser suportada.

Arqueamento Redistribuições da pressão lateral a partir de seções de uma massa de solo que tenham atingido o escoamento para aquelas que não estejam escoando.

Bentonita Uma suspensão coloidal (lama) de argila montmorilonítica em água, usada para fornecer suporte fluido temporário às laterais de uma escavação.

Coeficiente de empuxo de terra ativo (K_a) Coeficiente de empuxo lateral de terra que descreve o empuxo de terra lateral mínimo (ativo) que pode ocorrer no interior de um depósito de solo como função da tensão efetiva vertical (associada à extensão lateral do solo).

Coeficiente de empuxo de terra passivo (K_p) Coeficiente de empuxo lateral de terra que descreve o empuxo lateral de terra máximo (passivo) que pode ocorrer no interior de um depósito de solo como função da tensão efetiva vertical (associada à compressão lateral do solo).

Comprimento da ancoragem fixa (L) O comprimento concretado do tendão em uma ancoragem no terreno pelo qual a força é transmitida ao solo ao seu redor.

Comprimento da ancoragem livre Comprimento do tendão entre o comprimento fixo de ancoragem e a placa de apoio em uma ancoragem no terreno ao longo do qual não é transmitida força ao solo.

Condição ativa Condição em que o valor da tensão horizontal decresce até um mínimo em consequência do movimento relativo solo–estrutura, de forma que se desenvolve um estado de equilíbrio plástico para o qual a maior tensão principal e as tensões efetivas são verticais.

Condição passiva Condição na qual o valor da tensão horizontal aumenta até um máximo em consequência do movimento relativo solo–estrutura, de forma que se desenvolve um estado de equilíbrio plástico para o qual a maior tensão principal e as tensões efetivas são horizontais.

Empuxo de terra ativo (p_a) Tensão total que age na direção normal a uma estrutura de contenção, associada às condições ativas no interior da massa de solo. Pressão-limite mínima.

Empuxo de terra no repouso (p'_0) Empuxo lateral de terra quando a deformação lateral do solo é nula.

Empuxo de terra passivo (p_p) Tensão total que age na direção normal a uma estrutura de contenção associada a condições passivas no interior da massa de solo. Pressão-limite máxima.

Empuxo resultante Força por unidade de comprimento do muro que representa o efeito integrado da distribuição do empuxo lateral de terra.

Equilíbrio limite Técnica de análise que envolve postular um mecanismo de ruptura, como na análise do limite superior. Enquanto essa última leva em consideração um equilíbrio de energia durante um movimento virtual do mecanismo, o equilíbrio limite leva em consideração o equilíbrio das forças limitantes que agem no mecanismo no ponto de ruptura.

Falha de aderência Deslizamento entre os elementos de reforço e o solo.

Filtro ou **película (*Filter cake*)** Camada de permeabilidade muito baixa (alguns milímetros de espessura), formada pela deposição de partículas de bentonita nas superfícies escavadas de solo.

Geotêxteis Família de materiais poliméricos usados na forma de mantas. As geogrelhas que têm uma estrutura aberta e alta resistência à tração são usadas como reforço de solo; as geomembranas são mantas fechadas usadas como barreiras impermeáveis de drenagem.

Levantamento de fundo Levantamento do solo no fundo de uma escavação profunda em consequência do alívio de tensões nela.

Método da massa coerente Método de análise para estruturas de contenção de solo reforçado que considera a ruptura progressiva dos elementos de reforço.
Método das características Técnica de análise do limite inferior envolvendo a formação de um campo de linhas de deslizamento.
Método de cunha de tirantes Método de análise para estruturas de contenção de solo reforçado que é uma extensão do método de Coulomb (que leva em consideração as forças agindo em uma cunha de solo a partir da qual se pode desenhar um diagrama de forças).
Muro composto Estrutura de contenção de solo reforçado, formada por camadas alternadas de solo e reforço.
Muro de contenção de gravidade Estrutura de contenção grande e monolítica que conserva o solo arrimado estável em virtude de sua massa.
Muro de contenção flexível Estrutura flexível de contenção que resiste ao movimento do solo por flexão.
Muro de estacas contíguas Muro de contenção de concreto formado por uma linha de estacas escavadas que não se sobrepõem.
Muro de estacas secantes Estrutura de contenção de concreto formada por uma linha de estacas escavadas que se sobrepõem.
Painel ou **lamela** Seção de uma parede diafragma.
Paramento virtual Plano vertical que passa através do solo arrimado por um muro engastado sobre o qual se admite que esteja agindo o empuxo lateral de terra.
Parede diafragma Uma membrana de concreto reforçado mais ou menos fina usada como estrutura de contenção, lançada em uma trincheira antes da escavação.
Pressões limites Termo geral para os empuxos de terra ativo (mínimo) e passivo (máximo).
Retroaterro Solo que é colocado (em geral, compactado) atrás de uma estrutura de contenção depois de ela ter sido construída. Além disso, usado para fazer referência a qualquer solo que sirva para aterrar uma escavação. Usa-se também o verbo retroaterrar para descrever o processo de executar um retroaterro.
Sobre-escavação Redução do nível do solo na frente de um muro de arrimo com objetivo de fazer um projeto que possibilite uma escavação futura planejada ou não na frente do muro.
Solo arrimado Massa de solo suportado por uma estrutura de contenção, que não se sustentaria sem apoio.
Terra armada Termo geral que descreve o solo contendo geossintético ou outro reforço.
Tirantes Ancoragens no terreno usadas para fornecer restrição adicional a estruturas flexíveis de contenção.
Tubo de concretagem (tremonha) Tubo através do qual o concreto é bombeado e que pode ser rebaixado para o interior de uma escavação.

Capítulo 12

Construção com contrapressão de terra Técnica usada para construir túneis na qual é aplicada uma pressão de suporte à face que está sendo escavada a fim de evitar o colapso para dentro do túnel e a sobre-escavação subsequente (perda de terra).
Curva gaussiana Expressão matemática que pode ser usada para descrever o formato de um recalque logo acima de um túnel.
Deslizamento composto Modo de ruptura de taludes no qual a superfície de ruptura consiste tanto em seções curvas quanto em planas.
Deslizamento rotacional Modo de ruptura de taludes no qual a superfície de ruptura tem a seção transversal de um arco circular ou de uma curva não circular.
Deslizamento translacional Modo de ruptura de talude no qual a superfície de deslizamento tende a ser plana e mais ou menos paralela à inclinação dele.
Enrocamento (*rip-rap*) Camada fina de pedras ou blocos de pedra colocada no talude de montante de uma barragem de terra para protegê-la da erosão pelas ondas ou por outras ações da água.
Equipamento de escavação de túneis de contrapressão de terra (EPB, *earth pressure balance*) Equipamento controlado por computador para construção de túneis, de formato cilíndrico, cujo processo de escavação é cuidadosamente ponderado para manter equilibrados os empuxos de terra na face e, assim, minimizar a perda de volume.
Número de estabilidade Número adimensional que descreve a estabilidade de um talude ou de um túnel, análogo ao fator de capacidade de carga na análise de fundações.
Perda de volume (V_L) Volume do solo sobre-escavado normalizado pelo volume do túnel, expresso como uma porcentagem.
Profundidade de execução Profundidade abaixo da superfície do terreno da linha central de um túnel.
Recobrimento de vala (*cut-and-cover*) Método de construção de espaço subterrâneo que envolve realizar uma escavação profunda dentro da qual a estrutura é feita, usando-se retroaterro para enterrar a construção.

Ruptura hidráulica Processo que ocorre quando a tensão normal total em um plano é menor do que o valor local da pressão de água nos poros, resultando na ruptura e no vazamento da água nos poros (em consequência da permeabilidade crescente ao longo das fraturas).

Taxa de pressão neutra (r_u) Pressão da água nos poros normalizada pela tensão vertical total.

Túnel submerso Túnel subaquático construído em seções pré-fabricadas em terra firme, levadas flutuando até o local, inundadas para serem abaixadas até uma trincheira rasa escavada no leito do rio/mar, conectadas embaixo d'água e, por fim, que têm sua água interna retirada.

Capítulo 13

BODTR (*Brillouin Optical Time Domain Reflectometry*) Técnica de análise que pode ser usada com fibras óticas para medir deformações ao longo de estruturas extensas.

Extensômetro de haste Dispositivo simples e preciso para medir o movimento vertical relativo no interior de um furo de sondagem.

Extensômetro multiponto Extensômetro capaz de registrar medidas em várias profundidades dentro de um furo de sondagem.

Extensômetros Família de dispositivos para medir deslocamentos ao longo de um determinado eixo (usado para medir deslocamento horizontal).

Heterogeneidade Não uniformidade (oposto de homogeneidade).

Inclinômetro Dispositivo para medir um perfil de deslocamento horizontal ao longo de uma linha vertical (por exemplo, ao longo de um furo de sondagem).

Indicador de deslizamento Dispositivo simples que permite detectar a localização de uma superfície de deslizamento no interior de um talude (embora não seja detectada a quantidade de deslocamento).

Medidor de deformação de corda vibrante Dispositivo usado para medir deformações (e, portanto, deslocamentos) com base na variação da frequência natural de uma corda com o instrumento à medida que ele se alonga.

Medidor de deslizamento (*tell-tale*) Haste livre de tensões conectada a um elemento estrutural em uma extremidade e que se estende de forma paralela a ele. A variação de comprimento do elemento pela ação do carregamento é medida usando a extremidade livre do *tell-tale* como referência.

Medidor hidráulico de recalque Dispositivo de medição em apenas um único ponto, mas que pode ser usado em locais inacessíveis a outros dispositivos, sendo livre de hastes e tubos que possam interferir na construção.

Método observacional Uso de medidas para reavaliar de forma contínua as hipóteses de projeto e refinar o *design* ou modificar/controlar as técnicas de construção.

Nivelamento preciso Técnica de topografia para medir o recalque vertical de estruturas de superfície, capaz de maior precisão do que o nivelamento convencional.

Retrocálculo Determinação das propriedades do solo que precisariam existir para fornecer uma resposta observada.

SAA (*shape acceleration array*) Alternativa moderna para o inclinômetro, que é mais robusta, mais barata e mais fácil de instalar.

Sonda profunda de recalque Instrumento para medir o recalque vertical no interior de um furo de sondagem.

Valor fractil de 5% Valor característico X_k para o qual há apenas uma probabilidade de 5% de que, em algum lugar da camada (talvez em um local não medido), haja um elemento de solo com uma resistência menor do que X_k.

Índice

Os números de páginas em *itálico* indicam tabelas e em **negrito** indicam figuras. Os autores não estão listados no índice; os leitores que necessitarem da lista completa de publicações e autores citados deverão consultar as listas de referências ao final de cada capítulo.

R

S

T

U

V

Z

Pré-impressão, impressão e acabamento

grafica@editorasantuario.com.br
www.editorasantuario.com.br
Aparecida-SP